Manque de temps ?

Envie de réussir ?

Besoin d'aide ?

D0999341

La solution

Le *Compagnon Web* :
www.erpi.com/benson.cw

Il contient des outils en ligne qui vous permettront de tester ou d'approfondir vos connaissances.

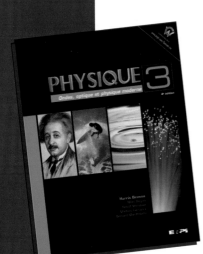

✓ **Les Clips Physique** : plus de **300 exercices et problèmes** (dans l'ensemble des trois tomes) soulevant des difficultés particulières résolus sous forme de courtes capsules vidéo.

✓ **Les laboratoires virtuels Physique animée** : pour chaque tome, quatre ou cinq simulations interactives, accompagnées de nombreux exercices, qui viennent compléter certaines sections du livre.

ENSEIGNANTS, vous avez accès aux outils suivants :

✓ Le recueil des solutions détaillées de tous les exercices et problèmes.

✓ Toutes les figures et tableaux du manuel sous forme de fichiers JPEG et PDF.

✓ Les formules clés extraites du manuel.

Comment accéder
au Compagnon Web de votre manuel ?

Étudiants

Étape 1 : Allez à l'adresse **www.erpi.com/benson.cw**

Étape 2 : Lorsqu'ils seront demandés, entrez le nom d'usager et le mot de passe ci-dessous :

Nom d'usager	cw902516
Mot de passe	cd28fc

◀ Ce livre **ne peut être retourné** si les cases ci-contre sont découvertes.

▸ SOULEVEZ ICI

Étape 3 : Suivez les instructions à l'écran

Assistance technique : tech@erpi.com

Enseignants

Veuillez communiquer avec votre représentant pour obtenir un mot de passe.

20513W

Constantes physiques

Nom	Symbole	Valeur approchée	Valeur précise*
Charge élémentaire	e	$1{,}602 \times 10^{-19}$ C	$1{,}602\ 176\ 487(40) \times 10^{-19}$ C
Constante de Boltzmann	$k = R/N_A$	$1{,}381 \times 10^{-23}$ J/K	$1{,}380\ 650\ 4(24) \times 10^{-23}$ J/K
Constante de gravitation	G	$6{,}672 \times 10^{-11}$ N·m²/kg²	$6{,}674\ 28(67) \times 10^{-11}$ N·m²/kg²
Constante de la loi de Coulomb	$k\ (= 1/4\pi\varepsilon_0)$	$9{,}00 \times 10^{9}$ N·m²/C²	$8{,}987\ 551\ 8 \times 10^{9}$ N·m²/C²
Constante de Planck	h	$6{,}626 \times 10^{-34}$ J·s	$6{,}626\ 068\ 96(33) \times 10^{-34}$ J·s
Constante des gaz parfaits	R	$8{,}314$ J/(K·mol)	$8{,}314\ 472(15)$ J/(K·mol)
Masse de l'électron	m_e	$9{,}109 \times 10^{-31}$ kg	$9{,}109\ 382\ 15(45) \times 10^{-31}$ kg
Masse du proton	m_p	$1{,}672 \times 10^{-27}$ kg	$1{,}672\ 621\ 637(83) \times 10^{-27}$ kg
Nombre d'Avogadro	N_A	$6{,}022 \times 10^{23}$ mol^{-1}	$6{,}022\ 141\ 79(30) \times 10^{23}$ mol^{-1}
Perméabilité du vide	μ_0	–	$4\pi \times 10^{-7}$ N/A² (exacte)
Permittivité du vide	$\varepsilon_0 = 1/(\mu_0 c^2)$	$8{,}854 \times 10^{-12}$ C²/(N·m²)	$8{,}854\ 187\ 817 \times 10^{-12}$ C²/(N·m²)
Unité de masse atomique	u	$1{,}661 \times 10^{-27}$ kg	$1{,}660\ 538\ 782(83) \times 10^{-27}$ kg
Vitesse de la lumière dans le vide	c	$3{,}00 \times 10^{8}$ m/s	$2{,}997\ 924\ 58 \times 10^{8}$ m/s (exacte)

2006 CODATA (Committee on Data for Science and Technology), mars 2007. National Institute of Standards and Technology, http://physics.nist.gov/cuu/Constants/index.html.

Abréviations des unités courantes

Ampère	A	Kelvin	K
Année	a	Kilocalorie	kcal (Cal)
Ångström	Å	Kilogramme	kg
Atmosphère	atm	Livre	lb
British thermal unit	Btu	Mètre	m
Candela	cd	Minute	min
Coulomb	C	Mole	mol
Degré Celsius	°C	Newton	N
Degré Fahrenheit	°F	Ohm	Ω
Électronvolt	eV	Pascal	Pa
Farad	F	Pied	pi
Gauss	G	Pouce	po
Gramme	g	Seconde	s
Henry	H	Tesla	T
Heure	h	Unité de masse atomique	u
Horse-power	hp	Volt	V
Hertz	Hz	Watt	W
Joule	J	Weber	Wb

Données d'usage fréquent

Terre	
Rayon moyen	$6{,}37 \times 10^6$ m
Masse	$5{,}98 \times 10^{24}$ kg
Distance moyenne au Soleil	$1{,}50 \times 10^{11}$ m
Lune	
Rayon moyen	$1{,}74 \times 10^6$ m
Masse	$7{,}36 \times 10^{22}$ kg
Distance moyenne à la Terre	$3{,}84 \times 10^8$ m
Soleil	
Rayon moyen	$6{,}96 \times 10^8$ m
Masse	$1{,}99 \times 10^{30}$ kg
Accélération de chute libre (g), valeur recommandée	$9{,}806\ 65$ m/s^2
Pression atmosphérique normale	$1{,}013 \times 10^5$ Pa
Masse volumique de l'air (à 0°C et à 1 atm)	$1{,}293$ kg/m^3
Masse volumique de l'eau (entre 0°C et 20°C)	1000 kg/m^3
Chaleur spécifique de l'eau	4186 J/(kg·K)
Vitesse du son dans l'air (à 0°C)	$331{,}5$ m/s
à la pression atmosphérique normale (à 20°C)	$343{,}4$ m/s

Préfixes des puissances de dix

Puissance	Préfixe	Abréviation	Puissance	Préfixe	Abréviation
10^{-18}	atto	a	10^1	déca	da
10^{-15}	femto	f	10^2	hecto	h
10^{-12}	pico	p	10^3	kilo	k
10^{-9}	nano	n	10^6	méga	M
10^{-6}	micro	μ	10^9	giga	G
10^{-3}	milli	m	10^{12}	téra	T
10^{-2}	centi	c	10^{15}	péta	P
10^{-1}	déci	d	10^{18}	exa	E

Symboles mathématiques

$\propto$	est proportionnel à
$>$ ($<$)	est plus grand (plus petit) que
$\geq$ ($\leq$)	est plus grand (plus petit) ou égal à
$\gg$ ($\ll$)	est beaucoup plus grand (plus petit) que
$\approx$	est approximativement égal à
Δx	la variation de x
$\displaystyle\sum_{i=1}^{N} x_i$	$x_1 + x_2 + x_3 + \ldots + x_N$
$\lvert x \rvert$	le module ou la valeur absolue de x
$\Delta x \to 0$	Δx tend vers zéro
$n!$	factorielle n : $n(n-1)(n-2) \ldots 2 \times 1$

PHYSIQUE 3

Ondes, optique et physique moderne

4e édition

PHYSIQUE 3

Ondes, optique et physique moderne

4e édition

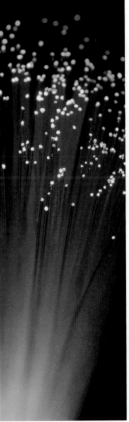

Harris Benson
Marc Séguin
Benoît Villeneuve
Mathieu Lachance
Bernard Marcheterre

E RPi
ÉDITIONS DU RENOUVEAU PÉDAGOGIQUE INC.

5757, RUE CYPIHOT, SAINT-LAURENT (QUÉBEC) H4S 1R3
TÉLÉPHONE : 514 334-2690   TÉLÉCOPIEUR : 514 334-4720
erpidlm@erpi.com   www.erpi.com

Traduction
Dominique Amrouni

Direction, développement de produits
Sylvain Giroux

Supervision éditoriale
Sylvain Bournival

Révision linguistique
Marie-Claude Rochon (Scribe Atout)

Correction des épreuves
Marie-Claude Rochon (Scribe Atout)

Index
Monique Dumont

Direction artistique
Hélène Cousineau

Supervision de la production
Muriel Normand

Conception graphique de la couverture
Martin Tremblay

Illustrations techniques
Infoscan Collette, Québec et Bertrand Lachance

Infographie
Infoscan Collette, Québec

Cet ouvrage est une traduction de l'édition révisée de *University Physics*, de Harris Benson, publiée et vendue à travers le monde avec l'autorisation de John Wiley & Sons, Inc.

Dépôt légal – Bibliothèque et Archives nationales du Québec, 2009
Dépôt légal – Bibliothèque nationale du Canada, 2009
Imprimé au Canada

1er tirage
ISBN 978-2-7613-2715-2   1234567890   II   13 12 11 10 09
                                20513 ABCD   SM9

Avant-propos

Ce manuel est le troisième tome d'un ouvrage d'introduction à la physique destiné aux étudiants de sciences de la nature. Le contenu de chaque tome correspond à un cours d'un trimestre. À l'annexe B figurent les notions d'algèbre et de trigonométrie qui sont supposées connues de l'étudiant. Pour aborder l'étude du tome 3, celui-ci devrait en principe aussi avoir fait deux trimestres de calcul différentiel et intégral, de même qu'un trimestre d'algèbre linéaire et vectorielle. Le système international (SI) est employé tout au long des trois tomes, le système britannique n'étant mentionné qu'à de rares occasions.

La suite de cet avant-propos expose les moyens mis en œuvre pour faciliter la progression de l'étudiant et lui permettre d'assimiler le contenu du cours.

Une iconographie rehaussée

Une nouveauté dans cette 4e édition : les photos du début de chacun des chapitres de même que celles figurant dans les marges ont été mises en valeur de manière à ce qu'elles jouent pleinement leur rôle pédagogique. Leur présence non seulement capte l'intérêt, mais vient souligner l'omniprésence de la physique dans la vie quotidienne. Chaque chapitre débute maintenant par une photo de plus grande taille, choisie pour son lien avec un thème important du chapitre et illustrant un sujet tiré du vécu de l'étudiant. De plus, le nombre des photos d'accompagnement situées dans les marges a été augmenté. Enfin, plusieurs figures illustrant des phénomènes physiques ont été améliorées ou complétées de photographies qui rendent plus concret le phénomène étudié (photo ci-contre).

Plus d'explications qualitatives

Une nouveauté dans cette 4e édition : dans plusieurs chapitres, les explications qualitatives ont été sensiblement développées. Par exemple, on présente maintenant une analogie détaillée entre les forces gravitationnelle et électrique, on explique les observations qui servent à soutenir que la matière est faite d'atomes, on justifie le principe de Huygens avant de l'utiliser, etc. Ces nombreux aspects qualitatifs rappellent notamment à l'étudiant que la physique ne saurait se réduire aux mathématiques, même si celles-ci constituent un outil nécessaire à la physique.

Également, le choix des termes a été revu de façon à projeter l'image d'une physique en constante évolution. Là où c'était pertinent, une distinction a été faite entre les savoirs tirés directement de l'expérience et ceux qui proviennent de prédictions théoriques. De plus, une attention toute particulière a été accordée, dans le tome 3, à la présentation des modèles classique et quantique de la lumière afin d'éviter les contradictions qui découleraient de la juxtaposition d'affirmations incompatibles comme « la lumière est une onde » et « la lumière est une particule ».

Les lasers trouvent aujourd'hui de nombreuses applications, comme la soudure de précision. Sur quel concept leur fonctionnement est-il basé ?

Rigueur de la présentation

Notre premier objectif a été de donner une présentation claire et correcte des notions et des principes fondamentaux de la physique. Nous espérons ainsi avoir su éviter de donner prise aux conceptions erronées. Dans plusieurs sections facultatives, nous nous sommes efforcés de couvrir convenablement des sujets souvent négligés dans les manuels courants, par exemple le théorème de l'énergie cinétique. Une attention particulière a été accordée à des questions délicates, comme l'usage subtil des signes dans l'application de la loi de Coulomb, de la loi de Faraday ou de la loi des mailles de Kirchhoff dans les circuits c.a. Une distinction très nette a été tracée entre la f.é.m. et la différence de potentiel. Sans trop insister sur la distinction entre l'accélération gravitationnelle et le champ gravitationnel, nous leur avons attribué des symboles différents.

Concision du style

Sans sacrifier la qualité et la précision des explications, nous nous sommes efforcés de rédiger cet ouvrage dans un style simple, clair et concis, aussi bien sur le plan du texte que sur celui des calculs et de la notation mathématique. Les exemples proposés mettent l'accent sur des étapes importantes ou des notions plus difficiles à saisir.

Cet ouvrage est axé sur des points essentiels et comporte le moins d'équations possible. Certaines équations particulières, comme la formule de la portée d'un projectile, bien qu'elles figurent dans le texte du chapitre, sont démontrées dans le cadre d'un exemple et ne figurent pas dans le résumé du chapitre. Nous avons également choisi de ne pas présenter de multiples versions d'une même équation. Ainsi, dans le tome 3, la variation de l'intensité dans la figure d'interférence créée par deux fentes parallèles est uniquement donnée en fonction du déphasage ϕ et non en fonction de la position angulaire (θ) ni de la coordonnée verticale sur l'écran (y).

Répartition de la matière

Les trois tomes de *Physique* couvrent la plupart des sujets traditionnels de la physique classique. Les six derniers chapitres du tome 3 traitent de sujets choisis de la physique moderne. Dans l'ensemble, l'agencement de la matière est assez classique. Le produit scalaire et le produit vectoriel sont présentés au chapitre 2 du tome 1, mais on peut aisément reporter leur étude au moment de leur utilisation. Le chapitre 15 du tome 1, qui porte sur les oscillations, a été reproduit au début du tome 3, où il introduit logiquement l'étude des ondes menée à bien dans les deux chapitres suivants. De même, deux sections du chapitre 13 du tome 2, qui porte sur les ondes électromagnétiques, ont été reproduites à même le chapitre 4 du tome 3. Dans le tome 1, les aspects dynamiques et énergétiques du mouvement des satellites sont présentés aux chapitres 6 et 8. On peut différer leur étude au chapitre 13 afin de traiter uniformément la gravitation, mais on peut tout aussi bien sauter l'ensemble du chapitre 13.

Deux pistes de lecture

Le *texte de base* est en caractères noirs, tandis que le *texte facultatif* est en caractères bleus. Le découpage entre ces deux pistes de lecture a été fait de telle manière que la matière exposée dans les passages facultatifs puisse être omise sans qu'il y ait rupture dans la continuité du texte de base ; de plus, elle n'est pas un préalable à la compréhension du texte de base des chapitres suivants. Précisons qu'elle n'est pas nécessairement moins importante ou plus difficile que celle qui se trouve dans le texte de base. Le découpage que nous avons fait devrait permettre à des professeurs qui veulent couvrir l'essentiel d'un chapitre d'indiquer clairement à leurs étudiants ce qui est ou non à l'étude. Les passages facultatifs n'étant pas essentiels à la compréhension de la suite de l'ouvrage, un professeur pourra décider de les sauter, sans crainte d'avoir besoin d'y revenir pour couvrir la matière dans le texte de base des chapitres suivants. De plus, dans le tome 2, les deux pistes de lecture ont été organisées de façon à permettre l'étude du texte de base des chapitres 6 et 7 avant les chapitres 2 et 3.

Dimension historique

Cet ouvrage se distingue aussi par son contenu historique. Présente dans chacun des chapitres, l'information historique remplit un but à la fois pédagogique et culturel. Selon le contexte, elle joue les rôles suivants :

1. Montrer comment une idée, comme la conservation de l'énergie, ou une théorie, comme la relativité ou la mécanique quantique, a vu le jour et s'est développée.

2. Présenter la physique sous un jour plus réaliste en tant qu'activité humaine.

3. Faire connaître des circonstances qui présentent un intérêt particulier (dans le cadre d'anecdotes, par exemple).

Pour rendre un sujet plus vivant et aider l'étudiant à mieux comprendre certaines notions, nous avons intégré au texte de brèves indications historiques. Des exposés plus approfondis sont donnés séparément dans des « Aperçus historiques » présentés en deux colonnes dans un caractère d'imprimerie différent. Certains de ces exposés rendent compte de l'émergence de notions importantes, telle la notion d'inertie. D'autres soulignent l'élégance d'un raisonnement, par exemple celui de Huygens dans son étude des chocs ou celui qui a permis à Einstein d'établir la formule $E = mc^2$. Aucun problème ou exercice ne porte sur ces aperçus historiques.

Il arrive souvent que les étudiants se fassent une fausse idée des modèles physiques. Dans le cas de certaines notions ou théories, même un exposé lucide ne suffit pas à effacer des idées bien ancrées dans leur perception du monde. Cependant, il est possible de rectifier certaines des idées incorrectes couramment répandues, par exemple sur l'inertie ou la chaleur, en analysant le cheminement historique qui a abouti à la notion en question.

Un cours d'introduction à la physique peut facilement apparaître comme une litanie de conclusions issues des travaux d'esprits savants. En plus d'être intimidante, cette approche a le tort de présenter la physique comme une science établie plutôt que comme un ensemble de connaissances en constante évolution. Les aperçus historiques peuvent remédier à ce problème et montrer aux étudiants que les choses peuvent demeurer longtemps embrouillées, même pour les plus grands esprits, avant qu'une notion claire ne se dégage. En fait, des penseurs profonds comme Aristote et Galilée ont nourri eux aussi certains préjugés erronés. La présentation de la dimension historique de la physique suggère que les savoirs aujourd'hui acceptés comme valables seront peut-être, eux aussi, remis en question dans le futur. Cette façon d'enseigner la physique favorise une plus grande ouverture d'esprit et prépare les scientifiques de demain à la possible remise en question des idées qu'ils ont apprises.

Afin de simplifier la description de contextes historiques, les contributions de nombreux chercheurs ont dû malheureusement être passées sous silence. De même, l'exposé ne fait pas mention des nombreuses tentatives infructueuses. Les exposés historiques se veulent exacts, instructifs, intéressants, mais ne sauraient être exhaustifs. Ce que nous proposons ici, c'est une physique avec une touche d'histoire, et non une histoire de la physique.

Sujets connexes

Les sections intitulées « Sujet connexe » portent sur des phénomènes remarquables qui ont un rapport immédiat avec le contenu du chapitre. Parfois, il s'agit de phénomènes familiers, comme les marées, les arcs-en-ciel, les pirouettes du chat, l'électricité atmosphérique ou le magnétisme. Ailleurs, il est fait état de sujets qui font actuellement l'objet de recherches en physique, comme l'holographie, la supraconductivité, la lévitation magnétique, le microscope à effet tunnel ou la fusion nucléaire. Le chapitre 13 du tome 3, qui traite des particules élémentaires, est proposé à titre de sujet connexe ; il ne comporte pas d'exemples, ni d'exercices ou de problèmes de fin de chapitre.

Une nouveauté dans cette 4e édition : plusieurs sujets connexes ont été ajoutés. Certains traitent de nouvelles technologies numériques, notamment les affichages à cristaux liquides ou les multimètres numériques. D'autres traitent d'applications physiques comme la propulsion ionique des vaisseaux spatiaux.

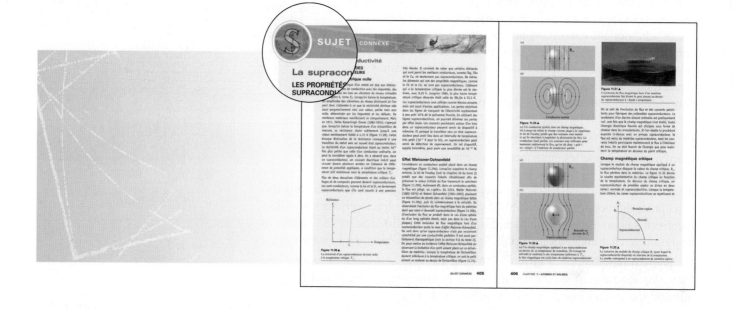

Aides pédagogiques

EXEMPLE 4.7

Exemples

Les étudiants reprochent souvent aux manuels de physique de ne pas donner assez d'exemples ou de présenter des exemples qui ne les préparent pas convenablement aux problèmes posés à la fin des chapitres. Pour remédier à cette lacune, ce manuel comporte de nombreux exemples dont le degré de difficulté correspond autant à celui des problèmes les plus difficiles qu'à celui des exercices. À l'occasion, l'étudiant est averti des pièges ou des difficultés qu'il risque de rencontrer (mauvais départ, racines non physiques, données sans intérêt, difficultés liées à la notation, etc.). Dans les solutions des exemples, une ampoule rouge signale les passages qui contiennent des conseils importants ou qui soulignent certaines subtilités.

Une nouveauté dans cette 4ᵉ édition : quelques dizaines d'exemples ont été ajoutés à des endroits stratégiques dans les trois tomes.

Méthodes de résolution

On peut considérer l'acquisition de méthodes applicables à la résolution de certains types de problèmes comme l'aspect le plus important d'un cours de physique. Nous avons donné tout au long du manuel, mais surtout dans les premiers chapitres, des méthodes de résolution de problèmes suivant une approche par étapes.

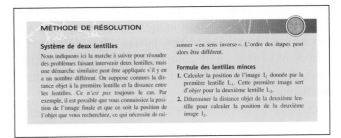

Points essentiels

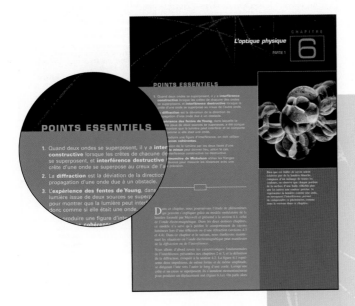

Placés en tête de chapitre, ils donnent un bref aperçu des notions importantes, lois, principes et phénomènes à l'étude.

Résumé

Le résumé du chapitre reprend les équations les plus importantes et rappelle brièvement les notions et principes essentiels. Les équations du résumé sont reprises du texte principal avec leur numérotation d'origine, ce qui permet de les retrouver plus facilement au besoin.

RÉSUMÉ

Dans l'approximation paraxiale, les distances objet p et image q mesurées à partir d'une lentille mince de distance focale f sont liées par la formule des lentilles minces

$$\frac{1}{p} + \frac{1}{q} = \frac{1}{f} \qquad (5.6a)$$

Le grandissement transversal (linéaire) d'une lentille mince est

$$m = \frac{y_1}{y_O} = -\frac{q}{p} \qquad (5.6b)$$

Le grossissement angulaire est

$$G = \frac{\beta}{\alpha} \qquad (5.7)$$

où l'angle α est celui que sous-tend l'objet, et l'angle β, celui que sous-tend l'image.

Termes importants

Les termes en gras du texte principal sont réunis et présentés alphabétiquement dans une liste de termes importants placée à la fin des chapitres, immédiatement après le résumé. Le professeur peut utiliser cette liste pour choisir des termes dont la définition pourrait être demandée à l'étudiant au cours d'un contrôle. Chaque terme important est accompagné d'un renvoi à la page où il est défini dans le chapitre.

TERMES IMPORTANTS

crête (p. 43)
creux (p. 43)
fonction d'onde (p. 42)
fréquence angulaire (p. 51)
fréquence fondamentale (p. 56)
impulsion (p. 41)
interférence (p. 43)
longueur d'onde (p. 51)
mode d'oscillation propre (p. 57)
nœud (p. 55)
nombre d'onde (p. 52)
onde (p. 42)
onde électromagnétique (p. 40)

onde longitudinale (p. 41)
onde mécanique (p. 40)
onde progressive (p. 50)
onde sinusoïdale progressive (p. 51)
onde stationnaire (p. 55)
onde stationnaire résonante (p. 56)
onde transversale (p. 41)
premier harmonique (p. 56)
principe de superposition linéaire (p. 43)
puissance moyenne (p. 60)
ventre (p. 55)
vitesse de propagation de l'onde (p. 49)

Révision

Une série de points de révision précède la liste de questions. L'étudiant trouvera les réponses directement dans le chapitre, sans avoir à faire de calculs ou à chercher de l'information complémentaire dans d'autres sources.

RÉVISION

R1. (a) Donnez un exemple d'onde transversale. (b) Donnez un exemple d'onde longitudinale. (c) Une onde à la surface de l'eau est-elle longitudinale ou transversale ?

R2. Expliquez la similitude entre l'équation 2.1 ($v = \sqrt{F/\mu}$) et l'équation 1.9 ($\omega = \sqrt{k/m}$).

R3. (a) Une impulsion orientée vers le haut (en crête) arrive à l'extrémité fixe d'une corde. Dessinez l'onde réfléchie. (b) Même question, mais considérez cette fois que l'extrémité de la corde est libre.

R4. (a) Une impulsion orientée vers le haut (en crête) arrive à la jonction avec une corde de densité de

masse linéique μ plus grande que celle de la corde dans laquelle elle voyage. Dessinez l'onde réfléchie et l'onde transmise. (b) Même question, mais considérez cette fois que la densité de masse linéique de l'autre corde est plus petite.

R5. En un seul dessin, représentez une onde stationnaire à plusieurs instants successifs (utilisez une couleur différente pour chaque instant). Indiquez les nœuds et les ventres.

R6. Dessinez les trois premiers modes d'oscillation propre d'une corde fixe aux deux extrémités.

Questions

Les questions traitent des aspects conceptuels de la matière du chapitre : l'étudiant doit en général pouvoir y répondre sans faire de calculs.

QUESTIONS

Q1. Lorsqu'on tient une loupe près de l'œil, l'angle sous-tendu par l'objet et celui sous-tendu par l'image sont à peu près le même à partir de l'œil. À quoi sert la lentille ?

Q2. Comment peut-on déterminer la distance focale d'une lentille divergente ?

Q3. Pourquoi les yeux ont-ils de la difficulté à former une image nette sous l'eau ? Pourquoi est-ce facile avec des lunettes de nageur ?

Q4. La distance focale d'un télescope a-t-elle un effet

Q8. Une image virtuelle peut-elle être photographiée ?

Q9. Une lentille divergente peut-elle produire une image réelle ? Si oui, expliquez comment.

Q10. Une lentille convergente peut-elle produire une image virtuelle renversée ? Si oui, expliquez comment.

Q11. Deux lentilles minces plan-convexes sont mises en contact. Comparez les distances focales totales lorsque les surfaces planes se touchent et lorsque les surfaces courbées se touchent (figure 5.41).

Exercices et problèmes

Chaque exercice porte sur une section donnée du chapitre, alors que les problèmes ont une portée plus générale. Pour aider les étudiants et les professeurs dans le choix des exercices et des problèmes, nous leur avons attribué un degré de difficulté (I ou II). Les réponses à tous les exercices et problèmes figurent à la fin de chaque tome.

Les exercices et les problèmes qui peuvent être résolus (entièrement ou partiellement) à l'aide d'une calculatrice graphique ou d'un logiciel de calcul symbolique sont signalés par l'icône $\boxed{\Sigma}$ et par la couleur fuchsia. Dans chaque cas, le solutionnaire sur le Compagnon Web donne les lignes de commande qui permettent d'obtenir, avec le logiciel Maple, le résultat recherché.

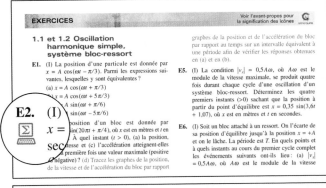

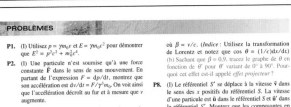

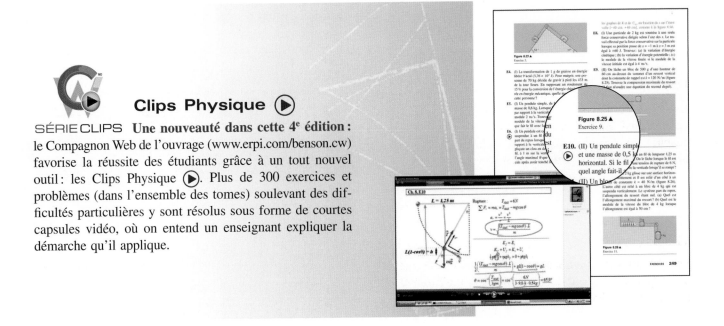

Clips Physique ▶

SÉRIE CLIPS **Une nouveauté dans cette 4ᵉ édition :**
le Compagnon Web de l'ouvrage (www.erpi.com/benson.cw) favorise la réussite des étudiants grâce à un tout nouvel outil : les Clips Physique ▶. Plus de 300 exercices et problèmes (dans l'ensemble des tomes) soulevant des difficultés particulières y sont résolus sous forme de courtes capsules vidéo, où on entend un enseignant expliquer la démarche qu'il applique.

Laboratoires virtuels « Physique animée »

Dans le Compagnon Web de l'ouvrage, vous trouverez le complément « Physique animée ». Pour chaque tome, quatre ou cinq simulations interactives viennent compléter certaines sections du livre. Le professeur peut les utiliser à titre de démonstrations animées pendant son cours, mais elles sont aussi conçues pour servir de « laboratoires virtuels » grâce aux nombreux exercices présentés dans le texte d'accompagnement.

PA Des renvois aux logiciels de Physique animée (désignés par le sigle ci-contre) sont placés aux endroits appropriés en marge du texte dans chacun des tomes.

Fonction de la couleur

La couleur a été utilisée avec discernement pour améliorer la clarté et la qualité des graphiques et des illustrations. Elle a aussi permis de rehausser l'apparence générale de l'ouvrage par l'insertion de photographies attrayantes. De plus, les grandeurs physiques principales sont systématiquement associées à une couleur qui leur est propre tout au long de l'ouvrage.

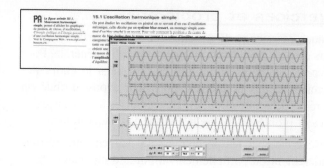

Remerciements

Personnes consultées par Harris Benson

De nombreux professeurs nous ont fait part de leurs remarques et suggestions. Leur contribution a énormément ajouté à la qualité du manuscrit. Ils ont tous fait preuve d'une grande compréhension des besoins des étudiants, et nous leur sommes infiniment reconnaissant de leur aide et de leurs conseils.

Nous avons eu la chance de pouvoir consulter Stephen G. Brush, historien des sciences de renom, et Kenneth W. Ford, physicien et lui-même auteur. Stephen G. Brush nous a fait de nombreuses suggestions concernant les questions d'histoire des sciences ; seules quelques-unes ont pu être abordées. Quant à Kenneth W. Ford, il nous a fourni des conseils précieux sur des questions de pédagogie et de physique. Nous lui sommes reconnaissant de l'intérêt qu'il a manifesté envers ce projet et de ses encouragements.

Remerciements de Harris Benson

Nous voulons exprimer notre gratitude envers nos collègues pour le soutien qu'ils nous ont apporté. Nous tenons à remercier Luong Nguyen, qui nous a encouragé dès le début. Avec David Stephen et Paul Antaki, il nous a fourni une abondante documentation de référence. Nous avons aussi tiré profit de nos discussions avec Michael Cowan et Jack Burnett.

Enfin, nous devons beaucoup à notre femme, Frances, et à nos enfants, Coleman et Emily. Nous n'aurions jamais pu terminer ce livre sans la patience, l'amour et la tolérance dont ils ont fait preuve pendant de nombreuses années. À l'avenir, le temps passé avec eux ne sera plus aussi mesuré.

Nous espérons que, grâce à cet ouvrage, les étudiants feront de la physique avec intérêt et plaisir. Les remarques et corrections que voudront bien nous envoyer les étudiants ou les professeurs seront les bienvenues.

Harris Benson
Collège Vanier
821, boul. Sainte-Croix
Montréal, H4L 3X9

Remerciements des adaptateurs

La collection *Physique* de Harris Benson est en évolution constante en grande partie grâce aux nombreux échanges que nous avons avec les lecteurs, notamment avec les professeurs du réseau collégial québécois. Nous vous invitons à poursuivre cette collaboration enrichissante en nous transmettant vos commentaires, suggestions et trouvailles par l'entremise de notre éditeur. Vous pouvez nous joindre notamment par courrier électronique à l'adresse benson@erpi.com. Il nous fera plaisir de poursuivre ainsi ce travail d'amélioration continue qui nous tient tous à cœur.

Nous tenons à remercier toutes les personnes qui ont contribué, par leurs commentaires et leurs suggestions, à améliorer cet ouvrage. En particulier, nous exprimons notre gratitude aux professeurs qui ont participé au sondage et aux groupes de discussion, ainsi qu'aux professeurs qui nous ont fait parvenir leurs commentaires par écrit, comme Jean-Marie Desroches du cégep de Drummondville, Maxime Verreault du cégep de Sainte-Foy et Luc Tremblay du collège Mérici. Nous remercions également Martin Dion et Dimo Zidarov, professeurs de chimie au collège Édouard-Montpetit, pour leur aide précieuse dans la rédaction de nouveaux sujets connexes. Nous voudrions aussi souligner le remarquable soutien de l'équipe des Éditions du Renouveau Pédagogique, en particulier notre éditeur, Normand Cléroux, le directeur de la division collégiale et universitaire, Jean-Pierre Albert, l'éditeur à la recherche et au développement, Sylvain Giroux, et notre irremplaçable superviseur de projet, Sylvain Bournival.

Mathieu Lachance, qui s'est joint à l'équipe des adaptateurs pour cette quatrième édition, tient particulièrement à remercier Benoît Villeneuve et Marc Séguin, qui l'ont accueilli à bras ouverts dans un train déjà en marche. Lui avoir permis de prendre le leadership de deux tomes entiers témoigne d'une grande confiance. Il tient à remercier aussi ses collègues et ses étudiants du cégep de l'Outaouais pour leurs nombreux commentaires sur l'ouvrage, de même que sa compagne Eliane et son jeune fils Aubert pour leur support et leur patience tout au long de cet intense et stimulant périple.

Richard Gagnon, qui s'est lui aussi joint à l'équipe des adaptateurs pour cette quatrième édition, tient à remercier sincèrement d'abord Benoît Villeneuve, Marc Séguin et Bernard Marcheterre pour leur précieuse et stimulante collaboration. Il est également très reconnaissant envers Marie-Claude Rochon pour la constance et la qualité de son travail. Il tient enfin à exprimer un remerciement spécial à sa compagne Denise pour sa patience et sa compréhension.

L'équipe des adaptateurs de la 4ᵉ édition :
Mathieu Lachance, cégep de l'Outaouais
Richard Gagnon, collège François-Xavier-Garneau
Benoît Villeneuve, collège Édouard-Montpetit
Marc Séguin, collège de Maisonneuve

L'équipe des concepteurs de Physique animée PA :
Martin Riopel, collège Jean-de-Brébeuf
Marc Séguin, collège de Maisonneuve
Benoît Villeneuve, collège Édouard-Montpetit

Le concepteur de Clips Physique ▶ :
Maxime Verreault, cégep de Sainte-Foy

Table des matières

Chapitre 1   Les oscillations 1
  1.1   L'oscillation harmonique simple 2
  1.2   Le système bloc-ressort 6
  1.3   L'énergie dans un mouvement harmonique simple 11
  1.4   Les pendules 14
  1.5   La résonance 17
Sujet connexe   Autant en emporte le vent :
                   l'effondrement du pont de Tacoma Narrows 18
  1.6   Oscillations amorties et oscillations forcées 21

Chapitre 2   Les ondes mécaniques 39
  2.1   Les caractéristiques des ondes 41
  2.2   La superposition d'ondes 43
  2.3   La vitesse d'une onde sur une corde 44
  2.4   La réflexion et la transmission 47
  2.5   Les ondes progressives 48
  2.6   Les ondes sinusoïdales progressives 50
  2.7   Les ondes stationnaires 55
  2.8   Les ondes stationnaires résonantes sur une corde 56
  2.9   L'équation d'onde 59
  2.10   La propagation de l'énergie sur une corde 60
  2.11   L'équation d'onde et la vitesse de propagation des ondes
         sur une corde 62

Chapitre 3   Le son 75
  3.1   La nature des ondes sonores 76
  3.2   Les ondes sonores stationnaires résonantes 79
  3.3   L'effet Doppler 82
  3.4   L'interférence dans le temps ; les battements 86
  3.5   L'intensité du son 87
  3.6   Ondes sonores : notions avancées 90
  3.7   Les séries de Fourier 92

Chapitre 4   Réflexion et réfraction de la lumière 101
  4.1   Le spectre électromagnétique 103
  4.2   L'optique géométrique 106
  4.3   La réflexion 107
  4.4   La réfraction 111
  4.5   La réflexion totale interne 115
  4.6   Le prisme et la dispersion 117
  4.7   Les images formées par un miroir plan 120
  4.8   Les miroirs sphériques 123
  4.9   La vitesse de la lumière 129
Aperçu historique   L'expérience du prisme de Newton 132
Sujet connexe   L'arc-en-ciel 134

Chapitre 5   Les lentilles et les instruments d'optique ...   147

   5.1   Les dioptres sphériques   148

   5.2   La formule des opticiens   153

   5.3   Les propriétés des lentilles   156

Méthode de résolution   Système de deux lentilles   160

   5.4   Le grossissement   163

   5.5   La loupe   165

   5.6   Le microscope composé   168

   5.7   Le télescope   170

Aperçu historique   L'évolution des télescopes   173

   5.8   L'œil   175

Sujet connexe   Les lentilles cornéennes   181

Chapitre 6   L'optique physique – Partie 1   191

   6.1   L'interférence   193

   6.2   La diffraction   195

   6.3   L'expérience de Young   197

   6.4   L'intensité lumineuse dans l'expérience de Young   200

   6.5   Les pellicules minces   202

   6.6   L'interféromètre de Michelson   212

   6.7   La cohérence   213

Aperçu historique   Les deux théories de la lumière   215

Chapitre 7   L'optique physique – Partie 2   227

   7.1   La diffraction de Fraunhofer et la diffraction de Fresnel   228

   7.2   La diffraction produite par une fente simple   229

   7.3   Le critère de Rayleigh   233

   7.4   Les réseaux de diffraction   235

   7.5   Les fentes multiples   238

   7.6   L'intensité de la figure de diffraction produite
par une fente simple   243

   7.7   Le pouvoir de résolution d'un réseau   245

   7.8   La diffraction des rayons X   246

   7.9   La polarisation   247

Sujet connexe   L'holographie   254

Chapitre 8   La relativité restreinte   267

   8.1   L'hypothèse de l'éther   267

   8.2   L'expérience de Michelson-Morley   268

   8.3   La covariance   271

   8.4   Les deux postulats d'Einstein   273

   8.5   Définitions   275

   8.6   La relativité de la simultanéité   277

   8.7   La dilatation du temps   279

   8.8   La contraction des longueurs   283

   8.9   L'effet Doppler relativiste   286

   8.10   Le « paradoxe » des jumeaux   287

8.11   La transformation de Lorentz 290

8.12   L'addition relativiste des vitesses 293

8.13   Le « paradoxe » de la perche et de la grange 295

8.14   La quantité de mouvement et l'énergie 296

8.15   La relativité et l'électromagnétisme 301

8.16   La formulation de la transformation de Lorentz 301

Chapitre 9   Les débuts de la théorie quantique   311

9.1   Le rayonnement du corps noir 312

9.2   L'effet photoélectrique 319

9.3   L'effet Compton 324

9.4   Le spectre de raies 327

9.5   Les modèles atomiques 328

9.6   Le modèle de Bohr pour l'atome à un seul électron 330

9.7   La dualité onde-particule de la lumière 337

9.8   Le principe de correspondance de Bohr 339

Sujet connexe   Les lasers 340

Chapitre 10   La mécanique ondulatoire 353

10.1   Les ondes de Broglie 354

10.2   La diffraction des électrons 356

10.3   L'équation d'onde de Schrödinger 358

10.4   La fonction d'onde 359

10.5   Applications de la mécanique ondulatoire 361

10.6   Le principe d'incertitude de Heisenberg 367

10.7   La dualité onde-particule 370

Sujet connexe   Les microscopes électroniques 372

Chapitre 11   Atomes et solides 383

11.1   Les nombres quantiques de l'atome d'hydrogène 384

11.2   Le spin 386

11.3   Les fonctions d'onde de l'atome d'hydrogène 388

11.4   Les rayons X et les travaux de Moseley
sur le numéro atomique 389

11.5   Le principe d'exclusion de Pauli et le tableau périodique 392

11.6   Les moments magnétiques 394

11.7   La théorie des bandes d'énergie dans les solides 397

11.8   Les dispositifs semi-conducteurs 400

Sujet connexe   La supraconductivité 405

Chapitre 12   La physique nucléaire 417

12.1   La structure du noyau 418

12.2   L'énergie de liaison et la stabilité du noyau 422

12.3   La radioactivité 426

12.4   Le rythme de désintégration radioactive 431

12.5   Les réactions nucléaires 435

12.6   La fission   437
12.7   La fusion   438
Sujet connexe   Les réacteurs nucléaires   440

Chapitre 13   Les particules élémentaires   453

13.1   L'antimatière   454
13.2   Les forces d'échange   454
13.3   La classification des particules   458
13.4   La symétrie et les lois de conservation   462
13.5   Le groupe SU(3) et les quarks   463
13.6   La couleur   466
13.7   Les théories de jauge   467
13.8   L'interaction électrofaible   469
13.9   Les nouveaux quarks   471
13.10   La chromodynamique quantique   472
13.11   La grande théorie unifiée   474

Annexes

A   Unités SI   477
B   Rappels de mathématiques   478
C   Rappels de calcul différentiel et intégral   481
D   Tableau périodique des éléments   483
E   Table des isotopes les plus abondants   484

Réponses aux exercices et aux problèmes   491

Sources des photographies   502

Index   504

Les oscillations

POINTS ESSENTIELS

1. Dans une **oscillation harmonique simple**, l'amplitude est constante et la période est indépendante de l'amplitude.

2. Un **mouvement harmonique simple** a lieu lorsque la force de rappel est proportionnelle et de sens opposé au déplacement mesuré par rapport à la position d'équilibre.

3. Dans un mouvement harmonique simple, l'**énergie cinétique** et l'**énergie potentielle** changent constamment, mais leur somme demeure constante.

4. En l'absence de frottement, le **système bloc-ressort** décrit un mouvement harmonique simple.

5. La **résonance** se produit lorsqu'un système oscillant est entraîné par une force périodique dont la fréquence est proche de la fréquence propre d'oscillation du système.

Quand il passe dans un gros nid-de-poule, un autobus oscille de haut en bas sur sa suspension. Si celle-ci est usée ou mal ajustée, l'oscillation dure longtemps et a une amplitude importante, ce qui est désagréable pour les passagers. Dans ce chapitre, nous apprendrons à décrire de telles oscillations.

U n **mouvement périodique** est un mouvement qui se répète à intervalles réguliers. Certains mouvements périodiques sont des mouvements de va-et-vient entre deux positions extrêmes sur une trajectoire donnée. La vibration d'une corde de guitare ou d'un cône de haut-parleur, l'oscillation d'un pendule, le mouvement du piston d'un moteur et les vibrations des atomes dans un solide sont des exemples d'un tel mouvement périodique, que l'on appelle **oscillation**. En général, une oscillation est une fluctuation périodique de la valeur d'une grandeur physique au-dessus et au-dessous d'une certaine valeur d'équilibre, ou valeur centrale.

Définition d'une oscillation

Dans les *oscillations mécaniques*, comme celles que nous venons de citer, un corps subit un déplacement linéaire ou angulaire. Les *oscillations non mécaniques* font intervenir la variation de grandeurs telles qu'une différence de potentiel ou une charge dans les circuits électroniques, un champ électrique ou magnétique dans les signaux de radio et de télévision. Dans ce chapitre, nous allons limiter notre étude aux oscillations mécaniques, mais les techniques exposées sont valables pour d'autres types de comportement oscillatoire.

Les premières observations quantitatives portant sur les oscillations ont probablement été faites par Galilée. Pour allumer les chandeliers de la cathédrale de Pise, on devait les tirer vers une galerie. Lorsqu'on les lâchait, ils oscillaient pendant un certain temps. Un jour, Galilée mesura la durée des oscillations en utilisant les battements de son pouls en guise de chronomètre et constata avec surprise que la durée des oscillations ne variait pas, même si leur amplitude diminuait. Cette propriété d'**isochronisme** (*iso* = identique, *chronos* = temps) fut à la base des premières horloges à pendule.

Nous allons tout d'abord étudier des exemples d'*oscillation harmonique simple*, une oscillation qui a lieu sans perte d'énergie. Si un frottement ou un autre mécanisme entraîne une diminution d'énergie, on dit que les oscillations sont *amorties*. Enfin, nous étudierons la réponse d'un système à une force d'entraînement extérieur qui varie sinusoïdalement dans le temps. Lorsque la fréquence de cette force d'entraînement est proche de la fréquence naturelle d'oscillation du système, l'amplitude de l'oscillation devient maximale, un phénomène que nous appellerons la *résonance*.

PA *La figure animée III-1*, **Mouvement harmonique simple**, permet d'afficher les graphiques de position, de vitesse, d'accélération, d'énergie cinétique et d'énergie potentielle d'une oscillation harmonique simple. Voir le Compagnon Web : www.erpi.com/benson.cw.

1.1 L'oscillation harmonique simple

On peut étudier les oscillations en général en se servant d'un cas d'oscillation mécanique, celle décrite par un **système bloc-ressort**, un montage simple constitué d'un bloc attaché à un ressort. Pour voir comment la position x du centre de masse du bloc évolue dans le temps par rapport à sa valeur d'équilibre, on peut enregistrer le mouvement sur une bande de papier qui se déplace à vitesse constante ou utiliser un capteur de mouvement relié à un logiciel (figure 1.1). On obtient une courbe de forme sinusoïdale. En l'absence de frottement, le centre de masse du bloc oscille entre les valeurs extrêmes $x = +A$ et $x = -A$, où A est l'**amplitude** de l'oscillation. (Généralement, la valeur choisie pour la position d'équilibre est $x = 0$.) Si on choisit de décrire le mouvement du bloc à partir

(a)

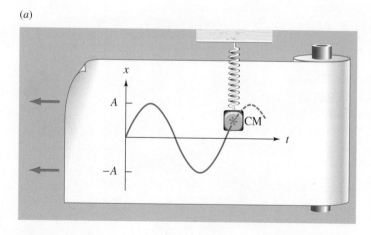

(b)

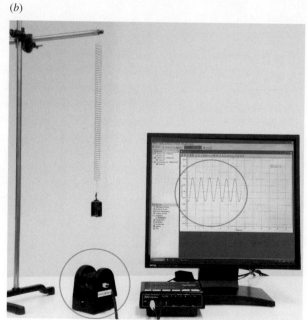

Figure 1.1 ▲

(a) Un bloc oscillant trace une courbe sinusoïdale sur une bande de papier se déplaçant à vitesse constante. (b) Un logiciel qui utilise un capteur (voir directement sous le bloc) pour mesurer plusieurs fois par seconde la position du bloc affiche un graphique (voir sur l'écran) ayant lui aussi la forme d'une courbe sinusoïdale.

d'un instant $t = 0$ où le bloc est à la position d'équilibre et où il se déplace dans le sens des x positifs, la position du bloc* en fonction du temps est donnée par

$$x(t) = A \sin \omega t$$

où ω, mesurée en radians par seconde, est appelée **fréquence angulaire**, ou **pulsation**. (On ne doit pas utiliser le terme « vitesse angulaire », car ici ω ne correspond pas au mouvement de rotation d'un corps physique.) Un cycle, une oscillation complète, correspond à 2π radians et il s'effectue en une **période**, T. Par conséquent, $2\pi = \omega T$ ou

Fréquence angulaire

$$\omega = \frac{2\pi}{T} = 2\pi f \qquad (1.1)$$

où $f = 1/T$, que l'on appelle **fréquence**, est mesurée en secondes à la puissance moins un, ou hertz (Hz).

À la figure 1.1*a*, le bloc est en $x = 0$ à $t = 0$, et il se déplace dans le sens des x positifs. En général, ce n'est pas le cas (par exemple à la figure 1.1*b* ou 1.2), et l'on écrit

Oscillation harmonique simple

$$x(t) = A \sin(\omega t + \phi) \qquad (1.2)$$

Dans cette équation, l'argument $\omega t + \phi$ s'appelle la **phase** ou l'**angle de phase**, alors que la constante ϕ est appelée indifféremment **constante de phase, phase initiale** ou **déphasage****. La phase et la constante de phase sont toutes deux mesurées en radians. Les valeurs particulières de A et de ϕ dans une situation donnée sont déterminées par les valeurs de x et de $v_x = dx/dt$ à un moment particulier, par exemple $t = 0$.

D'après l'équation 1.2, on voit que $x = A \sin \phi$ pour $t = 0$ et que $x = 0$ quand $\sin(\omega t + \phi) = 0$. Autrement dit, $x = 0$ lorsque $\omega t = -\phi$ ou $t = -\phi/\omega$. Comme le montre la figure 1.2, cela signifie que, lorsque ϕ est positif, la courbe de $x = A \sin(\omega t + \phi)$ est décalée vers la gauche par rapport à $x = A \sin \omega t$. Ce décalage vers la gauche peut aussi se voir comme une translation de la fonction $x = A \sin \omega t$ le long de l'axe des t, puisque l'équation 1.2 équivaut à $x = A \sin[\omega(t + \phi/\omega)]$ (voir l'annexe B).

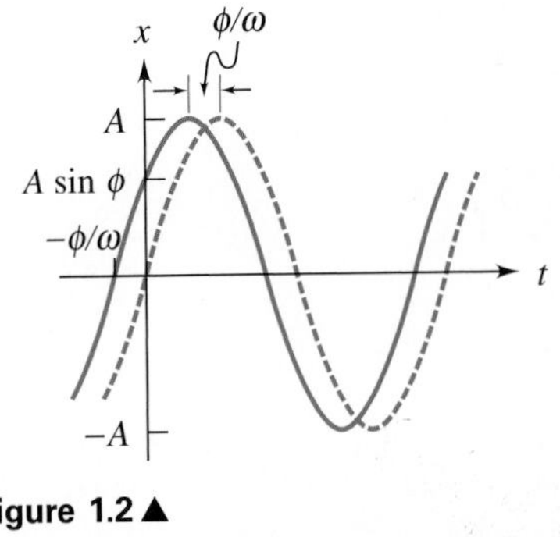

Un système quelconque dans lequel la variation d'une grandeur physique en fonction du temps est donnée par l'équation 1.2 est appelé *oscillateur harmonique simple*. Dans le cas des oscillations dans les circuits électriques, la position x peut être remplacée par la valeur d'une charge électrique ou d'une

Figure 1.2 ▲
La fonction $x = A \sin(\omega t + \phi)$, représentée par la courbe continue, est décalée de ϕ/ω vers la gauche par rapport à $x = A \sin \omega t$ (en pointillé). La position à $t = 0$ est $x = A \sin \phi$.

---

   * Si on suppose que le bloc ne subit qu'un mouvement de translation, chacun de ses points subit le même déplacement que le centre de masse. C'est pourquoi, dans la suite de ce chapitre, il ne sera plus question spécifiquement du centre de masse.

** Le terme « déphasage » désigne *l'écart* entre les constantes de phase de *deux* oscillations et sera surtout utilisé à cette fin. Toutefois, la constante de phase d'*une* oscillation pouvant être interprétée comme le déphasage entre l'oscillation $x(t) = A \sin(\omega t + \phi)$ et l'oscillation $x(t) = A \sin \omega t$, l'usage du mot « déphasage » pour désigner ϕ est assez répandu.

différence de potentiel (voir la section 11.4 du tome 2). Dans le cas des ondes lumineuses ou radio, x est remplacé par les composantes des champs électrique et magnétique. Un oscillateur harmonique simple a les caractéristiques suivantes :

1. L'amplitude A est constante (l'oscillation est *simple*).

2. La fréquence et la période sont indépendantes de l'amplitude : pour un même système, les grandes oscillations ont la même période que les oscillations plus petites (propriété d'*isochronisme*).

3. La dépendance en fonction du temps de la grandeur qui fluctue peut s'exprimer par une fonction sinusoïdale de fréquence unique (l'oscillation est *harmonique*).

Les dérivées première et seconde de l'équation 1.2, qui correspondent ici par définition à la vitesse et à l'accélération du bloc*, s'écrivent

$$v_x = \frac{dx}{dt} = \omega A \cos(\omega t + \phi) \qquad (1.3)$$

$$a_x = \frac{dv_x}{dt} = \frac{d^2x}{dt^2} = -\omega^2 A \sin(\omega t + \phi) \qquad (1.4)$$

Comme le montre la figure 1.3, les valeurs extrêmes de la vitesse, $v_x = \pm\omega A$, ont lieu pour $x = 0$, alors que les valeurs extrêmes de l'accélération, $a_x = \pm\omega^2 A$, ont lieu pour $x = \pm A$.

Si l'on compare l'équation 1.4 avec l'équation 1.2, on constate que

> **Équation différentielle caractérisant les oscillations harmoniques simples**
>
> $$\frac{d^2x}{dt^2} + \omega^2 x = 0 \qquad (1.5a)$$

Cette forme d'*équation différentielle* caractérise tous les types d'oscillations harmoniques simples, qu'elles soient mécaniques ou non. Les techniques utilisées pour résoudre cette équation sont valables pour tous les exemples d'oscillation harmonique simple. L'équation 1.2 est une *solution* de cette équation différentielle.

Le terme **mouvement harmonique simple** s'applique aux exemples mécaniques de l'oscillation harmonique simple. Pour qu'il y ait mouvement harmonique simple, trois conditions doivent être satisfaites. Premièrement, il doit y avoir une position d'équilibre stable. Deuxièmement, l'amplitude doit demeurer rigoureusement constante (ce qui suppose l'absence de perte d'énergie, notamment par frottement). Troisièmement, comme on peut le constater en écrivant l'équation 1.5a sous la forme

$$a_x = -\omega^2 x \qquad (1.5b)$$

l'accélération doit être proportionnelle et de sens opposé à la position.

---

* Pour alléger l'écriture, nous allons utiliser dans ce chapitre les termes « vitesse », « accélération » et « force » pour désigner leurs composantes selon l'axe des x.

Propriétés d'un oscillateur harmonique simple

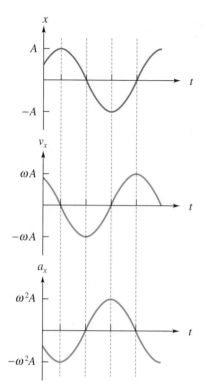

Figure 1.3 ▲

Les variations dans le temps de la position, de la vitesse et de l'accélération pour un mouvement harmonique simple. On note que $a_x = -\omega^2 x$.

EXEMPLE 1.1

La position d'une particule en mouvement sur l'axe des x est donnée par

$$x = 0,08 \sin(12t + 0,3)$$

où x est en mètres et où t est en secondes. (a) Tracer la courbe $x(t)$ représentant cette fonction. (b) Déterminer la position, la vitesse et l'accélération à $t = 0,6$ s. (c) Quelle est l'accélération lorsque la position est $x = -0,05$ m ?

Solution

(a) En comparant l'équation donnée avec l'équation 1.2, on voit que l'amplitude est $A = 0,08$ m et la fréquence angulaire est $\omega = 12$ rad/s. La période est donc $T = 2\pi/\omega = 0,524$ s. La constante de phase est de $\phi = +0,3$ rad, et donc la courbe sera décalée de $|\phi|/\omega = 0,3/12 = 0,025$ s vers la gauche par rapport à un sinus non décalé (courbe en pointillé) comme le montre la figure 1.4.

Notez qu'il est possible d'évaluer visuellement et rapidement le décalage le long de l'axe des t si l'on remarque que 0,3 rad correspond à environ 5 % d'un cycle de 2π rad, tout comme 0,025 s représente environ 5 % d'un cycle de 0,524 s. Sur la figure 1.4, il est en effet vérifiable que la fonction sinus est décalée d'environ 5 % d'un cycle vers la gauche par rapport à un sinus non décalé.

(b) La vitesse et l'accélération à un instant quelconque sont données par

$$v_x = \frac{dx}{dt} = 0,96 \cos(12t + 0,3) \text{ m/s}$$

$$a_x = \frac{dv_x}{dt} = -11,5 \sin(12t + 0,3) \text{ m/s}^2$$

À $t = 0,6$ s, la phase du mouvement est $(12 \times 0,6 + 0,3) = 7,5$ rad. Lorsqu'on utilise cette valeur dans les expressions données, on trouve $x = 0,075$ m, $v_x = 0,333$ m/s et $a_x = -10,8$ m/s^2.

(c) D'après l'équation 1.5b, on sait que $a_x = -\omega^2 x = -(12 \text{ rad/s})^2(-0,05 \text{ m}) = 7,2$ m/s^2.

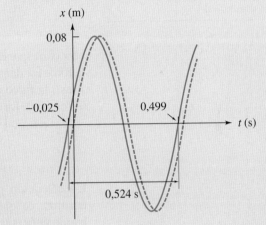

Figure 1.4 ▲
La fonction $x = 0,08 \sin(12t + 0,3)$ (en trait plein) comparée à la fonction $x = 0,08 \sin(12t)$ (en pointillé).

EXEMPLE 1.2

Établir l'expression décrivant la courbe sinusoïdale de la figure 1.5.

Solution

Nous avons besoin de déterminer A, ω et ϕ dans l'équation 1.2. L'examen de la courbe donne directement l'amplitude $A = 0,03$ m, la période $T = 4$ s et le décalage $|\phi|/\omega = 0,5$ s *vers la droite* par rapport à un sinus non décalé. Ainsi, la fréquence angulaire est $\omega = 2\pi/T = 0,5\pi$ rad/s et la constante de phase est $\phi = -0,5\omega = -0,25\pi$ rad (on a mis le signe moins car le décalage est vers la droite). L'équation de cette courbe s'écrit

$$x = 0,03 \sin(0,5\pi t - 0,25\pi)$$

où x est en mètres et où t est en secondes.

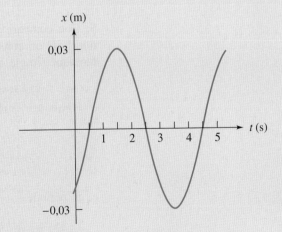

Figure 1.5 ▲
En présence d'un tracé sinusoïdal, on doit pouvoir déterminer la fonction qui le représente.

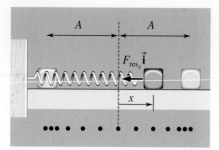

Figure 1.6 ▲

Un bloc oscillant à l'extrémité d'un ressort sur une surface horizontale sans frottement. La force de rappel est proportionnelle à la position du bloc par rapport à l'équilibre. Les points noirs représentent la position du bloc à intervalles de temps réguliers ; on remarque que la vitesse maximale est atteinte quand $x = 0$.

1.2 Le système bloc-ressort

Nous allons maintenant appliquer les lois de Newton pour prédire le mouvement décrit par un bloc à l'extrémité d'un ressort de masse négligeable (figure 1.6) et montrer que le mouvement prédit correspond bel et bien au mouvement harmonique simple observé. De plus, cette analyse dynamique permettra de déterminer ce qui influence la fréquence angulaire du mouvement et de montrer que la condition d'isochronisme est vérifiée.

En l'absence de frottement, la force résultante agissant sur le bloc est celle qu'exerce l'extrémité du ressort fixée au bloc, par suite de son déplacement par rapport à sa position naturelle, et qui est donnée par la loi de Hooke :

Loi de Hooke

$$\vec{F}_{\text{res}} = F_{\text{res}_x}\vec{i} = -kx\vec{i} \qquad (1.6)$$

où x correspond ici à la position du bloc par rapport à l'équilibre. Si x est positif, la force est dans le sens négatif ; si x est négatif, la force est dans le sens positif. Ainsi, la force a toujours tendance à ramener le bloc vers sa position d'équilibre, $x = 0$. La deuxième loi de Newton ($\Sigma F_x = ma_x$) appliquée au bloc donne $-kx = ma_x$, ce qui revient à écrire

$$a_x = -\frac{k}{m}x \qquad (1.7)$$

L'accélération prédite est directement proportionnelle et de sens opposé à la position, ce qui est l'une des trois conditions caractérisant tout mouvement harmonique simple, énoncées à la fin de la section 1.1. Les lois de Newton prédisent donc qu'un système bloc-ressort décrira un mouvement harmonique simple. En plus de prédire le type de mouvement décrit, cette analyse dynamique permet aussi de prédire la fréquence angulaire de ce mouvement : comme $a_x = \mathrm{d}^2x/\mathrm{d}t^2$, on a

$$\frac{\mathrm{d}^2x}{\mathrm{d}t^2} + \frac{k}{m}x = 0 \qquad (1.8)$$

Si l'on compare l'équation 1.8 à l'équation 1.5a ou l'équation 1.7 à l'équation 1.5b, on constate que le système bloc-ressort effectue un mouvement harmonique simple de fréquence angulaire

Fréquence angulaire de l'oscillation d'un système bloc-ressort

$$\omega = \sqrt{\frac{k}{m}} \qquad (1.9)$$

et de période

Période de l'oscillation d'un système bloc-ressort

$$T = \frac{2\pi}{\omega} = 2\pi\sqrt{\frac{m}{k}} \qquad (1.10)$$

Cette équation montre que l'analyse dynamique prédit que la période est indépendante de l'amplitude, condition d'isochronisme nécessaire pour que le mouvement soit considéré comme un mouvement harmonique simple. Pour une constante de ressort donnée, la période augmente avec la masse du bloc : un bloc de masse plus grande va osciller plus lentement. Pour un bloc donné, la période diminue au fur et à mesure que k augmente : un ressort plus rigide va produire des oscillations plus rapides.

Rappel mathématique : les solutions multiples des fonctions trigonométriques inverses

Lorsqu'on étudie un mouvement harmonique simple à l'aide des équations 1.2, 1.3 et 1.4, il arrive parfois que l'on doive utiliser les fonctions trigonométriques inverses (arcsin, arccos et arctan) pour isoler une variable. Dans ce cas, la calculatrice nous donne seulement une solution parmi un nombre infini de solutions possibles. Par exemple, si on cherche arcsin(0,5), c'est-à-dire l'angle dont le sinus égale 0,5, la calculatrice donne $\pi/6$ rad (= 0,524 rad). Or, si on se limite aux angles compris entre 0 et 2π, il existe un deuxième angle dont le sinus égale 0,5 : il s'agit de $5\pi/6$ rad.

La façon la plus simple de déterminer les angles qui ont la même valeur de sinus, de cosinus ou de tangente consiste à faire appel au *cercle trigonométrique*. Il s'agit d'un cercle de rayon unitaire qui est centré sur l'origine d'un système d'axes xy. Par définition, les coordonnées x et y d'un point sur ce cercle correspondent respectivement aux valeurs du cosinus et du sinus de l'angle correspondant à la position de ce point mesurée dans le sens antihoraire à partir de l'axe des x positifs (figure 1.7a). À la figure 1.7b, on a indiqué un angle α dans le premier quadrant. Parmi les angles entre 0 et 2π, il existe un seul autre angle qui possède le même sinus. Cet angle β est celui qui possède la même coordonnée *verticale*. Par symétrie dans le cercle, on voit que $\beta = \pi - \alpha$. Dans l'exemple donné au paragraphe précédent, $\alpha = \pi/6$, et l'autre angle dont le sinus est identique vaut $\beta = \pi - \pi/6 = 5\pi/6$ rad. À la figure 1.7c, on a tracé un angle α dans le deuxième quadrant. Parmi les angles entre 0 et 2π, il existe un seul autre angle qui possède le même cosinus. Cet angle β est celui qui possède la même coordonnée *horizontale*. Par symétrie dans le cercle, on voit que $\beta = 2\pi - \alpha$. Étant donné que la tangente d'un angle θ correspond à $\sin\theta/\cos\theta$, la fonction tangente donnera elle aussi la même valeur pour deux angles différents situés entre 0 et 2π. Comme l'illustre la figure 1.7d, ces angles qui ont la même valeur de tangente sont séparés par π : si α est l'angle donné par la fonction arctangente sur la calculatrice, alors $\beta = \alpha + \pi$ est aussi une solution.

Jusqu'à présent, nous nous sommes limités aux angles situés entre 0 et 2π, mais un angle peut être supérieur à 2π. Or, deux angles séparés par un multiple entier de 2π (c'est-à-dire par un nombre entier de tours complets) correspondent tous deux à la même coordonnée verticale et à la même coordonnée horizontale sur le cercle trigonométrique et ont donc la même valeur de sinus, de cosinus et de tangente. En conséquence, toute fonction trigonométrique inverse a une infinité de solutions : deux solutions (α et β) situées entre 0 et 2π, ainsi que tous les angles $\alpha \pm n(2\pi)$ et $\beta \pm n(2\pi)$ où n est un nombre naturel.

Si l'utilisation du cercle trigonométrique permet aisément de trouver les différentes solutions possibles des fonctions trigonométriques inverses, c'est l'analyse physique qui permet de choisir *la bonne* solution dans un cas particulier (voir les exemples 1.3 et 1.4).

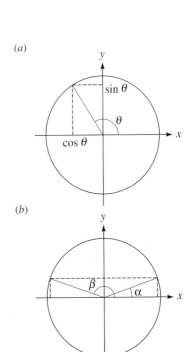

(a)

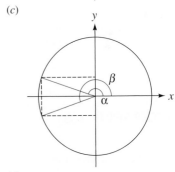

(b)

(c)

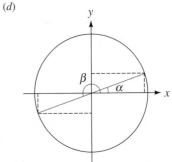

(d)

Figure 1.7 ▲

(a) Les coordonnées x et y du point sur le cercle correspondent respectivement aux valeurs du cosinus et du sinus de l'angle θ, si ce dernier est mesuré dans le sens antihoraire à partir de l'axe des x, tel que représenté. (b) Les angles α et β ont la même valeur de sinus. (c) Les angles α et β ont la même valeur de cosinus. (d) Les angles α et β ont la même valeur de tangente.

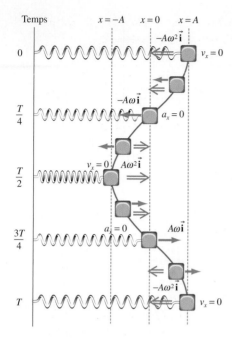

Temps $x=-A$ $x=0$ $x=A$

0

$\dfrac{T}{4}$

$\dfrac{T}{2}$

$\dfrac{3T}{4}$

T

$-A\omega^2\vec{\mathbf{i}}$ $v_x=0$

$-A\omega\vec{\mathbf{i}}$ $a_x=0$

$v_x=0$ $A\omega^2\vec{\mathbf{i}}$

$a_x=0$ $A\omega\vec{\mathbf{i}}$

$-A\omega^2\vec{\mathbf{i}}$ $v_x=0$

Figure 1.8 ▲
L'accélération (en vert) et la vitesse
(en rouge) d'un bloc oscillant à l'extrémité
d'un ressort à intervalles de $T/4$.

Convention d'écriture pour l'équation du mouvement du système bloc-ressort

Il est intéressant de remarquer que le même mouvement harmonique simple peut être décrit par plusieurs expressions mathématiques équivalentes. Par exemple, si la position d'un bloc est donnée par $x(t) = 5\sin(2t + \pi)$, les expressions $5\sin(2t + 5\pi)$, $-5\sin(2t)$, $5\sin(-2t)$ et $5\cos(2t - \pi/2)$ sont tout à fait équivalentes (voir l'exercice E1). Afin d'uniformiser la présentation, nous allons utiliser la convention suivante pour décrire le mouvement d'un système bloc ressort :

> **Convention d'écriture pour l'équation du mouvement du système bloc-ressort**
>
> À moins d'avis contraire, nous allons choisir de représenter la position en fonction du temps du bloc dans un système bloc-ressort par la fonction $x(t) = A\sin(\omega t + \phi)$, où $A > 0$, $\omega > 0$ et $0 \le \phi < 2\pi$. De plus, nous allons considérer qu'un *allongement* du ressort par rapport à la position d'équilibre correspond à une valeur *positive* de x (figure 1.8).

EXEMPLE 1.3

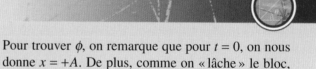

Un bloc de 2 kg est attaché à un ressort pour lequel $k = 200$ N/m (figure 1.6, p. 6). On l'allonge de 5 cm et on le lâche à $t = 0$, après quoi il oscille sans frottement. Trouver : (a) l'équation de la position du bloc en fonction du temps ; (b) sa vitesse lorsque $x = +A/2$; (c) son accélération lorsque $x = +A/2$. (d) Quelle est la force résultante sur le bloc au moment $t = \pi/15$ s ? (e) Quels sont les trois premiers instants t auxquels le bloc passe à la position $x = -A/2$?

Solution

(a) Nous avons besoin de déterminer A, ω et ϕ dans l'équation 1.2. Dans ce cas particulier où il est spécifié qu'on « lâche » le bloc, le ressort aura un allongement maximum de 5 cm. L'amplitude se trouve ainsi particulièrement facile à déterminer : elle correspond à l'allongement maximal du ressort, donc $A = 0,05$ m. D'après l'équation 1.9, la fréquence angulaire est

$$\omega = \sqrt{\dfrac{k}{m}} = 10 \text{ rad/s}$$

Pour trouver ϕ, on remarque que pour $t = 0$, on nous donne $x = +A$. De plus, comme on « lâche » le bloc, cela signifie qu'à $t = 0$, $v_x = 0$. On a donc, d'après l'équation 1.2 et l'équation 1.3,

$$A = A \sin(0 + \phi)$$
$$0 = 10A \cos(0 + \phi)$$

Puisque $\sin\phi = 1$ et $\cos\phi = 0$, on déduit que $\phi = \pi/2$ rad. Donc

$$x = 0,05 \sin\left(10t + \dfrac{\pi}{2}\right) \qquad \text{(i)}$$

où x est en mètres et t en secondes.

(b) À chacune des périodes de l'oscillation, le bloc passe deux fois à la position $x = +A/2$: une fois en se déplaçant vers la droite et une fois en se déplaçant vers la gauche. On s'attend donc à trouver deux réponses possibles pour v_x : une positive et une négative. Comme le mouvement se fait sans frottement, ces deux vitesses devraient aussi avoir le même module. Pour les déterminer, il nous faut trouver les phases pour lesquelles $x = +A/2$, en substituant les valeurs dans l'équation (i). On obtient alors $0,5 = \sin(10t + \pi/2)$, d'où l'on déduit que $(10t + \pi/2) = \arcsin(0,5) = 0,524$ rad ou 2,62 rad. (Il nous suffit de déterminer la phase, nous n'avons pas besoin du temps.) La vitesse est donnée par

$$v_x = \frac{dx}{dt} = 0,5 \cos\left(10t + \frac{\pi}{2}\right)$$

$$= 0,5 \cos 0,524 \quad \text{ou} \quad 0,5 \cos 2,62$$

$$= +0,433 \text{ m/s} \quad \text{ou} \quad -0,433 \text{ m/s}$$

Pour une position donnée, on trouve donc, tel que prévu, deux vitesses de même module et de sens opposés.

(c) L'accélération en $x = A/2$ peut être déterminée à partir de l'équation 1.5b :

$$a_x = -\omega^2 x$$

$$= -(10 \text{ rad/s})^2 (0,05 \text{ m}/2) = -2,5 \text{ m/s}^2$$

On peut aussi procéder en utilisant les résultats obtenus en (b). On a trouvé que les phases où $x = A/2$ sont $10t + \pi/2 = 0,524$ rad et $10t + \pi/2 = 2,62$ rad. Il suffit de substituer les valeurs dans $a_x = dv_x/dt = -5 \sin(10t + \pi/2)$. On obtient alors le même résultat, soit $a_x = -2,5 \text{ m/s}^2$.

(d) Comme il n'y a aucun frottement, la force résultante sur le bloc correspond à la force exercée par le ressort : $\Sigma F_x = F_{\text{res}_x}$. Or, d'après la loi de Hooke (équation 1.6), $F_{\text{res}_x} = -kx = -(200)(0,05)$ $\sin(10\pi/15 + \pi/2) = +5$ N. (On aurait aussi pu obtenir a_x à $t = \pi/15$ et, selon la seconde loi de Newton, substituer les valeurs dans $\Sigma F_x = ma_x$.)

(e) Mathématiquement, il suffit de substituer la position $x = -A/2$ dans l'équation (i) et d'isoler le temps t. Toutefois, cette *démarche mathématique* donne une infinité de solutions possibles et seule une *analyse physique* permettra de déterminer quels sont les trois bons temps.

Démarche mathématique : Substituer $x = -A/2$ dans l'équation (i) donne, après simplification :

$$\sin\left(10t + \frac{\pi}{2}\right) = -0,5$$

Si l'on désigne l'angle $10t + \pi/2$ par le symbole θ, l'équation ci-dessus donne donc $\theta = \arcsin(-0,5)$. Cette équation comporte une infinité de solutions :

- La solution donnée par la calculatrice est $-\pi/6$, un angle dans le quatrième quadrant.
- L'angle $7\pi/6$, dans le troisième quadrant, a le même sinus que $-\pi/6$ puisqu'il intercepte un point du cercle trigonométrique qui a la même coordonnée y.
- Tous les angles qui diffèrent de ces deux solutions par un multiple entier de 2π sont aussi des solutions, y compris les angles négatifs. Les solutions sont donc : ..., $-5\pi/6$, $-\pi/6$, $7\pi/6$, $11\pi/6$, $19\pi/6$, $23\pi/6$, ...

Analyse physique : La phase, que nous avons désignée par le symbole θ, est un angle qui dépend du temps. Au moment où le bloc est lâché ($t = 0$), la valeur initiale de cet angle est $\theta = 10(0) + \pi/2$ $= \pi/2$ et, à mesure que le temps progresse, la valeur de θ *augmente*. Cet angle croissant intercepte donc des points différents sur le cercle trigonométrique et finira par rencontrer pour la première fois un point dont la coordonnée y (sinus) est $-0,5$:

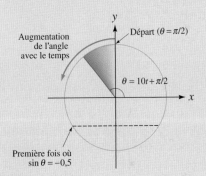

Figure 1.9 ▲

Quand l'angle augmente, son sinus devient $-0,5$ deux fois par oscillation. Quelles sont les trois premières de ces fois après $t = 0$?

Le trait bleu sur la figure 1.9 repassera une infinité de fois vis-à-vis du trait pointillé croissant les points dont le sinus est $-0,5$, puisque rien ne limite le nombre de tours qu'il peut faire. Par contre, on peut maintenant déterminer les trois *premières* fois où il rencontre ce pointillé. Parmi les solutions obtenues par la démarche mathématique, les trois *premières* valeurs de θ dont le sinus est $-0,5$ sont les trois premières valeurs supérieures à $\pi/2$ (valeur de θ quand $t = 0$), soit $7\pi/6$, $11\pi/6$ et $19\pi/6$. (Notez que le troisième angle correspond à plus d'un tour complet.) En substituant chacun d'eux dans $\theta = 10t$ $+ \pi/2$, on obtient donc les trois premiers temps correspondants, soit 0,209 s, 0,419 s et 0,838 s.

Dans un système bloc-ressort, $m = 0,2$ kg et $k = 5$ N/m. À $t = \pi/10$ s, le ressort est comprimé de 6 cm ($x = -6$ cm) et la vitesse du bloc est $v_x = -40$ cm/s. (a) Trouver l'équation de la position du bloc en fonction du temps et tracer la courbe la représentant. (b) Si l'on observe le mouvement qui se poursuit après $t = \pi/10$ s, quel est le premier instant ($> \pi/10$) auquel la composante horizontale de vitesse du bloc est positive et égale à 60 % de sa valeur maximale ?

Solution

(a) Nous avons besoin de déterminer ω, A et ϕ dans l'équation 1.2. D'après l'équation 1.9, la fréquence angulaire est

$$\omega = \sqrt{\frac{k}{m}} = \sqrt{\frac{5 \text{ N/m}}{0,2 \text{ kg}}} = 5 \text{ rad/s}$$

Si l'on utilise les renseignements donnés dans l'équation 1.2 et l'équation 1.3, on trouve

$$-0,06 = A \sin\left(\frac{5\pi}{10} + \phi\right) \qquad \text{(i)}$$

$$\frac{-0,40}{5} = A \cos\left(\frac{5\pi}{10} + \phi\right) \qquad \text{(ii)}$$

En élevant au carré les deux équations puis en les additionnant, on trouve $A = 0,10$ m (rappelons que $\cos^2\theta + \sin^2\theta = 1$). Le rapport des équations (i) et (ii) nous permet de trouver ϕ :

$$\tan\left(\frac{\pi}{2} + \phi\right) = 0,75 \qquad \text{(iii)}$$

Cela donne ($\pi/2 + \phi$) = arctan 0,75. (On pourrait aussi remplacer $A = 0,1$ m soit dans (i), soit dans (ii).)

💡 On obtient deux solutions possibles : ($\pi/2 + \phi$) = 0,64 rad ou 3,78 rad. Comme le sinus et le cosinus dans (i) et (ii) sont tous deux négatifs, l'angle approprié est dans le troisième quadrant, et l'on choisit donc ($\pi/2 + \phi$) = 3,78 rad. ∎

On en déduit $\phi = 2,21$ rad. La position en fonction du temps est donnée par

$$x = 0,1 \sin(5t + 2,21) \qquad \text{(iv)}$$

où x est en mètres et t en secondes. Cette fonction est représentée graphiquement à la figure 1.10. La période est $T = 2\pi/\omega = 2\pi/5 = 1,26$ s et le décalage par rapport à un sinus non décalé (en pointillé) est de $|\phi|/\omega = 0,44$ s vers la gauche.

(b) La dérivée de (iv) est

$$v_x = 0,5 \cos(5t + 2,21) \text{ m/s} \qquad \text{(v)}$$

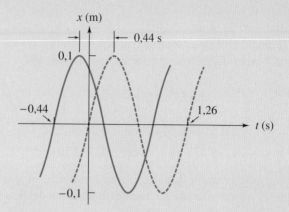

Figure 1.10 ▲
La fonction $x = 0,1 \sin(5t + 2,21)$ (en trait plein) comparée à la fonction $x = 0,1 \sin(5t)$ (en pointillé).

Cette équation montre que la composante x de vitesse oscille entre $-0,5$ m/s et $+0,5$ m/s. Or, on cherche le temps t pour lequel la vitesse a un module égal à 60 % de cette valeur maximale de 0,5 m/s et a une composante x positive. Mathématiquement, il suffit donc de substituer $v_x = +0,3$ m/s dans l'équation (v) et d'isoler t. Toutefois, cette *démarche mathématique* donne une infinité de solutions possibles et seule une *analyse physique* permettra de déterminer quel est le bon temps.

Démarche mathématique : Substituer $v_x = +0,3$ m/s dans l'équation (v) donne, après simplification :

$$0,6 = \cos(5t + 2,21)$$

Si l'on désigne la phase $5t + 2,21$ par le symbole θ, on obtient $\theta = \arccos 0,6$. Cette équation comporte une infinité de solutions :

- La solution donnée par la calculatrice est 0,927 rad, un angle situé dans le premier quadrant.
- L'angle 5,36 rad, situé dans le quatrième quadrant, a le même cosinus puisqu'il intercepte un point du cercle trigonométrique qui a la même coordonnée x.
- Tous les angles qui diffèrent par un multiple entier de 2π sont aussi des solutions, y compris les angles négatifs. Les solutions sont donc : ..., $-5,36$ rad, $-0,927$ rad, $+0,927$ rad, 5,36 rad, 7,21 rad, ...

Analyse physique : La phase $\theta = 5t + 2,21$ augmente avec le temps à partir du moment initial $t = \pi/10$. À $t = \pi/10$, sa valeur initiale est $\theta = 5\left(\frac{\pi}{10}\right) + 2,21$ = 3,79 rad, un angle situé dans le troisième quadrant. À mesure que le temps progresse après $t = \pi/10$, l'angle θ augmente et intercepte donc des points différents sur le cercle trigonométrique (figure 1.11). Il finira par rencontrer pour la première fois un point dont le cosinus est $+0,6$.

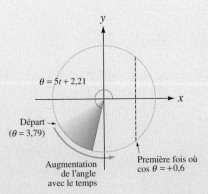

$\theta = 5t + 2,21$

Départ →
($\theta = 3,79$)

Augmentation
de l'angle
avec le temps

Première fois où
$\cos \theta = +0,6$

Figure 1.11 ▲
Quand l'angle augmente, son cosinus devient +0,6 deux fois par
oscillation. Quelle est la première de ces fois après $t = \pi/10$?

Le trait bleu sur la figure 1.11 repassera une infinité
de fois vis-à-vis du trait pointillé croisant les points
dont le cosinus est +0,6, puisque rien ne limite le
nombre de tours qu'il peut faire. Par contre, on peut
maintenant déterminer la *première* fois où il rencontre ce pointillé. Parmi les solutions mathématiques ci-dessus, celle que nous recherchons est la
première qui soit supérieure à 3,79 rad, soit 5,36 rad.
En substituant cette valeur dans $\theta = 5t + 2,21$, on
obtient donc le temps correspondant, soit 0,628 s.

EXEMPLE 1.5

Montrer qu'un bloc suspendu à un ressort vertical
(figure 1.12) effectue un mouvement harmonique
simple.

Solution

Analysons la situation à l'aide d'un axe des x positifs
vers le bas dont l'origine correspond à la position de
l'extrémité du ressort lorsque le bloc n'est pas attaché (figure 1.12). Soit $x_{éq}$, la position d'équilibre du
bloc lorsqu'il est attaché au ressort : le poids du bloc
y est égal à la force exercée par le ressort, et on peut
écrire

$$mg = kx_{éq}$$

Pour une position x quelconque du bloc, la force
résultante sur le bloc est

$$\sum F_x = mg - kx = kx_{éq} - kx = -k(x - x_{éq}) = -kx'$$

où $x' = x - x_{éq}$ est la position du bloc par rapport à
l'équilibre. La deuxième loi de Newton nous donne

$\sum F_x = ma_x = -kx'$: l'accélération est directement
proportionnelle et de sens opposé à la position par
rapport à l'équilibre, et on a donc bien un mouvement harmonique simple (voir l'équation 1.7).

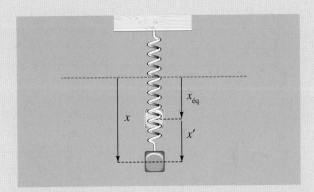

Figure 1.12 ▲
Un bloc oscillant à l'extrémité d'un ressort vertical effectue
un mouvement harmonique simple.

1.3 L'énergie dans un mouvement harmonique simple

La force exercée par un ressort idéal est conservative, ce qui signifie qu'en
l'absence de frottement l'énergie mécanique du système bloc-ressort est constante. On peut donc examiner le mouvement du bloc du point de vue de la
conservation de l'énergie. On peut utiliser l'équation 1.2 pour exprimer l'énergie potentielle du ressort comme étant

$$U = \tfrac{1}{2}kx^2 = \tfrac{1}{2}kA^2 \sin^2(\omega t + \phi) \qquad (1.11)$$

D'après l'équation 1.3, l'énergie cinétique du bloc est

$$K = \tfrac{1}{2}mv^2 = \tfrac{1}{2}mv_x^2 = \tfrac{1}{2}m\omega^2 A^2 \cos^2(\omega t + \phi) \qquad (1.12)$$

(Ici, v^2 et v_x^2 coïncident car la vitesse est entièrement selon l'axe des x, ce qui implique que $v_x = \pm v$.) Comme $\omega^2 = k/m$ et $\cos^2 \theta + \sin^2 \theta = 1$, l'énergie mécanique, $E = K + U$, s'écrit

Énergie mécanique d'un système bloc-ressort

$$E = \tfrac{1}{2}mv^2 + \tfrac{1}{2}kx^2 = \tfrac{1}{2}kA^2 \qquad (1.13)$$

Comme l'amplitude A est constante, cette équation exprime que l'énergie mécanique E d'un oscillateur harmonique simple est constante et proportionnelle au carré de l'amplitude. La variation de K et de U en fonction de x est représentée à la figure 1.13. Quand $x = \pm A$, l'énergie cinétique est nulle et l'énergie mécanique est égale à l'énergie potentielle maximale, $E = U_{max} = \tfrac{1}{2}kA^2$. Ce sont les points extrêmes du mouvement harmonique simple. En $x = 0$, $U = 0$, et l'énergie est purement cinétique, c'est-à-dire $E = K_{max} = \tfrac{1}{2}m(\omega A)^2$. La figure 1.14 représente les variations de K et de U avec le temps, en supposant que $\phi = 0$.

À la figure 1.13, on voit que le bloc est dans un « puits de potentiel » créé par le ressort (*cf.* chapitre 8 du tome 1). *Tout mouvement harmonique simple est caractérisé par un puits de potentiel parabolique.* Autrement dit, l'énergie potentielle est proportionnelle au carré de la position.

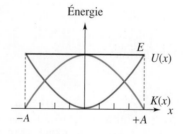

Figure 1.13 ▲

Les variations de l'énergie cinétique (courbe rouge), de l'énergie potentielle (courbe bleue) et de l'énergie mécanique (trait noir) en fonction de la position.

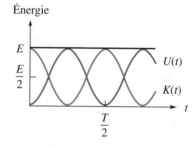

Figure 1.14 ▲

Les variations de l'énergie cinétique, de l'énergie potentielle et de l'énergie mécanique en fonction du temps.

Si le puits n'est pas parabolique, on utilise souvent l'approximation harmonique simple comme représentation simplifiée. Cela est possible, car la plupart des puits de potentiel, quelle que soit leur forme exacte, ont un « fond » approximativement parabolique. En conséquence, toute oscillation d'amplitude suffisamment faible s'y produisant peut être considérée approximativement comme un mouvement harmonique simple. Cette représentation simple est particulièrement utile pour étudier le comportement des atomes dans les molécules et les cristaux, où ils oscillent avec une faible amplitude par rapport à leur position d'équilibre.

EXEMPLE 1.6

Dans l'exemple 1.3, la position d'un bloc de 2 kg attaché à un ressort, pour lequel $k = 200$ N/m, était donnée par

$$x = 0,05 \sin\left(10t + \frac{\pi}{2}\right)$$

où x est en mètres et t en secondes. (a) Déterminer K, U et E pour $t = \pi/15$ s. (b) Quel est le module de la vitesse en $x = A/2$? (c) Pour quelle(s) valeur(s) de x a-t-on $K = U$? Exprimer la réponse en fonction de A et la comparer avec la figure 1.13.

Solution

(a) L'énergie mécanique est simplement égale à l'énergie potentielle maximale. Puisque $A = 0,05$ m, on a

$$E = \tfrac{1}{2}kA^2 = \tfrac{1}{2}(200)(0,05)^2 = 0,25 \text{ J}$$

À $t = \pi/15$ s, les énergies potentielle et cinétique sont

$$U = \tfrac{1}{2}kx^2 = \tfrac{1}{2}(200)\left[0,05 \sin\left(\frac{2\pi}{3} + \frac{\pi}{2}\right)\right]^2$$

$$= 0,0625 \text{ J}$$

$$K = \tfrac{1}{2}mv^2 = \tfrac{1}{2}mv_x^2 = \tfrac{1}{2}(2)\left[0,5 \cos\left(\frac{2\pi}{3} + \frac{\pi}{2}\right)\right]^2$$

$$= 0,188 \text{ J}$$

Comme il se doit, $E = K + U$.

(b) En remplaçant x par $A/2$ dans l'équation 1.13, on obtient

$$\tfrac{1}{2}mv^2 + \tfrac{1}{2}k\left(\frac{A}{2}\right)^2 = \tfrac{1}{2}kA^2$$

Par conséquent,

$$v^2 = \frac{3kA^2}{4m} = \frac{3(200)(0,05)^2}{4 \times 2} = 0,188 \text{ m}^2/\text{s}^2$$

d'où l'on tire $v = 0,43$ m/s.

(c) Puisque $E = K + U$ et $K = U$, on a $U = E/2$. Donc, $\tfrac{1}{2}kx^2 = \tfrac{1}{4}kA^2$, ce qui donne $x = \pm A/\sqrt{2} \approx \pm 0,7A$. Ces deux valeurs de x correspondent bien aux deux endroits de la figure 1.13 où les courbes rouge (K) et bleue (U) se croisent.

EXEMPLE 1.7

Utiliser le principe de la conservation de l'énergie mécanique dans un système bloc-ressort pour déterminer A à la question (a) de l'exemple 1.4.

Solution

D'après $E = \tfrac{1}{2}mv^2 + \tfrac{1}{2}kx^2 = \tfrac{1}{2}kA^2$, on a, après simplification des facteurs $\tfrac{1}{2}$:

$$(0,2 \text{ kg})(0,4 \text{ m/s})^2 + (5 \text{ N/m})(-0,06 \text{ m})^2$$

$$= (5 \text{ N/m})A^2$$

qui donne $A = 0,10$ m.

EXEMPLE 1.8

(a) Montrer que l'on peut obtenir l'équation différentielle du mouvement harmonique simple (équation 1.5a) à partir de l'expression donnant l'énergie mécanique E du système, si on se rappelle que cette dernière est constante dans le temps. (b) Montrer que l'on peut aussi obtenir cette équation si on se rappelle que l'énergie mécanique E est constante dans l'espace (c'est-à-dire lorsque la position du bloc change).

Solution

(a) L'énergie mécanique d'un oscillateur harmonique simple est donnée par l'équation 1.13. Comme cette énergie E est constante dans le temps, cela signifie que $dE/dt = 0$, d'où :

$$\frac{dE}{dt} = mv_x\frac{dv_x}{dt} + kx\frac{dx}{dt} = 0$$

(Ici, on a remplacé v^2 par v_x^2 dans l'équation 1.13. Cela est possible puisque le vecteur vitesse est orienté entièrement selon l'axe des x, ce qui implique que $v_x = \pm v$.)

En éliminant le facteur commun $v_x = \mathrm{d}x/\mathrm{d}t$, on obtient

$$m\frac{\mathrm{d}v_x}{\mathrm{d}t} + kx = 0$$

Puisque $\mathrm{d}v_x/\mathrm{d}t = \mathrm{d}^2x/\mathrm{d}t^2$ et que $k/m = \omega^2$, cette équation est équivalente à l'équation 1.5a.

(b) Comme l'énergie E est constante dans l'espace, cela signifie que $\mathrm{d}E/\mathrm{d}x = 0$. Pour obtenir l'équation 1.5a à partir de cette condition, on dérive l'équation 1.13 par rapport à x, ce qui donne d'abord $\mathrm{d}E/\mathrm{d}x = mv_x(\mathrm{d}v_x/\mathrm{d}x) + kx = 0$, et on utilise la règle de dérivation des fonctions composées $\mathrm{d}v_x/\mathrm{d}x = (\mathrm{d}v_x/\mathrm{d}t)(\mathrm{d}t/\mathrm{d}x)$.

1.4 Les pendules

Le pendule simple

Un **pendule simple** est un système constitué d'une masse ponctuelle suspendue à l'extrémité d'un fil de masse négligeable. La figure 1.15 représente un pendule simple de longueur L et de masse m. La position de la masse mesurée le long de l'arc à partir du point le plus bas est $s = L\theta$, à la condition que l'angle θ, mesuré par rapport à la verticale, soit en radians. La composante tangentielle de la force résultante sur la masse est la composante tangentielle du poids. La deuxième loi de Newton selon la direction tangentielle s'écrit

$$-mg\sin\theta = m\frac{\mathrm{d}^2s}{\mathrm{d}t^2}$$

Le signe négatif dépend de la façon dont s a été défini et exprime que la composante de force est dans le sens négatif des s. Comme $s = L\theta$, on a $\mathrm{d}^2s/\mathrm{d}t^2 = L\mathrm{d}^2\theta/\mathrm{d}t^2$ et l'équation précédente devient :

$$-mg\sin\theta = mL\frac{\mathrm{d}^2\theta}{\mathrm{d}t^2}$$

Cette équation montre que plus θ est grand, plus l'accélération angulaire est élevée. Cela ressemble à l'effet d'un ressort obéissant à la loi de Hooke, mais n'y correspond évidemment pas en raison de la présence du sinus : contrairement à un ressort, il s'agit d'une force de rappel *non proportionnelle*. Toutefois, si on se limite uniquement à la situation où le pendule effectue une oscillation pour laquelle θ demeure un *petit angle*, on peut écrire $\sin\theta \approx \theta$, à la condition que l'angle θ soit exprimé en radians (voir les rappels de mathématiques de l'annexe B). L'équation devient alors

$$\frac{\mathrm{d}^2\theta}{\mathrm{d}t^2} + \frac{g}{L}\theta = 0 \tag{1.14}$$

En comparant cette équation avec l'équation 1.5a du mouvement harmonique simple, on voit que, dans l'approximation des petits angles, un pendule simple effectue un mouvement harmonique simple de fréquence angulaire

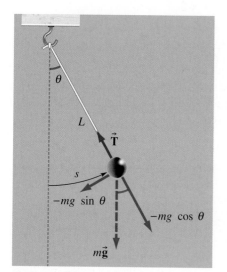

Figure 1.15 ▲

Un pendule simple. La seule force tangentielle est la composante du poids, soit $-mg\sin\theta$, et elle joue un rôle de rappel. Quand l'oscillation de l'angle θ est de faible amplitude, cette force de rappel est proportionnelle à la position s et le mouvement est donc un mouvement harmonique simple. Attention ! Dans cette figure, $\vec{T}$ représente la tension dans la corde et n'a aucun lien avec la période d'oscillation.

$$\omega = \sqrt{\frac{g}{L}} \qquad (1.15a)$$

et de période

$$T = 2\pi \sqrt{\frac{L}{g}} \qquad (1.15b)$$

Premièrement, notez que la fréquence angulaire ω (constante) donnée par l'équation 1.15a ne doit pas être confondue avec la vitesse angulaire instantanée du mouvement de rotation (non constante) pour laquelle nous avons utilisé le même symbole dans le tome 1. Ici, la vitesse angulaire instantanée sera désignée, le cas échéant, par $d\theta/dt$.

Deuxièmement, notez que l'équation 1.15b exprime que la période ne dépend ni de la masse ni de l'amplitude. Le modèle du pendule simple prédit donc la propriété d'isochronisme que Galilée avait estimée à propos des chandeliers de la cathédrale de Pise (voir la page 2). Notez toutefois que cette prédiction n'est soutenable que pour des oscillations de petite amplitude, celle-ci ayant un effet sur la période lorsqu'elle est plus grande. Galilée, s'il avait disposé d'un chronomètre moderne, n'aurait sûrement pas formulé une conclusion aussi générale.

La solution de l'équation 1.14 a la même forme que l'équation 1.2 :

$$\theta = \theta_0 \sin(\omega t + \phi) \qquad (1.16)$$

θ_0 étant l'amplitude angulaire. Notons que θ est la position angulaire, un paramètre physique, alors que ϕ est une constante de phase mathématique qui dépend des conditions initiales.

Le pendule composé

La figure 1.16 représente un corps rigide pivotant librement autour d'un axe horizontal qui ne passe pas par son centre de masse. Un tel système constitue un **pendule composé** et effectue, comme nous le montrerons, un mouvement harmonique simple pour de petits déplacements angulaires. Votre bras, si vous le « laissez tomber », est un exemple de pendule composé. Si d est la distance du pivot au centre de masse (CM), le moment de force de rappel qu'engendre le poids est $-r_\perp mg = -mgd \sin \theta$ (vers les valeurs décroissantes de θ). La deuxième loi de Newton en rotation, $\Sigma \tau = I\alpha$, s'écrit

$$-mgd \sin \theta = I \frac{d^2\theta}{dt^2}$$

où I est le moment d'inertie par rapport à l'axe donné. Ici encore, si on se limite uniquement à la situation où l'oscillation a une petite amplitude angulaire, on peut faire l'approximation des petits angles, $\sin \theta \approx \theta$, alors

$$\frac{d^2\theta}{dt^2} + \frac{mgd}{I}\theta = 0 \qquad (1.17)$$

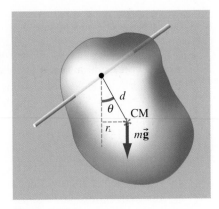

Figure 1.16 ▲

Un pendule composé pivotant autour d'un point autre que son centre de masse. Sur la figure, $r_\perp$ désigne le bras de levier.

qui est l'équation du mouvement harmonique simple. En comparant avec l'équation 1.5a, on obtient

Fréquence angulaire d'un pendule composé

$$\omega = \sqrt{\frac{mgd}{I}} \qquad (1.18)$$

et

$$T = 2\pi \sqrt{\frac{I}{mgd}} \qquad (1.19)$$

Si l'on connaît la position du centre de masse et la valeur de d, une mesure de la période nous permet alors de déterminer le moment d'inertie du corps.

EXEMPLE 1.9

La position angulaire θ (en radians) d'un pendule simple est donnée par

$$\theta = 0,1\pi \sin\left(2\pi t + \frac{\pi}{6}\right)$$

où t est en secondes. La masse du pendule vaut 0,4 kg. Déterminer : (a) la longueur du pendule simple ; (b) la vitesse tangentielle de la masse à t = 0,125 s.

Solution

(a) On nous donne $\theta_0 = 0,1\pi$ rad, $\phi = \pi/6$ rad et $\omega = 2\pi$ rad/s. Comme $\omega^2 = g/L$, on a

$$L = \frac{g}{\omega^2} = \frac{9,8 \text{ m/s}^2}{(2 \times 3,14 \text{ rad/s})^2} = 0,25 \text{ m}$$

(b) Puisque $s = L\theta$, la vitesse tangentielle de la masse, $v_t = ds/dt$, est

$$v_t = L\frac{d\theta}{dt}$$

$$= (0,25)(0,1\pi)(2\pi) \cos\left(2\pi(0,125) + \frac{\pi}{6}\right)$$

$$= 0,128 \text{ m/s}$$

On aurait pu aussi obtenir la vitesse tangentielle instantanée en multipliant la vitesse angulaire instantanée $d\theta/dt$ par le rayon L de la trajectoire.

EXEMPLE 1.10

Une tige homogène de masse m et de longueur L pivote librement autour d'une extrémité. (a) Quelle est la période de ses oscillations ? (b) Quelle est la longueur d'un pendule simple ayant la même période ?

Solution

(a) Le moment d'inertie d'une tige par rapport à une de ses extrémités est $I = \frac{1}{3}mL^2$ (voir le chapitre 11 du tome 1). Le centre de masse d'une tige homogène est situé en son milieu, de sorte que $d = L/2$ dans l'équation 1.19. La période est

$$T = 2\pi \sqrt{\frac{mL^2/3}{mgL/2}} = 2\pi \sqrt{\frac{2L}{3g}}$$

(b) En comparant l'équation 1.19 avec $T = 2\pi\sqrt{L/g}$ pour un pendule simple, on voit que la période d'un pendule composé est la même que celle d'un pendule simple « équivalent » de longueur

$$L_{\text{éq}} = \frac{I}{md}$$

Pour la tige homogène,

$$L_{\text{éq}} = \frac{mL^2/3}{mL/2} = \frac{2L}{3}$$

Si l'amplitude angulaire d'un pendule est grande, il n'est plus possible de faire l'approximation des petits angles, $\sin \theta \approx \theta$. Dans ce cas, les oscillations ne sont plus des oscillations harmoniques simples et la période augmente au fur et à mesure que l'amplitude angulaire augmente (*cf.* problème 11). Dans la pratique, l'amplitude d'un pendule, et donc sa période, diminuent avec le temps à cause des pertes liées au frottement. Dans une horloge sur pied, un contrepoids entraîne un mécanisme qui compense ces pertes d'énergie. En maintenant l'amplitude constante, il permet également de donner l'heure avec une plus grande précision.

Le pendule de torsion

Considérons un corps, comme un disque ou une tige, suspendu à l'extrémité d'un fil (figure 1.17). Lorsqu'on tord d'un angle θ l'extrémité du fil, entre autres par la rotation du corps, le moment de force de rappel τ obéit à la loi de Hooke : $\tau = -\kappa\theta$, où κ est appelée *constante de torsion* et où le signe négatif exprime que le moment de force a tendance à ramener θ vers sa valeur d'équilibre nulle. Si on lâche le fil après l'avoir tordu, le système oscillant est appelé **pendule de torsion**. La deuxième loi de Newton en rotation, $\Sigma\tau = I\alpha$, s'écrit

$$-\kappa\theta = I\frac{d^2\theta}{dt^2}$$

qui peut s'écrire aussi sous la forme

$$\frac{d^2\theta}{dt^2} + \frac{\kappa}{I}\theta = 0$$

Si l'on compare cette équation à l'équation 1.5*a*, on constate qu'elle est celle d'un mouvement harmonique simple de fréquence angulaire

Figure 1.17 ▲
Un pendule de torsion. Le moment de force de rappel d'une fibre ou d'un fil tordu est proportionnel à l'angle de torsion. Il s'agit donc d'un mouvement harmonique simple.

Fréquence angulaire d'un pendule de torsion

$$\omega = \sqrt{\frac{\kappa}{I}} \qquad (1.20)$$

et de période

$$T = 2\pi\sqrt{\frac{I}{\kappa}} \qquad (1.21)$$

Soulignons que nous n'avons pas utilisé l'approximation des petits angles. Tant que l'on ne dépasse pas la limite d'élasticité du fil au-delà de laquelle la loi de Hooke cesse d'être valable, le pendule va effectuer un mouvement harmonique simple.

1.5 La résonance

Dans les sections précédentes, nous avons vu qu'un système oscillant selon un mouvement harmonique simple se caractérise par une fréquence angulaire ω indépendante de l'amplitude de l'oscillation (équations 1.9, 1.15*a*, 1.18 et 1.20). Cette valeur de ω est la **fréquence angulaire propre** du système, que l'on dénotera dans ce qui suit par ω_0.

Un pendule de torsion conçu pour déceler les manifestations possibles d'une « cinquième force », qui remettrait en question le modèle actuel faisant appel à quatre forces fondamentales et utilisé pour interpréter toutes les interactions qui nous entourent. (*Physics Today*, juillet 1988, p. 21.)

Qu'arrive-t-il lorsqu'un système oscillant est excité par une force externe qui varie de manière périodique ? Considérons par exemple un système formé d'une personne assise sur une balançoire ; si cette personne, sans toucher le sol, donne des poussées périodiques sur les cordes, on peut modéliser ce système comme un pendule composé excité par une force externe. On observe alors que le résultat de ses efforts dépend de la différence entre la fréquence angulaire propre du système et la fréquence angulaire de la force externe qu'elle exerce, ω_e. Si ω_e est très différent de ω_0, il ne se passera pas grand-chose : une personne qui secoue les cordes beaucoup plus rapidement ou beaucoup plus lentement que le rythme naturel d'oscillation de la balançoire ne réussira pas à se balancer avec une amplitude appréciable. En revanche, si ω_e est très proche de ω_0, la force externe est « synchronisée » avec la fréquence angulaire propre du système et l'amplitude devient très grande. Lorsqu'on se balance, on ajuste instinctivement la fréquence angulaire de la force que l'on exerce avec la fréquence angulaire propre de la balançoire.

On dit d'un système oscillant excité par une force externe dont la fréquence angulaire est voisine de sa fréquence angulaire propre qu'il est en **résonance**. Même des structures de grandes dimensions, comme les tours, les ponts et les avions, peuvent osciller. Si un édifice est soumis par hasard à un mécanisme d'entraînement périodique (comme des bourrasques de vent, un tremblement de terre, etc.) dont la fréquence ω_e est voisine de la fréquence angulaire propre ω_0 de l'édifice, la résonance peut même le faire tomber en morceaux ! L'écroulement du pont de Tacoma dans l'État de Washington est un cas mémorable de résonance. (Voir le sujet connexe qui suit.)

Nous avons étudié dans le tome 2 la résonance dans les circuits électriques, qui est un phénomène vital pour l'émission et la réception des signaux de radio et de télévision. Ce phénomène est tout à fait analogue au phénomène de résonance que nous venons d'étudier, à l'exception que l'oscillation, celle du courant, est non mécanique : la source de tension joue le rôle du mécanisme externe et l'amplitude du courant est très importante quand la fréquence ω_e de la source correspond à la fréquence de résonance ω_0 du circuit. En fait, les phénomènes qu'on explique par la résonance sont omniprésents ; ils se manifestent jusque dans les processus atomiques et nucléaires.

SUJET CONNEXE

Autant en emporte le vent : l'effondrement du pont de Tacoma Narrows

À la fin des années 1930, on construisit aux États-Unis un pont au-dessus du détroit de Tacoma, afin notamment de relier les villes de Seattle et de Tacoma à la base navale de Bremerton. La circulation dans la région n'étant pas très dense, on opta pour un projet peu coûteux (6,5 millions de dollars : une aubaine, même pour l'époque) dont quelques caractéristiques sont énumérées au tableau 1.1 (p. 20) : un pont suspendu dont la travée principale mesurait 854 m de longueur (figure 1.18). Cela faisait du pont de Tacoma Narrows le 3e pont suspendu au monde pour la longueur, et de loin le plus étroit comparativement à sa longueur, car il ne comportait que deux voies de circulation (une dans chaque sens). Par souci d'économie, les poutrelles latérales (qui servent de lien entre les câbles de suspension et le tablier du pont) furent réduites au minimum : 2,5 m de hauteur. Avant même

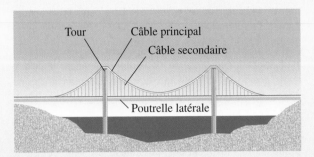

Figure 1.18 ▲

Schéma d'un pont suspendu. Deux tours massives supportent les câbles principaux. Les câbles secondaires sont accrochés aux câbles principaux et soutiennent les poutrelles latérales. Le tablier du pont (l'endroit où circulent les véhicules) est soutenu de part et d'autre par les poutrelles latérales (la figure 1.20, p. 21, montre une coupe latérale du tablier). La travée principale est la portion du tablier située entre les deux tours.

que la construction ne débute, T. L. Condron, un des ingénieurs chargés de la supervision du projet, se rendit compte que l'étroitesse du tablier du pont et des poutrelles latérales se traduisait par une flexibilité extrême, qui pouvait compromettre la stabilité de l'ensemble. Mais il ne réussit pas à convaincre ses supérieurs de faire élargir ou renforcer le tablier du pont; après tout, les plans avaient été dessinés par Leon Moisseiff, un ingénieur qui avait déjà conçu de nombreux ponts et dont la réputation n'était plus à faire.

Pendant la construction, on se rendit compte que le pont était effectivement très flexible : le moindre vent faisait osciller verticalement la travée principale avec une amplitude facilement perceptible sur une période de 8 s environ. On décida néanmoins que la situation était sans danger, et on ouvrit le pont à la circulation comme prévu en juillet 1940. Les usagers se rendirent rapidement compte des oscillations et donnèrent au pont le surnom de « Galloping Gertie ». Plusieurs disaient en plaisantant que les sensations fortes éprouvées lors de la traversée valaient amplement le prix du péage à l'entrée du pont.

Les concepteurs du pont trouvaient cela moins drôle. Ils essayèrent de stabiliser l'ouvrage par tous les moyens. On rajouta des câbles secondaires supplémentaires en diagonale entre le câble principal et les poutrelles latérales qui soutenaient le tablier – sans grand résultat. Trois mois après l'ouverture du pont, on fixa sur chaque rive des blocs d'ancrage de 50 t, reliés au tablier par des câbles de 4 cm de diamètre. À la première tempête, les câbles cassèrent, mais on les réinstalla quand même trois jours plus tard.

Le 7 novembre 1940, quatre mois après l'inauguration du pont, un vent particulièrement intense (environ 65 km/h) s'engouffra dans le détroit de Tacoma. La travée centrale

se mit à osciller avec une amplitude qui dépassait 1 m. On arrêta la circulation. Deux voitures restèrent immobilisées au milieu du pont, incapables de continuer en raison des oscillations. Toutefois, leurs occupants réussirent à rejoindre tant bien que mal les rives (un malheureux chien abandonné dans une des voitures n'eut pas cette chance). Après quelques heures d'oscillations verticales intenses, l'ancrage d'un des câbles principaux se brisa, ce qui entraîna un déséquilibre entre les deux côtés du pont. C'est alors que la catastrophe se produisit : l'oscillation verticale se transforma en une oscillation de torsion, clairement visible sur la figure 1.19a. Le mode d'oscillation de torsion, qui n'avait jamais été observé, était beaucoup plus dommageable pour la structure du pont que l'oscillation verticale habituelle. L'amplitude de l'oscillation atteignit rapidement 8 m, et la travée centrale finit par s'écrouler (figure 1.19b).

(a)

(b)

Figure 1.19 ▲

(a) Le 7 novembre 1940, le pont de Tacoma se mit à osciller sous l'action du vent. (b) Au bout de quelques heures, la travée centrale s'écroula.

Tableau 1.1 ▼
Caractéristiques du pont de Tacoma Narrows (1940)

Hauteur des tours	126 m
Longueur de la travée principale	854 m
Hauteur des poutrelles latérales	2,5 m
Largeur du tablier	12 m

C'est une coïncidence malheureuse qui a causé le passage du mode d'oscillation vertical au mode de torsion : la période naturelle de torsion du tablier du pont était d'environ 6 s, ce qui était très proche des 8 s de la période naturelle des oscillations verticales. Si les deux périodes avaient été plus éloignées, comme c'est le cas pour les ponts qui sont proportionnellement plus larges, le pont aurait vraisemblablement continué d'osciller verticalement ; il aurait été endommagé, certes, mais il aurait tenu le coup.

Le pont de Tacoma Narrows n'était pas le premier pont suspendu à s'effondrer. Dans la première moitié du XIXᵉ siècle, plusieurs ponts suspendus dont la travée centrale ne dépassait pas 200 m s'étaient écroulés en Europe. En 1854 et 1864, aux États-Unis, deux ponts suspendus de 300 m avaient subi le même sort. Toutefois, la dernière catastrophe du genre remontait à plus de 50 ans : en 1889, un pont suspendu de 384 m s'était effondré dans la rivière Niagara. Depuis, les techniques de construction s'étaient grandement améliorées, et personne ne pensait qu'un pont pouvait encore s'effondrer. La rupture du pont de Tacoma Narrows révéla le danger de construire des ponts suspendus trop flexibles et entraîna l'établissement de normes plus sévères : désormais, il faudrait obligatoirement tester une maquette du pont et du relief avoisinant en soufflerie avant la construction. Après la Deuxième Guerre mondiale, l'avènement des ordinateurs permit de faire des simulations détaillées du comportement d'un objet complexe (comme un pont) dans des conditions extrêmes. En 1950, on construisit un nouveau pont sur le même site, à quatre voies cette fois, avec des poutrelles latérales trois fois plus grosses et une armature croisée rigide sous le tablier. Le nouveau pont de Tacoma Narrows n'a jamais eu de défaillances.

L'effondrement du premier pont de Tacoma Narrows demeure encore aujourd'hui une des catastrophes d'ingénierie les plus célèbres. Cela est certainement dû en partie au fait qu'une équipe d'ingénieurs chargés de régler les problèmes du pont était en train de filmer le jour de l'effondrement. Dans le film, quelques minutes avant la rupture, on voit le professeur F. B. Farquharson en train de courir sur la ligne médiane du tablier du pont, sur le sens de sa longueur, qui correspondait à un nœud de l'oscillation en torsion ! Pourtant, malgré le film et les mesures précises qui furent prises pendant l'effondre-

ment, les causes exactes de l'accident font encore l'objet d'un débat. Il semble clair qu'un phénomène quelconque de résonance soit en cause.

Mais, pour qu'un système entre en résonance, il doit y avoir une force variable qui agit sur lui selon la bonne période d'oscillation. Le jour fatidique du 7 novembre 1940, d'où venait cette force ?

La commission d'enquête chargée d'étudier la question proposa trois explications possibles : un vent soufflant par rafales à la période de résonance, la création de tourbillons alternés de part et d'autre du tablier du pont à la période de résonance, ou encore le transfert d'énergie du vent vers le mode fondamental d'oscillation par un processus d'autoexcitation.

L'hypothèse d'un vent soufflant par rafales à la période de résonance a l'avantage d'être la plus simple et la plus facile à comprendre... un rêve de pédagogue ! Depuis 1940, plusieurs livres d'introduction à la physique ont présenté cette hypothèse. Si on suppose que le vent soufflait de manière périodique à la période précise de résonance, la catastrophe de Tacoma Narrows devient une application directe et spectaculaire de la théorie de base de la résonance. Malheureusement, cette explication ne représente pas correctement la réalité. Le vent peut certes souffler par rafales, mais comment croire que des rafales puissent non seulement parvenir précisément à la période de résonance, mais de plus se maintenir à ce rythme exact pendant plusieurs heures ?

L'hypothèse des tourbillons est davantage plausible, bien qu'elle ne soit pas sans faiblesses. Elle est basée sur l'observation de l'écoulement de l'air autour d'un obstacle. Lorsqu'un objet s'oppose à l'écoulement du vent, il se crée souvent *alternativement* de part et d'autre de l'objet des tourbillons d'air (figure 1.20). En raison de ces tourbillons, la pression de l'air diminue et augmente alternativement de chaque côté de l'objet. L'objet subit alors une force oscillante perpendiculaire à la vitesse du vent – ce qui peut expliquer précisément les oscillations verticales du tablier du pont de Tacoma Narrows. On peut observer l'effet de cette force lorsqu'on place une mince feuille de papier dans le jet d'air d'un séchoir à cheveux. Dans certaines conditions, la feuille se met à vibrer perpendiculairement au déplacement de l'air.

Si l'alternance des tourbillons constitue un mécanisme susceptible de produire une force oscillante, la résonance ne semble malheureusement pas au rendez-vous. En effet, d'après la loi empirique de Strouhal, la période de l'alternance des tourbillons est donnée par la formule $T \approx 5\,h/v$, où h est la hauteur de l'obstacle et v, la vitesse du vent. Pour le pont de Tacoma Narrows, $h = 2,5$ m, la hauteur

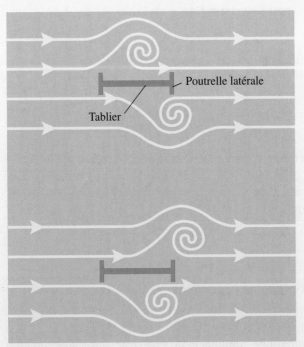

Figure 1.20 ▲

Lorsque le vent frappe le tablier d'un pont, des tourbillons
se forment alternativement de part et d'autre du tablier,
ce qui produit une force verticale variable qui oscille
à la période d'alternance des tourbillons.

Poutrelle latérale

Tablier

l'énergie qu'on lui donne pour osciller à sa période naturelle sans être en résonance. Prenons l'exemple d'un instrument à archet, comme le violon. En glissant sur une corde de violon, l'archet accroche la corde pendant une fraction de seconde, ce qui la déplace de sa position d'équilibre et lui donne de l'énergie. La corde glisse, se met à osciller pendant quelques cycles à sa période naturelle (plusieurs centaines d'oscillations par seconde), produisant un son de même période. Une fraction de seconde plus tard, elle est de nouveau accrochée par l'archet, qui lui redonne de l'énergie, et ainsi de suite. Dans l'ensemble, il s'agit d'un processus de glissement adhérent (voir le chapitre 6 du tome 1), où se produit une séquence de type « accroche-glisse-accroche-glisse » qui n'a rien à voir avec la résonance due à une force externe de période appropriée. C'est le même phénomène qui est responsable du son produit par des ongles qui glissent sur un tableau noir, ou encore de l'excitation du mode d'oscillation naturel d'une coupe en cristal sur le rebord de laquelle on fait glisser un doigt mouillé. Il est à noter que, dans un processus de glissement adhérent, la force extérieure qui donne de l'énergie à l'objet n'oscille pas dans le temps, mais que l'objet vibre néanmoins à sa période naturelle d'oscillation.

Selon cette troisième hypothèse, l'effondrement du pont de Tacoma Narrows s'explique par l'autoexcitation : l'amorce de l'oscillation à la période naturelle se fait tout simplement par transfert d'énergie du vent (qu'il y ait des tourbillons ou non) au tablier du pont. Une fois l'oscillation amorcée, la suite de l'explication reprend l'hypothèse des tourbillons alternés, mais avec une différence cruciale : lorsqu'un objet qui oscille déjà de manière appréciable bloque le vent, les tourbillons alternés se forment non pas à la période de Strouhal, mais bien à la période d'oscillation de l'objet. Et si l'objet oscille déjà à sa période naturelle, les tourbillons alternés viendront alimenter cette oscillation et créeront une véritable résonance.

des poutrelles latérales qui soutiennent le tablier. Le jour de l'effondrement, on avait $v = 65$ km/h $= 18$ m/s. Ainsi, on obtient la période de Strouhal $T = 5\,(2,5\ \text{m})/(18\ \text{m/s})$ $= 0,7$ s, soit environ 10 fois moins que la période naturelle d'oscillation du tablier, qui est de 8 s.

La différence entre la période de l'alternance des tourbillons et la période naturelle d'oscillation du pont est si grande que certains physiciens sont d'avis que les oscillations du pont de Tacoma Narrows n'ont pas pu être engendrées par un phénomène de résonance. Une autre explication peut être avancée : un objet peut utiliser

1.6 Oscillations amorties et oscillations forcées

Les oscillations amorties

Jusqu'à présent, nous n'avons considéré que l'oscillateur harmonique *simple*, qui convient pour représenter les situations physiques où les pertes d'énergie sont négligeables. Dans plusieurs situations d'oscillations, les pertes d'énergie sont cependant appréciables. De tels systèmes sont représentés par un oscillateur *amorti*, dont l'énergie et, par conséquent, l'amplitude décroissent avec le temps. De telles pertes d'énergie peuvent être attribuées à la résistance d'un fluide externe ou aux « frottements internes » dans un système. Limitons notre analyse au cas, très représentatif, décrit à la figure 1.21 : celui d'un bloc immergé dans un liquide. Lorsque la vitesse est faible, l'amortissement qu'on observe peut être

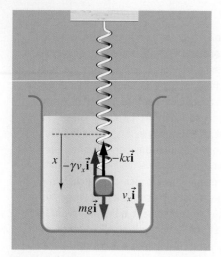

Figure 1.21 ▲

Les oscillations d'un bloc sont amorties lorsqu'on le plonge dans un fluide. Dans un système réel, les pertes d'énergie dans le ressort lui-même donnent également lieu à un amortissement.

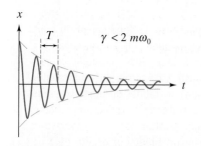

Figure 1.22 ▲

Dans une oscillation sous-amortie, le système oscille avec une amplitude qui décroît exponentiellement.

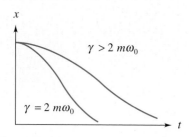

Figure 1.23 ▲

En amortissement critique ($\gamma = 2m\omega_0$), le système s'approche plus rapidement de la position d'équilibre. En amortissement surcritique ($\gamma > 2m\omega_0$) le système s'approche lentement de l'équilibre.

attribué à une force de résistance $\vec{\mathbf{F}}_R$, exercée par le fluide, et proportionnelle à la vitesse (voir le chapitre 6 du tome 1) :

$$\vec{\mathbf{F}}_R = -\gamma\vec{\mathbf{v}} \tag{1.22}$$

où γ, mesurée en kilogrammes par seconde, est la *constante d'amortissement*. Si l'on néglige la poussée du fluide (voir le chapitre 14 du tome 1), la deuxième loi de Newton appliquée au bloc s'écrit, après simplification :

$$\sum F_x = -kx - \gamma\frac{\mathrm{d}x}{\mathrm{d}t} = m\frac{\mathrm{d}^2x}{\mathrm{d}t^2}$$

où x est la position du bloc par rapport à l'équilibre (voir l'exemple 1.5 pour les détails de la simplification ; on a omis le symbole prime par souci de simplicité). Ainsi, le poids du bloc n'apparaît pas dans la somme des forces. Cette équation peut s'écrire sous la forme

$$m\frac{\mathrm{d}^2x}{\mathrm{d}t^2} + \gamma\frac{\mathrm{d}x}{\mathrm{d}t} + kx = 0 \tag{1.23}$$

Si l'on remplace $\omega = \sqrt{k/m}$ dans l'équation 1.5*a*, on constate qu'elle est un cas particulier (pour $\gamma = 0$) de l'équation 1.23.

Cette forme d'équation différentielle apparaît dans d'autres oscillations amorties mécaniques ou non mécaniques. On sait, par expérience, que la masse va osciller avec une amplitude diminuant progressivement. Or, l'équation 1.23 prédit bel et bien ce comportement, puisque l'une de ses solutions est

$$x = A_0 e^{-\gamma t/2m} \sin(\omega' t + \phi) \tag{1.24}$$

où la *fréquence angulaire amortie*, ω', est donnée par

$$\omega' = \sqrt{\omega_0^2 - \left(\frac{\gamma}{2m}\right)^2} \tag{1.25}$$

On note que cette solution comporte un facteur exponentiel décroissant qui correspond aux observations d'amplitude décroissante. Quand $\gamma = 0$, ce facteur décroissant disparaît et l'équation 1.24 se réduit au cas d'un mouvement harmonique simple. De plus, l'équation 1.25 prédit que la fréquence angulaire amortie ω' est inférieure à la fréquence angulaire propre $\omega_0 = \sqrt{k/m}$, mais s'y réduit quand $\gamma = 0$.

Bien que la valeur de x dans l'équation 1.24 décroisse toujours, elle décroîtra de façon très différente selon que l'amortissement mesuré par la constante γ est plus faible ou plus élevé : pour que ω' soit un nombre réel, la condition $\gamma/2m < \omega_0$, équivalente à $\gamma < 2m\omega_0$, doit être satisfaite. Lorsque ω' est un nombre réel, les *oscillations* sont *sous-amorties* (figure 1.22). En prenant le cas d'une constante de phase ϕ nulle, l'amplitude diminue selon

(oscillateur sous-amorti) $$A(t) = A_0 e^{-\gamma t/2m} \tag{1.26}$$

et correspond à l'enveloppe en pointillé de la courbe représentée à la figure 1.22. La période des oscillations amorties est $T' = 2\pi/\omega'$.

Si l'amortissement est suffisant pour que $\gamma > 2m\omega_0$, ω' est un nombre imaginaire. Dans ce cas, il n'y a pas d'oscillation et le système revient lentement à sa position d'équilibre (figure 1.23). Les pistons hydrauliques des appareils dans un centre de conditionnement physique ou les portes d'une cuisine de restaurant qui se referment toutes seules en ralentissant sont des exemples d'*amortissement surcritique*. Le traitement mathématique d'une situation surcritique peut se faire en recourant aux fonctions hyperboliques pour transformer l'équation 1.24 et son terme imaginaire.

Si $\gamma = 2m\omega_0$, on a $\omega' = 0$ et, là non plus, il n'y a pas d'oscillation. Cette condition d'*amortissement critique* correspond au temps le plus court pour que le système revienne à l'équilibre (figure 1.23). L'amortissement critique est utilisé dans les mouvements des appareils de mesure électriques pour amortir les oscillations de l'aiguille. Le système de suspension d'une automobile est réglé de manière à avoir un amortissement un peu moins que critique. Lorsqu'on appuie sur un pare-chocs et qu'on le lâche, l'automobile effectue peut-être une oscillation et demie avant de s'immobiliser.

EXEMPLE 1.11

Un bloc de 0,5 kg est attaché à un ressort (k = 12,5 N/m). La fréquence angulaire amortie est de 0,2 % inférieure à la fréquence angulaire propre. (a) Quelle est la constante d'amortissement ? (b) Comment varie l'amplitude dans le temps ? (c) Quelle est la constante d'amortissement critique ?

Solution

(a) La fréquence angulaire propre est $\omega_0 = \sqrt{k/m}$ = 5 rad/s. La fréquence angulaire amortie est ω' = $0{,}998\omega_0$ = 4,99 rad/s. D'après l'équation 1.25,

$$\gamma^2 = 4m^2(\omega_0^2 - \omega'^2)$$

Cela nous donne $\gamma = 0{,}316$ kg/s.

(b) D'après l'équation 1.26,

$$A(t) = A_0 e^{-0{,}316t}$$

(c) La constante d'amortissement critique est

$$\gamma = 2m\omega_0 = 5 \text{ kg/s}$$

Cette valeur est nettement plus élevée que la valeur trouvée à la question (a). L'amortissement est donc sous-critique et l'oscillation se poursuivra pendant de nombreuses périodes avant de devenir imperceptible.

Les oscillations forcées

La perte d'énergie dans un oscillateur amorti peut être compensée par le travail effectué par un agent extérieur. Par exemple, on peut entretenir le mouvement d'un enfant sur une balançoire en le poussant à des moments appropriés (figure 1.24). Dans bien des cas, la force d'entraînement extérieure varie de façon sinusoïdale avec une fréquence angulaire ω_e. Ainsi, dans le système représenté à la figure 1.21, si on applique une force extérieure agissant le long de l'axe des x et dont l'expression est donnée par $F_e \cos \omega_e t$, alors la deuxième loi de Newton appliquée à un tel oscillateur forcé ou entretenu donne

$$\sum F_x = -kx - \gamma\frac{\mathrm{d}x}{\mathrm{d}t} + F_e \cos(\omega_e t) = m\frac{\mathrm{d}^2 x}{\mathrm{d}t^2}$$

que l'on peut remanier pour obtenir une équation analogue à l'équation 1.23, soit

$$m\frac{\mathrm{d}^2 x}{\mathrm{d}t^2} + \gamma\frac{\mathrm{d}x}{\mathrm{d}t} + kx = F_e \cos \omega_e t \qquad (1.27)$$

Figure 1.24 ▲
L'enfant peut continuer à se balancer si on le pousse aux moments appropriés.

Lorsqu'on applique la force, le mouvement est tout d'abord complexe : la solution de l'équation différentielle comporte des termes qualifiés de *transitoires*, dont la valeur diminue avec le temps. Lorsque ces termes transitoires deviennent négligeables, on dit que le système oscille en *régime permanent*. À ce stade, l'énergie dissipée par l'amortissement est compensée exactement par l'apport extérieur associé à la force d'entraînement. La solution en régime permanent de l'équation 1.27 est

$$x = A \sin(\omega_e t + \delta) \tag{1.28}$$

où δ est l'angle de phase. Soulignons que cette équation montre que l'oscillation se fait à la fréquence ω_e *de la force d'entraînement extérieure* et avec une amplitude A qui est constante dans le temps.

L'équation 1.28 révèle aussi un comportement important : comme la force a une phase de $\omega_e t$ alors que les oscillations ont une phase de $\omega_e t + \delta$, les instants où la force est maximale ne coïncident pas, en général, avec ceux où la position est maximale. Dans l'éventualité où δ aurait une valeur très petite, la force serait mieux synchronisée aux oscillations et devrait logiquement produire une amplitude plus importante. En remplaçant l'équation 1.28 dans l'équation 1.27, on obtient finalement (les détails du calcul ne sont pas présentés ici) :

$$A = \frac{F_e/m}{\sqrt{(\omega_0^2 - \omega_e^2)^2 + (\gamma \omega_e/m)^2}} \tag{1.29a}$$

$$\delta = \arctan\left(\frac{\omega_0^2 - \omega_e^2}{\gamma \omega_e/m}\right) \tag{1.29b}$$

Ces expressions montrent bien que chaque valeur de la fréquence angulaire de la force d'entraînement est caractérisée par sa propre amplitude (figure 1.25). À $\omega_e = 0$, l'amplitude est simplement l'allongement statique $F_e/m\omega_0^2 = F_e/k$. Au fur et à mesure que la fréquence angulaire extérieure ω_e augmente, l'amplitude s'accroît jusqu'à atteindre un maximum à ω_{max}, légèrement au-dessous de ω_0. À des valeurs plus élevées de la fréquence angulaire, l'amplitude décroît à nouveau. Une telle réponse comportant un maximum est appelée *résonance* et ω_{max} est la *fréquence angulaire de résonance*. Si γ est petit, la courbe de résonance est étroite et le pic est situé près de la fréquence angulaire propre ω_0. Si γ est grand, la résonance est large et le pic est décalé vers les fréquences angulaires plus faibles. La valeur de γ peut devenir si grande qu'il n'y a pas de résonance. À la fréquence angulaire de résonance, la valeur de l'angle de phase δ s'approche de 0, et la force extérieure et la vitesse de la particule ($v_x = \mathrm{d}x/\mathrm{d}t = A\omega_e \cos(\omega_e t + \delta)$) sont pratiquement en phase. Le transfert de puissance ($P = \vec{\mathbf{F}} \cdot \vec{\mathbf{v}}$) à l'oscillateur est alors maximal et l'amplitude est maximale. Aux fréquences angulaires inférieures ou supérieures à la valeur de résonance, la force et la vitesse ne sont pas en phase, et le transfert de puissance est plus faible, ce qui explique que l'amplitude est aussi plus faible.

Dans le tome 2, nous avons montré que le courant dans un circuit électrique en résonance pouvait être amorti par la présence d'une résistance. La perte d'énergie dans la résistance pouvait alors être compensée par l'apport d'énergie de la source de tension. Ce phénomène est tout à fait analogue à celui des oscillations mécaniques forcées que nous venons d'étudier.

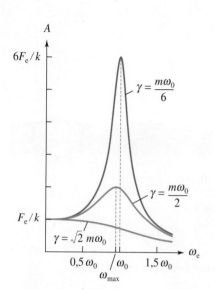

Figure 1.25 ▲

L'amplitude d'un oscillateur entretenu donne lieu à un phénomène de résonance lorsque la fréquence angulaire de l'agent extérieur varie. Pour un amortissement élevé, le pic correspond à une fréquence angulaire inférieure à la fréquence angulaire propre ω_0 et la courbe de résonance est large. Lorsque l'amortissement est faible, ω_{max} est située tout juste à gauche de ω_0.

RÉSUMÉ

Dans une oscillation harmonique simple, l'amplitude A est constante et la période T est indépendante de l'amplitude. La variation de la grandeur physique x est donnée par

$$x = A \sin(\omega t + \phi) \tag{1.2}$$

où ω est la fréquence angulaire. La fréquence angulaire, la fréquence f et la période T sont reliées par

$$\omega = \frac{2\pi}{T} = 2\pi f \qquad (1.1)$$

La constante de phase ϕ est déterminée par les valeurs de x et de $v_x = \mathrm{d}x/\mathrm{d}t$ à un instant donné, par exemple $t = 0$. Pour qu'un système mécanique effectue un mouvement harmonique simple, la force (ou le moment de force) de rappel qui fait revenir le système à l'équilibre doit obéir à la loi de Hooke :

$$\vec{\mathbf{F}}_{\text{res}} = F_{\text{res}_x}\vec{\mathbf{i}} = -kx\vec{\mathbf{i}} \qquad (1.6)$$

L'énergie mécanique dans un mouvement harmonique simple est constante dans le temps.

Tous les oscillateurs harmoniques simples obéissent à une équation différentielle de la forme

$$\frac{\mathrm{d}^2x}{\mathrm{d}t^2} + \omega^2 x = 0 \qquad (1.5a)$$

Dans les exemples mécaniques, cette équation est obtenue à partir de la deuxième loi de Newton. La fréquence angulaire et la période de l'oscillation d'un bloc de masse m attaché à un ressort dont la constante est k sont données par

$$\omega = \sqrt{\frac{k}{m}} \qquad (1.9)$$

$$T = \frac{2\pi}{\omega} = 2\pi\sqrt{\frac{m}{k}} \qquad (1.10)$$

L'énergie mécanique du système bloc-ressort est

$$E = \tfrac{1}{2}mv^2 + \tfrac{1}{2}kx^2 = \tfrac{1}{2}kA^2 \qquad (1.13)$$

L'énergie d'un oscillateur harmonique simple est proportionnelle au carré de l'amplitude.

Dans l'approximation des petits angles, la fréquence angulaire et la période d'un pendule simple de longueur L sont

$$\omega = \sqrt{\frac{g}{L}} \qquad (1.15a)$$

$$T = 2\pi\sqrt{\frac{L}{g}} \qquad (1.15b)$$

et la fréquence angulaire d'un pendule composé de masse m et de moment d'inertie I est

$$\omega = \sqrt{\frac{mgd}{I}} \qquad (1.18)$$

où d est la distance entre l'axe de rotation et le centre de masse. La fréquence angulaire d'un pendule de torsion de moment d'inertie I est

$$\omega = \sqrt{\frac{\kappa}{I}} \qquad (1.20)$$

où κ est la constante de torsion.

Il y a résonance lorsqu'un système oscillant est entraîné par une force périodique dont la fréquence est proche de la fréquence propre d'oscillation du système.

TERMES IMPORTANTS

amplitude (p. 2)

angle de phase (p. 3)

constante de phase (p. 3)

déphasage, (p. 3)

fréquence (p. 3)

fréquence angulaire (p. 3)

fréquence angulaire propre (p. 17)

isochronisme (p. 2)

mouvement harmonique simple (p. 4)

mouvement périodique (p. 1)

oscillation (p. 1)

pendule composé (p. 15)

pendule de torsion (p. 17)

pendule simple (p. 14)

période (p. 3)

phase (p. 3)

phase initiale (p. 3)

pulsation (p. 3)

résonance (p. 18)

système bloc-ressort (p. 2)

RÉVISION

R1. Relatez la découverte de l'isochronisme par Galilée.

R2. Soit le tracé de la fonction $x = A \sin(\omega t + \phi)$. Décrivez l'effet d'une augmentation de (a) A; (b) ω; (c) ϕ.

R3. Vrai ou faux? Lorsque le déphasage ϕ est positif, le graphique de la fonction $x = A \sin(\omega t + \phi)$ est décalé vers la gauche par rapport à celui de la fonction $x = A \sin(\omega t)$.

R4. Soit une oscillation harmonique simple d'amplitude A. Dites pour quelle(s) valeur(s) de x (a) le module de la vitesse est maximal; (b) le module de l'accélération est maximal.

R5. Qu'arrive-t-il à la période d'oscillation d'un système bloc-ressort si (a) on double la masse du bloc; (b) on double la constante de rappel du ressort; (c) on double l'amplitude?

R6. Tracez un au-dessus de l'autre avec un axe horizontal commun les graphiques $x(t)$, $v_x(t)$, $a_x(t)$, $U(t)$ et $K(t)$ pour le mouvement harmonique simple $x = A \sin(\omega t)$.

R7. Qu'arrive-t-il à l'énergie mécanique d'un système oscillant si on double l'amplitude?

R8. Sous réserve de quelle approximation peut-on dire qu'un pendule simple oscille selon un mouvement harmonique simple?

R9. Nommez deux systèmes oscillants mentionnés dans ce chapitre qui décrivent une oscillation s'approchant le plus d'un mouvement harmonique simple.

QUESTIONS

Q1. Dites si l'un ou l'autre des systèmes suivants effectue un mouvement harmonique simple: (a) un bras ou une jambe se balançant librement; (b) la balle de tennis qui oscille d'un bout à l'autre du terrain pendant un match.

Q2. Si l'amplitude d'un oscillateur harmonique simple est doublée, quel effet cela a-t-il sur les grandeurs suivantes: (a) la fréquence angulaire; (b) la cons-

tante de phase; (c) la vitesse maximale; (d) l'accélération maximale; (e) l'énergie mécanique?

Q3. Un système bloc-ressort effectue un mouvement harmonique simple à la fréquence f. Combien de fois par cycle les conditions suivantes se produisent-elles: (a) la vitesse est maximale; (b) l'accélération est nulle; (c) l'énergie cinétique est égale à 50 % de l'énergie potentielle; (d) l'énergie potentielle est égale à l'énergie mécanique?

Q4. Un pendule simple est suspendu au plafond d'un ascenseur. Quel est l'effet sur sa période lorsque l'accélération de l'ascenseur est (a) orientée vers le haut, (b) orientée vers le bas ?

Q5. Un bloc oscille à l'extrémité d'un ressort vertical suspendu au plafond d'un ascenseur. Quel est l'effet sur sa période si l'ascenseur accélère (a) vers le haut, (b) vers le bas ?

Q6. Une particule effectue un mouvement harmonique simple de période T. Elle met un temps $T/4$ pour aller de $x = -A$ à $x = 0$. Le temps mis pour aller de $x = -A/2$ à $x = A/2$ lui est-il (a) inférieur, (b) identique, ou (c) supérieur ?

Q7. Un wagonnet non couvert oscille sur une surface horizontale sans frottement à l'extrémité d'un ressort. Quels sont les effets sur l'énergie mécanique et sur la période si on lâche verticalement un bloc de même masse qui tombe dans le wagonnet (a) lorsque $x = A$; (b) lorsque $x = 0$?

Q8. Deux balles suspendues subissent des collisions élastiques répétées au point le plus bas de leurs oscillations (figure 1.26). Leur mouvement est-il harmonique simple ?

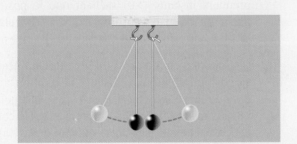

Figure 1.26 ▲
Question 8.

Q9. Si l'on vous donne un chronomètre et une règle, comment pouvez-vous évaluer approximativement la masse d'un bras ou d'une jambe ?

Q10. Une particule effectue un mouvement harmonique simple à une dimension d'amplitude A et de période T. Quelle est la valeur moyenne du module de la vitesse (a) sur un quart de cycle entre $x = 0$ et $x = \pm A$; (b) sur une oscillation complète ?

Q11. Même en l'absence de résistance de l'air, une masse oscillant à l'extrémité d'un ressort finit par s'arrêter. Pourquoi en est-il ainsi ?

Q12. Utilisez un raisonnement qualitatif pour montrer qu'un pendule simple ne peut pas effectuer un vrai mouvement harmonique simple. (*Indice* : Considérez la force de rappel correspondant à un grand déplacement angulaire par rapport à la verticale.)

Q13. Pourquoi donne-t-on l'ordre à des soldats qui marchent au pas de rompre leur cadence lorsqu'ils traversent un petit pont ?

Q14. La position d'une particule est donnée par $x = A \cos \omega t$. Quelle est la constante de phase permettant de décrire son mouvement à partir de l'expression générale $x = A \sin(\omega t + \phi)$ utilisée dans ce chapitre ?

Q15. Un bloc oscille à l'extrémité d'un ressort. On coupe le ressort en deux et on attache le bloc à l'un des ressorts obtenus. La nouvelle période est-elle plus longue ou plus courte ? Expliquez qualitativement votre réponse.

Q16. Il y a mouvement harmonique simple lorsque l'énergie potentielle est proportionnelle au carré de la variable décrivant la position. Une particule qui glisse sans frottement à l'intérieur d'un bol de forme parabolique est-elle en mouvement harmonique simple ?

Q17. Un pendule simple est suspendu au plafond d'un camion. Quel est l'effet sur la période lorsque le camion accélère horizontalement ?

Q18. Discutez qualitativement l'effet de la masse d'un ressort réel sur la période d'un système bloc-ressort.

Q19. La figure 1.27 représente une méthode servant à déterminer la masse d'un astronaute en orbite stationnaire. Quelle est la procédure utilisée ?

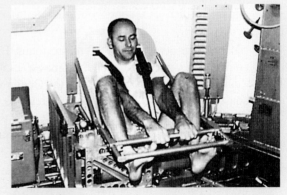

Figure 1.27 ▲
Question 19.

Q20. Une bille roule vers le bas d'un plan incliné puis remonte sur un autre plan (figure 1.28). On néglige les pertes par frottement. (a) Le mouvement est-il périodique ? (b) Y a-t-il un point d'équilibre stable ? (c) S'agit-il d'un mouvement harmonique simple ?

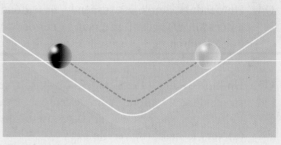

Figure 1.28 ▲
Question 20.

EXERCICES

Voir l'avant-propos pour la signification des icônes

1.1 et 1.2 Oscillation harmonique simple, système bloc-ressort

E1. (I) La position d'une particule est donnée par $x = A \cos(\omega t - \pi/3)$. Parmi les expressions suivantes, lesquelles y sont équivalentes ?

(a) $x = A \cos(\omega t + \pi/3)$

(b) $x = A \cos(\omega t + 5\pi/3)$

(c) $x = A \sin(\omega t + \pi/6)$

(d) $x = A \sin(\omega t - 5\pi/6)$

E2. (I) La position d'un bloc est donnée par $x = 0,03 \sin(20\pi t + \pi/4)$, où x est en mètres et t en secondes. À quel instant $(t > 0)$, (a) la position, (b) la vitesse et (c) l'accélération atteignent-elles pour la première fois une valeur maximale (positive ou négative) ? (d) Tracez les graphes de la position, de la vitesse et de l'accélération du bloc par rapport au temps sur un intervalle équivalent à une période afin de vérifier les réponses obtenues en (a), en (b) et en (c).

E3. (II) Lorsque deux adultes de masse totale 150 kg entrent dans une automobile de masse 1450 kg, l'automobile s'affaisse de 1 cm. (a) Quelle est la constante de rappel d'un des quatre ressorts de la suspension ? (b) Quelle est la période des oscillations lorsque l'automobile chargée passe sur une bosse ?

E4. (I) La position d'un bloc attaché à un ressort est donnée par $x = 0,2 \sin(12t + 0,2)$, où x est en mètres et t en secondes. Trouvez : (a) l'accélération quand $x = 0,08$ m ; (b) le premier instant (>0) auquel $x = +0,1$ m avec $v_x < 0$. (c) Tracez les graphes de la position et de l'accélération du bloc par rapport au temps sur un intervalle équivalent à une période afin de vérifier les réponses obtenues en (a) et en (b).

E5. (I) La condition $|v_x| = 0,5A\omega$, où $A\omega$ est le module de la vitesse maximale, se produit quatre fois durant chaque cycle d'une oscillation d'un système bloc-ressort. Déterminez les quatre premiers instants (>0) sachant que la position à partir du point d'équilibre est $x = 0,35 \sin(3,6t + 1,07)$, où x est en mètres et t en secondes.

E6. (I) Soit un bloc attaché à un ressort. On l'écarte de sa position d'équilibre jusqu'à la position $x = +A$ et on le lâche. La période est T. En quels points et à quels instants au cours du premier cycle complet les événements suivants ont-ils lieu : (a) $|v_x| = 0,5A\omega$, où $A\omega$ est le module de la vitesse maximale ; (b) $|a_x| = 0,5A\omega^2$, où $A\omega^2$ est le module de l'accélération maximale ? Donnez vos réponses en fonction de A et de T.

E7. (II) Un bloc de masse $m = 0,5$ kg est attaché à un ressort horizontal dont la constante de rappel est $k = 50$ N/m. À $t = 0,1$ s, la position est $x = -0,2$ m et la vitesse est $v_x = +0,5$ m/s. On suppose que $x(t) = A \sin(\omega t + \phi)$. (a) Déterminez l'amplitude et la constante de phase. (b) Écrivez l'équation de $x(t)$. (c) À quel instant la condition $x = 0,2$ m et $v_x = -0,5$ m/s se produit-elle pour la première fois ? (d) À partir de la réponse obtenue en (b), tracez les graphes de la position et de la vitesse du bloc par rapport au temps afin de vérifier la réponse obtenue en (c).

E8. (II) Dans un système bloc-ressort, $m = 0,25$ kg et $k = 4$ N/m. À $t = 0,15$ s, la vitesse est $v_x = -0,174$ m/s, et l'accélération, $a_x = +0,877$ m/s^2. Écrivez l'expression de la position en fonction du temps, $x(t)$.

E9. (II) Un ressort vertical s'allonge de 0,16 m lorsqu'on y attache un bloc de masse $m = 0,5$ kg. On tire dessus pour lui donner un allongement supplémentaire de 0,08 m et on le lâche. (a) Écrivez l'équation de la position $x(t)$ à partir de l'équilibre. (b) Trouvez le module de la vitesse et l'accélération lorsque l'allongement du ressort est égal à 0,1 m par rapport à sa position naturelle.

E10. (II) Avec un bloc de masse m, la fréquence d'un système bloc-ressort est égale à 1,2 Hz. Lorsqu'on y ajoute 50 g, la fréquence tombe à 0,9 Hz. Trouvez m et la constante de rappel du ressort.

E11. (I) Un bloc de masse $m = 30$ g oscille avec une amplitude de 12 cm à l'extrémité d'un ressort horizontal dont la constante de rappel est égale à 1,4 N/m. Quelles sont la vitesse et l'accélération lorsque la position à partir du point d'équilibre est égale à (a) −4 cm ? (b) 8 cm ?

E12. (II) Déterminez la période pour chacune des combinaisons représentées à la figure 1.29. On suppose que chaque bloc glisse sur une surface horizontale sans frottement.

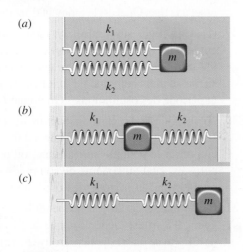

Figure 1.29 ▲
Exercice 12.

E13. (II) Une particule se déplace à une vitesse de module constant sur un cercle. Le vecteur position de la particule a pour origine le centre du cercle. Montrez que les composantes de ce vecteur position ont les caractéristiques d'une oscillation harmonique simple.

1.3 Énergie dans un mouvement harmonique simple

E14. (II) La position d'un bloc de 50 g attaché à un ressort horizontal ($k = 32$ N/m) est donnée par $x = A \sin(\omega t + \pi/2) = A \cos \omega t$, avec $A = 20$ cm. Trouvez : (a) l'énergie cinétique et l'énergie potentielle à $t = 0,2T$, T étant la période ; (b) l'énergie cinétique et l'énergie potentielle à $x = A/2$; (c) les instants auxquels l'énergie cinétique et l'énergie potentielle sont égales. (d) Superposez le graphe de l'énergie cinétique et de l'énergie potentielle par rapport au temps afin de vérifier la réponse (c).

E15. (II) La position d'un bloc de masse $m = 80$ g attaché à un ressort dont la constante de rappel est égale à 60 N/m est donnée par $x = A \sin \omega t$, avec $A = 12$ cm. Au cours du premier cycle complet, trouvez les valeurs de x et de t auxquelles l'énergie cinétique est égale à la moitié de l'énergie potentielle.

E16. (I) Un atome de masse 10^{-26} kg effectue une oscillation harmonique simple autour de sa position d'équilibre dans un cristal. La fréquence est égale à 10^{12} Hz et l'amplitude à 0,05 nm. Trouvez : (a) le module de la vitesse maximale ; (b) son énergie mécanique ; (c) le module de son accélération maximale; (d) la constante de rappel correspondante.

E17. (II) La position d'un bloc attaché à un ressort horizontal dont la constante de rappel est égale à 12 N/m est donnée par $x = 0,2 \sin(4t + 0,771)$, où x est en mètres et t en secondes. Trouvez : (a) la masse du bloc ; (b) l'énergie mécanique ; (c) le premier instant ($t > 0$) auquel l'énergie cinétique est égale à la moitié de l'énergie potentielle ; (d) l'accélération à $t = 0,1$ s.

E18. (I) Un chariot de masse m est attaché à un ressort horizontal et oscille avec une amplitude A. Au moment précis où $x = A$, on place un bloc de masse $m/2$ sur le chariot. Quel effet cela a-t-il sur les grandeurs suivantes : (a) l'amplitude ; (b) l'énergie mécanique ; (c) la période ; (d) la constante de phase ?

E19. (II) Un bloc de 50 g est attaché à un ressort vertical dont la constante de rappel est égale à 4 N/m. Le bloc est lâché à la position où l'allongement du ressort est nul. (a) Quel est l'allongement maximal du ressort ? (b) Quel temps faut-il au bloc pour atteindre son point le plus bas ?

E20. (I) Soit un bloc de 60 g attaché à un ressort horizontal. On étire le ressort de 8 cm de sa position d'équilibre et on le lâche à $t = 0$. Sa période est égale à 0,9 s. Déterminez : (a) la position x à 1,2 s ;

(b) la vitesse lorsque $x = -5$ cm ; (c) l'accélération lorsque $x = -5$ cm ; (d) l'énergie mécanique.

E21. (I) Montrez que, pour toute valeur donnée de la position x d'un bloc attaché à un ressort, la vitesse est donnée par

$$v_x = \pm \omega \sqrt{A^2 - x^2}$$

où ω est la fréquence angulaire, et A, l'amplitude.

1.4 Pendules

E22. (II) Un pendule simple est constitué d'une masse de 40 g et d'un fil d'une longueur de 80 cm. À $t = 0$, la position angulaire est $\theta = 0,15$ rad et la vitesse tangentielle est de 60 cm/s, s'éloignant du centre. Trouvez : (a) l'amplitude angulaire et la constante de phase ; (b) l'énergie mécanique ; (c) la hauteur maximale au-dessus de la position d'équilibre.

E23. (II) Déterminez la période d'oscillation d'une règle de 1 m lorsqu'elle pivote autour d'un axe horizontal passant (a) par une extrémité ; (b) par la marque du 60 cm. Le moment d'inertie d'une tige homogène de masse M et de longueur L par rapport à un axe passant par le centre et perpendiculaire à la tige est $I_{CM} = ML^2/12$. (*Indice* : Vous aurez besoin d'utiliser le théorème des axes parallèles : voir le chapitre 11 du tome 1)

E24. (II) Déterminez la période d'oscillation d'un disque homogène de masse M et de rayon R pivotant autour d'un axe horizontal passant par un point de la circonférence. Le moment d'inertie est $I = 3MR^2/2$.

E25. (I) Soit un fil de constante de torsion $\kappa = 2$ (N·m)/rad. Il retient un disque de rayon $R = 5$ cm et de masse $M = 100$ g en son centre (figure 1.30). Quelle est la fréquence des oscillations de torsion ? Le moment d'inertie du disque est $I = \frac{1}{2}MR^2$.

Figure 1.30 ▲
Exercice 25.

E26. (I) Une tige de longueur $L = 50$ cm et de masse $M = 100$ g est suspendue en son milieu par un fil dont la constante de torsion est égale à 2,5 (N·m)/rad (figure 1.31). Quelle est la période des oscillations de torsion ? Le moment d'inertie de la tige est $I = ML^2/12$.

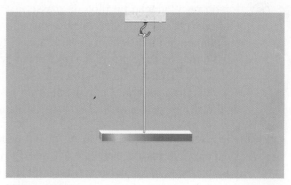

Figure 1.31 ▲
Exercice 26.

E27. (I) Un pendule simple de longueur 0,4 m est lâché lorsqu'il fait un angle de 20° avec la verticale. Trouvez : (a) sa période ; (b) le module de la vitesse au point le plus bas. (c) Si la masse a une valeur de 50 g, quelle est l'énergie mécanique ?

E28. (II) Une tige suspendue en son centre oscille comme un pendule de torsion avec une période de 0,3 s. Le moment d'inertie de la tige est $I = 0,5$ kg·m². La période devient égale à 0,4 s lorsqu'on attache un objet à la tige. Quel est le moment d'inertie de l'objet ?

E29. (I) Une tige suspendue en son milieu oscille comme un pendule de torsion avec une période de 0,9 s. Si l'on utilisait une autre tige ayant le double de sa masse mais la moitié de sa longueur, quelle serait la période des oscillations ? On donne $I = ML^2/12$.

E30. (I) (a) Quelle est la longueur du fil d'un pendule simple dont la période est égale à 2,0 ? (b) Si l'on emportait le pendule sur la Lune, où le poids d'un corps est égal au sixième de son poids sur la Terre, quelle serait la période des oscillations ?

E31. (I) La masse de 20 g d'un pendule simple de longueur 0,8 m est lâchée lorsque le fil fait un angle de 30° avec la verticale. Trouvez : (a) la période des oscillations ; (b) la position angulaire $\theta(t)$; (c) l'énergie mécanique ; (d) le module de la vitesse de la masse pour $\theta = 15°$.

E32. (I) Un pendule simple oscille avec une amplitude de 20° et une période de 2 s. Quel temps met-il pour passer d'une position angulaire de $-10°$ à $+10°$?

1.1 et 1.2 Oscillation harmonique simple, système bloc-ressort

E33. (I) Une particule de 150 g décrit un mouvement harmonique simple. La distance entre les deux extrémités de son mouvement est de 24 cm et la vitesse moyenne sur cet intervalle est de 60 cm/s. Trouvez : (a) sa fréquence angulaire ; (b) le module de la force maximale subie par cette particule ; (c) le module de sa vitesse maximale.

E34. (I) La position d'une particule est donnée par $x = 0,25 \sin(5\pi t + \pi/4)$, où x est en mètres et t en secondes. Trouvez : (a) la période ; (b) l'amplitude ; (c) la constante de phase ; (d) le module de la vitesse maximale ; (e) le module de l'accélération maximale.

E35. (I) La position d'une particule est donnée par $x = 0,25 \sin(5\pi t + \pi/4)$, où x est en mètres et t en secondes. À $t = 0,2$ s, trouvez : (a) la position ; (b) la vitesse ; (c) l'accélération.

E36. (I) La position d'une particule est donnée par $x = 0,16 \sin(8t + 5,98)$, où x est en mètres et t en secondes. À $t = 0,1$ s, déterminez : (a) la position ; (b) la vitesse ; (c) l'accélération.

E37. (I) La fréquence du mouvement harmonique simple d'une particule est de 1,2 Hz et le module de son accélération maximale est de 4 m/s². Trouvez : (a) la distance parcourue par la particule pendant un cycle complet ; (b) le module de la vitesse maximale.

E38. (I) La vitesse maximale et l'accélération maximale d'une particule de 0,2 kg ayant un mouvement harmonique simple sont respectivement de 1,25 m/s et de 9 m/s². Trouvez : (a) l'amplitude et la fréquence angulaire ; (b) sa vitesse lorsque $x = 0,12$ m.

E39. (I) Une particule prend 0,6 s pour parcourir les 24 cm qu'il y a entre les deux extrémités de son mouvement harmonique simple. Trouvez : (a) l'amplitude et la fréquence angulaire ; (b) le module de la vitesse maximale ; (c) le module de l'accélération maximale.

E40. (I) Les modules de la vitesse maximale et de l'accélération maximale d'une particule ayant un mouvement harmonique simple sont respectivement de 15 cm/s et de 90 cm/s². Trouvez : (a) la période et (b) l'amplitude de ce mouvement.

E41. (I) Un point de la membrane d'une enceinte acoustique oscille selon un mouvement harmonique simple avec une fréquence de 50 Hz et une amplitude de 1 mm. Déterminez : (a) le module de la vitesse maximale et (b) le module de l'accélération maximale de ce mouvement.

E42. (I) Le point central d'une corde de guitare oscille avec une fréquence de 440 Hz et une amplitude de 0,8 mm. Déterminez : (a) le module de la vitesse maximale et (b) le module de l'accélération maximale de ce mouvement.

E43. (I) Une particule a un mouvement harmonique simple autour de $x = 0$, et sa période est de 0,4 s. À $t = 0$ s, son accélération est maximale et égale +28 m/s². (a) Trouvez l'amplitude et la constante de phase. (b) Donnez l'expression de sa position en fonction du temps.

E44. (I) La position d'une particule en fonction du temps est donnée par $x = 0,08 \sin(5,15t)$, où x est en mètres et t en secondes. Déterminez le premier instant ($t > 0$) pour lequel les valeurs suivantes sont maximales et positives : (a) la position ; (b) la vitesse ; (c) l'accélération.

E45. (I) Un système bloc-ressort oscille avec une amplitude de 10 cm et une période de 2,5 s. Quelle serait sa nouvelle période si : (a) on doublait l'amplitude ; (b) on doublait la masse du bloc ; (c) on doublait la constante de rappel du ressort ?

E46. (I) Lorsqu'on attache un objet de 25 g à un ressort vertical, il s'étire de 16 cm. Quelle serait la période d'oscillation d'un objet de 40 g attaché à ce ressort ?

E47. (I) Un système bloc-ressort a un ressort dont la constante de rappel est 2,45 N/m. Il oscille avec une amplitude de 16 cm et le module de sa vitesse maximale est de 56 cm/s. Quelle est la masse du bloc ?

E48. (I) Un bloc de 0,19 kg est attaché à un ressort horizontal ; on comprime le ressort de 22,5 cm puis on le relâche à $t = 0$ s. Le bloc atteint une vitesse nulle pour la première fois à $t = 0,35$ s. Trouvez : (a) la constante de rappel du ressort ; (b) le module de sa vitesse maximale ; (c) le module de son accélération maximale.

E49. (I) Un plateau de 0,5 kg étire de 14 cm le ressort vertical d'une balance. Lorsqu'on place un poisson sur ce plateau, le système oscille à une fréquence de 1,048 Hz. Quelle est la masse du poisson ?

E50. (I) Lorsqu'un bloc de 20 g est attaché à un ressort horizontal, le système oscille à 1,4 Hz et la vitesse maximale atteinte par le bloc est de 29 cm/s. Trouvez : (a) l'amplitude ; (b) la constante de rappel du ressort ; (c) la vitesse moyenne du bloc sur un cycle complet.

E51. (II) Une particule ayant un mouvement harmonique simple parcourt une distance totale de 40 cm à chaque cycle complet. L'accélération maximale est de 3,6 m/s². À $t = 0$, la particule est à sa position maximale positive. (a) Quelle est l'équation de la position en fonction du temps de cette particule ? (b) À quel instant ($t > 0$) la particule passe-t-elle par $x = 0$ pour la première fois ?

E52. (II) Une particule en mouvement harmonique simple passe à $x = 0$ une fois par seconde. À $t = 0$, $x = 0$ et sa vitesse est négative. La distance totale parcourue en un cycle complet est de 60 cm. Quelle est la position en fonction du temps de cette particule ?

E53. (II) À $t = 0$, la position et la vitesse d'une particule ayant un mouvement harmonique simple de fréquence angulaire 6 rad/s sont $x = 0,15$ m et $v_x = +1,3$ m/s. Déterminez : (a) l'amplitude et (b) la constante de phase de ce mouvement.

E54. (II) Une particule décrit un mouvement harmonique simple. À $t = 0$, cette particule au repos est relâchée à $x = 0,34$ m avec une accélération initiale de $-8,5$ m/s². (a) Quelle est l'équation de la position en fonction du temps de cette particule ? (b) Quel est le module de sa vitesse maximale ? (c) Quel est le premier instant pour lequel la vitesse est maximale et positive ($t > 0$) ?

E55. (II) Un bloc attaché à un ressort étiré est relâché à $t = 0$. La période d'oscillation est de 0,61 s. À $t = 0,05$ s, $v_x = -96,4$ cm/s. Quelle est l'amplitude du mouvement ?

E56. (II) Une particule effectue un mouvement harmonique simple autour de $x = 0$. À un moment donné, $x = 2$ cm, $v_x = -8$ cm/s et $a_x = -40,5$ cm/s². Trouvez : (a) la fréquence angulaire et (b) l'amplitude de ce mouvement.

E57. (II) Déterminez la constante de phase dans l'équation 1.2 pour chacune des situations où les conditions initiales à $t = 0$ sont les suivantes : (a) $x = A$; (b) $x = -A$; (c) $x = 0$, $v_x < 0$; (d) $x = A/2$, $v_x > 0$; (e) $x = A/2$, $v_x < 0$.

E58. (II) Un bloc de 50 g en mouvement à 60 cm/s sur une surface horizontale sans frottement entre en collision avec une plaque de masse négligeable à l'extrémité d'un ressort horizontal de constante de rappel $k = 7,5$ N/m (voir la figure 1.32, p. 34). (a) Quelle sera la compression maximale du ressort ? (b) Combien de temps le bloc reste-t-il en contact avec la plaque ?

E59. (II) Un bloc de masse inconnue est attaché à l'extrémité d'un ressort vertical. Lorsqu'on y sus-pend un second bloc de 50 g, le ressort s'allonge de 38 cm supplémentaires. La période d'oscillation sans le second bloc de 50 g est de 0,8 s. Trouvez : (a) la constante de rappel du ressort ; (b) la masse du premier bloc.

E60. (II) Un objet de 10 g attaché à l'extrémité d'un ressort horizontal ($k = 1,25$ N/m) comprimé de 5 cm est relâché à $t = 0$. Écrivez l'équation de la position en fonction du temps.

E61. (II) La position en fonction du temps d'un système bloc-ressort est donnée par $x = 0,08 \sin(2\pi t)$, où x est en mètres et t en secondes. Lorsque $x = 0,05$ m, déterminez : (a) l'accélération et (b) la vitesse du bloc.

E62. (II) Un bloc initialement au repos est attaché à un ressort horizontal comprimé de 15 cm. À $t = 0$, le bloc est relâché. La vitesse du bloc à $x = 0$ est de 90 cm/s. Quelle est la position du bloc en fonction du temps ?

E63. (II) Un bloc de 0,32 kg attaché à un ressort ($k = 6$ N/m) oscille avec une amplitude de 15 cm. À $t = 0$, $x = 0$ et $v_x > 0$. (a) Écrivez l'équation de la position en fonction du temps du bloc. (b) Combien de temps prend le bloc pour passer de $x = 2$ cm à $x = 12$ cm ?

1.3 Énergie dans un mouvement harmonique simple

E64. (I) Un système bloc-ressort a une amplitude de 20 cm et une période de 0,8 s. À un instant donné, l'énergie cinétique est de 0,1 J, et l'énergie poten-tielle, de 0,3 J. Trouvez (a) la constante de rappel du ressort et (b) la masse du bloc.

E65. (I) Un bloc de 20 g, attaché à un ressort, oscille avec une période de 0,5 s. À un instant donné, $x = 4$ cm et $v_x = -33$ cm/s. Utilisez le concept d'énergie pour trouver l'amplitude.

E66. (I) L'énergie mécanique d'un système bloc-ressort est de 0,2 J. La masse du bloc est de 120 g, et la constante de rappel du ressort, de 40 N/m. Trouvez : (a) l'amplitude ; (b) le module de la vitesse maximale ; (c) la position lorsque la vitesse est de 1,3 m/s ; (d) le module de l'accélération maximale.

E67. (I) Un bloc de 80 g, attaché à un ressort, oscille avec une amplitude de 12 cm et une période de 1,2 s. Trouvez : (a) l'énergie mécanique ; (b) le module de la vitesse maximale ; (c) le module de la vitesse lorsque $x = 6$ cm.

E68. (I) La position d'un bloc de 60 g attaché à un res-sort horizontal est $x = 0,24 \sin(12t)$, où x est en mètres et t en secondes. (a) Quelle est la vitesse lorsque $x = 0,082$ m ? (b) Quelle est la position lorsque $v_x = +1,5$ m/s ? (c) Quelle est l'énergie mécanique du système ?

E69. (I) Un bloc de 80 g oscille avec une période de 0,45 s. L'énergie mécanique du système est de 0,344 J. Trouvez: (a) l'amplitude; (b) le module de la vitesse maximale; (c) le module de la vitesse lorsque $x = 10$ cm.

E70. (I) L'énergie mécanique d'un système bloc-ressort est de 0,18 J, son amplitude de 14 cm et le module de la vitesse maximale de 1,25 m/s. Trouvez: (a) la masse du bloc; (b) la constante de rappel du ressort; (c) la fréquence; (d) la vitesse lorsque $x = 7$ cm.

E71. (I) L'énergie mécanique d'un système bloc-ressort est de 0,22 J. Le bloc oscille avec une fréquence angulaire de 14,5 rad/s et une amplitude de 15 cm. Trouvez: (a) la masse du bloc; (b) le module de la vitesse maximale; (c) l'énergie cinétique lorsque $x = 6$ cm; (d) l'énergie potentielle lorsque $v_x = 1,2$ m/s.

E72. (I) Un bloc de 60 g est attaché à un ressort dont la constante de rappel est de 5 N/m. À un moment donné, $x = 6$ cm et $v_x = -32$ cm/s. Trouvez: (a) l'énergie mécanique; (b) l'amplitude; (c) le module de la vitesse maximale.

E73. (I) À un instant donné du mouvement d'un système bloc-ressort, $x = 4,8$ cm, $v_x = 22$ cm/s et $a_x = -9$ m/s^2. La constante de rappel du ressort est de 36 N/m. Trouvez: (a) la fréquence angulaire; (b) la masse du bloc; (c) l'énergie mécanique du système.

E74. (I) Un bloc de 75 g, attaché à un ressort, oscille avec une amplitude de 8 cm. Le module de l'accélération maximale est de 7,7 m/s^2. Trouvez: (a) la période; (b) l'énergie mécanique.

E75. (II) La position en fonction du temps d'un bloc attaché à un ressort est donnée par $x = 0,13 \sin(4,7t + 6,05)$, où x est en mètres et t en secondes. Quel est le premier instant ($t > 0$) pour lequel (a) la vitesse et (b) l'accélération ont une valeur maximale et positive?

E76. (II) Un bloc de 60 g est attaché à un ressort ($k = 24$ N/m). Le ressort est allongé et le bloc est relâché à $t = 0$. Après 0,05 s, $v_x = -0,69$ m/s. Trouvez: (a) l'amplitude; (b) l'énergie mécanique du système.

E77. (II) L'amplitude d'oscillation d'un système bloc-ressort est de 20 cm. Quelle est la position du bloc (a) lorsque la vitesse est à la moitié de sa valeur maximale positive et (b) lorsque l'énergie cinétique et l'énergie potentielle sont égales?

1.4 Pendules

E78. (I) Un pendule simple de 1,4 m de longueur effectue 8 oscillations complètes en 19 s. Que vaut le module de l'accélération gravitationnelle à l'endroit où se trouve le pendule?

E79. (I) Quelle est la longueur d'un pendule simple qui passe à sa position d'équilibre une fois par seconde?

E80. (I) Une feuille métallique de forme irrégulière ayant une masse de 0,32 kg pivote autour d'un axe horizontal situé à 15 cm de son centre de masse. La période est de 0,45 s. Quel est le moment d'inertie de la feuille par rapport à cet axe?

E81. (I) Une tige homogène de masse M et de longueur $L = 1,2$ m oscille autour d'un axe horizontal passant par une extrémité. Quelle est la longueur d'un pendule simple ayant la même période? Le moment d'inertie de la tige est $I = ML^2/3$.

E82. (II) Un haltère a une tige de longueur $L = 82$ cm de masse négligeable et une petite sphère de masse m à chacune de ses extrémités. Quelle est la période d'oscillation de cet haltère pivotant autour d'un axe horizontal passant par un point situé à $L/4$ du centre?

E83. (II) L'amplitude angulaire d'un pendule simple est de 0,35 rad et sa vitesse tangentielle au point le plus bas est de 0,68 m/s. Déterminez la période d'oscillation de ce pendule.

E84. (II) Un pendule simple a une longueur de 0,7 m et sa vitesse tangentielle au point le plus bas est de 0,92 m/s. Trouvez: (a) l'amplitude angulaire; (b) le temps pris pour passer de la position verticale à une position angulaire de 0,2 rad.

E85. (II) Deux pendules simples ont respectivement des longueurs de 81 cm et de 64 cm. Ils sont relâchés à la même position angulaire au même instant. Quel temps s'écoule avant que les deux pendules reviennent à leur position initiale en même temps?

E86. (II) Une règle de 1 m pivote autour d'un point situé à une distance d du centre avec une fréquence de 0,44 Hz. Quelle est la valeur de d? Le moment d'inertie de la règle par rapport à son centre est $I = ML^2/12$. (*Indice*: Vous aurez besoin d'utiliser le théorème des axes parallèles – voir le chapitre 11 du tome 1 – et vous devrez résoudre une équation du second degré.)

E87. (II) Un disque homogène de masse $M = 1,2$ kg et de rayon $R = 20$ cm oscille autour d'un axe horizontal situé à 8 cm du centre. Quelle est la période d'oscillation? Le moment d'inertie du disque par rapport à son centre est $I = MR^2/2$. (*Indice*: Vous aurez besoin d'utiliser le théorème des axes parallèles – voir le chapitre 11 du tome 1.)

P1. (I) Un bloc de masse $m = 0,5$ kg en mouvement à 2,0 m/s sur une surface horizontale sans frottement entre en collision avec une plaque de masse négligeable à l'extrémité d'un ressort horizontal et reste collé à la plaque ; la constante de rappel du ressort est égale à 32 N/m (figure 1.32). Trouvez l'expression de $x(t)$, c'est-à-dire la position à partir du point de contact initial entre le bloc et le ressort.

Figure 1.32 ▲
Exercice 58 et problème 1.

P2. (I) Une pièce de monnaie est posée sur le dessus d'un piston qui effectue un mouvement harmonique simple vertical d'amplitude 10 cm. À quelle fréquence minimale la pièce cesse-t-elle d'être en contact avec le piston ?

P3. (II) Un bloc de masse m est attaché à un ressort vertical par l'intermédiaire d'un fil qui passe sur une poulie ($I = \frac{1}{2}MR^2$) de masse M et de rayon R (figure 1.33). Le fil ne glisse pas. Montrez que la fréquence angulaire des oscillations est donnée par $\omega = \sqrt{2k/(M + 2m)}$. (*Indice* : Utilisez le fait que l'énergie mécanique est constante dans le temps. Voir l'exemple 1.8.)

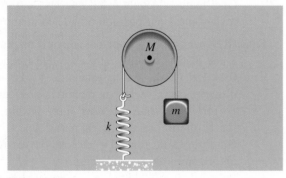

Figure 1.33 ▲
Problème 3.

P4. (II) Un bloc de masse $m = 1$ kg est posé sur un autre bloc de masse $M = 5$ kg qui est attaché à un ressort horizontal ($k = 20$ N/m), tel que représenté à la figure 1.34. Le coefficient de frottement statique entre les blocs est μ_s, et le bloc inférieur glisse sur une surface horizontale sans frottement. L'amplitude des oscillations est $A = 0,4$ m. Quelle est la valeur minimale de μ_s pour que le bloc supérieur ne glisse pas par rapport au bloc inférieur ?

Figure 1.34 ▲
Problème 4.

P5. (I) Une petite particule glisse sur une surface sphérique sans frottement de rayon R (figure 1.35). (a) Montrez que le mouvement est un mouvement harmonique simple pour de petits déplacements à partir du point le plus bas. (b) Quelle est la période des oscillations ?

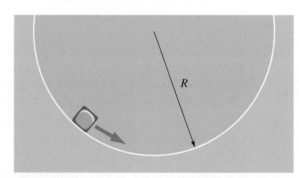

Figure 1.35 ▲
Problème 5.

P6. (II) Un tube en U est rempli d'eau sur une longueur ℓ (figure 1.36). On fait subir à l'eau un léger déplacement puis on la laisse bouger librement. (a) Montrez que le liquide effectue un mouvement harmonique simple, si on néglige les pertes d'énergie causées par la viscosité. (b) Quelle en est la période des oscillations ?

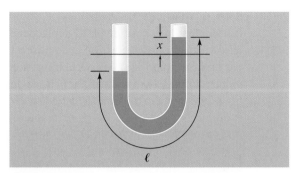

Figure 1.36 ▲
Problème 6.

P7. (II) Montrez que la fréquence angulaire de résonance ω_{max} est donnée par

$$\omega_{\text{max}} = \sqrt{\omega_0^2 - \frac{\gamma^2}{2m^2}}$$

(*Indice* : Prenez la dérivée de l'équation 1.29*a*.)

P8. (II) Un bloc de masse volumique ρ_{B} a une section transversale horizontale d'aire A et une hauteur verticale h. Il flotte sur un fluide de masse volumique ρ_{f}. On pousse le bloc vers le bas et on le lâche. Si les pertes d'énergie dues à la viscosité sont négligeables, montrez qu'il effectue un mouvement harmonique simple de fréquence angulaire

$$\omega = \sqrt{\frac{\rho_{\text{f}} g}{\rho_{\text{B}} h}}$$

P9. (II) La figure 1.37 représente un bloc de masse M sur une surface sans frottement, attaché à un ressort horizontal de masse m. (a) Montrez que, lorsque la vitesse du bloc a pour module v, l'énergie cinétique du ressort est égale à $\frac{1}{6}mv^2$. (b) Quelle est la période des oscillations ? (*Indice* : Considérez d'abord l'énergie cinétique d'un élément de longueur dx du ressort. Supposez que la vitesse de cet élément est proportionnelle à la distance à partir de

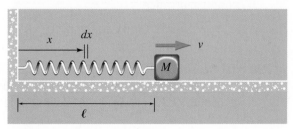

Figure 1.37 ▲
Problème 9.

l'extrémité fixe. Toutes les parties du ressort sont en phase. Pour la question (b), utilisez le fait que l'énergie mécanique est constante.)

P10. (I) (a) Quelles sont les dimensions de la constante de torsion κ dans l'équation $\tau = -\kappa\theta$? (b) Partant de l'hypothèse que la période d'un pendule de torsion est fonction uniquement du moment d'inertie I et de κ, exprimez la période sous la forme $T = I^x \kappa^y$ et utilisez l'analyse dimensionnelle pour déterminer x et y (voir l'exemple 1.3 du tome 1).

P11. (I) Lorsque l'amplitude angulaire θ_0 (en radians) d'un pendule simple ou d'un pendule composé n'est pas petite, les premiers termes de la formule donnant la période sont

$$T = T_0\left(1 + \frac{1}{4}\sin^2\frac{\theta_0}{2} + \frac{9}{64}\sin^4\frac{\theta_0}{2} + \ldots\right)$$

où T_0 est la période du mouvement harmonique simple. On suppose que $T_0 = 1$ s. Utilisez cette équation pour calculer la période aux valeurs suivantes de θ_0 : (a) 15° ; (b) 30° ; (c) 45° ; (d) 60°. (e) Pour quelle valeur de θ_0 le deuxième terme dans la parenthèse est-il égal à 0,01 ? (f) Pour quelle valeur de θ_0 le troisième et dernier terme de la parenthèse est-il égal à 0,01 ?

P12. (I) (a) Écrivez l'expression donnant l'énergie mécanique E d'un système constitué d'un bloc attaché à un ressort vertical (figure 1.12, p. 11). Choisissez la position à laquelle l'allongement est nul comme origine de l'énergie potentielle gravitationnelle et de l'énergie du ressort U_{g} et U_{res}. (b) Utilisez la condition $dE/dt = 0$ pour montrer que les oscillations du système sont des oscillations harmoniques simples.

P13. (II) La figure 1.38 représente un tunnel creusé dans une planète homogène de masse M et de rayon R. À la distance r du centre, l'attraction gravitationnelle est due uniquement à la masse $M(r)$ contenue dans la sphère de rayon r (voir le chapitre 13 du tome 1). Par conséquent,

$$F = \frac{GmM(r)}{r^2} = \frac{mgr}{R}$$

où $M(r) = Mr^3/R^3$ et $g = GM/R^2$. (a) Montrez que la deuxième loi de Newton relative au mouvement dans le tunnel mène à l'équation différentielle d'un mouvement harmonique simple :

$$\frac{d^2x}{dt^2} + \frac{g}{R}x = 0$$

(b) Évaluez la période des oscillations pour la Terre, en supposant qu'elle soit homogène, ce qui n'est pas vraiment le cas !

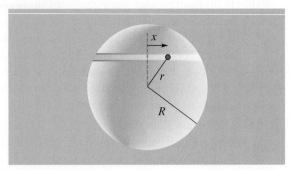

Figure 1.38 ▲
Problème 13.

P14. (I) Une tige homogène de masse M et de longueur L pivote autour d'un axe vertical situé à une extrémité et elle est fixée à un ressort horizontal dont la constante de rappel est k (figure 1.39). (a) Montrez que, pour de petits déplacements angulaires à partir de la position d'équilibre (indiquée par la ligne pointillée), les oscillations sont harmoniques simples. (b) Quelle est la période des oscillations ? Le moment d'inertie de la tige est $I = ML^2/3$.

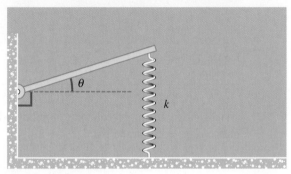

Figure 1.39 ▲
Problème 14.

PROBLÈMES SUPPLÉMENTAIRES

P15. (I) Un bloc de 600 g oscille à l'extrémité d'un ressort vertical de constante $k = 42,0$ N/m. Le fluide dans lequel est plongé le bloc est responsable d'un frottement dont la constante d'amortissement est 0,133 kg/s. (a) Déterminez la période de ce mouvement. (b) De quelle fraction, exprimée en pourcentage, l'amplitude du mouvement diminue-t-elle à chaque oscillation complète ? (c) Pour quelle valeur de la masse ce mouvement passe-t-il en mode critique ?

P16. (I) Un bloc de 500 g oscille à l'extrémité d'un ressort vertical ($k = 10$ N/m). À chaque oscillation complète, l'amplitude du mouvement diminue de 10 %. (a) Déterminez la constante d'amortissement et (b) la fréquence angulaire amortie de ce mouvement.

P17. (II) Montrez que, dans un mouvement harmonique amorti, l'énergie mécanique s'exprime comme :

$$E = E_0 e^{-(\gamma/m)t}$$

où $E_0 = kA_0^2/2$ correspond à l'énergie mécanique initiale. (On pose $\omega' \approx \omega_0$.)

P18. (II) Montrez (a) que l'équation 1.24 est bien une solution de l'équation différentielle décrivant l'oscillateur amorti :

$$m\frac{d^2x}{dt^2} + \gamma\frac{dx}{dt} + kx = 0$$

(b) La solution générale au problème du mouvement harmonique amorti s'exprime comme :

$$x = e^{-\gamma t/2m}[a\cos(\omega' t) + b\sin(\omega' t)]$$

Montrez que cette équation est bien une solution de l'équation différentielle et que les paramètres a et b ont une relation avec l'amplitude initiale $x_0(t = 0)$, la vitesse initiale v_{x0} et la fréquence angulaire amortie qui s'exprime de la manière suivante :

$$a = x_0 \qquad b = \frac{v_{x0} + \dfrac{\gamma x_0}{2m}}{\omega'}$$

P19. (II) Montrez que l'équation 1.28 est bien une solution de l'équation différentielle suivante décrivant l'oscillateur forcé :

$$m\frac{d^2x}{dt^2} + \gamma\frac{dx}{dt} + kx = F_e\cos\omega_e t$$

P20. (II) Dans un système à oscillations forcées, la résonance observée se mesure par la valeur du facteur de qualité Q. Ce paramètre est défini par le rapport

$$Q = \frac{m\omega_0}{\gamma}$$

Le pic de résonance observé à la figure 1.25 (p. 24) dépend directement de la valeur du facteur de qualité ; il sera d'autant plus haut et mince que le facteur de qualité est grand. En supposant que la constante d'amortissement est faible et à partir de ω_1 et ω_2 (les valeurs de fréquence angulaire situées de part et d'autre du maximum pour lesquelles le carré de l'amplitude atteint la moitié de sa valeur maximale), montrez que

$$\frac{\omega_2 - \omega_1}{\omega_0} = \frac{\Delta\omega}{\omega_0} = \frac{1}{Q}$$

P21. (II) En supposant que $A_0 = 0,2$ m et que $\phi = 0$, reprenez l'énoncé de l'exemple 1.11 et superposez les graphes de la position du bloc en fonction du temps lorsque la fréquence angulaire amortie est de 0,2 % inférieure à la fréquence angulaire propre, de 2 % inférieure à la fréquence angulaire propre et, finalement, lorsque la fréquence angulaire amortie correspond à la fréquence angulaire propre. Choisissez un intervalle de temps qui permette d'observer plusieurs cycles d'oscillation.

P22. (II) (a) Tracez le graphe de l'équation 1.29a donnant A comme une fonction de ω_e pour plusieurs valeurs de γ afin d'observer le comportement de la figure 1.25 (p. 24). Choisissez une valeur réaliste pour les paramètres m, k et F_e. (b) En modifiant correctement l'échelle et l'intervalle des valeurs de ω_e, vérifiez que la courbe n'atteint jamais son maximum lorsque $\omega_e = \omega_0$ pour une valeur non nulle de γ.

Les ondes mécaniques

POINTS ESSENTIELS

1. Lors du passage d'une **onde transversale**, les particules du milieu dans lequel l'onde se propage se déplacent perpendiculairement à la direction de propagation de l'onde. Dans le cas d'une **onde longitudinale**, le déplacement des particules est parallèle à la direction de propagation de l'onde.

2. Selon le **principe de superposition linéaire**, le déplacement résultant de la présence de deux ondes au même endroit correspond à la somme des déplacements que chaque onde produirait.

3. La vitesse d'une onde sur une corde dépend seulement des caractéristiques de la corde : tension et densité de masse linéique.

4. Une impulsion qui rencontre l'extrémité fixe d'une corde est réfléchie en s'inversant ; à une extrémité libre, il y a réflexion sans inversion.

5. Une **onde sinusoïdale progressive** se déplaçant à une vitesse de module v le long d'un axe x peut être décrite par une fonction du type $f(x \pm vt)$.

6. On doit bien faire la distinction entre la vitesse d'une particule du milieu dans lequel l'onde voyage et la **vitesse de propagation** de l'onde elle-même.

7. Les **ondes stationnaires** sont produites par la superposition de deux ondes sinusoïdales de même amplitude et de même fréquence qui voyagent dans des sens opposés.

8. Sur une corde fixe aux deux extrémités, il ne peut se produire que certaines **ondes stationnaires résonantes**.

9. La **puissance moyenne** véhiculée par une onde est proportionnelle au carré de l'amplitude.

En volant, le nouvel Airbus A380 émet une puissante onde sonore : les vibrations de ses moteurs se transmettent à l'air environnant et se propagent de proche en proche jusqu'à nos oreilles. Cette onde sonore est un exemple d'onde mécanique, dont nous décrirons l'émission et la propagation dans ce chapitre.

Après avoir étudié le mouvement des particules, des corps solides et des fluides au tome 1 et dans le chapitre précédent, nous entamons maintenant l'étude des mouvements ondulatoires. Une *onde* est une perturbation qui voyage ou *se propage* sans

déplacement de matière et transporte avec elle de l'énergie. Par exemple, une vague déplace des molécules d'eau, mais l'eau reprend sa position originale sans « suivre » la vague, après que cette dernière soit passée (figure 2.1). De même, une onde sonore fait osciller les molécules présentes dans l'air, mais ces dernières ne « suivent » pas le son. Même si l'eau ne suit pas la vague, cette vague transporte de l'énergie puisqu'elle peut soulever un objet qui flotte. De même, l'onde sonore transporte de l'énergie puisqu'elle fait vibrer nos tympans, même si le son ne déplace pas l'air vers nous.

En plus des sons et des vagues, il y a de nombreux phénomènes naturels qui ont des comportements ondulatoires, comme la lumière visible, les rayons ultra-violets qui causent le bronzage, les tremblements de terre, etc. Dans ces derniers cas, on ne peut pas toujours voir ce qui oscille, mais on réussit à expliquer des observations quand on représente ces phénomènes comme des ondes. Cette représentation est d'autant plus valable qu'elle inspire la conception de nombreuses technologies modernes, comme les téléphones cellulaires, les radars des policiers patrouilleurs, les signaux radio, etc., et permet d'en prévoir correctement le fonctionnement. L'observation de la lumière émise ou absorbée par les substances à l'état gazeux nous permet aussi de nous représenter avec de plus en plus de détails la structure de leurs atomes et de leurs molécules ; l'observation des ondes sismiques nous permet d'imaginer de mieux en mieux la structure du noyau de la Terre ; l'analyse de la lumière provenant des étoiles nous permet de déduire leur mouvement et leur composition chimique. On utilise entre autres les rayons X pour poser des diagnostics et traiter les malades, les ondes sonores de haute fréquence (ultrasoniques) pour surveiller le développement du fœtus avant la naissance ou pour déclencher les systèmes de sécurité antivol, et les micro-ondes pour établir des télécommunications et cuire des aliments.

Les ondes mécaniques ont besoin d'un milieu matériel pour se propager.

Les **ondes mécaniques**, comme les vagues à la surface de l'eau ou les ondes sonores, ne peuvent se propager qu'à l'intérieur ou à la surface d'un *matériau* ayant des propriétés élastiques : il doit y avoir un mécanisme (une force) qui tend à faire revenir les particules du milieu à leur état normal ou d'équilibre. Une onde mécanique ne peut circuler s'il n'y a pas de milieu matériel de propagation, puisque c'est l'élasticité d'un tel milieu qui lui permet de se propager. En d'autres termes : pas de son sans air, pas de vagues sans eau. Par contre, les **ondes électromagnétiques**, modèle grâce auquel on représente des phénomènes comme la lumière visible et les signaux de télévision, sont des ondes *non mécaniques* qui peuvent se propager dans le vide. En effet, comme la perturbation qui caractérise ces ondes n'est pas un déplacement d'une particule matérielle (propagé par des forces) mais plutôt un champ électrique ou magnétique (propagé par l'induction), les ondes électromagnétiques *ne nécessitent pas,* pour se propager, la présence d'un milieu matériel (voir le chapitre 13 du tome 2). Enfin, on a découvert dans le courant du XXe siècle que les particules élémentaires comme l'électron et le proton peuvent également manifester un comportement similaire à celui qu'aurait une onde. Nous étudierons, au chapitre 10, le modèle de l'*onde de matière* que nous utiliserons pour expliquer le comportement de ces particules. Pour l'instant, nous allons surtout nous intéresser aux caractéristiques et à la propagation des ondes. Comme elles sont faciles à créer et à observer, nous utiliserons souvent les ondes qui se propagent sur des cordes pour illustrer les concepts. Au chapitre suivant, nous étudierons plus en détail les ondes sonores.

2.1 Les caractéristiques des ondes

La figure 2.2a représente une corde fixée à l'une de ses extrémités. Si l'on déplace momentanément l'extrémité libre, une perturbation se propage le long de la corde. Cette perturbation momentanée par rapport à l'état d'équilibre est aussi une onde. Mais puisqu'elle est momentanée, autant dans l'espace que dans le temps, elle est appelée **impulsion**. Après le passage de l'impulsion, chaque segment de la corde revient à sa position d'équilibre. De même, lorsqu'on pousse subitement vers la droite un piston dans un tube (figure 2.2b), on comprime l'air situé en avant du piston, ce qui provoque un accroissement local de densité et de pression au-dessus de la valeur normale. Sur le plan microscopique, on se représente que les collisions entre les molécules de l'air transmettent cette *compression* le long du tube. Si l'on tire subitement le piston vers la gauche, on crée une *raréfaction*, c'est-à-dire une région où la densité et la pression sont inférieures à la normale ; cette raréfaction se propage le long du tube. Dans les deux cas, il s'agit d'une impulsion sonore.

Dans une **onde transversale** (figure 2.2a), le déplacement des particules est perpendiculaire à la direction de propagation de l'onde. Dans une **onde longitudinale** (figure 2.2b), le déplacement des particules a la même direction que la vitesse de l'onde. On observe que seuls les milieux de propagation faits de matériaux rigides peuvent supporter les deux types d'ondes, ce qu'on peut facilement visualiser à l'aide d'un *Slinky*, qui n'est rien d'autre qu'un ressort très souple (figure 2.3). Un fluide n'a pas de forme ni de structure bien définie et offre une résistance beaucoup plus grande à une force de compression qu'à une force de cisaillement (*cf.* figure 14.3 du tome 1). Par conséquent, seules les ondes longitudinales peuvent se propager dans un gaz ou dans un liquide parfait (non visqueux). Toutefois, les ondes transversales peuvent exister à la surface d'un liquide. Dans le cas des rides concentriques à la surface d'un étang (figure 2.1), c'est la tension superficielle de l'eau qui fait revenir le système à l'équilibre, alors que sur un grand plan d'eau, comme l'océan, c'est la force gravitationnelle. Dans une vague océanique, les molécules d'eau suivent en réalité des trajectoires circulaires ou elliptiques (figure 2.4) faisant intervenir à la fois des déplacements transversaux et longitudinaux.

(a)

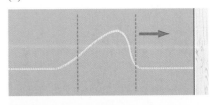

(b)

Figure 2.2 ▲

(a) Une impulsion transversale sur une corde. Elle est due aux mouvements transversaux de l'extrémité gauche de la corde. (b) Une impulsion longitudinale dans une colonne d'air. Elle est due aux mouvements longitudinaux du piston.

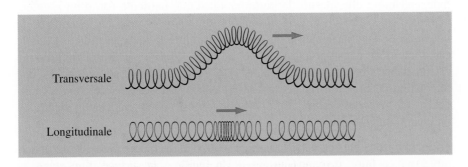

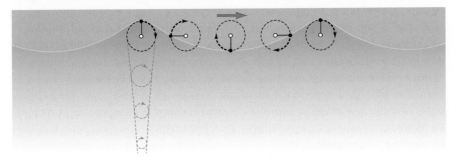

Figure 2.3 ◄

Propagation d'impulsions transversale et longitudinale sur un *Slinky*.

Figure 2.4 ◄

Dans une grande vague océanique, on observe que les particules d'eau décrivent des trajectoires circulaires (ou elliptiques) par rapport à un point fixe tandis que la vague se propage.

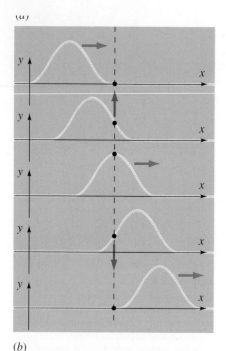

(b)

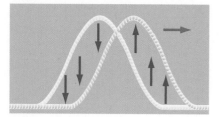

Figure 2.5 ▲

(a) Au passage d'une impulsion transversale, une particule (segment extrêmement court) donnée de la corde est soumise uniquement à des déplacements transversaux. Comme le montrent ces cinq « photographies » de la corde prises à des temps légèrement différents, la particule de la corde représentée par le point noir demeure vis-à-vis de la même position sur l'axe gradué. Le milieu (la corde) ne se propage donc pas avec l'onde. (b) Sur le bord avant d'une impulsion, les particules de la corde se déplacent vers le haut, alors que sur le bord arrière elles se déplacent vers le bas.

Le déplacement du milieu

Lorsqu'on observe une brindille ou une feuille à la surface d'un étang au passage d'une vague, on remarque quelque chose de révélateur : l'objet ne se déplace pas avec l'onde, mais il bouge de haut en bas en restant approximativement sur la même verticale. La figure 2.5a représente le déplacement d'un petit segment de corde au passage d'une impulsion transversale : sur les cinq « photographies », le point noir représente ce *même* segment matériel de la corde (suffisamment court pour être considéré comme une particule). Lorsque le bord avant de l'impulsion atteint cette particule de la corde, celle-ci se déplace perpendiculairement à la position d'équilibre de la corde. Son déplacement atteint un maximum au passage du pic de l'impulsion, puis elle revient à sa position d'équilibre une fois que l'impulsion est passée. Comme le montre la figure 2.5b, les segments de corde parcourus par le bord avant de l'impulsion se déplacent vers le haut, tandis que ceux parcourus par le bord arrière se déplacent vers le bas.

En somme, quand un milieu matériel est parcouru par une onde mécanique, on observe que les particules composant ce milieu ne se déplacent pas en suivant l'onde ; elles subissent de petits déplacements autour d'une position d'équilibre, alors que l'onde elle-même peut parcourir une grande distance. Nous verrons plus loin que les ondes sonores font intervenir de minuscules oscillations longitudinales des molécules d'air. *(Lorsque les molécules d'air d'une région donnée parcourent une grande distance, elles produisent un vent, et non une onde sonore.)* On peut donc définir une **onde** de la manière suivante :

> **Définition d'une onde mécanique**
>
> Une onde est une perturbation, par rapport à un état normal ou d'équilibre, qui se propage sans transport de matière, mais qui véhicule avec elle de l'énergie.

La perturbation créée par une onde est décrite quantitativement par une **fonction d'onde**. Comme nous le verrons, cette fonction doit avoir deux variables indépendantes : elle mesure la perturbation d'une particule (ou d'un segment extrêmement court) du milieu en fonction du *temps* et aussi en fonction de la *position* où cette particule ou ce segment est situé le long du milieu. Dans le cas d'une onde dans une corde, la perturbation donnée par la fonction d'onde est un déplacement (vectoriel), alors que, pour les ondes sonores, c'est une fluctuation de pression ou de densité (scalaire). Dans le cas des ondes lumineuses ou des ondes radio, cette perturbation est un vecteur champ électrique ou champ magnétique.

Enfin, montrons plus en détail pourquoi toute onde véhicule avec elle de l'énergie. Pour ce faire, revenons au cas de la feuille à la surface d'un étang au passage d'une onde. Pendant ses déplacements de haut en bas, son énergie cinétique et son énergie potentielle gravitationnelle varient toutes les deux. À plus grande échelle, une onde océanique peut soulever un gros bateau ou faire des dégâts considérables sur la côte. Nos yeux réagissent aux ondes lumineuses et nos oreilles aux ondes sonores à cause de l'énergie qu'elles transportent. Ces exemples tirés de l'expérience montrent bien qu'en général, *une onde transporte de l'énergie et de la quantité de mouvement*. Le transport de la quantité de mouvement est étudié uniquement dans le cas des ondes électromagnétiques au chapitre 13 du tome 2.

2.2 La superposition d'ondes

Lorsque deux ondes ou plus se chevauchent dans une région donnée, par exemple lorsque deux vagues se croisent sur une étendue d'eau, on dit qu'elles sont *superposées*. Quand on observe deux ondes ainsi superposées, l'expérience montre clairement que chaque minuscule segment du milieu (chaque infime volume d'eau, dans le cas des vagues) subit simultanément les perturbations dues à chacune des deux ondes. Si l'amplitude des deux ondes est suffisamment faible, les perturbations sont tout simplement *additionnées*. La fonction d'onde résultante est alors donnée par le **principe de superposition linéaire** : la fonction d'onde totale y_T en tout point est la somme linéaire des fonctions d'onde individuelles y_i, c'est-à-dire :

Principe de superposition linéaire

$$y_T = y_1 + y_2 + y_3 + \ldots + y_N = \sum_{i=1}^{N} y_i$$

Selon la nature de l'onde, il peut s'agir d'une somme algébrique ou d'une somme vectorielle. La figure 2.6 schématise ce qu'on observe lorsqu'on envoie le long d'une corde deux impulsions dont l'amplitude est faible comparativement à leur longueur. Ici, la fonction d'onde y décrit le déplacement transversal des particules (segments infimes) de la corde.

La superposition de deux ondes ou plus dans une région donnée peut donner lieu à un phénomène d'**interférence**. Si les fonctions d'onde sont de même signe (figure 2.6*a*), l'interférence est *constructive* et le déplacement résultant est plus grand que celui de chacune des ondes. Si les fonctions d'onde sont de signes opposés (figure 2.6*b*), l'interférence est *destructive* et le déplacement résultant est plus petit que celui de chacune des ondes. On pourrait s'attendre à ce qu'une **crête** ($y > 0$) et un **creux** ($y < 0$) de forme identique s'annulent et disparaissent tout simplement lorsqu'ils se chevauchent. Pourtant, comme le montre la figure 2.6*b*,

(*a*)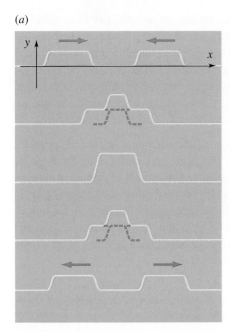

(*b*)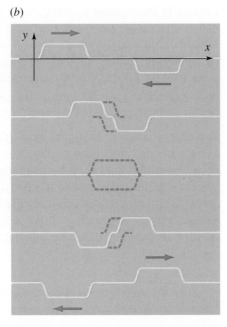

Figure 2.6 ◄

Lorsque deux impulsions se superposent, le déplacement résultant est la somme des déplacements individuels. Sur cette figure, les perturbations de la corde ont été exagérées pour qu'on puisse bien les voir, mais il faut garder en tête que le principe de superposition linéaire ne s'applique qu'à des perturbations qui déforment très légèrement la corde.

Le principe de superposition ne s'applique pas à la vague déferlante qu'utilise ce surfeur de Bali.

après s'être superposés, ils continuent sans changer de forme. Les ondes qui respectent le principe de superposition linéaire peuvent donc donner lieu à des interférences, mais elles ne peuvent pas *interagir* comme le font des particules. Chaque impulsion possède une certaine quantité d'énergie qui ne peut pas disparaître.

Les ondes ayant une fonction d'onde scalaire (les ondes sonores par exemple) donnent toujours lieu à une interférence lorsqu'elles sont superposées. Dans le cas des ondes ayant une fonction d'onde vectorielle, comme les ondes se propageant sur une corde, seule la composante d'une fonction d'onde dirigée selon la direction de l'autre fonction peut donner lieu à une interférence. Par exemple, si une corde est orientée selon l'axe des *x*, une impulsion provoquant des déplacements sur l'axe des *y* ne produira pas d'interférence avec une impulsion provoquant des déplacements sur l'axe des *z*. Cette caractéristique des ondes transversales se nomme *polarisation* ; on en traite à la section 7.9.

Nous avons dit que le principe de superposition linéaire n'est valable pour les ondes mécaniques que si leur amplitude est petite et perturbe peu le milieu matériel. Ce principe ne s'applique donc pas aux énormes vagues déferlantes qu'utilisent les amateurs de surf ni aux ondes de choc produites par les avions supersoniques, et nous verrons pourquoi aux sections 2.9 et 2.11. Tous nos exemples porteront sur des ondes auxquelles le principe de superposition linéaire s'applique.

2.3 La vitesse d'une onde sur une corde

Quel que soit le milieu matériel de propagation, l'expérience montre que ce sont les propriétés du milieu de propagation qui déterminent la vitesse des ondes qui s'y propagent, la source de ces ondes ayant généralement peu ou pas d'influence sur la vitesse de propagation. Souvent, on observe que cette vitesse est la même constante pour toutes les ondes qui voyagent dans un même milieu. Par exemple, qu'un haut-parleur émette des sons aigus ou graves, ou des sons forts ou faibles, on reçoit les sons dans le même ordre qu'ils ont été émis, ce qui montre bien qu'ils voyagent tous à la même vitesse constante. De la même façon, la façon dont on agite l'extrémité d'une corde ne change pas la vitesse des impulsions le long de la corde, car elles ne se « dépassent » jamais l'une l'autre.

Comme la propagation de toute onde mécanique est assurée par l'élasticité du milieu matériel de propagation (c'est-à-dire par les forces internes exercées par le milieu), on devrait pouvoir prévoir cette vitesse à laquelle une onde voyage en appliquant les lois de Newton pour déterminer l'effet de ces forces. C'est Peter Guthrie Tait (1831-1901) qui réalisa cette analyse dynamique le premier, dans le cas de la vitesse* des ondes qui voyagent dans une corde, ce qui lui permit d'obtenir en 1883 l'équation que nous nous apprêtons à démontrer.

Considérons une corde idéale, homogène et parfaitement flexible. Supposons également que l'impulsion ou l'onde qui parcourt cette corde obéit au principe de superposition linéaire, ce qui signifie que sa hauteur est si petite comparativement à sa longueur qu'elle n'a pas d'effet sur le module de la tension de la corde. Dans notre référentiel immobile lié au *laboratoire* (figure 2.7a), l'impulsion se déplace vers la droite à la vitesse *v*, alors que les particules de la corde oscillent de façon verticale. Le calcul de la vitesse dans ce référentiel est donné

(a)

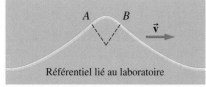

(b)

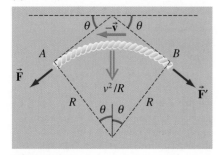

Figure 2.7 ▲

(a) Dans le référentiel lié au laboratoire, une impulsion se déplace vers la droite le long de la corde, mais les particules de la corde n'ont qu'une vitesse verticale. (b) Dans un référentiel lié à l'impulsion, l'impulsion est immobile, mais chaque particule de la corde a une (même) composante de vitesse vers la gauche. La force centripète est fournie par la résultante des tensions exercées de chaque côté du court segment de corde. Si l'impulsion est de faible amplitude, $\|\vec{F}\| = \|\vec{F}'\| = F$.

---

* Pour ne pas alourdir le texte, nous utiliserons dorénavant dans ce chapitre le mot *vitesse* afin de décrire le vecteur $\vec{v}$ et le module de cette quantité *v*.

à la section 2.11. Pour l'instant, il est plus facile d'utiliser le référentiel qui se déplace avec l'onde. Dans ce référentiel lié à l'*impulsion* (figure 2.7*b*), l'impulsion est immobile alors que les particules de la corde se déplacent vers la gauche à la vitesse *v*.

S'il est suffisamment court, un segment de la corde, comme le segment identifié *AB* à la figure 2.7, peut être assimilé à un arc de cercle de rayon *R*. Si θ est l'angle en radians entre la verticale et le rayon passant par *B*, la longueur de *AB* est $R(2\theta)$. Si μ est la densité de masse linéique de la corde (en kg/m), alors la masse du segment *AB* correspond à la longueur de ce segment multipliée par μ, soit $m = 2\mu R\theta$. Puisque dans le référentiel lié à l'impulsion c'est la corde qui se déplace, décrivons la trajectoire du segment *AB* de cette corde : au moment, illustré à la figure 2.7*b*, où ce segment atteint le sommet de l'impulsion, on peut considérer pendant un très court instant qu'il effectue un mouvement circulaire uniforme à une vitesse *v* (de même module *v* que la vitesse de l'impulsion dans le référentiel du laboratoire). À cet instant, la force résultante s'appliquant sur lui devrait donc être purement centripète. C'est la résultante des tensions (chacune de module *F*) exercées à chaque extrémité du segment *AB* qui est la force centripète (égale à mv^2/R) en question. On notera que les angles entre les tangentes en *A* et *B* et l'horizontale sont aussi égaux à θ. Les composantes horizontales des forces s'annulent mutuellement et la force résultante agissant sur le segment est donc de module $2F \sin \theta$, orientée verticalement vers le bas. D'après la deuxième loi de Newton, on a

$$2F \sin \theta = \frac{mv^2}{R}$$

L'amplitude de l'impulsion étant petite comparativement à sa longueur, les tangentes aux points *A* et *B* forment avec l'horizontale un angle θ qui est petit, ce qui permet d'utiliser l'approximation des petits angles $\sin \theta \approx \theta$. En substituant cette approximation dans l'équation ci-dessus, de même que $m = 2\mu R\theta$, on trouve

$$2F\theta = 2\mu R\theta \frac{v^2}{R}$$

qui nous donne

> **Vitesse de propagation d'une onde le long d'une corde**
>
> $$v = \sqrt{\frac{F}{\mu}} \qquad (2.1)$$

Soulignons que la vitesse est mesurée par rapport au milieu de propagation.

L'équation 2.1 est valable pour une onde de forme quelconque, à condition que son amplitude soit faible comparativement à sa longueur. Nous aurons à nouveau l'occasion de rencontrer des équations de ce genre donnant la vitesse d'ondes mécaniques uniquement en fonction des propriétés de leur milieu de propagation. Le module de la tension *F* nous indique dans quelle mesure la corde tend à revenir à sa position d'équilibre. La densité de masse est une mesure de l'inertie de la corde. On remarque que l'équation 2.1 a la même forme que l'équation 1.9, $\omega = \sqrt{k/m}$, qui donne la fréquence angulaire d'un système masse-ressort. En général, la vitesse de propagation d'une onde mécanique dans un milieu est de la forme

$$v = \sqrt{\frac{\text{facteur de force de rétablissement}}{\text{facteur d'inertie}}} \qquad (2.2)$$

Nous verrons plus loin que, dans le cas des ondes sonores, le facteur de force de rétablissement est une constante élastique et que le facteur d'inertie est la masse volumique.

EXEMPLE 2.1

Soit une corde dont une extrémité est fixe. Elle passe sur une poulie sans frottement et à son autre extrémité est attaché un bloc de masse 2,00 kg (figure 2.8). La partie horizontale de la corde a une longueur

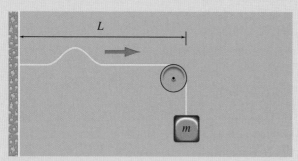

Figure 2.8 ▲
La tension de la corde est produite par un poids suspendu.

de 1,60 m et une masse de 20,0 g. Quelle est la vitesse de propagation d'une impulsion sur la corde ?

Solution

Le bloc, à cause de son poids, engendre une tension dans la corde. La poulie étant sans frottement, elle ne réduit pas cette tension dans la portion horizontale de la corde. Le module de celle-ci correspond dès lors à $F = mg = 19,6$ N. La densité de masse linéique est $(2,00 \times 10^{-2}$ kg$)/(1,60$ m$) = 1,25 \times 10^{-2}$ kg/m (pour que la vitesse s'exprime en mètres par seconde, il faut absolument exprimer la densité en kilogrammes par mètre). D'après l'équation 2.1, la vitesse de l'onde est

$$v = \sqrt{\frac{F}{\mu}} = \sqrt{\frac{19,6 \text{ N}}{1,25 \times 10^{-2} \text{ kg/m}}} = 39,6 \text{ m/s}$$

EXEMPLE 2.2

Supposons que l'équation 2.1 nous soit inconnue. Sachant que l'expérience montre que la vitesse de propagation d'une onde ne dépend que des propriétés du milieu, on pourrait supposer que la vitesse d'une impulsion dans une corde n'est fonction que de la tension et de la densité de masse linéique, c'est-à-dire $v = kF^x\mu^y$, où k, x et y sont des constantes inconnues et sans dimensions. Utiliser l'analyse dimensionnelle pour déterminer x et y.

Solution

La vitesse et la masse linéique ont respectivement des dimensions de longueur/temps (LT^{-1}) et de masse/longueur (ML^{-1}). Quant à la force, l'équation $F = ma$ révèle que ses dimensions sont MLT^{-2}. Les dimensions de la relation $v = kF^x\mu^y$ sont donc

$$LT^{-1} = (M^xL^xT^{-2x})(M^yL^{-y})$$

En égalant respectivement les puissances de M, de L et de T, on obtient trois équations :

$$0 = x + y$$
$$1 = x - y$$
$$-1 = -2x$$

qui ont pour solution $x = \frac{1}{2}$ et $y = -\frac{1}{2}$. L'analyse dimensionnelle nous permet de conclure que $v = kF^{1/2}\mu^{-1/2}$, où k est une constante qui ne peut être déterminée par cette méthode. L'analyse physique complète qui a mené à l'équation 2.1 nous apprend que $k = 1$.

EXEMPLE 2.3

Deux cordes sont faites du même matériau. La corde 1 a un diamètre deux fois plus grand que la corde 2, mais elle est soumise à la moitié de sa tension. Trouver v_2/v_1.

Solution

Si les cordes sont faites du même matériau, leur densité de masse linéique μ est proportionnelle à leur section, donc au carré de leur diamètre d. ∎

Puisque $d_1 = 2d_2$, on a $\mu_1 = 4\mu_2$. On a aussi $F_1 = 0{,}5\,F_2$, d'où

$$\frac{v_2}{v_1} = \sqrt{\frac{F_2/\mu_2}{F_1/\mu_1}} = \sqrt{\frac{F_2/\mu_2}{0{,}5F_2/4\mu_2}} = \sqrt{8}$$

2.4 La réflexion et la transmission

Lorsqu'une impulsion se propageant sur une corde en atteint l'extrémité, on observe qu'elle est presque entièrement réfléchie. Si l'extrémité est *fixe* (figure 2.9*a*), l'impulsion est inversée. En effet, lorsque l'avant de l'impulsion atteint le mur, la corde tire sur le point où elle est fixée. Selon la troisième loi de Newton, le mur (qui reste quasi immobile) réagit en exerçant une force de même module mais de sens contraire. La corde se déplace alors verticalement pour former l'impulsion inversée. Si l'extrémité est *libre*, ce qu'on peut observer au moyen d'un anneau fixé à l'extrémité de la corde et pouvant glisser sur une tige verticale sans frottement (figure 2.9*b*), on constate alors que l'impulsion réfléchie n'est pas inversée. Une analyse dynamique explique cela par l'absence de force verticale exercée par la tige.

(*a*)

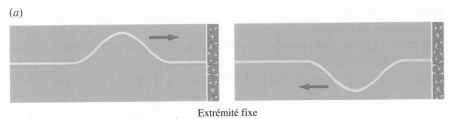

Extrémité fixe

(*b*)

Extrémité libre

Figure 2.9 ◄

(*a*) Lorsqu'une impulsion se propageant le long d'une corde est réfléchie à une extrémité fixe, elle est inversée. (*b*) À l'extrémité libre, l'impulsion réfléchie n'est pas inversée.

On peut reconstituer les détails du processus de réflexion en superposant l'impulsion réelle et une impulsion imaginaire venant en sens inverse (figure 2.10). Le déplacement total en un point quelconque est donné par le principe de superposition. Si l'on fixe un instant précis, on remarque toujours, quel que soit l'instant choisi, que le déplacement de l'extrémité fixe est nul (figure 2.10*a*) et que le déplacement de l'extrémité libre correspond au double du déplacement qui serait dû à l'unique impulsion incidente (figure 2.10*b*).

Outre les cas de réflexion à une extrémité fixe et à une extrémité libre, on peut aussi étudier les cas intermédiaires, par exemple celui où une impulsion rencontre la jonction entre une corde légère et une corde lourde. On observe alors

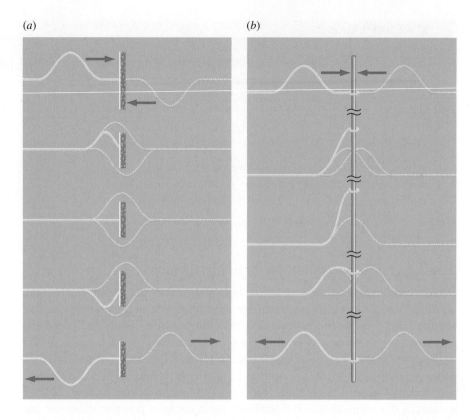

(a)　　　　　　　　　*(b)*

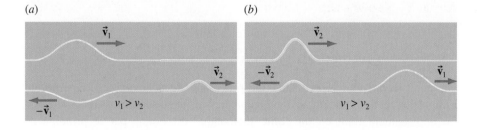

(a)　　　　　　　　　*(b)*

Figure 2.10 ▶

On peut représenter le processus de réflexion en superposant une impulsion imaginaire venant en sens inverse de l'impulsion réelle. On observe alors que la résultante est toujours nulle dans le cas de la réflexion à extrémité fixe (*a*) et toujours le double du déplacement qui serait dû à une seule impulsion dans le cas de la réflexion à extrémité libre (*b*).

une réflexion partielle et une transmission partielle. Les tensions étant les mêmes, le rapport entre la vitesse des ondes de part et d'autre de la jonction est déterminé uniquement par les densités de masse linéique. À la figure 2.11*a*, l'impulsion provient de la corde légère. La corde lourde se comporte un peu comme un mur, mais elle peut se déplacer bien plus qu'un mur rigide, de sorte qu'une partie de l'impulsion initiale lui est transmise. À la figure 2.11*b*, l'impulsion provient de la corde lourde. La corde légère offre peu de résistance et peut être assimilée à une extrémité libre. Par conséquent, l'impulsion réfléchie n'est pas inversée. Si les densités des cordes illustrées à la figure 2.11 valent respectivement μ_1 et μ_2, l'équation 2.1 permet de déterminer que le rapport des vitesses des impulsions v_1/v_2 est égal à $\sqrt{\mu_2/\mu_1}$ (d'après la deuxième loi de Newton, les cordes sont nécessairement soumises à la même tension). Les impulsions se déplacent ainsi plus rapidement sur la corde la plus légère.

Figure 2.11 ▶

Lorsqu'une impulsion rencontre la jonction entre deux cordes différentes, on observe qu'elle est partiellement réfléchie et partiellement transmise. (*a*) Si la deuxième corde est plus lourde, l'impulsion réfléchie est inversée. (*b*) Si la deuxième corde est plus légère, l'impulsion réfléchie n'est pas inversée. Dans tous les cas, l'impulsion *transmise* n'est pas inversée.

2.5 Les ondes progressives

Au début de ce chapitre, nous avons dit que la fonction d'onde permet de décrire une onde en donnant le déplacement de chaque particule de son milieu de propagation en fonction de deux variables indépendantes : le temps et l'endroit où cette particule est située. Pour obtenir cette fonction, considérons l'exemple, très visuel, d'une impulsion qui voyage le long d'une corde et étudions-la dans deux référentiels différents. À la figure 2.12, (x, y) sont les coordonnées d'un point de notre référentiel fixe, alors que (x', y') sont les coordonnées du même point dans un référentiel lié à l'impulsion. On choisit les référentiels de façon à ce que leurs origines coïncident au moment où $t = 0$. Dans le référentiel en mouvement, l'impulsion est au repos, de sorte que le déplacement vertical y' d'une particule de la corde ne dépend que de l'endroit x' (position horizontale) où cette particule est située et est le même à tout instant. On peut exprimer ce déplacement par une fonction $f(x')$ qui décrit la *forme* de l'impulsion :

$$y'(x') = f(x')$$

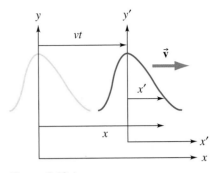

Figure 2.12 ▲

Une impulsion se propageant à la vitesse v par rapport au référentiel xy. Dans le référentiel $x'y'$ lié à l'impulsion, elle est au repos et sa forme est décrite par $f(x')$. Dans le référentiel xy, l'impulsion est décrite par $f(x - vt)$.

Dans le référentiel immobile, l'impulsion a la même forme mais elle se déplace à la vitesse constante v, ce qui signifie que le déplacement y est fonction à la fois de x et de t, et s'écrit $y(x, t)$. Les coordonnées d'une caractéristique quelconque de l'impulsion mesurée dans les deux référentiels sont liées par la transformation de Galilée (*cf.* chapitre 4 du tome 1) : $x' = x - vt$ et $y' = y$. Avec $f(x') = f(x - vt)$ et $y' = y$, l'équation précédente devient

> **Onde progressive se déplaçant vers les x positifs**
>
> $$y(x, t) = f(x - vt) \qquad (2.3)$$

Autrement dit, on obtient la fonction mathématique $y(x, t)$ décrivant le déplacement vertical y de tous les points x de la corde à n'importe quel instant t en remplaçant par $(x - vt)$ la variable x dans la fonction $f(x)$ donnant la forme de l'impulsion à $t = 0$.

En général, nous choisirons le système d'axes de façon à ce que la position d'équilibre de la corde coïncide avec l'axe des x, ce qui aura pour conséquence que la position d'équilibre d'une particule de la corde sera $y = 0$ et que le déplacement vertical par rapport à cette position coïncidera aussi avec la *coordonnée y* de la particule dans le système d'axes. La variable y pourra donc désigner *indifféremment la position ou le déplacement* de cette particule.

L'équation 2.3 décrit le mouvement d'une impulsion dans le sens des x positifs. Un point donné de l'impulsion, par exemple sa crête, correspond à une valeur fixe de x', c'est-à-dire :

$$x - vt = \text{constante}$$

En dérivant cette expression par rapport au temps et en notant que v est constante, on trouve

$$\frac{dx}{dt} = v$$

où v est la **vitesse de propagation de l'onde** (que l'on appelle aussi *célérité* ou *vitesse de phase*). Cette équation exprime que dx/dt, c'est-à-dire la composante de vitesse selon x d'un point quelconque de l'impulsion, par exemple sa crête, est positive et correspond à v. Il ne faut pas confondre cette vitesse v et la vitesse d'une particule de la corde (vitesse qui serait forcément verticale). En effet, v est la vitesse (horizontale) à laquelle se déplace un point de l'impulsion dont la phase est constante.

Une impulsion qui se propage dans le sens des x négatifs est représentée par

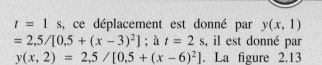

Onde progressive se déplaçant vers les x négatifs

$$y(x, t) = f(x + vt) \qquad (2.4)$$

Ici encore, si l'on désigne un point donné de l'impulsion, par exemple sa crête, par la valeur fixe de x' où il est situé, on obtient $x + vt = $ constante. En dérivant cette expression par rapport au temps, on trouve

$$\frac{\mathrm{d}x}{\mathrm{d}t} = -v$$

Cette équation exprime cette fois que la composante de vitesse selon x d'un point quelconque de l'impulsion est négative, donc dirigée vers la gauche.

En somme, pour que la fonction représente une **onde progressive** se propageant à la vitesse v, les trois grandeurs x, v et t *doivent* apparaître dans les combinaisons $(x + vt)$ ou $(x - vt)$. Ainsi, $(x - vt)^2$ est acceptable mais $(x^2 - v^2t^2)$ ne l'est pas.

EXEMPLE 2.4

À $t = 0$, une impulsion est représentée par

$$y(x) = \frac{2,5}{(0,5 + x^2)}$$

où x et y sont en mètres. Quelle est la fonction d'onde qui la décrit à un instant quelconque sachant qu'elle se déplace dans le sens des x positifs à 3 m/s ? Dessiner l'impulsion à $t = 0$, 1 s et 2 s.

Solution

D'après l'équation 2.3, on a

$$y(x, t) = \frac{2,5}{0,5 + (x - 3t)^2}$$

À $t = 0$, le déplacement (position verticale y) de toute particule de la corde située à une position horizontale x est donné par $y(x, 0) = 2,5/(0,5 + x^2)$. À

$t = 1$ s, ce déplacement est donné par $y(x, 1) = 2,5/[0,5 + (x - 3)^2]$; à $t = 2$ s, il est donné par $y(x, 2) = 2,5 / [0,5 + (x - 6)^2]$. La figure 2.13 représente l'impulsion à ces trois instants.

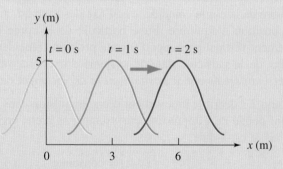

Figure 2.13 ▲

Les positions d'une impulsion à trois instants différents.

2.6 Les ondes sinusoïdales progressives

Dans ce qui précède, toutes les situations ondulatoires étaient décrites à l'aide d'impulsions. Nous allons maintenant voir quel est le comportement des ondes continues. Une des façons de produire une onde continue dans une corde consiste à attacher cette dernière à une tige vibrante (figure 2.14a). Si la vibration de cette tige est périodique, l'onde produite est elle aussi *périodique*. De plus, si la source des ondes (la tige) est un oscillateur harmonique simple, la fonction $f(x \pm vt)$

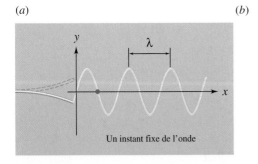

(a)

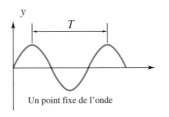

(b)

Un instant fixe de l'onde

Un point fixe de l'onde

est *sinusoïdale* et représente une **onde sinusoïdale progressive**. Lorsqu'une telle onde traverse une région donnée, chacune des particules du milieu (c'est-à-dire chacun des infimes segments qui composent la corde) est soumise à un mouvement harmonique simple. Comme la grande majorité des phénomènes ondulatoires peuvent être représentés par des ondes sinusoïdales, nous concentrerons notre étude des ondes périodiques exclusivement sur ces dernières. De plus, nous verrons (*cf.* section 3.7) que n'importe quelle onde non sinusoïdale peut être produite en superposant des ondes sinusoïdales appropriées, de fréquences et d'amplitudes différentes. L'étude des seules ondes sinusoïdales est donc bel et bien suffisante pour décrire tous les phénomènes ondulatoires.

La figure 2.14b représente la position verticale $y(t)$ d'une particule (segment infime de la corde) située à une *position x donnée*, en fonction du temps, au passage d'une onde. La période T correspond à une variation de phase de 2π radians (voir la section 1.1). Ainsi, un temps quelconque t correspond à la phase $2\pi(t/T)$. Si $y = 0$ et $dy/dt > 0$ à $t = 0$, la constante de phase ϕ est nulle et l'on peut écrire (équation 1.2) :

(x fixe) $$y(t) = A \sin \omega t$$

où

Fréquence angulaire

$$\omega = \frac{2\pi}{T} \qquad (2.5a)$$

est la **fréquence angulaire** ou pulsation mesurée en rad/s.

La configuration d'une onde sinusoïdale à un *instant t donné,* c'est-à-dire une photographie de l'onde (figure 2.14a) montre que le déplacement y en fonction de la position x est également sinusoïdal. Cette sinusoïde ne doit pas être confondue avec celle de la figure 2.14b : dans le premier cas, l'axe horizontal est celui des positions x, et dans l'autre, celui des temps t. La *distance* entre deux points successifs de même phase* (par exemple deux crêtes) est appelée **longueur d'onde**, λ (voir la figure 2.14a). Puisque λ correspond à une variation

---

* L'utilisation du mot *phase* va au-delà de ce que nous en avons fait au chapitre 1 lorsque nous l'avons associé à l'argument $\omega t + \phi$ de l'équation qui décrit une oscillation harmonique. Dans un contexte plus large, la *phase* d'une onde correspond à l'un de ses *états* particuliers, soit une crête, un creux ou l'une quelconque des positions que peut prendre l'un des éléments de l'onde.

de phase égale à 2π, la phase à une position quelconque x est $(2\pi)(x/\lambda)$. Si $y = 0$ et $dy/dx > 0$ à $x = 0$, on peut écrire

(t fixe)
$$y(x) = A \sin kx$$

où

Nombre d'onde

$$k = \frac{2\pi}{\lambda} \qquad (2.5b)$$

est le **nombre d'onde**, dont l'unité SI est le radian par mètre (à ne pas confondre avec la constante de rappel k d'un ressort).

Le raisonnement qui précède montre qu'une onde sinusoïdale a *deux périodicités* : une dans le temps et une autre dans l'espace. D'une part, l'oscillation d'une particule (position x fixe) se répète périodiquement quand le temps t croît et, d'autre part, la configuration de l'onde sur une photographie (temps t fixe) se répète périodiquement quand on observe successivement des positions x croissantes.

Voyons maintenant comment ces deux périodicités sont reliées entre elles. Pour ce faire, examinons l'une des phases, une crête par exemple, d'une onde sinusoïdale progressive (figure 2.15). Comme le montre cette figure, en une période T, l'onde avance d'une longueur d'onde λ. Sa vitesse de propagation étant constante, elle est donc donnée par $v = \lambda/T$. Comme la fréquence est $f = 1/T = \omega/2\pi$, la vitesse d'une onde sinusoïdale s'écrit

Module de la vitesse de propagation d'une onde sinusoïdale

$$v = \frac{\lambda}{T} = f\lambda = \frac{\omega}{k} \qquad (2.5c)$$

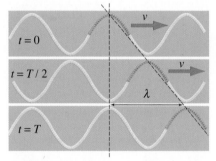

Figure 2.15 ▲

Pendant une période, l'onde parcourt la distance d'une longueur d'onde ; sa vitesse est donc $v = \lambda/T = f\lambda = \omega/k$.

Soulignons que la fréquence d'une onde est déterminée par la *source*, alors que la vitesse de l'onde est déterminée par les propriétés du *milieu*, comme le révèlent les observations expérimentales décrites au début de la section 2.3. Dans le cas des ondes mécaniques, la vitesse est mesurée par rapport au milieu. La vitesse de l'onde dépend également du mode de propagation. Par exemple, les ondes acoustiques transversales et longitudinales dans un solide n'ont pas la même vitesse de propagation.

Grâce à l'équation 2.5c, selon laquelle $kv = \omega$, on peut obtenir la fonction d'onde qui représente une onde sinusoïdale progressive. Il suffit de combiner l'équation $y(x) = A \sin kx$ avec l'équation générale d'une onde progressive, $y(x, t) = f(x - vt)$, pour obtenir :

$$\begin{aligned} y(x, t) &= A \sin[k(x - vt)] \\ &= A \sin(kx - \omega t) \end{aligned} \qquad (2.6)$$

Cette équation représente une onde sinusoïdale se déplaçant dans le sens des x positifs. Une onde qui se propage dans le sens des x négatifs, obtenue à partir de l'équation 2.4, est représentée par

$$y(x, t) = A \sin(kx + \omega t) \qquad (2.7)$$

Dans ces deux équations, $y = 0$ en $x = 0$ et à $t = 0$. Comme ce n'est pas le cas en général, nous devons faire intervenir une constante de phase ϕ :

PA *La figure animée III-2*, **Superposition d'ondes**, illustre l'onde sinusoïdale progressive décrite par l'équation 2.8. Dans le menu **Scénarios**, sélectionnez **Onde en mouvement**. Voir le Compagnon Web : www.erpi.com/benson.cw.

Onde progressive sinusoïdale

$$y(x, t) = A \sin(kx \pm \omega t + \phi) \tag{2.8}$$

Tel que mentionné à la section 2.5, il importe de distinguer la vitesse de propagation de l'onde, forcément horizontale sur le schéma de la figure 2.16, et la vitesse d'une particule du milieu (segment infime de la corde), forcément verticale. Dans le cas d'une onde transversale se propageant le long de l'axe des x, les particules du milieu se déplacent uniquement selon y ; la vitesse d'une particule est donc le taux de variation de la position* y où elle se situe, donné par $\partial y / \partial t$. Contrairement à la vitesse de propagation de l'onde, qui dépend des propriétés du milieu, la vitesse d'une particule varie avec le temps à la fréquence de la source. D'après l'équation 2.8, la vitesse** et l'accélération d'une particule à une *position x donnée* sont données par

$$v_y = \frac{\partial y}{\partial t} = \pm \omega A \cos(kx \pm \omega t + \phi) \tag{2.9}$$

$$a_y = \frac{\partial v_y}{\partial t} = \frac{\partial^2 y}{\partial t^2} = -\omega^2 A \sin(kx \pm \omega t + \phi) \tag{2.10}$$

Comme on le voit dans l'équation 2.9, le signe de la vitesse dépend du sens de la propagation, alors que, pour l'accélération, on trouve une relation similaire à l'équation 1.5*b* ($a_y = -\omega^2 y$). On utilise ici la dérivée partielle ($\partial / \partial t$) parce que $y(x, t)$ est fonction de deux variables et que x est maintenue constante (il s'agit de la vitesse et de l'accélération d'une particule située à une *position x donnée*). Comme le cosinus et le sinus que contiennent les équations 2.9 et 2.10 oscillent entre les valeurs extrêmes -1 et $+1$, la vitesse de toute particule du milieu a un module maximal ωA, et l'accélération de toute particule du milieu, un module maximal $\omega^2 A$.

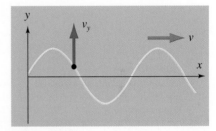

Figure 2.16 ▲
La vitesse d'une particule sur une corde, donnée par $\partial y / \partial t$, est perpendiculaire à la vitesse de propagation de l'onde v.

EXEMPLE 2.5

Soit une corde, illustrée à la figure 2.17, dont une extrémité est reliée à une tige vibrante. Elle passe sur une poulie sans frottement et à son autre extrémité est attaché un bloc de masse inconnue m_1. La portion

---

* Le déplacement d'une particule de la corde étant mesuré par rapport à la position d'équilibre $y = 0$, le taux de variation de ce déplacement correspond au taux de variation de la position y de la corde. Ainsi, $\partial y / \partial t$ pourra désigner indifféremment le taux de variation de la position ou le taux de variation du déplacement.

** Pour alléger le texte, nous allons utiliser dans ce chapitre les termes « vitesse » et « accélération » pour désigner leur composante selon y.

horizontale de la corde mesure $L = 4,00$ m. (a) L'extrémité de la tige vibrante fait un mouvement harmonique simple à une fréquence de 100 Hz et on mesure que l'onde met 0,100 s pour parcourir d'une extrémité à l'autre la portion horizontale de la corde. Quelle est la longueur d'onde ? (b) Si l'on quadruple la fréquence d'oscillation de la lame vibrante, qu'advient-il de la longueur d'onde et de la vitesse de propagation de l'onde ? (c) Si l'on rétablit la fréquence à 100 Hz mais que l'on quadruple plutôt la masse m_1 du bloc suspendu, qu'advient-il de la longueur d'onde et de la vitesse de propagation de l'onde ?

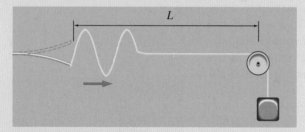

Figure 2.17 ▲
Une onde sinusoïdale progressive est produite dans une corde dont la tension est due à un bloc suspendu à son extrémité.

Solution

(a) Comme l'onde parcourt 4,00 m en 0,100 s et que, sur une corde, la vitesse de propagation de l'onde est constante, cette dernière est $v = (4,00 \text{ m})/(0,100 \text{ s})$

$= 40,0$ m/s. Comme la période est $T = 1/f = 0,01$ s et que la longueur d'onde est la distance que parcourt l'onde à chaque période, on obtient donc

$$\lambda = vT = (40,0 \text{ m/s})(0,01 \text{ s}) = 0,400 \text{ m}$$

On peut aussi calculer, plus directement

$$\lambda = v/f = (40,0 \text{ m/s})/(100 \text{ Hz}) = 0,400 \text{ m}$$

(b) Le fait de changer la fréquence d'oscillation de la tige n'a aucun impact sur la vitesse de propagation de l'onde, puisque cette dernière ne dépend que de la tension et de la densité de masse linéique de la corde. Toutefois, la fréquence étant quatre fois plus élevée, la période est quatre fois plus courte et la distance parcourue par l'onde à chaque période, soit la longueur d'onde, sera donc, elle aussi, quatre fois plus petite. On obtient en effet

$$\lambda = vT = (40,0 \text{ m/s})(0,0025 \text{ s}) = 0,10 \text{ m}$$

(c) Quadrupler la masse du bloc suspendu a pour effet de quadrupler la tension F dans la corde. Cette fois, les propriétés du milieu sont affectées et la vitesse de propagation de l'onde le sera donc aussi. Comme cette vitesse est donnée par $v = \sqrt{F/\mu}$, elle double et devient 80,0 m/s. La vitesse de propagation de l'onde étant deux fois plus grande qu'en (a), bien que la fréquence soit la même, la distance parcourue par l'onde à chaque période sera donc deux fois plus grande qu'en (a). On obtient en effet

$$\lambda = vT = (80,0 \text{ m/s})(0,01 \text{ s}) = 0,80 \text{ m}$$

EXEMPLE 2.6

Soit une onde d'équation

$$y(x, t) = 0,05 \sin\left[\frac{\pi}{2}(10x - 40t) - \frac{\pi}{4}\right]$$

où x et y sont en mètres et t en secondes. Trouver : (a) la longueur d'onde, la fréquence et la vitesse de propagation de l'onde ; (b) la vitesse et l'accélération d'une particule située sur le chemin de l'onde à $x = 0,5$ m et à $t = 0,05$ s.

Solution

(a) L'équation peut aussi s'écrire sous la forme

$$y(x, t) = 0,05 \sin\left(5\pi x - 20\pi t - \frac{\pi}{4}\right)$$

En comparant cette équation avec l'équation 2.8, on constate que le nombre d'onde est $k = 2\pi/\lambda = 5\pi$ rad/m, donc $\lambda = 0,4$ m. La fréquence angulaire est $\omega = 2\pi f = 20\pi$ rad/s ; donc $f = 10$ Hz. La vitesse de propagation de l'onde est $v = f\lambda = \omega/k = 4$ m/s dans le sens des x positifs. ∎

(b) La vitesse et l'accélération de la particule sont

$$v_y = \frac{\partial y}{\partial t} = -(20\pi)(0,05) \cos\left(\frac{5\pi}{2} - \pi - \frac{\pi}{4}\right)$$

$$= 2,22 \text{ m/s}$$

$$a_y = \frac{\partial^2 y}{\partial t^2} = -(20\pi)^2(0,05) \sin\left(\frac{5\pi}{2} - \pi - \frac{\pi}{4}\right)$$

$$= 140 \text{ m/s}^2$$

2.7 Les ondes stationnaires

Nous allons maintenant examiner ce que prédit le principe de superposition linéaire lorsque deux ondes sinusoïdales, dont l'amplitude et la fréquence sont identiques mais qui se propagent dans des sens opposés, se superposent. Les deux fonctions d'ondes, $y_1 = A \sin(kx - \omega t)$ et $y_2 = A \sin(kx + \omega t)$, sont tracées en rouge et en bleu sur la figure 2.18. Leur somme est

$$y(x, t) = A \sin(kx - \omega t) + A \sin(kx + \omega t)$$

En utilisant l'identité $\sin A + \sin B = 2 \sin[(A + B)/2] \cos[(A - B)/2]$, on obtient

Onde stationnaire

$$y(x, t) = 2A \cos(\omega t) \sin(kx) \qquad (2.11)$$

L'équation 2.11 représente une onde sinusoïdale stationnaire $y = A_{max} \cos \omega t$ dont l'amplitude maximale $A_{max} = 2A \sin kx$ varie selon la position sur la corde. Une telle **onde stationnaire**, représentée par la corde jaune à la figure 2.18, *ne se propage pas*. Aux **nœuds**, le milieu de propagation de l'onde est constamment au repos, alors qu'aux **ventres** l'amplitude est le double de celle de chacune des ondes. À l'exception des nœuds, chaque point de la corde effectue un mouvement harmonique simple dont l'amplitude varie le long de la corde. Les nœuds correspondent aux points où $\sin kx = 0$, c'est-à-dire où $kx = 0$, π, 2π, etc. Les ventres correspondent aux points où $\sin kx = \pm 1$, c'est-à-dire où $kx = \pi/2$, $3\pi/2$, $5\pi/2$, etc. Cela implique que la distance entre deux nœuds consécutifs ou entre deux ventres consécutifs est toujours égale à $\lambda/2$.

(a)

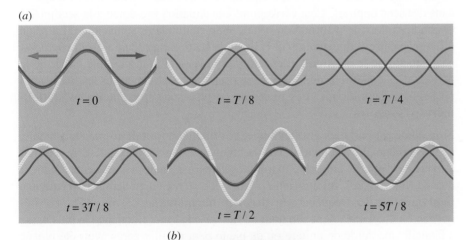

$t = 0$ $t = T/8$ $t = T/4$

$t = 3T/8$ $t = T/2$ $t = 5T/8$

(b)

Figure 2.18 ◄

(a) Deux ondes (courbes rouge et bleue) de même amplitude et de même fréquence se propageant dans des directions opposées produisent une onde stationnaire (corde jaune). (b) L'onde stationnaire représentée à divers temps. Les points où le déplacement est constamment nul sont appelés des *nœuds* (N) ; les points de déplacement maximal sont appelés des *ventres* (V).

PA *La figure animée III-2*, **Superposition d'ondes**, illustre la situation de la figure 2.18. Dans le menu **Scénarios**, sélectionnez **Onde stationnaire**. Voir le Compagnon Web : www.erpi.com/benson.cw.

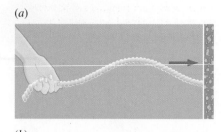

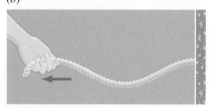

Figure 2.19 ▲

(*a*) La main produit une impulsion en crête sur une corde fixée à un mur. (*b*) L'impulsion inversée donne un creux qui revient et qui sera réfléchi à nouveau pour redevenir une crête. Si la main commence à produire une deuxième impulsion en crête au moment même où le creux l'atteint, la crête réfléchie et la deuxième crête se renforcent.

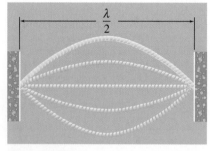

Figure 2.20 ▲

Le mode fondamental d'une corde fixée aux deux extrémités. La distance entre les extrémités est égale à une demi-longueur d'onde.

2.8 Les ondes stationnaires résonantes sur une corde

Dans un milieu continu illimité, il n'existe pas de limite de fréquence ou de longueur d'onde des ondes stationnaires. Les constantes k et ω dans l'équation 2.11 peuvent alors prendre n'importe quelle valeur. Cependant, si les ondes sont confinées dans l'espace (par exemple si la corde est fixée aux deux extrémités comme une corde de guitare, de violon ou de piano), des ondes stationnaires ne peuvent être créées que pour certaines valeurs discrètes de la fréquence et de la longueur d'onde.

La figure 2.19 représente une corde fixée à un mur par une de ses extrémités, l'autre extrémité étant tenue par la main. Supposons que la main donne de petits coups espacés de façon à produire des impulsions successives. La figure 2.19*a* illustre la première de ces impulsions qui se dirige vers la droite et atteint l'extrémité fixée au mur. À l'extrémité fixe, l'impulsion en crête s'inverse et revient sous forme d'une impulsion en creux (figure 2.19*b*). Ce creux, ensuite réfléchi par la main considérée comme une extrémité fixe, revient à nouveau sous forme de crête. Si la main commence à produire une deuxième impulsion en crête à l'instant même où le bord avant du creux l'atteint, la deuxième crête va renforcer l'impulsion réfléchie deux fois. On assistera donc à une impulsion résultante plus importante, mais seulement si le délai entre deux des petits coups donnés par la main correspond avec suffisamment de précision au délai qu'une impulsion nécessite pour effectuer un aller-retour dans la corde.

Supposons maintenant que la main vibre selon un mouvement harmonique simple plutôt que de produire des impulsions entrecoupées de longs délais. Si le temps que met une des crêtes pour effectuer un aller-retour est un multiple entier de la période de vibration de la main*, les crêtes et les creux successifs se superposent tous et le système va entrer en résonance. Comme le mouvement de la main est sinusoïdal, l'ensemble des crêtes et des creux qui se succèdent forme une onde sinusoïdale. Bien que cette onde continue soit réfléchie à de nombreuses reprises, on obtient une série de crêtes et de creux synchronisés qui voyagent dans un sens et une série de crêtes et de creux synchronisés qui voyagent dans l'autre sens, ce qui équivaut à *deux* ondes sinusoïdales voyageant dans des sens opposés. Cela correspond à la situation présentée à la section 2.7 et conduira donc à la formation d'une onde stationnaire sinusoïdale. La seule différence entre cette situation et celle de la section précédente est la *condition* nécessitant que le délai de l'aller-retour corresponde à un multiple entier de la période. Ces conditions aux limites imposent des contraintes sur les fréquences ou les longueurs d'onde. Les ondes de ce type sont appelées **ondes stationnaires résonantes**.

Si la corde est parfaitement flexible et si l'impulsion est de forme sinusoïdale, le phénomène de résonance dont la fréquence est la plus basse se produit lorsque la distance entre les extrémités fixes est égale à une demi-longueur d'onde (figure 2.20). En utilisant $L = \lambda/2$ et $v = f\lambda$, on en déduit la **fréquence fondamentale** ou fréquence du **premier harmonique**, $f_1 = v/2L$. La fréquence fondamentale tient son nom du fait qu'elle est la fréquence la plus basse à laquelle une corde de guitare ou de piano peut osciller après avoir été pincée ou frappée. Le deuxième harmonique, de longueur d'onde $\lambda = L$ et de fréquence $f_2 = v/L = 2f_1$, correspond à une longueur d'onde égale à la distance entre les extrémités (figure 2.21). La figure 2.21 montre également comment varient

---

* Cela correspond à la condition d'interférence constructive entre les deux crêtes (voir la section 6.1).

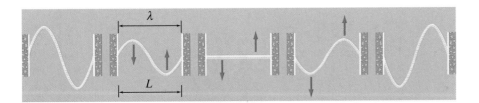

les positions et les vitesses de différents segments de la corde pendant une demi-période. En somme, une onde stationnaire résonante ne peut exister que si la longueur de la corde est un multiple entier de la demi-longueur d'onde. La longueur d'onde et la fréquence du $n^{\text{ième}}$ harmonique sont données par

$$\lambda_n = \frac{2L}{n} \qquad\qquad (2.12)$$

Fréquence du $n^{\text{ième}}$ harmonique

$$f_n = \frac{nv}{2L} \qquad (n = 1, 2, 3, \ldots) \quad (2.13)$$

La figure 2.22 représente les trois premiers modes d'un tube de caoutchouc fixé aux deux extrémités. Chaque configuration d'onde stationnaire résonante est un **mode d'oscillation propre**. Lorsqu'on pince une corde pour la faire vibrer, elle produit le son fondamental et un certain nombre d'harmoniques plus élevés (une série harmonique). Le nombre et les intensités relatives des harmoniques déterminent la qualité sonore d'une note musicale. La structure des divers harmoniques nous permet de faire une distinction de timbre entre deux instruments qui jouent la même note fondamentale. Curieusement, ce sont les « impuretés » d'une note qui rendent le son agréable à l'oreille.

La figure 2.23 représente un moyen simple de créer des ondes stationnaires résonantes. L'une des branches d'un diapason (ou un oscillateur électronique) est fixée à l'extrémité d'une corde. La corde passe sur une poulie et sa tension

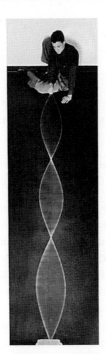

Figure 2.22 ◄
Les trois premiers modes d'un tube en caoutchouc fixé aux deux extrémités.

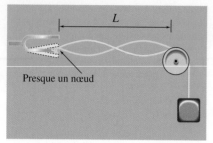

Presque un nœud

Figure 2.23 ▲

(a) Une corde fixée à l'une des branches d'un diapason peut entrer en résonance lorsque la tension et la longueur sont choisies convenablement (de manière à vérifier l'équation 2.14). (b) Le diapason peut aussi être remplacé par un oscillateur électronique. Contrairement au diapason, il s'agit d'une source dont la fréquence peut être modifiée, ce qui évite d'avoir à ajuster la longueur ou la tension de la corde.

(b)

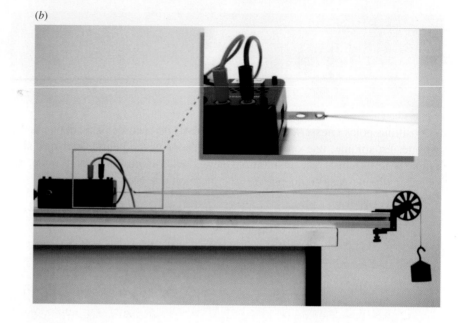

est déterminée par le poids d'un bloc. D'après l'équation 2.1, $v = \sqrt{F/\mu}$; l'équation 2.13 donnant les fréquences résonantes (mode d'oscillation propre) devient

$$f_n = \frac{n}{2L}\sqrt{\frac{F}{\mu}} \qquad (n = 1, 2, 3, \dots) \quad (2.14)$$

Soulignons que la fréquence que devra fournir la source dépend de la tension. Cette situation est légèrement différente de celle d'un instrument de musique à cordes : dans un tel instrument, il n'y a pas de source à fréquence fixe et la corde est excitée en étant pincée. L'équation 2.14 donne alors la fréquence des harmoniques auxquels la corde vibre et ces fréquences dépendent de la tension. C'est pourquoi on accorde ces instruments en changeant la tension dans les cordes.

L'équation 2.11 permet d'obtenir l'équation 2.12, qui prédit des longueurs d'onde discrètes, lorsqu'on applique les *conditions aux limites*. Dans l'exemple de la corde fixée aux deux extrémités, le déplacement est nul aux extrémités pour tous les modes, c'est-à-dire $y = 0$ en $x = 0$ et $x = L$ à tout instant. On doit donc avoir

$$\sin kL = 0$$

Cela ne peut être vrai que si $kL = n\pi$, ce qui équivaut à $\lambda = 2L/n$, qui est simplement l'équation 2.12. Exprimée sous la forme $L = n\lambda/2$, la longueur est un nombre entier de demi-longueurs d'onde.

Les conditions aux limites donnent un ensemble discret de modes d'oscillation possibles dans un système (la corde) qui est par ailleurs continu. Les phénomènes où l'on rencontre des valeurs discrètes dans un système par ailleurs continu abondent dans le domaine de la mécanique quantique que nous étudierons au chapitre 10. En appliquant le modèle de l'onde de matière pour expliquer le comportement de particules comme l'électron, nous rencontrerons des situations, analogues à celle d'une corde vibrante, où les conditions aux limites imposent certaines valeurs de longueurs d'onde à la particule, ce qui affectera les niveaux d'énergie qu'elle pourra posséder.

Quelques modes d'oscillation propres des vibrations d'une peau de timbale. La poudre noire s'accumule sur les lignes de déplacement nul (analogues à des nœuds). Contrairement à la corde, la fréquence de ces différents modes n'est pas un multiple entier du mode fondamental. C'est la superposition dans l'oreille d'un grand nombre de ces modes qui contribue à rendre le son d'une timbale ou d'un tambour moins harmonieux que celui d'un instrument à corde.

EXEMPLE 2.7

En théorie musicale, dans la gamme tempérée, le rapport des fréquences des notes *la* et *ré* est $f_{la}/f_{ré} = \frac{3}{2}$. Déterminer le rapport du module des tensions de deux cordes de piano, $F_{la}/F_{ré}$, sachant que le rapport de leurs longueurs est $L_{la}/L_{ré} = \frac{4}{5}$. Les cordes sont faites du même fil et vibrent dans leurs modes fondamentaux.

Solution

D'après l'équation 2.14, on obtient une expression de la tension

$$F = \left(\frac{2Lf_n}{n}\right)^2 \mu$$

On nous donne $n = 1$ pour les deux cordes et $\mu_{la} = \mu_{ré}$. Par conséquent,

$$\frac{F_{la}}{F_{ré}} = \left(\frac{L_{la}}{L_{ré}}\right)^2\left(\frac{f_{la}}{f_{ré}}\right)^2$$

$$= \left(\frac{4}{5}\right)^2\left(\frac{3}{2}\right)^2 = 1,44$$

EXEMPLE 2.8

Une corde fixée aux deux extrémités a une longueur de 60 cm et une densité de masse linéique de 1,8 g/m. Deux harmoniques consécutifs ont des fréquences respectives de 336 Hz et 448 Hz. Trouver : (a) la fréquence fondamentale ; (b) la tension dans la corde.

Solution

(a) La fréquence de chaque harmonique est un multiple entier de la fréquence fondamentale (équation 2.13). Le rapport des deux fréquences

est de $448/336 = 1,33 = 4/3$. Ainsi, les fréquences correspondent respectivement aux 3e et 4e harmoniques parce qu'ils sont consécutifs. ∎

La fréquence fondamentale est

$$f_1 = \frac{1}{3}\,(336\ \text{Hz}) = \frac{1}{4}\,(448\ \text{Hz}) = 112\ \text{Hz}$$

(b) Trouvons d'abord la vitesse de propagation de l'onde. La longueur d'onde fondamentale est de $\lambda_1 = 2L = 1,2$ m ; par l'équation 2.5c, $v = f\lambda = (112\ \text{Hz})(1,2\ \text{m}) = 134\ \text{m/s}$. Par l'équation 2.1, $F = \mu v^2 = (1,8 \times 10^{-3}\ \text{kg/m})(134\ \text{m/s})^2 = 32,3\ \text{N}$.

2.9 L'équation d'onde

Chaque onde progressive qui se comporte comme le prédit le principe de superposition linéaire est représentée par une fonction d'onde qui est l'une des solutions d'une équation différentielle appelée *équation d'onde linéaire*. La fonction d'onde de toute onde linéaire peut donc être obtenue en recherchant les solutions de cette équation différentielle. Dans le cas des ondes mécaniques, on obtient l'équation d'onde en appliquant la deuxième loi de Newton au mouvement d'un élément (segment infime de corde, volume infime de fluide, etc.) du milieu dans lequel se propage l'onde. À la section 2.11, nous effectuerons cette analyse dynamique dans le cas de l'onde sur une corde ; pour le moment, nous ne ferons que présenter la forme de l'équation d'onde linéaire sans la démontrer. On peut obtenir cette forme en partant « à rebours » d'une solution connue de l'équation d'onde, puis en prenant les dérivées partielles secondes de cette solution par rapport à t et par rapport à x. C'est ce que nous ferons, en utilisant une fonction d'onde décrivant une onde sinusoïdale progressive d'amplitude $A = y_0$ progressant vers les x positifs (équation 2.8), soit

$$y = y_0 \sin(kx - \omega t + \phi)$$

Vérifiez que ces dérivées donnent respectivement

$$\frac{\partial^2 y}{\partial x^2} = -k^2 y_0 \sin(kx - \omega t + \phi)$$

$$\frac{\partial^2 y}{\partial t^2} = -\omega^2 y_0 \sin(kx - \omega t + \phi)$$

En comparant ces dérivées, on constate que

L'équation d'onde linéaire

$$\frac{\partial^2 y}{\partial x^2} = \frac{1}{v^2}\frac{\partial^2 y}{\partial t^2} \qquad (2.15)$$

où $v = \omega/k$ est la vitesse de propagation de l'onde. Nous n'allons pas le démontrer ici, mais toute solution de cette équation d'onde linéaire peut nécessairement être écrite sous la forme $y = f(x \pm vt)$, forme que nous avons attribuée à toute fonction d'onde à la section 2.5. L'équation 2.15 est une équation différentielle *linéaire*, puisque les dérivées sont élevées à la puissance 1 seulement et qu'il n'y a pas, entre autres, de terme en $(dy/dx)^2$. Cela signifie que si y_1 et y_2 sont des solutions distinctes, toute combinaison linéaire de type $ay_1 + by_2$, où a et b sont des constantes, est également une solution. Ainsi, lorsque l'équation 2.15 est satisfaite, le principe de superposition linéaire est valable. (À la section 2.11, lorsque nous utiliserons la deuxième loi de Newton pour obtenir l'équation d'onde, vous verrez à quelle condition elle est valable.)

2.10 La propagation de l'énergie sur une corde

Une onde qui se propage le long d'une corde transporte de l'énergie. Soit une corde que l'on excite à une de ses extrémités afin d'y produire une onde sinusoïdale progressive voyageant vers la droite dont l'amplitude vaut y_0 :

$$y = y_0 \sin(kx - \omega t + \phi)$$

À chaque seconde, on doit fournir une certaine quantité d'énergie pour entretenir l'onde. Autrement dit, on donne une certaine puissance à la corde, puissance qui est transmise par l'onde et pourra éventuellement être utilisée à l'autre extrémité de la corde. Au cours d'un cycle d'oscillation, la puissance que l'on doit fournir pour entretenir l'onde varie ; ainsi, il est plus pratique de calculer la **puissance moyenne** (P_{moy}) de l'onde. Comme nous le démontrerons plus loin, pour une onde progressive d'amplitude y_0 et de fréquence angulaire ω se propageant à la vitesse v sur une corde de densité de masse linéique μ, cette puissance est donnée par

Puissance moyenne

$$P_{\text{moy}} = \frac{1}{2}\mu(\omega y_0)^2 v \qquad (2.16)$$

On remarque que la puissance est proportionnelle au carré de l'amplitude y_0. Même si elles sont très différentes des ondes dans une corde, nous verrons que cette proportionnalité entre la puissance et le carré de l'amplitude sera aussi valable pour les ondes lumineuses, un résultat qui sera très important aux chapitres 6 et 7.

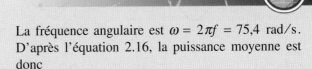

EXEMPLE 2.9

Une tige vibrant à 12 Hz produit des ondes sinusoïdales d'amplitude 1,5 mm sur une corde de densité de masse linéique 2 g/m. Si la tension de la corde est égale à 15 N, quelle est la puissance moyenne fournie par la source ?

Solution

La vitesse de propagation de l'onde est

$$v = \sqrt{\frac{F}{\mu}} = \sqrt{\frac{15\,\text{N}}{(2 \times 10^{-3}\,\text{kg/m})}} = 86,6\,\text{m/s}$$

La fréquence angulaire est $\omega = 2\pi f = 75,4$ rad/s. D'après l'équation 2.16, la puissance moyenne est donc

$$\begin{aligned}
P_{\text{moy}} &= \tfrac{1}{2}\mu(\omega y_0)^2 v \\
&= \tfrac{1}{2}(2 \times 10^{-3}\,\text{kg/m})(75,4\,\text{rad/s})^2 \\
&\quad (1,5 \times 10^{-3}\,\text{m})^2(86,6\,\text{m/s}) \\
&= 1,1\,\text{mW}
\end{aligned}$$

Démontrons l'équation 2.16. La figure 2.24 représente un élément de corde de longueur infinitésimale soumis à l'influence d'une onde. Si l'amplitude de l'onde est faible comparativement à sa longueur d'onde, la masse de cet élément de corde est $\mu\,\mathrm{d}\ell \approx \mu\,\mathrm{d}x$. L'énergie cinétique de cet élément de masse est

$$\mathrm{d}K = \tfrac{1}{2}(\mu\,\mathrm{d}x)\left(\frac{\partial y}{\partial t}\right)^2 \qquad (2.17)$$

L'énergie potentielle de l'élément est égale au travail effectué pour l'allonger de $\mathrm{d}x$ à $\mathrm{d}\ell$. En admettant que le module de la tension soit constant sur toute la longueur de la corde, on a $\mathrm{d}U = F(\mathrm{d}\ell - \mathrm{d}x)$. D'après le théorème de Pythagore,

$$\mathrm{d}\ell = \sqrt{\mathrm{d}x^2 + \mathrm{d}y^2} = \mathrm{d}x\sqrt{1 + \left(\frac{\partial y}{\partial x}\right)^2}$$

$$\approx \mathrm{d}x\left[1 + \frac{1}{2}\left(\frac{\partial y}{\partial x}\right)^2\right]$$

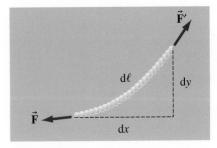

Figure 2.24 ▲

Un élément de corde de longueur infinitésimale soumis à l'action d'une onde. Si l'onde sinusoïdale est de faible amplitude par rapport à sa longueur d'onde, $\|\vec{F}\| = \|\vec{F}'\| = F$.

où l'on a utilisé, à la deuxième ligne, le développement binomial $(1 + z)^n \approx 1 + nz$ pour $z \ll 1$ (*cf.* annexe B). Cette approximation s'applique ici parce que l'amplitude de l'onde est considérée petite comparativement à sa longueur d'onde, ce qui implique que la pente $\partial y/\partial x$ de la corde est faible elle aussi. On a donc

$$\mathrm{d}U \approx \tfrac{1}{2}F\,\mathrm{d}x\left(\frac{\partial y}{\partial x}\right)^2$$

L'énergie potentielle de l'élément de corde tendue est liée à sa *pente* et non pas directement à son déplacement.

L'énergie mécanique de l'élément, $\mathrm{d}E = \mathrm{d}K + \mathrm{d}U$, devient alors

$$\mathrm{d}E = \frac{1}{2}\left[\mu\left(\frac{\partial y}{\partial t}\right)^2 + F\left(\frac{\partial y}{\partial x}\right)^2\right]\mathrm{d}x$$

Pour une onde sinusoïdale, $y(x, t) = y_0 \sin(kx - \omega t)$, de sorte que

$$dE = \tfrac{1}{2}\left[\mu(\omega y_0)^2 + F(ky_0)^2\right]\cos^2(kx - \omega t)\,dx$$

Puisque $\omega = vk$ et que, pour une corde, $v = \sqrt{F/\mu}$, les deux termes à l'intérieur des crochets sont égaux. Autrement dit, les valeurs *instantanées* de l'énergie cinétique et de l'énergie potentielle d'un élément quelconque sont égales. (Cela est logique puisqu'un élément situé, par exemple, au sommet d'une crête est momentanément immobile et momentanément horizontal, alors qu'un élément situé à sa position d'équilibre atteint simultanément sa vitesse maximale et sa pente maximale.) On a donc

$$dE = \mu(\omega y_0)^2 \cos^2(kx - \omega t)\,dx$$

La quantité dE/dx est appelée *densité d'énergie linéique* (mesurée en J/m). On voit à la figure 2.25 qu'elle est maximale pour $y = 0$ et minimale pour $y = y_0$. En tout point, par exemple $x = 0$, la valeur moyenne de $\cos^2\omega t$ sur une période est égale à $\tfrac{1}{2}$, ainsi,

$$dE_{\text{moy}} = \tfrac{1}{2}\mu(\omega y_0)^2\,dx$$

La puissance moyenne transmise par l'onde est $P_{\text{moy}} = dE_{\text{moy}}/dt$; par conséquent, on retrouve l'équation 2.16* :

$$P_{\text{moy}} = \tfrac{1}{2}\mu(\omega y_0)^2 v$$

où $v = dx/dt$ est la vitesse de propagation de l'onde. La puissance est proportionnelle au carré de la fréquence et au carré de l'amplitude. Cette puissance est fournie par la source de l'onde.

2.11 L'équation d'onde et la vitesse de propagation des ondes sur une corde

Nous obtiendrons maintenant l'équation d'onde pour une corde en appliquant la deuxième loi de Newton à un élément (segment infime) de corde, puis nous nous en servirons pour montrer que les fonctions d'onde qui sont des solutions de cette équation d'onde correspondent nécessairement à des ondes dont la vitesse est celle donnée par l'équation 2.1, démontrée à la section 2.3. La figure 2.26 représente un tel élément de corde soumis à l'influence d'une onde. On considère que la corde est parfaitement flexible et que le déplacement est purement transversal. On suppose uniquement que l'angle θ est petit partout le long de la corde, ce qui équivaut à dire que la pente ($\tan\theta$) de la corde est petite. Pour une onde sinusoïdale, cela équivaut à présumer que l'amplitude est petite comparativement à la longueur d'onde. Si μ est la densité de masse linéique, la masse de l'élément de longueur infinitésimale dx est égale à $\mu\,dx$. Comme le court segment se déplace uniquement de façon verticale, la deuxième loi de Newton appliquée au mouvement selon x s'écrit

$$F'\cos(\theta + d\theta) - F\cos\theta = 0$$

L'angle θ étant petit (ce qui est donc aussi le cas de l'angle $\theta + d\theta$), on peut utiliser l'approximation $\cos\theta \approx 1$ et l'équation ci-dessus se réduit à $F' = F$. Cela montre que les ondes qui perturbent suffisamment peu la corde pour que les angles θ demeurent petits n'ont pas d'effet sur la tension dans la corde, que nous appellerons F à partir de maintenant.

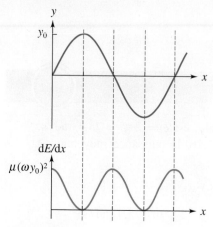

Figure 2.25 ▲

La densité d'énergie linéique dE/dx (J/m) correspondant à une onde sinusoïdale qui se propage sur une corde. On remarque que la densité d'énergie est maximale lorsque le déplacement est nul.

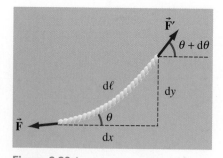

Figure 2.26 ▲

Un segment de corde soumis à l'influence d'une onde. La force transversale résultante produit l'accélération de l'élément. Si l'onde est de faible amplitude, $\|\vec{F}\| = \|\vec{F}'\| = F$.

---

* La démonstration donne le même résultat pour une onde se propageant vers la gauche.

Quant à la deuxième loi de Newton appliquée au mouvement selon y, elle donne

$$F[\sin(\theta + \mathrm{d}\theta) - \sin\theta] = \mu\mathrm{d}x\frac{\partial^2 y}{\partial t^2} \qquad (2.18)$$

Comme θ est petit, on peut faire l'approximation

$$\sin\theta \approx \tan\theta = \frac{\partial y}{\partial x}$$

On utilise la dérivée partielle, puisque y est fonction à la fois de x et de t et que l'on se place à un instant particulier. Si l'on divise les deux membres de l'équation 2.18 par $\mathrm{d}x$ et F, le membre de gauche prend la forme

$$\frac{f(x + \mathrm{d}x) - f(x)}{\mathrm{d}x}$$

où $f(x) = \partial y/\partial x$. Par suite de la nature infinitésimale de $\mathrm{d}x$, cette expression correspond à une dérivée partielle de f, quand $\mathrm{d}x \to 0$,

$$\frac{f(x + \mathrm{d}x) - f(x)}{\mathrm{d}x} = \frac{\partial f}{\partial x} = \frac{\partial^2 y}{\partial x^2}$$

L'équation 2.18 devient

$$\frac{\partial^2 y}{\partial x^2} = \frac{\mu}{F}\frac{\partial^2 y}{\partial t^2} \qquad (2.19)$$

Cette équation a été obtenue uniquement à partir de la deuxième loi de Newton, dans l'approximation où la pente de la corde demeurait petite. En la comparant avec l'équation 2.19, on remarque que cette équation a la forme d'une équation d'onde dont les solutions représentent toutes des ondes dont la vitesse est donnée par

$$v = \sqrt{\frac{F}{\mu}}$$

Si la pente de la corde ($\partial y/\partial x$) n'est pas faible, les déplacements ne sont pas purement transversaux et v n'est plus indépendante de la forme de l'impulsion. De plus, puisque $\sin\theta$ ne peut pas être remplacé par $\tan\theta$, l'équation différentielle n'est plus linéaire et la superposition linéaire n'est plus valable.

⊕ -- RÉSUMÉ

Une onde est une perturbation qui transporte de l'énergie et de la quantité de mouvement sans déplacement de matière. Lorsque deux ondes ou plus se chevauchent dans la même région, la fonction d'onde résultante est donnée par le principe de superposition linéaire : $y = y_1 + y_2 + \ldots + y_N$, où la somme peut être une grandeur scalaire ou vectorielle. Les ondes pour lesquelles ce principe est valable sont dites linéaires.

La vitesse de propagation d'une onde sur une corde tendue, dont le module de la tension est F et dont la densité de masse linéique est μ, est donnée par

$$v = \sqrt{\frac{F}{\mu}} \qquad (2.1)$$

Une onde qui se propage à la vitesse v dans le sens des x positifs sans changer de forme est décrite par une fonction d'onde de la forme

$$y = f(x - vt) \qquad (2.3)$$

alors que, si elle se déplace vers les x négatifs, la fonction d'onde a la forme

$$y(x, t) = f(x + vt) \qquad (2.4)$$

La fonction d'onde d'une onde sinusoïdale progressive se propageant à la vitesse v est

$$y = A \sin(kx \pm \omega t + \phi) \qquad (2.8)$$

où le nombre d'onde est $k = 2\pi/\lambda$, la fréquence angulaire est $\omega = 2\pi/T$ et le signe dépend du sens de propagation de l'onde. La vitesse de propagation de l'onde est donnée par

$$v = \frac{\lambda}{T} = f\lambda = \frac{\omega}{k} \qquad (2.5c)$$

Deux ondes sinusoïdales de même fréquence et de même amplitude se propageant dans des sens opposés peuvent produire des ondes stationnaires dont l'équation est donnée par

$$y(x, t) = 2A \cos(\omega t) \sin(kx) \qquad (2.11)$$

Dans un système de dimensions finies, comme une corde fixée à ses deux extrémités, les conditions aux limites imposent des limitations sur les fréquences possibles des ondes stationnaires résonantes :

$$f_n = \frac{nv}{2L} \qquad (n = 1, 2, 3, \ldots) \quad (2.13)$$

La puissance moyenne transmise par une onde sinusoïdale d'amplitude y_0 le long d'une corde de densité de masse linéique μ s'écrit

$$P_{moy} = \tfrac{1}{2}\mu(\omega y_0)^2 v \qquad (2.16)$$

TERMES IMPORTANTS

crête (p. 43)

creux (p. 43)

fonction d'onde (p. 42)

fréquence angulaire (p. 51)

fréquence fondamentale (p. 56)

impulsion (p. 41)

interférence (p. 43)

longueur d'onde (p. 51)

mode d'oscillation propre (p. 57)

nœud (p. 55)

nombre d'onde (p. 52)

onde (p. 42)

onde électromagnétique (p. 40)

onde longitudinale (p. 41)

onde mécanique (p. 40)

onde progressive (p. 50)

onde sinusoïdale progressive (p. 51)

onde stationnaire (p. 55)

onde stationnaire résonante (p. 56)

onde transversale (p. 41)

premier harmonique (p. 56)

principe de superposition linéaire (p. 43)

puissance moyenne (p. 60)

ventre (p. 55)

vitesse de propagation de l'onde (p. 49)

R1. (a) Donnez un exemple d'onde transversale. (b) Donnez un exemple d'onde longitudinale. (c) Une onde à la surface de l'eau est-elle longitudinale ou transversale ?

R2. Expliquez la similitude entre l'équation 2.1 ($v = \sqrt{F/\mu}$) et l'équation 1.9 ($\omega = \sqrt{k/m}$).

R3. (a) Une impulsion orientée vers le haut (en crête) arrive à l'extrémité fixe d'une corde. Dessinez l'onde réfléchie. (b) Même question, mais considérez cette fois que l'extrémité de la corde est libre.

R4. (a) Une impulsion orientée vers le haut (en crête) arrive à la jonction avec une corde de densité de masse linéique μ plus grande que celle de la corde dans laquelle elle voyage. Dessinez l'onde réfléchie et l'onde transmise. (b) Même question, mais considérez cette fois que la densité de masse linéique de l'autre corde est plus petite.

R5. En un seul dessin, représentez une onde stationnaire à plusieurs instants successifs (utilisez une couleur différente pour chaque instant). Indiquez les nœuds et les ventres.

R6. Dessinez les trois premiers modes d'oscillation propre d'une corde fixe aux deux extrémités.

Q1. Deux impulsions de forme identique se chevauchent de telle sorte que le déplacement de la corde est momentanément nul en tout point (figure 2.27). Que devient l'énergie à cet instant ?

Q2. Pour que la superposition linéaire soit valable, il est nécessaire que l'amplitude de l'onde soit très inférieure à la longueur d'onde, c'est-à-dire $A \ll \lambda$. Montrez que cela implique $v \gg \partial y/\partial t$, c'est-à-dire que la vitesse de l'onde doit être très supérieure à la vitesse d'une particule du milieu.

Q3. Certaines cordes de guitare ou de piano portent de petits anneaux de métal. À quoi servent-ils ?

Q4. Existe-t-il une relation entre la vitesse de propagation de l'onde et la vitesse maximale d'une particule du milieu dans le cas d'une onde se propageant sur une corde ? Si oui, quelle est-elle ?

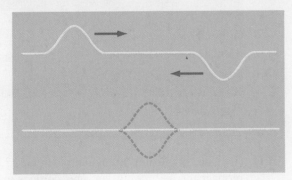

Figure 2.27 ▲
Question 1.

Q5. Est-il possible d'avoir une onde stationnaire si les amplitudes des deux ondes qui se superposent ne sont pas égales ?

Q6. Dans une onde stationnaire sur une corde, la densité d'énergie est-elle nulle aux nœuds ?

Q7. S'il n'y avait pas de perte d'énergie, comment l'amplitude des ondes circulaires sur un étang décroîtrait-elle selon la distance à partir de la source ?

Q8. Lorsqu'une onde est transmise d'un milieu à un autre, la fréquence ne varie pas. Pourquoi ?

Q9. Une impulsion se propageant sur une corde est réfléchie à la jonction avec une autre corde. Si l'onde réfléchie n'est pas inversée, l'impulsion transmise est-elle plus courte ou plus longue que l'impulsion initiale ?

Q10. (a) L'interférence des ondes fait-elle toujours intervenir une superposition des ondes ? (b) La superposition des ondes fait-elle toujours intervenir l'interférence ? (c) Les ondes doivent-elles être périodiques pour produire une interférence ?

Q11. Pourquoi les touches d'une guitare ne sont-elles pas espacées régulièrement ?

Q12. Pourquoi les instruments à cordes sont-ils creux ? Quel rôle joue la forme de l'instrument ?

Q13. Pourquoi la qualité musicale d'une note jouée sur une guitare dépend-elle de l'endroit où l'on pince la corde ?

À moins d'indication contraire, dans les exercices et les problèmes qui suivent, l'expression « composante en y de » est sous-entendue lorsque l'on parle de la vitesse et de l'accélération d'une particule. De même, l'expression « module de » est sous-entendue lorsqu'il est question de la vitesse de propagation d'une onde.

2.1 à 2.6 Vitesse de propagation des ondes le long d'une corde; ondes progressives

E1. (I) La vitesse de propagation d'une onde électromagnétique est égale à 3×10^8 m/s. Calculez la gamme de longueurs d'onde correspondant à chacune des bandes suivantes de fréquences radio: (a) la bande AM, comprise entre 550 kHz et 1600 kHz; (b) la bande FM, comprise entre 88 MHz et 108 MHz.

E2. (II) Un microsillon de 15 cm de rayon tourne à raison de $33\frac{1}{3}$ tr/min. À la circonférence, la périodicité des ondulations du sillon est de 1,2 mm. Quelle est la fréquence du signal enregistré?

E3. (II) Soit l'onde transversale décrite à la figure 2.28. Sa vitesse de propagation est de 40 cm/s vers la droite. Déterminez: (a) la fréquence; (b) la différence de phase en radians entre des points distants de 2,5 cm; (c) le temps nécessaire pour que la phase en un point donné varie de 60°; (d) la vitesse d'une particule au point P à l'instant représenté.

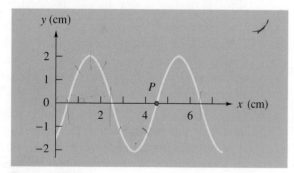

Figure 2.28 ▲
Exercice 3.

E4. (II) Un microsillon de 30 cm tourne à raison de $33\frac{1}{3}$ tr/min. La fréquence d'un signal enregistré vaut 10^4 Hz. (a) Quelle est la distance entre les pics des ondulations du vinyle si l'aiguille se trouve à 14,5 cm du centre? (b) Quelle est la longueur d'onde du son enregistré? La vitesse de propagation du son est de 340 m/s.

E5. (I) Un séisme engendre deux types d'ondes sismiques qui se propagent à travers le globe. Les ondes P se propagent à 8 km/s et les ondes S se propagent à 5 km/s. Ces ondes sont détectées par une station d'observation, l'une après l'autre, avec un intervalle de 1,8 min. En supposant que les ondes se sont propagées en ligne droite, à quelle distance se trouve l'épicentre du séisme?

E6. (I) Une corde de longueur 3 m a une masse de 25 g. Si la vitesse de propagation des ondes est de 40 m/s, quel est le module de la tension de la corde?

E7. (I) Une corde de longueur 7,5 m est soumise à une tension de module 30 N. Si la vitesse de propagation de l'onde est de 20 m/s, quelle est la masse de la corde?

E8. (I) Lorsqu'une corde est tendue à 15 N, les ondes s'y propagent à 28 m/s. Quel doit être le module de la tension pour que les ondes s'y propagent à 45 m/s?

E9. (I) Des ondes sinusoïdales progressives se propagent sur une corde. Si l'on double la tension de la corde, (a) de quel facteur doit varier la fréquence pour que la longueur d'onde ne change pas; (b) de quel facteur varie la vitesse de propagation de l'onde?

E10. (I) La figure 2.29 représente une impulsion triangulaire sur une corde. Elle s'approche d'une extrémité à 2 cm/s. (a) Dessinez l'impulsion à intervalles de $\frac{1}{2}$ s jusqu'à ce qu'elle soit complètement réfléchie. (b) Quelle est la vitesse moyenne d'une particule pendant sa montée au sommet de l'impulsion?

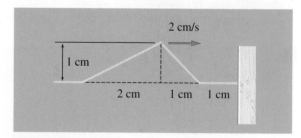

Figure 2.29 ▲
Exercice 10.

E11. (I) Une impulsion triangulaire (figure 2.30) se propageant à 2 cm/s sur une corde s'approche d'une extrémité pouvant glisser sur une tige verticale. (a) Dessinez l'impulsion à intervalles de $\frac{1}{2}$ s jusqu'à ce qu'elle soit complètement réfléchie.

(b) Quelle est la vitesse moyenne d'une particule pendant sa descente du sommet de l'impulsion à sa position d'équilibre ?

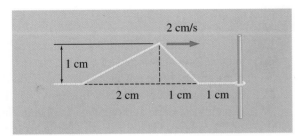

Figure 2.30 ▲
Exercice 11.

E12. (I) La fonction d'onde d'une impulsion est donnée par

$$y(x, t) = \frac{5}{2 + (x - 2t)^2}$$

où x et y sont tous deux en centimètres et t est en secondes. Tracez cette fonction de $x = 0$ à 10 cm pour (a) $t = 2$ s ; (b) $t = 3$ s. (c) La fonction mathématique choisie décrit-elle réellement une impulsion? Quelle *largeur* possède l'impulsion sur la corde ?

E13. (I) À $t = 0$, la forme d'une impulsion est donnée par

$$y(x, 0) = \frac{2 \times 10^{-3}}{4 - x^2}$$

où x et y sont en mètres. Quelle est la fonction d'onde de l'impulsion si la vitesse de propagation est de 12 m/s dans le sens des x négatifs ?

E14. (I) La figure 2.31 représente une onde sinusoïdale progressive à l'instant $t = 0,3$ s. La longueur d'onde est de 7,5 cm et l'amplitude est de 2 cm. Si la crête P se trouve en $x = 0$ à $t = 0$, écrivez la fonction d'onde sous la forme de l'équation 2.8. On suppose que l'onde voyage vers les x positifs.

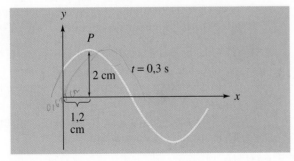

Figure 2.31 ▲
Exercice 14.

E15. (II) La fonction d'onde d'une onde sinusoïdale progressive sur une corde est donnée par $y(x, t) = A \sin(kx - \omega t)$. (a) Quelle est la pente de la corde en un point quelconque x et au temps t ? (b) Quelle

relation peut-on établir entre la pente maximale, la vitesse de propagation de l'onde et la vitesse maximale d'une particule ?

E16. (II) La fonction d'onde d'une onde sinusoïdale progressive est donnée par

$$y(x, t) = 3,2 \cos(0,2x - 50t)$$

où x et y sont en centimètres, et t, en secondes. Tracez y en fonction de x à $t = 0$ et $t = 0,1$ s. À l'aide des tracés, trouvez : (a) la vitesse de propagation de l'onde ; (b) la distance entre des points dont les phases diffèrent de $2\pi/3$ rad.

E17. (II) Une onde sinusoïdale progressive sur une corde est donnée par

$$y(x, t) = 2,4 \cos\left[\frac{\pi}{20}(0,5x - 40t)\right]$$

où x et y sont tous deux en centimètres, et t, en secondes. Déterminez : (a) le module de la vitesse maximale d'une particule du milieu ; (b) le module de la vitesse d'une particule pour $x = 1,5$ cm et $t = 0,25$ s ; (c) le module de l'accélération maximale d'une particule; (d) l'accélération pour $x = 1,5$ cm et $t = 0,25$ s. (e) Tracez le graphe de y en fonction de x lorsque $t = 0,25$ s sur un intervalle pour x qui permet de vérifier le signe de l'accélération trouvée en (d).

E18. (II) La fonction d'onde d'une onde sinusoïdale progressive sur une corde est

$$y(x, t) = 0,03 \cos(2,4x - 12t + 0,1)$$

où x et y sont tous deux en centimètres, et t, en secondes. Déterminez : (a) la fréquence ; (b) la vitesse de propagation de l'onde ; (c) l'amplitude ; (d) la vitesse des particules pour $x = 15$ cm et $t = 0,2$ s ; (e) le module de l'accélération maximale d'une particule du milieu.

E19. (I) Parmi les fonctions suivantes, lesquelles représentent des ondes progressives ?

(a) $A \sin^2\left[\pi\left(t - \frac{x}{v}\right)\right]$ (b) $A \cos[(kx - \omega t)^2]$

(c) $A \sin[(kx)^2 - (\omega t)^2]$ (d) $A e^{[-\sigma(x - vt)^2]}$

(e) $A(x + vt)^3$ (f) $A e^{-\alpha t} \cos(kx - \omega t)$

E20. (I) Une onde sinusoïdale progressive a une longueur d'onde de 20 cm et une période de 0,02 s. Déterminez la différence de phase (a) entre deux points distants de 8 cm ; (b) en un point donné mais entre deux instants séparés par 0,035 s. (c) En supposant que $A = 1$ cm et que $\phi = 0$, tracez le graphe de y en fonction de x pour x allant de 0 à λ, afin de visualiser la réponse à la question (a). (d) Tracez ensuite le graphe de y en fonction de t pour t allant de 0 à T, afin de visualiser la réponse à la question (b).

E21. (I) La fonction d'onde d'une onde sinusoïdale progressive est

$$y(x, t) = 0{,}02 \sin(0{,}4x + 50t + 0{,}8)$$

où x et y sont en centimètres, et t, en secondes. Déterminez : (a) la longueur d'onde ; (b) la constante de phase ; (c) la période ; (d) l'amplitude ; (e) la vitesse de propagation de l'onde ; (f) la vitesse d'une particule pour $x = 1$ cm et $t = 0{,}5$ s.

E22. (I) La fonction d'onde d'une onde sinusoïdale progressive est

$$y = 0{,}04 \sin\left(\frac{x}{5} - 2t\right)$$

où x et y sont en mètres, et t, en secondes. Déterminez : (a) la longueur d'onde ; (b) la période ; (c) la vitesse de propagation de l'onde.

E23. (II) Une onde sinusoïdale progressive se propageant dans le sens des x négatifs a une longueur d'onde de 2,5 cm, une période de 0,01 s et une amplitude de 0,03 m. À $t = 0$, le déplacement en $x = 0$ est $y = -0{,}02$ m et la vitesse de la particule est positive. Écrivez la fonction d'onde $y(x, t)$ sous la forme de l'équation 2.8.

E24. (II) Une onde sinusoïdale progressive a une amplitude de 0,05 m, un nombre d'onde de 0,1 rad/m et une vitesse de propagation de 50 m/s dans le sens des x négatifs. Pour $x = 0$ et $t = 2$ s, le déplacement transversal est $y = 1{,}25 \times 10^{-2}$ m et $\partial y / \partial t < 0$. Écrivez l'expression de la fonction d'onde $y(x, t)$ sous la forme de l'équation 2.8.

E25. (I) Exprimée en fonction du nombre d'onde et de la fréquence angulaire, la fonction d'onde d'une onde sinusoïdale progressive est

$$y(x, t) = A \sin(kx - \omega t)$$

Exprimez cette fonction selon : (a) la longueur d'onde et la vitesse de propagation de l'onde ; (b) la fréquence et la vitesse de propagation de l'onde ; (c) le nombre d'onde et la vitesse de propagation de l'onde ; (d) la longueur d'onde et la fréquence.

2.7 et 2.8 Ondes stationnaires

E26. (II) La fonction d'onde d'une onde stationnaire sur une corde est donnée par

$$y(x, t) = 4{,}0 \sin(0{,}5x) \cos(30t)$$

où x et y sont en centimètres, et t, en secondes. (a) Déterminez la fréquence, l'amplitude et la vitesse de propagation des ondes qui se superposent. (b) Quelle est la vitesse d'une particule du milieu

en $x = 2{,}4$ cm à $t = 0{,}8$ s ? (c) Tracez le graphe de y en fonction de x lorsque $t = 0{,}8$ s sur un intervalle pour x qui inclut la position $x = 2{,}4$ cm. Ce graphe permet-il de vérifier le signe de la vitesse trouvée en (b) ?

E27. (II) Deux ondes sinusoïdales progressives superposées se propagent dans des sens opposés, chacune à 40 cm/s. Elles ont la même amplitude de 2 cm et une fréquence de 8 Hz. (a) Écrivez la fonction d'onde de l'onde stationnaire résultante. Supposez qu'il y a un nœud à $x = 0$. (b) Quelle est la distance entre deux nœuds adjacents ? (c) Quelle est l'amplitude de l'onde stationnaire à $x = 0{,}5$ cm ? (d) Tracez le graphe de y en fonction de x à $t = 0$ s sur un intervalle pour x qui va de 0 à 2λ. Choisissez différentes valeurs de t allant de 0 à T et reprenez le tracé du graphe afin d'observer le comportement de l'onde stationnaire. (Note : Avec un logiciel de calcul symbolique, on peut obtenir directement une animation.)

E28. (II) Une corde de guitare de 60 cm de long a une densité de masse linéique de 1,5 g/m. Quelle est la tension nécessaire pour que la fréquence du deuxième harmonique soit égale à 450 Hz ?

E29. (II) Une corde fixée aux deux extrémités a des modes d'onde stationnaire consécutifs pour lesquels les distances entre deux nœuds adjacents sont respectivement de 18 cm et de 16 cm. (a) Quelle est la longueur de la corde ? (b) Si le module de la tension vaut 10 N et la densité de masse linéique 4 g/m, quelle est la fréquence fondamentale ?

E30. (II) Une corde de densité de masse linéique égale à 2,6 g/m est fixée aux deux extrémités. Elle a des modes d'onde stationnaire consécutifs de fréquence 480 Hz et 600 Hz. Le module de la tension vaut 12 N. Déterminez : (a) la fréquence fondamentale ; (b) la longueur de la corde.

E31. (I) Une branche de diapason qui vibre à 440 Hz est attachée à une corde ($\mu = 1{,}2$ g/m). Un bloc de masse 50 g est suspendu à l'autre extrémité (figure 2.23, p. 58). Pour quelle longueur la corde va-t-elle résoner (a) à sa fréquence fondamentale ; (b) au troisième harmonique ?

E32. (II) L'amplitude d'une onde stationnaire sur une corde est de 2 mm et la distance entre deux nœuds adjacents est de 12 cm. Sachant que la densité de masse linéique est de 3 g/m et que le module de la tension vaut 15 N, écrivez la fonction d'onde $y(x, t)$ de l'onde stationnaire. On suppose qu'il y a un nœud à $x = 0$.

E33. (II) On donne deux fils de même longueur et soumis à la même tension. Leurs rayons vérifient la relation $r_1 = 2r_2$ et leurs masses volumiques (kg/m³), la relation $\rho_1 = 0,5\rho_2$. Comparez leurs fréquences fondamentales.

E34. (II) On coupe deux cordes à partir du même rouleau. La tension de la première est le double de celle de la seconde ($F_1 = 2F_2$) mais sa longueur en vaut seulement le tiers ($L_1 = L_2/3$). Comparez leurs fréquences fondamentales.

E35. (II) La fonction d'onde d'une onde stationnaire sur une corde est donnée par

$$y(x, t) = 0,02 \sin(0,3x) \cos(25t)$$

où x et y sont en centimètres et t est en secondes. (a) Déterminez la longueur d'onde et la vitesse des ondes qui se superposent. (b) Quelle est la longueur de la corde si cette fonction représente le troisième harmonique ? (c) En quels points la vitesse d'une particule de la corde est-elle constamment nulle ?

E36. (II) Une corde de guitare a une fréquence fondamentale de 320 Hz. Quelle est la fréquence fondamentale lorsqu'on la pince de manière à réduire sa longueur d'un tiers ?

2.9 Équation d'onde

E37. (I) Les fonctions d'onde suivantes vérifient-elles l'équation d'onde ?
(a) $Ae^{[-\sigma(x - vt)^2]}$ (b) $A \ln[B(x - vt)]$

E38. (I) Démontrez explicitement que la fonction d'onde d'une onde stationnaire

$$y(x, t) = A \sin(kx) \cos(\omega t)$$

vérifie l'équation d'onde.

2.10 Propagation de l'énergie sur une corde

E39. (I) Une onde sinusoïdale progressive se propageant sur une corde a une amplitude de 1,5 cm, une longueur d'onde de 40 cm, et se propage à 30 m/s. Si la densité de masse linéique de la corde vaut 20 g/m, quelle doit être la puissance moyenne fournie par l'oscillateur qui la génère ?

E40. (I) Un oscillateur mécanique fournit 3 W sous une fréquence de 30 Hz à un fil de longueur 15 m et de masse 45 g. Si le module de la tension vaut 40 N, quelle est l'amplitude des ondes produites ?

E41. (II) Des ondes sinusoïdales progressives d'amplitude 0,8 mm se propagent à 60 m/s le long d'une corde de densité de masse linéique 3,5 g/m. Un oscillateur de 50 Hz est relié à une extrémité de la corde. (a) Quelle est la puissance moyenne fournie par l'oscillateur ? (b) Quelle est la tension nécessaire pour doubler la puissance à la même fréquence ?

EXERCICES SUPPLÉMENTAIRES

2.1 à 2.6 Vitesse de propagation des ondes le long d'une corde ; ondes progressives

E42. (I) Lorsque le module de la tension d'une corde est de 2,75 N, la vitesse de propagation d'une impulsion est de 3 m/s. Quel doit être le module de la tension pour que la vitesse soit de 3,6 m/s ?

E43. (I) La figure 2.32a montre, à $t = 0$, deux impulsions s'approchant l'une de l'autre. Leur vitesse de propagation est de 1,5 m/s. Dessinez l'impulsion résultante à $t = 1,0$ s.

E44. (I) Reprenez l'exercice 43, cette fois-ci à partir de la figure 2.32b.

E45. (I) La figure 2.33 montre, à $t = 0$, une impulsion rectangulaire et une impulsion triangulaire s'approchant l'une de l'autre. Leur vitesse de propagation

(a)

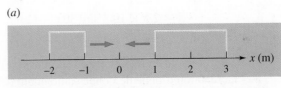

(b)

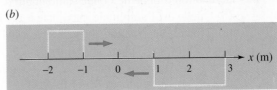

Figure 2.32 ▲
Exercices 43 et 44.

est de 0,5 m/s. Dessinez l'impulsion résultante à $t = 2$ s.

E46. (I) Chaque particule d'une corde où se propage une onde sinusoïdale progressive fait 24 oscillations

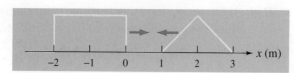

Figure 2.33 ▲
Exercice 45.

complètes en 1,2 s. L'onde avance de 270 cm en 2,25 s. Quelle est sa longueur d'onde ?

E47. (I) La fonction d'onde d'une onde sur une corde est $y = 0,2 \times 10^{-4} \sin[2\pi(x/0,04 + t/0,05)]$, où x et y sont en mètres et t en secondes. Trouvez: (a) la longueur d'onde et la période ; (b) la vitesse de propagation de l'onde ; (c) le module de la vitesse maximale d'une particule sur cette corde.

E48. (I) Une onde voyageant dans le sens des x négatifs a une fréquence de 40 Hz, une longueur d'onde de 3 cm et une amplitude de 0,6 cm. Écrivez la fonction d'onde $y(x, t)$, si $y = 0,6$ cm à $x = 0$ et à $t = 0$.

E49. (I) Une corde soumise à une tension de module 0,18 N porte une onde décrite par $y(x, t) = 2,4 \times 10^{-3} \sin(36x - 270t)$, où x et y sont en mètres et t en secondes. (a) Quelle est la densité de masse linéique de cette corde ? (b) Quel est le module de la vitesse maximale d'une particule sur cette corde ?

E50. (I) La fonction d'onde d'une onde sur une corde est $y(x, t) = 0,3 \sin(\pi x/2 + \pi t/4)$, où x et y sont en mètres et t en secondes. (a) Quelles sont la longueur d'onde et la vitesse de propagation de cette onde ? (b) Dessinez $y(x)$ à $t = 0$ et à $t = 3$ s.

E51. (II) Les deux ondes suivantes voyagent sur une corde :

$$y = 2,5 \times 10^{-3} \sin(30x - 420t)$$
$$y = 2,5 \times 10^{-3} \sin(30x + 420t)$$

où x et y sont en mètres et t en secondes. (a) Écrivez la fonction d'onde de l'onde stationnaire résultante. (b) Quelle est l'amplitude maximale à $x = 0,17$ m ? (c) Trouvez la position du ventre le plus près de $x = 0,25$ m. (d) Tracez le graphe de y en fonction de x à $t = 0$ s sur un intervalle pour x qui permet de vérifier les réponses (b) et (c).

E52. (II) (a) Montrez que la vitesse de propagation d'une onde le long d'un fil peut s'écrire $v = (S/\rho)^{1/2}$, où S est la contrainte de traction en newtons par mètre carré (voir le chapitre 14 du tome 1). (b) Si la contrainte de traction maximale de l'acier est 4×10^9 N/m², quelle est la vitesse de propagation maximale possible d'une impulsion le long d'un fil

d'acier ? La masse volumique de l'acier est de 7860 kg/m³.

E53. (II) Quel est le module de la tension dans un fil d'acier de 0,6 mm de diamètre transportant une onde dont la vitesse est 230 m/s ? La masse volumique de l'acier est de 7860 kg/m³.

E54. (II) La vitesse d'une impulsion le long d'un fil métallique est de 120 m/s. Quelle est la vitesse le long d'un fil fait avec le même métal, subissant la même tension mais dont le rayon est le double ?

E55. (II) Une onde sinusoïdale progressive de 400 Hz voyage à 320 m/s le long d'un fil métallique. (a) À un moment donné, quelle est la distance entre deux points dont la phase diffère de 1,5 rad ? (b) À une position donnée, quel est le changement de phase sur un intervalle de 1,5 ms ?

2.7 et 2.8 Ondes stationnaires

E56. (II) Deux fils ont la même longueur, sont faits du même métal et sont fixés à leurs extrémités. Les rayons sont $r_1 = 0,7$ mm et $r_2 = 0,5$ mm. (a) Quel est le rapport des fréquences fondamentales f_2/f_1 si les fils sont soumis à la même tension ? (b) Quel est le rapport des modules des tensions F_2/F_1 s'ils ont la même fréquence fondamentale ?

E57. (I) Une corde de guitare de 60 cm résonne dans son deuxième harmonique avec une fréquence de 800 Hz. (a) Quelle est la vitesse de propagation des ondes sinusoïdales progressives le long de la corde ? (b) Si le module de la tension est de 350 N, quelle est la masse de la corde ?

E58. (I) Une corde de guitare de 60 cm ayant une masse de 1,2 g est fixée aux deux extrémités. Cette corde résonne dans son troisième harmonique avec une amplitude maximale de 2 mm. La vitesse de propagation des ondes sinusoïdales progressives le long de la corde est de 420 m/s. (a) Quelles sont la longueur d'onde et la fréquence de l'onde stationnaire ? (b) Écrivez la fonction d'onde de l'onde stationnaire. (c) Décrivez les deux ondes sinusoïdales progressives qui ont servi à produire cette onde stationnaire.

E59. (I) Une corde de piano a une fréquence fondamentale de 180 Hz. Lorsqu'elle est enveloppée avec du ruban, sa densité de masse linéique double. Quelle nouvelle fréquence fondamentale en résultera si la tension et la longueur demeurent inchangées ?

E60. (I) La fréquence fondamentale de la corde d'une guitare est de 110 Hz. Sa longueur est de 60 cm. (a) Quelle est la vitesse de propagation d'une onde sinusoïdale progressive sur cette corde ? (b) Si la densité de masse linéique de cette corde est de 3 g/m, quel est le module de sa tension ?

E61. (I) La corde d'une guitare produisant le *sol* a une longueur de 60 cm et une fréquence fondamentale de 196 Hz. De quelle longueur doit-on raccourcir cette corde, en appuyant dessus, pour entendre un *do* de fréquence fondamentale 262 Hz ?

E62. (I) Une corde de 20 g mesurant 2,5 m de longueur est fixée aux deux extrémités. Quelle est la fréquence des trois premiers modes d'oscillation propre de l'onde stationnaire si le module de la tension dans la corde est de 51,2 N ?

E63. (I) La fréquence du troisième harmonique d'une corde de 60 cm de long, fixée aux deux extrémités, est de 750 Hz. Quelle est la densité de masse linéique de cette corde, si le module de la tension est de 145 N ?

E64. (I) Une corde de guitare est accordée de telle sorte que la fréquence fondamentale est de 238 Hz lorsque le module de la tension est de 280 N. Quel doit être le module de la tension si la note juste a une fréquence fondamentale de 241 Hz ?

E65. (I) Un bloc de 0,5 kg est attaché à une corde passant par une poulie située à 1,4 m de son autre extrémité fixe (figure 2.8, p. 46). Si la densité de masse linéique de la corde est de 1,6 g/m, quelle est la fréquence du troisième harmonique ?

E66. (I) La fonction d'onde d'une onde stationnaire est

$$y = 4 \times 10^{-3} \sin(2,09x) \cos(60t)$$

où x et y sont en mètres et t en secondes. Trouvez : (a) la distance entre les nœuds ; (b) la vitesse d'une particule à $x = 0,8$ m et $t = 0,12$ s.

E67. (II) Les fonctions d'onde de deux ondes voyageant sur une corde sont

$$y_1 = 0,03 \sin[\pi(2x + 10t)]$$
$$y_2 = 0,03 \sin[\pi(2x - 10t)]$$

où x et y sont en mètres et t en secondes. (a) Écrivez la fonction d'onde de l'onde stationnaire. (b) Trouvez la position des deux nœuds les plus près de $x = 0$ (pour $x > 0$). (c) Trouvez la position des deux ventres les plus près de $x = 0$ (pour $x > 0$). (d) Trouvez l'amplitude maximale à $x = \lambda/8$.

E68. (II) Une corde transporte une onde stationnaire dont l'amplitude maximale est de 6 mm. La vitesse de propagation de l'onde le long de la corde est de 15,4 m/s. La corde redevient droite toutes les 12 ms. Écrivez la fonction d'onde des deux ondes sinusoïdales progressives qui composent cette onde stationnaire.

E69. (II) Deux cordes, fixées aux deux extrémités, ont la même longueur et sont faites du même métal. La corde 1 a une fréquence fondamentale de 320 Hz, alors que la corde 2, dont l'aire de la section est le double de celle de la corde 1, a une fréquence fondamentale de 400 Hz. Quel est le rapport du module des tensions F_2/F_1 des cordes ?

E70. (II) Un fil d'acier de 0,5 mm de diamètre et de 60 cm de longueur est fixé aux deux extrémités. Le troisième harmonique a une fréquence de 600 Hz. Quel est le module de la tension dans le fil ? La masse volumique de l'acier est 7860 kg/m^3.

E71. (II) Trouvez la position des deux premiers nœuds ($x > 0$) de l'onde stationnaire résultant de la superposition des deux ondes suivantes :

$$y_1 = A \sin(8,4x - 50t)$$
$$y_2 = A \sin(8,4x + 50t + \pi/3)$$

où x et y sont en mètres et t en secondes.

E72. (II) Une corde de longueur L, de densité de masse linéique μ et soumise à une tension $\vec{F}$ a une fréquence fondamentale f_1. Quelle est sa nouvelle fréquence fondamentale si on apporte les changements suivants : (a) L augmente de 25 % ; (b) μ diminue de 20 % ; (c) le module de la tension augmente de 19 % ; (d) les trois changements précédents se produisent simultanément ?

2.10 Propagation de l'énergie sur une corde

E73. (I) Une des extrémités d'une corde est attachée à une branche de diapason. L'onde sinusoïdale progressive générée sur la corde a une longueur d'onde de 80 cm et une amplitude de 3 mm. Le module de la tension dans la corde est de 1,28 N et la vitesse de propagation de l'onde est de 16 m/s. Quelle est la puissance moyenne transmise ?

E74. (I) Une corde ($\mu = 4$ g/m) transporte une onde sinusoïdale progressive dont la longueur d'onde est de 40 cm et la période de 25 ms. Si l'amplitude est de 2 mm, quelle la puissance moyenne transmise le long de la corde ?

E75. (I) La puissance moyenne transmise par une onde sinusoïdale progressive sur une corde ($\mu = 3$ g/m) est de 20 mW. Le module de la tension dans la corde est de 15 N et la période de 40 ms. Quelle est l'amplitude de l'onde ?

E76. (I) La fonction d'onde d'une onde voyageant sur une corde est $y = 3 \times 10^{-3} \sin(0,64x - 80t)$, où x et y sont en mètres et t en secondes. Si la densité de masse linéique est de 4 g/m, quelle est la puissance moyenne transmise ?

P1. (II) La contrainte de traction sur un fil d'acier est égale à 2×10^8 N/m². Quelle est la vitesse des ondes sinusoïdales progressives sur le fil? La masse volumique de l'acier est de 7860 kg/m³.

P2. (I) (a) Montrez que si le module de la tension F sur une corde varie d'une *petite* quantité ΔF, la variation relative de fréquence d'une onde stationnaire $\Delta f/f$ est donnée par

$$\frac{\Delta f}{f} = 0{,}5 \frac{\Delta F}{F}$$

(b) Une corde vibre dans son mode fondamental à 400 Hz. Si l'on diminue la tension de 3 %, quelle est la nouvelle fréquence fondamentale? (c) Quelle est, en pourcentage, la variation de tension requise pour faire varier la fréquence fondamentale d'une corde de 260 Hz à 262 Hz?

P3. (II) Au milieu d'une corde fixée à ses deux extrémités, on place un morceau de fil léger, courbé en forme de V inversé. En supposant que la corde vibre à sa fréquence fondamentale f_1, pour quelle amplitude A de l'onde stationnaire le fil va-t-il cesser d'être en contact avec la corde?

P4. (I) La corde *sol* (196 Hz) d'une guitare est longue de 64 cm. Trouvez les positions des touches correspondant aux notes suivantes: *la* (220 Hz); *si* (247 Hz); *do* (262 Hz); *ré* (294 Hz).

P5. (II) Soit une onde sinusoïdale progressive de faible amplitude sur une corde. Sous l'action de l'onde, la corde se déplace vers le haut (figure 2.34). (a) Montrez que la puissance fournie par le côté gauche au côté droit est

$$P = -F \frac{\partial y}{\partial x} \frac{\partial y}{\partial t}$$

(b) Utilisez l'expression $y(x, t) = A \sin(kx - \omega t)$ pour trouver la puissance moyenne transmise le long de la corde. Comparez votre résultat avec l'équation 2.16.

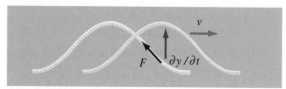

Figure 2.34 ▲
Problème 5.

P6. (II) Une corde de masse M et de longueur L pend verticalement. Montrez que le temps nécessaire pour qu'une impulsion se propage de l'extrémité inférieure à l'extrémité supérieure est $T = 2\sqrt{L/g}$.

P7. (I) Montrez que la puissance instantanée transmise le long d'une corde par une onde sinusoïdale progressive d'amplitude A est maximale lorsque le déplacement $y = 0$ et minimale lorsque $y = \pm A$.

P8. (II) Une corde de longueur L et de densité de masse linéique μ est soumise à une tension de module F. La corde est fixée à une extrémité et peut glisser sur une tige sans frottement à l'autre extrémité. Quelles sont les fréquences de mode d'oscillation propre (onde stationnaire)? (*Indice*: L'extrémité libre est un ventre.)

P9. (I) Un fil subit un étirement de L à $L + \Delta L$. Montrez que la vitesse des ondes sinusoïdales progressives est

$$v = \sqrt{\frac{E}{\rho} \frac{\Delta L}{L}}$$

où E est le module de Young (voir le chapitre 14 du tome 1) et ρ est la masse volumique du fil.

P10. (II) Montrez que, pour une onde stationnaire le long d'une corde (équation 2.11), l'énergie cinétique moyenne par unité de longueur et l'énergie potentielle par unité de longueur sont données par

$$\left(\frac{dK}{dx}\right)_{\text{moy}} = \mu(\omega A)^2 \sin^2 kx$$

$$\left(\frac{dU}{dx}\right)_{\text{moy}} = F(kA)^2 \cos^2 kx$$

P11. (II) (a) Considérons une onde stationnaire sur une corde de longueur L fixée aux deux extrémités, dont la forme est donnée à l'équation 2.11. Montrez que l'énergie mécanique moyenne sur toute la corde s'écrit

$$E = \mu(\omega A)^2 L$$

où μ est la densité de masse linéique et ω est la fréquence angulaire. (b) Montrez que l'énergie mécanique entre deux nœuds a pour valeur

$$E = 2\pi^2 \mu A^2 f v$$

(Faites d'abord le problème 10.)

P12. (II) Une corde de guitare de longueur 60 cm et de masse 2 g est soumise à une tension de module 200 N. Elle vibre dans son mode fondamental. L'amplitude initiale de 1 mm chute de 10 % en 0,1 s et 50 % de la diminution d'énergie correspondante est dissipée sous forme d'énergie sonore. Déterminez la puissance moyenne rayonnée. Que deviennent les 50 % restants ? (Faites d'abord le problème 11.)

P13. (I) Montrez que la puissance moyenne transmise le long d'une corde peut s'écrire sous la forme

$$P = \eta v$$

où η est la densité d'énergie linéique (énergie par unité de longueur) et v est la vitesse de propagation de l'onde.

P14. (II) Un réseau linéaire de particules est constitué par des particules de masse identique m reliées entre elles par des ressorts identiques de constante k (figure 2.35). La position d'équilibre de la $n^{\text{ième}}$ particule est $x_n = na$. (a) s_n étant le déplacement, supposé horizontal, à partir de l'équilibre de la $n^{\text{ième}}$ masse, montrez que

$$m\frac{\mathrm{d}^2 s_n}{\mathrm{d}t^2} = k(s_{n+1} + s_{n-1} - 2s_n)$$

(b) Montrez que $s_n = A \sin(kx_n - \omega t)$ est une solution de cette équation différentielle à condition que

$$\omega^2 = \frac{4k}{m}\sin^2\left(\frac{ka}{2}\right)$$

(*Indice* : Il vous faut utiliser les identités trigonométriques de l'annexe B.)

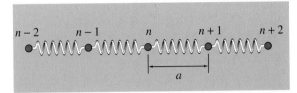

Figure 2.35 ▲
Problème 14.

P15. (II) (a) Montrez que la vitesse des ondes transversales sur un *Slinky* de masse m et de constante de rappel k est $L\sqrt{k/m}$, où L, la longueur du ressort tendu, est très supérieure à la longueur du ressort non tendu. (b) Montrez que le temps mis par une impulsion pour se propager sur toute la longueur du *Slinky* est indépendante de la longueur.

PROBLÈMES SUPPLÉMENTAIRES

P16. (II) Deux fonctions d'onde dans un milieu sont données par

$$y_1 = \frac{1}{2 + (2x - 3t)^2}$$

$$y_2 = \frac{-1}{2 + (2x + 3t - 6)^2}$$

où x est en mètres et t en secondes. (a) Pour quelle valeur de la position x le déplacement résultant des deux ondes est-il toujours nul ? (b) Quel est l'instant t pour lequel le déplacement résultant des deux ondes équivaut partout à zéro ? (*Indice* : Choisissez adéquatement x et t.)

P17. (I) Une onde sinusoïdale progressive voyage à 25 m/s dans le sens des x négatifs le long d'une corde. La période est de 20 ms. À $x = 0$ et $t = 0$, la vitesse d'une particule est de -2 m/s et son déplacement vertical est de 3 mm. Écrivez la fonction d'onde $y(x, t)$.

Le son

POINTS ESSENTIELS

1. Les ondes sonores sont des ondes longitudinales caractérisées par des fluctuations de densité et de pression.

2. On peut observer des ondes stationnaires résonantes dans des **tuyaux ouverts** ou **fermés**.

3. Un mouvement relatif entre la source d'une onde et son observateur cause l'**effet Doppler**: la fréquence observée est différente de la fréquence à laquelle vibre la source.

4. La superposition de deux ondes de fréquences presque identiques donne lieu à une onde résultante dont l'amplitude oscille: c'est le phénomène des **battements**.

5. L'**intensité** d'une onde est l'énergie incidente par seconde et par unité d'aire normale à la direction de propagation.

6. L'intensité du son peut aussi être mesurée selon l'échelle logarithmique des **décibels**, une échelle conçue pour mieux représenter la perception subjective ressentie par l'oreille humaine.

Cette image exceptionnelle permet de voir l'onde de choc acoustique (en jaune) causée par le passage d'une balle de fusil. Une telle onde de choc se produit chaque fois qu'un objet voyage dans un milieu à une vitesse qui excède la vitesse du son. Il s'agit d'un des phénomènes que nous apprendrons à décrire dans ce chapitre.

Nous allons étudier dans ce chapitre quelques propriétés des ondes sonores dans les fluides, comme l'air ou l'eau. D'après l'expérience, la plupart des gens peuvent entendre tous les sons dont la fréquence est comprise entre 20 Hz et 20 000 Hz environ ; ces derniers sont donc qualifiés de *sons audibles*. Les ondes sonores inaudibles de fréquence inférieure à 20 Hz, que l'on appelle *infrasoniques*, sont produites notamment par les tremblements de terre, par le tonnerre et par les vibrations de machines lourdes ou des pneus d'une automobile. Les fréquences *ultrasoniques*, supérieures à 20 000 Hz, sont elles aussi inaudibles pour l'humain, mais sont perçues par les chiens, les chats et les marsouins. Les chauves-souris et les marsouins, de même que les sonars, dépendent des ondes ultrasoniques pour situer les objets. En médecine, on utilise l'échographie, dont le fonctionnement repose sur des ultrasons, pour surveiller le développement du fœtus avant la naissance (figure 3.1*a*) et l'on se sert des ondes de choc acoustiques pour briser les calculs rénaux (figure 3.1*b*). Les ultrasons de très haute fréquence (10^9 Hz), produits par l'excitation électrique d'un cristal de quartz, sont utilisés en microscopie acoustique pour obtenir des images nettes (figure 3.1*c*).

Figure 3.1 ▶

(*a*) Observation du développement d'un fœtus aux ultrasons. (*b*) On se sert d'ondes de choc acoustiques pour briser les calculs rénaux. (*c*) La microscopie acoustique fournit des images détaillées d'un segment de micropuce électronique.

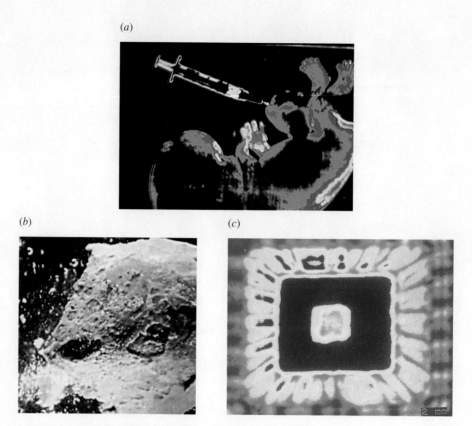

(*a*)

(*b*)

(*c*)

3.1 La nature des ondes sonores

À l'état d'équilibre, la pression et la densité d'un fluide sont uniformes. Bien qu'il soit apparemment immobile, on ne peut pas représenter un tel fluide à l'équilibre comme un ensemble de molécules immobiles : les molécules qui composent ce fluide sont *nécessairement* animées de mouvements aléatoires très rapides et subissent des collisions. On explique en effet la pression, propriété macroscopique, comme l'effet *moyen* de cette agitation intense des molécules, propriété microscopique (*cf.* chapitre 18 du tome 1). Lors du passage d'une onde dans un gaz, chaque petit élément de volume du gaz est soumis à des vibrations. Ces variations sont tout à fait analogues à celles que subissaient les segments de corde souvent étudiés au chapitre précédent, à l'exception qu'elles sont longitudinales plutôt que transversales. Lorsqu'un élément de volume vibre ainsi, les molécules qui le composent vibrent donc *en bloc,* un mouvement qui se superpose au mouvement aléatoire qu'elles avaient déjà en l'absence d'onde.

Les déplacements des éléments de volume donnent naissance à des fluctuations périodiques de la densité du fluide et donc de la pression. Dans le cas des ondes sonores se propageant dans l'air, les fluctuations de pression sont de l'ordre de 1 Pa (1 N/m^2), alors que la pression atmosphérique normale est de 101,3 kPa, soit environ 10^5 fois plus grande. Le milieu est donc très peu perturbé par le passage de l'onde. Dans ces conditions, on peut considérer que les ondes sonores obéissent au principe de superposition linéaire (voir la section 2.2).

La figure 3.2 représente le cône d'un haut-parleur à l'extrémité gauche d'un tuyau ouvert. En se déplaçant vers l'avant, le cône produit une *compression*, c'est-à-dire une augmentation de pression (une variation $\Delta P > 0$, atteignant $\Delta P = \Delta P_{\text{max}}$) au-dessus de la valeur d'équilibre P_0. Lorsqu'il se déplace vers l'arrière, le cône produit une *raréfaction*, c'est-à-dire une diminution de pression (une variation $\Delta P < 0$, atteignant $\Delta P = -\Delta P_{\text{max}}$) par rapport à P_0. Des

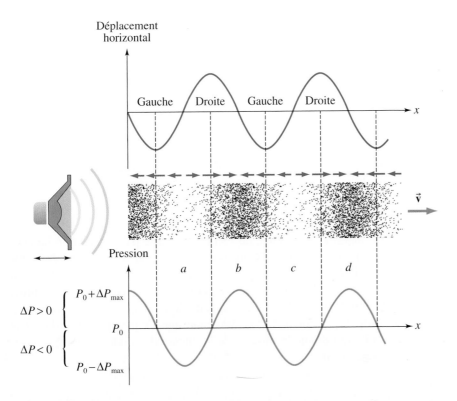

Figure 3.2 ◄

Un haut-parleur produit des compressions et des raréfactions dans l'air d'un tube. Les déplacements longitudinaux (à un instant particulier) sont représentés par les flèches et sont tracés sur le graphe du haut. Les fluctuations de pression au-dessus et en dessous de la pression atmosphérique sont tracées sur le graphe du bas. On remarque qu'un point de déplacement nul correspond à une variation maximale de la pression et vice versa.

volumes de gaz adjacents étant en mesure d'exercer une force les uns sur les autres (ce qu'on explique par des collisions entre les molécules), ces compressions et ces raréfactions sont en mesure de se propager, formant une onde sonore le long du tuyau. N'oublions pas que c'est l'onde (c'est-à-dire la perturbation par rapport à l'équilibre), et non les molécules elles-mêmes, qui se déplace le long du tuyau.

À un instant donné, il existe des points, comme b et d, vers lesquels les molécules convergent, entraînant ainsi une élévation de la pression locale jusqu'à une valeur $P_0 + \Delta P_{max}$. Comme les déplacements de chaque côté de b et d sont de sens opposés, le déplacement est nul à cet instant en ces deux points. De chaque côté des points a et c, les molécules s'éloignent et le déplacement est donc également nul en ces points. La pression locale en ces points chute jusqu'à une valeur minimale $P_0 - \Delta P_{max}$. En général, les points où la variation de pression est maximale ($\pm \Delta P_{max}$) correspondent à un déplacement nul. Autrement dit, les fluctuations de pression sont déphasées d'un quart de cycle (90° ou $\pi/2$ rad) par rapport aux déplacements. L'inverse est également vrai : les points où la fluctuation de pression est nulle correspondent à des maxima ou à des minima du déplacement.

À une température donnée, la vitesse de propagation du son* dans l'air ne dépend pas de la pression. La variation du module de la vitesse du son dans l'air en fonction de la température *absolue T* (mesurée en degrés Kelvin, K) est donnée de façon approximative par (voir l'exemple 17.8 du tome 1)

$$v \approx 20\sqrt{T} \qquad (3.1)$$

Pour trouver T, on ajoute 273° à la valeur de la température exprimée en degrés Celsius. Par exemple, à 20°C, $T = 293$ K et on trouve $v = 20\sqrt{293} = 342$ m/s.

---

* Pour ne pas alourdir le texte, nous utiliserons, dans la suite de ce chapitre, l'expression « vitesse du son » pour désigner le module de cette quantité.

L'équation 3.1 est un cas particulier valable seulement lorsque les conditions d'utilisation de l'équation des gaz parfaits sont respectées. Nous montrerons plus loin (section 3.6) l'équation plus générale suivante, qui donne la vitesse des ondes longitudinales dans tout fluide dont la pression change peu lors du passage de l'onde :

$$\text{(fluide)} \qquad v = \sqrt{\frac{K}{\rho}} \qquad\qquad (3.2a)$$

où ρ est la masse volumique du fluide et K est le module de compressibilité, défini au chapitre 14 du tome 1 par

$$K = -\frac{\Delta P}{\Delta V/V} \qquad\qquad (3.2b)$$

où $\Delta V/V$ est la variation relative de volume produite par la variation de pression ΔP. L'unité SI de K est le N/m². Le signe négatif sert à rendre K positif, puisqu'une variation positive de pression entraîne une variation négative du volume V. Le module de compressibilité caractérise l'« élasticité » d'un milieu compressible, tout comme le fait la constante de rappel ($k = -\mathrm{d}F_{\text{res}_x}/\mathrm{d}x$) pour un ressort (voir la section 1.2). On remarque que l'équation 3.2a a la même forme que celle qui donne le module de la vitesse des ondes transversales sur une corde, $v = \sqrt{F/\mu}$.

EXEMPLE 3.1

Calculer le module de la vitesse de propagation des ondes longitudinales (a) dans l'eau, sachant qu'à cette pression le module de compressibilité de l'eau est de $2,1 \times 10^9$ N/m² et que sa masse volumique est de 10^3 kg/m³ ; (b) dans l'air à 1 atm, sachant que le module de compressibilité de l'air est $K = 1,41 \times 10^5$ N/m² et que sa masse volumique est de 1,29 kg/m³.

Solution

(a) D'après l'équation 3.2a, on a

$$v = \sqrt{\frac{K}{\rho}} = \sqrt{\frac{2,1 \times 10^9 \text{ N/m}^2}{10^3 \text{ kg/m}^3}} = 1,45 \times 10^3 \text{ m/s}$$

(b) Dans l'air

$$v = \sqrt{\frac{K}{\rho}} = \sqrt{\frac{1,41 \times 10^5 \text{ N/m}^2}{1,29 \text{ kg/m}^3}} = 331 \text{ m/s}$$

Jusqu'à présent, nous avons considéré surtout des ondes en une dimension, comme les ondes dans des cordes ou les ondes sonores guidées par un tuyau. Toutefois, il arrive que des ondes puissent se propager en deux ou en trois dimensions, et l'étude de tels cas sera facilitée par l'introduction de la notion de front d'onde.

Pour comprendre en quoi consiste cette notion, considérons un exemple dans lequel on jette un caillou dans une mare : les ondes qui se propagent à partir du point d'impact sont circulaires (figure 3.3a). À un instant donné, la ligne continue qui joint tous les points de même déplacement, par exemple ceux d'une crête, forme un **front d'onde**. En général, un *front d'onde est un ensemble de points pour lesquels la fonction d'onde a la même phase*. Les fronts des ondes émises par une source *ponctuelle*, qui émet des ondes dans toutes les directions, présentent un intérêt particulier. Dans ce cas, les fronts d'onde sont des surfaces sphériques ayant la source pour centre. La figure 3.3b représente une partie seulement de tels fronts d'onde. En un point très éloigné de la source ponctuelle, la courbure des fronts est faible et on peut les considérer comme des surfaces *planes* (figure 3.3*c*).

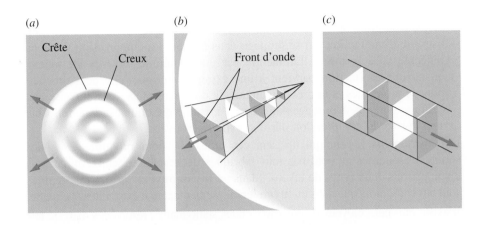

(*a*)   (*b*)   (*c*)

Crête

Creux

Front d'onde

Figure 3.3 ◄

(*a*) Les fronts d'onde qui se propagent à la surface de l'eau sont des cercles. Comme l'onde se propage en deux dimensions, ces fronts d'onde sont en effet des *lignes*. (*b*) De petites sections de fronts d'onde sphériques se propageant à partir d'une source ponctuelle. Comme l'onde se propage en trois dimensions, ces fronts d'onde sont des *surfaces*, ici des sphères. (*c*) En un point éloigné de la source ponctuelle, les fronts d'onde deviennent des surfaces planes, ce qui caractérise une onde plane.

3.2 Les ondes sonores stationnaires résonantes

Nous avons vu au chapitre 2 que certains instruments de musique, comme la guitare et le violon, produisent des ondes stationnaires résonantes sur des cordes. Ce sont les réflexions multiples se produisant à chacune des extrémités de la corde qui rendaient possible cette résonance, à la condition que le temps que nécessite l'onde pour aller et revenir le long de la corde corresponde à un multiple convenable de la période de la source périodique. De même, on peut observer des ondes stationnaires résonantes dans une colonne d'air, comme dans un tuyau d'orgue, dans une flûte et dans d'autres instruments à vent. Par analogie avec les instruments à cordes, nous devons en conclure que l'onde sonore se réfléchit aux extrémités d'un tuyau, qu'il s'agisse d'une extrémité fermée ou d'une extrémité ouverte, et que le temps que nécessite l'onde pour aller et revenir le long du tuyau doit correspondre à un multiple convenable de la période de la source sonore périodique.

De nombreux instruments de musique utilisent le phénomène de résonance d'une colonne d'air.

La réflexion à une extrémité fermée devrait paraître tout à fait normale : si on pousse un cri dans un tunnel qui est fermé par un mur, un écho reviendra, ce qui montre bien que le son est réfléchi lorsqu'il rencontre un obstacle. Toutefois, il peut sembler étonnant que le son se réfléchisse en rencontrant une extrémité ouverte, où il n'y a apparemment aucun obstacle. Lorsque l'expérience est tentée, on observe pourtant que l'onde est partiellement réfléchie et partiellement transmise chaque fois qu'elle rencontre un changement brutal de la section transversale du tuyau (ou la fin du tuyau). Cela est tout à fait analogue au cas, illustré à la figure 2.11 (p. 48), d'une corde dont la densité linéique de masse change. Pour décrire davantage ces réflexions, nous devons faire appel à un modèle simple qui permet de les expliquer :

- Quand une compression progresse dans le tuyau, elle pousse sur les molécules qui précèdent tout juste l'impulsion. Toutefois, quand cette compression atteint une extrémité fermée, les molécules ne peuvent traverser la paroi et la pression augmente davantage. Cet excès de pression cause l'émission d'une compression en sens inverse dans le tuyau. Une compression est donc réfléchie sous forme de compression à une extrémité fermée. De même, quand une raréfaction progresse dans le tuyau, elle tire sur les molécules qui précèdent tout juste l'impulsion. Toutefois, quand cette compression atteint une extrémité fermée, la pression diminue davantage, car il n'y a plus de molécules sur lesquelles tirer. Ainsi, une raréfaction est aussi réfléchie sous forme de raréfaction.

- À une extrémité ouverte, la situation est différente. Quand une compression atteint une telle extrémité, les molécules qu'elle pousse peuvent fuir dans plusieurs directions (car il n'y a plus de tuyau pour restreindre leur mouvement) et la pression chute donc davantage. Cette baisse soudaine de pression cause une raréfaction qui se propage dans le tube. La compression est donc réfléchie sous forme de raréfaction par une extrémité ouverte. De même, quand une raréfaction parvient à une extrémité fermée, elle peut tirer sur plus de molécules et la pression augmente donc davantage, ce qui cause une compression qui se propage dans le tuyau. Une raréfaction est donc réfléchie sous forme de compression par une extrémité ouverte.

Les instruments à vent qui utilisent ces réflexions pour produire des ondes sonores résonantes ne sont pas tous fabriqués de la même façon. Aussi, nous distinguerons deux types de tuyaux : dans un **tuyau ouvert**, les deux extrémités sont ouvertes, alors que dans un **tuyau fermé**, seulement une extrémité est ouverte.

Il existe plusieurs moyens de créer des ondes stationnaires résonantes dans de tels tuyaux. Le plus simple consiste à rapprocher de l'extrémité ouverte du tuyau un diapason ou un haut-parleur branché à un générateur de signaux. Dans certains instruments à vent, une anche vibrante ou la lèvre du musicien sert de source. De l'air soufflé *transversalement* par rapport à l'extrémité ouverte d'un tuyau fait aussi vibrer la colonne d'air dans un mode d'oscillation propre. Cette propriété est utilisée dans la flûte et dans les tuyaux d'orgue. Évidemment, un instrument de musique a typiquement une forme plus complexe que celle d'un simple tuyau et la description des mouvements résonants de l'air qui s'y produisent peut nécessiter un modèle très élaboré. Toutefois, en utilisant le modèle du tuyau pour représenter un instrument de musique quelconque, on peut prédire un bon nombre de résultats fidèles à l'expérience, comme nous le verrons ci-dessous.

Les tuyaux fermés

À la figure 3.4, le déplacement des molécules est représenté par les flèches continues à $t = 0$ et par les flèches en pointillé à $t = T/2$, T étant la période. À l'extrémité fermée, le déplacement est toujours nul ; il s'agit donc d'un nœud de déplacement. Nous avons vu à la section précédente que cela correspond à un ventre de pression, car la pression et le déplacement sont déphasés de $\pi/2$. (À l'instant représenté à la figure 3.4a, la pression est maximale à l'extrémité fermée. Une demi-période plus tard, la densité et la pression seront minimales.) L'extrémité ouverte étant à la pression atmosphérique, c'est donc un nœud de pression et un ventre de déplacement. Le mode fondamental est obtenu pour $L = \lambda/4$ (figure 3.5a), ce qui correspond à $f_1 = v/(4L)$ (où L est la longueur du tuyau). On peut facilement construire les harmoniques supérieurs en se rappelant que l'extrémité fermée est un nœud de déplacement, alors que l'extrémité ouverte est un ventre de déplacement. (On se réfère en général au déplacement plutôt qu'à la pression, de façon à profiter de l'analogie avec les ondes dans les cordes.) Comme le montre la figure 3.5, un mode dont la fréquence serait un multiple pair de la fréquence fondamentale ne pourrait présenter à la fois un nœud de déplacement à une extrémité et un ventre de déplacement à l'autre extrémité. Un tuyau fermé ne peut donc admettre que les harmoniques *impairs* :

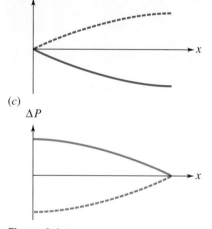

(a)

Tuyau fermé $t = 0$

$t = \frac{1}{2}T$

x

(b)
Déplacement horizontal

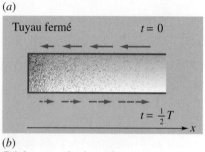

x

(c)
ΔP

x

Figure 3.4 ▲

(a) Le mode fondamental dans un tuyau fermé. L'extrémité fermée est un nœud de déplacement et un ventre de pression.
(b) Déplacement des molécules d'air.
(c) Variation de la pression en fonction de la position x dans le tuyau. Les courbes continues décrivent la situation à $t = 0$, et les courbes en pointillé, la situation à $t = T/2$.

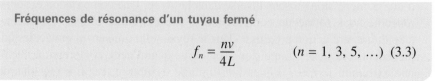

Fréquences de résonance d'un tuyau fermé

$$f_n = \frac{nv}{4L} \qquad (n = 1, 3, 5, \ldots) \quad (3.3)$$

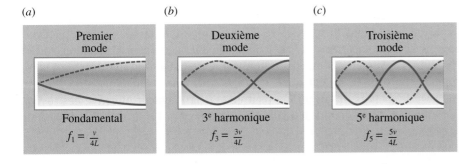

(*a*) Premier mode — Fondamental $f_1 = \frac{v}{4L}$

(*b*) Deuxième mode — 3ᵉ harmonique $f_3 = \frac{3v}{4L}$

(*c*) Troisième mode — 5ᵉ harmonique $f_5 = \frac{5v}{4L}$

Les tuyaux ouverts

Le fait de savoir que chaque extrémité ouverte est un ventre de déplacement nous permet de tracer d'emblée les différents modes d'un tuyau ouvert (figure 3.6). On remarque que la fréquence fondamentale d'un tuyau ouvert est le double de celle d'un tuyau fermé de même longueur. Dans un tuyau ouvert, *tous* les harmoniques sont possibles :

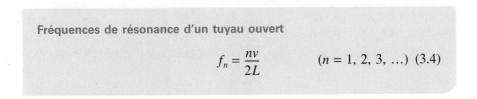

Fréquences de résonance d'un tuyau ouvert

$$f_n = \frac{nv}{2L} \qquad (n = 1, 2, 3, \ldots) \quad (3.4)$$

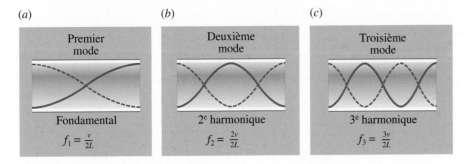

(*a*) Premier mode — Fondamental $f_1 = \frac{v}{2L}$

(*b*) Deuxième mode — 2ᵉ harmonique $f_2 = \frac{2v}{2L}$

(*c*) Troisième mode — 3ᵉ harmonique $f_3 = \frac{3v}{2L}$

Lorsqu'on étudie les tuyaux ouverts et fermés, il est important de bien faire la distinction entre « harmonique » et « mode ». Le numéro d'un harmonique correspond au rapport entre la fréquence de l'harmonique et la fréquence fondamentale, tandis que les modes sont numérotés successivement à partir de 1. Ainsi, la figure 3.5*c* illustre le *troisième* mode du tuyau fermé, qui correspond au *cinquième* harmonique. On remarque que le cas est plus simple pour le tuyau ouvert (figure 3.6), car le numéro du mode correspond alors au numéro de l'harmonique.

Comparativement à celles qu'on observe dans une corde, les ondes stationnaires résonantes dans des tuyaux s'atténuent très facilement si l'on supprime la source d'excitation. Cela est principalement dû au fait que la réflexion aux extrémités ouvertes d'un tuyau n'est que partielle.

Un des défauts du modèle que nous venons de construire est de présupposer que la réflexion à une extrémité ouverte a lieu précisément à cette extrémité. En mesurant expérimentalement la fréquence de résonance de tuyaux de différents diamètres, on voit pourtant qu'elles sont toujours légèrement inférieures aux fréquences prédites par les équations 3.3 et 3.4 et que cet écart croît quand le tuyau a un diamètre plus élevé. Cela indique que la « longueur effective » des tuyaux est supérieure à leur longueur réelle, donc que la réflexion doit se produire légèrement à l'extérieur du tuyau. Cette idée n'est pas difficile à comprendre puisque la réflexion est expliquée par une interaction entre l'air du tuyau et l'air hors du tuyau. On peut obtenir la longueur effective des tuyaux en ajoutant à leur longueur réelle une fraction (0,61) du rayon r de chaque extrémité ouverte.

EXEMPLE 3.2

On fait varier la longueur d'une colonne d'air en modifiant le niveau d'eau dans un tuyau (figure 3.7). On place un diapason vibrant directement au-dessus de l'extrémité ouverte. Pendant que le niveau d'eau baisse, on entend une première résonance lorsque la hauteur de la colonne d'air est égale à 18,9 cm et une deuxième à 57,5 cm. Quelle est la fréquence du diapason? On suppose que le module de la vitesse du son est égal à 340 m/s.

Solution

On nous donne le mode fondamental et le deuxième mode ou troisième harmonique d'un tuyau fermé (figure 3.7). On pourrait calculer la fréquence *approchée* du diapason en utilisant l'équation 3.3.

En effet, dans la première situation (figure de gauche), on a, avec $n = 1$,

$$f = \frac{nv}{4L} = \frac{1 \times 340 \text{ m/s}}{4 \times 0,189 \text{ m}} = 450 \text{ Hz}$$

On peut aussi trouver la réponse en considérant la deuxième situation (figure de droite) où $n = 3$:

$$f = \frac{nv}{4L} = \frac{3 \times 340 \text{ m/s}}{4 \times 0,575 \text{ m}} = 443 \text{ Hz}$$

Si les deux réponses ne concordent pas parfaitement, c'est que les données du problème font référence à une situation réelle où l'extrémité ouverte du tuyau ne correspond pas exactement à un ventre de déplacement. Une solution plus précise consisterait à utiliser le fait que la différence des

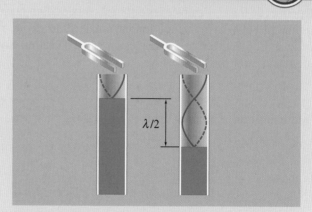

Figure 3.7 ▲

Un diapason en face de l'extrémité ouverte d'un tuyau. On fait varier la longueur de la colonne d'air en modifiant le niveau d'eau. Le mode fondamental pour une longueur donnée d'une colonne d'air a la même fréquence que le deuxième mode d'une longueur différente (supérieure d'une demi-longueur d'onde).

longueurs mesurées correspond exactement à une demi-longueur d'onde du son.■

Ainsi,

$$\lambda = 2(57,5 \text{ cm} - 18,9 \text{ cm}) = 77,2 \text{ cm}$$

et la fréquence du diapason vaut

$$f = \frac{v}{\lambda} = \frac{340 \text{ m/s}}{0,772 \text{ m}} = 440 \text{ Hz}$$

(Vous ne devrez pas vous préoccuper des corrections d'extrémités dans les exercices ni dans les problèmes, à moins que la question ne soit expressément posée.)

3.3 L'effet Doppler

En 1842, Christian Doppler (1803-1853) publia un article dans lequel il essayait d'établir un lien entre les couleurs des étoiles et leur mouvement. Cette corrélation était incorrecte, car elle ne tenait pas compte des effets de la relativité (voir la section 8.9). Cependant, il proposa d'appliquer son analyse à un phénomène similaire dans le cas des ondes sonores, analyse qui demeure considérée comme valable pour toutes les ondes *mécaniques* aujourd'hui. En 1845, Christophorus Buys Ballot (1817-1890) mit cette hypothèse à l'épreuve en disposant un groupe de musiciens à intervalles réguliers le long d'une voie de chemin de fer alors qu'un autre groupe se déplaçait à bord d'un wagon découvert. Il demanda à chacun des groupes d'estimer la hauteur des notes jouées à la trompette par l'autre groupe. En effet, plus la fréquence d'une onde sonore est élevée, plus le son est *aigu* à l'oreille. Ainsi, les musiciens étaient en mesure d'évaluer les fréquences des notes entendues et observèrent qu'elles ne correspondaient pas à celles des notes jouées !

Le phénomène par lequel la fréquence entendue est différente de la fréquence émise par la source meuble la vie quotidienne. Par exemple, lorsqu'une automobile passe rapidement devant nous en klaxonnant, la fréquence observée varie : elle semble plus élevée que la normale lorsque l'automobile approche et devient brusquement inférieure à la normale lorsque l'automobile s'éloigne. Ce phénomène se manifeste clairement lors du passage d'une voiture de course au bruyant moteur : le son étant aigu pendant l'approche de la voiture et plus grave pendant son éloignement, on entend un caractéristique « iiiii-onnnnn ». La disparité entre la fréquence entendue et la fréquence de vibration de la source lorsqu'il y a mouvement relatif entre la source et l'observateur est appelée **effet Doppler**.

Nous allons utiliser les symboles suivants pour désigner les modules des différentes vitesses : v = vitesse de propagation du son, v_S = module de la vitesse de la source et v_O = module de la vitesse de l'observateur. Toutes ces vitesses sont mesurées par rapport au sol et notre étude se limite aux situations pour lesquelles $v_S < v$ et $v_O < v$. On suppose que l'air est au repos par rapport au sol. Si la source et l'observateur sont au repos, la fréquence et la longueur d'onde ont leurs valeurs normales, f et λ, et la vitesse du son est alors

$$v = \lambda f$$

Si la source ou l'observateur est en mouvement, la fréquence observée est différente de la fréquence de vibration de la source et devient f'. La valeur de f' dépend de la vitesse de la source et de celle de l'observateur, et non de leur seul mouvement relatif. En effet, puisque la vitesse du son est mesurée par rapport à l'air, le milieu (l'air) sert de référentiel « absolu » qui nous permet de faire la distinction entre le mouvement de la source et le mouvement de l'observateur. Les raisonnements qui suivent se limitent aux effets entendus par l'observateur quand ce dernier et la source se déplacent le long d'une même droite.

(a) Source au repos, observateur en mouvement

Supposons que l'observateur O se déplace vers la source S à la vitesse $\vec{v}_O$ (figure 3.8). Le module de la vitesse des ondes sonores par rapport à O est $v' = v + v_O$, mais la longueur d'onde ne dépend que de la source et a donc sa valeur normale $\lambda = v/f$. La fréquence entendue par O est donc

$$f' = \frac{v'}{\lambda} = \frac{v + v_O}{v} f$$

Si O s'éloignait de S, la fréquence entendue par O serait $f' = [(v - v_O)/v]f$. En combinant ces deux expressions, on trouve

$$f' = \left(\frac{v \pm v_O}{v} \right) f \qquad (3.5)$$

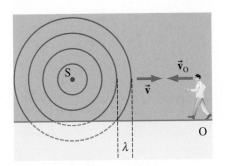

Figure 3.8 ▲

Une source immobile produit des ondes sphériques. Le module de la vitesse des ondes par rapport à l'observateur O, qui s'approche de la source, est $(v + v_O)$.

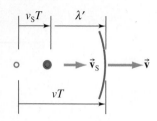

(a)

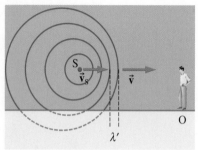

(b)

Figure 3.9 ▲

(a) En une période, la source parcourt $v_S T$, alors qu'un front d'onde parcourt vT, T étant la période propre de la source. La distance entre deux fronts d'onde, c'est-à-dire la longueur d'onde, est modifiée. *(b)* La longueur d'onde en avant de la source mobile est inférieure à la normale, alors qu'en arrière elle est supérieure à la normale.

(b) Source en mouvement, observateur au repos

Supposons que la source S se déplace vers O (figure 3.9*a*). Si S était au repos, la distance entre les fronts d'onde serait $\lambda = v/f = vT$. Mais, en une période, S parcourt une distance $v_S T$ avant d'émettre le front d'onde suivant. La longueur d'onde est donc modifiée (figure 3.9*b*). Juste en avant de S, la longueur d'onde effective (à la fois pour S et O) s'écrit

$$\lambda' = vT - v_S T = \frac{v - v_S}{f}$$

Le module de la vitesse des ondes sonores par rapport à O est simplement v; la fréquence entendue par O est donc

$$f' = \frac{v}{\lambda'} = \left(\frac{v}{v - v_S}\right) f$$

Si S s'éloignait de O, la longueur d'onde effective serait $\lambda' = (v + v_S)/f$ et la fréquence apparente serait $f' = vf/(v + v_S)$. En combinant ces deux résultats, on obtient

$$f' = \left(\frac{v}{v \pm v_S}\right) f \qquad (3.6)$$

Les quatre fréquences possibles prévues par les équations 3.5 et 3.6 peuvent être obtenues au moyen d'une seule équation. En remplaçant f dans une équation par f' tiré de l'autre équation, on obtient

Effet Doppler

$$f' = \left(\frac{v \pm v_O}{v \pm v_S}\right) f \qquad f(3.7)$$

Dans une situation donnée, les signes qui conviennent au numérateur et au dénominateur doivent être considérés *individuellement* :

- Quel que soit le mouvement de la source, le signe du numérateur ne dépend que du mouvement de l'observateur. Quand ce dernier se déplace à la rencontre de l'onde, ce qui a tendance à augmenter la fréquence entendue, on choisit le signe *positif* et vice versa.
- Quel que soit le mouvement de l'observateur, le signe du dénominateur ne dépend que du mouvement de la source. Quand cette dernière se déplace vers l'endroit où est situé l'observateur, ce qui a tendance à augmenter la fréquence entendue, on choisit le signe *négatif* et vice versa.

Notez que l'équation 3.7 peut donner plusieurs résultats différents pour une *même* vitesse relative entre l'observateur et la source. Il importe donc de toujours utiliser les vitesses de l'observateur et de la source mesurées par rapport à l'air (au sol) et *non* l'un par rapport à l'autre.

EXEMPLE 3.3

Une voiture de police roule à 50 m/s dans le même sens qu'un camion qui roule à 25 m/s. La sirène de la voiture de police a une fréquence de 1200 Hz. Quelle est la fréquence entendue par le chauffeur du camion lorsque la voiture de police se trouve (a) derrière le camion ; (b) devant le camion ? On suppose que le module de la vitesse du son est égal à 340 m/s.

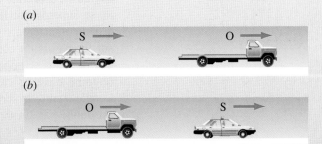

(a)

(b)

Figure 3.10 ▲

(a) Le mouvement de la source a tendance à augmenter la fréquence observée ; le mouvement de l'observateur a tendance à la diminuer. (b) Le mouvement de la source a tendance à diminuer la fréquence observée ; le mouvement de l'observateur a tendance à l'augmenter.

Solution

(a) À la figure 3.10a, le mouvement de l'observateur (camion) tend à l'éloigner de la source, ce qui fait diminuer la fréquence apparente. Dans l'équation 3.7, le signe figurant au numérateur est négatif. La source se déplace vers l'observateur, ce qui a tendance à augmenter la fréquence apparente. Le signe figurant au dénominateur est aussi négatif. ∎

On a donc

$$f' = \left(\frac{v - v_O}{v - v_S}\right) f$$

$$= \left(\frac{315 \text{ m/s}}{290 \text{ m/s}}\right) 1200 \text{ Hz} = 1303 \text{ Hz}$$

(b) À la figure 3.10b, le mouvement de l'observateur a tendance à augmenter la fréquence apparente, alors que celui de la source a tendance à la diminuer. Par conséquent,

$$f' = \left(\frac{v + v_O}{v + v_S}\right) f$$

$$= \left(\frac{365 \text{ m/s}}{390 \text{ m/s}}\right) 1200 \text{ Hz} = 1123 \text{ Hz}$$

EXEMPLE 3.4

Supposons que l'automobile et le camion de l'exemple 3.3 se déplacent l'un vers l'autre. Quelle est la fréquence entendue par le chauffeur du camion (a) lorsque l'automobile s'approche ; (b) une fois qu'elle a dépassé le camion ?

Solution

(a) Les mouvements de la source et de l'observateur ont tendance à augmenter la fréquence observée

$$f' = \left(\frac{v + v_O}{v - v_S}\right) f = \left(\frac{365}{290}\right)(1200) = 1510 \text{ Hz}$$

(b) Les mouvements de la source et de l'observateur ont tendance à diminuer la fréquence observée

$$f' = \left(\frac{v - v_O}{v + v_S}\right) f = \left(\frac{315}{390}\right)(1200) = 969 \text{ Hz}$$

Les ondes de choc supersoniques

Les équations 3.6 et 3.7 ne sont valables que lorsque le module de la vitesse de la source v_S est inférieur à celui du son v ; autrement, les équations donnent une valeur de f' négative, ce qui n'a pas de sens physique. Une source sonore se déplaçant plus rapidement que le son est néanmoins possible. Si on essaie de représenter les fronts d'onde comme à la figure 3.9, on s'aperçoit que le centre d'un front d'onde donné est à l'extérieur du front d'onde précédent ; l'ensemble des fronts d'onde forme un cône vers l'arrière de la source, tel qu'illustré à la figure 3.11 (voir aussi la première photographie du chapitre). Bien qu'il soit formé par la superposition des ondes sonores voyageant à la vitesse $\vec{v}$, le cône se déplace à la vitesse de la source $\vec{v}_S$.

Comparons les fronts d'onde de la figure 3.11 avec ceux de l'onde émise par une source à la vitesse plus faible (figure 3.8 ou 3.9). Dans le cas où la vitesse

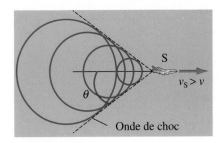

Figure 3.11 ▲

Les fronts d'onde émis par une source sonore S se déplaçant plus rapidement que le son forment un cône en arrière de la source.

est faible, les fronts d'onde se succèdent, alors que dans le cas de la figure 3.11, ils se superposent le long des parois du cône. Cette superposition des fronts d'onde (interférence constructive) entraîne une concentration de l'énergie sonore sur les parois du cône. Il y a formation d'une **onde de choc**, qui peut causer des dommages importants si l'intensité de la source sonore est assez élevée (comme c'est le cas pour les avions supersoniques). On peut montrer que l'angle θ entre la surface du cône de l'onde de choc et la trajectoire de la source est donné par $\sin \theta = v/v_S$ (voir l'exercice supplémentaire 54).

3.4 L'interférence dans le temps ; les battements

Lorsque deux ondes sinusoïdales progressives de fréquences légèrement différentes sont superposées, le principe de superposition linéaire prédit que la perturbation résultante varie périodiquement en amplitude. Dans le cas des ondes sonores, on entend alors des **battements**. Pour comprendre ce phénomène, utilisons l'équation 2.8. Bien que cette équation décrive le comportement des ondes sur les cordes, on peut considérer qu'elle s'applique à toute situation ondulatoire, y compris le son. Dans le cas du son, la variable y décrit tout aussi bien le mouvement longitudinal des molécules que le changement de pression. Considérons deux ondes voyageant vers la gauche et analysons la déformation y_T provenant de la superposition des deux ondes en $x = 0$. (Cette position $x = 0$ peut être visualisée, par exemple, comme la position du tympan de l'observateur.) Pour simplifier, nous supposons que les amplitudes sont égales et que les constantes de phase sont nulles. La fonction d'onde résultante s'écrit*

$$y_T = y_1 + y_2 = A \sin \omega_1 t + A \sin \omega_2 t$$

$$= 2A \cos\left[2\pi\left(\frac{f_1 - f_2}{2}\right)t\right] \sin\left[2\pi\left(\frac{f_1 + f_2}{2}\right)t\right]$$

où l'on a utilisé $\omega = 2\pi f$. La dernière égalité représente une fonction d'onde de fréquence $f_{moy} = (f_1 + f_2)/2$, dont l'amplitude est *modulée* à la fréquence $(f_1 - f_2)/2$. La figure 3.12 représente les fonctions y_1, y_2 et leur résultante y_T.

Figure 3.12 ▶

(a) La superposition de deux signaux sinusoïdaux de fréquences légèrement différentes. (b) Le signal résultant est sinusoïdal mais son amplitude (en pointillé) fluctue. La variation d'intensité est perçue sous forme de battements de fréquence $|f_1 - f_2|$.

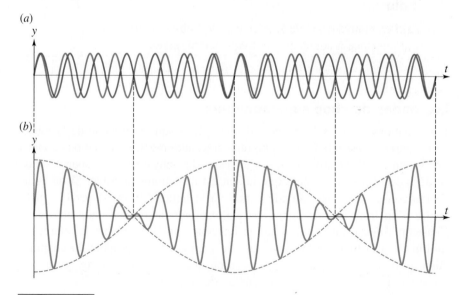

(a)

(b)

* On arrive à la dernière égalité en utilisant l'identité $\sin A + \sin B = 2 \sin[(A + B)/2] \cos[(A - B)/2]$.

Ainsi, dans le cas des ondes sonores lorsque deux tonalités de fréquences voisines f_1 et f_2 sont émises simultanément, on entend la fréquence moyenne, f_{moy}, mais son intensité varie à la *fréquence de battements* :

Fréquence de battements

$$f_{\text{bat}} = |f_1 - f_2| \qquad (3.8)$$

Notre oreille perçoit chaque maximum de l'enveloppe (en pointillé), de sorte que la fréquence de battements n'est pas égale à $|f_1 - f_2|/2$, comme pourrait nous le faire croire le facteur $\cos[2\pi(f_1 - f_2)t/2]$. En effet, *deux* de ces maximums se produisent chaque fois que ce facteur cosinus complète un de ses cycles.

Les battements peuvent servir à accorder les instruments de musique. Par exemple, un accordeur de piano commence habituellement par la note *la* (440 Hz) en faisant vibrer simultanément la corde *la* du piano et un diapason émettant un son à 440 Hz. Si la corde n'émet pas exactement 440 Hz, l'accordeur entendra des battements. Plus l'ajustement est précis, plus la fréquence des battements est faible (plus les battements sont espacés dans le temps). Lorsque l'accordeur ne perçoit plus de battements, il peut considérer que la corde est correctement ajustée. Une fois cette première corde ajustée, il ajuste les autres cordes « par oreille ».

Le phénomène des battements ne se limite pas aux ondes mécaniques. Lorsque des signaux radar sont réfléchis par une cible mobile, une automobile roulant sur l'autoroute par exemple, la fréquence de l'onde réfléchie subit une variation conformément à l'effet Doppler. Lorsque l'onde réfléchie se combine à l'onde incidente, la fréquence de battements permet de déterminer la vitesse de la cible mobile (l'effet Doppler pour les ondes électromagnétiques, comme la lumière et les signaux radar, est étudié à la section 8.9).

PA *La figure animée III-2,* **Superposition d'ondes**, illustre le phénomène des battements. Dans le menu **Scénarios**, sélectionnez **Battements**. Voir le Compagnon Web : www.erpi.com/benson.cw.

3.5 L'intensité du son

Par définition, l'**intensité** I d'une onde, qu'elle soit sonore ou autre, est l'énergie incidente par seconde et par unité d'aire normale à la direction de propagation.

Définition de l'intensité

$$I = \frac{\text{puissance}}{\text{aire}} = \frac{P}{A} \qquad (3.9)$$

L'unité SI d'intensité est le W/m^2.

Dans le cas particulier des ondes émises par une source ponctuelle, l'énergie rayonnée se propage uniformément sur des fronts d'onde qui sont des surfaces sphériques (figure 3.13). L'aire de la surface d'une sphère de rayon r étant égale à $4\pi r^2$, l'intensité à la distance r d'une source ponctuelle de puissance P est

Figure 3.13 ▲
L'énergie émise par une source ponctuelle S se propage sur des fronts d'onde sphériques d'aire $4\pi r^2$. L'intensité des ondes décroît selon $I \propto 1/r^2$.

> **Intensité due à une source ponctuelle**
>
> $$I = \frac{P}{4\pi r^2} \qquad (3.10)$$

Autrement dit, $I \propto 1/r^2$; l'intensité décroît selon l'inverse du carré de la distance à la source ponctuelle.

Cela se vérifie facilement de façon expérimentale : lorsqu'un observateur est situé plus loin d'une source sonore, moins de puissance parvient à son oreille que lorsqu'il est situé plus près, même si la puissance émise est la même. L'énergie étant conservée, elle se « dilue » sur une surface de plus en plus grande quand cette distance croît.

L'échelle des décibels

Le **seuil d'audibilité** d'une oreille normale, c'est-à-dire l'intensité du son le moins fort qu'elle est capable de percevoir, est de 10^{-12} W/m². En revanche, le **seuil de sensation douloureuse** correspond à une intensité de l'ordre de 1 W/m² (certains concerts de musique rock s'approchent dangereusement de cette limite !). Comme l'intensité varie d'un facteur énorme de 10^{12} entre ces deux extrêmes, il est commode de mesurer l'intensité d'un son à l'aide de l'échelle logarithmique des **décibels**, qui est définie par la relation

> **Échelle des décibels**
>
> $$\beta = 10 \log\frac{I}{I_0} \qquad (3.11)$$

où I est l'intensité mesurée et I_0 est une valeur de référence. Si l'on prend I_0 égal à 10^{-12} W/m², le seuil d'audibilité correspond à $\beta = 10 \log 1 = 0$ dB. Au seuil de sensation douloureuse, qui correspond à 1 W/m², on a

$$\beta = 10 \log\left(\frac{1 \text{ W/m}^2}{10^{-12} \text{ W/m}^2}\right) = 120 \text{ dB}$$

Tableau 3.1 ▼
Intensités sonores β (dB)

Seuil d'audibilité	0
Bruissement de feuilles	10
Corridor calme	25
Bureau	60
Conversation	60
Circulation intense (à 3 m)	80
Musique classique forte	95
Musique rock forte	120
Réacteur d'avion (à 20 m)	130

Une liste des intensités sonores en décibels de sources diverses est donnée au tableau 3.1.

Il est intéressant de remarquer que l'écart de 10^{12} existant entre l'intensité qui correspond au seuil d'audibilité et celle qui correspond au seuil de sensation douloureuse ne se traduit pas par un écart comparable sur le plan de la *perception subjective* de l'intensité du son. Des expériences, réalisées pour la première fois par Alexander Graham Bell (1847-1922), ont montré que, lorsque l'intensité réelle d'un son est multipliée par 10, l'intensité perçue ne fait que doubler. Ainsi, à une distance égale entre deux chaînes stéréo, l'une émettant 15 W de puissance sonore et l'autre en émettant 150 W, le son provenant de la chaîne la plus puissante paraîtra seulement deux fois plus intense « à l'oreille », bien qu'en réalité l'énergie véhiculée par les ondes sonores qu'elle émet soit dix fois plus élevée. En d'autres termes, chaque fois que le nombre de décibels augmente de 10, l'intensité perçue double.

EXEMPLE 3.5

Le son émis par une source atteint un point donné dans l'espace avec une intensité I_1. Quelle est l'augmentation du nombre de décibels perçus au même point si on ajoute une deuxième source identique à côté de la première ?

Solution

Si les intensités initiale et finale sont I_1 et I_2, on a

$$\beta_1 = 10 \log \frac{I_1}{I_0} \; ; \quad \beta_2 = 10 \log \frac{I_2}{I_0}$$

La différence de ces valeurs est [on rappelle que $\log(A/B) = \log A - \log B$] :

$$\beta_2 - \beta_1 = 10 \log \frac{I_2}{I_1}$$

Puisque I_2 est causée par les deux sources ensemble, $I_2 = 2I_1$, d'où

$$\beta_2 - \beta_1 = 10 \log 2 = 3 \text{ dB}$$

Par conséquent, doubler l'intensité correspond à une augmentation de 3 dB. La plus petite variation de niveau qui peut être détectée par l'oreille humaine est voisine de 1 dB.

EXEMPLE 3.6

Un haut-parleur a une puissance de 0,8 W. On suppose qu'il se comporte comme une source ponctuelle émettant uniformément dans toutes les directions. À quelle distance de ce haut-parleur l'intensité du son correspond-elle à 85 dB ?

Solution

D'après l'équation 3.10, on sait que l'intensité des ondes sonores provenant d'une source ponctuelle décroît selon l'inverse du carré de la distance r, c'est-à-dire :

$$I = \frac{P}{4\pi r^2} \qquad \text{(i)}$$

On doit d'abord déterminer l'intensité correspondant à 85 dB :

$$85 = 10 \log \frac{I}{I_0}$$

On a donc $\log I/I_0 = 8,5$, ou

$$I = 10^{-12} \times 10^{8,5} = 10^{-3,5} \qquad \text{(ii)}$$
$$= 3,16 \times 10^{-4} \text{ W/m}^2$$

À l'aide des équations (ii) et (i), on trouve

$$r^2 = \frac{P}{4\pi I}$$
$$= \frac{(0,8 \text{ W})}{4(3,14)(3,17 \times 10^{-4} \text{ W/m}^2)} = 201 \text{ m}^2$$

Ainsi, $r = 14,2$ m.

EXEMPLE 3.7

La puissance de sortie d'un amplificateur vaut 50 W à 1 kHz et décroît de 1,5 dB à basse fréquence. Quelle est sa puissance de sortie à basse fréquence ?

Solution

Puisque l'intensité et la puissance sont proportionnelles, on peut écrire l'équation 3.11 en terme de puissance : $\beta = 10 \log(P/P_0)$. ■

On aura donc :

$$\beta_1 = 10 \log(P_1/P_0) \; ; \quad \beta_2 = 10 \log(P_2/P_0)$$

d'où

$$\beta_2 - \beta_1 = 10 \log(P_2/P_1)$$

(voir l'exemple 3.5). Ici, $P_1 = 50$ W et $\beta_2 - \beta_1 = -1,5$ dB, d'où

$$-1,5 = 10 \log(P_2/50 \text{ W})$$

On trouve $P_2 = (10^{-0,15}) \, 50 \text{ W} = 35,4 \text{ W}$.

3.6 Ondes sonores : notions avancées

La vitesse des ondes longitudinales dans un fluide

Nous allons maintenant calculer la vitesse de propagation d'une onde longitudinale dans un fluide en appliquant la deuxième loi de Newton au mouvement d'un petit élément de fluide afin d'établir l'équation d'onde. Pour des raisons pratiques, nous supposons que le fluide est enfermé dans un tube dont la section transversale a une aire A (figure 3.14) et que l'onde se propage donc selon une seule dimension. Sous l'action de cette onde, un élément d'épaisseur Δx situé au point x se déplace jusqu'à la nouvelle position $x + s$ et son épaisseur devient $\Delta x + \Delta s$. On suppose que la pression d'équilibre du fluide est P_0. À cause de la perturbation, la pression devient $(P_0 + p_1)$ du côté gauche de l'élément et $(P_0 + p_2)$ du côté droit. Soulignons que p_1 et p_2 sont les *variations* de pression causées par l'impulsion. Si ρ est la masse volumique du fluide à l'équilibre, la masse de l'élément est $\rho A \Delta x$. (La masse de l'élément ne varie pas lorsqu'il se déplace, bien que son volume et sa masse volumique varient.) La force résultante agissant sur l'élément est $F_x = (p_1 - p_2)A$ et son accélération est $a_x = \partial^2 s / \partial t^2$. La deuxième loi de Newton appliquée au mouvement de l'élément donne donc

$$(p_1 - p_2)A = \rho A \Delta x \frac{\partial^2 s}{\partial t^2} \qquad (3.12)$$

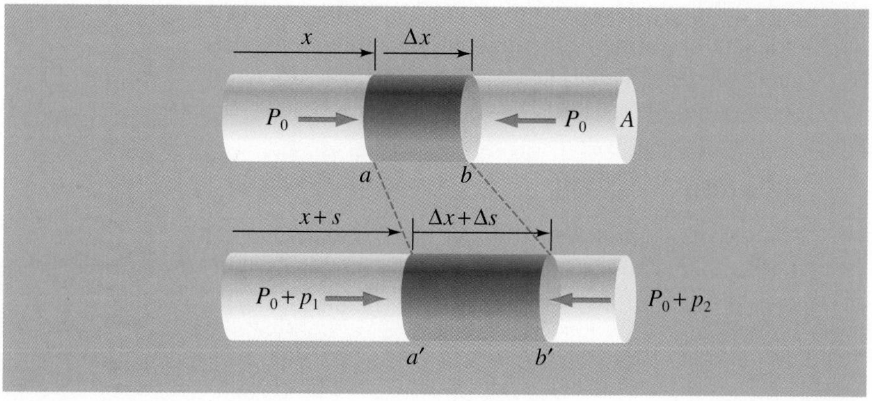

Figure 3.14 ▶

Sous l'influence d'une impulsion longitudinale, un élément de longueur Δx au point x subit un déplacement jusqu'à une nouvelle position $x + s$ et sa longueur devient $\Delta x + \Delta s$. On remarque que p est la *variation* de la pression par rapport à la valeur d'équilibre P_0.

On divise ensuite les deux membres par Δx et on remarque que, à la limite, quand $\Delta x \to 0$, on a $(p_2 - p_1)/\Delta x \to \partial p / \partial x$. L'équation 3.12 devient alors

$$-\frac{\partial p}{\partial x} = \rho \frac{\partial^2 s}{\partial t^2} \qquad (3.13)$$

Dans les circonstances où la pression varie très peu sous l'effet du passage de l'onde, on peut établir la relation entre la variation de pression p et le déplacement s à l'aide du module de compressibilité K défini à l'équation 3.2b, $K = -\Delta P/(\Delta V/V)$, la variation de pression p correspondant au terme ΔP dans la définition de K. Pour l'élément de la figure 3.14, $V = A\Delta x$ et $\Delta V = A\Delta s$; par conséquent, $\Delta V/V = \Delta s/\Delta x$. À la limite, quand $\Delta x \to 0$, on peut écrire

$$p = -K\frac{\partial s}{\partial x} \qquad (3.14)$$

En utilisant cette valeur dans l'équation 3.13, on obtient l'équation d'onde :

$$\frac{\partial^2 s}{\partial x^2} = \frac{\rho}{K}\frac{\partial^2 s}{\partial t^2} \qquad (3.15)$$

En comparant avec l'équation d'onde établie au chapitre précédent (équation 2.15), on voit que le module de la vitesse de propagation de l'onde est

$$\text{(fluide)} \qquad v = \sqrt{\frac{K}{\rho}} \qquad (3.16)$$

Cette valeur correspond au module de la vitesse de propagation des ondes longitudinales dans un gaz ou dans un liquide.

Amplitude de déplacement et amplitude de pression

Il est bon de relier l'amplitude des variations de déplacement à l'amplitude des variations de pression. Pour une onde sinusoïdale progressive, le déplacement est donné par

$$s = s_0 \sin(kx - \omega t) \qquad (3.17)$$

D'après l'équation 3.14, on a donc

$$\begin{aligned} p &= -Kks_0 \cos(kx - \omega t) \\ &= -p_0 \cos(kx - \omega t) \end{aligned} \qquad (3.18)$$

Puisque $k = \omega/v$ et $K = \rho v^2$, on obtient une expression pour p_0, la valeur maximale de la variation de pression,

$$p_0 = \rho \omega v s_0 \qquad (3.19)$$

En comparant l'équation 3.17 avec l'équation 3.18, on constate que s et p sont déphasés de $\pi/2$. Cette caractéristique a été établie qualitativement pour les ondes sonores à la section 3.1 (voir la figure 3.2, p. 77).

Puissance et intensité

Considérons une onde sonore sinusoïdale se propageant le long d'un tube dont la section transversale a une aire A (figure 3.15). La grandeur p est la variation de pression causée par l'onde et $\partial s/\partial t$ est la composante de vitesse d'un élément du fluide selon l'axe du piston. La puissance instantanée fournie par l'onde à l'élément est

$$P = \vec{\mathbf{F}} \cdot \vec{\mathbf{v}} = F_x v_x = pA\frac{\partial s}{\partial t}$$

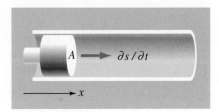

Figure 3.15 ▲
Le mouvement d'un piston, ou une impulsion longitudinale, produit une variation de la pression p d'un côté d'un élément d'air. La vitesse de l'élément est $\partial s/\partial t$.

En utilisant l'équation 3.17 et l'équation 3.18, on obtient

$$P = p_0 A \omega s_0 \cos^2(kx - \omega t)$$

En un point quelconque, par exemple $x = 0$, la moyenne de $\cos^2 \omega t$ sur une période est égale à $\frac{1}{2}$; la puissance moyenne transmise par l'onde est donc

$$P_{\text{moy}} = \tfrac{1}{2} \rho A (\omega s_0)^2 v \qquad (3.20)$$

où l'on a utilisé l'équation 3.19. On remarque que cette expression a la même forme que l'équation 2.16 donnant la puissance transmise par une onde sur une corde. Puisque $I = P/A$, on trouve

$$I_{\text{moy}} = \tfrac{1}{2} \rho (\omega s_0)^2 v \qquad (3.21)$$

En remplaçant s_0 dans l'équation 3.20 par l'expression $s_0 = p_0/\rho\omega v$ tirée de l'équation 3.19, on obtient l'intensité moyenne d'une onde sonore :

$$I_{\text{moy}} = \frac{p_0^2}{2\rho v} \qquad (3.22)$$

Exprimée en fonction de p_0, l'intensité est proportionnelle au carré de l'amplitude de la variation de la pression et elle est indépendante de la fréquence.

EXEMPLE 3.8

À 1 kHz, l'intensité audible minimale, ou seuil d'audibilité, est de 10^{-12} W/m², alors que l'intensité maximale tolérable sans douleur, ou seuil de sensation douloureuse, est de 1 W/m². Calculer les amplitudes de la variation de pression et du déplacement pour (a) le seuil d'audibilité ; (b) le seuil de sensation douloureuse. La masse volumique de l'air est de 1,29 kg/m³ et le module de la vitesse du son est de 340 m/s.

Solution

D'après l'équation 3.22, le carré de l'amplitude de la variation de la pression est

$$p_0^2 = 2\rho v I_{\text{moy}} \qquad \text{(i)}$$

On peut déterminer l'amplitude du déplacement à partir de l'équation 3.19, $p_0 = \rho\omega v s_0$, où $\omega = 2\pi f$ = 6280 rad/s.

(a) D'après (i), on a

$$p_0^2 = 2(1{,}29 \text{ kg/m}^3)(340 \text{ m/s})(10^{-12} \text{ W/m}^2)$$
$$= 877 \times 10^{-12} \text{ Pa}^2$$

Donc, $p_0 = 2{,}96 \times 10^{-5}$ Pa. (Notez que ce changement de pression est très inférieur à la pression atmosphérique normale de 101,3 kPa.) L'amplitude de déplacement est égale à

$$s_0 = \frac{p_0}{\rho\omega v} = \frac{2{,}96 \times 10^{-5} \text{ Pa}}{(1{,}29 \text{ kg/m}^3)(6280 \text{ rad/s})(340 \text{ m/s})}$$
$$= 1{,}07 \times 10^{-11} \text{ m}$$

Ce résultat est surprenant si on le compare à la taille d'un atome, voisine de 10^{-10} m ! Si l'oreille humaine était un peu plus sensible, on entendrait le sang couler dans nos veines.

(b) $p_0^2 = 2(1{,}29 \text{ kg/m}^3)(340 \text{ m/s})(1 \text{ W/m}^2)$, d'où l'on tire $p_0 = 29{,}6$ Pa. (Ce n'est encore qu'une petite fraction de la pression à l'équilibre.) De cette valeur de p_0, on déduit $s_0 = 1{,}07 \times 10^{-5}$ m.

3.7 Les séries de Fourier

Les fonctions d'onde sinusoïdale que nous avons employées jusqu'à présent sont rarement rencontrées dans la pratique. Les variations de pression dues à la vibration d'un diapason (figure 3.16a) créent une onde presque purement sinusoïdale, mais en général les fonctions d'onde périodiques ont des formes complexes. La figure 3.16b représente les variations de pression correspondant à un instrument de musique qui joue une note de même fréquence fondamentale que le diapason. Les deux sons ont la même hauteur apparente, mais l'instrument donne un son plus « riche » et peut-être plus agréable. Cela est dû au fait que la fonction d'onde résulte de la superposition d'un grand nombre d'ondes sinusoïdales d'amplitudes et de fréquences diverses. En 1807, Joseph Fourier (1768-1830) montra que toute fonction périodique de comportement à peu près normal peut être engendrée par la superposition d'un nombre suffisant de fonctions sinus ou cosinus. Selon le *théorème de Fourier*, la fonction est représentée par la somme infinie

$$F(t) = \sum_{n=1}^{\infty} (a_n \sin n\omega t + b_n \cos n\omega t) \qquad (3.23)$$

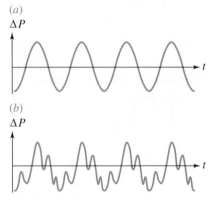

(a)
ΔP

(b)
ΔP

Figure 3.16 ▲

(a) Un diapason produit une variation sinusoïdale de pression. (b) Une variation de la pression hypothétique produite par un instrument de musique.

où $\omega = 2\pi/T = 2\pi f$. En d'autres termes, cette équation décompose la fonction en ses diverses composantes harmoniques dont les fréquences sont des multiples entiers de sa fréquence fondamentale f. Les coefficients de Fourier a_n et b_n indiquent l'amplitude du $n^{\text{ième}}$ harmonique. La méthode par laquelle on détermine ces coefficients est appelée *analyse de Fourier*.

Considérons la fonction périodique représentée à la figure 3.17. C'est une fonction carrée, telle que $F(t) = +A$ entre $t = 0$ et $t = T/2$, et $F(t) = -A$ entre $t = T/2$ et $t = T$. Cette fonction a pour période T. (Si la fonction était périodique dans l'espace, la période aurait pour symbole L ou λ.) On peut démontrer que

$$F(t) = \frac{4A}{\pi}\left(\sin \omega t + \frac{1}{3} \sin 3\omega t + \frac{1}{5} \sin 5\omega t + \dots \right)$$

Ce cas particulier ne fait intervenir que des fonctions sinus ; de plus, seuls les harmoniques impairs sont présents. Les trois premiers termes harmoniques sont dessinés à la figure 3.18, chacun avec l'amplitude appropriée. Lorsqu'on les superpose (figure 3.19a), on constate qu'il suffit de trois termes pour obtenir une assez bonne représentation de $F(t)$. La figure 3.19b illustre la représentation obtenue avec 10 termes.

Il est utile de présenter les résultats de l'analyse de Fourier d'une fonction au moyen de son *spectre harmonique*, dans lequel les amplitudes relatives des composantes harmoniques sont représentées. Par exemple, la figure 3.20a représente le signal produit par un diapason, qui a une seule composante harmonique, le fondamental. L'onde carrée mentionnée plus haut a seulement des harmoniques impairs dont l'amplitude décroît de façon monotone au fur et à mesure que la fréquence augmente (figure 3.20b). Une note jouée par un instrument de musique a en général une structure harmonique complexe (figure 3.20c). On peut facilement faire la distinction entre deux instruments qui jouent la même note, par exemple une guitare et un piano, grâce à leurs structures harmoniques différentes.

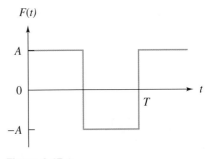

Figure 3.17 ▲

Le signal d'une « onde carrée » de période T.

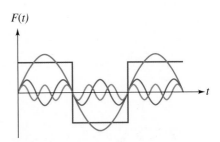

Figure 3.18 ▲

Trois des signaux servant à synthétiser une onde carrée.

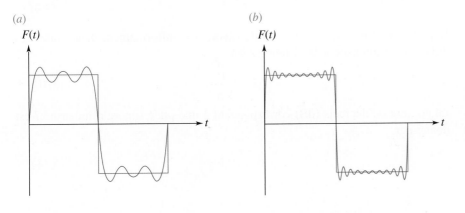

Figure 3.19 ◄

(a) La résultante des trois signaux de la figure 3.18. (b) Lorsqu'on superpose les 10 premiers termes de la série de Fourier, la résultante obtenue ressemble davantage à une onde carrée.

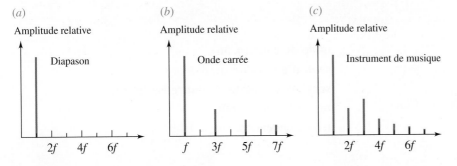

Figure 3.20 ◄

Spectre sonore représenté par les composantes harmoniques du signal initial. Dans les trois cas, le signal possède la même fréquence fondamentale f. (a) Un diapason a une seule composante harmonique. (b) Les composantes de Fourier d'une onde carrée. (c) Les composantes harmoniques d'un instrument de musique hypothétique.

Les ondes sonores dans l'air correspondent à des oscillations longitudinales des molécules. Ces ondes sont caractérisées par des variations de pression ou de densité. Une onde sonore de fréquence plus élevée paraît plus aiguë à l'oreille, alors qu'une onde sonore d'intensité plus élevée paraît plus intense à l'oreille.

Les fréquences de résonance d'une colonne d'air dans un tuyau de longueur L sont

(tuyau fermé)
$$f_n = \frac{nv}{4L}$$
$(n = 1, 3, 5, \dots)$ (3.3)

(tuyau ouvert)
$$f_n = \frac{nv}{2L}$$
$(n = 1, 2, 3, \dots)$ (3.4)

La disparité entre la fréquence entendue et la fréquence de vibration de la source en cas de mouvement relatif entre la source sonore et l'observateur est appelée effet Doppler. La fréquence observée f' est reliée à la fréquence émise f par

$$f' = \left(\frac{v \pm v_O}{v \pm v_S}\right) f$$
(3.7)

où v est le module de la vitesse de propagation du son, v_O est le module de la vitesse de l'observateur et v_S est le module de la vitesse de la source. On détermine les signes en examinant *individuellement* le comportement de l'observateur (signe du numérateur) et celui de la source (signe du dénominateur).

Lorsque deux ondes sonores de fréquences légèrement différentes f_1 et f_2 sont superposées, on entend la fréquence moyenne $f_{moy} = (f_1 + f_2)/2$, mais son intensité varie à la fréquence de battements donnée par

$$f_{bat} = |f_1 - f_2|$$
(3.8)

L'intensité I d'une onde est par définition la puissance incidente par unité d'aire,

$$I = \frac{P}{A}$$
(3.9)

Dans le cas d'une source ponctuelle rayonnant uniformément dans toutes les directions, l'intensité à la distance r est

$$I = \frac{P}{4\pi r^2}$$
(3.10)

Le nombre de décibels (dB) correspondant à une onde sonore d'indensité I est donné par

$$\beta = 10 \log\frac{I}{I_0}$$
(3.11)

TERMES IMPORTANTS

battements (p. 86)

décibel (p. 88)

effet Doppler (p. 83)

front d'onde (p. 78)

intensité (p. 87)

onde de choc (p. 86)

seuil d'audibilité (p. 88)

seuil de sensation douloureuse (p. 88)

tuyau fermé (p. 80)

tuyau ouvert (p. 80)

R1. Quelles sont les limites des fréquences audibles pour l'oreille humaine ?

R2. Dans une onde sonore, que vaut la différence de phase entre les fluctuations de pression et les fluctuations de position (déplacement) ?

R3. Vrai ou faux ? Dans une onde sonore, les endroits où la pression est maximale correspondent aux endroits où les molécules d'air se déplacent le plus rapidement.

R4. Par quel facteur doit-on multiplier la température (en kelvins) pour doubler le module de la vitesse du son ?

R5. Complétez. L'extrémité ouverte d'un tuyau est un _____ de déplacement et un _____ de pression ; l'extrémité fermée d'un tuyau est un _____ de déplacement et un _____ de pression.

R6. Représentez par des dessins les variations de déplacement pour les trois premiers modes de résonance : (a) d'un tuyau ouvert ; (b) d'un tuyau fermé (indiquez quelle est l'extrémité ouverte et quelle est l'extrémité fermée).

R7. Quelle est la différence entre « harmonique » et « mode » ? Illustrez cette différence à l'aide d'un exemple.

R8. Vrai ou faux ? La fréquence d'une onde sonore est la même pour un observateur en mouvement par rapport à l'air que pour un observateur au repos.

R9. Vrai ou faux ? La vitesse d'une onde sonore est la même pour un observateur en mouvement par rapport à l'air que pour un observateur au repos.

R10. Vrai ou faux ? La longueur d'onde d'un son est la même pour un observateur en mouvement par rapport à l'air que pour un observateur au repos.

R11. Vrai ou faux ? La vitesse d'une source sonore affecte la vitesse du son qu'elle émet.

R12. Vrai ou faux ? Dans l'équation 3.7, si le signe est positif au numérateur, alors le signe doit nécessairement être négatif au dénominateur.

R13. Comment peut-on s'y prendre pour accorder une touche de piano à l'aide d'un diapason ?

R14. Quelle est l'intensité (en watts par mètre carré et en décibels) correspondant au seuil d'audibilité ; au seuil de la douleur ?

R15. Comment se traduit, en termes de décibels, la multiplication de l'intensité d'une source sonore par 10 ; par 100 ?

Q1. Le module de la vitesse du son dans la gamme des fréquences audibles dépend-il de la longueur d'onde ? Sur quoi s'appuie votre réponse ?

Q2. Si la température varie pendant un concert en plein air, peut-on s'attendre à ce que les instruments se désaccordent ?

Q3. Est-il possible de mesurer la température à l'aide des vibrations d'un diapason ?

Q4. Supposons que l'intervalle entre un éclair et le coup de tonnerre correspondant soit de T secondes. L'éloignement (en kilomètres) de l'éclair est approximativement égal à $T/3$. Expliquez pourquoi.

Q5. L'intensité des ondes sonores émises par une source ponctuelle diminue avec la distance un peu plus rapidement que ne le prédit la loi de l'inverse du carré. Quelle en est la raison ?

Q6. Deux ondes sonores ont des amplitudes de pression égale, mais la fréquence de la première est le double de celle de la seconde, c'est-à-dire $f_1 = 2f_2$. Comparez (a) les amplitudes des déplacements ; (b) les intensités.

Q7. À quoi sert la partie évasée au bout d'une trompette ou d'un cor ?

Q8. Pourquoi votre voix produit-elle plus d'effet lorsque vous chantez dans la douche ? L'effet produit dépend-il de la position de votre bouche par rapport aux murs ou au plafond ?

Q9. On peut faire « chanter » un verre en cristal assez fin en frottant un doigt humide sur le pourtour. Pourquoi cela se produit-il ?

Q10. Dans certains sous-marins, les plongeurs travaillent dans une atmosphère où l'hélium remplace l'azote de l'air ordinaire. Pourquoi la fréquence de leur voix est-elle anormalement élevée ?

Q11. On donne une première onde sonore de fréquence f et d'amplitude de déplacement s_0 et une deuxième onde, ayant la moitié de la fréquence et le double de l'amplitude de la première. Comparez leurs intensités.

EXERCICES

Voir l'avant-propos pour la signification des icônes SÉRIE CLIPS

Sauf indication contraire, on considérera que le module de la vitesse de propagation du son dans l'air est égal à 340 m/s et que la masse volumique de l'air est de 1,29 kg/m³.

3.1 Nature des ondes sonores

E1. (I) Les chauves-souris émettent des sons de haute fréquence pour situer les objets qui les entourent. La fréquence la plus élevée émise par une chauve-souris est égale à 10^5 Hz. Quelle est la longueur d'onde de ce signal ?

E2. (I) Les chiens peuvent entendre des sons de fréquence aussi élevée que 35 000 Hz. Quelle est la longueur d'onde d'une telle onde ?

E3. (I) Pour un examen médical aux ultrasons, on utilise des ondes de 4 MHz. Si le module de la vitesse du son dans les tissus vaut 1500 m/s, quelle en est la longueur d'onde ?

E4. (I) Une explosion a lieu sur un bateau. Le détecteur sonar d'un navire capte le signal 3,2 s avant que le son ne soit perçu par les marins qui sont sur le pont de ce navire. À quelle distance du navire se trouve le bateau ? Le module de la vitesse du son dans l'eau est de 1500 m/s.

E5. (I) (a) Calculez le module de la vitesse des ondes sonores dans le mercure liquide, dont le module de compressibilité vaut $2,8 \times 10^{10}$ N/m², et la masse volumique, 13,6 g/cm³. (b) Quelle serait la longueur d'onde d'une onde sonore de 1000 Hz dans le mercure ?

E6. (I) Calculez le module de la vitesse du son dans les gaz suivants à 0 °C et sous une pression de 1 atm : (a) l'oxygène, dont le module de compressibilité vaut $1,41 \times 10^5$ N/m², et la masse volumique, 1,43 kg/m³ ; (b) l'hélium, dont le module de compressibilité vaut $1,70 \times 10^5$ N/m² et la masse volumique 0,18 kg/m³.

E7. (I) Le module de la vitesse des ondes longitudinales le long d'une tige est donné par

$$v = \sqrt{\frac{E}{\rho}}$$

où E est le module de Young. Calculez le module de la vitesse du son dans une tige d'acier pour lequel $E = 2 \times 10^{11}$ N/m² et $\rho = 7,8$ g/cm³.

E8. (I) Le module de la vitesse des ondes longitudinales dans un tuyau de plomb est égal à 1320 m/s. On considère une série de tuyaux de plomb raccordés de longueur totale 100 m. Si l'on frappe un coup de marteau à une extrémité, pourquoi entend-on deux coups à l'autre extrémité ? Estimez l'intervalle de temps entre la réception de chacun des deux signaux sonores.

E9. (I) Le module de la vitesse des ondes transversales dans un solide de grandes dimensions est donné par

$$v = \sqrt{\frac{G}{\rho}}$$

où G est le module de rigidité. Calculez le module de la vitesse de ces ondes dans l'aluminium, pour lequel $G = 2,5 \times 10^{10}$ N/m² et $\rho = 2,7$ g/cm³.

E10. (I) Le module de la vitesse des ondes longitudinales dans un solide de grandes dimensions est donné par

$$v = \sqrt{\frac{K + G/3}{\rho}}$$

où K est le module de compressibilité et G est le module de rigidité. Calculez le module de la vitesse de ces ondes dans le cuivre, pour lequel $K = 1,4 \times 10^{11}$ N/m² et $G = 4,2 \times 10^{10}$ N/m². La masse volumique du cuivre est de 8,92 g/cm³.

E11. (II) Montrez que pour une onde longitudinale dans un fluide la variation de pression p est liée au déplacement s par la relation $p = (K/v)(\partial s/\partial t)$, où K est le module de compressibilité et v est le module de la vitesse de l'onde.

3.2 Ondes sonores stationnaires résonantes

E12. (I) La variation de pression dans une onde sonore stationnaire est de la forme

$$p(x, t) = 4 \sin(5,3x) \cos(1800t)$$

où p est en pascals, x en mètres et t en secondes. Écrivez les fonctions d'onde pour les deux ondes produisant cette onde stationnaire.

E13. (I) On place un diapason de fréquence 440 Hz à l'extrémité ouverte d'un tube (figure 3.7, p. 82). Si l'on fait baisser le niveau d'eau, quelles sont les première et deuxième longueurs auxquelles la colonne d'air résonne (on néglige les corrections d'extrémités) ?

E14. (II) Les fréquences fondamentales pour divers tuyaux ouverts sont données dans le tableau suivant :

L (cm) :	18	35	52	76
f (Hz) :	944	472	321	221

où L est la longueur mesuré. Tracez un graphique pour déterminer la vitesse du son.

E15. (II) Le deuxième harmonique d'une corde de longueur 60 cm et de densité de masse linéique 1,2 g/m a la même fréquence que le troisième harmonique d'un tuyau fermé de longueur 1 m. Trouvez la tension de la corde.

E16. (II) Une sirène à air est constituée d'un disque percé de 40 trous régulièrement espacés sur la circonférence. L'air sortant d'un petit bec est soufflé dans les trous, le disque tournant à 1200 tr/min. (a) Quelle est la fréquence entendue ? (b) S'agit-il d'un son aussi « pur » que le son produit par un diapason ? Expliquez.

E17. (I) Un tuyau ouvert, étroit et rectiligne, a une longueur de 20 m. Estimez les fréquences des trois premiers modes d'oscillation.

E18. (I) Un tuyau a une fréquence fondamentale de 1 kHz à 20°C. Que vaut cette fréquence à 10°C ? (*Remarque* : Le module de la vitesse du son dans l'air varie selon $v \approx 20\sqrt{T}$, T étant exprimée en kelvins.) On suppose que la longueur ne varie pas.

E19. (I) Une flûte (que l'on assimile à un tuyau ouvert aux deux extrémités) a une longueur de 60 cm. (a) Quelle est la fréquence fondamentale lorsque tous les trous (autres que les extrémités) sont fermés ? (b) À quelle distance de l'embouchure doit-on ouvrir un trou pour que la fréquence fondamentale soit de 330 Hz ?

E20. (I) (a) Quelle est la longueur d'un tuyau d'orgue fermé de fréquence fondamentale 25 Hz ? (b) Quelle est la longueur d'un tuyau d'orgue ouvert de fréquence fondamentale 500 Hz ?

E21. (I) La vitesse du son varie avec la température : à 20°C, son module vaut 344 m/s, alors qu'à 5°C il vaut 335 m/s. On donne un tuyau ouvert de longueur 30 cm. De combien varie sa fréquence fondamentale lorsque la température passe de 20 à 5°C ? On suppose que la longueur ne varie pas.

3.3 et 3.4 Effet Doppler ; battements

E22. (I) La sirène d'une voiture de police a une fréquence de 1200 Hz. Quelle est la fréquence entendue par un observateur immobile si la voiture roule à 108 km/h (a) vers l'observateur ; (b) en s'éloignant de l'observateur ?

E23. (I) Un camion roulant à 25 m/s émet à une fréquence de 400 Hz. Déterminez la longueur d'onde mesurée par la source et un observateur immobile, sachant que le camion (a) s'approche de l'observateur ; (b) s'en éloigne.

E24. (I) Refaites l'exercice précédent en supposant que la source est immobile et que l'observateur se déplace à 40 m/s.

E25. (I) Une source émet un son de fréquence 200 Hz. Calculez la fréquence observée et la longueur d'onde mesurée par la source et l'observateur dans chacun des cas suivants : (a) la source s'approche à 40 m/s d'un observateur immobile ; (b) l'observateur s'approche à 40 m/s de la source immobile ; (c) la source et l'observateur se déplacent l'un vers l'autre à 20 m/s par rapport au sol.

E26. (II) Un jouet alimenté par pile émet un son à une fréquence de 1800 Hz. Il décrit un cercle de rayon 1,2 m à raison de 2,4 tr/s. Quelles sont les fréquences minimale et maximale entendues par un observateur immobile situé à une certaine distance dans le plan du cercle ?

E27. (II) Une automobile roulant à 40 m/s et un camion roulant à 15 m/s sont sur la même route rectiligne. Le klaxon de l'automobile a une fréquence de 400 Hz. Quelle est la variation de fréquence observée par le chauffeur du camion une fois que l'automobile l'a dépassé ? On suppose que l'automobile et le camion roulent (a) dans la même direction ; (b) dans des directions opposées.

E28. (II) La sirène d'une voiture de police roulant à 40 m/s a une fréquence de 600 Hz. Un camion roule devant la voiture à 20 m/s dans le même sens. (a) Quelle est la fréquence du son réfléchi entendu par le policier ? Que devient la réponse à la question (a) si les deux véhicules se déplacent (b) contre un vent de 10 m/s ; (c) dans le même sens qu'un vent de 10 m/s ?

E29. (I) Une voiture de police dont la sirène a une fréquence de 500 Hz s'approche d'un grand mur à 30 km/h. Un observateur immobile détecte les ondes directes et réfléchies. Quelle est la fréquence de battements ? On suppose que l'observateur est situé sur l'axe du mouvement de la voiture. (Il y a deux réponses possibles.)

E30. (I) Refaites l'exercice précédent en supposant que la voiture s'éloigne du mur.

E31. (II) Une source sonore émet à une fréquence de 600 Hz. Ce signal est perçu par un observateur immobile avec une fréquence observée de 640 Hz lorsque la source s'approche de l'observateur. Quelle est la fréquence observée si la source s'éloigne à la même vitesse ?

3.5 Intensité du son

E32. (I) Si une seule personne crie dans les gradins d'un stade, l'intensité au centre du terrain vaut 50 dB. Quelle est l'intensité en décibels lorsque 2×10^4 spectateurs crient à peu près à la même distance ?

E33. (I) Quelle est la puissance incidente sur le tympan, d'aire 0,4 cm^2, correspondant à : (a) 120 dB (seuil de sensation douloureuse) ; (b) 0 dB (seuil d'audibilité) ?

E34. (II) L'explosion d'un pétard dans l'air à une hauteur de 40 m produit une intensité de 100 dB à la hauteur du sol. Quelle est la puissance sonore en supposant que le pétard rayonne comme une source ponctuelle ?

E35. (II) Deux sources sonores indépendantes produisent individuellement des intensités de 80 dB et de 85 dB en un certain point. Quelle est l'intensité totale (en décibels) en ce point ?

E36. (I) (a) Quel est le nombre de décibels correspondant à une intensité de 5×10^{-7} W/m^2 ? (b) Quelle est l'intensité, exprimée en watts par mètre carré, d'une onde sonore de 75 dB ?

3.6 Ondes sonores : notions avancées

E37. (I) Déterminez l'intensité moyenne de chacune des ondes sonores suivantes dans l'air : (a) un signal de 600 Hz qui a une amplitude de déplacement de 8 nm ; (b) un signal de 2 kHz pour lequel l'amplitude de la variation de pression vaut 3,5 Pa.

E38. (I) Un amplificateur a un rapport signal/bruit de 80 dB. Quel est le rapport de la puissance du signal à celle du bruit ?

E39. (I) Deux ondes sonores de 5 kHz ont des intensités qui diffèrent de 3 dB. Quel est le rapport de leurs amplitudes de déplacement ?

E40. (II) Les intensités de deux sons de même fréquence diffèrent d'un facteur 1000. Déterminez : (a) la différence des intensités en décibels ; (b) le rapport des amplitudes de pression.

E41. (II) Un haut-parleur est alimenté par une puissance électrique de 40 W à 1 kHz. Il convertit la puissance électrique en puissance acoustique avec un rendement de 0,5 %. On suppose que le haut-parleur rayonne uniformément comme une source ponctuelle. Déterminez la distance à laquelle le son (a) est douloureux (120 dB) ; (b) équivaut à une conversation (60 dB).

E42. (II) La figure 3.21 représente le graphique d'une impulsion sonore pour laquelle le déplacement longitudinal maximal $s_0 = 10^{-6}$ m et $d = 5$ cm. Déterminez la vitesse d'une particule (élément de volume d'air) sur le bord avant et sur le bord arrière de l'impulsion.

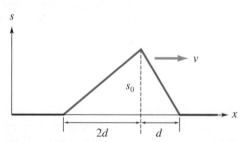

Figure 3.21 ▲
Exercice 42.

E43. (II) La variation de pression dans une onde sonore est donnée par

$$p = 12 \sin\left(8,18x - 2700t + \frac{\pi}{4}\right)$$

où p est en pascals, x est en mètres et t en secondes.

Déterminez : (a) l'amplitude de déplacement ; (b) l'intensité moyenne.

E44. (I) L'amplitude des variations de pression dans une onde sonore de 600 Hz dans l'air est de 0,3 N/m^2. Quelle est l'amplitude de déplacement ?

E45. (I) Si l'amplitude de déplacement d'une onde sonore sinusoïdale vaut $2,4 \times 10^{-9}$ m et l'amplitude de variation de pression vaut $4,2 \times 10^{-2}$ N/m^2, quelle est la fréquence du son ?

3.2 Ondes sonores stationnaires résonantes

E46. (I) Un haut-parleur produisant des sons dont les fréquences sont comprises entre 50 Hz et 500 Hz est placé devant l'extrémité ouverte d'un tuyau fermé de 1,4 m de longueur. Trouvez (a) la plus basse et (b) la plus haute fréquence des modes d'oscillation propre du tuyau.

E47. (II) Les fréquences de deux modes consécutifs d'un tuyau, de 0,45 m de long, sont de 929 Hz et 1300 Hz. (a) Le tuyau est-il ouvert ou fermé ? (b) Quel est le module de la vitesse de l'onde ?

3.3 Effet Doppler

E48. (II) La sirène d'une voiture de police roulant à 30 m/s a une fréquence de 600 Hz. La voiture s'approche d'un grand mur. Quelle est la fréquence du son réfléchi entendu par le policier dans sa voiture ?

E49. (II) Le klaxon d'un camion a une fréquence de 800 Hz. Il est perçu par le conducteur d'une automobile comme ayant une fréquence de 960 Hz lorsqu'il s'approche du camion avec une vitesse relative de 61 m/s. Déterminez la vitesse de chacun des véhicules.

E50. (II) En 1845, Buys Ballot demanda à des musiciens dans un train en mouvement de jouer certaines notes. Si la fréquence perçue par un observateur immobile est f_A lorsque le train s'approche et f_E lorsqu'il s'éloigne, à quelle vitesse roule le train si le rapport f_A/f_E est égal à $2^{1/12}$, ce qui correspond à un demi-ton ?

E51. (II) Un sifflet de train est perçu comme ayant une fréquence de 475 Hz lorsqu'il s'approche d'un observateur immobile et de 410 Hz lorsqu'il s'en éloigne. Trouvez : (a) le module de la vitesse du train ; (b) la fréquence du son émis par le sifflet.

E52. (II) Une voiture de police roulant à 40 m/s est initialement derrière un camion roulant dans le même sens à 25 m/s. La fréquence de la sirène est de 800 Hz. Quelle est la variation de fréquence perçue par le chauffeur du camion lorsque la voiture de police le dépasse ?

E53. (II) Une voiture de police roulant à 40 m/s s'approche d'un camion roulant à 25 m/s en sens inverse. La fréquence de la sirène est de 800 Hz. Quelle est la variation de fréquence perçue par le chauffeur du camion lorsque la voiture croise le camion ?

E54. (I) Une source sonore se déplace en ligne droite à une vitesse de module v_S supérieur à celui de la vitesse du son v. Montrez que l'angle θ entre la surface du cône de l'onde de choc et la trajectoire de la source est donné par $\sin \theta = v/v_S$.

3.4 Battements

E55. (I) Un accordeur utilise un diapason pour accorder la corde d'un piano à 220 Hz. Lorsque le module de la tension vaut 600 N, il entend un battement de 2 Hz. La fréquence du battement augmente lorsque la tension augmente. Quelle est la bonne tension ?

3.5 Intensité du son

E56. (I) Exprimée en décibels, l'intensité d'une source à 3,5 m de distance est de 100 dB. À quelle distance l'intensité sera-t-elle de 94 dB ?

3.6 Ondes sonores : notions avancées

E57. (I) Soit une onde sonore de 5000 Hz de fréquence. (a) Si l'amplitude de déplacement est de $2,5 \times 10^{-9}$ m, quelle est l'amplitude de pression ? (b) Si l'amplitude de pression est de 3×10^{-3} N/m^2, quelle est l'amplitude de déplacement ?

E58. (I) Quelle est la longueur d'onde d'une onde sonore dont l'amplitude de pression est de $4,1 \times 10^{-4}$ N/m^2 et l'amplitude de déplacement de 6×10^{-10} m ?

E59. (I) En décibels, l'intensité d'un son dans l'air est de 85 dB. Quelle est l'amplitude de pression ?

E60. (II) Le déplacement d'une onde sonore est donné par $s = 7 \times 10^{-8} \sin(5,3x - 1800t)$ où s et x sont en mètres et t en secondes. Trouvez : (a) le module de la vitesse de l'onde ; (b) l'amplitude de pression ; (c) le module de la vitesse maximale des molécules.

PROBLÈMES

Voir l'avant-propos pour la signification des icônes

P1. (I) Une source sonore ponctuelle rayonne avec une puissance de 10^{-3} W à 240 Hz. Trouvez, à une distance de 4 m : (a) l'intensité en watts par mètre carré ; (b) l'intensité en décibels ; (c) l'amplitude de pression ; (d) l'amplitude de déplacement du son.

P2. (I) Un haut-parleur vibre à la fréquence de 80 Hz et produit une amplitude de variation de pression de 10 Pa à une distance de 1 m. Déterminez : (a) l'amplitude de déplacement à 5 m du haut-parleur ; (b) l'intensité (en dB) à 5 m. On suppose que le haut-parleur rayonne comme une source ponctuelle.

P3. (I) Le module de la vitesse du son dans l'air est donné approximativement par $v \approx 20\sqrt{T}$, T étant la température en kelvins (K). (a) Montrez que la variation relative de la vitesse du son ($\Delta v/v$) causée par une variation relative de température ($\Delta T/T$) est

$$\frac{\Delta v}{v} = 0{,}5\frac{\Delta T}{T}$$

(b) Un tuyau d'orgue a une fréquence fondamentale de 400 Hz à 285 K. Quelle est la fréquence fondamentale à 305 K ? On suppose que la longueur du tuyau ne varie pas. (c) Comparez la variation de fréquence en pourcentage à celle d'un demi-ton, qui est de 6 % environ.

P4. (I) Un tuyau a deux fréquences de résonance consécutives à 607 Hz et à 850 Hz. (a) Le tuyau est-il ouvert ou fermé ? (b) Quelle est la fréquence fondamentale ? La vitesse du son n'est pas connue.

P5. (II) On jette une pierre dans un puits et, 2,2 s plus tard, on entend le bruit qu'elle fait au contact de l'eau. Quelle est la profondeur du puits ?

P6. (II) La figure 3.22 illustre un dispositif permettant de faire varier de façon continue la longueur d'une colonne d'air (à droite) en modifiant le niveau d'eau d'un réservoir (à gauche). Lorsqu'on place un diapason au-dessus de l'extrémité ouverte, la colonne d'air résonne une première fois alors que la profondeur mesurée est 18,2 cm, puis de nouveau à 55,7 cm. La longueur de résonance effective est la profondeur mesurée plus $0{,}6r$, où r est le rayon du tube. (a) Trouvez le rayon du tube. (b) Si le module de la vitesse du son vaut 340 m/s, quelle est la fréquence du diapason ?

P7. (I) Montrez que la fonction d'onde d'une onde émise par une source ponctuelle est de la forme $y = (A/r)\sin(kr - \omega t)$. (*Indice* : Considérez la variation de l'intensité avec la distance radiale.)

P8. (I) La note de musique *sol* est à sept demi-tons au-dessus du *do*, dont on donne la fréquence égale à 261,63 Hz. Dans la gamme *diatonique*, le rapport des fréquences est $f_{sol}/f_{do} = \frac{3}{2}$. Dans la gamme *tempérée*, la fréquence varie d'un facteur $2^{1/12}$ entre un demi-ton et le suivant. Quelle serait la fréquence de battements entendue si les notes *sol* des deux gammes étaient jouées simultanément ?

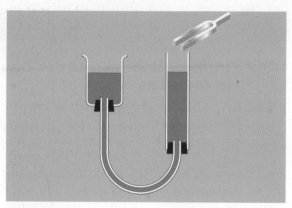

Figure 3.22 ▲
Problème 6.

P9. (II) Une corde de guitare de longueur 52 cm et de densité de masse linéique 2 g/m vibre à sa fréquence fondamentale de 400 Hz. Lorsqu'un tuyau ouvert résonne dans son mode fondamental, on entend une fréquence de battements de 4 Hz. (a) Quelles sont les fréquences possibles du tuyau ? Lorsqu'on tend la corde, la fréquence de battements diminue. Déterminez : (b) la tension initiale de la corde ; (c) la longueur du tuyau.

P10. (I) On peut déterminer l'impédance acoustique Z d'un milieu en écrivant l'intensité d'une onde sonore, de fréquence angulaire ω et d'amplitude de déplacement A, sous la forme

$$I_{moy} = \tfrac{1}{2}(\omega A)^2 Z$$

Montrez que, pour un fluide, $Z = \sqrt{K\rho}$. (C'est la variation de Z à la surface de séparation entre deux fluides qui détermine la phase d'une impulsion réfléchie.)

P11. (II) Le klaxon d'une automobile de 5 m de long produit un son de 75 dB dans les oreilles d'un piéton qui passe à 1 m devant la voiture. On suppose que le klaxon est placé à l'extrémité avant de l'auto. (a) Si deux automobiles identiques se placent derrière la première, l'une derrière l'autre et séparées d'une distance de 1 m, combien de décibels seront perçus par le piéton si les trois automobiles font fonctionner leur klaxon au même moment ? (b) Si un grand nombre d'automobiles se placent derrière la première, quelle est la valeur limite du nombre de décibels perçus par le piéton ?

Réflexion et réfraction de la lumière

POINTS ESSENTIELS

1. L'onde électromagnétique est l'un des modèles utilisés pour représenter la lumière.

2. Seules les ondes électromagnétiques ayant une longueur d'onde entre 400 et 700 nm sont détectables par l'œil humain ; la lumière visible ne forme donc qu'une petite partie du **spectre électromagnétique**.

3. Le modèle électromagnétique étant complexe, dans les situations étudiées en **optique géométrique**, il sera suffisant de représenter la lumière comme des **rayons** lumineux rectilignes se propageant perpendiculairement aux fronts d'onde.

4. La **loi de la réflexion** stipule que l'angle entre le rayon incident et la normale à la surface réfléchissante est égal à l'angle entre le rayon réfléchi et la normale.

5. La loi de **Snell-Descartes** se rapportant à la réfraction relie l'angle d'incidence, l'angle de réfraction et l'**indice de réfraction** des matériaux en présence.

6. Dans certaines situations où la lumière ne peut se réfracter, on assiste à une **réflexion totale interne**.

7. Le **principe de Huygens** permet de prédire l'évolution des fronts d'onde et de démontrer les lois de la réflexion et de la réfraction.

8. La dispersion de la lumière qui se produit lors d'une réfraction est à l'origine des couleurs produites par un prisme ou observées lors d'un arc-en-ciel.

9. Les **objets** et les **images** peuvent être **réels** ou **virtuels**.

10. La position de l'image formée par un miroir (**concave**, **convexe** ou plan) peut être obtenue par le tracé des **rayons principaux** ou la **formule des miroirs**.

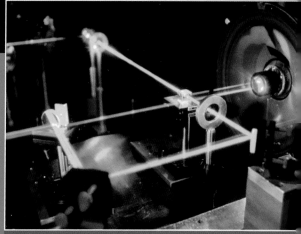

Cette image montre le parcours suivi par un faisceau laser traversant différents instruments qui peuvent notamment servir à le filtrer et à l'amplifier. Il est dirigé au moyen de miroirs et de lentilles, des dispositifs reposant sur des phénomènes que nous apprendrons à décrire dans ce chapitre.

L a lumière est le principal moyen de découvrir le monde qui nous entoure ; c'est peut-être pourquoi la nature de la lumière a fait l'objet d'un débat qui figure parmi les plus longs de l'histoire des sciences et que certains ne considèrent même pas encore comme tout à fait clos aujourd'hui. Au XVIIe siècle,

René Descartes (1596-1650) et Isaac Newton (1642-1727) envisageaient la lumière comme un flux de particules, tandis que Christiaan Huygens (1629-1695) soutenait qu'il s'agissait d'une perturbation dans un milieu matériel que l'on nommait « éther ». Huygens savait que deux faisceaux lumineux pouvaient se croiser sans avoir d'effet mutuel et il ne pouvait imaginer qu'un flux de particules puisse en faire autant sans provoquer de collisions. Ce n'est que vers 1820 que des travaux expérimentaux et théoriques ont achevé de convaincre la grande majorité des physiciens que la lumière, lorsqu'elle se propage, se comporte comme si elle était une onde transversale*. Mais la nature précise des ondes ainsi que la manière dont elles sont produites et dont elles interagissent avec la matière demeuraient des problèmes non résolus. En 1845, Michael Faraday (1791-1867) mit en évidence l'effet mesurable produit par un champ magnétique sur un rayon lumineux qui traverse un morceau de verre. Cette observation lui fit supposer que la lumière fait intervenir des oscillations des champs électrique et magnétique ; malheureusement, ses connaissances en mathématiques n'étaient pas suffisantes pour lui permettre de poursuivre dans cette voie d'une façon quantitative. C'est une expérience apparemment sans rapport qui vint apporter un indice supplémentaire du lien existant entre l'électromagnétisme et la lumière.

Au XIXe siècle, on utilisait deux systèmes d'unités en électromagnétisme : les unités électrostatiques, définies à partir de la loi de Coulomb donnant la force entre des charges, et les unités électromagnétiques, définies à partir d'une expression analogue donnant la *force entre des pôles magnétiques*. Le rapport entre les unités de charge dans ces deux systèmes est égal à $1/(\varepsilon_0\mu_0)^{1/2}$ et il a les dimensions d'une vitesse. En 1856, Wilhelm Weber (1804-1891) et Rudolf Hermann Kohlrausch (1809-1858) réussirent à déterminer expérimentalement que ce rapport a pour valeur $3,11 \times 10^8$ m/s. Cette valeur était presque exactement égale à la vitesse de la lumière, $3,15 \times 10^8$ m/s, mesurée par Hippolyte Fizeau (1818-1896) en 1849.

Un jeune admirateur de Faraday nommé James Clerk Maxwell (figure 4.1), qui était convaincu que la proximité de ces deux nombres n'était pas une simple coïncidence, décida d'exploiter l'hypothèse audacieuse de Faraday. Il apporta au théorème d'Ampère une modification subtile et pourtant capitale (voir les sections 9.3 et 13.1 du tome 2) qui lui permit, en 1865, de prédire l'existence d'ondes électromagnétiques se propageant à la vitesse de la lumière. Sa conclusion inévitable était que la lumière elle-même peut être représentée comme une onde électromagnétique et même qu'elle *est* une onde électromagnétique. Maxwell faisait donc une interprétation de la *nature* de la lumière. Deux siècles après que Newton eut expliqué le mouvement des corps par l'inertie et les forces, Maxwell obtenait donc un succès théorique aussi important : l'explication des phénomènes lumineux et la synthèse entre les disciplines jusqu'alors distinctes de l'optique et de l'électromagnétisme. La vérification expérimentale de cette théorie par Heinrich Hertz (1857-1894) en 1887 et son exploitation commerciale, entre autres par Guglielmo Marconi (1874-1937), sont à l'origine de la radio, de la télévision et des communications par satellite.

À ce jour, les physiciens arrivent à expliquer toutes les observations qui touchent à la *propagation* de la lumière lorsqu'ils représentent cette dernière comme une onde électromagnétique, conformément à la théorie de Maxwell. Toutefois, nous verrons au chapitre 9 que des observations plus récentes montrent les limites de ce modèle : en particulier, l'*émission* et l'*absorption* de la lumière

Figure 4.1 ▲
James Clerk Maxwell (1831-1879).

---

* Nous verrons dans quelles circonstances aux chapitres 6 et 7.

ne se produisent pas exactement comme Maxwell l'envisageait pour les ondes électromagnétiques. Cela conduira à modifier le modèle de la lumière à l'aide de la notion de photon.

4.1 Le spectre électromagnétique

Les ondes électromagnétiques couvrent une très large gamme de fréquences, depuis les ondes radio de très grande longueur d'onde, dont la fréquence est voisine de 100 Hz, jusqu'aux rayons γ de très haute énergie qui proviennent de l'espace, dont les fréquences sont voisines de 10^{23} Hz. L'ensemble de la gamme de fréquences se nomme **spectre électromagnétique** (figure 4.2). En musique, un octave représente un changement de fréquence d'un facteur 2 ; par analogie, on peut dire que le spectre électromagnétique couvre près de 100 octaves (le spectre sonore audible couvre 9 octaves environ), bien qu'il n'y ait théoriquement aucune fréquence minimale ou maximale à une onde électromagnétique.

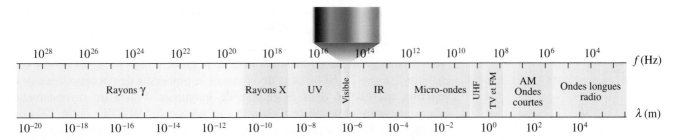

Figure 4.2 ▲
Le spectre électromagnétique. Les limites entre les diverses régions du spectre sont moins nettes que le diagramme ne le laisse supposer.

Comme l'indique la figure 4.2, le spectre électromagnétique est subdivisé en différentes régions. Bien que la figure semble définir chacune de ces régions comme un intervalle de fréquence précis, les limites entre les régions sont moins étanches. Par exemple, une même onde pourra être qualifiée de « rayonnement ultraviolet » ou de « rayon X » selon le contexte expérimental, soit la façon dont elle a été *produite* ou *absorbée* (détectée). Une description complète de ces méthodes de production ou de détection est toutefois impossible dans le cadre de la représentation de Maxwell.

En effet, dans le cadre de la théorie de Maxwell, des ondes électromagnétiques sont émises à chaque fois qu'une charge électrique accélère, notamment en oscillant. La réciproque est aussi valable : chaque fois qu'une onde électromagnétique est incidente sur une charge électrique, elle fait osciller cette dernière, ce qui permet de détecter cette onde (voir la section 13.6 du tome 2). Ces oscillations de charges, seules responsables selon Maxwell de l'émission et de l'absorption des ondes électromagnétiques, peuvent se produire à des échelles de grandeurs très différentes, depuis les oscillations au niveau atomique ou nucléaire jusqu'à celles dans les antennes mesurant plusieurs dizaines de mètres. En général, des charges qui oscillent sur une grande distance produiront une onde électromagnétique de fréquence plus basse, ce qui détermine plus ou moins la région du spectre à laquelle cette onde appartient.

Toutefois, cette représentation a des limites et nous verrons au chapitre 9 que le modèle électromagnétique n'est pas toujours adéquat : bien qu'il permette de prédire correctement la *propagation* de la lumière, il échoue lamentablement à décrire la plupart des phénomènes d'*émission* et d'*absorption* de la lumière. Expliquer aussi ces phénomènes nécessite d'utiliser le modèle quantique de la lumière, plus complet que le modèle électromagnétique. Dans le cadre de ce modèle, la lumière est émise un *photon* à la fois lorsque des charges (comme les électrons dans un atome) subissent une transition entre deux niveaux d'énergie. (Pendant cette transition, la *probabilité de présence* de ces charges oscille, ce qui rejoint indirectement la représentation de Maxwell.)

Les paragraphes ci-dessous décrivent chacune des régions du spectre électromagnétique. Pour chaque région, on donne une brève description (en recourant à la représentation quantique au besoin) de la façon dont sont émises ou détectées les ondes qui en font partie.

La lumière visible

La partie visible du spectre électromagnétique couvre à peu près un octave, de 400 à 700 nm, ce qui correspond aux longueurs d'onde que les cellules tapissant la rétine de l'œil humain moyen sont en mesure de détecter le mieux. Une plage de longueurs d'onde correspond approximativement à chaque couleur : 400 à 450 nm pour le violet, 450 à 520 nm pour le bleu, 520 à 560 nm pour le vert, 560 à 600 nm pour le jaune, 600 à 625 nm pour l'orange et 625 à 700 nm pour le rouge. En 1704, Newton publia les résultats d'observations qui montraient qu'un mélange de toutes ces couleurs est perçu comme de la lumière blanche (voir le passage sur la synthèse additive de la lumière dans le sujet connexe du chapitre 2, tome 2). Notre sens de la vue et le processus de photosynthèse des végétaux ont évolué dans la gamme de longueurs d'onde du rayonnement solaire que notre atmosphère n'absorbe que très peu, c'est-à-dire entre 300 nm et 1100 nm, ce qui explique que la lumière pouvant être captée par l'être humain, les animaux et les plantes est approximativement la même.

Certaines sources de lumière visible comme les lasers, les aurores boréales ou les tubes à néon émettent une lumière d'une couleur bien spécifique, composée de seulement certaines longueurs d'onde précises. D'autres sources lumineuses sont des corps denses et chauds, comme les filaments d'ampoules électriques, la lave volcanique ou les métaux chauffés au rouge, et émettent une lumière couvrant une gamme continue de longueurs d'onde. (C'est pourquoi ils semblent blancs lorsqu'ils sont suffisamment chauds.) Dans le premier cas, on peut expliquer que la lumière est émise par des électrons qui ne quittent pas leur atome, alors que, dans le second cas, on peut se représenter aussi des électrons qui se déplacent aléatoirement, au sein des matériaux denses, sous l'effet de leur haute température. Dans les deux cas, seule la représentation quantique de la lumière et de l'atome permet de donner une description correcte (qui implique une transition de l'électron entre divers niveaux d'énergie ou bandes d'énergie de l'atome).

Le rayonnement ultraviolet

En 1801, Johann Wilhelm Ritter (1776-1810), qui étudiait le virage au noir du chlorure d'argent dans diverses régions du spectre, s'aperçut que l'effet était maximum au-delà du violet. Il venait donc de découvrir un nouveau type de rayonnement émis de façon similaire à la lumière visible, mais de longueur d'onde plus petite. La région de l'ultraviolet (UV) s'étend de 400 nm à 10 nm environ. Les rayons ultraviolets interviennent dans la production de vitamine D dans la peau et provoquent le bronzage. À doses fortes ou prolongées, le rayonnement ultraviolet tue les bactéries et peut causer le cancer chez l'être humain. Le verre absorbe les rayonnements ultraviolets et offre donc une certaine protection contre les rayons du Soleil. Si l'ozone de notre atmosphère n'absorbait pas les UV en-dessous de 300 nm, on observerait de nombreuses mutations cellulaires, notamment cancéreuses. C'est pourquoi l'appauvrissement de la couche d'ozone de notre atmosphère par les chlorofluorocarbones

(CFC) est à l'heure actuelle un sujet de préoccupation internationale. Dans certains atomes, l'absorption des UV est suivie par l'émission d'une lumière visible de plus grande longueur d'onde. Ce phénomène, qui porte le nom de fluorescence, est à la base de la « lumière noire » que l'on utilise pour produire des effets de scène.

Le rayonnement infrarouge

La région infrarouge (IR) débute à 700 nm et s'étend jusqu'à près de 1 mm. Elle fut découverte en 1800 par William Herschel (1738-1822) qui plaça un thermomètre juste à côté de l'extrémité rouge du spectre visible et observa une élévation de température. Le rayonnement IR peut être émis par les mêmes procédés que la lumière visible. Sa particularité est d'être aussi associé à un intervalle de fréquences proche de la rotation et de la vibration des molécules. L'absorption de rayonnement IR par une molécule donnée provoque donc une augmentation de l'énergie cinétique de cette dernière. Or, comme l'énergie cinétique moyenne des molécules qui composent un corps est une indication de sa température (voir le chapitre 18 du tome 1), l'absorption et l'émission de rayonnement IR par la matière permettent donc des *transferts de chaleur*. On utilise des pellicules sensibles aux IR dans les satellites pour effectuer des relevés géophysiques et pour la détection des gaz d'échappement chauds lors du lancement des fusées. Puisqu'il permet de détecter des variations minimes de température dans le corps humain, on utilise le rayonnement infrarouge pour la détection précoce des tumeurs, qui sont plus chaudes que les tissus environnants. Les serpents et les instruments « de vision nocturne » (*cf.* chapitre 17, tome 1) peuvent détecter les rayons infrarouges émis par les corps chauds des animaux.

Les micro-ondes

Les micro-ondes correspondent aux longueurs d'onde de 1 mm à 15 cm environ. On peut produire des micro-ondes allant jusqu'à une fréquence de 30 GHz ($\lambda \simeq 1$ cm) en faisant osciller des électrons dans un dispositif appelé klystron. Dans les fours à micro-ondes que nous utilisons dans nos cuisines, le rayonnement a une fréquence voisine de 2450 MHz. Les communications interurbaines modernes, comme la transmission de données numériques, les conversations téléphoniques et les émissions de télévision, se font souvent par l'intermédiaire d'un réseau d'antennes haute fréquence sur l'ensemble d'un territoire. Par ailleurs, en focalisant des micro-ondes sur un tissu cancéreux, on arrive à en élever la température jusqu'à 46°C environ. Alors que les cellules normales sont capables de dissiper l'énergie thermique rapidement, les cellules cancéreuses ont une circulation relativement mauvaise et sont par conséquent détruites.

Les signaux de radio et de télévision

Ces signaux couvrent la gamme de longueurs d'onde comprises entre 15 cm et 2000 m environ. On utilise, pour leur émission et leur réception, des dipôles comme les fameux dispositifs en « oreille de lapin ». Pour les ondes radio AM, on utilise en général une bobine de réception parce que la longueur d'onde est trop grande pour un dipôle électrique. Pour les signaux de télévision UHF, on se sert d'une bobine parce que les longueurs d'onde sont très petites. Les radiotélescopes servent à communiquer avec les satellites et à capter les ondes radio émises par divers objets célestes. Dans tous ces dispositifs de réception, les ondes électromagnétiques incidentes font osciller les charges sous l'effet du champ électrique ou du champ magnétique, ce qui cause un courant alternatif. Ce courant, porteur de la même information que les ondes, peut ensuite être amplifié et décodé. Notez que cette explication est celle du modèle de Maxwell, puisque la représentation quantique est inutile quand la fréquence est très basse et que les photons sont très nombreux (voir le chapitre 9).

Les rayons X

Découverts en 1895 par Wilhelm Conrad Röntgen (1845-1923), les rayons X sont voisins des UV et s'étendent de 1 nm à 0,01 nm. Les rayons X peuvent être produits par des atomes qui subissent une transition entre deux niveaux d'énergie atomique ou nucléaire. Dans leur application médicale, on les produit plutôt en projetant des électrons très rapides sur une cible massive : la décélération brutale des électrons, lorsqu'ils atteignent la cible, produit des rayons X couvrant une gamme continue de fréquences et qu'on appelle *bremsstrahlung* ou « rayonnement de freinage ». Ce phénomène peut aussi se produire en astrophysique. Puisque les dimensions des atomes et leur distance dans les cristaux correspondent à ce domaine, on utilise les rayons X pour étudier la structure atomique des cristaux ou des molécules comme l'ADN (*cf.* « La diffraction des rayons X », section 7.8). Outre leur utilisation à des fins diagnostiques et thérapeutiques en médecine, on utilise des rayons X pour déceler les défauts microscopiques dans les machines. Avec l'apparition des satellites scientifiques, l'astronomie aux rayons X est devenue un outil important dans l'étude de l'univers.

Les rayons γ

Les rayons gamma, qui produisent des effets similaires à ceux des rayons X, ont été identifiés pour la première fois par Paul Ulrich Villard (1860-1934) en 1900 dans le rayonnement radioactif émis par certains matériaux. Alors que les rayons X sont produits par des électrons, les rayons gamma sont en général produits à l'intérieur du noyau d'un atome et sont extrêmement énergétiques à l'échelle atomique. Leurs longueurs d'onde sont égales ou inférieures à 0,01 nm, c'est-à-dire que leurs fréquences sont égales ou supérieures à 10^{20} Hz.

4.2 L'optique géométrique

Dans le présent chapitre, nous abordons l'étude de l'*optique,* soit la branche de la physique qui porte sur la lumière (visible ou non). Les chapitres 4 à 7 portent plus spécifiquement sur les phénomènes touchant la *propagation* de la lumière, ceux que l'on peut en général expliquer en représentant la lumière comme une onde, conformément à la théorie de Maxwell. À partir du chapitre 9, nous étudierons ensuite des phénomènes qui touchent l'*émission* et l'*absorption* de la lumière, ceux pour lesquels le modèle électromagnétique devient inapproprié. Nous ferons alors appel au modèle quantique de la lumière, plus complet et général que le modèle électromagnétique.

Les phénomènes qui se produisent lorsque la lumière se propage sont nombreux. Dans les chapitres 4 et 5, nous commencerons par nous intéresser à ceux qui se produisent lorsque la lumière rencontre la surface de séparation entre deux milieux (entre l'air et le verre, par exemple) et sur lesquels repose le fonctionnement des miroirs et des lentilles. Dans ce contexte simple, le recours détaillé au modèle ondulatoire sera rarement nécessaire : la lumière se propageant en ligne droite jusqu'à ce qu'elle rencontre une interface, il suffira de la représenter sous forme de *rayons* lumineux. De tels trajets rectilignes pouvant se décrire avec les simples règles de la géométrie, l'étude de la lumière dans le contexte où elle se propage ainsi en ligne droite et rencontre la surface de séparation entre deux milieux porte le nom d'**optique géométrique**.

La propagation de la lumière en ligne droite est celle qui est la plus fréquente dans votre expérience quotidienne. En effet, la lumière d'un projecteur dans une salle de cinéma enfumée, ou bien les rayons du soleil filtrant à travers les feuilles des arbres par temps brumeux, semblent se propager en ligne droite. De même, par temps clair et ensoleillé, les ombres des objets sont très nettes. Considérer que la lumière se propage sous forme de rayons est donc conforme à ces observations simples. Un **rayon** est équivalent à un faisceau de lumière très étroit, perpendiculaire au front d'onde, qui nous indique le trajet suivi par l'énergie de l'onde. Dans un milieu homogène, les rayons sont des lignes droites. C'est cette observation qui permit au mathématicien Euclide (IIIe siècle av. J.-C.) et à l'astronome Claudius Ptolémée (vers 90-vers 168) d'utiliser la géométrie pour analyser les problèmes d'optique.

Si on choisit de représenter la lumière comme une onde (électromagnétique), il faut admettre que les ondes ne se propagent pas toujours en ligne droite et que le domaine de l'optique géométrique est donc limité. Par exemple, après avoir traversé une petite ouverture dans un obstacle, les vagues à la surface de l'eau se propagent dans toutes les directions dans la région située derrière l'obstacle. Ce phénomène, appelé **diffraction** (voir la section 6.2), est important lorsque la dimension a de l'ouverture est comparable à la longueur d'onde, c'est-à-dire lorsque $a \approx \lambda$ (figure 4.3a). Si l'ouverture est très supérieure à la longueur d'onde ($a \gg \lambda$), une partie de chaque front d'onde disparaît, mais les ondes qui restent continuent de se propager dans la direction initiale (figure 4.3b). Dans ce cas, la région d'ombre ainsi formée a un bord relativement net. En optique géométrique, on peut négliger la courbure des rayons au bord des ouvertures et des obstacles; cette approximation est raisonnable, car les dimensions d'un appareil sont très supérieures à la longueur d'onde de la lumière visible, qui est inférieure à 1 µm.

4.3 La réflexion

Considérons des rayons lumineux parallèles tombant selon un certain angle d'incidence sur la surface de séparation entre deux milieux, le verre et l'air par exemple. En général, une partie de la lumière est réfléchie et le reste est soit transmis, soit absorbé. Si la surface est irrégulière (figure 4.4a), les rayons réfléchis se propagent dans des directions aléatoires, et la lumière réfléchie peut donc être vue à partir de n'importe quel point : on parle alors de **réflexion diffuse**. Si la surface est parfaitement polie (figure 4.4b), il existe une relation simple entre la direction des rayons réfléchis et celle des rayons incidents. Ce type de **réflexion spéculaire** a lieu lorsque les aspérités de la surface sont nettement plus petites que la longueur d'onde de la lumière incidente. Dans la réflexion spéculaire, le faisceau réfléchi ne peut être observé que selon une seule orientation*. Même dans le cas de la réflexion diffuse, chaque rayon subit une réflexion spéculaire sur la toute petite portion de la surface où il tombe. Mais comme toutes ces petites portions ont des orientations aléatoires, les rayons réfléchis n'ont pas d'orientation commune.

La loi de la réflexion

Considérons un rayon tombant sur un surface plane (figure 4.5). L'orientation du rayon réfléchi est donnée par la **loi de la réflexion**, déjà formulée à l'époque de Héron d'Alexandrie au Ier siècle ap. J.-C., et dont voici l'énoncé : *l'angle d'incidence θ est égal à l'angle de réflexion θ'* :

---

* En pleine nuit, posez sur le trottoir un miroir plan dont vous avez recouvert toute la surface sauf une petite région. Essayez ensuite de localiser la réflexion d'un lampadaire.

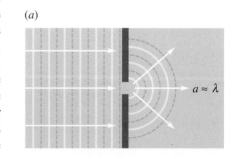
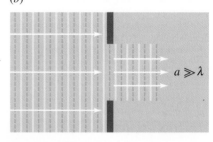

Figure 4.3 ▲

Passage d'une onde de longueur d'onde λ par une ouverture de dimension a. Les fronts d'onde sont représentés en bleu, et les rayons lumineux, en blanc. (a) Si $a \approx \lambda$, l'onde se propage dans toutes les directions vers la droite. Le changement de direction des rayons est appelé diffraction. (b) Si $a \gg \lambda$, l'onde continue de se propager dans la même direction.

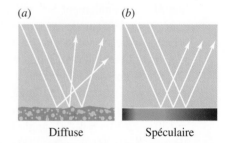

Diffuse   Spéculaire

Figure 4.4 ▲

(a) Dans la réflexion diffuse sur une surface irrégulière, la lumière réfléchie se propage dans toutes les directions. (b) Dans la réflexion spéculaire sur une surface lisse, les rayons réfléchis se propagent tous dans la même direction.

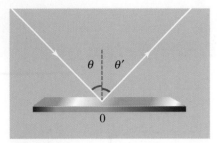

Figure 4.5 ▲

Selon la loi de la réflexion, l'angle d'incidence θ est égal à l'angle de réflexion θ'. Ces deux angles sont mesurés par rapport à la normale au plan de l'interface, tel qu'illustré.

$$\theta = \theta' \qquad (4.1)$$

Ces angles sont mesurés par rapport à la normale au plan de l'interface entre les deux milieux. Vers l'an 1000 ap. J.-C., un savant arabe nommé Ibn Al-Haytham ou Alhazen (965-1039) fit remarquer que le rayon incident, la normale au plan et le rayon réfléchi sont tous les trois dans un même plan, que l'on appelle *plan d'incidence*.

EXEMPLE 4.1

Deux miroirs, M_1 et M_2, se touchent de manière à former un angle de 120° (figure 4.6). Soit un rayon incident faisant un angle de 50° avec la normale à M_1. (a) Selon quelle orientation la lumière repart-elle de M_2? (b) De quel angle total est dévié le rayon incident par rapport à son orientation initiale?

Solution

(a) D'après la loi de la réflexion, l'angle de réflexion sur M_1 vaut également 50°, et l'angle entre le rayon réfléchi et le plan de M_1 vaut donc 40°. Dans le triangle ABC, l'angle en C est égal à 180° − 40° − 120° = 20°. L'angle d'incidence sur M_2 vaut donc 70°, de même que l'angle de réflexion. (b) Au point A, le rayon est dévié d'un angle $\alpha = 180° - 2(50°)$ = 80°. Au point C, le rayon est dévié d'un angle β = 180° − 2(70°) = 40°. L'angle total de déviation est de $\alpha + \beta = 120°$.

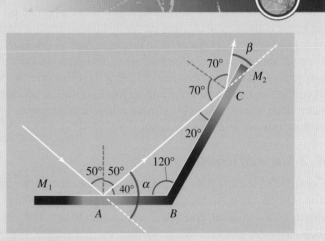

Figure 4.6 ▲
Un rayon réfléchi par deux miroirs formant un certain angle.

Lorsqu'un rayon lumineux circulant dans un plan horizontal est réfléchi par deux miroirs verticaux formant un angle droit (figure 4.7*a*), le rayon réfléchi est parallèle et de sens opposé au rayon incident. Un dispositif composé de trois miroirs perpendiculaires deux à deux permet d'exploiter cet effet en réfléchissant tout rayon incident dans la direction opposée. Cette propriété est utilisée dans les **cataphotes** (plaquettes réfléchissantes) disposés sur les automobiles et les bicyclettes (figure 4.7*b*). Pour faire un relevé géologique de la Terre, on a utilisé les signaux réfléchis par des réflecteurs de ce type placés sur le satellite LAGEOS (figure 4.7*c*). Un de ces réflecteurs, placé sur la Lune (figure 4.7*d*), a permis de déterminer sa distance avec une précision de 15 cm.

Figure 4.7 ▲

(*a*) Un rayon tombant sur deux miroirs perpendiculaires entre eux donne un rayon réfléchi de même direction et de sens opposé. (*b*) Avec trois miroirs, on peut produire cet effet en trois dimensions plutôt qu'uniquement selon un plan : les dispositifs réfléchissants (cataphotes) qu'on retrouve sur la plupart des roues de bicyclettes sont formés de groupes de trois miroirs perpendiculaires deux à deux et permettant de réfléchir la lumière dans la direction de l'émetteur, peu importe où il est situé. (*c*) Le satellite LAGEOS était aussi recouvert de réflecteurs utilisant cet effet. En chronométrant le retour d'impulsions laser émises à partir de divers points, on a pu détecter de faibles mouvements des continents. (*d*) À l'aide d'un réflecteur de même type placé sur la Lune, on a pu mesurer sa distance à la Terre avec une incertitude de 15 cm seulement.

Le principe de Huygens

Deux siècles avant que Maxwell ne formule son modèle ondulatoire de la lumière, Huygens représentait déjà la lumière comme une sorte d'onde* (bien

---

* Il est clair que Huygens représentait la lumière comme une perturbation se propageant dans l'éther, ce qui s'apparente à une impulsion ou à une onde. Il est cependant loin d'être explicite qu'il considérait cette perturbation comme périodique.

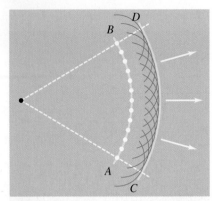

Figure 4.8 ▲

Selon le principe de Huygens, chaque point d'un front d'onde agit comme une source de petites ondes secondaires. Le front d'onde à un instant ultérieur est constitué par l'enveloppe de ces petites ondes. Si on se trouve assez loin d'une source ponctuelle, les fronts d'ondes apparaissent localement comme des portions de droites, comme c'est le cas à la figure 4.9.

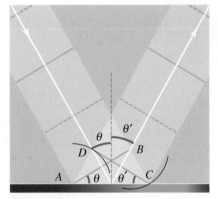

Figure 4.9 ▲

Dans l'intervalle de temps qu'il faut au point *B* du front d'onde *AB* pour atteindre la surface, la petite onde issue de *A* est parvenue en *D*. Les propriétés géométriques des triangles *ABC* et *ADC* nous permettent de conclure que $\theta = \theta'$.

plus rudimentaire qu'une onde électromagnétique). En 1678, il formula un « principe » servant à prédire la propagation des fronts d'onde. Ce principe s'appuyait sur certaines considérations théoriques, valables à l'époque, particulièrement l'idée que la lumière se propage dans un milieu ténu et transparent, appelé « éther », remplissant tout l'Univers. Ainsi, comme on le prévoit pour la propagation des ondes mécaniques, une impulsion lumineuse émise par une source fait entrer en mouvement les particules avoisinantes de l'éther. La lumière se propage parce que ce mouvement est communiqué aux particules avoisinantes. Chaque particule agit donc comme une source de *petites ondes* secondaires. Par exemple, les particules du front d'onde *AB* de la figure 4.8 produisent de petites ondes secondaires qui, par la suite, forment le nouveau front d'onde *CD*. Pour expliquer la propagation rectiligne des rayons, Huygens supposa que seules les petites ondes se propageant vers l'avant avaient de l'importance et négligea celles des côtés comme étant « trop faibles pour être visibles »*.

Bien qu'il ait été basé sur une représentation théorique de la lumière (une perturbation qui voyage dans l'éther) qui a cessé aujourd'hui d'être considérée comme valable, le principe de Huygens, dans sa version originale, permet néanmoins de prédire correctement la propagation de toute onde *mécanique*. En effet, comme une telle onde se transmet de proche en proche sous l'effet des forces internes du milieu de propagation, il est raisonnable de considérer que chaque particule du milieu, lorsqu'elle bouge, agit comme la « source » qui agite la particule adjacente. Une légère modification du vocabulaire permettra au principe de Huygens de décrire aussi la propagation d'une onde *électromagnétique*, bien qu'il ne s'agisse pas d'une onde mécanique. En effet, la propagation d'une telle onde se fait aussi de proche en proche, bien que ce ne soit pas grâce à une force, mais grâce à l'induction électromagnétique. On peut donc considérer que les champs électrique et magnétique en chaque *point* de l'espace, lorsqu'ils varient dans le temps, se comportent comme la source des champs électrique et magnétique du point adjacent. Dans sa forme actuelle, le **principe de Huygens** se formule donc comme suit, les « particules » dont parlait Huygens ayant été remplacées par des « points », au sens mathématique :

> **Principe de Huygens**
>
> Chacun des points d'un front d'onde agit comme une source de petites ondes secondaires. Après avoir été « émises », ces ondes secondaires interfèrent entre elles et se renforcent le long de leur enveloppe. À un instant ultérieur, l'enveloppe des bords avant des petites ondes forme donc le nouveau front d'onde.

On peut utiliser le principe d'Huygens pour démontrer la loi de la réflexion. La figure 4.9 représente des fronts d'onde qui atteignent une surface suivant un angle θ et qui sont réfléchis suivant un angle θ' par rapport à la surface. Puisque les rayons sont perpendiculaires aux fronts d'onde, les angles θ et θ' sont aussi les angles entre les rayons et la *normale* à la surface. Lorsque le bord *A* du front d'onde *AB* atteint la surface, il commence à produire son onde secondaire. La même chose se produit pour chaque point consécutif de *AB* qui atteint la

---

* Aujourd'hui, on explique plutôt que c'est l'absence d'interférence constructive qui rend négligeables les petites ondes se propageant vers le côté et vers l'arrière. Cette notion d'interférence n'existait toutefois pas à l'époque de Huygens.

surface. À l'instant où la petite onde secondaire issue de B atteint le point C, la petite onde issue de A est déjà parvenue au point D. La droite DC constitue donc le front d'onde réfléchi. Comme les vitesses des ondes incidente et réfléchie sont identiques, $AD = BC$. Les triangles ACD et ACB sont deux triangles rectangles ayant une hypoténuse en commun. On en déduit que $\theta = \theta'$, qui constitue la loi de la réflexion.

4.4 La réfraction

Une paille plongée dans un verre nous paraît pliée, lorsqu'on la regarde d'en haut (figure 4.10) ; une loupe permet de focaliser les rayons du Soleil ou de faire paraître les objets plus grands qu'ils ne sont ; la lumière solaire tombant sur un prisme produit un spectre multicolore. Tous ces effets et bien d'autres encore sont dus à la **réfraction**, c'est-à-dire à la déviation des rayons traversant la surface de séparation entre deux milieux. À la figure 4.11, les orientations du rayon incident et du rayon réfracté sont repérées par l'*angle d'incidence* θ_1 et l'*angle de réfraction* θ_2, tous deux mesurés par rapport à la normale à la surface de séparation. Vers 130 av. J.-C., Ptolémée mesura ces angles pour la surface de séparation entre l'air et l'eau et suggéra que le rapport θ_1/θ_2 est constant, ce qui paraît être le cas lorsque les angles sont suffisamment petits, mais n'est pas du tout conforme aux observations pour les angles plus grands. La relation correcte entre l'angle d'incidence et l'angle de réfraction, déjà connue dans la civilisation arabe*, fut obtenue de façon expérimentale, pour la première fois en Europe, vers 1621 par un mathématicien hollandais nommé Willebrord Snell Van Royen (1580-1626), qui ne la diffusa pas. Plus tard, René Descartes retrouva indépendamment cette relation et la rendit publique dans le cadre d'un exposé, publié vers 1635, portant sur l'arc-en-ciel (voir le sujet connexe à la fin de ce chapitre). Elle énonce que le rapport du sinus de l'angle d'incidence au sinus de l'angle de réfraction est constant, c'est-à-dire

$$\sin \theta_1 / \sin \theta_2 = \text{constante}$$

Descartes réussit à prédire cette équation de façon théorique, mais il se fonda sur des hypothèses sur la vitesse de la lumière qui n'étaient pas conformes aux observations d'aujourd'hui. Le premier à avoir pu prédire cette équation d'une façon considérée comme encore valable est Huygens, en 1678 : en se fondant sur une représentation ondulatoire de la lumière et sur des hypothèses de vitesses différentes de celles de Descartes, il utilisa le principe qui porte son nom (voir la section précédente) et suivit le raisonnement qui suit.

Considérons la situation illustrée aux figures 4.11 et 4.12, où l'angle θ_1 est supérieur à l'angle θ_2. Huygens supposa, ce que nous savons aujourd'hui conforme aux mesures, que la vitesse de la lumière dans le milieu 1 est alors supérieure à la vitesse de la lumière dans le milieu 2, soit $v_1 > v_2$. À la figure 4.12, les angles entre la surface de séparation et les fronts d'onde incidents et réfractés sont respectivement identiques à θ_1 et à θ_2, puisque les fronts d'onde sont perpendiculaires aux rayons lumineux. Dans un petit intervalle de temps Δt, la petite onde secondaire issue du point B du front d'onde AB parcourt une distance $v_1 \Delta t$ jusqu'au point B', de telle sorte que $BB' = v_1 \Delta t = AB' \sin \theta_1$. Durant ce laps de temps, la petite onde secondaire issue de A parcourt une distance $v_2 \Delta t$ jusqu'au point A' du second milieu, de telle sorte que $AA' = v_2 \Delta t = AB' \sin \theta_2$. Le

Figure 4.10 ▲

Une paille partiellement plongée dans un liquide nous apparaît pliée à cause de la réfraction de la lumière à la surface du liquide.

---

* Découverte expérimentalement au Xe siècle par Ibn Sahl (vers 940-vers 1000), elle n'est qu'un exemple de la grandeur de la science arabe, qui dépassait celle de l'Occident pendant qu'il traversait son « Moyen-Âge ».

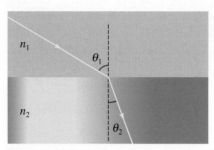

Figure 4.11 ▲

L'angle d'incidence θ_1 et l'angle de réfraction θ_2 sont liés par la loi de Snell-Descartes. La relation reste vraie si l'on inverse le sens du rayon.

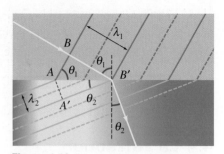

Figure 4.12 ▲

Le principe de Huygens permet d'expliquer la réfraction. Le module de la vitesse des ondes est plus faible dans le milieu plus réfringent (d'indice plus élevé). En une période, l'onde issue de A parcourt une longueur d'onde λ_2 et l'onde issue de B parcourt une longueur d'onde λ_1, avec $\lambda_2 < \lambda_1$.

nouveau front d'onde $A'B'$ est tangent aux petites ondes secondaires du front d'onde AB. Le rapport BB'/AA' donne

$$\frac{\sin \theta_1}{\sin \theta_2} = \frac{v_1}{v_2}$$

Selon cette équation, $\theta_1 > \theta_2$ si $v_1 > v_2$. Le principe de Huygens, fondé sur la représentation de la lumière comme une onde, permet donc de prédire que les rayons se *rapprochent* de la normale lorsqu'ils pénètrent dans un milieu où *le module de la vitesse de l'onde est moins grand*. Notons que le rayon réfracté est dans le plan d'incidence défini par le rayon incident et la normale.

L'équation précédente s'exprime généralement en fonction de l'indice de réfraction de chaque milieu. L'**indice de réfraction** n d'un milieu est par définition le rapport des modules de la vitesse de la lumière dans le milieu (v) et dans le vide (c) :

Indice de réfraction

$$n = \frac{c}{v} \tag{4.2}$$

On observe que la lumière a une vitesse maximale dans le vide. Ainsi, l'indice de réfraction est toujours égal ou supérieur à 1 (voir le tableau 4.1), seul le vide ayant précisément un indice de 1. De plus, nous verrons à la section 4.6 que l'indice de réfraction de certains milieux, appelés *dispersifs*, dépend légèrement de la longueur d'onde.

En fonction des indices de réfraction, on peut écrire

Loi de Snell-Descartes

$$n_1 \sin \theta_1 = n_2 \sin \theta_2 \tag{4.3}$$

Cette relation est connue sous le nom de **loi de Snell-Descartes**. Si $n_2 > n_1$, alors $\theta_2 < \theta_1$; autrement dit, en pénétrant dans un milieu d'*indice de réfraction plus élevé* (milieu plus réfringent), les rayons se *rapprochent* de la normale.

Tableau 4.1 ▼

Indices de réfraction de diverses substances à 20°C pour la lumière jaune (longueur d'onde de 598 nm dans le vide)

Substance	n
Air	1,0003
Eau	1,333
Verre crown*	1,5
Verre flint*	1,66
Zircon (ZrO_2SiO_2)	1,923
Diamant	2,409

* Le verre a une composition chimique et une densité qui peut varier, ce qui affecte l'indice de réfraction ; les indices qui sont donnés ici sont les valeurs usuelles qu'on utilisera dans les exercices, sauf avis contraire.

On remarque que le raisonnement ayant mené à l'équation 4.3 est également valable si l'on inverse le sens de propagation du rayon lumineux, tout comme c'était le cas pour l'équation 4.1. En conséquence, quand les milieux de propagation sont non dispersifs, la position de la source ponctuelle et celle de l'œil peuvent être interverties dans tout dispositif d'optique géométrique (c'est-à-dire dont le fonctionnement repose soit sur la réfraction, soit sur la réflexion) : c'est **la loi du retour inverse de la lumière**. Cette loi demeure valable dans un milieu dispersif, pourvu que la lumière soit suffisamment monochromatique (une seule longueur d'onde).

Par ailleurs, le fait que la vitesse de la lumière ne soit pas la même dans chaque milieu a aussi une conséquence sur la longueur d'onde. Cela est dû au fait que la fréquence de l'onde est déterminée uniquement par la source lumineuse et est donc la même des deux côtés de la surface de séparation. En effet, le nombre de fronts d'onde qui s'approchent de la surface en une seconde doit être égal au nombre de fronts d'onde qui s'en éloignent en une seconde. Sinon, il y aurait accumulation de fronts d'onde sur la surface, ce qui n'a aucun sens. Si la longueur d'onde est λ_0 dans le vide et λ_n dans un milieu d'indice n, alors $v = f\lambda_n$ et $c = f\lambda_0$. En remplaçant dans l'équation 4.2, on obtient

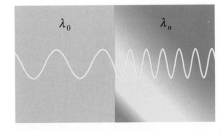

Longueur d'onde et indice de réfraction

$$\lambda_n = \frac{\lambda_0}{n} \qquad (4.4)$$

Comme le montre la figure 4.13, la longueur d'onde dans un milieu d'indice n est plus courte que la longueur d'onde dans le vide.

Figure 4.13 ▲

La longueur d'onde de la lumière dans un milieu d'indice n est inférieure à sa longueur d'onde dans le vide : $\lambda_n = \lambda_0/n$. La fréquence de la lumière ne change pas au passage d'un milieu à un autre, car elle est déterminée par la source.

EXEMPLE 4.2

Un rayon lumineux incident de longueur d'onde 600 nm dans l'air fait un angle de 35° avec la normale d'une plaque en verre de plomb (verre flint) dont l'indice de réfraction est de 1,6 pour cette longueur d'onde. On estime que l'indice de réfraction de l'air est égal à 1. Déterminer : (a) l'angle de réfraction ; (b) la longueur d'onde de la lumière dans le verre ; (c) le module de la vitesse de la lumière dans le verre.

Solution

(a) D'après l'équation 4.3,

$$1 \sin 35° = 1,6 \sin \theta_2$$

ce qui donne $\sin \theta_2 = \sin 35°/1,6 = 0,358$ et donc $\theta_2 = 21°$. (b) La longueur d'onde dans le verre est donnée par l'équation 4.4 :

$$\lambda_n = \frac{\lambda_0}{n} = \frac{600 \text{ nm}}{1,6} = 375 \text{ nm}$$

(c) Le module de la vitesse de la lumière dans le verre est

$$v = \frac{c}{n} = \frac{3,00 \times 10^8 \text{ m/s}}{1,6} = 1,88 \times 10^8 \text{ m/s}$$

EXEMPLE 4.3

Un rayon se propageant dans un milieu d'indice de réfraction n_1 pénètre dans une plaque de verre d'indice de réfraction n_2 suivant un angle α avec la normale à la plaque. Après une seconde réfraction, il émerge dans un milieu identique au milieu initial (figure 4.14). Montrer qu'il ressort de la plaque parallèlement à son orientation incidente.

Solution

À la surface supérieure de la plaque, le rayon réfracté fait un angle β avec la normale. Selon la loi de Snell-Descartes,

$$n_1 \sin \alpha = n_2 \sin \beta \qquad \text{(i)}$$

Ce rayon réfracté tombe sur la surface inférieure suivant le même angle β par rapport à la normale et ressort de la plaque en faisant un angle γ avec la normale. Ainsi,

$$n_2 \sin \beta = n_1 \sin \gamma \qquad \text{(ii)}$$

En comparant (i) et (ii), on constate que $\alpha = \gamma$. Le rayon émergent est donc parallèle au rayon incident, mais il a subi un déplacement latéral (figure 4.14).■

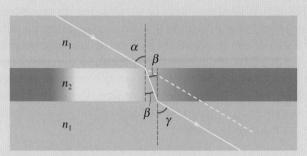

Figure 4.14 ▲
Lorsqu'un rayon traverse une lame d'épaisseur uniforme, il émerge parallèlement à son orientation initiale.

EXEMPLE 4.4

De la lumière verte se propageant dans le verre ($n = 1,5$) émerge dans l'air suivant un angle de 40° avec la normale à la surface de séparation verre-air. La longueur d'onde λ_0 dans l'air est de 546 nm. (a) Quel est l'angle d'incidence dans le verre ? (b) Quelle est la fréquence de la lumière dans le verre ?

Solution

(a) D'après la loi de Snell-Descartes, $1,5 \sin \theta_1 = 1,0 \sin 40°$; on trouve $\theta_1 = 25,4°$. (b) La fréquence est la même que dans l'air, c'est-à-dire $f = c/\lambda_0 = 5,49 \times 10^{14}$ Hz.

Figure 4.15 ▲
Un rayon traversant plusieurs lames successives d'indices de réfraction croissants. Sa trajectoire a tendance à se rapprocher de la normale.

Lorsqu'un rayon traverse une série de lames d'indices de réfraction croissants (figure 4.15), sa trajectoire se rapproche progressivement de la normale. Dans le cas d'une variation continue de l'indice, la trajectoire est une courbe lisse. Par conséquent, la trajectoire d'un rayon dans un milieu non homogène n'est pas rectiligne. Comme la densité de notre atmosphère décroît avec l'altitude, l'indice de réfraction décroît également. C'est pourquoi on peut encore voir le Soleil après qu'il soit passé sous l'horizon : sur la figure 4.16*a*, il apparaît comme s'il était

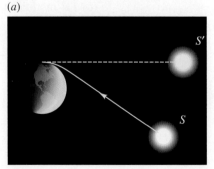

Figure 4.16 ▲
(*a*) Puisque l'indice de réfraction diminue avec l'altitude, les rayons du Soleil couchant sont réfractés comme le montre la figure. Le Soleil se trouve en *S*, alors qu'on a l'impression qu'il est en *S'*. (*b*) Par temps chaud, l'indice de réfraction de l'air au niveau du sol est parfois inférieur à celui des couches supérieures. Le mirage observé est en réalité une image du ciel.

situé en S' (car les rayons semblent provenir de cet endroit) alors qu'il est réellement en S. On explique aussi le phénomène de *mirage* par une interprétation analogue fondée sur la variation de l'indice de réfraction de l'air : par temps chaud, l'air au niveau du sol est moins dense que l'air situé juste au-dessus, ce qui signifie que l'indice de réfraction augmente graduellement avec l'altitude jusqu'à un certain niveau. Les rayons proches du sol suivent donc une trajectoire incurvée vers le haut (figure 4.16b). L'«eau» que l'on croit voir sur la route lorsqu'il fait très chaud n'est en fait que l'image du ciel et l'effet de miroitement est dû aux fluctuations aléatoires de la densité de l'air.

4.5 La réflexion totale interne

La figure 4.17 représente la surface de séparation entre deux milieux d'indices de réfraction n_a et n_i (i représentant le milieu incident, et a, l'autre milieu), tels que $n_i > n_a$. Lorsqu'un rayon passe du milieu plus réfringent (d'indice le plus élevé) vers le milieu moins réfringent (d'indice le moins élevé), le rayon réfracté s'éloigne de la normale. Pour de petits angles d'incidence, à chaque rayon incident correspondent un rayon réfléchi et un rayon réfracté. Mais pour un certain angle d'incidence critique, θ_c, le rayon réfracté est parallèle à la surface de séparation. Si l'angle d'incidence est supérieur à θ_c, le principe de Huygens ne permet plus de prédire qu'il y aura un rayon réfracté et la lumière est donc totalement réfléchie vers le milieu plus réfringent. Ce phénomène, qui porte le nom de **réflexion totale interne**, a été découvert par Johannes Kepler (1571-1630) en 1604. On détermine la valeur de θ_c à partir de la loi de Snell-Descartes en posant $\theta_i = \theta_c$ et $\theta_a = 90°$:

Figure 4.17 ▲
La lumière issue d'une source ponctuelle dans un milieu d'indice n_i tombe sur la surface de séparation avec un milieu d'indice n_a. Lorsque l'angle d'incidence atteint une valeur critique, il n'y a plus de rayon réfracté. La lumière subit alors une réflexion totale interne.

Réflexion totale interne

$$n_i \sin \theta_c = n_a \qquad (4.5)$$

Si le milieu moins réfringent est l'air, on peut poser $n_a = 1$. On trouve alors la valeur de l'angle d'incidence critique pour l'eau ($n_i = 1,33$), $\theta_c = 48,8°$, et pour le verre ($n_i \approx 1,5$), $\theta_c \approx 42°$.

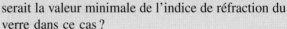

EXEMPLE 4.5

Kepler utilisa la réflexion totale interne dans un bloc de verre pour dévier un faisceau lumineux (figure 4.18). (a) Si le bloc a un indice de réfraction de 1,35 et qu'il est entouré d'air ($n = 1$), pour quelles valeurs de l'angle d'incidence i sur la face supérieure a-t-on réflexion totale interne sur la face verticale ? (b) Pour un angle d'incidence i sur la face supérieure, quelle doit être la valeur minimale de l'indice de réfraction pour qu'il y ait réflexion totale interne sur la face verticale ? (c) On suppose que le bloc est immergé dans l'eau ($n = 1,33$) et que seule sa face supérieure est au-dessus de l'eau. On donne $i = 45°$. Quelle

serait la valeur minimale de l'indice de réfraction du verre dans ce cas ?

Solution

(a) Il y a réflexion totale interne sur la face verticale si l'angle d'incidence sur cette face est supérieur à l'angle critique, qui est déterminé sur cette face par l'équation 4.5 : $1,35 \sin \theta_c = 1$, d'où $\theta_c = 47,8°$. On voit sur la figure que $\alpha = 90° - \theta_c = 42,2°$. En appliquant la loi de Snell-Descartes pour la face supérieure, on obtient $1 \sin i = 1,35 \sin 42,2°$, d'où $i = 65,1°$.

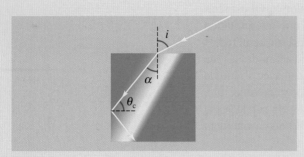

Figure 4.18 ▲
Un rayon pénètre dans un bloc de verre et subit une réflexion totale interne sur la face verticale.

⚠ Si on diminue i, on diminue α mais on augmente l'angle d'incidence sur la face verticale : on demeure ainsi en situation de réflexion totale interne. L'angle d'incidence i peut donc prendre n'importe quelle valeur entre 0° et 65,1°. ∎

(b) L'angle de réfraction à la traversée de la surface supérieure est donné par la loi de Snell-Descartes :

$$n \sin \alpha = 1 \sin i \qquad \text{(i)}$$

Il y a réflexion totale interne sur la face verticale si l'angle d'incidence est supérieur à l'angle critique, qui est déterminé par

$$n \sin \theta_c = 1 \qquad \text{(ii)}$$

On voit sur la figure que $\theta_c = 90° - \alpha$, donc $\sin \theta_c = \cos \alpha$. On en déduit que

$$n \cos \alpha = 1 \qquad \text{(iii)}$$

En élevant au carré les deux membres des équations (i) et (iii) et en les additionnant, on obtient

$$n^2 \cos^2 \alpha + n^2 \sin^2 \alpha = 1 + \sin^2 i \qquad \text{(iv)}$$

Par conséquent,

$$n = (1 + \sin^2 i)^{1/2} \qquad \text{(v)}$$

(c) Dans la solution de la partie (b), l'équation (iii) devient

$$n \cos \alpha = 1{,}33$$

l'équation (iv) devient

$$n^2 \cos^2 \alpha + n^2 \sin^2 \alpha = 1{,}33^2 + \sin^2 i = 1{,}77 + \sin^2 i$$

et l'équation (v) devient

$$n = (1{,}77 + \sin^2 i)^{1/2}$$

Pour $i = 45°$, on trouve $n = 1{,}51$.

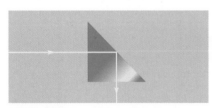

Figure 4.19 ▲
Réflexion totale interne de la lumière dans un prisme de 45°.

Figure 4.20 ▶
Le système optique d'une paire de jumelles fait intervenir la réflexion totale interne dans deux prismes pour renverser l'image et intervertir la gauche et la droite de sorte que l'image observée par l'œil semble normale.

La réflexion totale interne a plusieurs applications. La figure 4.19 représente un prisme de 45° et un rayon incident normal à l'une des deux faces perpendiculaires. Puisque l'angle d'incidence sur la troisième face (hypoténuse) est supérieur à θ_c (= 42°), la lumière subit une réflexion totale interne, avec un rendement voisin de 100 %. Même les meilleurs miroirs métalliques ne réfléchissent que 95 % environ de l'énergie incidente. La figure 4.20 représente le système optique d'une paire de jumelles, constitué de deux prismes servant à inverser l'image (de bas en haut) et à la rectifier (de gauche à droite).

Les **fibres optiques** sont de minces fibres de verre ou de plastique, de 10 μm à 50 μm d'épaisseur. Un rayon qui pénètre avec un angle approprié par une extrémité de la fibre subit une série de réflexions totales internes et il est donc

acheminé le long de la fibre sans perte notable sur les parois (figure 4.21). Un faisceau de fibres très serrées, dont les positions relatives sont maintenues constantes, constitue ainsi un outil d'observation particulièrement utile en médecine. Un tel faisceau « cohérent » peut en effet servir à examiner des organes internes, comme l'estomac, sans avoir à pratiquer d'opération chirurgicale importante (figure 4.22). Il est important de recouvrir chaque fibre d'un matériau d'indice de réfraction différent pour éviter les pertes créées par la mise en contact de deux fibres. Les fibres optiques sont également de plus en plus utilisées pour remplacer les câbles des réseaux téléphoniques terrestres (figure 4.23). Une étude détaillée de la lumière guidée par une fibre optique dépasserait de loin la représentation simpliste du rayon lumineux qui subit des réflexions successives. Il faudrait en effet tenir compte des nombreux effets d'optique physique qui s'y produisent. Il n'en demeure pas moins que le fonctionnement de ce « guidage » repose exclusivement sur le phénomène de la réflexion totale interne.

Figure 4.21 ▲
La réflexion totale interne permet à la lumière de se propager dans une fibre optique.

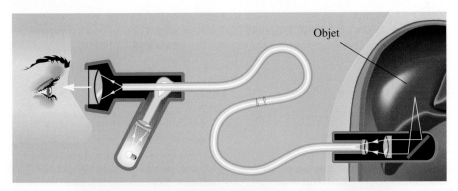

Objet

Figure 4.22 ◄
Un faisceau « cohérent » de fibres optiques permet d'examiner les organes internes sans faire appel à la chirurgie.

Figure 4.23 ◄
Une seule fibre optique peut transmettre autant d'information qu'un gros faisceau de fils de cuivre.

4.6 Le prisme et la dispersion

Au chapitre 2, nous avons dit que la fréquence d'une onde ne dépend que de sa source et que la vitesse de cette onde dépend essentiellement du milieu de propagation. Si certains milieux véhiculent toutes les ondes à la même vitesse (c'est le cas des ondes dans une corde, par exemple), d'autres milieux véhiculent chaque onde à une vitesse qui dépend aussi de sa fréquence. On dit de ces derniers qu'ils sont des **milieux dispersifs**.

Dans le cas de la lumière, on observe que la plupart des milieux sont légèrement dispersifs. En conséquence, leur indice de réfraction n'est pas une unique constante ; la pratique veut qu'on ne l'exprime pas en fonction de la fréquence, mais plutôt en fonction de la longueur d'onde (mesurée dans le vide) de la lumière

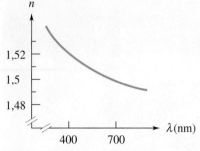

Figure 4.24 ▲

Une courbe de dispersion caractéristique.
L'indice de réfraction diminue au fur et à
mesure que la longueur d'onde augmente.

qui le traverse. La figure 4.24 représente ainsi la variation caractéristique de
l'indice de réfraction d'un verre dans la région visible (400 à 700 nm). Chaque
couleur que nous percevons correspond à une plage très étroite de longueurs
d'onde. Le rouge, qui a la plus grande longueur d'onde, correspond à un indice
de réfraction plus faible que le violet, qui a la plus courte longueur d'onde.
Lorsqu'un faisceau de lumière blanche, qui comprend toutes les longueurs
d'onde visibles, tombe selon un certain angle sur une surface en verre, il est séparé
en un spectre multicolore. Ce phénomène s'appelle la **dispersion** de la lumière.
Si le verre a deux faces parallèles, les rayons qui émergent de la deuxième face
sont parallèles aux rayons incidents (figure 4.25). Les faces non parallèles d'un
prisme triangulaire servent à augmenter la séparation angulaire entre les couleurs
et à rendre les rayons émergents non parallèles (figure 4.26). Chaque longueur
d'onde a son propre angle de déviation δ par rapport au rayon initial.

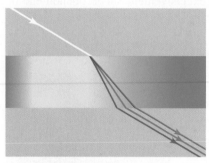

Figure 4.25 ▲

Si des rayons superposés de couleurs
différentes traversent une lame d'épaisseur
uniforme, les rayons sortants sont dispersés
mais parallèles.

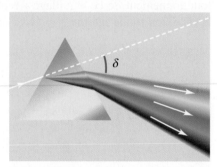

Figure 4.26 ▲

Un prisme triangulaire disperse la lumière
blanche, qui est un mélange de toutes les
couleurs, et fait diverger le faisceau sortant.
L'angle δ, appelé angle de déviation, dépend
de la longueur d'onde et est donc différent
pour chacune des couleurs.

Le spectroscope à prisme (figure 4.27) est un dispositif inventé peu avant 1860
par Gustav Kirchhoff (1824-1887) et Robert Bunsen (1811-1899) et servant à
analyser la lumière émise par diverses sources. La lumière émise par la source
passe par une mince fente puis par un collimateur, qui en fait un faisceau parallèle.
Au passage du faisceau à travers le prisme, les diverses longueurs d'onde sont
réfractées différemment. On observe la lumière sortant du prisme à l'aide d'un
télescope. La source est parfois constituée par un sel placé dans une flamme ou,
plus fréquemment, par un gaz de faible densité soumis à une décharge électrique.
Le spectre émis par un élément à l'état gazeux est composé d'une série de longueurs d'onde, visibles sous forme de raies multicolores dans le télescope. Ce
spectre de raies est caractéristique de chaque élément et peut donc servir à l'identifier (voir la section 9.4).

Figure 4.27 ▶

Un spectroscope à prisme. La lumière issue
d'une source passe dans un collimateur qui
en donne un faisceau parallèle. On examine
la lumière dispersée à l'aide d'un télescope.

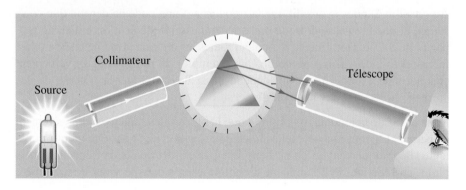

EXEMPLE 4.6

Un rayon incident frappe à un angle de 45° une face d'un prisme équilatéral d'indice de réfraction égal à 1,55. Quel est l'angle de sortie du rayon par rapport à la normale de la deuxième face ? Le milieu environnant est l'air ($n = 1$).

Solution

On cherche l'angle β (voir la figure 4.28). L'angle de réfraction r à la première face est donné par la loi de Snell-Descartes :

$$1 \sin 45° = 1,55 \sin r$$

d'où $r = 27,1°$. Soit α, l'angle d'incidence sur la deuxième face. Considérons le triangle délimité par le sommet du prisme, le point d'entrée du rayon et le point de sortie du rayon. Puisque la somme des angles internes d'un triangle vaut 180°,

$$(90° - r) + (90° - \alpha) + 60° = 180°$$

d'où $\alpha = 60° - r = 32,9°$. En appliquant la loi de Snell-Descartes à la deuxième face,

$$1,55 \sin 32,9° = 1 \sin \beta$$

On trouve $\beta = 57,3°$.

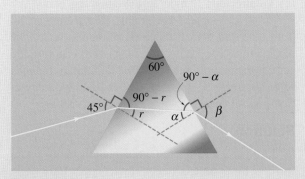

Figure 4.28 ▲
Trajectoire d'un rayon lumineux traversant un prisme.

EXEMPLE 4.7

Lors du passage d'un rayon de lumière à travers un prisme, on peut montrer que l'angle de déviation a une valeur *minimale* lorsque le rayon traverse le prisme de façon symétrique, c'est-à-dire lorsqu'il ressort suivant un angle égal à l'angle d'incidence. Sachant cela, trouver l'expression donnant l'indice de réfraction d'un prisme en fonction de l'angle au sommet du prisme et de l'angle de déviation minimal.

Solution

La figure 4.29 représente un rayon de lumière monochromatique (une seule longueur d'onde) tombant sur un prisme. L'angle de déviation δ du faisceau dépend de l'angle i suivant lequel le faisceau tombe sur la face du prisme.

L'angle au sommet du prisme est ϕ. Pour chaque face que le rayon traverse, son orientation change de $(i - r)$ et la déviation totale est donc

$$\delta_{min} = 2(i - r)$$

Puisque l'angle entre les normales PR et QR aux faces est égal à l'angle entre les faces, on voit dans le triangle PQR que $\phi = 2r$.

La loi de Snell-Descartes s'écrit $\sin i = n \sin r$, avec $i = \frac{1}{2}\delta_{min} + r$. Par conséquent, $n = \sin i/\sin r$ devient

$$n = \frac{\sin\left(\dfrac{\phi + \delta_{min}}{2}\right)}{\sin\left(\dfrac{\phi}{2}\right)}$$

On peut utiliser cette expression pour trouver n en mesurant δ_{min}. En mesurant les déviations minimales correspondant à des valeurs connues de la longueur d'onde, on peut tracer une *courbe de dispersion* comme celle de la figure 4.24. ■

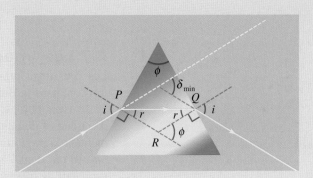

Figure 4.29 ▲
À l'angle de déviation minimal, le rayon ressort du prisme symétriquement par rapport à lui-même.

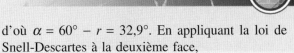

Quand l'indice de réfraction du prisme est connu pour chaque longueur d'onde, on peut déterminer, pour chacune des couleurs incidentes, la trajectoire du rayon lumineux et l'angle de déviation. On désigne les angles d'incidence et de réfraction à chacune des faces par i_1, r_1, i_2 et r_2, respectivement. (a) Montrer que l'angle de déviation est donné par $\delta = i_1 + r_2 - \phi$. (b) Un prisme équilatéral est fait d'un matériau dont l'indice de réfraction est donné par la courbe de la figure 4.24 (p. 118). On projette sur ce prisme un mince faisceau de lumière blanche selon un angle $i_1 = 30°$. Calculer l'angle de déviation pour chaque extrémité du spectre visible.

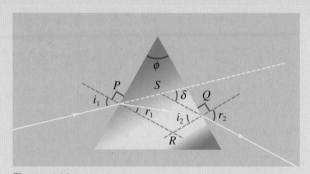

Figure 4.30 ▲

Après avoir traversé les deux faces du prisme, l'angle de déviation δ est différent pour chaque couleur.

Solution

(a) La figure 4.30 illustre une situation où un rayon traverse un prisme de façon quelconque. Puisque la somme des angles intérieurs du quadrilatère $PQRS$ est 360°,

$$i_1 + r_2 + (180° - \phi) + (180° - \delta) = 360°$$

Après simplification, on obtient immédiatement le résultat demandé.

(b) En utilisant la graduation verticale de la figure 4.24 (p. 118), on obtient que l'indice de réfraction du prisme est de 1,52 pour la lumière violette ($\lambda = 400$ nm) et de 1,50 pour la lumière rouge ($\lambda = 700$ nm). L'angle de réfraction r_1 à la première face pouvant être prédit grâce à la loi de Snell-Descartes $1 \sin 30° = n \sin r_1$, il sera de 19,20° pour l'extrémité violette du spectre et de 19,47° pour l'extrémité rouge du spectre. (À l'intérieur du prisme, l'*angle de dispersion* est donc de seulement 19,47 − 19,20 = 0,27°.)

À partir de l'angle r_1, on peut obtenir l'angle d'incidence i_2 sur la seconde face. Considérons le triangle formé par le sommet du prisme et les points P et Q : ses angles intérieurs totalisant 180°, on obtient que $i_2 + r_1 = \phi = 60°$. Donc, l'angle i_2 est de 60 − 19,20 = 40,80° pour l'extrémité violette du spectre et de 60 − 19,47 = 40,53° pour l'extrémité rouge du spectre.

La loi de Snell-Descartes $n \sin i_2 = 1 \sin r_2$ permet ensuite d'obtenir l'angle r_2, soit 83,27° pour le violet et 77,10° pour le rouge. Enfin, l'application du résultat obtenu en (a) donne un angle δ de 30 + 83,27 − 60 = 53,3° pour l'extrémité violette du spectre et de 30 + 77,10 − 60 = 47,1° pour l'extrémité rouge.

Après la sortie du prisme, l'angle de dispersion est donc de 53,3 − 47,1 = 6,2° : la séparation angulaire des couleurs est donc bien plus importante après deux réfractions qu'après une seule. ∎

4.7 Les images formées par un miroir plan

Les plus anciennes références écrites relatives à l'existence des miroirs se trouvent dans la Bible, soit dans l'*Exode*, 38,8 (vers 1200 av. J.-C.) et dans *Job*, 37,18 (vers 600 av. J.-C.). Les miroirs étaient alors en bronze poli, un alliage de cuivre et d'étain. Les Romains parvinrent à en améliorer la qualité en augmentant la proportion d'étain pour produire un alliage qu'ils appelaient *speculum* (d'où vient l'expression « réflexion spéculaire »). Les Chinois pourraient avoir fait de même aussi vers 400 av. J.-C. Selon la légende, Archimède (vers 287-vers 212 av. J.-C.) se servit de miroirs pour mettre le feu à la flotte romaine de Marcellus à Syracuse (vers 212 av. J.-C.). Même s'il ne s'agit que d'une légende, sa vraisemblance fut démontrée en 1973 (figure 4.31). De nos jours, on fabrique les miroirs en vaporisant de l'aluminium sur une surface polie.

La formation de l'image d'un objet dans un miroir plan est représentée à la figure 4.32. Quel que soit l'objet, de la lumière provient ou semble provenir de ce dernier : en général, il s'agit de lumière ambiante que l'objet réfléchit de façon diffuse, mais si l'objet est lumineux, cette lumière est aussi celle qu'il a lui-même émis. De chaque point de l'objet partent donc des rayons qui divergent dans toutes les directions, mais nous n'étudions que le comportement d'un petit cône de lumière. À chaque point O de l'objet correspond un point image I. Considérons un point donné sur l'objet, comme l'extrémité inférieure de la flèche. Cet objet est situé à une distance p du miroir et son image est à une distance q. OMA et IMA sont des triangles rectangles. D'après la loi de la réflexion, les angles OAM et IAM sont égaux. Les triangles OMA et IMA sont donc congruents et les segments OM et MI sont de même longueur. Toutefois, comme il s'agit d'une image qui se forme derrière le miroir, elle est *virtuelle*, et on la repère alors par une distance q négative (voir la section suivante). On en conclut donc que

$$p = -q \qquad (4.6)$$

c'est-à-dire que *la distance objet est égale à la distance image*. Cette démonstration est valable pour tous les points qui constituent l'objet*. On peut en conclure que l'image d'un objet plan est de même dimension que l'objet. La perception qu'a l'observateur (l'œil) de cette dimension dépend de la distance à laquelle il se trouve de l'objet ou de l'image.

Une réflexion dans un miroir plan semble intervertir la gauche et la droite. La figure 4.33a représente une personne face à un miroir, alors qu'à la figure 4.33b la personne se tient de profil. Dans les deux cas, si la personne lève le bras droit, son image lève le bras « gauche ». Nous employons les termes « droite » et « gauche » en parlant de l'image conformément à notre façon habituelle de voir les gens qui nous entourent. Pour bien illustrer le rôle du miroir, il est préférable de considérer un système de coordonnées. On voit à la figure 4.34 que les axes x et y, parallèles au plan du miroir, ne changent pas de sens, alors que le sens de l'axe z, perpendiculaire au plan du miroir, est inversé.

Figure 4.31 ▲

En 1973, l'historien grec I. Sakkas fit aligner 70 soldats munis de boucliers plats en cuivre et leur demanda de réfléchir la lumière solaire vers une barque située à 50 m de la berge. La barque prit bientôt feu. On raconte qu'Archimède avait utilisé cette méthode pour mettre le feu à la flotte romaine.

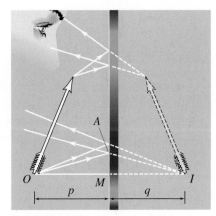

Figure 4.32 ▲

Les rayons servant à construire l'image d'une flèche dans un miroir. La distance objet p est égale, en valeur absolue, à la distance image q. Les rayons véritables sont en trait plein et les prolongements de rayons sont en pointillés.

(a)   (b)

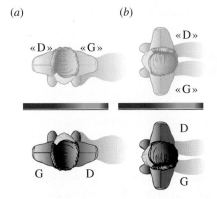

Figure 4.33 ▲

Lorsqu'une personne se tient debout en face d'un miroir plan, la droite et la gauche paraissent interverties.

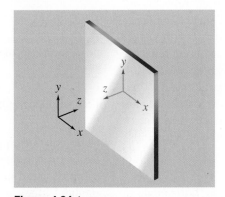

Figure 4.34 ▲

Un miroir plan ne modifie pas les axes des x et des y qui sont dans son plan, mais inverse le sens de l'axe des z qui lui est perpendiculaire.

---

* Cette équation demeure aussi valable dans l'éventualité où l'objet est un objet virtuel (voir la section 4.8).

EXEMPLE 4.9

On place un objet entre deux miroirs plans perpendiculaires. Combien d'images voit-on ?

Solution

À la figure 4.35, l'objet O est constitué par l'extrémité inférieure d'une flèche. Ses images dans les miroirs M_1 et M_2 sont I_1 et I_2 sur la figure si la lumière pénètre dans l'œil après une seule réflexion. (Les rayons qui correspondent à ces images ne sont pas illustrés.) Mais la lumière peut aussi pénétrer dans l'œil après avoir été réfléchie par les deux miroirs. Les rayons correspondant à la formation de l'image I_3 sont représentés sur la figure. On remarque que I_3 serait une image de I_1 si l'on prolongeait M_2 vers le bas. De même, I_3 est une image de I_2 dans le « miroir virtuel » obtenu en prolongeant M_1 vers la gauche.

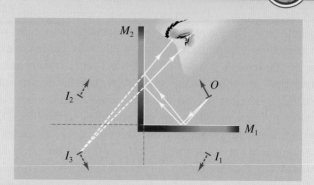

Figure 4.35 ▲

Un objet O placé entre deux miroirs perpendiculaires va produire trois images. On voit que l'image I_3 est obtenue après deux réflexions. On peut facilement trouver les positions des images en imaginant que les miroirs se prolongent dans la région « virtuelle » (pointillés).

EXEMPLE 4.10

Quelle doit être la longueur minimale d'un miroir pour qu'une personne puisse se voir de la tête aux pieds ? On suppose que les yeux sont à une distance a du sommet de la tête et à une distance b au-dessus des pieds.

Solution

Les rayons provenant des pieds et du sommet de la tête pénètrent dans l'œil après avoir été réfléchis sur le miroir (figure 4.36). On sait que l'angle d'incidence est égal à l'angle de réflexion. La lumière provenant des pieds pénètre dans l'œil après avoir été réfléchie au point B, qui se trouve à $b/2$ au-dessus du sol. La lumière du sommet de la tête pénètre dans l'œil après avoir été réfléchie au point A, situé à une distance $a/2$ sous le sommet de la tête. La hauteur totale de la personne est $a + b$ et la longueur requise pour le miroir est $a/2 + b/2$, c'est-à-dire la moitié de la taille de la personne.

💡 Remarquez que la distance horizontale à laquelle se tient la personne n'a pas d'importance. Toutefois, la position verticale du miroir a de

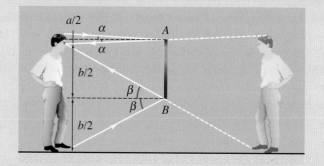

Figure 4.36 ▲

Un miroir de hauteur égale à la moitié de la taille d'une personne est suffisant pour qu'elle puisse se voir de la tête aux pieds.

l'importance : le bas du miroir doit se trouver à une distance $b/2$ du sol (figure 4.36). ■

Cette conclusion peut paraître contredire les observations quotidiennes, mais ce n'est pas le cas : en s'approchant d'un miroir, un observateur pourra distinguer l'image de davantage d'objets situés *derrière* lui, mais ne pourra pas distinguer une plus grande portion de son propre corps.

4.8 Les miroirs sphériques

Nous allons maintenant étudier la formation des images données par des miroirs à surfaces sphériques. Un miroir **concave** (figure 4.37*a*) est un miroir dont la partie centrale de la surface réfléchissante est creuse*, alors qu'elle est bombée dans le cas d'un miroir **convexe** (figure 4.37*b*).

(*a*) Concave

(*b*) Convexe

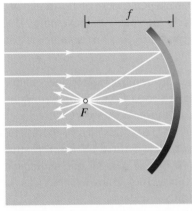 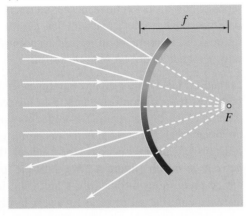

Figure 4.37 ◄

(*a*) Après réflexion sur un miroir concave, les rayons parallèles à l'axe optique convergent vers un foyer réel. (*b*) Après réflexion sur un miroir convexe, les rayons parallèles à l'axe optique divergent à partir d'un foyer virtuel.

En général, les rayons parallèles réfléchis par un miroir concave coupent l'axe principal en des points distincts (figure 4.38). L'image d'une source située à l'infini est donc brouillée. Ce phénomène, connu sous le nom d'**aberration de sphéricité**, est une conséquence de la géométrie sphérique du miroir. Les Grecs savaient qu'un miroir *parabolique* permet de focaliser en un seul point, appelé **foyer**, des rayons parallèles incidents. En vertu de la loi du retour inverse de la lumière, les rayons issus d'une source ponctuelle placée au foyer d'un tel miroir donnent un faisceau de rayons parallèles après réflexion. Cette propriété est utilisée notamment dans les projecteurs. Les miroirs sphériques étant plus faciles à réaliser, ils sont encore très largement utilisés; c'est donc le type de miroir que nous allons étudier de plus près.

On peut négliger l'aberration de sphéricité des miroirs sphériques à condition de se limiter à l'**approximation paraxiale**, qui consiste à ne considérer que les rayons proches de l'axe central, ou **axe optique**, et qui font donc un petit angle avec lui. Non seulement obtient-on alors un foyer unique pour tous les rayons se réfléchissant sur le miroir, mais il est possible aussi de montrer, comme nous le ferons plus loin, que l'image formée par ces rayons lorsqu'ils ne sont pas parallèles à l'axe est en un point unique, indépendamment de l'endroit où ceux-ci frappent le miroir. Dans la pratique, l'approximation paraxiale est vérifiée si l'on utilise un miroir de très petite dimension par rapport au rayon de courbure de sa surface, pourvu que l'objet soit situé près de l'axe optique.

Lorsqu'on fait un dessin à l'échelle des rayons émis par un objet et réfléchis par un miroir sphérique et qu'on désire tenir compte de l'approximation paraxiale, *il est préférable de représenter les miroirs sphériques, qu'ils soient concaves ou convexes, par des surfaces réfléchissantes planes* (voir les figures 4.39 et suivantes). En effet, dans l'approximation paraxiale, on ne doit considérer

Figure 4.38 ▲

Si les rayons incidents parallèles tombent sur le miroir à différentes distances de l'axe d'un miroir sphérique, les rayons réfléchis ne convergent pas en un même point.

---

* Sur le plan étymologique, « concave » indique que le miroir a une surface creuse : la racine est la même que celle des mots « cavité », « cave », « caverne », etc.

que la portion du miroir sphérique qui est très rapprochée de l'axe optique. Représenter le trajet des rayons devient alors très difficile, car tous les rayons sont pratiquement confondus avec l'axe optique… à moins de tricher un peu et d'exagérer l'échelle perpendiculaire à l'axe optique ; par le fait même, la courbure du miroir devient imperceptible, et on peut carrément ne pas la représenter. Toutefois, afin de distinguer les miroirs concaves des miroirs convexes, on peut, si on le désire, recourber le haut et le bas de chaque miroir, au-delà de la portion utilisée pour le tracé des rayons. Une mise en garde s'impose toutefois : cette représentation où l'échelle perpendiculaire est exagérée permet de tracer des schémas plus lisibles, mais où les angles sont déformés : par exemple, à la figure 4.39, la normale au miroir au point P (pointillé bleu) ne semble pas du tout perpendiculaire au plan du miroir.

Lorsqu'un faisceau de rayons parallèles tombe sur un miroir sphérique, chaque rayon est réfléchi conformément à la loi de la réflexion. Dans l'approximation paraxiale, les rayons parallèles réfléchis par un miroir concave convergent en un **foyer réel** F par lequel ils passent (figure 4.37a). Les rayons parallèles réfléchis par un miroir convexe semblent diverger à partir d'un foyer F situé derrière le miroir (figure 4.37b). Puisque les rayons ne passent pas réellement par ce point, nous dirons qu'il s'agit d'un **foyer virtuel**. Dans les deux cas, la distance entre le miroir et le foyer est la **distance focale f**.

Une image agrandie donnée par le miroir du télescope spatial Hubble. Comme la photographie montre que cette image est virtuelle, pouvez-vous estimer la distance focale du miroir en vous servant des concepts présentés dans cette section ?

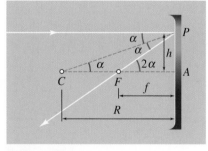

Figure 4.39 ▲

La distance focale f d'un miroir sphérique est égale à la moitié du rayon de courbure R. À cause de l'exagération de l'échelle verticale de la figure, rendue nécessaire par le caractère paraxial des rayons, la courbure du miroir est imperceptible.

Il existe une relation simple entre la distance focale et le rayon de courbure d'un miroir sphérique. À la figure 4.39, C est le centre de courbure et R est le rayon de courbure d'un miroir concave. Considérons un rayon incident au point P, à une distance h au-dessus de l'axe optique ; il fait un angle α avec le segment CP. Sur la figure, les angles ont été exagérés. Puisque le segment CP passe par le centre de courbure C, il est normal à la surface du miroir, et le rayon réfléchi doit donc également faire un angle α avec CP. L'angle extérieur PFA est égal à la somme des deux angles intérieurs FCP et CPF et est donc égal à 2α. Comme notre analyse se limite aux situations où l'approximation paraxiale est valable, tous les angles sont donc petits et on peut utiliser l'approximation $\tan \alpha \approx \alpha$; on a donc $\alpha = h/R$ et $2\alpha \approx h/f$, ce qui donne

$$f = \frac{R}{2} \qquad (4.7)$$

La distance focale f est égale à la moitié du rayon de courbure R du miroir, résultat qui fut obtenu pour la première fois en 1591 par Giacomo Della Porta (vers 1540-1602).

Le tracé des rayons principaux

Si un objet est situé très loin d'un miroir, on s'attend à ce que son image soit minuscule et située au foyer. Un bon exemple consiste à utiliser le Soleil comme objet très lointain et à focaliser ses rayons à l'aide d'un miroir concave. Quand l'objet est situé à une position quelconque, la position exacte de l'image pourrait être obtenue en appliquant systématiquement la loi de la réflexion à chaque rayon incident, de façon à déterminer où se croisent les rayons réfléchis. Cette approche présente toutefois une difficulté importante : sur les schémas, les angles étant déformés en raison de l'exagération de l'échelle perpendiculaire à l'axe optique, il est impossible d'appliquer visuellement la loi de la réflexion.

Cette difficulté peut toutefois être contournée grâce à un moyen simple qui permet de localiser l'image sans devoir faire appel systématiquement à la loi de la réflexion. Cette méthode, imaginée en 1735 par Robert Smith (1689-1768), s'appelle le *tracé des rayons principaux*. Cette méthode, valable uniquement dans les cas où l'approximation paraxiale est respectée, consiste à tracer seulement quelques rayons qui traversent des endroits bien spécifiques qui rendent leur trajectoire prévisible. Pour déterminer la position d'une image, il suffit de tracer au moins deux des **rayons principaux** suivants :

La figure animée III-3, **Tracé des rayons principaux**, permet de reproduire le tracé de rayons principaux dans le cas des miroirs. Dans le menu **Scénarios**, sélectionnez **Miroir concave** ou **Miroir convexe**. Voir le Compagnon Web : www.erpi.com/benson.cw.

Rayons principaux dans le cas des miroirs sphériques

1. Un rayon *passant par le centre de courbure du miroir* donne un rayon réfléchi qui passe lui aussi par le centre de courbure. Les angles d'incidence et de réflexion sont alors, en effet, tous deux nuls.
2. Un rayon *parallèle à l'axe optique* donne un rayon réfléchi qui passe par le foyer. Le foyer est en effet par définition l'endroit où convergent les rayons incidents parallèles.
3. Un rayon *passant par le foyer* donne un rayon réfléchi parallèle à l'axe optique. C'est ce que prévoit la loi du retour inverse de la lumière.
4. Un rayon *tombant au centre du miroir* donne un rayon réfléchi qui fait le même angle avec l'axe optique. La déformation des angles est en effet symétrique de part et d'autre de l'axe optique, ce qui fait du centre du miroir le seul endroit où la loi de la réflexion est visuellement applicable.

Ces divers rayons sont tracés à la figure 4.40 dans le cas d'un miroir concave. Lorsque l'objet est plus rapproché que le centre de courbure, on doit parfois interpréter les règles que nous venons d'énoncer relativement au *prolongement* des rayons. Par exemple, à la figure 4.40*d*, c'est le prolongement du troisième rayon principal qui passe par le foyer. Du point de vue du miroir, cela importe peu que le rayon ne passe pas réellement par le foyer : il vient de la direction du foyer, et c'est cela qui est important. La figure 4.41 illustre la situation générale dans le cas d'un miroir convexe.

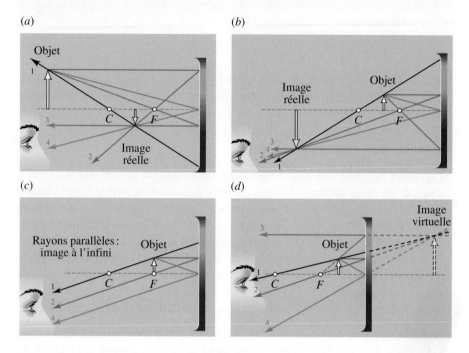

(a) (b) (c) (d)

Figure 4.40 ▶

Rayons servant à construire une image pour un miroir concave. Les numéros à côté des rayons se réfèrent aux quatre règles énoncées dans le texte. Les rayons véritables sont en trait plein et les prolongements de rayons sont en pointillés. (a) L'objet est plus éloigné que le centre de courbure. (b) L'objet est situé entre le centre de courbure et le foyer. (c) L'objet est au foyer ; le troisième rayon principal ne peut être tracé. (d) L'objet est plus rapproché que le foyer. On remarque que deux rayons suffisent pour déterminer la position de l'image.

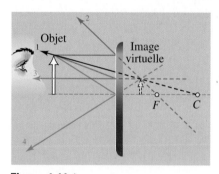

Figure 4.41 ▲

Rayons servant à construire une image pour un miroir convexe.

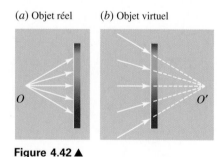

(a) Objet réel (b) Objet virtuel

Figure 4.42 ▲

(a) Les rayons associés à un objet réel O divergent à partir de O vers un miroir, ou tout autre dispositif optique. (b) Les rayons associés à un objet virtuel O' convergent vers O' qui est situé au-delà du miroir ou de tout autre dispositif optique.

Images et objets réels et virtuels

Dans les situations illustrées aux figures 4.32 (p. 121), 4.40d et 4.41, les rayons réfléchis donnent à l'observateur (« l'œil » sur les figures) l'impression de provenir d'une image située derrière le miroir. Toutefois, les rayons lumineux ne passent pas vraiment par l'image ; on dit alors qu'il s'agit d'une **image virtuelle**. Si on place un écran à la position d'une image virtuelle, aucune image ne s'y forme, car il n'y a pas réellement de lumière à cet endroit. En revanche, dans les situations illustrées aux figures 4.40a et 4.40b, les rayons qui forment l'image se croisent réellement à la position de l'image ; on dit alors qu'il s'agit d'une **image réelle**. Si on place un écran à la position de l'image réelle, une image y sera recueillie, comme c'est le cas au cinéma. Sur les dessins, les images réelles sont représentées en lignes pleines, alors que les images virtuelles sont dessinées en pointillés. Lorsque les rayons réfléchis sont parallèles entre eux, comme à la figure 4.40c, on considère que l'image est située à l'infini. On ne peut alors dire si elle est réelle ou virtuelle.

Comme les images, les objets aussi peuvent être réels ou virtuels. Dans les situations que nous avons étudiées jusqu'à présent, les rayons incidents sur le miroir divergent en provenance de l'objet O, comme à la figure 4.42a. On dit alors que O est un **objet réel**. Mais il arrive que des rayons arrivent en convergeant sur un miroir (ou tout autre dispositif optique), comme à la figure 4.42b : nous verrons plus loin que l'on peut produire de tels rayons à l'aide d'un miroir courbe ou d'une lentille*. Le point O' au-delà du miroir où les rayons se

---

* Attention à une possible confusion : la lumière qui émerge, en convergeant, du miroir courbe ou de la lentille forme l'*image* (réelle) de ce dernier dispositif. La même lumière, lorsqu'elle est incidente, toujours en convergeant, sur un second dispositif optique, forme l'*objet* (virtuel) de ce dernier. Dans ces situations à dispositifs successifs, il importera de distinguer les objets (lumière incidente) et les images (lumière émergente). Nous y reviendrons à la section 5.3.

coupetaient *s'il n'y avait pas de miroir* est alors considéré comme un **objet virtuel**. Nous ne rencontrerons pas d'objet virtuel dans les exercices et les problèmes avant le chapitre suivant. Le tableau 4.2 résume le comportement des rayons lumineux.

La formule des miroirs

Au lieu d'utiliser les rayons principaux pour déterminer la position de l'image, on peut établir une équation mettant en relation la **distance objet** p et la **distance image** q avec la distance focale. Nous n'allons étudier en détail que le cas du miroir concave. À la figure 4.43, on considère un rayon paraxial arbitraire qui, une fois réfléchi, coupe l'axe principal en I. Comme nous nous limitons aux situations où l'approximation paraxiale est valable, tous les angles indiqués à la figure 4.43 sont de petits angles pour lesquels $\tan \theta \approx \theta$. On a donc :

$$\beta \approx \frac{h}{p}\,; \quad \alpha + \beta = \frac{h}{R}\,; \quad 2\alpha + \beta \approx \frac{h}{q}$$

Puisque $(2\alpha + \beta) = 2(\alpha + \beta) - \beta$, on obtient

$$\frac{h}{q} = \frac{2h}{R} - \frac{h}{p}$$

Sachant que $f = R/2$, cette équation équivaut à

$$\frac{1}{p} + \frac{1}{q} = \frac{1}{f}$$

La hauteur h à laquelle les rayons lumineux frappent le miroir n'apparaît pas dans ce résultat. On peut donc conclure que, dans l'approximation paraxiale, tous les rayons issus du point objet O (figure 4.43) vont atteindre le point image I. On peut aussi démontrer que les images des points voisins de O qui ne sont pas sur l'axe sont également situées en des points uniques voisins de I.

Le raisonnement est très semblable pour un miroir convexe et il est laissé en guise d'exercice. Le résultat qu'on obtient dans ce cas est $1/p - 1/q = -1/f$. Les signes négatifs signifient que l'image et le foyer sont tous deux virtuels. Pour ne pas avoir à mémoriser deux équations, nous utilisons une seule **formule des miroirs** :

Formule des miroirs

$$\frac{1}{p} + \frac{1}{q} = \frac{1}{f} \tag{4.8}$$

---

accompagnée de la convention de signes suivante :

Convention de signes de la formule des miroirs

Pour les distances focales f, les distances objet p et les distances image q, les grandeurs réelles sont positives, et les grandeurs virtuelles sont négatives.

Tableau 4.2 ▼
Comportement des rayons lumineux

Les rayons	divergent à partir d'un objet réel.
Les rayons	convergent vers une image réelle.
Les rayons	semblent converger vers un objet virtuel.
Les rayons	semblent diverger à partir d'une image virtuelle.

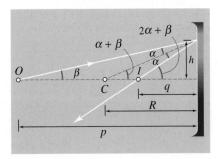

Figure 4.43 ▲

Un rayon issu d'un point objet O sur l'axe optique coupe l'axe au point image I. La distance objet p et la distance image q sont liées par la formule des miroirs.

Le grandissement transversal

En général, la dimension de l'image n'est pas égale à celle de l'objet. Le **grandissement transversal** (ou **linéaire**) m est défini comme étant le rapport de la hauteur de l'image y_I à la hauteur de l'objet y_O, c'est-à-dire $m = y_I/y_O$. D'après la figure 4.44, on voit que $\tan \alpha = y_O/p = -y_I/q$. Par conséquent,

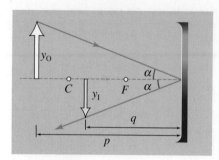

Figure 4.44 ▲

Le grandissement transversal (linéaire) m est égal, par définition, au rapport de la hauteur de l'image y_I à la hauteur de l'objet y_O : $m = y_I/y_O$.

> **Grandissement transversal ou linéaire**
>
> $$m = \frac{y_I}{y_O} = -\frac{q}{p} \tag{4.9}$$

Si m est positif, l'image est *droite*, c'est-à-dire qu'elle possède la même orientation verticale que l'objet ; si m est négatif, l'image est *renversée*. Si $|m| > 1$, l'image est *agrandie* ; si $|m| < 1$, l'image est *réduite*. L'image produite par un miroir concave peut être soit droite, soit renversée. Un miroir convexe donne toujours une image virtuelle, droite et réduite d'un objet réel (figures 4.41 et 4.45b).

Miroir plan

Un miroir plan est un miroir sphérique pour lequel $R \rightarrow \infty$. Dans ce contexte, les équations 4.8 et 4.9 redonnent $p = -q$ et $m = 1$, comme on s'y attendait.

Ces caractéristiques permettent en pratique de distinguer des miroirs de différents types dont la courbure est rarement perceptible à l'œil nu : en se regardant dans un miroir convexe, on paraît toujours plus petit ; dans un miroir plan, on paraît de la même taille ; et si l'on se regarde de suffisamment près dans un miroir concave, notre œil paraît plus grand.

EXEMPLE 4.11

Un objet matériel de hauteur 2 mm se trouve à 2 cm d'un miroir sphérique dont le rayon de courbure est de 8 cm (figure 4.45). Déterminer la position et la dimension de l'image sachant que le miroir est (a) concave ; (b) convexe. Dans chaque cas, répondre par la formule des miroirs et par le tracé des rayons principaux sur un dessin à l'échelle.

(a)

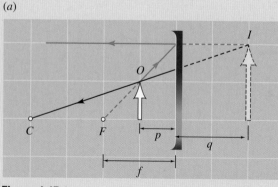

(b)

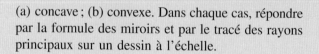
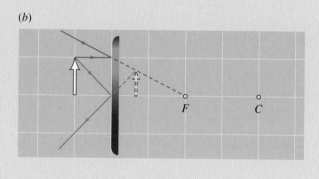

Figure 4.45 ▲

(a) Un objet réel situé à une distance d'un miroir concave inférieure à sa distance focale donne une image virtuelle, droite et agrandie. (b) Un miroir convexe donne d'un objet réel une image virtuelle, droite et réduite.

Solution

(a) L'objet étant matériel, il est donc réel. On nous donne la distance focale $f = R/2 = 4$ cm et la distance objet $p = 2$ cm. Nous déterminons la position de l'image en utilisant la formule des miroirs, $1/p + 1/q = 1/f$. En remplaçant les variables par leurs valeurs, on obtient

$$\frac{1}{2 \text{ cm}} + \frac{1}{q} = \frac{1}{4 \text{ cm}}$$

Donc, $q = -4$ cm. Le signe négatif signifie que l'image est virtuelle et située à droite du miroir. D'après l'équation 4.9, le grandissement transversal est égal à

$$m = -\frac{q}{p} = +2$$

Comme m est positif, l'image est droite. Le module de m étant supérieur à 1, l'image est agrandie. Sa dimension est $y_I = 2(2 \text{ mm}) = 4$ mm. Ces résultats peuvent aussi être obtenus graphiquement à l'aide de la figure 4.45a, où on a représenté les rayons principaux 1 et 3.

Remarquez que le miroir a été dessiné droit, en raison de l'exagération de l'échelle verticale nécessaire pour bien voir les rayons paraxiaux. L'échelle verticale de l'objet et de l'image a aussi été exagérée, mais cela ne nous empêche pas de comparer directement la taille de l'objet et la taille de l'image. ∎

(b) Pour le miroir convexe, on utilise la même méthode mais avec $f = -4$ cm. La formule du miroir donne

$$\frac{1}{2 \text{ cm}} + \frac{1}{q} = -\frac{1}{4 \text{ cm}}$$

d'où l'on tire $q = -1,33$ cm. L'image est encore virtuelle. Le grandissement transversal est

$$m = -\frac{q}{p} = +\frac{2}{3}$$

L'image est droite et réduite. Sa dimension est $y_I = (2/3)(2 \text{ mm}) = 1,33$ mm. Ces résultats peuvent aussi être obtenus graphiquement à l'aide de la figure 4.45b, où on a représenté les rayons principaux 2 et 4.

EXEMPLE 4.12

Un objet matériel de hauteur 2 cm est situé à 12 cm d'un miroir sphérique. L'image est droite et sa hauteur est de 3,2 cm. De quel type de miroir s'agit-il ?

Solution

L'objet étant matériel, il est donc réel. On nous donne $p = 12$ cm. L'image étant droite, m est positif et a pour valeur $m = +3,2/2 = 1,6$. Comme $m = -q/p$, on obtient $q = -1,6p = -19,2$ cm ; l'image est virtuelle, droite et agrandie ; il s'agit donc d'un miroir concave. Cela nous est confirmé par la formule des miroirs, car on a

$$\frac{1}{12 \text{ cm}} - \frac{1}{19,2 \text{ cm}} = \frac{1}{f}$$

d'où l'on tire $f = +32$ cm. Le signe positif signifie que le miroir est concave.

Ce type de situation est difficile à analyser avec un diagramme de rayons lumineux, mais c'est néanmoins possible, comme chaque fois : quand le type de miroir est inconnu, il faut faire deux diagrammes, l'un pour une hypothèse de miroir convexe, et l'autre, pour une hypothèse de miroir concave.

Une façon simple consiste ensuite à tracer le rayon 2, toujours identique quelle que soit la position de l'objet. Il suffit alors d'imaginer tout autre rayon principal pour réaliser facilement que le miroir convexe ne peut donner une image droite et agrandie, alors qu'un miroir concave le peut, à condition que l'image soit virtuelle.

4.9 La vitesse de la lumière

Les premières tentatives pour mesurer le module de la vitesse de la lumière sont attribuables à Galileo Galilei, dit Galilée (1564-1642), en 1635. En pleine nuit, lui et un assistant, munis d'une lanterne, se placèrent à une distance de 1 km l'un de l'autre. Galilée dévoila brièvement sa lanterne ; lorsqu'il vit la lumière, l'assistant renvoya un signal identique. Galilée avait l'intention de calculer la vitesse de la lumière en mesurant l'intervalle de temps écoulé pour l'aller et retour du signal lumineux, la distance parcourue étant connue. Malheureusement, ses résultats ne furent pas concluants, car ils étaient inexorablement entachés des incertitudes liées aux temps de réaction.

La méthode de Römer

Astronome danois travaillant à Paris, Ole Römer (1644-1710) présenta en 1676 les mesures qu'il avait faites de la période de révolution de Io, l'un des satellites de Jupiter. Io a une période moyenne à peine inférieure à 42,5 h. Cette période fut mesurée en relevant l'heure à laquelle Io pénètre dans l'ombre de Jupiter ou en sort, c'est-à-dire au début ou à la fin de son éclipse. Römer mit en évidence une légère oscillation, systématique, de la valeur de cette période au cours de chaque année. La figure 4.46 représente la Terre et Jupiter en orbite autour du Soleil et le satellite de Jupiter en orbite autour de cette planète. Römer découvrit que la période avait sa valeur moyenne lorsque la Terre se trouvait au point de sa trajectoire le plus proche ou le plus éloigné de Jupiter, c'est-à-dire en *A* ou en *B*. Quand la Terre s'éloignait de Jupiter, de *C* à *D*, la période était plus longue que la moyenne, alors qu'elle était plus courte quand la Terre se rapprochait de Jupiter, de *E* à *F*.

Figure 4.46 ▶

En chronométrant la durée des éclipses d'un satellite de Jupiter, Römer démontra que la vitesse de la lumière a une valeur finie. (Le schéma n'est pas à l'échelle.)

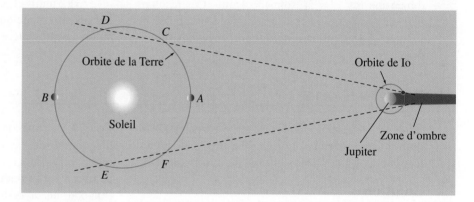

Römer attribua cette variation à la distance que doit parcourir la lumière de la lune Io jusqu'à la Terre. Supposons par exemple que Io sorte de l'ombre lorsque la Terre est en *C*. Pendant les 42,5 h suivantes, la Terre va se déplacer jusqu'en *D*. Par conséquent, lorsque Io réapparaît après une période, la lumière doit parcourir la distance supplémentaire *CD*. (Pour des raisons de simplicité, on néglige le mouvement de Jupiter, dont la période orbitale est voisine de douze ans.) Pour une seule orbite de Io, le temps supplémentaire mis en jeu est de l'ordre de quelques secondes ; mais sur un intervalle de plusieurs mois, l'écart entre l'heure prévue d'une éclipse, déduite de la période moyenne, et l'heure réelle à laquelle elle se produit atteint quelques minutes.

En septembre 1676, Römer annonça à ses collègues astronomes que l'éclipse du 9 novembre aurait lieu à 5 h 34 min 45 s, c'est-à-dire 10 bonnes minutes après l'heure déduite des observations faites en août. Sa prévision s'étant révélée correcte, Römer expliqua que la vitesse de la lumière avait en réalité une valeur finie, et non pas infinie comme on le croyait en général. Il estima qu'il fallait 22 min à la lumière pour parcourir le diamètre de l'orbite terrestre (en fait, il faut plutôt 16,5 min). Quelques années plus tard, utilisant la meilleure valeur du rayon de l'orbite terrestre connue à l'époque, Huygens calcula le module de la vitesse de la lumière et trouva $2,1 \times 10^8$ m/s. Des calculs ultérieurs faits à partir d'autres types d'observations astronomiques donnèrent des valeurs plus proches de 3×10^8 m/s.

La méthode de Fizeau

La première mesure terrestre de la vitesse de la lumière fut réalisée à Paris en 1849 par Fizeau. Elle faisait intervenir une méthode de «mesure du temps de parcours» analogue à celle de Galilée. La lumière émise par une source S (figure 4.47) et réfléchie sur une plaque partiellement argentée P passe à travers une des fentes d'une roue dentée portant n dents sur sa circonférence. La lumière est ensuite réfléchie sur un miroir M situé à une distance d et passe à travers la roue dentée et à travers P avant d'atteindre l'observateur en O. La roue étant mise en mouvement, la lumière passe par la fente 1. Pour les vitesses angulaires faibles, la lumière réfléchie par M est bloquée par la dent entre la fente 1 et la fente 2 et l'observateur ne voit rien. On augmente alors la vitesse angulaire jusqu'à ce que la lumière commence tout juste à réapparaître. À cette vitesse angulaire, le temps qu'il faut à la lumière pour faire un aller et retour jusqu'à M, $\Delta t = 2d/c$, est exactement égal au temps qu'il faut pour que la dent entre les fentes 1 et 2 laisse le chemin libre. Si la largeur de la dent et la largeur de l'espace entre les dents sont égales, la circonférence de la roue correspond à $2n$ largeurs de dent. En conséquence, l'intervalle qui s'écoule entre le moment où une dent commence à masquer la lumière et le moment où elle recommence à la laisser passer est $\Delta t = T/2n$, où T est la période de rotation de la roue. Fizeau utilisa une roue portant 720 dents et plaça le miroir M sur une colline de Montmartre, à une distance de 8633 m. La lumière réapparut pour la première fois avec une vitesse de rotation de 12,6 tr/s, ce qui correspond à une période de 1/12,6 s. En égalant les deux expressions obtenues pour Δt, on obtient $c = 4nd/T = 3,13 \times 10^8$ m/s.

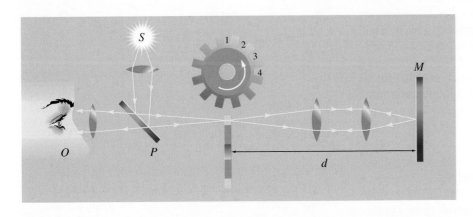

Figure 4.47 ◄
L'expérience de Fizeau ayant servi à déterminer la vitesse de la lumière. Un faisceau de lumière passant sur une roue dentée en rotation rapide était réfléchi sur un miroir éloigné M. Connaissant la vitesse angulaire de la roue et la distance du miroir, on pouvait calculer la vitesse de la lumière.

Au début des années 1920, Albert Abraham Michelson (1852-1931) adopta une approche analogue, mais remplaça la roue par un miroir tournant à huit faces (figure 4.48). La source de lumière était située sur le mont Wilson et le miroir se trouvait sur le mont Baldy, à une distance de 35 km environ. Grâce aux techniques de relevés topographiques, la distance entre les miroirs fut déterminée

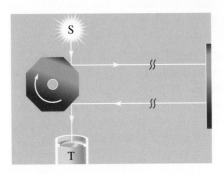

Figure 4.48 ◄

Dans l'expérience de A. Michelson, la lumière était réfléchie sur un miroir à huit faces animé d'un mouvement de rotation rapide avant d'être réfléchie sur un miroir éloigné. La lumière émise par la source S ne pouvait pénétrer dans le télescope T que si une face du miroir avait l'orientation adéquate.

à 0,3 cm près ! La lumière réfléchie sur le miroir situé au loin ne pouvait pénétrer dans le télescope que si une face du miroir avait l'orientation adéquate. Plusieurs centaines de mesures aboutirent à une valeur de $2,99796 \times 10^8$ m/s. En ce qui nous concerne, nous nous contenterons de la valeur approchée $c = 3 \times 10^8$ m/s.

APERÇU HISTORIQUE

L'expérience du prisme de Newton

Les Grecs connaissaient déjà le phénomène multicolore, semblable à un arc-en-ciel, que produit la lumière du Soleil en traversant un prisme ou une sphère transparente remplie d'eau. Mais pour les anciens philosophes et les penseurs du Moyen-Âge, il n'y avait pas de lien entre la lumière et la couleur ; on pensait que la lumière était une substance blanche à l'état le plus pur et que les couleurs étaient obtenues en additionnant diverses quantités d'obscurité à la lumière. Jusqu'au XVIIᵉ siècle, l'idée selon laquelle le blanc était de la lumière à l'état « naturel » ou « primitif » était acceptée de tous, y compris de Descartes. On considérait alors que les couleurs résultaient des modifications subies par la lumière en passant dans un milieu. Pour Descartes, la lumière était constituée d'un flux de particules (corpuscules), auxquelles il attribuait un mouvement de rotation à l'entrée dans le milieu ; la couleur rouge était produite par la rotation dans un sens, le bleu étant produit par la rotation dans l'autre sens. Les couleurs intermédiaires correspondaient à un mélange des deux.

C'est un ouvrage de Descartes intitulé *Dioptrique* qui éveilla l'intérêt de Newton pour l'optique. Il commença ses propres travaux de recherche en 1662 à l'âge de vingt ans, alors qu'il était encore en premier cycle d'études universitaires à Cambridge. En février 1672, il présenta un article qui débutait ainsi :

Durant l'année 1666, je me procurai un prisme triangulaire en verre afin d'observer le célèbre phénomène des couleurs. À cette fin, je fis l'obscurité dans ma chambre et perçai un petit trou rond dans le volet d'une fenêtre pour laisser entrer une quantité appropriée de lumière solaire ; puis, je plaçai un prisme à l'entrée pour projeter sur le mur opposé la lumière réfractée. J'eus d'abord beaucoup de plaisir à contempler les couleurs vives et intenses de l'image formée ; mais en regardant plus attentivement, je remarquai avec étonnement qu'elles avaient une forme ovale, et non pas circulaire, comme je m'y attendais conformément aux lois connues de la réfraction.

D'autres scientifiques ne furent pas du tout surpris par la forme ovale du spectre (figure 4.49), puisque c'était ce qu'ils avaient l'habitude d'observer. Descartes et Robert Hooke (1635-1703), entre autres, avaient jusqu'alors plutôt porté leur attention sur les couleurs obtenues. Mais Newton, pour qui les couleurs n'étaient qu'un « agréable spectacle », fut frappé par un phénomène qui avait échappé à tous : comment expliquer cette forme ovale avec une seule et même valeur de l'indice de réfraction, hypothèse implicite dans les « lois connues de la réfraction » ?

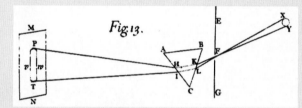

Figure 4.49 ▲

Un schéma tiré de *L'optique* de Newton. Newton avait été frappé par la forme ovale du spectre.

Il fit passer le faisceau de lumière dans diverses parties du prisme, près du sommet, puis près de la base, et s'aperçut que la quantité de matériau traversée par la lumière ne modifiait pas les couleurs. Il plaça ensuite un deuxième prisme pour inverser la réfraction du premier. En se recombinant, les couleurs donnaient à nouveau du blanc. Ces deux observations ne pouvaient pas s'expliquer si l'on persistait à utiliser un modèle où les couleurs sont dues à une modification causée par le milieu (à moins d'accepter que la modification ne dépende pas de la distance traversée et puisse se « défaire » en traversant un second prisme, ce qui serait pour le moins alambiqué).

Il fit alors une expérience simple, mais qui eut une importance primordiale. Se servant d'un trou pour sélectionner chaque couleur formée par le premier prisme, Newton les fit passer l'une après l'autre par un second prisme (figure 4.50). Il réalisa son montage expérimental de sorte que l'angle d'incidence sur le second prisme fût le

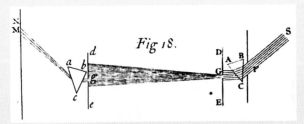

Figure 4.50 ▲

Une expérience cruciale figurant dans *L'optique* de Newton.
Les rayons monochromatiques issus du premier prisme ne
changeaient pas de couleur en traversant le deuxième prisme.
Pour un angle d'incidence fixe, chaque couleur était projetée
en un point différent sur l'écran, ce qui signifie que chaque
couleur correspond à un indice de réfraction différent.

même pour chacune des couleurs. Il s'aperçut d'abord que
le second prisme ne modifiait pas les couleurs «pures»:
le rouge restait rouge, le vert restait vert, et ainsi de
suite. Puis, ayant sélectionné des couleurs différentes, il
découvrit qu'elles étaient projetées à des emplacements
différents sur l'écran, ce qui voulait dire que *chaque
couleur a son propre indice de réfraction* dans un matériau
donné, le rouge ayant l'indice le plus faible et le bleu le
plus élevé. La couleur était donc une propriété intrinsèque d'un rayon donné.

Newton en conclut que la lumière blanche, loin d'être
pure, est faite d'une superposition de toutes les couleurs
«mêlées ensemble dans certaines proportions». Le
prisme ne fait que séparer les différentes couleurs parce
que chacune a son propre indice de réfraction. (Les
valeurs antérieures de n étaient seulement des valeurs
approchées, correspondant probablement au milieu du
spectre.) Les contemporains de Newton ne saisirent pas
l'importance de cette découverte.

Hooke et quelques autres acceptèrent les résultats expérimentaux mais refusèrent d'admettre qu'ils étaient la
preuve, comme le prétendait Newton, que la lumière
blanche était un mélange de toutes les couleurs. Selon
eux, Newton interprétait ses résultats dans le cadre de
la théorie corpusculaire et ils considérèrent sa conclusion
comme une hypothèse non démontrée. Hooke ayant suggéré que l'expérience pouvait aussi être interprétée dans

le cadre de la théorie ondulatoire, Newton répondit
qu'il était d'accord mais que la question n'était pas
là: les résultats ne dépendaient pas de la nature ondulatoire ou particulaire de la lumière. Dans une lettre
adressée à Hooke, il améliora même la théorie ondulatoire
en suggérant que la «grandeur» (longueur d'onde) d'une
onde était liée à sa couleur. Huygens prétendait quant
à lui que les couleurs étaient «propres aux objets, et
non à la lumière», ce à quoi Newton répondit que des
objets non lumineux éclairés par une lumière de couleur
donnée semblaient être de cette couleur. Il fit également
remarquer que des objets éclairés par la lumière blanche
réfléchissent certaines couleurs plus que d'autres et
semblent donc avoir une couleur apparente qui dépend
des intensités relatives des couleurs «pures».

Cette expérience du prisme de Newton n'a pas été le fruit
d'un après-midi miraculeux. Newton a en effet développé
ses idées sur une période de quatre ans (de 1661 à 1665)
et il lui fallut dix-huit mois pour mettre au point l'expérience du prisme à elle seule. Ses résultats ne furent
certes pas accueillis comme des preuves concluantes et
les critiques véhémentes soulevées par ses travaux pous-
sèrent Newton à s'éloigner des milieux scientifiques.
Ses idées furent également à l'origine d'une tension
avec Hooke à tel point vivace, que Newton s'abstint
de publier *L'optique* avant le décès de Hooke en 1703.

Cette controverse donne une bonne idée de la façon dont
les modèles scientifiques progressent: un peu à l'image
d'un tribunal, ce qui est considéré comme une «preuve»
n'est pas forcément irréfutable, mais plutôt ce qui
convainc une majorité, hors de tout doute raisonnable,
qu'il est préférable d'adopter tel ou tel modèle pour
représenter une entité physique (comme la lumière, l'atome,
etc.) On juge un modèle non à sa véracité, mais plutôt
à sa capacité de prédire correctement les observations
expérimentales. Il demeure donc valable jusqu'à ce que
des observations futures le contredisent possiblement.
Ainsi, même si le débat sur la nature de la lumière
ou sur la structure de l'atome semble avoir abouti
aujourd'hui, peut-être les modèles actuels seront-ils partiellement rejetés dans un siècle (ou même, qui sait,
complètement rejetés).

Le spectre de la lumière solaire.

La maison de Newton, à Woolsthrope, avec les descendants du célèbre pommier. Notez la présence d'un arc-en-ciel secondaire et l'ordre des couleurs qui y est inversé.

SUJET CONNEXE

L'arc-en-ciel

L'arc-en-ciel est un phénomène qui a intrigué les penseurs pendant des siècles. La recherche d'une explication de ce phénomène est un exemple intéressant d'évolution de la science. L'arc-en-ciel principal, rouge en haut et violet en bas, est un phénomène courant. Parfois, un deuxième arc-en-ciel, dont l'ordre des couleurs est inversé, est visible au-dessus du premier. Aristote (vers 384-vers 322 av. J.-C.) avait dénombré quatre couleurs seulement, rouge, jaune, vert et bleu, et avait remarqué que le rouge était la plus pure. Il avait suggéré que les couleurs étaient produites par la réflexion de la lumière sur les gouttes d'un nuage. Selon Robert Grosseteste (vers 1170-1253), les couleurs étaient produites par une réfraction dans un nuage entier, suivie par une réflexion sur un autre nuage jouant le rôle d'écran. Bien qu'un peu forcée, cette explication fait néanmoins intervenir l'action combinée de la réflexion et de la réfraction. En 1267, Roger Bacon (1214-1294) fit remarquer que l'« écran » se déplace avec l'observateur et que chacun voit donc un arc-en-ciel différent. Puisqu'on peut observer des arcs-en-ciel près du sol, par exemple lorsque des avirons produisent des éclaboussures en plongeant dans l'eau, Bacon insista sur le rôle de chaque goutte d'eau plutôt que du nuage entier. Il découvrit également que le Soleil, l'observateur et le centre de l'arc sont situés sur une même droite. Il réalisa la première mesure quantitative du rayon angulaire de l'arc principal, soit 42°. En 1275, Witelo (XIIIe siècle) montra qu'on peut produire un spectre en faisant passer de la lumière solaire dans un récipient sphérique rempli d'eau ou dans un prisme hexagonal. Il devint alors évident que le phénomène était dû à une réflexion et à une réfraction dans les gouttelettes d'eau.

Théodoric de Fribourg (1245-apr. 1310) élabora en 1304 une explication de l'arc-en-ciel qui est remarquablement proche de la théorie admise aujourd'hui. Il utilisa un récipient sphérique plein d'eau, qui devait représenter une goutte, pour montrer que la réflexion importante se produisait sur la surface interne de la goutte. En élevant et en abaissant le récipient, il observa les couleurs de l'arc principal et de l'arc secondaire. À l'arc principal, il fit correspondre une réfraction du rayon qui pénètre dans la goutte, une réflexion sur la surface arrière et enfin une réfraction du rayon à sa sortie de la goutte (figure 4.51). La clarté de sa théorie et les efforts qu'il a déployés pour la vérifier par l'expérience sont dignes d'admiration. Avec les mêmes connaissances que celles dont disposaient les Grecs, il a en effet obtenu des résultats remarquables.

Figure 4.52 ▲
Un faisceau parallèle de rayons monochromatiques tombant en différents points sur une goutte. On voit que les rayons sortants ont tendance à se regrouper. Le rayon en gras est celui qui correspond à une déviation minimale ; la lumière est la plus intense selon cette orientation.

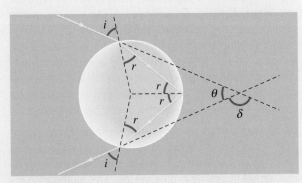

Figure 4.51 ▲
Pour former l'arc-en-ciel principal, chaque rayon lumineux subit deux réfractions et une réflexion interne dans les gouttes d'eau.

De nos jours, on dit que l'arc-en-ciel est causé par la dispersion de la lumière dans l'eau. La lumière blanche provenant du Soleil pénètre dans une goutte d'eau où elle est dispersée (figure 4.53). Après avoir subi une réflexion, la lumière est à nouveau dispersée lorsqu'elle sort de la goutte. À la figure 4.51, on voit que chaque réfraction correspond à un changement d'orientation de $(i - r)$ et que la réflexion correspond à un changement d'orientation de $(\pi - 2r)$. La déviation angulaire totale δ est donc

$$\delta = 2(i - r) + (180° - 2r)$$

Tout en ayant trouvé l'idée fondamentale, Théodoric de Fribourg ne parvenait pas à expliquer pourquoi l'arc-en-ciel est limité à une petite plage angulaire ni pourquoi l'ordre des couleurs est inversé dans l'arc-en-ciel secondaire. C'est Descartes qui en donna une explication presque complète en 1635. S'appuyant sur la loi de la réfraction dont Théodoric n'avait pas connaissance, Descartes traça les trajectoires de nombreux rayons incidents selon des angles différents. Il s'aperçut que l'angle θ entre la lumière incidente et la lumière sortant d'une goutte (figure 4.51) atteint un maximum de 42° pour l'arc principal. (L'angle de déviation $\delta = 180° - 42° = 138°$ est donc *minimum*.) Par conséquent, aucun rayon ne peut pénétrer dans l'œil selon un angle plus grand. Il découvrit également que les rayons émergents ont tendance à se regrouper dans l'intervalle compris entre $\theta = 40°$ et 42° (figure 4.52). Cet effet de regroupement permet d'expliquer pourquoi la lumière est plus intense dans cet intervalle. Descartes avait ainsi résolu le problème géométrique de l'arc-en-ciel, mais il fallut attendre l'expérience du prisme de Newton et sa découverte de la nature de la lumière blanche pour expliquer les couleurs.

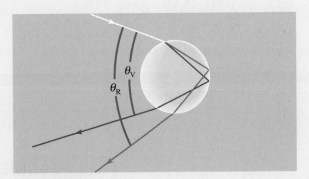

Figure 4.53 ▲
Newton a démontré que les couleurs de l'arc-en-ciel sont dues à la dispersion.

Comme l'a découvert Descartes, la lumière provenant de chaque goutte est la plus intense pour l'angle de déviation minimal correspondant à chaque longueur d'onde. L'angle de déviation minimal varie de $(180° - 40,6°)$, pour le violet, à $(180° - 42,4°)$, pour le rouge (figure 4.54). Pour

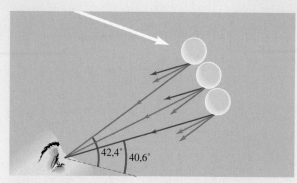

Figure 4.54 ▲

Les angles (par rapport à la lumière solaire incidente) pour lesquels chaque couleur est la plus intense varient de 40,6° pour le violet à 42,4° pour le rouge. À partir d'une goutte donnée, une seule longueur d'onde atteint l'œil de l'observateur.

trouver cet angle, on calcule la dérivée dδ/di de l'expression ci-dessus, en gardant en tête que r dépend de i, et l'on pose que cette dérivée correspond à zéro. (Cette condition étant vérifiée, δ est relativement constant pour de petites variations de i. C'est pourquoi les rayons ont tendance à se regrouper près de l'angle de déviation minimal.) Utilisant l'expression donnée plus haut, on trouve

$$\frac{d\delta}{di} = 2 - \frac{4dr}{di} = 0$$

En prenant la dérivée de la loi de Snell-Descartes, sin i = n sin r, on obtient

$$\cos i = n \cos r \frac{dr}{di} = \frac{1}{2} n \cos r$$

On utilise ensuite $\cos^2 r = 1 - \sin^2 r$ et la loi de Snell-Descartes pour trouver (*cf.* problème 11)

$$\cos i = \sqrt{\frac{n^2 - 1}{3}}$$

Cette équation donne l'angle d'incidence permettant d'obtenir l'angle de déviation minimal* δ_m. Voici quelques valeurs caractéristiques :

	n	i	r	δ_m
Violet	1,3435	58,80°	39,55°	180° − 40,60°
Jaune	1,3333	58,80°	40,21°	180° − 42,06°
Rouge	1,3311	59,52°	40,35°	180° − 42,36°

Rappelons qu'Aristote avait mentionné que le rouge de l'arc principal était la couleur la plus « pure ». C'est effectivement le cas. Chaque couleur du spectre est étalée sur une plage d'angles. En principe, à partir d'une goutte donnée, une seule couleur atteint l'œil de l'observateur, la couleur qui correspond à la déviation minimale et qui est donc la plus intense. Mais il se produit un chevauchement important des couleurs entre elles. À l'exception du rouge, les autres couleurs observées ne sont pas les couleurs primaires d'un spectre donné par un prisme.

On observe parfois un arc-en-ciel secondaire, correspondant à une double réflexion interne (*cf.* problème 12). Dans cet arc secondaire, l'ordre des couleurs est inversé. Plus rarement, on peut observer des arcs multiples composés de bandes rougeâtres et verdâtres en dessous de l'arc principal. Leur origine, qui est liée aux interférences lumineuses, fut découverte par Thomas Young (1773-1829) en 1803 à partir de la théorie ondulatoire.

---

* En calculant la dérivée seconde d$^2\delta$/di^2, on trouve une valeur positive ; δ est donc bien un minimum et non un maximum.

 RÉSUMÉ

L'onde électromagnétique est l'un des modèles utilisés pour représenter la lumière : il permet d'expliquer tous les phénomènes qui touchent la propagation de la lumière. La lumière visible ne constitue toutefois qu'une petite partie du spectre électromagnétique, qui comprend, par ordre croissant de longueur d'onde, les rayons gamma, les rayons X, le rayonnement ultraviolet, la lumière visible, le rayonnement infrarouge, les micro-ondes et les ondes radio.

Selon le principe de Huygens, chaque point d'un front d'onde agit comme une source de petites ondes secondaires. On détermine le front d'onde à un instant ultérieur en traçant l'enveloppe de ces petites ondes.

Selon la loi de la réflexion, l'angle d'incidence est égal à l'angle de réflexion.

$$\theta = \theta' \qquad (4.1)$$

L'indice de réfraction n d'un milieu dans lequel le module de la vitesse de la lumière est v s'écrit

$$n = \frac{c}{v} \qquad (4.2)$$

Au passage d'un milieu d'indice de réfraction n_1 à un milieu d'indice de réfraction n_2, la direction de propagation de la lumière change. Selon la loi de la réfraction de Snell-Descartes,

$$n_1 \sin \theta_1 = n_2 \sin \theta_2 \qquad (4.3)$$

les angles étant mesurés par rapport à la normale à la surface séparant les deux milieux. La longueur d'onde λ_n de la lumière dans un milieu d'indice de réfraction n est donnée par

$$\lambda_n = \lambda_0 / n \qquad (4.4)$$

où λ_0 est la longueur d'onde de la lumière dans le vide.

En passant d'un milieu plus réfringent (d'indice n_i) à un milieu moins réfringent (d'indice n_a), les rayons lumineux s'éloignent de la normale. Lorsque l'angle d'incidence est égal à l'angle critique, défini par

$$n_i \sin \theta_c = n_a \qquad (4.5)$$

l'angle de réfraction vaut 90°. Pour des valeurs supérieures de l'angle d'incidence, les rayons lumineux sont complètement réfléchis dans le premier milieu. C'est ce que l'on appelle la réflexion totale interne.

Dans l'approximation paraxiale, la position de l'image que produit un miroir à partir d'un objet peut être prédite à l'aide d'un tracé des rayons principaux. Cette prédiction peut être vérifiée par un calcul, puisque, dans l'approximation paraxiale, la distance objet p et la distance image q sont liées à la distance focale f d'un miroir sphérique par la formule des miroirs :

$$\frac{1}{p} + \frac{1}{q} = \frac{1}{f} \qquad (4.8)$$

D'après la convention de signes pour les distances focales f, les distances objet p et les distances image q, les grandeurs réelles sont positives et les grandeurs virtuelles sont négatives. Les objets et les images réelles, pour lesquels les rayons lumineux se croisent réellement, se distinguent des objets et des images virtuelles, situés là où les prolongements des rayons lumineux se croisent. La distance focale est égale à la moitié du rayon de courbure du miroir :

$$f = \frac{R}{2} \qquad (4.7)$$

Le rayon R est positif dans le cas d'un miroir concave et négatif dans le cas d'un miroir convexe. Le tracé des rayons principaux permet de déterminer géométriquement la position de l'image.

Le grandissement transversal (linéaire) d'une image est donné par

$$m = \frac{y_I}{y_O} = -\frac{q}{p} \qquad (4.9)$$

où y_I et y_O sont respectivement la hauteur de l'image et la hauteur de l'objet.

aberration de sphéricité (p. 123)

approximation paraxiale (p. 123)

axe optique (p. 123)

cataphote (p. 108)

concave (p. 123)

convexe (p. 123)

diffraction (p. 107)

dispersion (p. 118)

distance focale (p. 124)

distance image (p. 127)

distance objet (p. 127)

fibre optique (p. 116)

formule des miroirs (p. 127)

foyer (p. 123)

foyer réel (p. 124)

foyer virtuel (p. 124)

grandissement transversal (linéaire) (p. 128)

image réelle (p. 126)

image virtuelle (p. 126)

indice de réfraction (p. 112)

loi de la réflexion (p. 107)

loi de Snell-Descartes (p. 112)

loi du retour inverse de la lumière (p. 113)

milieu dispersif (p. 117)

objet réel (p. 126)

objet virtuel (p. 127)

optique géométrique (p. 106)

principe de Huygens (p. 110)

rayon (p. 107)

rayons principaux (p. 125)

réflexion diffuse (p. 107)

réflexion spéculaire (p. 107)

réflexion totale interne (p. 115)

réfraction (p. 111)

spectre électromagnétique (p. 103)

RÉVISION

R1. Quelle expression peut-on élaborer à l'aide de grandeurs électriques et magnétiques pour montrer qu'il existe un lien entre ces derniers domaines et la lumière ?

R2. Quel est le nom du physicien qui est associé à la synthèse de l'électromagnétisme et de l'optique ?

R3. Énumérez, par ordre croissant de longueur d'onde, les différents domaines du spectre électromagnétique.

R4. Selon quelle approximation est-il raisonnable d'utiliser les résultats de l'optique géométrique ?

R5. Expliquez à l'aide d'un dessin le principe du réflecteur qui a été placé sur la Lune afin de mesurer la distance de celle-ci à la Terre. Pourquoi n'a-t-on pas utilisé tout simplement un seul miroir plan ?

R6. Dessinez un rayon lumineux quelconque passant de l'air à l'eau. Représentez également les fronts d'ondes associés au rayon avant et après sa traversée de l'interface air-eau.

R7. Vrai ou faux ? L'indice de réfraction est toujours plus grand ou égal à 1.

R8. Expliquez le phénomène des mirages.

R9. Quelle est la valeur de l'angle critique de réflexion totale interne lorsqu'un rayon de lumière passe de l'air à l'eau ; de l'eau à l'air ?

R10. Décrivez quelques applications du phénomène de la réflexion totale interne.

R11. Dans un prisme en verre, quelle est la couleur du spectre qui est la plus déviée ?

R12. Quel exploit réalisé à l'aide de miroirs attribue-t-on à Archimède ?

R13. Caractérisez la position et l'orientation de l'image d'un objet dans un miroir plan.

R14. Pourquoi, lorsqu'on se regarde dans un miroir, la gauche et la droite sont-elles inversées, mais pas le haut et le bas ?

R15. Énoncez les règles du tracé des rayons principaux dans le cas des miroirs sphériques.

R16. Comment peut-on vérifier à l'aide d'un écran si une image est réelle ou virtuelle ?

R17. Quelle convention de signes s'applique pour la distance focale *f*, la distance objet *p* et la distance image *q* ?

R18. Donnez la valeur de *m* dans le cas où, par rapport à l'objet, l'image est (a) à l'endroit et deux fois plus petite ; (b) à l'envers et deux fois plus grande.

QUESTIONS

Q1. Quel type de miroir (concave ou convexe) utilise-t-on pour se maquiller ? Où est situé le visage par rapport au foyer ?

Q2. Vrai ou faux ? (a) Un miroir concave produit toujours une image réelle. (b) Un miroir convexe produit toujours une image virtuelle.

Q3. Dessinez un grand miroir à surface sphérique. En traçant soigneusement les rayons incidents parallèles à l'axe optique, montrez que les rayons réfléchis près de l'axe et les rayons réfléchis loin de l'axe ne convergent pas en un même point.

Q4. On remplit d'eau un bol hémisphérique décoré de motifs. Le motif au fond du bol apparaît-il alors plus grand ou plus petit que lorsque le bol est vide ? Justifiez votre réponse.

Q5. Une plaque de verre plane donne-t-elle lieu au phénomène de dispersion ?

Q6. Pourquoi la présence de poussières sur une fibre optique entraîne-t-elle une perte de lumière ?

Q7. Dans les centres d'amusement, les miroirs nous renvoient une image très grossie ou très amincie de nous-mêmes. Pourquoi ?

Q8. Supposons qu'on approche d'un miroir concave avec l'œil le long de l'axe optique. Que voit-on lorsque (a) $2f > p > f$; (b) $p < f$?

Q9. Pourquoi utilise-t-on des miroirs convexes pour les rétroviseurs de camions et dans les systèmes de sécurité des magasins ? Quel est leur avantage sur les miroirs plans ?

Q10. Peut-on utiliser deux miroirs plans pour voir l'arrière de sa tête ? Si oui, dessinez un tracé des rayons principaux. (Les miroirs peuvent-ils être parallèles ?)

Q11. Plus que toute autre pierre précieuse, un diamant brille de mille « feux » (couleurs vives). Cela peut-il s'expliquer par l'indice de réfraction élevé du diamant ? Sinon, comment ?

Q12. Lorsque la lumière passe d'un milieu à un autre, sa longueur d'onde varie. La couleur varie-t-elle aussi ? Justifiez votre réponse.

Q13. Les rayons lumineux se propagent-ils toujours en ligne droite ?

Q14. La variation de densité de l'air avec l'altitude a-t-elle un effet sur la propagation d'une onde sonore ? Si oui, comment l'expliquer ?

Q15. Lorsqu'un large faisceau de lumière traverse une surface de séparation selon un certain angle, l'intensité de l'onde varie. Montrez à l'aide d'un schéma comment cela se produit.

Q16. Pourquoi les fronts d'onde des vagues océaniques ont-ils tendance à s'approcher des plages parallèlement à la côte ?

Q17. Écrivez le mot AMBULANCE de sorte qu'il apparaisse écrit à l'endroit dans le rétroviseur d'une automobile. Vérifiez votre réponse.

Q18. Si cela est possible, à quelle condition l'image donnée par un miroir concave est-elle (a) réelle ; (b) virtuelle ; (c) droite ; (d) renversée ; (e) agrandie ; (f) réduite ?

Q19. Reprenez la question 18 pour un miroir convexe.

Q20. Que devient la distance focale d'un miroir sphérique lorsqu'on le plonge dans l'eau ?

Q21. Vrai ou faux ? Lorsqu'un objet est à une distance inférieure à la distance focale d'un miroir sphérique, l'image est toujours : (a) virtuelle ; (b) droite ; (c) agrandie.

Q22. Pourquoi un bâton apparaît-il plié lorsqu'il est partiellement plongé dans l'eau ? Justifiez votre réponse par le tracé de rayons.

Q23. La chandelle figurant à la figure 4.55 est placée entre deux miroirs. Comment ces miroirs doivent-ils être orientés pour produire l'effet observé ?

Q24. Considérez la structure en couches de la figure 4.16*b* (p. 114). Une fois qu'elle est devenue horizontale, pourquoi la trajectoire d'un rayon commence-t-elle à s'incurver vers le haut ? Établissez un lien avec la réflexion totale interne.

Figure 4.55 ▲
Question 23.

Voir l'avant-propos pour la signification des icônes

À moins d'avis contraire, les prismes et autres corps transparents dont il est question dans les exercices et problèmes qui suivent sont toujours entourés d'air.

4.3 Réflexion

E1. (I) Montrez que, lorsqu'un miroir plan tourne de θ, l'orientation du rayon réfléchi est modifiée de 2θ.

E2. (I) Deux miroirs plans forment un angle de 90° (figure 4.7*a*, p. 109). Montrez qu'un rayon quelconque mais parallèle au plan de la figure donne, après deux réflexions, un rayon parallèle et de sens opposé au rayon incident.

E3. (II) Deux miroirs plans forment un angle de 60° (figure 4.56). Un rayon lumineux issu de la pointe de la flèche doit atteindre le point P en se réfléchissant sur l'un, l'autre ou les deux miroirs. Tracez les cinq chemins possibles (voir l'exemple 4.9).

E4. (I) Deux rayons parallèles frappent le coin d'un prisme (figure 4.57). Montrez que l'angle θ entre les deux rayons réfléchis est égal au double de l'angle au sommet du prisme, ϕ.

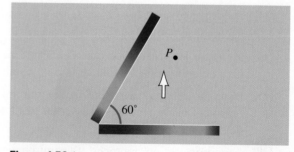

Figure 4.56 ▲
Exercices 3 et 50.

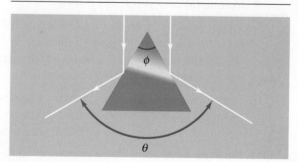

Figure 4.57 ▲
Exercice 4.

E5. (II) Soit trois miroirs perpendiculaires deux à deux. Montrez qu'après trois réflexions un rayon quelconque est réfléchi sur lui-même. (*Indice*: Exprimez l'orientation du rayon en vous servant des vecteurs unitaires $\vec{i}$, $\vec{j}$ et $\vec{k}$.)

4.4 Réfraction

E6. (I) Un rayon lumineux dont la longueur d'onde est de 450 nm dans l'eau ($n = 1,33$) a une longueur d'onde de 400 nm dans un autre milieu. (a) Quel est l'indice de réfraction du milieu? (b) Quel est le module de la vitesse de la lumière dans le milieu?

E7. (I) Un rayon lumineux dans l'air tombant sur un matériau d'indice de réfraction 1,4 est réfracté selon un angle de 32°. Quel est l'angle entre le faisceau réfléchi et le faisceau réfracté?

E8. (II) Des rayons lumineux se propageant dans l'air ($n = 1$) tombent sur une surface plane dont l'indice de réfraction est $n = 1,52$. Pour quel angle d'incidence les rayons réfractés et réfléchis sont-ils perpendiculaires?

E9. (II) Un plongeur situé à 3 m sous la surface de l'eau ($n = 1,33$) dirige un faisceau lumineux selon un angle de 30° avec la perpendiculaire à la surface entre l'air et l'eau. Dans une barque se trouve une autre personne dont les yeux sont à 1 m au-dessus de la surface. À quelle distance horizontale du plongeur doit-elle se trouver pour voir la lumière du faisceau?

E10. (II) Vers l'an 150 de notre ère, Claudius Ptolémée publia une table des angles d'incidence et de réfraction pour la surface air-eau.

i:	10	20	30	40	50	60	70	80
r:	8	15,5	22,5	29	35	40,5	45,5	50

Ptolémée suggéra que i/r est constant, ce qui n'est évidemment pas le cas. Tracez $\sin i$ en fonction de $\sin r$ pour obtenir une estimation de l'indice de réfraction.

E11. (II) Un faisceau de lumière tombe sur une plaque de verre plane d'épaisseur e selon un angle d'incidence θ (figure 4.58). Montrez que le déplacement latéral d que subit le faisceau en traversant la plaque de verre est donné par

$$d = \frac{e \sin(\theta - \alpha)}{\cos \alpha}$$

où α est l'angle de réfraction.

4.5 Réflexion totale interne

E12. (I) Un rayon se propageant dans un milieu transparent subit une réflexion totale interne sur la surface

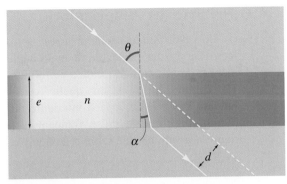

Figure 4.58 ▲
Exercice 11.

de séparation entre ce milieu et l'eau ($n = 1,33$). L'angle critique est de 68°. Quel est le module de la vitesse de la lumière dans ce milieu?

E13. (I) Une source lumineuse ponctuelle est à 2 m sous la surface d'un lac. Calculez le rayon du cercle sur la surface à travers lequel la lumière peut sortir dans l'air.

E14. (II) Un liquide d'indice inconnu n_2 est placé sur un hémisphère d'indice n_1 connu (figure 4.59). Un rayon lumineux pénètre dans l'hémisphère suivant une direction radiale. (a) Comment peut-on déterminer n_2 avec ce montage en mesurant seulement l'angle θ? Existe-t-il des limites pour les valeurs de n_2? (b) Trouvez la relation entre θ et n_2.

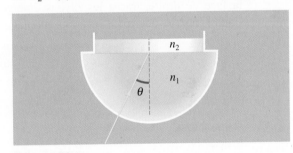

Figure 4.59 ▲
Exercice 14.

E15. (II) Un rayon lumineux se propageant dans le vide pénètre dans une longue fibre d'indice de réfraction 1,5 (figure 4.60). Montrez que le rayon subit une réflexion totale interne, quelle que soit l'orientation du rayon incident.

Figure 4.60 ▲
Exercice 15.

4.6 Prisme et dispersion

E16. (I) Un rayon lumineux incident est normal à une face d'un prisme rectangulaire dont l'angle au sommet est de 30° et dont l'indice de réfraction est de 1,5 (figure 4.61). Selon quelle orientation la lumière sort-elle de la face inférieure du prisme ? (On suppose que le rayon frappant la face inférieure n'a subi qu'une seule réflexion.)

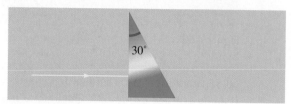

Figure 4.61 ▲
Exercice 16.

E17. (I) L'angle de déviation minimal pour un prisme dont l'angle au sommet est de 60° est de 41°. Quel est le module de la vitesse de la lumière dans le prisme ?

E18. (II) Un prisme ($n = 1,6$) a un angle au sommet de 60°. Trouvez l'angle de déviation minimal lorsqu'on le plonge dans l'eau ($n = 1,33$).

E19. (I) Soit deux rayons tombant sur un prisme isocèle (figure 4.62). En supposant que les deux rayons réfractés subissent une réflexion totale interne sur la face de droite, tracez les rayons émergeant de l'autre face. À quoi peut servir ce montage ?

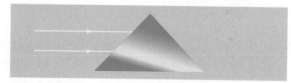

Figure 4.62 ▲
Exercice 19.

E20. (I) Le *pouvoir dispersif* d'un milieu est défini par $(n_B - n_R)/(n_J - 1)$, n_B, n_R et n_J étant respectivement les indices de réfraction pour les lumières bleue, rouge et jaune. Calculez cette grandeur sachant que $n_R = 1,611$, $n_J = 1,620$ et $n_B = 1,633$ dans un milieu donné.

E21. (I) (a) Quel est l'indice de réfraction minimal que doit avoir un prisme de 45° comme celui de la figure 4.63 pour produire une réflexion totale interne et se comporter comme un cataphote ? (b) Quelle serait la valeur minimale si le prisme était plongé dans l'eau ?

E22. (I) Un prisme équilatéral a un indice de réfraction de 1,6. Pour quel angle d'incidence un rayon subit-il une déviation minimale ?

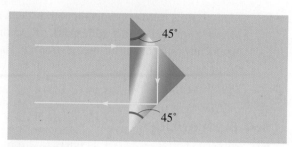

Figure 4.63 ▲
Exercice 21.

E23. (II) Un rayon tombe selon un angle de 45° avec la normale au milieu d'une face d'un prisme de 60° ayant un indice de réfraction de 1,5. Tracez le trajet du rayon et déterminez l'angle de déviation entre le rayon incident et le rayon sortant de l'autre face.

E24. (II) Montrez que, pour un prisme mince (figuré 4.64), l'angle de déviation est $\delta = (n - 1)\phi$. (Utilisez $\sin \theta \approx \theta$.)

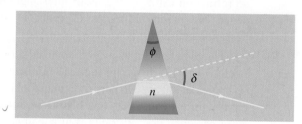

Figure 4.64 ▲
Exercice 24.

E25. (II) Un rayon tombe sur un prisme dont l'indice de réfraction est n (figure 4.65). Montrez que la valeur maximale de α (l'angle du rayon incident mesuré par rapport à la surface du prisme) pour laquelle on observe un rayon sortant le long de la face AC est donnée par $\cos \alpha = n \sin(\phi - \theta_c)$, θ_c étant l'angle critique pour la réflexion totale interne.

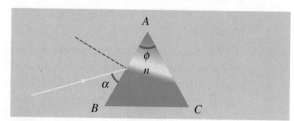

Figure 4.65 ▲
Exercice 25.

4.8 Miroirs sphériques

E26. (I) Un miroir concave a un rayon de courbure de 40 cm. Déterminez la position de l'image et le grandissement linéaire pour les positions suivantes de l'objet : (a) 15 cm ; (b) 60 cm. Faites un tracé des rayons principaux dans chaque cas.

E27. (I) Un miroir convexe a un rayon de courbure de 40 cm. Déterminez la position de l'image et le grandissement linéaire pour les positions suivantes de l'objet : (a) 15 cm ; (b) 40 cm. Faites un tracé des rayons principaux dans chaque cas.

E28. (I) Un objet de 2 cm de hauteur est à 40 cm d'un miroir sphérique. L'image virtuelle droite a une hauteur de 3,6 cm. (a) De quel type de miroir s'agit-il ? (b) Trouvez la position de l'image. (c) Quelle est la distance focale du miroir ?

E29. (I) Un objet réel se trouve à 60 cm d'un miroir concave. La dimension de l'image réelle correspond à 40 % de la dimension de l'objet. Quel est le rayon de courbure du miroir ?

E30. (I) L'image donnée par un miroir concave dont la distance focale est de 30 cm est agrandie 2,5 fois. Où se trouve l'objet, sachant que l'image est (a) droite ; (b) renversée ? Tracez les rayons principaux dans chaque cas.

E31. (I) Un miroir convexe pour lequel $f = -30$ cm donne une image avec un grandissement linéaire de 0,4. Où se trouve l'objet ?

E32. (I) Un objet situé à 22 cm d'un miroir concave donne une image réelle avec un grandissement linéaire de $-3,2$. Quelle est la distance focale ? Tracez les rayons principaux.

E33. (I) Un miroir convexe ayant un rayon de courbure de 16 cm donne une image dont la dimension est le tiers de la dimension de l'objet réel. Trouvez la position (a) de l'objet ; (b) de l'image.

E34. (I) L'image d'un objet réel placé à 3,2 cm d'un miroir convexe a un grandissement transversal de $+0,4$. Déterminez : (a) la position de l'image ; (b) la distance focale.

E35. (II) Un miroir concave donne une image agrandie de 40 % lorsqu'un objet réel est à 20 cm du miroir. Déterminez les distances focales possibles du miroir.

E36. (II) Un objet réel est à 60 cm d'un miroir concave. Trouvez le rayon de courbure du miroir, sachant que : (a) l'image est réelle et réduite de 40 % ; (b) l'image est réelle et agrandie de 25 % ; (c) l'image est virtuelle et agrandie de 80 %.

E37. (II) Un objet sphérique de rayon r se trouve à une très grande distance d d'un miroir concave dont la distance focale est f. (a) Montrez que le diamètre de l'image est pratiquement égal à $2rf/d$ (cf. figure 4.43, p. 127 ; où se trouve l'image ?). (b) Le miroir concave du télescope à miroirs du mont Palomar a une distance focale de 16,8 m. Quel est le diamètre de l'image de la Lune ? On donne $r = 1,74 \times 10^6$ m.

4.9 Vitesse de la lumière

E38. (I) Combien de temps faut-il à la lumière pour arriver jusqu'à nous à partir (a) de la Lune ; (b) du Soleil ? (Référez-vous au tableau des données d'usage fréquent au début du livre.)

E39. (I) Une année-lumière est la distance parcourue par la lumière en une année. (a) À combien de mètres correspond une année-lumière ? (b) Exprimez en années-lumière la distance entre la Terre et le Soleil.

E40. (I) Römer a découvert que l'intervalle de temps entre des éclipses successives d'un satellite de Jupiter variait de 22 min au maximum sur une période de six mois. Sachant que le rayon de l'orbite de la Terre est égal à $1,5 \times 10^8$ km, quelle valeur aurait-il obtenu pour le module de la vitesse de la lumière ?

E41. (I) Dans l'expérience de Michelson, la distance entre les miroirs était de 35 km. Quelle devait être la vitesse angulaire minimale exprimée en tours par seconde du miroir à huit faces pour que la lumière pénètre dans le télescope ?

E42. (II) Dans l'expérience de Fizeau, la lumière parcourait 4 km dans chaque sens. Si la roue avait 360 dents, quelle était sa vitesse angulaire minimale exprimée en tours par seconde ?

EXERCICES SUPPLÉMENTAIRES

4.4 et 4.5 Réfraction et réflexion totale interne

E43. (I) Une pellicule d'eau ($n = 1,33$) repose sur une plaque de verre ($n = 1,5$). Un rayon frappe la pellicule avec un angle d'incidence de 30°. Quel est l'angle entre le rayon incident et le rayon voyageant dans le verre ? (On suppose que les deux surfaces de séparation sont parallèles.)

E44. (I) On étend une couche de gel transparent sur une plaque de verre ($n = 1,5$). Lorsqu'un rayon incident traverse le gel et frappe la surface de verre avec un angle d'incidence de 45°, il est réfracté dans le verre avec un angle de 38°. Quel est le module de la vitesse de la lumière dans le gel ? (On suppose que les deux surfaces de séparation sont parallèles.)

E45. (II) Un vase en verre ($n = 1,5$) de forme cylindrique est rempli d'eau ($n = 1,33$). Un rayon lumineux ayant un angle d'incidence de 75° par rapport à la verticale frappe l'eau sur le dessus et ressort sur le côté du vase (figure 4.66). Quel angle θ fait le rayon sortant du vase avec l'horizontale ?

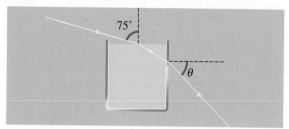

Figure 4.66 ▲
Exercice 45.

4.6 Prisme et dispersion

E46. (II) Un rayon incident frappe perpendiculairement une face d'un prisme équilatéral (figure 4.67). Quelle est la valeur minimale de l'indice de réfraction du prisme s'il y a réflexion totale interne sur la deuxième face ?

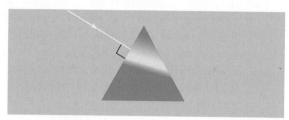

Figure 4.67 ▲
Exercice 46.

E47. (II) Un étroit faisceau de lumière formé des longueurs d'onde 700 nm et 400 nm frappe une lame de verre, de 2,4 cm d'épaisseur, avec un angle d'incidence de 40° par rapport à la normale. L'indice de réfraction de ce verre est 1,66 pour 400 nm et 1,61 pour 700 nm. Quelle est la largeur du faisceau à sa sortie de la lame de verre ? (Voir la figure 4.25, p. 118.)

E48. (I) Le prisme de la figure 4.68 a un indice de réfraction de 1,55. Le rayon incident voyage parallèlement à la base du prisme. Quel est l'angle entre ce rayon incident et le rayon qui sort de la face verticale du prisme ?

E49. (I) Un prisme isocèle en verre ($n = 1,61$) a un angle au sommet de 30°. Quel est l'angle de déviation minimal pour ce prisme ?

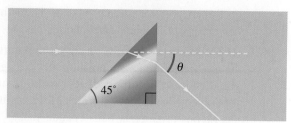

Figure 4.68 ▲
Exercice 48.

4.7 Miroirs plans

E50. (II) On place un objet quelque part entre deux miroirs plans formant un angle de 60° (figure 4.56, p. 140). Combien d'images sont formées ? Dessinez les positions et les orientations des images.

E51. (I) Deux miroirs plans verticaux sont parallèles. On place entre ces deux miroirs, en un point quelconque, une flèche perpendiculairement au plan des miroirs. Dessinez les quatre premières images formées par les miroirs.

4.8 Miroirs sphériques

E52. (I) Un miroir concave a une distance focale de 36 cm. Où se trouve l'objet, sachant que son image est droite et agrandie d'un facteur trois ?

E53. (I) Un miroir convexe a un rayon de courbure de 48 cm. Où se trouve l'objet, sachant que la taille de l'image correspond au tiers de la taille de l'objet ?

E54. (I) Un objet de 0,5 cm est placé à 18 cm d'un miroir sphérique. L'image de 2 cm est droite. Quelle est la distance focale du miroir ?

E55. (I) Un objet réel placé à 10 cm d'un miroir concave forme une image virtuelle à 14 cm du miroir. Quels seraient la position et le grandissement transversal de l'image si l'objet était placé à 20 cm du miroir ? L'image serait-elle réelle ou virtuelle ?

E56. (I) Un objet réel placé à 27 cm d'un miroir concave produit une image réelle à 15,9 cm du miroir. Quelle est la position de l'image lorsque l'objet est placé à 15 cm de ce miroir ?

E57. (I) La Lune sous-tend un angle de 0,52° lorsqu'on la regarde de la Terre. Quelle est la taille de son image dans un miroir concave de 8 cm de distance focale ?

E58. (I) Un miroir concave a un rayon de courbure de 1,2 m. (a) Où doit se trouver le visage d'une personne s'y regardant pour que l'image de cette personne se forme à 60 cm du miroir ? (b) Quel est le grandissement transversal du visage ?

P1. (I) Une source ponctuelle se trouve à 10 cm sous la surface d'un étang. À quelle profondeur se trouve l'image si on l'observe dans l'air selon un angle $\theta = 5°$ avec la normale ? On suppose que l'image est à l'intersection de la normale à la surface passant par la source et du rayon réfracté prolongé dans l'eau (figure 4.69).

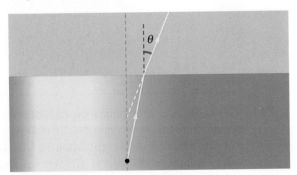

Figure 4.69 ▲
Problème 1.

P2. (II) Une personne dont les yeux sont à 2 m du sol se tient debout à 4 m du bord d'une piscine profonde de 2,5 m et large de 4 m. Une pièce de monnaie se trouve au fond de la piscine du côté opposé (figure 4.70). Jusqu'à quelle hauteur la piscine doit-elle être remplie pour que la personne puisse voir la pièce ? Un rayon lumineux issu de la pièce et réfracté à la surface de l'eau doit atteindre l'œil de cet observateur.

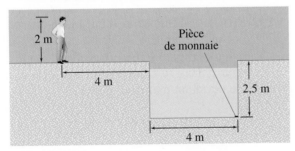

Figure 4.70 ▲
Problème 2.

P3. (II) Montrez que, si un rayon tombe sur une plaque de verre plane d'épaisseur e et d'indice de réfraction n selon un angle d'incidence θ, le déplacement latéral du rayon (figure 4.71) s'exprime approximativement par $d \approx e\theta(n-1)/n$, où θ est en radians. (*Indice* : voir l'exercice 11.)

P4. (I) Des rayons superposés de lumière rouge et bleue tombent selon un angle de 30° par rapport à la normale sur une plaque de verre plane ayant une

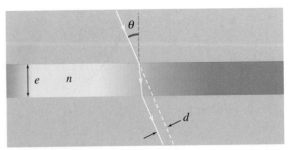

Figure 4.71 ▲
Problèmes 3 et 7.

épaisseur de 2,4 cm. Les indices de réfraction du verre sont pour ces deux couleurs $n_R = 1,58$ et $n_B = 1,62$. (a) Quel est l'angle entre les rayons réfractés dans la plaque ? (b) Quelle est la séparation latérale (distance perpendiculaire) entre les rayons qui sortent de l'autre face ?

P5. (I) Une source ponctuelle est située à 10 cm sous la surface d'un étang ($n = 1,33$). Dessinez les rayons d'angles d'incidence θ et $\theta + 2°$ pour $\theta = 0°$, 10°, 20°, 30°, 40° et 45°. Calculez les orientations des rayons réfractés et dessinez-les. Prolongez dans l'eau chaque paire de rayons réfractés pour déterminer la position de l'image. (La courbe reliant les points images est appelée *caustique*. Elle est produite lorsque des ondes sphériques rencontrent une surface de séparation plane ou lorsque des ondes planes rencontrent une surface de séparation sphérique.)

P6. (I) Le grandissement *longitudinal* d'un miroir est, par définition, $m_L = dp/dq$, dp et dq étant respectivement des variations infinitésimales des distances objet et image. Montrez que

$$m_L = -\frac{q^2}{p^2}$$

P7. (II) La figure 4.71 représente un rayon lumineux tombant suivant l'angle d'incidence θ sur une plaque de verre d'épaisseur e et d'incide de réfraction n. Montrez que le déplacement latéral d est donné par

$$d = e \sin \theta \left(1 - \frac{\cos \theta}{\sqrt{n^2 - \sin^2 \theta}}\right)$$

P8. (II) Un cylindre en verre d'indice n est entouré d'une gaine d'indice n'. Le milieu environnant a un indice $n_0 < n$ (figure 4.72). (a) Montrez que l'angle d'incidence maximal θ pour lequel la lumière subit une réflexion totale interne est donné par

$$n_0 \sin \theta = \sqrt{n^2 - n'^2}$$

(b) Que devient cette expression dans le cas de la fibre optique (indice n), non gainée et entourée d'air ($n_0 = 1$) ?

Figure 4.72 ▲
Problème 8.

P9. (II) À la figure 4.73, le rayon lumineux subit une réflexion sur le miroir entre le point A et le point B. Selon le *principe de Fermat*, le chemin optique d'un rayon lumineux entre deux points correspond au trajet qui prend le minimum de temps. (a) Montrez que le temps mis entre A et B est

$$t = \frac{(x^2 + a^2)^{1/2}}{c} + \frac{[(L-x)^2 + b^2]^{1/2}}{c}$$

(b) En posant $dt/dx = 0$, montrez que l'angle d'incidence est égal à l'angle de réflexion.

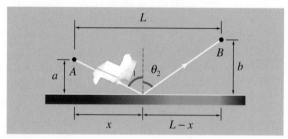

Figure 4.73 ▲
Problème 9.

P10. (II) À la figure 4.74, un rayon lumineux issu du point A se propage dans un milieu d'indice de réfraction n_1 puis jusqu'au point B dans un milieu d'indice de réfraction n_2. Le rayon frappe la surface de séparation à une distance horizontale x de A. (a) Montrez que le temps mis entre A et B est

$$t = \frac{(a^2 + x^2)^{1/2}}{v_1} + \frac{[b^2 + (L-x)^2]^{1/2}}{v_2}$$

v_1 et v_2 étant les modules de la vitesse de la lumière dans les deux milieux. (b) Utilisez le *principe de Fermat* (énoncé au problème 9) pour trouver la valeur de x pour laquelle t est minimal. En posant $dt/dx = 0$ et en exprimant $\sin \theta_1$ et $\sin \theta_2$ en fonction des données, retrouvez la loi de Snell-Descartes :

$$\frac{\sin \theta_1}{v_1} = \frac{\sin \theta_2}{v_2}$$

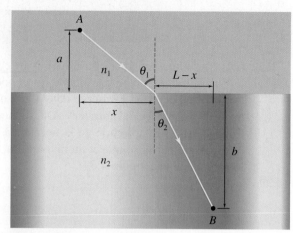

Figure 4.74 ▲
Problème 10.

P11. (II) (a) Montrez que, pour l'arc-en-ciel principal, la déviation angulaire est $\delta = \pi + 2i - 4r$, avec $\sin i = n \sin r$ (figure 4.75). (b) Montrez que δ a une valeur minimale de $180° - 42°$ (*cf.* sujet connexe sur l'arc-en-ciel). On suppose que l'indice de réfraction de l'eau est $n = 4/3$.

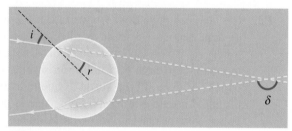

Figure 4.75 ▲
Problème 11.

P12. (II) Il y a formation d'un arc-en-ciel secondaire lorsque la lumière incidente subit deux réflexions internes (figure 4.76). (a) Quel est l'angle de déviation δ dans ce cas ? (b) Montrez que la condition de déviation minimale s'écrit

$$\cos^2 i = \frac{n^2 - 1}{8}$$

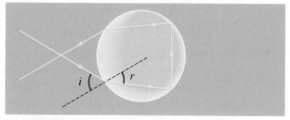

Figure 4.76 ▲
Problème 12.

Les lentilles et les instruments d'optique

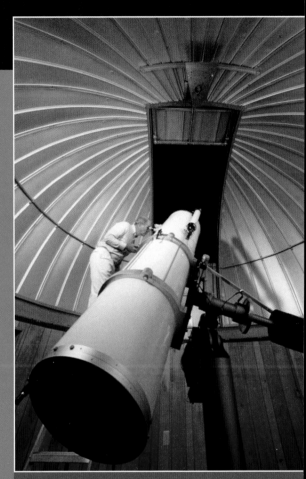

POINTS ESSENTIELS

1. On peut déterminer la position de l'image formée par une **lentille** (**convergente** ou **divergente**) par le tracé des rayons principaux ou la **formule des lentilles minces**.

2. Dans un système de deux lentilles, on considère l'image formée par la première lentille comme l'objet de la deuxième lentille.

3. Le **grossissement angulaire** est le rapport entre les angles sous-tendus par l'image d'un objet à travers un dispositif optique et par l'objet lui-même observé à l'œil nu.

4. À partir du grossissement d'une **loupe**, on peut évaluer le grossissement d'un **microscope composé** ou d'une **lunette astronomique**.

5. La **myopie**, l'**hypermétropie** et la **presbytie**, qui sont des défauts optiques de l'œil humain, peuvent être corrigées à l'aide d'une lentille de distance focale appropriée.

Le fonctionnement de ce télescope à miroirs est plus simple que ne le suggère sa grande taille. À l'aide d'un grand miroir courbe et d'une petite lentille, il produit un grossissement angulaire, un des concepts que nous découvrirons dans ce chapitre.

Une lentille optique est un morceau de matériau transparent, comme du verre, dont les surfaces sont en général sphériques ou cylindriques, une des deux faces pouvant aussi être plane. Le terme « lentille » vient du mot latin désignant la légumineuse du même nom. On ne sait pas exactement à quelle époque furent produites les premières lentilles, mais les Grecs savaient déjà qu'un bol sphérique transparent rempli d'eau permet de concentrer la lumière solaire. Dans la comédie d'Aristophane *Les Nuées* (423 av. J.-C.), un des personnages se propose d'utiliser une « pierre diaphane » pour mettre le feu à un document. Vers 1285, des lentilles étaient utilisées comme lunettes dans le nord de l'Italie. En 1611, Kepler établit les fondements qui allaient permettre la mise au point d'instruments d'optique. Il fut le premier à étudier la relation entre des objets et leurs images données par des systèmes optiques et il fut capable de concevoir des télescopes en s'appuyant uniquement sur la loi approchée de la réfraction de Ptolémée, $n_1\theta_1 = n_2\theta_2$.

Nous allons dans ce chapitre étudier la formation des images données par les lentilles. Nous analyserons les propriétés optiques des microscopes et des télescopes et verrons comment corriger certains défauts optiques de l'œil.

Comme nous l'avons fait pour les miroirs sphériques, nous allons utiliser le concept de *foyer* pour décrire l'effet d'une lentille sur les rayons lumineux. Dans le cas d'un miroir, la position du foyer ne dépend que du rayon de courbure : $f = R/2$. Dans le cas d'une lentille, l'équation $f = R/2$ n'aurait aucun sens puisque le concept de « rayon de courbure d'une lentille » n'existe pas : chacune des deux faces d'une lentille a son propre rayon de courbure. La situation sera donc plus complexe que le cas d'un miroir, deux différences importantes devant être notées. Premièrement, la lumière dévie une seule fois en rencontrant un miroir, alors qu'elle dévie deux fois en traversant une lentille (elle subit une première réfraction lorsqu'elle pénètre dans la lentille et une autre lorsqu'elle en ressort). La distance focale dépend donc du rayon de courbure de *chacune* des faces de la lentille. Deuxièmement, la valeur de l'indice de réfraction du matériau dont est faite la lentille affecte la déviation des rayons, et donc la distance focale. Il faut de plus tenir compte de l'indice de réfraction du milieu dans lequel est plongée la lentille. En comparaison, l'indice de réfraction n'avait aucun impact sur le fonctionnement d'un miroir, car il n'intervient que dans la loi de Snell-Descartes et non dans la loi de la réflexion.

Afin de déterminer la distance focale d'une lentille à partir des paramètres que nous venons d'énumérer, on doit d'abord étudier la déviation des rayons lumineux à travers un *dioptre sphérique*, c'est-à-dire une surface sphérique séparant deux milieux d'indices de réfraction différents (section 5.1). Une lentille étant constituée de deux dioptres, on pourra alors déterminer sa distance focale (section 5.2). Si on préfère étudier les propriétés d'une lentille de distance focale f donnée, sans se préoccuper de la façon dont on obtient cette distance focale, on pourra passer directement à la section 5.3 sans perte de continuité.

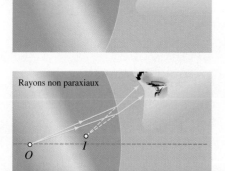

Figure 5.1 ▲

En général, la position de l'image produite par un dioptre (sphérique ou non) dépend de l'angle selon lequel on le regarde. Notre étude se restreindra donc au cas des rayons paraxiaux.

5.1 Les dioptres sphériques

On appelle *dioptre* la surface qui sépare deux milieux transparents d'indices de réfraction différents, et les dioptres sphériques sont les plus utilisés*. Quand on place un objet devant un dioptre, la lumière qui provient de l'objet est réfractée en traversant le dioptre, ce qui produit une image. En général, la position de l'image *ne peut pas* être prédite de façon simple, car elle dépend de l'angle selon lequel l'observateur regarde le dioptre (figure 5.1). En conséquence, nous cherchons seulement à prédire la position de l'image produite quand les rayons sont paraxiaux (voir la section 4.8).

Nous allons d'abord étudier la situation où les rayons incidents proviennent d'un objet réel, rencontrent une surface (dioptre) qui est convexe lorsqu'on la regarde depuis le milieu d'où proviennent les rayons et forment une image réelle après avoir été réfractés (figure 5.2). Nous considérerons les autres cas ensuite.

---

* Nous n'étudierons que les dioptres sphériques, mais notre résultat s'appliquera aussi aux dioptres plans ou aux dioptres cylindriques. En effet, un dioptre plan peut être considéré comme un dioptre sphérique dont le rayon de courbure est infiniment grand, alors qu'un dioptre cylindrique aura le même comportement qu'un dioptre sphérique dans le plan où sa coupe est un arc de cercle.

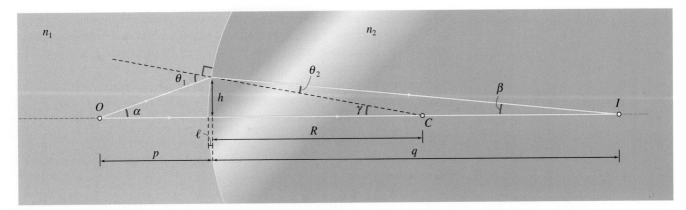

Figure 5.2 ▲

Un rayon issu d'un objet ponctuel en O dans un milieu d'indice de réfraction n_1 donne un point image I dans un milieu d'indice de réfraction n_2.

Considérons un rayon paraxial arbitraire issu de l'objet ponctuel O. Il tombe sur le dioptre à une distance h de l'axe optique et selon un angle θ_1 par rapport à la normale, qui correspond au rayon de courbure du dioptre. Après avoir subi une réfraction, il fait dans le milieu 2 un angle θ_2 avec la normale. Comme nous ne nous intéressons qu'aux rayons paraxiaux, tous les angles de la figure 5.2 sont petits, donc $\sin \theta \approx \theta$ et la loi de Snell-Descartes devient

$$n_1\theta_1 = n_2\theta_2 \qquad (5.1)$$

Pour la même raison, $\tan \theta \approx \theta$, de sorte que $\alpha \approx h/p$, $\beta \approx h/q$ et $\gamma = h/R$. En remplaçant $\theta_1 = \alpha + \gamma$ et $\theta_2 = \gamma - \beta$ par ces valeurs dans la loi de Snell-Descartes, on obtient

$$n_1\left(\frac{h}{p} + \frac{h}{R}\right) = n_2\left(\frac{h}{R} - \frac{h}{q}\right)$$

ce qui donne, après simplification et regroupement des termes communs,

$$\frac{n_1}{p} + \frac{n_2}{q} = \frac{n_2 - n_1}{R} \qquad (5.2)$$

Cette *formule du dioptre sphérique* établit une relation entre la distance p séparant l'objet et le dioptre et la distance q séparant l'image et le dioptre, lorsque les rayons lumineux passent du milieu d'indice n_1 vers le milieu d'indice n_2. Comme elle a été obtenue en ne considérant que les petits angles et qu'ainsi la distance ℓ (voir la figure 5.2) devient négligeable, elle s'applique à tous les rayons lumineux paraxiaux atteignant le dioptre. Dans la pratique, les distances p, q et R sont mesurées par rapport au point où le dioptre intercepte l'axe optique, c'est-à-dire la droite OCI de la figure 5.2. Comme cette équation contient les indices de réfraction n_1 et n_2, il est *impossible* d'en vérifier les résultats avec un tracé des rayons principaux, comme c'était le cas pour la formule des miroirs.

Nous venons d'étudier la situation où un dioptre convexe produit une image réelle à partir d'un objet réel. Toutefois, il y a d'autres cas : par exemple, le même dioptre aurait pu produire une image virtuelle à partir du même objet, si ce dernier avait été placé suffisamment près pour que les rayons réfractés aient été divergents entre eux. En général, huit cas peuvent être étudiés, selon que l'objet est réel ou virtuel, que l'image est réelle ou virtuelle et que le dioptre est concave ou convexe (lorsqu'on le regarde depuis le milieu d'où proviennent les rayons). En étudiant les sept autres cas de la même façon que nous venons de le faire pour l'un d'entre eux, on s'apercevrait qu'on obtient chaque fois l'équation 5.2, pourvu que les conventions de signe pour p et q soient observées (voir la section 4.8), en plus de la convention suivante pour le rayon de courbure R du dioptre :

R est positif lorsque la surface du dioptre est convexe *lorsqu'on la regarde depuis le milieu d'où proviennent les rayons incidents*; R est négatif si la surface est concave.

Conventions de signes des dioptres

Remarquons que la convention de signes pour les distances objet et image, p et q, demeure la même que pour les miroirs, alors que la convention concernant le rayon R d'un dioptre est contraire à la convention adoptée pour le rayon R d'un miroir sphérique. On a inversé la convention pour maintenir l'association entre les grandeurs réelles et les quantités positives. Pour un miroir *concave*, le centre de courbure du miroir est du côté où se forment les images réelles (q positif), et son rayon R est considéré comme positif. Mais il faut qu'un dioptre soit *convexe* (du point de vue des rayons incidents) pour que son centre de courbure soit du côté des images réelles, puisque les images réelles se formeront là où il y a de la lumière réfractée, donc *de l'autre côté* du dioptre. C'est pour cela que le rayon d'un dioptre convexe (du point de vue des rayons incidents) est considéré comme positif.

EXEMPLE 5.1

Une source ponctuelle O est située à l'intérieur d'un bloc en verre d'indice de réfraction $n = 1,5$ (figure 5.3). Elle est à 3 cm d'un dioptre convexe (vu du côté d'où proviennent les rayons incidents) dont le rayon de courbure vaut 2 cm. Trouver la position de l'image.

Solution

L'objet est situé dans le verre. Pour le premier milieu (verre), $n_1 = n$, et pour le deuxième milieu (air), $n_2 = 1$. Le rayon de courbure du dioptre est $R = +2$ cm, puisque le dioptre est convexe du point de vue des rayons incidents. D'après l'équation 5.2, on a

$$\frac{n_1}{p} + \frac{n_2}{q} = \frac{n_2 - n_1}{R}$$

d'où

$$\frac{1,5}{3 \text{ cm}} + \frac{1}{q} = \frac{1 - 1,5}{2 \text{ cm}}$$

Par conséquent, $q = -1,33$ cm. L'image est virtuelle et située à gauche du dioptre.

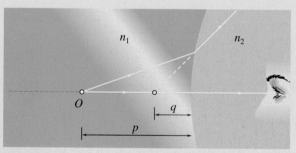

Figure 5.3 ▲

Puisque $n_2 < n_1$, les rayons divergent davantage après la traversée du dioptre. L'image formée par le prolongement des rayons est virtuelle.

Une bille en verre ($n = 1,52$) d'un rayon de 2 cm est décorée d'une petite paillette située en son centre. (a) Déterminer, pour un observateur dans l'air, la position de l'image de la petite paillette. (b) Expliquer l'aspect particulier de votre résultat en ayant recours à des arguments physiques.

Solution

(a) L'objet étant au centre de la bille, la surface de cette dernière constitue un dioptre concave, du point de vue des rayons incidents. Donc $R = -2$ cm. L'objet étant matériel, il est réel, d'où $p = +2$ cm. Comme il est situé dans le verre, $n_1 = n = 1,52$ et $n_2 = 1$. En substituant dans la formule du dioptre sphérique, on a :

$$\frac{1,52}{2 \text{ cm}} + \frac{1}{q} = \frac{1 - 1,52}{-2 \text{ cm}}$$

Par conséquent, $q = -2$ cm. On remarque que l'image est située au même endroit que l'objet et qu'elle est virtuelle (car q est négatif).

(b) Il est inhabituel que la position de l'image soit confondue avec celle de l'objet : lorsqu'un dioptre est utilisé pour fabriquer un quelconque dispositif optique, c'est généralement pour produire une image dont la taille et la position sont différentes de celles de l'objet.

Cela se produit dans cette situation parce que l'objet est situé exactement au centre de courbure du dioptre. Les rayons qui en proviennent sont donc tous incidents sur la surface du dioptre avec un *angle d'incidence nul* et ne sont pas déviés lors de la réfraction. Les rayons transmis dans l'air semblent donc provenir du même endroit (image) que celui (objet) duquel provenaient les rayons incidents. ∎

Dans les situations étudiées jusqu'à présent, les objets étaient ponctuels et placés sur l'axe optique. Mais si l'objet a une certaine hauteur y_O, on peut calculer un grandissement transversal m (voir la section 4.8) en comparant cette hauteur avec la hauteur y_I de l'image. On obtient alors (toujours dans l'approximation paraxiale) :

$$m = \frac{y_I}{y_O} = -\frac{n_1}{n_2}\frac{q}{p} \qquad (5.3)$$

La démonstration de cette formule est laissée en exercice (voir le problème 14). La valeur de m s'interprète de la même façon que pour le miroir sphérique.

Un chat a l'impression qu'un petit poisson se trouve à 5 cm de la paroi d'un aquarium de forme sphérique rempli d'eau (indice de réfraction : 1,33), tel qu'illustré à la figure 5.4. Le rayon de l'aquarium est de 15 cm. On néglige tous les effets liés à la paroi de verre de l'aquarium. (a) À quel endroit se trouve réellement le poisson ? (b) Quel est le grandissement transversal de l'image du poisson ? (c) Reprendre les questions (a) et (b), en supposant cette fois que l'aquarium est de forme rectangulaire (ses parois de verre sont planes).

Figure 5.4 ▲
L'image du poisson se trouve à 5 cm derrière la paroi, mais où se trouve le poisson ?

Solution

(a) Le chat voit une image virtuelle du poisson (puisque les rayons que perçoit le chat semblent provenir d'un point situé du même côté que le poisson lui-même, ce qui signifie que *ces rayons divergent*) ; ainsi, $q = -5$ cm. Vu du côté des rayons incidents (du côté du poisson), le dioptre est concave, donc $R = -15$ cm. Les indices de réfraction sont $n_1 = 1,33$ pour l'eau et $n_2 = 1$ pour l'air. D'après l'équation 5.2, on a

$$\frac{1,33}{p} + \frac{1}{-5 \text{ cm}} = \frac{1 - 1,33}{-15 \text{ cm}}$$

Par conséquent, $p = 6$ cm. Le poisson est à 6 cm de la paroi de l'aquarium (1 cm plus loin que son image).

(b) D'après l'équation 5.3, le grandissement transversal correspond à

$$m = -\frac{n_1}{n_2} \frac{q}{p} = -\frac{1,33}{1} \frac{-5 \text{ cm}}{6 \text{ cm}} = 1,11$$

L'image est à l'endroit, et 11 % plus grosse que l'objet.

(c) Si les parois de l'aquarium sont planes, le rayon de courbure R du dioptre est *infini*. D'après l'équation 5.2, on a

$$\frac{1,33}{p} + \frac{1}{-5 \text{ cm}} = 0$$

d'où $p = 6,65$ cm. D'après l'équation 5.3

$$m = -\frac{n_1}{n_2} \frac{q}{p} = -\frac{1,33}{1} \frac{-5 \text{ cm}}{6,65 \text{ cm}} = 1$$

L'image est de la même grosseur que l'objet.

Il arrive régulièrement que la lumière qui provient d'un objet traverse une succession de plusieurs dioptres : ce sera par exemple le cas dans une lentille. Dans de telles éventualités, nous allons utiliser une technique qui s'applique à n'importe quelle situation dans laquelle au moins deux dispositifs optiques (miroirs, dioptres ou lentilles) sont placés en succession : *l'image formée par un dispositif devient l'objet du dispositif suivant* (voir aussi les sections 5.2, 5.6 et 5.7). On peut justifier cette approche en examinant un cas où le premier dispositif crée une image virtuelle I : les rayons que reçoit le second dispositif *semblent provenir de cette image I*. Du point de vue du second dispositif, la situation est exactement la même que s'il n'y avait pas de premier dispositif et qu'un objet était placé en I. (Un raisonnement similaire s'applique pour le cas où le premier dispositif produit une image réelle.)

EXEMPLE 5.4

La figure 5.5 montre un grain de sable placé à 5 cm de la surface d'une sphère en verre ($n = 1,5$), dont le rayon est de 1,75 cm. (a) Obtenir la position de l'image finale du grain de sable pour un observateur situé de l'autre côté de la sphère (sur le même diamètre que le grain de sable). (b) Déterminer de quel type d'image il s'agit. Cette image lui semble-t-elle nette ou floue si l'observateur regarde directement la sphère en y collant son œil, tel qu'illustré ?

Solution

(a) L'observateur étant situé exactement de l'autre côté, les rayons qu'il reçoit sont paraxiaux pour les deux dioptres et l'équation 5.2 peut donc être appliquée.

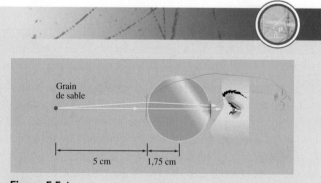

Grain de sable

5 cm   1,75 cm

Figure 5.5 ▲

On regarde un grain de sable au travers d'une sphère de verre. Où est l'image ? Est-elle réelle ou virtuelle ?

Pour le premier dioptre (la face gauche de la sphère), les indices de réfraction sont $n_1 = 1$ et $n_2 = 1,5$, puisque la lumière provient de l'air. De plus, ce premier dioptre est convexe lorsqu'on le regarde du côté d'où proviennent les rayons incidents, donc R_1 = +1,75 cm. Enfin, l'objet étant matériel, p_1 = +5 cm. En substituant dans l'équation 5.2, on a :

$$\frac{1}{5 \text{ cm}} + \frac{1,5}{q_1} = \frac{1,5 - 1}{1,75 \text{ cm}}$$

Donc p_1 = +17,5 cm. Cette image intermédiaire devient l'objet du second dioptre. Comme elle est réelle, elle est située à 17,5 cm *à droite* de la première face de la sphère, donc à 17,5 − 2(1,75) = 14,0 cm à droite de la seconde face de la sphère. En d'autres termes, les rayons issus du premier dioptre convergent vers un point situé à 14,0 cm au-delà du second dioptre. Les rayons incidents sur le second dioptre sont donc convergents, ce qui constitue un objet réel du point de vue de ce second dioptre : p_2

= −14,0 cm. De plus, pour ce second dioptre, on a n_1 = 1,5, n_2 = 1 et R_2 = −1,75 cm, d'où :

$$\frac{1,5}{-14,0 \text{ cm}} + \frac{1}{q_2} = \frac{1 - 1,5}{-1,75 \text{ cm}}$$

Donc q_2 = +2,55 cm. L'image finale est réelle et est donc située à 2,55 cm à droite de la seconde face de la sphère.

(b) Puisque q_2 est positif, l'image finale est réelle. Par conséquent, les rayons qui la forment *convergent* et on pourrait capter cette image en plaçant un écran à 2,55 cm de la surface de la sphère. Normalement, un œil peut percevoir les rayons qui proviennent d'objets matériels (ou d'images virtuelles), c'est-à-dire des rayons qui *divergent*. Si l'œil de l'observateur est à moins de 2,55 cm de la sphère, tel qu'illustré, les rayons qu'il reçoit ne divergent pas, et donc l'image lui semble floue. ∎

5.2 La formule des opticiens

Nous allons maintenant étudier plus en détail la situation où la lumière est déviée par deux dioptres sphériques successifs formant une *lentille mince*. Pour qu'une lentille soit considérée comme mince, la distance qui sépare les deux dioptres doit être négligeable comparativement aux rayons de courbure des dioptres eux-mêmes et comparativement aux distances objet et image p et q.

La figure 5.6 représente une lentille d'indice de réfraction n_2 placée dans un milieu d'indice de réfraction n_1. Les surfaces ont pour rayon de courbure R_1 et R_2. Un rayon qui traverse la lentille passe à travers deux dioptres. Selon l'endroit où l'objet O est situé, l'image produite après la première réfraction est soit réelle, soit virtuelle. Supposons que l'image S du premier dioptre, située à une distance d de celui-ci, soit virtuelle. Nous examinerons ensuite le cas où cette image est réelle. D'après l'équation 5.2 (dans l'approximation paraxiale), on a

$$\frac{n_1}{p} + \frac{n_2}{-d} = \frac{n_2 - n_1}{R_1}$$

On a mis un signe négatif devant d car l'image est virtuelle (la variable d représente une distance positive sur la figure 5.6). De plus, la lentille étant mince, on a considéré que la distance entre l'objet et le premier dioptre correspond à la distance objet *de la lentille,* c'est-à-dire la distance p définie à la figure 5.6.

Nous allons maintenant appliquer la technique décrite à la section précédente et considérer le point S comme étant l'objet du deuxième dioptre. Notez à nouveau qu'on peut justifier cette approche en remarquant sur la figure 5.6 que, du point de vue du deuxième dioptre, la situation est exactement la même que s'il n'y avait pas de premier dioptre et qu'un objet était placé en S.

Pour le deuxième dioptre, S constitue un objet réel (les rayons incidents sur ce deuxième dioptre sont en effet divergents). Comme la lentille est mince, on peut négliger son épaisseur par rapport à la distance objet du second dioptre et cette dernière correspond alors à +d. Les rayons traversent le dioptre du milieu d'indice n_2 vers le milieu d'indice n_1, et l'équation 5.2 donne

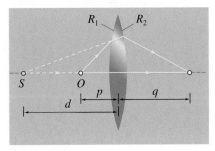

Figure 5.6 ▲

La première surface donne de l'objet réel en O une image virtuelle en S; cette image sert ensuite d'objet réel pour la deuxième surface. Dans ce cas, R_1 est positif et R_2 est négatif. Comme la lentille est mince, les distances p et q de la lentille, mesurées à partir du centre de cette dernière, correspondent approximativement à la distance objet du premier dioptre et à la distance image du second dioptre, respectivement. De même, la distance d peut être mesurée par rapport au centre de la lentille.

$$\frac{n_2}{d} + \frac{n_1}{q} = \frac{n_1 - n_2}{R_2}$$

Comme dans le cas du premier dioptre, la lentille étant mince, on a considéré que la distance entre l'image finale et le deuxième dioptre correspond à la distance image *de la lentille*, c'est-à-dire la distance q définie à la figure 5.6.

En additionnant les deux équations précédentes, on trouve :

$$\frac{1}{p} + \frac{1}{q} = \frac{n_2 - n_1}{n_1}\left(\frac{1}{R_1} - \frac{1}{R_2}\right) \qquad (5.4a)$$

où p et q sont, respectivement, les distances objet et image de la *lentille*. Par définition, la distance focale f est la distance de l'image q lorsque les rayons incidents sont parallèles à l'axe optique, ce qui correspond à un objet placé à l'infini ($p \rightarrow \infty$). On trouve ainsi :

Formule des opticiens

$$\frac{1}{f} = \frac{n_2 - n_1}{n_1}\left(\frac{1}{R_1} - \frac{1}{R_2}\right) \qquad (5.4b)$$

Ce résultat demeure valable dans l'éventualité où l'image produite par le premier dioptre aurait été réelle. En effet, la distance image du premier dioptre aurait alors été positive, mais la distance objet du second dioptre aurait été négative et les changements de signes se seraient donc annulés.

Cette équation est connue sous le nom de *formule des opticiens*, car elle est utilisée par les fabricants de verres correcteurs pour calculer les rayons de courbure nécessaires à la fabrication d'une lentille de distance focale donnée. La formule des opticiens utilise la *même convention de signes* pour les rayons de courbure R_1 et R_2 que celle utilisée pour les dioptres. L'application de la formule des opticiens montre que, pour les lentilles faites d'un matériau plus réfringent que le milieu environnant (ce qui est presque toujours le cas), la distance focale f est positive quand la lentille est plus épaisse en son centre qu'aux bords et négative dans le cas contraire. Lorsque la distance focale f est positive, la lentille est *convergente* ; lorsque la distance focale f est négative, la lentille est *divergente*. Nous verrons ce que cela signifie en pratique à la section suivante.

La formule des opticiens s'applique dans des conditions bien précises. Premièrement, elle découle de la formule des dioptres sphériques et n'est donc valable, elle aussi, que dans l'*approximation paraxiale*. Deuxièmement, elle ne s'applique que si la lentille peut être considérée comme mince par rapport à toutes les longueurs en présence.

La distance focale d'une lentille dépend des indices de réfraction en présence et des rayons de courbure des faces de la lentille. En revanche, elle ne dépend pas de l'ordre dans lequel les rayons rencontrent les faces de la lentille : autrement dit, si on retourne une lentille, peu importe sa forme, sa distance focale demeure inchangée (voir l'exemple 5.5b). Il s'ensuit qu'une lentille, contrairement à un miroir, possède *deux foyers* : un de chaque côté de la lentille, à la même distance f de son centre.

En combinant les équations 5.4a et 5.4b, on peut écrire

$$\frac{1}{p} + \frac{1}{q} = \frac{1}{f} \qquad (5.5)$$

On retrouve donc la même relation entre la distance focale, la distance objet et la distance image que dans le cas des miroirs sphériques.

EXEMPLE 5.5

Une lentille convergente en verre ($n = 1,5$) placée dans l'air ($n = 1$) a des surfaces de rayons 2 cm et 3 cm, tel qu'illustré à la figure 5.7. (a) Quelle est sa distance focale ? (b) Reprendre la question, mais cette fois en considérant que la lentille est tournée de l'autre côté.

Solution

(a) Si on suppose comme d'habitude que les rayons viennent de la gauche, les deux surfaces sont concaves du point de vue des rayons incidents, et leurs rayons sont donc négatifs : $R_1 = -3$ cm et $R_2 = -2$ cm. D'après l'équation 5.4b,

$$\frac{1}{f} = (1,5 - 1)\left(-\frac{1}{3 \text{ cm}} + \frac{1}{2 \text{ cm}}\right)$$

$$= \frac{0,5}{6 \text{ cm}}$$

Ainsi, $f = +12$ cm.

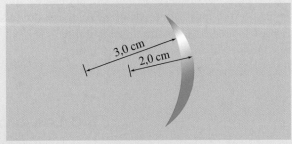

Figure 5.7 ▲
Une lentille convergente dont les surfaces ont des courbures différentes.

(b) Dans ce cas, $R_1 = +2$ cm et $R_2 = +3$ cm, de sorte que

$$\frac{1}{f} = (1,5 - 1)\left(\frac{1}{2 \text{ cm}} - \frac{1}{3 \text{ cm}}\right)$$

ce qui donne $f = +12$ cm, comme auparavant.

EXEMPLE 5.6

Quelle est la distance focale des lentilles suivantes (figure 5.8) ? On donne $n_{\text{verre}} = 1,5$, $n_{\text{glace}} = 1,309$ et $n_{\text{air}} = 1$, et on suppose que les rayons lumineux viennent de la gauche.

(a)   (b)   (c)   (d)   (e)   (f)

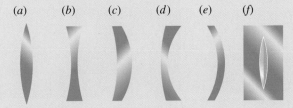

Figure 5.8 ▲
Lentilles diverses.

(a) Lentille de verre dans l'air, $R_1 = +10$ cm, $R_2 = -10$ cm

(b) Lentille de verre dans l'air, $R_1 = -10$ cm, $R_2 = +10$ cm

(c) Lentille de verre dans l'air, $R_1 = -20$ cm, $R_2 = -10$ cm

(d) Lentille de verre dans l'air, $R_1 = +20$ cm, $R_2 = +10$ cm

(e) Lentille de verre dans l'air, $R_1 = -10$ cm, $R_2 = -10$ cm

(f) Lentille de glace dans du verre, $R_1 = +10$ cm, $R_2 = -10$ cm

Solution

(a) Par l'équation 5.4b, $1/f = (1,5 - 1)(1/+10 \text{ cm} - 1/-10 \text{ cm}) = +0,1 \text{ cm}^{-1}$, d'où $f = +10$ cm.

(b) $1/f = (1,5 - 1)(1/-10 \text{ cm} - 1/+10 \text{ cm}) = -0,1 \text{ cm}^{-1}$, d'où $f = -10$ cm.

(c) $1/f = (1,5 - 1)(1/-20 \text{ cm} - 1/-10 \text{ cm}) = 0,025 \text{ cm}^{-1}$, d'où $f = +40$ cm.

(d) $1/f = (1,5 - 1)(1/+20 \text{ cm} - 1/+10 \text{ cm}) = -0,025 \text{ cm}^{-1}$, d'où $f = -40$ cm. Pour les lentilles dont le matériau est plus réfringent que le milieu environnant (ce qui est presque toujours le cas), on confirme que lorsque le centre de la lentille est plus épais que les bords (cas *a* et *c*), la lentille est convergente ; lorsque les bords sont plus épais que le centre (cas *b* et *d*), la lentille est divergente.

(e) $1/f = (1,5 - 1)(1/-10\text{ cm} - 1/-10\text{ cm}) = 0$, d'où $f \to \infty$. Lorsque les deux rayons de courbure sont égaux, la distance focale est infinie, ce qui revient à dire qu'il n'y a pas de déviation nette des rayons lumineux. Les verres fumés qui ne corrigent pas la vue constituent de telles « lentilles ».

(f) $1/f = [(1,309 - 1,5)/1,5]\,(1/+10\text{ cm} - 1/-10\text{ cm}) = -0,0255\text{ cm}^{-1}$, d'où $f = -39,3\text{ cm}$. La lentille a la même forme que la lentille convergente de la question (a), mais le matériau dont est faite la lentille est moins réfringent que le milieu environnant, et la lentille est divergente.

5.3 Les propriétés des lentilles

Dans le cas des miroirs sphériques, c'est le sens de la courbure de la surface réfléchissante qui permet de distinguer un miroir concave d'un miroir convexe. Dans le cas des lentilles, c'est l'épaisseur de la partie centrale en comparaison de celle des bords qui est importante. Supposons, comme c'est presque toujours le cas, que la lentille est faite d'un matériau dont l'indice de réfraction est plus élevé que celui du milieu dans lequel la lentille est plongée. Dans une **lentille convergente** (figure 5.9a), la partie centrale est alors plus épaisse que la circonférence. Lorsqu'ils traversent une telle lentille, les rayons parallèles à l'axe optique principal convergent vers un foyer réel. Dans une **lentille divergente** (figure 5.9b), la partie centrale est plus mince que la circonférence. En traversant une telle lentille, un faisceau de rayons parallèles semble diverger à partir d'un foyer virtuel. Une lentille convergente étant habituellement plus épaisse au centre que sur les bords, on utilisera le symbole ⬍ pour la représenter (comme à la figure 5.13) ; une lentille divergente étant habituellement plus épaisse sur les bords qu'au centre, on la représentera par le symbole ⬍ (comme à la figure 5.14, p. 158).

La présente description se limite aux **lentilles minces** dont l'épaisseur est très inférieure au diamètre. Dans ce cas, on peut négliger le déplacement latéral d'un rayon incident faisant un certain angle avec l'axe (figure 5.10a). On

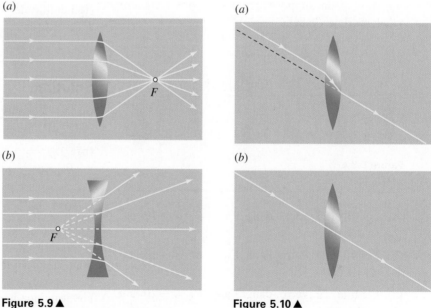

(a)

(b)

Figure 5.9 ▲

(a) Dans une lentille convergente, les rayons parallèles à l'axe optique convergent en un foyer réel. (b) Dans une lentille divergente, le foyer est virtuel.

(a)

(b)

Figure 5.10 ▲

Dans l'approximation des lentilles minces, on néglige la déviation latérale d'un rayon (a) et on suppose qu'un rayon passant par le centre n'est pas dévié (b).

suppose simplement qu'un rayon qui passe par le centre* n'est pas dévié (figure 5.10b). Un autre problème, lié à la relation entre l'indice de réfraction et la longueur d'onde (voir la section 4.6), est à l'origine d'une dispersion de la lumière dans le verre. Comme le montre la figure 5.11, des couleurs différentes convergent vers des foyers différents. Ce problème, que l'on appelle **aberration chromatique**, peut être corrigé à l'aide d'une deuxième lentille (divergente) faite d'un verre qui a des propriétés dispersives différentes. Tout comme les miroirs sphériques, une lentille peut faire l'objet d'une **aberration de sphéricité**. Dans ce cas, même un faisceau parallèle monochromatique ne converge pas en un foyer unique (figure 5.12). On simplifie ce problème en ne considérant que les rayons paraxiaux. Nous allons négliger les aberrations et supposer que nos lentilles minces font converger des rayons parallèles en un foyer unique.

Aberration de sphéricité
et aberration chromatique

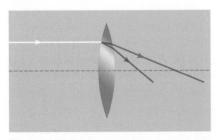

Figure 5.11 ▲
À cause de la variation de l'indice de réfraction avec la longueur d'onde, les rayons de couleurs différentes convergent en des points différents. Ce problème est appelé aberration chromatique.

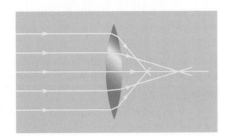

Figure 5.12 ▲
À cause de l'aberration de sphéricité, les rayons incidents à des distances différentes de l'axe central convergent en des points différents.

Le tracé des rayons principaux

Une lentille mince possède deux foyers, situés à égale distance de chaque côté du centre de la lentille. Considérons d'abord le cas d'une lentille convergente, et supposons, comme d'habitude, que les rayons viennent de la gauche. Les rayons parallèles à l'axe convergent et forment une image au foyer situé à droite de la lentille : il s'agit du **foyer image**, que l'on dénotera par F' (figure 5.13a).

En revanche, les rayons qui passent par le foyer de gauche seront parallèles à l'axe après le passage de la lentille (d'après la loi du retour inverse de la lumière décrite à la section 4.4). Le foyer de gauche est le **foyer objet**, que l'on dénotera par F (figure 5.13b).

(a)

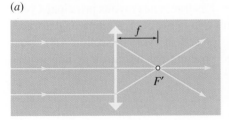

(b)

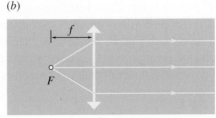

Figure 5.13 ◀
(a) Les rayons parallèles à l'axe optique sont déviés vers le foyer image F'.
(b) Les rayons qui passent par le foyer objet F ressortent parallèles à l'axe optique.

---

* Quand les deux faces d'une lentille ne sont pas symétriques, un rayon traversant son centre géométrique *est* dévié. Toutefois, il existe toujours un « centre optique » par lequel passe un rayon qui n'est pas dévié. Ce centre optique est toujours situé à mi-chemin entre le foyer objet et le foyer image. Dans l'approximation des lentilles minces, le centre géométrique et le centre optique sont confondus.

PA *La figure animée III-3*, **Tracé des rayons principaux**, permet de reproduire le tracé de rayons principaux dans le cas des lentilles. Dans le menu **Scénarios**, sélectionnez **Lentille convergente** ou **Lentille divergente**. Voir le Compagnon Web : www.erpi.com/benson.cw.

Comme c'était le cas pour les miroirs et dans la mesure où l'approximation paraxiale est respectée, les tracés des rayons principaux permettent de situer les images données par les lentilles. On distingue trois rayons principaux, mais deux suffisent pour obtenir l'image produite par la lentille :

> **Rayons principaux d'une lentille mince**
>
> 1. Un rayon qui passe par le centre de la lentille n'est pas dévié (figure 5.10*b*, p. 156).
> 2. Un rayon parallèle à l'axe ressort de la lentille en passant par le foyer image F' (figure 5.13*a*).
> 3. Un rayon qui passe par le foyer objet F ressort de la lentille parallèlement à l'axe (figure 5.13*b*).

Pour une lentille divergente, les positions de F et de F' sont inversées (figure 5.14) et les règles 2 et 3 doivent être interprétées en termes des prolongements des rayons :

> **2′.** Un rayon parallèle à l'axe ressort de la lentille *en donnant l'impression de venir du foyer image* F' (figure 5.14*a*).
> **3′.** Un rayon *qui serait passé par le foyer* F s'il n'avait pas été dévié ressort de la lentille parallèlement à l'axe (figure 5.14*b*).

Notez que les rayons principaux 1, 2 et 3 d'une lentille sont respectivement analogues aux rayons principaux 4, 2 et 3 d'un miroir.

Figure 5.14 ▶

(*a*) Les rayons initialement parallèles à l'axe optique semblent, une fois réfractés, provenir du foyer objet F'. (*b*) Les rayons qui se dirigeaient vers le foyer image F ressortent parallèles à l'axe optique.

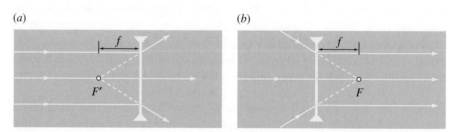

Pour résumer, si on suit le sens de propagation des rayons, on rencontre les foyers dans l'ordre FF' dans le cas d'une lentille convergente et dans l'ordre $F'F$ dans le cas d'une lentille divergente. Les tracés des rayons principaux pour diverses positions d'un objet sont illustrés à la figure 5.15. Comparez ces tracés à ceux d'un miroir, donnés au chapitre précédent (voir la section 4.8) : pour chaque position objet, la position image produite par un miroir et une lentille de même distance focale f est identique.

La formule des lentilles minces

On peut obtenir la formule qui relie la distance focale f, la distance objet p et la distance image q pour une lentille mince en analysant successivement l'effet de chacune des faces de la lentille (section 5.2, équation 5.5). On peut aussi partir du simple fait qu'une lentille possède des foyers et que ces derniers sont situés

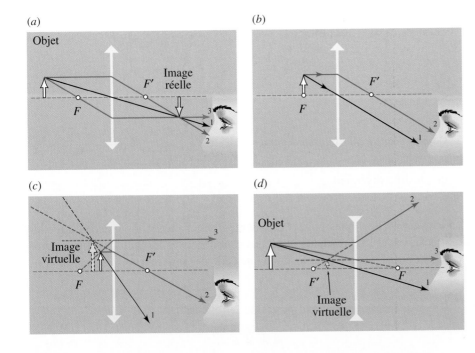

(a) Objet — Image réelle — F — F'

(b) F' — F

(c) Image virtuelle — F — F'

(d) Objet — F' — F — Image virtuelle

Figure 5.15 ◄

(a) La lentille est convergente et l'objet plus éloigné que le foyer objet F : l'image est réelle et inversée. Un projecteur de cinéma et un rétroprojecteur de salle de classe fonctionnent selon ce principe. (b) La lentille est convergente et l'objet est au foyer objet : les rayons ressortent parallèles entre eux, et l'image est à l'infini. Bien qu'elle soit lointaine, une telle image ne semble pas minuscule si on la regarde, puisqu'elle est aussi infiniment haute. (c) La lentille est convergente et l'objet est plus rapproché que le foyer objet : l'image est virtuelle, agrandie et à l'endroit. C'est le principe de la loupe. (d) La lentille est divergente. L'image est virtuelle, plus petite que l'objet et à l'endroit. Sur chacun des quatre schémas, les numéros correspondent à ceux des rayons principaux désignés par ces mêmes numéros dans l'encadré de la page 158.

à égale distance de part et d'autre de la lentille, puis utiliser les règles de tracé des rayons principaux pour obtenir une situation géométrique simple à analyser. Pour une lentille convergente, on obtient le tracé de la figure 5.16. On suppose que tous les rayons sont paraxiaux et on fait l'approximation $\tan \theta \approx \theta$. On obtient, si $y > 0$ vers le haut et que toutes les longueurs mesurées sur l'axe horizontal sont positives,

$$\alpha = \frac{y_O}{p} = \frac{-y_I}{q} \; ; \quad \beta = \frac{y_O}{f} = \frac{-y_I}{q - f}$$

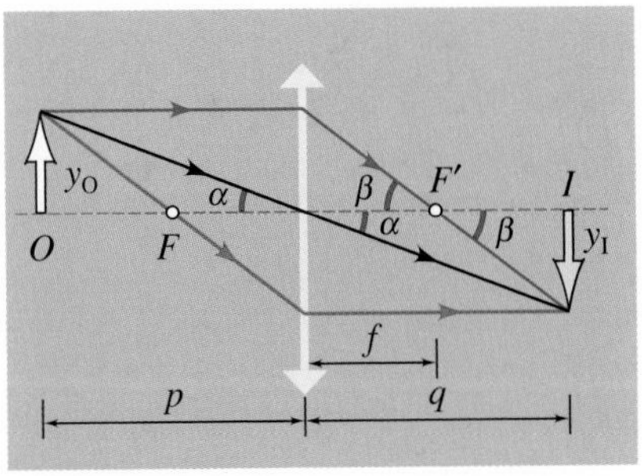

Ainsi, $y_I/y_O = -q/p = -(q - f)/f$. On en tire $1/p + 1/q = 1/f$ (trouvez vous-même les étapes intermédiaires). D'après la figure 5.17, on voit que pour une lentille divergente

$$\alpha = \frac{y_O}{p} = \frac{y_I}{q} \; ; \quad \beta = \frac{y_O}{f} = \frac{y_I}{f - q}$$

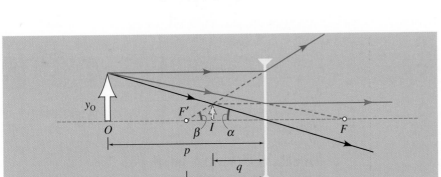

Figure 5.16 ▲

Les rayons principaux servant à trouver la position de l'image donnée par une lentille convergente.

Figure 5.17 ◄

Les rayons principaux servant à trouver la position de l'image donnée par une lentille divergente.

En égalant les expressions obtenues pour y_I/y_O, on trouve $1/p - 1/q = -1/f$ (vérifiez). Comme pour les miroirs, nous utiliserons une seule **formule des lentilles minces** en lui ajoutant une convention de signes :

Formule des lentilles minces

$$\frac{1}{p} + \frac{1}{q} = \frac{1}{f}$$ (5.6a)

Convention de signes des distances focales

La distance focale f est positive pour une lentille convergente, négative pour une lentille divergente.

La convention de signes pour p et q demeure inchangée : les grandeurs réelles sont positives et les grandeurs virtuelles sont négatives. Le grandissement transversal s'obtient par la même formule que celle des miroirs (voir l'équation 4.9) :

Grandissement transversal pour une lentille mince

$$m = \frac{y_I}{y_O} = -\frac{q}{p}$$ (5.6b)

Vous aurez remarqué que les équations 5.6a et 5.6b, s'appliquant aux lentilles, sont respectivement identiques aux équations 4.8 et 4.9 s'appliquant aux miroirs. Cette analogie entre les équations découle directement de l'analogie entre les tracés de rayons principaux dont nous avons parlé précédemment.

Dans certains des exemples qui suivent, nous considérerons des cas où la lumière qui provient d'un objet traverse plus d'une lentille. Ces situations sont importantes, car les instruments d'optique comme les microscopes et les télescopes (voir les sections 5.6 et 5.7) constituent de tels systèmes de lentilles. Dans ces cas, l'image formée par une lentille devient l'objet de la lentille suivante. En effet, comme nous l'avons expliqué à la section 5.1, les rayons qui atteignent la deuxième lentille sont identiques à ceux d'un objet qui serait situé à la position de l'image produite par la première lentille. La méthode de résolution ci-dessous décrit la façon d'aborder ces situations.

MÉTHODE DE RÉSOLUTION

Système de deux lentilles

Nous indiquons ici la marche à suivre pour résoudre des problèmes faisant intervenir deux lentilles, mais une démarche similaire peut être appliquée s'il y en a un nombre différent. On suppose connues la distance objet à la première lentille et la distance entre les lentilles. Ce *n'est pas* toujours le cas. Par exemple, il est possible que vous connaissiez la position de l'image finale et que ce soit la position de l'objet que vous recherchiez, ce qui nécessite de rai-

sonner « en sens inverse ». L'ordre des étapes peut alors être différent.

Formule des lentilles minces

1. Calculer la position de l'image I_1 donnée par la première lentille L_1. Cette première image sert d'*objet* pour la deuxième lentille L_2.
2. Déterminer la distance objet de la deuxième lentille pour calculer la position de la deuxième image I_2.

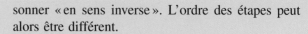

3. Ne pas oublier la convention de signes pour les lentilles. En particulier, si I_1 est située à droite de L_2, cela signifie que les rayons incidents sur L_2 convergent et donc que I_1 agit, du point de vue de L_2, comme un objet *virtuel*. En conséquence, p_2 est alors négatif. (Comme d'habitude, on suppose que la lumière se propage de gauche à droite.)

Tracé des rayons principaux

1. Les valeurs obtenues ci-dessus doivent vous permettre de choisir une échelle convenable pour le tracé des rayons principaux. Vous pouvez utiliser une feuille de papier ligné ordinaire en la tournant dans le sens de la largeur.

2. Représenter chaque lentille par une droite munie de triangles aux extrémités pour indiquer si elle est convergente ou divergente (voir, par exemple,

la figure 5.18, p. 162). Vous pourrez effacer les triangles pour prolonger la lentille si besoin est.

3. N'utiliser que les rayons principaux pour construire les images. Si une image se trouve à droite de la deuxième lentille, tracer des *pointillés* au-delà de L_2 (voir, par exemple, la figure 5.19, p. 163). Les rayons allant d'une lentille jusqu'à une image virtuelle sont également représentés en pointillés (voir, par exemple, la figure 5.23, p. 166).

4. Pour dessiner les rayons servant à construire la deuxième image I_2, vous pouvez choisir deux rayons *quelconques* sortant de I_1 et qui soient à la fois commodes et utiles. Ils *n'ont pas* besoin d'être liés à ceux qui ont été utilisés pour construire I_1.

5. Puisque la lumière se propage de gauche à droite, ne dessiner aucune flèche pointant vers la gauche !

EXEMPLE 5.7

(a) Un petit objet est situé à 16 cm d'une lentille convergente de distance focale 12 cm. Trouver la position de l'image et déterminer le grandissement transversal. (b) Un objet de hauteur 0,8 cm se trouve à 25 cm d'une lentille divergente de distance focale −16 cm. Trouver la position de l'image et sa hauteur.

Solution

(a) On nous donne $p = 16$ cm et $f = 12$ cm. D'après la formule des lentilles, on obtient

$$\frac{1}{16 \text{ cm}} + \frac{1}{q} = \frac{1}{12 \text{ cm}}$$

ce qui nous donne $q = 48$ cm. Le grandissement transversal est

$$m = -\frac{q}{p} = -\frac{48 \text{ cm}}{16 \text{ cm}} = -3$$

L'image est réelle (q est positif), inversée (m est négatif) et agrandie ($|m| > 1$). La figure 5.15a (p. 159) représente un tracé convenable des rayons principaux (il n'est pas à l'échelle). ∎

(b) La formule des lentilles minces donne

$$\frac{1}{25 \text{ cm}} + \frac{1}{q} = \frac{-1}{16 \text{ cm}}$$

d'où l'on tire $q = -9,76$ cm. Le grandissement est

$$m = -\frac{q}{p} = -\frac{-9,76 \text{ cm}}{25 \text{ cm}} = +0,39$$

La hauteur de l'image est égale à (0,8 cm)(0,39) = 0,312 cm. L'image est virtuelle, droite et réduite, comme à la figure 5.15d (p. 159).

EXEMPLE 5.8

Un petit objet est situé à 5 cm d'une lentille convergente de distance focale 12 cm. Trouver la position de l'image et déterminer son grandissement transversal.

Solution

Avec $p = 5$ cm et $f = 12$ cm, la formule des lentilles donne

$$\frac{1}{5 \text{ cm}} + \frac{1}{q} = \frac{1}{12 \text{ cm}}$$

Ainsi, $q = -8,57$ cm. Le grandissement transversal est $m = -q/p = +1,71$. L'image est virtuelle, droite et agrandie.

La figure 5.15c (p. 159) représente un tracé convenable des rayons principaux (il n'est pas à l'échelle).

EXEMPLE 5.9

Une lentille convergente L_1 de distance focale 4 cm et une lentille divergente L_2 de distance focale −2 cm sont à 12 cm l'une de l'autre. Leurs axes optiques coïncident (figure 5.18). Un petit objet se trouve à 8 cm devant la lentille convergente. Déterminer: (a) la position de l'image finale; (b) le grandissement transversal de l'image finale.

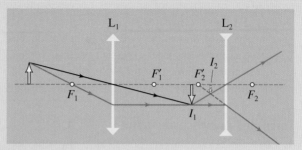

Figure 5.18 ▲

L'image I_1 formée par la première lentille L_1 est un objet réel (puisqu'elle est à gauche) pour la deuxième lentille L_2. Pour compléter le tracé de rayons et trouver I_2, on a dessiné en vert un nouveau rayon issu de I_1.

Solution

(a) Nous devons d'abord déterminer la distance image q_1 pour la lentille convergente (figure 5.18). En utilisant $p_1 = 8$ cm et $f_1 = 4$ cm dans la formule des lentilles, on obtient

$$\frac{1}{8\ \text{cm}} + \frac{1}{q_1} = \frac{1}{4\ \text{cm}}$$

d'où l'on tire $q_1 = 8$ cm. Puisque q_1 est positif, l'image I_1 donnée par la première lentille est réelle et située à droite de L_1. Deux rayons seulement ont été utilisés pour faire le tracé des rayons principaux afin de déterminer la position de I_1. (Ajoutez le troisième rayon.)

Puisque I_1 est *à gauche* de L_2, l'image donnée par la première lentille joue le rôle d'objet *réel* pour la deuxième lentille. En effet, les rayons qui quittent L_1 convergent vers I_1, mais poursuivent ensuite leur chemin en se croisant, donc ils commencent alors à diverger. Les rayons incidents sur L_2 étant divergents, cela correspond bien au cas d'un objet réel.

Avec $p_2 = +4$ cm et $f_2 = -2$ cm dans la formule des lentilles minces,

$$\frac{1}{4\ \text{cm}} + \frac{1}{q_2} = \frac{-1}{2\ \text{cm}}$$

et on trouve la distance image $q_2 = -1{,}33$ cm. Le signe négatif signifie que cette image est virtuelle, située à gauche de L_2.

(b) Le grandissement produit par L_2 se calculant par rapport à *son* objet, c'est-à-dire l'image intermédiaire I_1, le grandissement transversal *total* est le produit des grandissements individuels:

$$m = m_1 m_2$$
$$= \left(-\frac{8}{8}\right)\left(\frac{1{,}33}{4}\right) = -0{,}333$$

L'image finale est virtuelle, renversée et réduite.

EXEMPLE 5.10

Une lentille convergente L_1 de distance focale 4 cm et une autre lentille convergente L_2 de distance focale 7 cm sont à 12 cm l'une de l'autre. Leurs axes optiques coïncident (figure 5.19). Un petit objet se trouve à 5 cm devant L_1. (a) Trouver la position de l'image finale. (b) Quel est le grandissement transversal de l'image finale? Décrire la nature de l'image finale.

Solution

(a) Il s'agit d'une situation plus complexe à deux lentilles, puisque le tracé des rayons principaux est moins évident à faire. On détermine la position de l'image I_1 donnée par la première lentille à partir de

la formule des lentilles avec $p_1 = 5$ cm et $f_1 = 4$ cm. Ainsi,

$$\frac{1}{5\ \text{cm}} + \frac{1}{q_1} = \frac{1}{4\ \text{cm}}$$

d'où l'on tire $q_1 = 20$ cm. La première image est réelle.

Dans le tracé des rayons principaux de la figure 5.19, les rayons *i* et *ii* suffisent pour déterminer la position de I_1. Au-delà de L_2, ils ont été prolongés par des pointillés. Cette image ne pourra pas se former parce que les rayons seront réfractés par la deuxième lentille.

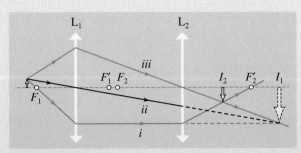

Figure 5.19 ▲

L'image I_1 donnée par la première lentille L_1 est un objet virtuel (parce que les rayons convergent vers la lentille) pour la deuxième lentille L_2.

Comme l'image I_1 est à droite de L_2, cela signifie que les rayons incidents sur L_2 convergent et donc que I_1 agit comme un *objet virtuel* pour cette lentille. En conséquence, $p_2 = -8$ cm. ∎

La formule des lentilles appliquée à la deuxième lentille donne

$$-\frac{1}{8 \text{ cm}} + \frac{1}{q_2} = \frac{1}{7 \text{ cm}}$$

d'où l'on tire $q_2 = +3,73$ cm. Comme q_2 est positif, l'image est réelle.

Dans le tracé des rayons principaux, le rayon i, qui sort de la lentille L_1 parallèlement à l'axe, va converger au foyer F'_2 de la deuxième lentille. Notre problème consiste à trouver un deuxième rayon pour déterminer la position de la deuxième image I_2.

Pour ce faire, on remarque que, parmi les nombreux rayons qui forment l'image I_1, un rayon doit passer par le centre de L_2 sans être dévié. Ayant déjà trouvé la position de I_1, on peut tracer un rayon (continu) allant du centre de L_2 à l'extrémité de I_1. L'intersection du rayon iii avec le rayon passant par F'_2 donne la position de l'image finale I_2. On peut ensuite prolonger le rayon iii vers l'arrière jusqu'à ce qu'il coupe L_1 pour compléter le tracé. Notez que ce rayon iii est un rayon principal seulement du point de vue de la seconde lentille, alors que le rayon ii est un rayon principal seulement du point de vue de la première lentille.

(b) Le grandissement total est

$$m = m_1 m_2 = \left(-\frac{20}{5}\right)\left(\frac{3,73}{8}\right) = -1,87$$

L'image finale est réelle, renversée et agrandie.

5.4 Le grossissement

La hauteur d'un objet ne nous renseigne pas directement sur la *perception* que nous avons de cette hauteur, lorsque nous le regardons. Par exemple, un arbre situé à 100 m de distance d'un observateur lui semble plus gros qu'un arbre situé à 200 m de distance, même s'ils sont semblables en réalité. De la même façon, un texte en petits caractères au bas d'un contrat semblera plus gros et donc plus lisible si l'on tient le contrat près de notre œil que s'il est affiché à un mur distant.

Cette logique s'applique lorsque nous devons comparer la taille *apparente* d'un objet avec la taille *apparente* de l'image qu'en produit un dispositif optique. À la section 4.8, on a défini le grandissement transversal (linéaire) m comme le rapport entre la taille de l'image et la taille de l'objet. Comme dans le cas d'un objet regardé directement, la taille de l'image (ou la valeur de m) ne nous renseigne pas directement sur la perception de l'image qu'a l'observateur. Par exemple, imaginons qu'on se serve d'une grosse lentille pour dévier la lumière provenant de la Lune afin de produire une image de cette dernière sur un petit écran. Comparativement à l'objet (la Lune) qui a un diamètre de 3480 km, l'image est très petite, et le grandissement m tend vers 0. Toutefois, pour un observateur qui se trouve assez près de l'écran, l'image peut paraître plus grosse (et révéler plus de détails) que l'objet, tout simplement parce que l'observateur est beaucoup plus près de l'image que de l'objet.

Si on veut comparer les tailles apparentes de l'objet et de l'image, on doit définir le **grossissement angulaire** G comme le rapport des *angles* sous-tendus par l'objet et l'image d'après un observateur. Si α est l'angle que sous-tend un objet à l'œil nu pour l'observateur, et si β est l'angle que sous-tend l'image de l'objet produite par un dispositif optique pour le même observateur (miroir, lentille, microscope, télescope, etc.), alors

Grossissement angulaire

$$G = \frac{\beta}{\alpha} \qquad (5.7)$$

Par convention, quand la hauteur y_I d'une image est négative, ce qui indique qu'elle est inversée par rapport à l'objet, la mesure de l'angle β sous-tendu par cette image sera aussi négative.

EXEMPLE 5.11

La Lune a un diamètre de 3480 km et se trouve à une distance de 384 000 km de la Terre. (a) Quel angle α sous-tend la Lune pour un observateur terrestre ? (b) On projette sur un écran une image de la Lune en utilisant une lentille convergente de distance focale 2 m. Quelle sera la taille de l'image ? (c) Si l'observateur est situé à 30 cm de l'écran, quel angle β sous-tendra l'image ? (d) Que vaut le grossissement G dans cette situation ?

Solution

(a) D'après la figure 5.20,

$$\alpha = \arctan\left(\frac{3480 \text{ km}}{384\,000 \text{ km}}\right) = 0{,}519°$$

L'angle α étant très petit, il est aussi possible de le déterminer en utilisant l'approximation des petits angles $\alpha \approx \tan \alpha$. Cette approximation donne cependant l'angle en radians :

$$\alpha = 3480 \text{ km}/384\,000 \text{ km} = 0{,}00906 \text{ rad}$$

Cet angle correspond bel et bien à 0,519°.

(b) La distance objet est $p = 384\,000$ km $= 3{,}84 \times 10^8$ m. Si l'on considère que $p \to \infty$, on trouve, par la formule des lentilles, $q \approx f = 2$ m. Il faut donc placer un écran à 2 m de la lentille pour y recueillir une image nette de la Lune. Par l'équation 5.6b, le grandissement correspond à

$$m = -\frac{q}{p} = \frac{-2}{3{,}84 \times 10^8} = -5{,}21 \times 10^{-9}$$

Le signe négatif du grandissement indique que l'image est renversée. Puisque la taille de l'objet est

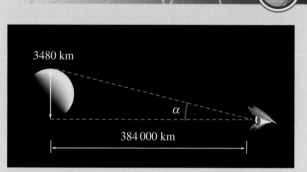

Figure 5.20 ▲
L'angle α sous-tendu par la Lune pour un observateur terrestre.

de $y_O = 3480$ km $= 3{,}48 \times 10^6$ m, la taille de l'image équivaut à

$$y_I = m y_O = -0{,}0181 \text{ m} = -1{,}81 \text{ cm}$$

(c) D'après la figure 5.21,

$$\beta = \arctan\left(\frac{-1{,}81 \text{ cm}}{30 \text{ cm}}\right) = -3{,}45°$$

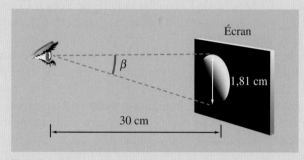

Figure 5.21 ▲
L'angle β sous-tendu par l'image de la Lune pour un observateur placé à 30 cm de l'écran.

(d) D'après les calculs précédents, on trouve

$$G = \frac{\beta}{\alpha} = \frac{-3,45°}{0,519°} = -6,64$$

L'image de la Lune apparaît donc 6,64 fois plus grosse que la Lune dans le ciel et elle est inversée. ∎

5.5 La loupe

Une lentille convergente projette une image réelle lorsque l'objet est plus éloigné que la distance focale (figure 5.15a, p. 159). En revanche, lorsque l'objet est plus rapproché que la distance focale (figure 5.15c, p. 159, et figure 5.23), l'image est virtuelle et agrandie, et il faut regarder à travers la lentille pour la voir : la lentille agit alors comme une **loupe**.

Si on veut évaluer le grossissement d'une loupe de distance focale f, à l'aide de l'équation 5.7, on devra évaluer l'angle β que sous-tend l'image de l'objet de même que l'angle α que sous-tend *à l'œil nu* l'objet que l'on veut observer. Lorsqu'on observe un objet lointain, comme dans l'exemple 5.11, la valeur de l'angle α ne peut pas être modifiée par l'observateur et peut donc être calculée sans ambiguïté. Mais quand on considère un petit objet rapproché, comme c'est le cas lorsqu'on se sert d'une loupe ou d'un microscope (voir la section suivante), l'angle que sous-tend l'objet dépend de la distance entre l'observateur et l'objet. Plus on rapproche l'objet de l'œil, plus cet angle augmente. Toutefois, lorsque l'objet est plus rapproché que la distance minimale de vision distincte, l'œil n'est plus capable de former une image nette*. Dans ces situations où l'observateur peut modifier l'angle sous-tendu par l'objet, nous allons supposer qu'il l'approche le plus possible de son œil lorsqu'il le regarde à l'œil nu et alors définir l'angle α comme *l'angle sous-tendu par l'objet à la distance minimale de vision distincte* (figure 5.22). Puisque cette distance est voisine de 25 cm pour un œil normal, nous allons l'utiliser comme valeur de référence dans le calcul de l'angle α tant dans le cas de la loupe que celui du microscope. Comme les objets qu'on examine avec de tels instruments sont habituellement petits, l'angle α pourra être considéré comme un petit angle. D'après la figure 5.22, en utilisant l'approximation des petits angles $\tan \theta \approx \theta$, on trouve

$$\alpha = \frac{y_O}{0,25} \tag{5.8}$$

où y_O est en mètres. Puisqu'on a utilisé l'approximation des petits angles, l'angle α est en radians.

Pour évaluer β, il faut tenir compte de la distance entre l'œil et l'image. La figure 5.23a illustre le cas d'un observateur qui tient la loupe à une distance D de son œil et regarde l'image de taille y_I produite par la loupe. Quand on utilise une loupe pour lire, on tient souvent la loupe de cette façon, assez loin de l'œil mais juste au-dessus du livre. Si l'on suppose que l'image est formée plus loin que la distance minimale de vision distincte de l'œil, l'angle qui intercepte cette image pour l'observateur est alors

$$\beta = \frac{y_I}{D + |q|} = \frac{y_I}{D - q} \tag{5.9a}$$

En utilisant les expressions pour α et β que nous venons d'obtenir, on peut ensuite calculer le grossissement dans ce cas général.

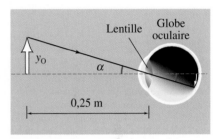

Figure 5.22 ▲

La taille apparente d'un petit objet est déterminée par l'angle sous lequel il est intercepté à partir de l'œil. L'angle est maximal lorsque l'objet est situé à la distance minimale de vision distincte, supposée égale à 25 cm. C'est cet angle maximal que nous définissons comme l'angle α.

---

* Nous verrons pourquoi il existe une distance minimale de vision distincte à la section 5.8.

Comme le montrent la figure 5.23*a* et l'équation 5.9*a*, plus la distance *D* entre la loupe et l'œil est petite, plus l'angle β (et donc le grossissement) est important. Tenir la loupe très près de l'œil suppose toutefois aussi de tenir l'objet très près de l'œil. En effet, ce dernier doit toujours rester à une distance *p* de la loupe qui est inférieure ou égale à sa distance focale *f*. C'est ce genre d'utilisation d'une loupe que font les bijoutiers, par exemple*. Nous allons donc maintenant considérer le cas où l'œil est placé le plus près possible de la loupe (*D* ≈ 0), utilisation qui produit les grossissements les plus importants (figure 5.23*b*). Si l'on suppose à nouveau que l'image est formée à une distance de l'œil supérieure à sa distance minimale de vision distincte, l'angle sous-tendu par l'image pour l'observateur est alors

$$\beta = \frac{y_I}{|q|} = \frac{y_O}{p} \qquad (5.9b)$$

(On a utilisé encore une fois l'approximation des petits angles ; β est donc en radians.)

Figure 5.23 ▶

Un objet réel situé à une distance d'une lentille convergente qui est inférieure à sa distance focale donne une image virtuelle agrandie. (*a*) En général, l'angle β que sous-tend l'image dépend de la position de l'œil. (*b*) Quand l'œil est collé sur la loupe, l'angle β (et donc le grossissement) est maximal.

(*a*)

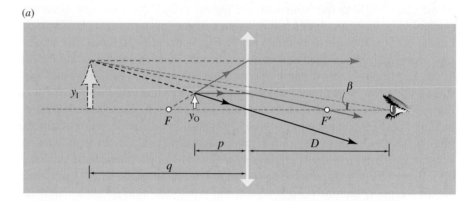

(*b*)

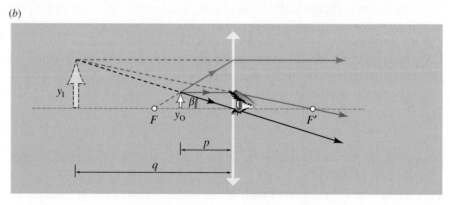

En remplaçant dans la définition du grossissement les expressions que l'on vient de trouver pour α et β, on obtient

---

Grossissement angulaire de la loupe, cas où l'œil est collé

$$G = \frac{0{,}25}{p} \qquad (5.10)$$

---

* Dans les deux sections suivantes, nous verrons que l'oculaire d'un microscope ou d'un télescope est une lentille convergente qui agit comme une loupe. C'est un autre exemple de cas où l'observateur tient son œil très près de la « loupe ».

où p est en mètres. Cette équation n'est valable que lorsque la distance entre l'œil et la lentille est négligeable. Pour que la lentille agisse comme une loupe, la distance objet p doit être plus petite ou égale à la distance focale. Mais elle ne doit pas être trop petite, sinon l'image se forme à une distance q inférieure à la distance minimale de vision distincte, et l'observateur voit une image floue.

Dans le cas particulier où $p = f$, l'image est à l'infini (figure 5.24). Quelle que soit la distance D entre l'œil et la loupe, elle est alors négligeable et l'équation 5.10 peut donc être utilisée. En y substituant $p = f$, on obtient

$$G_\infty = \frac{0{,}25}{f} \qquad (5.11)$$

où f est en mètres. Ce résultat particulier correspond à ce qu'on nomme le **grossissement commercial** de la loupe. Ainsi, le grossissement donné par un fabriquant est toujours calculé en supposant que l'image finale obtenue est à l'infini. On suppose en effet qu'un œil normal perçoit les images à l'infini sans aucun effort *d'accommodation*. On reviendra sur ce concept à la section 5.8. Le grossissement commercial d'une loupe ne correspond donc pas au grossissement maximum qu'elle peut produire, mais plutôt au grossissement obtenu lors de son utilisation la moins fatigante pour l'œil. L'expression 5.11 obtenue pour le grossissement commercial d'une loupe montre que plus la distance focale de la lentille est petite, plus le grossissement est important.

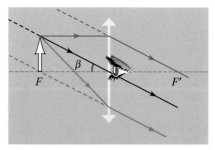

Figure 5.24 ▲

Lorsqu'on place un objet au foyer d'une lentille convergente, l'image est à l'infini. Une telle image ne semble toutefois pas minuscule (l'angle β qui la sous-tend est non nul), car elle est très distante, *mais très haute*.

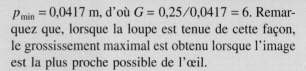

EXEMPLE 5.12

On observe un objet avec une loupe de distance focale 5 cm. (a) Calculer les valeurs de grossissement qui correspondent aux positions extrêmes de l'objet qui donnent une image nette pour l'observateur, dont l'œil est directement collé sur la lentille. On considère que la distance minimale de vision distincte pour l'observateur est de 0,25 cm. (b) Reprendre la même question pour la situation où la loupe est tenue à 15 cm de l'œil.

Solution

(a) Pour $p = f = 0{,}05$ m, l'image est à l'infini et le grossissement est égal à $G_\infty = 0{,}25/0{,}05 = 5$.

Remarquez qu'une image à l'infini forme néanmoins un angle bien défini pour l'observateur (voir l'angle β sur la figure 5.24). ∎

L'autre position extrême qui donne une image nette, $p_{\min}$, se produit lorsque $|q|$ correspond à la distance minimale de vision distincte, c'est-à-dire $q = -0{,}25$ m (le signe est négatif car l'image est virtuelle). Par la formule des lentilles, $1/p + 1/q = 1/f$, on trouve

$p_{\min} = 0{,}0417$ m, d'où $G = 0{,}25/0{,}0417 = 6$. Remarquez que, lorsque la loupe est tenue de cette façon, le grossissement maximal est obtenu lorsque l'image est la plus proche possible de l'œil.

(b) On donne $D = 15$ cm. Quand l'image est formée à l'infini, cette distance est négligeable et le grossissement demeure $G_\infty = 5$.

Quand l'image se forme à la distance minimale de vision distincte, c'est-à-dire à 25 cm *de l'œil*, elle est toutefois à une distance $q = -0{,}10$ m *de la loupe*. La formule des lentilles donne alors $p_{\min} = 0{,}03333$ m, ce qui permet de trouver la taille y_I de l'image : le grandissement étant $m = -q/p = 3$, on a $y_I = 3y_O$. L'équation 5.9a donne alors $\beta = 3y_O/0{,}25$ m. En substituant ce résultat ainsi que l'équation 5.8 dans la définition du grossissement, on obtient $G = 3$.

Remarquez que, l'œil n'étant plus collé sur la loupe, le grossissement maximal est obtenu quand l'image est la plus haute possible et non plus quand elle est la plus proche possible, comme c'était le cas à la question (a). ∎

C'est Roger Bacon qui décrivit pour la première fois, au XIIIe siècle, comment utiliser une lentille convergente pour produire une image agrandie. Il la présenta comme un moyen de faciliter la lecture. Vers 1670, Antonie Van Leeuwenhoek

(1632-1723) employa de petites lentilles *simples* de distances focales voisines de 1,5 mm pour faire des observations détaillées d'insectes et même de bactéries*. Il réussit à confectionner des lentilles de surfaces non sphériques qui amélioraient considérablement la résolution des images. Il fabriqua ainsi près de 500 microscopes simples, dont 9 existent encore de nos jours (figure 5.25). Le meilleur d'entre eux a un grossissement de 275 environ, un chiffre étonnant lorsqu'on sait que le grossissement d'un microscope moderne ne peut atteindre que 1000 ! Avec la meilleure de ses lentilles, il aurait pu distinguer des détails de 1 μm. Toutefois, ces petits microscopes sont très fatigants pour l'œil. Pour remédier à ce problème, on fait appel au microscope composé.

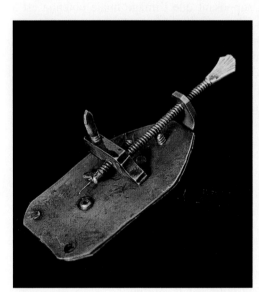

Figure 5.25 ▲
Un des petits microscopes à lentille simple utilisé par Van Leeuwenhoek.

Ce microscope, semblable à celui de Hooke, fut fabriqué par C. Cock vers 1680 et a appartenu au roi George III.

5.6 Le microscope composé

Un microscope comprenant une lentille convergente et une lentille divergente apparut en Hollande vers 1590 et fut utilisé pour la première fois à des fins scientifiques par Galilée en 1610. L'utilisation de deux lentilles *convergentes,* suggérée par Kepler en 1611, constitue le fondement du **microscope composé**. La publication du *Micrographia* par Robert Hooke en 1665 fut un événement important dans l'histoire du microscope. Dans cet ouvrage, Hooke donnait des illustrations détaillées des observations qu'il avait faites à l'aide du microscope composé représenté à la figure 5.26. C'est d'ailleurs les illustrations de fibres végétales données par Hooke qui encouragèrent Van Leeuwenhoek, drapier de son métier, à faire ses propres observations.

Dans un microscope composé, la première lentille est l'**objectif** (ob) et la deuxième est l'**oculaire** (oc) (figure 5.27). L'objectif sert à placer une image agrandie de l'objet en un point situé à une distance de l'oculaire qui est inférieure à sa distance focale f_{oc}. L'oculaire joue alors le rôle d'une loupe simple,

---

* Voir B. J. Ford, *The Single Lens*, Londres, Heinemann, 1985. Cet ouvrage raconte comment Van Leeuwenhoek établit à lui seul les fondements de la microbiologie.

sur laquelle l'observateur colle son œil. La distance focale de l'objectif, f_{ob}, est assez faible, de l'ordre de 5 mm, ce qui nous permet de placer l'instrument près de l'objet à observer. Nous verrons également que cela entraîne un grossissement plus important. La distance focale de l'oculaire est voisine de 15 mm. La distance entre les foyers de l'objectif et de l'oculaire est appelée **longueur optique**, ℓ, et elle est en général égale à 16 cm. La distance d entre les lentilles est $d = \ell + f_{ob} + f_{oc}$. Les flèches numérotées de la figure 5.27 (qui n'est pas dessinée à l'échelle) représentent :

1. l'objet, situé juste au-delà du foyer de l'objectif ($p_{ob} > f_{ob}$) ;

2. l'image réelle agrandie produite par l'objectif ($q_{ob} > \ell + f_{ob}$). Cette image constitue un objet réel pour l'oculaire ;

3. l'image finale virtuelle produite par l'oculaire.

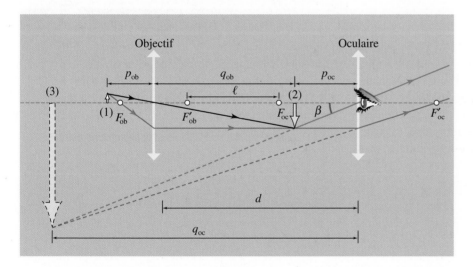

Figure 5.27 ◄
Dans un microscope composé, l'objectif donne une image réelle à une distance de l'oculaire inférieure à sa distance focale ; l'oculaire agit comme une loupe simple, sur laquelle l'observateur colle son œil. (Le schéma n'est pas à l'échelle.)

Le microscope composé grossit l'image en deux étapes : d'abord, l'objectif produit un grandissement transversal (linéaire) $m_{ob} = y_{I_2}/y_O = -q_{ob}/p_{ob}$ (équation 5.6b), où la numérotation de l'indice I_2 correspond à la celle des images de la figure 5.27). L'image ainsi agrandie est alors observée à la loupe (lentille oculaire), ce qui produit un grandissement supplémentaire $m_{oc} = y_{I_3}/y_{I_2} = -q_{oc}/p_{oc}$ (où les indices I_2 et I_3 correspondent à nouveau à la numérotation des images de la figure 5.27).

Le grossissement de l'ensemble est donné par l'équation 5.7, qui compare l'angle α sous-tendu par l'objet lorsqu'il est le plus près possible de l'œil et l'angle β sous-tendu par l'image *finale* produite par l'oculaire. Comme dans le cas de la loupe, l'angle α est donné par $\alpha = y_{\mathrm{O}}/0{,}25$ (équation 5.8) et, l'œil étant typiquement collé sur l'oculaire, l'angle β est donné par l'équation 5.9b, soit

$$\beta = \frac{y_{\mathrm{I}_3}}{|q_{\mathrm{oc}}|} = \frac{y_{\mathrm{I}_2}}{p_{\mathrm{oc}}}$$

Comme $y_{\mathrm{I}_2} = -(q_{\mathrm{ob}}/p_{\mathrm{ob}})y_{\mathrm{O}}$, on obtient :

Grossissement du microscope

$$G = -\frac{q_{\mathrm{ob}}}{p_{\mathrm{ob}}} \cdot \frac{0{,}25}{p_{\mathrm{oc}}} \qquad (5.12)$$

Si l'image donnée par l'objectif coïncide avec le foyer de l'oculaire, alors $p_{\mathrm{oc}} = f_{\mathrm{oc}}$. Dans ce cas, l'image virtuelle finale est à l'infini et un œil normal ne fait aucun effort d'accommodation, ce qui est donc moins fatigant. Comme $1/q_{\mathrm{ob}} + 1/p_{\mathrm{ob}} = 1/f_{\mathrm{ob}}$ et $q_{\mathrm{ob}} = \ell + f_{\mathrm{ob}}$, le rapport $q_{\mathrm{ob}}/p_{\mathrm{ob}}$ est égal à ℓ/f_{ob} (vérifiez). L'équation 5.12 donne le grossissement commercial qui prend alors la forme

$$G_{\infty} = -\frac{\ell}{f_{\mathrm{ob}}} \cdot \frac{0{,}25}{f_{\mathrm{oc}}} \qquad (5.13)$$

On voit donc que le grossissement est d'autant plus grand que les distances focales sont petites. La figure 5.28 représente un microscope moderne.

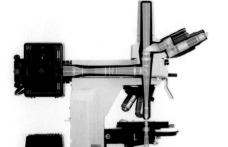

Figure 5.28 ▲

Le système optique d'un microscope moderne. Notez qu'un dispositif rotatif permet de remplacer facilement la lentille qui joue le rôle d'objectif.

EXEMPLE 5.13

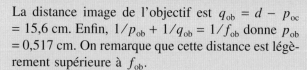

Un microscope a un objectif de distance focale 5 mm et un oculaire de distance focale 20 mm. La longueur optique est égale à 15 cm et l'image finale est située à 40 cm de l'oculaire. Déterminer : (a) la position de l'objet ; (b) le grossissement du microscope. (c) Que vaut le grossissement si l'image est à l'infini ?

Solution

(a) La distance entre les lentilles est $d = \ell + f_{\mathrm{ob}} + f_{\mathrm{oc}}$ = 17,5 cm.

Puisque nous connaissons la distance image de l'oculaire, nous pouvons déduire la distance objet à partir de $1/p_{\mathrm{oc}} + 1/q_{\mathrm{oc}} = 1/f_{\mathrm{oc}}$, avec $f_{\mathrm{oc}} = 2$ cm et $q_{\mathrm{oc}} = -40$ cm, ce qui nous donne $p_{\mathrm{oc}} = 40/21 = 1{,}90$ cm.

La distance image de l'objectif est $q_{\mathrm{ob}} = d - p_{\mathrm{oc}}$ = 15,6 cm. Enfin, $1/p_{\mathrm{ob}} + 1/q_{\mathrm{ob}} = 1/f_{\mathrm{ob}}$ donne p_{ob} = 0,517 cm. On remarque que cette distance est légèrement supérieure à f_{ob}.

(b) D'après l'équation 5.12, le grossissement est

$$G = -\left(\frac{15{,}6 \text{ cm}}{0{,}517 \text{ cm}}\right)\left(\frac{25 \text{ cm}}{1{,}90 \text{ cm}}\right) = -397$$

(c) D'après l'équation 5.13, on trouve

$$G_{\infty} = -\left(\frac{15 \text{ cm}}{0{,}5 \text{ cm}}\right)\left(\frac{25 \text{ cm}}{2 \text{ cm}}\right) = -375$$

qui est légèrement inférieur à la valeur trouvée à la question (b). Bien que le grossissement soit inférieur, il est plus reposant pour l'œil de regarder une image distante qu'une image située à 40 cm.

5.7 Le télescope

Un **télescope** est un instrument d'optique servant à observer des objets éloignés. C'est Roger Bacon qui suggéra d'utiliser un miroir concave et une loupe pour « rapprocher de l'œil des objets lointains », mais on ne sait pas avec certitude s'il a réellement construit un télescope. L'utilisation d'une lentille divergente fut suggérée par la suite par Della Porta vers 1590. De nos jours, on réserve l'appellation *lunette* aux télescopes n'utilisant que des lentilles dans leur construction. Le lunetier hollandais Hanz Lippershey (1570-1619) construisit en 1608 la première lunette astronomique avec une lentille convergente et une lentille divergente.

Dès qu'il entendit parler de cet instrument en juin 1609, Galilée en fabriqua un aussitôt et l'orienta vers le ciel. Le paysage accidenté qu'il découvrit alors en observant la surface de la Lune venait contredire l'idée admise depuis longtemps que les corps célestes étaient « parfaits ». Sa découverte des satellites de Jupiter en 1610 vint également mettre en doute la théorie d'Aristote selon laquelle la Terre était au centre de l'univers. Kepler s'étant montré incrédule face à cette découverte, Galilée lui envoya une lunette pour qu'il puisse juger par lui-même. Ainsi encouragé à poursuivre ses propres travaux d'optique, Kepler suggéra la même année que deux lentilles convergentes pouvaient constituer une lunette astronomique. La première **lunette astronomique** fut construite près de cinquante ans plus tard par Huygens. C'est ce type de télescope que nous allons examiner en premier lieu.

Le fonctionnement d'une lunette astronomique est très similaire à celui d'un microscope : l'objectif produit une image réelle qui sert d'objet réel pour l'oculaire, lequel produit une image finale virtuelle. Toutefois, bien que l'angle α sous-tendu par l'objet est typiquement minuscule dans les deux cas, les objets observés au microscope sont toujours petits et proches de l'objectif, alors que ceux observés à la lunette astronomique, comme la Lune, sont en général bien plus grands et extrêmement distants. Comme le montre la figure 5.29, l'objectif donne une image réelle située à une distance de l'oculaire qui est inférieure à sa distance focale ; l'oculaire agit donc comme une simple loupe, exactement comme dans le cas d'un microscope. L'angle sous lequel l'objet est vu par l'œil est α, ce qui signifie que les extrémités de l'objet émettent vers le télescope deux « familles » de rayons parallèles qui forment entre elles un angle α (figure 5.30). Les rayons illustrés à la figure 5.29 proviennent du « haut » de l'objet.

Lunettes astronomiques utilisées par Galilée.

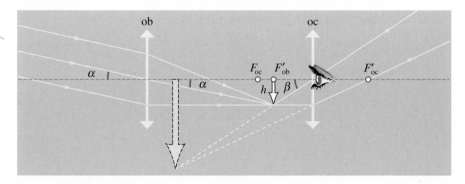

Figure 5.29 ◄

L'objectif d'une lunette astronomique donne une image réelle à une distance de l'oculaire inférieure à sa distance focale ; l'oculaire joue le rôle d'une simple loupe, sur laquelle l'observateur colle son œil, exactement comme dans le cas d'un microscope.

L'image formée dans le télescope sous-tend un angle β (voir la figure 5.29), de sorte que le grossissement du télescope est

$$G = \frac{\beta}{\alpha} \qquad (5.14)$$

Les angles étant petits et puisque p_{ob} est beaucoup plus grand que la distance qui sépare les deux lentilles, $\alpha \approx h/f_{ob}$ et $\beta \approx h/p_{oc}$, et l'équation 5.14 devient

$$G = -\frac{f_{ob}}{p_{oc}} \qquad (5.15)$$

Figure 5.30 ▶

Les rayons provenant du haut et du bas
d'un objet de taille angulaire α constituent
deux familles de rayons quasi parallèles
formant le même angle α.

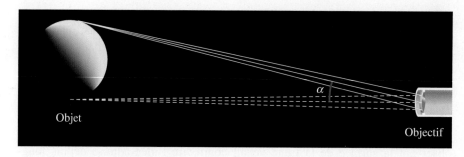

Objet

Objectif

Si l'image finale est également à l'infini, ce qui est nécessaire pour qu'il n'y
ait aucun effort d'accommodation pour un œil normal, la distance entre l'objectif et l'oculaire est alors ajustée de façon à ce que leurs foyers soient confondus,
et on a alors $p_{oc} = f_{oc}$. Dans ce cas, le grossissement s'écrit

Grossissement de la lunette astronomique

$$G_\infty = -\frac{f_{ob}}{f_{oc}} \tag{5.16}$$

Le grossissement est grand si $f_{ob} \gg f_{oc}$. Pour que cette condition soit vérifiée,
il faut que la lunette astronomique soit assez longue. De plus, comme elle donne
une image renversée (G est négatif), elle ne convient pas à l'observation terrestre. (On peut utiliser une troisième lentille pour obtenir une image finale droite.)

Dans la **lunette de Galilée**, l'oculaire est une lentille divergente. Si la distance
entre les deux lentilles est ajustée de façon à ce que leurs foyers soient confondus, cas représenté à la figure 5.31, alors l'objectif produit une image réelle au
foyer de l'oculaire. L'oculaire, lui, produit ensuite des rayons parallèles
(figure 5.15*b*, p. 159), ce qui correspond à une image virtuelle à l'infini. Les
expressions donnant le grossissement total sont les mêmes que pour la lunette
astronomique, mais sans le signe moins puisque l'image finale est droite. C'est
cette caractéristique, combinée à une courte distance entre les lentilles, qui rend
ce montage intéressant pour la confection des jumelles de spectacle.

Figure 5.31 ▶

Dans une lunette de Galilée, l'oculaire
est une lentille divergente. Dans le cas
représenté, les foyers des deux lentilles
sont confondus (*à droite* de l'oculaire).

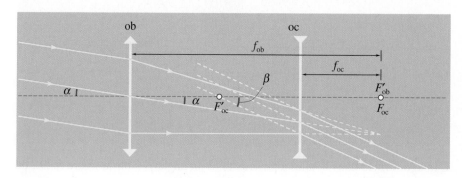

Newton pensait (à tort, voir la section 5.3) qu'il n'était pas possible d'éliminer
l'aberration chromatique dans les lentilles. Il construisit un **télescope à miroirs**
(figure 5.32), comprenant un miroir concave et un petit miroir plan qui réfléchit
la lumière vers l'oculaire (figure 5.33). Le fonctionnement d'un télescope à
miroirs est très similaire à celui d'une lunette astronomique : le miroir concave
donne une image réelle située à une distance de l'oculaire inférieure à sa
distance focale ; l'oculaire agit ensuite comme une simple loupe. Comme il
est difficile de réaliser des lentilles de grand diamètre (qui sont nécessaires

Figure 5.32 ▲

Une réplique du télescope à miroirs
de Newton.

pour capter le plus de lumière possible) et qu'elles ont tendance à se déformer sous leur propre poids, on emploie en général un miroir parabolique dans les télescopes modernes. Le télescope du mont Palomar a un miroir de 5 m de diamètre (figure 5.34). Le grossissement est donné par l'équation 5.16, où f_{ob} représente la distance focale du miroir.

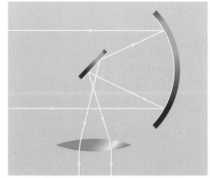

Figure 5.33 ▲

Dans un télescope à miroirs, c'est un miroir concave qui joue le rôle d'objectif (alors que c'était une lentille convergente dans une lunette astronomique). L'oculaire demeure toutefois une lentille convergente qui joue le rôle d'une loupe simple. Notez aussi que, contrairement à ce qu'on pourrait penser, le miroir plan ne cause pas une ombre au milieu de l'image produite, mais il réduit la quantité de lumière qui atteint le miroir concave.

Figure 5.34 ◄

Le miroir du télescope du mont Palomar, en Californie, est constitué de quatorze tonnes et demie de verre Pyrex et a un diamètre de 5 m. Jugez-en par la taille des marches de l'escalier roulant qu'on distingue en bas à droite.

APERÇU HISTORIQUE

L'évolution des télescopes

Si le télescope peut sembler, parmi les instruments optiques présentés dans ce chapitre, être peu *utile* dans notre vie quotidienne, on lui doit en revanche de grands bouleversements de nature philosophique et scientifique. Dès le départ, les premières observations au télescope réalisées par Galilée furent tellement importantes qu'elles contribuèrent à vider une antique querelle à propos de la place de la Terre dans l'Univers (voir l'aperçu historique dans le chapitre 1 du tome 1). Quatre cents ans plus tard, ce sont les télescopes géants de Hawaï et ceux en orbite qui ont pris le relais. Les nombreuses découvertes qu'on leur doit continuent d'alimenter l'éternel questionnement concernant la place que nous occupons au sein de l'Univers.

Des débuts modestes

C'est avec un télescope de 1,2 m de long et grossissant 33 fois que Galilée obtint ses meilleures observations. En ce début du XVIIe siècle, personne ne comprenait très bien le comportement des rayons lumineux dans ce genre d'instrument. Si Galilée est parvenu à fabriquer de bons télescopes, c'est d'abord et avant tout parce qu'il avait appris rapidement à fabriquer d'excellentes lentilles. Malgré tous ses efforts, cependant, il n'arriva jamais à obtenir des images aussi nettes qu'il le souhaitait. C'est que Galilée, comme tous ceux qui allaient le suivre pendant plus de cent ans, ne connaissait pas le phénomène des aberrations sphérique et chromatique (voir la section 5.3).

En l'absence d'un modèle théorique assez complet qui aurait permis de corriger les aberrations, les astronomes inventèrent des solutions pratiques, empiriques. L'une d'elles consistait à augmenter autant que possible la distance focale de l'objectif. Poussée à sa limite, cette technique a donné naissance à des télescopes presque impossibles à manœuvrer. Il est difficile d'imaginer l'exploit consistant à maintenir l'alignement entre deux petites lentilles situées aux extrémités de gigantesques tubes filiformes mesurant jusqu'à 60 m de long. C'est pourtant avec des instruments de ce genre que les pionniers de l'observation télescopique découvrirent entre autres les détails de la structure des spectaculaires anneaux de Saturne !

La lutte contre les aberrations se déroula sur deux fronts distincts. D'un côté, on apprit comment la lumière blanche pouvait être décomposée à l'aide d'un prisme. La séparation des couleurs vient du fait que chaque constituant de la lumière blanche est réfracté par le prisme en verre selon un indice différent. Or, les télescopes de l'époque utilisaient justement des lentilles en verre qui réfractaient la lumière pour composer des images. La découverte de Newton montrait que l'aberration chromatique est en quelque sorte inévitable dans tous les dispositifs qui utilisent la réfraction pour dévier la lumière. Fort de cette explication, Newton suggéra d'utiliser un miroir à la place d'une lentille, puisque ainsi les différentes couleurs allaient toutes être réfléchies de la même façon. Mais, à sa grande surprise, il dut admettre que les images obtenues à l'aide de miroirs n'étaient pas parfaites !

Au-delà de l'aberration chromatique qu'un miroir permet d'éliminer, il restait l'aberration sphérique. Ce problème est lié à la forme même des miroirs et des lentilles qu'on construisait à cette époque. C'est en 1721 que John Hadley (1682-1744) apporta le correctif ultime aux problèmes d'aberration en utilisant des miroirs de forme parabolique. À peine dix plus tard, Chester Moore Hall (1703-1771) réussit à construire les premières lentilles achromatiques en combinant des matériaux d'indices de réfraction différents.

La course aux télescopes géants

Un bon télescope n'est pas uniquement un instrument optique qui donne des images agrandies des objets observés, il doit aussi fournir des images brillantes. Généralement, plus les objets célestes qu'on désire observer sont situés loin de nous, plus leur intensité lumineuse est faible. Pour pouvoir observer toujours plus loin, les astronomes se sont employés à améliorer le pouvoir de captation de la lumière de leurs instruments. Ce pouvoir est directement proportionnel à la surface de l'objectif. Plus le miroir ou la lentille est de grande taille, plus il

permet l'observation d'objets peu lumineux. La course aux télescopes géants a ainsi succédé à la lutte contre l'aberration. Du milieu du XVIIIᵉ siècle jusqu'à la fin du XIXᵉ, on s'affaira donc à construire des télescopes de plus en plus grands. Bien que tous les grands télescopes modernes utilisent des miroirs comme objectifs, à cette époque on n'avait pas de préférence marquée pour les miroirs ou les lentilles achromatiques.

La dernière et la plus grande des lunettes astronomiques fut mise en service en 1897, au Wisconsin. Avec un diamètre de 1 m et ses 250 kg, la lentille du télescope Yerkes, nommé ainsi en l'honneur du généreux bailleur de fonds qui en assura la construction, est un véritable chef-d'œuvre. Georges Ellery Hale (1868-1938), qui supervisa la réalisation de l'instrument, poussa jusqu'à ses derniers retranchements la technologie des télescopes à lentilles. S'il pouvait envisager sans peine la construction d'une lentille plus grande, il se rendit compte qu'il deviendrait impossible de l'utiliser dans un télescope parce qu'elle se déformerait sous l'effet de son propre poids. La seule façon de continuer la course consistait désormais à se tourner vers les télescopes utilisant des miroirs.

La technique de fabrication des miroirs géants est sensiblement la même que celle des lentilles. Il s'agit de tailler un bloc de verre et de lui donner une forme bien précise. À la différence d'une lentille, le bloc de verre destiné à devenir un miroir se voit recouvrir d'une couche d'aluminium. Fort de son expérience acquise au Wisconsin, Hale construisit coup sur coup un télescope de 1,6 m et un autre de 2,5 m. Ce dernier a été inauguré en 1917 au mont Wilson, en Californie. Il s'agissait du plus grand télescope jamais construit. Il garda ce titre pendant plus de trente ans. C'est sur cet instrument qu'Edwin Hubble (1889-1953) découvrit, entre autres, que la majorité des nébuleuses observées jusque-là avec de plus petits télescopes étaient en réalité ce qu'on nomme aujourd'hui des galaxies. Ces îlots d'étoiles se comptent aujourd'hui par milliards et chacun peut contenir plusieurs milliards d'étoiles comme le Soleil. C'est aussi sur ce même télescope qu'il découvrit l'expansion de l'espace, que la théorie du Big Bang allait plus tard expliquer avec l'appui de la théorie de la relativité d'Einstein.

On réalise à quel point le dernier télescope construit par Hale représentait une avancée technologique spectaculaire lorsqu'on apprend que le télescope spatial nommé en l'honneur d'Ewin Hubble possède un diamètre du même ordre. Ce dernier doit la très grande qualité de ses images au fait qu'il est situé au-dessus de l'atmosphère. Ce faisant, il dispose d'un pouvoir de résolution (voir la section 7.3) impossible à égaler par les télescopes terrestres.

Le télescope du mont Wilson ne fut surpassé en taille que par le télescope de 5 m du mont Palomar, inauguré en 1948. Il n'est pas surprenant qu'on l'ait nommé le télescope Hale ! Tout comme le Yerkes représentait le summum des télescopes à lentille unique, le Hale s'approchait des limites techniques inhérentes aux télescopes à miroir unique. Il n'a été détrôné du titre de plus grand télescope au monde qu'en 1976 par un télescope soviétique utilisant un miroir de 6 m de diamètre. La construction de ce télescope avait toutefois été encouragée par une logique de compétition due à la guerre froide : trop gros, il n'a jamais donné les résultats anticipés. L'avenir était ailleurs.

Les télescopes de l'avenir

En 1979, on inaugurait au mont Hopkins, en Arizona, un télescope à miroirs multiples. Ce prototype est constitué de six miroirs conventionnels de 1,6 m de diamètre chacun, agencés de façon à obtenir le pouvoir de captation d'un miroir de 4,5 m. Faciles à construire et à manipuler, ces miroirs fonctionnent grâce à un système d'alignement par laser commandé en temps réel par des ordinateurs. La technologie des télescopes à miroirs multiples a

aujourd'hui atteint sa maturité. À Hawaï, au sommet du Mauna Kea, trônent actuellement les deux télescopes jumeaux Keck 1 et 2, qui ont chacun un diamètre effectif de 10 m. Ils sont constitués de 36 miroirs hexagonaux de 0,9 m de côté. Le pouvoir de captation de la lumière de ces instruments est quatre fois plus grand que celui du Hale.

L'avenir prochain marquera le retour des télescopes géants à miroir unique. Contrairement à la technique soviétique utilisant un miroir conventionnel trop lourd pour être manipulé efficacement, ces nouveaux géants seront minces et souples. Ils ne seront utilisables qu'avec l'aide d'un système de support très complexe permettant de maintenir en permanence une forme parfaite au miroir malgré les mouvements du télescope. Les premiers miroirs de ce type ont déjà été fabriqués et font un diamètre de 8,2 m. Ils seront supportés par un ensemble de 150 vérins munis chacun de trois pattes, le tout finement contrôlé par ordinateur.

La course aux télescopes géants ne s'arrêtera probablement jamais. Dès qu'une technologie semble sur le point d'atteindre sa limite, ingénieurs et astronomes se dépêchent d'en créer une nouvelle pour prendre le relais.

5.8 L'œil

L'œil humain (figure 5.35) est un instrument optique alliant précision et polyvalence d'une façon spectaculaire, compte tenu de sa petite taille. Lorsque des rayons lumineux pénètrent dans l'œil, la plus grande partie de la réfraction se produit au niveau de la membrane externe, appelée **cornée**. Le reste de la réfraction est due au **cristallin**, qui baigne dans deux liquides (appelés *humeurs*). Le diamètre de la *pupille*, l'orifice par lequel le faisceau lumineux pénètre dans la lentille, est commandé par l'*iris* (partie colorée). Le faisceau lumineux est ensuite focalisé sur la **rétine**, qui contient des *bâtonnets* et des *cônes* sensibles à la lumière, et les informations sont acheminées par le *nerf optique* jusqu'au cerveau.

L'œil est capable de former sur la rétine des images d'objets placés à diverses distances en faisant varier la distance focale du cristallin. Ce processus, que l'on appelle **accommodation**, s'effectue par contraction ou relâchement des *muscles ciliaires*, qui modifient les rayons de courbure des deux surfaces de la lentille (voir l'équation 5.4*b*). Dans le raisonnement qui suit, nous allons considérer un œil « réduit », modèle simple où la cornée et le cristallin sont remplacés par une lentille unique baignant dans l'air. Cette « lentille équivalente » est une lentille convergente dont la distance focale est variable. Lorsque les muscles ciliaires sont relâchés, la courbure du cristallin est minimale, et la distance focale de la lentille équivalente est *maximale* : c'est la distance focale de l'œil « au repos », c'est-à-dire la distance focale lorsqu'il n'y a pas d'accommodation. En revanche, lorsque les muscles ciliaires sont contractés au maximum, la courbure du cristallin est maximale, et la distance focale de la lentille équivalente est *minimale*.

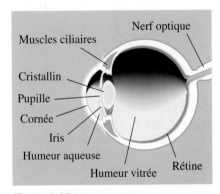

Figure 5.35 ▲

L'œil humain. La plus grande partie de la lumière pénétrant dans l'œil est réfractée par la cornée. La distance focale du cristallin varie lorsque les muscles ciliaires se contractent ou se relâchent.

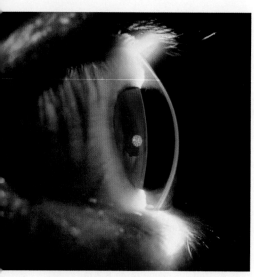

Cette photographie montre la cornée et le cristallin.

Pour que la vision soit nette, il faut que l'image formée par la lentille équivalente soit sur la rétine. On définit le **punctum remotum** de l'œil comme l'endroit où l'on doit placer un objet pour qu'il soit vu de manière nette sans accommodation. De même, le **punctum proximum** est l'endroit où l'on doit placer un objet pour qu'il soit vu de manière nette lorsque l'effort d'accommodation est maximal. En tenant compte de l'accommodation, le **domaine de vision nette** s'étend ainsi sur un certain intervalle de distance allant du punctum proximum (« point rapproché » en latin) au punctum remotum (« point éloigné » en latin)*.

Si le punctum remotum est à l'infini (on dit alors que l'œil est **emmétrope**) et que le punctum proximum est à une distance inférieure ou égale à 25 cm (une distance raisonnable pour lire), l'œil s'acquitte parfaitement des tâches quotidiennes. Si ce n'est pas le cas, on peut prescrire des verres correcteurs qui auront pour but de ramener le punctum remotum à l'infini ou le punctum proximum à une distance de 25 cm (ce qui correspond à l'œil « normal » que nous avons décrit au début de la section 5.5). S'il y a à la fois un problème de punctum remotum et de punctum proximum, on peut prescrire des lunettes à double foyer, dont la partie supérieure corrige le problème de la vision de loin et la partie inférieure corrige le problème de la vision de près.

Une personne qui n'a pas des yeux emmétropes peut souffrir de **myopie** ou d'**hypermétropie**. Chez une personne myope, la distance focale de l'œil au repos (cristallin relâché) est trop petite pour la longueur de l'œil (ce qui revient à dire que le globe oculaire est trop long par rapport à la distance focale de l'œil au repos). Un objet à l'infini donnera une image située devant la rétine (figure 5.36*a*). On corrige ce défaut en plaçant une lentille *divergente* devant l'œil, ce qui a pour effet d'augmenter la distance à laquelle se forme l'image. En revanche, chez une personne hypermétrope, la distance focale de l'œil au repos est trop grande pour la longueur de l'œil (ou encore, le globe oculaire est trop court par rapport à la distance focale de l'œil au repos). Un objet à l'infini donnera une image située en arrière de la rétine (figure 5.36*b*). On corrige ce défaut en plaçant une lentille *convergente* devant l'œil, ce qui a pour effet de diminuer la distance à laquelle se forme l'image**.

Figure 5.36 ▶

(*a*) Myopie : les rayons lumineux venant de l'infini convergent en un point situé devant la rétine. (*b*) Hypermétropie : les rayons parallèles convergent en un point situé derrière la rétine.

(*a*)
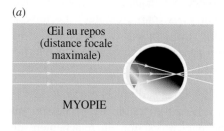
(*b*)
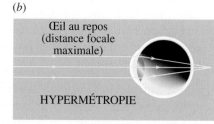

* Dans le cas de l'hypermétropie (que nous définirons plus loin), l'œil au repos forme une image nette d'un objet virtuel, ce qui correspond à une distance négative pour le punctum remotum. Toutefois, au prix d'une certaine accommodation, l'œil hypermétrope parvient quand même à former une image nette d'un objet à l'infini. Le domaine de vision nette s'étend ainsi du punctum proximum jusqu'à l'infini.

** Une personne hypermétrope peut voir net à l'infini sans lunettes, mais seulement au prix d'un certain effort d'accommodation. Or, tout objet distant de plus de quelques mètres peut être considéré comme étant situé à l'infini du point de vue de l'œil. Ainsi, pendant la plus grande partie de la journée, l'œil doit tenter de produire des images nettes d'objets « à l'infini ». Chez un hypermétrope, cette tâche nécessite un effort d'accommodation constant, et la sollicitation fréquente des muscles du cristallin entraîne une fatigue de l'œil qui se traduit souvent par des maux de tête.

La myopie et l'hypermétropie sont associées à des problèmes de position du punctum remotum. Un troisième défaut, la **presbytie** est dû à la perte de flexibilité du cristallin qui peut de moins en moins accommoder avec l'âge, ce qui nuit souvent à la position du punctum proximum. Le tableau 5.1 illustre l'augmentation inexorable de la distance du punctum proximum avec l'âge pour un œil emmétrope (ou pour un œil dont la myopie ou l'hypermétropie a été corrigée par des verres appropriés). Ainsi, dans la quarantaine, les gens commencent à avoir de la difficulté à lire. Même avec le cristallin bombé au maximum, l'accommodation est insuffisante et l'image d'un objet situé à 25 cm de distance se forme en arrière de la rétine (figure 5.37). On corrige ce défaut, chez une personne autrement emmétrope, en plaçant une lentille *convergente* devant l'œil, ce qui a pour effet de ramener le punctum proximum à une distance de 25 cm.

Tableau 5.1 ▼

Distance typique du punctum proximum pour un œil emmétrope, en fonction de l'âge de l'individu

Âge	Distance du punctum proximum (cm)
20	10
30	13
40	20
50	60
60	85
70	100

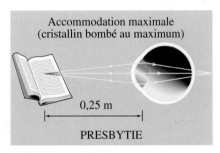

Accommodation maximale (cristallin bombé au maximum)

0,25 m

PRESBYTIE

Figure 5.37 ▲

Presbytie : les rayons lumineux provenant d'objets proches de l'œil convergent derrière la rétine.

EXEMPLE 5.14

Le punctum proximum d'une personne de 70 ans est à 1 m. Quelle est la distance focale de la lentille que l'on doit prescrire pour le ramener à 25 cm ?

Solution

En accommodant au maximum, l'œil sans lentille correctrice peut former une image nette d'un objet à partir d'une distance de 100 cm. Avec la lentille correctrice, on veut pouvoir distinguer clairement un objet placé à 25 cm.

Ainsi, le rôle de la lentille correctrice est de *former une image à 100 cm d'un objet situé à 25 cm* (figure 5.38). L'image formée à 100 cm devient l'objet pour l'œil, et le tour est joué. ∎

L'image formée par la lentille est virtuelle, puisque les rayons qui pénètrent dans l'œil doivent diverger, donc elle se situe du même côté que l'objet $q = -100$ cm.

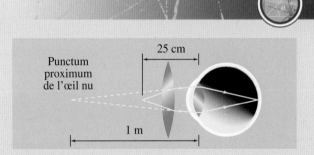

25 cm

Punctum proximum de l'œil nu

1 m

Figure 5.38 ▲

Quand l'objet est à 25 cm de l'œil, les rayons qui pénètrent dans l'œil semblent provenir du punctum proximum, où est située l'image virtuelle formée par la lentille.

D'après la formule des lentilles, $1/p + 1/q = 1/f$, on a

$$\frac{1}{25 \text{ cm}} + \frac{1}{-100 \text{ cm}} = \frac{1}{f}$$

Donc $f = 100/3 = 33,3$ cm. Il s'agit donc d'une lentille convergente.

Le punctum remotum d'une personne myope est à 2 m. (a) Quelle est la distance focale des verres correcteurs que l'on doit prescrire pour le placer à l'infini ? (b) Avec les verres correcteurs, le punctum proximum est situé à 25 cm. Où se trouve-t-il lorsque la personne enlève ses lunettes ?

Solution

(a) L'œil au repos, sans lentille correctrice, est capable de distinguer clairement un objet jusqu'à une distance de 2 m. Avec la lentille correctrice, on veut pouvoir distinguer clairement un objet placé à l'infini.

💡 Ainsi, le rôle de la lentille correctrice est de *former une image à 2 m d'un objet situé à l'infini* (figure 5.39a). L'image formée à 2 m devient l'objet pour l'œil. ■

L'image formée par la lentille est virtuelle, car les rayons qui pénètrent dans l'œil doivent diverger, donc $q = -2$ m. D'après la formule des lentilles, $1/p + 1/q = 1/f$, pour $p \to \infty$, $f = q = -2$ m. Il s'agit donc d'une lentille divergente.

(b) Le punctum proximum est à 25 cm avec les lunettes : cela signifie que lorsque l'objet est placé à 25 cm devant la lentille correctrice, l'image formée par la lentille est située au punctum proximum de l'œil. Par la formule des lentilles, avec $p = 25$ cm et $f = -2$ m, on obtient $q = -22$ cm.

💡 Ainsi, le punctum proximum de l'œil sans lentille correctrice est à 22 cm, donc plus rapproché qu'avec la lentille correctrice (figure 5.39b). Les verres qui corrigent la myopie restaurent la vision de loin, mais ils ont pour effet d'éloigner la position du punctum proximum. Dans cet exemple, le punctum proximum est suffisamment rapproché, même avec les verres correcteurs. Toutefois, dans certains cas de myopie, les lunettes qui corrigent la vision de loin peuvent éloigner le punctum proximum suffisamment pour rendre la lecture difficile. La personne doit alors enlever ses lunettes pour lire (exercice 47), ou encore se doter de lunettes à double foyer. ■

(a)

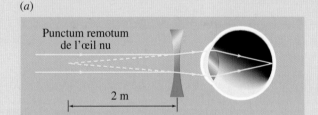

(b)

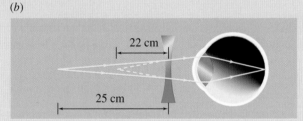

Figure 5.39 ▲

(a) Les rayons lumineux provenant de l'infini semblent diverger à partir du punctum remotum. (b) La lentille divergente d'une lunette éloigne le punctum proximum de l'œil. Notez que les dessins ne sont pas à l'échelle.

Les lunettes correctrices se caractérisent par la **puissance** (aussi appelée **vergence**) des lentilles utilisées. Cette puissance est définie par l'inverse de la distance focale en mètres :

Puissance d'une lentille

$$P = \frac{1}{f} \qquad (5.17)$$

L'unité de puissance est la **dioptrie** (D) : 1 D = 1 m^{-1}. Une lentille convergente a une puissance positive, alors qu'une lentille divergente a une puissance négative.

La lentille équivalente de l'œil « réduit » peut aussi être caractérisée par sa puissance. Comme la distance focale de cette lentille équivalente varie selon l'effort d'accommodation que doit effectuer l'œil, il s'ensuit que cette puissance peut varier. Il est alors intéressant de comparer les puissances maximale et minimale, ce qui permet d'évaluer la flexibilité du cristallin et de déceler l'apparition de la presbytie. L'œil est à sa puissance maximale lorsque la distance focale est minimale, ce qui se produit lorsqu'on a une image nette d'un objet situé au punctum proximum. Soit d_{PP}, la distance du punctum proximum, et ℓ, la longueur de l'œil (la distance entre la lentille équivalente et la rétine). La distance objet correspond à d_{PP}, et la distance image correspond à ℓ. Par la définition de la puissance et la formule des lentilles, on peut écrire

$$P_{max} = \frac{1}{f_{min}} = \frac{1}{d_{PP}} + \frac{1}{\ell} \qquad (5.18)$$

L'œil est à sa puissance minimale lorsque la distance focale est maximale, ce qui se produit lorsqu'on a une image nette d'un objet situé au punctum remotum. On peut alors écrire

$$P_{min} = \frac{1}{f_{max}} = \frac{1}{d_{PR}} + \frac{1}{\ell} \qquad (5.19)$$

où d_{PR} est la distance du punctum remotum.

L'**amplitude d'accommodation** est définie comme la différence entre la puissance minimale et la puissance maximale de la lentille équivalente. En utilisant les résultats précédents, on trouve

$$P_{acc} = P_{max} - P_{min} = \frac{1}{d_{PP}} - \frac{1}{d_{PR}} \qquad (5.20)$$

Plus un œil a une amplitude d'accommodation importante, plus cela signifie que son cristallin est flexible et jeune. Avec l'âge, le cristallin devient graduellement plus rigide et on considère que l'œil est presbyte quand l'amplitude d'accommodation devient inférieure à celle d'un œil « normal », c'est-à-dire d'un œil pouvant accommoder entre 25 cm et l'infini. D'après l'équation 5.20, ce seuil correspond à une amplitude d'accommodation de 4,0 dioptries.

Notez qu'un œil presbyte, s'il est emmétrope, nécessite forcément des lunettes corrigeant la vision rapprochée. Toutefois, l'équation 5.20 révèle qu'un œil à la fois myope ($d_{PR} < \infty$) et presbyte peut avoir un punctum proximum qui demeure à une distance inférieure à 25 cm, ce qui permet d'éviter le port de lunettes de lecture. À l'inverse, cette même équation révèle qu'un œil hypermétrope ($d_{PR} < 0$) pourrait avoir besoin d'une correction pour la vision rapprochée, même s'il n'est pas encore considéré comme presbyte (c'est-à-dire même si l'amplitude d'accommodation demeure supérieure à 4,0 dioptries).

EXEMPLE 5.16

L'œil d'un individu de 45 ans peut accommoder entre 25 cm et l'infini. Son diamètre est de 2 cm. Calculer (a) sa puissance minimale, (b) sa puissance maximale et (c) son amplitude d'accommodation.

Solution

(a) Lorsque la puissance est minimale, l'image d'un objet au punctum remotum (ici, $p \to \infty$) se forme sur la rétine (figure 5.40a). L'image est réelle et à une distance de la lentille égale au diamètre de l'œil : $q = 2$ cm. Ainsi, la puissance minimale est $P = 1/f$ $= 1/p + 1/q = 1/(0,02$ m$) = 50$ D.

(b) Lorsque la puissance est maximale, l'image d'un objet au punctum proximum (ici, $p = 25$ cm) se forme sur la rétine (figure 5.40b). L'image est réelle et à une distance de la lentille égale au diamètre de

l'œil : $q = 2$ cm. Ainsi, la puissance maximale est $P = 1/f = 1/p + 1/q = 1/(0,25$ m$) + 1/(0,02$ m$)$ $= 54$ D.

(c) L'amplitude d'accommodation est de 54 D $- 50$ D $= 4$ D. (On peut aussi utiliser directement l'équation 5.20.)

(a)

(b)

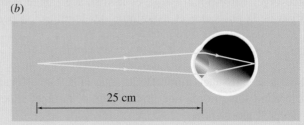

25 cm

Figure 5.40 ▲
Un œil peut focaliser sur la rétine les rayons lumineux provenant (a) de l'infini ; (b) du punctum proximum à 25 cm.

Lorsqu'un œil regarde dans un instrument optique comme une loupe, un microscope ou un télescope, il importe que l'image finale soit située entre le punctum proximum et le punctum remotum, sinon elle sera floue. Varier la distance objet p (en déplaçant l'objet ou les composantes optiques de l'instrument) pour que l'image soit quelque part dans ce domaine de vision nette s'appelle faire la **mise au point**. Dans une situation donnée, il y a plusieurs valeurs de p pour lesquelles l'image est ainsi visible, et la distance séparant les positions extrêmes de l'objet pour lesquelles l'image demeure mise au point s'appelle la **latitude de mise au point**.

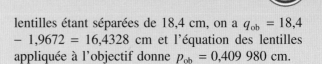

EXEMPLE 5.17

Un microscope est constitué d'un objectif et d'un oculaire séparés de 18,4 cm ($f_{ob} = 0,4$ cm et $f_{oc} = 2,0$ cm). Le champ de vision de l'utilisateur du microscope s'étend de 30 cm à 1,2 m, et l'on considère qu'il colle son œil directement sur l'oculaire. Quelle est la latitude de mise au point ?

Solution

Quand l'image finale est au punctum remotum, on a $q_{oc} = -120$ cm et l'équation des lentilles appliquée à l'oculaire donne alors $p_{oc} = 1,9672$ cm. Les

lentilles étant séparées de 18,4 cm, on a $q_{ob} = 18,4$ $- 1,9672 = 16,4328$ cm et l'équation des lentilles appliquée à l'objectif donne $p_{ob} = 0,409\ 980$ cm.

Quand l'image finale est au punctum proximum, une démarche identique donne $q_{oc} = -30$ cm, donc p_{oc} $= 1,9987$ cm. Les lentilles étant séparées de 18,4 cm, on a $q_{ob} = 18,4 - 1,9987 = 16,4013$ cm, puis p_{ob} $= 0,409\ 999$ cm.

La latitude de mise au point est donc $0,409\ 999$ cm $- 0,409\ 980$ cm $= 0,19$ μm.

Les lentilles cornéennes

À la section 5.8, on a appris à calculer la puissance des lentilles nécessaire pour corriger divers défauts de l'œil sans trop se soucier de la façon dont on allait appliquer la formule. En fait, on a supposé plus ou moins explicitement que la correction allait s'effectuer à l'aide de lunettes ordinaires. Or, de nos jours, une proportion grandissante de gens opte pour l'utilisation de lentilles cornéennes, c'est-à-dire de lentilles posées directement sur la cornée de l'œil. Si l'idée de placer une lentille directement sur l'œil remonte aussi loin qu'à René Descartes (en 1636), la mise au point des lentilles souples modernes a nécessité un important travail de recherche multidisciplinaire portant aussi bien sur les matériaux que sur la physiologie de l'œil.

Ce n'est qu'à la fin du XIXᵉ siècle que l'Allemand Adolf Eugen Fick (1829-1901), après avoir fait des expériences sur des lapins, découvrit qu'une lentille dont la face interne épouse à peu près la forme de l'œil pouvait tenir en place simplement par l'effet de la pression atmosphérique. Pour obtenir une lentille divergente, on utilise un rayon de courbure plus petit pour la face de la lentille qui est en contact avec l'œil, alors qu'à l'inverse, avec un rayon de courbure plus grand du côté de l'œil, on obtient une lentille convergente. Fick se fit d'ailleurs fabriquer des lentilles à partir de verre soufflé, qu'il a lui-même portées pendant des périodes maximales de deux heures.

Dans les années 1930, la compagnie Zeiss commença à produire des lentilles en verre obtenu par surfaçage dont le diamètre était d'environ 20 mm, et l'épaisseur centrale de 0,50 mm. Si ces lentilles parvenaient à corriger les défauts de l'œil de façon à peu près adéquate, leur port occasionnait certains problèmes aux utilisateurs. L'irritation et l'enflure de la cornée se produisaient fréquemment, malgré l'application d'un liquide physiologique entre la cornée et la lentille. Deux causes très différentes expliquent ces malaises. La première est liée au fait que, pour rester saine, la cornée a besoin d'un apport constant en oxygène. En isolant la cornée derrière une lentille, on la coupe de tout contact avec l'air ambiant. C'est ce qui provoque l'apparition de l'enflure. Quant à l'irritation, elle s'explique surtout par la forme de la cornée. Le rayon de courbure de celle-ci augmente du centre vers les bords ; autrement dit, la cornée s'aplatit du centre vers les bords. Ainsi, même si la lentille épouse bien la forme de la cornée près du centre de l'œil, elle exercera une pression sur la cornée en périphérie, d'ou l'irritation.

C'est en modifiant la courbure périphérique de la lentille qu'on règle les deux problèmes simultanément. L'augmentation du rayon de courbure du bord extérieur de la lentille réduit les cas d'irritation. En augmentant davantage la courbure périphérique, on obtient un *dégagement périphérique* qui ouvre une porte d'entrée aux larmes. Celles-ci peuvent circuler sous la lentille et apporter l'oxygène nécessaire à la cornée, en plus de contribuer à l'expulsion des débris qui ont pu s'être logés sous la lentille.

C'est ce qu'on a réussi à réaliser à la fin des années 1960, grâce à un matériau polymère, le poly-méthyl-méthacrylate (PMMA). Il s'agissait des premières lentilles cornéennes rigides réellement confortables. Pour les façonner, on procède à partir d'un bouton cylindrique d'environ une douzaine de millimètres de diamètre et de quelques millimètres d'épaisseur, qu'on taille de manière à obtenir des lentilles dont l'épaisseur finale est inférieure à 0,20 mm. Bien que les lentilles rigides soient très efficaces, il n'y a qu'environ 10 % des utilisateurs de lentilles cornéennes qui les portent. Elles ont été supplantées progressivement par les lentilles *souples*. Le matériau à l'origine de cette invention révolutionnaire est un *hydrogel*. Au début, il s'agissait du polydihydroxyéthylène méthacrylate. Ce polymère est hydrophile ; il attire les molécules d'eau. Une fois saturée, une lentille peut contenir plus de 50 % de sa masse totale en eau. Il y a aujourd'hui une très grande variété de polymères hydrophiles qui entrent dans la fabrication de lentilles souples pouvant contenir de 25 % à 75 % de leur masse en eau. Bien qu'elles aient tendance à recouvrir la cornée et à réduire la circulation des larmes, ces lentilles ont une propriété qui fait défaut au PMMA : elles sont perméables aux gaz. Ainsi, malgré un plus faible apport d'oxygène provenant des larmes, l'apport net résultant de la diffusion de l'oxygène atmosphérique à travers la lentille et de celle des larmes est supérieur à celui obtenu avec les lentilles rigides. Bien que les fabricants de lentilles rigides proposent maintenant toute une variété de nouveaux matériaux rigides perméables aux gaz, ce type de lentilles ne semble pas réussir à regagner la faveur populaire.

Le processus de fabrication de la plupart des lentilles souples diffère de celui des lentilles rigides. Les fabricants font appel à trois différents procédés. Celui du moulage consiste à verser un prépolymère (ou monomère) liquide entre deux moules de plastique pressés l'un contre l'autre et portés à haute température afin de déclencher la réaction chimique de polymérisation. La lentille ainsi formée est rigide jusqu'à ce qu'on la sature d'eau en la plongeant dans un bain. Lors de l'hydratation, la lentille change de forme et, par conséquent, de puissance. L'effet de l'hydratation sur la forme varie d'un matériau à l'autre, et il n'est pas toujours simple de déterminer la forme initiale du moule qui permettra d'obtenir une puissance donnée. Une variante consiste à mouler le prépolymère en présence d'eau et de déclencher la polymérisation à l'aide d'un rayonnement ultraviolet. Une fois sortie du moule, la lentille est déjà prête à être portée.

Le procédé de centrifugation consiste à verser un prépolymère liquide dans un moule que l'on fait tourner à grande vitesse. Le liquide en rotation prendra une forme qui dépend à la fois de la quantité de liquide présent, de la forme du moule ainsi que de la vitesse de rotation. Lorsqu'on atteint les conditions requises pour une forme donnée, on expose le liquide en rotation à un rayonnement ultraviolet pour déclencher la réaction chimique de polymérisation. La lentille est ensuite plongée dans un bain pour être hydratée. Ce procédé permet de produire des lentilles ultraminces, dont l'épaisseur est de l'ordre de 0,05 mm. Un dernier procédé consiste à façonner les lentilles à partir de petits boutons cylindriques rigides semblables à ceux qu'on utilise pour les lentilles rigides. Après les avoir taillées à la forme recherchée, on hydrate les lentilles.

Malgré le grand confort des lentilles cornéennes modernes, le problème de leur entretien et du maintien de leurs propriétés optiques sur une longue période constitue un défi de taille pour les fabricants. Le simple port des lentilles les expose à une certaine forme de dégradation : rapidement, des débris organiques et des dépôts calcaires se fixent sur leur surface. De plus, le simple geste de les mettre ou de les enlever dans des conditions variables d'hygiène les expose à toutes sortes de contaminants. La seule solution consiste à nettoyer, à désinfecter, à rincer et à recommencer encore et encore... Malheureusement, il semble que les utilisateurs de lentilles ne mettent pas tous le soin qui s'impose à leur entretien. Malgré l'efficacité des produits existants, il survient encore des cas d'infection et de dégradation des lentilles, qui sont presque tous le fait de l'insouciance des utilisateurs.

La réponse des fabricants à la négligence de nombreux utilisateurs a porté sur plusieurs fronts. Premièrement, on a simplifié l'opération en offrant des solutions d'entretien *tout en un*. Bien qu'il soit moins efficace, ce traitement est tout à fait adapté aux nouvelles lentilles de type *jetables*, qu'on change chaque semaine ou chaque mois. On a fait encore mieux en proposant des lentilles à port prolongé, qu'on peut garder jour et nuit jusqu'à ce qu'il soit temps de les jeter tout simplement, au bout de quelques semaines ! Autre avancée notable, qui n'a rien à voir avec le confort : l'apparition et la popularité grandissante des lentilles colorées. Le temps est proche où il sera difficile de distinguer la couleur réelle des yeux des gens qu'on croise au café ou ailleurs...

RÉSUMÉ

Dans l'approximation paraxiale, les distances objet p et image q mesurées à partir d'une lentille mince de distance focale f sont liées par la formule des lentilles minces

$$\frac{1}{p} + \frac{1}{q} = \frac{1}{f} \qquad (5.6a)$$

Le grandissement transversal (linéaire) d'une lentille mince est

$$m = \frac{y_I}{y_O} = -\frac{q}{p} \qquad (5.6b)$$

Le grossissement angulaire est

$$G = \frac{\beta}{\alpha} \qquad (5.7)$$

où l'angle α est celui que sous-tend l'objet, et l'angle β, celui que sous-tend l'image.

Le grossissement angulaire de la loupe, dans le cas où l'œil est collé dessus, est

$$G = \frac{0,25}{p} \qquad (5.10)$$

où p désigne la distance objet en mètres et où 0,25 correspond à la distance minimale de vision distincte pour un œil normal.

Le grossissement d'un microscope composé s'écrit :

$$G = -\frac{q_{ob}}{p_{ob}} \cdot \frac{0,25}{p_{oc}} \qquad (5.12)$$

où p_{ob} est la distance entre l'objet et l'objectif, q_{ob} est la distance entre l'image formée par l'objectif et l'objectif et p_{oc} est la distance entre l'image formée par l'objectif et l'oculaire.

Si l'image finale est à l'infini, le grossissement d'une lunette astronomique est

$$G_{\infty} = -\frac{f_{ob}}{f_{oc}} \qquad (5.16)$$

où f_{ob} et f_{oc} sont les distances focales de l'objectif et de l'oculaire, respectivement. L'expression valable pour le télescope de Galilée est la même, mais sans le signe négatif, puisque l'image finale est droite.

La puissance d'une lunette correctrice (exprimée en dioptries) est définie comme l'inverse de la distance focale en mètres :

$$P = \frac{1}{f} \qquad (5.17)$$

TERMES IMPORTANTS

aberration chromatique (p. 157)

aberration de sphéricité (p. 157)

accommodation (p. 175)

amplitude d'accommodation (p. 179)

cornée (p. 175)

cristallin (p. 175)

dioptrie (p. 178)

domaine de vision nette (p. 176)

emmétrope (adj.) (p. 176)

formule des lentilles minces (p. 159)

foyer image (p. 157)

foyer objet (p. 157)

grossissement angulaire (p. 163)

grossissement commercial (p. 167)

hypermétropie (p. 176)

latitude de mise au point (p. 180)

lentille convergente (p. 156)

lentille divergente (p. 156)

lentille mince (p. 156)

longueur optique (p. 169)

loupe (p. 165)

lunette astronomique (p. 171)

lunette de Galilée (p. 172)

microscope composé (p. 168)

mise au point (p. 180)

myopie (p. 176)

objectif (p. 168)

oculaire (p. 168)

presbytie (p. 177)

puissance (d'une lentille) (p. 178)

punctum proximum (p. 176)

punctum remotum (p. 176)

rétine (p. 175)

télescope (p. 170)

télescope à miroirs (p. 172)

vergence (p. 178)

R1. Quelle est la différence entre le foyer objet et le foyer image ?

R2. Expliquez pourquoi un rayon qui passe par le centre d'une lentille n'est pas dévié.

R3. Énoncez les règles du tracé des rayons principaux pour les lentilles minces.

R4. À quelle distance doit-on placer l'objet par rapport au foyer d'une lentille convergente pour que la lentille agisse (a) comme une loupe ; (b) comme un projecteur ?

R5. Quelle est la différence entre le grandissement transversal et le grossissement angulaire ?

R6. Vrai ou faux ? Plus la distance focale d'une loupe est grande, plus le grossissement est important.

R7. D'après l'équation 5.10, le grossissement tend vers l'infini lorsque p tend vers zéro. Pourquoi ne peut-on pas affirmer que le grossissement maximal d'une loupe est infini ?

R8. Quel scientifique, pionnier de l'utilisation du pouvoir grossissant des lentilles, est considéré comme le père fondateur de la microbiologie ?

R9. Quel scientifique a utilisé le premier un télescope en astronomie ? Énoncez deux de ses découvertes.

R10. Quelle est la différence entre la lunette astronomique et la lunette de Galilée ? Pourquoi vaut-il mieux utiliser une lunette de Galilée pour regarder une pièce de théâtre ?

R11. Pourquoi utilise-t-on les miroirs de préférence aux lentilles dans les grands télescopes modernes ?

R12. Quel mécanisme rend possible l'accommodation de l'œil ?

R13. Doit-on utiliser une lentille convergente ou une lentille divergente pour corriger (a) l'hypermétropie ; (b) la myopie ; (c) la presbytie ?

R14. Dessinez un œil avec sa lentille équivalente ; dessinez le trajet des rayons en provenance de l'infini pour (a) un œil emmétrope au repos (cristallin relâché) ; (b) un œil hypermétrope au repos ; (c) un œil myope au repos.

Q1. Lorsqu'on tient une loupe près de l'œil, l'angle sous-tendu par l'objet et celui sous-tendu par l'image sont à peu près le même à partir de l'œil. À quoi sert la lentille ?

Q2. Comment peut-on déterminer la distance focale d'une lentille divergente ?

Q3. Pourquoi les yeux ont-ils de la difficulté à former une image nette sous l'eau ? Pourquoi est-ce plus facile avec des lunettes de nageur ?

Q4. La distance focale d'un télescope a-t-elle un effet sur la taille de l'image d'un objet ?

Q5. Citez tous les cas que vous connaissez où le diamètre d'une lentille modifie l'image qu'elle produit.

Q6. En quoi l'accommodation d'une lentille d'appareil photographique diffère-t-elle de celle du cristallin de l'œil ?

Q7. Que devient la distance focale d'une lentille lorsqu'on la plonge dans l'eau ? Examinez le cas des lentilles convergentes et des lentilles divergentes.

Q8. Une image virtuelle peut-elle être photographiée ?

Q9. Une lentille divergente peut-elle produire une image réelle ? Si oui, expliquez comment.

Q10. Une lentille convergente peut-elle produire une image virtuelle renversée ? Si oui, expliquez comment.

Q11. Deux lentilles minces plan-convexes sont mises en contact. Comparez les distances focales totales lorsque les surfaces planes se touchent et lorsque les surfaces courbées se touchent (figure 5.41).

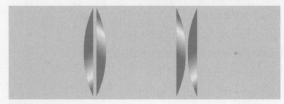

Figure 5.41 ▲
Question 11.

Q12. Parmi les deux dispositions de lentilles plan-convexes représentées à la figure 5.42, laquelle devrait produire une image plus nette d'un objet à l'infini ? Expliquez pourquoi.

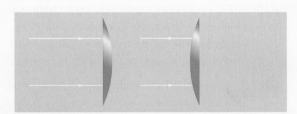

Figure 5.42 ▲
Question 12 et exercice 6.

Q13. Pour une lentille convergente, indiquez dans quelles conditions l'image est (si possible) : (a) réelle ; (b) virtuelle ; (c) droite ; (d) renversée ; (e) agrandie ; (f) réduite.

Q14. Reprenez la question précédente pour une lentille divergente.

Q15. Un objet virtuel peut-il produire une image réelle ? Si oui, faites un tracé des rayons principaux pour montrer comment.

Q16. (a) Étant donné une lentille convergente, où doit-on placer un objet pour obtenir une image de même taille ? (b) Peut-on obtenir ce résultat avec une lentille divergente ? Si oui, comment ?

Q17. Pourquoi est-il déconseillé de laisser des gouttelettes d'eau sur la carrosserie d'une voiture en plein soleil ?

Q18. Comment faire pour fabriquer une lentille focalisant les ondes sonores ? Considérez les ondes dans l'air et dans l'eau.

Q19. Un sac de plastique transparent et mince a la forme d'une lentille convergente lorsqu'on le gonfle d'air. Quel est son comportement optique lorsqu'on le place dans l'eau ?

Q20. Lorsqu'un télescope servant à observer la Lune est réglé pour l'œil normal au repos, l'objet et l'image sont tous deux à l'infini. Pourquoi la Lune apparaît-elle plus grande lorsqu'on l'observe à l'aide de l'instrument ?

Q21. Soit un élément optique ayant deux surfaces de rayons de courbure égaux (figure 5.43). Dessinez un tracé des rayons principaux montrant le trajet des rayons parallèles incidents issus de la gauche.

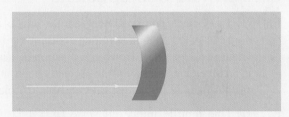

Figure 5.43 ▲
Question 21.

EXERCICES

Voir l'avant-propos pour la signification des icônes

Dans tous les exercices et les problèmes de ce chapitre, on suppose que l'approximation paraxiale est respectée. Lorsqu'il est question d'une lentille, son épaisseur est négligeable.

5.1 Dioptres sphériques

E1. (I) Un chat regarde un poisson dans un bocal sphérique de 20 cm de rayon rempli d'eau ($n = 1,33$). (a) Où voit-il l'image du poisson si celui-ci se déplace à 10 cm derrière la paroi ? (b) Si le poisson a 2 cm de hauteur, quelle taille a l'image du poisson pour le chat ? (c) Où le poisson voit-il l'image du chat, qui est situé à 15 cm du bocal ? (d) De quel facteur la tête du chat est-elle grossie dans cette situation ?

E2. (I) Un ours est penché au-dessus d'une rivière et observe un saumon. Si le saumon lui semble se trouver à 0,5 m sous la surface de l'eau, à quelle profondeur se trouve réellement le saumon ? Supposez que l'ours est directement au-dessus du saumon.

E3. (II) Une plaque de verre de 10 cm d'épaisseur ($n = 1,5$) repose au fond d'un bassin de 0,4 m de profondeur rempli d'eau. Une mouche est coincée sous la plaque de verre. À quelle profondeur apparente se trouve-t-elle pour un observateur situé directement au-dessus du bassin ?

E4. (II) Trouvez la position de l'image d'un petit objet donnée par une sphère en verre ($n = 1,5$) de rayon

4 cm, sachant que l'objet est situé dans l'air (a) à l'infini ; (b) à 20 cm du centre de la sphère.

E5. (II) Une tige de verre ($n = 1,5$) de longueur $3R$ = 24 cm a une surface convexe de rayon de courbure $R = 8$ cm et une surface plane (figure 5.44). Trouvez la position de l'image finale d'un petit objet placé aux distances suivantes à partir de la surface convexe, sur l'axe de la tige de verre : (a) 24 cm ; (b) 6 cm.

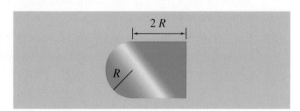

Figure 5.44 ▲
Exercice 5.

5.2 Formule des opticiens

E6. (I) La surface courbe d'une lentille mince plan-convexe ($n = 1,5$) a un rayon de courbure de 12 cm (figure 5.42, p. 185). Trouvez la position de l'image d'un objet dans l'air à l'infini sachant que la surface faisant face de l'objet est (a) courbée ; (b) plane.

E7. (I) Une lentille mince en verre ($n = 1,5$) a une surface convexe de rayon de courbure 12 cm. Quel doit être le rayon de l'autre surface pour que la distance focale soit (a) de +16 cm ; (b) de −40 cm ?

5.3 Propriétés des lentilles

E8. (I) Un objet de 2 m de hauteur est situé à 4 m d'une lentille convergente. Quelle est la dimension de l'image sur un écran sachant que la distance focale vaut (a) 5 cm ; (b) 20 cm ?

E9. (I) Quelle est la dimension de l'image produite par une lentille convergente de distance focale 2 m servant à observer (a) la Lune ; (b) le Soleil ?

E10. (I) Un objet d'une taille de 1 cm est projeté sur un écran situé à 2 m d'une lentille mince et forme une image de 5 cm. (a) Quelle est la position de l'objet ? (b) Quelle est la distance focale de la lentille ?

E11. (I) Une lentille donne une image virtuelle agrandie quatre fois et située à 16 cm devant la lentille du même côté que l'objet. (a) Où se trouve l'objet ? (b) Quelle est la distance focale de la lentille ?

E12. (I) Une lentille donne une image réelle, de taille égale au tiers de la taille de l'objet et située à 6 cm derrière la lentille (du côté opposé à l'objet). (a) Où se trouve l'objet ? (b) Quelle est la distance focale de la lentille ?

E13. (I) On veut projeter une diapositive de largeur 36 mm de manière à couvrir la totalité d'un écran. Décrivez la lentille du projecteur si l'écran est large de 2 m et qu'il se trouve à 7 m de la lentille.

E14. (I) Un appareil photographique simple a une seule lentille convergente de distance focale 50 mm. À quelle distance de la pellicule se trouve la lentille si l'objet photographié est (a) à 2 m de la lentille ; (b) à 0,5 m de la lentille ?

E15. (II) Une lentille convergente a une distance focale de 15 cm. Quelles sont les deux positions de l'objet pour lesquelles la dimension de l'image est le double de celle de l'objet ?

E16. (I) L'image d'un objet situé à 12 cm d'une lentille convergente a un grandissement transversal de $-2/3$. (a) Où est située l'image ? (b) Quelle est la distance focale de la lentille ?

E17. (I) Une lentille convergente de distance focale 35 cm donne une image agrandie de dimension égale à 2,5 fois la dimension d'un objet réel. Quelle est la distance de l'objet si l'image est (a) réelle ; (b) virtuelle ?

E18. (I) Une lentille convergente de distance focale 20 cm donne une image réduite de dimension égale à 40 % de la dimension de l'objet. Trouvez la position de l'objet sachant que l'image est (a) réelle ; (b) virtuelle.

E19. (II) Une lentille mince biconvexe (figure 5.9a, p. 156) en verre ($n = 1,5$) a des surfaces de rayons de courbure 12 cm et 16 cm. Un objet est situé à 20 cm de la lentille. Quels sont la position et le grandissement transversal de l'image ?

E20. (II) Une lentille mince biconcave (figure 5.9b, p. 156) en verre ($n = 1,5$) a deux surfaces de rayons de courbure 12 cm et 16 cm. Un objet est situé à 20 cm de la lentille. Quels sont la position et le grandissement transversal de l'image ?

E21. (II) La distance focale d'une lentille divergente est de −20 cm. Trouvez la position de l'objet sachant que l'image est (a) virtuelle, droite et de dimension égale à 20 % de la dimension de l'objet ; (b) réelle, droite et de dimension égale à 150 % de la dimension de l'objet.

E22. (II) Une lentille convergente ($f_1 = 10$ cm) est à 10 cm d'une lentille divergente ($f_2 = -15$ cm). Un objet se trouve à 20 cm devant la première lentille. Trouvez la position de l'image finale.

E23. (II) Deux lentilles convergentes de distances focales 10 cm et 20 cm sont éloignées de 15 cm. Un objet est situé à 12 cm devant la lentille de 10 cm. Où est l'image finale ?

E24. (II) Deux lentilles convergentes de distance focales 8 cm et 12 cm sont éloignées de 20 cm. Un objet est situé à 40 cm devant la lentille de 8 cm. Trouvez la position et le grandissement transversal de l'image finale. Faites le tracé des rayons principaux.

E25. (II) On met en contact deux lentilles minces de distances focales f_1 et f_2. Montrez que la distance focale associée à l'effet combiné des deux lentilles est $f \approx f_1 f_2 / (f_1 + f_2)$.

E26. (I) Une lentille convergente de distance focale f_1 = 10 cm est mise en contact avec une lentille divergente de distance focale f_2. Sachant que la distance focale de l'ensemble vaut 14 cm, trouvez f_2.

5.4, 5.5 et 5.6 Grossissement, loupe et microscope

E27. (I) Une pierre précieuse est située à 5,7 cm d'une loupe de distance focale 6 cm (on suppose que la lentille est proche de l'œil). Trouvez : (a) le grossissement angulaire ; (b) la position de l'image.

E28. (I) Sur un timbre, un détail a une largeur de 1 mm. On utilise une lentille convergente de distance focale 4 cm pour obtenir une image virtuelle à 40 cm de la lentille (qui est proche de l'œil). Trouvez : (a) la dimension de l'image donnée par la lentille ; (b) le grossissement angulaire.

E29. (II) (a) Montrez que, si l'image donnée par une loupe se trouve au punctum proximum normal (0,25 m), alors l'équation 5.10 devient

$$G = 1 + \frac{0,25}{f}$$

où f est en mètres. On suppose que la lentille est proche de l'œil. (b) Quelle est la distance focale maximale pouvant produire un grossissement de 2,4 pour un œil normal ?

E30. (II) La distance focale d'une loupe est de 10 cm. (a) Où doit être placé un objet pour que le grossissement soit maximal (on suppose l'œil normal et collé sur la loupe) ? (b) Avec la condition décrite en (a), si la taille de l'objet vaut 2 mm, quelle est la taille de l'image ? (c) Répondez à nouveau à la question (a) dans le cas où l'utilisateur a un œil normal qu'il tient à 20 cm de la loupe.

E31. (I) Le grossissement d'un microscope est de 400 lorsque l'image finale est à l'infini. La longueur optique vaut 16 cm et la distance focale de l'objectif est de 5 mm. Quelle est la distance focale de l'oculaire ?

E32. (II) La distance focale de l'objectif d'un microscope est de 8 mm et celle de l'oculaire est de 3 cm. La distance entre les lentilles est de 17,5 cm. Trouvez le grossissement angulaire si l'image finale est à 40 cm de l'oculaire.

E33. (II) Dans un microscope, les distances focales de l'objectif et de l'oculaire sont respectivement de 6 mm et de 2,4 cm. L'objet est situé à 6,25 mm de l'objectif. Trouvez le grossissement angulaire si l'image finale est à l'infini.

5.7 Télescope

E34. (I) L'objectif d'une lunette astronomique a une distance focale de 60 cm. La distance entre les lentilles est de 65 cm. Quel est le grossissement si l'instrument est réglé pour un œil normal au repos ?

E35. (I) Un télescope à miroirs a un miroir de distance focale 180 cm et un oculaire de distance focale 5 cm. Quel est le grossissement si l'image finale est à l'infini ?

E36. (I) Utilisé avec un œil au repos, le grossissement d'une lunette de Galilée est de 8. Quelle est la distance focale de l'oculaire si la distance focale de l'objectif est de 36 cm ?

E37. (I) Une lunette astronomique a un objectif de distance focale égale à 5 m et un oculaire de distance focale égale à 10 cm. Quel est le grossissement si l'image finale est (a) à l'infini ; (b) à 40 cm de l'oculaire ?

E38. (I) Les lentilles d'une lunette astronomique sont distantes de 65 cm. L'image finale étant à l'infini et le grossissement étant de 25, trouvez les distances focales des lentilles.

E39. (I) Une lunette de Galilée est longue de 15 cm et a un objectif de distance focale 20 cm. Si l'image finale est à l'infini, quel est son grossissement ?

E40. (I) Le miroir de 200 po (5,1 m) de diamètre du télescope du mont Palomar a une distance focale de 16,8 m. Sachant que l'image est observée avec un oculaire de distance focale 3,5 cm, quel est le grossissement si l'image finale est à l'infini ?

E41. (II) Une lunette astronomique servant à observer la Lune a un objectif de distance focale 1,8 m et un oculaire de distance focale 11 cm. Quel est le grossissement si l'image finale est à 40 cm de l'œil ?

E42. (II) Une lunette de Galilée est constituée d'une lentille convergente de distance focale 24 cm et d'une lentille divergente de distance focale −8 cm, les deux lentilles étant distantes de 16 cm. L'objet est situé à 12 m. (a) Où se trouve l'image finale ? (b) Quelle doit être la distance entre les deux lentilles pour que l'image finale soit à l'infini ?

5.8 L'œil

E43. (I) Une personne hypermétrope porte des verres correcteurs de +2,8 D qui lui permettent de voir avec netteté à partir d'une distance de 25 cm. Où se trouve le punctum proximum lorsque la personne enlève ses lunettes ?

E44. (I) Soit une personne dont les yeux ont un pouvoir d'accommodation lui permettant de voir avec netteté les objets se situant entre 15 cm et 40 cm. (a) Pour régler son problème de vision de loin, quelle est la distance focale des verres correcteurs que l'on doit lui prescrire ? (b) Avec ces verres correcteurs, à quelle distance se trouve le punctum proximum ?

E45. (I) Une personne dont les yeux ont un pouvoir d'accommodation lui permettant de voir avec netteté les objets se situant entre 40 cm et 4,0 m se fait prescrire des lunettes à double foyer. (a) Calculez les puissances nécessaires pour corriger la vision de loin et la vision de près. (b) Que devient le domaine de vision nette lorsque la personne regarde à travers la partie des verres qui corrige la vision de loin ? (c) Que devient le domaine de vision nette lorsque la personne regarde à travers la partie des verres qui corrige la vision de près ?

E46. (I) Déterminez la puissance des lunettes que l'on doit prescrire pour corriger les problèmes suivants : (a) un punctum proximum situé à 34 cm ; (b) un punctum remotum situé à 34 cm.

E47. (II) Une personne a des yeux dont le punctum remotum, sans lunettes, est situé à 2 m. Lorsqu'elle porte une paire de lunettes qui corrige ce problème, son punctum proximum est situé à 28 cm. À quelle distance se situe le punctum proximum lorsque la personne enlève ses lunettes ?

E48. (II) Albert possède une vieille paire de lunettes de +1,5 D. Lorsqu'il les a achetées, elles ramenaient correctement son punctum proximum à 25 cm. Mais aujourd'hui, sa presbytie a continué d'augmenter et il doit tenir le journal à au moins 40 cm pour voir les lettres avec netteté. Il va chez l'optométriste pour se faire prescrire une nouvelle paire de lunettes qui lui permettra de lire normalement à 25 cm. Quelle sera leur puissance ?

E49. (II) Une personne myope a des lunettes de prescription −2 D. (a) Où est situé le punctum remotum sans lunettes ? (b) Si le punctum proximum est de 20 cm sans lunettes, où est-il avec les lunettes ?

EXERCICES SUPPLÉMENTAIRES

5.3 Propriétés des lentilles

E50. (I) Un objet est placé à 50 cm à gauche d'une lentille mince. Trouvez la distance focale de cette lentille si l'image est (a) à 20 cm à gauche de la lentille ; (b) à 20 cm à droite de la lentille.

E51. (I) Une source ponctuelle est à $x = 0$ et l'écran à $x = 100$ cm. Une lentille de 20 cm de distance focale produit une image nette de cette source sur l'écran. Quelles sont les deux positions possibles de la lentille ?

E52. (I) Une lentille convergente de distance focale 12 cm produit une image 50 % plus grande que son objet. Quelle est la position de cet objet si l'image est (a) droite ou (b) inversée ?

E53. (I) Une caméra ayant une lentille de distance focale 55 mm est utilisée pour photographier une personne de 1,8 m de hauteur. Quelle est la distance entre la caméra et cette personne pour que son image entre complètement sur la pellicule de 24 mm de hauteur ?

E54. (II) Un objet de 1,2 cm est situé à 10 cm à gauche d'une lentille convergente de distance focale 12 cm. Une lentille divergente de distance focale −30 cm est située à 15 cm à droite de la première lentille. Quelles sont la position et la taille de l'image finale ?

E55. (II) Un objet est placé à 40 cm à gauche d'une lentille convergente de distance focale 15 cm. Une lentille divergente de distance focale −10 cm est placée à 10 cm à droite de la première lentille. (a) Où est située l'image finale ? (b) Quel est le grandissement transversal de cette image finale ?

E56. (II) Une lentille convergente ($f_1 = 10$ cm) est placée à 30 cm à gauche d'une lentille divergente ($f_2 = -15$ cm). Un objet est placé à 18 cm à gauche de la première lentille. Trouvez la position et le grandissement transversal de l'image finale.

5.4, 5.5 et 5.7 Grossissement, loupe et télescope

E57. (I) Une personne jouissant d'une vision normale utilise une lentille convergente de distance focale 10 cm comme loupe. (a) Où doit être placé un objet pour que le grossissement angulaire soit maximal? (b) Quelle est la valeur de ce grossissement maximal? On suppose que la loupe est collée sur l'œil de la personne.

E58. (I) La Lune, vue de la Terre, sous-tend un angle de 0,52°. Quelle est la taille de son image formée par une lentille convergente de 2 m de distance focale?

E59. (II) La Lune sous-tend un angle de 0,52° lorsqu'on l'observe de la Terre. On la regarde à l'aide d'une lunette astronomique dont les distances focales de l'objectif et de l'oculaire sont respectivement de 2,4 m et 12 cm. Quel est l'angle sous-tendu pour l'œil, si ce dernier est près de l'oculaire, lorsque l'image finale est (a) à l'infini; (b) à 25 cm de l'œil?

5.8 L'œil

E60. (I) Une personne myope ne peut voir clairement au-delà de 75 cm. Quelle lentille lui prescririez-vous pour corriger son problème de vision de loin?

E61. (I) Une personne ne peut voir clairement qu'à partir de 80 cm. Quelle lentille lui prescririez-vous pour corriger son problème de vision de près?

E62. (I) Un utilisateur capable d'accommoder de 50 cm à 90 cm utilise une loupe ($f = 5$ cm) pour lire. (a) Quelles sont les positions extrêmes de l'objet et la latitude de mise au point s'il tient la loupe à 20 cm de son œil; (b) à 50 cm de son œil?

PROBLÈMES

P1. (I) Une lentille convergente ($f = 4$ cm) est à 12 cm devant une deuxième lentille convergente ($f = 7$ cm). Trouvez la position de l'image finale et le grandissement transversal pour les distances objet suivantes à partir de la première lentille: (a) 5 cm; (b) 12 cm. Faites un tracé des rayons principaux dans chaque cas.

P2. (I) Une lentille convergente ($f = 10$ cm) est à 30 cm devant une lentille divergente ($f = -5$ cm). Trouvez l'image finale et le grandissement transversal lorsque la distance objet à partir de la première lentille est de 20 cm. Faites un tracé des rayons principaux.

P3. (I) Un objet de hauteur 2 cm est à 20 cm d'une lentille convergente ($f = 10$ cm), qui est située à une distance de 12 cm devant une lentille divergente ($f = -15$ cm). Trouvez la position de l'image finale et son grandissement transversal. Tracez les rayons principaux.

P4. (I) Une lentille divergente de distance focale -15 cm est située à 12 cm devant une lentille convergente de distance focale 14 cm. Un objet est situé à 25 cm devant la lentille divergente. (a) Trouvez la position de l'image finale. (b) Quel est le grandissement transversal de l'image finale? Faites un tracé des rayons principaux.

P5. (II) Une source ponctuelle et un écran sont séparés par une distance fixe égale à D. Une lentille convergente de distance focale f est placée entre eux. (a) Montrez qu'il existe deux positions de la lentille pour lesquelles on obtient une image nette. (b) Montrez que la distance entre les deux positions possibles de la lentille est donnée par $d = \sqrt{D(D - 4f)}$.

P6. (I) La forme newtonienne de la formule des lentilles minces est

$$xx' = f^2$$

où x et x' sont les distances de l'objet et de l'image mesurées respectivement par rapport au foyer objet et au foyer image. Démontrez cette relation.

P7. (II) On utilise une lunette astronomique pour observer un objet de taille 4 cm à une distance de 20 m. Les distances focales de l'objectif et de l'oculaire sont de 80 cm et de 5 cm, respectivement. L'image finale est à 25 cm de l'oculaire. (a) Quelle est la dimension de l'image finale? (b) Quel est le grossissement angulaire? (Remplacez f_{ob} par q_{ob} dans l'équation 5.15. Tracez les rayons principaux afin de voir pourquoi.)

P8. (I) Une source ponctuelle est à 15 cm d'une lentille convergente de distance focale 10 cm. Un miroir plan est à 10 cm derrière la lentille. Trouvez la position de l'image finale.

P9. (I) Un bloc de verre hémisphérique ($n = 1,5$) de rayon 3 cm a une tache circulaire au centre de sa face plane (figure 5.45). Où est située l'image de la tache lorsqu'on l'observe verticalement d'au-dessus?

P10. (I) On vous donne une lentille convergente de distance focale f. Comment pouvez-vous doubler la largeur d'un faisceau parallèle en utilisant une

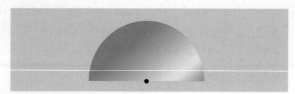

Figure 5.45 ▲
Problème 9.

deuxième lentille qui est (a) convergente ; (b) divergente ? Précisez la distance focale de la deuxième lentille et la distance séparant les lentilles. Faites un tracé des rayons principaux.

P11. (I) Pour un certain type de verre, les indices de réfraction de la lumière bleue et de la lumière rouge sont $n_B = 1,62$ et $n_R = 1,58$. Quelle est la différence des distances focales pour ces couleurs dans une lentille convergente symétrique dont les surfaces ont un rayon de courbure de 10 cm ?

P12. (I) Pour exprimer le diamètre de l'ouverture d'une caméra, on utilise la distance focale f de la lentille, que l'on divise par un nombre. Les valeurs courantes de ce nombre sont les suivantes : 1,4 ; 2,0 ; 2,8 ; 4,0 ; 5,6 ; 8 ; 11 ; 16. De quel facteur varie la quantité de lumière traversant la lentille lorsqu'on passe (a) de $f/2,0$ à $f/2,8$; (b) de $f/5,6$ à $f/8$?

P13. (I) Une lentille remplie d'air a des parois minces en plastique de rayons de courbure 12 cm et −16 cm. Quelle est la distance focale de la « lentille d'air » dans l'eau ($n = 1,33$) ? On néglige l'effet du plastique.

P14. (I) Montrez que le grandissement transversal d'un dioptre sphérique est donné, dans l'approximation paraxiale, par

$$m = \frac{y_I}{y_O} = -\frac{n_1}{n_2}\frac{q}{p}$$

(*Indice* : Prenez un point-objet qui n'est pas sur l'axe optique ; utilisez un rayon qui frappe le dioptre sur l'axe optique et un autre qui passe par le centre de courbure du dioptre et n'est donc pas dévié.)

POINTS ESSENTIELS

1. Quand deux ondes se superposent, il y a **interférence constructive** lorsque les crêtes de chacune des ondes se superposent, et **interférence destructive** lorsque la crête d'une onde se superpose au creux de l'autre onde.

2. La **diffraction** est la déviation de la direction de propagation d'une onde due à un obstacle.

3. L'**expérience des fentes de Young**, dans laquelle la lumière issue de deux sources se superpose, a été conçue pour montrer que la lumière peut interférer et se comporte donc comme si elle était une onde.

4. Pour produire une figure d'interférence, on doit utiliser des **sources cohérentes**.

5. La réflexion de la lumière par les deux faces d'une **pellicule mince** peut donner lieu, selon le cas, à une interférence constructive ou destructive.

6. L'**interféromètre de Michelson** utilise les franges d'interférence pour mesurer les distances avec une grande précision.

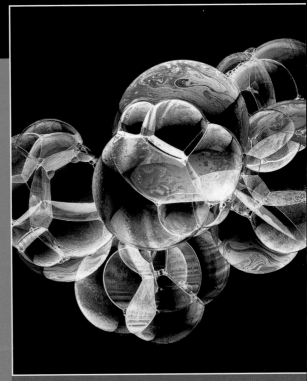

Bien que ces bulles de savon soient éclairées par de la lumière blanche, composée d'un mélange de toutes les couleurs, on observe que chaque portion de la surface d'une bulle réfléchit plus que les autres une couleur précise. Se représenter la lumière comme une onde, en invoquant l'interférence, permet de comprendre ce phénomène, comme nous le verrons dans ce chapitre.

D ans ce chapitre, nous poursuivons l'étude de phénomènes qui peuvent s'expliquer grâce au modèle ondulatoire de la lumière formulé par Maxwell et présenté à la section 4.1, celui de l'onde électromagnétique. Dans les deux derniers chapitres, ce modèle n'a servi qu'à prédire le comportement de rayons lumineux lors d'une réflexion ou d'une réfraction (sections 4.3 et 4.4). Dans ce chapitre et le suivant, nous étudierons maintenant les situations où l'onde électromagnétique peut manifester de la *diffraction* ou de l'*interférence*.

Nous allons d'abord revoir les caractéristiques fondamentales de l'interférence, présentées aux chapitres 2 et 3, et la définition de la diffraction, évoquée à la section 4.2. La figure 6.1 représente deux impulsions, de même forme et de même amplitude, se dirigeant l'une vers l'autre le long d'une corde. Lorsqu'une crête et un creux se superposent, ils s'annulent momentanément pour produire un déplacement nul (figure 6.1*a*). On parle alors d'**interférence destructive**, la corde étant sous l'influence simultanée de deux perturbations de même amplitude, mais l'une étant vers le haut, et l'autre, vers le bas. Lorsque deux crêtes se superposent (figure 6.1*b*), leurs effets se renforcent mutuellement, de sorte que l'amplitude de la résultante est le double de celle de chaque impulsion. On parle alors d'**interférence constructive**. Dans ce chapitre, nous considérerons toutefois l'interférence d'ondes qui voyagent *dans la même direction et le même sens*, contrairement à celles de cette figure, qui voyagent dans des sens opposés.

Figure 6.1 ▶
(*a*) Interférence destructive entre deux impulsions. (*b*) Interférence constructive entre deux impulsions.

(*a*)

(*b*)

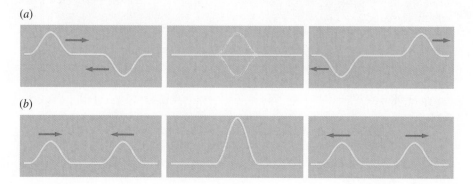

Les ondes sonores produisent toujours des interférences lorsqu'elles sont superposées parce qu'elles sont des ondes longitudinales et sont donc représentées par une fonction d'onde scalaire (la variation de pression). Par contre, la déformation d'une corde et le champ électrique dans une onde électromagnétique sont des exemples de fonctions d'onde vectorielles. Pour que de telles ondes produisent des interférences, les oscillations doivent être toutes orientées dans la même direction. Considérons par exemple une corde orientée selon l'axe des x (horizontal). Les déplacements verticaux selon l'axe des y ne peuvent produire d'interférence destructive avec les déplacements horizontaux selon l'axe des z. Nous reviendrons sur l'orientation des oscillations des ondes (c'est-à-dire leur *polarisation*) à la section 7.9.

Passons maintenant à la description du phénomène de diffraction. Nous pouvons entendre le son d'une cloche éloignée ou d'un coup de fusil, même si une colline nous empêche de voir la source. De même, deux personnes qui se tiennent à proximité des murs adjacents formant le coin d'un bâtiment peuvent se parler alors qu'elles sont séparées par un obstacle. De tels phénomènes nous montrent qu'en général les ondes ne se propagent pas en ligne droite lorsqu'elles rencontrent quelque chose sur leur chemin. À la section 4.2, nous avons dit que le changement de direction des rayons ou des fronts d'onde se produisant lorsqu'ils rencontrent une *ouverture* ou un *obstacle** est appelé *diffraction*. Il se produit de la diffraction lorsque les limites physiques imposées à la largeur d'un front d'onde sont soit diminuées, soit augmentées. Par exemple, un objet comportant une ouverture laisse passer une partie seulement des fronts d'onde incidents qui suivent leur chemin et se propagent au-delà de l'obstacle (voir la figure 4.3, p. 107). Par ailleurs, les ondes sonores dans un tuyau se propagent dans toutes les directions à partir d'une extrémité ouverte parce qu'elles n'ont plus alors aucun obstacle latéral.

---

* Ne confondez pas le changement de direction d'un rayon dû à un obstacle ou à une ouverture (diffraction) et le changement de direction dû à un changement graduel des propriétés d'un milieu (réfraction) que nous avons illustré aux figures 4.15 et 4.16 (p. 114).

6.1 L'interférence

Nous pouvons étendre notre étude de l'interférence à des cas à deux dimensions en examinant les ondes produites à la surface de l'eau dans un bac à ondes*. À la figure 6.2, les sources S_1 et S_2 consistent en deux tiges qui frappent périodiquement et en phase la surface de l'eau. Elles produisent chacune des fronts d'onde circulaires de même amplitude. Sur la figure 6.2*a*, qui schématise la photo de la figure 6.2*b*, les crêtes ont été dessinées en lignes continues et les creux en pointillés. Pour simplifier l'analyse, nous ne tiendrons pas compte du fait que l'amplitude des ondes diminue avec la distance. Lorsqu'une crête provenant d'une des deux sources rencontre un creux provenant de l'autre, la surface de l'eau a un déplacement nul. Ces points d'interférence destructive permanente sont représentés par des *cercles blancs* sur la figure 6.2*a*. Tous les autres points de la courbe pointillée rouge qui relie ces cercles blancs sont aussi des points où l'interférence est toujours destructive. En d'autres points, deux crêtes ou deux creux peuvent se superposer pour produire des oscillations dont l'amplitude est le double de l'amplitude de chaque onde. Ces points d'interférence constructive permanente sont représentés par des *cercles rouges* sur la figure 6.2*a*. Tous les autres points de la courbe pointillée rouge qui relie ces cercles rouges sont aussi des points où l'interférence est toujours constructive.

(*a*)　　　　　　　　　　　　(*b*)

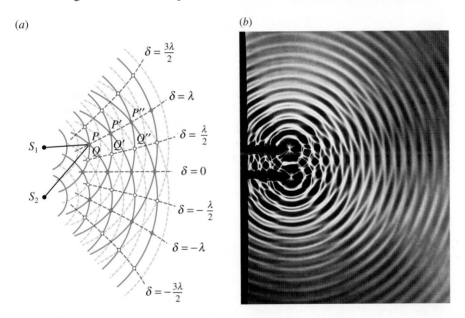

Figure 6.2 ◄

(*a*) Fronts d'onde circulaires émis par deux sources en phase. Les arcs en lignes continues bleues sont des crêtes et les arcs en pointillés bleus sont des creux. Les cercles rouges désignent les points d'interférence constructive, où la différence de marche est $\delta = m\lambda$. Les cercles blancs désignent des points d'interférence destructive, où $\delta = (m + 1/2)\,\lambda$. (*b*) Une figure d'interférence dans un bac à ondes. On remarque les courbes le long desquelles l'eau est calme (le lieu des points d'interférence destructive).

Pour prédire si un endroit est un point d'interférence constructive ou destructive, nous devons calculer la différence entre les distances parcourues par les deux ondes qui parviennent à cet endroit. On appelle **différence de marche** cette différence de distance, qui correspond dans ce cas-ci à la différence des distances entre un point donné et les sources S_1 et S_2 (figure 6.3). La différence de marche est représentée par la lettre grecque δ :

$$\delta = r_2 - r_1 \tag{6.1}$$

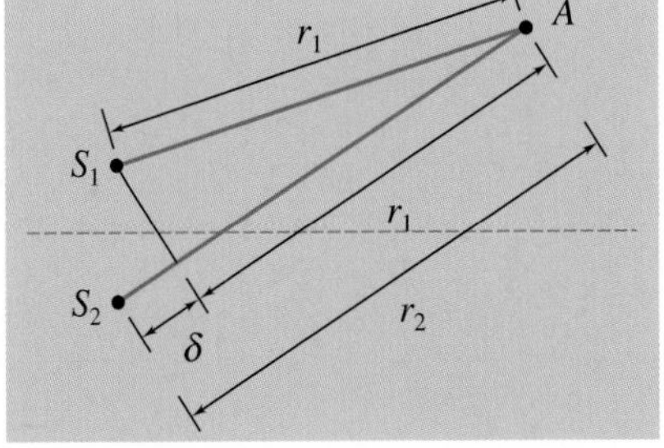

En tout point de la médiatrice (en pointillé sur la figure 6.3), la différence de marche est nulle puisque les ondes ont parcouru des distances égales. Les ondes sont en phase lors de leur *arrivée* à un point de cette médiatrice et donnent donc

Figure 6.3 ▲

Au point A, la différence de marche entre les trajets S_1A et S_2A équivaut à $\delta = r_2 - r_1$.

---

* Il s'agit d'un contenant de faible profondeur, rempli d'eau dans lequel on peut générer des vagues.

lieu à une interférence constructive. Ces points peuvent aussi être reconnus sur la figure 6.2a, où ils sont identifiés par le pointillé « $\delta = 0$ », et sur la figure 6.2b où l'on note que l'amplitude résultante des vagues est maximale sur la médiatrice.

Dans le cas d'un point quelconque situé ailleurs que sur la médiatrice, la différence de marche est non nulle, ce qui signifie que les ondes, bien qu'elles aient été émises en phase, ne sont plus nécessairement en phase au moment où elles parviennent à ce point. Certains de ces points correspondent pourtant à une interférence constructive permanente : par exemple, au point P de la figure 6.2a, les ondes sont en phase au moment de leur arrivée. En effet, une crête rencontre une crête en ce point bien que les ondes issues de S_1 et de S_2 n'ont *pas* parcouru la même distance pour s'y rendre : l'onde issue de S_2 a parcouru une distance supplémentaire (différence de marche) égale à une longueur d'onde λ. Autrement dit, $\delta = S_2P - S_1P = \lambda$. On retrouve la même différence de marche aux points P' et P''. (En joignant tous ces points successifs, on obtient une courbe qui a la forme d'une hyperbole, soit les pointillés joignant des cercles rouges sur la figure 6.2a.) En général, il y a interférence constructive lorsque la différence de marche est un multiple entier de la longueur d'onde :

Interférence constructive

$$\delta = m\lambda \; ; \quad m = 0, \pm 1, \pm 2, \ldots \qquad (6.2)$$

Au point où une crête rencontre un creux, comme au point Q de la figure 6.2a, une onde a parcouru une demi-longueur d'onde de plus que l'autre, autrement dit $\delta = S_2Q - S_1Q = \lambda/2$. À leur arrivée en ce point, les ondes sont déphasées de 180°, ou π rad, et donnent donc lieu à une interférence destructive. On retrouve la même différence de marche aux points Q' et Q''. En joignant tous ces points successifs, on obtient une courbe (hyperbole) de points immobiles. En général, il y a interférence destructive lorsque la différence de marche est égale à un nombre impair de demi-longueurs d'onde :

Interférence destructive

$$\delta = \left(m + \frac{1}{2}\right)\lambda \; ; \quad m = 0, \pm 1, \pm 2, \ldots \qquad (6.3)$$

Soulignons que les ondes se déplacent en permanence vers l'avant, alors que la figure d'interférence est stationnaire. En d'autres termes, les pointillés roses sur la figure 6.2a demeurent immobiles.

Si les sources sont des haut-parleurs reliés au même générateur de signaux, on peut facilement détecter à l'oreille la figure d'interférence. (L'expérience réussit mieux si la fréquence des ondes sonores est relativement basse parmi les fréquences audibles.) En marchant parallèlement à la droite joignant les haut-parleurs, on remarque que l'intensité du son augmente et diminue par intermittence. (Il vaut mieux faire cette expérience à l'extérieur pour éviter les réflexions sur les murs.)

L'interférence entre des ondes sonores explique aussi plusieurs phénomènes quotidiens. Par exemple, la mauvaise acoustique de certaines salles de concert provient des effets d'interférence entre le son direct et le son réfléchi sur les murs et le plafond. De même, les interférences entre des ondes radio qui ont suivi des chemins différents peuvent compromettre la qualité de la réception. Il se peut en effet qu'un des signaux se propage en ligne droite jusqu'à l'antenne réceptrice et qu'un autre soit réfléchi sur un bâtiment ou un avion, et que la différence de marche ait la valeur correspondant aux interférences destructives.

EXEMPLE 6.1

Deux haut-parleurs S_1 et S_2 distants de 6 m émettent des ondes sonores en phase. Le point P de la figure 6.4 est à 8 m de S_1, et le module de la vitesse du son est de 340 m/s. Quelle est la fréquence minimale à laquelle l'intensité en P est (a) minimale ; (b) maximale ?

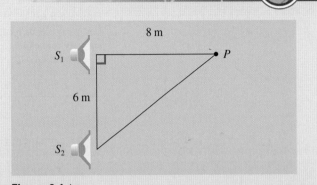

Figure 6.4 ▲
Deux haut-parleurs émettent des ondes sonores en phase. La différence de marche au point P est fixe. Selon la longueur d'onde, les ondes peuvent donner lieu à une interférence constructive ou destructive.

Solution

Déterminer les fréquences minimales revient à déterminer les longueurs d'onde maximales qui vérifient les conditions d'interférence constructive ou destructive. On trouve la distance de S_2 à P à l'aide du théorème de Pythagore : $S_2P = (6^2 + 8^2)^{1/2} = 10$ m. La différence de marche entre les ondes issues de S_1 et S_2 en P est $\delta = S_2P - S_1P = 10$ m $- 8$ m $= 2$ m et a une valeur fixe. (a) Une intensité sonore minimale correspond à une interférence destructive. D'après l'équation 6.3, on voit que la longueur d'onde maximale correspond à $m = 0$ et $\lambda = 2\delta = 4$ m. La fréquence correspondante est $f = v/\lambda = (340$ m/s$)/(4$ m$) = 85$ Hz.

(b) Une intensité sonore maximale correspond à une interférence constructive. Dans l'équation 6.2, la valeur $m = 0$ n'est pas acceptable. (Pourquoi ?) Par conséquent, $m = 1$ pour la longueur d'onde maximale, de sorte que $\lambda = \delta = 2$ m. La fréquence correspondante est $f = v/\lambda = (340$ m/s$)/(2$ m$) = 170$ Hz.

6.2 La diffraction

Comme on l'a dit à la section 4.2 et au début de ce chapitre, la **diffraction** se produit lorsqu'une onde passe par une ouverture ou rencontre un obstacle. Nous ferons une étude approfondie et quantitative de la diffraction au chapitre suivant. Dans cette section, nous allons nous contenter d'une description qualitative ; pour ce faire, nous allons considérer la diffraction des ondes dans un bac à ondes. Selon la dimension relative de la longueur d'onde et de l'ouverture (ou de l'obstacle), la diffraction modifie plus ou moins la propagation rectiligne des vagues. Lorsque la largeur a de l'ouverture ou de l'obstacle est très supérieure à la longueur d'onde ($a \gg \lambda$), comme à la figure 6.5, les parties des fronts d'onde qui se heurtent à l'obstacle sont arrêtées mais les autres parties continuent de se propager dans la direction initiale. C'est d'ailleurs dans ces conditions que s'appliquent les règles de l'optique géométrique. Au fur et à mesure que a diminue, on observe que les ondes commencent à se propager dans les régions situées derrière l'obstacle (figure 6.6). Dans les régions situées derrière l'obstacle, les fronts d'onde sont des courbes. Lorsque la dimension de l'ouverture ou de l'obstacle devient comparable à la longueur d'onde ($a \approx \lambda$), comme à la figure 6.7, les fronts d'onde diffractés sont presque circulaires. Pour des ondes planes (à trois dimensions) comme la lumière ou le son, les fronts

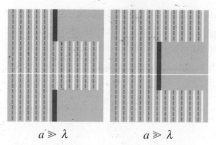

$a \gg \lambda$ $a \gg \lambda$

Figure 6.5 ▲

Des fronts d'onde rectilignes passant par
une ouverture ou rencontrant un obstacle.
Si la dimension a de l'ouverture ou de
l'obstacle est très supérieure à la longueur
d'onde λ, les fronts d'onde restent rectilignes.

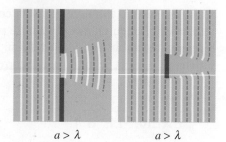

$a > \lambda$ $a > \lambda$

Figure 6.6 ▲

Si la dimension de l'ouverture ou de l'obstacle
est comparable à la longueur d'onde, les
fronts d'onde se propagent dans la région
située derrière l'ouverture ou l'obstacle.
Ce phénomène est appelé diffraction.

d'onde diffractés sont presque sphériques. Quand la dimension de l'ouverture
ou de l'obstacle devient si petite, la diffraction est cependant plus difficile à
observer pour un obstacle que pour une ouverture.

À la section 4.3, nous avons présenté le principe de Huygens, modèle simple
permettant de prédire la façon dont toute onde se propage. Il permet donc
d'expliquer la diffraction, qu'elle affecte une onde mécanique ou une onde
électromagnétique. En vertu du principe de Huygens, chaque point des fronts
d'onde incidents agit comme une source de petites ondes secondaires. Après
avoir été « émises », ces ondes secondaires interfèrent entre elles et se renforcent
le long de leur enveloppe. Cependant, lorsque les fronts d'onde atteignent
l'ouverture ou l'obstacle, seules les petites ondes de la région sans obstacle
peuvent contribuer aux fronts d'onde de la région de droite, les autres étant
bloquées par l'obstacle. Si la taille de l'ouverture est comparable à la longueur
d'onde, les sources secondaires qui ne sont pas bloquées par l'obstacle sont très
rapprochées, et les ondes secondaires qu'elles émettent demeurent donc essentiellement en phase. En conséquence, tout se passe comme s'il n'y avait qu'une
seule petite onde secondaire traversant l'ouverture (figure 6.7). Si a est très
supérieure à λ, l'enveloppe de la plupart des petites ondes secondaires produit
un front d'onde presque rectiligne ou plan (figure 6.8), ce qui tend vers la

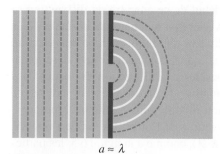

$a \approx \lambda$

Figure 6.7 ▲

Si la dimension de l'ouverture est
pratiquement égale à la longueur d'onde,
les fronts d'onde diffractés sont pratiquement
circulaires (ou sphériques). En effet, même
si les points de la fente agissant comme des
sources secondaires demeurent infiniment
nombreux, ils sont tellement rapprochés les
uns des autres qu'ils ont presque le même
effet qu'une unique source ponctuelle.

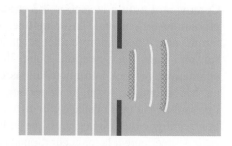

Figure 6.8 ▲

La diffraction s'explique facilement à
l'aide du principe de Huygens. Chaque
point de l'ouverture agit comme une source
de petites ondes secondaires (en bleu).
Si l'ouverture est large, l'enveloppe
des petites ondes est presque rectiligne.

situation illustrée à la figure 6.5. Entre ces deux situations, quand a est à peine supérieure à quelques fois λ, la situation est plus complexe et donne des fronts d'onde d'intensité très inégale, ce qui sera étudié au chapitre 7.

6.3 L'expérience de Young

En 1802, Thomas Young (figure 6.9) réalisa une expérience dont les résultats ne pouvaient s'expliquer que si l'on acceptait de représenter la lumière comme une *onde*. Son objectif était de montrer que la lumière provenant de deux sources lumineuses manifestait de l'interférence de façon analogue aux vagues de la figure 6.2 (p. 193). Puisqu'il n'est pas possible d'avoir deux sources lumineuses ordinaires émettant en phase, Young utilisa la lumière du Soleil pénétrant dans une pièce par un trou d'aiguille et plaça à une certaine distance du trou deux fentes étroites assez proches l'une de l'autre. Dans cette **expérience des fentes de Young**, les ondes émergeant des fentes sont en phase, puisqu'elles proviennent toujours des mêmes fronts d'onde plans (figure 6.10). Young observa sur un écran des bandes brillantes et sombres appelées *franges* d'interférence (figure 6.11). On ne peut expliquer ces franges à partir du modèle corpusculaire de la lumière qui était préconisé par Newton et couramment accepté au XVIIIᵉ siècle. L'expérience de Young prouve donc que ce modèle corpusculaire n'est pas adéquat et que le modèle ondulatoire est meilleur (voir l'aperçu historique, p. 215). Young, toutefois, considérait son expérience comme la preuve que la lumière est une onde*.

Figure 6.9 ▲
Thomas Young (1773-1829).

Figure 6.10 ◄
Dans l'expérience de Young, une mince fente laisse passer une partie de la lumière émise par une source. Les fronts d'onde progressifs sont pratiquement plans lorsqu'ils atteignent les deux fentes S_1 et S_2. La phase de la source peut varier, mais les variations se produisent simultanément aux deux fentes, qui restent donc en phase. Les ondes issues de ces deux fentes se superposent ensuite et les franges d'interférence se forment sur l'écran.

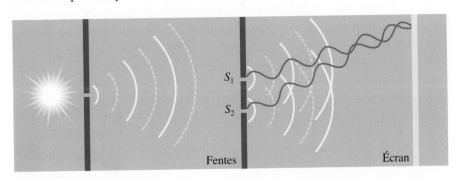

Pour trouver l'expression donnant la position des franges d'interférence sur l'écran, supposons que la lumière ait une seule longueur d'onde λ et que la distance entre les fentes soit égale à d. Un point arbitraire P sur l'écran de la figure 6.12a sera soit brillant, soit sombre, selon la différence de marche entre les ondes provenant des fentes S_1 et S_2. Si l'écran est très éloigné, les rayons sortants sont presque parallèles et la différence de marche $\delta = S_2A = r_2 - r_1$ est donnée approximativement par

Figure 6.11 ▲
Un ensemble de franges produites par une paire de fentes et mesurées par une plaque photographique servant d'écran.

> **Différence de marche dans l'expérience de Young**
> $$\delta \approx d \sin \theta \tag{6.4}$$

---

* C'est là un bel exemple d'une dérive fréquente : le modèle ondulatoire permet certes d'expliquer parfaitement les résultats de Young, mais rien ne permet *jamais* d'affirmer qu'un modèle peut expliquer toutes les expériences, notamment celles qui n'ont pas encore eu lieu… D'ailleurs, des observations plus récentes, que nous étudierons à partir du chapitre 9, montrent les limites du modèle ondulatoire de la lumière.

Il s'agit d'une égalité approximative, car pour avoir $\delta = d \sin \theta$, il faudrait que r_2 et r_1 soient parfaitement parallèles et donc que l'angle en A soit précisément de 90°. En combinant cette équation avec les équations 6.2 et 6.3, on peut déterminer les angles θ qui correspondent aux franges brillantes et aux franges sombres : $d \sin \theta = m\lambda$ pour les franges brillantes (interférence constructive), et $d \sin \theta = (m + 1/2)\lambda$ pour les franges sombres (interférence destructive). L'entier m correspond à l'**ordre de la frange**.

Bien que l'angle θ soit suffisant pour repérer n'importe quel point de l'écran, on s'intéresse souvent à la distance y, mesurée sur l'écran, qui sépare une frange donnée et le centre de l'écran. On voit sur la figure 6.12a que

Relation entre une position angulaire et un point sur l'écran

$$\tan \theta = \frac{y}{L} \tag{6.5}$$

où L est la distance entre l'écran et la plaque qui possède les deux fentes.

Lorsque $L \gg y$ (ce qui est presque toujours le cas dans les situations que nous allons étudier), l'angle θ est petit par rapport à 1 rad, et on peut utiliser l'approximation des petits angles $\sin \theta \approx \tan \theta \approx \theta$, à condition que l'angle θ soit exprimé en radians. Dans ces circonstances, l'équation 6.5 devient $\sin \theta \approx y/L$, et l'équation 6.4, $\delta = d(y/L)$. La condition d'interférence constructive (équation 6.2) permet alors de calculer directement la position y des franges brillantes sur l'écran, soit $y = m\lambda L/d$. Un raisonnement similaire donne la position des franges sombres.

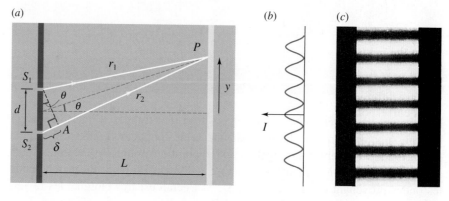

Figure 6.12 ▶

(a) Si l'écran est très éloigné des fentes, les rayons r_1 et r_2 sont presque parallèles et l'angle en A est presque de 90°, donc la différence de marche au point P est $\delta \approx d \sin \theta$, où d est la distance entre les fentes. (b) Graphique de l'intensité de la lumière en fonction de la position sur l'écran. (c) Figure d'interférence telle qu'on la voit sur l'écran ou telle que l'enregistre une plaque photographique. L'échelle verticale du graphique illustré en (b) correspond à celle de la figure présentée en (c).

La figure 6.12c montre les franges brillantes et sombres que détecte une plaque photographique ou l'œil humain lorsqu'ils servent d'écran à la lumière qui traverse les deux fentes. La figure 6.12b montre l'intensité de la lumière prédite par le modèle ondulatoire (voir la section suivante). Notez que, d'après ces prédictions, il ne devrait pas y avoir de franges parfaitement sombres car, comme le montre la figure 6.12b, l'intensité lumineuse ne devient nulle qu'en des points précis. La présence des franges sombres découle de l'absence de réaction du mécanisme de mesure lorsque l'intensité lumineuse est trop faible : en deçà d'une certaine intensité, la plaque photographique reste noire ou l'œil ne voit rien.

D'autre part, si l'on examine la figure 6.11, on note une atténuation de l'intensité des franges à chacune des deux extrémités de l'écran. (Cet effet est aussi présent sur la figure 6.12c bien qu'il soit moins apparent.) Cette atténuation serait absente si les fentes S_1 et S_2 avaient une largeur comparable à la longueur d'onde λ de la lumière utilisée et que la diffraction par chaque fente générait donc un front d'onde d'intensité uniforme (figure 6.7, p. 196). La petitesse de λ rendant cette condition difficile à remplir en pratique, les fentes sont un peu plus larges et la diffraction par chaque fente ne fait *pas* en sorte que la lumière s'étale de façon uniforme sur toute la surface de l'écran, un phénomène sur lequel nous reviendrons à la section 7.2.

EXEMPLE 6.2

Calculer l'espacement entre les franges brillantes produites sur l'écran par deux sources de lumière jaune-orange de longueur d'onde égale à 600 nm. La distance séparant les fentes est de 0,8 mm et l'écran est à 2 m des fentes.

Solution

Puisque la distance L à l'écran est grande par rapport à d (figure 6.12), on peut utiliser l'équation 6.4 ; si l'on ne considère que les franges situées suffisamment près du centre de l'écran, on peut écrire $\sin \theta \approx \tan \theta$; en substituant cette égalité dans l'équation 6.5, l'équation 6.4 devient $\delta = d(y/L)$. ∎

D'après l'équation 6.2, les franges brillantes correspondent à $\delta = m\lambda$. Ainsi, $d(y/L) = m\lambda$; la position de la frange brillante d'ordre m est donc donnée par

$$y_m = \frac{m\lambda L}{d}$$

L'espacement entre ces franges est

$$\Delta y = y_{m+1} - y_m = \frac{(m+1)\lambda L}{d} - \frac{m\lambda L}{d} = \frac{\lambda L}{d}$$

$$= \frac{(6 \times 10^{-7} \text{ m})(2\text{m})}{8 \times 10^{-4} \text{ m}}$$

$$= 1,5 \times 10^{-3} \text{ m} = 1,5 \text{ mm}$$

L'espacement entre les franges sombres est le même.

EXEMPLE 6.3

Une paire de fentes séparées de 0,8 mm est éclairée par de la lumière contenant deux longueurs d'onde, de 450 nm et 680 nm. Quelle est la distance séparant les franges brillantes de sixième ordre sur un écran situé à 3,2 m des fentes ?

Solution

Pour les franges situées suffisamment près du centre de l'écran pour que $\sin \theta \approx \tan \theta$, la position sur

l'écran est donnée par $y = m\lambda L/d$. D'après cette équation, on voit que

$$\Delta y = \frac{m\Delta\lambda L}{d}$$

$$= \frac{(6)(2,3 \times 10^{-7} \text{ m})(3,2 \text{ m})}{8 \times 10^{-4} \text{ m}}$$

$$= 5,52 \text{ mm}$$

Dans quelles conditions peut-on observer une figure d'interférence ? Dans la section précédente, nous avons vu que les sources devaient être en phase. En réalité, elles ont seulement besoin d'avoir une différence de phase constante. La position du pic central ($m = 0$) de la figure d'interférence dépend de la différence de phase entre les sources. De même, les fréquences des sources doivent être les mêmes, sinon la relation de phase en un point donné va fluctuer dans le temps et l'on ne pourra observer d'interférence stable.

Des **sources cohérentes** sont des sources qui émettent des ondes de même fréquence et qui ont un déphasage constant. Dans le cas des ondes sonores ou des ondes radio, il est facile d'obtenir des sources cohérentes en reliant les haut-parleurs ou les émetteurs au même oscillateur. Dans le montage de Young, la lumière qui atteint les deux fentes S_1 et S_2 provient d'une même source ponctuelle. Toute variation de phase à la source se produit simultanément aux deux fentes, qui restent donc en phase. Nous étudierons de manière plus détaillée la cohérence des ondes lumineuses à la section 6.7.

6.4 L'intensité lumineuse dans l'expérience de Young

Dans l'étude précédente des interférences produites par deux sources, seules les positions des minima et maxima ont été déterminées. Nous allons maintenant établir l'expression donnant la distribution d'intensité lumineuse à partir de deux sources cohérentes en phase. Le raisonnement est valable pour n'importe quel type d'ondes, mais nous nous intéressons avant tout à la lumière, qui peut être décrite à l'aide du champ électrique oscillant* de l'onde électromagnétique qui sert à la représenter. Comme dans le cas des ondes sur les cordes, l'onde électromagnétique est une onde transversale. Ainsi, lorsqu'elle atteint l'écran en provenance de l'une des fentes, son champ électrique est décrit par $\vec{E} = E_0 \sin(\omega t)\vec{u}_r$, où le vecteur $\vec{u}_r$ précise l'orientation du plan dans lequel on observe l'oscillation du champ**. Nous supposons que les fentes sont suffisamment étroites pour que la lumière diffractée par chaque fente se propage uniformément sur l'écran. Par conséquent, les amplitudes E_0 des champs en un point quelconque de l'écran sont égales. En un point donné de l'écran, la composante selon r du champ électrique issu des sources S_1 et S_2 (figure 6.13a) est

$$E_{1r} = E_0 \sin(\omega t) ; \quad E_{2r} = E_0 \sin(\omega t + \phi)$$

où la différence de phase ϕ dépend de la différence de marche $\delta = r_2 - r_1$. Puisqu'une différence de marche d'une longueur d'onde λ correspond à un déphasage de 2π entre les deux ondes, une distance δ correspond à un déphasage ϕ entre les deux ondes*** donné par

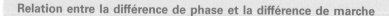

> **Relation entre la différence de phase et la différence de marche**
>
> $$\frac{\phi}{2\pi} = \frac{\delta}{\lambda} \qquad (6.6)$$

Si l'écran est éloigné des fentes, $\delta \approx d \sin \theta$ (équation 6.4) et l'on a donc

$$\phi = \frac{2\pi\delta}{\lambda} = \frac{2\pi d \sin \theta}{\lambda} \qquad (6.7)$$

On trouve la composante du champ résultant à partir du principe de superposition :

$$E_r = E_{1r} + E_{2r} = E_0 \sin(\omega t) + E_0 \sin(\omega t + \phi)$$

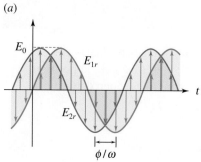

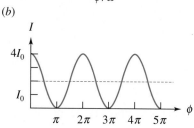

Figure 6.13 ▲

(a) En un point donné de l'écran se superposent les composantes du champ électrique issu des deux fentes. La figure montre comment varient ces composantes en fonction du temps dans le plan d'oscillation. La différence de phase ϕ entre les deux sources équivaut à un déphasage en temps de ϕ/ω. (b) L'intensité lumineuse dans l'expérience de Young en fonction de la différence de phase ϕ.

---

* Bien que la lumière comporte aussi un champ magnétique oscillant, l'analyse demeure valable si on ne considère que le champ électrique.

** Tout ce qui concerne la direction dans laquelle oscille le champ électrique de la lumière est traité dans la section 7.9, qui porte sur la polarisation.

*** Ici, on utilise le symbole ϕ pour désigner à la fois la constante de phase du rayon 2 et le déphasage, soit l'*écart* entre les phases des deux rayons. Cela est possible uniquement parce que la constante de phase du rayon 1 est nulle.

En utilisant l'identité trigonométrique $\sin A + \sin B = 2 \sin[(A + B)/2]$ $\cos[(A - B)/2]$ et en sachant que $\cos \theta = \cos(-\theta)$, on obtient

$$E_r = 2E_0 \cos\left(\frac{\phi}{2}\right) \sin\left(\omega t + \frac{\phi}{2}\right) \qquad (6.8)$$

L'amplitude de l'onde résultante est donc $2E_0 \cos(\phi/2)$. L'amplitude d'une onde n'est cependant pas toujours perceptible par les sens, en particulier s'il s'agit d'une onde électromagnétique. L'intensité de l'onde, c'est-à-dire la puissance qu'elle véhicule par unité de surface de front d'onde (équation 3.9), elle, est toutefois mesurable. Or, l'intensité d'une onde est proportionnelle au *carré* de son amplitude : ce résultat est valable pour les ondes mécaniques, comme le montre l'exemple de l'équation 2.16*, et l'est également pour les ondes électromagnétiques (voir la section 13.4, tome 2). À partir de l'amplitude que nous venons d'obtenir pour l'onde résultante en un point de l'écran, on a donc

Intensité dans l'expérience de Young

$$I = 4I_0 \cos^2\left(\frac{\phi}{2}\right) \qquad (6.9)$$

où $I_0 \propto E_0^2$ est l'intensité due à une source *unique*. Cette fonction est représentée à la figure 6.13*b*. Les maxima se produisent pour $\phi = 0$, 2π, 4π, ... $= 2m\pi$. En ces points, $I = 4I_0$; autrement dit, l'intensité est égale à quatre fois l'intensité d'une source unique. Les minima ($I = 0$) se produisent pour $\phi = \pi$, 3π, 5π, ... $= (2m + 1)\pi$.

$$\left.\begin{array}{lll} \text{(maxima)} & \phi = 2m\pi, & d \sin \theta = m\lambda \\[2mm] \text{(minima)} & \phi = (2m + 1)\pi, & d \sin \theta = \left(m + \dfrac{1}{2}\right)\lambda \end{array}\right\} \quad m = 0, \pm 1, \pm 2, \ldots$$

EXEMPLE 6.4

On réalise l'expérience de Young avec une source monochromatique de longueur d'onde λ. (a) Quelle est l'intensité (en fonction de I_0) mesurée sur l'écran à mi-chemin entre la frange sombre d'ordre 1 et la frange brillante d'ordre 2 ? (b) Si $d = 0,1$ mm, $L = 2$ m et $\lambda = 500$ nm, quelle est l'intensité mesurée à une distance $y = 3$ cm du centre de l'écran ?

Solution

(a) La frange sombre d'ordre 1 se produit quand la différence de marche est $\delta_1 = 1,5\lambda$ (équation 6.3), alors que la frange brillante d'ordre 2 se produit quand la différence de marche est $\delta_2 = 2\lambda$ (équa-

tion 6.2). En général, ces deux différences de marche se produisent à des positions y_1 et y_2 de l'écran qui sont difficiles à déterminer. Toutefois, dans l'approximation des petits angles, $\delta = d\sin\theta$ devient $\delta = d(y/L)$, et la différence de marche est donc proportionnelle à y. La position « à mi-chemin » $(y_1 + y_2)/2$ correspond donc à une différence de marche $(\delta_1 + \delta_2)/2 = 1,75\lambda$. Selon l'équation 6.6, la différence de phase correspondante est $\phi = 1,75(2\pi)$ $= 3,5\pi$. L'équation 6.9 donne alors $I = 2I_0$. Notez que ce résultat ne dépend pas de la longueur d'onde λ et peut donc être obtenu même si elle est inconnue.

---

* Au moment de présenter l'équation 2.16, nous avions souligné le caractère général de la proportionnalité entre l'intensité d'une onde et le carré de son amplitude.

(b) Comme $y = 3$ cm est de loin inférieur à $L = 2$ m, il est clair que l'angle θ est un petit angle, et la différence de marche est donc $\delta = d(y/L) = 1,5 \ \mu m$. D'après l'équation 6.6, la différence de phase correspondante est $\phi = 6\pi$. L'équation 6.9 donne alors

$I = 4I_0$, c'est-à-dire l'intensité maximale. En effet, la position $y = 3$ cm correspond à la frange brillante d'ordre 3 (vérifiez), et il est donc normal, l'interférence étant constructive, que l'intensité y soit maximale.

6.5 Les pellicules minces

Dans l'expérience de Young, l'interférence résulte de l'interaction de la lumière provenant de deux fentes. Les couleurs des bulles de savon, des taches d'huile sur la route et des plumes de paon sont aussi dues au phénomène d'interférence, mais, dans ces cas, c'est l'interaction de la lumière avec une pellicule mince qui donne naissance aux deux sources de lumière. Par le jeu de la réflexion et de la transmission, un rayon lumineux frappe la pellicule et emprunte ensuite différentes trajectoires (figure 6.14a). Si la pellicule est mince, le rayon issu de la première réflexion et celui provenant de la réflexion avec la face inférieure de la pellicule (les rayons 1 et 2 de la figure) atteignent l'œil d'un observateur en se superposant, ce qui cause de l'interférence.

Comme dans l'interférence de Young, le résultat de la superposition des deux rayons dépend d'une différence de marche. Toutefois, le phénomène est plus complexe, parce qu'il y a, sur les deux faces de la pellicule, réflexion des ondes lumineuses. Nous avons vu à la section 2.4 que, lorsqu'une impulsion se propageant sur une corde légère rencontre une corde plus lourde, l'impulsion réfléchie subit une inversion de phase, ce qui correspond à une augmentation de phase de 180°, ou π rad. Dans le cas des ondes lumineuses, c'est l'indice de réfraction qui détermine s'il y a ou non inversion de phase au passage d'une surface de séparation.

Changement de phase de la lumière associé à la réflexion

Lorsqu'une onde lumineuse rencontre un milieu d'indice de réfraction plus élevé, l'onde réfléchie subit une augmentation de phase de π rad ou 180°. Lorsqu'une onde lumineuse rencontre un milieu d'indice de réfraction moins élevé, l'onde réfléchie n'est pas déphasée.

Notons que l'onde *transmise* n'est jamais déphasée, quelle que soit la valeur de l'indice de réfraction.

Considérons la réflexion d'un rayon de lumière par une **pellicule mince**, c'est-à-dire une pellicule dont l'épaisseur e est égale tout au plus à quelques fois la longueur d'onde de la lumière (figure 6.14b). À chaque interface entre deux milieux, une partie de la lumière (habituellement, une petite fraction) est réfléchie. Par exemple, pour de la lumière frappant perpendiculairement sur une pellicule en verre, la fraction réfléchie est de 4 %.

Le processus de réflexion peut se poursuivre indéfiniment, mais les réflexions successives donnent lieu à des rayons de moins en moins intenses. Si on s'intéresse à la lumière réfléchie, seuls les rayons 1 et 2 illustrés à la figure 6.14a ont vraiment de l'importance. Les deux rayons ont à peu près la même amplitude, puisque chacun a été réfléchi une seule fois (au point A pour le rayon 1 et au point

B pour le rayon 2 ; voir la figure 6.14*b*). Les deux rayons sont initialement cohérents*, puisqu'ils proviennent du même rayon incident. Enfin, les ondes que représentent les deux rayons se superposent, bien que ce ne soit pas montré sur la figure**. Toutes les conditions sont donc réunies pour que ces deux rayons interfèrent, et l'intensité de la lumière réfléchie sera donc maximale si les deux rayons réfléchis sont en situation d'interférence constructive ; elle sera minimale s'ils sont en situation d'interférence destructive***.

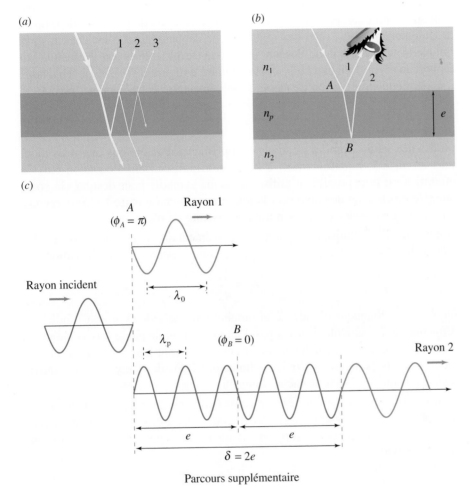

Figure 6.14 ◄
(*a*) La réflexion d'un rayon lumineux par les deux faces d'une pellicule mince donne naissance à toute une série de rayons réfléchis. Les rayons réfléchis 1 et 2 ont une intensité comparable, et ce sont les seuls (parmi ceux qui retournent dans le milieu d'indice n_1) dont l'intensité n'est pas négligeable. (*b*) Le rayon 1 subit une réflexion au point *A*. Le rayon 2 subit une réflexion au point *B* et voyage le long d'un parcours supplémentaire (en forme de V). Ces deux rayons se superposent ensuite, ce qui peut donner lieu, selon le cas, à une interférence constructive ou à une interférence destructive. (*c*) Changement de phase des rayons 1 et 2 dans le cas où $n_p > n_1$, n_2. On a $\phi_A = \pi$, $\phi_B = 0$ et $\Delta\phi_{PS} = 10\pi$, de sorte que $\Delta\phi = 9\pi$. Ainsi, lorsqu'on superpose les deux portions en rouge, on obtient une interférence destructive.

Parcours supplémentaire

---

* Comme les deux rayons ne parcourent pas la même distance avant d'interférer, il est possible que la cohérence se perde si la pellicule est trop épaisse (voir la section 6.7). Cela s'observe facilement dans une situation où l'épaisseur de la pellicule est variable : quand l'épaisseur croît, la différence entre les minima et les maxima d'intensité devient de moins en moins marquée (voir, par exemple, la figure 6.20, p. 210).

** Sur la figure 6.14, les rayons 1 et 2 ne sont pas superposés. Ils ne sont superposés que si l'incidence est parfaitement normale. Par contre, les rayons ne représentent que la direction de propagation des ondes. Les fronts d'onde, perpendiculaires à cette direction, ont une certaine largeur (infinie si l'onde incidente est une onde plane !), de sorte que les ondes qui correspondent à deux rayons parallèles sont bel et bien superposées même si les rayons ne sont pas confondus.

*** En supposant qu'il s'agisse d'une pellicule de verre dans l'air, le rayon 1 possède 4 % de l'énergie du rayon initial, et le rayon 2 en retient $0,96 \times 0,96 \times 0,04 = 3,69\%$. Il ne peut donc y avoir interférence constructive ou destructive parfaite mais plutôt *renforcement* ou *atténuation* de la lumière pour la longueur d'onde considérée.

Comparons les trajets des deux rayons, comme à la figure 6.14c, où les changements de phase sont présentés de manière schématique. Avant le contact avec la pellicule, il n'y a aucune différence entre la trajectoire 1 et la trajectoire 2. Les rayons 1 et 2 sont donc décrits à ce moment par des fonctions d'onde dont les constantes de phase sont identiques et que nous considérerons toutes deux comme nulles. Le rayon 1 subit une réflexion au point A, ce qui peut, selon les indices de réfraction en présence, entraîner pour le rayon 1 une augmentation de phase ϕ_A de 0 ou de π. Le rayon 2 subit une réflexion au point B, ce qui peut aussi entraîner, pour le rayon 2, une augmentation de phase ϕ_B de 0 ou de π. Uniquement sous l'effet des réflexions, le déphasage entre les deux rayons, initialement nul, est donc devenu $\phi_B - \phi_A$. De plus, le rayon 2 effectue par rapport au rayon 1 un parcours supplémentaire δ (figure 6.14b), ce qui engendre, d'après l'équation 6.6, un déphasage supplémentaire entre les deux rayons

$$\Delta\phi_{PS} = \frac{2\pi\delta}{\lambda_p} \qquad (6.10)$$

où l'indice « PS » signifie « parcours supplémentaire ». Notons que nous ajoutons ici un « Δ », contrairement à la notation utilisée dans l'équation 6.6. En effet, il n'est plus possible d'utiliser le même symbole pour désigner la constante de phase d'un des rayons et la différence de phase entre les deux rayons, puisqu'aucun des deux rayons n'a une constante de phase nulle.

Notons aussi que, puisque le parcours supplémentaire se produit dans la pellicule, il faut utiliser λ_p, la longueur d'onde *dans la pellicule*, par l'équation 4.4,

$$\lambda_p = \frac{\lambda_0}{n_p} \qquad (6.11)$$

où λ_0 est la longueur d'onde de la lumière dans le vide et n_p est l'indice de réfraction de la pellicule. Il n'y a pas d'augmentation de phase lorsque le rayon 2 ressort de la plaque, car les rayons transmis ne sont jamais inversés. Finalement, entre la pellicule et l'œil, les trajectoires des deux rayons sont équivalentes, puisqu'elles sont de même longueur.

Pour déterminer s'il y a interférence constructive ou destructive, il faut évaluer le déphasage *total* $\Delta\phi$ entre les deux rayons, c'est-à-dire la somme du déphasage $\Delta\phi_{PS}$ dû au parcours supplémentaire et du déphasage $\phi_B - \phi_A$ dû aux seules réflexions :

$$\Delta\phi = \Delta\phi_{PS} + (\phi_B - \phi_A) \qquad (6.12)$$

Si $\Delta\phi$ vaut 0 (ou n'importe quel multiple de 2π), les deux rayons sont en phase et il y aura interférence constructive. Si $\Delta\phi$ vaut π (ou n'importe quel multiple impair de π: 3π, 5π, 7π, …), les deux rayons sont déphasés d'une demi-longueur d'onde, et il y aura interférence destructive. Sauf indication contraire, nous allons supposer que le rayon incident frappe la pellicule perpendiculairement (avec un angle d'incidence de 0°). Le parcours supplémentaire est alors de

$$\delta = 2e \qquad (6.13)$$

où e est l'épaisseur de la pellicule.

EXEMPLE 6.5

Un rayon de lumière de longueur d'onde λ frappe perpendiculairement une pellicule d'épaisseur e et d'indice de réfraction n_p entourée d'air ($n = 1$). Déterminer les épaisseurs de la pellicule qui correspondent à l'interférence constructive et à l'interférence destructive.

Solution

Dans cette situation, $n_1 = n_2 = 1$ (figure 6.14b, p. 203). On a $\phi_A = \pi$ (car $n_p > n_1$) et $\phi_B = 0$ (car $n_2 < n_p$). Le parcours supplémentaire du rayon 2 égale $\delta = 2e$, ce qui correspond, par l'équation 6.10, à un déphasage supplémentaire $\Delta\phi_{PS} = 2\pi(2e)/\lambda_p = 4\pi e/\lambda_p$. Par l'équation 6.12, on trouve ainsi $\Delta\phi = (4\pi e/\lambda_p) - \pi$.

Il y aura interférence constructive lorsque $\Delta\phi = 2m\pi$, où m est un entier. On a donc $2m\pi = (4\pi e/\lambda_p) - \pi$, ce qui donne l'épaisseur de pellicule

$$e = \frac{(2m + 1)\lambda_p}{4} = \tfrac{1}{4}\lambda_p, \tfrac{3}{4}\lambda_p, \tfrac{5}{4}\lambda_p, \ldots$$

avec $\lambda_p = \lambda_0/n_p$. À ces épaisseurs, la pellicule semble plus brillante que la normale dans la lumière réfléchie.

La pellicule apparaîtra sombre en réflexion lorsque l'interférence est destructive, ce qui se produit lorsque $\Delta\phi$ est un multiple impair de π : $\Delta\phi = (2m + 1)\pi$. On a donc $(2m + 1)\pi = (4\pi e/\lambda_p) - \pi$, ce qui donne l'épaisseur de pellicule

$$e = \frac{m + 1}{2}\lambda_p = \tfrac{1}{2}\lambda_p, \lambda_p, \tfrac{3}{2}\lambda_p, \ldots$$

Les expressions que nous venons de trouver ne sont valables que dans ce cas particulier (une pellicule entourée de chaque côté par un milieu d'indice de réfraction plus faible). Dans chaque cas particulier, il faut refaire le raisonnement depuis le début en tenant compte des inversions introduites par les réflexions et du déphasage causé par le parcours supplémentaire égal à $2e$. ∎

Comme l'a montré l'exemple précédent, dans l'éventualité où les réflexions subies de part et d'autre d'une pellicule mince sont de types différents, les épaisseurs produisant une interférence constructive et celles produisant une interférence destructive sont données respectivement par

$$e = \frac{(2m + 1)\lambda_p}{4} \qquad (6.14a)$$

$$e = \frac{(m + 1)\lambda_p}{2} \qquad (6.14b)$$

Par ailleurs, quand les réflexions subies de part et d'autre de la pellicule sont du même type, il est facile de montrer, en utilisant la même démarche, que ces deux expressions sont alors inversées, l'équation 6.14a donnant les épaisseurs produisant une interférence destructive, et l'équation 6.14b, celles produisant une interférence constructive.

La nature de la couleur dans les pellicules minces

Considérons des rayons de lumière blanche tombant perpendiculairement à une pellicule mince uniforme (figure 6.15a). Pour simplifier, on suppose que les intensités de toutes les couleurs sont les mêmes et on les représente par des traits de même longueur. Supposons que les deux réflexions subies soient de types différents et que l'épaisseur e de la pellicule soit telle que la composante jaune-vert (≈ 550 nm) donne lieu à une interférence destructive complète dans la lumière réfléchie (figure 6.15b). Cette épaisseur e respecte donc la condition donnée par l'équation 6.14b, pour une longueur d'onde $\lambda_0 = 550$ nm. Forcément, la même équation ne peut pas être respectée simultanément pour toutes les longueurs d'onde ; les autres longueurs d'onde pénétrant dans la pellicule subissent donc des interférences non destructives en traversant la pellicule. Lorsqu'elles se recombinent avec les ondes réfléchies sur la surface supérieure, la différence de phase entre chaque paire d'ondes est $\Delta\phi = 2\pi\delta/\lambda_p - \pi$, où

$\delta = 2e$ et le terme π tient compte de l'inversion de phase sur la surface supérieure. On peut déterminer les intensités des autres longueurs d'onde à partir de l'équation 6.9 pour une interférence produite par deux sources et l'on obtient une répartition semblable à celle de la figure 6.15*b*.

En l'absence du vert, la couleur apparente de la pellicule est magenta ; en l'absence du rouge, la couleur apparente est cyan ; et en l'absence du bleu, la couleur apparente est jaune. Lorsqu'une interférence constructive renforce le jaune-vert dans la lumière réfléchie, les intensités réfléchies des longueurs d'onde voisines ne sont pas nettement plus faibles (figure 6.15*c*). Les couleurs observées dans les pellicules minces ne sont donc pas les couleurs pures (monochromatiques) d'un spectre créé par un prisme. On dit qu'il s'agit de couleurs de synthèse *soustractive*, puisque la couleur apparente est principalement déterminée par les longueurs d'onde *absentes* de la lumière réfléchie (voir la première photographie du chapitre). La question de la synthèse de couleurs est aussi traitée dans le sujet connexe du chapitre 2 du tome 2.

Figure 6.15 ▶

(*a*) On suppose que la lumière blanche tombant en un point d'une pellicule (le mince trait blanc sur la figure) est un mélange dans lequel toutes les couleurs sont également représentées. (*b*) L'épaisseur de la pellicule est telle qu'il y a interférence destructive pour le jaune-vert. (*c*) L'épaisseur de la pellicule est telle que le jaune-vert est renforcé dans la réflexion.

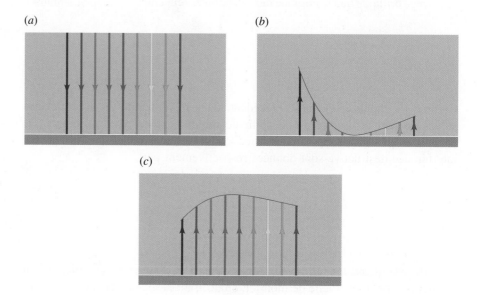

(*a*)   (*b*)   (*c*)

L'enduit antireflet sur les lentilles

Lorsque la lumière tombe suivant la normale sur la surface de séparation entre l'air ($n = 1,0$) et le verre ($n = 1,5$), près de 4 % de l'énergie est réfléchie et 96 % est transmise. Par conséquent, dans un appareil photographique comportant 6 lentilles, donc 12 interfaces air-verre, seulement $(0,96)^{12} = 0,61$ ou 61 % de l'énergie incidente est transmise. On peut réduire ces pertes par réflexion en recouvrant chaque surface des lentilles d'une pellicule mince. On choisit l'épaisseur de la pellicule de sorte que, dans la lumière réfléchie, il y ait interférence destructive pour le jaune-vert (550 nm), qui correspond au milieu du spectre visible. L'énergie lumineuse qui correspond à cette longueur d'onde étant moins réfléchie, elle est donc davantage transmise, ce qui augmente la proportion de l'énergie incidente qui pénètre dans l'appareil. On peut même améliorer davantage le rendement en choisissant avec soin l'indice de réfraction de la pellicule en question : nous n'avons pas étudié les facteurs qui influencent la *proportion* de l'intensité transmise et réfléchie à une interface ; à partir du modèle électromagnétique, on peut toutefois montrer que si l'indice de réfraction de la pellicule est égal à la moyenne géométrique des indices de l'air et du verre, c'est-à-dire

$n_p = (n_{air}n_v)^{1/2}$, les amplitudes des rayons réfléchis 1 et 2 à la figure 6.14a sont égales et cette longueur d'onde est donc *complètement* supprimée*. Dans la pratique, on utilise souvent du fluorure de magnésium (MgF_2), d'indice $n = 1,38$, à cause de sa durabilité, bien qu'il ne vérifie pas ce critère. La présence de ces enduits antireflet est facile à vérifier : le spectre de la lumière réfléchie correspondant au schéma de la figure 6.15b, on observe toujours un reflet pourpre, fait d'un mélange de bleu et de rouge, lorsqu'on regarde ces lentilles. En somme, il est impossible d'éliminer complètement *tout reflet* : en pratique, l'utilisation d'une seule pellicule a pour effet net de réduire de 4 % à 1 % environ la proportion de l'énergie qui est réfléchie. Pour améliorer davantage ce résultat, on utilise parfois des enduits multiples d'épaisseurs différentes pour éliminer la réflexion de plusieurs longueurs d'onde.

EXEMPLE 6.6

Un faisceau de lumière blanche tombe suivant la normale sur une lentille ($n = 1,52$) qui est recouverte d'une pellicule de fluorure de magnésium ($n = 1,38$). (a) Quelle est l'épaisseur minimale de la pellicule pour laquelle la lumière jaune-vert de longueur d'onde égale à 550 nm (dans l'air) sera absente de la lumière réfléchie ? (b) Pour quelle épaisseur minimale (autre que zéro) y a-t-il interférence constructive dans la lumière réfléchie ?

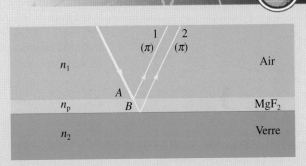

Figure 6.16 ▲
Une pellicule mince de MgF_2 ($n_p = 1,38$) sur une lentille de verre ($n = 1,5$). Les deux rayons réfléchis subissent une inversion de phase. Pour qu'il y ait interférence destructive dans la lumière réfléchie, l'épaisseur minimale de la pellicule est $\lambda_p/4$ (la différence de marche est ainsi égale à une demi-longueur d'onde dans la pellicule).

Solution

(a) Dans cette situation, $n_1 = 1$, $n_p = 1,38$ et $n_2 = 1,52$ (figure 6.16). On a $\phi_A = \pi$ (car $n_p > n_1$) et $\phi_B = \pi$ (car $n_2 > n_p$). Ici, le déphasage $\phi_B - \phi_A$ dû aux réflexions est nul. Le seul déphasage entre les deux rayons est donc celui produit par le parcours supplémentaire $\delta = 2e$ du rayon 2 : $\Delta\phi = \Delta\phi_{PS} = 2\pi(2e)/\lambda_p = 4\pi e/\lambda_p$.

On veut que l'interférence soit destructive, donc que $\Delta\phi = (2m + 1)\pi$. On a donc $(2m + 1)\pi = 4\pi e/\lambda_p$, ce qui donne une épaisseur de pellicule

$$e = \frac{(2m + 1)\lambda_p}{4}$$

avec $\lambda_p = \lambda_0/n_p$. Notez que ce résultat correspond bel et bien à l'équation 6.14a, qui donne les épaisseurs produisant une interférence destructive quand les réflexions sont du même type. L'épaisseur minimale correspond à $m = 0$; donc

$$e_{min} = \frac{\lambda_0}{4n_p} = \frac{5,5 \times 10^{-7} \text{ m}}{(4)(1,38)} = 99,6 \text{ nm}$$

La condition d'interférence destructive n'est valable que pour une seule longueur d'onde, mais la réflexion des autres longueurs d'onde est également réduite.

(b) Le déphasage total étant toujours $\Delta\phi = 4\pi e/\lambda_p$, la condition d'interférence constructive $\Delta\phi = m(2\pi)$ donne $e = m\lambda_p/2$. Puisque $\lambda_p = \lambda_0/n_p$, on trouve $e = \lambda_0/2n_p = 199$ nm (pour $m = 1$). On a écarté la solution pour $m = 0$, car elle donne une épaisseur nulle.

---

* Avec ce choix d'indice de réfraction, les réflexions sont alors du même type, et les proportions de chaque couleur réfléchie sont alors légèrement différentes de celles illustrées à la figure 6.15b.

Les pellicules d'épaisseurs variables

Les bulles de savon et les taches d'huile sur une route n'ont pas une épaisseur uniforme. C'est l'épaisseur de la pellicule en un point donné qui détermine si la lumière réfléchie depuis ce point a une intensité maximale ou minimale. Lorsqu'on utilise de la lumière blanche, chaque longueur d'onde a sa propre configuration de franges. En un point donné de la pellicule, une longueur d'onde peut être renforcée et une autre supprimée. Cette prédiction montre que le modèle ondulatoire permet d'expliquer les couleurs que nous observons dans les bulles de savon et les pellicules d'huile sur la route.

On peut produire une pellicule d'air d'épaisseur variable, en forme de coin, en plaçant une feuille de papier ou un cheveu entre les extrémités de deux lames de verre (figure 6.17). Si les lames sont planes, on observe une série de bandes ou franges brillantes et sombres dont chacune représente une épaisseur particulière (figure 6.18a) et correspond directement à de l'interférence constructive ou destructive lorsque le coin est éclairé avec de la lumière monochromatique. Si les lames ne sont pas planes, les franges ne sont pas rectilignes et chacune d'elles est le lieu des points de même épaisseur. Si l'une des lames est plane, les franges observées révèlent les irrégularités de l'autre lame (figure 6.18b). La configuration obtenue montre où la lame a besoin d'être polie pour devenir « plane au sens optique ».

Figure 6.17 ▶

(a) Un coin d'air formé par deux lames séparées à une extrémité par un cheveu ou un fil fin. (b) La différence d'épaisseur Δe entre deux franges sombres successives est égale à la moitié de la longueur d'onde de la lumière dans la pellicule, ce qui augmente le parcours supplémentaire du deuxième rayon par une longueur d'onde.

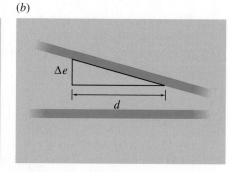

Figure 6.18 ▶

(a) Lorsque les deux lames formant une pellicule d'air sont planes, les franges sont rectilignes et uniformément espacées. (b) Si l'une ou l'autre des lames n'est pas « optiquement plane », les franges sont les lieux des points d'égale épaisseur de la pellicule d'air.

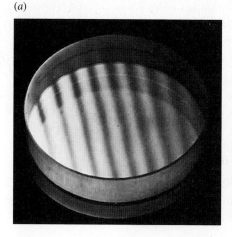
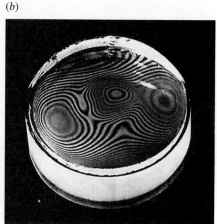

Supposons que l'on veuille déterminer la distance d, mesurée horizontalement, entre deux franges sombres successives (figure 6.17b). L'épaisseur de la pellicule vis-à-vis de ces deux franges n'est clairement pas la même (sinon il s'agirait de la même frange) et diffère donc de Δe. L'interférence étant quand même destructive aux deux endroits, on en déduit que la différence d'épaisseur Δe

augmente le parcours supplémentaire de précisément une longueur d'onde. Le déphasage supplémentaire entre les deux rayons vaut alors 2π, ce qui revient au même que pas de déphasage du tout. Puisque le parcours supplémentaire est un aller-retour dans la pellicule, on trouve

$$\Delta e = \frac{\lambda_p}{2} \qquad (6.15)$$

où λ_p est la longueur d'onde dans la pellicule. Dans le cas du coin d'air (figure 6.17a), $\lambda_p = \lambda_0$, car le parcours s'effectue dans l'air. L'équation 6.15 s'applique également si on considère deux franges brillantes successives. (Que vaut Δe si on compare une frange brillante et une frange sombre adjacentes ?)

EXEMPLE 6.7

On produit un coin d'air en plaçant un fil mince de diamètre D entre les extrémités de deux lames de verre planes de longueur $L = 20$ cm (figure 6.17). Lorsqu'on éclaire cette pellicule d'air avec une lumière de longueur d'onde $\lambda = 550$ nm, on observe 12 franges sombres par centimètre. Trouver D.

Solution

La variation d'épaisseur entre les franges successives est $\Delta e = \lambda/2$. Puisqu'il s'agit d'une pellicule

d'air, $n = 1$ et $\lambda_p = \lambda$. L'espacement horizontal entre les franges est $d = 1$ cm$/12 = 8,33 \times 10^{-4}$ m. D'après la figure 6.17, on voit que $D/L = \Delta e/d$ (triangles semblables), donc

$$D = \frac{\lambda L}{2d}$$

$$= \frac{(5,5 \times 10^{-7} \text{ m})(0,2 \text{ m})}{16,7 \times 10^{-4} \text{ m}}$$

On obtient ainsi $D = 6,6 \times 10^{-5}$ m.

Les anneaux de Newton

Lorsqu'on pose une lentille de grand rayon de courbure sur une plaque plane en verre (figure 6.19), on forme une mince pellicule d'air. Contrairement à la pellicule d'air de la figure 6.17, celle-ci n'est cependant pas en forme de coin, son épaisseur augmentant de façon de plus en plus prononcée à mesure qu'on s'éloigne du centre. En éclairant cette pellicule avec une lumière monochromatique, on peut observer à l'œil nu ou avec un microscope de faible puissance (figure 6.20) des franges circulaires appelées *anneaux de Newton*. Un élément important de cette figure est la tache sombre au centre. Newton essaya de la faire disparaître en polissant les surfaces. Elle intriguait également Young, puisqu'elle impliquait que l'onde lumineuse subit une inversion de phase à la réflexion sur un milieu d'indice de réfraction plus élevé. En fait, il en va ainsi de tous les rayons lumineux qui interfèrent dans ce montage. On a un premier rayon qui est réfléchi sans inversion à l'interface verre-air dans la lentille. Mais le second rayon, qui doit faire l'aller-retour dans l'air entre la lentille et la plaque, subit en plus une inversion de phase lors de sa réflexion sur la plaque. Ainsi, tout près du centre, là où l'épaisseur de la couche d'air, et donc la longueur du parcours supplémentaire, est négligeable, les rayons qui interfèrent se détruisent à cause de cette inversion de phase. Young mit cette idée à l'épreuve en plaçant de l'huile de sassafras entre une lentille achromatique et une plaque de verre flint. L'huile a un indice de réfraction qui se situe entre les valeurs des indices de ces deux verres. Dans ces conditions, les franges loin du centre sont produites selon un schéma identique au précédent, alors que la tache centrale devrait maintenant devenir une tache brillante, puisqu'il est prévu que l'interférence soit constructive. En effet, les rayons qui interfèrent là où la

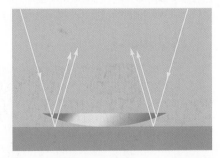

Figure 6.19 ▲

On produit une pellicule d'air en plaçant une lentille plan-convexe sur une lame plane. Ce montage fut utilisé par Newton.

couche d'air entre la lentille et la plaque est mince subissent une inversion de phase. Dans le cas du premier rayon, qui provient de la lentille, elle se produit à l'interface verre-huile, et dans le cas du second rayon, à l'interface huile-verre. Lorsque Young tenta cette expérience, c'est précisément ce qu'il obtint : à sa grande satisfaction, la tache centrale devint brillante.

Figure 6.20 ▶

Les anneaux de Newton. Les franges ne sont pas également espacées. On remarque la tache sombre au centre. Bien que Newton observât ces franges brillantes et sombres, il n'en tira pas la conclusion que la lumière devait être représentée comme une onde.

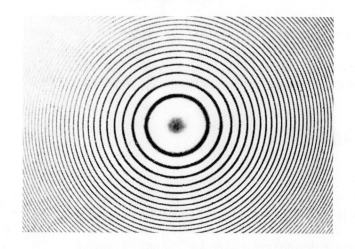

EXEMPLE 6.8

Lors d'une expérience sur les anneaux de Newton, la lumière a une longueur d'onde de 600 nm. La lentille a un indice de réfraction de 1,5 et un rayon de courbure de 2,5 m. Chacune des franges ayant la forme d'un cercle, trouver le rayon de ce cercle pour la cinquième frange brillante.

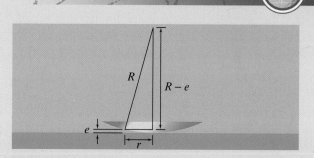

Figure 6.21 ▲

On peut établir une relation entre le rayon r d'une frange, le rayon de courbure R de la lentille et l'épaisseur e de la pellicule d'air.

Solution

Le rayon r d'une frange correspond à la distance horizontale entre le point de contact et la frange. Si R est le rayon de courbure de la lentille, on voit d'après la figure 6.21 que $r^2 = R^2 - (R-e)^2$, où r est le rayon d'une frange et e est l'épaisseur de la pellicule pour cette frange. Puisque e est très petit, on peut négliger les termes en e^2 et l'on obtient

$$r^2 \approx 2Re \qquad \text{(i)}$$

Pour trouver r, on doit d'abord déterminer e. Ici, l'interférence se produit entre les rayons réfléchis de part et d'autre de la pellicule d'air entre la lentille et la lame qui la soutient. On a donc $\phi_A = 0$ et $\phi_B = \pi$ (vérifiez-le). La condition pour obtenir une frange brillante s'écrit

$$\Delta\phi = 2m\pi = \pi + \frac{4\pi e}{\lambda_p}$$

d'où

$$e = \frac{(2m-1)\lambda_p}{4} \qquad \text{(ii)}$$

On remarque que $n = 1$ pour la pellicule d'air (l'indice du verre n'a pas d'importance) et que, puisque que $m = 0$ conduit à une épaisseur négative, $m = 5$ pour la cinquième frange brillante. D'après l'équation (ii), on a donc

$$e = \frac{(9)(6 \times 10^{-7})}{4} = 1,35 \times 10^{-6} \text{ m}$$

En remplaçant cette valeur dans (i), on trouve

$$r = \sqrt{2Re} = 2,60 \times 10^{-3} \text{ m}$$

Les lames épaisses

Les effets que nous venons de décrire s'observent lorsque la pellicule est mince, c'est-à-dire d'épaisseur égale tout au plus à quelques fois la longueur d'onde de la lumière. Si on éclaire une lame épaisse (comme une vitre) avec de la lumière monochromatique (d'une seule longueur d'onde), l'interférence constructive et destructive sera quand même observable, pourvu que la lumière ait une longueur de cohérence suffisante (voir la section 6.7). C'est le cas, par exemple, avec de la lumière laser. Mais si l'on utilise de la lumière blanche, même très cohérente, qui contient toutes les longueurs d'onde entre 400 et 700 nm, les effets de l'interférence ne seront plus observables : il y a un mélange de renforcements et de destructions à travers tout le spectre des couleurs, ce qui donne un effet global uniformément blanc, et ce peu importe l'épaisseur de la lame.

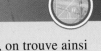

EXEMPLE 6.9

Deux plaques de verre parallèles entourent une pellicule d'air d'épaisseur e. Déterminer les longueurs d'onde de la lumière visible (entre 400 et 700 nm) qui subissent l'interférence destructive et constructive en réflexion, (a) lorsque $e = 300$ nm et (b) lorsque $e = 3000$ nm.

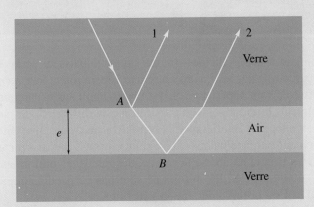

Figure 6.22 ▲
Un des rayons de la lumière incidente revient sous la forme de deux rayons.

Solution

La figure 6.22 représente un des rayons de la lumière incidente et ses deux réflexions. (Bien que l'angle d'incidence soit parfaitement nul, un angle est illustré sur la figure pour éviter les suppositions.) Puisqu'il s'agit d'une pellicule d'air, $n_p = 1$ et $\lambda_p = \lambda$, tout simplement. On a $\phi_A = 0$ (car $n_{air} < n_{verre}$) et $\phi_B = \pi$. Le parcours supplémentaire $\delta = 2e$ du rayon 2 correspond à un déphasage supplémentaire

$\Delta\phi_{PS} = 4\pi e/\lambda$. Par l'équation 6.12, on trouve ainsi $\Delta\phi = 4\pi e/\lambda_p + \pi$. Il y aura interférence constructive lorsque $\Delta\phi = 2m\pi$, d'où

$$\text{interférence constructive :} \quad e = \frac{(2m - 1)\lambda}{4}$$

Il y aura interférence destructive lorsque $\Delta\phi = (2m + 1)\pi$, d'où

$$\text{interférence destructive :} \quad e = \tfrac{1}{2}m\lambda$$

(a) Avec $e = 300$ nm, il se produit de l'interférence constructive en lumière visible à $\lambda = 400$ nm (violet) pour $m = 2$ et de l'interférence destructive à $\lambda = 600$ nm (orange) pour $m = 1$. Les autres valeurs de m ne correspondent pas à des longueurs d'onde dans le spectre visible. La lumière réfléchie sera dominée par le bleu-violet et contiendra peu d'orange, ce qui donnera une résultante bleue marquée.

(b) Avec $e = 3000$ nm, il se produit de l'interférence constructive en lumière visible à 631 nm (rouge) pour $m = 10$, à 571 nm (jaune) pour $m = 11$, à 522 nm (vert) pour $m = 12$, à 480 nm (bleu-vert) pour $m = 13$, à 444 nm (indigo) pour $m = 14$ et à 414 nm (violet) pour $m = 15$. Il se produit de l'interférence destructive à 667 nm (rouge) pour $m = 9$, à 600 nm (orange) pour $m = 10$, à 545 nm (jaune) pour $m = 11$, à 500 nm (turquoise) pour $m = 12$, à 439 nm (bleu) pour $m = 13$ et à 400 nm (violet) pour $m = 14$. Puisqu'il y a des couleurs renforcées et des couleurs détruites dans l'ensemble du spectre visible, la lumière réfléchie résultante apparaîtra tout simplement blanche à l'œil.

6.6 L'interféromètre de Michelson

Un *interféromètre* est un dispositif qui utilise le phénomène d'interférence pour mesurer avec précision les distances en fonction de la longueur d'onde de la lumière. Vers 1880, Albert Abraham Michelson (figure 6.23*a*) inventa l'instrument élégant et fort utile qui est représenté à la figure 6.23*b*. Dans l'**interféromètre de Michelson**, la lumière issue d'une source monochromatique étendue S (par exemple un laser) est partiellement réfléchie et partiellement transmise par une plaque de verre P qui est « semi-argentée » sur une face. Environ la moitié de la lumière incidente se dirige vers un miroir M_1, où elle est réfléchie, puis traverse à nouveau P pour atteindre l'observateur en O. La lumière issue de S qui est transmise par P est réfléchie par le miroir M_2, puis atteint l'observateur après avoir été réfléchie par P. PM_1 et PM_2 sont les « bras » de l'interféromètre. La plaque C est un compensateur qui sert à rendre identiques les distances parcourues dans le verre par les deux faisceaux. M_2' est l'image de M_2 dans la surface argentée de P.

Figure 6.23 ▶

(*a*) Albert Abraham Michelson (1852-1931) et son interféromètre. (*b*) Le résultat produit est analogue au phénomène observé dans une pellicule mince, la distance parcourue par les rayons entre leur séparation et leur recombinaison étant cependant de loin supérieure. Si les miroirs ne sont pas parfaitement perpendiculaires, on observe les franges rectilignes d'une pellicule en forme de coin (figure 6.18*a*, p. 208).

(*a*)

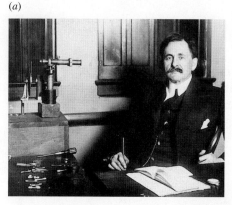

(*b*)

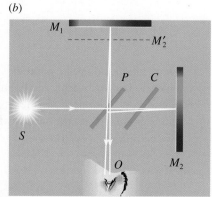

Le système est analogue à une pellicule « mince » dont l'épaisseur serait très grande, la distance parcourue par les rayons entre leur séparation et leur recombinaison étant en effet de loin supérieure. Si les ondes lumineuses parcourent des distances légèrement différentes jusqu'aux miroirs, la différence de phase qui en résulte peut donner une interférence constructive ou destructive. Si les miroirs sont parfaitement perpendiculaires, la « pellicule » est d'épaisseur uniforme et l'on observe, selon la nature de la source, des intensités uniformes ou encore des franges circulaires*. Si les miroirs ne sont pas perpendiculaires, la pellicule est un coin et l'on observe des franges rectilignes.

L'interféromètre de Michelson présente l'avantage de permettre, à l'aide d'une vis à pas très fin, de déplacer l'un des miroirs, de sorte que l'épaisseur de la pellicule peut être constamment réglée. Si M_1 recule de $\lambda/4$, une différence de marche de $\lambda/2$ s'ajoute au trajet parcouru par la lumière dans ce bras. Ainsi, en un point donné de la figure de franges, une frange brillante est remplacée par une frange sombre et vice versa. En comptant le nombre de franges qui défilent dans le champ de vision de l'observateur, on peut déterminer la distance parcourue par un miroir avec une incertitude égale à une fraction de la longueur d'onde

---

* Quand la source est un laser, la lumière atteint la « pellicule » avec un angle d'incidence qui est partout le même, et l'intensité produite à la sortie est relativement uniforme. Par contre, quand la source est une source étendue ordinaire, pour calculer les différences de marche, on doit tenir compte du fait que la lumière de la source étendue atteint la pellicule selon des angles différents. On obtient alors des franges circulaires.

de la lumière ! Michelson mesura la longueur de ce qui était à l'époque le mètre étalon en fonction de la longueur d'onde de la lumière quasi monochromatique du césium. Cette mesure fut utilisée par la suite pour formuler la définition actuelle du mètre étalon en fonction de la longueur d'onde (voir le chapitre 1 du tome 1). On peut également utiliser un interféromètre pour déterminer l'indice de réfraction d'un gaz, comme nous allons le voir dans l'exemple qui suit.

EXEMPLE 6.10

L'un des bras d'un interféromètre de Michelson contient un cylindre transparent de longueur $L = 1,5$ cm (figure 6.24). On observe la lumière issue de l'interféromètre à l'aide d'un télescope. On fait le vide dans le cylindre et on centre le réticule du télescope sur une frange brillante particulière avec une lumière de longueur d'onde de 600 nm (dans le vide). Lorsqu'on introduit un gaz dans le cylindre, 14 franges défilent devant l'observateur. Quel est l'indice de réfraction du gaz ?

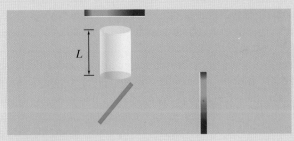

Figure 6.24 ▲
Lorsqu'on introduit un gaz dans un cylindre transparent dans l'un des bras de l'interféromètre, le nombre de franges qui défilent peut servir à calculer l'indice de réfraction du gaz.

Solution

La lumière parcourt deux fois le cylindre. Le nombre de longueurs d'onde comprises dans la distance $2L$ est $2L/\lambda_0$, où λ_0 est la longueur d'onde dans le vide. Lorsqu'on introduit le gaz, la longueur d'onde varie et devient $\lambda = \lambda_0/n$, où n est l'indice de réfraction. Le nombre de longueurs d'onde comprises dans la même distance est $2L/\lambda = 2nL/\lambda_0$. Le décalage d'une frange à la suivante implique que la différence de marche a varié d'une longueur d'onde. Par conséquent,

$$\frac{2nL}{\lambda_0} - \frac{2L}{\lambda_0} = \Delta m$$

où Δm est le nombre de franges qui a défilé devant le réticule. On obtient finalement

$$n = \frac{\lambda_0 \Delta m}{2L} + 1$$

$$= \frac{(14)(6 \times 10^{-7}\text{ m})}{0,03\text{ m}} + 1 = 1,000\ 28$$

6.7 La cohérence

Pour mieux comprendre le phénomène de cohérence des ondes lumineuses, nous devons examiner le mécanisme qui régit l'émission de lumière. Comme nous l'avons expliqué à la section 4.1, la lumière visible est émise par des charges situées dans un atome. Chaque atome émet de la lumière lorsqu'il passe d'un état excité à un état d'énergie inférieure. Ce processus dure en général 10^{-8} s environ et il est aléatoire en ce sens que l'on ne peut pas prédire à quel moment un atome donné va rayonner. Puisque la fréquence de la lumière visible se situe autour de 5×10^{14} Hz, un *train d'ondes* comportant à peu près 5×10^6 longueurs d'onde (3 m) est émis durant ce temps.

Considérons l'interférence entre les trains d'ondes provenant de deux sources indépendantes (figure 6.25a). En un point quelconque de l'écran, la différence de phase correspondant à la différence de marche est constante. À un instant donné quelconque, il y a une certaine différence de phase entre les sources elles-mêmes, mais elle ne dure que le temps du processus d'émission, c'est-à-dire 10^{-8} s. Une figure d'interférence correspondant à une valeur de ϕ va être

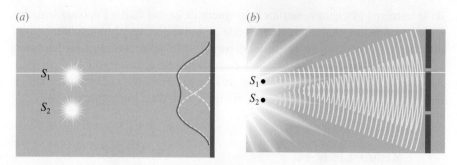

(a)   (b)

Figure 6.25 ▶

(*a*) Avec deux sources indépendantes, l'intensité est simplement égale à la somme des intensités de chaque source. (*b*) Deux points séparés sur une source étendue agissent comme des sources indépendantes et ne maintiennent donc pas constante la relation de phase. Toutefois, sur un écran éloigné, les fronts d'onde provenant des deux points sont presque plans, ce qui signifie que les deux fentes sont en phase, même si cette phase fluctue.

remplacée par une figure décalée correspondant à une autre valeur de ϕ, 10^{-8} s plus tard. Pour un groupe d'atomes, ϕ fluctue de façon aléatoire. Par conséquent, il n'y a pas de déphasage fixe et donc pas de figure d'interférence stable. C'est pourquoi des régions différentes d'une même source étendue, comme un tube à décharges gazeuses ou le fil incandescent d'une ampoule, sont aussi incohérentes. L'intensité en un point quelconque de l'écran est la somme des intensités dues à chacune des sources.

La *cohérence spatiale* d'une source est indiquée par la taille de la région la plus étendue de la source qui produit une figure d'interférence. L'incohérence spatiale est due au caractère aléatoire des phases et des directions des événements qui constituent l'émission. Une source lumineuse ordinaire a une faible cohérence spatiale. Pour produire une figure d'interférence, il faut donc utiliser une petite ouverture de manière à prélever la lumière issue d'une très petite région, laquelle agit à peu près comme une source ponctuelle. Une source étendue très éloignée agit elle aussi comme une source ponctuelle. Imaginons deux fentes suffisamment éloignées (un grand nombre de longueurs d'onde) de la source (figure 6.25*b*). Les fronts d'onde sphériques provenant des points S_1 et S_2 deviennent des ondes presque planes qui se propagent à peu près dans la même direction lorsqu'elles atteignent les fentes. Les trains d'ondes issus d'atomes différents atteignent les fentes avec des phases différentes. Toutefois, même si la phase de l'onde plane varie rapidement, elle est toujours la même pour les deux fentes. Les fentes sont donc toujours en phase. Un laser (*cf.* sujet connexe, chapitre 9) a une cohérence spatiale exceptionnelle. On obtient une figure d'interférence même si les fentes sont placées sur les deux bords extrêmes du faisceau. Bien qu'elles soient émises par des atomes différents, les ondes traversant les deux fentes sont en phase.

Puisque le processus d'émission pour un atome donné est de courte durée, les trains d'ondes ont une longueur finie ℓ_c, appelée *longueur de cohérence*. La *cohérence temporelle* des ondes est indiquée par la *durée de cohérence*, $\tau_c = \ell_c/c$. La figure 6.26 illustre la différence entre la cohérence spatiale et la cohérence temporelle.

On ne peut observer de figure d'interférence stable que si un même train d'ondes est divisé en deux parties qui parcourent des distances différentes avant d'être superposées. Supposons que nous utilisions des miroirs pour allonger les parcours des ondes passant par l'une des fentes (figure 6.27). Si la distance supplémentaire est supérieure à ℓ_c ou si le temps supplémentaire est supérieur à τ_c, il ne peut pas y avoir de chevauchement entre les deux parties W_1 et W_2 et l'on n'observe aucune interférence : c'est la *perte de cohérence* qui se produit, par exemple, dans une pellicule dont l'épaisseur n'est pas suffisamment mince. La longueur de cohérence de la lumière issue d'une source ordinaire, comme une lampe à sodium ($\lambda = 590$ nm), est de 3 mm environ. Cette valeur est très inférieure à 3 m, la valeur mentionnée plus haut pour un atome isolé, à cause du mouvement aléatoire des atomes et des collisions entre eux. Les

(*a*)

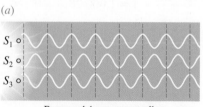

S_1 ○
S_2 ○
S_3 ○

Bonne cohérence temporelle,
mauvaise cohérence spatiale

(*b*)

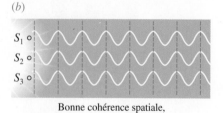

S_1 ○
S_2 ○
S_3 ○

Bonne cohérence spatiale,
bonne cohérence temporelle

Figure 6.26 ▲

(*a*) Une bonne cohérence spatiale (ou latérale) signifie que des points différents d'une source étendue sont cohérents. (*b*) Une bonne cohérence temporelle (ou longitudinale) signifie que les trains d'ondes provenant de chaque source ponctuelle sont longs.

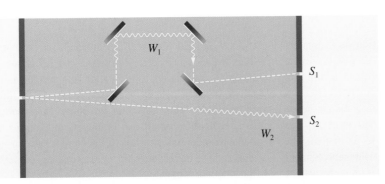

Figure 6.27 ◄
On utilise des miroirs pour allonger le chemin parcouru par les ondes passant par une des fentes. Si la distance supplémentaire est supérieure à la longueur de cohérence, il n'y a pas de figure d'interférence.

meilleures sources sont les tubes à décharges de césium ou de potassium gazeux de faible densité, pour lesquelles ℓ_c est comprise entre 20 cm et 30 cm. Le laser à gaz hélium-néon a une longueur de cohérence voisine de 20 cm. Mais certains lasers peuvent avoir une longueur de cohérence de 30 km !

Dans l'étude des interférences produites par deux sources ponctuelles *cohérentes* de la section 6.4, nous avons d'abord utilisé le principe de superposition pour trouver la fonction d'onde résultante

(source cohérente) $$E_r = E_{1r} + E_{2r}$$

puis nous avons trouvé l'intensité à partir de l'amplitude de la résultante. Considérons maintenant l'intensité sur l'écran produite par deux sources *incohérentes*. La différence de phase ϕ en un point donné quelconque de l'écran n'est pas constante mais fluctue de manière aléatoire dans le temps. Par conséquent, il n'y a pas de figure d'interférence stable. On obtient encore ici l'intensité résultante en prenant le carré de l'amplitude donnée par l'équation 6.8. Il faut toutefois noter que ϕ est une fonction aléatoire du temps. En utilisant l'identité trigonométrique $\cos(A/2) = \sqrt{(1 + \cos A)/2}$, on trouve $I = 2I_0(1 + \cos \phi)$. On remarque que la moyenne de $\cos \phi$ dans le temps est nulle et qu'il ne reste que le premier terme, $I = 2I_0$. En général, l'intensité résultante en un point quelconque de l'écran est simplement égale à la somme des intensités des deux sources indépendantes :

(source incohérente) $$I = I_1 + I_2$$

Dans ces circonstances, il est impossible d'observer de l'interférence.

Soulignons qu'à la figure 6.13 (p. 200) la grandeur $2I_0$ correspond à la valeur moyenne de l'intensité calculée sur un grand nombre de franges provenant de l'interférence de deux sources cohérentes. L'énergie totale arrivant sur l'écran est la même pour les deux types de source, mais elle est redistribuée par interférence lorsque les sources sont cohérentes.

APERÇU HISTORIQUE

Les deux théories de la lumière

La nature de la lumière fit l'objet d'un vif débat au cours du XVIIe siècle. Pour Descartes, la lumière était un flux de particules, ou « corpuscules », auxquels on pouvait appliquer les principes de la mécanique. Il considérait la réflexion d'un faisceau de lumière comme étant analogue à la collision élastique d'une balle de tennis sur une surface plane. Pour expliquer la réfraction de la lumière au passage de l'air au verre, il supposait que la vitesse des particules avait une composante perpendiculaire à la surface qui était plus grande dans le verre. Newton appuyait l'hypothèse corpusculaire, mais estimait néanmoins que la description de la réflexion était un peu simpliste. Il fit remarquer qu'un faisceau de lumière initialement dans le verre est aussi partiellement réfléchi lorsqu'il rencontre le vide. Dans ce cas, que pouvaient bien rencontrer les particules ?

Christiaan Huygens écarta l'hypothèse corpusculaire (*cf.* introduction du chapitre 4). Il proposa plutôt de considérer la lumière comme une impulsion (longitudinale) ou une perturbation dans un milieu appelé « éther ». Sa théorie n'était pas une théorie ondulatoire au sens contemporain du terme : Huygens refusait d'associer à la lumière une forme quelconque de périodicité (comme une longueur d'onde ou une fréquence).

Les phénomènes de réflexion et de réfraction de la lumière pouvaient être expliqués soit par la théorie de Huygens, soit par la théorie corpusculaire. Mais les phénomènes d'interférence et de diffraction relancèrent le débat. En 1665, Robert Hooke donna une description des couleurs qu'il avait observées dans de fines couches de mica et dans des pellicules minces de liquide placées entre deux plaques de verre. En exerçant une pression sur les plaques avec ses mains, il s'aperçut que la couleur d'une région donnée dépend de l'épaisseur de la pellicule. Hooke fit appel à une sorte de théorie ondulatoire pour donner une explication qualitative des couleurs faisant intervenir l'interférence des impulsions réfléchies sur les surfaces supérieure et inférieure de la pellicule. Comme Huygens, il n'associait aucun caractère périodique (fréquence ou longueur d'onde) aux impulsions lumineuses. Il ne put poursuivre son analyse du phénomène parce qu'il ne savait pas comment déterminer les épaisseurs de pellicules aussi minces. C'est Newton qui s'en chargea.

Les contributions de Newton et de Grimaldi

Entre 1666 et 1672, Newton étudia les couleurs dans les pellicules minces. Dans l'un des montages expérimentaux utilisés par Hooke, une lentille de grand rayon de courbure était placée sur une plaque plane pour former un coin d'air (voir la figure 6.19, p. 209). Lorsqu'on éclairait le coin, on pouvait observer une série d'anneaux concentriques alternativement brillants et sombres (voir la figure 6.20, p. 210). En éclairant le montage avec diverses couleurs du spectre d'un prisme, Newton remarqua que les anneaux s'élargissaient ou se contractaient. Il s'aperçut que, si l'épaisseur e du coin correspondait au premier anneau brillant, alors les autres anneaux brillants étaient

situés à 3e, 5e, 7e, etc. Les anneaux sombres étaient situés à 2e, 4e, 6e, etc. Constatant que les anneaux de lumière rouge étaient plus grands que les anneaux de lumière bleue, il conclut que les corpuscules de lumière rouge étaient plus gros que les bleus. La présence de ces anneaux démontrait que la lumière fait intervenir un phénomène périodique. Mais ni Hooke ni Newton n'eurent l'idée de faire correspondre la « grosseur » des corpuscules à la longueur d'onde.

Un autre phénomène lumineux intéressant fut découvert par le jésuite italien Francesco Maria Grimaldi (1618-1663). Dans ses travaux publiés à titre posthume en 1665, il décrivait plusieurs expériences montrant que la lumière ne se propage pas en ligne droite. Ayant placé une fine bande opaque à une certaine distance d'une source ponctuelle, il s'était aperçu que l'ombre était bordée de bandes colorées. En remplaçant la bande par une ouverture, il avait à nouveau observé des bandes autour de la région d'ombre géométrique. Il appela diffraction cette déviation des rayons lumineux dans la région de l'ombre géométrique.

Malgré les résultats de ses propres expériences (la périodicité des anneaux) et des expériences de Grimaldi, qui semblaient tous favorables à la théorie ondulatoire de la lumière, Newton préféra appuyer la théorie corpusculaire. Sa principale objection envers la théorie ondulatoire était que la lumière semble se propager en ligne droite, alors que les ondes, par exemple celles se déplaçant dans l'air et dans l'eau, se propagent dans toute la région située derrière un obstacle. Il considérait la diffraction de la lumière comme étant un effet trop insignifiant pour justifier une théorie ondulatoire. Selon lui, un rayon lumineux était *réfracté* légèrement en passant au voisinage d'un objet parce que la densité de l'éther y est plus faible. Newton « expliquait » ainsi le changement de direction des rayons mais ne répondait absolument pas à la question soulevée par les bandes colorées. Il est intéressant de noter que Huygens, qui est souvent considéré comme l'un des premiers défenseurs de la théorie ondulatoire de la lumière, n'avait même pas mentionné la diffraction dans son traité d'optique datant de 1690, bien qu'elle soit clairement expliquée par cette théorie. Il tenait principalement à déterminer que sa théorie « ondulatoire » pouvait expliquer la propagation *rectiligne* de la lumière ! Lui non plus n'avait pas cherché à étudier les couleurs dans les pellicules minces.

L'émergence de la théorie ondulatoire

Puisque Newton et Huygens avaient décidé tous les deux de passer sous silence les données expérimentales qui les gênaient, la théorie ondulatoire de la lumière avait bien peu d'espoir de s'imposer. Newton reconnaissait bien que cette théorie n'était pas tout à fait sans fondement, mais il hésitait parce qu'il ne se rendait pas compte à quel point les longueurs d'onde de la lumière sont petites. Malheureusement, son appui, bien que timide, au modèle corpusculaire freina les études sur la nature de la lumière pendant plus d'un siècle.

Le premier défi sérieux à la théorie corpusculaire fut posé par Thomas Young, qui énonça clairement le principe de superposition des ondes. Young pensait que les anneaux sombres observés dans l'expérience de Newton étaient produits par un processus analogue au phénomène des battements : lorsque deux ondes sonores de fréquences voisines sont superposées, elles peuvent s'annuler momentanément pour produire une intensité nulle. Comme Huygens, il ne pouvait pas imaginer que des particules aient un tel comportement. Young utilisa les résultats obtenus par Newton sur les anneaux pour calculer les longueurs d'onde de la lumière visible. Il est surtout connu pour son expérience de la double fente (cf. section 6.3), qu'il réalisa en 1802 et qui démontra clairement selon lui la nature ondulatoire de la lumière.

Cette interprétation que fit Young de la nature de la lumière ne s'imposa pas immédiatement, et il fallut attendre les travaux de Fresnel sur la diffraction (voir le chapitre 7) pour que le modèle ondulatoire acquière ses lettres de noblesse. Pendant tout le reste du XIXe siècle, la lumière fut considérée comme une onde, jusqu'à ce que ce modèle soit à nouveau remis en question (voir le chapitre 9).

⊕-- RÉSUMÉ

Les conditions d'interférence constructive et destructive des ondes issues de deux sources cohérentes peuvent s'exprimer en fonction de la différence de marche δ:

(constructive) $$\delta = m\lambda$$ (6.2)

(destructive) $$\delta = \left(m + \frac{1}{2}\right)\lambda$$ $\left. \right\}$ $m = 0, \pm 1, \pm 2, \ldots$ (6.3)

Dans l'expérience des fentes de Young, la distance entre les deux fentes (d), la distance entre les fentes et l'écran (L), la distance entre le centre de l'écran et le point $P(y)$, l'angle que sous-tend cette distance vu des fentes (θ) et la différence de marche (δ) sont déterminés par les relations suivantes:

$$\delta \simeq d \sin \theta$$ (6.4)

$$\tan \theta = \frac{y}{L}$$ (6.5)

La différence de phase ϕ associée à une différence de marche δ s'écrit

$$\frac{\phi}{2\pi} = \frac{\delta}{\lambda}$$ (6.6)

L'intensité dans la figure d'interférence produites par deux fentes est

$$I = 4I_0 \cos^2\left(\frac{\phi}{2}\right)$$ (6.9)

où I_0 est l'intensité (supposée uniforme sur l'écran) due à une seule source.

La condition d'interférence constructive ou destructive dans les pellicules minces doit être établie dans chaque cas particulier en tenant compte des points suivants :

1. L'onde qui représente la lumière subit une augmentation de phase π lorsqu'elle est réfléchie sur un milieu d'indice de réfraction plus élevé.

2. La longueur d'onde λ dans le milieu d'indice de réfraction n est $\lambda = \lambda_0/n$, où λ_0 est la longueur d'onde dans le vide.

différence de marche (p. 193)
diffraction (p. 195)
expérience des fentes de Young (p. 197)
interférence constructive (p. 192)
interférence destructive (p. 192)

interféromètre de Michelson (p. 212)
ordre de la frange (p. 198)
pellicule mince (p. 202)
source cohérente (p. 199)

RÉVISION

R1. Dessinez ce qui se produit lorsqu'une série de fronts d'onde parallèles rencontre (a) un écran avec un trou beaucoup plus large que la longueur d'onde; (b) un écran avec un trou de la même largeur que la longueur d'onde; (c) un obstacle beaucoup plus large que la longueur d'onde; (d) un obstacle de la même largeur que la longueur d'onde.

R2. L'équation 6.4 est-elle toujours valable? Si non, dans quelles conditions peut-on l'utiliser?

R3. L'équation 6.5 est-elle toujours valable? Si non, dans quelles conditions peut-on l'utiliser?

R4. Vrai ou faux? Si on diminue la distance entre les fentes dans l'expérience de Young, la distance entre les franges sur l'écran diminue aussi.

R5. Dessinez le graphique de l'intensité en fonction du déphasage pour l'expérience de Young.

R6. Un rayon de lumière frappe la surface d'un lac. Quel est le changement de phase (a) du rayon réfléchi; (b) du rayon réfracté?

R7. Soit les deux pellicules minces suivantes: (a) une portion d'une bulle de savon dans l'air et (b) une couche d'huile légère flottant sur l'eau (l'indice de réfraction de l'huile est plus petit que celui de l'eau). Pour chaque cas, représentez le tracé d'un rayon lumineux réfléchi par les deux faces de la pellicule mince en précisant à chaque fois s'il y a inversion de phase.

R8. Exprimez les conditions donnant lieu à une interférence constructive et à une interférence destructive entre les rayons réfléchis par les deux pellicules minces traitées à la question R7.

R9. On éclaire une lame de verre entourée d'air. Si l'épaisseur de la lame tend vers zéro, deviendra-t-elle sombre ou brillante?

R10. Dans un interféromètre de Michelson (figure 6.23b, p. 212), de combien doit-on reculer le miroir M_1 pour qu'une frange brillante soit remplacée par la frange brillante suivante?

QUESTIONS

Q1. Lorsqu'un émetteur est masqué par une montagne, il est possible de recevoir un signal de radio AM mais pas un signal FM. Pourquoi?

Q2. On suppose que l'expérience des deux fentes de Young est réalisée sous l'eau. La figure obtenue change-t-elle? Si oui, comment?

Q3. Les interférences sont-elles plus faciles à observer dans les pellicules *minces* que dans les pellicules épaisses? (Considérez la séparation latérale des rayons réfléchis par les deux surfaces.)

Q4. Pourquoi l'espace entre les anneaux de Newton n'est-il pas constant?

Q5. Une pellicule d'huile sur l'eau a un périmètre blanchâtre où l'épaisseur est très inférieure à la longueur d'onde de la lumière dans la pellicule. Que pouvez-vous déduire de cette observation en ce qui concerne l'huile?

Q6. Vrai ou faux? Pour que deux ondes soient cohérentes, elles doivent avoir la même (a) phase; (b) longueur d'onde; (c) direction de propagation.

Q7. Dans l'expérience des deux fentes de Young, on recouvre l'une des fentes avec une lame mince qui introduit un retard de phase de 90°. Quel est l'effet produit sur la figure obtenue sur l'écran?

Q8. Peut-on obtenir une figure d'interférence à l'aide de deux ampoules de lampe de poche si elles sont suffisamment petites? Expliquez.

Q9. Au fur et à mesure que la région supérieure d'une pellicule de savon verticale s'amincit, elle apparaît sombre dans la lumière réfléchie, comme le montre la figure 6.28. Expliquez pourquoi.

Q10. À quoi sert la première fente dans le montage des deux fentes de Young (à gauche sur la figure 6.10, p. 197)?

Q11. Dans l'expérience des deux fentes de Young, on suppose que l'une des fentes est deux fois plus large que l'autre. Quel est l'effet produit sur la figure obtenue sur l'écran?

Q12. Lorsque la lumière pénètre dans un milieu différent, sa longueur d'onde varie. Sa couleur varie-t-elle également? Justifiez votre réponse.

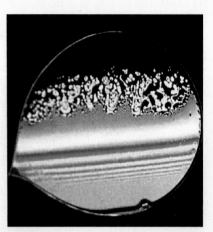

Figure 6.28 ▲
Question 9.

Q13. Pourquoi le passage d'un avion produit-il une perturbation dans la réception d'un signal FM ou de télévision?

EXERCICES

Voir l'avant-propos pour la signification des icônes

6.1 et 6.3 Interférence et expérience de Young

E1. (I) Dans l'expérience des deux fentes de Young utilisant de la lumière de longueur d'onde 490 nm, la frange brillante de 6ᵉ ordre ($m = 6$) est à 38 mm de la frange centrale sur un écran situé à 2,2 m des fentes. Quelle est la distance séparant les fentes?

E2. (I) Deux fentes étroites séparées de 0,4 mm sont éclairées par de la lumière contenant deux longueurs d'onde, de 480 nm et 650 nm. Quel est l'espace entre les franges brillantes de 2ᵉ ordre de chaque type de lumière si l'écran est situé à 2,0 m des fentes?

E3. (I) Dans l'expérience des deux fentes de Young, on observe la figure d'interférence sur un écran situé à 2 m des fentes. Sachant que la lumière incidente a une longueur d'onde de 450 nm, quelle doit être la distance minimale entre les fentes pour qu'un point situé à 3,2 mm du centre sur l'écran soit (a) un minimum; (b) un maximum?

E4. (I) De la lumière de longueur d'onde 546 nm émise par une source au mercure éclaire deux fentes distantes de 0,32 mm. Quelle est la distance entre les franges sombres de 2ᵉ et de 3ᵉ ordre si l'écran est placé à 1,8 m des fentes?

E5. (I) Dans la figure d'interférence obtenue avec deux fentes, la distance entre les quatrièmes franges brillantes ($m = 4$) de chaque côté du maximum central est de 7 cm. Si les fentes sont distantes de 0,2 mm et si l'écran est à 3,0 m des fentes, quelle est la longueur d'onde de la lumière?

E6. (I) Dans l'expérience des deux fentes, la frange brillante de 3ᵉ ordre est à 16 mm du centre sur un écran situé à 2 m des fentes. Si la longueur d'onde est de 590 nm, déterminez (a) la distance entre les fentes; (b) la distance entre les franges brillantes.

E7. (I) Deux fentes étroites sont distantes de 0,2 mm. La cinquième frange sombre est à 0,7° de la frange brillante centrale. Quelle est la longueur d'onde de la lumière?

E8. (I) On éclaire un montage d'interférence de Young avec de la lumière contenant deux longueurs d'onde distinctes. La frange brillante de 10ᵉ ordre pour la lumière de longueur d'onde 560 nm chevauche la frange sombre de 9ᵉ ordre de l'autre longueur d'onde. Trouvez l'autre longueur d'onde.

E9. (I) Deux fentes distantes de 0,24 mm sont éclairées par de la lumière contenant deux longueurs d'onde, de 480 nm et de 560 nm. On observe la double figure d'interférence obtenue sur un écran situé à 1,2 m des fentes. Quelle est la première position par rapport au pic central pour laquelle les maxima des deux longueurs d'onde se superposent exactement ?

E10. (I) Une double fente est éclairée par de la lumière jaune (589,0 nm) émise par une vapeur de sodium. La huitième frange sombre est à 6,5 mm du maximum central. L'écran est situé à 1,2 m des fentes. Quelle est la distance entre les fentes ?

E11. (II) Deux sources émettent des micro-ondes de longueur d'onde $\lambda = 3$ cm en phase. À quelle distance doivent-elles se trouver l'une de l'autre pour que la première et la deuxième frange d'interférence constructive du même côté du pic central soient séparées par un angle de 10° ?

E12. (I) Dans un montage d'interférence de Young, il y a 1 cm entre la première et la huitième frange sombre sur un écran situé à 2 m des fentes. Quelle est la distance entre les fentes si $\lambda = 510$ nm ?

E13. (II) Une lame mince en verre placée devant la fente supérieure de l'expérience de Young (voir la figure 6.12*a*, p. 198) introduit un retard de phase de 270° entre les deux sources de lumière. On suppose que la lumière de longueur d'onde 600 nm éclaire les fentes, qui sont distantes de 0,5 mm, et que l'écran est situé à 2,4 m des fentes. De combien est décalée la frange centrale et dans quel sens ?

E14. (II) Un haut-parleur qui émet un signal sonore de 200 Hz est à 8 m d'un microphone. Ils sont à égale distance d'un mur. Quelle doit être la distance minimale au mur pour qu'il y ait interférence constructive entre le son qui atteint le microphone directement et celui qui est réfléchi par le mur ? Le module de la vitesse du son est de 340 m/s. (Il n'y a pas de changement de phase à la réflexion.)

E15. (II) Deux haut-parleurs sont distants de 1 m et émettent un son de fréquence 1000 Hz en phase. Un auditeur O marche le long d'une droite parallèle à la droite joignant les haut-parleurs et distante de 8 m de celle-ci (figure 6.29). À partir du point A, quelle distance doit-il franchir pour ne plus entendre le signal ? Le module de la vitesse du son est de 340 m/s.

E16. (II) Deux haut-parleurs S_1 et S_2 sont à une distance d l'un de l'autre (figure 6.30). Ils émettent un son de fréquence $f = 95$ Hz en phase. On suppose que l'intensité ne diminue pas avec la distance à partir des haut-parleurs, et que le module de la vitesse du

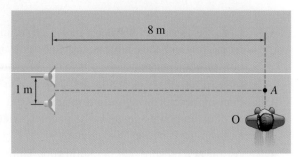

Figure 6.29 ▲
Exercice 15.

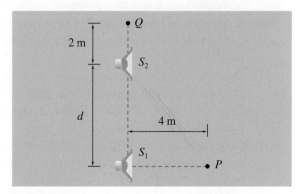

Figure 6.30 ▲
Exercices 16 à 18.

son est de 340 m/s. Quelle est la valeur minimale de d pour laquelle l'intensité est nulle à chacun des points suivants : (a) P ; (b) Q ?

E17. (II) Les deux haut-parleurs de la figure 6.30 émettent le même signal sonore. On suppose que le signal émis par S_1 est déphasé de π rad par rapport à S_2. La fréquence est de 500 Hz. Quelle est la valeur minimale de d pour laquelle l'intensité en P est maximale ? Le module de la vitesse du son est de 340 m/s.

E18. (II) Étant donné les haut-parleurs de la figure 6.30, on donne $d = 2$ m. Le module de la vitesse du son est de 340 m/s et les haut-parleurs émettent en phase. Quelle est la fréquence la plus basse pour laquelle l'intensité en P est (a) maximale ; (b) minimale ?

E19. (II) Deux sources ponctuelles S_1 et S_2 séparées par une distance d (figure 6.31) émettent des ondes sonores de même longueur d'onde ($\lambda \ll d$). Quelle est la condition que doit vérifier la distance x pour que le point P soit un point d'interférence destructive, sachant que (a) S_1 et S_2 sont en phase ; (b) S_1 et S_2 sont déphasés de π rad ?

E20. (II) Les signaux reçus par deux antennes micro-ondes distantes de 80 cm alimentent le même amplificateur situé à mi-chemin entre les antennes.

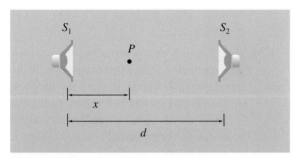

Figure 6.31 ▲
Exercice 19.

Les deux antennes et l'amplificateur s'alignent dans la direction nord-sud. Pour assurer une bonne réception du signal à une longueur d'onde de 3 cm, on doit retarder de 5 rad le signal provenant de l'antenne la plus au nord. Dans quelle direction se trouve la source, en supposant qu'elle est très éloignée ?

E21. (II) Soit des ondes tombant selon un angle α sur une paire de fentes (figure 6.32). (a) Quelle est la différence de marche entre les rayons sortant suivant l'angle θ ? (L'écran est très éloigné.) (b) À quelle valeur de θ correspond la position du pic central ? (c) Quelle est la valeur minimale de α pour laquelle l'intensité au centre de l'écran est minimale ?

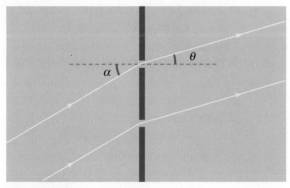

Figure 6.32 ▲
Exercice 21.

E22. (II) Une lentille de distance focale f sert à focaliser la lumière émergeant de deux fentes sur un écran distant qui est situé dans le plan focal de la lentille (figure 6.33). Montrez que les positions des minima sont données par $y_m = (2m + 1)\ f\lambda/2d$.

E23. (II) Dans l'expérience des deux fentes de Young, une frange brillante est à 1,47 cm du centre de la figure. La lumière a une longueur d'onde de 600 nm et atteint un écran situé à 1,4 m des fentes, qui sont distantes de 0,4 mm. Combien y a-t-il de franges sombres entre le centre et la frange brillante située à 1,47 cm ?

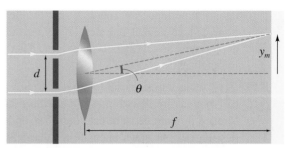

Figure 6.33 ▲
Exercice 22.

E24. (II) En utilisant la lumière réfléchie par un miroir (figure 6.34), on peut produire des franges à l'aide d'une seule source. Dans quel intervalle sur l'écran les franges sont-elles visibles ? On donne $d = 0,4$ mm, $L = 3$ cm et $\lambda = 600$ nm.

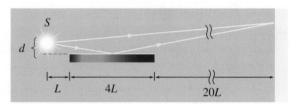

Figure 6.34 ▲
Exercice 24.

6.4 Intensité lumineuse dans l'expérience de Young

E25. (I) Montrez que l'intensité de la figure d'interférence produite par deux fentes (équation 6.9) peut s'écrire sous la forme

$$I = 4I_0 \cos^2\left(\frac{\pi dy}{\lambda L}\right)$$

où y est la distance au centre de la figure et I_0 l'intensité due à une source unique.

E26. (I) À quelle distance du centre d'une figure d'interférence produite par deux fentes l'intensité est-elle égale à 50 % de l'intensité maximale au centre, pour la première fois ? On suppose que les fentes sont distantes de 0,2 mm, que la longueur d'onde est de 560 nm et que l'écran est à 1,6 m des fentes. (Voir l'exercice 25.)

E27. (I) Deux fentes étroites distantes de 0,6 mm sont éclairées par de la lumière de longueur d'onde égale à 480 nm. On observe la figure d'interférence sur un écran situé à 1,25 m des fentes. Quelle est l'intensité de la figure en un point situé à 0,45 mm du centre, par rapport à celle que produirait une seule fente ? (Voir l'exercice 25.)

E28. (I) Quelle serait l'intensité (par rapport à celle d'une seule fente) au centre d'une figure obtenue dans l'expérience de Young si une feuille de plastique placée devant une des fentes introduisait un déphasage de $\pi/2$ rad entre les deux sources lumineuses ?

E29. (II) De la lumière de longueur d'onde égale à 627 nm éclaire deux fentes. Quelle doit être la différence de marche minimale entre les ondes issues des fentes pour que l'intensité résultante soit égale à 25 % de l'intensité du maximum central ?

E30. (II) L'intensité lumineuse dans l'expérience des deux fentes de Young est donnée par l'équation 6.9 pour deux sources lumineuses en phase. Tracez $I(\theta)$ en fonction de θ jusqu'à 1,5 rad. On donne $d = 2\lambda$ et on pose $I_0 = 1$ W/m^2.

6.5 Pellicules minces

Dans les exercices de cette section, quel que soit le milieu constituant la pellicule mince, les longueurs d'onde fournies correspondent à celle de la lumière dans le vide.

E31. (I) Soit une pellicule de MgF$_2$ ($n = 1,38$) ayant une épaisseur de $8,3 \times 10^{-5}$ cm déposée sur du verre ($n = 1,6$). Si de la lumière blanche tombe perpendiculairement à la surface, quelles sont les longueurs d'onde qui sont absentes de la lumière réfléchie ? (*Indice* : Ne retenez que les longueurs d'onde correspondant à la lumière visible, entre 400 nm et 700 nm.)

E32. (I) De la lumière blanche tombe suivant la normale sur une pellicule ($n = 1,4$) d'une épaisseur de 90 nm déposée sur du verre ($n = 1,5$). Quelle est la différence de phase entre des rayons réfléchis par les surfaces supérieure et inférieure pour chacune des longueurs d'onde suivantes : (a) 400 nm ; (b) 550 nm ; (c) 700 nm ?

E33. (I) De la lumière de longueur d'onde 600 nm éclaire un coin en verre ($n = 1,5$) plongé dans l'eau ($n = 1,33$). Si la distance séparant deux franges brillantes successives est égale à 2 mm, déterminez (a) la variation d'épaisseur du verre entre ces

franges ; (b) l'angle du coin (voir la figure 6.17, p. 208).

E34. (I) Un coin d'air est formé par deux lames de verre de longueur 12 cm séparées par un fil fin placé à une extrémité. De la lumière de longueur d'onde 480 nm tombe suivant la normale sur le coin. Trouvez le rayon du fil, sachant que l'on observe 6 franges sombres par centimètre.

E35. (I) De la lumière blanche tombe suivant la normale sur une pellicule d'eau uniforme ($n = 1,33$) recouvrant une plaque de verre ($n = 1,6$). Trouvez l'épaisseur minimale que peut avoir la pellicule, sachant que dans la lumière réfléchie : (a) la longueur d'onde de 550 nm est renforcée ; (b) la longueur d'onde de 550 nm est absente.

E36. (II) Dans l'expérience des anneaux de Newton, on observe un nombre total de 42 franges sombres (sans compter la tache centrale). La longueur d'onde utilisée est de 640 nm et l'anneau le plus large a un diamètre de 2,2 cm. Déterminez : (a) l'épaisseur de la pellicule d'air à l'emplacement de la dernière frange ; (b) le rayon de courbure de la lentille.

E37. (II) Lorsqu'on remplit d'huile l'espace entre la lentille et la plaque dans le montage de Newton, le rayon du 8e anneau sombre diminue et passe de 1,8 cm à 1,64 cm. Quel est l'indice de réfraction de l'huile ? On suppose que l'indice de réfraction du verre est supérieur à celui de l'huile.

6.6 Interféromètre de Michelson

E38. (I) Lorsqu'un des miroirs de l'interféromètre de Michelson se déplace de 0,08 mm, 240 franges défilent dans le champ de vision de l'observateur. Quelle est la longueur d'onde de la lumière ?

E39. (I) Lorsqu'on introduit une feuille transparente ayant une épaisseur de 2 μm dans l'un des bras d'un interféromètre de Michelson-Morley, on observe un décalage de 5 franges. Si la longueur d'onde utilisée est de 600 nm, quel est l'indice de réfraction de la feuille ?

EXERCICES SUPPLÉMENTAIRES

 Voir l'avant-propos pour la signification des icônes

6.1, 6.3 et 6.4 Interférence et expérience de Young, intensité lumineuse dans l'expérience de Young

E40. (I) (a) Dans un système d'interférence de Young, quelle est la plus petite différence de marche nécessaire pour produire un déphasage de $2\pi/3$ rad à

une longueur d'onde de 600 nm ? (b) Quel est le déphasage associé à une différence de marche de 25 μm pour de la lumière de 480 nm ?

E41. (I) On éclaire, avec de la lumière cohérente à 600 nm, deux fentes parallèles recouvertes de pellicules différentes de 4 μm d'épaisseur. L'indice de réfraction des pellicules est respectivement 1,52 et

1,61. Quel est le déphasage entre les deux faisceaux émergents ?

E42. (I) Dans l'expérience de Young, les deux fentes sont distantes de 0,9 mm et éclairées par un laser He-Ne dont la longueur d'onde est 632,8 nm. L'écran est situé à une distance de 3,2 m des fentes. Quel est le nombre de franges sombres dans le premier centimètre à partir du maximum central ?

E43. (I) De la lumière monochromatique éclaire deux fentes distantes de 0,7 mm. Sur un écran situé à 3,7 m des fentes, on observe que la 8e frange brillante d'un côté du maximum central est à 2,2 cm du centre. Quelle est la longueur d'onde de la lumière ?

E44. (I) On éclaire les deux fentes de l'expérience de Young à l'aide d'une source lumineuse de 575 nm de longueur d'onde. Quelle doit être la distance entre les fentes pour que la frange brillante d'ordre 4 soit à un centimètre du maximum central sur un écran situé à 3 m ?

E45. (I) De la lumière de 589 nm éclaire deux fentes séparées de 0,8 mm. Les franges sont observées sur un écran situé à 3,6 m des fentes. Quelle est la distance entre les 3e et 5e franges sombres ?

E46. (I) On observe 5 franges sombres par centimètre lorsqu'on éclaire deux fentes séparées de 0,5 mm avec de la lumière de longueur d'onde 513 nm. Quelle est la distance entre l'écran et les fentes ?

E47. (I) On éclaire deux fentes séparées de 0,4 mm avec de la lumière de 620 nm. Quel est le nombre de franges brillantes complètes entre le maximum central et un point faisant un angle de 1° avec le centre des deux sources (voir la figure 6.12a, p. 198) ?

E48. (I) On éclaire deux fentes séparées de 0,4 mm avec de la lumière de 648 nm. On observe les franges d'interférence sur un écran situé à 1,2 m des fentes. Quel est le déphasage entre les deux faisceaux (a) à $\theta = 0,4°$; (b) à une distance de 6 mm du maximum central ?

E49. (I) On éclaire deux fentes séparées de 0,5 mm avec de la lumière de 548 nm. À quel angle θ dans la figure 6.12a (p. 198) trouvera-t-on (a) un déphasage de 4 rad ; (b) une différence de marche de 0,8 λ ?

E50. (II) On éclaire deux fentes séparées de 0,6 mm avec de la lumière de 486 nm. On observe les franges sur un écran situé à 1,6 m des fentes. (a) Quel est le déphasage entre les deux sources à une distance de 3,7 mm du maximum central ? (b) Quelle est l'intensité relative à cet endroit par rapport au maximum central ?

E51. (II) La lumière qui éclaire deux fentes distantes de 0,8 mm contient deux longueurs d'onde de 500 nm et 600 nm. Si l'écran est situé loin des fentes, quel est le plus petit angle θ dans la figure 6.12a (p. 198) (>0°) pour lequel les franges brillantes des deux couleurs se superposent ?

E52. (II) Deux haut-parleurs situés à (0 ; 1,2 m) et (0 ; −1,2 m) dans un plan cartésien émettent un signal sonore de 60 Hz en phase. Quel est le déphasage entre les deux signaux à (5 m ; 0,8 m) ? Le module de la vitesse du son est de 330 m/s.

E53. (II) Deux haut-parleurs situés à (0 ; 1 m) et (0 ; −1 m) dans un plan cartésien émettent un signal sonore en phase. Un auditeur situé initialement à (5 m ; 0 m) se déplace parallèlement à l'axe des y. Il détecte un premier minimum d'interférence à (5 m ; 1,5 m). Quelle est la longueur d'onde de ce signal ?

E54. (I) La distance entre les 3e et 5e franges sombres dans l'expérience des deux fentes de Young est 0,4 cm. Si la distance entre les fentes est 0,75 mm et si l'écran est situé à 2,4 m, quelle est la longueur d'onde de la lumière utilisée ?

E55. (I) Deux sources sonores, situées sur l'axe des x à $x = 5$ m et $x = −5$ m, émettent des signaux en phase de 6 m de longueur d'onde. Pour des points situés sur l'axe des x, où sont (a) les minima ; (b) les maxima ?

E56. (II) Deux sources sonores, situées à l'origine et à (0 ; −2 m), émettent des signaux en phase de 1 m de longueur d'onde. Pour des points situés sur l'axe des x, où sont (a) les minima ; (b) les maxima ?

6.5 Pellicules minces

E57. (I) De la lumière de longueur d'onde 602 nm arrive à incidence normale sur une mince pellicule ($n = 1,4$) flottant sur de l'eau ($n = 1,33$). La pellicule a une épaisseur de 1,2 μm. (a) Quelle est la longueur d'onde de la lumière dans la pellicule ? (b) Combien de longueurs d'onde complètes peut-on insérer dans l'épaisseur de la pellicule ? (c) Quel est le déphasage entre le rayon réfléchi sur la face supérieure de la pellicule et celui réfléchi sur la face inférieure ?

E58. (I) Deux lames de verre ($n = 1,5$) de 15 cm de long se touchent à une extrémité et sont séparées par une feuille de papier de 32 μm d'épaisseur à l'autre extrémité. Si ce coin d'air est éclairé par de la lumière de 589 nm, combien y aura-t-il de franges brillantes par centimètre dans la lumière réfléchie ?

E59. (I) Une pellicule mince de pétrole ($n = 1,22$) flottant sur de l'eau ($n = 1,33$) a une épaisseur uniforme de 450 nm. De la lumière blanche l'éclaire suivant la normale. Quelles sont les longueurs d'onde (a) renforcées, et (b) atténuées, de la lumière réfléchie ?

E60. (I) Soit une pellicule d'air d'épaisseur uniforme e entre deux blocs de verre comme représenté à la figure 6.35. Dans quelle condition se produit l'interférence destructive entre les deux rayons illustrés ? La lumière est à incidence normale.

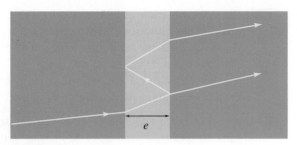

Figure 6.35 ▲
Exercice 60.

E61. (I) Une lentille de verre ($n = 1,5$) est recouverte d'une pellicule mince ($n = 1,38$) de 540 nm d'épaisseur. Quelles sont les longueurs d'onde atténuées dans la lumière visible réfléchie ?

E62. (I) Une pellicule d'huile ($n = 1,22$) flottant sur de l'eau ($n = 1,33$) réfléchit en la renforçant la longueur d'onde de 566 nm lorsqu'elle est éclairée par de la lumière blanche. Quelle est l'épaisseur minimale de cette pellicule ?

E63. (I) Un coin d'air est formé par deux lames de verre. L'angle au sommet est de 0,04°. Quelle est la distance entre les franges sombres d'ordre 60 pour les longueurs d'onde 460 nm et 660 nm ?

E64. (I) De la lumière de 546 nm éclaire suivant la normale un coin d'air formé par deux lames de verre (voir la figure 6.17, p. 208). Il y a 6 franges sombres par centimètre dans la lumière réfléchie. Quel est l'angle de ce coin ?

E65. (II) De la lumière constituée des longueurs d'onde de 420 nm et 425 nm est réfléchie par un coin de verre ($n = 1,5$) d'angle au sommet de 0,08°. À quelle distance du sommet se superposeront pour la première fois les franges sombres des deux couleurs ?

E66. (II) De la lumière éclaire suivant la normale une mince feuille de plastique entourée d'air (figure 6.36). Quelles sont les conditions pour que l'interférence entre les deux rayons illustrés donne (a) un maximum ; (b) un minimum ?

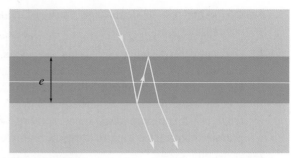

Figure 6.36 ▲
Exercice 66.

E67. (II) Une mince pellicule de plastique ($n = 1,56$) de 1,25 µm d'épaisseur est comprise entre deux lames de verre d'indice de réfraction 1,58 et 1,52. De la lumière blanche éclaire suivant la normale la lame d'indice de réfraction 1,58. Quelles sont les longueurs d'onde du domaine visible qui seront atténuées dans la lumière réfléchie ?

E68. (II) La lumière du soleil éclaire une pellicule d'huile ($n = 1,25$) flottant sur de l'eau ($n = 1,33$). Parmi les longueurs d'onde comprises entre 400 et 700 nm, seulement celles de 483 nm et de 621 nm sont atténuées dans la lumière réfléchie. Quelle épaisseur minimale possède cette pellicule ?

E69. (II) De la lumière blanche éclaire une pellicule mince ($n = 1,31$) d'épaisseur uniforme entourée d'air. Dans la lumière réfléchie, la longueur d'onde de 620 nm est renforcée et celle de 465 nm est atténuée. Quelle épaisseur minimale possède cette pellicule ?

E70. (II) De la lumière blanche éclaire suivant la normale une mince pellicule d'huile ($n = 1,4$) de 1,2 µm d'épaisseur comprise entre deux lamelles de verre ($n = 1,5$). Quelles sont les longueurs d'onde (a) atténuées, et (b) renforcées, de la lumière réfléchie ?

E71. (II) Une pellicule d'eau ($n = 1,33$) en forme de coin est éclairée suivant la normale par de la lumière blanche. La première frange brillante associée à $\lambda = 425$ nm est à 1,2 cm de l'extrémité épaisse du coin. Où est (a) la première frange brillante à 680 nm ; (b) la seconde frange brillante à 425 nm ? Les faces de la pellicule sont considérées comme planes.

E72. (II) Lorsqu'une pellicule de plastique ($n = 1,4$) d'épaisseur uniforme est éclairée par de la lumière blanche, les longueurs d'onde de 411 nm et de 685 nm sont renforcées dans la lumière réfléchie. (a) Quelle est l'épaisseur minimale de cette pellicule ? (b) À cette épaisseur, quelles sont les longueurs d'onde de la lumière réfléchie pour lesquelles il y a atténuation ?

6.6 Interféromètre de Michelson

E73. (I) L'un des bras d'un interféromètre de Michelson contient un cylindre de 2,1 cm de long, initialement rempli d'air. Ainsi, l'un des faisceaux passe dans ce cylindre et l'autre passe dans l'air ($n = 1,00029$).

Si la longueur d'onde de la lumière utilisée est de 624,6 nm, combien de franges défileront dans le champ de vision de l'observateur si on fait le vide dans le cylindre ?

P1. (I) De la lumière blanche tombe suivant la normale sur une pellicule ($n = 1,6$) entourée d'air. Dans la lumière réfléchie, seules les longueurs d'onde de 504 nm et 672 nm sont absentes. (a) Quelle est la valeur minimale possible pour l'épaisseur de la pellicule ? (b) Quelles sont les longueurs d'onde les mieux réfléchies ?

P2. (I) De la lumière blanche tombe perpendiculairement à une pellicule d'huile ($n = 1,2$) sur la surface de l'eau. Dans la lumière réfléchie, la longueur d'onde de 544 nm est absente et celle de 680 nm est particulièrement brillante. (a) Quelle est la valeur minimale possible pour l'épaisseur de la pellicule ? (b) Quelles autres longueurs d'onde (entre 400 et 700 nm) donnent lieu à une interférence constructive ou destructive ?

P3. (I) Une source monochromatique ($\lambda = 600$ nm) éclaire deux fentes étroites distantes de 0,3 mm. Lorsqu'on place une feuille de plastique devant la fente supérieure, elle introduit un retard de phase de 4π rad. Si l'on observe la figure d'interférence sur un écran situé à 4 m, de combien est décalée la figure et dans quel sens ?

P4. (I) Soit une pellicule d'huile ($n = 1,2$) sur une plaque de verre ($n = 1,5$). Lorsque de la lumière blanche tombe suivant la normale sur la surface, les longueurs d'onde de 406 nm et de 522 nm sont atténuées dans la lumière réfléchie. (a) Quelle est la valeur minimale possible pour l'épaisseur de la pellicule ? (b) Quelles sont les longueurs d'onde qui sont renforcées dans la lumière réfléchie ?

P5. (I) De la lumière blanche tombe suivant la normale sur une pellicule d'épaisseur 900 nm et d'indice de réfraction 1,5, entourée d'air. Dans la lumière réfléchie, quelles sont les longueurs d'onde (a) atténuées ; (b) renforcées ?

P6. (I) Une pellicule en forme de coin de longueur L = 12 cm et de hauteur h = 20 µm a un indice de réfraction de 1,5 (figure 6.37). Le coin est dans l'air et il est éclairé par de la lumière de longueur d'onde 490 nm. À quelle distance du bord mince se trouve la 20e frange brillante ?

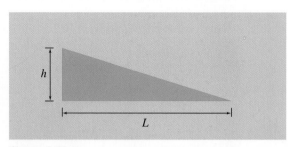

Figure 6.37 ▲
Problème 6.

P7. (I) Dans l'expérience des anneaux de Newton, la lentille plan-convexe a un rayon de courbure de 3 m. On utilise de la lumière de longueur d'onde 600 nm. Quel est le nombre de franges brillantes observées dans un rayon de 0,8 cm ?

P8. (I) En un certain point d'un côté du pic central obtenu dans l'expérience de Young, l'intensité correspond à 50 % de l'intensité maximale au centre lorsqu'on utilise de la lumière de longueur d'onde 400 nm. Pour quelle longueur d'onde l'intensité au même point serait-elle égale à 64 % de l'intensité maximale ?

P9. (I) Deux sources ponctuelles sont distantes de 2 m et émettent des ondes sonores en phase à 300 Hz. Une personne marche le long d'une droite parallèle à celle joignant les sources et à une distance de 10 m de son milieu. Le module de la vitesse du son est de 340 m/s. À quelles distances du maximum central l'intensité sonore est-elle (a) maximale ; (b) minimale ?

P10. (II) Le doublet jaune émis par le sodium a pour longueurs d'onde 589,0 nm et 589,6 nm. Lorsqu'on déplace l'un des miroirs dans l'interféromètre de Michelson, les franges apparaissent et disparaissent périodiquement. (a) Pourquoi cela se produit-il ? (b) De quelle distance doit-on déplacer le miroir pour passer du maximum au minimum d'intensité au centre de la figure d'interférence ?

P11. (I) Une mince feuille de plastique ($n = 1,6$) placée devant l'une des fentes de l'expérience de Young provoque un décalage de la frange brillante centrale qui se place à l'endroit où se trouvait auparavant la 12ᵉ frange brillante. Sachant que la lumière a une longueur d'onde de 650 nm, quelle est l'épaisseur minimale de la feuille ?

P12. (II) Deux sources ponctuelles S_1 et S_2 sont en phase. Elles sont séparées par une distance d sur une droite perpendiculaire à un écran (figure 6.38). (a) Qu'observe-t-on sur l'écran ? (b) En supposant que $d \ll L$, trouvez la position y_m du $m^{\text{ième}}$ maximum par rapport au centre O.

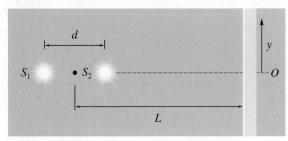

Figure 6.38 ▲
Problème 12.

P13. (I) On place, dans l'un des bras d'un interféromètre de Michelson, un cylindre de longueur $L = 4{,}0$ cm dans lequel on a fait le vide. Si on laisse entrer de l'air dans le cylindre, on observe un décalage de 40 franges avec de la lumière de longueur d'onde de 600 nm. Trouvez l'indice de réfraction de l'air.

P14. (II) Soit un faisceau de lumière oblique tombant sur une pellicule mince d'épaisseur e dans l'air (figure 6.39). Une partie de la lumière est réfléchie sur la première surface (rayon 1) et une partie est réfléchie sur la deuxième surface (rayon 2). Montrez que la condition d'interférence destructive est $2ne \cos \theta = m\lambda$. (*Indice* : Considérez la différence de phase entre les deux rayons.)

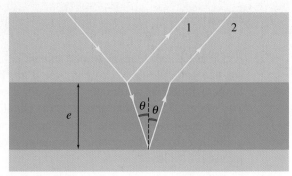

Figure 6.39 ▲
Problème 14.

P15. (II) Lorsque de la lumière blanche tombe selon la normale sur une pellicule mince dans l'air, la longueur d'onde 550 nm est atténuée dans la lumière réfléchie. En supposant que la pellicule ait une épaisseur minimale, déterminez les différences de phase entre deux faisceaux qui interfèrent pour (a) 400 nm ; (b) 700 nm. Évaluez les facteurs de réduction des intensités réfléchies de (c) 400 nm ; (d) 700 nm par rapport à l'interférence constructive.

L'optique physique

POINTS ESSENTIELS

1. La diffraction par une ouverture de dimension appropriée peut produire des **franges de diffraction**: l'amplitude de l'onde diffractée change alors selon la direction.

2. Le principe de Huygens permet de prédire l'amplitude de l'onde diffractée dans chaque direction: il suffit d'assimiler la fente à un grand nombre de sources ponctuelles.

3. On peut tenir compte de la largeur des fentes dans l'expérience de Young en superposant une figure de diffraction à la figure d'interférence.

4. Le **critère de Rayleigh** permet d'évaluer la résolution des images produites par divers dispositifs optiques, ce qui révèle la taille du plus petit détail qu'on peut y distinguer.

5. Les positions des maxima principaux d'un **réseau** s'obtiennent grâce à une analyse semblable à celle de l'expérience de Young.

6. Un filtre **polariseur** laisse passer la lumière polarisée selon un certain **axe de transmission**.

7. La portion réfléchie d'un rayon de lumière qui frappe une surface selon l'**angle de polarisation** est polarisée linéairement.

Les disques comme les CD et les DVD réfléchissent des couleurs quand on les éclaire avec de la lumière blanche. Leurs pistes réagissent en effet comme les sillons d'un réseau de diffraction et les couleurs correspondent aux maxima principaux du réseau. Dans ce chapitre, nous apprendrons notamment à décrire les réseaux et la figure qu'ils produisent.

Malgré son caractère novateur et révolutionnaire, la théorie de Thomas Young sur la nature de la lumière n'avait pas la rigueur mathématique souhaitée par les scientifiques de l'époque. De plus, Young avait une attitude arrogante. Il est donc compréhensible qu'il ait eu si peu de succès à convaincre les milieux scientifiques britanniques de la validité de sa théorie ondulatoire. Quelques années plus tard, un jeune Français nommé Jean Augustin Fresnel (figure 7.1) réalisa plusieurs expériences équivalentes à celle de Young, indépendamment de ce dernier, et élabora une théorie mathématique des interférences, de la diffraction et d'autres phénomènes. Il démontra que c'est la dimension de l'ouverture ou de l'obstacle par rapport à la longueur d'onde qui détermine l'importance du phénomène de diffraction. Newton ayant objecté que le changement de l'orientation des rayons lumineux était trop faible pour justifier qu'on représente la lumière comme une onde, Fresnel expliqua que cet effet n'était qu'une conséquence de la courte longueur d'onde de la lumière.

Figure 7.1 ▲
Jean Augustin Fresnel (1788-1827).

À cause des travaux de Fresnel, l'Académie des sciences de Paris décida de choisir la diffraction comme sujet pour l'attribution de son prix en 1818 ; Fresnel présenta alors un article. Mais Siméon Denis Poisson (1781-1837), qui faisait partie du comité de sélection et qui était hostile à la théorie ondulatoire, essaya de mettre en évidence une conséquence « absurde » de la théorie de Fresnel : puisque toutes les ondes diffractées sur les bords d'un obstacle circulaire sont censées arriver en phase au centre de la région d'ombre sur l'écran, on devrait observer une tache brillante en ce point. Peu après, Fresnel et François Arago (1786-1853) montrèrent que cette tache, qu'on appela « tache de Poisson » (figure 7.2), est bel et bien observée dans les conditions prédites. À son grand regret, Poisson venait malgré lui de fournir un solide argument, soutenant avec élégance la théorie de Fresnel ! À la suite de ces événements, le modèle ondulatoire de la lumière fut généralement accepté. Ce changement de représentation préparait la voie pour la théorie électromagnétique de la lumière de Maxwell.

Figure 7.2 ▶

(*a*) Voulant discréditer la théorie ondulatoire de Fresnel, Poisson attira l'attention sur une prédiction qu'il jugeait absurde : selon la théorie, une tache brillante devait apparaître au centre de l'ombre produite par tout obstacle circulaire. Cette « tache de Poisson » fut observée, et cela renforça la validité de la théorie, qui fut ensuite généralement acceptée. (*b*) Avec la technologie d'aujourd'hui, on peut facilement reproduire cette expérience en utilisant un faisceau laser suffisamment large.

(*a*)

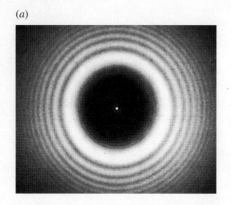

(*b*)

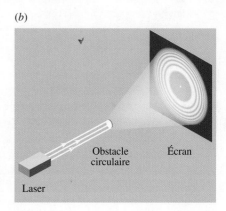

Obstacle circulaire   Écran

Laser

7.1 La diffraction de Fraunhofer et la diffraction de Fresnel

À la section 4.2, nous avons défini la diffraction comme le changement de direction subi par une onde (mécanique ou électromagnétique) lorsqu'elle rencontre un obstacle ou une ouverture. Nous avons décrit plus largement ce phénomène à la section 6.2, mais avons dit peu de choses sur la façon dont l'amplitude (et, donc, l'intensité) de l'onde diffractée est différente dans chaque direction : quand une onde diffracte en traversant une ouverture de largeur a, par exemple, le principe de Huygens permet de prédire que l'intensité diffractée est presque uniforme dans chaque direction quand $a \approx \lambda$ et, à l'opposé, que l'intensité n'est significative que pour les rayons très peu déviés quand $a \gg \lambda$.

Nous allons maintenant considérer la situation intermédiaire, celle où la largeur a correspond à quelques fois la longueur d'onde : dans ces circonstances, l'onde diffractée présente plusieurs maxima et minima d'intensité, selon la direction. Quand l'onde diffractée est une onde lumineuse, on peut la capter sur un écran et obtenir un motif appelé **figure de diffraction**, laquelle présente des **franges de diffraction**, c'est-à-dire une alternance de zones brillantes et sombres. Selon les distances auxquelles sont situés la source et l'écran, par rapport à l'obstacle, on classe en général les figures de diffraction en deux catégories :

- Si la source se trouve près de l'obstacle ou de l'ouverture, les fronts d'onde incidents sont sphériques et non plans. De même, si l'écran se trouve près de l'obstacle ou de l'ouverture, les rayons qui quittent des portions différentes de cet obstacle ou de cette ouverture vers un même point de l'écran ne peuvent pas être considérés comme parallèles. Dans l'un ou l'autre de ces deux cas, la figure de diffraction produite présente des minima moins prononcés : c'est la **diffraction de Fresnel**. La figure 7.3 donne un exemple de diffraction de Fresnel causée par un obstacle. L'application du principe de Huygens étant très difficile dans cette situation, nous n'étudierons pas davantage cette figure.

- Si la source et l'écran se trouvent tous deux à une distance significative de l'obstacle ou de l'ouverture, les fronts d'onde incidents sont plans et les rayons qui sont dirigés vers un même point de l'écran peuvent être considérés comme parallèles. La figure présente alors des minima très sombres : c'est la **diffraction de Fraunhofer***, que nous allons étudier dans plusieurs sections de ce chapitre. La figure 7.6 (p. 231) donne un exemple de diffraction de Fraunhofer causée par une ouverture en forme de fente. (Notez que les minima sont manifestement plus sombres que ceux de la figure 7.3.)

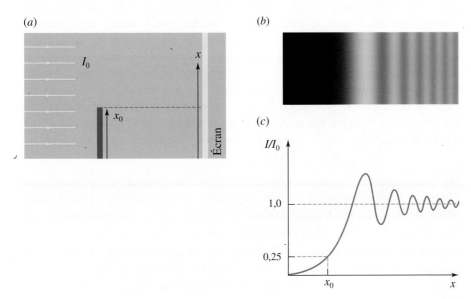

(*a*)

I_0

x

x_0

Écran

(*b*)

(*c*)

I/I_0

1,0

0,25

x_0

x

Figure 7.3 ◄

(*a*) Une source éloignée ou un laser, d'intensité I_0, éclaire un obstacle qui s'étend jusqu'en x_0. La lumière est ensuite captée sur un écran placé à courte distance.
(*b*) Photographie montrant l'intensité lumineuse relative mesurée sur l'écran.
(*c*) Graphique montrant avec plus de précision comment l'intensité relative de la lumière varie. On note qu'à l'endroit où, géométriquement, devrait cesser l'ombre, on ne retrouve que 25 % de l'intensité lumineuse. Le maximum est atteint au-delà de l'obstacle.

7.2 La diffraction produite par une fente simple

La figure 7.4 représente une onde diffractée par une fente de largeur *a* en respectant les conditions de la diffraction de Fraunhofer : les fronts d'onde incidents sont plans (donc les rayons incidents sont parallèles), et l'écran est suffisamment lointain pour qu'on puisse considérer comme parallèles les rayons qui quittent la fente en direction d'un même point de l'écran. La lumière est monochromatique et sa longueur d'onde est λ. Pour prévoir l'effet de l'obstacle muni d'une fente, on applique le principe de Huygens, tel que décrit à la section 4.3 : chacun des points, infiniment nombreux, des fronts d'onde illustrés en bleu à la figure 7.4 se comporte comme la source ponctuelle d'une onde secondaire. Au moment où les fronts d'onde atteignent le plan de l'obstacle, seules les sources d'ondes secondaires situées vis-à-vis de la fente peuvent émettre à la droite de celle-ci. L'onde diffractée, c'est-à-dire l'onde qui continue de se propager à la droite de la fente, est formée de la superposition de toutes ces ondes secondaires, qui interfèrent entre elles. Comme le front d'onde incident est plan (diffraction de Fraunhofer), on peut considérer que toutes les sources ponctuelles situées dans le plan de la fente émettent avec la même phase.

* Du nom de Joseph von Fraunhofer (1787-1826), qui s'intéressa à la diffraction et qui inventa le réseau dont nous parlerons à la section 7.4.

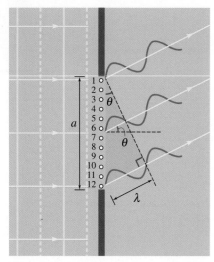

Figure 7.4 ▲

Une fente simple est assimilée à une série de sources ponctuelles. Lorsque la différence de marche entre la première source (1) et la dernière (12) est égale à une longueur d'onde, il y a interférence destructive entre les paires 1 et 7, 2 et 8, etc.

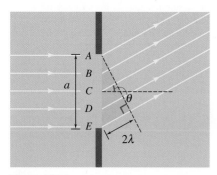

Figure 7.5 ▲

La fente est divisée en quatre segments. Si la différence de marche entre les ondes issues du haut et du bas est égale à 2λ, il y a interférence destructive entre les sources des régions *AB* et *BC* et entre celles des régions *CD* et *DE*.

Il est évidemment impossible de représenter une infinité de sources ponctuelles, mais on peut tout de même prédire plusieurs caractéristiques de l'onde diffractée en utilisant un *grand* nombre de sources (dans le cas de la figure 7.4, 12 sources sont illustrées). La figure 7.4 représente les rayons qu'émettent trois de ces sources en direction d'*un* des points de l'écran. (Ils en émettent dans les autres directions aussi.) Ce point de l'écran est repéré par sa direction θ, définie de façon analogue à l'angle θ dans la figure 6.12*a* (p. 198).

Dans la direction $\theta = 0$, tous les rayons (non illustrés) émis par les sources d'ondes secondaires parcourent une *même* distance jusqu'à l'écran et atteignent donc celui-ci en étant encore en phase. L'interférence de toutes les ondes secondaires est donc constructive au centre de l'écran, qui reçoit une intensité lumineuse maximale (c'est le centre de la tache la plus brillante de la photographie au bas de la figure 7.6). Dans toutes les autres directions θ, la distance parcourue par les ondes secondaires jusqu'à l'écran *n'est pas* la même et l'interférence entre elles n'est donc plus jamais parfaitement constructive. Quand θ est suffisamment grand, il peut se produire que *deux* des rayons interfèrent destructivement, ce qui nécessite que leur différence de marche soit de $\lambda/2$. Dans certaines directions, l'interférence de *toutes* les ondes secondaires, même si elles sont infiniment nombreuses, peut être complètement destructive : il suffit que tous les rayons s'annulent deux par deux. La première de ces situations est celle de la figure 7.4 : vérifiez que, dans la direction θ illustrée, l'interférence est destructive pour les paires d'ondes secondaires (1) et (7), (2) et (8), (3) et (9) et ainsi de suite. Ainsi, d'après la géométrie de cette figure, pour

$$a \sin \theta = \lambda$$

il y a interférence destructive complète. Dans cette direction θ, le principe de Huygens prédit donc que l'intensité diffractée est parfaitement nulle. Il s'agit du centre de la première zone sombre qu'on remarque de part et d'autre de la tache brillante centrale de la photographie au bas de la figure 7.6.

Supposons maintenant que l'on divise la fente en quatre régions, dont chacune comprend un grand nombre de sources (figure 7.5). Les sources correspondantes dans *AB* et *BC* se comportent comme à la figure 7.4 et s'annulent deux à deux lorsque

$$a \sin \theta = 2\lambda$$

La même chose est vraie pour *CD* et *DE*. En continuant de diviser l'ouverture, on trouve qu'il y a interférence destructive complète pour

Position angulaire des minima pour une fente simple

(minima) $\qquad a \sin \theta = M\lambda \quad M = \pm 1, \pm 2, \pm 3, \dots \qquad (7.1)$

Cette équation ressemble à l'équation $d \sin \theta = m\lambda$ donnant les maxima de la figure d'interférence produite par deux sources, mais il faut bien comprendre les différences qui existent entre elles. Remarquons que la valeur $M = 0$ n'est pas comprise dans l'équation 7.1, puisque $\theta = 0$ correspond au *maximum* central, et non à un minimum. Comme le montre la photographie au bas de la figure 7.6, les positions des maxima secondaires sont données de façon approximative par $a \sin \theta \approx (M + \frac{1}{2})\lambda$, avec $M = \pm 1, \pm 2, \pm 3, \dots$ À la section 7.6, nous verrons comment situer les maxima de façon plus précise.

Considérons maintenant l'effet du rapport λ/a : selon l'équation 7.1, quand $a \gg \lambda$, toutes les franges sombres sont situées à des positions θ près de zéro et sont donc impossibles à discerner : cela correspond au cas illustré à la figure 6.8 (p. 196), où il y a peu de diffraction. Lorsqu'on réduit la largeur a de la fente (par rapport à λ), la partie éclairée commence à s'élargir et des bandes sombres deviennent visibles (figure 7.6). Lorsque la largeur de la fente devient comparable à la longueur d'onde, l'équation 7.1 prédit que la direction où est située la première frange sombre tend vers $\theta = 90°$, loin hors de l'écran. Ces conditions correspondent à celles de la figure 6.7 : le maximum central devient très large et l'écran éloigné est éclairé de manière uniforme (voir l'exemple 7.1c).

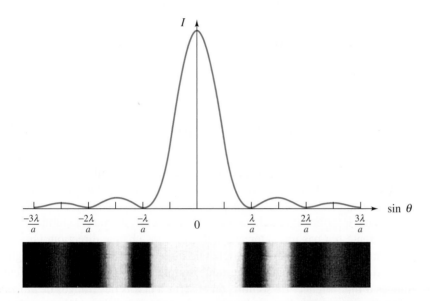

Figure 7.6 ◄
Une photographie de la figure de diffraction produite par une fente étroite, dans les conditions de la diffraction de Fraunhofer. Le graphique indique l'intensité de la figure (voir la section 7.6). Comme l'indique la graduation de ce graphique, une fente large produit une figure de diffraction étroite, alors qu'une fente étroite produit une figure de diffraction large.

L'analyse de la figure de diffraction produite par une fente, notamment la mesure des positions des franges sombres de diffraction, permet donc de déterminer la largeur a de cette fente. De même, les figures de diffraction produites par des obstacles, comme un cheveu ou des globules sanguins, présentent aussi des franges de diffraction qui peuvent permettre de déterminer les dimensions de ces corps minuscules. La diffraction joue également un rôle dans les figures de rayonnement d'une source de dimensions finies, quel que soit le type d'onde. Par exemple, un grand haut-parleur a tendance à focaliser les hautes fréquences sonores vers l'avant, alors que les basses fréquences sont rayonnées uniformément. On obtient une meilleure dispersion des hautes fréquences sonores en utilisant un petit haut-parleur, ou *tweeter*.

EXEMPLE 7.1

De la lumière de longueur d'onde 600 nm éclaire suivant la normale une fente de largeur 0,1 mm. (a) Quelle est la position angulaire du premier minimum ? (b) Quelle est la position du minimum de deuxième ordre sur un écran situé à 3 m de la fente ? (c) Quelle doit être la valeur de a pour qu'il soit impossible d'observer une frange sombre de diffraction, quelle que soit la largeur de l'écran ?

Solution

(a) D'après l'équation 7.1, la position angulaire du minimum de premier ordre ($M = 1$) est donnée par

$$\sin \theta_1 = \frac{\lambda}{a}$$

$$= \frac{6 \times 10^{-7} \text{ m}}{10^{-4} \text{ m}} = 6 \times 10^{-3}$$

Ainsi, $\theta_1 = 0{,}344°$.

(b) Si y est la distance à partir du centre de l'écran, alors, puisque $L \gg a$, $\sin \theta \approx \tan \theta = y/L$, où L est la distance de la fente à l'écran. On a donc, pour le deuxième ordre ($M = 2$),

$$y \approx L \sin \theta = L\left(\frac{2\lambda}{a}\right)$$

$$= \frac{(3 \text{ m})(2)(6 \times 10^{-7} \text{ m})}{10^{-4} \text{ m}} = 3{,}6 \text{ cm}$$

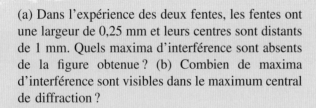 (c) Si l'angle auquel se trouve le premier minimum est 90°, ce dernier n'est pas observable. ∎

Ainsi, d'après

$$\sin \theta = \frac{\lambda}{a} = 1$$

on trouve $a = \lambda = 600$ nm. Notons que si $a < \lambda$, il n'y a aucun minimum non plus : en effet, il n'existe alors aucune direction θ pour laquelle la situation de la figure 7.4 (p. 230), où $a \sin \theta$ atteint λ, peut se reproduire. L'équation 7.1 n'est d'ailleurs plus valable puisqu'elle donne $\sin \theta > 1$, ce qui est insoluble.

Interférence et diffraction combinées

Dans notre description de l'expérience des fentes de Young au chapitre précédent, nous n'avons pas tenu compte de la figure de diffraction produite par chaque fente. Si l'écran est très éloigné, les fentes produisent des figures de diffraction qui se chevauchent à peu près. En conséquence, la lumière issue d'une fente interfère avec celle issue de l'autre fente, même si la lumière quittant chaque fente n'a pas une intensité uniforme dans chaque direction. On observe donc sur l'écran une distribution globale de la lumière similaire à la figure de diffraction qu'aurait produite une fente simple, mais à laquelle se greffent des franges d'interférence. En somme, on observe à la fois des franges de *diffraction* et des franges d'*interférence*. Si l'équation d'interférence $d \sin \theta = m\lambda$ prédit un maximum à un angle correspondant à un minimum de la figure de diffraction, l'écran est sombre. De même, un minimum d'interférence élimine la partie d'une crête de diffraction à laquelle elle se superpose. On dit que la figure d'interférence a pour enveloppe la figure de diffraction produite par une fente simple. Cette enveloppe est en pointillés à la figure 7.7. On désigne souvent la figure obtenue sur l'écran comme une *figure de diffraction-interférence*.

EXEMPLE 7.2

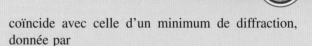

(a) Dans l'expérience des deux fentes, les fentes ont une largeur de 0,25 mm et leurs centres sont distants de 1 mm. Quels maxima d'interférence sont absents de la figure obtenue ? (b) Combien de maxima d'interférence sont visibles dans le maximum central de diffraction ?

Solution

(a) Un ordre est absent de la figure d'interférence lorsque la position θ d'un maximum d'interférence, donnée par

$$d \sin \theta = m\lambda ; \quad m = 0, \pm 1, \pm 2, \qquad (i)$$

coïncide avec celle d'un minimum de diffraction, donnée par

$$a \sin \theta = M\lambda ; \quad M = \pm 1, \pm 2, \pm 3, \qquad (ii) \blacksquare$$

Notons que a est la largeur de chaque fente et d est la distance entre les fentes. En divisant (i) par (ii), on obtient $d/a = m/M$. Si le rapport $d/a = k$ est un nombre entier, alors les pics d'interférence donnés par $m = kM$ sont absents de la figure. Dans l'exemple présent, $d = 4a$, donc les ordres d'interférence $m = 4, 8, 12, \dots$ sont absents (figure 7.7).

(b) Sept maxima d'interférence entre $m = -3$ et $m = 3$ sont visibles à l'intérieur du maximum central de diffraction (figure 7.7).

En général, les maxima d'interférence visibles dans le maximum central de diffraction sont ceux dont la position θ donnée par l'équation (i) est *inférieure* à la position θ du minimum de diffraction $M = 1$, donnée par $a \sin \theta = \lambda$. ■

Notez à la figure 7.7 que les maxima d'interférence se trouvant à l'intérieur du maximum central de diffraction sont de loin les plus intenses. En général, ce sont donc ceux qui sont les plus facilement observables au moyen de l'équipement de laboratoire couramment utilisé pour faire une démonstration de l'interférence à deux fentes (un laser, un écran opaque comportant deux fentes et un mur servant d'écran).

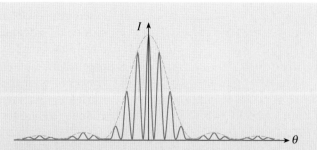

Figure 7.7 ▲

La figure produite par une paire de fentes est une figure d'interférence de Young avec une enveloppe de diffraction correspondant à la figure de diffraction produite par une fente simple.

7.3 Le critère de Rayleigh

En passant par une ouverture circulaire, par exemple une lentille, les fronts d'onde plane subissent une diffraction. Contrairement à ce que prévoit l'optique géométrique, l'image d'une source ponctuelle n'est donc pas tout à fait un point mais plutôt une figure de diffraction similaire à celle que produirait une fente simple, mais de symétrie circulaire. Le *pouvoir de résolution* d'un système optique quelconque, c'est-à-dire sa capacité à produire des images dont les détails sont nets et peuvent être distingués les uns des autres, est limité par la diffraction produite par les ouvertures circulaires ou les lentilles que comporte cet appareil. La figure 7.8 représente la lumière issue de deux sources ponctuelles, S_1 et S_2, passant par une lentille. Chaque source produit sa propre figure de diffraction et le graphe montre l'intensité lumineuse mesurée le long d'une droite traversant le centre de ces deux figures. Pour une ouverture circulaire de diamètre a, on peut montrer que la position angulaire θ_1 du premier minimum de chaque figure de diffraction par rapport au centre du maximum central est donnée par

$$a \sin \theta_1 = 1,22\lambda \qquad (7.2)$$

Cette équation* et le premier minimum donné par l'équation 7.1 obtenue pour une fente rectangulaire diffèrent d'un facteur 1,22.

Si la séparation angulaire α entre les sources est grande, les figures de diffraction sont éloignées l'une de l'autre sur l'écran ou sur une plaque photographique. Chaque image apparaît comme le montre la figure 7.9a. Si l'on déplace les deux sources de façon à diminuer leur séparation angulaire, les figures de diffraction commencent à se chevaucher. (Seule la petitesse de la séparation *angulaire* provoque cela, même si les sources S_1 et S_2 sont physiquement très éloignées l'une de l'autre.) Plus ce chevauchement est important, moins les deux images peuvent être distinguées l'une de l'autre et plus on croit voir l'image d'*une* seule source. Ce phénomène est *graduel*. Toutefois, Lord Rayleigh (figure 7.10) proposa un

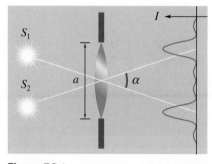

Figure 7.8 ▲

Deux sources ponctuelles non cohérentes peuvent être distinguées si le chevauchement de leurs figures de diffraction est suffisamment faible.

---

* La démonstration qui conduit à cette équation utilise encore le principe de Huygens. Toutefois, comme il s'agit d'une ouverture circulaire, cette démonstration nécessite le recours à une catégorie spéciale de fonctions appelées « fonctions de Bessel ». La valeur « 1,22 » découle de ces fonctions.

critère permettant arbitrairement de décider si des images peuvent être considérées comme distinctes ou non. Selon le **critère de Rayleigh**, deux images sont tout juste séparées lorsque le maximum central d'une figure coïncide avec le premier minimum de l'autre, c'est-à-dire lorsque $\alpha = \theta_1$, dans l'équation 7.2. L'aspect des images et des figures de diffraction correspondantes est représenté à la figure 7.9b. Pour de petits angles, $\sin \theta \approx \theta$, de sorte que la séparation angulaire critique θ_c entre les sources, correspondant au critère de Rayleigh, s'écrit

Critère de Rayleigh

$$\theta_c = \frac{1,22\lambda}{a} \qquad (7.3)$$

où a est le diamètre de l'ouverture circulaire ; puisqu'on a utilisé l'approximation $\sin \theta_c \approx \theta_c$, l'angle θ_c est exprimé en radians. Si l'on diminue encore la séparation angulaire, il n'est plus possible de distinguer les deux sources (figure 7.9c).

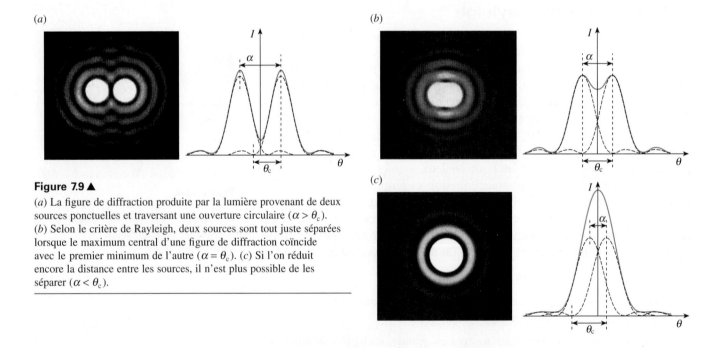

(a)

(b)

(c)

Figure 7.9 ▲

(a) La figure de diffraction produite par la lumière provenant de deux sources ponctuelles et traversant une ouverture circulaire ($\alpha > \theta_c$). (b) Selon le critère de Rayleigh, deux sources sont tout juste séparées lorsque le maximum central d'une figure de diffraction coïncide avec le premier minimum de l'autre ($\alpha = \theta_c$). (c) Si l'on réduit encore la distance entre les sources, il n'est plus possible de les séparer ($\alpha < \theta_c$).

Figure 7.10 ▲
Lord Rayleigh (1842-1919).

Tous les instruments d'optique comme les microscopes et les télescopes causent de la diffraction puisqu'ils comportent nécessairement des ouvertures, souvent circulaires. L'équation 7.3 permet donc d'estimer la limite minimale ultime que peut prendre la séparation angulaire entre deux détails si l'on souhaite pouvoir les distinguer. Il s'agit d'une limite ultime, car, en pratique, bien d'autres facteurs limitent le pouvoir de résolution d'un instrument, notamment les aberrations optiques dans ses miroirs ou ses lentilles (voir la section 5.3). Si l'instrument est un télescope, le pouvoir de résolution est aussi limité à 1 s d'arc* environ par la turbulence atmosphérique. Le télescope spatial Hubble (figure 7.11) peut toutefois fonctionner plus près de la limite de diffraction permise par son miroir de 2,4 m de diamètre, puisqu'il est en orbite au-dessus de l'atmosphère (à 600 km d'altitude).

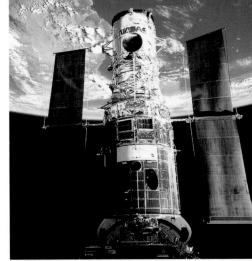

Figure 7.11 ▲
Le télescope spatial Hubble est en orbite bien au-dessus de l'atmosphère. Son pouvoir de résolution n'est donc pas affecté par les turbulences atmosphériques.

EXEMPLE 7.3

(a) Le télescope optique du mont Palomar a un diamètre de 200 po (5,08 m). Si on désire distinguer deux objets situés sur la Lune au moyen de lumière de 550 nm de longueur d'onde, quelle distance minimale doit séparer les deux objets ? La Lune est à une distance de $3,84 \times 10^8$ m et on estime que le pouvoir de résolution n'est limité que par la diffraction. (b) Un satellite espion en orbite à une altitude de 200 km est équipé d'un miroir de 50 cm de diamètre. En supposant que le pouvoir de résolution soit limité uniquement par la diffraction, quelle doit être la plus petite distance entre deux objets à la surface de la Terre pour qu'ils soient tout juste séparés lorsqu'on les observe à partir du satellite ? On donne $\lambda = 400$ nm.

Solution

(a) On considère que la résolution n'est limitée que par la diffraction causée par l'ouverture du télescope, d'un diamètre de 5,08 m. Selon l'équation 7.3, l'angle critique est de

$$\theta_c = \frac{(1,22)(5,5 \times 10^{-7} \text{ m})}{5,08 \text{ m}} = 1,32 \times 10^{-7} \text{ rad}$$

Cette valeur correspond à peu près à 0,3 s d'arc. Comme cet angle est petit, la distance entre deux points distincts sur la Lune est $s = L\theta_c$, L étant la distance de la Terre à la Lune. Par conséquent,

$$s = L\theta_c = (3,84 \times 10^8 \text{ m})(1,3 \times 10^{-7}) = 50 \text{ m}$$

Dans la pratique, le pouvoir de résolution est limité à 1 s d'arc environ par la turbulence atmosphérique et les aberrations optiques dans le miroir.

(b) Comme on a vu dans la partie (a), on a

$$s = L\theta_c = \frac{1,22L\lambda}{a}$$

donc

$$s = \frac{(1,22)(2 \times 10^5 \text{ m})(4 \times 10^{-7} \text{ m})}{(0,5 \text{ m})} = 0,2 \text{ m}$$

Ce satellite-espion est donc en mesure de distinguer des détails sur la Terre d'une taille de l'ordre de 20 cm.

7.4 Les réseaux de diffraction

Un **réseau** est composé de milliers de fentes très fines ou de sillons très fins découpés dans une plaque de verre (dans ce cas, les parties intactes jouent le rôle de fentes). Ces fentes sont équidistantes et séparées par une distance d, très petite, qu'on appelle le **pas** du réseau. On suppose que les fentes sont si fines

---

* Une seconde d'arc correspond à 1/3600 degré.

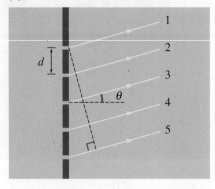

(a)

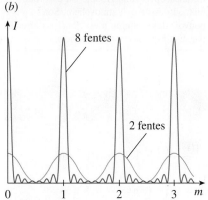

(b)

Figure 7.12 ▲

(a) Interférence due à des fentes multiples. Ici, le réseau représenté n'a que cinq fentes, mais les réseaux ont typiquement des milliers de fentes. (b) Changements subis par la figure d'interférence lorsqu'on augmente le nombre des fentes. Dans un réseau comportant des milliers de fentes, les maxima principaux sont très étroits et les maxima secondaires ne sont pas visibles (voir aussi la figure 7.15, p. 240).

que la figure de diffraction produite par une fente simple éclaire l'écran uniformément ($a \approx \lambda$). Ainsi, chacune de ces fentes peut être assimilée à une source ponctuelle.

La figure produite par un réseau devrait présenter des analogies avec la figure de diffraction produite par une fente simple. En effet, dans ce dernier cas, le principe de Huygens nous a conduits à assimiler la fente à un très grand nombre de sources ponctuelles produisant des ondes secondaires se superposant. Dans le cas d'un réseau, il y a *aussi* un très grand nombre de sources ponctuelles produisant des ondes se superposant, la seule différence étant que ces sources sont séparées par une distance finie (bien que très petite), qui correspond au pas du réseau.

Si la différence de marche entre les rayons 1 et 2 (figure 7.12a) est égale à λ, il y a interférence constructive entre ces deux rayons. La même chose est alors vraie pour les rayons 2 et 3, et ainsi de suite. Toute différence de marche égale à un nombre entier de longueurs d'onde donne également une interférence constructive. Les différences de marche qui correspondent aux *maxima principaux* sont donc données par

Différence de marche pour les maxima principaux d'un réseau

$$\delta = m\lambda \quad m = 0, \pm 1, \pm 2, \pm 3 \qquad (7.4)$$

On les appelle maxima principaux parce que les ondes issues de *toutes* les fentes sont en phase. D'après la figure 7.12a, la différence de marche entre les rayons provenant de fentes adjacentes est $\delta = d \sin \theta$. On remarque que c'est la même relation que dans l'expérience de Young.

La figure 7.12b montre l'intensité de la lumière mesurée à l'écran pour un système à huit fentes et un autre à deux fentes. Huit fentes donnent des maxima principaux situés aux mêmes endroits que dans la figure produite par deux fentes, mais avec six pics secondaires ; la section suivante explique comment on obtient un tel résultat. Pour un réseau comprenant des milliers de fentes, les maxima principaux n'ont plus qu'une faible largeur angulaire tout en étant très intenses et les pics secondaires ne sont pas visibles.

Cette plus grande netteté des maxima principaux peut s'expliquer qualitativement de la manière suivante. Une petite variation de θ s'écartant de la condition de l'équation 7.4 correspond à une petite différence de marche entre des fentes adjacentes. Pour deux fentes, l'amplitude résultante ne varie que lentement avec θ. Dans le cas d'un réseau où d a la même valeur, la différence de marche entre des fentes adjacentes est la même, mais, au fur et à mesure que θ varie, la différence de marche entre la première et la dernière fente atteint rapidement λ. Conformément au raisonnement appliqué à la diffraction produite par une fente simple, les contributions de la première fente et de celle du milieu vont alors s'annuler, et ainsi de suite pour chaque paire de fentes. C'est pourquoi les maxima principaux sont étroits. (La variation d'intensité due à des fentes multiples est calculée à la section 7.5.)

Les réseaux jouent un rôle extrêmement important dans l'analyse de la lumière émise par les atomes et les molécules. Contrairement au spectre continu d'un corps chaud, comme un filament chauffé ou le Soleil, la lumière émise par un gaz de faible densité traversé par une décharge électrique est composée d'une série de longueurs d'onde discrètes. En traversant un réseau, chaque couleur produit ses maxima principaux dans des directions différentes de celles des autres couleurs. Ainsi, la lumière incidente est décomposée. Sur l'écran (ou dans le télescope permettant d'examiner la lumière traversant le réseau), on observe donc de petites raies colorées : c'est un « spectre de raies » qui caractérise les éclairages composés de longueurs d'onde discrètes. Cette capacité d'un réseau à séparer les différentes couleurs qui composent la lumière incidente le rend analogue à un prisme, sauf que son pouvoir de résolution est typiquement bien meilleur. En revanche, l'intensité d'une couleur donnée est bien plus faible qu'avec un prisme parce que chaque longueur d'onde est étalée sur un grand nombre d'ordres. L'utilisation d'un réseau présente un grand avantage en ce sens qu'elle permet de déterminer les longueurs d'onde de la lumière à l'origine du spectre. C'est seulement après que Joseph von Fraunhofer ait appris à réaliser des réseaux assez fins, vers 1823, que l'on a pu déterminer avec précision les longueurs d'onde de la lumière émise par diverses sources.

EXEMPLE 7.4

De la lumière de longueur d'onde 550 nm éclaire selon la normale un réseau comprenant 400 traits par mm. (a) Calculer l'angle auquel on observe les maxima pour les ordres 2, 3 et 4. (b) Quel est le nombre total de maxima observés ?

Solution

(a) Le pas d du réseau correspond à l'intervalle entre les traits :

$$d = \frac{1 \text{ mm}}{400} = 2,5 \times 10^{-6} \text{ m}$$

Pour le deuxième ordre, $m = 2$ et l'équation 7.4 donne

$$\delta = 2\lambda = 1100 \text{ nm}$$

Puisque $\delta = d \sin \theta_2$, on trouve

$$\sin \theta_2 = \frac{\delta}{d} = \frac{1100 \times 10^{-9} \text{ m}}{2,5 \times 10^{-6} \text{ m}} = 0,44$$

d'où $\theta_2 = 26,1°$. De même, on trouve $\theta_3 = 41,3°$ pour le 3e ordre et $\theta_4 = 61,6°$ pour le 4e ordre.

(b) Si on reprend le calcul précédent pour le 5e ordre, on trouve $\sin \theta > 1$, ce qui est impossible : les maxima d'ordre 5 n'existent pas. On observe donc 9 maxima : le maximum central flanqué de 4 maxima de chaque côté.

EXEMPLE 7.5

L'hydrogène gazeux est utilisé dans certaines enseignes commerciales dites « au néon », car il produit une lumière « rose ». On projette cette lumière sur un réseau comportant 500 traits par millimètre et on observe, à l'ordre 1, une très brillante raie rouge à $\theta_1 = 19,15°$, précédée d'une raie turquoise à 14,06° et de deux raies violettes à 12,53° et à 11,83°. Déterminer les longueurs d'onde qui composent le spectre visible de l'hydrogène.

Solution

Les raies correspondent aux maxima principaux des différentes couleurs et on spécifie qu'il s'agit de l'ordre $m = 1$. En substituant dans l'équation 7.4, on obtient les longueurs d'onde 656 nm, 486 nm, 434 nm et 410 nm. Ces longueurs d'onde correspondent bien aux couleurs indiquées.

Nous reviendrons sur le spectre visible de l'hydrogène à la section 9.4, car l'étude des quatre longueurs d'onde de son spectre visible a joué un important rôle dans le développement du modèle atomique. ∎

7.5 Les fentes multiples

À la section 6.4, nous avons déterminé la distribution d'intensité dans la figure d'interférence produite par deux fentes étroites en combinant les formes trigonométriques des fonctions d'onde. Cette méthode n'est toutefois pas commode dans le cas de trois sources ou plus. Nous allons donc faire appel aux vecteurs de Fresnel, qui ont été utilisés dans l'étude des circuits en courant alternatif (*cf.* chapitre 12, tome 2). Rappelons qu'un **vecteur de Fresnel** est un vecteur tournant dont la projection selon un axe vertical représente une grandeur physique variant sinusoïdalement dans le temps. Par exemple, considérons un vecteur de Fresnel de module A qui tourne avec une vitesse angulaire ω: si l'angle qu'il forme avec l'axe horizontal est ωt, sa projection sur un axe vertical est $A \sin(\omega t)$ et elle peut donc représenter une grandeur physique oscillant avec une amplitude A et une fréquence angulaire ω. Seule cette *projection* a un sens physique et non le vecteur de Fresnel en entier.

Vecteurs de Fresnel

Bien qu'un vecteur de Fresnel ne puisse représenter qu'une quantité *scalaire*, cette quantité physique peut très bien être une des composantes d'un *vecteur* qui oscille, comme, dans ce cas-ci, le vecteur champ électrique d'une onde électromagnétique. Considérons les ondes électromagnétiques qui représentent la lumière issue de chacune des fentes et dirigée vers un même point de l'écran : à la position de l'écran, le champ électrique de chacune de ces ondes oscille avec la même amplitude E_0, mais selon une phase différente (car, bien que leurs sources soient en phase, les ondes n'ont pas parcouru la même distance jusqu'à l'écran). Pour l'une d'elles, la phase peut être choisie comme ωt et son champ électrique, à la position de l'écran, est alors donné par $\vec{\mathbf{E}} = E_0 \sin(\omega t)\vec{\mathbf{u}}_r$, où $\vec{\mathbf{u}}_r$ désigne la direction selon laquelle oscille le champ*. La composante selon r, soit $E_0 \sin(\omega t)$, peut être représentée par un vecteur de Fresnel. Ce vecteur de Fresnel, que nous représentons par le symbole $\vec{\mathbf{e}}$ pour le distinguer du vecteur champ $\vec{\mathbf{E}}$, tourne avec une vitesse angulaire égale à la fréquence angulaire ω de l'onde et son module $\|\vec{\mathbf{e}}\|$ est égal à celui du champ, soit E_0. La projection du vecteur de Fresnel sur l'axe vertical représente la composante du champ électrique dans la direction r en fonction du temps (voir le premier graphe de la figure 7.13a). Dans le cas de plusieurs ondes superposées, nous devons d'abord déterminer la somme vectorielle des vecteurs de Fresnel. La valeur instantanée de la composante selon r du champ électrique résultant est la composante verticale du vecteur de Fresnel résultant.

On suppose que les fentes sont si étroites que la diffraction répartit la lumière sur la totalité de l'écran. Autrement dit, la contribution de chaque fente est une onde d'amplitude E_0 sur l'écran. Si l'écran est éloigné des sources, les rayons sortants sont pratiquement parallèles. La différence de phase ϕ entre les champs issus de fentes adjacentes est liée à la différence de marche $\delta \approx d \sin \theta$:

$$\phi = \frac{2\pi\delta}{\lambda} = \frac{2\pi d \sin \theta}{\lambda} \qquad (7.5)$$

où nous avons utilisé l'équation 6.6 et où d est la distance entre les fentes.

Combien d'ordres voyez-vous dans ce spectre de réseau ?

---

* Pour que les ondes issues de chaque fente puissent interférer entre elles, leurs champs électriques doivent osciller dans des plans parallèles. Ce «plan de polarisation» (voir la section 7.9) peut changer avec le temps, si celui de l'onde incidente change. Toutefois, cela n'affectera pas notre raisonnement, car le plan de polarisation de toutes les ondes issues des fentes change en même temps et l'interférence demeure donc possible. Nous n'aurons qu'à dire que le champ oscille dans la «direction r», sans spécifier cette direction.

Cas de trois fentes

Considérons la figure d'interférence obtenue avec trois fentes cohérentes et identiques. En un point donné de l'écran, les champs provenant de fentes adjacentes ont, l'un par rapport à l'autre, une différence de phase ϕ et la composante de ces champs dans la direction r est donnée par :

$$E_{1r} = E_0 \sin(\omega t)$$
$$E_{2r} = E_0 \sin(\omega t + \phi)$$
$$E_{3r} = E_0 \sin(\omega t + 2\phi)$$

La figure 7.13a représente, en fonction du temps, le champ électrique des ondes issues de chacune de ces trois sources et le vecteur de Fresnel qui lui correspond. Notons que $\|\vec{\mathbf{e}}_1\| = \|\vec{\mathbf{e}}_2\| = \|\vec{\mathbf{e}}_3\| = E_0$. À un instant t quelconque, le premier vecteur de Fresnel $\vec{\mathbf{e}}_1$ fait un angle ωt avec l'axe horizontal, $\vec{\mathbf{e}}_2$ fait un angle ϕ avec $\vec{\mathbf{e}}_1$ et $\vec{\mathbf{e}}_3$ fait un angle ϕ avec $\vec{\mathbf{e}}_2$ (figure 7.13b). Quand le temps t progresse, l'angle ϕ entre les vecteurs consécutifs demeure identique, même si les trois vecteurs tournent. La résultante $\vec{\mathbf{e}}$ de ces trois vecteurs a donc un module constant, bien qu'elle tourne elle aussi. Cette résultante est $\vec{\mathbf{e}} = \vec{\mathbf{e}}_1 + \vec{\mathbf{e}}_2 + \vec{\mathbf{e}}_3$ et la projection verticale de $\vec{\mathbf{e}}$ correspond au champ électrique total selon r, soit $E_r = E_{1r} + E_{2r} + E_{3r}$. Rappelons que les angles entre les vecteurs de Fresnel correspondent au *déphasage* entre les champs électriques dans le temps ; les vecteurs champ eux-mêmes sont censés avoir tous la même direction dans l'*espace* selon $\vec{\mathbf{u}}_r$.

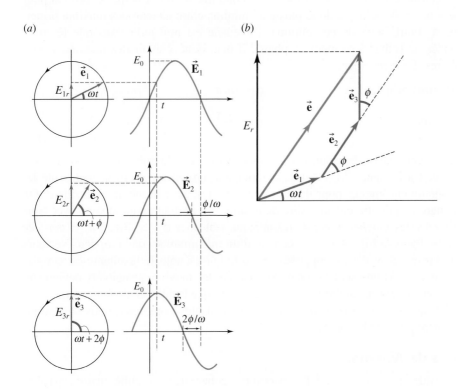

(a) (b)

Figure 7.13 ◄

(a) Trois vecteurs de Fresnel qui représentent, à la position de l'écran, le champ électrique des ondes issues de chacune des trois sources, respectivement. Chaque diagramme est accompagné d'une représentation du vecteur champ en fonction du temps. (b) Diagramme de Fresnel permettant d'additionner graphiquement les trois fonctions sinusoïdales de champ électrique. La différence de phase entre des vecteurs de Fresnel adjacents est ϕ, mais les vecteurs champ sont orientés dans la même direction dans l'*espace*.

Le diagramme de Fresnel permet de trouver la composante du champ électrique résultant E_r à tout moment t. Toutefois, lorsqu'on ne s'intéresse qu'à la variation de l'intensité résultante de la lumière en fonction de la différence de phase entre chaque source, seul le module $\|\vec{\mathbf{e}}\|$ du vecteur de Fresnel résultant a de l'importance et l'instant t peut être quelconque. À la figure 7.14, on a choisi

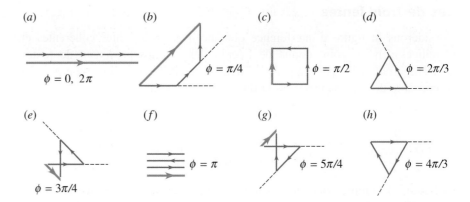

Figure 7.14 ▶

Plusieurs combinaisons de vecteurs de Fresnel pour trois fentes. En (a), on a la situation pour laquelle l'intensité sera maximale. Cette situation se produit au centre ($\theta = 0$) où $\phi = 0$, mais aussi là où $\phi = 2\pi$, 4π, ... En (d) et (h), l'angle ϕ prend une valeur telle que l'intensité lumineuse est nulle ($\|\vec{\mathbf{e}}\| = 0$). En (f), pour $\phi = \pi$, le module du vecteur résultant est plus élevé qu'en (e) et en (g), ce qui correspond à un maximum local, mais n'est pas aussi élevé qu'en (a). Cette situation correspond donc au maximum secondaire bien visible à $\phi = \pi$ sur le tracé vert de la figure 7.15 (pour $N = 3$ fentes).

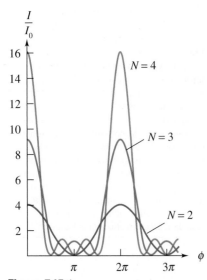

Figure 7.15 ▲

La figure d'interférence produite par trois fentes comparée aux figures produites par deux fentes et par quatre fentes.

arbitrairement de représenter $\vec{\mathbf{e}}_1$, $\vec{\mathbf{e}}_2$, $\vec{\mathbf{e}}_3$ et le vecteur résultant $\vec{\mathbf{e}}$ à l'instant $t = 0$, mais pour différentes valeurs de ϕ. La figure obtenue sur l'écran présente des *maxima principaux* et des maxima secondaires. Chacun des points de l'écran où se produit un maximum principal reçoit des ondes qui atteignent toutes ce point avec une phase identique. Les maxima principaux se produisent donc aux endroits où $\phi = 0$, 2π, 4π, et ainsi de suite (figure 7.14a). Le module du vecteur de Fresnel résultant dans ces cas est $\|\vec{\mathbf{e}}\| = 3E_0$ et l'intensité est $I_T = 9I_0$, où $I_0 \propto E_0^2$ est l'intensité due à une fente simple. Pour $3\phi = 2\pi$, 4π, et ainsi de suite, ce qui équivaut à $\phi = 2\pi/3$, $4\pi/3$, $8\pi/3$, et ainsi de suite (figures 7.14d et 7.14h), le diagramme de Fresnel se referme sur lui-même et l'intensité est donc nulle. Comme le second maximum principal se produit pour $\phi = 6\pi/3 = 2\pi$, il y a donc plusieurs minima entre chacun des maxima principaux. Entre deux de ces minima, l'intensité est non nulle sans que les trois ondes ne soient forcément en phase : il peut donc y avoir des maxima secondaires. Pour résumer :

Maxima principaux :	$\phi = 2m\pi$	$m = 0, 1, 2, 3, \ldots$
Minima :	$\phi = \dfrac{2p\pi}{3}$	$p = 1, 2, 4, 5, \ldots$ $(p \neq 3, 6, 9, \ldots)$

Le diagramme de distribution d'intensité dans le cas de trois fentes est représenté en vert à la figure 7.15. À titre de comparaison, on a également représenté les diagrammes obtenus pour deux et quatre fentes, avec la même valeur de d. On remarque qu'entre chaque paire de minima sur le diagramme obtenu avec trois sources, les *maxima secondaires* apparaissent pour $\phi = \pi$, 3π, 5π, et ainsi de suite (figure 7.14f). À l'emplacement d'un maximum secondaire, deux vecteurs de Fresnel sont de sens opposés, de sorte que l'intensité résultante est simplement I_0 pour une seule source. Notons que les maxima principaux deviennent plus étroits et plus intenses au fur et à mesure que le nombre de fentes augmente, alors que les maxima secondaires deviennent plus nombreux, mais comparativement plus négligeables.

Cas de *N* fentes

Considérons maintenant N fentes étroites, cohérentes et régulièrement espacées. Si la distance entre les fentes est d, la différence de phase entre des fentes *adjacentes* est encore donnée par l'équation 7.5. Le diagramme de Fresnel est représenté à la figure 7.16. Comme dans le cas à trois fentes, chacun des points de l'écran où se produit un *maximum principal* reçoit des ondes qui atteignent toutes ce point avec une phase identique. Les maxima principaux se produisent donc aux endroits où $\phi = 0$, 2π, 4π, et ainsi de suite. Le module du vecteur de Fresnel résultant dans ce cas est $\|\vec{\mathbf{e}}\| = NE_0$ et l'intensité des maxima principaux est $I_T = N^2 I_0$, où $I_0 \propto E_0^2$ est l'intensité due à une fente simple. Pour $N\phi = 2\pi$, 4π, et ainsi de suite, ce qui équivaut à $\phi = 2\pi/N$, $4\pi/N$, et ainsi de suite, le diagramme se referme sur lui-même et l'intensité est nulle. Pour résumer :

Maxima principaux : $\qquad \phi = 2m\pi \qquad\qquad m = 0, 1, 2, 3, \ldots$ (7.6)

Minima : $\qquad\qquad \phi = \dfrac{2p\pi}{N} \qquad\qquad p = 1, 2, 3, 4, 5, \ldots$
$\qquad\qquad\qquad\qquad\qquad\qquad\qquad (p \neq N, 2N, 3N, \ldots)$

Notons que pour les minima p prend toutes les valeurs entières, sauf N, $2N$, $3N$, et ainsi de suite, puisque les valeurs $\phi = 2\pi$, 4π, et ainsi de suite correspondent aux maxima principaux. Le premier minimum ($p = 1$) situé à côté du maximum principal du centre ($\theta = 0$) se produit pour $\phi = 2\pi/N$, ou, d'après l'équation 7.5, lorsque

(premier minimum) $\qquad \sin\theta = \dfrac{\lambda}{Nd}$ $\qquad\qquad$ (7.7)

Comme θ dans l'équation 7.7 est mesuré par rapport au centre du maximum principal ($\theta = 0$), cette même équation donne aussi la demi-largeur angulaire du pic d'intensité correspondant à ce maximum principal. Or, cette largeur étant inversement proportionnelle à N, cela montre bien qu'au fur et à mesure que le nombre de fentes N augmente, les maxima principaux deviennent de plus en plus étroits, bien que leurs positions ne varient pas par rapport à la figure produite par deux sources.

Quant à l'intensité aux autres positions de l'écran, il serait fastidieux de faire une analyse analogue à celle de la figure 7.14 dans le cas de N fentes, car il faudrait traiter individuellement chaque N. Toutefois, on peut obtenir une expression analytique donnant l'intensité en fonction de ϕ (cf. problème 11).

La figure 7.17 montre le radar Pave Paws à Cape Cod, capable de surveiller des centaines de cibles simultanément. Le principe de fonctionnement de ce radar est le même que celui d'un radar ordinaire : une onde est projetée dans une direction et on cherche à en capter les réflexions produites par des objets

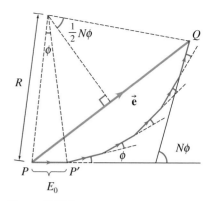

Figure 7.16 ▲
Un diagramme de Fresnel pour N fentes. Il peut servir à déterminer l'intensité en fonction de ϕ (cf. problème 11).

PA *La figure animée III-4,* **Diagramme de Fresnel**, permet de tracer les diagrammes de Fresnel pour N allant de 2 à 10 fentes. Voir le Compagnon Web : www.erpi.com/benson.cw.

Figure 7.17 ▲
Dans le radar Pave Paws, un réseau à deux dimensions d'antennes micro-ondes permet de surveiller simultanément des centaines de cibles. En faisant varier électroniquement la phase entre les antennes, on peut balayer en quelques microsecondes un angle de 120°. La photo de gauche est un gros plan d'un des côtés.

volants éventuels. Toutefois, contrairement à un radar ordinaire qui doit tourner pour balayer chaque direction, celui-ci ne tourne pas. Il comporte 1800 antennes sur chacune des deux faces de sa structure pyramidale et il est équivalent à un système à N fentes en deux dimensions. Les antennes sont fixes, mais le déphasage entre des antennes adjacentes varie électroniquement, de sorte que le faisceau émis (qui est composé d'impulsions de 5 ms) balaye une plage de 120° en quelques microsecondes. Les relations entre la phase et la séparation des sources (équation 7.5) s'appliquent également aux ondes *reçues* par un réseau d'antennes. On peut donc utiliser l'équation 7.7 pour évaluer le pouvoir de résolution d'un tel réseau d'antennes, comme on le montre dans l'exemple 7.6.

EXEMPLE 7.6

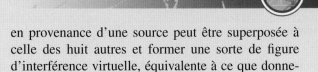

À Socorro, au Nouveau-Mexique, se trouve un réseau d'antennes appelé *Very Large Array* composé de plusieurs radiotélescopes pouvant se déplacer sur des rails (figure 7.18). On suppose qu'un segment de droite de 10,8 km de long porte 9 télescopes régulièrement espacés et que le signal provenant de l'espace a une longueur d'onde de 21 cm. (a) Quelle est la séparation angulaire minimale entre deux sources que ce réseau d'antennes est capable de distinguer ? (b) Comparer le pouvoir de résolution de ce réseau à celui d'une antenne circulaire simple.

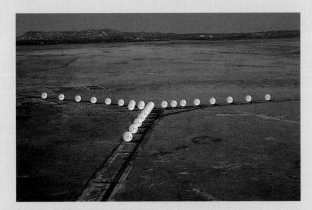

Figure 7.18 ▲

Le réseau appelé *Very Large Array*, situé à Socorro au Nouveau-Mexique, est constitué de radiotélescopes mobiles disposés en Y. Les signaux des antennes sont envoyés à une station centrale de traitement. Le système a un pouvoir de résolution équivalent à celui d'un seul radiotélescope de 37 km de diamètre.

Solution

(a) Bien qu'il s'agisse d'antennes de réception et non de fentes rectilignes, on peut supposer que l'information recueillie par chacune de ces antennes en provenance d'une source peut être superposée à celle des huit autres et former une sorte de figure d'interférence virtuelle, équivalente à ce que donnerait la figure 7.15 (p. 240) pour 9 fentes.

Comme nous considérons ici qu'il y a deux sources, *chacune* d'elles produit une figure d'interférence similaire à celle de la figure 7.15 (pour 9 fentes) et les pics d'intensité correspondant au maximum principal du centre se superposent en partie. Pour que les sources puissent être séparées, en vertu du critère de Rayleigh, ces pics d'intensité ne doivent pas se chevaucher de plus de leur moitié. Leur séparation angulaire doit donc être inférieure ou égale à leur demi-largeur angulaire θ, donnée par l'équation 7.7. Dans le cas présent, $d = 1,2$ km et $N = 9$, de sorte que

$$\sin \theta = \frac{\lambda}{Nd} = \frac{0,21 \text{ m}}{9 \times 1,2 \times 10^3 \text{ m}} = 1,94 \times 10^{-5}$$

Pour un angle aussi petit, $\sin \theta \approx \theta$, d'où $\theta = 1,94 \times 10^{-5}$ rad = 4 s d'arc.

(b) Comparons maintenant l'équation 7.7 avec l'équation 7.3, qui correspond à une simple ouverture circulaire.

Si l'on ne tient pas compte du facteur 1,22, on voit que le réseau de N petites antennes espacées de d a à peu près le même pouvoir de résolution qu'une antenne simple de diamètre $a = Nd$. Dans ce cas, le radiotélescope aurait un diamètre de plus de 10 kilomètres… ∎

Toutefois, en combinant les signaux reçus par les radiotélescopes de différents pays, on peut obtenir un pouvoir de résolution encore meilleur que celui du *VLA*.

7.6 L'intensité de la figure de diffraction produite par une fente simple

À la section 7.2, nous nous sommes contenté de déterminer les positions des minima sur la figure de diffraction produite par une fente simple et d'estimer que les maxima étaient situés approximativement à mi-chemin entre ces minima. Nous allons maintenant prédire la variation d'intensité sur l'ensemble de la figure et déterminer plus précisément les positions des maxima secondaires en nous servant d'un diagramme de Fresnel. L'analyse précédente pour N fentes peut être appliquée au cas d'une fente simple de largeur a. On divise la fente en un grand nombre indéfini de sources linéaires cohérentes, dont chacune produit une petite onde secondaire de faible amplitude. Plus ces sources sont nombreuses, plus elles sont rapprochées, ce qui rend difficile de calculer la différence de phase entre les ondes secondaires adjacentes. La différence de phase la plus facile à calculer est celle des ondes secondaires issues des bords supérieur et inférieur de la fente. Si l'écran est éloigné (diffraction de Fraunhofer), on peut considérer les rayons sortants comme étant parallèles, de sorte que la différence de marche entre les deux rayons extrêmes est $\delta = a \sin \theta$ et la différence de phase est

$$\alpha = \frac{2\pi a \sin \theta}{\lambda} \qquad (7.8)$$

Dans le cas des ondes secondaires dirigées vers le centre de l'écran, droit derrière la fente ($\theta = 0$, $\alpha = 0$), tous les vecteurs de Fresnel sont alignés. Supposons que l'amplitude de la résultante dans ce cas soit égale à A_0. Pour une certaine valeur arbitraire de l'angle θ, l'ensemble discret de segments de la figure 7.16 (p. 241) est remplacé à la figure 7.19 par un arc continu de longueur A_0. Le segment PQ correspond à l'amplitude résultante A. On voit, d'après la figure, que

$$A = 2R \sin\left(\frac{\alpha}{2}\right)$$

et que

$$A_0 = R\alpha$$

En éliminant R, on obtient

$$A = \frac{A_0 \sin\left(\frac{\alpha}{2}\right)}{\left(\frac{\alpha}{2}\right)} \qquad (7.9)$$

L'intensité ($I \propto A^2$) s'écrit

> **Intensité de la figure de diffraction produite par une fente simple**
>
> $$I = I_0 \frac{\sin^2\left(\frac{\alpha}{2}\right)}{\left(\frac{\alpha}{2}\right)^2} \qquad (7.10)$$

où I_0 est l'intensité pour $\theta = 0$. La figure 7.20 représente la distribution d'intensité et quelques diagrammes de Fresnel. Notons que la longueur des parties courbes de tous les diagrammes est la même et égale A_0. Le diagramme se referme sur lui-même si $\alpha = 2\pi$, 4π, 6π, et ainsi de suite, ce qui signifie que l'amplitude résultante prédite est nulle. Ainsi, d'après l'équation 7.10, l'intensité prédite est nulle si $\alpha = 2M\pi$ ou

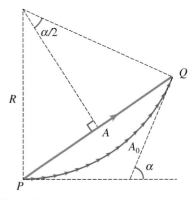

Figure 7.19 ▲

Le diagramme de Fresnel pour une fente simple. Les contributions des sources infinitésimales dans la fente forment un arc continu de longueur A_0. La résultante est la sécante A.

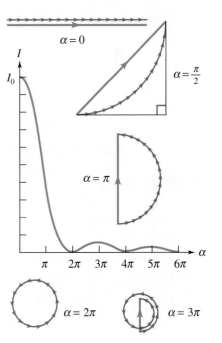

Figure 7.20 ▲

La distribution d'intensité et quelques diagrammes de Fresnel pour la diffraction produite par une fente simple.

(minima) $\qquad a \sin \theta = M\lambda \qquad M = \pm1, \pm2, \pm3, \dots \quad (7.11)$

Cela concorde bien avec l'analyse faite à la section 7.2. Examinons maintenant les intensités.

Pour $\alpha = \pi$, la résultante est le diamètre du demi-cercle de longueur A_0, donc $\pi A/2 = A_0$ ou $A = 2A_0/\pi$. L'intensité pour $\alpha = \pi$ est donc $I \propto A^2 = (4/\pi^2)I_0 \approx 0,4I_0$. Pour $\alpha = 3\pi$, le diagramme effectue 1,5 cercle de diamètre A, la longueur totale de l'arc étant A_0; par conséquent, $(3\pi/2)A = A_0$, ou $A = (2/3\pi)A_0$. L'intensité en ce point est $I = (4/9\pi^2)I_0 \approx 0,045I_0$. Cette valeur est presque égale, mais pas exactement, à l'intensité du premier maximum secondaire.

Les positions des maxima secondaires correspondent aux valeurs de α pour lesquelles l'équation 7.10 présente un maximum, c'est-à-dire (*cf.* problème 9)

(maxima secondaires) $\qquad \alpha = 2,86\pi, \quad 4,92\pi, \quad 6,94\pi, \dots$

On remarque que ces valeurs sont presque égales, mais pas tout à fait, à 3π, 5π, 7π, et ainsi de suite. Les intensités correspondant à ces valeurs de α sont déterminées par substitution dans l'équation 7.10:

$$I = 0,047I_0, \quad 0,016I_0, \quad 0,008I_0, \dots$$

Le premier pic secondaire a donc une intensité prédite correspondant à 4,7% seulement de celle du pic central.

EXEMPLE 7.7

De la lumière de longueur d'onde 600 nm éclaire selon la normale une fente de largeur 0,1 mm. Quelle est l'intensité pour $\theta = 0,2°$?

Solution

D'après l'équation 7.8,

$$\alpha = \frac{2\pi a \sin \theta}{\lambda}$$

$$= \frac{(2\pi)(10^{-4}\ \text{m})(3,5 \times 10^{-3})}{6 \times 10^{-7}\ \text{m}}$$

$$= 3,67\ \text{rad}$$

En remplaçant dans l'équation 7.10, on trouve l'intensité

$$I = I_0 \frac{\sin^2(1,84)}{(1,84)^2} = 0,277I_0$$

EXEMPLE 7.8

À l'aide d'un diagramme de Fresnel, calculer l'intensité en $\alpha = 5\pi$. Confirmer votre résultat en remplaçant dans l'équation 7.10.

Solution

Le diagramme de phase effectue 2,5 cercles. Le diamètre est A et la circonférence est A_0; par conséquent,

$$\left(\frac{5\pi}{2}\right)(A) = A_0$$

ce qui signifie que $A = 2A_0/5\pi$. En élevant au carré, on trouve

$$I = \frac{4I_0}{25\pi^2} = 0,016I_0$$

Cela concorde avec l'équation 7.10.

7.7 Le pouvoir de résolution d'un réseau

Un réseau a la propriété importante de pouvoir séparer des longueurs d'onde pratiquement égales, puisque chacune produira son maximum d'ordre 1 à un endroit différent, son maximum d'ordre 2 à un endroit différent, et ainsi de suite (voir l'équation 7.4, qui devient $d \sin \theta = m\lambda$). Cette propriété dépend de la largeur de chaque maximum principal et de la différence entre les longueurs d'onde. Considérons un rayon lumineux composé de deux longueurs d'onde, λ et $\lambda + \Delta\lambda$, tombant suivant la normale sur un réseau. Selon le critère de Rayleigh, que l'on adapte ici à des fentes rectilignes, deux maxima principaux du même ordre correspondant à des longueurs d'onde différentes apparaîtront tout juste séparés si le maximum principal (de $m^{\text{ième}}$ ordre) de $\lambda + \Delta\lambda$ coïncide avec le premier minimum d'un côté du maximum principal de même ordre pour λ (figure 7.21).

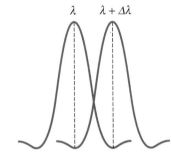

Figure 7.21 ▲
Selon le critère de Rayleigh, deux raies produites par un réseau sont à peine séparées lorsqu'un maximum principal d'une longueur d'onde coïncide avec le premier minimum de l'autre longueur d'onde.

D'après l'équation 7.4, la position du maximum principal de $m^{\text{ième}}$ ordre est

(maxima principaux) $$\delta = m(\lambda + \Delta\lambda) \tag{7.12}$$

Pour trouver le premier minimum juste en dessous du maximum principal de $m^{\text{ième}}$ ordre pour λ, on utilise l'équation 7.6, avec $p = mN + 1$, ce qui donne $\phi = 2(mN + 1)\pi/N$. Or, $\phi = 2\pi\delta/\lambda$, d'après l'équation 7.5 ; on a donc

(minimum) $$\delta = (mN + 1)\frac{\lambda}{N} \tag{7.13}$$

Puisque la différence de marche δ ne dépend que de la position angulaire θ et que celle-ci coïncide quand les deux pics sont tout juste séparés, on peut écrire que les conditions des équations 7.12 et 7.13 sont égales :

$$m(\lambda + \Delta\lambda) = (mN + 1)\frac{\lambda}{N}$$

De cette équation, en divisant de part et d'autre par $\Delta\lambda$, on déduit l'expression du *pouvoir de résolution* $R = \lambda/\Delta\lambda$ du réseau :

$$R = \frac{\lambda}{\Delta\lambda} = Nm \tag{7.14}$$

Le pouvoir de résolution augmente avec le nombre de fentes N et avec l'ordre m du maximum principal. À cause du chevauchement des spectres d'ordres voisins, m est en général limité à 2 ou à 3.

EXEMPLE 7.9

(a) Quel est le pouvoir de résolution requis pour séparer les deux raies du sodium de longueurs d'onde 589,0 nm et 589,6 nm ? (b) Si un réseau a une largeur de 2 cm, combien doit-il avoir de traits par millimètre pour séparer ces longueurs d'onde au troisième ordre ?

Solution

(a) La différence des longueurs d'onde est $\Delta\lambda = 0,6$ nm et l'on prend λ égal à la longueur d'onde moyenne. Le pouvoir de résolution nécessaire est donc

$$R = \frac{\lambda}{\Delta\lambda} = \frac{589,3 \text{ nm}}{0,6 \text{ nm}}$$

$$= 982$$

(b) Le nombre de fentes N est lié à la largeur ℓ du réseau par la relation $\ell = Nd$, où d est la distance entre les fentes. On a donc $R = Nm = \ell m/d$, ou

$$d = \frac{\ell m}{R} = \frac{(2\ \text{cm})(3)}{982}$$
$$= 0{,}0061\ \text{cm}$$

Le nombre de traits par millimètre est égal à $1/(0{,}061\ \text{mm}) = 16{,}4$ traits/mm.

7.8 La diffraction des rayons X

En 1895, comme il étudiait les rayons cathodiques (on sait maintenant qu'ils sont formés d'électrons) dans un tube à gaz, W. C. Röntgen observa qu'un morceau de papier enduit de platinocyanure de baryum et posé à côté du tube devenait fluorescent (comme les cadrans de montre qui deviennent lumineux après avoir été exposés à la lumière). L'effet de fluorescence se produisait même lorsque le tube et le papier étaient séparés par un écran de papier noir. Röntgen pensa que cet effet était causé par des rayons inconnus jusqu'alors, qu'il baptisa donc *rayons X*. Il s'aperçut bientôt qu'ils émanaient de l'endroit où les électrons entraient en collision avec le verre. William Crookes (1832-1919), qui avait mis au point le type de tube à décharge dont se servait Röntgen, avait également remarqué qu'une pellicule photographique placée près du tube se voilait. Mais, au lieu d'en rechercher la cause, il préféra envoyer une réclamation à la compagnie Ilford qui fabriquait les pellicules. Cela illustre bien que des observations inattendues, quoique similaires, peuvent conduire à de nombreuses interprétations et que l'ouverture d'esprit est un facteur clé en recherche scientifique.

Un peu comme dans le cas de la lumière, on a longtemps hésité entre différents modèles pour représenter les rayons X. Toutefois, on avait réduit les possibilités envisagées à une alternative : il devait s'agir de particules neutres ou d'ondes électromagnétiques de très courte longueur d'onde ($\approx 0{,}1$ nm). En 1912, Max von Laue (1879-1960) suggéra que l'on pouvait établir le comportement ondulatoire des rayons X en vérifiant s'ils donnaient lieu à une diffraction. Les réseaux optiques étant bien trop grossiers, il proposa de faire jouer au réseau régulier des atomes d'un cristal le rôle d'un réseau à trois dimensions. Suite à cette suggestion, Walter Friedrich (1883-1969) et Paul Knipping (1883-1935) firent passer un faisceau étroit de rayons X sur de fines lames de cristaux divers, notamment du NaCl et du ZnS (figure 7.22). Le faisceau transmis était enregistré sur une plaque photographique. Ils obtinrent un ensemble de taches disposées de façon symétrique, ce qui indiquait clairement que certaines orientations étaient privilégiées, tout comme pour la lumière traversant un réseau ordinaire. Ces résultats ne pouvaient s'interpréter que si les rayons X étaient considérés comme des ondes. En fait, on considéra qu'on pouvait expliquer tout comportement connu des rayons X en les représentant avec le même modèle que la lumière, celui de l'onde électromagnétique. En d'autres termes, on leur attribua une *nature identique*, la seule différence étant la fréquence de l'onde.

En 1913, William Henry Bragg (1862-1942) et son fils William Laurence Bragg (1890-1971) firent le raisonnement qui suit. Chaque atome dans un cristal absorbe le rayonnement incident et réémet dans toutes les directions. En général, les ondes diffusées donnent lieu à une interférence destructive. On peut supposer que les atomes sont situés dans des *plans* différents, dont chacun agit comme un miroir (figure 7.23*a*). À un ensemble donné de plans parallèles

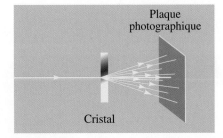

Figure 7.22 ▲

Au passage à travers un cristal, les rayons X produisent une figure caractéristique de la structure cristalline.

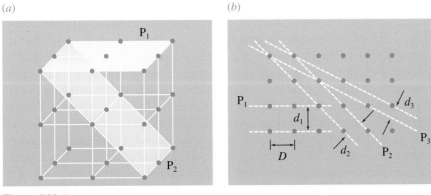

(a)   (b)

Figure 7.23 ▲

(a) Les atomes régulièrement espacés d'un cristal forment des plans. (b) Ces plans sont caractérisés par une orientation précise et un intervalle spécifique d. Dans le cas de P₁, $d_1 = D$, la distance interatomique.

correspondrait une densité particulière d'atomes et un intervalle d entre les plans (figure 7.23b). Considérons les rayons réfléchis par deux plans adjacents (figure 7.24a). Si la différence de marche $ABC = 2d \sin \theta$ est égale à un nombre entier de longueurs d'onde, les rayons sont en phase et donnent donc lieu à une interférence constructive :

$$2d \sin \theta = m\lambda \qquad (7.15)$$

où θ est l'angle par rapport aux plans. Cette *condition de Bragg* est valable pour *tous* les plans parallèles aux deux plans représentés sur la figure. On peut donc s'attendre à des réflexions particulièrement intenses lorsque cette condition est satisfaite. La figure 7.24b représente une figure de diffraction des rayons X par un cristal. À partir de telles figures, on peut déduire la disposition des atomes dans un cristal. Soulignons que la condition de Bragg ressemble beaucoup à l'équation 7.4 pour un réseau de diffraction. Toutefois, l'équation 7.15 fait intervenir un facteur 2 et l'angle θ est défini différemment.

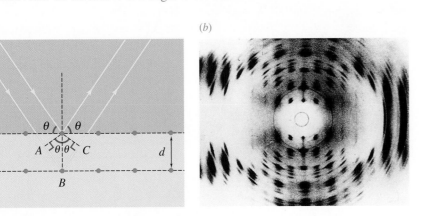

(a)   (b)

7.9 La polarisation

Les phénomènes d'interférence et de diffraction montrent que la lumière a des caractéristiques ondulatoires. Initialement, Young et Fresnel pensaient qu'on pouvait la représenter par une onde longitudinale, comme le son. C'est l'étude de la polarisation de la lumière qui permet d'infirmer cette hypothèse : ces phénomènes ne peuvent en effet être prédits correctement que si la lumière est représentée par une onde transversale. Pour expliquer en quoi consiste la **polarisation**, nous allons prendre l'exemple, analogue à une onde électromagnétique, d'une onde

L'opale est composé d'empilements réguliers de billes microscopiques de silice, chaque petit groupe de billes étant orienté d'une façon différente. Quand la lumière est réfléchie par les billes d'un de ces groupes, une couleur différente est favorisée dans chaque direction. Cet effet est tout à fait analogue à ce qui se produit lorsque des rayons X sont réfléchis par le réseau d'atomes d'un cristal. Le diamètre des billes de silice et la longueur d'onde de la lumière sont toutefois plusieurs centaines de fois plus élevés, respectivement, que le diamètre des atomes et les longueurs d'onde des rayons X.

Figure 7.24 ◄

(a) Lorsque l'espacement entre les plans atomiques et l'angle d'incidence satisfont la relation de Bragg $2d \sin \theta = m\lambda$, les ondes réfléchies sont intenses. (b) Une figure de diffraction des rayons X par un cristal.

mécanique transversale. La figure 7.25a représente une corde vibrant dans un plan vertical et la déformation associée à l'onde sinusoïdale est selon y; à la figure 7.25b, elle vibre dans un plan horizontal et la déformation est maintenant selon z. Dans chaque cas, on dit que l'onde est *polarisée linéairement* dans la direction d'oscillation. La polarisation ne peut se manifester qu'avec des ondes transversales : en effet, dans le cas d'une onde longitudinale, l'oscillation ne peut se produire que selon une direction unique (celle de propagation de l'onde), alors que dans le cas d'une onde transversale, plusieurs directions sont possibles. Pour les ondes électromagnétiques, comme la lumière visible, la direction du champ électrique est définie comme étant la direction de polarisation*. À la figure 7.25c, le champ électrique est polarisé selon y, de sorte que $\vec{E} = E_0 \sin(\omega t)\,\vec{j}$. À la figure 7.25d, la polarisation est selon z et $\vec{E} = E_0 \sin(\omega t)\vec{k}$. La figure 7.26 donne une représentation simplifiée d'une onde polarisée linéairement lorsqu'on l'observe dans la direction de propagation. On appelle souvent *diagramme de polarisation* une telle représentation où l'onde est « vue de face ».

Figure 7.25 ▶

Une onde sinusoïdale avance dans la direction positive de l'axe des x, le long d'une corde. En (a), elle est polarisée selon y. En (b), elle est polarisée selon z. Une onde lumineuse avance dans la direction positive de l'axe des x. En (c), le champ électrique de cette onde est polarisé selon y. En (d), il est polarisé selon z.

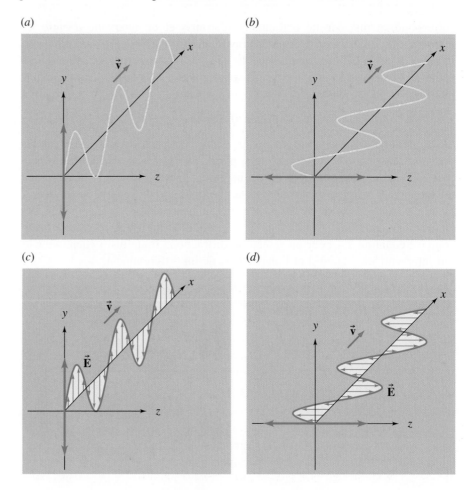

Figure 7.26 ▲

Représentation simplifiée d'une onde lumineuse polarisée.

Quand une onde électromagnétique a été émise par des atomes, comme c'est le cas pour la lumière visible, chaque atome individuel n'émet que pendant un laps de temps très court, de l'ordre de 10^{-8} s. Le champ électrique associé à l'onde émise par cet unique atome a une direction définie dans l'espace. Toutefois, la lumière observée ne provient pas de ce seul atome, mais est plutôt la superposition d'ondes émises par des milliards d'atomes. Or, l'émission d'un

* La lumière comporte aussi un champ magnétique, mais qui est toujours perpendiculaire au champ électrique.

autre atome est complètement indépendante et son vecteur $\vec{E}$ est donc orienté dans une autre direction. L'effet net produit par un grand nombre d'atomes est une fluctuation aléatoire dans le temps de la direction de $\vec{E}$ (figure 7.27a). Les doubles flèches représentent les directions de $\vec{E}$ à des instants différents lorsqu'on regarde le faisceau. Le faisceau est alors *non polarisé*. Puisqu'un champ électrique quelconque peut être projeté sur deux axes mutuellement perpendiculaires, on peut également représenter un faisceau non polarisé par deux doubles flèches perpendiculaires (figures 7.27b et 7.27c). Il ne faut pas oublier que ces deux composantes ne sont pas cohérentes ; elles n'ont pas de relation de phase fixe.

(a)   (b)   (c)

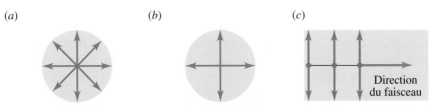

Faisceau sortant de la page

Figure 7.27 ◀

(a) Dans une onde non polarisée, la direction du champ électrique fluctue. Le champ électrique d'une onde non polarisée peut être décomposé en deux composantes perpendiculaires. En (b), le faisceau est normal à la page, alors qu'en (c), il se propage vers la droite. Notez qu'en (c), il y a une double flèche perpendiculaire à la page, représentée sous la forme d'un gros point.

En 1852, William Herapath (1796-1868) découvrit qu'un cristal de periodure de sulfate-quinine absorbait complètement la lumière polarisée s'il était orienté correctement. Cette substance étant extrêmement fragile, elle ne fut pas exploitée avant 1928, lorsque Edwin Herbert Land (1909-1991), étudiant à Harvard, trouva un moyen d'imbriquer des cristaux microscopiques de cette substance dans des feuilles de plastique. Il réussit à aligner les cristaux en étirant le plastique et en le chauffant.

De nos jours, on utilise plutôt de longues chaînes de molécules d'alcool polyvinylique à la place du cristal de Herapath. Lorsqu'on plonge les feuilles dans l'iode, les chaînes conduisent l'électricité. Ainsi, ces feuilles sont conductrices le long des chaînes, mais pas dans les directions perpendiculaires. Or, un champ électrique est rapidement annihilé dans tout conducteur isolé (section 2.3, tome 2). Quand une onde électromagnétique traverse une telle feuille, la composante de son champ électrique parallèle aux chaînes moléculaires est donc absorbée, ce qui ne laisse qu'une onde polarisée linéairement à la sortie. C'est pourquoi on qualifie ces feuilles de **polariseurs** (ou feuilles **polaroïd**). La description est plus pratique si l'on définit l'**axe de transmission** du polariseur, perpendiculaire à ses chaînes moléculaires, puisque l'onde qui émerge du polariseur est polarisée linéairement selon cet axe (figure 7.28).

Si l'on place un deuxième polariseur dans le faisceau polarisé, son axe étant incliné par rapport au premier, seule la composante du champ le long de l'axe de transmission est transmise. À la figure 7.28, l'onde initialement non polarisée traverse un premier polariseur et devient polarisée selon y. Après le second polariseur, il ne reste qu'une composante $E_y \cos \theta$ polarisée selon cette nouvelle orientation. L'intensité étant proportionnelle au carré de l'amplitude (voir la discussion à ce sujet à la section 6.4 ou voir la section 13.4 du tome 2), l'intensité de la lumière transmise est donnée par l'équation suivante, appelée **loi de Malus** :

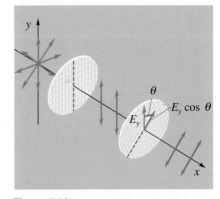

Figure 7.28 ▲

De la lumière non polarisée devient polarisée linéairement en traversant un polariseur. Un deuxième polariseur transmet uniquement la composante du champ électrique qui est parallèle à son axe de transmission.

Intensité de la lumière transmise par un polariseur

$$I = I_0 \cos^2 \theta \qquad (7.16)$$

Figure 7.29 ▲

Des polariseurs croisés, entre lesquels on insère des cristaux liquides, permettent le fonctionnement des affichages numériques.

où I_0 est l'intensité transmise pour $\theta = 0$. Quand l'intensité transmise est nulle, on dit que les polariseurs sont *croisés*, ce qui évoque le fait que leurs axes de transmission sont alors perpendiculaires entre eux.

Si de la lumière non polarisée frappe une feuille polaroïd, tous les angles θ sont également représentés. Pour connaître la fraction de la lumière transmise, il faut faire la moyenne du terme $\cos^2\theta$ dans la loi de Malus entre 0° et 90°, ce qui donne 1/2. Ainsi, pour de la lumière non polarisée, l'intensité de la lumière transmise est donnée par $I = I_0/2$, et ce peu importe l'orientation de l'axe de transmission. C'est le cas pour le premier polariseur que rencontre la lumière à la figure 7.28.

Dans les verres polaroïd des lunettes de soleil, l'axe de transmission est vertical. Ces verres absorbent la composante horizontale de la réflexion sur les surfaces horizontales, comme les routes et l'eau, et réduisent donc considérablement les reflets. Les filtres polariseurs jouent aussi un rôle important dans les écrans à cristaux liquides (figure 7.29). Cette technologie est omniprésente, puisqu'elle permet, en plus du fonctionnement des affichages de montres numériques, celui des écrans de cellulaires, d'appareils photo numériques, de télévisions à écran plat, etc. (voir le sujet connexe sur la télévision et les écrans numériques, au chapitre 2 du tome 2).

EXEMPLE 7.10

De la lumière non polarisée d'intensité I_0 rencontre successivement deux polariseurs. Le premier a un axe de transmission incliné à 30° par rapport à la verticale ; le deuxième a un axe de transmission incliné à 80° par rapport à la verticale. Quelle est l'intensité de la lumière à la sortie du deuxième filtre ?

Solution

Pour le premier filtre, la lumière est non polarisée, donc l'intensité de la lumière transmise vaut $I_1 = I_0/2$. Cette lumière est polarisée linéairement selon l'axe de transmission du filtre, donc à 30°. Elle rencontre un filtre dont l'axe de transmission est à 80°, donc $\theta = 80° - 30° = 50°$ et $I_2 = I_1 \cos^2\theta = (I_0/2) \cos^2 50° = 0{,}207I_0$.

Polarisation et antennes dipolaires

Dans une onde électromagnétique, les champs électrique et magnétique oscillent perpendiculairement à la direction de propagation. De telles ondes peuvent être produites par une antenne dipolaire reliée à une source de radio-fréquences (figure 7.30). Les électrons dans le fil oscillent et rayonnent comme nous l'avons vu au chapitre 13 du tome 2. L'intensité du rayonnement est nulle le long de l'axe du dipôle et elle est maximum perpendiculairement à cet axe. De plus, en un point de réception donné, le vecteur champ électrique oscille dans une seule direction. On peut facilement détecter la polarisation en reliant une deuxième antenne à un récepteur. Lorsque les dipôles sont parallèles, le champ électrique du premier induit des courants dans le deuxième et un signal est enregistré. Lorsque les dipôles sont perpendiculaires, il n'y a pas de signal. La polarisation des émissions de télévision et de radio nécessite d'orienter correctement les antennes réceptrices.

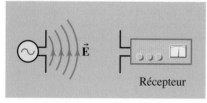

Figure 7.30 ▲

Le rayonnement émis par un dipôle (deux tiges reliées à un oscillateur) est polarisé.

La polarisation par réflexion

En 1808, un jour qu'il observait par hasard à travers un cristal de calcite biréfringent* les rayons solaires réfléchis sur une vitre du Palais du Luxembourg, l'ingénieur français Étienne Louis Malus (1775-1812) vit une seule image au lieu des deux images habituelles. Il attribua la disparition de l'une des images au fait que la lumière avait été réfléchie par la vitre et poursuivit alors ses expériences sur les effets de la réflexion. Il s'aperçut bientôt que la réflexion pouvait polariser la lumière si l'angle d'incidence était bien choisi. Pour un certain angle d'incidence, qui est l'**angle de polarisation** θ_p, le rayon réfléchi est linéairement polarisé, quel que soit l'état de polarisation du rayon incident. En 1815, David Brewster (1781-1868) s'aperçut que, si l'angle d'incidence est égal à l'angle de polarisation, le rayon réfléchi et le rayon réfracté sont perpendiculaires, c'est-à-dire $i + r = \theta_p + r = 90°$ (figure 7.31).

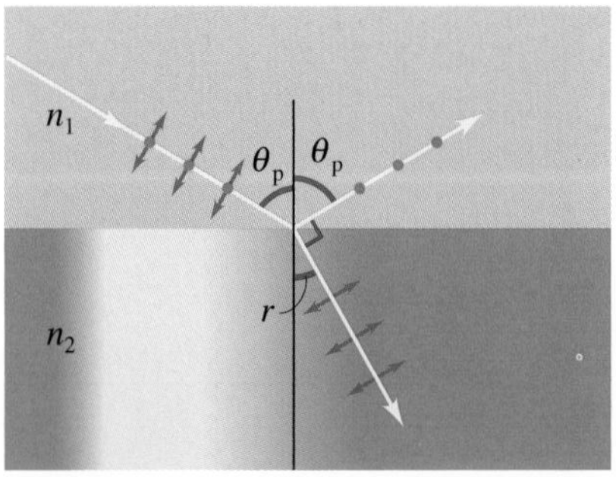

Figure 7.31 ▲
Si l'angle d'incidence est égal à l'angle de polarisation θ_p, le rayon réfléchi et le rayon réfracté sont tous les deux polarisés.

On peut expliquer ce phénomène en ayant recours à la théorie des ondes électromagnétiques : on décompose les champs du faisceau non polarisé en composantes parallèle et perpendiculaire au plan d'incidence, qui est défini comme le plan qui contient le rayon incident et la normale à la surface. Le phénomène de réflexion ne se produit pas exactement à la surface, mais seulement après qu'une onde ait pénétré dans le matériau sur une petite distance. L'onde réfléchie et l'onde réfractée sont produites par les oscillations des électrons du matériau (ou, dans certains cas, le mouvement des dipôles qu'il contient), alors qu'elles sont soumises à l'action de l'onde incidente (pour la radiation émise par des charges, voir le chapitre 13 du tome 2). Ces charges ayant plus de facilité à osciller parallèlement à l'interface, la composante de champ électrique parallèle au plan d'incidence est toujours moins fortement réfléchie.

En général, le rayon réfléchi a tout de même les deux composantes de $\vec{E}$, car les charges oscillent dans un plan perpendiculaire au rayon *réfracté* et peuvent donc produire les deux composantes de champ dans le rayon *réfléchi*. Supposons toutefois que l'angle d'incidence est choisi de façon à ce que le rayon réfracté soit perpendiculaire au rayon réfléchi : le plan dans lequel les charges oscillent, perpendiculaire au rayon réfracté, est alors *tangent* au rayon réfléchi. Comme cette oscillation ne comporte aucune composante à la fois parallèle au plan d'incidence et perpendiculaire au rayon réfléchi, aucun champ électrique selon cette composante ne peut être produit dans le rayon réfléchi. (La composante de champ électrique parallèle au plan d'incidence n'est alors *plus du tout* réfléchie.) En effet, la composante de l'oscillation des charges qui est parallèle au rayon réfléchi ne peut pas produire un champ électrique dans l'onde réfléchie, car l'oscillation de ce dernier serait longitudinale, ce qui ne peut être le cas dans une onde électromagnétique.

La polarisation par réflexion n'est pas une méthode efficace pour produire un faisceau intense de lumière polarisée, puisque seulement environ 8 % de l'énergie lumineuse incidente est réfléchie à l'angle de polarisation θ_p.

On peut déterminer l'angle de polarisation en faisant le raisonnement qui suit. D'après la loi de Snell-Descartes,

$$n_1 \sin \theta_p = n_2 \sin r$$

---

* Voir plus loin le paragraphe portant sur la biréfringence.

où r est l'angle de réfraction. On sait qu'à l'angle de polarisation θ_p les rayons réfléchi et réfracté sont perpendiculaires. Puisque $\theta_p + r = 90°$, on a sin r = cos θ_p. En remplaçant par cette valeur dans la loi de Snell-Descartes, on trouve

Loi de Brewster

$$\tan \theta_p = \frac{n_2}{n_1} \qquad (7.17)$$

C'est ce que l'on appelle la **loi de Brewster**. Pour l'air, $n_1 = 1$ et pour le verre, $n_2 = 1,5$, de sorte que tan $\theta_p = 1,5$, d'où $\theta_p = 57°$.

Polarisation et biréfringence

La polarisation de la lumière fut découverte lors de l'étude de la double réfraction. En 1669, en examinant un petit objet à travers un cristal de spath d'Islande (calcite), Erasmus Bartholin (1625-1698) découvrit deux images réfractées (figure 7.32). Les rayons *ordinaires* (O) qui forment la première image obéissent à la loi de Snell-Descartes, alors que les rayons *extraordinaires* (E) qui forment l'autre image ne vérifient pas la loi de Snell-Descartes. Par exemple, si la lumière incidente est normale à la surface, le rayon O continue sans être dévié mais le rayon E fait un certain angle avec la surface (figure 7.33). Le quartz, le sucre en solution et la glace donnent également lieu à ce phénomène de *double réfraction*, ou *biréfringence*.

Le plastique devient biréfringent lorsqu'il est soumis à des contraintes. Ici, une voûte sous contrainte est placée entre des feuilles polarisantes. Les bandes sont très rapprochées là où les contraintes sont fortes. (*Cf.* D. Falk, D. Brill et D. Stork, *Seeing the Light*, New York, Wiley, 1988, p. 358.)

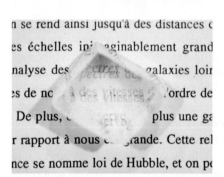

Figure 7.32 ▲
Les deux images produites par un cristal à double réfraction, ou biréfringent.

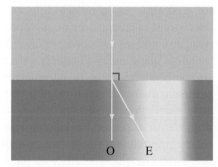

Figure 7.33 ▲
Lorsque la lumière tombe suivant la normale sur un cristal biréfringent, le rayon ordinaire (O) se comporte comme d'habitude, mais le rayon extraordinaire (E) n'obéit pas à la loi de Snell-Descartes.

Huygens fit passer les rayons O et E issus d'un cristal à travers un autre cristal et s'aperçut qu'en faisant tourner le deuxième cristal par rapport au premier, il pouvait transformer un rayon O en un rayon E et vice-versa. Il déduisit que les deux ondes doivent se propager à des vitesses différentes à l'intérieur du cristal, mais fut incapable d'offrir une quelconque explication dans le cadre de sa théorie ondulatoire (longitudinale). Newton suggéra que les rayons lumineux avaient des « côtés », tout comme les pôles d'un aimant. Selon leur orientation par rapport à la structure du cristal, la lumière pouvait se propager sous forme d'un rayon O ou d'un rayon E. Cet effet de « latéralisation » de la lumière fut appelé par la suite *polarisation*, à cause de la comparaison avec les aimants suggérée par Newton.

La polarisation par double réfraction

Nous allons voir maintenant diverses façons de produire une lumière polarisée. Les liquides et les solides amorphes (comme le verre) sont dit isotropes parce que leurs propriétés ne dépendent pas de la direction. En particulier, la vitesse de la lumière est la même dans toutes les directions. La double réfraction se produit dans les cristaux *anisotropes*. Dans un cristal anisotrope, la disposition des atomes affecte les propriétés électriques du matériau, qui ne sont pas les mêmes dans chaque direction. En conséquence, la vitesse de la lumière dans une direction donnée dépend de son état de polarisation. Il existe généralement, au sein du cristal, une direction privilégiée, appelée axe optique, pour laquelle l'indice de réfraction ne dépend pas de l'état de polarisation. En éclairant le cristal avec une lumière non polarisée (qu'on peut représenter par ses deux composantes de polarisation), on a deux effets possibles. Soit que la lumière se déplace le long de l'axe optique. Il n'y a alors qu'une seule réfraction, qui obéit à la loi de Snell-Descartes. Soit que, au contraire, le faisceau lumineux n'est pas dirigé selon l'axe optique. Dans ce cas, chaque composante de polarisation obéit à son propre indice de réfraction et deux rayons de lumière polarisée distincts émergent du cristal. La composante orientée selon l'axe optique produit le rayon réfracté ordinaire, tandis que l'autre composante produit le rayon réfracté extraordinaire, comme le montre la figure 7.34.

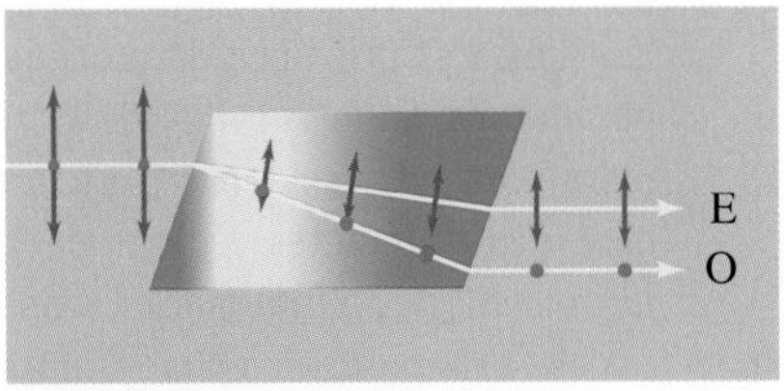

Figure 7.34 ▲
Les rayons ordinaire et extraordinaire sortant d'un cristal biréfringent sont polarisés.

La polarisation par absorption sélective

Considérons un faisceau non polarisé de micro-ondes tombant sur un réseau de fils verticaux ou de bandes métalliques. La composante du champ électrique dans la direction des fils établit des courants oscillants macroscopiques. Ces courants entraînent un chauffage par effet Joule et, par conséquent, une absorption d'énergie transportée par l'onde. Les courants oscillants produisent également un rayonnement dans des directions autres que la direction initiale. On dit que l'onde incidente est *diffusée*. Puisque les courants macroscopiques ne peuvent pas circuler perpendiculairement aux fils, la composante du champ normale aux fils est essentiellement transmise. Par conséquent, le faisceau qui émerge du réseau est polarisé perpendiculairement aux fils. Ce comportement est très analogue à celui d'un filtre polariseur, les chaînes moléculaires microscopiques étant remplacées par les fils métalliques.

La polarisation par diffusion

Lorsqu'une onde électromagnétique non polarisée se propageant selon l'axe des z tombe sur un gaz (figure 7.35), les électrons de chaque atome sont soumis à une oscillation dans le plan xy. Les atomes absorbent l'énergie, puis réémettent un rayonnement dipolaire dans toutes les directions, sauf selon l'axe de chaque dipôle. On dit que l'onde a été diffusée. Un observateur qui reçoit le rayonnement dans une direction perpendiculaire au faisceau incident (figure 7.35) ne va pas voir un champ $\vec{E}$ le long de l'axe des x, car cela impliquerait la présence d'une composante longitudinale de l'onde. L'onde diffusée est donc linéairement polarisée. (Il n'y a pas d'oscillation dans la direction de propagation de l'onde initiale, qui est l'axe des z.) Les rayons du Soleil diffusés sur des molécules de l'atmosphère peuvent également être polarisés ; c'est la raison pour laquelle, par temps clair, les verres polaroïd font paraître noires certaines régions du ciel. On pense que les abeilles se servent de cette polarisation de la lumière du ciel pour s'orienter. La polarisation par diffusion peut aussi se produire quand la lumière traverse un liquide où il y a de très fines particules en suspension.

Figure 7.35 ▲
De la lumière diffusée perpendiculairement à sa direction initiale devient polarisée.

SUJET CONNEXE

L'holographie

L'holographie est un procédé en deux étapes permettant d'enregistrer et de visualiser des images sans utiliser de lentilles. Les principes du procédé furent établis en 1948 par Dennis Gabor (1900-1979). Une photographie ordinaire enregistre seulement les intensités des ondes émanant des différentes régions de la scène photographiée. Autrement dit, l'information concernant l'amplitude des ondes est gardée, mais l'information concernant les phases relatives des ondes provenant des différentes régions est perdue. Gabor imagina une technique, qui lui valut le prix Nobel en 1971, permettant de préserver à la fois les amplitudes et les phases des fronts d'onde sur une plaque photographique appelée *hologramme* (qui signifie « enregistrement total »). Alors qu'une photographie « projette » un objet tridimensionnel sur un plan, l'hologramme préserve l'information correspondant à la nature tridimensionnelle de l'objet.

Le principe de l'hologramme

La figure 7.36*a* représente deux ondes planes monochromatiques qui se chevauchent et donnent lieu à une interférence. À titre de référence, nous appellerons *AA* l'onde *de référence* et *BB* l'onde *objet*, dont la direction de propagation fait un angle θ avec *AA*. Les points d'interférence constructive et destructive, là où se rencontrent les plans jaunes, forment des droites perpendiculaires au plan de la page. Ainsi, une mince plaque photographique placée en *P* enregistre une succession de franges rectilignes brillantes et sombres (figure 7.36*b*). La figure d'interférence préserve l'information concernant les amplitudes et la phase relative des deux fronts d'onde.

Une fois l'enregistrement produit sur la plaque exposée *P*, il est permanent et on peut retirer les deux ondes incidentes. Si l'on éclaire alors cette plaque uniquement par l'onde cohérente monochromatique de référence *AA*, elle se comporte comme un réseau. Dans un réseau normal (figure 7.36*c*), les ondes incidentes sont soit transmises (fentes), soit arrêtées (obstacles entre les fentes), et l'on observe plusieurs ordres dans les ondes diffractées. Les franges enregistrées sur la plaque ont un profil sinusoïdal (figure 7.36*d*). On constate donc une variation graduelle de l'intensité transmise, ce qui cause la présence d'*une seule* onde diffractée (de premier ordre) de chaque côté de l'onde avant (d'ordre zéro) (figure 7.37). De plus, les ondes diffractées font avec l'onde de référence le même angle θ

que l'onde objet initiale *BB*. L'un des fronts d'onde diffractés de premier ordre est donc une reconstitution exacte du front d'onde initial *BB*. Si la plaque avait été éclairée par le front d'onde *BB*, c'est le front d'onde *AA* qui aurait été reconstitué. Dans ce cas, l'une ou l'autre onde peut servir d'« onde de référence ».

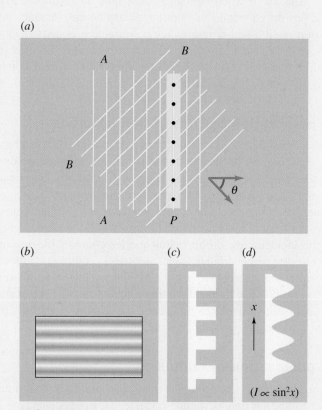

Figure 7.36 ▲

(*a*) Deux ondes planes, dont les directions de propagation forment un angle θ, produisent une figure d'interférence qui s'enregistre sur la plaque *P*. (*b*) La plaque *P*, après avoir été exposée, présente donc des franges similaires à celles de l'expérience de Young. On peut ensuite projeter de la lumière au travers de cette plaque et elle produira un effet analogue à un réseau. L'intensité transmise par un réseau ordinaire, schématisée en (*c*), est toutefois différente de celle transmise par cette plaque, schématisée en (*d*).

Considérons maintenant l'interférence produite entre une onde de référence plane et des fronts d'onde sphériques qui sont soit émis par une source ponctuelle ou diffusés

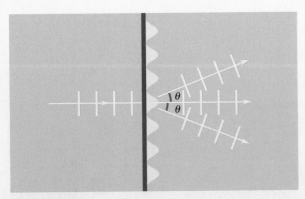

Figure 7.37 ▲
Lorsque la plaque exposée est éclairée par un faisceau
cohérent, on observe deux faisceaux diffractés.

par un objet ponctuel (figure 7.38). Les franges d'interférence sont enregistrées par une fine plaque *P* parallèle
aux fronts d'onde de référence. La figure d'interférence
alors enregistrée ne ressemble pas à une tache, car il ne
s'agit pas d'une image photographique. Les franges, semblables aux anneaux de Newton (figure 6.20, p. 210),
forment des arcs dont le centre est situé au pied de la
normale abaissée du point sur la plaque (figure 7.39*a*).
La plaque exposée porte le nom de *plaque de Gabor*.
Lorsqu'elle est éclairée par les fronts d'onde plans cohérents de l'onde de référence, la plaque se comporte comme
un réseau (de pas variable). Alors qu'un réseau rectiligne
diffracte les ondes planes incidentes vers le haut ou vers
le bas, les lignes circulaires de la plaque de Gabor diffrac-
tent le faisceau incident soit vers l'intérieur (vers l'axe
central), soit vers l'extérieur (en s'éloignant de l'axe)
(figure 7.39*b*). En ce sens, la plaque se comporte à la
fois comme une lentille convergente et une lentille divergente. Comme l'intensité transmise varie graduellement

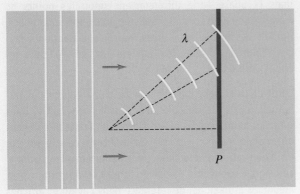

Figure 7.38 ▲
Interférence entre une onde de référence plane et une onde
sphérique émise par une source ponctuelle.

(*a*)

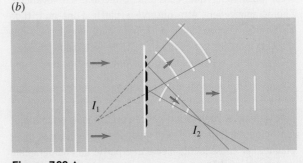

(*b*)

Figure 7.39 ▲
(*a*) Les franges obtenues à l'aide de ce montage ressemblent
aux anneaux de Newton. Lorsque la plaque exposée
est éclairée par le faisceau plan de référence, il y a deux
faisceaux diffractés. (*b*) L'un produit l'image virtuelle I_1
et l'autre produit l'image réelle I_2.

le long du réseau, il n'y a, là encore, qu'un seul front
d'onde de premier ordre de chaque côté de l'onde avant.
Une onde de premier ordre semble diverger de l'endroit
où se trouvait le point objet initial. Par conséquent, les
ondes sphériques initiales émanant de l'objet ont été
reconstituées par le passage du faisceau de référence à
travers l'hologramme. On observe une image virtuelle I_1,
située à l'endroit exact où se trouvait le point objet, mais
longtemps après qu'il en soit parti ! L'autre onde diffractée converge pour former une image réelle I_2.

Deux sources ponctuelles, plus un faisceau de référence,
produisent sur la plaque deux configurations de franges
qui se chevauchent. La reconstitution avec l'onde de référence permet d'observer deux points images virtuels. Tout
objet de dimensions finies est un ensemble de sources
ponctuelles qui émettent ou diffusent des ondes sphériques.
Lorsque l'hologramme est éclairé par des ondes de référence cohérentes, chaque point de l'objet est reproduit à
sa position initiale exacte. Comme les ondes reconstituées
sont une réplique exacte des ondes initiales provenant
de l'objet, on observe une image virtuelle avec toute la
perspective tridimensionnelle de l'objet original ! (L'image
réelle peut être visualisée ou photographiée, mais elle a
une propriété géométrique particulière qui la rend difficile à utiliser.)

Les propriétés d'un hologramme

Regarder à travers un hologramme produit le même effet que regarder l'intérieur d'une pièce à travers une fenêtre. En déplaçant la tête, l'observateur voit les objets sous une perspective différente. Par exemple, l'hologramme reproduit l'effet de parallaxe : un objet masqué par un obstacle placé devant lui peut devenir visible lorsque l'observateur bouge la tête. Même dans un stéréoscope, l'effet de relief créé par la perspective tridimensionnelle n'est observable que dans une direction. En revanche, l'hologramme peut être observé à partir d'une multitude de points. Comme dans la réalité, pour que les images d'objets proches ou lointains soient nettement visibles, les yeux ou l'appareil photo doivent accommoder.

Lorsqu'on utilise une lentille pour former une image, chaque point objet correspond à un seul point image. Dans un hologramme, l'information concernant chaque point objet (sa figure d'interférence) est répandue sur la *totalité* de la plaque. Par conséquent, même une partie de l'hologramme va reproduire l'objet au complet, mais avec une intensité et une résolution un peu moins bonnes. On observe alors une perspective différente à partir de points différents de l'hologramme et le champ est quelque peu réduit (comme si l'on regardait à travers une fenêtre plus étroite).

Pour produire un hologramme d'un objet à trois dimensions, les ondes lumineuses émanant des différentes parties de l'objet doivent être cohérentes. Cela signifie que l'objet doit être plus petit que la longueur de cohérence. À cause de la mauvaise cohérence de sa source lumineuse (un tube à décharge au mercure), Gabor fut obligé d'utiliser une acétate transparente pour illustrer l'holographie. Il fallut attendre l'invention du laser, qui offre une cohérence exceptionnelle, pour que l'holographie puisse avoir des applications pratiques. Même le laser He-Ne, pourtant commun, a une longueur de cohérence de 15 à 20 cm.

Il a fallu contourner une autre difficulté : étant donné l'alignement géométrique de l'image réelle, de l'image virtuelle et du faisceau de référence (figure 7.39*b*), il est assez difficile de voir l'image virtuelle sans qu'elle soit masquée. En 1962, Emmeth Leith et Juris Upatnieks résolvèrent ce problème en mettant au point une technique de « décentrage » pour produire des hologrammes (figure 7.40). Le faisceau du laser est divisé en deux au moyen d'une plaque de verre semi-réfléchissant (appelée séparateur de faisceaux). Les faisceaux sont ensuite élargis à l'aide d'une paire de lentilles. Le faisceau de référence atteint directement la plaque P et le faisceau objet est réfléchi sur l'objet avant d'atteindre la plaque. Une fois la plaque développée, lorsqu'on l'éclaire avec le faisceau de référence, l'image virtuelle n'est plus masquée par l'image réelle.

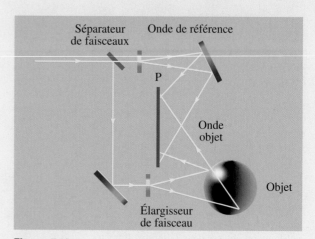

Figure 7.40 ▲

La méthode de décentrage utilisée pour produire un hologramme.

Les franges sur un hologramme sont si fines qu'elles ne sont pas visibles à l'œil nu. La plaque photographique doit pouvoir séparer 2000 traits/mm (les pellicules courantes peuvent séparer 100 traits/mm). Ce type de plaque n'est pas sensible et nécessite un temps d'exposition de 10 s avec un laser He-Ne peu puissant. Durant ce temps, l'ensemble du montage ne doit pas bouger de plus d'une fraction de longueur d'onde ($\lambda/10$ environ). Pour réduire au maximum les temps d'exposition, on peut utiliser un laser pulsé très puissant.

Les hologrammes produits par simple développement de la plaque comportent des parties transparentes qui transmettent la lumière et des parties sombres qui l'arrêtent. On les appelle hologrammes d'absorption. Il est possible de décolorer l'hologramme de manière à remplacer les parties sombres par un sel d'argent transparent dont l'indice de réfraction diffère de celui des régions initialement transparentes. Lorsque le faisceau de référence traverse l'hologramme, son amplitude n'est pas modifiée, mais la phase varie différemment selon les points du front d'onde. Cette plaque, appelée hologramme de phase, produit des images plus vives, puisqu'une fraction beaucoup plus importante de lumière est déviée dans les ondes diffractées.

Leith et Upatnieks faisaient partie d'une équipe qui travaillait à la mise au point d'un « radar cohérent ». Dans un radar moderne à balayage latéral, un faisceau cohérent de micro-ondes ($\lambda \approx 1$ cm) est transmis vers le sol par un avion qui suit une trajectoire parfaitement rectiligne. Les signaux réfléchis par diverses parties du terrain sont mélangés à un signal de référence dans l'avion et affichés à l'oscilloscope. Une caméra enregistre la figure d'interférence (variable dans le temps) produite. La pellicule étant ensuite éclairée par un faisceau laser, elle produit une image très détaillée du terrain. Cette technique a des applications évidentes pour la prospection géophysique et la reconnaissance.

Les hologrammes en lumière blanche

Les plaques dont nous avons parlé dans les descriptions précédentes sont relativement minces. En 1962, Yuri Denisyuk réussit à produire des hologrammes avec d'épaisses émulsions photographiques. Il utilisa une méthode par laquelle l'onde de référence et l'onde objet atteignent l'émulsion dans des directions opposées. Les lieux des points d'interférence constructive et destructive forment des surfaces pratiquement planes parallèles à la surface de la plaque (figure 7.41). Les plans sont distants de $\lambda/2$ (comme dans le cas d'une onde stationnaire) et il y a près de 50 plans dans une émulsion de 20 μm d'épaisseur. L'hologramme en volume est donc constitué d'un ensemble de plans réfléchissants comme dans un cristal. Il n'y a une onde diffractée intense que lorsque la condition de Bragg est satisfaite ($2d \sin \theta = n\lambda$). La longueur d'onde de l'onde de référence utilisée pour éclairer l'hologramme n'a pas besoin d'être égale à la longueur d'onde de l'onde de référence utilisée pour former l'hologramme. L'image produite par une longueur d'onde donnée apparaît à un angle unique. On se rendit compte plus tard que l'hologramme en volume pouvait être observé même avec une lumière blanche incohérente, comme la lumière naturelle ! Pour un angle d'observation donné, une seule longueur d'onde satisfait la condition de Bragg et, lorsqu'on fait varier l'angle, la couleur de l'image change.

L'interférométrie holographique

Imaginons que l'on enregistre l'hologramme d'une tige. Plaçons ensuite un petit poids sur la tige et enregistrons un deuxième hologramme sur la même plaque. La tige ayant subi une légère déformation, le deuxième hologramme est légèrement différent du premier. Lorsqu'on éclaire l'hologramme composé, les deux images interfèrent l'une avec l'autre et produisent une figure d'interférence montrant l'endroit où l'objet a été déformé. Cette technique permet de déceler un déplacement ou une déformation correspondant à peine à une fraction de la longueur d'onde du laser utilisé. On peut ainsi détecter des déformations, la croissance des végétaux ou des défauts dans les pneus. L'interférométrie holographique sert également à l'étude de l'écoulement aérodynamique, par exemple pour examiner le sillage d'une balle de fusil. On réalise d'abord un hologramme dans l'air non perturbé. Ensuite, lorsque la balle traverse la région, une courte impulsion laser de haute puissance produit un deuxième hologramme sur la même

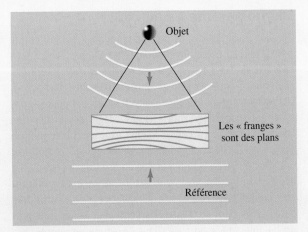

Figure 7.41 ▲

La production d'un hologramme en lumière blanche crée un ensemble de plans de réflexion comme dans un cristal.

plaque. À cause de la variation de la densité de l'air, cet hologramme est différent du premier. Lorsque la plaque est éclairée, on voit nettement l'onde de choc et les effets de turbulence (figure 7.42). La même technique peut servir à étudier les modes de vibration d'une structure quelconque, comme une barre, un instrument de musique ou un haut-parleur, pourvu que le temps d'exposition soit assez long pour couvrir plusieurs cycles de vibration. Comme l'objet passe une grande fraction du temps aux positions extrêmes de vibration, ces points correspondent à une plus grande intensité réfléchie. L'interférence entre les ondes provenant des positions extrêmes déterminent la configuration des vibrations.

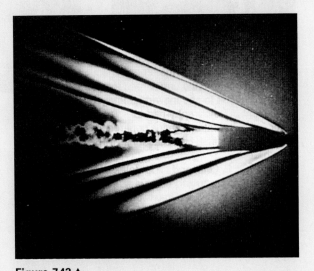

Figure 7.42 ▲

Ondes de choc rendues visibles par interférométrie holographique.

Les hologrammes de 360°

On peut aussi utiliser les hologrammes pour obtenir la vue complète d'un objet. On photographie d'abord l'objet sous tous les angles à l'aide d'un appareil photo ordinaire (on peut faire tourner l'objet en gardant l'appareil immobile). Les images obtenues servent ensuite d'objets pour le procédé holographique. Pour chaque image, seule une fine bande (1 mm) de l'hologramme est exposée. L'hologramme final, qui contient de nombreuses images de l'objet, est mis sous forme de cylindre et une source linéaire est placée en son centre. En marchant autour du cylindre, on peut voir l'objet sous toutes ses perspectives, de l'avant, des côtés et de l'arrière. Cette approche peut servir à réaliser un hologramme « mobile ». Dans l'exemple représenté à la figure 7.43, en marchant autour de l'hologramme, on voit une jeune femme en train de faire un clin d'œil et de souffler un baiser. Il ne s'agit pas de vrais hologrammes, puisqu'ils ne reproduisent que le parallaxe horizontal et qu'ils ne donnent pas la perspective par le haut ou par le bas.

La figure 7.44 représente un autre exemple de perspective de 360°. Un petit objet est placé à l'intérieur d'un cylindre dont le fond est muni d'un miroir concave. Le faisceau de référence légèrement divergent pénètre par l'autre extrémité. Le faisceau de référence et la lumière réfléchie par l'objet impressionnent une pellicule recouvrant la paroi interne du cylindre.

Les hologrammes ont de nombreuses autres applications : stockage de l'information, guichets de sortie, formes multiples d'essais non destructifs (sur les pneus, par exemple), détermination des tailles des particules dans l'air et dans les liquides ou identification de configuration. Le rêve de Gabor était d'utiliser l'holographie pour améliorer la résolution du microscope électronique. En réalisant un hologramme avec des rayons X de 0,1 nm et en le reconstituant avec de la lumière visible, on peut en effet obtenir un grossissement supérieur à 10^6. On pourrait atteindre une résolution proche de 0,1 nm, mais la chose n'a pas encore été réalisée.

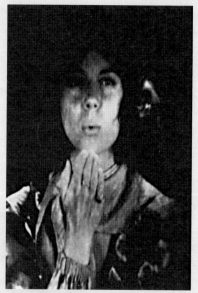

Figure 7.43 ▲
« Le baiser ».

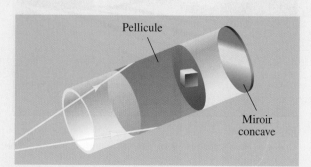

Pellicule

Miroir concave

Figure 7.44 ◄
Production d'un hologramme de 360°.

On appelle diffraction la courbure des rayons ou le changement de l'orientation de la propagation des fronts d'onde sur les bords d'une ouverture ou d'un obstacle. La diffraction par une ouverture de dimension appropriée peut produire des franges de diffraction. Si on les repère avec l'angle θ mesuré par rapport à la direction de propagation de la lumière incidente, les positions des minima d'une figure de diffraction produite par une fente simple sont données par

(minima)
$$a \sin \theta = M\lambda \qquad M = \pm 1, \pm 2, \dots \quad (7.1)$$

où a est la largeur de la fente. Notons que $M \neq 0$.

De plus, les maxima de cette figure de diffraction n'ont pas tous une intensité identique. L'intensité de la figure de diffraction produite par une fente simple, exprimée en fonction de l'angle $\alpha = (\pi a/\lambda)\sin\theta$, est donnée par :

$$I = I_0 \frac{\sin^2\left(\dfrac{\alpha}{2}\right)}{\left(\dfrac{\alpha}{2}\right)^2} \qquad (7.10)$$

Étant donné une *ouverture circulaire* de diamètre a, le critère de Rayleigh donnant la condition de résolution des figures de diffraction produites par des sources ponctuelles s'écrit

$$\theta_c = \frac{1{,}22\lambda}{a} \qquad (7.3)$$

Les positions des maxima principaux d'un réseau sont données par

$$\delta = m\lambda \qquad m = 0, \pm 1, \pm 2, \dots \quad (7.4)$$

où d est le pas du réseau et $\delta = d \sin \theta$, comme dans l'expérience de Young.

La variation d'intensité dans une figure d'interférence produite par plusieurs sources peut être déterminée à l'aide des vecteurs de Fresnel représentant le champ électrique. La différence de phase entre des vecteurs de Fresnel adjacents est déterminée par la différence de marche entre des sources adjacentes et l'écran. L'intensité en un point donné est proportionnelle au carré de l'amplitude du vecteur de Fresnel résultant.

L'intensité de la lumière transmise par une feuille polaroïd est donnée par

$$I = I_0 \cos^2 \theta \qquad (7.16)$$

où I_0 est l'intensité de la lumière incidente et θ, l'angle entre l'axe de transmission et la direction de polarisation de la lumière. Pour de la lumière non polarisée, $I = I_0/2$.

La portion réfléchie d'un rayon de lumière qui frappe une surface selon l'angle de polarisation donné par la loi de Brewster

$$\tan \theta_p = \frac{n_2}{n_1} \qquad (7.17)$$

est polarisée linéairement.

angle de polarisation (p. 251)

axe de transmission (p. 249)

critère de Rayleigh (p. 234)

diffraction de Fraunhofer (p. 229)

diffraction de Fresnel (p. 229)

figure de diffraction (p. 228)

franges de diffraction (p. 228)

loi de Brewster (p. 252)

loi de Malus (p. 249)

pas (p. 235)

polarisation (p. 247)

polariseur (p. 249)

polaroïd (p. 249)

réseau (p. 235)

vecteur de Fresnel (p. 238)

RÉVISION

R1. Dessinez le graphique de l'intensité en fonction de sin θ pour la diffraction à travers une fente étroite.

R2. Vrai ou faux ? Si on diminue la largeur de la fente, on diminue la largeur du pic central de diffraction sur l'écran.

R3. Vrai ou faux ? Dans la lumière qui sort d'un réseau, la séparation entre deux raies spectrales données augmente lorsque le numéro de l'ordre *m* augmente.

R4. Vrai ou faux ? Dans la lumière qui sort d'un réseau, la séparation entre deux raies spectrales données augmente si le pas *d* du réseau augmente.

R5. Pour quelles valeurs du déphasage ϕ entre 0 et 2π obtient-on un minimum d'intensité dans la figure d'interférence produit par 4 fentes ? Pour chacun des déphasages obtenus, représentez la situation à l'aide d'un diagramme de Fresnel (comme à la figure 7.14, p. 240).

R6. Reprenez la question R5 avec 5 fentes.

R7. Vrai ou faux ? Quand la lumière traverse des polariseurs croisés, l'intensité transmise est alors maximale.

QUESTIONS

Q1. Expliquez pourquoi l'on observe des franges lorsqu'on regarde la nuit un lampadaire éloigné en entr'ouvrant les yeux de manière que les paupières se touchent presque.

Q2. Expliquez pourquoi l'ordre des couleurs produites par un prisme est inversé par rapport à celui des couleurs produites par un réseau.

Q3. Un sténoscope est un appareil photographique qui n'a pour objectif qu'une ouverture minuscule. Cette ouverture, ou sténopé, doit avoir une taille optimale. Pourquoi la netteté de l'image diminue-t-elle lorsqu'on (a) agrandit ; (b) réduit l'ouverture ?

Q4. À quoi sont dues les couleurs observées à la surface des disques compacts ou des DVD (figure 7.45) ? Une réponse est donnée au problème 1.

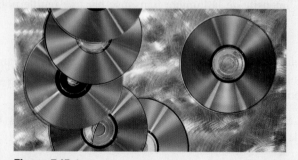

Figure 7.45 ▲

Les disques compacts et les DVD réfléchissent des couleurs même s'ils sont éclairés par de la lumière blanche.

Q5. Est-il possible de n'enregistrer aucun minimum sur une figure de diffraction produite par une fente simple ? Si oui, dans quelle condition ?

Q6. En tenant compte à la fois de l'interférence et de la diffraction dans l'expérience des fentes de Young, quel effet obtient-on lorsqu'on fait varier (a) la longueur d'onde ; (b) la distance séparant les fentes ; (c) la largeur des fentes ?

Q7. Expliquez la différence entre le phénomène de l'interférence et celui de la diffraction. (a) Peut-il y avoir diffraction sans interférence ? (b) Peut-il y avoir interférence sans diffraction ? Donnez des exemples appuyant vos réponses. (c) Répondez aux deux mêmes questions en comparant les franges de diffraction et celles d'interférence, plutôt que *la* diffraction et *l*'interférence.

Q8. Pourquoi la poussière sur un objectif d'appareil photographique diminue-t-elle la netteté de l'image sur la pellicule ?

Q9. En principe, peut-on construire un microscope qui fonctionne en lumière visible pour examiner la structure des atomes ?

Q10. Un filtre ne laissant passer qu'une seule couleur permettrait-il d'améliorer le pouvoir de résolution d'un microscope ? Si oui, pour quelle(s) raison(s) ? Quelle couleur donnerait le meilleur pouvoir de résolution ?

Q11. Dans un réseau, quel est l'effet produit si l'on change (a) le nombre total de fentes ; (b) le nombre de fentes par centimètre ; (c) la largeur du réseau ?

Q12. Quelles sont la forme et l'orientation de l'ouverture qui produit la figure de diffraction représentée à la figure 7.46 ?

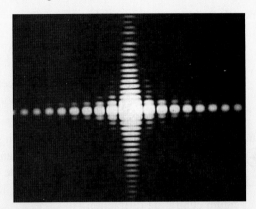

Figure 7.46 ▲
Question 12.

Q13. Comment peut-on vérifier si une paire de lunettes de soleil a des verres polaroïd ?

Q14. Lorsque de la lumière non polarisée traverse deux polariseurs dont l'axe de polarisation est perpendiculaire, l'intensité transmise est nulle. Est-il possible d'augmenter l'intensité transmise au moyen d'un troisième polariseur ? Si oui, comment ?

Q15. Pourquoi pensez-vous qu'il soit nécessaire d'ajuster l'orientation d'une antenne en « oreilles de lapin » pour obtenir une bonne réception des signaux de radio FM ou de télévision ?

Q16. Deux faisceaux lumineux de polarisations perpendiculaires peuvent-ils donner lieu à une interférence ?

EXERCICES

Voir l'avant-propos pour la signification des icônes SÉRIE CLIPS

7.2 Diffraction produite par une fente simple

E1. (I) De la lumière de longueur d'onde 680 nm tombe suivant la normale sur une fente de largeur 0,06 mm. On observe la figure produite sur un écran situé à 1,8 m. (a) Quelle est la largeur du pic central ? (b) Quelle est la distance sur l'écran entre les minima de premier et de deuxième ordre ?

E2. (I) Lorsque la lumière de longueur d'onde 589 nm émise par des vapeurs de sodium éclaire une fente simple, le pic central de diffraction sur l'écran a une largeur de 3 cm. Quelle serait la largeur du pic avec la raie de 436 nm émise par les vapeurs de mercure ?

E3. (I) Soit une fente simple éclairée par la lumière verte émise par les vapeurs de mercure, de 546 nm de longueur d'onde. Le pic central de diffraction a une largeur de 8 mm sur un écran situé à 2 m de la fente. Quelle est la largeur de la fente ?

E4. (I) Dans une figure de diffraction produite par une fente simple, le premier et le deuxième minimum sont distants de 3 cm sur un écran situé à 2,80 m de la fente. Déterminez la largeur de la fente, sachant que la lumière a une longueur d'onde de 480 nm.

E5. (I) Soit un encadrement de porte de 76 cm de large. (a) Pour quelle fréquence sonore cette largeur est-elle égale à quatre longueurs d'onde ? (b) En supposant que l'incidence est normale, quel est l'angle du premier minimum de diffraction de cette onde sonore ? Le module de la vitesse du son est de 340 m/s.

E6. (I) Dans l'expérience des fentes de Young, la largeur des fentes est de 0,15 mm et la distance entre les fentes est de 0,6 mm. Combien de franges brillantes complètes observe-t-on dans le maximum central de diffraction ?

7.3 Critère de Rayleigh

E7. (I) Un signal de 10 kHz alimente un haut-parleur circulaire. Quelle est la largeur angulaire du pic central de diffraction de l'onde sonore si le diamètre du haut-parleur est de (a) 8 cm ; (b) 30 cm ? Le module de la vitesse du son est de 340 m/s.

E8. (I) On utilise un sténoscope (voir la question Q3) dont l'ouverture circulaire a un rayon de 0,5 mm pour photographier une source ponctuelle éloignée qui émet à une longueur d'onde de 500 nm. Quelle est la largeur du pic de diffraction central sur la pellicule, qui est située à 22 cm de l'ouverture ?

E9. (I) Soit un sténoscope (voir la question Q3) dont l'ouverture a un diamètre de 0,8 mm. La pellicule est située à 20 cm de l'ouverture. Deux sources ponctuelles se trouvent à 16 m de l'ouverture. En supposant que la lumière ait une longueur d'onde de 600 nm, quelle distance minimale faut-il entre les sources pour que leurs images soient séparées sur la pellicule, selon le critère de Rayleigh ?

E10. (I) Pour recevoir des hyperfréquences de longueur d'onde 3 cm, on utilise une antenne parabolique de diamètre égal à 1 m. À une distance de 20 km, quel est l'écart minimal entre deux sources ponctuelles pour qu'elles apparaissent distinctes ?

E11. (I) Quelle distance minimale faut-il entre deux sources ponctuelles sur la Lune pour qu'elles soient séparées selon le critère de Rayleigh (a) par une caméra miniature dont l'ouverture a un diamètre de 5 mm ; (b) par un télescope de diamètre 4,5 m ? On donne $\lambda = 550$ nm.

E12. (I) Un satellite en orbite à une altitude de 180 km est doté d'un télescope de 30 cm de diamètre.

Quelle est la dimension du plus petit détail qu'il est capable de distinguer à la surface de la Terre avec une longueur d'onde ultraviolette de 280 nm ? On néglige la présence de l'atmosphère.

E13. (I) Soit deux petits objets situés à 25 cm d'un œil. Quelle est la plus petite distance entre les objets que l'œil est capable de séparer si on suppose que la pupille a un diamètre de 3 mm ? La lumière a une longueur d'onde de 500 nm.

E14. (I) L'objectif d'un appareil photographique a une ouverture de 1,5 cm de diamètre. À quelle distance peut-il séparer les phares d'une automobile qui sont à 2 m l'un de l'autre ? On donne $\lambda = 550$ nm.

E15. (I) Un amas d'étoiles se trouve à une distance de 10^{16} m. Quelle est la plus petite distance entre deux sources que peut séparer chacun des appareils suivants : (a) le télescope optique du mont Palomar, qui a un diamètre de 200 po (5,08 m) et fonctionne à une longueur d'onde de 500 nm ; (b) le radiotélescope de Arecibo, au Porto Rico (figure 7.47), qui a un diamètre de 1000 pieds (305 m) et fonctionne à une longueur d'onde de 21 cm ? On suppose qu'ils sont tous les deux limités uniquement par la diffraction.

Figure 7.47 ▲
Exercice 15.

E16. (I) Les feux arrière d'une automobile sont écartés de 1,8 m et émettent de la lumière de longueur d'onde 650 nm. Quelle est la distance maximale à laquelle ils peuvent être séparés par (a) un œil dont la pupille a un diamètre de 5 mm ; (b) un télescope de 2,8 m de diamètre ? Dans les deux cas, on suppose que les seules limites imposées sont dues à la diffraction.

7.4 Réseaux de diffraction

E17. (I) On utilise un réseau comportant 300 traits/mm pour analyser la lumière d'un tube à décharge dans l'hydrogène qui émet à des longueurs d'onde de 410,1 nm et 656,2 nm. Quelle est la séparation angulaire entre les maxima principaux pour ces deux longueurs d'onde (a) au premier ordre ; (b) au deuxième ordre ? (c) Y a-t-il chevauchement des deuxième et troisième ordres ?

E18. (II) De la lumière incidente éclairant un réseau de transmission fait un angle ϕ avec la normale. Montrez que l'équation 7.4 donnant les maxima principaux prend la forme

$$d(\sin \phi \pm \sin \theta) = m\lambda$$

Comment expliquez-vous la présence du signe $\pm$?

E19. (I) Combien d'ordres complets sont formés par un réseau de 6000 traits/cm pour la gamme visible de 400 à 700 nm ? Un ordre complet est caractérisé par la présence des raies associées à toutes les longueurs d'onde que comporte le faisceau lumineux. (Il ne faut pas oublier que le maximum central doit être compté comme un ordre complet !)

E20. (I) Quelle est la séparation angulaire au deuxième ordre des raies du doublet du sodium, de 589,0 nm et de 589,6 nm, produites par un réseau de 5000 traits/cm ?

E21. (I) De la lumière de longueur d'onde 640 nm traversant un réseau donne une raie spectrale à 11° pour le premier ordre. À quel angle est observée la raie de deuxième ordre pour la longueur d'onde de 490 nm ?

E22. (I) Soit un réseau de 2,8 cm de largeur. La raie associée à la longueur d'onde 468 nm est observée à 21° au deuxième ordre. Combien de traits comporte le réseau ?

7.5 Fentes multiples

E23. (I) Les champs électriques créés en un point par trois sources sont donnés par $\vec{E}_1 = E_0 \sin(\omega t)\vec{u}_r$, $\vec{E}_2 = E_0 \sin(\omega t + \phi)\vec{u}_r$ et $\vec{E}_3 = E_0 \sin(\omega t + 2\phi)\vec{u}_r$. À l'aide des vecteurs de Fresnel, trouvez l'amplitude du champ résultant (par rapport à E_0) pour les valeurs suivantes de la différence de phase ϕ : (a) $\pi/6$ rad ; (b) $\pi/3$ rad ; (c) $\pi/2$ rad ; (d) $2\pi/3$ rad.

E24. (I) La projection verticale de deux vecteurs de Fresnel de même amplitude est donnée par $E_r = 16 \sin(\omega t + 50°)$, où 50° est l'angle entre la résultante et le premier vecteur. Quelles sont les amplitudes de chaque vecteur de Fresnel et leur différence de phase ? (*Indice* : Adaptez la figure 7.13, p. 239, à ce cas de 2 fentes.)

E25. (I) Soit cinq sources cohérentes ponctuelles placées sur une ligne droite à intervalles de 25 m (figure 7.48). Elles émettent des ondes radio de fréquence 100 MHz et de même amplitude. Quelle doit être la différence de phase minimale entre deux sources adjacentes pour que l'amplitude résultante soit nulle en un point éloigné des sources selon une orientation proche de l'axe médian (θ proche de 0° dans la figure) ?

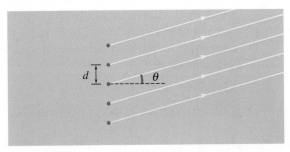

Figure 7.48 ▲
Exercices 25 et 26 et problème 5.

E26. (II) Soit une série de sources ponctuelles régulièrement espacées de d sur une ligne droite (figure 7.48). Chaque source est en avance de phase de α rad sur la source située juste au-dessus. À quelle position angulaire θ trouve-t-on le premier pic d'interférence constructive ?

7.6 Intensité de la figure de diffraction produite par une fente simple

E27. (I) L'hydrogène contenu dans un tube à décharge émet une raie rouge de longueur d'onde 656,2 nm. La lumière passe par une fente simple de largeur 0,08 mm. (a) À quel angle se trouve le premier minimum ? (b) Quelle est l'intensité (par rapport au pic central) à un angle valant la moitié de celui trouvé en (a) ?

E28. (I) Une fente simple de largeur égale à 0,06 mm diffracte de la lumière de longueur d'onde 523 nm sur un écran situé à une distance de 3,4 m. Quelle est l'intensité (par rapport au pic central) en un point situé à 2 cm du milieu du pic central ?

E29. (I) Si l'on double la largeur d'une fente simple, montrez que l'intensité au milieu du pic de diffraction augmente d'un facteur 4.

7.7 Pouvoir de résolution d'un réseau

E30. (I) Deux des raies du sodium ont des longueurs d'onde de 589,0 nm et de 589,6 nm. Quelle est la largeur d'un réseau de 300 traits/mm, capable de séparer ces raies au premier ordre ?

E31. (I) Un réseau de 2,8 cm de largeur comporte 4200 traits/cm. Quelle différence minimale de longueur d'onde peut-il séparer au deuxième ordre à 550 nm ?

E32. (I) Pour séparer deux raies spectrales de longueurs d'onde 586,32 nm et 586,85 nm, on dispose d'un réseau de 3,2 cm de large. (a) Quel est le pouvoir de résolution requis ? (b) Combien de traits doit comporter le réseau pour séparer ces raies au deuxième ordre ?

7.8 Diffraction des rayons X

E33. (I) Des rayons X de longueur d'onde 0,14 nm tombent sur les plans atomiques d'un cristal qui sont distants de 0,32 nm. Quel est l'angle du faisceau diffracté de premier ordre par rapport aux plans ?

E34. (I) Certains plans atomiques d'un cristal sont espacés de 0,28 nm. Le maximum de premier ordre pour la diffraction de Bragg forme un angle de 15° par rapport aux plans. Trouvez : (a) la longueur d'onde des rayons X ; (b) l'angle du maximum de Bragg de deuxième ordre.

E35. (I) Des rayons X monochromatiques tombent sur certains plans atomiques d'un cristal qui sont espacés de 0,28 nm. On observe le maximum de Bragg de deuxième ordre à 19,5°. Quelle est la longueur d'onde du rayonnement ?

E36. (I) Lorsqu'on dirige sur un cristal des rayons X de longueur d'onde 0,13 nm, le maximum de diffraction de Bragg de premier ordre forme un angle de 9° avec certains plans atomiques. De quelle distance sont espacés les plans ?

7.9 Polarisation

E37. (I) De la lumière non polarisée d'intensité I_0 atteint deux polariseurs, placés l'un après l'autre dans la direction de transmission. L'axe de polarisation du second fait un angle de 60° avec le premier. Quelle est l'intensité transmise ?

E38. (I) De la lumière non polarisée d'intensité I_0 tombe sur deux polariseurs croisés, dont les axes de transmission sont perpendiculaires. On place un troisième polariseur entre les deux premiers, son axe étant orienté à 45°. Quelle est l'intensité finale transmise ?

E39. (I) Montrez que l'angle critique θ_c de réflexion totale interne et l'angle de polarisation θ_p sont liés par la relation

$$\text{cotan } \theta_p = \sin \theta_c$$

E40. (I) De la lumière se propageant dans un milieu est réfléchie sur la surface de séparation avec l'air et l'angle critique de réflexion totale interne est égal à 38°. Quel est l'angle de polarisation ?

E41. (I) La lumière du Soleil est réfléchie à la surface d'un étang. Quel doit être l'angle d'élévation du Soleil au-dessus de l'horizon pour que la lumière réfléchie soit linéairement polarisée ?

E42. (I) Soit deux polarisateurs réglés de manière à donner une transmission maximale de la lumière non polarisée. De quel angle doit-on faire tourner l'un des polariseurs pour que l'intensité transmise tombe à 40 % de la valeur transmise initialement ?

E43. (I) Une plaque de verre flint ($n = 1,6$) est immergée dans l'eau ($n = 1,33$). Quel est l'angle de polarisation pour la réflexion sur la surface de séparation entre l'eau et le verre ?

E44. (II) Une source lumineuse est immergée dans l'eau ($n = 1,33$). Existe-t-il un angle d'incidence pour lequel la lumière soumise à une réflexion interne sur la surface de séparation eau-air est linéairement polarisée ?

E45. (I) Un faisceau de lumière tombe selon un angle d'incidence égal à l'angle de polarisation sur une plaque de verre flint ($n = 1,6$). Quel est l'angle de réfraction ?

EXERCICES SUPPLÉMENTAIRES

7.2 Diffraction produite par une fente simple

E46. (I) Une fente de 0,08 mm de largeur est éclairée par de la lumière de longueur d'onde 620 nm.

Quelle est la largeur du maximum central de diffraction sur un écran situé à 2,4 m de cette fente ?

E47. (I) Une onde sonore plane de 600 Hz traverse une porte de 0,8 m de largeur. À quel angle, par rapport à la direction initiale de propagation, trouve-t-on le premier minimum de diffraction ? Le module de la vitesse du son est de 340 m/s.

E48. (I) Les deux fentes d'un montage d'interférence de Young ont une largeur de 0,15 mm. On observe 7 franges brillantes d'interférence à l'intérieur du maximum central de diffraction. Quelle est la distance entre les fentes ?

E49. (I) De la lumière de longueur d'onde 580 nm traverse une fente de 0,8 mm de largeur. Quelle est la distance entre le premier et le second minimum d'un côté du maximum central, observés sur un écran situé à 3,2 m de la fente ?

E50. (II) Dans l'expérience de Young, on observe 9 franges brillantes d'interférence dans le maximum central de diffraction. Combien de franges brillantes trouve-t-on dans le premier maximum secondaire de diffraction ? (Voir la figure 7.7, p. 233.)

7.3 Critère de Rayleigh

E51. (I) Un satellite espion évoluant à 200 km au-dessus de la surface de la terre doit pouvoir distinguer deux points distants de 0,2 m sur la surface terrestre. Dans des conditions idéales, quel est le diamètre minimal du miroir de son télescope, si les observations sont effectuées avec de la lumière à 400 nm ?

E52. (I) Le miroir du télescope Hubble a un rayon de 1,2 m. (a) Quelle séparation angulaire critique possède-t-il pour de la lumière à 550 nm ? (b) Quelle est la distance minimale entre deux étoiles situées à 50 000 années-lumière de nous, pour que le télescope puisse les distinguer ?

E53. (I) Un astronaute en orbite est à une altitude de 280 km au-dessus de la surface de la Terre. Dans des conditions idéales, quelle distance doit-il y avoir entre deux points à la surface terrestre si l'astronaute veut les distinguer ? Supposez que le diamètre de sa pupille est de 0,5 cm et que la longueur d'onde de la lumière est 550 nm.

7.4 Réseaux de diffraction

E54. (I) Une raie spectrale du mercure à 546 nm est observée au deuxième ordre à 18,5°, à l'aide d'un réseau de 1,8 cm de largeur. (a) Combien de traits comporte ce réseau ? (b) À quel angle observera-t-on cette raie au troisième ordre ?

E55. (I) Quelle est la séparation angulaire au deuxième ordre des raies spectrales de l'hydrogène à 434 nm et 486 nm, si elles sont produites par un réseau de 650 traits/mm ?

PROBLÈMES

P1. (I) Dans un réseau par réflexion, la transmission de la lumière par de nombreuses fentes est remplacée par la réflexion sur un grand nombre de petites surfaces équidistantes. Son fonctionnement fait intervenir la possibilité pour la lumière de se réfléchir dans toutes les directions, comme cela se produit avec les marques indiquant les graduations sur une règle en métal ou les sillons d'un CD ou d'un DVD (figure 7.49). Comme pour les réseaux de diffraction, la figure d'interférence vient d'une différence de marche et de la superposition des rayons réfléchis en provenance des marques dans la même direction θ. Si la lumière incidente fait un angle α avec le plan de la règle, à quelle condition observe-t-on un maximum principal à l'angle θ pour de la lumière de longueur d'onde λ ?

P2. (I) De la lumière de longueur d'onde 450 nm tombe suivant la normale sur trois fentes étroites espacées de 0,5 mm. On observe la figure d'interférence sur un écran situé à 3,6 m. Trouvez les positions : (a) du

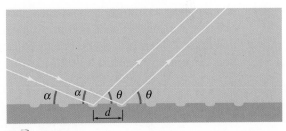

Figure 7.49 ▲
Problème 1.

premier maximum principal après celui du centre ; (b) des premier et deuxième maxima secondaires ; (c) des deux premiers minima.

P3. (I) Quatre fentes étroites sont éclairées par de la lumière de longueur d'onde 450 nm. Les fentes sont distantes de 0,08 mm et on observe la figure d'interférence sur un écran situé à 3,6 m des fentes. Trouvez les positions : (a) du premier maximum principal après celui du centre ; (b) des deux premiers minima.

P4. (I) Montrez que la séparation angulaire entre les maxima principaux d'ordre m sur un réseau pour les longueurs d'onde λ et $\lambda + \Delta\lambda$ est

$$\Delta\theta = \frac{m\Delta\lambda}{d\cos\theta}$$

où d est la période du réseau (distance entre deux traits voisins).

P5. (II) Soit un réseau de N sources cohérentes disposées en ligne droite (figure 7.48, p. 263). (a) Montrez que la demi-largeur angulaire $\Delta\theta$ du maximum principal en θ s'écrit (pour $\Delta\theta$ petit)

$$\Delta\theta \approx \frac{\lambda}{Nd\cos\theta}$$

où d est l'intervalle entre les sources. (b) Calculez cette expression à $\theta = 0$ pour $N = 32$, $d = 70$ m et $\lambda = 21$ cm. (*Indice* : Considérez un maximum en θ et un minimum en $\theta + \Delta\theta$.) (Voir l'équation 7.13.)

P6. (I) Par définition, la *dispersion* d'un réseau correspond à $\mathrm{d}\theta/\mathrm{d}\lambda$. Utilisez l'équation 7.4 pour montrer que la dispersion peut s'exprimer sous la forme

$$\frac{\mathrm{d}\theta}{\mathrm{d}\lambda} = \frac{\tan\theta}{\lambda}$$

P7. (I) De la lumière non polarisée d'intensité I_0 frappe trois polariseurs initialement alignés pour donner une transmission maximale. On fait tourner de 30° l'axe de transmission du deuxième par rapport au premier et de 60° (dans le même sens) l'axe du troisième par rapport au premier. Quelle est l'intensité transmise ?

P8. (I) Quatre émetteurs radio distants de 100 m et alignés dans la direction nord-sud émettent des ondes de longueur d'onde 600 m. À quelle condition le pic central peut-il être orienté dans la direction 11° nord par rapport à l'est ?

P9. (II) Les positions angulaires des maxima secondaires dans une figure de diffraction produite par une fente simple sont données par

$$\tan\left(\frac{\alpha}{2}\right) = \frac{\alpha}{2}$$

(a) Démontrez cette équation. (*Indice* : Annulez la dérivée de l'équation 7.10.) (b) Tracez $\tan(\alpha/2)$ et $\alpha/2$ en fonction de α (α en radians). Les points d'intersection des fonctions sont les solutions de l'équation donnée ci-dessus. Quelle est la première valeur de α ?

P10. (II) De la lumière de longueur d'onde 600 nm tombe suivant la normale sur une fente simple de largeur 0,5 mm. À quel angle sur la figure de diffraction l'intensité chute-t-elle à 25 % de sa valeur au milieu du pic central ? (*Indice* : Trouvez d'abord α à partir de l'équation 7.10. Vous pouvez obtenir une solution graphique ou procéder par essai et erreur.)

P11. (II) Pour trouver l'expression de la distribution d'intensité produite par N sources, examinez la figure 7.16 (p. 241) pour obtenir les expressions des vecteurs de Fresnel $\vec{\mathbf{e}}_i$ et $\vec{\mathbf{e}}$ en fonction de ϕ, E_0 et R. Exprimez $\|\vec{\mathbf{e}}\|$ en fonction de $\|\vec{\mathbf{e}}_i\| = E_0$, puis utilisez le fait que l'intensité est proportionnelle au carré de l'amplitude du champ électrique pour démontrer que

$$I = I_0 \frac{\sin^2\left(\dfrac{N\phi}{2}\right)}{\sin^2\left(\dfrac{\phi}{2}\right)}$$

où $I_0 \propto E_0^2$ est l'intensité due à une seule source.

POINTS ESSENTIELS

1. La théorie de la **relativité restreinte** est basée sur le **principe de la relativité** et le **principe de la constance de la vitesse de la lumière**.

2. La relativité restreinte a pour conséquence la **dilatation du temps** et la **contraction des longueurs** : des observateurs en mouvement les uns par rapport aux autres ne s'entendent pas sur la durée d'une seconde ou sur la longueur d'un mètre.

3. La vitesse de la lumière est une **vitesse limite** qui ne peut être dépassée.

4. La relativité restreinte modifie les définitions de la quantité de mouvement et de l'énergie cinétique ; les équations de la physique classique sont des cas limites, à basse vitesse, de ces nouvelles équations.

5. L'**équivalence masse-énergie** découle de la relativité restreinte.

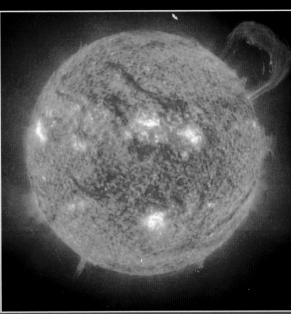

Notre Soleil irradie chaque seconde dans l'espace une énergie considérable, de l'ordre de 10^{26} J. D'où vient cette formidable puissance ? Selon la théorie de la relativité, elle est due à de la masse qui *disparaît*. En effet, un peu de masse est converti en énergie chaque fois que des noyaux d'hydrogène, au cœur de notre astre, fusionnent pour donner de l'hélium. Cette équivalence entre masse et énergie est l'un des concepts que nous découvrirons dans ce chapitre.

8.1 L'hypothèse de l'éther

Les travaux de Young et de Fresnel du début des années 1800 ont permis d'établir que la lumière devrait être représentée comme une onde transversale. Puisque les ondes mécaniques ont besoin d'un milieu matériel pour se propager, on admettait que la lumière avait elle aussi besoin d'un milieu matériel de propagation, que l'on appelait **éther**. On supposait que toute la matière et tout l'espace de l'univers étaient remplis de cette substance.

Dans les années 1850, un premier lien entre la lumière et l'électromagnétisme avait été découvert (voir l'introduction du chapitre 4) : on avait remarqué que la vitesse* de la lumière était égale à $1/(\varepsilon_0\mu_0)^{1/2}$, où ε_0 et μ_0 sont deux constantes de proportionnalité qui apparaissent dans les équations de l'électromagnétisme. James Clerk Maxwell (1831-1879) apporta une justification théorique à cette correspondance en construisant un modèle de la lumière prédisant que la vitesse de celle-ci devait être égale à $1/(\varepsilon_0\mu_0)^{1/2}$. En effet, il montra que l'on

---

* Pour ne pas alourdir le texte, on utilisera dans ce chapitre le terme *vitesse* pour désigner le vecteur vitesse $\vec{v}$, le module de la vitesse v, ou la composante de la vitesse le long de l'axe du mouvement v_x, selon le contexte.

pouvait obtenir, en combinant les équations de l'électricité et du magnétisme, une équation* qui décrivait une onde électromagnétique se déplaçant à la vitesse $c = 1/(\varepsilon_0\mu_0)^{1/2}$. Dans l'hypothèse de l'éther, cette valeur c découlant des lois de l'électromagnétisme devait correspondre à la vitesse de la lumière par rapport à l'éther. Les lois de l'électromagnétisme, telles qu'elles étaient alors interprétées, définissaient ainsi un référentiel « privilégié » ou « absolu », le référentiel dans lequel une mesure de la vitesse de la lumière donnait exactement c. Une particule au repos dans ce référentiel était au repos « absolu », et tout mouvement par rapport à l'éther était un mouvement « absolu ».

Pour que ce modèle demeure valable, l'éther se voyait attribuer d'étranges, voire grotesques, propriétés. Par exemple, pour que la lumière puisse s'y propager à une vitesse aussi considérable, il fallait qu'il soit extrêmement rigide ; pourtant, il ne devait pas gêner le mouvement des corps. Cette contradiction inexplicable était quelque peu embarrassante, étant donné l'importance de cette substance pour l'optique et l'électromagnétisme. De plus, malgré les propriétés particulières qu'on lui avait attribuées, personne n'avait réussi à observer le moindre phénomène qui aurait pu être interprété comme une preuve de la présence de l'éther.

En 1879, la lecture d'un article de Maxwell mentionnant la difficulté de détecter la présence de l'éther décida Albert Abraham Michelson (1852-1931) à relever le défi. Il mit au point l'interféromètre (*cf.* section 6.6) dont il se servit en 1881 pour essayer de détecter le mouvement de la Terre par rapport à l'éther. N'ayant pas obtenu de résultats concluants, il fit l'essai d'une version améliorée de son montage en 1887 avec l'aide de Edward Williams Morley (1838-1923).

8.2 L'expérience de Michelson-Morley

Dans le cas d'une onde mécanique, par exemple une onde sonore, un observateur se déplaçant dans le milieu de propagation ne mesure pas, par rapport à lui, la même vitesse de l'onde que s'il était immobile. Ces différentes vitesses sont d'ailleurs à la base de l'effet Doppler que nous avons décrit à la section 3.3. Michelson et Morley cherchaient à observer un effet similaire dans le cas d'une onde lumineuse : comme on supposait que la Terre se déplace dans l'éther, ils cherchaient à mettre en évidence leur vitesse relative. Si la Terre était en mouvement par rapport à l'éther, on devrait observer un « vent d'éther » soufflant à la même vitesse par rapport à la Terre, mais dans le sens opposé. Il fallait comparer les durées de propagation de faisceaux lumineux parallèle et perpendiculaire à la direction du mouvement de la Terre par rapport à l'éther. Puisque la durée de propagation détermine la phase de l'onde, Michelson et Morley décidèrent de comparer les phases des faisceaux en examinant les franges d'interférence observées dans la lunette de l'interféromètre.

Calculons précisément la différence de phase à laquelle s'attendaient Michelson et Morley. Pour ce faire, faisons comme eux l'hypothèse que la lumière se propage à la vitesse c par rapport à l'éther, lequel se déplace à la vitesse $\vec{v}$ par rapport à la Terre, et supposons que les bras PM_1 et PM_2 de l'interféromètre

---

* Il s'agit de l'équation :

$$\frac{\partial^2\vec{E}}{\partial x^2} = \frac{1}{c^2}\frac{\partial^2\vec{E}}{\partial t^2}$$

où $c = 1/(\varepsilon_0\mu_0)^{1/2}$ (voir le chapitre 13 du tome 2). Cette équation a bien la forme d'une équation d'onde (voir la section 2.9).

(figure 8.1a), ajustés pour avoir la même longueur L_0, sont orientés l'un parallèlement et l'autre perpendiculairement à ce mouvement de la Terre. Le bras PM_1 étant parallèle à la direction du mouvement de la Terre, qu'on suppose vers la droite sur la figure, la vitesse de la lumière par rapport à l'appareil est égale à $c - v$ pendant le trajet de l'aller PM_1 et à $c + v$ pendant celui du retour M_1P. La durée de l'aller-retour entre P et M_1 est donc

$$T_1 = \frac{L_0}{(c - v)} + \frac{L_0}{(c + v)} = \frac{(2L_0/c)}{(1 - v^2/c^2)} \qquad (8.1)$$

D'autre part, si la direction résultante de la lumière est orientée selon le bras PM_2, perpendiculairement au mouvement, la vitesse de la lumière par rapport à l'appareil est $(c^2 - v^2)^{1/2}$, tant pendant le trajet de l'aller que pendant celui du retour dans ce bras (figure 8.1b). La durée de l'aller-retour entre P et M_2 est

$$T_2 = \frac{2L_0}{(c^2 - v^2)^{1/2}} = \frac{(2L_0/c)}{(1 - v^2/c^2)^{1/2}} \qquad (8.2)$$

(Notez que les durées T_1 et T_2 demeurent les mêmes si la Terre est plutôt en mouvement vers la gauche, pourvu que ce mouvement se fasse parallèlement au bras PM_1.) Pour obtenir une expression simple donnant la *différence* entre ces deux durées T_1 et T_2, on utilise le développement binômial $(1 + x)^n \approx 1 + nx + \ldots$, valable pour les petites valeurs de x. Si v est de l'ordre de la vitesse orbitale de la Terre (≈ 30 km/s), alors $v \ll c$. Avec $x = (v/c)^2$, on trouve (*cf.* exemple 8.1 ci-dessous) :

$$\Delta T = T_1 - T_2 = \left(\frac{L_0}{c}\right)\left(\frac{v}{c}\right)^2$$

Cette différence de durée entraîne une différence de phase qui donne lieu à une interférence constructive ou destructive au réticule de la lunette.

Tant que l'appareil demeure immobile, l'intensité observée au réticule de la lunette demeure stable. Toutefois, si l'on fait tourner l'appareil de 90°, les rôles des bras sont intervertis, de sorte que

$$\Delta T' = T_1' - T_2' = -\left(\frac{L_0}{c}\right)\left(\frac{v}{c}\right)^2$$

La rotation devrait entraîner un décalage des franges qui dépend de la variation

$$\Delta T - \Delta T' = \frac{2L_0}{c}\left(\frac{v}{c}\right)^2 \qquad (8.3)$$

Pour une longueur d'onde correspondant à l'une de celles de la lumière visible, la période est de l'ordre de 10^{-15} s. La valeur de L_0 dans l'interféromètre construit par Michelson et Morley était telle que la différence entre les deux durées, donnée par l'équation 8.3, correspondait à environ 0,4 période.

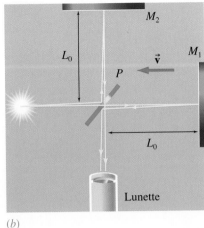

(a)

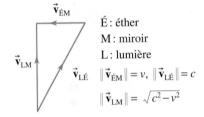

(b)

Addition des vitesses
dans le bras PM_2

É : éther
M : miroir
L : lumière
$\|\vec{v}_{\text{ÉM}}\| = v$, $\|\vec{v}_{\text{LÉ}}\| = c$
$\|\vec{v}_{\text{LM}}\| = \sqrt{c^2 - v^2}$

Figure 8.1 ▲

(a) L'interféromètre de Michelson. Les bras PM_1 et PM_2 sont respectivement parallèle et perpendiculaire au mouvement de la Terre. Si la Terre est en mouvement vers la droite, un « vent d'éther » souffle vers la gauche avec la vitesse $\vec{v}$ par rapport à la Terre. (b) Dans le bras PM_2, la vitesse de la lumière $\vec{v}_{\text{LM}}$ par rapport au miroir est la somme de $\vec{v}_{\text{LÉ}}$, la vitesse de la lumière par rapport à l'éther, et de $\vec{v}_{\text{ÉM}}$, la vitesse de l'éther par rapport au miroir : $\vec{v}_{\text{LM}} = \vec{v}_{\text{LÉ}} + \vec{v}_{\text{ÉM}}$. Ainsi, $\|\vec{v}_{\text{LM}}\| = (c^2 - v^2)^{1/2}$, quand les 3 vecteurs forment un triangle rectangle. Ce résultat est valable tant pendant le trajet de l'aller PM_2 que celui du retour M_2P.

EXEMPLE 8.1

Utiliser le développement binômial dans les équations 8.1 et 8.2 pour obtenir l'expression $\Delta T = (L_0/c)(v/c)^2$.

Solution

Puisque $v \ll c$, $(1 - v^2/c^2)^{-1} \approx 1 + v^2/c^2$ et $(1 - v^2/c^2)^{-1/2} \approx 1 + v^2/2c^2$. La différence entre ces expressions est $v^2/2c^2$. On multiplie par $(2L_0/c)$ et on obtient l'expression recherchée.

La vitesse de la Terre autour du Soleil (30 km/s) devait produire un décalage facilement observable dans l'interféromètre (environ 0,4 frange). Mais Michelson et Morley, qui étaient pourtant capables de détecter des décalages inférieurs à 1/20 de frange, ne trouvèrent aucun décalage.

Comment interpréter l'absence de décalage des franges ? Michelson et Morley, qui continuaient à adhérer à l'hypothèse de l'éther et de son rôle comme référentiel absolu, conclurent que la vitesse de la Terre par rapport à l'éther ne pouvait dépasser 5 km/s, ce qui est inférieur de loin à la vitesse connue de la Terre sur son orbite.

Le résultat négatif de l'expérience de Michelson et Morley laissa les scientifiques perplexes : si l'on ne pouvait mettre en évidence le mouvement de la Terre par rapport à l'éther, cela empêchait aussi, indirectement, de confirmer l'hypothèse que l'éther existait. De nombreuses expériences semblables, plus précises, ont été réalisées depuis, et la représentation selon laquelle la Terre se déplace dans un éther qui joue le rôle de référentiel absolu ne tient clairement plus la route : selon les mesures les plus récentes, la vitesse v de la Terre par rapport à cet éther serait au plus de 5 cm/s !

À l'époque, l'existence de l'éther n'a toutefois pas été rejetée d'emblée, et il y eut plusieurs tentatives, toutes infructueuses, visant à réconcilier les tenants de l'hypothèse d'un éther jouant le rôle d'un référentiel absolu avec le résultat négatif de l'expérience de Michelson-Morley. L'une d'elles consistait à considérer que la Terre emportait avec elle une « atmosphère » d'éther et que l'interféromètre était ainsi au repos par rapport à l'éther. Mais cette explication contredisait une autre observation, celle de l'aberration de Bradley : un télescope pointé vers la position réelle d'une étoile située directement au-dessus d'un observateur ne capte pas sa lumière, ce qui serait pourtant le cas s'il y avait un éther en mouvement avec la Terre, donc immobile par rapport à elle. Dès 1727, James Bradley (1693-1762) expliqua que le télescope devait plutôt être très légèrement incliné dans la direction du mouvement de la Terre.

L'hypothèse de la contraction des objets par l'éther

En 1889, George Francis FitzGerald (1851-1901) tenta de rescaper l'hypothèse de l'éther d'une autre façon : il continua d'affirmer que l'éther n'était pas entraîné par la Terre, mais supposa que le vent d'éther exerçait une sorte de pression sur les objets et avait donc pour effet de contracter légèrement, dans le sens de sa longueur, le bras de l'interféromètre parallèle au mouvement de la Terre. Il supposa aussi que cette contraction était tout juste celle qu'il fallait pour « annuler » l'effet produit par la vitesse de l'interféromètre par rapport à l'éther. Pour ce faire, la longueur « contractée » L du bras parallèle au mouvement de la Terre devait valoir

$$L = L_0(1 - v^2/c^2)^{1/2} \qquad (8.4)$$

où L_0 est la longueur « naturelle » du bras.

Hendrik Antoon Lorentz (1853-1928) eut la même idée en 1892. Il obtenait cependant l'équation 8.4 en supposant qu'il y avait contraction parce que les forces électriques à l'intérieur d'un corps étaient modifiées dans la direction du mouvement dans l'éther.

Notons que l'hypothèse de contraction par l'éther, même si elle permet d'expliquer le résultat de Michelson et de Morley, laisse le problème entier : toujours rien ne pouvait être invoqué comme preuve de l'existence de l'éther. L'abandon de l'hypothèse de l'éther allait toutefois venir d'ailleurs.

8.3 La covariance

Au début du XXᵉ siècle, la question de l'éther n'était pas le seul problème théorique irrésolu en électromagnétisme. Des complications survenaient lorsqu'on essayait d'appliquer les lois de l'électromagnétisme à des référentiels en mouvement les uns par rapport aux autres. Les lois de la mécanique de Newton ne faisaient pas problème : elles gardent la même forme dans tous les **référentiels d'inertie**, c'est-à-dire les référentiels en mouvement uniforme (voir le chapitre 4 du tome 1). Soit S, un référentiel d'inertie (figure 8.2) caractérisé par le système de coordonnées (x, y, z, t) ; alors un référentiel S' se déplaçant à la vitesse constante $\vec{v} = v\vec{i}$ par rapport à S selon l'axe des x aura un système de coordonnées (x', y', z', t') tel que

$$x' = x - vt \quad y' = y \quad z' = z \quad t' = t$$

(on a supposé que l'origine des deux systèmes de coordonnées coïncidait à $t = t' = 0$). Ces relations constituent la **transformation de Galilée** (voir le chapitre 4 du tome 1). Les lois de la mécanique sont **covariantes**, c'est-à-dire qu'elles gardent la même forme dans les deux référentiels.

Par exemple, la deuxième loi de Newton a la même forme dans les référentiels S et S' : si un observateur lié au référentiel S mesure qu'un objet a une accélération $\vec{a}$, il l'attribuera à une force résultante $\Sigma\vec{F}$ donnée par $\Sigma\vec{F} = m\vec{a}$. Un observateur lié au référentiel S', lui, mesurera des positions et des vitesses différentes donnant une accélération $\vec{a}'$. Or, l'expérience montre qu'il pourra attribuer cette accélération à une force résultante $\Sigma\vec{F}'$ donnée par $\Sigma\vec{F}' = m\vec{a}'$, ce qui confirme que la deuxième loi de Newton est covariante. De plus, dans ce cas-ci, on peut aussi montrer que l'accélération et la force résultante sont **invariantes**, c'est-à-dire qu'elles ont la *même* valeur dans les deux référentiels : si l'on dérive deux fois par rapport au temps les positions $x' = x - vt$, $y' = y$ et $z' = z$ mesurées par l'observateur lié à S', on obtient $\vec{a}' = \vec{a}$. La deuxième loi de Newton s'appliquant dans chacun des deux référentiels, on a donc aussi $\Sigma\vec{F}' = \Sigma\vec{F}$. Pour donner un autre exemple de covariance, notons que le principe de la conservation de la quantité de mouvement appliqué à la collision de deux particules dans un référentiel, $m_1\vec{u}_1 + m_2\vec{u}_2 = m_1\vec{v}_1 + m_2\vec{v}_2$, a la même forme, $m_1\vec{u}'_1 + m_2\vec{u}'_2 = m_1\vec{v}'_1 + m_2\vec{v}'_2$, dans un autre, bien que les vitesses aient des valeurs différentes dans les deux référentiels. L'idée que toutes les lois *de la mécanique* soient covariantes semble tout à fait conforme à l'expérience : les lois de la mécanique sur un navire en mouvement à vitesse constante sont en effet les mêmes que sur la terre ferme. En outre, *aucune* expérience mécanique effectuée dans une cabine fermée d'un tel navire ne pourrait révéler s'il est en mouvement ou non. En revanche, on rencontre certaines difficultés lorsqu'on applique le même raisonnement aux lois de l'électromagnétisme telles que formulées par Maxwell.

1. Considérons deux charges ponctuelles de même signe q_1 et q_2 se déplaçant à la même vitesse. Dans un référentiel S' qui se déplace avec elles, les charges sont au repos (figure 8.3a) et elles ne sont soumises qu'à la répulsion électrique $\vec{F}_E$. Dans un référentiel S lié au laboratoire, où les charges ont une vitesse $\vec{v}$ (figure 8.3b), chacune des charges crée un champ magnétique. La force prédite entre les charges est ainsi réduite par l'attraction magnétique $\vec{F}_B$, et la résultante, pour chaque charge, est $\|\Sigma\vec{F}\| = F_E - F_B$. Selon ce raisonnement, la force entre les charges dépendrait donc du référentiel utilisé. Cela est évidemment en contradiction avec l'invariance classique de la force dans la mécanique newtonienne.

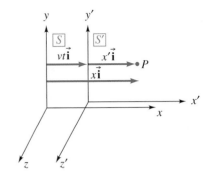

Figure 8.2 ▲

Lorsque le référentiel S' se déplace à la vitesse $\vec{v} = v\vec{i}$ sur l'axe des x du référentiel S, les coordonnées du point P sont liées par la transformation de Galilée : $x' = x - vt$, $y' = y$, $z' = z$, $t' = t$. Deux observateurs liés respectivement à S et à S' pourront appliquer des lois de la mécanique ayant une forme identique, même si leurs mesures d'un même phénomène diffèrent.

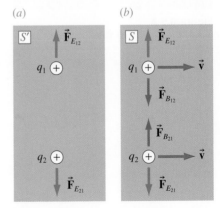

Figure 8.3 ▲

(a) Dans un référentiel S' où elles sont au repos, deux charges égales sont soumises uniquement à une répulsion électrique.
(b) Dans un référentiel S où les deux charges ont la même vitesse, elles sont aussi soumises à une attraction magnétique.

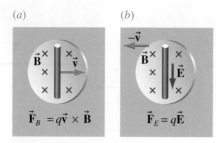

Figure 8.4 ▲

(a) Les charges dans une tige en mouvement près du pôle d'un aimant sont soumises à une force magnétique. (b) Si la tige est au repos et que l'on déplace l'aimant dans la direction opposée, les charges dans la tige sont soumises uniquement à une force électrique.

Figure 8.5 ▲
Albert Einstein (1879-1955).

2. Lorsqu'on applique la transformation de Galilée à l'équation d'onde de Maxwell, elle change complètement de forme. Par conséquent, si les équations de la transformation de Galilée étaient correctes, les équations de Maxwell ne devraient être valables que dans un référentiel particulier : celui de l'éther. Or, aucune expérience en électricité, en magnétisme ou en optique n'a permis d'observer les manifestations d'une telle limitation des équations de Maxwell.

3. Considérons un court fil de fer se déplaçant à vitesse constante par rapport à la surface d'un pôle d'aimant. Dans le référentiel lié à l'aimant (figure 8.4a), l'aimant est au repos et le fil se déplace à la vitesse $\vec{v}$. Pour un observateur situé dans ce référentiel, une charge q dans le fil est soumise à une force magnétique, proportionnelle au module v de la vitesse des charges qui bougent avec le fil. Dans le référentiel lié au fil (figure 8.4b), le fil est au repos et l'aimant a une vitesse $-\vec{v}$. Puisque les charges sont au repos dans le référentiel lié au fil, la charge q ne peut être soumise à une force magnétique. L'expérience montrant que seul le mouvement relatif du fil et de l'aimant suffit à produire une force sur les charges que contient le fil, un observateur situé dans ce référentiel doit attribuer cette force à un champ électrique induit (voir le chapitre 10 du tome 2). En somme, les deux observateurs s'entendent sur l'effet (la force), mais en attribuent la cause à des champs différents.

Lorsqu'il était étudiant, Albert Einstein (figure 8.5) avait connaissance de plusieurs cas problématiques concernant les lois de l'électromagnétisme. En fait, à 16 ans, il était intrigué par la question suivante : que « verrait » un observateur qui se déplacerait parallèlement à une onde électromagnétique, à la même vitesse qu'elle ? Selon la transformation de Galilée, la vitesse de l'onde mesurée par rapport à lui serait alors nulle : un peu comme un amateur de surf en train de chevaucher une vague observe que cette dernière est stationnaire par rapport à lui, il devrait donc voir une variation sinusoïdale *stationnaire* dans l'espace des champs magnétique et électrique qui constituent l'onde. Mais alors, ces champs ne seraient pas en train de varier dans le temps et ne pourraient donc pas s'induire l'un l'autre, ce qui est pourtant le mécanisme assurant la propagation de l'onde électromagnétique. Il y avait donc un problème quelque part, soit avec la transformation de Galilée, soit avec les équations de Maxwell. Se pouvait-il que les équations de Maxwell soient différentes pour un observateur qui se déplace et pour un observateur au repos ?

En 1904, Einstein avait probablement entendu parler de l'expérience de Michelson-Morley par l'intermédiaire des travaux de Lorentz, bien qu'il devait le nier par la suite. De toute façon, cette expérience *ne joua aucun rôle* dans la formulation de sa théorie. Les résultats d'expériences d'optique antérieures ainsi que les problèmes portant sur la covariance des lois de l'électromagnétisme suffirent à Einstein pour élaborer sa théorie.

Einstein dut faire un choix. Si la transformation de Galilée était valable, les équations de Maxwell devaient être reformulées pour devenir covariantes. À l'inverse, si les équations de Maxwell étaient valables et pouvaient être appliquées par tous les observateurs, la transformation de Galilée devait être reformulée et, par conséquent, les lois de la mécanique ne pouvaient pas être tout à fait valables, bien qu'aucune contradiction flagrante n'ait été décelée. Étant donné le succès remarquable de la théorie de Maxwell, il apparaissait fort peu probable qu'elle doive être aussi radicalement remise en question ; il décida donc qu'il fallait modifier la transformation de Galilée et, par conséquent, les lois de la mécanique. Einstein croyait en l'existence d'un « principe universel » puissant, et cela lui servit de guide dans sa quête de ce qu'il appelait les « vraies » lois de la physique. Il présenta sa théorie de la relativité restreinte en juin 1905 dans un article intitulé « Sur l'électrodynamique des corps en mouvement », qui commence ainsi :

> *On sait que l'électrodynamique de Maxwell, telle qu'elle est conçue aujourd'hui, conduit, quand elle est appliquée aux corps en mouvement, à des asymétries qui ne semblent pas être inhérentes aux phénomènes. Rappelons, par exemple, l'action mutuelle électrodynamique s'exerçant entre un aimant et un conducteur. Le phénomène observé dépend ici uniquement du mouvement relatif du conducteur et de l'aimant, tandis que, d'après la conception habituelle, il faudrait établir une distinction rigoureuse entre le cas où le premier de ces corps serait en mouvement et le second au repos, et le cas inverse. (…) Des exemples du même genre, ainsi que les expériences entreprises pour démontrer le mouvement de la Terre par rapport au « milieu où se propage la lumière » et dont les résultats furent négatifs, font naître la conjecture que ce n'est pas seulement dans la mécanique qu'aucune propriété des phénomènes ne correspond à la notion de mouvement absolu, mais aussi dans l'électrodynamique.*
> (Trad. française de Maurice Solovine.)

Il énonça ensuite les deux postulats sur lesquels s'appuie sa théorie. Ce sont les « principes universels » qu'il cherchait à obtenir.

8.4 Les deux postulats d'Einstein

Partant des problèmes décrits plus haut, Einstein fit deux hypothèses qui constituent les points de départ de sa théorie. Les supposant vraies, il en étudia les conséquences logiques. Les résultats ou prévisions pourraient éventuellement être vérifiés par l'expérience. Les deux postulats de la théorie de la **relativité restreinte** sont les suivants :

Les postulats de la théorie de la relativité restreinte

1. Le **principe de la relativité** : Toutes les lois de la physique ont la même forme dans tous les référentiels d'inertie.
2. Le **principe de la constance de la vitesse de la lumière** : La vitesse de la lumière dans le vide est la même dans tous les référentiels d'inertie. Elle ne dépend pas du mouvement de la source ou de l'observateur.

(Les deux postulats ne sont valables que dans les référentiels d'inertie. C'est pourquoi on parle de relativité *restreinte*. En 1916, Einstein élabora la *théorie de la relativité générale*, valable aussi dans le cas des référentiels accélérés.)

Analysons les deux postulats et leurs conséquences les plus immédiates. Dans son premier postulat, Einstein considère que *toutes* les lois de la physique sont covariantes. À la section 8.3, nous avons expliqué comment l'expérience montre que les lois *de la mécanique* sont covariantes, mais Einstein fait l'hypothèse que c'est aussi le cas des équations *de l'électromagnétisme*. En effet, cette hypothèse correspond au choix décrit à la fin de la section précédente : remettre en question la transformation de Galilée, non les équations de Maxwell. Pour ce faire, Einstein se basait sur le fait qu'aucune expérience en électricité, en magnétisme ou en optique ne montre une limitation des équations de Maxwell à un unique référentiel.

Le second postulat, lui, peut découler directement du premier : si les équations de Maxwell gardent la même forme dans tous les référentiels, alors l'équation d'onde prédite à partir de ces équations (voir la note au bas de la page 268) est elle aussi applicable dans tous les référentiels. Ses solutions sont donc des ondes qui voyagent à l'*unique* vitesse c, quel que soit le référentiel. En d'autres termes, la lumière ne se déplace pas à la vitesse c par rapport à l'éther, mais à la vitesse c par rapport à tout observateur, *quel que soit son état de mouvement*.

Une première conséquence de ces postulats est d'expliquer le résultat négatif de l'expérience de Michelson-Morley : si la vitesse de la lumière demeure la même indépendamment de l'état de mouvement des bras de l'interféromètre, la figure d'interférence ne change forcément pas quand on intervertit les bras.

Une seconde conséquence de ces postulats est l'abandon de la notion d'éther : le premier postulat contredit l'idée même qu'il puisse y avoir un référentiel « absolu » ou « privilégié » et est donc incompatible avec la notion d'éther. De plus, les équations de Maxwell étant considérées comme valables dans tous les référentiels, on ne peut plus concevoir le champ électromagnétique comme un « état de l'éther ». Ce constat conduisit Einstein à plutôt concevoir le champ comme une entité ayant une existence propre*. Selon cette nouvelle interprétation, les ondes électromagnétiques n'ont donc plus besoin de l'éther pour se propager et deviennent ainsi capables de se déplacer *dans le vide*, sans milieu matériel de propagation. La notion d'éther devient donc inutile.

Une troisième conséquence de ces postulats est définitivement plus difficile à admettre : si la lumière se déplace à la vitesse c par rapport à tout observateur, cela remet complètement en question la transformation de Galilée, pourtant en apparence si irréfutable. Pour vous en convaincre, imaginez un premier observateur en mouvement à très grande vitesse par rapport à un autre observateur. Il peut s'agir, par exemple, d'un voyageur assis dans un vaisseau spatial voyageant à la vitesse $c/2$ et d'un contrôleur assis dans une station spatiale qui observe ce qui se passe dans le vaisseau au moment où ce dernier passe devant lui. Si le voyageur pointe une lampe de poche vers l'avant de son vaisseau, il mesure que la lumière qui en est émise voyage à la vitesse c par rapport à lui. Selon les postulats d'Einstein, le contrôleur mesurera lui aussi que cette lumière voyage à la vitesse c par rapport à lui. Or, selon la transformation de Galilée, il devrait plutôt mesurer $c + c/2 = 1{,}5c$!

Quel que soit le modèle classique utilisé pour représenter la lumière, cette conclusion semble contradictoire : si la lumière est représentée comme une onde analogue aux ondes mécaniques, sa vitesse devrait se mesurer par rapport à un milieu de propagation, mais ce milieu agirait alors comme un référentiel absolu, ce qui contredirait la covariance des équations de Maxwell. Si la lumière est représentée comme un jet de particules, alors la vitesse de ces dernières devrait être mesurée par rapport à la source, ce qui n'est pas conforme au second postulat.

Ces deux représentations classiques de la lumière ne sont donc absolument pas utiles pour essayer de « comprendre » le deuxième postulat en visualisant un quelconque mécanisme physique. D'ailleurs, il est important de se rendre compte que le second postulat, si on ne le considère pas uniquement comme une conséquence du premier, ne fait aucune supposition sur la nature de la lumière : il se contente de décrire la façon dont sa vitesse est mesurée.

---

* Le champ électromagnétique peut cependant apparaître comme une combinaison différente de champ électrique et de champ magnétique selon le référentiel (voir la section 8.15). Cela serait contradictoire si l'on continuait de se représenter le champ comme un état de l'éther (dans cette vision des choses, il doit alors être *soit* électrique, *soit* magnétique), mais pas si on lui accorde une existence indépendante.

Bien que le second postulat puisse sembler bizarre, nous verrons dans les prochaines sections que *sa validité est confirmée par le fait que toutes les prédictions qui en découlent ont été vérifiées par l'expérience*. Une expérience récente a même permis de mesurer directement la validité du second postulat*. En somme, les deux postulats constituent la base d'un modèle tout à fait valable, même s'ils ne nous permettent pas du tout de visualiser ce que serait la lumière « en réalité ». Cela n'est d'ailleurs pas un problème : la qualité principale d'une théorie scientifique est de produire des prédictions qui peuvent être vérifiées par l'expérience, pas forcément de décrire la réalité. Comme tout modèle est appelé à changer au gré des nouvelles observations, on ne devrait jamais supposer qu'il « est » la réalité, tout au plus nous permet-il de nous faire une *représentation* de cette dernière. En ce sens, un modèle n'est pas « vrai » ou « faux », mais plutôt valable ou non. Or, *la validité de la théorie de la relativité est quotidiennement vérifiée*, notamment dans des applications technologiques avancées, comme les accélérateurs de particules ou le réseau de positionnement GPS, qui doivent tenir compte des effets relativistes pour fonctionner correctement.

8.5 Définitions

En relativité restreinte, un **événement** est un phénomène qui se produit en un *point* unique dans l'espace et à un *instant* unique dans le temps. Par exemple, imaginons un poteau P situé à côté d'une voie ferrée sur laquelle roule un train (figure 8.6). On ne peut pas affirmer que « le train est passé devant le poteau à midi », puisque l'action proprement dite a duré un certain temps. On peut toutefois décrire la situation à l'aide de *deux* événements : 1) l'avant du train coïncide avec le poteau à l'instant t_1 et 2) l'arrière coïncide avec le poteau à l'instant t_2. Ces coïncidences constituent les événements.

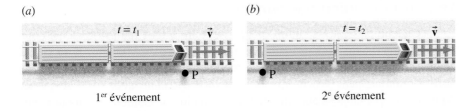

(a) $t = t_1$ $\vec{v}$ (b) $t = t_2$ $\vec{v}$

$\bullet P$ $\bullet P$

1er événement   2e événement

Figure 8.6 ◀

Un train passant devant un poteau à côté d'une voie ferrée. (*a*) Premier événement : l'avant du train coïncide avec le poteau. (*b*) Second événement : l'arrière du train coïncide avec le poteau.

En relativité restreinte, un **observateur** est une personne (ou un dispositif automatique) pourvu d'une horloge et d'une règle. Chaque observateur ne peut relever que les événements *de son voisinage immédiat* et doit s'en remettre à des collègues en d'autres endroits pour relever les instants correspondant à des événements distants. Un observateur peut voir ou photographier un événement distant, mais ces observations ne sont pas considérées comme des relevés fidèles de l'événement, parce que la lumière a dû voyager un certain temps, même bref, pour atteindre l'observateur.

Un **référentiel** peut être défini comme un ensemble d'observateurs uniformément répartis dans l'espace et se déplaçant tous à une *même vitesse*, de telle sorte qu'ils restent uniformément répartis (figure 8.7). Tous les observateurs d'un référentiel donné sont d'accord sur la position et l'instant d'un événement. Un seul observateur est en fait assez proche de l'événement pour l'enregistrer,

---

* La vitesse des photons émis au moment de la désintégration de particules élémentaires appelées mésons π^0 a été mesurée comme étant égale à c avec une incertitude inférieure à 0,01 %, et ce malgré le fait que les mésons avaient, avant de se désintégrer, une vitesse déjà voisine de c.

mais les données sont communiquées aux autres à un instant ultérieur*. Nous allons utiliser la notation S, S′, S″, … pour désigner les différents référentiels d'inertie. Le référentiel dans lequel un objet, une horloge ou une tige par exemple, est au repos est appelé **référentiel propre**. Nous utiliserons les notations et le vocabulaire indiqués dans le tableau 8.1.

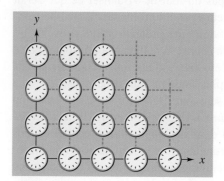

Figure 8.7 ▲

On suppose qu'un référentiel est un ensemble d'observateurs uniformément répartis dans l'espace et se déplaçant à une même vitesse. Chaque observateur est muni d'une règle et d'une horloge pour faire des mesures dans son voisinage immédiat. Dans ce chapitre, on considérera surtout des phénomènes se produisant en une dimension (d'espace), alors il suffira de considérer que les horloges et les observateurs sont répartis le long d'une droite.

Tableau 8.1 ▼

Paramètres de l'espace (situation en une dimension) et du temps

x	Coordonnée de position d'un événement, *un point* de l'espace.
$\Delta x = x_2 - x_1$ $= L$	*Intervalle* d'espace, une longueur.
t	Coordonnée de temps d'un événement, *un instant*.
$\Delta t = t_2 - t_1$ $= T$	*Intervalle* de temps, un délai entre deux événements.

La synchronisation des horloges

En mécanique classique, le temps progresse à un rythme qui est le même pour tous les observateurs, indépendamment de leur état de mouvement, et un même événement se produit donc au même moment dans tous les référentiels. Des horloges initialement synchronisées le demeurent donc quoi qu'il se passe. Toutefois, ce présupposé aboutit à la transformation de Galilée (où, notamment, $t' = t$) qui est contredite par les deux postulats d'Einstein; il ne peut donc pas être utilisé pour construire la théorie de la relativité. En conséquence, nous ne tiendrons *pas* pour acquis que des horloges initialement synchronisées le demeurent quand elles se déplacent l'une par rapport à l'autre (c'est-à-dire qu'elles sont liées à des référentiels différents). Seules les horloges d'un *même* référentiel pourront être considérées comme synchronisables, puisqu'elles sont immobiles l'une par rapport à l'autre. Cette synchronisation des horloges est évidemment importante pour que les observateurs d'un même référentiel s'entendent entre eux sur les mesures qu'ils prennent.

La question de la méthode utilisée pour synchroniser parfaitement les horloges d'un même référentiel est donc capitale: par exemple, il est impossible de seulement regrouper les horloges, de les synchroniser, puis de les placer aux

---

* Les observateurs du *même* référentiel, s'ils voyaient cet événement distant et tenaient compte du temps que la lumière a pris pour leur parvenir, pourraient calculer le moment où l'événement s'est produit et obtiendraient un moment identique à celui mesuré par l'observateur le plus proche de l'événement. Nous verrons à la section suivante que ce ne serait *pas le cas* des observateurs situés dans les *autres* référentiels et qui observeraient le même événement.

endroits voulus. En effet, en se déplaçant, elles ne seraient temporairement plus liées au même référentiel et on ne pourrait donc pas supposer qu'elles demeurent synchronisées ! Einstein imagina donc une méthode qui permettrait théoriquement de synchroniser les horloges, sans avoir à les déplacer, et qui ne reposerait sur aucun autre présupposé que le second postulat : quel que soit le référentiel auquel les observateurs sont liés, ils mesureraient nécessairement que la lumière voyage à la vitesse c par rapport à eux et pourraient donc se servir du temps de parcours de la lumière entre eux pour synchroniser leurs horloges. En pratique, il suffit de placer les horloges en des points équidistants du même référentiel et de placer en chacun de ces points une antenne permettant d'émettre et de recevoir des signaux lumineux (figure 8.8). Pour vérifier l'égalité des distances, B émet un éclair lumineux et reçoit les signaux réfléchis par A et C au même instant, par exemple 2 s plus tard*. On peut faire la même chose en C avec les signaux réfléchis par B et D, et ainsi de suite. La lumière met donc 1 s pour passer d'une horloge à la suivante. Une fois ce fait établi, tous les observateurs sont prévenus que A émettra un éclair lorsque son horloge indique midi. L'horloge B est réglée sur 1 s après midi, celle de C sur 2 s après midi, et ainsi de suite. À l'instant choisi, l'éclair émis par A déclenche chacune des autres horloges à tour de rôle. Toutes les horloges sont donc maintenant synchronisées, sans qu'elles n'aient jamais cessé d'être liées à un même référentiel.

8.6 La relativité de la simultanéité

Si deux événements se produisent au même instant en des points extrêmement rapprochés l'un de l'autre, tout observateur situé tout près mesurera facilement qu'ils sont simultanés puisqu'il les verra en même temps. Mais comment peut-on mesurer si deux événements qui se produisent en des points éloignés sont simultanés ? Imaginons un observateur O, équidistant des points A et B sur un quai (référentiel S), comme à la figure 8.9. Si deux pétards explosent simultanément en A et B (par rapport au référentiel S), l'observateur O reçoit les éclairs au même instant. Comme la vitesse de la lumière ne dépend pas du référentiel de cet observateur, il déduira que les événements qui ont émis les éclairs se sont aussi produits en même temps, même s'ils se sont produits loin de lui. Cette expérience peut nous fournir une définition « opérationnelle » de la simultanéité : *Deux événements en des points différents sont simultanés si un observateur situé à mi-chemin entre les deux reçoit les éclairs au même instant.*

Les explosions laissent également des traces en A' et B' sur un train (référentiel S') qui roule à vitesse constante le long du quai. En examinant la figure 8.10, on voit qu'un observateur O' qui se trouve à mi-chemin entre A' et B' reçoit l'éclair issu de B avant l'éclair issu de A. Cet observateur peut faire un raisonnement similaire à celui de l'observateur O : comme la vitesse de la lumière ne dépend pas du référentiel, elle prend le même temps pour faire le trajet $A'O'$ que le trajet $B'O'$. La lumière en provenance de l'explosion B ayant été reçue en premier, l'observateur O' en déduit que cette explosion s'est produite *avant* l'explosion A. Bien que O mesure que ces événements sont simultanés, O', lui, mesure qu'ils ne le sont pas ! En somme, si des événements ont lieu à des endroits distincts de l'espace et qu'ils sont simultanés dans un référentiel, *ils ne le sont pas dans les autres référentiels* (en mouvement par rapport au premier).

---

* Nous choisissons cet intervalle de temps pour faciliter la description qui suivra. Il pourrait certes sembler irréaliste, puisqu'en 2 s la lumière fait presque un aller-retour entre la Terre et la Lune, mais les phénomènes relativistes se produisant à des vitesses très élevées, cet intervalle demeure réaliste dans certains contextes. Selon le phénomène étudié, on pourra imaginer des horloges et des observateurs plus ou moins rapprochés.

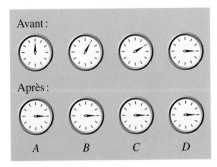

Figure 8.8 ▲

Pour synchroniser quatre horloges régulièrement espacées, l'horloge A envoie un signal pour déclencher les autres horloges, chacune ayant été avancée selon le temps nécessaire à la lumière pour se rendre de A à l'horloge en question. Si la lumière met par exemple 1 s pour parcourir la distance séparant deux horloges consécutives, on n'a qu'à fixer la première à 12:00:00, la seconde à 12:00:01, la troisième à 12:00:02 et la quatrième à 12:00:03, ce que symbolise la figure ci-dessus. Quand la lumière atteindra l'horloge D, chacune des quatre horloges indiquera 12:00:03 simultanément.

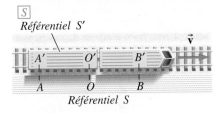

Figure 8.9 ▲

Un train (référentiel S') se déplace par rapport à un quai (référentiel S). À un instant donné dans S, des explosions se produisent en A et B et font des traces en A' et B' sur le train. L'observateur O est à mi-chemin entre A et B et l'observateur O' est à mi-chemin entre A' et B'.

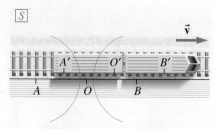

Figure 8.10 ▲

L'éclair émis par l'explosion en *B* atteint *O'* avant l'éclair provenant de l'explosion en *A*. Bien que les explosions soient simultanées pour l'observateur *O*, elles ne sont pas simultanées pour l'observateur *O'*.

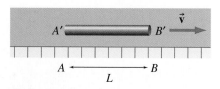

Figure 8.11 ▲

Pour mesurer la longueur d'une tige en mouvement, des observateurs en *A* et *B* repèrent simultanément ses extrémités. Pourtant, les deux mesures ne sont pas simultanées pour des observateurs dans le référentiel de la tige.

Cette conclusion, appelée *relativité de la simultanéité*, est parfaitement réciproque : des événements simultanés pour *O'* ne sont pas simultanés pour *O*. La relativité de la simultanéité est sans doute difficile à accepter, car elle entre en contradiction flagrante avec l'un des présupposés de la mécanique classique, selon lesquels le temps est le même pour tous les référentiels de l'Univers. Si ce présupposé était valable, deux événements qui sont simultanés le seraient forcément de façon « absolue ». Il faut pourtant éviter de penser, par exemple, que l'un des observateurs a raison et que l'autre a tort : *les deux ont raison*, bien qu'ils disent le contraire l'un de l'autre*.

Puisque des événements qui sont simultanés mais situés en des points différents du référentiel *S* ne sont pas simultanés dans le référentiel *S'*, l'*intervalle* de temps entre les événements sera différent dans les deux référentiels. La relativité de la simultanéité cause donc l'effondrement de la conception du temps telle qu'elle était véhiculée par la mécanique classique. En effet, ce sont des intervalles entre des événements que mesurent des horloges ! (Par exemple, une minute correspond à l'intervalle entre l'événement « l'horloge passe de 11 h 59 à 12 h 00 » et l'événement « l'horloge passe de 12 h 00 à 12 h 01 ».) En conséquence, la durée d'une minute ne sera pas la même pour des observateurs dans deux référentiels différents. Ici encore, il n'est pas question de penser que l'un a raison et que l'autre a tort : l'écoulement du temps ne peut tout simplement plus être considéré comme absolu. Un énoncé aussi simple que « C'est arrivé après un temps *t* » perd tout son sens si l'on ne spécifie pas le référentiel où la mesure a été prise.

Comme nous allons le voir, la relativité de la simultanéité a aussi un effet sur les mesures des longueurs et cause donc aussi l'effondrement de la conception d'espace telle qu'elle était véhiculée par la mécanique classique. Par exemple, pour mesurer la longueur d'une tige immobile, on la place sur une règle et on repère les positions de ses extrémités. Comment fait-on si la tige est en mouvement par rapport à la règle ? On ne peut évidemment pas relever la position de l'avant à un instant et celle de l'arrière un peu plus tard ! Il est en effet impératif de relever les positions simultanément. La figure 8.11 représente une tige *A'B'* dont la longueur mesurée au repos est *L'*. Elle se déplace à la vitesse $\vec{v} = v\vec{i}$ par rapport au référentiel *S*. Pour mesurer la longueur de la tige dans le référentiel *S*, on a besoin de *deux* observateurs *A* et *B* séparés dans l'espace. Ils vont s'efforcer de relever les positions des extrémités au même instant. (Par exemple, tous les observateurs du référentiel *S* peuvent relever les positions à *t* = 0. Il se trouve que deux d'entre eux seulement, *A* et *B*, relèvent les positions des extrémités *A'* et *B'*.) Mais les observateurs du référentiel *S'*, qui se déplacent avec la tige, vont prétendre que les mesures effectuées par *A* et *B* n'ont pas été relevées au même instant. Par exemple, les observateurs des référentiels *S* et *S'* ne seront pas d'accord sur la longueur de la tige. Pour la troisième fois, les deux observateurs ont raison : on ne peut tout simplement plus considérer qu'un objet, y compris une règle à mesurer, a une longueur absolue.

Bien entendu, la relativité de la simultanéité, comme celles du temps et des longueurs qui en découlent, peuvent sembler choquantes puisque l'expérience quotidienne tend à montrer au contraire que la conception de la mécanique

---

* Par analogie, si un passager marche à 5 km/h dans un bus qui roule à 50 km/h, un observateur assis dans un abribus dirait que la vitesse du passager est de 55 km/h, alors que le chauffeur du bus dirait que sa vitesse est de 5 km/h. Bien que les mesures diffèrent, les deux observateurs auraient « raison ». Or, il en va de même de la simultanéité de deux événements.

classique est valable. Cela est dû à la très grande vitesse de la lumière : à la figure 8.10, par exemple, un train ordinaire (même aussi rapide que le TGV) n'aurait que le temps de parcourir une distance insignifiante avant que la lumière issue des explosions n'atteigne les deux observateurs. En pratique, il n'y a *aucun* objet de la vie quotidienne qui voyage à une vitesse suffisante pour que des observateurs terrestres puissent mesurer que la simultanéité, le temps ou les longueurs leur sont relatifs. En revanche, ce genre de vitesse est possible pour des corps célestes, des particules microscopiques, certaines sondes spatiales, etc.

Vous aurez noté que la relativité de la simultanéité entraîne une contraction des longueurs similaire à celle envisagée par FitzGerald et Lorentz. Il y a toutefois une différence de taille : ces derniers concevaient tout de même la longueur d'un objet comme absolue et attribuaient à l'éther la capacité de comprimer les objets qui se déplaçaient par rapport à lui. Cette compression aurait donc pu être observée par tous les observateurs, quel qu'ait été leur référentiel. Comme nous le verrons à la section 8.8, la théorie de la relativité restreinte aboutira à la même équation que celle de Lorentz (équation 8.4), mais l'interprétation en est complètement différente : il s'agira d'une contraction qui dépend de la vitesse v de l'objet par rapport au référentiel de l'observateur, non de sa vitesse v par rapport à l'éther. De plus, FitzGerald et Lorentz attribuaient cette contraction à un effet dynamique, alors qu'Einstein l'obtient à partir d'une analyse en profondeur du processus de la mesure.

Dans la section suivante, nous étudions en détail la dilatation du temps. Nous reviendrons sur la contraction des longueurs à la section 8.8.

Lors de son retour dans l'atmosphère le 26 mai 1969, le module Apollo 10 a atteint une vitesse maximale de 11 082 m/s, la vitesse la plus élevée jamais atteinte par un véhicule habité. Même à une vitesse aussi considérable, la relativité de la simultanéité demeure négligeable. Sauf exception, les effets relativistes ne sont apparents que pour des corps célestes ou des particules microscopiques très rapides.

8.7 La dilatation du temps

Afin de déterminer l'effet du mouvement relatif de deux référentiels sur l'intervalle de temps mesuré entre deux événements, considérons le dispositif optique de la figure 8.12. Une impulsion lumineuse est émise par une source A', réfléchie par un miroir M situé à une distance L_0 et détectée par B', qui est à une distance négligeable de A'. L'intervalle de temps entre l'émission et la détection dans le référentiel S' lié au dispositif optique (référentiel propre) est

$$T_0 = \Delta t' = \frac{2L_0}{c} \tag{8.5}$$

> **Temps propre**
>
> Le **temps propre** T_0 est l'*intervalle* de temps entre deux événements mesurés dans le référentiel propre d'une horloge, c'est-à-dire le référentiel auquel cette horloge est liée. Pour que cette horloge puisse mesurer les deux événements, ces derniers doivent se produire au *même point* dans ce référentiel, c'est-à-dire un point situé près de l'horloge.

Mesurer le temps propre nécessite de déterminer le référentiel dans lequel les deux événements se produisent au même point (voir l'exemple 8.3). Quand les deux événements concernent un même objet (par exemple, le passage de l'avant d'un *même* train devant deux bornes kilométriques), le référentiel en question est facile à déterminer (ici, c'est celui lié au train). Toutefois, quand les événements concernent des objets différents (par exemple, l'explosion de deux étoiles distantes), il se peut qu'aucun référentiel ne permette de mesurer le temps

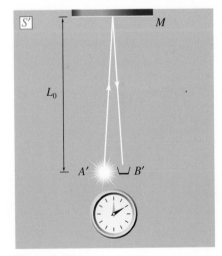

Figure 8.12 ▲

Un dispositif optique permettant de mesurer le temps. Le temps mis par la lumière pour aller de la source A' au détecteur B' est $2L_0/c$ *dans le référentiel où l'horloge illustrée est au repos.* Si on néglige la distance entre A' et B', on peut affirmer que l'émission et la détection ont lieu au même endroit dans ce référentiel et peuvent donc être mesurées avec la même horloge.

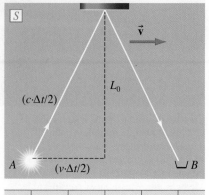

Figure 8.13 ▲

Dans un référentiel où le dispositif optique est en mouvement, l'émission et la détection ont lieu en *deux* points différents et doivent donc être mesurées par des horloges différentes. L'intervalle de temps enregistré est supérieur à celui qui est enregistré dans le référentiel propre du dispositif.

$$\gamma = \frac{1}{\sqrt{1 - \frac{v^2}{c^2}}}$$

Figure 8.14 ▲

Graphique du facteur γ en fonction du rapport v/c. Notez en particulier le comportement asymptotique. Les données du tableau 8.2 peuvent être lues sur ce graphique.

propre séparant ces événements*. Dans ces situations, il faut faire appel aux transformations de Lorentz (section 8.11).

Nous allons maintenant déterminer l'intervalle de temps relevé dans le référentiel S, dans lequel le dispositif optique a une vitesse $\vec{v} = v\vec{i}$. L'intervalle de temps Δt dans le référentiel S est mesuré par *deux* observateurs A et B situés en des points différents. Dans ce référentiel, la lumière a parcouru une plus grande distance, puisque le dispositif optique s'est déplacé entre l'émission et la réception de la lumière. Toutefois, en vertu du second postulat, la lumière a voyagé à la même vitesse c *même si elle a parcouru une distance plus grande*, ce qui entraîne que l'intervalle de temps que son parcours a nécessité dans ce référentiel est plus long. À la figure 8.13, on voit, en appliquant le théorème de Pythagore, que

$$\left(c\frac{\Delta t}{2} \right)^2 = L_0^2 + \left(v\frac{\Delta t}{2} \right)^2$$

ce qui donne

$$T = \Delta t = \frac{2L_0}{c} \left(\frac{1}{\sqrt{1 - v^2/c^2}} \right) \tag{8.6}$$

Soulignons que nous avons considéré que la « hauteur » L_0 du dispositif optique demeurait la même dans les deux référentiels : en effet, les longueurs perpendiculaires à la vitesse $\vec{v}$ ne sont pas affectées par la contraction relativiste des longueurs (voir la section suivante).

Dans l'équation 8.6, on attribue à l'expression entre parenthèses le symbole γ :

Facteur γ

$$\gamma = \frac{1}{\sqrt{1 - v^2/c^2}} \tag{8.7}$$

Notez que γ ne peut prendre une valeur réelle que si $v < c$. Cela est un premier indice montrant que la vitesse de la lumière est une *vitesse limite* ne pouvant être dépassée par aucun objet, quel que soit le référentiel inertiel dans lequel on mesure sa vitesse. Nous y reviendrons à la section 8.14.

Le tableau 8.2 donne les valeurs de γ correspondant à certaines valeurs de v/c. Le graphe de la figure 8.14, en plus des données de ce tableau, montre aussi le comportement asymptotique du facteur γ. En comparant les équations 8.5 et 8.6, on voit que

Équation de la dilatation du temps

$$T = \gamma T_0 \tag{8.8}$$

---

* Comme nous le verrons, aucun référentiel ne peut se déplacer à une vitesse $v > c$ par rapport à un autre et il se peut donc qu'on ne puisse pas mesurer le temps propre entre deux événements extrêmement distants.

Puisque $\gamma > 1$, l'intervalle de temps T mesuré dans le référentiel S (par deux horloges) est *plus grand* que le temps propre T_0 enregistré par l'horloge dans son référentiel propre, S'. Cet effet porte le nom de **dilatation du temps** :

> **Dilatation du temps**
>
> *Deux* horloges, A et B, séparées dans l'espace, enregistrent entre deux événements un intervalle de temps plus grand que l'intervalle enregistré par une *seule* horloge se déplaçant de A vers B et qui est présente aux deux événements.

La dilatation du temps est un effet entièrement réciproque. Si Δt est le temps propre (un intervalle) pour une horloge dans S, alors deux observateurs dans S' vont mesurer $\Delta t' = \gamma \Delta t$. Si cet effet n'était pas réciproque, il permettrait de distinguer les référentiels d'inertie entre eux, ce qui est en contradiction avec le premier postulat.

Notons que la dilatation du temps ne s'applique pas qu'aux horloges liées aux différents référentiels, mais bien à tous les phénomènes. Par exemple, l'écoulement d'un sablier, le rythme de reproduction des bactéries, les périodes dans des circuits LC et le rythme respiratoire sont tous affectés : rien qui puisse être observé dans un référentiel ne contredit la dilatation du temps.

Dans l'expérience quotidienne, tous les objets ont une vitesse v de loin inférieure à la vitesse de la lumière. Dans ces conditions, $\gamma \approx 1$ et $T \approx T_0$. Il est donc prédit que l'effet relativiste de dilatation du temps est tout à fait inobservable dans la vie quotidienne, ce qui est conforme à ce que nous observons. Cet effet n'est significatif que pour des référentiels se déplaçant l'un par rapport à l'autre à une vitesse extrêmement grande (voir l'exemple 8.2).

Tableau 8.2* ▼
Quelques valeurs de γ

v/c	γ
0,6	5/4
0,8	5/3
0,98	5
0,995	10
0,9965	12
0,9992	25

* Certaines valeurs de γ ont été arrondies.

EXEMPLE 8.2

Pour quelle vitesse la dilatation du temps produit-elle une augmentation de 10 % d'un intervalle de temps, par rapport au temps propre ?

Solution

Une augmentation de 10 % correspond à $\gamma = 1{,}1$. D'après l'expression donnant γ, on trouve $(v/c)^2 = 1 - 1/\gamma^2 = 1 - (1/1{,}1)^2 = 0{,}173$. Ainsi, $v = 0{,}416c$.

EXEMPLE 8.3

Soit deux horloges A et B au repos à 180 m l'une de l'autre dans le référentiel S (figure 8.15). Une fusée joue le rôle de référentiel S' et se déplace sur la droite joignant A et B à la vitesse $v = 0{,}6c$. L'horloge A' est fixe par rapport au centre de la fusée. Combien de temps lui faut-il pour se rendre de A à B selon un observateur dans S et selon un observateur dans S' ?

Solution

La vitesse $\vec{v}$ étant constante, la distance parcourue d et l'intervalle de temps T sont reliés par l'équation $d = vT$; lorsqu'on utilise cette relation en relativité restreinte, il faut bien s'assurer que l'on mesure la distance d et l'intervalle de temps T dans le *même* référentiel.

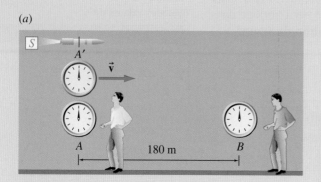

(a)

A'

$\vec{v}$

A

180 m

B

(b)

A'

$\vec{v}$

A

B

Figure 8.15 ▲

(a) Les horloges A et A' sont synchronisées lorsqu'elles coïncident. (b) Lorsque l'horloge A' coïncide avec l'horloge B, elles n'indiquent pas la même heure. L'horloge B est en avance.

Dans le référentiel S, la distance entre A et B est de 180 m, et la vitesse équivaut à $0,6c = 1,8 \times 10^8$ m/s. Ainsi,

$$T = \frac{d}{v} = \frac{180 \text{ m}}{1,8 \times 10^8 \text{ m/s}} = 1 \times 10^{-6} \text{ s} = 1 \text{ μs}$$

💡 L'horloge A' indique le temps propre T_0 correspondant au trajet : en effet, dans le référentiel S', les événements qui définissent l'intervalle (« croisement de A et A' » et « croisement de B et

A' ») se produisent au même point dans ce référentiel, soit à l'endroit où se trouve A'.∎

D'après l'équation 8.7, $\gamma = 1,25$ pour $v = 0,6c$. L'équation 8.8 donne donc

$$T_0 = \frac{T}{\gamma} = \frac{1 \text{ μs}}{1,25} = 0,8 \text{ μs}$$

Il faut donc 1 μs selon l'observateur dans S et 0,8 μs selon l'observateur dans S'.

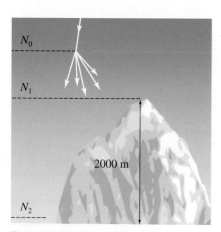

N_0

N_1

2000 m

N_2

Figure 8.16 ▲

N_0 muons sont produits à une certaine altitude. À l'altitude du sommet de la montagne, il en reste N_1, alors qu'il en reste N_2 au niveau de la mer. Le nombre de muons restants au niveau de la mer est de loin supérieur au nombre prédit par la physique classique, selon laquelle le temps est absolu.

La dilatation du temps fut notamment vérifiée lors d'une expérience réalisée par Bruno Benedetto Rossi (1905-1993) et D. B. Hall en 1941, laquelle fut reprise et simplifiée en 1963 par D. H. Firsch et James H. Smith. Cette expérience implique d'observer des particules élémentaires, appelées muons, qui sont produites dans la haute atmosphère terrestre par bombardement de protons à haute vitesse en provenance de l'espace. Après avoir été produits, les muons se dirigent plus ou moins verticalement vers le sol à une vitesse qui avoisine $0,995c$, et la théorie de la relativité prédit donc que le temps devrait être très différent dans leur référentiel et dans celui d'un observateur terrestre. Or, les muons ont une durée de vie extrêmement courte et se désintègrent rapidement en d'autres particules. La demi-vie des muons, c'est-à-dire le délai qui permet en moyenne d'éliminer la moitié des muons d'un échantillon*, a été mesurée lors d'expériences différentes (où les muons se déplaçaient bien plus lentement) : dans un référentiel au repos par rapport aux muons, si l'on a N_0 muons à $t = 0$, on observe que le nombre de muons restants à un instant ultérieur t est

$$N = N_0 e^{-t/\tau}$$

où $\tau = 2,2$ μs est la demi-vie.

L'expérience consistait à comparer le nombre (N_1) de muons détectés au sommet d'une montagne d'altitude 2000 m avec le nombre (N_2) de muons détectés dans un même intervalle au niveau de la mer (figure 8.16). Sachant que les muons ont une vitesse $v = 0,995c$, on en déduit qu'il leur faut 6,7 μs pour se rendre de l'altitude du sommet de la montagne au niveau de la mer. Si le temps

---

* Pour en savoir davantage sur ce type de désintégration, consultez la section 12.4.

était absolu, la demi-vie des muons serait de 2,2 μs tant dans leur référentiel que dans celui des observateurs terrestres, et l'équation précédente, utilisée avec cette demi-vie, prédirait donc que le rapport des deux mesures devrait être égal à

$$\frac{N_2}{N_1} = e^{-6,7/2,2} = 0,048$$

Au lieu de cette valeur, l'expérience a donné pour N_2/N_1 une valeur égale à 0,74 ; autrement dit, au lieu de détecter 4,8 % des muons au niveau de la mer, on s'aperçut que 74 % d'entre eux avaient survécu ! Comme cette valeur correspond à $0,74 = \exp(-6,7/\tau')$, on a $\tau' = 22$ μs. Cela signifie que les muons en mouvement avaient une durée de vie moyenne 10 fois plus longue que des particules semblables au repos qui se désintègrent dans le laboratoire. C'est exactement ce que prévoit la dilatation du temps (*cf.* équation 8.8 et tableau 8.2, p. 281). Pour la vitesse donnée, $\gamma = 10$ et τ est le temps propre. Dans le référentiel lié au laboratoire, la durée de vie est $\tau' = \gamma\tau = 10\tau$.

8.8 La contraction des longueurs

Soit une tige *AB au repos* dans le référentiel S (figure 8.17). La distance entre ses extrémités correspond à sa longueur propre L_0 :

> **Longueur propre**
>
> La **longueur propre** L_0 d'un objet est l'intervalle séparant ses extrémités dans l'espace, mesuré dans le référentiel au repos par rapport à l'objet (référentiel propre).

Un observateur O' dans le référentiel S', qui se déplace à la vitesse $\vec{v}$ par rapport au référentiel S, peut mesurer la longueur de la tige en relevant l'intervalle entre les instants où O' passe devant A et B. La figure 8.17 et la figure 8.18 représentent les deux événements dans les référentiels S et S', respectivement. Les mesures effectuées dans les deux référentiels sont :

Référentiel S : $\qquad\qquad L_0 = \Delta x = v\Delta t$

Référentiel S' : $\qquad\qquad L = \Delta x' = v\Delta t'$

où Δt est l'intervalle de temps que met O' pour aller de A à B (dans le référentiel S) et $\Delta t'$, l'intervalle de temps propre mesuré par O'. D'après l'équation 8.8, on a $\Delta t = \gamma\Delta t'$; par conséquent,

> **Équation de la contraction des longueurs**
>
> $$L = \frac{1}{\gamma} L_0 \qquad\qquad (8.9)$$

Puisque $\gamma > 1$, on voit que $L < L_0$. Autrement dit, la longueur d'une tige mesurée dans un référentiel en mouvement par rapport à la tige est inférieure à sa longueur propre. Cet effet de **contraction des longueurs** est réciproque : une tige au repos dans le référentiel S' aura une longueur contractée dans le référentiel S. *Soulignons que cet effet ne concerne que les longueurs parallèles à la direction du mouvement ; les longueurs perpendiculaires à $\vec{v}$ ne sont pas modifiées.*

Puisque $\gamma \approx 1$ dans toutes les situations de notre vie quotidienne, on obtient que $L \approx L_0$: comme dans le cas de la dilatation du temps, il est prédit que

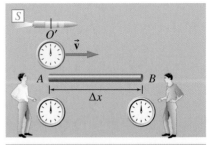
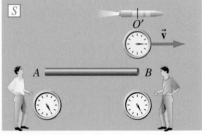

Figure 8.17 ▲

Dans le référentiel S, l'observateur O, au repos, peut déterminer la longueur propre de la tige, au repos, en mesurant le temps mis, par l'observateur O', pour aller de A à B. L'observateur O' mesure une longueur contractée, c'est-à-dire inférieure à la longueur propre de la tige.

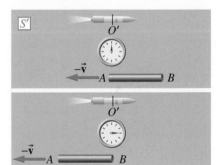

Figure 8.18 ▲

Dans le référentiel S', où l'observateur O' est au repos, la tige se déplace dans le sens contraire. Sa longueur, mesurée par l'observateur O', est contractée, c'est-à-dire inférieure à sa longueur propre dans le référentiel S où elle est au repos.

l'effet relativiste de contraction des longueurs est tout à fait inobservable dans la vie quotidienne. La théorie de la relativité ne contredit donc pas notre expérience la plus immédiate. Les effets relativistes se font sentir uniquement quand la vitesse est très grande.

EXEMPLE 8.4

Interpréter les résultats de l'exemple 8.3 en considérant la contraction des longueurs du point de vue d'un observateur dans le référentiel S'.

Solution

Les observateurs A et B dans le référentiel S sont au repos par rapport à la distance de 180 m qui les sépare : ils mesurent donc la longueur propre L_0 = 180 m. Dans le référentiel S', cette longueur apparaîtra contractée ; d'après l'équation 8.9,

$$L = \frac{L_0}{\gamma} = \frac{180 \text{ m}}{1,25} = 144 \text{ m}$$

Dans le référentiel S', les observateurs A et B se déplacent à la vitesse de $0,6c$. Ainsi, la distance de 144 m qui les sépare défilera devant l'observateur A' en un temps propre

$$T_0 = \frac{L}{v} = \frac{144 \text{ m}}{1,8 \times 10^8 \text{ m/s}} = 0,8 \text{ μs}$$

On obtient le même résultat qu'à l'exemple 8.3.

On remarque que, dans ce cas particulier, le temps propre est mesuré dans le référentiel S', tandis que la longueur propre est mesurée dans le référentiel S. ∎

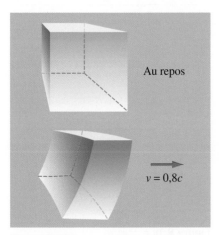

Figure 8.19 ▲

Vue d'une boîte au repos ; la même boîte photographiée par un observateur se déplaçant à $0,8c$ paraît déformée.

Il est correct de dire qu'un observateur en mouvement par rapport à un objet mesurera une longueur contractée ; toutefois, l'apparence de l'objet (ce que l'observateur pourrait photographier) ne subit pas qu'une simple contraction, car l'objet n'est pas à une dimension. Pour que l'observateur puisse voir l'objet, de la lumière doit lui parvenir de ses diverses parties. La lumière qui provient du côté éloigné de l'objet met plus de temps à lui parvenir que la lumière provenant du côté rapproché. Habituellement, cette différence de temps est négligeable ; mais si l'objet se déplace assez vite pour que les effets relativistes soient importants, tout se passe très rapidement et cette différence produit une distorsion comparable à celle de la contraction relativiste des longueurs : la pellicule photographique crée une image à partir de rayons lumineux arrivant au même moment mais ayant quitté l'objet à des instants différents. On peut montrer que l'effet combiné correspond à une déformation et à une rotation de l'objet (figure 8.19). Par exemple, si la photographie d'un train au repos ressemblerait à la simulation qu'on voit à la figure 8.20a, la photographie du même train roulant à la vitesse de $0,9c$ ressemblerait à la simulation qu'on voit à la figure 8.20b (voir aussi les quatre autres simulations informatiques de la page ci-contre).

Figure 8.20 ▶

(a) L'aspect d'un train au repos sur une photographie. (b) L'aspect de ce train lorsqu'il passe à la vitesse de $0,9c$ devant l'appareil photographique. La figure ne tient pas compte des changements de couleur qui seraient produits par l'effet Doppler relativiste (voir la section suivante).

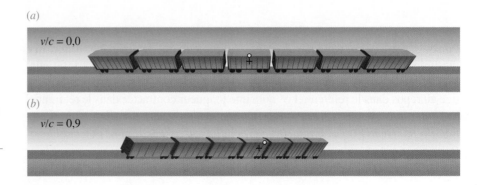

Ces images créées par ordinateur montrent l'aspect d'un réseau tridimensionnel de tiges et de balles s'approchant de l'observateur avec des vitesses diverses. (*a*) La vue normale au repos. (*b*) Même à 0,5*c*, les tiges paraissent droites. (*c*) À 0,95*c*, les tiges paraissent courbées. (*d*) À 0,99*c*, le résultat apparaît très déformé. Ces figures ne tiennent pas compte des changements de couleur qui seraient produits par l'effet Doppler relativiste (voir la section suivante).

L'expérience portant sur la désintégration des muons peut également être interprétée à l'aide de la contraction des longueurs. Dans le référentiel S lié au sol, la montagne a une hauteur de 2000 m, sa longueur propre. Dans le référentiel S' lié au muon, la montagne s'approche à la vitesse $v = 0{,}995c$. Dans le référentiel S', la longueur contractée de la montagne est $L' = L_0/\gamma = 200$ m (figure 8.21). Cette distance serait parcourue en $\Delta t' = L'/v = 0{,}67$ μs, qui correspond au tiers seulement de la demi-vie. Dans le référentiel lié aux muons, le taux de désintégration n'est donc pas modifié, mais ceux-ci parcourent une distance plus courte !

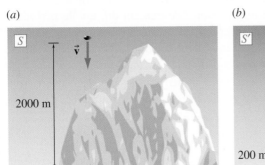

Figure 8.21 ◄

(*a*) Dans le référentiel lié au sol, la montagne a une hauteur de 2000 m et les muons se déplacent vers le bas. (*b*) Dans le référentiel des muons, la montagne a seulement 200 m de hauteur et elle se dirige vers le haut.

EXEMPLE 8.5

Un quai a une longueur propre de 200 m. L'extrémité avant d'une locomotive met 0,5 μs (durée mesurée par le conducteur du train) pour se déplacer d'un bout à l'autre du quai. Quelle est la vitesse de la locomotive par rapport au quai ?

Solution

On nous donne la longueur propre du quai, $L_0 = 200$ m, mesurée par un observateur au sol. De plus, les deux événements (où l'avant du train rencontre l'une puis l'autre extrémité du quai) ont lieu au même point dans le référentiel du train, ce point étant l'avant du train. L'intervalle de temps mesuré par le conducteur du train est donc le temps propre $T_0 = 0,5$ μs. ∎

Dans le référentiel lié au train, le quai a une longueur contractée

$$L = \frac{L_0}{\gamma} \qquad (i)$$

Si v est la vitesse relative, on peut aussi écrire

$$L = vT_0 \qquad (ii)$$

puisque L et T_0 sont mesurés dans le même référentiel, celui qui est lié au train.

En égalant (i) et (ii) et en élevant les deux membres au carré, on obtient

$$L_0^2(1 - v^2/c^2) = v^2T_0^2$$

En arrangeant l'expression différemment, on trouve

$$v^2 = \frac{c^2}{1 + c^2T_0^2/L_0^2}$$

Avec les valeurs données pour T_0 et L_0, on trouve $v = 2,4 \times 10^8$ m/s $= 0,8c$.

8.9 L'effet Doppler relativiste

L'expérience montre que la fréquence de la lumière est affectée si la source s'approche de l'observateur ou s'en éloigne : c'est l'effet Doppler relativiste, apparenté à celui que nous avons étudié pour les ondes sonores (*cf.* section 3.3). Dans l'effet classique, valable pour toutes les ondes mécaniques, la fréquence observée dépend d'une part de la vitesse de la source et d'autre part de celle de l'observateur. Cela peut s'expliquer par le fait que le son se propage dans un milieu matériel (l'air) et que la vitesse du son est toujours la même *par rapport à ce milieu*. Mais dans le cas de la lumière, la vitesse est la même par rapport à tout observateur, non par rapport à un milieu matériel. En conséquence, tout modèle visant à expliquer l'effet Doppler relativiste doit reposer uniquement sur la vitesse *relative* entre la source et l'observateur.

La figure 8.22 représente une source située en O', l'origine du référentiel S', qui émet de la lumière monochromatique de fréquence f_0 et se déplace à la vitesse $\vec{v} = v\vec{i}$ par rapport au référentiel S. Pour l'observateur O', le délai entre chaque front d'onde émis correspond au temps propre $\Delta t' = T_0$, qui est la période de l'onde dans ce référentiel. Si l'un de ces fronts d'onde est émis à l'instant où O' coïncide avec l'origine O du repère S, à quel instant le front d'onde suivant atteint-il le *même* point ? Autrement dit, quelle période T mesure O ? L'observateur B lié au référentiel S, qui coïncide avec O' lorsque le deuxième front d'onde est émis, enregistre un intervalle de temps dilaté $\Delta t = \gamma \Delta t' = \gamma T_0$ entre les deux fronts d'onde émis. Pendant cet intervalle de temps, O' s'est déplacé d'une distance $d = v\Delta t = v\gamma T_0$ et le second front d'onde met donc un temps supplémentaire égal à d/c pour atteindre O. Ainsi, il arrive en O à l'instant

$$T = \Delta t + \frac{d}{c} = \gamma\left(1 + \frac{v}{c}\right)T_0$$

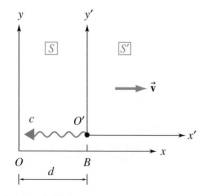

Figure 8.22 ▲

Une source à l'origine du référentiel S' émet de la lumière vers l'origine du référentiel S.

Puisqu'on peut réécrire l'équation 8.7 sous la forme

$$\gamma = (1 - v/c)^{-1/2} (1 + v/c)^{-1/2}$$

on obtient

$$T = \sqrt{\frac{c + v}{c - v}} \, T_0 \qquad\qquad (8.10)$$

La fréquence observée par l'observateur O, $f = 1/T$, est égale à

(longitudinal) $\qquad\qquad f = \sqrt{\frac{c - v}{c + v}} \, f_0 \qquad\qquad (8.11)$

On utilise cette équation lorsque la source et l'observateur *s'éloignent* l'un de l'autre. Lorsqu'ils se rapprochent, $\vec{v}$ change de sens et on inverse les signes devant les v des équations 8.10 et 8.11. Comme le signal se propage parallèlement à la direction du mouvement, on parle d'effet Doppler *longitudinal*. Lorsque les signaux sont détectés perpendiculairement à la direction du mouvement, on obtient un effet Doppler *transversal*, qui tient compte uniquement de la dilatation du temps, $T = \gamma T_0$, d'où

(transversal) $\qquad\qquad f = \dfrac{1}{\gamma} f_0 \qquad\qquad (8.12a)$

Il arrive que la source et l'observateur s'éloignent, ou se rapprochent, à une vitesse bien inférieure à celle de la lumière ($v/c \ll 1$). C'est le cas, entre autres, lorsque les micro-ondes d'un cinémomètre (radar de police) sont émises en direction d'une automobile. Dans ces situations, on peut réécrire l'équation 8.11 en utilisant l'approximation du binôme, selon laquelle $(1 + x)^n \approx 1 + nx$ lorsque $x \ll 1$. Ainsi,

$$f = \sqrt{\frac{c - v}{c + v}} \, f_0 = \sqrt{\frac{1 - v/c}{1 + v/c}} \, f_0$$

$$= \left(1 - \frac{v}{c}\right)^{1/2} \left(1 + \frac{v}{c}\right)^{-1/2} f_0$$

$$\approx \left(1 - \frac{v}{2c}\right)\left(1 - \frac{v}{2c}\right) f_0$$

$$= \left(1 - \frac{v}{c} + \frac{v^2}{4c^2}\right) f_0$$

Finalement, si on néglige le terme $v^2/4c^2 \ll v/c$, l'effet Doppler relativiste pour une source et un observateur s'éloignant à faible vitesse se calcule avec l'équation :

$$f = \left(1 - \frac{v}{c}\right) f_0 \qquad\qquad (8.12b)$$

Dans le cas où la source et l'observateur se rapprochent, on inverse le signe devant v.

8.10 Le « paradoxe » des jumeaux

En 1911, Paul Langevin (1872-1946) exploita une idée qu'avait évoquée Einstein et exposa en détail ce qu'il adviendrait de deux frères jumeaux, que nous appellerons A et B, si l'un (A) restait sur la Terre pendant que l'autre (B) effectuait un aller-retour entre la Terre et une étoile voisine à une vitesse proche de celle de la lumière. Son raisonnement montre clairement qu'au retour de B, les jumeaux s'aperçoivent que A a plus vieilli que B (non seulement au sens biologique, mais aussi au sens habituel : il a mesuré que plus de temps s'est écoulé). Cet exposé de Langevin marqua l'imaginaire populaire et contribua à diffuser la notion de dilatation du temps et la révolution conceptuelle qu'entraîne la théorie de la relativité.

Les adversaires de la théorie de la relativité qualifièrent la conclusion de Langevin de « paradoxe », car ils considéraient qu'elle contredit la prédiction selon laquelle la dilatation du temps est réciproque. Leur raisonnement, dont nous soulignerons plus bas les erreurs, était le suivant : pourquoi ne pourrait-on pas considérer le phénomène dans le référentiel du jumeau B ? Si ce raisonnement était correct, alors c'est B qui aurait plus vieilli que A ! En effet, chacun des deux jumeaux est un observateur qui mesure un temps propre, étant immobile par rapport à son horloge. Or, au moment de leurs retrouvailles, il est impossible que chacun des deux jumeaux soit plus jeune que l'autre. Ce sujet demeura l'une des controverses scientifiques les plus persistantes du XXe siècle, si bien qu'on a continué de le désigner comme le « paradoxe des jumeaux ».

Il y a plusieurs interprétations correctes de cette expérience imaginaire qui permettent toutes de calculer de combien de temps supplémentaire le jumeau A a vieilli par rapport au jumeau B. Nous présenterons l'une de celles qu'a proposées Langevin dans son exposé initial de 1911, fondée sur l'effet Doppler relativiste, et ensuite nous verrons comment lever le paradoxe.

Le jumeau A est à l'origine du référentiel S, alors que B est à l'origine du référentiel S'. On suppose pour simplifier que B a déjà atteint sa vitesse de croisière $\vec{v} = v\vec{i}$ lorsqu'il passe vis-à-vis A à $t = t' = 0$. Au retour, ils relèvent tous les deux l'instant auquel B repasse vis-à-vis A. De cette façon, nous n'avons pas à tenir compte des phases initiale et finale d'accélération. Nous devons calculer la durée du voyage telle que la déterminent séparément A et B. L'une des méthodes qui permettrait à chaque jumeau de mesurer directement cette durée implique que le jumeau B émet, depuis son vaisseau, de la lumière à la fréquence f_0 et note l'émission de N fronts d'onde en direction du jumeau A pendant l'aller et le même nombre pendant le retour : ces fronts d'onde sont séparés dans le temps par une période $T_0 = 1/f_0$. Selon B, la durée de chaque partie du voyage à vitesse constante est donc NT_0. Du point de vue de A, qui reçoit ces signaux lumineux en restant immobile au même point sur la Terre, la fréquence reçue est affectée par l'effet Doppler : elle est plus basse à l'aller et plus élevée au retour. Le nombre de fronts d'onde reçus au total est donc différent, tel que nous pourrons le calculer à l'aide de l'équation 8.10. Les valeurs sont indiquées ci-dessous pour chaque partie du voyage de B. Pour effectuer le calcul, nous avons pris $N = 2 \times 10^{13}$ fronts d'onde, $T_0 = 5$ µs, $v = 0,6c$, et donc $\gamma = 5/4$.

| (B) | (A) |

Aller :

$$\Delta t'_1 = NT_0 = 0,1 \text{ Gs} \approx 3,2 \text{ ans} \qquad \Delta t_1 = NT_0 \sqrt{\frac{c+v}{c-v}} = 0,2 \text{ Gs} \approx 6,3 \text{ ans}$$

Retour :

$$\Delta t'_2 = NT_0 = 0,1 \text{ Gs} \approx 3,2 \text{ ans} \qquad \Delta t_2 = NT_0 \sqrt{\frac{c-v}{c+v}} = 0,05 \text{ Gs} \approx 1,6 \text{ an}$$

Total :

$$T' = 2NT_0 = 0,2 \text{ Gs} \approx 6,3 \text{ ans} \qquad T = \gamma(2NT_0) = 0,25 \text{ Gs} \approx 7,9 \text{ ans}$$

Ainsi, selon la mesure du jumeau B, 7,9 années se sont écoulées, alors que, selon celle de son frère A, il ne s'est écoulé que 6,3 années, les deux ayant trouvé que tout était pourtant normal dans leur vie. En somme, aucun des deux frères n'a changé sa durée de vie telle qu'il la mesure, mais le frère B est, à son retour, biologiquement plus vieux de $7,9 - 6,3 = 1,6$ année. Quelle que soit la durée du voyage, la différence d'âge demeure : durant l'aller, A reçoit N impulsions de période dilatée, alors qu'il reçoit N impulsions de période raccourcie durant le trajet du retour. Les temps T et T' enregistrés respectivement par A et B pour la totalité du voyage sont liés par l'équation de la dilatation du temps $T = \gamma T'$. A a donc plus vieilli que B.

Considérons maintenant la situation comme si c'était le jumeau A qui émettait de la lumière et le jumeau B qui l'observait. Il n'y a pas de paradoxe parce que la situation *n'est pas* symétrique : quand le jumeau B émettait la lumière, on pouvait considérer que A recevait un nombre égal de fronts d'onde émis pendant chacune des deux moitiés du voyage. Or, ce n'est pas le cas quand c'est B qui reçoit les fronts d'onde (voir l'exemple 8.7). En effet, comme la lumière met un certain temps à lui parvenir, alors il recevra beaucoup plus de fronts d'onde lors du retour que lors de l'aller.

En fait, il n'y a symétrie que durant l'une *ou* l'autre des moitiés du voyage, pendant laquelle les référentiels se déplacent l'un par rapport à l'autre à une vitesse constante. Pendant l'un ou l'autre de ces tronçons du voyage, chacun des deux jumeaux pourrait comparer son horloge avec des horloges liées à l'autre référentiel, qui défileraient donc devant lui (on imagine, conformément à la définition de la figure 8.7 (p. 276), que chacun des jumeaux est assisté par un grand nombre d'observateurs situés dans le même référentiel que lui et tous munis d'une horloge). Chacun des deux jumeaux aurait alors raison de dire que le temps dans son référentiel s'écoule moins vite que dans l'autre. Par contre, ce ne sont jamais les deux mêmes horloges qui sont comparées côte à côte ! Tant que deux horloges ne sont pas situées au même point de l'espace, il n'est pas possible de les comparer, car leur simultanéité est relative au référentiel (voir la section 8.6).

Pour que deux horloges puissent être comparées, le jumeau B doit faire demi-tour. Ce faisant, il *accélère* et passe donc d'un référentiel d'inertie à un autre, ce qui brise la symétrie. En effet, c'est B qui est soumis aux forces créées par la mise à feu des fusées, alors qu'il ne se passe rien pour A. Le calcul fait par A dans son propre référentiel pendant la phase d'accélération de B entraîne une correction du temps calculé plus haut, mais ne modifie pas la conclusion générale selon laquelle A a plus vieilli que B. Pour résoudre complètement le paradoxe, il faudrait démontrer que B est d'accord avec le calcul de A pendant la période d'accélération. Cela fait appel à la théorie de la relativité générale, qui porte sur les référentiels accélérés. Un calcul détaillé confirme le raisonnement qui précède.

Bien que les prévisions de la relativité restreinte soient complètement vérifiées, il importait de lever tout doute concernant le paradoxe des jumeaux en utilisant de vraies horloges. En 1971, Joseph C. Hafele et Richard E. Keating firent tous deux le tour de la Terre en avion à réaction, l'un vers l'est et l'autre vers l'ouest. Ils comparèrent les temps relevés dans chaque avion par quatre horloges atomiques au césium (capables de mesurer le temps à 10^{-9} s près) avec le temps relevé par des horloges identiques restées au sol. Bien que leurs résultats étaient affectés par la gravitation, ils étaient en accord avec la théorie de la relativité restreinte : le ralentissement du temps observé était de l'ordre de quelques dizaines de nasosecondes*.

---

* J. C. Hafele et Richard E. Keating, « Around the World Atomic Clocks : Observed Relativistic Time Gains », *Science*, juillet 1972, vol. 177, n° 4044, p. 168-170.

EXEMPLE 8.6

Montrer que le temps total $(\Delta t_1 + \Delta t_2)$ enregistré par le jumeau A du texte précédent est égal à $\gamma(2NT_0)$, tel que nous l'avons mentionné ci-dessus sans démonstration.

Solution

On remarque ci-dessus que

$$\Delta t_1 + \Delta t_2 = NT_0\left[\left[\frac{(c+v)}{(c-v)}\right]^{1/2} + \left[\frac{(c-v)}{(c+v)}\right]^{1/2}\right]$$

$$= NT_0\left[\frac{(c+v)^{1/2}}{(c-v)^{1/2}} + \frac{(c-v)^{1/2}}{(c+v)^{1/2}}\right]$$

En mettant sur le même dénominateur, on obtient

$$\Delta t_1 + \Delta t_2$$

$$= NT_0\left[\frac{(c+v)^{1/2}(c+v)^{1/2} + (c-v)^{1/2}(c-v)^{1/2}}{(c-v)^{1/2}(c+v)^{1/2}}\right]$$

$$= NT_0\left[\frac{2c}{(c^2 - v^2)^{1/2}}\right] = \gamma(2NT_0)$$

EXEMPLE 8.7

On suppose que le jumeau A émet des fronts d'onde de période $T_0 = 5\ \mu s$, le voyage du jumeau B étant encore divisé en deux parties égales de 0,1 Gs selon sa *propre* horloge. Montrer que B reçoit (a) 1×10^{13} fronts d'onde pendant l'aller ; (b) 4×10^{13} fronts d'onde pendant le trajet du retour.

Solution

(a) À l'aller, la période mesurée est

$$\Delta t' = \left[\frac{(c+v)}{(c-v)}\right]^{1/2} T_0 = 10\ \mu s$$

En 0,1 Gs, il y a donc 1×10^{13} fronts d'onde.

(b) Au retour,

$$\Delta t' = \left[\frac{(c-v)}{(c+v)}\right]^{1/2} T_0 = 2,5\ \mu s$$

En 0,1 Gs, il y a donc 4×10^{13} fronts d'onde.

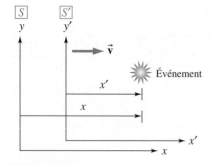

Figure 8.23 ▲

Les coordonnées en x d'un événement mesuré dans les référentiels S et S' (en mouvement à la vitesse $\vec{v} = v\vec{i}$ par rapport à S) sont liées entre elles par la transformation de Lorentz : $x' = \gamma(x - vt)$.

8.11 La transformation de Lorentz

Les lois de l'électromagnétisme ne sont pas covariantes par rapport à la transformation de Galilée, $x' = x - vt$, $t' = t$. Cette transformation est également en contradiction avec le principe de la constance de la vitesse de la lumière. Les équations de transformation des coordonnées qui sont en accord avec la théorie de la relativité se nomment *transformation de Lorentz* ; elles sont établies à la section 8.16. Pour l'instant, nous allons nous contenter de les admettre et d'examiner certaines de leurs conséquences. Supposons que le référentiel S' se déplace à la vitesse $\vec{v}$ le long de l'axe des x du référentiel S (figure 8.23). Les coordonnées y et z d'un événement sont alors les mêmes dans les deux référentiels, c'est-à-dire $y' = y$ et $z' = z$. Les coordonnées x et t sont liées par la *transformation de Lorentz* :

$$x' = \gamma(x - vt) \tag{8.13}$$

$$t' = \gamma\left(t - \frac{vx}{c^2}\right) \tag{8.14}$$

Ces équations lient les coordonnées de position et de temps d'événements *isolés*, comme des éclairs ou des coïncidences de trajectoires, mesurés dans deux référentiels d'inertie. Soulignons qu'à la limite, lorsque v tend vers zéro, la grandeur γ tend vers un, et ces équations se réduisent à la transformation de Galilée, qui demeure ainsi valable pour des vitesses faibles, conformément à l'expérience quotidienne. L'équation 8.14 montre que le temps t' mesuré dans le référentiel S' dépend *à la fois* de t et de x. L'espace et le temps sont ainsi devenus inséparables et forment une entité appelée *espace-temps*. Cela découle du fait que la vitesse de la lumière, égale au rapport d'un intervalle d'espace à un intervalle de temps, est une constante *universelle*, qui reste la même dans tous les référentiels d'inertie.

Les coordonnées d'un événement dans l'espace-temps sont souvent écrites sous la forme

$$x_1 = x; \quad x_2 = y; \quad x_3 = z; \quad x_4 = ct$$

La quatrième coordonnée, x_4, a maintenant la même unité que les trois premières, qui sont des coordonnées spatiales. Avec la définition $\beta = v/c$, les équations de la transformation de Lorentz deviennent

$$x'_1 = \gamma(x_1 - \beta x_4) \tag{8.15}$$

$$x'_4 = \gamma(x_4 - \beta x_1) \tag{8.16}$$

Ces équations sont de forme identique. Elles illustrent bien la symétrie de la transformation de Lorentz dans l'espace-temps. Comme x_4 a maintenant le même statut que x_1, on l'appelle souvent la « quatrième » dimension.

Puisque seule la vitesse relative a de l'importance, un simple changement de signe donne la transformation inverse

$$x = \gamma(x' + vt') \tag{8.17}$$

$$t = \gamma\left(t' + \frac{vx'}{c^2}\right) \tag{8.18}$$

La dilatation du temps et la contraction des longueurs, au lieu d'être démontrées comme aux sections 8.7 et 8.8, peuvent aussi être obtenues à partir des équations de la transformation de Lorentz, comme nous allons le voir dans l'exemple qui suit. L'exemple 8.10, quant à lui, montrera que l'ordre dans lequel se produisent deux événements séparés dans l'espace peut dépendre du référentiel, à la condition que ces deux événements n'aient pas pu être *causés* l'un par l'autre.

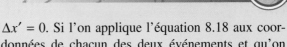

EXEMPLE 8.8

À partir de la transformation de Lorentz, établir les équations (a) de dilatation du temps ; (b) de contraction des longueurs.

Solution

(a) Considérons une horloge au repos dans le référentiel S'. Soit $\Delta t'$ l'intervalle de temps entre deux événements, que nous appellerons « tic » et « tac ». Les équations des transformations de Lorentz s'appliquent individuellement aux coordonnées de chacun de ces deux événements. Puisque les événements se produisent au même endroit dans S', on a

$\Delta x' = 0$. Si l'on applique l'équation 8.18 aux coordonnées de chacun des deux événements et qu'on soustrait les deux équations obtenues, les termes en x' s'annulent donc. Ainsi, on obtient

$$\Delta t = \gamma \Delta t'$$

(b) Considérons une tige de longueur $\Delta x'$ dans son référentiel propre S'. Des observateurs liés à S relèvent les positions de ses extrémités au même instant, donc $\Delta t = 0$. Si l'on applique l'équation 8.13 aux coordonnées de chacun des deux événements « extrémité coïncide avec observateur » et qu'on

8.11 LA TRANSFORMATION DE LORENTZ **291**

soustrait les deux équations obtenues, les termes en t s'annulent donc. Ainsi, on obtient

$$\Delta x = \frac{1}{\gamma} \Delta x'$$

On remarque que ni la dilatation du temps, ni la concentration des longueurs ne dépendent du signe devant v, donc du sens de $\vec{v}$, ce qui illustre bien la réciprocité de ces deux phénomènes.

EXEMPLE 8.9

La figure 8.24a représente un train (tel que vu dans son référentiel S'), de longueur propre $L_0 = 9$ km, se déplaçant à la vitesse $v = 0.8c$ par rapport à un quai (référentiel S). À $t' = 0$, les observateurs A' et B' aux extrémités du train tirent chacun un coup de pistolet et l'on considère que leurs balles font instantanément des traces d'impact en A et B sur le quai. Pour les observateurs liés à S, quels sont (a) l'intervalle de temps entre les deux coups de pistolet ; (b) la distance entre les traces d'impact ?

Solution

(a) Dans le référentiel S', les deux événements (coups de pistolet) sont simultanés, d'où $\Delta t' = 0$, et le train a une longueur $L_0 = 9$ km, d'où $\Delta x' = x'_B - x'_A = L_0$. Dans le référentiel S, les événements ne sont *pas* simultanés, puisque la simultanéité est relative. Pour obtenir les temps t_A et t_B qui leur correspondent dans ce référentiel, on doit appliquer, pour chacun, l'équation 8.18 avec $\gamma = 5/3$ et $t' = 0$. On obtient alors deux équations qui, après avoir été soustraites l'une de l'autre, donnent

$$t_B - t_A = \gamma \frac{vx'_B}{c^2} - \gamma \frac{vx'_A}{c^2} = \frac{\gamma v \Delta x'}{c^2} = +\frac{\gamma v L_0}{c^2}$$

$$= \frac{(5/3)(2.4 \times 10^8 \text{ m/s})(9 \times 10^3 \text{ m})}{9 \times 10^{16} \text{ m}^2/\text{s}^2}$$

$$= 40 \ \mu\text{s}$$

Supposons que les horloges situées en A et A' indiquent toutes deux zéro lorsque ces deux points coïncident, de telle sorte que $t_A = t'_A = 0$. Le calcul ci-dessus peut alors être interprété de la façon suivante : les événements étant simultanés dans le référentiel S', l'horloge en B' indique aussi zéro ($t'_B = 0$) au moment de l'événement correspondant, mais ce n'est pas le cas de l'horloge en B, liée au référentiel S, au moment du même événement : cette dernière horloge indique alors $t_B = \gamma v L_0/c^2$. Cela montre bien que, dans le référentiel S, les deux coups ne sont pas tirés en même temps : la balle tirée à l'*arrière* du train a été tirée *la première*, puisque $t_A < t_B$.

Pour les observateurs liés au référentiel S', les horloges situées dans S sont *désynchronisées*. Comme le

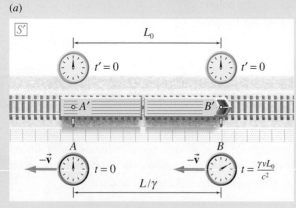

(a)

Figure 8.24 ▲

Un train (S') se déplace à la vitesse $\vec{v}$ par rapport à un quai (S). Deux balles de pistolet sont tirées simultanément d'après des observateurs situés dans le train. (a) Les observateurs dans le train trouvent que les horloges dans S ne sont pas synchronisées. (b) Dans le référentiel S lié au quai, le train a une longueur contractée et la balle tirée de l'arrière part la première.

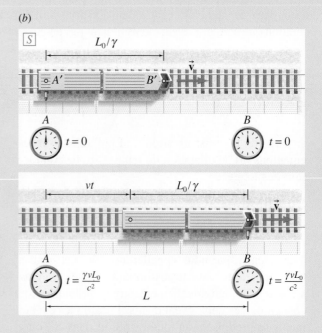

(b)

référentiel S est en mouvement vers la gauche par rapport au référentiel S', l'horloge située à l'avant est en avance. Autrement dit, l'horloge en B est réglée en avance par rapport à l'horloge située en A.

(b) La figure 8.24b représente la version des événements dans le référentiel S, dans lequel le train a une longueur contractée $L_0/\gamma = 5,4$ km. À $t = 0$, l'impact fait une trace en A et l'avant du train n'a pas encore atteint B. À $t = \gamma v L_0/c^2$, l'avant arrive en B après

avoir parcouru une distance égale à vt_B. La distance entre A et B est

$$L = \frac{L_0}{\gamma} + v\left(\frac{\gamma v L_0}{c^2}\right) = \gamma L_0$$

La distance entre les traces d'impact est *supérieure* à la longueur propre L_0. Cela n'est pas en contradiction avec les résultats concernant la contraction des longueurs parce que les extrémités du train n'ont pas produit simultanément des traces sur le quai dans le référentiel S.

EXEMPLE 8.10

Soit deux événements A et B se produisant en des points différents tels que, dans un référentiel S, l'événement B a lieu après l'événement A. Est-il possible que l'événement B précède l'événement A dans un autre référentiel S' en mouvement à vitesse constante par rapport au référentiel S? Si oui, cela signifie-t-il qu'un effet peut précéder sa cause?

Solution

Dans le référentiel S, l'*intervalle d'espace* entre les événements est $\Delta x = x_B - x_A$ et l'*intervalle de temps* qui les sépare est $\Delta t = t_B - t_A$. D'après l'équation 8.14, l'intervalle de temps dans le référentiel S' est donné par

$$\Delta t' = \gamma\left(\Delta t - \frac{v\Delta x}{c^2}\right)$$

On voit que le terme entre parenthèses devient négatif si $\Delta t < v\Delta x/c^2$, ce qui se produit si la vitesse relative des deux référentiels v est supérieure à $c^2\Delta t/\Delta x$. Dans ces conditions, $\Delta t'$ devient négatif, ce qui signifie que l'ordre des événements *peut* être inversé. Comme nous le verrons un peu plus loin, cela n'est toutefois possible que pour des événements *indépendants* entre eux.

Examinons maintenant ce qui se produit si l'on suppose au départ que les événements ne sont pas indépendants, c'est-à-dire que l'un *est* causé par l'autre. Pour qu'il puisse y avoir relation de cause à effet, il

faut que l'information « l'événement A s'est produit » puisse être véhiculée par un signal ou un objet jusqu'à l'endroit où B se produit et déclenche ce second événement. Dans le référentiel S, les deux événements sont séparés par une distance Δx et par un intervalle de temps Δt. Le signal transportant l'information doit donc pouvoir voyager, au minimum, à la vitesse $\Delta x/\Delta t$ par rapport à ce référentiel. En d'autres termes, il ne peut y avoir de relation de cause à effet que si $v_{\text{signal}} \geq \Delta x/\Delta t$.

Or, nous avons évoqué (voir les sections 8.7 et 8.14) que la théorie de la relativité prédit que la vitesse d'une particule, quel que soit le référentiel où elle est mesurée, ne peut pas dépasser *ni même atteindre* la vitesse de la lumière c. Cela s'applique tant à la vitesse (mesurée dans S) de l'objet transportant l'information entre les événements A et B qu'à la vitesse v des horloges liées au référentiel S' (aussi mesurée dans S). En d'autres termes, la théorie exige que $v < c$ et que $v_{\text{signal}} \leq c$ (au mieux, $v_{\text{signal}} = c$ seulement si le signal est lumineux). ■

Si l'on suppose que le signal entre les deux événements est lumineux, alors la condition $v_{\text{signal}} \geq \Delta x/\Delta t$ (qui permet la causalité) devient $\Delta x/\Delta t \leq c$. La condition $v > c^2\Delta t/\Delta x$ (qui permettrait d'inverser l'ordre des deux événements dans le référentiel S') ne peut donc pas être respectée, car elle devient $v > c$. Un effet ne peut donc pas précéder sa cause.

8.12 L'addition relativiste des vitesses

Supposons qu'une particule ait une vitesse $\vec{u}' = u'_x\vec{i}$ par rapport au référentiel S', qui est lui-même en mouvement à la vitesse $\vec{v} = v_x\vec{i}$ par rapport au référentiel S (figure 8.25). En physique classique, la vitesse de la particule dans le référentiel S serait $u_x = u'_x + v_x$. Dans le cadre de la théorie relativiste, les vitesses de la particule sont données par $u_x = dx/dt$ et $u'_x = dx'/dt'$. Des équations 8.17 et 8.18, on tire

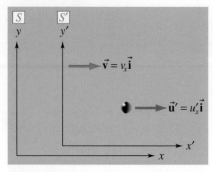

Figure 8.25 ▲

Une particule se déplace avec une vitesse $\vec{u}' = u_x'\vec{i}$ par rapport au référentiel S' qui se déplace avec la vitesse $\vec{v} = v_x\vec{i}$ par rapport au référentiel S. La vitesse de la particule par rapport à S n'est *pas* simplement égale à la somme des vitesses v_x et u_x'.

$$\mathrm{d}x = \gamma(\mathrm{d}x' + v_x\mathrm{d}t') = \gamma\mathrm{d}t'(u_x' + v_x) \qquad (8.19)$$

$$\mathrm{d}t = \gamma\left(\mathrm{d}t' + \frac{v_x\mathrm{d}x'}{c^2}\right) = \gamma\mathrm{d}t'\left(1 + \frac{v_xu_x'}{c^2}\right) \qquad (8.20)$$

Le rapport de ces deux équations donne

$$u_x = \frac{u_x' + v_x}{1 + v_xu_x'/c^2} \qquad (8.21)$$

Lorsque u_x' et v_x sont toutes deux très petites par rapport à c, cette expression se réduit au résultat classique $u_x = u_x' + v_x$. Si la particule est une impulsion lumineuse, alors $u_x' = c$. La vitesse de l'impulsion par rapport à S est donc

$$u_x = \frac{c + v_x}{1 + cv_x/c^2} = c$$

Ainsi, en ajoutant une vitesse quelconque à la vitesse de la lumière, on obtient encore la vitesse de la lumière, conformément au deuxième postulat. De plus, il est facile de vérifier que l'équation 8.21 ne donnera jamais une vitesse u_x supérieure à c, quelles que soient les vitesses u_x' et v_x : cela montre à nouveau que la vitesse de la lumière est une limite absolue (voir les sections 8.7 et 8.14). Comme le montre aussi l'exemple ci-dessous, la vitesse d'un objet matériel peut s'approcher de la vitesse de la lumière, mais ne peut jamais lui être égale.

EXEMPLE 8.11

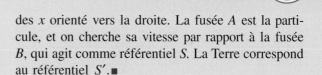

Deux fusées, A et B, s'approchent l'une de l'autre à des vitesses de $0,995c$ par rapport au référentiel de la Terre (T), comme le montre la figure 8.26. Quelle est la vitesse de A par rapport à B ?

Figure 8.26 ▲

Deux fusées se dirigent l'une vers l'autre à la même vitesse par rapport à la Terre.

Solution

💡 Pour utiliser correctement l'équation 8.21, on doit d'abord déterminer ce qui tient lieu de particule et de référentiels. On suppose que la situation décrite à la figure 8.26 se produit selon un axe

des x orienté vers la droite. La fusée A est la particule, et on cherche sa vitesse par rapport à la fusée B, qui agit comme référentiel S. La Terre correspond au référentiel S'. ■

Si on utilise la notation selon laquelle la vitesse relative de i par rapport à j est v_{ij}, on a $u_x = v_{ABx}$, $u_x' = v_{ATx} = 0,995c$ et finalement $v_x = v_{TBx}$, qui est la vitesse de la Terre par rapport à la fusée B. On connaît la vitesse de la fusée B par rapport à la Terre, de sorte que $v_x = -v_{BTx} = -(-0,995c) = 0,995c$. Avec ces valeurs, l'équation 8.21 prend alors la forme

$$v_{ABx} = \frac{v_{ATx} + v_{TBx}}{1 + v_{ATx}v_{TBx}/c^2} \qquad (8.22)$$

$$= \frac{0,995c + 0,995c}{1 + 0,995^2}$$

On trouve $v_{ABx} = 0,999\,987c$. La vitesse d'une fusée par rapport à l'autre est inférieure à c et non pas égale à $1,99c$, comme le prévoit la théorie classique.

8.13 Le «paradoxe» de la perche et de la grange

Un peu à l'image du faux paradoxe des jumeaux, de nombreuses situations sont utilisées, plusieurs ayant été imaginées par Einstein lui-même, pour illustrer les prédictions les moins intuitives de la théorie de la relativité. Voici une autre de ces situations.

Considérons un sauteur à la perche et un fermier qui ont un différend. La perche de l'athlète et la grange du fermier ont la même longueur au repos L_0. Ils conviennent que l'athlète (référentiel S') va courir en direction de la grange (référentiel S) avec une vitesse relative de $0{,}8c$ ($\gamma = 5/3$). Le fermier affirme que la perche pourra facilement entrer dans la grange, car sa longueur sera contractée. Mais l'athlète déclare que c'est la grange qui sera contractée et qu'il sera donc impossible d'y faire entrer la perche. La résolution de ce paradoxe réside dans la relativité de la simultanéité.

Le fermier ferme le portail avant (AV) et le portail arrière (AR) à $t_{AV} = t_{AR} = 0$. À cet instant, on suppose que la pointe B' de la perche coïncide avec le portail arrière (figure 8.27b). Dans le référentiel S, la perche a une longueur $3L_0/5$. L'extrémité arrière A' de la perche doit donc avoir coïncidé avec le portail avant à un instant antérieur $t = -(2L_0/5)/v = -L_0/2c$ (figure 8.27a). C'est pourquoi le fermier dit que la perche est à l'intérieur de la grange.

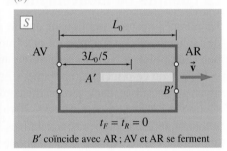

Figure 8.27 ◄
(a) L'arrière de la perche contractée coïncide avec le portail avant de la grange.
(b) L'avant de la perche coïncide avec le portail arrière de la grange.

Dans le référentiel S', les portails ne se ferment pas simultanément. Les instants t'_{AV} et t'_{AR} correspondant à la fermeture des portails AV et AR sont liés par l'équation 8.14:

$$t'_{AR} - t'_{AV} = \gamma\left[(t_{AR} - t_{AV}) - \frac{v(x_{AR} - x_{AV})}{c^2}\right]$$

où $t_{AR} = t_{AV} = 0$ et $x_{AR} - x_{AV} = L_0$. Pour des raisons pratiques, nous allons supposer que le portail arrière se ferme à l'instant zéro; on a donc $t'_{AR} = 0$ (figure 8.28a). L'équation précédente devient

$$t'_{AV} = \frac{\gamma v L_0}{c^2} = \frac{4L_0}{3c}$$

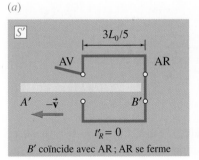 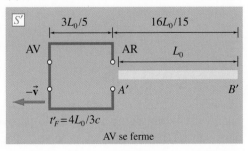

Figure 8.28 ◄
(a) L'avant de la perche coïncide avec le portail arrière de la grange contractée.
(b) La perche a traversé le portail arrière lorsque le portail avant s'est fermé.

Ainsi, dans le référentiel S', le portail avant se ferme *après* le portail arrière (figure 8.28b).

À $t_{AR} = t'_{AR} = 0$, lorsque B' coïncide avec AR, le fermier affirme que A est à l'intérieur de la grange et que le portail avant est fermé. L'athlète déclare que A' est à l'extérieur de la grange mais que le portail avant est encore ouvert. À l'instant t'_{AV} où le portail AV se ferme dans le référentiel S', la grange s'est déplacée d'une distance $vt'_{AV} = 16L_0/15$. C'est ici que réside la solution du paradoxe : les observateurs des deux référentiels voient tous les deux B' à gauche du portail AR lorsqu'il se ferme et A' à droite du portail AV lorsqu'il se ferme. Mais ils n'arrivent pas à se mettre d'accord sur l'endroit où se trouve A' à l'instant où AV se ferme.

8.14 La quantité de mouvement et l'énergie

Selon le principe de la relativité (premier postulat), les lois physiques sont les mêmes dans tous les référentiels d'inertie. Par hypothèse, les principes de conservation de la quantité de mouvement et de l'énergie demeurent donc valables. Toutefois, comme nous le verrons, cela implique qu'on devra accepter que les concepts de masse et d'énergie doivent être modifiés.

La quantité de mouvement et la masse relativiste

Le premier postulat impliquant que le principe de conservation de la quantité de mouvement doit s'appliquer peu importe le référentiel, on peut donc considérer, du point de vue de deux référentiels, une expérience (par exemple, une collision) où ce principe s'applique. Cette démarche serait analogue à celle que nous avons suivie dans le cas du comportement du dispositif optique de la section 8.7. Un peu comme cette dernière démarche a abouti à la prédiction selon laquelle les durées sont relatives à l'observateur, l'étude d'une collision aboutirait à la conclusion selon laquelle la masse est une quantité relative (nous n'étudierons pas les détails menant à cette conclusion, car cela implique le recours à l'addition relativiste des vitesses).

Ainsi, la définition relativiste du module de la quantité de mouvement demeure

Quantité de mouvement

$$p = mv \qquad (8.23)$$

Toutefois, la masse relativiste m est donnée par

Masse relativiste

$$m = \gamma m_0 = \frac{m_0}{\sqrt{1 - v^2/c^2}} \qquad (8.24)$$

où m_0 est la **masse au repos** de la particule, c'est-à-dire sa masse mesurée dans son référentiel propre. Si $v \ll c$, γ s'approche de 1 et $p \approx m_0 v$, ce qui correspond à l'expression classique. On interprète souvent l'équation 8.24 en disant que la masse d'une particule augmente avec la vitesse. Ce genre d'interprétation, bien que valable, peut porter à confusion parce que la forme relativiste de la deuxième loi de Newton n'est pas $\Sigma\vec{F} = m\vec{a}$ et que l'équation relativiste de l'énergie cinétique n'est pas $K = \frac{1}{2}mv^2$.

Nous discutons dans les pages qui suivent de la forme de ces deux expressions qui est valable dans le cadre relativiste. Mentionnons toutefois que la masse m décrite par l'équation 8.24 peut être interprétée comme la mesure de la masse d'un objet en mouvement d'après un observateur au repos.

Comme γ croît de façon abrupte lorsque la vitesse d'une particule s'approche de c, l'équation 8.24 prédit que sa masse relativiste tend alors vers l'infini. Bien que la deuxième loi de Newton change de forme dans le contexte de la théorie de la relativité, cette masse relativiste demeure une mesure de l'inertie d'un objet. On en déduit donc qu'il devient impossible de faire accélérer un objet quand sa vitesse tend vers c. Encore une fois, on obtient donc que c est une **vitesse limite** : tout objet (qui possède une masse au repos) ne peut jamais *atteindre* la vitesse de la lumière bien qu'il puisse y tendre.

La prédiction selon laquelle la masse d'un objet est plus grande lorsqu'il a une vitesse par rapport à l'observateur que lorsqu'il est au repos pose la question de la façon dont cette masse peut être mesurée. Évidemment, on ne peut utiliser un quelconque mécanisme similaire à une balance, puisque la masse serait alors nécessairement au repos par rapport à ce dernier. La mesure d'une masse relativiste se fait donc forcément de façon indirecte. Un cas d'une telle mesure, illustré par l'exemple suivant, est celui d'un accélérateur de particules dans lequel on déduit que la masse d'une particule augmente, car on doit corriger le champ magnétique à la hausse pour maintenir sa trajectoire circulaire.

EXEMPLE 8.12

Dans certains accélérateurs de particules, comme celui du Fermilab, on procure à des protons une vitesse pouvant atteindre $0{,}999\,997c$. Calculer la masse d'un proton voyageant à cette vitesse, pour un observateur immobile dans le laboratoire. Exprimer le résultat par rapport à la masse au repos du proton.

Solution

Il suffit de calculer le facteur γ associé à $v = 0{,}999\,997c$:

$$\gamma = \frac{1}{\sqrt{1 - v^2/c^2}} = \frac{1}{1 - (0{,}999\,997c)^2/c^2} \approx 400$$

La mesure de la masse du proton en mouvement correspond donc à $m = \gamma m_0 = 400m_0$. Ce résultat étonnant a amené l'invention du synchrotron, un accélérateur de particules dans lequel on synchronise la valeur du champ magnétique déviateur avec l'augmentation de la masse des particules (voir la section 8.7 du tome 2).

L'équivalence masse-énergie

La dilatation du temps et la contraction des longueurs sont deux effets spectaculaires de la théorie de la relativité restreinte. Mais l'aspect le plus célèbre de cette théorie est sans aucun doute la conclusion remarquable à laquelle parvint Einstein :

Lorsque deux noyaux s'unissent pour former un seul noyau (ce qu'on appelle le processus de fusion), il y a perte de masse et libération d'énergie. Ce processus est une illustration de l'équivalence entre la masse et énergie donnée par l'équation 8.25. Le plasma luminescent (gaz chaud ionisé) qu'on voit sur cette photo fait partie d'une expérience visant à domestiquer cette énergie.

Si un corps libère la quantité d'énergie E sous forme de rayonnement, sa masse diminue de E/c² (...) La masse d'un corps est une mesure de l'énergie qu'il contient.

Puisqu'un rayonnement peut être transformé en énergie thermique, électrique, chimique ou en d'autres formes d'énergie, il s'ensuit que *la masse inertielle d'un corps varie lorsqu'il perd ou lorsqu'il gagne de l'énergie*. Ainsi, dans tout phénomène (réaction chimique, émission électromagnétique, désintégration nucléaire, etc.) libérant de la chaleur ou de la lumière, la masse totale des constituants n'est pas tout à fait constante. La conservation de la masse est remplacée par la conservation de l'ensemble *masse-énergie*. L'**équivalence masse-énergie**

Équivalence masse-énergie

$$E = mc^2 \qquad (8.25)$$

est probablement la plus célèbre des équations de la physique. Einstein lui-même la considérait comme la conséquence la plus importante de la relativité restreinte.

Dans le cas des réactions chimiques, l'énergie E dégagée est tellement petite que la diminution de masse représente une proportion infime de la masse des réactifs, de l'ordre de 10^{-13}. Par contre, dans une désintégration nucléaire (voir le chapitre 12), la diminution de masse est significative et peut atteindre une proportion de 10^{-4}, soit 0,01 % de la masse.

L'une des façons de démontrer l'équation 8.25 est de suivre le raisonnement suivant. Imaginons une boîte isolée de longueur L (figure 8.29) ayant une source lumineuse P à l'une de ses extrémités et un détecteur D à l'autre. Soit M la masse de la boîte et du détecteur. Nous avons vu au chapitre 13 du tome 2 que, lorsque des ondes lumineuses transportent une énergie E, elles transportent également une quantité de mouvement $p = E/c$. Donc, si la source émet une impulsion lumineuse, la boîte va reculer avec une vitesse $\vec{v}$. D'après la loi de conservation de la quantité de mouvement,

$$\frac{E}{c} = Mv$$

Si $v \ll c$, l'impulsion met un temps $\Delta t = L/c$ pour atteindre D. Lorsque l'impulsion lumineuse est absorbée, elle transfère sa quantité de mouvement à nouveau à la boîte et cette dernière s'immobilise. Durant cet intervalle de temps, la boîte s'est déplacée d'une petite distance

$$\Delta x = v\Delta t = \frac{EL}{Mc^2}$$

Le résultat net de l'émission suivie de l'absorption est un déplacement de la boîte sur une distance Δx.

Cela est intrigant, car aucun processus *interne* ne peut déplacer le centre de masse d'un système. La seule façon de maintenir l'immobilité du centre de masse du système est d'admettre que l'impulsion lumineuse a transporté avec

(a)

(b)

Figure 8.29 ▲

(a) Une impulsion de lumière est émise par une lampe à une extrémité de la boîte, qui recule dans le sens opposé. (b) Une fois l'impulsion absorbée par le détecteur situé à l'autre extrémité, la boîte s'immobilise en un point différent.

elle une masse m sur la distance L entre la source et le détecteur. Si le centre de masse est fixe, alors

$$-M\Delta x + mL = 0$$

En comparant cette équation avec l'expression de Δx obtenue plus haut, on voit que $m = E/c^2$.

L'énergie cinétique relativiste

Dans le tome 1, nous avons défini l'énergie cinétique à partir du travail en utilisant le théorème de l'énergie cinétique $\Delta K = \Sigma W$ (voir la section 7.3 du tome 1). Si l'on maintient cette définition et qu'on fait appel à la version relativiste de la deuxième loi de Newton pour évaluer la force produisant le travail, on n'obtient pas le résultat classique $K = m_0 v^2/2$, mais plutôt $K = mc^2 - m_0 c^2$.

Dans cette expression, on reconnaît deux termes analogues à l'équation 8.25 : le terme $m_0 c^2$ dépend uniquement de la masse au repos de la particule et représente donc l'énergie que contient cette dernière lorsqu'elle est immobile. On le définit comme l'*énergie au repos*. Le terme mc^2, lui, est l'*énergie totale*. L'énergie totale représente donc la somme de l'énergie cinétique et de l'énergie au repos, une expression très analogue à l'énergie mécanique totale $E = K + U$ de la mécanique classique. C'est l'énergie relativiste *totale* qui est conservée dans toute réaction, ce qui combine les principes classiques de conservation de la masse *et* de conservation de l'énergie.

Énergie au repos : $m_0 c^2$

Ces définitions étant données, on peut exprimer l'énergie cinétique relativiste comme :

Énergie cinétique relativiste

$$K = E - m_0 c^2 = m_0 c^2 (\gamma - 1) \qquad (8.26)$$

Lorsque v tend vers c, le facteur γ et, par conséquent, l'énergie cinétique tendent vers l'infini. Mais comme cette valeur impliquerait qu'une quantité infinie de travail soit fournie, on prédit encore une fois qu'il est *impossible* d'accélérer jusqu'à la vitesse de la lumière tout objet qui possède une masse au repos.

L'équation 8.26 semble contredire radicalement la mécanique classique, mais il ne s'agit au fond que d'un ajustement quand la vitesse est très élevée. Pour les vitesses de faibles modules ($v/c \ll 1$), on peut utiliser le développement en série binômial $\gamma \approx 1 + \frac{1}{2}(v/c)^2 + 3/8(v/c)^3 + \ldots$, et l'énergie cinétique prend alors la forme

$$K = m_0 c^2 \left[\frac{1}{2} \left(\frac{v}{c} \right)^2 + \frac{3}{8} \left(\frac{v}{c} \right)^4 + \ldots \right]$$

$$\approx \frac{1}{2} m_0 v^2$$

En somme, pour ces faibles modules de la vitesse, l'énergie cinétique est pratiquement égale au premier terme, $\frac{1}{2} m_0 v^2$, qui est l'énergie cinétique classique de la particule. Les autres termes peuvent donc en effet être considérés comme des corrections à cette expression.

L'énergie au repos $m_0 c^2$ représente la somme de toutes les énergies « internes », c'est-à-dire l'énergie potentielle électrique, l'énergie nucléaire, l'énergie thermique

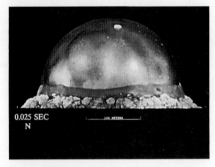

Figure 8.30 ▲

Une explosion nucléaire fournit une preuve convaincante de l'équivalence entre la masse et l'énergie.

et ainsi de suite. Lorsqu'on parle de la masse d'un corps, on pourrait tout aussi bien parler de l'énergie qu'il possède. Autrement dit, *la masse et l'énergie sont équivalentes*. Nous avons l'habitude de concevoir la masse comme une mesure de l'inertie d'un corps, indépendante de sa température, de son énergie potentielle, etc. Pourtant, selon la relativité restreinte, la masse d'un corps varie avec sa température, puisque cette dernière est une mesure de l'énergie cinétique moyenne des particules qui le constituent. De même, lorsqu'on comprime un ressort, le supplément d'énergie élastique accroît aussi la masse de ce ressort. La quantité $E = mc^2$ a été appelée à juste titre énergie *totale* parce qu'elle comprend *toutes* les formes d'énergie d'un corps. Une diminution Δm de la masse d'un système correspond à une libération d'énergie $\Delta E = \Delta mc^2$. C'est ce qui se produit lors de la fission et de la fusion nucléaires (figure 8.30).

En éliminant v, on obtient la relation suivante entre la quantité de mouvement relativiste $p = \gamma m_0 v$ d'une particule et son énergie $E = \gamma m_0 c^2$ (*cf.* problème 1) :

> **Relation entre l'énergie totale et le module de la quantité de mouvement relativiste**
>
> $$E^2 = p^2 c^2 + m_0^2 c^4 \qquad (8.27)$$

Pour les particules dont la masse au repos est nulle, le second terme disparaît. Il reste alors $E = pc$, relation valable pour la lumière. Notez que cette relation est identique à la relation $p = E/c$ obtenue au chapitre 13 du tome 2. Si $E \gg m_0 c^2$, alors $E \approx pc$ pour une particule dont la vitesse est voisine de la vitesse de la lumière.

EXEMPLE 8.13

Un électron a une énergie cinétique de 2 MeV. Trouver (a) son énergie totale ; (b) le module de sa quantité de mouvement ; (c) le module de sa vitesse. Rappelons que $1\ \text{eV} = 1,6 \times 10^{-19}\ \text{J}$.

Solution

(a) L'énergie au repos de l'électron est

$$E_0 = m_0 c^2 = (9,11 \times 10^{-31}\ \text{kg})(3 \times 10^8\ \text{m/s})^2$$
$$= 8,20 \times 10^{-14}\ \text{J} = 0,511\ \text{MeV}$$

L'énergie totale est

$$E = K + m_0 c^2 = 2,51\ \text{MeV} = 4,02 \times 10^{-13}\ \text{J}$$

(b) Le module de la quantité de mouvement est donné par l'équation 8.27 :

$$p^2 c^2 = (E^2 - m_0^2 c^4)$$
$$= (1,61 \times 10^{-25}\ \text{J}^2) - (6,72 \times 10^{-27}\ \text{J}^2)$$
$$= 1,54 \times 10^{-25}\ \text{J}^2$$

Donc $p = 2,27 \times 10^{-21}\ \text{kg·m/s}$.

On peut aussi utiliser K pour isoler v dans l'équation 8.26, puis calculer p avec l'équation 8.23, mais cette voie plus longue ne présente de l'intérêt que dans le contexte où l'on souhaite aussi connaître v.

(c) En comparant $E = \gamma m_0 c^2 = 2,51\ \text{MeV}$ avec $m_0 c^2 = 0,511\ \text{MeV}$, on voit que $\gamma = 4,91$. On récrit $1/\gamma^2 = 1 - v^2/c^2$ sous la forme

$$\frac{v^2}{c^2} = 1 - \frac{1}{\gamma^2}$$

pour trouver $v/c = 0,98$, ou $v = 0,98c$. Cette vitesse aurait aussi pu s'obtenir en utilisant la valeur de p obtenue en (b).

8.15 La relativité et l'électromagnétisme

Le fait que c soit une vitesse impossible à atteindre pour une particule matérielle apporte la réponse à la question que se posait Einstein lorsqu'il était adolescent (voir la section 8.3) : qu'observerait-on en voyageant parallèlement à une onde électromagnétique, à la même vitesse qu'elle, un peu comme un surfeur sur une vague ? La situation est tout simplement impossible : on ne pourrait pas observer une variation sinusoïdale stationnaire des champs électrique et magnétique parce qu'on ne pourrait *jamais* atteindre la vitesse d'une onde lumineuse ! Nous allons examiner brièvement la situation décrite dans la citation tirée de l'article publié en 1905. Rappelons qu'Einstein n'était pas entièrement satisfait du fait qu'on utilise un champ électrique ou un champ magnétique selon le référentiel choisi.

La figure 8.31*a* représente une charge positive q animée d'une vitesse $\vec{u}$ par rapport à un fil immobile dans lequel circule un courant I. Pour simplifier, nous supposons que le courant traversant le fil est dû à des charges positives et négatives ayant des vitesses opposées $\pm\vec{v}$. Dans le référentiel lié au fil, c'est-à-dire la portion du fil qui ne participe pas au courant, la charge q est soumise à une force magnétique dirigée vers le fil, mais aucune force électrique ne s'exerce sur elle. Dans le référentiel lié à la charge q (figure 8.31*b*), elle n'est soumise à aucune force magnétique puisque sa vitesse est nulle. Dans ce référentiel, les charges positives dans le fil se déplacent à une vitesse de module inférieur $v - u$, alors que les charges négatives ont une vitesse de module supérieur $v + u$. La charge électrique est un invariant en relativité restreinte. Ainsi, à cause de la contraction des longueurs, la densité de charge négative est supérieure à la densité de charge positive et la charge totale du fil est négative dans le référentiel lié à la charge q. Par conséquent, la charge q est soumise à une force électrique dirigée vers le fil. On voit donc qu'un champ électrique dans le référentiel lié à la charge q se transforme en un champ magnétique dans un autre référentiel. Cela montre bien qu'on doit concevoir un unique « champ électromagnétique », ce champ pouvant apparaître comme une combinaison différente de champ électrique et de champ magnétique selon le référentiel.

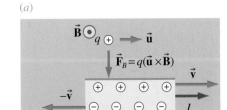

Figure 8.31 ▲

(*a*) Une charge en mouvement par rapport à un fil. Les charges positives et négatives dans le fil sont régulièrement espacées et ont des vitesses de même module mais de sens opposés. (*b*) Dans le référentiel de la charge q, les charges positives et négatives dans le fil ont des vitesses différentes. Les différents facteurs de contraction des longueurs font en sorte que la densité de charge négative est supérieure à la densité de charge positive.

8.16 La formulation de la transformation de Lorentz

On peut établir les équations de la transformation de Lorentz en partant de l'un ou l'autre des postulats. Nous allons partir du principe de la constance de la vitesse de la lumière. Le référentiel S' se déplace à la vitesse $\vec{v} = v\vec{i}$ par rapport au référentiel S. Lorsque les origines O et O' coïncident, une source de lumière située en $x = x' = 0$ est activée et nous suivons le front d'onde initial voyageant vers la droite. D'après le deuxième postulat, la vitesse de la lumière est la même dans les deux référentiels et la position du front d'onde à un instant ultérieur, représentée à la figure 8.32, est donnée, dans chacun des référentiels respectivement, par

$$x = ct ; \quad x' = ct' \tag{8.28}$$

Quelles que soient les équations de transformation que nous recherchons, on peut supposer que celle pour la coordonnée de position aura nécessairement la forme suivante

$$x' = Ax + Bt$$

(En effet, on peut justifier l'emploi de termes uniquement du premier ordre en x et t si on suppose que tous les points de l'espace sont équivalents. Nous

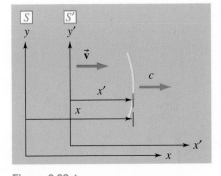

Figure 8.32 ▲

Selon le deuxième postulat, une impulsion de lumière se déplace à la vitesse c par rapport à S et à S', qui est en mouvement à la vitesse $\vec{v} = v\vec{i}$ par rapport à S.

ne donnons pas les détails ici.) La position de O' est $x' = 0$ dans le référentiel S' et $x = vt$ dans le référentiel S. On a donc $0 = A(vt) + Bt$, ce qui donne $B = -Av$. L'équation donnant x' devient alors

$$x' = A(x - vt) \qquad (8.29)$$

Par un raisonnement analogue appliqué à la position de O mais en inversant le signe de v, on trouve

$$x = A(x' + vt') \qquad (8.30)$$

Nous utilisons maintenant l'équation 8.28 et l'équation 8.29 pour obtenir

$$ct' = A(ct - vt)$$

$$ct = A(ct' + vt')$$

De ces deux équations, on déduit

$$A = \frac{1}{(1 - v^2/c^2)^{1/2}}$$

Pour obtenir l'équation de transformation pour la coordonnée de temps, on remplace dans l'équation 8.30 x' par sa valeur tirée de l'équation 8.29 :

$$x = A[A(x - vt) + vt']$$

La résolution de cette équation en t' donne

$$t' = A\left(t - \frac{vx}{c^2}\right) \qquad (8.31)$$

La résolution en t est très semblable. Dans la notation conventionnelle, A est remplacé par γ.

RÉSUMÉ

Les deux postulats de la relativité restreinte sont :

1. Toutes les lois physiques sont les mêmes dans tous les référentiels d'inertie.
2. La vitesse de la lumière dans le vide est la même dans tous les référentiels d'inertie. Elle est indépendante du mouvement de la source ou de l'observateur.

L'intervalle de temps T_0 séparant deux événements enregistré par une même horloge au repos dans un référentiel est appelé *temps propre*. Dans ce référentiel, les deux événements ont lieu au même point (situé près de l'horloge). L'intervalle de temps T séparant les deux mêmes événements et enregistré par deux horloges distinctes A et B dans un autre référentiel est supérieur au temps propre :

$$T = \gamma T_0 \qquad (8.8)$$

où

$$\gamma = \frac{1}{\sqrt{1 - v^2/c^2}} \qquad (8.7)$$

Cet effet porte le nom de dilatation du temps.

La longueur L_0 d'une tige dans le référentiel où elle est au repos est sa longueur propre. Sa longueur L mesurée par un observateur en mouvement par rapport à la tige est plus petite :

$$L = \frac{1}{\gamma} L_0 \qquad (8.9)$$

Cet effet porte le nom de contraction des longueurs.

Le module de la quantité de mouvement p d'une particule se déplaçant à la vitesse v est

$$p = mv \qquad (8.23)$$

où la masse relativiste

$$m = \gamma m_0 \qquad (8.24)$$

et m_0 est la masse au repos. L'énergie totale E de la particule est

$$E = mc^2 \qquad (8.25)$$

Cette équation exprime l'équivalence entre la masse et l'énergie. L'énergie cinétique d'une particule est

$$K = E - m_0 c^2 = m_0 c^2 (\gamma - 1) \qquad (8.26)$$

L'énergie totale et la quantité de mouvement sont liées par la relation

$$E^2 = p^2 c^2 + m_0^2 c^4 \qquad (8.27)$$

TERMES IMPORTANTS

contraction des longueurs (p. 283)

covariant (adj.) (p. 271)

dilatation du temps (p. 281)

équivalence masse-énergie (p. 298)

éther (p. 267)

événement (p. 275)

invariant (adj.) (p. 271)

longueur propre (p. 283)

masse au repos (p. 296)

observateur (p. 275)

principe de la constance de la vitesse de la lumière (p. 273)

principe de la relativité (p. 273)

référentiel (p. 275)

référentiel d'inertie (p. 271)

référentiel propre (p. 276)

relativité restreinte (p. 273)

temps propre (p. 279)

transformation de Galilée (p. 271)

vitesse limite (p. 297)

RÉVISION

R1. Au XIXe siècle, quelles étaient les propriétés attribuées à l'hypothétique éther ? En quoi étaient-elles contradictoires ?

R2. Qu'est-ce que Michelson et Morley cherchaient à mettre en évidence au moyen de leur expérience ? Quels résultats obtinrent-ils ?

R3. Comment Fitzgerald et plus tard Lorentz expliquèrent-ils les résultats de l'expérience de Michelson et Morley ?

R4. Énoncez les deux postulats de la théorie de la relativité restreinte.

R5. Quelle est la valeur du facteur γ lorsqu'il n'y a pas de dilatation du temps ?

R6. Vrai ou faux ? Dans une situation donnée, le temps propre et la longueur propre sont toujours mesurés dans le même référentiel.

R7. Pourquoi les effets de la dilatation du temps et de la contraction des longueurs ne sont-ils pas aisément observables dans la vie de tous les jours ?

R8. Expliquez l'expérience portant sur la désintégration des muons (a) du point de vue de la dilatation du temps ; (b) du point de vue de la contraction des longueurs.

R9. Vrai ou faux ? La masse au repos d'un objet augmente avec sa vitesse.

R10. Expliquez pourquoi il est impossible qu'une particule de masse au repos non nulle atteigne la vitesse de la lumière.

R11. Que deviendrait l'écoulement du temps si on pouvait voyager à la vitesse de la lumière ?

Q1. Serait-il utile de refaire l'expérience de Michelson-Morley à des moments différents de l'année ? Si oui, expliquez pourquoi.

Q2. Certaines des relations de la transformation de Galilée demeurent-elles applicables dans le contexte de la relativité restreinte ?

Q3. Quel aspect du principe de la relativité d'Einstein est irréconciliable avec les transformations de Galilée ?

Q4. Deux événements se produisent au même point mais à des instants différents dans un référentiel d'inertie. Ces deux événements peuvent-ils être simultanés dans un autre référentiel en mouvement à vitesse constante par rapport au premier ?

Q5. Au cours d'une conversation téléphonique transatlantique, un des interlocuteurs déclare qu'il est 15 heures et l'autre lui répond qu'il est 19 heures. Est-ce un exemple d'absence de synchronisation des horloges ?

Q6. Reformulez la phrase « Des tiges en mouvement paraissent contractées » de manière à éviter tout malentendu.

Q7. On dit parfois que « des horloges en mouvement retardent ». Que leur arrive-t-il ?

Q8. Dans son livre intitulé *Monsieur Tompkins au pays des merveilles*, George Gamow explore les conséquences d'une réduction sensible, mais hypothétique, de la vitesse de la lumière. Énumérez quelques événements de tous les jours qui seraient modifiés si la vitesse de la lumière n'était que de 30 m/s.

Q9. Pourquoi n'est-il pas possible pour un électron ou un proton de voyager à la vitesse de la lumière ?

Q10. L'espérance moyenne de vie d'un être humain est de 70 ans. Cela signifie-t-il qu'un être humain peut s'éloigner de la Terre jusqu'à une distance maximale voisine de 70 années-lumière ? (L'année-lumière est la distance parcourue par la lumière en une année.)

Q11. En principe, serait-il possible qu'au retour d'un voyage intergalactique des parents soient plus jeunes que leurs enfants restés à la maison ?

Q12. À votre avis, la notion de corps parfaitement rigide est-elle valable en relativité restreinte ? Justifiez votre réponse.

Q13. En quoi l'effet Doppler pour les ondes sonores est-il similaire à l'effet Doppler pour la lumière ? En quoi sont-ils différents ?

Q14. Est-il possible pour une personne d'avancer de 200 ans dans le futur ? Pourrait-elle revenir pour raconter à ses amis ce qui a été découvert entre-temps ?

Q15. Dans quelle condition l'équation $p = E/c$ est-elle valable pour un électron ou un proton ?

Q16. L'énergie cinétique d'une particule peut-elle s'écrire $K = \frac{1}{2} m_0 c^2$?

Q17. Vrai ou faux ? Selon la théorie de la relativité restreinte, le module de la quantité de mouvement d'une particule peut tendre vers la valeur $p = m_0 c$, mais ne peut pas lui être égal.

Q18. Vous entendez vos amis dire que, selon la théorie d'Einstein, « tout est relatif ». Pour les convaincre du contraire, faites une liste de grandeurs qui, selon la relativité restreinte, sont (a) relatives, c'est-à-dire ont une valeur qui dépend du référentiel ; (b) invariantes, c'est-à-dire ont la même valeur dans tous les référentiels d'inertie.

EXERCICES

Voir l'avant-propos pour la signification des icônes

Dans les exercices et les problèmes, pour ne pas alourdir le texte, on utilisera le terme « vitesse » pour désigner le vecteur vitesse $\vec{v}$, le module de la vitesse v, ou la composante de la vitesse le long de l'axe du mouvement v_x, selon le contexte.

8.7 et 8.8 Dilatation du temps et contraction des longueurs

E1. (I) Un mètre de couturière mesure 80 cm lorsqu'il est en mouvement. Quelle est sa vitesse ?

E2. (I) Utilisez le développement du binôme et son approximation $(1 + x)^n \approx 1 + nx$, pour $x \ll 1$, afin de démontrer que, lorsque $v \ll c$, (a) $\gamma \approx 1 + v^2/2c^2$; (b) $1/\gamma \approx 1 - v^2/2c^2$. (c) Pour quelle valeur de v la différence entre γ et l'approximation calculée en (a) est-elle de $0{,}001\gamma$? (d) Tracez le graphe de l'approximation pour γ obtenue en (a) et de la valeur exacte de γ. À quel moment les deux courbes se séparent-elles de façon significative ?

E3. (I) Une tige se déplaçant à la vitesse de $0{,}6c$ par rapport au référentiel du laboratoire a une longueur de 1,2 m lorsqu'on la mesure dans ce référentiel. Quelle est la longueur propre de la tige ?

E4. (I) Une étoile est à 10 années-lumière (a.l.) de la Terre. Quelle doit être la vitesse d'une fusée par rapport à un référentiel d'inertie fixé à la Terre pour que la distance mesurée dans le référentiel lié à la fusée soit égale à 3 a.l. ? (L'année-lumière est égale à la distance parcourue par la lumière en une année : 1 a.l. = $9{,}4607 \times 10^{15}$ m.)

E5. (I) Utilisez les résultats de l'exercice 2 pour $v \ll c$ afin d'établir une expression pour (a) $(T - T_0)/T_0$, où $T = \gamma T_0$; (b) $(L - L_0)/L_0$, où $L = L_0/\gamma$.

E6. (I) Une horloge voyage à vitesse constante par rapport au référentiel d'inertie S pendant une année mesurée dans son référentiel propre. De combien retarde-t-elle après ce délai par rapport aux horloges dans S si elle se déplace à (a) $0{,}1c$; (b) $0{,}998c$? (On suppose que toutes les horloges sont synchronisées au départ.)

E7. (I) À quelle vitesse doit se déplacer une horloge par rapport au référentiel S pour retarder d'une seconde par an mesurée dans S ? (Utilisez le résultat de l'exercice 2.)

E8. (II) La durée de vie moyenne des muons au repos est de 2,2 μs. À quelle vitesse par rapport au référentiel S vont-ils parcourir 400 m (mesurée dans S) avant de se désintégrer ?

E9. (I) Un train roulant à $0{,}8c$ met 5 μs pour passer devant un observateur qui se tient sur le quai. (a) Quel est l'intervalle de temps mesuré dans le référentiel lié au train ? Quelle est la longueur du train mesurée par un observateur (b) dans le train ; (c) sur le quai ?

E10. (I) On fait voler une horloge atomique à 400 m/s entre deux points distants de 200 km à la surface de la Terre. Quel est l'écart entre l'heure qu'elle indique et l'heure indiquée par des horloges restées au sol, sachant qu'elles étaient initialement synchronisées ? (Utilisez le résultat de l'exercice 2.)

E11. (I) À quelle vitesse doit se déplacer une horloge pour que sa cadence mesurée par un observateur au repos corresponde à 50 % de la cadence mesurée dans le référentiel où elle est immobile ?

E12. (II) L'étoile Alpha du Centaure est située à 4,2 a.l. de la Terre. Si un vaisseau spatial voyage à la vitesse de $0{,}98c$, combien de temps dure le voyage pour (a) les astronautes ; (b) des observateurs liés au référentiel de la Terre ou de l'étoile ? (c) Quelle est la distance entre la Terre et l'étoile pour un observateur dans le référentiel du vaisseau spatial ?

E13. (II) Le vaisseau spatial B dépasse le vaisseau A à une vitesse relative de $0{,}2c$. Des observateurs dans A mesurent la longueur de B et trouvent 150 m. (a) Quelle est la longueur propre de B ? Calculez le temps que met B pour passer devant un point donné sur A en supposant qu'il est mesuré par un observateur (b) dans A ; (c) dans B.

E14. (II) Soit une étoile à 80 a.l. de la Terre. À quelle vitesse doit voyager un vaisseau spatial pour effectuer le voyage durant les 70 ans que dure la vie d'un astronaute ?

E15. (I) Un train roulant à $0{,}6c$ par rapport au sol a une longueur mesurée de 320 m dans le référentiel lié au sol. Calculez le temps qu'il met pour passer devant un arbre, le temps étant mesuré (a) dans le référentiel lié au sol ; (b) dans le référentiel lié au train.

E16. (I) Un train roule à une vitesse de $0{,}6c$ par rapport à un quai. Les voyageurs mesurent la longueur du quai et trouvent 1,2 km. (a) Quelle est la longueur propre du quai ? Combien de temps faut-il à l'avant du train pour aller d'une extrémité à l'autre du quai (b) dans le référentiel lié au quai ; (c) dans le référentiel lié au train ?

E17. (I) Un vaisseau spatial passe devant une station spatiale à la vitesse de $0{,}98c$. Dans la station, des observateurs mesurent la longueur du vaisseau et trouvent 120 m. Combien de temps met le vaisseau pour passer devant un point donné de la station (a) dans le référentiel lié à la station ; (b) dans le référentiel lié au vaisseau spatial ?

E18. (II) Alpha du Centaure est à 4,2 a.l. de la Terre. (a) À quelle vitesse par rapport à un référentiel d'inertie fixé à la Terre des astronautes doivent-ils se déplacer pour que leur mesure de cette distance donne 3,6 a.l. ? (b) À quelle vitesse doivent-ils se déplacer pour que leur mesure de la durée du voyage donne 24 ans ? (c) À la vitesse calculée en (b), quelle serait la durée du voyage dans le référentiel de la Terre ?

E19. (II) Un avion parcourt les 500 km séparant deux villes à $0{,}2c$. (a) Quelle est la durée du trajet pour le pilote ? (b) Quelle est la distance parcourue selon le pilote ?

E20. (II) Les pions ont une durée de vie moyenne de 2,6 $\times 10^{-8}$ s au repos. S'ils ont une vitesse de 0,8c dans le référentiel lié au laboratoire, trouvez : (a) la durée de vie moyenne mesurée dans le référentiel lié au laboratoire ; (b) la distance parcourue pendant la durée de vie dans le référentiel lié au laboratoire ; (c) la distance parcourue dans le laboratoire pendant la durée de vie moyenne, si elle est mesurée dans le référentiel propre de la particule.

E21. (II) Les muons ont une durée de vie moyenne de 2,2 $\times 10^{-6}$ s au repos. Ils sont créés à une altitude de 10 km et voyagent à 0,995c vers la Terre. Trouvez : (a) la durée de vie moyenne mesurée sur la Terre ; (b) le temps mis pour arriver au niveau du sol dans le référentiel lié à la Terre ; (c) le temps mis pour arriver au niveau du sol dans le référentiel lié aux particules.

8.9 Effet Doppler relativiste

E22. (I) Un astronaute se déplaçant à 0,6c par rapport à la Terre émet un signal radio à la fréquence de 720 kHz, typique de la bande AM. À quelle fréquence un observateur terrestre captera-t-il ce signal si le vaisseau spatial (a) s'approche de la Terre ; (b) s'éloigne de la Terre ?

E23. (II) Un détecteur d'excès de vitesse fonctionne avec des ondes radio ayant une longueur d'onde de 3 cm. Quel décalage de fréquence par effet Doppler mesure le policier pour une voiture roulant à 108 km/h vers la source ?

E24. (I) Un automobiliste aimant la très haute vitesse reçoit une contravention pour avoir grillé un feu rouge (700 nm). Il prétend que le feu lui est apparu vert (500 nm). À quelle vitesse roulait-il ?

E25. (I) Une galaxie s'éloigne de la Terre à la vitesse de 0,2c. Quelle est la longueur d'onde propre d'une raie du spectre de cette galaxie si sa mesure donne 600 nm pour un observateur sur Terre ?

E26. (II) Un observatoire suit au radar la trace d'un vaisseau spatial qui s'approche à la vitesse de 0,1c. Si le signal radar a une fréquence de 1000 MHz, quelle est la fréquence du signal réfléchi qui est mesurée par l'observatoire ?

E27. (II) Un signal radar de 2 cm de longueur d'onde est réfléchi par une automobile roulant à 40 m/s. Le signal réfléchi est combiné avec le signal incident. Quelle est la fréquence des battements si l'automobile (a) s'approche ; (b) s'éloigne ?

8.11 Transformation de Lorentz

E28. (I) Les origines des référentiels S et S' coïncident à $t = t' = 0$. Le référentiel S' a une vitesse de 0,6c dans le sens des x positifs par rapport à S. Une bombe explose en $x' = 400$ km à $t' = 0,01$ s. Où et quand a lieu l'explosion dans le référentiel S ?

E29. (I) Deux éclairs sont émis simultanément dans le référentiel S' mais à une distance de 480 km l'un de l'autre. Quels sont les intervalles d'espace et de temps dans le référentiel S si S' se déplace à 0,6c dans le sens des x positifs par rapport à S ?

E30. (I) Un train (référentiel S') de longueur propre 1,2 km se déplace à 0,98c le long d'un quai (référentiel S). Des observateurs situés aux extrémités du train tirent des coups de fusil en direction du quai au même instant dans le référentiel S'. Trouvez la distance entre les traces d'impact des balles sur le quai mesurée dans le référentiel S.

E31. (I) Un vaisseau spatial se déplaçant à 0,8c vers la Terre émet des éclairs lumineux séparés de 0,01 s. Quelle est la distance parcourue par le vaisseau entre deux éclairs mesurée dans le référentiel lié à la Terre ?

E32. (II) Une locomotive (référentiel S') de longueur propre 32 m se déplace à 0,6c par rapport à un quai (référentiel S). À $t = t' = 0$, deux impulsions lumineuses sont émises dans des sens opposés à partir du centre de la locomotive (figure 8.33). À quels instants les impulsions atteignent-elles les extrémités A' et B' de la locomotive (a) dans le référentiel S' ; (b) dans le référentiel S ?

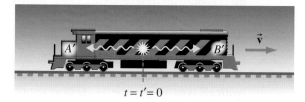

Figure 8.33 ▲
Exercice 32.

E33. (II) Lorsqu'elle se trouve à $x = 10^8$ m dans le référentiel S lié à la Terre, une fusée (référentiel S') voyageant à 0,8c vers la Terre émet un éclair. Dès sa réception, l'éclair est renvoyé vers la fusée. Combien de temps met-il pour rejoindre la fusée, le temps étant mesuré dans le référentiel lié à la Terre ?

E34. (II) Deux événements se produisent dans le référentiel d'inertie S : un éclair rouge est émis à $x = 0$ et $t = 0$ et un éclair vert se produit en $x = 6 \times 10^4$ m à $t = 0,16$ ms. Un vaisseau spatial (référentiel S')

se déplace dans le sens des x positifs. (a) À quelle vitesse du vaisseau les éclairs se produisent-ils simultanément dans son référentiel ? (b) Quel serait l'effet produit si la vitesse était supérieure à celle trouvée en (a) ?

E35. (II) Un éclair rouge et un éclair vert ont lieu simultanément dans le référentiel S. L'éclair rouge est émis à l'origine et l'éclair vert à 240 m. Le référentiel S' se déplace à $0,995c$ dans le sens des x positifs. Trouvez l'intervalle de temps et d'espace entre les éclairs que l'on mesure dans S'.

E36. (II) L'*intervalle d'espace-temps* Δs entre deux événements est défini par l'équation

$$(\Delta s)^2 = c^2(\Delta t)^2 - (\Delta x)^2 - (\Delta y)^2 - (\Delta z)^2$$

Montrez que cet intervalle d'espace-temps est un invariant, c'est-à-dire que $(\Delta s')^2 = (\Delta s)^2$.

E37. (II) Un détecteur (référentiel S') s'éloigne de l'origine du référentiel S à la vitesse v dans le sens des x positifs. Lorsqu'il se trouve à une distance $x = L$ de l'origine de S, un éclair est émis à l'origine. Combien de temps met l'éclair pour arriver jusqu'au détecteur selon des observateurs (a) dans S ; (b) dans S' ?

8.12 Addition relativiste des vitesses

E38. (I) Deux protons ayant chacun une vitesse de $0,960c$ par rapport au laboratoire s'approchent l'un de l'autre. Quelle est leur vitesse relative ?

E39. (I) Dans le référentiel lié à la Terre, le vaisseau spatial A poursuit le vaisseau B à $0,8c$, alors que la vitesse de B est de $0,6c$. Quelle est la vitesse de A par rapport à B ?

E40. (I) Un vaisseau spatial se déplaçant à $0,7c$ par rapport à la Terre envoie un missile à $0,1c$ par rapport à lui-même. Quelle est la vitesse du missile par rapport à la Terre si le missile est lancé (a) vers l'avant ; (b) vers l'arrière ?

E41. (II) Par rapport à la Terre, le vaisseau spatial A se déplace à $0,6c$ et poursuit le vaisseau B, qui a une vitesse de $0,8c$. Le vaisseau A envoie un missile à $0,3c$ par rapport à lui-même. (a) Le missile touche-t-il B ? (b) Si la réponse à la question (a) est négative, quelle devrait être la vitesse minimale du missile par rapport au vaisseau A pour qu'il touche B ?

E42. (II) Deux fusées se dirigent l'une vers l'autre avec une vitesse de même module mesurée par rapport à la Terre. Quelle est cette vitesse si leur vitesse relative est de $0,5c$?

8.14 Quantité de mouvement et énergie

E43. (I) La puissance rayonnée par le Soleil correspond à $3,9 \times 10^{26}$ W. Sa masse est de 2×10^{30} kg. (a) De combien sa masse décroît-elle en une seconde ? (b) Si ce taux était constant, quelle serait la durée de vie du Soleil ?

E44. (I) Quel est le module de la quantité de mouvement d'un proton animé d'une vitesse de $0,998c$?

E45. (I) Que vaut v/c pour un électron dont l'énergie cinétique est de (a) 10^4 eV dans un tube de téléviseur ; (b) 10^7 eV dans le tube de l'accélérateur linéaire de Stanford ?

E46. (I) Un électron se déplace à $0,998c$. Trouvez (a) son énergie cinétique en électronvolts ; (b) le module de sa quantité de mouvement.

E47. (I) Calculez, en électronvolts, l'énergie nécessaire pour accélérer un électron (a) de $0,6c$ à $0,8c$; (b) de $0,995c$ à $0,998c$.

E48. (I) Trouvez la vitesse d'une particule dont l'énergie cinétique est égale à (a) son énergie au repos ; (b) onze fois son énergie au repos.

E49. (I) La surface de la Terre reçoit 1 kW/m² d'énergie de rayonnement provenant du Soleil. Si la superficie de votre corps était de 0,5 m² et était orientée perpendiculairement aux rayons du Soleil, combien de poids prendriez-vous en vous exposant au Soleil pendant toute une année ? (On néglige tous les autres facteurs et on suppose que le rayonnement est absorbé en totalité.)

E50. (I) Démontrez que la quantité $E^2 - p^2c^2$ est un invariant, c'est-à-dire qu'elle a la même valeur dans tous les référentiels d'inertie.

E51. (I) L'énergie totale d'une particule dont la masse au repos est m_0 est égale au triple de son énergie au repos. Trouvez (a) le module de sa quantité de mouvement ; (b) sa vitesse.

E52. (I) La consommation totale d'énergie par an au Québec est voisine de 1×10^{18} J. En supposant qu'il existe un appareil capable d'extraire cette énergie de la masse au repos avec un rendement de 0,1 %, quelle serait la masse nécessaire pour produire cette énergie ?

E53. (II) Dans le modèle de Bohr de l'atome d'hydrogène, l'électron voyage à $2,2 \times 10^6$ m/s. Quelle erreur relative fait-on en utilisant l'expression classique de l'énergie cinétique ? (*Indice* : Voyez le développement sous l'équation 8.26.)

E54. (II) À quelle vitesse la valeur relativiste du module de la quantité de mouvement d'une particule est-elle de 1 % plus élevée que la valeur classique ?

E55. (I) À quelle vitesse la valeur relativiste du module de la quantité de mouvement d'une particule est-elle le double de la valeur classique ?

E56. (II) L'énergie totale d'un électron est de 50 MeV. Que vaut $\beta = v/c$?

E57. (II) (a) En physique classique, quelle est la différence de potentiel nécessaire pour accélérer un électron jusqu'à $0,9c$ à partir du repos ? (b) Avec la différence de potentiel calculée en (a) et si on tient compte des effets relativistes, quelle vitesse atteindrait l'électron ?

E58. (II) À quelle vitesse l'énergie cinétique d'une particule est-elle supérieure de 1 % à la valeur classique ? (*Indice* : Voyez le développement sous l'équation 8.26.)

E59. (II) Un proton a une énergie cinétique de 40 GeV. Quels sont (a) sa vitesse ; (b) le module de sa quantité de mouvement ?

E60. (II) Un électron ayant une énergie totale de 10 GeV parcourt 3,2 km le long du tube d'un accélérateur. (a) Quelle est la longueur du tube dans le référentiel de l'électron ? Combien de temps lui faut-il pour parcourir la distance (b) dans son référentiel ; (c) dans un référentiel fixé au tube ?

8.7 et 8.8 Dilatation du temps et contraction des longueurs

E61. (I) Un train a une longueur propre de 1,2 km et une vitesse de $0,7c$ par rapport à un quai. (a) Quelle est la longueur du train pour un observateur sur le quai ? Combien de temps ce train prend-il à passer devant un point sur le quai (b) selon un observateur sur le quai ; (c) selon un observateur dans le train ?

E62. (II) Deux vaisseaux spatiaux, A et B, ont la même longueur propre de 240 m et voyagent l'un vers l'autre. Un observateur à bord de A mesure le temps que prend le vaisseau B à passer devant lui, soit 2,76 μs. Quelle est la vitesse relative des vaisseaux ?

E63. (II) Un train de 800 m de longueur au repos s'approche d'un quai de 1 km de long à une vitesse de $0,6c$. L'avant du train passe devant l'extrémité gauche du quai à $t = 0$ dans le référentiel du quai. À quel moment l'arrière du train atteint-il l'extrémité droite du quai dans le référentiel du quai ?

8.12 Addition relativiste des vitesses

E64. (II) Deux trains ayant chacun une longueur propre de 1 km, voyagent l'un vers l'autre à la même vitesse de $0,65c$ par rapport à un observateur immobile. (a) Quelle est la longueur d'un train pour un observateur situé dans l'autre train ? (b) Combien de temps prend un des trains, selon un observateur dans ce train, à passer devant un certain point de l'autre train ?

E65. (II) Un train a une vitesse de $0,4c$ par rapport au sol. Un observateur au sol observe qu'un projectile est lancé à $0,6c$ du train vers une cible située à 10 km à l'avant du train. Combien de temps le projectile prend-il à atteindre sa cible (a) selon un observateur au sol ; (b) dans le référentiel fixé au projectile ? Négligez la gravité.

E66. (II) Dans l'exercice précédent, combien de temps le projectile prend-il à atteindre sa cible dans le référentiel fixé au train ? (Choisissez adéquatement la position de l'observateur !)

8.14 Quantité de mouvement et énergie

E67. (I) Exprimez la variation d'énergie d'un objet passant de $0,8c$ à $0,9c$ comme un multiple de l'énergie qu'il faut investir pour passer de (a) $0c$ à $0,1c$; (b) $0,5c$ à $0,6c$.

E68. (I) Les muons ont une durée de vie moyenne de 2,2 μs au repos. Si, en laboratoire, on mesure une durée de vie de 7,9 μs, trouvez (a) la vitesse, et (b) l'énergie cinétique des muons en électronvolts. La masse des muons est de 207 fois celle des électrons.

E69. (I) Sur sa plate-forme de lancement, une fusée a une masse d'environ 10^5 kg au repos. Elle est accélérée du repos jusqu'à $0,1c$. (a) Quelle est son énergie cinétique à cette vitesse ? (b) À quelle augmentation de la masse correspond cette énergie cinétique ?

E70. (I) Quelle est la vitesse d'une particule ayant une quantité de mouvement égale à m_0c ?

E71. (II) Un électron a une énergie cinétique de 1,2 MeV. Trouvez (a) son énergie totale en électronvolts; (b) sa vitesse; (c) le module de sa quantité de mouvement.

E72. (II) Les électrons que produit l'accélérateur de Standford ont une énergie cinétique de 20 GeV.

Trouvez: (a) le facteur relativiste γ, (b) le module de la quantité de mouvement de chaque électron. (*Indice*: Négligez le deuxième terme dans l'équation 8.27.)

PROBLÈMES

P1. (I) Utilisez $p = \gamma m_0 v$ et $E = \gamma m_0 c^2$ pour démontrer que $E^2 = p^2 c^2 + m_0^2 c^4$.

P2. (I) Une particule n'est soumise qu'à une force constante $\vec{\mathbf{F}}$ dans le sens de son mouvement. En partant de l'expression $F = \mathrm{d}p/\mathrm{d}t$, montrez que son accélération est $\mathrm{d}v/\mathrm{d}t = F/\gamma^3 m_0$. On voit ainsi que l'accélération décroît au fur et à mesure que v augmente.

P3. (I) Démontrez l'expression suivante donnant le module de la quantité de mouvement p en fonction de l'énoncé classique de l'énergie cinétique K pour une particule dont la masse au repos est m_0:

$$p = \sqrt{2m_0 K + \left(\frac{K}{c}\right)^2}$$

P4. (I) La lumière se propage à la vitesse c/n dans un milieu d'indice de réfraction n. Montrez que si la lumière se propage vers l'aval dans un cours d'eau coulant à la vitesse v par rapport au laboratoire, la vitesse de la lumière par rapport au laboratoire est $(c/n)[(1 + nv/c)/(1 + v/nc)]$.

P5. (I) Un électron a une vitesse de $0{,}9995c$. À quelle vitesse un proton aurait-il (a) une quantité de mouvement de même module; (b) la même énergie cinétique?

P6. (I) Un vaisseau spatial (référentiel S') de 100 m de long se déplace à $0{,}995c$ dans le sens des x positifs du référentiel S. Il est muni d'une source lumineuse à son extrémité arrière et d'un miroir à l'avant. Un éclair est émis à $t = t' = 0$, lorsque l'arrière coïncide avec l'origine du référentiel S. À quel instant l'impulsion réfléchie atteint-elle l'arrière (a) dans le référentiel du vaisseau; (b) dans le référentiel S? (c) En quel point du référentiel S l'impulsion atteint-elle l'extrémité arrière?

P7. (I) (a) Un faisceau lumineux se propage en faisant un angle θ' avec l'axe des x' positifs du référentiel S', qui se déplace à la vitesse $\vec{\mathbf{v}}$ dans le sens des x positifs du référentiel S. Si θ est l'angle mesuré par rapport à l'axe des x dans S, montrez que

$$\cos\theta = \frac{\cos\theta' + \beta}{1 + \beta\cos\theta'}$$

où $\beta = v/c$. (*Indice*: Utilisez la transformation de Lorentz et notez que $\cos\theta = (1/c)\mathrm{d}x/\mathrm{d}t$.) (b) Sachant que $\beta = 0{,}9$, tracez le graphe de θ en fonction de θ' pour θ' variant de 0° à 90°. Pourquoi cet effet est-il appelé *effet projecteur*?

P8. (I) Le référentiel S' se déplace à la vitesse $\vec{\mathbf{v}}$ dans le sens des x positifs du référentiel S. La vitesse d'une particule est $\vec{\mathbf{u}}$ dans le référentiel S et $\vec{\mathbf{u}}'$ dans le référentiel S'. Montrez que les composantes en y de la vitesse sont liées par

$$u_y = \frac{u'_y}{\gamma(1 + v_x u'_x/c^2)}$$

Une relation similaire existe pour la composante en z.

P9. (I) Le nombre N de muons restants à l'instant t est donné par $N = N_0 e^{-t/\tau}$, où $\tau = 2{,}2$ μs est la durée de vie moyenne dans le référentiel propre et N_0 est le nombre à $t = 0$. On suppose que $N_0 = 1000$ et que les muons ont une vitesse $v = 0{,}98c$ par rapport à la Terre. Une fois qu'ils ont parcouru 3 km par rapport au référentiel lié à la Terre, quel est le nombre de muons restants (a) mesuré dans le référentiel des muons; (b) mesuré dans le référentiel lié à la Terre?

P10. (I) Une onde dans un référentiel reste une onde dans un autre référentiel. Pour tous les observateurs, une crête est une crête, un creux est un creux, et ainsi de suite. Autrement dit, la *phase d'une onde est un invariant*. Supposons que la fonction d'onde s'écrit $y = A\sin(kx - \omega t)$ dans le référentiel S et $y' = A\sin(k'x' - \omega't')$ dans le référentiel S'. Le référentiel S' se déplace à la vitesse $\vec{\mathbf{v}}$ dans le sens des x positifs du référentiel S. Utilisez la transformation de Lorentz et l'invariance de phase pour démontrer que

$$k = \gamma(k' + v\omega'/c^2); \qquad \omega = \gamma(\omega' + vk')$$

(*Indice*: On obtient une équation de la forme $Ax - Bt = 0$, qui doit être vraie pour toute valeur de x et de t.)

P11. (II) Le référentiel S' se déplace à la vitesse $\vec{\mathbf{v}}$ dans le sens des x positifs du référentiel S. (a) Une tige au repos dans le référentiel S' fait un angle θ' avec l'axe des x' positifs (figure 8.34). Utilisez la transformation de Lorentz pour montrer que l'angle θ que forme la tige avec l'axe des x positifs est donné par $\tan \theta = \gamma \tan \theta'$. (b) Si une tige de longueur propre

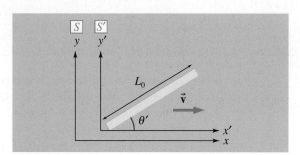

Figure 8.34 ▲
Problème 11.

L_0 est à l'origine dans le référentiel S' et fait un angle $\theta' = \theta_0$ avec l'axe des x' positifs, montrez que sa longueur dans le référentiel S est

$$L = L_0 \left(1 - \frac{v^2}{c^2} \cos^2 \theta_0 \right)^{1/2}$$

P12. (I) On peut déterminer la vitesse à laquelle une étoile s'éloigne de la Terre à partir du décalage Doppler de la longueur d'onde émise par l'étoile. Montrez que si $v \ll c$, le décalage relatif de longueur d'onde est

$$\Delta \lambda / \lambda \approx v/c$$

La longueur d'onde perçue étant supérieure à la longueur d'onde émise, l'ensemble du spectre est décalé vers le rouge.

P13. (II) Deux trains roulent sur des voies parallèles. Chacun a une longueur propre de 1 km. Le train A roule à une vitesse de $0{,}6c$, tandis que le train B a une vitesse de $0{,}8c$ par rapport au sol. Combien faut-il de temps au train le plus rapide pour passer entièrement devant le train qui roule plus lentement (entre l'instant où l'avant de B coïncide avec l'arrière de A et l'instant où l'arrière de B coïncide avec l'avant de A) pour des observateurs situés dans (a) le référentiel lié au sol ; (b) le référentiel lié au train le plus lent ?

P14. (II) Une lampe située à l'avant d'un vaisseau spatial de longueur propre 1 km émet un éclair et une lampe située à l'arrière émet un éclair 4 µs plus tard dans le référentiel du vaisseau. Le vaisseau se déplace à une vitesse de $0{,}98c$ dans le sens des x positifs du référentiel S. (a) Quels sont les intervalles d'espace et de temps mesurés dans S entre les deux événements ? (b) Quel est l'intervalle de temps entre

la réception des deux éclairs mesuré par un observateur dans S qui voit le vaisseau s'approcher ?

P15. (II) Deux trains qui ont chacun une longueur propre de 1 km s'approchent l'un de l'autre sur des voies parallèles à $\pm 0{,}6c$ par rapport au quai. Quel est l'intervalle de temps entre la rencontre de leurs extrémités avant et celle de leurs extrémités arrière (a) dans le référentiel lié au quai ; (b) dans le référentiel lié à l'un des trains ?

P16. (II) Une particule se déplace à la vitesse $\vec{\mathbf{u}}$ selon un angle θ' avec l'axe des x' du référentiel S', lequel se déplace dans le sens des x positifs du référentiel S avec la vitesse v (figure 8.35). Montrez que l'angle entre la trajectoire de la particule et l'axe des x est donné par

$$\tan \theta = \frac{\tan \theta'}{\gamma \left(1 + \dfrac{v}{u' \cos \theta'} \right)}$$

(*Indice* : Considérez les transformations de u_x et u_y. Voir le problème 8 et l'équation 8.21.)

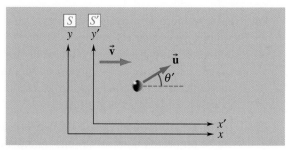

Figure 8.35 ▲
Problème 16.

P17. (II) Une particule ayant une masse au repos m_0 se déplace à la vitesse $\vec{\mathbf{u}}$ dans le sens des x positifs du référentiel S. Sa quantité de mouvement est $p_x = \gamma_u m_0 u_x$ et son énergie est $E = \gamma_u m_0 C^2$, avec $\gamma_u = (1 - u_x^2/c^2)^{-1/2}$. Le référentiel S' se déplace à la vitesse $\vec{\mathbf{v}}$ dans le sens des x positifs du référentiel S. Montrez que la quantité de mouvement et l'énergie dans le référentiel S' sont liées aux valeurs dans S par la relation

$$E' = \gamma (E - v_x p_x) ; \quad p'_x = \gamma \left(p_x - \frac{v_x E}{c^2} \right)$$

où $\gamma = (1 - v_x^2/c^2)^{-1/2}$. Par conséquent, E et p_x se transforment exactement comme x et t. (*Indice* : La vitesse de la particule dans le référentiel S' est $u'_x = (u_x - v_x)/(1 - u_x v_x/c^2)$.)

POINTS ESSENTIELS

1. Le spectre du rayonnement émis par un **corps noir** couvre une gamme continue de longueurs d'onde, la distribution de l'énergie émise en fonction de la longueur d'onde présentant un maximum.

2. Quand la température d'un corps noir augmente, l'intensité émise croît très rapidement et la longueur d'onde à laquelle correspond le maximum de la distribution d'énergie décroît.

3. La **loi de Planck** permet de prédire la distribution d'énergie du rayonnement du corps noir à partir de l'hypothèse de la **quantification de l'énergie**.

4. Einstein a appliqué l'hypothèse de la quantification de l'énergie à la lumière pour expliquer l'**effet photoélectrique**. Ce faisant, il remettait radicalement en question le modèle électromagnétique de la lumière.

5. L'**effet Compton** explique la diffusion de la lumière par une collision entre un **photon** et un électron.

6. La **formule de Balmer** rend compte empiriquement des longueurs d'onde des raies spectrales de l'hydrogène.

7. Le modèle atomique de Rutherford introduit l'idée que les atomes possèdent un petit **noyau** positivement chargé contenant la majeure partie de la masse.

8. Le modèle de Bohr est fondé sur la quantification du moment cinétique de l'électron et prédit que l'atome ne pourra posséder que certains niveaux d'énergie discrets.

9. La lumière est caractérisée par la **dualité onde-particule**.

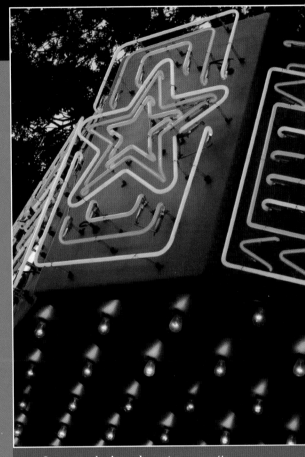

Les ampoules incandescentes sous cette enseigne (en bas de la photo) émettent de la lumière en raison de la température élevée de leurs filaments. Les tubes au néon, eux, émettent de la lumière tout en restant bien plus froids, par un processus complètement différent. Chacun de ces deux phénomènes est inexplicable du point de vue de la physique classique, ce qui a entraîné la révolution de la physique quantique, dont nous découvrirons les premiers rebondissements dans ce chapitre.

L a théorie de la relativité restreinte est le premier volet de la révolution qui marque la physique du XXe siècle. Elle démontre que la mécanique classique ne fournit plus des prédictions conformes aux résultats expérimentaux pour des particules se déplaçant à grande vitesse. Or, la physique classique (c'est-à-dire la mécanique classique et le modèle électromagnétique de la lumière) ne permet pas non plus de résoudre de façon satisfaisante certaines questions concernant notamment le spectre de raies émis par des atomes dans un tube à gaz ou la structure de l'atome. La théorie de la mécanique quantique, formulée en gros entre 1900 et 1930, constitue le deuxième volet de la révolution en question. Avant de prendre la forme définitive et cohérente que nous appelons mécanique quantique et que nous étudierons aux chapitres 10 et 11, cette théorie connut un début marqué par une série de tâtonnements. Ce sont ces premiers balbutiements (qui constituent ce qu'on appelle aujourd'hui la « vieille théorie quantique » ou la « théorie des quantas ») qui font l'objet de ce chapitre-ci. Ce qui caractérise la physique quantique est la présence de grandeurs *quantifiées*, c'est-à-dire de grandeurs physiques ne pouvant prendre que certaines *valeurs discrètes**. Ces dernières sont souvent des multiples entiers d'un *quantum* élémentaire.

C'est l'étude de deux phénomènes qui entraîna la naissance de ce nouveau concept de quantification : le rayonnement qu'émettent les corps denses lorsqu'ils sont chauffés et l'éjection d'électrons hors d'une surface lorsqu'elle est illuminée (appelée *effet photoélectrique*). Ces phénomènes ne pouvaient s'expliquer que si l'on postulait que *l'énergie* est quantifiée. Plus tard, ce sont d'autres grandeurs physiques dont on postula la quantification : en 1913, Niels Bohr (1885-1962) construisit un modèle atomique où *le moment cinétique* de l'électron dans un atome était quantifié, ce qui permettait de prédire correctement le spectre émis par l'atome d'hydrogène.

9.1 Le rayonnement du corps noir

L'expérience quotidienne montre que des objets denses et chauds émettent de la lumière visible. C'est le cas, par exemple, du filament d'une ampoule électrique, de l'élément d'un grille-pain, de la lave volcanique ou des métaux chauffés au rouge. En plus de la lumière visible, ces objets émettent aussi de la radiation infrarouge, ce qui explique qu'ils transfèrent beaucoup de chaleur à leur environnement. Au fur et à mesure que sa température s'élève, un objet émet d'abord uniquement de l'infrarouge, auquel s'ajoute ensuite une lueur rouge sombre, puis jaune-orange, jusqu'à ce que l'objet soit enfin « chauffé à blanc ». Selon la théorie classique, un tel **rayonnement thermique** est représenté par des ondes électromagnétiques. Ces ondes étant produites quand des charges oscillent (voir la section 4.1), on suppose ici qu'elles sont émises par l'accélération des électrons et les oscillations des molécules. On avait remarqué à la fin du XVIIIᵉ siècle que divers objets placés dans un four chaud émettent tous une lueur de même couleur apparente. Autrement dit, à une température donnée, la distribution du rayonnement thermique entre les diverses longueurs d'onde est pratiquement la même pour tous les corps, quel que soit le matériau qui les constitue.

Le concept de corps noir est né historiquement de l'observation des fours de l'industrie métallurgique, grandissante au XIXᵉ siècle. Un corps noir absorbe *toute* radiation incidente sur lui et émet donc un rayonnement qui ne dépend pas du matériau dont il est constitué.

Lorsqu'on place un objet dans un fourneau, il absorbe de l'énergie jusqu'à ce qu'il atteigne la température du fourneau. L'un des principes de la thermodynamique veut que, par la suite, l'objet conserve cette température, et ce malgré le fait qu'il continue de recevoir de l'énergie de différentes façons. Si l'atmosphère dans le four est raréfiée, ce gain d'énergie se fait surtout par le rayonnement incident, et le rayonnement thermique est ce que le corps émet pour conserver l'équilibre. Comme la température demeure stable, le rayonnement incident et le rayonnement thermique ont alors forcément la même puissance.

---

* Certes, la physique classique prévoyait déjà des grandeurs qui sont quantifiées. Par exemple, la charge portée par un objet doit être un multiple du quantum *e*. Toutefois, ce sont des grandeurs *qui pouvaient classiquement prendre n'importe quelle valeur* qui deviendront quantifiées dans le cadre quantique.

On peut représenter le problème de l'absorption et de l'émission de rayonnement par les objets chauffés en faisant appel au concept de **corps noir**. Par définition, un tel corps idéal absorbe *tout* le rayonnement qu'il reçoit : c'est un absorbant parfait*. Pour un tel corps, à la condition que le rayonnement incident sur lui et que le rayonnement thermique qu'il émet véhiculent des puissances égales et que sa température soit donc stable, la thermodynamique permet de démontrer que le spectre du rayonnement émis ne dépend absolument pas du matériau dont est fait le corps noir, mais seulement de sa température. Le noir de carbone absorbe près de 97 % de la lumière qui l'atteint ; il s'agit d'une bonne approximation d'un corps noir. De même, la peau humaine, bien qu'elle réfléchisse beaucoup de lumière visible, absorbe près de 98 % de la radiation infrarouge qu'elle reçoit ; dans la plage de longueurs d'onde appropriée, il s'agit donc aussi d'une bonne approximation d'un corps noir. Un dernier exemple est celui des gaz de surface d'une étoile qui ne réfléchissent rien de significatif et se comportent donc comme un corps noir.

Un corps noir parfait n'existe pas ; la seule façon d'en simuler un est d'avoir recours à une **cavité rayonnante**. Pour comprendre en quoi consiste cet ingénieux procédé, considérons un objet creux doté d'une petite ouverture permettant d'accéder à la cavité (figure 9.1). La surface *de l'ouverture* joue alors le rôle de la surface d'un corps noir puisque toute radiation qui y pénètre n'a pratiquement aucune chance d'en ressortir directement et finira par être absorbée. Ce n'est pas le cas de la surface de la paroi extérieure de l'objet sur laquelle se réfléchit une partie de la lumière. Lorsque le rayonnement incident est suffisant pour chauffer significativement la cavité et la maintenir à une température constante, un équilibre s'installe entre les processus d'émission et d'absorption de lumière par les parois de la cavité. Le **rayonnement du corps noir** qui émerge par l'ouverture témoigne de cet équilibre et son spectre ne devrait donc dépendre que de la température. De nombreuses expériences ont effectivement permis de confirmer que ce rayonnement est indépendant du matériau constituant les parois de la cavité. Plus précisément, l'intensité lumineuse mesurée ne dépend que de la température de la cavité rayonnante et de la longueur d'onde à laquelle on mesure cette intensité, conformément aux prédictions théoriques.

Pour représenter ces mesures décrivant l'intensité émise par un corps noir pour chaque plage de longueurs d'onde, on définit la **radiance spectrale** $R(\lambda,T)$. Pour une valeur donnée de longueur d'onde λ, $R(\lambda,T)\mathrm{d}\lambda$ correspond à l'intensité lumineuse mesurée dans l'intervalle de longueurs d'onde comprises entre λ et $\lambda + \mathrm{d}\lambda$. Les unités de $R(\lambda,T)$ sont donc des watts par mètre carré par mètre ($\mathrm{W/m^2/m}$). (Notez qu'on évite de parler de watts par mètre cube, car c'est une surface qui irradie et non un volume.) La figure 9.2 représente deux courbes de radiance spectrale obtenues respectivement pour deux des températures auxquelles on maintient une cavité rayonnante. Quand la température est plus élevée, même légèrement, $R(\lambda,T)$ augmente très rapidement, et ce pour chaque longueur d'onde. De plus, la valeur λ_{max} de longueur d'onde pour laquelle $R(\lambda,T)$ atteint un maximum se déplace vers les longueurs d'onde plus courtes. Cette longueur d'onde λ_{max} est reliée à la température T de la cavité rayonnante par la **loi du déplacement spectral de Wien** :

$$\lambda_{max}T = 2{,}898 \times 10^{-3} \ \mathrm{m \cdot K} \qquad (9.1)$$

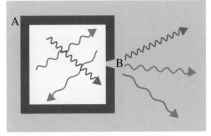

Figure 9.1 ▲

Une cavité A percée d'une petite ouverture B absorbe tous les rayonnements qui y pénètrent (non illustrés). Le rayonnement émis par l'ouverture est caractéristique d'un corps noir.

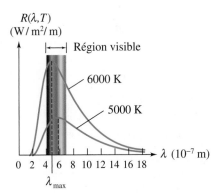

Figure 9.2 ▲

Les courbes de radiance spectrale d'un corps noir pour deux températures différentes. À la température la plus élevée, le rayonnement émis est plus abondant et le pic est décalé vers les longueurs d'onde plus courtes.

---

* C'est de là que le corps noir tire son nom : un objet qui absorbe toute radiation incidente ne réfléchit aucune lumière et paraît donc noir quand il est froid. (Évidemment, il ne restera pas noir quand on le chauffera, mais il s'agira de lumière *émise* et non de lumière *réfléchie*.)

(a) Le pic du rayonnement solaire est situé à 500 nm environ. Quelle est la température à la surface du Soleil si l'on suppose qu'il rayonne comme un corps noir ? (b) La température de la peau d'une personne est de 34°C. Quelle est la longueur d'onde à laquelle le rayonnement émis par un corps noir de cette température est maximal ?

Solution

(a) D'après la loi du déplacement de Wien (équation 9.1), on a

$$T = \frac{2,898 \times 10^{-3}\ \text{m·K}}{500 \times 10^{-9}\ \text{m}}$$
$$= 5,80 \times 10^3\ \text{K}$$

À titre de comparaison, la température du filament d'une ampoule à incandescence est voisine de 2000 K.

(b) D'après la loi du déplacement de Wien, avec $T = 307$ K, on trouve $\lambda_{max} = 9,4$ µm. Cette longueur d'onde est située dans la région infrarouge.

Notez qu'un être humain n'est pas un corps noir parfait, alors le résultat que nous venons d'obtenir ne pourrait lui être appliqué qu'approximativement. Ainsi, il est conforme à l'expérience que le maximum de radiance de la peau d'une personne se situe dans l'infrarouge, mais pas forcément à exactement la même longueur d'onde que celui d'un corps noir de même température.

La loi de Stefan-Boltzmann

D'après la définition de la radiance spectrale, l'intensité totale que rayonne un corps noir correspond à l'aire sous la courbe dans le graphique de la radiance spectrale :

$$I(T) = \int_0^\infty R(\lambda, T)\,\mathrm{d}\lambda$$

Comme $R(\lambda, T)$ augmente avec la température, quelle que soit la longueur d'onde, il est naturel que l'intensité totale que rayonne un corps augmente avec la température. Si un modèle théorique permettait de prédire une expression mathématique donnant $R(\lambda, T)$ en fonction de λ pour une température T donnée, on pourrait intégrer cette expression et obtenir l'intensité I émise à cette température. En 1879, alors qu'aucune expression de ce genre, valable ou non, n'avait encore été proposée, Josef Stefan (1835-1893) obtint une relation entre I et la température en se fondant exclusivement sur les observations : il découvrit que l'intensité lumineuse totale que rayonne un corps noir varie comme la quatrième puissance de sa température. Quelques années plus tard, Ludwig Boltzmann (1844-1906) devait prédire une expression identique en se fondant sur des arguments théoriques, si bien que cette équation porte aujourd'hui le nom de **loi de Stefan-Boltzmann** :

$$I = \sigma T^4 \tag{9.2}$$

où $\sigma = 5,67 \times 10^{-8}$ W·m^{-2}·K^{-4} est la constante de Stefan-Boltzmann. Si l'on exprime T en kelvins, I est en watts par mètre carré. En fait, si toute la surface du corps est uniformément exposée au rayonnement incident, cette équation désigne tant l'intensité *émise* que l'intensité *absorbée* par le corps noir, puisque l'équilibre entre la puissance de ces deux rayonnements est conditionnel à ce que la radiance ne dépende que de la température.

Que le corps noir soit réellement un objet ou qu'il s'agisse de l'ouverture d'une cavité rayonnante, il absorbe nécessairement de la radiation de son environnement (sinon, sa température baisserait à mesure qu'il émettrait de l'énergie). Même si cette radiation absorbée n'est pas à l'équilibre avec celle émise par le corps, quand la température de ce dernier *varie lentement* ou est maintenue stable par d'autres sources d'énergie que la radiation, la loi de Stefan-Boltzmann demeure approximativement valable. Dans ces circonstances, on peut calculer l'intensité *nette* transférée du corps noir de température T vers son environnement de température T_0 en utilisant

$$I_{\text{nette}} = \sigma(T^4 - T_0^4)$$

Cette équation ne s'applique toutefois qu'aux deux conditions suivantes: on doit pouvoir assimiler l'environnement à un corps noir de température T_0 uniforme et considérer que la surface d'émission du corps noir est exposée en entier à la radiation uniforme provenant de cet environnement.

La puissance lumineuse que rayonne un corps noir, sa **luminosité** L, est le produit de l'intensité I et de l'aire A qui émet le rayonnement. Dans le cas d'une cavité rayonnante, cette aire est celle de l'ouverture; dans le cas d'un objet se comportant comme un corps noir, cette aire est celle de toute la surface de l'objet.

$$L = IA \qquad\qquad (9.3)$$

EXEMPLE 9.2

(a) Calculer la luminosité du Soleil, sachant que sa température de surface est de 5800 K et que son rayon égale $6,96 \times 10^8$ m. (b) Calculer la puissance nette que transfère le Soleil au profit de l'espace intersidéral, sachant que la température de ce dernier équivaut à 3 K. Négliger la présence des planètes, dont la température est différente. (c) Calculer la luminosité d'un corps humain dont la peau est à la température de 30°C, en supposant que la surface de la peau est de 2 m². (d) Quelle est la puissance nette que transfère ce corps humain à une pièce de 20°C ?

Solution

(a) D'après l'équation 9.2, $I = \sigma(5800\ \text{K})^4 = 6,4 \times 10^7$ W/m² : chaque mètre carré de la surface du Soleil brille comme l'équivalent de 640 000 ampoules de 100 W ! La surface du Soleil est de $4\pi r^2 = 6,09 \times 10^{18}$ m², et sa luminosité vaut donc $L = IA = 3,9 \times 10^{26}$ W.

(b) Comme l'ensemble de la surface solaire est exposée à la radiation provenant de l'espace intersidéral, on peut appliquer $I_{\text{nette}} = \sigma[(5800\ \text{K})^4 - (3\ \text{K})^4] \approx I$.

La puissance nette demandée, soit $I_{\text{nette}}A$ correspond donc approximativement à la luminosité $L = IA$, soit $3,9 \times 10^{26}$ W.

(c) Il faut d'abord convertir la température en kelvins : $T(\text{K}) = T(°\text{C}) + 273,15$. On a donc $I = \sigma(303,15\ \text{K})^4 = 479$ W/m², ce qui donne une luminosité $L = IA = 958$ W. Cette luminosité est émise dans la partie infrarouge du spectre (voir l'exemple 9.1*b*). Ce résultat est une prédiction conforme à l'expérience. En effet, même si la peau humaine n'est jamais parfaitement noire, elle est presque un corps noir parfait dans la plage des longueurs d'onde infrarouges considérée dans cet exemple : elle absorbe 98 % de ce qu'absorberait un corps noir dans cette région du spectre.

(d) Si on néglige l'effet des vêtements, on peut estimer que toute la surface de la peau est exposée directement au rayonnement (surtout infrarouge) provenant de la pièce, d'où $I_{\text{nette}} = \sigma[(303,15\ \text{K})^4 - (293,15\ \text{K})^4] \approx 60,1$ W/m². La puissance nette demandée est donc $I_{\text{nette}}A = 120$ W.

Considérer une petite roche de poussière interstellaire située à $1,5 \times 10^{12}$ m d'une étoile d'une luminosité de 8×10^{26} W. La roche est sphérique, a un diamètre de 1 cm et peut être considérée comme un corps noir. (a) Quelle puissance absorbe la roche en provenance de l'étoile ? Supposer qu'aucun corps n'obstrue la lumière incidente. (b) Si la roche est à l'équilibre thermique, quelle est sa température ?

Solution

Cette situation est un bon exemple de cas où l'équation $I_{\text{nette}} = \sigma(T^4 - T_0^4)$ est inapplicable, puisque la roche ne reçoit du rayonnement que d'un côté mais en émet de tous les côtés. ∎

(a) L'étoile émettant de façon isotrope, l'énergie qu'elle émet se répartit sur des fronts d'onde sphériques. Quand la lumière arrive à la roche, le front d'onde est donc une sphère d'un diamètre de $1,5 \times 10^9$ km et son intensité est $I = L/A$ $= (8 \times 10^{26})/[4\pi(1,5 \times 10^{12})^2] = 28,3$ W/m².

Selon l'équation 9.3, la puissance absorbée dépend de la surface de front d'onde interceptée par la roche, non de la surface de la roche. La surface interceptée (c'est-à-dire celle de l'ombre que projetterait la roche sur un écran situé derrière elle) est celle d'un *cercle* d'un diamètre identique à celui de la roche. ∎

La puissance absorbée par la roche est donc $P = IA$ $= (28,3 \text{ W/m}^2)[\pi(0,005 \text{ m})^2] = 2,22 \times 10^{-3}$ W.

(b) Pour qu'il y ait équilibre thermique, la puissance absorbée par la roche doit correspondre à la puissance émise, c'est-à-dire la luminosité de la roche. Selon la loi de Stefan-Boltzmann, on a donc

$$(2,22 \times 10^{-3} \text{ W})/[4\pi(0,005 \text{ m})^2]$$
$$= (5,67 \times 10^{-8} \text{ W·m}^{-2}\text{·K}^{-4})T^4$$

d'où $T = 106$ K.

La « catastrophe de l'ultraviolet »

Une première expression mathématique donnant la radiance spectrale d'un corps noir en fonction de la longueur d'onde fut proposée en 1896 par Wilhelm Wien (1864-1928), soit trois ans après qu'il ait formulé la loi du déplacement spectral portant aussi son nom (équation 9.1). Wien ne se basa pas sur un modèle théorique, mais seulement sur les mesures expérimentales, son objectif étant surtout d'obtenir une expression qui présentait le même maximum que celui prédit par l'équation 9.1. Il obtint le résultat suivant, désigné aujourd'hui sous le nom de **loi du rayonnement de Wien** :

$$R(\lambda, T) = A\lambda^{-5}e^{-B/\lambda T}$$

Dans cette expression, A et B sont des constantes qui doivent être déterminées par l'expérience. Cette expression concorde bien avec les données expérimentales pour les longueurs d'onde comprises entre 7×10^{-7} m et 60×10^{-7} m (figure 9.3).

Mais, en juin 1900, John William Strutt (1842-1919), dit *Lord Rayleigh*, fit remarquer que, selon la loi de Wien, pour les grandes longueurs d'onde, la radiance spectrale n'augmente pas avec la température comme elle le devrait. Il proposa alors une autre expression, mais se fonda pour ce faire sur un modèle théorique considéré comme valable par tous ses contemporains. Voici une version simplifiée de son raisonnement : il considéra que la radiation dans une cavité rayonnante formait des ondes stationnaires, dénombra les ondes stationnaires admises dans chaque intervalle de longueurs d'onde, appliqua les lois de la thermodynamique pour calculer l'énergie moyenne portée par chacune de ces ondes supposées à l'équilibre entre elles et obtint donc une prédiction de l'énergie contenue dans une unité de volume de la cavité. En calculant la proportion de cette énergie pouvant s'échapper chaque seconde par le trou, il obtint la prédiction théorique suivante, appelée aujourd'hui la **loi de Rayleigh-Jeans** :

$$R(\lambda, T) = CT\lambda^{-4}$$

où $C = 2\pi ck$ et k est la constante de Boltzmann, tirée de la thermodynamique. (Rayleigh s'était trompé d'un facteur 2 dans la valeur de C, facteur qui fut ajouté plus tard par James Jeans (1877-1946).) En septembre 1900, des mesures de rayonnement pour des longueurs d'onde comprises entre 120×10^{-7} m et 180×10^{-7} m vinrent confirmer la prévision de Rayleigh. En fait, les valeurs mesurées s'écartaient de près de 50 % de la loi de Wien dans cet intervalle de longueurs d'onde. Toutefois, comme on le voit à la figure 9.3, la loi de Rayleigh-Jeans est totalement inutilisable pour des longueurs d'onde plus courtes. Cette conséquence inacceptable de la loi de Rayleigh-Jeans fut surnommée « catastrophe de l'ultraviolet ». Contrairement à l'échec de la loi du rayonnement de Wien, celui de la loi de Rayleigh-Jeans était en effet une véritable catastrophe puisque cette équation était fondée sur un modèle théorique jusqu'alors jugé irréfutable par les physiciens de l'époque. Or, elle s'avérait dramatiquement non valable !

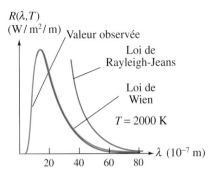

Figure 9.3 ▲

La loi du rayonnement de Wien concorde assez bien avec l'observation pour les courtes longueurs d'onde, mais pas pour les grandes longueurs d'onde. La loi de Rayleigh-Jeans convient pour les grandes longueurs d'onde ($\geq 120 \times 10^{-7}$ m, hors de l'échelle du graphique) mais elle est totalement inadéquate pour les courtes longueurs d'onde.

La loi de Planck

Max Planck (figure 9.4), un spécialiste de la thermodynamique, travaillait depuis plusieurs années sur le rayonnement du corps noir obtenu à partir de cavités rayonnantes. Il était impressionné par le fait que le spectre de rayonnement d'un corps noir est une *propriété universelle*, indépendante de la nature du matériau constituant les parois de la cavité, donc du type d'atome qui absorbe et émet de la lumière en se comportant comme un oscillateur électromagnétique. Il remarqua que l'entropie d'un système quelconque, comme les oscillateurs rayonnant dans les parois d'une cavité, doit être maximale lorsque le système atteint l'équilibre thermodynamique (*cf.* chapitre 19, tome 1). En mars 1900, il détermina une condition simple pour maximiser l'entropie et en déduisit la loi du rayonnement de Wien, valable pour les courtes longueurs d'onde. Par la suite, il dut utiliser une autre condition afin d'obtenir la loi de Rayleigh-Jeans, valable pour les grandes longueurs d'onde. Finalement, il combina ces deux conditions et obtint la prédiction suivante pour la radiance, qu'il présenta le 19 octobre 1900* :

$$R(\lambda, T) = \frac{A\lambda^{-5}}{e^{B/\lambda T} - 1} \tag{9.4}$$

où A et B sont des constantes pouvant être prédites de façon théorique. Pour les courtes longueurs d'onde, la quantité -1 peut être négligée devant l'exponentielle et l'on obtient la loi du rayonnement de Wien. Pour les grandes longueurs d'onde, on peut développer l'exponentielle, $e^{(B/\lambda T)} \approx 1 + B/\lambda T + \dots$ En remplaçant dans l'équation 9.4, on obtient la loi de Rayleigh-Jeans. Le jour même, on confirma que cette équation concordait parfaitement avec toutes les données expérimentales !

Se sentant obligé de justifier la façon dont il avait traité l'entropie pour parvenir à l'équation 9.4, Planck adopta l'approche statistique élaborée par L. Boltzmann (*cf.* chapitre 19, tome 1). Pour calculer l'entropie, il devait déterminer le nombre de manières dont une énergie totale donnée pouvait être distribuée sur un nombre fixe d'atomes agissant comme oscillateurs dans les parois de la cavité rayonnante.

Figure 9.4 ▲
Max Planck (1856-1947).

---

* Considérant l'entropie S comme une fonction de l'énergie U et remarquant que S est maximale si $dS/dU = 0$ et $d^2S/dU^2 < 0$, Planck montra que la condition $d^2S/dU^2 \propto (-1/fU)$, où f est la fréquence, menait à la loi de Wien. Mais pour obtenir la loi de Rayleigh-Jeans, il fallait que $d^2S/dU^2 \propto (-1/U^2)$. Il combina ces deux conditions en $d^2S/dU^2 = -a/[U(bf + U)]$, où a et b sont des constantes, et il obtint l'équation 9.4.

Hypothèse quantique de Planck

Si l'on traitait l'énergie comme une variable continue, il devrait y avoir un nombre infini de manières de la distribuer. Pour faciliter le processus de dénombrement, Planck divisa l'énergie *totale* des oscillateurs en « éléments » d'énergie de grandeur ε. Il vit qu'il pouvait obtenir la forme de l'équation 9.4, *à condition de poser* $\varepsilon = hf$, f étant la fréquence de l'oscillateur et h une constante. La valeur de la constante de Planck est

$$h = 6{,}626 \times 10^{-34} \text{ J·s}$$

Bien que Planck n'en prit pas conscience, cette condition $\varepsilon = hf$ équivalait à postuler une **quantification de l'énergie** totale portée par les oscillateurs. En effet, cette énergie totale ne pouvait être qu'un multiple entier du quantum hf! La **loi de Planck** qui découle de ce raisonnement s'écrit

Loi du rayonnement de Planck

$$R(\lambda,T) = \frac{2\pi c^2 h \lambda^{-5}}{e^{hc/\lambda kT} - 1} \tag{9.5}$$

Cette fonction permet de prédire correctement le spectre de rayonnement d'un corps noir à toute température. En particulier, cette fonction présente un maximum conforme à la loi du déplacement spectral de Wien et délimite une aire sous la courbe conforme à la loi de Stefan-Boltzmann.

À ce stade, personne, pas même Planck, ne se rendit compte du contenu révolutionnaire du calcul ayant conduit à cette loi. Pour lui, les « éléments d'énergie » discrets n'étaient qu'un moyen de faciliter le calcul pour déterminer l'entropie des oscillateurs. En fait, il essaya pendant de nombreuses années de faire entrer la constante h dans le cadre de la physique classique. Bien que cela n'ait pas été l'intention de Planck, c'est la présentation de sa loi en 1900 qui est considérée aujourd'hui comme le début de la physique quantique.

L'hypothèse quantique d'Einstein

En mécanique classique, un atome dont les charges oscillent peut émettre une énergie de n'importe quelle valeur, ce qui allait s'avérer incompatible avec le calcul ayant conduit à la loi de Planck. En 1906, Einstein démontra que la loi de Planck ne pouvait être obtenue que si l'on acceptait aussi que l'énergie de *chaque* oscillateur (au lieu de l'énergie *totale* de tous les oscillateurs) était quantifiée en multiples de hf. Ainsi, selon l'**hypothèse quantique d'Einstein**, l'énergie d'un oscillateur ne peut prendre que les valeurs qui sont des multiples entiers de hf. Contrairement à la démarche plus ou moins accidentelle de Planck, Einstein postule donc explicitement que l'énergie d'un oscillateur est *réellement* quantifiée. Au $n^{\text{ième}}$ « niveau », l'énergie est

Hypothèse quantique d'Einstein

$$E_n = nhf \qquad n = 0, 1, 2, 3, \dots \tag{9.6}$$

Selon l'hypothèse d'Einstein, un oscillateur ne peut donc émettre ou absorber un rayonnement que par multiples de hf. L'écart entre les niveaux d'énergie dépend de la fréquence.

Cette équation est aujourd'hui associée à la « vieille théorie quantique ». Selon la mécanique quantique moderne que nous étudierons au chapitre 10, l'équation qui donne les niveaux d'énergie admis par un oscillateur est légèrement différente de celle postulée par Einstein. L'équation aujourd'hui acceptée, soit $E_n = (n + \frac{1}{2})hf$, où $n \geq 0$, n'est plus un postulat mais plutôt une conséquence de l'équation d'onde de Schrödinger (voir la section 10.5). Même si l'équation a légèrement changé, notez que l'écart entre les niveaux successifs demeure hf.

EXEMPLE 9.4

Un bloc de masse 0,2 kg oscille à l'extrémité d'un ressort ($k = 5$ N/m) avec une amplitude $A = 10$ cm. Selon l'hypothèse quantique d'Einstein, quel est son « nombre quantique » n ?

Solution

Pour appliquer l'hypothèse d'Einstein, $E_n = nhf$, on doit d'abord calculer l'énergie. Selon l'équation 1.13, l'énergie mécanique d'un oscillateur harmonique simple est

$$E = \tfrac{1}{2}kA^2 = \tfrac{1}{2}(5 \text{ N/m})(0,1 \text{ m})^2$$
$$= 0,025 \text{ J}$$

À partir de l'équation 1.9, on peut obtenir la fréquence de l'oscillation d'un système bloc-ressort, soit

$$f = \frac{1}{2\pi}\sqrt{\frac{k}{m}} = 0,80 \text{ Hz}$$

Sachant que $E_n = nhf$, on trouve

$$n = \frac{E}{hf} = \frac{(0,025 \text{ J})}{(6,63 \times 10^{-34} \text{ J·s})(0,80 \text{ Hz})}$$
$$\approx 10^{32}$$

Notez que l'utilisation de l'équation moderne ne changerait pas significativement ce résultat.

La variation d'énergie ($\Delta E = hf$) entre les niveaux n et $n - 1$ est négligeable par rapport à l'énergie mécanique. Dans un tel système macroscopique, on ne peut donc pas s'attendre à ce que la quantification de l'énergie ait une influence mesurable. Par contre, pour les systèmes de dimensions atomiques où l'énergie est beaucoup plus faible, la quantification joue un rôle important. ∎

Soulignons que l'énergie en tant que grandeur physique demeure une variable continue, c'est-à-dire qu'elle peut prendre une valeur quelconque sur un intervalle continu. C'est l'énergie des états possibles d'un *système* lié qui est quantifiée.

L'hypothèse quantique d'Einstein resta négligée pendant plusieurs années, car peu nombreux étaient les scientifiques qui s'intéressaient au problème « secondaire » posé par le rayonnement du corps noir. Ils avaient plutôt tendance à porter leur attention sur la relativité et les modèles atomiques. C'est donc presque à l'insu de tous que venait de s'amorcer l'une des plus profondes révolutions de l'histoire de la physique ! Comme toutes les idées révolutionnaires, celles de la physique quantique mirent du temps à faire leur place : même Planck, qui avait pourtant introduit involontairement la quantification en 1900, n'accepta qu'une décennie plus tard la vision d'Einstein selon laquelle l'énergie d'un oscillateur était *réellement* quantifiée.

9.2 L'effet photoélectrique

Les travaux de Young et de Fresnel du début du XIXe siècle avaient convaincu les scientifiques de passer de la théorie corpusculaire à la théorie ondulatoire de la lumière. La puissante théorie présentée par Maxwell en 1865, qui prédisait des ondes électromagnétiques au comportement jugé identique à celui de la lumière, avait été couronnée par l'expérience de Hertz en 1887 (*cf.* chapitre 13,

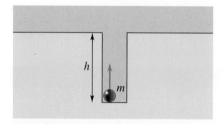

Figure 9.5 ▲

L'éjection d'une masse *m* captive au fond d'un puits situé près de la surface de la Terre est analogue à l'éjection d'un électron par effet photoélectrique : si l'énergie transmise à la masse est inférieure à *mgh*, elle ne quittera pas le puits ; si elle y est supérieure, la masse conservera de l'énergie cinétique après avoir quitté le puits.

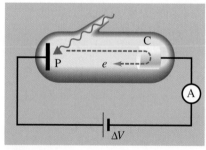

Figure 9.6 ▲

De la lumière éclaire une plaque P dans un tube à vide. Les photoélectrons émis sont recueillis s'ils atteignent le cylindre C dont on peut rendre le potentiel positif ou négatif par rapport à celui de P. Lorsque le potentiel de freinage atteint une valeur critique, nommée potentiel d'arrêt, même les électrons qui ont le plus d'énergie sont repoussés. Le courant traversant l'ampèremètre A devient nul. Le dispositif sous vide est souvent appelé *cellule photoélectrique.*

tome 2). Fait ironique, cette même expérience confirmant le modèle électromagnétique de la lumière entraîna aussi une observation qui allait provoquer plus tard la remise en question de ce modèle ! En effet, Hertz remarqua que les étincelles jaillissaient plus facilement lorsque les électrodes de la boucle réceptrice utilisée dans son expérience étaient éclairées par la lumière des électrodes émettrices. En 1888, Wilhelm Hallwachs (1859-1922) s'aperçut qu'une plaque de zinc éclairée par de la lumière ultraviolette se chargeait positivement ; en 1899, Joseph John Thomson (1856-1940) montra que des électrons étaient éjectés de la plaque. Pour certains métaux alcalins, le même phénomène peut être causé par de la lumière visible, en plus de pouvoir l'être par des ultraviolets. Cette éjection d'électrons hors de la surface d'un matériau, lorsqu'elle est provoquée par de la lumière incidente sur cette surface, s'appelle l'**effet photoélectrique**.

Pour qu'un électron puisse être éjecté d'un matériau, il faut lui fournir de l'énergie, ce que peut faire la lumière si elle est *absorbée* par le matériau. Une énergie minimale doit être fournie pour que l'éjection puisse se produire : les chimistes l'appellent *énergie d'ionisation,* alors que les physiciens préfèrent le terme **travail d'extraction**. Si l'électron absorbe une énergie supérieure au travail d'extraction, il est non seulement éjecté, mais gagne en plus de l'énergie cinétique. Fondamentalement, l'effet photoélectrique peut donc être compris grâce à une analogie gravitationnelle où l'on souhaiterait éjecter une masse du fond d'un puits (figure 9.5). (Pour connaître les détails de l'analogie gravitationnelle-électrique, voir le chapitre 4 du tome 2.)

Du point de vue du modèle électromagnétique, l'effet photoélectrique en soi ne constitue pas un mystère, puisque les champs qui composent une onde électromagnétique peuvent bel et bien exercer une force sur un électron et lui transférer de l'énergie. Malgré cette explication qualitative, le modèle électromagnétique sera toutefois incapable de faire plus et devra donc finalement être rejeté ! Comme nous le verrons, seul le recours à un nouveau modèle de la lumière, essentiellement *corpusculaire*, permettra de prédire correctement l'énergie cinétique avec laquelle sont éjectés les électrons dans diverses conditions d'éclairage.

Les mesures détaillées qui entraînèrent ce nouveau changement de modèle sont dues à une expérience conçue par Philipp von Lenard (1862-1947) et réalisée en 1902 (figure 9.6). Dans cette expérience, de la lumière monochromatique éclaire une plaque P dans un tube en verre dans lequel on a fait le vide. Une pile maintient une différence de potentiel ΔV_i entre P et un cylindre métallique C qui recueille les photoélectrons (c'est-à-dire les électrons éjectés par effet photoélectrique). Lorsque le cylindre collecteur est positif par rapport à la plaque, il attire les électrons et l'ampèremètre enregistre un courant. (Notez que ce courant n'est pas dû à la pile, mais uniquement à l'effet photoélectrique, aucun courant n'étant mesuré en l'absence de lumière même si ΔV est important.) Pour une certaine valeur de la différence de potentiel, tous les électrons émis sont collectés. Le fait d'augmenter davantage la différence de potentiel d'accélération n'a alors plus d'effet sur le courant (figure 9.7). Si l'on inverse la polarité, la différence de potentiel joue alors un rôle de freinage et repousse les électrons, seuls les plus énergétiques atteignant le collecteur, de sorte que le courant diminue. Lorsque la différence de potentiel de freinage atteint une valeur critique, le courant devient nul. À ce **potentiel d'arrêt** ΔV_0, seuls les électrons éjectés avec l'énergie cinétique *maximale* atteignent le collecteur*. Soit $K_{\max}$, l'énergie cinétique maximale des électrons émise par la plaque P : pour les arrêter, il faut faire

---

* Une correction doit être apportée au calcul de cette énergie si l'émetteur et le collecteur sont faits de métaux différents.

un travail négatif qui annule cette énergie cinétique. Pour un potentiel d'arrêt ΔV_0, ce travail vaut $-e\Delta V_0$ (voir la section 4.2 du tome 2), et ainsi

Énergie cinétique maximale des photoélectrons

$$K_{max} = e\Delta V_0 \qquad (9.7)$$

Lenard observa que le nombre d'électrons éjectés chaque seconde (déduit du courant maximal à la figure 9.7) est proportionnel à l'intensité lumineuse I, même pour de très faibles intensités. Pourtant, selon les prédictions du modèle électromagnétique, on devrait s'attendre à ce que, lorsque la lumière est très faible, un temps assez long doive s'écouler avant que les électrons absorbent une énergie suffisante pour s'échapper du matériau. En effet, l'énergie d'une onde électromagnétique est répartie uniformément sur un front d'onde, et un électron, très petit, ne devrait pouvoir en absorber qu'une minime quantité à la fois. Or, les mesures montrent que le délai nécessaire pour que l'électron ait absorbé l'énergie requise est inférieur à 3×10^{-9} s, ce qui est impossible à expliquer du point de vue électromagnétique.

De plus, l'énergie cinétique maximale des électrons, déduite de la mesure du potentiel d'arrêt à la figure 9.7, dépend de la source lumineuse et du matériau constituant la plaque mais *ne dépend pas* de l'intensité lumineuse I de la source. Encore ici, ce fait est incompatible avec le modèle classique. Enfin, certaines combinaisons de sources lumineuses et de matériaux pour la plaque ne donnent lieu à aucun effet photoélectrique, une *fréquence lumineuse trop faible* étant le facteur déterminant. Or, selon la théorie ondulatoire de Maxwell, la photoémission devait pourtant se produire à n'importe quelle fréquence, pourvu que l'intensité soit suffisamment élevée. En somme, *une seule* caractéristique du phénomène, l'augmentation du nombre de photoélectrons avec l'intensité, s'expliquait par la physique classique, ce modèle échouant lamentablement à prédire toutes les autres observations !

Le photon

En mars 1905, Einstein publia un article sur le rayonnement du corps noir. Il y relevait une incohérence fondamentale dans l'approche de Planck. Planck avait en effet traité l'énergie totale des atomes agissant comme oscillateurs comme si elle était constituée d'éléments *discrets*, mais il avait supposé que l'énergie de rayonnement était *continue*. Tout en admettant que la théorie ondulatoire de Maxwell parvenait extrêmement bien à expliquer l'interférence, la diffraction et d'autres propriétés du rayonnement électromagnétique, Einstein souligna que les observations optiques ne se rapportent pas à des valeurs instantanées mais à des moyennes dans le temps et qu'il est donc possible que la théorie ondulatoire ne s'applique pas aux événements individuels de l'absorption et de l'émission. Il obtint une expression de l'entropie du rayonnement en fonction du volume de la cavité rayonnante et remarqua que la *forme* de cette fonction était semblable à celle de l'entropie d'un système de particules de gaz (*cf.* chapitre 19, tome 1). Cela le conduisit à supposer que le rayonnement se comporte comme s'il était composé d'un ensemble de *quanta** *d'énergie* discrets de valeurs

---

* Le mot *quanta* est le pluriel de *quantum*, qui signifie, en latin, « quantité déterminée (de quelque chose) ».

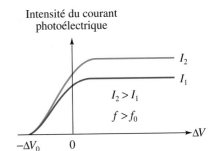

Intensité du courant photoélectrique

Figure 9.7 ▲

Le courant maximal, mesuré quand la différence de potentiel est positive (c'est-à-dire une différence de potentiel d'accélération) et suffisamment élevée, est déterminé par l'intensité du rayonnement. Toutefois, le potentiel d'arrêt ne varie pas avec l'intensité lumineuse I.

Énergie d'un photon

$$E = hf \qquad (9.8)$$

où f est la fréquence du rayonnement. Le nom de **photon** fut attribué à ces quanta de lumière par Gilbert Newton Lewis (1875-1946) en 1926. Einstein envisageait un front d'onde comme étant constitué de milliards de photons. Il supposait que l'énergie n'était pas répartie uniformément sur un front d'onde, mais concentrée en grappes localisées dans l'espace. (La notion moderne de photon est passablement plus complexe, comme on pourra l'entrevoir dans la section 9.7.)

Bien qu'Einstein ne souhaitait pas rejeter complètement la théorie électromagnétique qui avait connu d'importants succès, sa représentation de la lumière comme un jet de photons s'avérait en principe incompatible avec les équations de Maxwell, puisque ces dernières sont des équations différentielles admettant des solutions continues (et non quantifiées). Dès 1906, Einstein écrivit donc que la théorie électromagnétique devait être complètement revue dans le domaine atomique.

L'équation photoélectrique

Einstein appliqua immédiatement l'idée des quanta de lumière à l'effet photoélectrique. Dans le processus de photoémission, *un seul photon cède toute son énergie à un seul électron*, le photon disparaissant (étant absorbé) au cours du processus. Ce modèle prédit donc que l'électron est éjecté instantanément, puisque l'énergie lui arrive en une « grappe » concentrée plutôt qu'en étant diluée sur la surface du front d'onde. De plus, ce nouveau modèle implique que l'intensité lumineuse à une fréquence donnée est déterminée par le nombre de photons incidents. En augmentant l'intensité, on augmente le nombre de photons incidents et on s'attend donc à ce que le nombre d'électrons éjectés augmente, ce qui est encore une fois conforme aux mesures de Lenard. Enfin, toujours selon ce nouveau modèle, l'énergie cinétique *maximale* possible, K_{max}, des photoélectrons est déterminée par l'énergie de chaque photon, hf :

Équation photoélectrique

$$K_{max} = hf - \phi \qquad (9.9)$$

où ϕ est l'énergie *minimale* nécessaire pour extraire, ou ioniser, un électron de la surface du matériau, c'est-à-dire le travail d'extraction (dont nous avons parlé au début de la section). Les électrons plus fortement liés vont être émis avec une énergie cinétique inférieure à l'énergie maximale. D'après l'équation 9.9, on voit qu'il existe une **fréquence de seuil** f_0 donnée par

Fréquence de seuil

$$hf_0 = \phi \qquad (9.10)$$

Il n'y a pas de photoémission pour les fréquences inférieures à f_0, car l'énergie de chaque photon est alors inférieure au travail d'extraction. En utilisant les équations 9.7 et 9.10 dans l'équation 9.9, on trouve l'*équation photoélectrique d'Einstein* :

$$e\Delta V_0 = h(f - f_0) \qquad (9.11)$$

Einstein a non seulement réussi à expliquer tous les faits observés, mais il a également prédit (1) l'existence de la fréquence de seuil et (2) le fait que la courbe représentant ΔV_0 en fonction de f devrait être une droite de pente h/e indépendante de la nature du matériau.

Robert Andrews Millikan (1868-1953) (qui fut plus tard le premier à mesurer la charge élémentaire e) avait du mal à accepter la notion de photon. En 1906, il débuta une série d'expériences dans le but de réfuter l'équation d'Einstein. Mais au bout de presque dix années de travail, et contrairement à ses intentions premières, il confirma la validité de l'équation d'Einstein en 1914. La figure 9.8 représente une courbe caractéristique du potentiel d'arrêt en fonction de la fréquence de la lumière, telle qu'obtenue par Millikan. Or, la pente de la courbe est prévue correctement par l'équation 9.11.

Il faut noter ici que Einstein *ne s'est pas* basé directement sur l'idée du quantum de Planck, mais qu'il est parti de ses propres théories en thermodynamique statistique. Dans l'article qu'il écrivit en 1905, il établit l'équation $E = Cf$, C étant une constante, en utilisant la loi du rayonnement de Wien qui n'est valable qu'aux fréquences élevées. C'est seulement l'année suivante qu'il fit le lien avec la théorie de Planck et qu'il trouva la relation $C = h$.

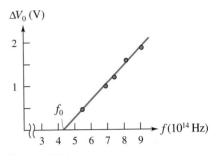

Figure 9.8 ▲

Les valeurs obtenues par Millikan vérifiaient la validité des prédictions de l'équation d'Einstein pour l'effet photoélectrique.

EXEMPLE 9.5

Considérons la photoémission provoquée par de la lumière ultraviolette de longueur d'onde 207 nm sur une surface. Le potentiel d'arrêt est de 2 V. Déterminer : (a) le travail d'extraction en électronvolts ; (b) le module de la vitesse maximale des photoélectrons ; (c) la longueur d'onde de seuil ; (d) le potentiel d'arrêt pour $\lambda = 250$ nm.

Solution

(a) D'après l'équation 9.7, l'énergie cinétique maximale des électrons donne

$$K_{max} = e\Delta V_0 = (1,6 \times 10^{-19}\ \text{C})(2\ \text{V}) = 3,2 \times 10^{-19}\ \text{J}$$

D'après l'équation $c = \lambda f$, la fréquence de la lumière ultraviolette est de

$$f = \frac{v}{\lambda} = \frac{c}{\lambda} = \frac{(3 \times 10^8\ \text{m/s})}{(207 \times 10^{-9}\ \text{m})}$$
$$= 1,45 \times 10^{15}\ \text{Hz}$$

En remplaçant dans l'équation 9.9, on trouve la valeur du travail d'extraction :

$$\phi = hf - K_{max}$$
$$= (6,63 \times 10^{-34}\ \text{J·s})(1,45 \times 10^{15}\ \text{Hz})$$
$$-3,2 \times 10^{-19}\ \text{J}$$
$$= 6,41 \times 10^{-19}\ \text{J} = 4,01\ \text{eV}$$

(b) Par $K_{max} = \frac{1}{2}mv_{max}^2$, on trouve le module de la vitesse maximale des électrons :

$$v_{max} = \sqrt{\frac{2K_{max}}{m}} = \sqrt{\frac{2(3,2 \times 10^{-19}\ \text{J})}{9,11 \times 10^{-31}\ \text{kg}}}$$
$$= 8,38 \times 10^5\ \text{m/s}$$

Puisque la vitesse est inférieure à $0,1c$, on peut utiliser l'équation classique de l'énergie cinétique $K_{max} = \frac{1}{2}mv_{max}^2$, sans tenir compte des effets de la relativité d'Einstein. ■

(c) D'après l'équation 9.10, la fréquence de seuil vaut $f_0 = \phi/h$. Cela correspond à une longueur d'onde de seuil

$$\lambda_0 = \frac{c}{f_0} = \frac{ch}{\phi} = \frac{(3 \times 10^8\ \text{m/s})(6,63 \times 10^{-34}\ \text{J·s})}{6,41 \times 10^{-19}\ \text{J}}$$
$$= 3,10 \times 10^{-7}\ \text{m} = 310\ \text{nm}.$$

(d) Une longueur d'onde $\lambda = 250$ nm correspond à une fréquence

$$f = \frac{c}{\lambda} = \frac{(3 \times 10^8\ \text{m/s})}{(250 \times 10^{-9}\ \text{m})}$$
$$= 1,2 \times 10^{15}\ \text{Hz}$$

D'après l'équation 9.9, l'énergie cinétique maximale des électrons est donc

$$K_{max} = hf - \phi$$
$$= (6,63 \times 10^{-34} \text{ J·s})(1,2 \times 10^{15} \text{ Hz})$$
$$- 6,41 \times 10^{-19} \text{ J}$$
$$= 1,55 \times 10^{-19} \text{ J}$$

D'après l'équation 9.7, on trouve la valeur du potentiel d'arrêt :

$$\Delta V_0 = \frac{K_{max}}{e} = \frac{(1,55 \times 10^{-19} \text{ C})}{(1,6 \times 10^{-19})} = 0,97 \text{ V}$$

EXEMPLE 9.6

La plaque P d'une cellule photoélectrique (voir la figure 9.6, p. 320), faite d'un matériau pour lequel le travail d'extraction est de 3 eV, est éclairée par une lumière bleue de 400 nm de longueur d'onde. Si l'énergie lumineuse est incidente sur la plaque au rythme de 0,5 W et que 20 % des photons sont absorbés par effet photoélectrique, quel est le courant photoélectrique maximal qu'indiquera l'ampèremètre ?

Solution

D'après l'équation $c = \lambda f$, la fréquence de la lumière est $f = (3 \times 10^8 \text{ m/s})/(400 \times 10^{-9} \text{ m})$ $= 7,5 \times 10^{14}$ Hz, et l'énergie d'un photon est donc

$E = hf = (6,63 \times 10^{-34} \text{ J·s})(7,5 \times 10^{14} \text{ Hz}) = 4,97 \times 10^{-19}$ J.

La plaque recevant 0,5 W = 0,5 J/s, cette puissance correspond à $(0,5 \text{ J/s})/(4,97 \times 10^{-19} \text{ J}) = 1,01 \times 10^{18}$ photons/s. ■

Comme 20 % de ces photons éjectent avec succès un électron, il y a $2,01 \times 10^{17}$ électrons par seconde d'éjectés. Chacun de ces électrons portant une charge élémentaire, s'ils sont tous captés par le cylindre C (ce qui suppose qu'une différence de potentiel d'accélération suffisante est appliquée), le courant indiqué par l'ampèremètre sera $(2,01 \times 10^{17})(1,6 \times 10^{-19})$ $= 0,0325$ A.

9.3 L'effet Compton

L'idée que l'énergie d'un système soit quantifiée venait sérieusement remettre en question la physique classique. Les résultats remarquables obtenus par l'application de cette idée au rayonnement du corps noir et à l'effet photoélectrique ne suffisaient pas encore pour convaincre certains scientifiques de la validité du concept de photon. Vers 1910, alors qu'il avait déjà admis la quantification des niveaux d'énergie d'un atome agissant comme oscillateur, Planck lui-même (avec d'autres) refusait catégoriquement d'admettre l'idée d'une quantification du rayonnement.

En 1923, Arthur Holly Compton (1892-1962) réalisa une expérience qu'il avait conçue dans le but de renforcer davantage la validité du nouveau modèle de la lumière proposé par Einstein : en projetant des rayons X sur une cible de graphite, il voulait montrer que les rayons diffusés se comporteraient comme le prédit le modèle du photon et non conformément au modèle électromagnétique. Selon la théorie classique, les particules chargées des atomes de graphite devaient osciller à la fréquence du rayonnement incident et donc réémettre à la *même fréquence*. Comme il l'avait envisagé, Compton mesura que le rayonnement diffusé comportait deux composantes : l'une ayant la longueur d'onde initiale (il avait utilisé 0,071 nm) et l'autre ayant *une plus grande longueur d'onde*. La valeur de l'écart entre les longueurs d'onde dépendait de l'angle de diffusion et non du matériau dont était constituée la cible.

Si l'on représente la lumière comme un jet de photons, la diffusion de la lumière (rayons X) ne peut pas s'expliquer par le schéma classique où les charges oscillent et réémettent, mais doit plutôt être envisagée comme une *collision* entre un photon et ces charges. Compton, qui avait conçu son expérience précisément pour vérifier ce raisonnement, expliqua la présence d'une longueur d'onde plus élevée dans la radiation diffusée en supposant qu'une collision se produisait entre un photon et un *électron*. Puisque l'énergie du photon de rayon X (≈ 20 keV) est très supérieure à l'énergie de liaison d'un électron de l'atome, on peut traiter les électrons comme des électrons « libres » et « au repos ». Dans le cadre de la théorie classique, on sait qu'une onde électromagnétique transporte une quantité de mouvement dont le module est donné par $p = E/c$, où E est l'énergie (*cf.* chapitre 13, tome 2). Cette équation pouvait aussi s'obtenir sans aucun recours à la théorie électromagnétique, à partir de la théorie relativiste : il suffit de considérer le photon comme une particule sans masse au repos (voir l'équation 8.27). Comme l'énergie d'un photon est hf, le module de sa quantité de mouvement est

$$p = \frac{hf}{c} = \frac{h}{\lambda} \qquad (9.12)$$

La collision est représentée à la figure 9.9a. Le photon incident est dévié d'un angle θ et l'électron, initialement au repos, est projeté selon un angle ϕ. D'après le principe de conservation de l'énergie,

$$\frac{hc}{\lambda} = \frac{hc}{\lambda'} + K \qquad (9.13)$$

où $K = (\gamma - 1)m_0 c^2$ est l'énergie cinétique relativiste (équation 8.26) de l'électron après la collision. (L'énergie au repos de l'électron, soit $m_0 c^2$, a été omise des deux côtés.) Dans cette collision, on peut postuler qu'il y a conservation de la quantité de mouvement. Dès lors, si on compare la quantité de mouvement avant et après la collision selon chaque direction, on trouve :

$$\sum p_x = \frac{h}{\lambda} = \frac{h}{\lambda'} \cos\theta + p \cos\phi \qquad (9.14)$$

$$\sum p_y = 0 = \frac{h}{\lambda'} \sin\theta - p \sin\phi \qquad (9.15)$$

où $p = mv = \gamma m_0 v$. Les équations 9.13 à 9.15 et l'équation 8.26 contiennent six variables, trois décrivant le comportement du photon (λ, λ' et θ) et trois décrivant celui de l'électron de recul (K, p et ϕ). Quatre équations étant disponibles, toutes ces variables peuvent être déterminées dès que deux d'entre elles sont connues.

Résoudre un système de quatre équations à quatre inconnues est toutefois fastidieux si l'on ne s'intéresse qu'à prédire le comportement du photon, illustré à la figure 9.9b. En manipulant le système d'équations de façon à éliminer les trois variables décrivant le comportement de l'électron (*cf.* problème 11), on obtient

Déplacement de Compton

$$\lambda' - \lambda = \left(\frac{h}{m_0 c}\right)(1 - \cos\theta) \qquad (9.16)$$

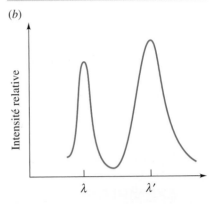

(a)

(b)

Figure 9.9 ▲

Diffusion de Compton. (*a*) Un photon de longueur d'onde λ est diffusé par un électron, lui-même éjecté à haute vitesse, et est dévié d'un angle θ. Le photon diffusé a une longueur d'onde supérieure λ'. (*b*) Distribution des longueurs d'onde des photons diffusés pour $\theta = 135°$. Seul le pic de droite correspond à la diffusion de Compton, celui de gauche étant le pic de la diffusion de Rayleigh, produite quand le photon ne transfère aucune énergie lors de la collision.

où m_0 est la masse au repos de l'électron. La quantité $h/m_0c = 0,002\ 43$ nm est appelée **longueur d'onde de Compton**. Cette équation ne rend toutefois compte que du pic de droite à la figure 9.9*b*. Le pic de gauche, lui, correspond à une longueur d'onde non décalée, c'est-à-dire à un photon qui a subi une collision avec un électron *sans lui transférer d'énergie*, ce qui est possible si l'électron demeure lié à son atome. Ce second phénomène est appelé *diffusion de Rayleigh*, en l'honneur de celui qui a expliqué la diffusion en ayant recours au modèle classique qui ne pouvait prédire que ce seul pic.

L'**effet Compton** ne pouvait s'expliquer que si l'on acceptait définitivement d'avoir recours à un modèle corpusculaire de la lumière : la lumière se comportait tellement comme un jet de particules qu'elle était capable de provoquer des collisions ! Cette expérience acheva de convaincre la plupart des physiciens de la validité de la notion de photon, comme Compton l'avait voulu.

EXEMPLE 9.7

Des rayons X de longueur d'onde valant exactement 0,024 nm sont diffusés selon un angle de 40° lorsqu'ils traversent un bloc de carbone. (a) Quelles sont les longueurs d'onde des photons diffusés ? (b) Dans le cas d'une diffusion de Compton, quelle est l'énergie cinétique de l'électron après la collision ? (c) À quelle quantité de mouvement p correspond cette énergie cinétique ? (d) Quel est alors l'angle auquel est projeté l'électron ?

Solution

(a) Une première longueur d'onde diffusée, attribuée à la diffusion de Rayleigh, est identique à celle des photons incidents, soit 0,024 nm. Quant à la longueur d'onde attribuée à la diffusion de Compton, on l'obtient grâce à l'équation 9.16, selon laquelle le déplacement de longueur d'onde est

$$\lambda' - \lambda = (0,002\ 43\ \text{nm})(1 - \cos 40°)$$
$$= 0,000\ 569\ \text{nm}$$

La longueur d'onde de ces photons diffusés est $\lambda' = \lambda + \Delta\lambda = 0,024\ 569$ nm. On peut obtenir une variation relative $\Delta\lambda/\lambda$ plus grande en utilisant des rayons X de longueur d'onde plus courte.

(b) D'après l'équation 9.13, l'énergie cinétique de l'électron est

$$K = hc\left(\frac{1}{\lambda} - \frac{1}{\lambda'}\right) = 1,92 \times 10^{-16}\ \text{J} = 1,20\ \text{eV}$$

(c) L'énergie relativiste de l'électron est $E = m_0c^2 + K = (9,11 \times 10^{-31})(3 \times 10^8)^2 + 1,92 \times 10^{-16} = 8,22 \times 10^{-14}$ J. L'équation 8.27 permet donc de calculer la quantité de mouvement correspondante, soit $p = 1,89 \times 10^{-23}$ kg·m/s.

Ici, l'utilisation des équations de la mécanique classique aurait donné $1,87 \times 10^{-23}$ kg·m/s, ce qui n'introduit pas une erreur significative. Toutefois, la diffusion de Compton se produit le plus souvent quand les photons incidents sont encore plus énergétiques, et le recours aux équations relativistes est alors absolument obligatoire. ∎

(d) En substituant les valeurs connues dans l'équation 9.15 (on aurait aussi pu utiliser l'équation 9.14), on obtient

$$0 = \frac{(6,33 \times 10^{-34}\ \text{J·s})}{(0,024\ 569 \times 10^{-9}\ \text{m})}\sin 40°$$
$$- (1,89 \times 10^{-23}\ \text{kg·m/s})\sin \phi$$

d'où $\phi = 61°$. On peut aussi déterminer ϕ en évitant tout recours au calcul de la quantité de mouvement : il suffit de substituer les autres données connues à la fois dans l'équation 9.14 et dans l'équation 9.15, ce qui donne une expression pour $p \sin \phi$ et une expression pour $p \cos \phi$. En les divisant l'une par l'autre, on obtient une expression pour $\tan \phi$, ce qui élimine p.

9.4 Le spectre de raies

Lorsqu'un gaz raréfié est confiné dans un tube et qu'il est parcouru d'un courant électrique, il émet de la lumière. Ce phénomène est celui exploité dans les enseignes commerciales dites « au néon » (seules celles qui sont rouges contiennent effectivement du néon). La spectrométrie, c'est-à-dire l'analyse de cette lumière décomposée par un prisme ou un réseau (voir la section 7.4), permet de constater qu'elle est très différente de la lumière au spectre continu émise par les objets denses et les corps noirs : elle n'est composée que de certaines longueurs d'onde discrètes qui produisent une étroite « raie » de couleur dans le spectromètre. De plus, contrairement au spectre d'un corps noir qui est universel et ne dépend pas du matériau, l'ensemble des raies que contient le spectre d'un gaz raréfié est typique de l'élément qui compose ce gaz : un peu comme une empreinte digitale, il permet d'*identifier* cet élément. Ainsi, le rubidium, le césium, l'hélium, le thorium et l'indium ont été découverts dans les années 1860 par l'étude de leur spectre. La physique classique ne permettait pas d'expliquer ces spectres de raies ni de les faire correspondre à des atomes connus. (En effet, les gaz raréfiés étant tout à fait transparents, contrairement aux corps denses qui émettent des spectres continus, on conclut que le spectre de raies est celui *émis directement par les atomes* du gaz et qui nous parvient sans avoir été altéré.)

Les mesures spectroscopiques montrent que le spectre visible de l'hydrogène comprend quatre raies de longueurs d'onde 410,12 nm, 434,01 nm, 486,07 nm et 656,21 nm. Comme le montre la figure 9.10, ces raies présentent un comportement « en série » au sens où elles sont de plus en plus rapprochées entre elles à mesure que la longueur d'onde diminue. En 1884, Johann Jakob Balmer (1825-1898), un enseignant de mathématique suisse inspiré par cette apparence de série, trouva par essais et erreurs que ces longueurs d'onde (en nm) pouvaient être représentées par une seule formule. La **formule de Balmer** s'écrit

$$\lambda_m = 364,56 \, \frac{m^2}{m^2 - 4} \qquad m = 3, 4, 5, 6 \quad (9.17)$$

Formule de Balmer

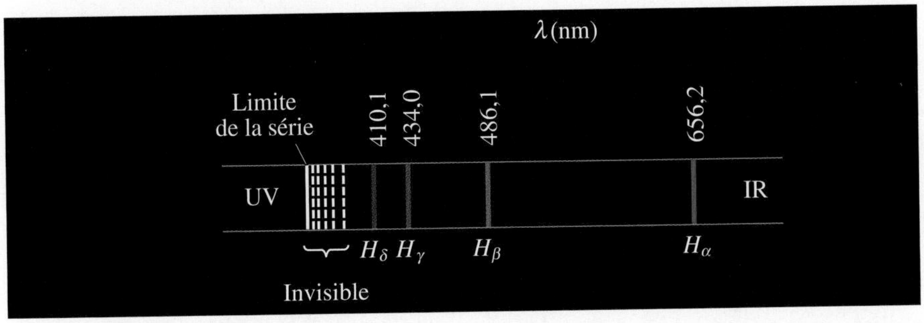

Figure 9.10 ◄
Le spectre visible de l'hydrogène comprend quatre raies. Ces quatre raies manifestent un comportement « en série » au sens où elles sont de plus en plus rapprochées entre elles à mesure que la longueur d'onde diminue. On voit que ce comportement se poursuit dans l'ultraviolet, où des raies supplémentaires furent découvertes. L'ensemble de ces raies forment la *série de Balmer*.

Si l'on donne à *m* des valeurs entières, les longueurs d'onde sont reproduites avec une erreur qui ne dépasse pas 1 partie sur 40 000 ! Vers 1890, Johannes Robert Rydberg (1854-1919) avait établi des formules similaires pour les spectres des éléments alcalins Li, Na, K et Cs. Il avait également suggéré de récrire la formule sous forme d'une différence entre deux termes. Pour l'hydrogène, cela donnait

$$\frac{1}{\lambda} = R \left(\frac{1}{2^2} - \frac{1}{m^2} \right) \qquad (9.18)$$

Formule de Rydberg

où

$$R = 1{,}097\ 37 \times 10^7\ \text{m}^{-1}$$

est une constante qui porte maintenant le nom de constante de Rydberg.

En 1908, un « principe de combinaison » fut découvert par Walter Ritz (1878-1909) : la fréquence d'une raie dans le spectre d'un élément donné pouvait être exprimée sous forme d'une combinaison simple (somme ou différence) des fréquences de deux autres raies du même spectre. L'idée des spectres de raies commençait enfin à avoir une certaine logique, mais il fallut attendre encore cinq ans avant de pouvoir leur attribuer un fondement théorique. Leur compréhension allait devoir attendre l'évolution des modèles atomiques.

Les spectres de raies de divers éléments. Contrairement au spectre d'un corps noir, qui ne dépend pas du matériau, celui émis par un gaz raréfié est unique à l'élément qui compose ce gaz. Dans les spectres ci-contre, notez la double raie jaune du sodium (dont la forte intensité détermine la couleur des lampes au sodium utilisées dans l'éclairage urbain ou la culture en serre) de même que la raie rouge de l'hydrogène (qui entraîne la couleur rose des enseignes commerciales qui utilisent ce gaz).

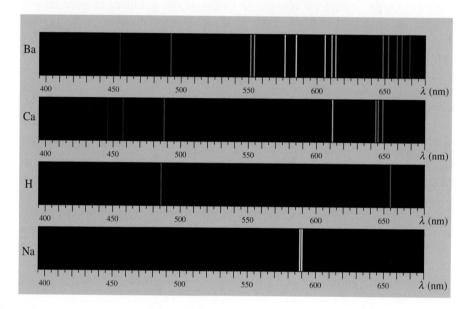

9.5 Les modèles atomiques

Dès l'Antiquité grecque, Démocrite (460-370 av. J.-C.) avait esquissé une représentation atomique de la matière, mais ce n'est qu'au tout début du XIXᵉ siècle que ce modèle refit surface, grâce au chimiste John Dalton (1766-1844). D'abord pratique pour expliquer les réactions chimiques et les proportions stœchiométriques, il n'était toutefois pas considéré comme essentiel : plusieurs physiciens insistaient pour représenter la matière tel un continuum. Le débat ne fut véritablement clos qu'en 1912, quand Jean Perrin (figure 9.11) documenta un grand nombre d'expériences qui conduisaient toutes à la *même* valeur du nombre d'Avogadro, ce qui ne pouvait être un hasard. Même si les atomes ne pouvaient être vus, Perrin n'en conclut pas moins que leur existence était une réalité, ce que personne n'a remis en question depuis.

Au tout début du XXᵉ siècle, les idées atomistes avaient gagné beaucoup de terrain, mais l'atome était encore conçu comme une « bille » indivisible. La découverte de l'électron, en 1897, remit en question cette conception : si des électrons peuvent être éjectés de la matière et que la matière est faite d'atomes, alors les atomes doivent forcément contenir des électrons. Le débat sur la structure interne des atomes ne faisait que commencer.

En 1904, J. J. Thomson suggéra qu'un atome était composé d'une sphère chargée positivement dans laquelle étaient imbriqués des électrons (modèle « plum-pudding »). Thomson se préoccupait surtout d'expliquer les liaisons chimiques

Figure 9.11 ▲

Jean Perrin (1870-1942) a achevé de convaincre la communauté scientifique que la matière est faite d'atomes.

et la périodicité des propriétés des éléments (voir la section 11.5). Il réussit notamment à montrer que des électrons immergés dans une sphère chargée positivement atteignent l'équilibre en se disposant en diverses couches. Il eut alors l'idée de relier la succession des couches à la périodicité des propriétés chimiques. Malgré ce relatif succès, son modèle n'était pas viable, car il ne permettait absolument pas de prédire les spectres de raies : les fréquences des modes normaux d'oscillation des électrons dans diverses configurations ne correspondent pas aux fréquences lumineuses observées ; dans le cas de l'hydrogène, en particulier, l'unique électron oscillerait toujours à la même fréquence, alors que le spectre de cet élément comporte bien plus qu'une seule raie.

En 1909, Ernest Rutherford demanda à deux de ses assistants, Hans Geiger (1882-1945) et Ernst Marsden (1889-1970), d'étudier la diffusion des particules alpha (atomes d'hélium ionisés deux fois) par une feuille d'or très mince (figure 9.12). Selon le modèle de Thomson, la substance positivement chargée des atomes était relativement perméable, puisque les électrons devaient pouvoir y osciller ou en être éjectés ; Rutherford s'attendait donc à ce que les particules α projetées à haute énergie traversent sans peine les atomes d'or. La charge positive de ces derniers étant répartie sur l'ensemble de l'atome, on s'attendait à ce que la plus grande partie du faisceau sorte de la feuille d'or avec une largeur voisine de 3°, avec peut-être quelques particules diffusées jusqu'à 20°. En réalité, Geiger et Marsden constatèrent qu'environ une particule α sur huit mille était diffusée selon un angle supérieur à 90°, à la grande surprise de Rutherford :

C'est bien la chose la plus incroyable qui me soit jamais arrivée. C'était presque aussi incroyable que si j'avais tiré un obus de quinze pouces sur un morceau de papier et qu'il avait rebondi sur moi.

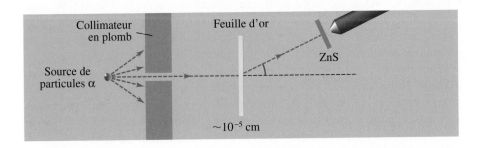

Figure 9.12 ◀

Dans l'expérience de Geiger et Marsden, des particules α de haute énergie étaient diffusées par une mince feuille d'or. Les particules diffusées étaient détectées sous forme d'éclairs sur un écran de ZnS.

Puisque la masse d'une particule α est près de 7000 fois plus grande que celle d'un électron, les électrons jouent un rôle négligeable dans la diffusion. Par contre, la masse de la partie positive de l'atome d'or est près de 50 fois celle d'une particule α. Si la charge de la partie positive était répartie uniformément sur la totalité de l'atome ($r \approx 10^{-10}$ m), comme l'avait suggéré Thomson, elle ne pourrait pas produire de déviation aussi importante. Rutherford en conclut donc que le modèle atomique de Thomson devait être complètement rejeté : seule une force répulsive extrêmement forte pouvait causer une déviation aussi substantielle des particules α. Or, la loi de Coulomb (voir le chapitre 1 du tome 2) montre qu'une telle force n'est possible que si deux objets chargés se rapprochent très près l'un de l'autre sans s'interpénétrer. Rutherford en conclut donc que la partie positive de l'atome devait être concentrée dans un volume extrêmement petit ($r \approx 10^{-14}$ m), que nous appelons maintenant le **noyau**. La déviation d'une particule α dépend alors de la distance minimale à laquelle elle s'approche du noyau (figure 9.13). À l'occasion, on peut observer une « collision » frontale dans laquelle le sens du mouvement de la particule α

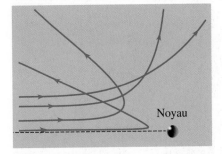

Figure 9.13 ▲

Selon le modèle atomique de Rutherford, les particules α étaient diffusées par la force de répulsion électrique d'une petite particule (le noyau) plutôt qu'en traversant une grande sphère, comme le prévoyait le modèle de l'atome de Thomson. Chaque particule α était soumise à une seule « collision » forte.

s'inverse : la force étant alors parallèle à la trajectoire, la particule ralentit, est momentanément immobilisée, puis revient sur ses pas. C'est dans cette circonstance que la particule s'approche le plus du noyau. Ce cas particulier nous permet donc d'obtenir une estimation de la taille maximale que peut avoir le noyau, comme l'illustre l'exemple suivant.

EXEMPLE 9.8

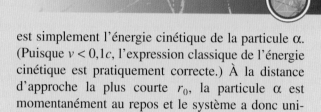

Une particule α animée d'une vitesse de 2×10^7 m/s entre en « collision » frontale avec un noyau d'or, qui porte une charge de $79e$. Quelle est la distance minimale au noyau ? On donne $m_\alpha = 6,7 \times 10^{-27}$ kg, $q_\alpha = 2e$ et l'on suppose que le noyau d'or demeure au repos.

est simplement l'énergie cinétique de la particule α. (Puisque $v < 0,1c$, l'expression classique de l'énergie cinétique est pratiquement correcte.) À la distance d'approche la plus courte r_0, la particule α est momentanément au repos et le système a donc uniquement une énergie potentielle électrique. ∎

Solution

Conformément à la définition donnée à la section 9.2 du tome 1, le terme « collision » est utilisé bien qu'il n'y ait aucun contact avec le noyau. Ce problème peut donc se résoudre facilement par la conservation de l'énergie mécanique (*cf.* chapitre 8, tome 1). L'énergie initiale du système

Les énergies initiale et finale sont

$$E_i = K_\alpha = \tfrac{1}{2}m_\alpha v^2 \; ; \quad E_f = U_E = \frac{kq_\alpha q_{Au}}{r_0}$$

En égalant ces deux expressions, on trouve $r_0 = 2,72 \times 10^{-14}$ m. Cette valeur correspond à une limite supérieure de la taille du noyau.

Le nouveau modèle atomique de Rutherford, comportant un noyau (alors supposé indivisible), permettait de prédire avec une remarquable efficacité la quantité de particules α déviées dans chaque direction. La présence du noyau dans le modèle atomique devenait donc un concept incontournable, mais cela ne révélait rien sur le comportement que devaient avoir les électrons. Or, en 1904, Hantarō Nagaoka (1865-1950) avait proposé un modèle dans lequel des électrons formaient des anneaux (comme les anneaux de Saturne), mais il ne pouvait pas expliquer comment un tel système peut être stable. Un « modèle planétaire » dans lequel les électrons sont en orbite autour du noyau est mécaniquement stable mais, selon la théorie de Maxwell, un électron en accélération (même centripète) émet continuellement du rayonnement. À cause de la perte d'énergie correspondante, l'électron devrait donc tomber sur le noyau en 10^{-8} s environ, suivant une spirale. Il est évident que cette prédiction ne correspond à l'observation quotidienne qui montre que la matière est très stable sur de longues périodes. De plus, le rayonnement couvrirait une plage continue de fréquences, ce qui est contraire au spectre de raies observé.

Encore une fois, la physique classique atteignait donc une impasse : elle avait réussi à expliquer correctement la déviation des particules α avec le concept de noyau atomique, mais échouait complètement à expliquer la stabilité de l'atome et l'émission d'un spectre de raies propre aux atomes de chaque élément.

Figure 9.14 ▲
Ernest Rutherford (1871-1937), à gauche, et Niels Bohr (1885-1962). Tous les deux sont accompagnés de leurs épouses, Mary Georgina Newton et Margrethe Nørlund.

9.6 Le modèle de Bohr pour l'atome à un seul électron

Après avoir obtenu son doctorat en 1911, Niels Bohr travailla quelque temps sous la direction de Rutherford (figure 9.14). À son avis, la constante de Planck était la clé du modèle atomique et il fut encouragé par l'analyse dimensionnelle qui suit. Si m et e sont la masse et la charge de l'électron, et si k est la constante dans la loi de Coulomb, alors la quantité h^2/mke^2 a les dimensions d'une longueur et sa valeur numérique concorde à peu près avec la taille des atomes telle qu'on pouvait la déduire de la valeur connue du nombre d'Avogadro. Bohr progressa toutefois très lentement dans ses travaux jusqu'à ce qu'il entende parler de la formule de Balmer-Rydberg, en juillet 1912. En 1913, il présenta un modèle théorique de l'atome *d'hydrogène* permettant de dériver directement le résultat de son analyse dimensionnelle. Pour expliquer l'atome le plus simple (l'hydrogène n'est constitué que d'un noyau* et d'un électron), il dut faire appel à deux postulats. Le premier postulat s'énonce comme suit :

Premier postulat du modèle de Bohr

1. L'électron se déplace uniquement sur certaines orbites circulaires, appelées *états stationnaires*. Ce mouvement peut être décrit par la physique classique.

Bohr postule ainsi la stabilité de l'atome sans expliquer pourquoi il est stable. On peut toutefois considérer qu'il s'inspirait tout de même, ce faisant, des idées véhiculées par la « vieille théorie quantique » qui équivalaient souvent à postuler que certaines valeurs étaient permises et que les autres étaient interdites. Toutefois, ces idées étaient maintenant introduites dans un nouveau domaine : ce n'était pas l'énergie qui était quantifiée, mais la trajectoire d'un électron, qui ne pouvait *que* suivre certains cercles (la spirale devenait donc tout simplement interdite).

La figure 9.15 représente un électron de masse m et de charge $-e$ se déplaçant à la vitesse $\vec{v}$ sur une orbite circulaire stable de rayon r autour d'un noyau de charge $+e$. (Ce n'est qu'en 1918 qu'on identifia le noyau de l'hydrogène ordinaire comme un *proton*.) La force centripète est fournie par l'attraction de Coulomb entre l'électron et le noyau. D'après la deuxième loi de Newton,

$$\frac{mv^2}{r} = \frac{k|q_p q_e|}{r^2} = \frac{ke^2}{r^2} \qquad (9.19)$$

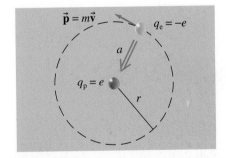

Figure 9.15 ▲

Dans le modèle de Bohr de l'atome d'hydrogène, un électron est en orbite circulaire autour d'un proton. Contrairement aux prédictions de la physique classique, Bohr *postule* que cette orbite est stable.

D'après l'équation 4.14a du tome 2, soit $U = kqQ/r$, l'énergie potentielle électrique de ce système de deux charges est $U = -ke^2/r$. Le proton étant 1840 fois plus lourd que l'électron, on peut négliger son énergie cinétique, de telle sorte que l'énergie mécanique de l'atome est

$$E = K + U = \tfrac{1}{2}mv^2 - \frac{ke^2}{r}$$

D'après l'équation 9.19, on trouve $K = ke^2/2r$, donc

---

* Nous verrons au chapitre 12 que, dans le cas de l'hydrogène, ce noyau est constitué seulement d'un *proton* et ne contient aucun *neutron*.

$$E = -\frac{ke^2}{2r} \qquad (9.20)$$

Notez que cette énergie est nécessairement négative, car $K < |U|$, ce qui signifie que l'électron est *captif* du noyau : l'énergie cinétique de l'électron est insuffisante pour qu'il puisse sortir du puits de potentiel causé par le noyau. (On dit alors qu'ils forment un *système lié*.)

Bohr savait que la théorie de Maxwell ne permettait pas d'expliquer le spectre de rayonnement du corps noir ni l'effet photoélectrique. Il abandonna donc l'idée selon laquelle un électron en accélération doit rayonner. De même, il ne se soucia pas du fait que, selon la théorie classique, une émission de lumière à une fréquence donnée nécessite qu'une charge électrique oscille à la même fréquence*. Il énonça le deuxième postulat suivant :

Deuxième postulat du modèle de Bohr

2. Il y a émission d'un rayonnement seulement si un électron passe d'une orbite permise à une autre orbite d'énergie inférieure. La fréquence de rayonnement est donnée par

$$hf = E_{n'} - E_n \qquad (9.21)$$

où $E_{n'}$ et E_n sont les énergies des deux états.

Nous allons maintenant nous écarter des premiers travaux de Bohr afin de présenter une approche simplifiée. Il n'existe pas de justification pour le premier postulat concernant les orbites stationnaires, un postulat que Bohr avait dû énoncer pour tenir compte du fait que les atomes ne s'effondrent pas spontanément. Pour en donner une expression formelle, nous avons besoin d'une condition quantique qui limite les valeurs que peuvent prendre les rayons des orbites. Vers la fin de son premier article, Bohr soulignait en passant que le module du moment cinétique** de l'orbite était quantifié, sans toutefois prendre cette idée très au sérieux. On ne se rendit compte que plus tard (vers 1915) qu'il s'agit là d'un aspect *fondamental* de la théorie quantique et nous allons donc en faire notre « troisième » postulat :

---

 * D'après le modèle atomique issu de la mécanique quantique (voir les chapitres 10 et 11), plus récent que celui de Bohr associé à la « vieille théorie quantique », cette idée classique est indirectement de retour : lors d'une transition qui entraîne l'émission d'un photon, la *probabilité de présence* de l'électron oscille brièvement dans l'espace et la fréquence de cette oscillation correspond à la fréquence du photon émis.

** Le moment cinétique d'une particule se définit comme $\vec{\ell} = \vec{r} \times \vec{p}$, où $\vec{r}$ est la position de la particule et $\vec{p}$ sa quantité de mouvement. Dans le cas d'une particule décrivant une orbite circulaire comme à la figure 9.15 (p. 331), le module du moment cinétique est donné par $\|\vec{r} \times \vec{p}\| = \|\vec{r} \times m\vec{v}\| = mvr \sin 90° = mvr$. Pour en savoir plus sur le concept de moment cinétique, voir le chapitre 12 du tome 1.

3. Le module du moment cinétique de l'électron ne peut prendre que des valeurs entières multiples de $h/2\pi$ ($= \hbar$) :

$$mvr = n\hbar \qquad (9.22)$$

En égalant la relation $v = n\hbar/mr$ tirée de cette équation avec $v = \sqrt{ke^2/mr}$ tirée de l'équation 9.19, on trouve le rayon de la $n^{\text{ième}}$ orbite :

Rayon de l'orbite de l'électron dans le modèle de Bohr

$$r_n = \frac{n^2\hbar^2}{mke^2} \qquad (9.23)$$

Ce résultat correspond précisément à l'intuition de Bohr qui, à la suite d'une analyse dimensionnelle simple, avait estimé que la taille d'un atome devait être reliée par un multiple quelconque à la quantité h^2/mke^2. Si l'on substitue l'équation 9.23 dans l'équation 9.20, on obtient que l'énergie mécanique de la $n^{\text{ième}}$ orbite est

$$E_n = -\frac{mk^2e^4}{2\hbar^2}\left(\frac{1}{n^2}\right) \qquad (9.24)$$

En combinant cette relation avec l'équation 9.21, on obtient immédiatement un multiple de la formule de Rydberg, alors interprété comme donnant la fréquence du photon émis lors d'un passage d'un niveau initial n' au niveau final n :

$$f = Rc\left(\frac{1}{n^2} - \frac{1}{(n')^2}\right) \qquad (9.25)$$

où

$$R = \frac{mk^2e^4}{4\pi c\hbar^3} \qquad (9.26)$$

Bohr avait ainsi réussi à établir une prédiction équivalente à la formule de Rydberg (équation 9.18). Mais, ce qui est plus important, il avait exprimé le nombre empirique R en fonction de constantes fondamentales. En remplaçant ces constantes par leur valeur, il obtint une valeur de R s'écartant de 6 % de la valeur acceptée à l'époque. Une partie de cet écart s'explique par le fait que le noyau a été considéré comme immobile, alors que c'est le centre de masse de l'atome qui doit être immobile.

La théorie de Bohr peut être appliquée à d'autres systèmes à un seul électron comme les ions He$^+$ ou Li^{++}, à condition de remplacer la charge nucléaire e par Ze, Z étant le numéro atomique. (Elle est cependant inappropriée pour tout système à deux électrons ou plus.) En général, l'énergie du $n^{\text{ième}}$ niveau pour tout système à un électron est donc donnée par l'équation 9.24 multipliée par Z^2, ou en électronvolts :

Énergie mécanique de l'atome dans le modèle de Bohr

$$E_n \approx \frac{-13{,}6Z^2}{n^2}\,\text{eV} \qquad (9.27)$$

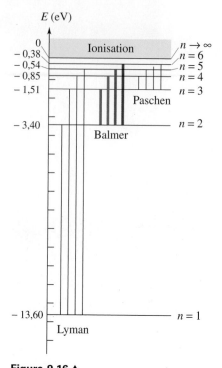

Figure 9.16 ▲

Le diagramme des niveaux d'énergie pour l'hydrogène. Il y a émission ou absorption de lumière lorsqu'un électron effectue une transition entre deux niveaux.

Processus d'émission des raies

La figure 9.16 représente les niveaux d'énergie pour l'hydrogène ($Z = 1$), tels que donnés par l'équation 9.27. Chaque état est caractérisé par l'entier n, appelé *nombre quantique*. Lorsque $n = 1$, l'électron est dans l'état *fondamental*, c'est-à-dire celui dont l'énergie est minimale. Les énergies des différents niveaux sont $E_1 = -13,6$ eV, $E_2 = -13,6/2^2 = -3,4$ eV, $E_3 = -13,6/3^2 = -1,51$ eV et ainsi de suite. L'électron peut être porté à un niveau d'énergie plus élevé s'il entre en collision avec un autre électron ou s'il absorbe un photon. On dit alors qu'il est dans un état excité. On parle d'**excitation radiative** lorsque c'est par l'absorption d'un photon que s'effectue le passage d'un niveau d'énergie inférieur à un niveau d'énergie supérieur. Dans ce cas, l'énergie du photon doit correspondre exactement à la différence d'énergie entre les deux niveaux. On parle d'**excitation collisionnelle** lorsque c'est par suite d'une collision avec une particule (généralement un électron libre) que s'effectue le passage d'un niveau d'énergie inférieur vers un niveau d'énergie supérieur. Dans ce cas, cette particule doit avoir une énergie cinétique égale ou plus grande que la différence d'énergie entre les deux niveaux. Si l'énergie cinétique est plus grande, la particule garde l'excédent après la collision.

Si l'énergie du photon ou de la particule qui excite l'électron est assez grande, l'électron sera carrément éjecté de l'atome. Ce processus porte le nom d'**ionisation**. D'après la figure 9.16, on constate que l'énergie d'ionisation pour l'hydrogène est égale à 13,6 eV. La théorie de Bohr concorde remarquablement bien avec l'observation sur ce point.

Une fois excité (sans ionisation), un électron aura tendance à revenir vers le niveau fondamental, puisqu'il s'agit de l'état dans lequel l'atome a l'énergie la plus basse. Pour ce faire, l'électron peut passer directement d'un état excité à l'état fondamental ou bien passer par des niveaux intermédiaires. Tout comme l'excitation, la désexcitation peut être soit collisionnelle, soit radiative. Dans le premier cas, l'électron excité se départit de la différence d'énergie entre les deux niveaux par suite d'une collision avec une particule libre dans le milieu ambiant. *Il n'y a alors pas d'émission de lumière.* La désexcitation radiative se produit lorsque l'électron se départit de la différence d'énergie entre les deux niveaux en émettant un photon qui possède exactement cette énergie. C'est dans ces conditions que sont émises les différentes raies qu'on observe dans le spectre.

Notons que nous distinguons aujourd'hui deux types de désexcitation radiative, bien que la théorie de Bohr ne prévoyait que le premier type : l'*émission spontanée* est la plus fréquente, et elle se produit lorsque l'électron descend de niveau spontanément. L'*émission stimulée*, quant à elle, se produit lorsque le passage d'un photon extérieur déclenche le processus de désexcitation. C'est en exploitant ce processus qu'on a mis au point les lasers (voir le sujet connexe à la fin du chapitre).

Notez qu'à la figure 9.16, les différentes raies spectrales sont regroupées en « séries » en raison de leur comportement analogue à une série mathématique, dont nous avons parlé à la section 9.4. La série qui comporte les raies visibles (voir aussi la figure 9.10, p. 327) est appelée série de Balmer et correspond aux transitions des niveaux d'énergie plus élevés au niveau $n = 2$. Les autres séries portent le nom de ceux qui ont été les premiers à les observer expérimentalement : les transitions jusqu'au niveau $n = 1$ forment la série de Lyman ; les transitions jusqu'à $n = 3$ forment la série de Paschen. Pour chaque série, il existe une fréquence maximale possible, appelée limite de la série. Elle correspond à une transition de $n \rightarrow \infty$ jusqu'au niveau le plus bas de la série.

Comme nous l'avons dit, un atome excité à un niveau $n \geq 2$ peut revenir au niveau fondamental de plusieurs façons différentes. Par exemple, un atome au niveau $n = 3$ peut émettre un seul photon et retourner au niveau $n = 1$, mais il peut aussi le faire en deux étapes, en passant momentanément par le niveau $n = 2$. Dans un gaz, les atomes sont tellement nombreux qu'on peut s'attendre à ce que toutes les transitions possibles se produisent chaque seconde, mais celles qui se produisent le plus souvent correspondent à des raies spectrales plus intenses. Le modèle de Bohr est toutefois trop primitif pour prédire quelles sont les transitions les plus probables.

Si un atome excité émet une série de fréquences correspondant aux transitions entre ses niveaux, comment se fait-il qu'un corps noir (qui est composé d'atomes agissant comme oscillateurs) émette un spectre continu en forme de cloche, comme nous avons vu à la section 9.1 ? C'est un phénomène appelé *thermalisation* qui est responsable de la création du spectre de type corps noir. Les photons qui sont émis à la surface d'un corps noir proviennent d'atomes situés partout dans le corps ; avant d'en sortir, ils sont entrés en collision un nombre incalculable de fois avec les atomes de celui-ci. Quelle qu'ait pu être leur fréquence au moment de leur création, les photons sont thermalisés par la matière à l'intérieur du corps. La lumière ainsi thermalisée possède un spectre en forme de cloche dont le pic d'émissivité dépend de la température de la matière qui effectue la thermalisation – un spectre de type corps noir. On voit donc que, pour émettre un spectre de type corps noir, un objet doit être suffisamment opaque. Par exemple, un nuage ténu d'hydrogène chaud émet une série de raies spectrales caractéristiques ; si ce nuage se condense pour former une étoile, il devient assez opaque pour produire à la place un spectre de corps noir. (L'atmosphère ténue d'une étoile peut produire des raies spectrales, ce qui fait en sorte que le spectre d'une étoile est en général une combinaison d'un spectre de corps noir et d'un spectre de raies.)

D'un spectre de raies au rayonnement du corps noir

Les lasers trouvent aujourd'hui de nombreuses applications, comme la soudure de précision. Sur quel concept leur fonctionnement est-il basé ?

EXEMPLE 9.9

Selon la théorie de Bohr, quel est le rayon de l'orbite de l'état fondamental de l'atome d'hydrogène ?

Solution

D'après l'équation 9.23,

$$r_1 = \frac{\hbar^2}{mke^2}$$

$$= 5,29 \times 10^{-11} \text{ m}$$

Notons que le rayon de la $n^{\text{ième}}$ orbite s'exprime de manière simple en fonction de r_1 :

$$r_n = n^2 r_1$$

Ce rayon correspond à la taille attendue d'un atome, telle qu'elle peut être déduite à partir du nombre d'Avogadro.

EXEMPLE 9.10

Supposons l'électron de l'atome d'hydrogène dans un état excité pour lequel $n = 3$. (a) Quelle est la plus haute fréquence pouvant être émise ? (b) Quelles sont les autres fréquences d'émission possibles ?

Solution

(a) D'après le deuxième postulat, $f = \Delta E/h$. La fréquence maximale sera émise lors d'une transition directe à l'état fondamental $n = 1$. D'après le diagramme des niveaux d'énergie, on voit que $E_1 = -13,6$ eV et $E_3 = -1,51$ eV. Par conséquent,

$$f_{31} = \frac{(E_3 - E_1)}{h}$$

$$= \frac{(+12,1 \text{ eV})}{(4,14 \times 10^{-15} \text{ eV·s})}$$

$$= 2,92 \times 10^{15} \text{ Hz}$$

Notez que l'on a exprimé la constante h en électronvolts-secondes.

(b) Au lieu de $f = \Delta E/h$, on peut aussi utiliser l'équation 9.25. Ainsi,

$$f_{32} = Rc\left(\frac{1}{2^2} - \frac{1}{3^2}\right)$$

$$= (1,1 \times 10^7 \text{ m}^{-1})(3,00 \times 10^8 \text{ m/s})\left(\frac{5}{36}\right)$$

$$= 4,58 \times 10^{14} \text{ Hz}$$

$$f_{21} = Rc\left(\frac{1}{1^2} - \frac{1}{2^2}\right)$$

$$= (1,1 \times 10^7 \text{ m}^{-1})(3,00 \times 10^8 \text{ m/s})\left(\frac{3}{4}\right)$$

$$= 2,48 \times 10^{14} \text{ Hz}$$

EXEMPLE 9.11

Nous avons montré au chapitre 18 du tome 1 que l'énergie cinétique moyenne d'une particule dans un gaz à la température T est égale à $\frac{3}{2}kT$, k étant la constante de Boltzmann. À quelle température l'énergie cinétique moyenne serait-elle égale à l'énergie nécessaire pour faire passer un électron de l'atome d'hydrogène de l'état fondamental jusqu'à $n = 2$?

Solution

L'énergie nécessaire est égale à $13,6 - 3,4 = 10,2$ eV $= (10,2 \text{ eV})(1,6 \times 10^{-19} \text{ J/eV}) = 1,63 \times 10^{-18}$ J. On pose cette énergie égale à l'énergie thermique :

$$\Delta E = \frac{3}{2}kT$$

d'où l'on tire

$$T = \frac{2\Delta E}{3k}$$

$$= \frac{2(1,63 \times 10^{-18} \text{ J})}{3(1,38 \times 10^{-23} \text{ J/K})}$$

$$= 7,87 \times 10^4 \text{ K}$$

Il serait donc assez difficile dans les conditions d'un laboratoire d'exciter l'atome d'hydrogène uniquement par des collisions thermiques. On utilise en général une décharge électrique dans le gaz. Toutefois, la surface de plusieurs étoiles peut atteindre ce genre de température, et l'étude des spectres de la lumière émise par ces dernières révèle effectivement l'absorption de photons par des atomes dont le niveau initial est $n = 2$.

EXEMPLE 9.12

Quelle est la plus courte longueur d'onde possible dans la série de Balmer ?

Solution

Dans ce cas, l'électron fait une transition de $n' \to \infty$ à $n = 2$. En modifiant l'équation 9.25, on a

$$\frac{1}{\lambda} = \lim_{n' \to \infty} R\left(\frac{1}{2^2} - \frac{1}{(n')^2}\right)$$

ce qui signifie que $\lambda = 4/R = 364$ nm.

Le modèle de Bohr permet de prédire correctement les fréquences du spectre de l'hydrogène et d'autres systèmes à un seul électron, ce qui en fait un modèle meilleur que celui de Thomson. Il n'en demeure pas moins limité, puisqu'il ne permet pas de prédire les intensités relatives des raies ni de représenter tout atome à plusieurs électrons. Comme nous le verrons au chapitre suivant, la théorie de Bohr a été remplacée par la mécanique quantique. Le deuxième et le troisième postulats restent valables, mais la représentation d'un électron sur des orbites bien définies a été complètement rejetée. Néanmoins, le modèle de Bohr a joué un rôle de précurseur important dans l'avènement de cette nouvelle mécanique.

9.7 La dualité onde-particule de la lumière

Les faits présentés dans ce chapitre ne peuvent s'expliquer que si l'on représente la lumière comme une particule. Cependant, l'expérience des deux fentes de Young ne peut clairement s'expliquer que si l'on représente la lumière comme une onde. Pour qui s'interroge sur la « nature réelle » de la lumière, il y a apparemment une contradiction ! Comment allons-nous réconcilier ces deux aspects ?

D'ailleurs, cette apparente ambiguïté au sujet de la nature de la lumière se reflète même dans les équations utilisées par la physique quantique. Nous l'avons vu plus haut, l'équation $E = hf$ (équation 9.8) pour un photon implique que $p = h/\lambda$ (équation 9.12). Ces deux équations font intervenir à la fois les notions de particule et d'onde. E est l'énergie d'un quantum de lumière (qu'Einstein se représentait au départ comme une particule classique), alors que f est la fréquence d'une onde. Le module de la quantité de mouvement p est normalement associé aux particules, tandis que λ, la longueur d'onde, est une propriété des ondes.

L'expérimentation permet-elle de clarifier la situation ? Si l'on imagine la lumière comme un jet de particules classiques, il semble alors raisonnable de supposer que chaque photon, dans l'expérience de Young, doit passer par une fente ou par l'autre. Supposons que les fentes soient alternativement fermées et ouvertes, de sorte qu'à un instant donné, une fente est ouverte tandis que l'autre est fermée. On observe dans ce cas que la figure d'interférence disparaît. D'ailleurs on observe que *toute* tentative visant à déterminer par quelle fente passe chaque photon entraîne la disparition de la figure d'interférence.

On pourrait essayer d'expliquer le phénomène d'interférence en disant que chaque photon se divise d'une manière ou d'une autre en deux parties et passe donc par les deux fentes. Ainsi, chaque photon ne pourrait interférer qu'avec lui-même. Toutefois, si l'énergie du photon est divisée par deux, la relation $E = hf$ implique que sa longueur d'onde ($\lambda = c/f$) double. Cela donnerait un espacement entre les franges deux fois plus grand que celui observé en réalité. Il semble donc que l'expérience des deux fentes telle que conçue initialement par Young, qui fut si cruciale pour faire prévaloir le modèle ondulatoire de la lumière sur le modèle corpusculaire classique, ne soit finalement pas aussi concluante qu'on l'aurait cru. Cela illustre bien qu'une « preuve » scientifique n'est jamais irréfutable, car elle est fondée sur *l'interprétation* d'une expérience.

Toutefois, Einstein ayant émis l'idée que les ondes électromagnétiques représentent le comportement d'un grand nombre de photons, on pourrait tenter de répéter l'expérience de Young *un photon à la fois*. On remplace alors l'écran par une pellicule photographique ou, aujourd'hui, par une matrice de petits détecteurs (appelés photomultiplicateurs). Ce qu'on observe alors est schématisé à la figure 9.17. Ce n'est ni le comportement d'une onde classique, ni celui d'une particule classique : chaque photon est détecté en un endroit précis de l'« écran », ce qui semble correspondre au comportement d'une particule classique. Par contre, des particules classiques émises avec des conditions initiales

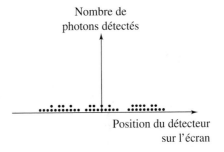

Nombre de photons détectés

Position du détecteur sur l'écran

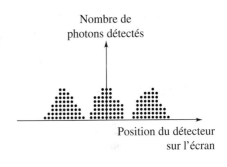

Nombre de photons détectés

Position du détecteur sur l'écran

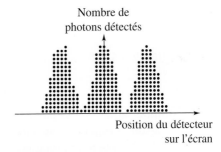

Nombre de photons détectés

Position du détecteur sur l'écran

Figure 9.17 ▲

Quand la lumière atteint des fentes de Young un photon à la fois, on détecte des impacts localisés sur l'écran, ce qui semble confirmer le modèle corpusculaire. Toutefois, chaque photon arrive à un endroit différent et, après un grand nombre de photons, on voit apparaître une figure d'interférence, ce qui contredit le modèle corpusculaire. Le modèle ondulatoire classique ne permet pas, lui non plus, d'expliquer ce comportement.

identiques atteindraient toutes le *même* point de l'écran, ce qui n'est pas le cas ici. De plus, quand on attend une longue période, on réalise que certaines destinations sur l'écran sont *plus probables* que d'autres et forment, à la longue, une figure d'interférence identique à celle de l'expérience de Young.

Les premières mesures expérimentales équivalentes à ce que nous venons de décrire sont attribuées à Geoffroy Taylor (1886-1975). En 1909, il exposa une série de cinq plaques photographiques au patron de diffraction produit par un petit obstacle (une aiguille) éclairé par une lumière dont l'intensité contrôlée par des filtres était de plus en plus faible. Chaque fois qu'il diminuait l'intensité, il compensait par une période d'exposition plus grande pour que chaque plaque reçoive un nombre comparable de photons. Pour la cinquième plaque, l'intensité était si faible que la période d'exposition fut de trois mois, chaque grain de la plaque photographique ne recevant en moyenne qu'un photon toutes les 18 minutes. Malgré ce faible rythme d'arrivée des photons, Taylor observa *les mêmes franges de diffraction sur les cinq plaques.*

Comment résoudre ce problème pour mieux décrire la « nature » de la lumière ? Pour les physiciens du début du XXe siècle, la théorie ondulatoire semblait appropriée pour expliquer la *propagation* de la lumière, mais la théorie quantique naissante paraissait nécessaire pour expliquer l'*interaction* de la lumière avec la matière, en particulier son *émission* et son *absorption*. Pouvait-on considérer que la lumière sous forme ondulatoire se transforme soudainement en un quantum localisé lorsqu'elle rencontre la matière ? D'un point de vue classique, cela serait certainement incohérent. Nous devons simplement admettre que la façon classique de nous imaginer des ondes ou des particules, inspirée de notre expérience quotidienne, ne convient pas du tout. C'est d'ailleurs ce que révèle l'expérience de Taylor ou sa version moderne réalisée avec une matrice de photomultiplicateurs : *aucun* des deux modèles ne convient parfaitement.

En somme, on ne peut donc pas dire que la lumière est « réellement » une particule ou une onde. D'habitude, une telle confusion entre le modèle et la réalité est déjà hasardeuse, puisque la physique ne construit ses modèles que sur les bases des observations connues à ce jour et de l'interprétation qu'on en fait alors. Mais c'est encore plus vrai dans le cas de la lumière, puisque ni le modèle ondulatoire ni le modèle corpusculaire ne parviennent à expliquer toutes les observations.

Comportement de la lumière selon la région du spectre électromagnétique

Les physiciens du début du XXe siècle conclurent que la lumière était plutôt caractérisée par la **dualité onde-particule**. Ce concept fut introduit par Einstein, notamment lorsqu'il montra qu'il fallait faire appel aux *deux* modèles pour parvenir à prédire la loi de Planck. Cette dualité implique que, selon l'expérience ou la mesure réalisée, c'est soit le comportement ondulatoire de la lumière, soit son comportement corpusculaire qui va dominer. Plusieurs cas vérifient cette idée. Par exemple, aux basses fréquences, comme dans le cas des ondes radio, la représentation du rayonnement par une onde continue est adéquate, puisqu'on détecte des milliards de photons à la fois. Dans la région optique, des expériences différentes, par exemple sur l'interférence ou l'effet photoélectrique, font appel soit au modèle ondulatoire, soit au modèle corpusculaire. Aux fréquences élevées, comme dans le cas des rayons X, nous avons tendance à observer des événements ne faisant intervenir qu'un seul photon, bien qu'il soit encore possible de démontrer la nature ondulatoire des rayons X par la diffraction dans un cristal (section 7.8).

Cette idée de la « vieille théorie quantique » selon laquelle la lumière se comporte *soit* comme une particule classique, *soit* comme une onde ne résiste toutefois pas à l'expérience de Taylor (ou à sa version moderne) : dans cette expérience, les photons ne se comportent pas comme des particules classiques, puisqu'ils atteignent des endroits différents, apparemment au hasard, bien qu'ils aient tous été émis de la même façon. De plus, l'apparition d'une figure d'interférence après l'émission de nombreux photons nous oblige à considérer que chaque photon est en mesure d'interférer *avec lui-même* et que la présence de deux fentes plutôt qu'une doit avoir un effet sur son comportement. Seule la mécanique quantique, introduite plus d'une décennie après l'expérience de Taylor, permet de représenter ce comportement. Dans le cadre de cette théorie, que nous survolerons au chapitre suivant, on renonce à toute image classique : la lumière y est conçue comme faite de photons dont le comportement est *statistiquement* celui d'une onde.

9.8 Le principe de correspondance de Bohr

Comme la physique classique réussit très bien à expliquer de nombreux phénomènes, Bohr estimait que, lorsqu'une nouvelle théorie plus générale était proposée, ses prédictions devaient aboutir aux résultats classiques dans les cas limites appropriés. Cette condition selon laquelle les résultats d'une nouvelle théorie correspondent, à la limite, aux résultats de la physique classique est le *principe de correspondance*. Par exemple, la loi du rayonnement de Planck se réduit à la forme classique de la loi de Rayleigh-Jeans lorsque $h \to 0$. Dans la théorie de la relativité restreinte, la transformation de Lorentz se réduit à la transformation de Galilée lorsque $v \ll c$. Bohr utilisa ce principe de correspondance pour établir la constante de Rydberg.

Bohr compara le deuxième postulat de son modèle atomique avec la formule de Rydberg (sous la forme de l'équation 9.25) pour obtenir

$$E_n = \frac{-Rch}{n^2} \qquad (9.28)$$

La fréquence (*mécanique*) du mouvement orbital est $f_{\text{orb}} = v/2\pi r$, alors que la deuxième loi de Newton (équation 9.19) nous donne $v^2 = (ke^2)/mr = 2|E|/m$, où E correspond à l'énergie mécanique décrite à l'équation 9.20. Ainsi, pour la $n^{\text{ième}}$ orbite, on trouve

$$f_{\text{orb}} = \frac{(2|E_n|^3/m)^{1/2}}{\pi ke^2 n^3} \qquad (9.29)$$

Pour poursuivre sa démonstration, Bohr invoqua son principe de correspondance, qui signifiait que, à la limite, pour les grands nombres quantiques n (disons $n = 10^4$), la fréquence *rayonnée* f devait être la même que la fréquence *mécanique* f_{orb}, comme le prévoit la théorie de Maxwell. D'après le deuxième postulat, $f = \Delta E/h$, et d'après l'équation 9.28, la fréquence rayonnée lors de la transition de n à $n - 1$ est

$$f = Rc \left[\frac{1}{(n-1)^2} - \frac{1}{n^2} \right]$$

$$= Rc \left[\frac{2n-1}{n^2(n-1)^2} \right]$$

Lorsque $n \to \infty$, on trouve

$$f \approx \frac{2Rc}{n^3}$$

En posant cette valeur égale à f_{orb} dans l'équation 9.29, on obtient l'équation 9.26 donnant R. Ce résultat marqua le succès de la théorie.

Les lasers

En 1917, Einstein publia un article portant sur l'équilibre thermodynamique entre le rayonnement d'une cavité rayonnante et la matière constituant les parois de cette cavité. Il supposait que les atomes pouvaient occuper un ensemble discret de niveaux d'énergie. Considérons deux états atomiques d'énergies E_1 et E_2 (figure 9.18). Le rapport des nombres de particules occupant deux niveaux d'énergie à la température T est donné par le facteur de Boltzmann (*cf.* chapitre 18, tome 1) :

$$\frac{N_2}{N_1} = e^{-(E_2 - E_1)/kT} \qquad (9.30)$$

À l'équilibre thermique, $N_2 < N_1$; autrement dit, moins d'atomes sont au niveau dont l'énergie est plus élevée (on dit que cet état est moins « peuplé »).

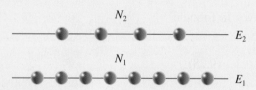

Figure 9.18 ▲

À l'équilibre thermique, le nombre relatif de particules aux deux niveaux d'énergie est donné par le facteur de Boltzmann : $N_2/N_1 = e^{-(E_2 - E_1)/kT}$. Cet équilibre ne signifie pas que chaque atome reste au même niveau, mais plutôt que le nombre d'atomes qui atteignent un niveau est à chaque instant égal au nombre d'atomes qui quittent ce niveau.

Même à l'équilibre thermodynamique, il y a continuellement absorption et émission de rayonnement sous forme de photons. En effet, l'équilibre thermodynamique ne veut pas dire que chaque atome individuel demeure dans le même état (au même niveau), mais plutôt que le nombre total d'atomes à chacun des niveaux demeure statistiquement le même dans le temps. Voyons donc maintenant comment on peut décrire ce rayonnement. Considérons tout d'abord un atome à l'état 1. Si un photon incident est à la bonne fréquence ($hf = E_2 - E_1$), il va être absorbé et faire passer l'atome au niveau 2 (figure 9.19*a*). On peut calculer la quantité d'énergie ainsi *absorbée* par l'ensemble des atomes à partir du niveau 1, pour une unité de temps donnée : elle dépend du nombre d'atomes à l'état 1, c'est-à-dire N_1, et de l'abondance des photons ayant la fréquence appropriée, qu'on peut décrire

par la densité d'énergie ρ du rayonnement à cette fréquence. Le nombre de ces transitions $1 \to 2$ par unité de temps est $N_1 B_{12}\rho$, où B_{12} est une mesure de la probabilité (par particule par unité de temps par unité de densité d'énergie disponible) que la transition ait lieu. La probabilité par particule par unité de temps qu'un atome au niveau supérieur retourne à E_1 (figure 9.19*b*) est notée A_{21}. Le nombre de ces *émissions spontanées* dépend de N_2 mais pas de la présence de rayonnement externe. Le nombre de transitions $2 \to 1$ par unité de temps est $A_{21}N_2$.

(*a*)

(*b*)

Figure 9.19 ▲

(*a*) Une particule à l'état inférieur absorbe un photon et passe à l'état supérieur. (*b*) La particule passe de l'état supérieur à l'état inférieur au cours du processus d'émission spontanée.

À l'équilibre thermodynamique, on peut s'attendre à ce que le taux de transition vers le haut soit égal au taux de transition vers le bas, c'est-à-dire $N_2 A_{21} = N_1 B_{12}\rho$. Ainsi, la densité d'énergie du rayonnement aurait alors la forme $\rho = (A_{21}/B_{12})(N_2/N_1)$. Comme la quantité de photons d'une fréquence donnée qui sort par l'ouverture de la cavité dépend du nombre de ces photons que contient la cavité, on en déduit que la radiance spectrale est proportionnelle à cette valeur prédite de ρ. Pourtant, quand on substitue l'équation 9.30 dans le résultat ci-dessus, la prédiction qu'on obtient pour la radiance spectrale ressemble à la loi du rayonnement de Wien, qui n'est valable que pour les grandes fréquences.

Or, un raisonnement valable aurait dû permettre de prédire la loi de Planck, celle qui correspond à la radiance observée pour toutes les fréquences. Cela poussa Einstein à proposer un second mécanisme d'émission qui, contrairement à l'émission spontanée, dépendrait de ρ. Il s'agit de l'*émission stimulée*, un nouveau mécanisme d'interaction de l'atome avec un rayonnement. À la figure 9.20, l'atome est à l'état 2. Un photon incident ayant la fréquence convenable met l'atome en «résonance» par un mécanisme quelconque et le fait retomber au niveau 1. Dans ce cas, il y a *deux* photons sortants de même fréquence. Einstein montra également que le photon stimulé doit sortir dans la même direction que le photon incident. Ce processus d'émission stimulée correspond à une probabilité B_{21}, qui possède les mêmes dimensions que B_{12}. Le nombre de telles transitions par unité de temps, qui dépend de la densité de rayonnement et de N_2, est $N_2 B_{21} \rho$.

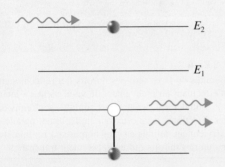

Figure 9.20 ▲

Dans le processus d'émission stimulée, un photon incident fait passer une particule du niveau supérieur au niveau inférieur. Le photon émis et le photon initial sont cohérents et repartent dans la même direction.

Si l'on inclut l'émission stimulée, la condition pour que le taux d'émission équilibre le taux d'absorption s'écrit maintenant

$$N_1 B_{12} \rho = N_2 (A_{21} + B_{21} \rho)$$

En utilisant le facteur de Boltzmann pour N_2/N_1, on trouve que ρ a exactement la forme de la loi de Planck, à condition que $B_{21} = B_{12} \equiv B$ et qu'il existe une relation simple entre A_{21} et B. Cette dérivation nouvelle de la loi de Planck montre que le processus d'émission stimulée est nécessaire pour que le système puisse atteindre l'équilibre thermodynamique. Dans des conditions normales, le processus d'absorption domine parce que les atomes sont plus nombreux au niveau inférieur.

Au début des années 1950, plusieurs scientifiques eurent l'idée d'utiliser l'émission stimulée, dans une situation hors de l'équilibre thermodynamique, pour amplifier un rayonnement micro-onde. Au printemps 1951, Charles Hard Townes (né en 1915) imagina un dispositif permettant de réaliser cette amplification et, en 1953, il réussit avec l'aide de ses collègues à faire fonctionner le premier

maser (*microwave amplification by stimulated emission of radiation* : amplification de micro-ondes par émission stimulée de rayonnement) à partir des niveaux d'énergie de la molécule d'ammoniaque. En 1958, Townes et Arthur Leonard Schawlow (1921-1999) proposèrent un moyen de produire une émission stimulée aux fréquences optiques et, en 1960, Theodore Harold Maiman (né en 1927) fit fonctionner le premier *laser* à rubis (*light amplification by stimulated emission of radiation* : amplification lumineuse par émission stimulée de rayonnement).

Le laser à rubis

La teinte rouge du rubis (Al_2O_3) est due à un petit nombre d'impuretés Cr^{3+}. Les niveaux d'énergie correspondant à cet ion sont représentés à la figure 9.21. E_1 est l'état fondamental et E_3 est un état excité de courte durée (10^{-8} s), alors que E_2 correspond à un état *métastable* de longue durée (3×10^{-3} s). En somme, l'atome passe rapidement de E_3 à E_2 mais pas de E_2 à E_1. Maiman avait placé un cristal de rubis en forme de tige à l'intérieur d'un tube à éclairs en serpentin (figure 9.22). Un éclair comprenant une gamme de longueurs d'onde aux alentours de 550 nm possède l'énergie requise pour faire monter les ions Cr^{3+} à l'état E_3. À partir de cet état, ils reviennent rapidement à l'état E_2. Si l'éclair est assez intense, il est possible d'avoir plus d'atomes dans l'état métastable que dans l'état fondamental. Ce processus de *pompage optique* crée un état de non-équilibre appelé *inversion de population* dans lequel $N_2 > N_1$.

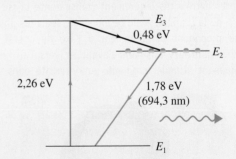

Figure 9.21 ▲

Les niveaux d'énergie pour le fonctionnement du laser à rubis. Le niveau E_2 est un état métastable. Pour que le laser puisse fonctionner, la population dans cet état doit être supérieure à celle de l'état fondamental E_1.

Les deux conditions suivantes doivent être satisfaites pour permettre le fonctionnement du laser :

1. $B_{21} = B_{12}$; autrement dit, les probabilités d'absorption et d'émission stimulée doivent être égales. L'inversion de population ($N_2 > N_1$) rend l'émission stimulée plus fréquente que l'absorption.

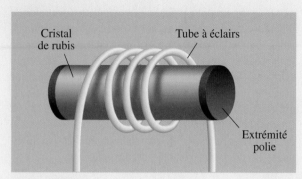

Cristal de rubis

Tube à éclairs

Extrémité polie

Figure 9.22 ▲

Dans le laser à rubis, le « pompage optique » est réalisé par un tube à éclairs enroulé autour du cristal. Ce dispositif permet d'obtenir l'inversion de population nécessaire pour le fonctionnement du laser.

2. Il doit y avoir un *état métastable* pour permettre à l'émission stimulée de se produire avant l'émission spontanée et rendre possible l'inversion de population.

Un photon produit par émission spontanée va stimuler un atome qui se trouve à l'état E_2 pour qu'il émette un photon. Les deux photons ont la *même fréquence* et voyagent dans la *même direction*. Ces deux photons peuvent alors stimuler deux autres atomes qui vont émettre deux photons supplémentaires, et ainsi de suite (figure 9.23). Ce processus se déroule simultanément dans plusieurs directions. Dans la pratique, on recouvre d'aluminium les extrémités du cristal qui tiennent ainsi lieu de miroir et on les rend parallèles avec une précision de 1′ d'arc! L'une des extrémités légèrement transparente laisse passer 1 % de la lumière. Avec ce montage, seuls les photons qui se propagent parallèlement à l'axe du cristal sont réfléchis plusieurs fois vers l'avant et vers l'arrière. Le rayonnement stimulé augmente en intensité dans cette

Maiman et son laser, représenté à la figure 9.22.

seule direction jusqu'à ce qu'une courte impulsion pratiquement unidirectionnelle et monochromatique soit enfin émise à la sortie du miroir semi-réfléchissant. Le laser à rubis émet uniquement de courtes impulsions (plusieurs impulsions par éclair du tube à décharge). De plus, ce processus à trois niveaux se termine lorsque l'atome est à l'état fondamental et requiert donc une grande quantité d'énergie pour produire une inversion de population.

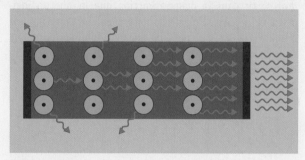

Figure 9.23 ▲

Les extrémités du laser sont des miroirs qui réfléchissent les photons effectuant un mouvement de va-et-vient à l'intérieur du cristal. Initialement, les photons stimulés sont émis dans toutes les directions, mais ceux qui se déplacent parallèlement à l'axe deviennent de plus en plus nombreux. La lumière laser sort par l'un des miroirs qui est légèrement transparent.

Le laser à gaz

En 1960, Ali Javan (né en 1926) et ses collègues firent fonctionner le premier laser à ondes entretenues en utilisant un mélange d'hélium (He) et de néon (Ne) gazeux dans un tube à décharge. Les collisions entre les électrons et les ions font passer les atomes d'hélium à un état métastable d'énergie, $E_1 = 20,61$ eV, au-dessus de l'état fondamental (figure 9.24). Il se trouve que le néon a un état stable presque au même niveau d'énergie, $E_2 = 20,66$ eV. Au lieu de revenir à leur propre état fondamental en émettant un photon, les atomes He peuvent transférer leur

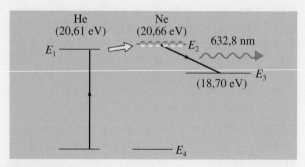

Figure 9.24 ▲

Les quatre niveaux d'énergie mis en jeu dans le laser He-Ne. L'état métastable E_2 des atomes de néon est peuplé par les collisions avec des électrons dans l'état E_1 des atomes d'hélium.

énergie aux atomes Ne par les collisions. La petite différence de 0,05 eV est fournie par l'énergie cinétique des atomes. Des atomes Ne sont également portés au niveau E_2 par des collisions avec des électrons, mais les atomes He aident considérablement à peupler cet état. Ce processus à quatre niveaux offre un meilleur rendement (un apport de 15 W produit un faisceau de 1 mW à la sortie) que le schéma à trois niveaux parce que les atomes à l'état $E_3 = 18,70$ eV chutent très rapidement à l'état E_4. Il est donc plus facile de maintenir une inversion de population entre les états E_2 et E_3. Ce système émet une lumière laser de 632,8 nm.

Les propriétés de la lumière laser

Nous allons maintenant examiner certaines propriétés de la lumière émise par un laser.

1. *Le faisceau est unidirectionnel*: Le faisceau qui sort d'un laser a une divergence typique de 1′ d'arc environ. (La diffraction produit toujours une petite divergence.) Le diamètre du faisceau augmente donc de 1 mm environ par mètre parcouru. Cela implique également que la lumière laser a des fronts d'onde presque plans et que son intensité ne décroît que très lentement avec la distance.

2. *L'intensité du faisceau est élevée*: Un projecteur puissant peut produire un rayonnement de 1 kW environ, alors qu'un laser au CO_2 en fonctionnement continu peut produire 10 kW. Un laser au titane-saphir fonctionnant par impulsions de 10^{-15} à 10^{-14} s peut produire une puissance instantanée de 10^{15} W! Un laser He-Ne continu à 632,8 nm a une faible puissance de sortie (1 mW) mais, selon la dimension du faisceau, son intensité est voisine de 100 W/m². Le rayonnement thermique d'un corps noir à une température de 4580 K atteint son maximum à cette longueur d'onde. L'intensité rayonnée dans l'intervalle indiqué serait à peu près de 25 mW/m². Ainsi, dans sa partie du spectre, même le laser He-Ne de puissance relativement faible est 4000 fois plus intense que la lumière solaire. (C'est pourquoi il ne faut JAMAIS qu'un faisceau laser pénètre dans l'œil.)

3. *La lumière laser est presque monochromatique*: Bien qu'il n'existe pas de lumière parfaitement monochromatique, la lumière laser s'approche beaucoup de cet idéal. Chaque raie du spectre d'un atome correspond à un très petit intervalle naturel de longueurs d'onde ou de fréquences. Les effets des collisions entre atomes et l'effet Doppler viennent encore élargir ces raies. Pour une fine raie produite par un tube ordinaire à décharge gazeuse, l'étalement des longueurs d'onde peut être de ±0,01 nm, alors que les meilleurs ont un

étalement de ±0,0005 nm. Par contre, l'étalement d'un laser He-Ne peut descendre jusqu'à ±10^{-6} nm.

L'étroitesse de la gamme des fréquences émises par un laser est due à un effet de résonance. Le rayonnement réfléchi plusieurs fois entre les miroirs crée des modes résonants d'ondes stationnaires de fréquences nettement définies. Ainsi, dans l'intervalle de longueurs d'onde (élargi par l'effet Doppler et par les collisions), le faisceau laser est constitué de quelques fréquences très précises ($\Delta f < 10^3$ MHz), comme le montre la figure 9.25. Il existe plusieurs moyens de faire fonctionner le laser sur une fréquence unique, mais nous n'allons pas les examiner ici.

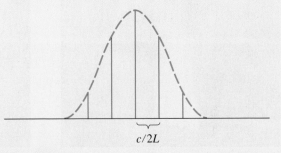

Figure 9.25 ▲
La fréquence précise de la lumière laser est associée aux modes résonants qui sont établis dans la cavité résonante du laser.

4. *La lumière du laser est cohérente*: Nous avons souligné plus haut qu'un photon produit par émission stimulée voyage dans la même direction que le photon initial. Autre fait important, les deux photons sont parfaitement *en phase* et ont la *même polarisation*. C'est ce qui donne à la lumière laser sa remarquable cohérence (*cf.* section 6.7). La *cohérence spatiale* de la lumière laser signifie que deux points opposés du faisceau sont cohérents. La lumière laser a également une grande *cohérence temporelle*. Cette propriété rend les lasers particulièrement utiles pour reproduire des expériences sur l'interférence, comme l'expérience de Young.

Le temps de cohérence τ_c est le temps maximum pendant lequel deux points d'un train d'ondes ont une relation de phase fixe. Ce temps correspond également à la durée de vie du niveau supérieur intervenant dans une transition. On peut considérer qu'un train d'ondes quelconque de longueur finie résulte de la superposition d'ondes de longueur infinie (correspondant chacune à une seule fréquence) dont l'étalement en fréquence est Δf. l'étude montre que l'étalement en fréquence et le temps de cohérence sont liés par la relation

$$\Delta f = \frac{1}{\tau_c}$$

On voit donc que si l'étalement en fréquence est faible, la *durée de cohérence* du faisceau est grande. La *longueur de cohérence* $\ell_c = c\tau_c$ mesure la longueur d'un train d'ondes. En général, pour un seul atome, $\tau_c \approx 10^{-8}$ s et donc $\ell_c = c\tau_c = 3$ m. Dans une décharge gazeuse, l'effet Doppler et les collisions contribuent à élargir la largeur de raie mesurée. L'une des raies les plus nettes du cadmium a une largeur $\Delta\lambda = \pm 0{,}001$ nm, ce qui donne $\ell_c = 25$ cm si $\lambda = 500$ nm. Par contre, la longueur de cohérence d'une raie laser peut aller jusqu'à 30 km !

Un faisceau laser servant à déterminer les dimensions des particules et la concentration d'une flamme.

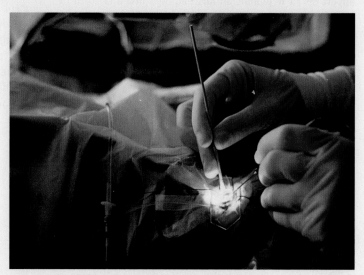

Chirurgie oculaire avec un laser. Celui-ci est manipulé de façon experte et n'est jamais pointé vers la rétine.

RÉSUMÉ

Le spectre de rayonnement émis par une petite ouverture dans une cavité rayonnante est indépendant du matériau constituant cette cavité et est équivalent au rayonnement du corps noir. Le spectre d'un tel rayonnement est décrit par la loi du rayonnement de Planck :

$$R(\lambda, T) = \frac{2\pi c^2 h \lambda^{-5}}{e^{hc/\lambda kT} - 1} \tag{9.5}$$

Selon l'hypothèse quantique d'Einstein, l'énergie d'un atome agissant comme oscillateur est quantifiée en multiples de hf, où f est la fréquence et h la constante de Planck. L'énergie du $n^{\text{ième}}$ niveau est

$$E_n = nhf \tag{9.6}$$

L'énergie d'un rayonnement électromagnétique de fréquence f est également quantifiée. Chaque photon, ou quantum d'énergie, possède une valeur donnée par :

$$E = hf \tag{9.8}$$

Dans l'effet photoélectrique, un seul photon de fréquence f interagit avec un seul électron et l'éjecte du matériau. Le photon est absorbé (disparaît) au cours de ce processus. On peut déterminer l'énergie cinétique maximale des électrons à partir du potentiel d'arrêt ΔV_0 :

$$K_{\max} = e\Delta V_0 \qquad (9.7)$$

Selon l'équation photoélectrique d'Einstein,

$$K_{\max} = hf - \phi \qquad (9.9)$$

où ϕ est le travail d'extraction, c'est-à-dire l'énergie minimale nécessaire pour extraire un électron de la surface. L'effet photoélectrique ne se produit pas aux fréquences inférieures à la fréquence de seuil f_0 :

$$hf_0 = \phi \qquad (9.10)$$

Dans l'effet Compton, on explique la diffusion de la lumière par une collision entre un photon et un électron libre. Le déplacement de longueur d'onde du photon diffusé est donné par

$$\lambda' - \lambda = \left(\frac{h}{m_0 c}\right)(1 - \cos\theta) \qquad (9.16)$$

où θ est l'angle de déviation du photon.

Le modèle de Bohr pour l'atome d'hydrogène permet de prédire les longueurs d'onde du spectre de raies que produit cet atome. Il s'applique également à d'autres systèmes à un seul électron. Ce modèle se fonde sur les postulats suivants :

1. Les électrons ne se déplacent que sur certaines orbites circulaires stables appelées orbites stationnaires.

2. Il n'y a émission d'un rayonnement que lorsqu'un électron passe d'une orbite à une autre, la fréquence du rayonnement étant donnée par

$$hf = E_{n'} - E_n \qquad (9.21)$$

3. Le module du moment cinétique d'un électron est quantifié selon

$$mvr = n\hbar \qquad (9.22)$$

où $\hbar = h/2\pi$.

L'énergie mécanique de l'atome, selon le modèle de Bohr, est donnée par :

$$E = -\frac{ke^2}{2r} \qquad (9.20)$$

Les valeurs permises pour le rayon de l'orbite de l'électron de cet atome sont données par :

$$r_n = \frac{n^2\hbar^2}{mke^2} \qquad (9.23)$$

Les niveaux d'énergie de l'atome d'hydrogène, en électronvolts, sont donnés par

$$E_n \approx \frac{-13{,}6}{n^2}\,\text{eV} \qquad (9.27)$$

Un atome peut être excité et passer à un état de niveau plus élevé soit par suite d'une collision avec un électron hors de l'atome, soit par l'absorption d'un photon de fréquence convenable.

cavité rayonnante (p. 313)

corps noir (p. 313)

dualité onde-particule (p. 338)

effet Compton (p. 326)

effet photoélectrique (p. 320)

excitation collisionnelle (p. 334)

excitation radiative (p. 334)

formule de Balmer (p. 327)

fréquence de seuil (p. 322)

hypothèse quantique d'Einstein (p. 318)

ionisation (p. 334)

loi de Planck (p. 318)

loi de Rayleigh-Jeans (p. 316)

loi de Stefan-Boltzmann (p. 314)

loi du déplacement spectral de Wien (p. 313)

loi du rayonnement de Wien (p. 316)

longueur d'onde de Compton (p. 326)

luminosité (p. 315)

noyau (p. 329)

photon (p. 322)

potentiel d'arrêt (p. 320)

quantification de l'énergie (p. 318)

radiance spectrale (p. 313)

rayonnement du corps noir (p. 313)

rayonnement thermique (p. 312)

travail d'extraction (p. 320)

RÉVISION

R1. En quoi la figure 9.2 (p. 313) illustre-t-elle la loi de Stefan-Boltzmann ?

R2. Quelles particularités de l'effet photoélectrique la mécanique classique peut-elle expliquer ? Lesquelles ne parvient-elle pas à expliquer ?

R3. Expliquez pourquoi l'arrivée successive de deux photons possédant chacun la moitié de la fréquence de seuil est incapable de produire l'effet photoélectrique.

R4. Comment l'effet Compton a-t-il permis de convaincre la plupart des physiciens de la validité de la notion de photon ?

R5. Décrivez l'apport de Rutherford et de Bohr dans l'évolution des modèles atomiques.

R6. Énoncez les trois postulats de Bohr.

R7. Expliquez la différence entre une excitation radiative et une excitation collisionnelle.

R8. Expliquez la différence entre une désexcitation radiative et une désexcitation collisionnelle.

R9. Expliquez comment on peut concilier le spectre en forme de cloche caractéristique du corps noir et le spectre de raies prédit par le modèle de Bohr.

R10. Quelle caractéristique du modèle atomique de Bohr était incompatible avec les lois de la physique connues à l'époque ?

R11. Précisez une expérience où la lumière se comporte surtout comme une onde, et une expérience où elle se comporte surtout comme une particule.

QUESTIONS

Q1. Un signal radio AM suffisamment puissant peut-il produire un effet photoélectrique ?

Q2. (a) Lorsqu'une surface est éclairée par de la lumière monochromatique, pourquoi y a-t-il une limite supérieure à l'énergie cinétique que peuvent posséder les photoélectrons ? (b) Pour une fréquence donnée supérieure au seuil photoélec-trique, pourquoi existe-t-il un intervalle d'énergie cinétique pour les électrons émis ?

Q3. Lorsque de la lumière contenant un intervalle continu de fréquences traverse un échantillon de gaz hydrogène à température ambiante, seule la série de Lyman (voir la figure 9.16, p. 334) est observée dans le spectre d'absorption. Pourquoi ?

Q4. Si l'intensité de la lumière est fixe, le nombre de photoélectrons dépend-il de la fréquence ?

Q5. L'existence d'un travail d'extraction photoélectrique n'est pas contraire à la physique classique. Puisque le travail d'extraction est égal à hf_0, pourquoi l'existence d'une fréquence de coupure n'est-elle pas également acceptable dans le cadre de la physique classique ?

Q6. Quel phénomène facilement observable est décrit par : (a) la loi de Stefan-Boltzmann ; (b) la loi du déplacement de Wien ?

Q7. En quoi l'effet photoélectrique et l'effet Compton sont-ils (a) semblables ; (b) différents ?

Q8. Pourquoi l'effet Compton ne se produit-il pas avec la lumière visible ?

Q9. La température de la plaque métallique où se produit l'effet photoélectrique a-t-elle une importance ?

Q10. La lumière provenant des étoiles nous apparaît parfois rougeâtre ou bleuâtre. Quels renseignements peut-on tirer de cette observation ?

Q11. Pourquoi est-il difficile de produire une ampoule incandescente avec un spectre visible semblable à celui de la lumière solaire ?

Q12. Montrez que les unités de la constante de Planck sont les mêmes que celles du moment cinétique.

Q13. Les rayons ultraviolets provoquent le bronzage et les coups de soleil. Pourquoi la lumière visible n'a-t-elle pas les mêmes effets ?

Q14. Un filament plus chaud dans une ampoule serait-il plus efficace pour convertir l'énergie électrique en énergie lumineuse ? Justifiez votre réponse.

Q15. Selon le deuxième postulat de Bohr, la fréquence f de la lumière émise est donnée par $\Delta E = hf$, où ΔE est la différence d'énergie entre deux niveaux. Cette équation peut-elle être absolument valable ? (Pensez à la conservation de la quantité de mouvement.)

Q16. Un électron dans un atome d'hydrogène est dans son état fondamental. (a) Que lui arrive-t-il en présence d'un rayonnement incident de fréquence supérieure à $(E_3 - E_1)/h$ mais inférieure à $(E_4 - E_1)/h$? (b) Que se passe-t-il si l'on utilise un faisceau d'électrons d'énergie cinétique supérieure à $(E_3 - E_1)$ mais inférieure à $(E_4 - E_1)$?

Q17. De quelle donnée expérimentale se servit Bohr pour formuler sa théorie ?

Q18. Dans son premier postulat, Bohr abandonne *deux* caractéristiques de la théorie classique du rayonnement. L'une d'entre elles a été mentionnée explicitement. Quelle est l'autre ?

Q19. Quels aspects du modèle de Bohr de l'atome d'hydrogène sont (a) classiques ; (b) non classiques ?

Q20. L'hydrogène a un seul électron mais il émet plusieurs raies spectrales. Expliquez pourquoi.

Q21. Soit une collision entre un électron libre et un atome d'hydrogène. Quelle énergie cinétique maximale peut posséder l'électron pour que la collision avec l'atome soit élastique ?

Q22. Montrez comment est modifiée la figure 9.7 (p. 321) si l'on maintient l'intensité fixe et que l'on fait varier la fréquence ($f > f_0$).

Q23. Puisque l'équation 9.26 fait intervenir e^4, pourquoi le fait de remplacer e par Ze donne Z^2 dans l'équation 9.27 ? Indiquez les étapes suivies.

Q24. Expliquez le fondement physique du principe de combinaison de Ritz (voir la section 9.4).

Q25. Supposons que l'électron dans l'atome d'hydrogène parte du niveau $n = 4$. Combien de raies peut-on observer ?

Q26. Dans l'effet Compton, pourquoi $\Delta\lambda$ est-il indépendant du matériau ? Pourquoi est-il indépendant de λ ?

Q27. Dans l'effet Compton, pourquoi est-il préférable d'utiliser de courtes longueurs d'onde pour le rayonnement incident ?

EXERCICES

Voir l'avant-propos pour la signification des icônes
SÉRIE CLIPS

9.1 Rayonnement du corps noir

E1. (I) Quelle est la longueur d'onde du pic (λ_{max}) dans le rayonnement du corps noir aux températures suivantes : (a) le rayonnement cosmique de 3 K provenant du « big bang » qui créa l'univers ; (b) un filament de tungstène à 3000 K ; (c) une réaction de fusion à 10^7 K ?

E2. (I) (a) Le pic de rayonnement provenant du Soleil se situe à 500 nm. Quelle est la température à la surface du Soleil, en supposant qu'il s'agisse d'un corps noir ? (b) Quelle serait la température à la surface d'une étoile dont le pic de rayonnement serait situé à 350 nm ?

E3. (I) Pour quel intervalle de températures la longueur d'onde du pic de rayonnement du corps noir varie-t-elle de 400 nm à 700 nm, soit la gamme des longueurs d'onde de la lumière visible ?

E4. (II) En vous servant de la loi de Stefan-Boltzmann, estimez l'intensité nette transférée vers l'environnement par : (a) un poêle chaud à 2000°C dans une pièce à 20°C ; (b) une personne dont la température de la peau est à 34°C dans l'air à 10°C.

E5. (I) Sachant que la température à la surface de l'étoile Sirius A est de 8830 K, estimez sa luminosité. Le rayon de cette étoile est d'environ deux fois celui du Soleil.

E6. (I) Un filament chauffant a un rayon de 2 mm et une longueur de 20 cm. Si sa température est de 2000 K, quelle est sa luminosité ?

E7. (I) Quelle est la longueur d'onde du pic du rayonnement du corps noir pour un objet à 300 K ?

E8. (I) Une molécule de CO_2 peut vibrer à des fréquences qui sont des multiples entiers de $5,1 \times 10^{13}$ Hz. Quelle est la séparation entre des niveaux d'énergie adjacents en électronvolts ?

9.2 Effet photoélectrique

E9. (I) Une station de radio a une puissance émettrice de 400 kW à 100 MHz. Combien de photons par seconde sont émis ?

E10. (I) (a) Montrez que l'énergie E d'un photon (en électronvolts) peut s'écrire sous la forme

$$E = \frac{1,24 \times 10^3}{\lambda}$$

où la longueur d'onde λ est en nanomètres. (b) Quel est, en électronvolts, l'intervalle d'énergie des photons dans la région visible entre 400 nm et 700 nm ?

E11. (I) Le travail d'extraction d'un électron est de 2,25 eV pour le potassium. Soit un faisceau de longueur d'onde 400 nm qui a une intensité de 10^{-9} W/m². Déterminez (a) l'énergie cinétique maximale des photoélectrons en électronvolts ; (b) le nombre d'électrons émis par mètre carré par seconde à partir de la surface où se produit l'effet photoélectrique, en supposant que 3 % des photons incidents parviennent à éjecter des électrons.

E12. (I) L'intensité lumineuse minimale que peut détecter l'œil est de 5×10^{-13} W/m² environ. Si le diamètre de la pupille est de 5 mm, trouvez : (a) la puissance nécessaire ; (b) le nombre de photons par seconde requis à 500 nm.

E13. (I) Le seuil photoélectrique de longueur d'onde pour le césium est de 686 nm. Si de la lumière de longueur d'onde 470 nm éclaire la surface, quel est le module de la vitesse maximale des photoélectrons ?

E14. (I) Déterminez l'énergie (en eV) des photons pour les longueurs d'onde ou fréquences suivantes : (a) la lumière visible à 550 nm ; (b) une onde radio FM à 100 MHz ; (c) une onde radio AM à 940 kHz ; (d) un faisceau de rayons X à 0,071 nm.

E15. (I) (a) L'énergie de dissociation du CO est de 11 eV. Quelle est la fréquence minimale de rayonnement qui peut rompre cette liaison ? (b) La longueur d'onde maximale d'un rayonnement capable de dissocier la molécule O_2 est de 175 nm. Quelle est l'énergie de liaison de cette molécule en électronvolts ?

E16. (I) La liaison C-C a une énergie de dissociation de 2,8 eV. Quelle est la plus grande longueur d'onde pouvant rompre cette liaison ? À quelle partie du spectre appartient-elle ?

E17. (I) L'intensité du rayonnement solaire incident sur l'atmosphère terrestre est de 1,34 kW/m². En supposant qu'il est monochromatique à 550 nm (jaune), à combien de photons/(m²·s) correspond-il ?

E18. (I) Un laser hélium-néon produit 1 mW à une longueur d'onde de 632,8 nm. Combien de photons émet-il par seconde ?

E19. (I) Le travail d'extraction d'un des électrons du lithium est de 2,3 eV. (a) Quelle est, en électronvolts, l'énergie cinétique maximale des photoélectrons lorsqu'une surface constituée de cet atome est éclairée par de la lumière de longueur d'onde 400 nm ? (b) Si le potentiel d'arrêt est de 0,6 V, quelle est la longueur d'onde de rayonnement ?

E20. (I) Soit un rayonnement de longueur d'onde 200 nm tombant sur du mercure pour lequel le travail d'extraction photoélectrique est de 4,5 eV. Quels sont (a) l'énergie cinétique maximale des électrons éjectés en électronvolts ; (b) le potentiel d'arrêt ?

E21. (I) Lorsqu'un rayonnement de longueur d'onde 350 nm éclaire une surface, l'énergie cinétique maximale des photoélectrons est de 1,2 eV. Quel est le potentiel d'arrêt pour une longueur d'onde de 230 nm ?

E22. (I) Lorsque de la lumière violette de longueur d'onde 420 nm éclaire une surface, le potentiel d'arrêt des photoélectrons est de 2,4 V. Quelle est la fréquence de seuil pour cette surface ?

E23. (II) Une ampoule de 100 W convertit 5 % de l'énergie électrique consommée en lumière visible. On suppose que la lumière a une longueur d'onde de 600 nm et que l'ampoule est une source ponctuelle. (a) Quel est le nombre de photons émis par seconde ? (b) Si, pour détecter une source à cette longueur d'onde, l'œil a besoin au minimum de 20 photons/s, à quelle distance maximale l'ampoule est-elle visible ? On suppose le diamètre de la pupille égal à 3 mm.

E24. (II) Lorsqu'un métal est éclairé par de la lumière de fréquence f, l'énergie cinétique maximale des photoélectrons est de 1,3 eV. Lorsqu'on augmente la fréquence de 50 %, l'énergie cinétique maximale augmente jusqu'à 3,6 eV. Quelle est la fréquence de seuil pour ce métal ?

E25. (II) Avec une pupille de diamètre égal à 5 mm, l'œil peut détecter 8 photons/s à 500 nm. Pour que l'œil puisse la détecter, quelle doit être la luminosité d'une source ponctuelle à la distance de (a) la Lune ; (b) Alpha du Centaure, située à 4,2 a.l. ?

E26. (II) Lors d'une expérience sur l'effet photoélectrique, on a recueilli les valeurs suivantes pour la longueur d'onde et le potentiel d'arrêt.

λ (nm) :	500	450	400	350	300
V_0 (V) :	0,37	0,65	1,0	1,37	2,0

Tracez un graphe et utilisez-le pour déterminer (a) h/e ; (b) la fréquence de seuil.

9.3 Effet Compton

E27. (II) (a) Quelle est la fréquence d'un photon dont l'énergie est égale à deux fois l'énergie au repos d'un électron ? (Voir le chapitre 8.) (b) Quel serait le module de la quantité de mouvement de ce photon ?

E28. (I) Un faisceau de rayons X dans lequel chaque photon a une énergie de 30 keV subit une diffusion Compton. Un photon diffusé émerge à 50° par rapport au faisceau incident. (a) Trouvez la longueur d'onde modifiée. (b) Quelle est l'énergie cinétique de l'électron diffusé ?

E29. (I) Un faisceau de rayons X dans lequel chaque photon a une énergie de 40 keV. Trouvez, en électronvolts, l'énergie cinétique maximale possible des électrons diffusés par effet Compton.

E30. (I) Un photon de la gamme des rayons X de longueur d'onde 0,071 nm est diffusé par une cible en carbone. Il subit un déplacement de longueur d'onde de 0,02 %. Selon quel angle émerge-t-il par rapport à sa direction initiale ?

E31. (I) La longueur d'onde d'un photon est égale à la longueur d'onde de Compton. Quelle est son énergie en électronvolts ?

E32. (I) Un faisceau de rayons X dans lequel chaque photon a une énergie de 30 keV est diffusé à 37° par effet Compton. (a) Quelle est la variation de longueur d'onde ? (b) Quelle est, en électronvolts, l'énergie des photons diffusés ?

E33. (II) La variation relative de longueur d'onde d'un faisceau soumis à une diffusion Compton est $\Delta\lambda/\lambda = 0,03\,\%$. Quelle est l'énergie des photons incidents si l'angle de diffusion est de 53° ?

E34. (I) Un photon de la gamme des rayons X de longueur d'onde 0,08 nm est diffusé à 70° par un bloc de graphite. (a) Quelle est la variation de longueur d'onde par effet Compton ? (b) Quelle est, en électronvolts, l'énergie cinétique de l'électron diffusé ?

E35. (I) Des rayons X dont l'énergie par photon est de 50 keV sont diffusés à 45°. Trouvez la fréquence des photons diffusés.

E36. (I) Un faisceau de rayons X de longueur d'onde 0,08 nm est soumis à une diffusion Compton par une cible. Calculez le déplacement de longueur d'onde si les photons diffusés sont déviés de (a) 30° ; (b) 90° ; (c) 150°.

9.6 Modèle de Bohr

E37. (I) (a) Un gaz d'atomes d'hydrogène à l'état fondamental est bombardé par des électrons d'énergie cinétique égale à 12,5 eV. Quelles longueurs d'onde émises peut-on s'attendre à observer ? (b) Que se passe-t-il si les électrons sont remplacés par des photons de même énergie ?

E38. (I) (a) Trouvez les trois plus grandes longueurs d'onde de la série de Paschen (voir la figure 9.16, p. 334) pour l'atome d'hydrogène. Dans quelle partie du spectre électromagnétique sont-elles situées ? (b) Quelle est la plus courte longueur d'onde dans cette série ?

E39. (I) Quelle est la longueur d'onde maximale capable d'ioniser un atome d'hydrogène à l'état fondamental ? Dans quelle région du spectre électromagnétique est située cette longueur d'onde ?

E40. (I) Calculez la fréquence de rotation de l'électron de l'atome d'hydrogène à l'état fondamental. Si l'électron rayonnait à cette fréquence, dans quelle partie du spectre électromagnétique ce rayonnement serait-il situé ?

E41. (I) L'électron de l'atome d'hydrogène est à l'état $n = 2$. Quelle est, en électronvolts, (a) son énergie potentielle électrique ; (b) son énergie cinétique ?

E42. (I) (a) Déterminez, en électronvolts, les quatre premiers niveaux d'énergie de l'ion Li^{++} ($Z = 3$). (b) Quelles sont les longueurs d'onde des trois transitions les plus énergétiques pour ces quatre niveaux ?

E43. (I) Calculez le rayon de l'orbite de l'électron dans chacun des trois premiers états de l'atome d'hydrogène.

E44. (I) (a) Quels sont, en électronvolts, les trois premiers niveaux d'énergie de l'ion He⁺ ($Z = 2$) ? (b) Quelle est l'énergie requise pour libérer l'électron de cet ion ?

E45. (I) On considère l'électron de l'atome d'hydrogène à l'état fondamental. Déterminez, selon le modèle de Bohr, le module de (a) sa vitesse ; (b) sa quantité de mouvement ; (c) son accélération.

E46. (II) Soit un électron en orbite autour d'un noyau de charge Ze. Montrez que le rayon de l'orbite du $n^{\text{ième}}$ niveau est donné par $r_n = n^2 r_1/Z$, avec r_1 qui

correspond au rayon de l'orbite de l'électron de l'hydrogène lorsque $n = 1$, soit $\hbar^2/mke^2$.

E47. (II) Un électron est en orbite autour d'un noyau de charge Ze. Montrez que le module de la vitesse pour le $n^{\text{ième}}$ niveau est donné par $v_n = 2{,}2 \times 10^6 Z/n$ m/s.

E48. (II) Dans un atome muonique, l'électron est remplacé par une particule appelée muon qui possède la même charge que l'électron mais dont la masse est 207 fois plus grande. De quel facteur varie chacune des grandeurs suivantes par rapport à un atome ordinaire à un électron : (a) les niveaux d'énergie ; (b) les rayons des orbites ?

E49. (II) Un électron est en orbite autour d'un noyau de charge Ze. Montrez que l'énergie du $n^{\text{ième}}$ niveau est donnée par l'équation 9.27.

9.2 Effet photoélectrique

E50. (I) Les ondes d'un four à micro-ondes ont une fréquence de 2450 MHz. Trouvez : (a) leur longueur d'onde ; (b) l'énergie d'un photon en électronvolts.

E51. (I) Lorsque de la lumière de longueur d'onde 490 nm éclaire une surface photoélectrique, le potentiel d'arrêt est de 0,63 V. Quel est, en électronvolts, le travail d'extraction d'un électron ?

E52. (I) Le travail d'extraction d'un photoélectron pour un métal est de 2,2 eV. (a) Quelle est la longueur d'onde de seuil photoélectrique ? (b) Quelle est l'énergie cinétique maximale (en électronvolts) des électrons émis lorsqu'on utilise une longueur d'onde de 420 nm ?

E53. (I) Lorsqu'on éclaire une surface avec de la lumière de longueur d'onde 428 nm, les photoélectrons ont une vitesse maximale de module $5{,}2 \times 10^5$ m/s. Quelle est la fréquence de seuil de la photoémission ?

E54. (I) Un photon de 4,8 eV frappe une surface pour laquelle le travail d'extraction est de 2,78 eV. Quel est le module de la vitesse maximale de l'électron émis ?

E55. (I) La longueur d'onde de seuil photoélectrique d'un matériau métallique est de 360 nm. Quel est le module de la vitesse maximale des électrons émis si on utilise des photons de 280 nm de longueur d'onde ?

9.3 Effet Compton

E56. (I) Un photon de la gamme des rayons X de 30 keV est diffusé à 60° par un électron libre. (a) Quelle

est, en électronvolts, l'énergie du photon diffusé ? (b) Quelle est alors la vitesse de ce photon ?

E57. (I) Un photon de 120 keV est diffusé par un électron libre et perd 5 % de son énergie. Quel est l'angle de diffusion ?

E58. (I) Un photon de 0,15 nm de longueur d'onde est diffusé par un électron libre dont le module de la vitesse de recul est de $2{,}6 \times 10^6$ m/s. (a) Quelle est la nouvelle longueur d'onde du photon ? (b) Quel est l'angle de diffusion ?

E59. (II) Un photon de 0,01 nm est diffusé à 90° par les électrons libres d'une cible de carbone. (a) Quelle énergie gagne l'électron ? (b) Quelle est alors sa quantité de mouvement ? (c) Quel est l'angle auquel est projeté l'électron ?

9.6 Modèle de Bohr

E60. (I) Quelle est la plus petite longueur d'onde d'une raie spectrale (a) de la série de Balmer, et (b) de la série de Lyman ?

E61. (I) L'électron de l'atome d'hydrogène passe de l'état $n = 2$ à l'état fondamental. Quelle est la longueur d'onde du photon émis ?

E62. (I) Un atome absorbe l'énergie d'un photon de 392 nm et la réémet en deux étapes. Si la longueur d'onde d'un des photons émis est de 712 nm, quelle est la longueur d'onde de l'autre ?

E63. (II) Un atome d'hydrogène émet des photons dont la longueur d'onde est de 102,5 nm. Quels sont les deux niveaux d'énergie en cause ?

PROBLÈMES

Voir l'avant-propos pour
la signification des icônes

SÉRIE CLIPS

P1. (I) Dans une expérience sur l'effet Compton, le photon diffusé a une énergie de 130 keV et l'électron diffusé a une énergie cinétique de 45 keV. Trouvez (a) la longueur d'onde des photons incidents ; (b) l'angle θ de diffusion du photon ; (c) l'angle ϕ suivant lequel est éjecté l'électron.

P2. (I) Montrez que la loi du rayonnement de Wien mène à la loi du déplacement de Wien (équation 9.1). (*Indice* : Quelle est la condition pour obtenir λ_{max} ?)

P3. (I) En considérant le cas particulier d'une collision à une dimension, montrez qu'un électron libre ne peut pas absorber complètement un photon. (Montrez que la quantité de mouvement et l'énergie ne peuvent pas être conservées simultanément.)

P4. (I) Montrez que la perte d'énergie relative d'un photon soumis à une diffusion Compton est donnée approximativement par $\Delta E/E = -\Delta\lambda/\lambda$.

P5. (I) Les deux protons de la molécule d'hydrogène sont distants de 0,074 nm et tournent autour de leur centre de masse. Le module du moment cinétique total est quantifié en multiples de $h/2\pi$. (a) Quel est le moment d'inertie I ? (b) Si le moment cinétique $I\omega_n$ est quantifié, trouvez ω_n. (c) Si f est la fréquence de rotation de chacun des protons autour du centre de masse, où est situé $f_{n+1} - f_n$ dans le spectre électromagnétique ?

P6. (I) L'électron dans un atome d'hydrogène fait une transition du niveau $n = 5$ au niveau $n = 1$. Trouvez le module de la vitesse de recul de l'atome.

P7. (II) Établissez l'équation 9.16 pour l'effet Compton. (*Indice* : Utilisez d'abord l'équation 9.14 et l'équation 9.15 pour éliminer ϕ et obtenir l'expression donnant p^2. Ensuite, utilisez $E^2 = p^2c^2 + m_0^2c^4$

$= (K + m_0c^2)^2$ et l'équation 9.13 pour obtenir une autre expression donnant p^2.)

P8. (II) (a) Dans la loi du rayonnement de Planck, on pose $x = hc/\lambda kT$. En dérivant par rapport à x, montrez que la longueur d'onde correspondant au maximum est donnée par l'équation $5 - x = 5e^{-x}$. La solution de cette équation est $x = 4,965$. (b) Montrez que la loi du rayonnement de Planck mène à la loi du déplacement de Wien.

P9. (II) Montrez que

$$I = \int_0^\infty R(\lambda, T)\,dT$$

conduit à $I = \sigma T^4$, où la constante $\sigma = 2\pi^5 k^4 / 15c^2h^3$, soit la loi de Stefan-Boltzmann, où T_0 est négligeable devant T. Pour y arriver, faites un changement de variable du type $x = hc/\lambda kT$ et remarquez que

$$\int_0^\infty \frac{x^3}{(e^x - 1)}\,dx = \frac{\pi^4}{15}$$

P10. (II) Le positonium est composé d'un électron et d'un positon (électron positif) en orbite autour de leur centre de masse commun. Utilisez le modèle de Bohr pour montrer que les niveaux d'énergie sont donnés par $E_n \approx -6,8$ eV$/n^2$.

P11. (II) Ajustez correctement les paramètres qui apparaissent dans les expressions pour la radiance spectrale de Wien, de Rayleigh-Jeans et de Planck. Tracez ensuite le graphe de ces trois expressions sur une plage de longueurs d'onde permettant de vérifier les affirmations de la section 9.1 et de la figure 9.3 (p. 317).

La mécanique ondulatoire

POINTS ESSENTIELS

1. D'après l'**hypothèse de Broglie**, les particules ont des propriétés ondulatoires.

2. L'**équation d'onde de Schrödinger** sert à prédire le comportement mathématique des ondes de matière.

3. La **fonction d'onde** indique la probabilité de trouver une particule à l'intérieur d'une région donnée.

4. Une particule peut pénétrer dans une région interdite selon la physique classique et même traverser une barrière de potentiel par **effet tunnel**.

5. D'après le **principe d'incertitude de Heisenberg**, on ne peut connaître simultanément certaines paires de grandeurs avec une précision arbitrairement grande.

Selon la physique quantique, la lumière de ces projecteurs a un comportement très comparable à celui de la matière qu'elle éclaire. En effet, toutes deux manifestent la dualité onde-particule : dans le premier cas, le carré de l'amplitude d'une onde électromagnétique indique la probabilité de présence de chaque photon et, dans le second cas, le carré de l'amplitude d'une onde de matière indique la probabilité de présence de chaque électron, proton, neutron… Dans ce chapitre, nous nous pencherons sur ce type de description exclusivement probabiliste.

Malgré ses limites, la « vieille théorie quantique » que nous avons étudiée au chapitre précédent a tout de même permis de marquer d'importantes avancées. Par exemple, la théorie de Bohr permet d'expliquer le spectre de l'hydrogène et donne un début d'explication de la stabilité des atomes, mais elle n'est valable que pour des systèmes à un seul électron. Elle ne peut pas prédire les intensités relatives des raies spectrales ni expliquer pourquoi, lorsqu'on augmente la résolution, on découvre que certaines raies sont composées de deux ou de plusieurs raies plus fines. En 1916, Arnold Sommerfeld (1868-1951) améliora la théorie de Bohr en incorporant la relativité restreinte et la possibilité d'orbites elliptiques. Avec l'addition de deux nouveaux nombres quantiques, la théorie de Bohr-Sommerfeld permettait de rendre compte de nombreuses caractéristiques des spectres et montrait comment le tableau périodique est construit de façon systématique. Mais les règles utilisées ne reposaient pas sur un fondement satisfaisant et, au début des années 1920, la théorie avait épuisé son potentiel explicatif.

Vers la fin de la Première Guerre mondiale, toute la « vieille théorie quantique » avait atteint le même genre de statut : l'ensemble des nouveaux modèles ne formait pas un tout cohérent. Dans le climat d'ouverture de l'après-guerre, un remaniement radical de la théorie se produisit, ce qui donna la mécanique quantique moderne. Dans ce chapitre, nous verrons comment ce remaniement a commencé par les idées de Louis de Broglie (1892-1987), qui ont ensuite été généralisées par d'autres physiciens.

10.1 Les ondes de Broglie

Figure 10.1 ▲
Louis de Broglie (1892-1987).

Dans la thèse de doctorat qu'il présenta en 1924, Louis de Broglie (figure 10.1) émit une hypothèse révolutionnaire fondée sur la notion métaphysique de « symétrie de la nature ». La lumière, qui depuis un siècle était considérée comme une onde, venait de manifester des caractéristiques propres à une particule notamment dans l'effet photoélectrique et dans l'effet Compton. De Broglie rappela qu'en 1909 Einstein avait montré qu'il faut tenir compte des *deux* aspects du rayonnement, ondulatoire et corpusculaire, pour décrire complètement le rayonnement d'un corps noir (loi de Planck). S'inspirant de ces découvertes, de Broglie supposa donc qu'on pouvait attribuer aux particules matérielles une dualité onde-particule similaire. Autrement dit, la matière pouvait également avoir un comportement ondulatoire. La relativité et la théorie quantique ayant montré que la physique classique est insuffisante dans plusieurs domaines, il était permis de douter de la fiabilité des notions classiques pour l'étude du monde sous-microscopique de l'atome.

Utilisant une combinaison de la théorie quantique et de la relativité restreinte, de Broglie supposa que la longueur d'onde λ associée à une particule est liée au module de sa quantité de mouvement $p = mv$ par la relation

Longueur d'onde d'une particule

$$\lambda = \frac{h}{p} \tag{10.1}$$

On remarque que cette équation est également valable pour un photon : $p = E/c = hf/c = h/\lambda$. Dans le cas du photon, l'onde associée est une onde électromagnétique, mais ce type d'onde ne convient pas pour une particule : de Broglie venait en somme d'inventer un nouveau type d'onde, l'**onde de matière**. La signification physique de cette nouvelle onde n'était pas claire ; en particulier, de Broglie n'avait pas identifié « ce qui oscille » et s'était contenté de déterminer une longueur d'onde. Malgré tout, le raisonnement qui suit l'encouragea à poursuivre. Dans le modèle atomique de Bohr, le module du moment cinétique de l'électron est quantifié :

$$mvr = \frac{nh}{2\pi} \tag{10.2}$$

Lorsqu'on utilise l'équation de Broglie $p = mv = h/\lambda$, l'équation 10.2 devient

$$\lambda = \frac{2\pi r}{n} \tag{10.3}$$

Cette équation est très analogue à la condition $\lambda = 2L/n$ (équation 2.12) que doivent respecter les ondes stationnaires résonantes sur une corde ! Ainsi, bien que l'hypothèse de Broglie n'ait pas initialement reposé sur des observations expérimentales, elle venait de fournir un fondement théorique fort au postulat que Bohr, lui, avait posé arbitrairement : les seules orbites autorisées devenaient celles dont la circonférence contient un nombre entier de longueurs d'onde (figure 10.2). Einstein aida à faire connaître l'**hypothèse de Broglie** qui fut d'abord rejetée par une majorité de scientifiques.

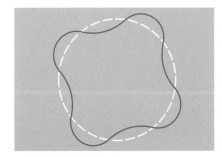

Figure 10.2 ▲
Une onde stationnaire sur la circonférence d'un cercle. De Broglie se servit de ce schéma pour expliquer la quantification du moment cinétique dans la théorie de Bohr.

EXEMPLE 10.1

Quelle est la longueur d'onde de Broglie (a) d'un électron initialement au repos qui est accéléré par une différence de potentiel de 54 V ; (b) d'une balle de pistolet de 10 g ayant une vitesse de 400 m/s ?

Solution

(a) D'après l'équation 10.1, la longueur d'onde de Broglie est

$$\lambda = \frac{h}{p} = \frac{h}{mv}$$

En effet, un électron qui est accéléré par une différence de potentiel aussi faible n'acquerra pas une vitesse comparable à celle de la lumière. On peut donc utiliser l'équation non relativiste $p = mv$. ∎

L'énergie cinétique acquise par l'électron de charge $-e$ accéléré par la différence de potentiel ΔV équivaut à $\frac{1}{2}mv^2 = |-e||\Delta V|$, d'où

$$\lambda = \frac{h}{\sqrt{2me|\Delta V|}}$$

$$= \frac{(6,63 \times 10^{-34}\ \text{J·s})}{\sqrt{(2 \times 9,11 \times 10^{-31}\ \text{kg})(1,6 \times 10^{-19}\ \text{C})(54\ \text{V})}}$$

$$= 0,167\ \text{nm}$$

(b) La longueur d'onde de Broglie est

$$\lambda = \frac{h}{mv} = \frac{(6,63 \times 10^{-34}\ \text{J·s})}{(10^{-2}\ \text{kg})(400\ \text{m/s})}$$

$$= 1,66 \times 10^{-34}\ \text{m}$$

On note que la longueur d'onde d'un objet microscopique est significativement plus *grande* que celle d'un objet macroscopique.

L'hypothèse de Broglie n'a d'impact que dans le monde microscopique. En effet, afin qu'il soit possible d'utiliser le phénomène de diffraction pour confirmer le comportement ondulatoire d'une particule, cette dernière doit traverser un orifice de largeur comparable à sa longueur d'onde. Or, l'équation 10.1 montre que cette longueur d'onde est inversement proportionnelle à la masse. Seuls des objets microscopiques (particules élémentaires, atomes, etc.) peuvent donc manifester un comportement ondulatoire observable. Les valeurs calculées dans le dernier exemple sont éloquentes : une longueur d'onde de 0,167 nm est comparable à l'espace entre les plans d'atomes dans un cristal, mais il n'existe aucune « fente » suffisamment étroite pour faire diffracter des ondes d'une longueur d'onde de 10^{-34} m ! À la limite, on peut faire diffracter des ondes de 10^{-15} m de longueur d'onde grâce au réseau des nucléons qui composent un noyau atomique.

10.2 La diffraction des électrons

Même avant que de Broglie ne présente sa thèse, il existait des indications expérimentales du comportement ondulatoire des électrons, mais elles étaient passées inaperçues. Clinton Joseph Davisson (1881-1958), qui étudiait la diffusion des électrons par des surfaces de nickel, avait signalé des mesures curieuses montrant que l'intensité réfléchie dépend de l'orientation de l'échantillon. Une fois l'hypothèse de Broglie rendue publique, Walter Elsasser (1904-1991) suggéra que cette observation pouvait éventuellement faire intervenir la diffraction des ondes de Broglie, mais Davisson n'y porta pas grande attention. Heureusement, un incident survenu dans son système à vide obligea Davisson à chauffer la cible pour éliminer une couche d'oxyde. Durant ce processus, l'échantillon de polycristal (contenant plusieurs petits segments cristallins dont les structures répétitives sont orientées de façon différente) qu'il avait à l'origine fut pratiquement transformé en un monocristal. Un monocristal est une structure atomique simple et répétitive, associée à un minéral unique.

L'expérience fut reprise en 1926 par Davisson et Lester Germer (1896-1971). Des électrons produits par un filament chauffé étaient accélérés par une différence de potentiel ΔV puis dirigés sur un monocristal de Ni (figure 10.3). On mesura plus clairement que les électrons étaient réfléchis principalement dans certaines directions et que ces directions dépendaient de leur vitesse. Si l'on imagine l'électron comme une particule classique, ce comportement est inexplicable : chaque électron aurait dû subir une collision avec des chances comparables d'être projeté dans n'importe quelle direction. Toutefois, si on se représente l'électron comme une onde, cette dernière est réfléchie par *plusieurs* atomes (comme une vague qui atteindrait une série de perches plantées verticalement dans l'eau) et les réflexions n'interfèrent constructivement que dans certaines directions. Les mesures ne s'expliquent donc que si l'on attribue à chaque électron un comportement ondulatoire ! Notons que c'est une expérience très similaire qui a permis de vérifier le comportement ondulatoire des rayons X, dont la longueur d'onde est comparable à celle que l'équation 10.1 attribue à un électron lent (voir la section 7.8).

(a)

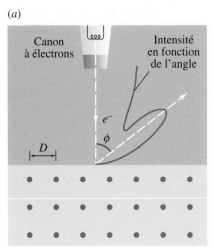

(b)

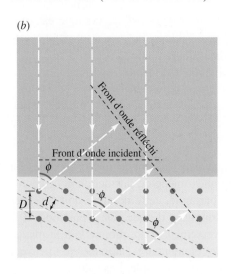

(c)

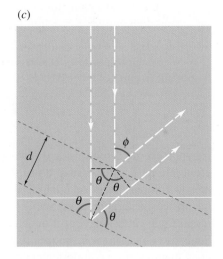

Figure 10.3 ▲

(a) Dans l'expérience de Davisson et Germer, des électrons bombardent un monocristal de nickel et on mesure l'intensité du faisceau d'électrons réfléchi. La courbe en bleu sur la figure montre un graphe polaire de cette mesure en fonction de l'angle : dans une direction donnée, plus la courbe est loin de l'origine, plus l'intensité dans cette direction est élevée. Cette forte dépendance angulaire de l'intensité réfléchie ne peut s'expliquer que si *chaque* électron peut interagir avec *plusieurs* atomes, exactement comme le font les rayons X. (b) En arrivant sur le cristal, l'onde qui correspond à un électron est réfléchie par chacun des atomes, mais les atomes situés dans un même plan se comportent comme un miroir : les ondes qu'ils réfléchissent (trois sur le schéma) sont en effet en phase dans la direction qui correspondrait à l'angle de réflexion d'un miroir. (c) La différence de marche entre les réflexions issues de deux plans cristallins parallèles est $2d \sin \theta$, où d est la distance entre les plans cristallins.

Pour vérifier cette explication d'une façon *quantitative*, Davisson et Germer ont utilisé le raisonnement suivant. Lorsqu'une particule de masse m et de charge q initialement au repos est accélérée par une différence de potentiel ΔV, son énergie cinétique est donnée par $K = p^2/2m = |q||\Delta V|$ (en supposant que le module de sa vitesse est suffisamment inférieur à celui de la vitesse de la lumière). Si on isole $p = \sqrt{2m|q||\Delta V|}$, la relation de Broglie $\lambda = h/p$ prend la forme

$$\lambda = \frac{h}{\sqrt{2m|q||\Delta V|}} \qquad (10.4)$$

Par exemple, si $|\Delta V| = 150$ V, la longueur d'onde de Broglie d'un électron est de 0,1 nm environ, ce qui correspond à peu près à l'espace interatomique dans un cristal.

On peut prévoir les directions vers lesquelles l'interférence constructive accentuera le nombre d'électrons réfléchis, en suivant un raisonnement identique à celui utilisé à la section 7.8 dans le cas des rayons X. La figure 10.3b montre que les réflexions qui proviennent d'atomes situés dans un même plan se renforcent, ce qui permet aux plans atomiques de se comporter comme des miroirs. À la figure 10.3c, on voit que la différence de marche entre les réflexions causées par deux plans cristallins parallèles entre eux est $2d \sin \theta$, où d est la distance entre les plans cristallins. Pour que l'interférence soit constructive, l'équation 6.2 ($\delta = m\lambda$) doit être respectée. On prédit donc que les angles θ pour lesquels se produiront les maxima de diffraction sont donnés par

$$2d \sin \theta = m\theta \qquad (10.5)$$

Comme le même réseau d'atomes contient plusieurs ensembles de plans cristallins parallèles (voir la figure 7.23, p. 247), séparés par des distances d différentes, l'équation 10.5 prédit plus d'un maximum. Pour chaque ensemble de plans cristallins, le maximum $m = 1$ est le plus intense.

Un des maxima mesurés par Davisson et Germer se produisait à l'angle $\phi = 50°$, pour une différence de potentiel de 54 V. Selon l'équation 10.4, fondée sur l'hypothèse de Broglie, des électrons accélérés par une telle différence de potentiel auraient une longueur d'onde $\lambda = 0,167$ nm. La figure 10.3c montrant que $\theta = 90° - \phi/2 = 65°$, on peut vérifier pour quelles valeurs de λ l'équation 10.5 prédit qu'un maximum sera produit à cet angle : la distance $d = 0,091$ nm entre les plans cristallins ayant été mesurée par la diffraction de rayons X, l'équation 10.5 (avec $m = 1$) donne $\lambda = 0,165$ nm. Cette valeur étant très proche de 0,167 nm, l'hypothèse de Broglie était vérifiée de manière concluante !

Avant que les résultats de Davisson et Germer ne soient publiés, l'hypothèse de Broglie fut même vérifiée une seconde fois, d'une façon indépendante : en 1927, George Paget Thomson (1892-1975) et Alexander Reid firent passer un faisceau d'électrons de 30 keV à travers de minces pellicules de celluloïd et d'or composées de petits cristaux orientés au hasard. Dans un tel montage, il se trouve toujours des cristaux orientés de telle sorte que l'équation 10.5 soit vérifiée. Ils réussirent donc à enregistrer des anneaux de diffraction sur une plaque photographique, confirmant ainsi à nouveau le comportement ondulatoire des électrons. À la figure 10.4, on compare les anneaux de diffraction, typiques de l'expérience de Thomson et Reid, produits par des électrons, avec ceux produits par des rayons X. Il est cocasse de noter que Thomson a mis en évidence le comportement ondulatoire de l'électron alors que son père est celui qui, en 1897, avait « prouvé » que l'électron était une particule !

Des expériences similaires ont montré que toutes les particules élémentaires ont un comportement ondulatoire. Par exemple, la figure 10.5 représente la diffraction des neutrons par un échantillon polycristallin de fer. On a même réussi à faire diffracter des jets d'*atomes complets*, comme de l'hydrogène ou de l'hélium.

Figure 10.4 ▶

(*a*) Figure de diffraction produite par des rayons X de longueur d'onde égale à 0,071 nm traversant une feuille d'aluminium. (*b*) Figure de diffraction produite par des électrons traversant une feuille d'aluminium. Les figures sont circulaires parce que la feuille est composée de nombreux petits cristaux orientés au hasard. La similitude entre les deux figures, anneau par anneau, est absolument éloquente.

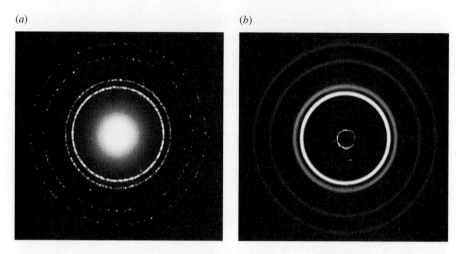

(*a*) (*b*)

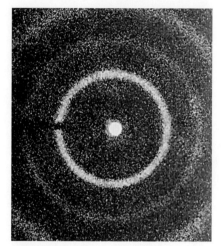

Figure 10.5 ▲

Figure de diffraction produite par des neutrons de 0,07 eV traversant un échantillon polycristallin de fer.

Figure 10.6 ▲

Erwin Schrödinger (1887-1961).

10.3 L'équation d'onde de Schrödinger

Lorsque Erwin Schrödinger (figure 10.6) entendit parler de l'hypothèse de Broglie, il pensa tout d'abord qu'elle ne tenait pas debout. Mais, voyant qu'Einstein prenait cette idée au sérieux, il décida de chercher une équation d'onde permettant d'associer une *fonction d'onde* à ces ondes de matière, plutôt qu'une unique longueur d'onde. Schrödinger partit du principe suivant : tout comme l'optique géométrique n'est qu'une approximation de l'optique ondulatoire, il se pourrait que la mécanique classique (des particules) soit simplement une approximation d'une mécanique ondulatoire plus détaillée. L'équation d'onde obtenue par Schrödinger joue le rôle d'un postulat (hypothèse de base) dans la mécanique quantique moderne (au même titre que les trois lois de Newton dans la mécanique classique) et ne peut donc pas être démontrée. On peut toutefois montrer en quoi elle est valable et plausible. Pour ce faire, nous ne répéterons pas la démarche que Schrödinger a réalisée, mais obtiendrons plutôt son équation à partir d'une démarche simplifiée. Au départ, supposons que l'équation d'onde de Schrödinger doit avoir la même forme que l'équation d'onde que nous avons démontrée au chapitre 2 pour les ondes dans une corde, soit

$$\frac{\partial^2 y}{\partial x^2} = \frac{1}{v^2} \frac{\partial^2 y}{\partial t^2} \tag{10.6}$$

Ensuite, intéressons-nous exclusivement aux fonctions d'ondes *stationnaires* qui peuvent répondre à cette équation. Ce choix limitera la portée de l'équation à laquelle nous aboutirons, mais ce n'est pas si grave, puisque l'analyse que de Broglie a fait du modèle de Bohr (voir la figure 10.2, p. 355) suggère que plusieurs situations ne permettent qu'à de tels états stationnaires de se produire. Rappelons que, comme on l'a vu au chapitre 2, la forme d'une onde stationnaire est

$$y(x, t) = \psi(x) \cos(\omega t) \tag{10.7}$$

En remplaçant *y* par cette expression dans l'équation d'onde et en simplifiant les facteurs $\cos(\omega t)$, on obtient une équation seulement pour la dépendance spatiale $\psi(x)$, soit

$$\frac{\mathrm{d}^2 \psi}{\mathrm{d}x^2} = -\frac{\omega^2}{v^2} \psi \tag{10.8}$$

Nous utilisons la dérivée ordinaire, puisque $\psi(x)$ est fonction uniquement de *x*. Comme $\omega/v = k = 2\pi/\lambda$ et $p = h/\lambda$, on a

$$\frac{\omega^2}{v^2} = \frac{p^2}{\hbar^2}$$

D'après l'expression de l'énergie mécanique $E = p^2/2m + U$, où U est l'énergie potentielle, on voit que $p^2 = 2m(E - U)$. On a donc

$$\frac{\omega^2}{v^2} = \frac{2m(E - U)}{\hbar^2} \qquad (10.9)$$

L'équation 10.8 devient ainsi

Équation d'onde de Schrödinger à une dimension

$$\frac{\mathrm{d}^2\psi(x)}{\mathrm{d}x^2} + \frac{2m}{\hbar^2}[E - U(x)]\psi(x) = 0 \qquad (10.10)$$

Cette équation est l'**équation d'onde de Schrödinger** indépendante du temps à une dimension. La **fonction d'onde** $\psi(x)$ représente la dépendance spatiale de l'un des états *stationnaires* d'un système atomique pour lequel E est constante dans le temps. La fonction d'onde complète de la particule dans cet état stationnaire est donnée par l'équation 10.7.

Dans l'équation 10.10, E est l'énergie du système, qui est constante, mais $U(x)$ est l'énergie potentielle, qui varie selon la position x de la particule. Ainsi, $E - U(x)$ est l'énergie cinétique de la particule lorsqu'elle est à la position x.

Comment une description *continue* comme celle qui est contenue par une fonction d'onde peut-elle donner des quantités *discrètes* comme les niveaux d'énergie de l'atome d'hydrogène ? Rappelons que le système continu d'une corde fixée à ses deux extrémités vibre uniquement à certaines fréquences propres et produit des ondes stationnaires. La raison en est simple : l'équation d'onde classique donne des modes discrets lorsqu'on applique les *conditions aux limites*, selon lesquelles le déplacement de la corde doit être nul aux extrémités fixes. En mécanique ondulatoire, il y a aussi des conditions aux limites : ψ et $\mathrm{d}\psi/\mathrm{d}x$ doivent être toutes deux des fonctions *continues*. Si, par exemple, $\mathrm{d}\psi/\mathrm{d}x$ avait une discontinuité ou tendait vers l'infini, alors $\mathrm{d}^2\psi/\mathrm{d}x^2$ serait infinie et les solutions de l'équation 10.10 ne pourraient se voir attribuer un sens physique. En somme, l'équation 10.10 n'admet une solution $\psi(x)$ acceptable que pour certaines valeurs de E. Pour chacune des valeurs acceptables de E, il y a une (ou parfois plusieurs) fonction d'onde $\psi(x)$.

Lorsque Schrödinger appliqua la forme tridimensionnelle de l'équation 10.10 à l'atome d'hydrogène (pour lequel $U = -ke^2/r$), il s'aperçut que les lois mathématiques et les conditions appropriées aux limites menaient naturellement aux niveaux d'énergie discrets du modèle de Bohr. À peu près en même temps (1925), Werner Heisenberg (voir la figure 10.18, p. 368) élaborait une forme différente de la mécanique quantique qui s'avéra par la suite équivalente à celle de Schrödinger.

10.4 La fonction d'onde

L'équation de Schrödinger constituait un succès important parce qu'elle ne permettait d'obtenir des solutions $\psi(x)$ respectant les conditions aux limites appropriées *que si la valeur de E était l'un des niveaux discrets admis par le système traité*. L'équation de Schrödinger permettait donc de prédire les valeurs E des niveaux admis. Mais elle donnait beaucoup plus : chacune des fonctions $\psi(x)$ comporte, pour chaque valeur de x, une amplitude locale et une longueur d'onde locale (voir la section 10.5). Quel sens devait-on accorder à la fonction

$\psi(x)$ elle-même ? De Broglie avait provisoirement suggéré que l'onde pouvait représenter la particule elle-même ou peut-être jouer le rôle de guide dans le mouvement de la particule. Schrödinger envisageait une particule comme un groupe d'ondes, un *paquet d'ondes*, d'aspect floconneux comme une houppette. Mais ces interprétations accordaient aux particules un caractère localisé et une trajectoire déterminée qui n'étaient pas conformes aux idées de Heisenberg (voir la section 10.6) et furent abandonnées.

Peu après, Max Born (1882-1970) proposa une interprétation de la fonction d'onde qui est généralement admise à l'heure actuelle. Born s'appuya sur l'idée d'Einstein selon laquelle l'intensité d'une onde lumineuse en un point donné (qui est proportionnelle au carré de l'amplitude de l'onde) est une mesure du nombre de photons arrivant en ce point. Cela veut dire que la fonction d'onde du champ électromagnétique détermine la *probabilité de trouver un photon*. Born suggéra par analogie que le carré de la fonction d'onde* indique la probabilité par unité de volume de trouver une particule.

D'après cette interprétation, la description du comportement d'une particule matérielle devient *identique* à celle que l'on fait d'un photon ! Certes, pour une particule, c'est l'équation de Schrödinger qui donne la fonction d'onde, alors que, pour le photon, c'est l'équation d'onde de Maxwell. Toutefois, dans les deux cas, la fonction d'onde est interprétée comme indiquant la probabilité de présence de la même façon.

> **Densité de probabilité**
>
> $\psi^2 \mathrm{d}V$ = probabilité de trouver la particule à l'intérieur d'un volume $\mathrm{d}V$

La grandeur ψ^2 est appelée **densité de probabilité**. En une dimension, $\psi^2(x)\,\mathrm{d}x$ est proportionnelle à la probabilité de trouver la particule à l'intérieur de l'intervalle compris entre x et $x + \mathrm{d}x$. Nous avons plus ou moins de chances d'observer la particule selon que $\psi^2(x)$ est grande ou petite à un point x donné. La fonction d'onde représente donc une *onde de probabilité* abstraite. Puisque la particule doit se trouver quelque part, la somme de toutes les probabilités sur l'axe des x doit être égale à 1 :

$$\int_{-\infty}^{\infty} \psi^2(x)\,\mathrm{d}x = 1$$

Une fonction d'onde qui satisfait cette condition est dite *normalisée*.

On peut illustrer l'interprétation probabiliste de la fonction d'onde à l'aide d'une expérience simple dans laquelle un faisceau d'électrons passe par une seule fente (figure 10.7). Le faisceau est si faible qu'un seul électron à la fois passe par la fente. Des détecteurs nombreux et très rapprochés enregistrent exactement où arrive chaque électron. (Cela équivaut à compter le nombre d'électrons arrivant en chaque point dans un intervalle de temps donné.) La grandeur $\psi^2(x)$ prédit quelle fraction du nombre total est enregistrée à la position x. La figure obtenue paraît initialement aléatoire, mais, lorsque le nombre atteint plusieurs milliers, on observe la figure de diffraction produite par une fente simple, ce qui constitue une fulgurante confirmation de la validité de l'interprétation de Max Born !

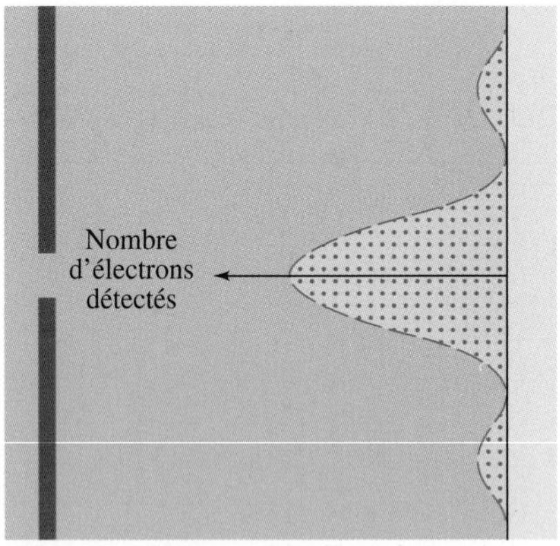

Figure 10.7 ▲

Lorsque des électrons passent par une fente étroite, les électrons détectés forment une figure de diffraction habituellement obtenue pour une fente simple.

---

* Puisque ψ peut être un nombre complexe, l'expression correcte est $\psi\psi^*$, où * désigne le complexe conjugué.

La figure 10.8 représente une figure d'interférence produite par des électrons passant par deux fentes un à la fois. Notez à quel point les résultats de cette expérience, réalisée en 1989, sont très analogues à ceux, connus depuis 1909, qu'on obtient en faisant la même expérience avec des *photons* un à la fois (voir la figure 9.17, p. 337). Le photon et l'électron ont donc un comportement quasi identique !

La physique classique et la relativité restreinte partent du principe du *déterminisme* : connaissant la position initiale et la vitesse d'une particule ainsi que toutes les forces agissant sur elle, on peut prédire avec précision quelle sera sa trajectoire. La position exacte de la particule peut être déterminée, du moins en théorie. L'interprétation statistique de la fonction d'onde nous dit que l'on ne peut prédire que la *probabilité* d'observer une particule à une position donnée. Il n'est plus possible de prédire exactement où elle sera détectée. La mécanique quantique prédit correctement les valeurs *moyennes* des grandeurs physiques mais pas les résultats des mesures individuelles. Pour vérifier ses prédictions, on doit donc répéter la même expérience ou la même mesure un grand nombre de fois sur des échantillons *indépendants*, puis faire la moyenne des mesures obtenues. Par exemple, à la figure 10.8, la mécanique quantique ne peut pas prédire la position où sera détecté un électron spécifique. Par contre, après avoir mesuré la position de milliers d'électrons *indépendants*, on peut calculer la position moyenne où ils ont été détectés.

10.5 Applications de la mécanique ondulatoire

Particule enfermée dans une boîte

Nous allons voir maintenant comment appliquer ces nouvelles idées au cas d'une particule de masse m qui est captive d'une boîte à une dimension de côté L (figure 10.9). Comme la particule possède une énergie cinétique, la physique classique suggère qu'elle rebondit d'un côté à l'autre de la boîte. Si cette image permet d'avoir une idée de ce qui se passera, il ne faut pas oublier qu'une telle trajectoire définie est exclue par la mécanique quantique.

Le fait que la particule soit captive signifie qu'elle est piégée par une barrière de potentiel : quand elle atteint la paroi, elle ralentit à mesure que son énergie cinétique se transforme en énergie potentielle, s'arrête, puis inverse son mouvement. On peut donc exprimer l'énergie potentielle $U(x)$ en fonction de la position x de la particule. Dans un premier temps, nous considérerons le cas simple où la barrière est infranchissable, quelle que soit l'énergie cinétique de la particule. Autrement dit, $U(x)$ est nulle pour tous les points situés à l'intérieur de la boîte et tend vers l'infini sur les parois. Évidemment, aucune barrière n'est infranchissable, mais ce modèle simple demeure valable pour représenter des situations où la barrière est très importante. Il constitue un premier pas vers la résolution de certains problèmes comme le mouvement d'un électron de conduction dans un métal ou d'un proton emprisonné dans un noyau.

En physique classique, la probabilité de trouver la particule serait la même n'importe où entre $x = 0$ et $x = L$. En mécanique ondulatoire, on doit lui attribuer une fonction d'onde pour déterminer cette probabilité. Puisque la particule ne peut pas traverser les parois, $\psi = 0$ pour $x < 0$ et $x > L$. La condition de continuité de la fonction d'onde donne la condition aux limites

$$\psi(x) = 0 \text{ pour } x = 0 \text{ et } x = L$$

Avec $U = 0$ à l'intérieur de la boîte, l'équation d'onde de Schrödinger devient

$$\frac{\mathrm{d}^2 \psi}{\mathrm{d}x^2} + k^2 \psi = 0$$

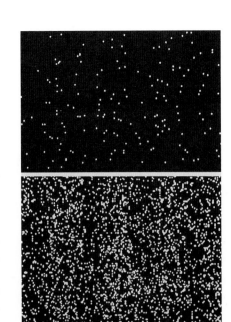

Figure 10.8 ▲

Figure d'interférence enregistrée sur un écran de télévision produite par des électrons passant par deux fentes. Initialement, les points semblent situés au hasard. Cependant, la figure devient plus nette lorsqu'un grand nombre d'électrons sont arrivés.

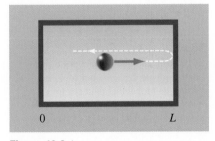

Figure 10.9 ▲

Une particule enfermée dans une boîte est, du point de vue classique, animée d'un mouvement de va-et-vient. Si les parois sont impénétrables, elles définissent une région d'énergie potentielle infinie.

où $k = \sqrt{2mE}/\hbar$. La solution générale de cette équation est $\psi(x) = A \sin(kx + \phi)$. Comme la fonction d'onde doit respecter les conditions aux limites, ce ne sont toutefois que certaines valeurs de k, donc certaines valeurs de l'énergie E, qui donneront des solutions acceptables. On s'attend donc à ce que l'énergie de la particule soit quantifiée ! D'après la condition aux limites $\psi = 0$ en $x = 0$, il s'ensuit que $\phi = 0$. D'après la condition selon laquelle $\psi = 0$ en $x = L$, on trouve $\sin(kL) = 0$, ce qui signifie que $kL = n\pi$, où n est un entier. Ainsi, la fonction d'onde qui vérifie les conditions aux limites a la forme d'une onde stationnaire :

$$\psi(x) = A \sin\left(\frac{n\pi x}{L}\right); \quad n = 1, 2, 3, \ldots \quad (10.11)$$

Puisque $k = \sqrt{2mE}/\hbar$ et que la condition aux limites impose $k = n\pi/L$, l'énergie E de la particule (qui est purement cinétique) est quantifiée :

$$E_n = \frac{n^2 h^2}{8mL^2}; \qquad n = 1, 2, 3, \ldots \quad (10.12)$$

Les conditions aux limites donnent lieu à un ensemble de niveaux d'énergie quantifiée qui sont décrits à la figure 10.10. On remarque que la particule *ne peut pas* avoir une énergie nulle. La valeur la plus basse, qui correspond à $n = 1$, est l'**énergie du niveau fondamental**. Elle est présente pour toute particule confinée dans une région de l'espace et existe même à 0 K, ce qui marque un contraste frappant avec la notion classique selon laquelle tout doit être au repos au zéro absolu.

Pour passer d'un niveau d'énergie à un autre plus élevé, la particule captive doit absorber de l'énergie grâce à une collision ou à un photon. De même, lorsqu'elle passe à un niveau d'énergie inférieur, elle émet un photon ou transfère son énergie par une collision. Ces mécanismes sont identiques à ceux prévus par Bohr dans son modèle atomique.

Les fonctions d'onde pour les premiers niveaux sont représentées à la figure 10.11a. Les densités de probabilité $\psi^2(x)$ représentées à la figure 10.11b sont nulles en certains points : la particule ne peut jamais être observée en ces points. Cela semble contredire l'observation courante, mais le problème est heureusement résolu par le principe de correspondance (voir la section 9.8), comme nous le verrons à l'exemple 10.3.

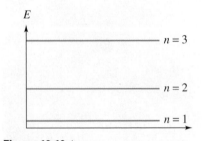

Figure 10.10 ▲

Les niveaux d'énergie quantifiés d'une particule dans un puits de potentiel infini.

Figure 10.11 ▶

(a) Les trois premières fonctions d'onde d'une particule dans une boîte. (b) Les densités de probabilité pour ces trois premiers états. Notez qu'il y a des points où la probabilité de détecter la particule est absolument nulle.

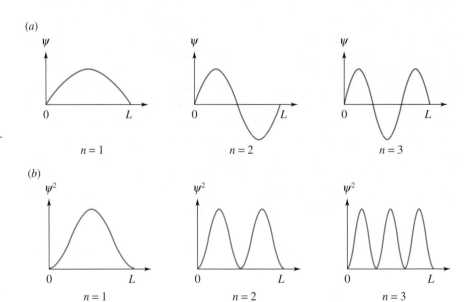

EXEMPLE 10.2

Un électron est enfermé dans un puits de potentiel infini (en une dimension) de longueur 0,1 nm. (a) Quels sont les trois premiers niveaux d'énergie ? (b) Quelle est la longueur d'onde du photon émis lors de la transition de l'électron du niveau $n = 2$ à l'état fondamental ?

Solution

(a) D'après l'équation 10.12, les niveaux d'énergie sont donnés par

$$E_n = \frac{n^2 h^2}{8mL^2}$$

$$= \frac{n^2 (6,63 \times 10^{-34} \text{ J·s})^2}{(8 \times 9,11 \times 10^{-31} \text{ kg})(10^{-10} \text{ m})^2}$$

$$= n^2 (6,03 \times 10^{-18}) \text{ J} = 37,7 n^2 \text{ eV}$$

Les trois premiers niveaux d'énergie sont donc $E_1 = 37,7$ eV, $E_2 = 151$ eV et $E_3 = 339$ eV.

(b) $hf = hc/\lambda = \Delta E = (151 - 37,7) \times 1,6 \times 10^{-19}$ J. On trouve $\lambda = 11,0$ nm.

EXEMPLE 10.3

Soit une particule de poussière de 10^{-7} kg enfermée dans une boîte de 1 cm. (a) Quelle est la vitesse minimale possible ? (b) Quel est le nombre quantique n si la vitesse de la particule a pour module 10^{-3} mm/s ? (On suppose que la situation est en une dimension.)

Solution

(a) D'après l'équation 10.12, l'énergie minimale permise est E_1. Donc, $\frac{1}{2}mv^2 = h^2/8mL^2$, d'où l'on tire

$$v = \frac{h}{2mL} = \frac{6,63 \times 10^{-34} \text{ J·s}}{2 \times 10^{-7} \text{ kg} \times 10^{-2} \text{ m}}$$

$$= 3,32 \times 10^{-25} \text{ m/s}$$

💡 Même au niveau fondamental, la particule de poussière est essentiellement au repos, ce qui concorde avec les prévisions classiques. ∎

(b) Pour trouver le nombre quantique n, on écrit que l'énergie cinétique est égale à E_n :

$$\frac{n^2 h^2}{8mL^2} = \frac{1}{2}mv^2$$

Lorsqu'on remplace v par 10^{-6} m/s, on trouve $n \approx 10^{18}$!

💡 La quantification de l'énergie des transitions de n à $n \pm 1$ n'est pas observable à l'échelle macroscopique. De plus, la fonction d'onde subit de nombreuses oscillations entre $x = 0$ et $x = L$. Les pics et les creux de la fonction de probabilité sont si rapprochés que la probabilité devient uniforme. Cela correspond au résultat classique, comme le prédit le principe de correspondance. ∎

Puits de potentiel fini

Considérons maintenant une particule à l'intérieur d'un puits de potentiel de profondeur finie U qui s'étend de $x = 0$ à $x = L$. On donne $U = 0$ au fond du puits (figure 10.12a). En mécanique classique, si l'énergie de la particule est inférieure à U (c'est-à-dire si $E < U$), la particule ne peut pas pénétrer dans les régions où $x < 0$ et $x > L$. Toutefois, en mécanique quantique, la fonction d'onde ne disparaît pas à l'extérieur des parois du puits. Dans la région II, où $U = 0$, l'équation d'onde de Schrödinger s'écrit

$$\frac{d^2 \psi}{dx^2} + k^2 \psi = 0$$

où $k = \sqrt{2mE}/\hbar$ et la fonction d'onde adopte la forme générale :

$$\psi_{II} = C \sin(kx) + D \cos(kx)$$

Mais ψ n'est pas nulle en $x = 0$ et en $x = L$. Dans les régions extérieures au puits, $U > E$, et l'équation d'onde peut donc s'écrire sous la forme

$$\frac{\mathrm{d}^2\psi}{\mathrm{d}x^2} = K^2\psi$$

où $K^2 = 2m(U - E)/\hbar^2$. La solution générale de cette équation est

$$\psi = Ae^{Kx} + Be^{-Kx}$$

Dans la région III, ψ doit tendre vers zéro lorsque $x \rightarrow \infty$, ce qui impose $A = 0$. La fonction correspondante s'écrit donc

$$\psi_{\mathrm{III}} = Be^{-Kx}$$

Dans la région I, ψ doit tendre vers zéro lorsque $x \rightarrow -\infty$, ce qui impose $B = 0$, donc la fonction prend la forme

$$\psi_{\mathrm{I}} = Ae^{Kx}$$

Pour compléter la solution, il faut faire coïncider les fonctions à l'intérieur du puits avec les fonctions à l'extérieur. Autrement dit, nous devons vérifier les conditions aux limites. Par exemple,

Conditions aux limites $(x = 0)$ $\psi_{\mathrm{I}} = \psi_{\mathrm{II}}$,   et $\dfrac{\mathrm{d}\psi_{\mathrm{I}}}{\mathrm{d}x} = \dfrac{\mathrm{d}\psi_{\mathrm{II}}}{\mathrm{d}x}$

Des conditions similaires doivent être vérifiées pour ψ_{II} et ψ_{III} en $x = L$.

Diverses fonctions d'onde sont représentées à la figure 10.12b. Le fait que les fonctions d'onde ne soient pas nulles à l'extérieur du puits signifie qu'il existe une probabilité non nulle de trouver la particule à l'extérieur du puits, dans la région interdite par la physique classique. Cela n'a aucun sens si on visualise la particule captive comme un corpuscule classique, mais cela n'a rien d'incongru si on la visualise comme une onde. Au contraire, l'analogie avec une onde électromagnétique est frappante, puisque nous avons expliqué à la section 7.9 (voir le passage sur la polarisation par réflexion) comment la réflexion ne peut se produire que si l'onde pénètre légèrement la surface réfléchissante, même si cette surface n'est *pas* transparente. Cette légère pénétration se produit même pour les ondes *mécaniques* : par exemple, quand une vague atteint un changement de milieu qui cause une réflexion totale, la figure 10.14a montre qu'on observe une légère oscillation *en bordure* du second milieu, même si la vague

Figure 10.12 ▶

(a) Un puits de potentiel fini de profondeur U. (b) De bas en haut, les trois premières fonctions d'onde d'une particule dans un puits de potentiel fini. Les fonctions d'onde décroissent exponentiellement dans les régions interdites par la mécanique classique, où $U < E$.

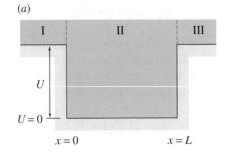

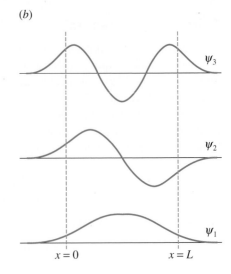

ne s'y propage pas. Dans le cas de l'onde de matière, cette légère pénétration de l'onde de matière dans la région interdite par la physique classique permet de prédire l'*effet tunnel*, que nous décrivons ci-dessous.

Traversée d'une barrière, effet tunnel

Examinons ce qui se passe lorsqu'une particule d'énergie E rencontre une barrière d'énergie potentielle de hauteur U ($> E$) comme à la figure 10.13. La fonction d'onde de la particule est sinusoïdale dans la région où $U = 0$. Si on appliquait la physique classique à cette situation, la prédiction serait simple : comme $E < U$, la particule ne possède pas l'énergie nécessaire pour franchir la barrière et serait réfléchie. Mais, comme nous l'avons vu dans le cas d'un puits de potentiel fini, en mécanique ondulatoire, la fonction d'onde de la particule décroît exponentiellement à l'intérieur de la barrière de potentiel. Si l'épaisseur de la barrière n'est pas trop grande, la fonction d'onde décroissante peut avoir encore une valeur non négligeable de l'autre côté. Dans ce cas, il reste une fonction d'onde sinusoïdale de faible amplitude. Cela signifie qu'il existe une probabilité, petite mais non nulle, que la particule soit détectée de l'autre côté de la barrière ! Quand une telle détection se produit, on dit que la particule a traversé par **effet tunnel**. Ce phénomène est utilisé dans la diode à effet tunnel, dans l'émission de particules α par des noyaux radioactifs (voir la section 12.3) et dans les jonctions supraconductrices de Josephson (*cf.* chapitre 11, sujet connexe). Il est également utilisé dans le microscope électronique à effet tunnel (figure 10.15).

L'effet tunnel découle de la probabilité non nulle de détecter une particule là où sa présence est impossible selon la physique classique. Comme dans la sous-section précédente, cette prédiction n'a aucun sens si on visualise la particule comme un corpuscule classique, mais prend tout son sens si on la visualise comme une onde. Une analogie peut encore une fois être faite avec une onde électromagnétique ou une onde mécanique : c'est le phénomène de réflexion totale interne frustrée. Comme le montre la figure 10.14*b*, la légère oscillation qui se produit en bordure du second milieu peut causer la transmission d'une onde dans un troisième milieu si le second milieu est suffisamment mince.

Oscillateur harmonique

Nous allons maintenant présenter rapidement la situation où le puits de potentiel n'a pas une forme rectangulaire. Un cas extrêmement fréquent est celui du système bloc-ressort, pour lequel l'énergie potentielle élastique a la forme $U(x) = \frac{1}{2} m \omega^2 x^2$, où $m\omega^2$ correspond à la constante de rappel du ressort. Cette fonction représente un puits de potentiel parabolique (figure 10.16*a*).

Du point de vue classique, la particule soumise à une telle énergie potentielle oscille en décrivant un mouvement harmonique simple de fréquence angulaire $\omega = \sqrt{k/m}$ et son énergie peut prendre n'importe quelle valeur tout comme l'amplitude du mouvement (voir le chapitre 1).

Du point de vue quantique, il en va autrement. Dès la naissance de la physique quantique, Einstein avait postulé que l'énergie d'un oscillateur était quantifiée (voir l'équation 9.6, p. 318). Bien que ce postulat d'Einstein ne soit plus exactement valable, l'équation de Schrödinger aboutira elle aussi à des niveaux d'énergie quantifiés : quand on y substitue $U(x)$, on obtient

$$\frac{d^2\psi}{dx^2} + \frac{2m}{\hbar^2}\left(E - \frac{1}{2}m\omega^2 x^2\right)\psi = 0 \qquad (10.13)$$

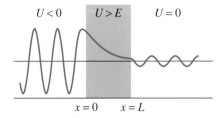

Figure 10.13 ▲

Une particule dont l'énergie est inférieure à la hauteur d'une barrière de potentiel a une certaine probabilité de traverser la barrière par effet tunnel.

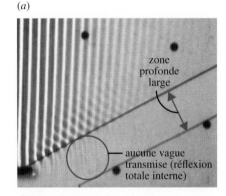

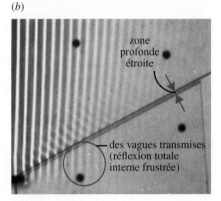

Figure 10.14 ▲

En visualisant la particule comme une onde, on peut comprendre l'effet tunnel. (*a*) Quand une onde mécanique effectue une réflexion totale interne, elle pénètre légèrement le second milieu, mais n'y est pas transmise. (*b*) Si le second milieu est suffisamment mince, une partie de l'onde arrive à le traverser : c'est la réflexion totale interne frustrée. Cette analogie avec une onde classique a toutefois des limites : l'onde quantique ne peut se mesurer, seul le carré de son amplitude ayant un sens physique, c'est-à-dire la probabilité de détecter une particule.

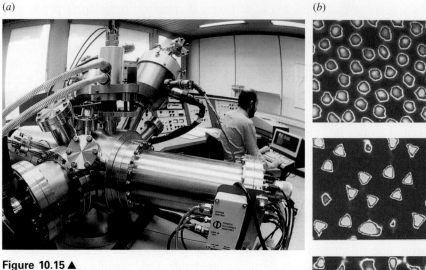

(a)

(b)

Figure 10.15 ▲

(a) Le microscope électronique à effet tunnel, inventé en 1981 par Gerd Binnig et Heinrich Rohrer. Cet appareil déplace une petite pointe le long de la surface d'un échantillon et mesure un courant, attribué aux électrons qui parviennent à passer de la surface à la pointe grâce à l'effet tunnel. La mesure du courant permet à un ordinateur, en se fondant sur le comportement de l'onde prévu à la figure 10.13, de construire une « image » de la surface en question. (b) De telles images de la surface d'un matériau de silicium, à trois profondeurs légèrement différentes, produites par un microscope à effet tunnel, avec un grossissement d'environ 10 millions. La première montre la couche d'atomes situés en surface. La troisième correspond à la deuxième couche d'atomes, à une profondeur de 0,9 nm. Sur la seconde, prise à une profondeur intermédiaire, on devine les liaisons entre les atomes des deux premières couches. (On voit aussi des liaisons latérales sur la troisième image.)

Cette fois, il n'est pas possible de découper l'axe des x en plusieurs régions faciles à analyser. Bien que nous ne puissions résoudre l'équation 10.13 de façon rigoureuse, deux arguments donnent une bonne idée de la forme des solutions. Premièrement, on note que l'énergie potentielle est une fonction paire : $U(-x) = U(x)$. Par conséquent, les solutions $\psi(x)$ auront elles aussi une parité définie (paire ou impaire). Deuxièmement, le comportement aux limites est facile à deviner : considérons un oscillateur harmonique possédant une énergie quelconque E. Si x est suffisamment élevé, on atteint rapidement une zone de l'axe des x pour laquelle $U(x) > E$. Cette situation ressemble aux zones I et III de la figure 10.12 (p. 364), bien que U ne soit pas constante cette fois. On s'attend donc à ce que, pour $x \to \infty$ et pour $x \to -\infty$, $\psi(x)$ décroisse rapidement vers zéro. La fonction e^{-Ax} n'a pas ce comportement : elle tend vers zéro seulement à l'une des deux extrémités de l'axe des x. Toutefois, la fonction e^{-Ax^2}, elle, a le comportement attendu. En somme, quelle que soit la solution $\psi(x)$, il est clair que la fonction e^{-Ax^2} doit en faire partie et dominer le comportement aux limites ; il est clair aussi que la fonction $\psi(x)$ doit être paire ou impaire. Il est donc raisonnable de penser que la solution $\psi(x)$ peut prendre la forme de la fonction e^{-Ax^2} multipliée par un polynôme (inconnu pour le moment) :

$$\psi(x) = Ae^{-u^2/2}H(u)$$

où $u = \sqrt{m\omega/\hbar}\,x$. En substituant cette fonction dans l'équation 10.13, on vérifie qu'*elle est effectivement une solution*, à condition de choisir des valeurs spécifiques pour E et pour les coefficients du polynôme $H(u)$. Même si nous n'avons pas obtenu cette solution de façon très rigoureuse, le fait qu'on puisse vérifier par substitution directe qu'elle satisfait l'équation 10.13 prouve qu'il s'agit de la « bonne » solution.

Les valeurs spécifiques de E pour lesquelles $\psi(x) = Ae^{-u^2/2}H(u)$ est une solution sont les niveaux d'énergie admis

$$E_n = (n + \tfrac{1}{2})\hbar\omega; \qquad n = 0, 1, 2, \ldots \quad (10.14)$$

et à chaque valeur de E_n, correspond un unique polynôme $H(u) = H_n(u)$ qui est d'ordre n. Ces polynômes sont appelés *polynômes d'Hermite*. Les trois premiers sont $H_0(u) = 1$, $H_1(u) = 2u$, $H_2(u) = 4u^2 - 2$. Les trois premières solutions $\psi(x)$ qui leur correspondent sont illustrées à la figure 10.16b.

Comme dans le cas de la particule captive dans un puits de potentiel rectangulaire, l'équation 10.14 montre que le système ne peut pas avoir une énergie E nulle. Les niveaux d'énergie sont illustrés à la figure 10.16a. Notons que l'équation 10.14 ne diffère de l'équation 9.6 que par le facteur $\tfrac{1}{2}$ et le fait que n ne peut être nul.

(a)

(b)

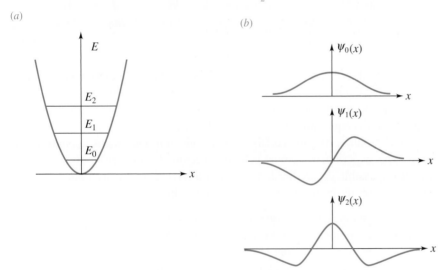

Figure 10.16 ◄

(a) Une fonction énergie potentielle de forme parabolique correspond à un oscillateur harmonique simple. Notez que les niveaux d'énergie sont quantifiés et que le système ne peut avoir une énergie nulle. (b) Les trois premières fonctions d'onde. Plus l'énergie est basse et plus la fonction décroît rapidement vers zéro. Cependant, la zone où la particule peut être détectée s'étend au-delà de l'amplitude classique.

10.6 Le principe d'incertitude de Heisenberg

Le fait que les particules de matière aient des comportements ondulatoires modifie fondamentalement notre façon de décrire leurs propriétés physiques. Des grandeurs physiques aussi simples que la position et la quantité de mouvement se retrouvent liées entre elles d'une façon étonnante. On a vu aux sections précédentes que chaque particule possède une onde associée. D'après l'équation $\lambda = h/p$, pour connaître la valeur du module de la quantité de mouvement de la particule avec précision, il faut déterminer la longueur d'onde de son onde associée avec précision. Or, pour mesurer la longueur d'onde avec précision, il faut que l'onde soit définie et observable sur plusieurs cycles (figure 10.17a). Dans ce cas, le fait même d'avoir une onde étendue dans l'espace fait en sorte que la position de la particule décrite par cette onde devient incertaine : sa probabilité de présence est la même à chaque position x. Par ailleurs, il existe une façon de contraindre une onde à n'occuper que très peu d'espace afin de former ce qu'on nomme un *paquet d'ondes*. Un tel paquet s'obtient en superposant un très grand nombre d'ondes possédant chacune une longueur d'onde différente de l'autre (figure 10.17b). Si ce paquet correspond à une particule de matière, il est assez facile de déterminer la position de la particule. Malheureusement, dans ce cas, on ne connaît plus avec autant de précision

(a)

(b)

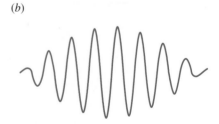

Figure 10.17 ▲

(a) La longueur d'onde d'une onde qui couvre plusieurs cycles est bien définie. La position de l'onde n'est pas bien définie. (b) Lorsque des ondes de longueurs d'onde différentes sont superposées, elles peuvent former un paquet d'ondes localisé mais la longueur d'onde n'est pas bien définie.

la longueur d'onde de la particule (et donc du module de sa quantité de mouvement), puisque le paquet est caractérisé par une multitude de longueurs d'onde.

Ainsi, *le simple fait de représenter une particule par une onde empêche de connaître sa position et sa longueur d'onde simultanément et précisément*. Or, même en mécanique classique, si les conditions initiales (position et vitesse) sont inconnues, la trajectoire ne peut être déterminée. En somme, c'est dans son essence même que la description ondulatoire force l'abandon du déterminisme qui caractérisait la physique classique ! Selon le **principe d'incertitude de Heisenberg** (qui découle directement d'une analyse mathématique des fonctions d'onde des paquets d'ondes), les incertitudes sur la position et le module de la quantité de mouvement sont liées par la relation*

> **Principe d'incertitude de Heisenberg**
>
> $$\Delta x \Delta p_x \geq h \qquad (10.15)$$
>
> *Il est impossible de connaître simultanément la position d'une particule et sa quantité de mouvement avec une précision arbitrairement grande.*

Figure 10.18 ▲
Werner Heisenberg (1901-1976).

Cette impossibilité n'a rien à voir avec les conditions expérimentales ou la précision de l'équipement utilisé ; il s'agit d'une restriction fondamentale imposée par la théorie. Pour un paquet d'ondes, la relation d'incertitude est une propriété intrinsèque qui ne dépend pas de l'appareil de mesure utilisé. Selon Werner Heisenberg (figure 10.18), l'incertitude était carrément imposée par la nature. Des expériences comme celle de la figure 10.8 (p. 361), où il est absolument impossible de prédire la position d'arrivée d'un électron en particulier, soutiennent un tel point de vue encore aujourd'hui.

En 1927, Heisenberg montra que même un appareil de mesure *idéal* ne pourrait déterminer simultanément la position et la quantité de mouvement d'une particule, car *la mesure elle-même perturbe le paquet d'ondes de façon fondamentale*. Par exemple, en mesurant x, on change violemment p_x et vice versa. En physique classique, rien n'empêche d'améliorer les instruments pour réduire cette perturbation, mais en physique quantique, la quantification ne permet pas une diminution continue de l'effet des instruments.

Voici une version simplifiée d'un raisonnement que suivit Heisenberg, où il supposa que l'on cherche à déterminer la position d'un électron. Pour le « voir » au microscope, il faudrait éclairer cet électron, c'est-à-dire projeter de la lumière sur lui. Mais des photons peuvent interagir avec l'électron par effet Compton. Dans le but de réduire cette perturbation au minimum, supposons que l'on projette un seul photon sur l'électron. On ne peut pas s'attendre à obtenir une précision supérieure à la longueur d'onde de la lumière utilisée pour l'observation. L'incertitude sur la position de l'électron est donc au moins $\Delta x = \lambda$. Le photon peut transmettre une proportion plus ou moins grande de sa quantité de mouvement à l'électron. L'incertitude sur le module de la quantité de mouvement de l'électron est donc à peu près égale au module de la quantité de mouvement initiale du photon, $\Delta p_x = h/\lambda$. Si l'on essaie de réduire Δx en

---

* La véritable relation introduite par Heisenberg est $\Delta x \Delta p_x \geq \hbar/2$. Toutefois, la limite $\hbar/2$ a été obtenue avec une définition très technique de Δx et de Δp_x, pour un paquet d'ondes d'une forme très particulière. Comme nous utiliserons toujours des estimations de Δx et de Δp_x, nous formulons donc une version plus approximative du principe d'incertitude.

employant une lumière de longueur d'onde plus courte, la quantité de mouvement du photon augmente et Δp_x, l'incertitude sur le module de la quantité de mouvement de l'électron, augmente également. L'inverse est aussi vrai : si l'on réduit la quantité de mouvement du photon de façon à déterminer plus précisément celle de l'électron, la longueur d'onde du photon doit être plus grande et l'incertitude Δx sur la position de l'électron croîtra donc aussi. En somme, on peut mesurer *soit* la position, *soit* la quantité de mouvement avec précision, mais l'on ne peut pas mesurer les deux simultanément. Dans cet exemple, on voit bien que le processus même de la mesure perturbe le système étudié. En conséquence, dans le cadre de la mécanique quantique, on ne pourra jamais parler du système comme s'il s'agissait d'une entité isolée, puisqu'il y a toujours une interaction inévitable entre l'observateur et le phénomène observé. C'est pourquoi la mécanique quantique décrit *chaque mesure* comme un opérateur mathématique qui modifie la fonction d'onde qui décrit le paquet d'ondes. L'étude de ces opérateurs ne fait toutefois pas partie du cadre de cet ouvrage.

On peut envisager une autre expérience qui vise à déterminer les caractéristiques d'un électron sans utiliser de photon, mais on verra que l'électron est tout de même perturbé de façon fondamentale. Dans la diffraction des électrons par une fente simple (figure 10.19), on sait, d'après l'équation 7.1, que la position du premier minimum est donnée par

$$\sin \theta = \frac{\lambda}{a} = \frac{\lambda}{\Delta y}$$

Au passage de l'onde de l'électron à travers la fente, l'incertitude sur la position latérale correspond à la largeur Δy de la fente. L'incertitude sur la quantité de mouvement dans la direction y doit être au moins égale à $p \sin \theta$, où θ correspond au premier minimum. On peut dire que $\Delta p_y > p \sin \theta$. En combinant cette inéquation avec $p = h/\lambda$, on obtient

$$\Delta p_y \Delta y > h$$

Une fente plus fine permet de déterminer la position de la particule avec une plus grande précision mais donne une figure de diffraction plus large, c'est-à-dire une incertitude plus grande sur la quantité de mouvement transversale. Encore une fois, le processus de mesure perturbe donc l'électron de façon à ce qu'il soit impossible de franchir la limite inférieure d'incertitude imposée par l'équation 10.15.

Comme d'autres concepts quantiques, le principe d'incertitude contredit le déterminisme qui semble caractériser nos vies quotidiennes. Cela est dû à l'extrême petitesse de la limite h imposée au produit des incertitudes. En pratique, l'équation 10.15 n'a donc d'effet que sur les systèmes microscopiques, comme le montreront les exemples suivants. Pour ces systèmes, il impose toutefois l'abandon complet de la notion de trajectoire déterminée.

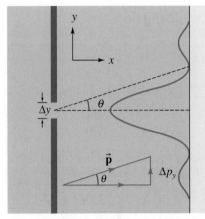

Figure 10.19 ▲

Lorsqu'un électron passe par une fente, l'incertitude sur sa coordonnée verticale est égale à la largeur de la fente et l'incertitude sur la composante en y de sa quantité de mouvement peut être estimée à partir de la position du premier minimum de diffraction.

EXEMPLE 10.4

Quelle est l'incertitude minimale sur la position de chacune des particules suivantes si le module de la vitesse est mesuré avec une incertitude de 0,1 % (a) Un électron se déplaçant à la vitesse de 4×10^6 m/s. (b) Une balle de pistolet de 10 g se déplaçant à 400 m/s.

Solution

(a) Comme $\Delta v = 4 \times 10^3$ m/s, l'incertitude sur le module de la quantité de mouvement est

$$\Delta p = m\Delta v = (9{,}11 \times 10^{-31} \text{ kg})(4 \times 10^3 \text{ m/s})$$
$$= 3{,}64 \times 10^{-27} \text{ kg·m/s}$$

D'après la relation d'incertitude de Heisenberg, l'incertitude minimale sur la position est

$$\Delta x \geq \frac{h}{\Delta p}$$

$$\geq \frac{6{,}63 \times 10^{-34} \text{ J} \cdot \text{s}}{3{,}64 \times 10^{-27} \text{ kg} \cdot \text{m/s}} = 0{,}182 \text{ } \mu\text{m}$$

(b) Dans ce cas, $\Delta p = (0{,}01 \text{ kg})(0{,}4 \text{ m/s}) = 4 \times 10^{-3}$ kg·m/s. L'incertitude minimale sur la position est $\Delta x \geq h/\Delta p = 1{,}66 \times 10^{-31}$ m.

Cette valeur est très inférieure au diamètre d'un proton. Le principe d'incertitude n'impose pas de limite pratique sur la détermination de la position de la balle. ∎

EXEMPLE 10.5

Sachant qu'un atome d'hydrogène a un diamètre de l'ordre de 0,1 nm, montrer qu'il est impossible d'attribuer à son électron une trajectoire déterminée.

Solution

L'électron se trouvant forcément dans l'atome, l'incertitude sur la position ne peut être supérieure à $\Delta x = 0{,}1$ nm, ce qui correspond environ au diamètre de l'atome. Par conséquent, l'incertitude Δp_x sur la quantité de mouvement doit

être inférieure à $(6{,}33 \times 10^{-34} \text{ J} \cdot \text{s})/(0{,}1 \times 10^{-9} \text{ m}) = 6{,}33 \times 10^{-24}$ kg·m/s. Or, $\Delta p_x = m\Delta v_x$, donc $\Delta v_x = (6{,}33 \times 10^{-24} \text{ kg} \cdot \text{m/s})/(9{,}11 \times 10^{-31} \text{ kg}) = 6{,}95 \times 10^6$ m/s !

En somme, la vitesse de l'électron dans l'atome ne peut pratiquement pas être déterminée. En conséquence, il est impossible de lui attribuer une trajectoire précise, comme c'était le cas dans le modèle de Bohr. ∎

Le principe d'incertitude de Heisenberg s'applique également à d'autres couples de variables, notamment à l'énergie et au temps :

Relation d'incertitude de Heisenberg pour l'énergie et le temps

$$\Delta E \Delta t \geq h \tag{10.16}$$

Pour réduire au maximum l'incertitude affectant la mesure de l'énergie d'un système, on doit l'observer aussi longtemps que possible. Lorsqu'on applique cette version de la relation d'incertitude à l'émission de lumière par un électron excité, on peut réécrire le terme ΔE en partant de l'expression de l'énergie du photon à être émis, $E = hf$. On obtient alors : $\Delta E = h\Delta f$. On voit que si un électron reste dans un état atomique excité pendant un temps assez long avant d'effectuer une transition vers l'état fondamental, la fréquence du photon émis est nettement définie. Si la durée de vie de l'état supérieur est brève, la fréquence de l'émission est moins bien définie. Cette version du principe d'incertitude de Heisenberg nous permet également de déduire que *l'énergie d'un système peut fluctuer autour de la valeur fixée par la conservation de l'énergie* – à condition que la fluctuation ait lieu dans l'intervalle de temps précisé par l'équation 10.16.

10.7 La dualité onde-particule

Nous allons à nouveau considérer l'expérience des deux fentes de Young, mais avec des électrons qui peuvent être détectés par un réseau de compteurs. Le cliquetis du compteur semble indiquer que l'électron est une particule, mais comme nous l'avons vu à la figure 10.20, la figure que forme l'ensemble des points suggère que les électrons se comportent comme des ondes. Supposons que ψ_1 soit la fonction d'onde associée au passage d'un électron par la fente S_1, alors que ψ_2 est associée à la fente S_2. Si une seule fente, par exemple S_1, est ouverte, la distribution des électrons sur un écran détecteur est donnée par ψ_1^2. Si les deux fentes sont ouvertes, la distribution montre les franges d'interférence habituelles. Si l'on représente les fonctions d'onde sur l'écran par des vecteurs de Fresnel (voir la section 7.5) déphasés de ϕ (figure 10.20), la fonction d'onde (amplitude de la probabilité) est $\vec{\psi} = \vec{\psi}_1 + \vec{\psi}_2$. Dans ce cas, la densité de probabilité, $\vec{\psi} \cdot \vec{\psi} = \psi^2$, est égale à

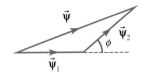

Figure 10.20 ▲
Si les fonctions d'onde sur l'écran sont représentées par des vecteurs tournants, la fonction d'onde résultante est donnée par $\vec{\psi} \cdot \vec{\psi}$, avec $\vec{\psi} = \vec{\psi}_1 + \vec{\psi}_2$.

$$\psi^2 = \left\| \vec{\psi}_1 + \vec{\psi}_2 \right\|^2 = \psi_1^2 + \psi_2^2 + 2\psi_1\psi_2 \cos \phi$$

Le dernier terme représente l'interférence entre les deux ondes. Le fait que le carré de la *somme* des amplitudes de probabilité donne le résultat correct implique que, pendant sa propagation dans le montage, l'électron est représenté par une superposition des deux états.

Supposons que nous voulions déterminer par quelle fente passe chaque électron. Pour que nous puissions détecter un électron, il faut qu'il interagisse avec quelque chose. Par exemple, il faut qu'il soit frappé par un photon ou qu'il entre en collision avec un autre électron. Quel que soit le cas, on s'aperçoit que l'électron passe par l'une *ou* l'autre fente. Toutefois, notre intervention fait disparaître la figure d'interférence, car elle perturbe la fonction d'onde associée au passage par une des fentes. À peine venons-nous de vérifier l'aspect corpusculaire, l'aspect ondulatoire disparaît !

Bohr avait noté qu'une expérience donnée pouvait mettre en évidence soit l'aspect ondulatoire, soit l'aspect corpusculaire. Selon son **principe de complémentarité**, une description complète de la matière et du rayonnement doit faire intervenir *les deux* aspects, corpusculaire et ondulatoire. Autrement dit, l'onde et la particule sont deux représentations complémentaires.

Principe de complémentarité

La mécanique quantique est venue bouleverser notre conception des phénomènes naturels. Il ne s'agit pas d'une théorie qui tombe sous le sens et on ne peut pas lui trouver d'analogies, aussi lointaines soient-elles, avec les phénomènes de la vie courante. Même ceux qui sont à l'origine de cette théorie, Planck, Einstein et Schrödinger, n'en ont jamais accepté les développements ultérieurs. Schrödinger a même regretté d'y avoir contribué. Bohr lui-même, alors qu'il devint plus tard un avocat de la mécanique quantique, refusa d'admettre la validité du concept de photon jusqu'en 1925. Quant à Einstein, il n'adhérait pas à la physique quantique, ayant dit un jour : « Je regarde la mécanique quantique avec admiration et suspicion. » Il proposa plusieurs expériences ingénieuses pour contourner les limites imposées par le principe d'incertitude, mais Bohr réussit toujours à trouver un défaut subtil dans les raisonnements d'Einstein. C'est la notion de hasard dans la nature que celui-ci refusait par-dessus tout. Il affirma un jour : « Dieu ne joue pas aux dés avec l'Univers ! » Voilà qui montre bien que des convictions métaphysiques ont parfois un rôle à jouer dans les modèles que proposent les scientifiques. Malgré cette opposition ferme d'Einstein, l'interprétation probabiliste de la fonction d'onde est généralement acceptée à l'heure actuelle et la mécanique quantique est une pierre angulaire de la physique.

Les microscopes électroniques

Alors qu'on mettait au point l'oscilloscope à rayons catho-diques, pendant les années 1920, on se rendit compte que les trajectoires des électrons passant à travers une courte bobine de déviation magnétique peuvent être décrites par une équation analogue à la formule des lentilles minces. La bobine peut donc jouer le rôle d'une lentille pour focaliser un faisceau d'électrons. La «distance focale» d'une lentille magnétique dépend de l'intensité du champ magnétique, qui est déterminée par le courant circulant dans la bobine. Cette analogie entre l'optique «électro-nique» et l'optique géométrique poussa les ingénieurs Max Knoll (1897-1969) et Ernst Ruska (1906-1988) à construire le premier microscope électronique en 1931. L'année suivante, ayant entendu parler de l'hypothèse de Broglie (qui avait été publiée en 1925!), ils se rendirent compte qu'en principe un tel instrument pou-vait avoir un pouvoir de résolution supérieur à celui d'un microscope optique, qui est limité par la diffraction à 200 nm environ pour une longueur d'onde de 400 nm.

Pour un électron initialement au repos qui est accéléré par une différence de potentiel de 40 kV, la longueur d'onde de Broglie est voisine de 0,006 nm. On pourrait donc s'attendre à ce qu'un microscope électronique ait un pouvoir de résolution voisin de 0,003 nm, ce qui est beau-coup plus petit que la dimension type des atomes (0,1 à 0,3 nm). En pratique, on ne parvient pas à atteindre cette valeur. Les «lentilles électroniques» sont en général des aimants constitués d'enroulements à l'intérieur d'un enro-bage en fer doux. Les pôles sont séparés par un entrefer de quelques millimètres (figure 10.21). Les champs magnétiques non uniformes produits par ces aimants ne peuvent pas avoir une configuration aussi bien définie que la surface d'une lentille en verre et l'aberration de sphéricité qui en résulte constitue un problème majeur (voir la figure 5.12, p. 157). Néanmoins, nous allons voir que le microscope électronique atteint une résolution de l'ordre des dimensions atomiques. Il existe en fait trois types de microscopes électroniques, que nous allons étu-dier à tour de rôle.

Les microscopes électroniques à transmission

Dans le microscope électronique à transmission (désigné ci-dessous par TEM pour *Transmission Electron Micro-scope*), dont le prototype fut réalisé dans les années 1930 par Ernst Ruska, des électrons sont émis par un filament

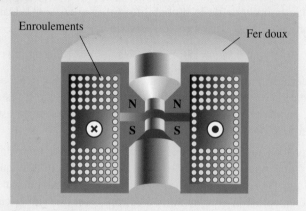

Figure 10.21 ▲
Une lentille magnétique. L'enroulement est encastré dans du fer doux et les pôles sont distants de quelques millimètres.

chaud en tungstène puis sont accélérés par une diffé-rence de potentiel de 50 à 100 kV. Le trajet du faisceau est contrôlé par trois lentilles (figure 10.22). Le *conden-seur* est une lentille qui produit un faisceau pratiquement parallèle tombant sur le spécimen. L'*objectif* est une len-tille qui produit une image grandie, laquelle joue le rôle d'objet pour la lentille appelée *projecteur*. Cette dernière lentille agrandit encore l'image et projette l'image finale sur un écran fluorescent ou sur une plaque photogra-phique. Le système doit être maintenu dans un vide de «haut niveau» d'environ 10^{-5} mm Hg (10^{-7} atm) et la trajectoire du faisceau doit rester stable à 0,2 nm près pendant quelques secondes, le temps de prendre une photographie.

Puisque la longueur d'onde de Broglie d'un électron dépend du module de sa vitesse, la différence de poten-tiel accélératrice doit être stabilisée en deçà de 1 partie sur 10^5. Néanmoins, l'énergie des électrons émis par le canon à électrons s'étend sur une plage de 1 eV environ, impossible à éliminer. Ainsi, l'intervalle correspondant des longueurs d'onde des électrons entraîne une aberra-tion chromatique (figure 5.8). On réduit les effets d'aber-ration en limitant l'étalement angulaire du faisceau au moyen de petites ouvertures circulaires et en gardant le faisceau proche de l'axe central. Malheureusement, cette méthode limite également le pouvoir de résolution de l'instrument et réduit le courant du faisceau qui, de 150 µA à la sortie du canon à électrons, passe à 10 µA environ lorsqu'il traverse le spécimen.

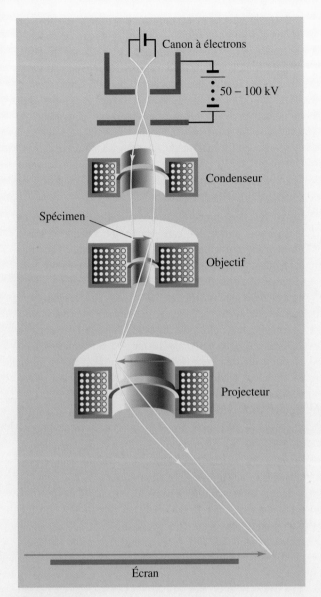

Figure 10.22 ▲

Les principaux composants d'un microscope électronique à transmission. Les diaphragmes limitant la largeur du faisceau ne sont pas représentés. Le microscope comporte souvent une autre lentille « intermédiaire » entre l'objectif et le projecteur. La trajectoire des électrons à l'intérieur des aimants est en réalité une spirale.

Dans un TEM, on obtient un contraste entre des régions voisines parce que la diffusion des électrons (leur déviation par rapport à leur direction initiale de propagation) diffère selon les régions. Le spécimen doit être très mince de sorte que les électrons ne perdent pas d'énergie en le traversant. Un étalement des énergies des électrons sortants entraînerait un étalement des longueurs d'onde et une aberration chromatique supplémentaire. Dans le cas d'échantillons biologiques, on les encastre d'abord dans du plastique, que l'on découpe ensuite en tranches d'épaisseur voisine de 20 nm. En général, le TEM a un pouvoir de résolution de 0,5 nm, les meilleurs d'entre eux

pouvant atteindre 0,2 nm, ce qui correspond à un grossissement de $G = 10^6$. La figure 10.23 représente l'image d'un réseau cristallin produite par un TEM et ayant été ensuite colorée.

Les microscopes électroniques à balayage

Le microscope électronique à balayage (désigné ci-dessous par SEM pour *Scanning Electron Microscope*) fut réalisé au milieu des années 1930 par Max Knoll. Dans ce dispositif (figure 10.24), un faisceau d'électrons accélérés par une différence de potentiel de 10 à 40 kV balaie la

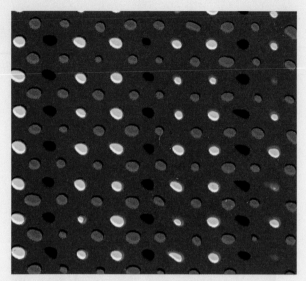

Figure 10.23 ▲
Image colorée produite par un TEM d'un supraconducteur
à haute température, $Y_1Ba_2Cu_3O_{7-x}$. Les atomes d'yttrium
sont noirs, les atomes de barium sont jaunes et les atomes de
cuivre sont rouges. À cause de leur faible numéro atomique,
les atomes d'oxygène ne sont pas visibles.

surface du spécimen en suivant une trame (comme les
lignes sur un écran de télévision). Lorsque le faisceau
rencontre le spécimen, certains électrons sont rétrodiffusés, d'autres éjectent des électrons secondaires de basse
énergie ($\approx$ 50 eV) des couches supérieures des atomes,
alors que d'autres produisent des rayons X. On peut
détecter ces divers types d'émissions qui constituent le
« signal ». On peut même mesurer le courant traversant
le spécimen. Le courant du faisceau tombant sur le spécimen est de 10 pA environ et le courant électronique
secondaire est de 1 pA, de sorte qu'une amplification
considérable est nécessaire.

Un balayage ne produit pas une image au sens habituel
mais dresse plutôt une carte de l'objet. Chaque position
du faisceau correspond à un point sur l'écran d'un tube
à rayons cathodiques. Le balayage du spécimen est syn-
chronisé avec le balayage de l'écran et le signal sert à
contrôler la luminosité de l'affichage. Le grossissement
est déterminé par le rapport des dimensions des points
de l'image aux points du faisceau. Puisque la dimension
du faisceau peut varier de 10 nm à 1 μm, un SEM peut
produire un très large éventail de grossissements allant
de 15 à 10^5 environ. Le pouvoir de résolution est voisin
de 10 nm dans le meilleur des cas (encore inférieur d'un
facteur 10 à celui du TEM).

Bien que le SEM n'atteigne pas le pouvoir de résolution
du TEM, l'image produite par un SEM a une grande profondeur de champ (intervalle des distances objets pour
lesquelles l'image est assez bien focalisée). Par exemple,
avec une dimension de faisceau de 50 nm ($G = 1000$), la
profondeur de champ est de 50 μm, c'est-à-dire 100 fois
plus grande que celle d'un microscope optique de même
grossissement. Le SEM produit donc un effet pratiquement tridimensionnel (figure 10.25).

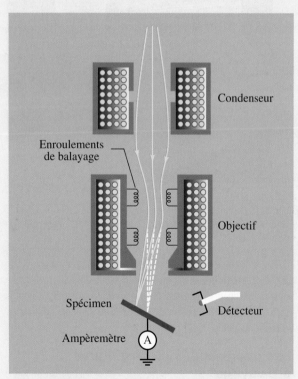

Figure 10.24 ▲
Dans le microscope électronique à balayage, la section
transversale du faisceau est réduite par deux lentilles.
Deux enroulements à l'intérieur de l'objectif servent
à balayer la surface du spécimen.

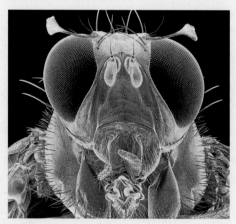

Figure 10.25 ▲
L'image d'une mouche produite par un microscope à balayage
a une grande profondeur de champ.

Pour comprendre comment est obtenu le contraste d'une image SEM, regardez la figure 10.26 qui représente le faisceau tombant sur une surface irrégulière. Les électrons de haute énergie qui sont rétrodiffusés sont orientés presque selon la normale à chaque face. Seuls ceux qui sont diffusés par hasard dans la direction du détecteur sont enregistrés. Les faces 1 et 3 vont donc paraître sombres, la face 4 va paraître brillante et la face 2 aura une brillance intermédiaire. Bien que les électrons secondaires de basse énergie émergent dans toutes les directions, ils peuvent être attirés vers le détecteur si on maintient celui-ci à +10 kV environ. Dans ce cas, un signal est enregistré, même lorsque le faisceau balaye les faces 1 et 3. Si le courant du spécimen sert de signal, alors toutes les faces contribuent à l'image. En combinant ces divers signaux, on peut régler le contraste de l'image finale.

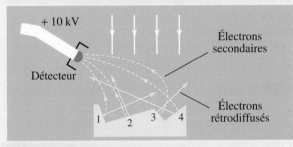

Figure 10.26 ▲

Si les électrons rétrodiffusés étaient les seuls détectés, les faces 1 et 3 paraîtraient sombres. Si le détecteur est porté à un potentiel de +10 kV par rapport à l'échantillon, il attire également les électrons secondaires de basse énergie. Lorsque le faisceau balaye la surface, les faces 1 et 3 contribuent donc également au signal.

Le faisceau d'électrons dans un SEM peut servir à percer des trous sur une tête d'épingle avec une précision suffisante pour former des lettres. Le morceau de texte représenté à la figure 10.27 ne mesure que 1 μm de large. Les lettres sont si petites qu'on pourrait inscrire les 29 volumes de l'*Encyclopaedia Brittanica* sur une tête d'épingle !

Le microscope électronique à effet tunnel

Dans les microscopes électroniques à transmission et à balayage, les trajectoires des électrons peuvent être calculées d'après la mécanique classique. La nature ondulatoire des électrons n'a d'effet que sur la résolution de l'image. Par contre, le principe du microscope à effet tunnel repose sur un phénomène de la mécanique quantique qui consiste à traverser une barrière de potentiel par effet tunnel (voir la section 10.5). Ce dispositif fut inventé en 1981 par Gerd Binnig (né en 1947) et Heinrich Rohrer (né en 1933), qui se sont partagé le prix Nobel

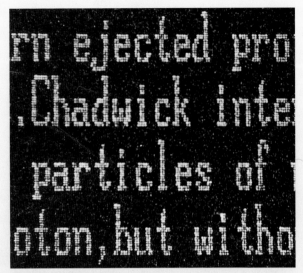

Figure 10.27 ▲

Un bloc de texte produit par le faisceau d'un microscope électronique à balayage. Les lettres sont si petites qu'une encyclopédie pourrait tenir au complet sur une tête d'épingle !

avec Ruska en 1986. On fait passer une sonde de tungstène en forme de pointe très fine (pouvant être aussi fine qu'un atome) à une distance de 0,1 nm à 1 nm au-dessus d'une surface conductrice. Lorsqu'on applique une petite différence de potentiel entre la sonde et la surface, un courant d'électrons traverse par effet tunnel l'espace vide entre la pointe et la surface.

La position de la sonde est déterminée (à 10^{-5} nm près !) par trois tiges *piézoélectriques* perpendiculaires deux à deux (figure 10.28). (Les dimensions d'un cristal piézoélectrique varient lorsqu'on lui applique une différence de

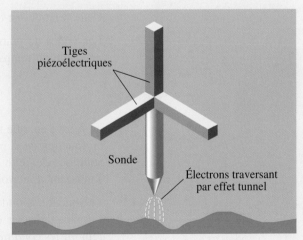

Figure 10.28 ▲

La sonde au tungstène d'un microscope à effet tunnel est placée à 0,1 nm environ au-dessus de la surface qu'elle balaye. Sa position est commandée par trois tiges piézoélectriques.

potentiel.) Lorsque la sonde balaye lentement la surface, sa position verticale est réglée de sorte que le courant d'effet tunnel, et par conséquent la hauteur au-dessus de la surface, restent constants. La sonde trace donc la topographie de la surface. L'« image » est formée soit sur un écran fluorescent, soit sur un rouleau enregistreur.

À la figure 10.13 (p. 365), on a vu que la fonction d'onde d'une particule décroît exponentiellement à l'intérieur d'une barrière de potentiel. L'amplitude de l'onde transmise (qui détermine le courant par effet tunnel) dépend de la largeur de la barrière. La variation exponentielle du courant par effet tunnel en fonction de la distance entre la sonde et la surface confère à l'instrument une haute sensibilité : lorsque la position verticale de la sonde varie à peine de 0,1 nm, le courant par effet tunnel varie d'un facteur 100.

La résolution verticale atteint la valeur remarquable de 0,001 nm, ce qui est très inférieur à la dimension d'un atome ! La meilleure résolution horizontale obtenue jusqu'à présent est de 0,1 nm environ. Un déplacement de 0,1 nm sur un échantillon est représenté par 1 cm sur un écran ou sur un diagramme, de sorte que le grossissement global est de 10^8. La figure 10.29 représente une image obtenue à l'aide d'un microscope à effet tunnel (voir également la figure 10.15b, p. 365).

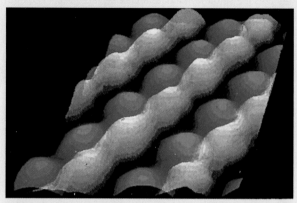

Figure 10.29 ▲

Image de GaAs produite par un microscope à effet tunnel. Ici encore, la couleur a été ajoutée : les atomes de Ga sont bleus ; les atomes de As sont rouges.

RÉSUMÉ

Selon l'hypothèse de Broglie, les particules matérielles se comportent comme des ondes. La longueur d'onde de Broglie d'une particule de quantité de mouvement $\vec{p}$ est donnée par

$$\lambda = \frac{h}{p} \tag{10.1}$$

Cette relation est donc la même que celle pour le photon.

Les ondes de matière sont régies par l'équation d'onde de Schrödinger indépendante du temps à une dimension, qui s'écrit

$$\frac{d^2\psi(x)}{dx^2} + \frac{2m}{\hbar^2}[E - U(x)]\psi(x) = 0 \tag{10.10}$$

où E est l'énergie mécanique, qui est constante, et $U(x)$ est l'énergie potentielle en fonction de la position x de la particule. Les fonctions d'onde ψ qui sont les solutions de cette équation indiquent la probabilité de trouver une particule à l'intérieur d'un volume dV en calculant $\psi^2\, dV$.

La fonction d'onde doit être *normalisée* : l'intégrale de la probabilité sur tout l'espace doit être égale à 1, $\int \psi^2\, dV = 1$. De même, la fonction d'onde doit remplir les *conditions aux limites* correspondant au cas envisagé. En particulier, ψ et $d\psi/dx$ doivent être continues.

En mécanique ondulatoire, une particule peut pénétrer dans une région pour laquelle $U > E$, qui lui serait interdite en physique classique. Ainsi, une particule peut traverser une barrière de potentiel par effet tunnel.

Selon le principe d'incertitude d'Heisenberg, on ne peut pas déterminer simultanément la position et la quantité de mouvement d'une particule avec une précision arbitrairement grande. Les incertitudes sont liées par la relation

$$\Delta x \Delta p_x \geq h \qquad (10.15)$$

Ces incertitudes sont inhérentes aux phénomènes et *ne sont pas* dues aux caractéristiques de l'équipement utilisé. Tout équipement utilisé pour prendre une mesure, aussi sensible soit-il, perturbe fondamentalement la particule d'une façon suffisante pour qu'il soit impossible de prendre des mesures franchissant la limite d'incertitude imposée par ce principe. Une autre version du principe d'incertitude met en relation l'énergie et le temps :

$$\Delta E \Delta t \geq h \qquad (10.16)$$

Pour réduire au maximum l'incertitude sur l'énergie d'une particule, on doit prendre le plus de temps possible pour la mesurer. Cette version du principe d'incertitude admet la non-conservation de l'énergie, pourvu que la fluctuation de E ait lieu dans un intervalle $\Delta t \approx h/\Delta E$.

TERMES IMPORTANTS

densité de probabilité (p. 360)

effet tunnel (p. 365)

énergie du niveau fondamental (p. 362)

équation d'onde de Schrödinger (p. 359)

fonction d'onde (p. 359)

hypothèse de Broglie (p. 355)

onde de matière (p. 354)

principe de complémentarité (p. 371)

principe d'incertitude de Heisenberg (p. 368)

RÉVISION

R1. Expliquez à partir de quelle *symétrie de la nature* s'est appuyé de Broglie pour postuler l'existence d'ondes de matière.

R2. Quel lien peut-on faire entre le modèle atomique de Bohr et les ondes de Broglie ?

R3. Expliquez les fondements du principe d'incertitude de Heisenberg en supposant que les particules sont décrites par des ondes.

R4. Expliquez comment le principe d'incertitude de Heisenberg peut s'expliquer par l'analyse du processus de la mesure.

R5. Expliquez comment le principe d'incertitude de Heisenberg permet à la nature de violer le principe de conservation de l'énergie.

QUESTIONS

Q1. Qu'est-ce que les ondes de Broglie et les ondes électromagnétiques ont en commun qui les distingue des autres types d'ondes ?

Q2. Peut-on s'attendre à ce que les ondes de Broglie donnent lieu à un effet Doppler ?

Q3. En quoi le modèle de Bohr de l'atome d'hydrogène n'est-il pas compatible avec la mécanique quantique ?

Q4. Comparez les longueurs d'onde de Broglie d'un électron et d'un proton qui ont (a) la même vitesse ; (b) la même énergie.

Q5. Quel fait pourriez-vous mentionner pour convaincre des amis sceptiques que la matière a des propriétés ondulatoires ?

Q6. La fonction d'onde nous renseigne seulement sur les probabilités, et pourtant, les prédictions de la mécanique ondulatoire sont assez précises. Réconciliez ces deux propositions.

Q7. Faites la distinction entre le principe de correspondance de Bohr et le principe de complémentarité de Bohr.

Q8. Si l'on utilise un thermomètre froid pour mesurer la température de l'eau chaude dans un verre, la lecture ne sera pas exacte. Est-ce un exemple du principe d'incertitude de Heisenberg ? Justifiez votre réponse.

EXERCICES

Voir l'avant-propos pour la signification des icônes

10.1 et 10.2 Ondes de Broglie, diffraction des électrons

E1. (I) Utilisez l'expression classique reliant la quantité de mouvement à l'énergie cinétique pour démontrer que la longueur d'onde de Broglie d'un électron en fonction de l'énergie cinétique K est donnée par

$$\lambda \approx \frac{1,23}{\sqrt{K}}$$

où K est en électronvolts et λ en nanomètres.

E2. (I) Un électron initialement au repos est accéléré par une différence de potentiel $|\Delta V|$. Montrez que sa longueur d'onde de Broglie est donnée par

$$\lambda \approx \sqrt{\frac{1,5}{|\Delta V|}}$$

où ΔV est en volts et λ en nanomètres. On suppose que l'énergie cinétique est donnée par l'expression classique.

E3. (I) Un électron initialement au repos est accéléré par une différence de potentiel de 120 V. Quelle est sa longueur d'onde de Broglie ? (*Cf.* exercice précédent.)

E4. (I) Calculez les longueurs d'onde de Broglie (a) d'un électron ; (b) d'un proton, sachant que l'énergie cinétique de l'électron et celle du proton sont égales à 2 eV.

E5. (I) Déterminez la longueur d'onde de Broglie d'un proton qui se déplace à (a) 10^3 m/s ; (b) 10^6 m/s.

E6. (I) Un neutron thermique (*cf.* chapitre 12), qui a une énergie cinétique de 0,04 eV à 330 K, joue un rôle important dans la fission de l'uranium dans un réacteur nucléaire. Quelle est la longueur d'onde de Broglie d'un tel neutron ?

E7. (II) Un objet de 1 g se déplace à 10 m/s et traverse une fente. Pour quelle largeur de fente observe-t-on le premier minimum de diffraction à 0,5° ? L'expérience est-elle réalisable pratiquement ?

E8. (I) Un photon et un électron ont chacun une longueur d'onde de Broglie de 5 nm. Comparez leurs énergies cinétiques en électronvolts.

E9. (I) Pour quelle énergie (en électronvolts) la longueur d'onde d'un photon est-elle de (a) 10^{-10} m ; (b) 10^{-15} m ?

E10. (I) Un électron se déplace de façon que sa longueur d'onde de Broglie correspond à celle de la lumière jaune à 600 nm. Quel est le module de sa vitesse ?

E11. (I) Par quelle différence de potentiel un proton doit-il être accéléré pour avoir une longueur d'onde de Broglie de 0,1 pm ?

E12. (I) En reproduisant l'expérience de Davisson-Germer, on accélère des électrons avec une différence de potentiel de 60 V, en direction d'un monocristal de nature inconnue. Un maximum de premier ordre est mesuré à un angle $\phi = 40°$. (a) Si on suppose la même symétrie qu'à la figure 10.3 (p. 356), quel est l'angle θ correspondant ? (b) Quelle est la distance entre les plans cristallins qui ont causé ce maximum ?

E13. (I) Un électron possède une énergie mécanique de 80 eV. Il passe d'un endroit où il ne possède aucune énergie potentielle à une région où son énergie potentielle grimpe de 20 eV. Calculez sa longueur d'onde de Broglie (a) avant l'augmentation de l'énergie potentielle ; (b) après cette augmentation.

E14. (I) Dans un microscope, la dimension du plus petit détail observable correspond à la longueur d'onde du rayonnement utilisé. Ce paramètre correspond à la puissance de résolution. Pour quel module de vitesse la longueur d'onde de Broglie d'un électron est-elle égale à 0,1 nm, qui est la taille approximative d'un atome ?

E15. (II) (a) Pour quel module de vitesse la longueur d'onde de Broglie d'un électron est-elle égale au rayon de Bohr, qui est de 0,053 nm ? (b) Comparez le module de la vitesse trouvé à la question (a) avec le module de la vitesse de l'électron à l'état fondamental d'après le modèle de Bohr.

E16. (II) Un électron est attiré vers un proton maintenu au repos. En supposant que l'électron parte de l'infini à une vitesse initiale nulle, trouvez sa longueur d'onde de Broglie lorsqu'il se trouve à 0,1 nm du proton.

E17. (II) Des neutrons thermiques, dont l'énergie cinétique est de 0,04 eV, passent par deux fentes distantes de 0,1 mm. Quelle est la distance prévue entre des franges de même type dans la figure d'interférence apparaissant sur un écran situé à 2 m des fentes ?

10.5 Applications de la mécanique ondulatoire

E18. (I) Un proton est enfermé dans un puits de potentiel infini à une dimension de longueur 10^{-14} m. (a) Quels sont les deux premiers niveaux d'énergie ? (b) Quelle est la fréquence du photon émis lorsque le proton passe du 2e niveau au 1er niveau ? Dans quelle partie du spectre électromagnétique est-elle située ?

E19. (I) Un électron se déplace à l'intérieur d'un puits de potentiel infini à une dimension de longueur 0,1 nm. (a) Calculez, en électronvolts, les énergies de l'état fondamental et du premier état excité. (b) Quelle est la longueur d'onde du photon émis si l'électron passe de l'état excité à l'état fondamental ?

E20. (I) Un électron dans un puits de potentiel infini a une énergie de 5 eV au niveau $n = 4$. Quelle est la largeur du puits ?

E21. (I) Quelle valeur doit avoir l'énergie d'un photon, en électronvolts, pour faire passer un électron de l'état fondamental au niveau $n = 3$ dans un puits de potentiel infini de largeur 0,2 nm ? Dans quelle partie du spectre électromagnétique est situé le photon ?

E22. (I) Quelle valeur minimale prend le module de la vitesse d'un électron dans un puits de potentiel infini de largeur 0,1 mm ?

E23. (II) L'énergie de l'état fondamental d'un électron dans un puits de potentiel infini est de 20 eV. (a) Quelle est, en électronvolts, l'énergie du premier niveau excité ? (b) Quelle est la largeur du puits ?

E24. (I) On suppose qu'un électron est enfermé dans un puits de potentiel infini de largeur 10^{-14} m, valeur qui correspond à la dimension approximative d'un noyau. (a) Calculez, en électronvolts, l'énergie de l'état fondamental de l'électron. (b) Sachant que les énergies nucléaires sont de l'ordre de quelques dizaines de MeV, que pouvez-vous dire quant à la possibilité pour les électrons d'être à l'intérieur du noyau ?

10.6 Principe d'incertitude de Heisenberg

E25. (I) La position de l'électron dans l'état fondamental de l'atome d'hydrogène a une incertitude de 0,1 nm. Quelle est l'incertitude sur le module de sa quantité de mouvement ?

E26. (I) Un électron se trouve dans un puits de potentiel infini de largeur 0,2 nm. Quelle est l'incertitude sur le module de sa quantité de mouvement ?

E27. (I) La durée de vie d'un état excité est de 10^{-8} s. Quelle est l'incertitude sur (a) l'énergie ; (b) la fréquence du photon émis au moment de la désexcitation ?

E28. (I) Un proton est enfermé dans un noyau de rayon 2×10^{-14} m. (a) Estimez l'incertitude sur le module de sa quantité de mouvement. (b) Si le module de la quantité de mouvement était égal à l'incertitude trouvée en (a), quelle serait l'énergie cinétique en MeV ?

EXERCICES SUPPLÉMENTAIRES

10.1 et 10.2 Ondes de Broglie, diffraction des électrons

E29. (I) Quelle est la longueur d'onde de Broglie d'un proton dont l'énergie cinétique est de 50 keV ?

E30. (I) Dans un métal, un électron libre a une énergie cinétique de 3 eV. Quelle est sa longueur d'onde de Broglie ?

E31. (I) (a) Un électron a une longueur d'onde de Broglie de 0,1 nm, soit environ la taille d'un atome. Quelle est son énergie cinétique (non relativiste) en électronvolts ? (b) Quelle est l'énergie, en électronvolts, d'un photon ayant une longueur d'onde de 0,1 nm ?

E32. (I) Montrez que la longueur d'onde de Broglie d'un neutron non relativiste d'énergie cinétique K (en électronvolts) est donnée par

$$\lambda \approx 2,86 \times 10^{-11}/K^{1/2}$$

10.5 Applications de la mécanique ondulatoire

E33. (I) La fonction d'onde d'un électron libre est

$$\psi(x) = A \sin(4,72 \times 10^{10}x)$$

où x est en mètres et A en mètres à la puissance moins une demie. Quelle est la composante selon x de la quantité de mouvement de cet électron ?

E34. (I) Un électron enfermé dans un puits de potentiel infini a une énergie cinétique de 3,4 eV au niveau $n = 1$. Quelle est, en électronvolts, l'énergie cinétique au niveau $n = 2$?

E35. (I) Une particule α ($m = 4$ u) est enfermée dans un puits de potentiel infini de 2×10^{-14} m de largeur, soit environ la taille d'un noyau. Quelle est l'énergie cinétique du premier niveau en eV ?

E36. (I) Un électron est enfermé dans un puits de potentiel infini de 0,1 nm de largeur, soit environ la taille d'un atome. Calculez les trois plus basses fréquences des photons pouvant être émis par cet électron.

E37. (I) Tracez le graphique de la densité de probabilité des trois états de la fonction d'onde illustrés à la figure 10.11 (p. 362).

10.6 Principe d'incertitude de Heisenberg

E38. (I) Un électron a une vitesse de module 2×10^{7} m/s. Si une incertitude de 50 nm est acceptable sur sa position, quel est le plus petit pourcentage possible d'incertitude sur le module de sa quantité de mouvement ?

E39. (I) Soit un électron dans un état excité. La différence d'énergie entre cet état et l'état fondamental est de 2,25 eV et la durée de vie de cet état excité est de 0,13 µs. (a) Quelle est la fréquence du photon émis au moment de la désexcitation ? (b) Quelle est l'incertitude sur la fréquence de ce photon selon le principe d'incertitude de Heisenberg ?

E40. (II) Dans l'accélérateur de particules de Standford, les électrons atteignent une énergie de 20 GeV. Quelle est la longueur d'onde de Broglie de ces électrons ? (Le module de la vitesse des électrons étant presque celui de la lumière, vous aurez besoin de l'expression relativiste de l'énergie ; voir l'équation 8.27.)

PROBLÈMES

P1. (II) Utilisez les expressions relativistes de l'énergie cinétique et du module de la quantité de mouvement pour démontrer : (a) $\lambda \approx h/\sqrt{2m_0 K}$, si $K \ll m_0 c^2$; (b) $\lambda \approx hc/K$, si $K \gg m_0 c^2$.

P2. (I) Quelle est la longueur d'onde de Broglie d'un électron ayant une énergie de 200 MeV ? Utilisez les expressions relativistes et négligez l'énergie au repos de l'électron ($m_0 c^2 = 0,511$ MeV).

P3. (I) (a) Calculez le module de la quantité de mouvement de l'électron dans l'état fondamental du modèle de Bohr de l'atome d'hydrogène. (b) Si l'incertitude sur la quantité de mouvement est $\Delta p = 2p$, trouvez l'incertitude sur le module de la position et comparez-la au rayon de l'état fondamental de l'atome de Bohr.

P4. (I) Considérez la fonction d'onde $\psi = A \sin(n\pi x/L)$ pour une particule dans une boîte à une dimension de longueur L. Utilisez la condition de normalisation $\int \psi^2 dx = 1$ pour démontrer que $A = \sqrt{2/L}$.

P5. (II) Considérez la fonction d'onde de l'état fondamental pour une particule dans un puits de potentiel infini qui s'étend de $x = 0$ à $x = L$. Quelle est la probabilité de trouver la particule entre $x = L/4$ et $3L/4$?

P6. (I) Un puits de potentiel fini s'étend de $x = 0$ à $x = L$ (voir la figure 10.12a, p. 364). Démontrez que les conditions aux limites en $x = 0$ donnent la relation $C = AK/k$. (La notation est la même que celle du texte accompagnant la figure 10.12.)

P7. (I) Une boîte impénétrable s'étend de $x = -L/2$ à $x = L/2$. Quelles sont les fonctions d'onde normalisées pour les trois niveaux d'énergie les plus bas ?

P8. (I) Une particule d'énergie E s'approche d'une région où le potentiel monte subitement jusqu'à U (figure 10.30). La probabilité de réflexion est donnée par le coefficient de réflexion

$$R = \left[\frac{k_1 - k_2}{k_1 + k_2}\right]^2$$

où $k_1 = \sqrt{2mE}/\hbar$ et $k_2 = \sqrt{2m(E - U)}/\hbar$. Évaluez R pour $E = 1{,}5U$.

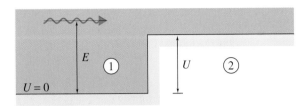

Figure 10.30 ▲
Problème 8.

P9. (II) L'énergie potentielle d'un oscillateur harmonique simple est donnée par $U = \frac{1}{2}m\omega^2x^2$. Démontrez que $\psi = Ae^{-Bx^2}$ est une solution de l'équation d'onde de Schrödinger, où $E = \hbar\omega/2$ est l'énergie mécanique de cet oscillateur. Que représente B ?

P10. (II) Un électron de conduction dans un métal peut être considéré comme une particule enfermée dans une boîte à trois dimensions de côté L. L'énergie est déterminée par les trois nombres quantiques n_1, n_2 et n_3 :

$$E = \frac{h^2}{8mL^2}(n_1^2 + n_2^2 + n_3^2)$$

(a) Donnez le nombre de valeurs distinctes des nombres quantiques qui correspondraient à l'état

fondamental. (b) Reprenez la question (a) pour le premier état excité.

P11. (II) Dans le contexte de la mécanique ondulatoire, la valeur moyenne d'une fonction $f(x)$ est donnée par

$$\langle f(x) \rangle = \int_{-\infty}^{\infty} f(x)\,\psi^2\,\mathrm{d}x$$

Montrez que, pour une particule dans le $n^{\text{ième}}$ état d'une boîte impénétrable à une dimension de longueur L, la valeur moyenne du carré de la position horizontale est donnée par

$$\langle x^2 \rangle = \left(\frac{1}{3} - \frac{1}{2n^2\pi^2}\right)L^2$$

(*Cf.* problème 4.)

P12. (II) Un électron d'énergie E s'approche d'une barrière de hauteur U ($>E$) et de largeur L (voir la figure 10.13, p. 365). On détermine le coefficient de transmission T à partir du rapport des probabilités sur les deux faces de la barrière. (a) Démontrez que

$$T \approx e^{-2KL}$$

où $K^2 = 2m(U - E)/\hbar^2$. (Cette expression est approximative parce que l'on néglige la réflexion « interne » sur la deuxième face de la barrière.) (b) Évaluez T pour $L = 0{,}1$ nm, $U = 100$ eV et $E = 50$ eV.

POINTS ESSENTIELS

1. Le modèle atomique issu de la mécanique quantique exige l'utilisation de quatre nombres quantiques pour déterminer l'état d'un électron dans un atome.

2. Selon le **principe d'exclusion de Pauli**, deux électrons d'un même atome ne peuvent avoir les quatre mêmes nombres quantiques.

3. La construction du tableau périodique peut s'effectuer à partir des quatre nombres quantiques et du principe d'exclusion.

4. La théorie des bandes des solides permet d'expliquer la différence entre les conductivités électriques des métaux, des isolants et des semi-conducteurs.

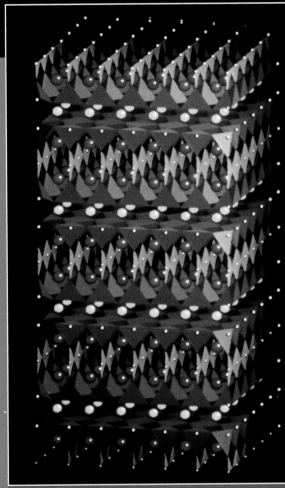

Cette image, où les atomes de chaque élément ont été coloriés, est une représentation de la structure microscopique d'un matériau capable d'être supraconducteur à haute température. Dans un solide, la proximité des atomes, à intervalle périodique, permet de prédire des propriétés macroscopiques telle la conductivité, comme nous le verrons dans ce chapitre.

L a mécanique quantique s'applique remarquablement bien à un grand éventail de phénomènes. Elle permet de nous représenter la structure et de prédire le comportement des atomes, des molécules, des noyaux et des solides. Nous allons commencer ce chapitre par un examen rapide de son application au cas de l'atome d'hydrogène. La résolution de ce problème à trois dimensions demande trois nombres quantiques pour distinguer les uns des autres les états possibles de l'électron. Ce sont le *nombre quantique principal*, *n*, le *nombre quantique orbital*, ℓ, et le *nombre quantique magnétique orbital*, m_ℓ. De plus, les particules comme l'électron ont un moment cinétique intrinsèque appelé spin qui est caractérisé par un *nombre quantique magnétique du spin*, m_s.

Après avoir étudié l'atome d'hydrogène, nous nous attarderons aux cas des atomes à plus d'un électron. Nous verrons que les mêmes quatre nombres quantiques permettent de décrire les états de chacun des électrons dans n'importe quel atome. Toutefois, l'expérience montre qu'ils obéissent alors à une contrainte importante, le *principe d'exclusion de Pauli*, selon lequel deux électrons d'un même atome ne peuvent pas avoir les quatre mêmes nombres quantiques. À la section 9.5, nous avons vu que Thomson avait émis le premier l'idée que la périodicité des propriétés des éléments, mise en évidence par le tableau périodique, était reliée à l'agencement des électrons dans les atomes. Comme nous le verrons, cette intuition n'était pas dépourvue de fondement : nous allons voir qu'à partir des quatre nombres quantiques et du principe d'exclusion, nous pouvons construire de façon systématique le tableau périodique et expliquer plusieurs de ses caractéristiques par les configurations électroniques des atomes.

Enfin, nous allons terminer le chapitre en étudiant la conductivité électrique des solides. Nous verrons que l'agencement régulier d'atomes présente non pas des niveaux d'énergie admise, comme dans un atome isolé, mais plutôt des bandes d'énergie admise. Ce modèle permet d'expliquer la conductivité électrique différente des métaux, des isolants et des semi-conducteurs.

11.1 Les nombres quantiques de l'atome d'hydrogène

Lorsqu'on applique la version tridimensionnelle de l'équation d'onde de Schrödinger à l'électron de l'atome d'hydrogène, pour lequel $U = -ke^2/r$, l'analyse fait intervenir trois nombres quantiques. Nous allons nous contenter d'énoncer les résultats obtenus, sans les démontrer. Les niveaux d'énergie sont donnés par

Nombre quantique principal, n

$$E_n = -\frac{mk^2e^4}{2\hbar^2n^2} \tag{11.1}$$

Les énergies dépendent uniquement du **nombre quantique principal**, n, qui varie de 1 à l'infini. Les valeurs concordent avec le résultat prédit par le modèle atomique de Bohr. Toutefois, *plusieurs* états (différenciés par les valeurs des autres nombres quantiques) peuvent maintenant correspondre à la même énergie du système.

Le module du moment cinétique orbital $\vec{L}$ de l'électron pour un état donné est déterminé par le **nombre quantique orbital** ℓ :

Module du moment cinétique orbital, L

$$L = \sqrt{\ell(\ell + 1)}\hbar \tag{11.2}$$

Nombre quantique orbital, ℓ

où la valeur maximale de ℓ est limitée par la valeur de n :

$$\ell = 0, 1, 2, \ldots, (n - 1)$$

On remarque que cette prédiction de la mécanique quantique, reliée aux fonctions d'onde qui sont les solutions de l'équation de Schrödinger, est complètement différente du postulat de Bohr selon lequel $L = n\hbar$ (équation 9.22). En particulier, la plus faible valeur permise pour le module du moment cinétique est maintenant $L = 0$ et non plus $L = \hbar$ comme c'était le cas dans le modèle de Bohr. Cette valeur $L = 0$ n'avait aucun sens dans le cadre de la théorie de Bohr, car elle correspondrait à un électron qui ne tourne pas. Toutefois, maintenant qu'on se représente l'électron comme une onde, c'est différent : la valeur $L = 0$ apparaît quand la fonction d'onde a une symétrie sphérique.

Pour préciser la direction du vecteur moment cinétique $\vec{L}$, il nous faut choisir un axe privilégié. Pour ce faire, on peut appliquer un champ magnétique externe et choisir l'axe des z parallèle à ce champ. La fonction d'onde obtenue par l'équation de Schrödinger montre que la composante du moment cinétique orbital sur un tel axe est également quantifiée :

> **Composante selon z du moment cinétique orbital, L_z**
>
> $$L_z = m_\ell \hbar \qquad (11.3)$$

où le **nombre quantique magnétique orbital** m_ℓ ne peut prendre que les valeurs

$$m_\ell = 0, \pm 1, \pm 2, \ldots, \pm \ell$$

Le vecteur moment cinétique ne peut être orienté que dans des directions telles que sa composante selon z prenne les valeurs données par l'équation 11.3. Ce phénomène est appelé *quantification spatiale*. Nous utilisons le terme « magnétique » car, lorsque l'atome est placé dans un champ magnétique externe, chaque valeur de m_ℓ correspond à une énergie légèrement différente. Une raie donnée du spectre peut alors être divisée en plusieurs raies, phénomène qui porte le nom d'effet Zeeman. Le nombre quantique m permet toutefois de décrire les états possibles de l'électron même en l'absence de champ magnétique.

À chaque valeur de ℓ correspondent $2\ell + 1$ valeurs de m_ℓ. Par conséquent, si $\ell = 2$, alors $L = \sqrt{6}\hbar$ et les cinq valeurs permises de m_ℓ sont 0, ± 1 et ± 2. Les valeurs correspondantes de L_z sont représentées à la figure 11.1.

Tous les états correspondant à une valeur donnée de n forment une **couche**, alors que les états correspondant à une valeur donnée de ℓ forment une **sous-couche***. Pour les différencier plus facilement, on désigne les couches par la valeur de n, mais les sous-couches par la lettre qui leur est associée (voir le tableau 11.1), les quatre premières de ces lettres étant s, p, d et f. Ces quatre lettres proviennent historiquement de termes (*sharp*, *principal*, *diffuse* et *fondamental*) ayant servi à décrire les raies spectrales. Les états sont désignés par la couche et la sous-couche : n, l. Par exemple, pour $n = 1$ et $\ell = 0$, l'état est $1s$; pour $n = 2$ et $\ell = 1$, on a $2p$, etc. Il n'est pas possible d'avoir un état comme $3f$, puisque avec $n = 3$, la valeur maximale de ℓ est 2.

---

* Ce vocabulaire renvoie à la vision classique de Thomson où les électrons se stabilisaient en couches à symétrie sphérique possédant un rayon différent. Bien entendu, ces termes semblent peut-être inadaptés pour décrire l'atome d'hydrogène qui ne comporte qu'un seul électron, mais ils prendront tout leur sens à la section 11.5, lorsque nous verrons que les mêmes nombres quantiques permettent de décrire les états des électrons dans des atomes à plusieurs électrons.

Nombre quantique magnétique orbital, m_ℓ

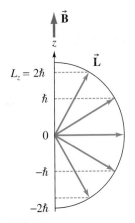

Figure 11.1 ▲

L'orientation quantifiée du vecteur moment cinétique dans le cas où son module est $L = 6\hbar$ si $\ell = 2$.

Tableau 11.1 ▼

Nomenclature des couches et des sous-couches

n	Couche	ℓ	Sous-couche
1	K	0	s
2	L	1	p
3	M	2	d
4	N	3	f
5	O	4	g
6	P	5	h

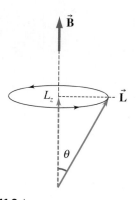

Figure 11.2 ▲

Durant la précession du vecteur moment cinétique, la composante en z reste constante. Les composantes en x et en y ne peuvent pas être déterminées.

En mécanique quantique, on peut déterminer les valeurs de L et de L_z, mais on ne peut pas déterminer L_x ni L_y. En effet, si les trois composantes du moment cinétique étaient simultanément connues, cela contredirait le principe d'incertitude d'Heisenberg (voir la section 10.6), car l'électron se déplacerait alors dans un plan. Pour montrer cette contradiction, supposons que l'électron se déplace uniquement dans le plan xy, ce qui signifie que $z = 0$ et $p_z = 0$. Ces valeurs précises sont en contradiction avec la relation d'incertitude $\Delta p_z \Delta z > \hbar$. Une interprétation géométrique de cette restriction est représentée à la figure 11.2. Le vecteur $\vec{L}$ y est en précession (il décrit un cône) autour de l'axe des z, alors que la composante L_z reste constante. Les moyennes dans le temps des composantes en x et y sont nulles.

L'angle formé par le vecteur $\vec{L}$ avec l'axe des z positifs est donné par

$$\cos \theta = \frac{L_z}{L} = \frac{m_\ell}{\sqrt{\ell(\ell + 1)}} \qquad (11.4)$$

Notons que θ ne peut pas être nul, car L_z est toujours inférieur à L. Cela est d'ailleurs conforme à la restriction que nous venons de décrire : si $L_z = L$, alors l'électron se déplacerait dans le plan xy, ce qui est interdit par le principe d'incertitude.

De plus, lorsque ℓ devient grand, la variation de θ ou de L_z devient de plus en plus petite d'une valeur à la suivante. Dans la limite classique des nombres quantiques très grands, les valeurs permises pour L_z ou θ forment un intervalle pratiquement continu, ce qui concorde avec le principe de correspondance de Bohr.

EXEMPLE 11.1

(a) Quelles sont les valeurs permises de θ pour $\ell = 2$? (b) Quelle est la valeur minimale de l'angle θ entre L_z et L pour $\ell = 100$?

Solution

(a) Pour $\ell = 2$, on a $L = \sqrt{6}\hbar$ et $m_\ell = 0, \pm 1, \pm 2$. Donc, d'après l'équation 11.4,

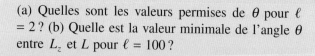

$$\cos \theta = \frac{m_\ell}{\sqrt{6}} = 0, \ \pm\frac{1}{\sqrt{6}}, \ \pm\frac{2}{\sqrt{6}}$$

d'où l'on tire $\theta = 90°, 65,9°, 35,3°, 114,1°$ et $144,7°$.

(b) On obtient la valeur minimale de θ lorsque $m_\ell = +\ell$. Ainsi,

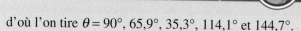

$$\cos \theta = \frac{\ell}{\sqrt{\ell(\ell + 1)}} = \frac{100}{\sqrt{100(101)}}$$

On en déduit $\theta = 5,71°$.

 On note donc, tel qu'attendu, que θ peut se rapprocher de zéro, mais ne l'atteint jamais. ∎

11.2 Le spin

Lorsqu'on examine à haute résolution la raie spectrale jaune du sodium à 589,3 nm, on voit qu'elle est composée de deux raies plus fines de longueurs d'onde 589,0 nm et 589,6 nm. L'équation de Schrödinger ne permet pas de prédire cette *structure fine*, présente dans de nombreuses raies spectrales. De plus, l'équation d'onde de Schrödinger ne prédit pas correctement le nombre des nouvelles raies qui apparaissent lorsque l'atome est placé dans un champ magnétique (effet Zeeman).

En 1924, Wolfgang Pauli (1900-1958) suggéra que ces problèmes pourraient être résolus si l'on ajoutait au modèle un quatrième nombre quantique ne pouvant prendre que deux valeurs. Partant de cette idée, Samuel Abraham Goudsmit

(1902-1978) et George Uhlenbeck (1900-1988) émirent l'idée que chaque électron possède un *moment cinétique* intrinsèque, appelé spin, pouvant prendre les valeurs $\pm\frac{1}{2}\hbar$. Ils représentèrent l'électron comme une sphère chargée en rotation autour d'un axe interne (figure 11.3). Bien qu'elle soit commode, cette représentation (classique) n'était pas correcte. En 1929, lorsque Paul Dirac (1902-1984) intégra la relativité à la mécanique quantique, il s'aperçut que le nombre quantique de spin découle naturellement de l'analyse. Aucun équivalent classique au spin ne peut être imaginé: on peut seulement attribuer à l'électron une propriété intrinsèque, appelée spin pour des raisons purement historiques, qui a les dimensions d'un moment cinétique et obéit aux règles suivantes. Le module du *moment cinétique* $\vec{\mathbf{S}}$ du spin de l'électron est déterminé par le *nombre quantique du spin** $s = \frac{1}{2}$ selon

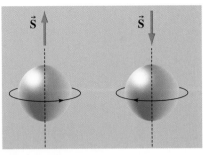

Figure 11.3 ▲

Dans cette représentation simple inspirée de la mécanique classique, l'électron est représenté par une sphère en rotation sur elle-même dont le moment cinétique du spin peut être orienté vers le haut ou vers le bas. Toutefois, cette représentation simple est incorrecte pour plusieurs raisons, notamment le fait que l'électron est considéré comme ponctuel dans la mécanique quantique.

> **Module du moment cinétique du spin de l'électron, S**
>
> $$S = \sqrt{s(s+1)}\hbar = \frac{\sqrt{3}}{2}\hbar \qquad (11.5)$$

Dans un champ magnétique, la composante en z peut prendre uniquement deux valeurs

> **Composante selon z du moment cinétique de spin, S_z**
>
> $$S_z = m_s\hbar \qquad (11.6)$$

où le **nombre quantique magnétique du spin**, $m_s = \pm\frac{1}{2}$ (figure 11.4). L'introduction du spin double le nombre d'états permis pour chaque valeur de n.

La séparation des raies spectrales en doublets s'explique par un effet que l'on appelle *couplage spin-orbite*. Comme nous le verrons à la section 11.6, l'électron a un moment magnétique intrinsèque qui est proportionnel à son spin. Dans le référentiel d'un électron en orbite, le noyau positif semble se déplacer et donc produire un champ magnétique. Les deux orientations possibles du moment magnétique du spin par rapport à ce champ ont des énergies légèrement différentes. Par exemple, l'énergie correspondant à une des raies spectrales du sodium est de 2,1 eV, alors que la différence d'énergie entre les deux raies dans la structure fine est seulement de 2,1 meV.

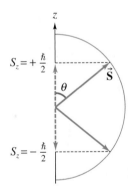

Figure 11.4 ▲

La composante en z du moment cinétique du spin $\vec{\mathbf{S}}$ peut prendre les valeurs $S_z = \pm\hbar/2$.

EXEMPLE 11.2

Quelles sont les valeurs permises de l'angle formé par $\vec{\mathbf{S}}$ et l'axe des z?

Solution

D'après la figure 11.4, on voit que

$$\cos\theta = \frac{S_z}{S} = \pm\frac{1}{2}\frac{1}{\sqrt{\left(\frac{1}{2}\right)\left(\frac{3}{2}\right)}} = \pm\frac{1}{\sqrt{3}}$$

---

* Il ne faut pas confondre le s utilisé ici avec celui qui désigne la sous-couche correspondant à $\ell = 0$.

11.3 Les fonctions d'onde de l'atome d'hydrogène

Maintenant que nous avons décrit les nombres quantiques permettant de différencier les fonctions d'onde qui sont les solutions de l'équation de Schrödinger pour l'atome d'hydrogène, nous allons présenter dans cette section les plus simples de ces fonctions d'onde. Nous nous limiterons à celles pour lesquelles $\ell = 0$, puisqu'elles ont la symétrie sphérique et peuvent donc être exprimées en fonction de la seule variable r. La fonction d'onde pour l'état fondamental, $n = 1$, $\ell = 0$, est

Fonction d'onde à l'état fondamental

$$\psi_{1s}(r) = \sqrt{\frac{1}{\pi r_0^3}}\, e^{-r/r_0} \qquad (11.7)$$

où $r_0 = \hbar^2/mke^2 = 0,0529$ nm est appelé *rayon de Bohr* (*cf.* exemple 9.9). La densité de probabilité, donnée par ψ^2, est maximale à $r = 0$ et décroît exponentiellement lorsque r augmente. Cette équation tranche avec la représentation issue du modèle de Bohr, selon laquelle l'électron suivait une trajectoire bien définie : maintenant, il peut carrément être détecté n'importe où. L'atome demeure toutefois constitué en majorité de vide, puisque l'électron n'est détecté qu'à *un* endroit précis, imprévisible, lors d'une mesure. Au lieu de parler d'orbites bien définies, on parle donc d'**orbitales atomiques**, qui sont les « nuages de probabilité » indiquant la distribution de ψ^2 dans l'espace.

La probabilité de trouver l'électron à l'intérieur d'un *volume* dV est $\psi^2\, dV$. Il est commode de définir la **densité de probabilité radiale**, $P(r)$, de sorte que $P(r)dr$ soit la probabilité de trouver l'électron à l'intérieur de la mince coquille sphérique comprise entre r et $r + dr$. Le volume d'une telle coquille sphérique de rayon r et d'épaisseur dr est $dV = 4\pi r^2\, dr$. Par conséquent,

$$\psi^2\, dV = \psi^2(4\pi r^2\, dr) = P(r)dr$$

La densité de probabilité radiale est donc

$$P(r) = 4\pi r^2 \psi^2$$

D'après l'équation 11.7, on trouve pour l'état 1s

$$P_{1s}(r) = \frac{4r^2}{r_0^3}\, e^{-2r/r_0} \qquad (11.8)$$

Cette fonction est représentée à la figure 11.5. On remarque que la distance du noyau où il est le plus probable de détecter l'électron* est $r = r_0$, ce qui correspond au premier rayon permis dans le modèle de Bohr. Toutefois, contrairement à la représentation de Bohr où r_0 est une valeur *certaine*, la représentation quantique moderne ne prédit cette valeur que comme la mesure *la plus probable* : on peut trouver l'électron à des valeurs de r supérieures ou inférieures à r_0, l'atome n'ayant pas de limite définie.

La fonction d'onde pour le premier état excité à symétrie sphérique, $n = 2$, $\ell = 0$, est

$$\psi_{2s}(r) = \sqrt{\frac{1}{32\pi r_0^3}}\left(2 - \frac{r}{r_0}\right)e^{-r/2r_0}$$

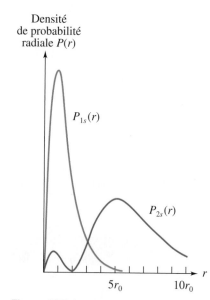

Densité de probabilité radiale $P(r)$

$P_{1s}(r)$

$P_{2s}(r)$

$5r_0$ $10r_0$ r

Figure 11.5 ▲

Les densités de probabilité radiale pour les états 1s et 2s de l'hydrogène.

---

* Notez que ψ^2 est maximum à $r = 0$, alors que $P(r)$ est maximum à $r = r_0$. Cela n'est pas contradictoire : plus r augmente et plus la coquille comprise entre les rayons r et $r + dr$ a un grand volume. Pour $r < r_0$, ψ^2 décroît légèrement quand r augmente, mais le volume de la coquille augmente plus vite, de telle sorte que $P(r)$ croît.

La densité de probabilité radiale correspondante,

$$P_{2s}(r) = \left(\frac{r^2}{8r_0^3}\right)\left(2 - \frac{r}{r_0}\right)^2 e^{-r/r_0} \tag{11.9}$$

est également représentée à la figure 11.5. On remarque que $P_{2s}(r)$ admet deux pics et qu'il y a un chevauchement considérable entre les fonctions $1s$ et $2s$. La valeur la plus probable de r pour l'état $2s$ est $r \approx 5r_0$, alors que le deuxième rayon permis par le modèle de Bohr vaut $4r_0$.

Toutes les fonctions d'onde des états s ($\ell = 0$) dépendent uniquement de r; elles sont de symétrie sphérique. Les fonctions d'onde pour les états tels que $\ell \neq 0$ comprennent de plus des facteurs angulaires.

EXEMPLE 11.3

Montrer que la valeur la plus probable de la mesure de la distance r où est situé l'électron, dans l'état $1s$ de l'atome d'hydrogène, est bel et bien r_0.

Solution

La valeur la plus probable de r correspond à la valeur maximale de $P(r)$ à la figure 11.5. On doit calculer dP/dr et le poser égal à zéro. D'après l'équation 11.8, on trouve

$$\frac{dP}{dr} = \frac{4}{r_0^3}\left[2re^{-2r/r_0} + r^2\left(-\frac{2}{r_0}\right)e^{-2r/r_0}\right]$$

$$= \frac{8r}{r_0^3}\left(1 - \frac{r}{r_0}\right)e^{-2r/r_0} = 0$$

Puisque l'exponentielle ne s'annule que pour $r \to \infty$, on trouve $r = r_0$. Par conséquent, c'est bien à une distance radiale égale au rayon de Bohr qu'on a le plus de chances de trouver l'électron. ∎

11.4 Les rayons X et les travaux de Moseley sur le numéro atomique

Vers le milieu du XIXe siècle, les chimistes avaient identifié plusieurs groupes ou familles d'éléments ayant des propriétés similaires, comme les alcalins, les halogènes et les gaz rares. En 1871, trois décennies avant le premier modèle représentant la structure interne des atomes, Dimitri Mendeleïev (1834-1907) dressa un tableau périodique comportant les 62 éléments connus à l'époque. Il les classa par ordre de poids atomique croissant et mit en évidence la régularité de leurs propriétés physiques et chimiques. Il fut capable de prédire les propriétés des éléments manquants dans son classement (poids atomique, point d'ébullition, densité et couleur). Quelques années plus tard, les éléments comme le Ge, le Ga et le Sr furent découverts et vinrent occuper les places vacantes.

L'hypothèse initiale de Mendeleïev, selon laquelle les éléments devaient être triés en ordre de poids atomique, n'était cependant pas tout à fait valable, certaines paires d'éléments devant être interverties pour respecter la régularité des propriétés physiques et chimiques. Par exemple, le potassium est fortement réactif (c'est un alcalin), alors que l'argon est inerte (c'est un gaz rare). Ils appartiennent clairement à des groupes différents, l'argon apparaissant avant le potassium. Toutefois, le poids atomique de l'argon est légèrement supérieur à celui du potassium. Ainsi, l'ordre dans lequel on doit les placer dans le tableau périodique est contraire à l'ordre voulu par Mendeleïev, c'est-à-dire suivant le poids atomique. On attribua donc empiriquement aux éléments un « numéro atomique Z » qui numérotait leur position logique dans le tableau. Mais si Z n'était pas toujours déterminé correctement par le poids atomique, à quelle propriété physique fallait-il plutôt le relier ? Cette question devait être résolue avant qu'on puisse utiliser le modèle atomique pour expliquer la structure du tableau périodique (voir la section suivante). Les travaux de Henry Gwyn-Jeffreys Moseley (figure 11.6) permirent de résoudre ce problème.

Figure 11.6▶
H. G. J. Moseley (1887-1915).

Figure 11.6▶
H. G. J. Moseley (1887-1915).

Intensité

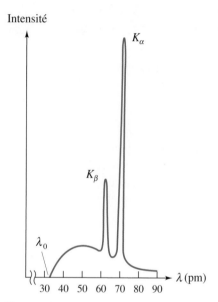

Figure 11.7▲

L'émission de rayons X produite lors du bombardement d'une cible de molybdène par des électrons de 35 keV.

Nous avons vu à la section 7.8 qu'une cible en métal lourd bombardée avec des électrons de haute énergie (30-50 keV) émet des rayons X. Le rayonnement émis fait intervenir à la fois un spectre continu et un spectre de raies (figure 11.7). Le spectre *continu*, qui débute à une longueur d'onde minimale λ_0, est attribué à la décélération rapide des électrons qui rencontrent la cible : c'est le *bremsstrahlung*, ou « rayonnement de freinage ». L'observation, dans ce spectre continu, d'une longueur d'onde minimale λ_0 (c'est-à-dire d'une fréquence maximale) est une confirmation supplémentaire de la validité du modèle du photon : on s'explique en effet ce seuil par le fait qu'aucun photon d'énergie supérieure à celle d'un des électrons incidents ne peut être émis. Le photon de fréquence maximale est alors émis lorsqu'un électron perd toute son énergie d'un seul coup. En exprimant l'égalité entre l'énergie de l'électron E et l'énergie du photon $hf_0 = hc/\lambda_0$, on trouve

$$\lambda_0 = \frac{hc}{E} \qquad (11.10)$$

La longueur d'onde minimale dépend de l'énergie de l'électron, mais pas du matériau dont est constituée la cible.

Le spectre de *raies*, lui, dépend de l'élément servant de cible. Ces rayons X *caractéristiques* sont produits lorsqu'un des électrons incidents éjecte un électron atomique d'un des niveaux inférieurs. L'électron éjecté laisse un vide qui est comblé par un électron provenant d'un niveau plus élevé. Au cours du processus, un photon de haute énergie est émis. Si les transitions se font jusqu'au niveau $n = 1$, les rayons X sont désignés par K_α pour un passage de $n = 2$ à $n = 1$, K_β pour un passage de $n = 3$ à $n = 1$, etc. Si elles se font jusqu'au niveau $n = 2$, les rayons sont désignés par L_α pour un passage de $n = 3$ à $n = 2$, L_β pour un passage de $n = 4$ à $n = 2$, etc. (figure 11.8).

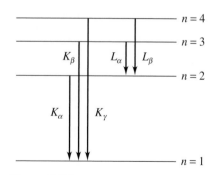

Figure 11.8▲

Les raies caractéristiques des rayons X sont désignées d'après le niveau le plus bas (couche) dans la transition.

En 1913, Moseley remarqua que les fréquences des raies caractéristiques se décalent de façon systématique lorsqu'on change le matériau de la cible. Par essais et erreurs, il tenta d'obtenir une loi empirique rendant compte de ce décalage. Il s'aperçut alors qu'en représentant graphiquement la racine carrée de la fréquence de la raie K_α en fonction du numéro atomique Z (qui ne représentait alors que la position logique dans le tableau périodique), il obtenait une droite presque parfaite (figure 11.9). Or, si on trace $\sqrt{f}$ en fonction du poids atomique, les points obtenus ne sont pas aussi nettement situés sur une droite.

Moseley en tira donc la conclusion que Z n'était pas qu'un nombre arbitraire, mais bel et bien *une propriété physique des atomes*. Cherchant à déterminer cette propriété, il s'empressa de confirmer une hypothèse que Antonius Van den Broek (1870-1926) avait émise la même année, selon laquelle il y a un lien entre la *charge du noyau* et le nombre atomique Z :

> *Comme il a été proposé que la charge de tout noyau atomique soit un multiple de la charge du noyau de l'atome d'hydrogène, toutes les raisons sont bonnes de supposer que l'entier qui permet de décrire le spectre des rayons X [le numéro atomique Z] est le même que le nombre de charges élémentaires contenues dans le noyau.*

En somme, d'après Moseley, ce n'était pas le poids atomique mais *la charge du noyau* qui déterminait l'ordre des éléments dans le tableau périodique ! (Comme l'atome est neutre, Z représente aussi le nombre d'électrons.) La droite qu'il avait tracée était si éloquente que Moseley proposa d'intervertir les positions du Ni et du Cu dans le tableau périodique, même si le poids atomique du Cu est légèrement supérieur à celui du Ni. Il laissa aussi des places vacantes pour $Z = 43$, 61, 72 et 75. Ces éléments furent découverts par la suite.

La courbe tracée par Moseley peut être exprimée par une équation empirique, appelée *loi de Moseley*. Comme on le remarque en examinant la figure 11.9, la droite ne passe pas par l'origine, ce qui implique que $\sqrt{f}$ n'est pas directement proportionnelle à Z. En fait, la courbe montre qu'elle est plutôt proportionnelle à $Z - 1$ (dans le cas de la raie K_α), de sorte que la loi de Moseley pour cette raie s'écrit

$$\sqrt{f_{K_\alpha}} = a(Z - 1) \tag{11.11}$$

Moseley obtint cette équation à partir des mesures expérimentales et non d'un modèle théorique. Il y serait peut-être parvenu, mais il trouva la mort de façon prématurée au cours de la Première Guerre mondiale. Toutefois, on parvint peu après à prédire la constante a de même que la proportionnalité en $Z - 1$ à partir du modèle atomique de Bohr.

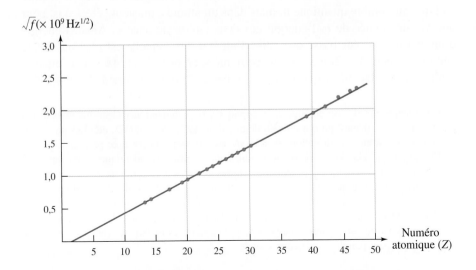

Figure 11.9 ◄

Le graphe représentant la racine carrée de la fréquence des raies K_α en fonction du numéro atomique, tracé à partir des données de Moseley.

La loi de Moseley joua un rôle crucial dans la classification des éléments. Après le décès de Moseley, un chimiste français, Georges Urbain (1872-1938), qui travaillait au classement des terres rares, déclara que la loi de Moseley « permit d'établir en quelques jours les résultats de mes vingt années de travail assidu ».

11.5 Le principe d'exclusion de Pauli et le tableau périodique

Puisqu'il est déterminé que les éléments doivent être placés dans le tableau périodique en ordre de charge atomique Ze croissante, c'est-à-dire en ordre de numéro atomique Z croissant, nous allons voir dans cette section comment le modèle atomique quantique permet d'expliquer la structure de ce tableau. Les quatre nombres quantiques n, ℓ, m_ℓ et m_s peuvent servir à différencier les états des électrons dans tous les atomes, bien que l'énergie associée à un ensemble de valeurs données dépende de l'atome. La question qui se pose naturellement est de savoir pourquoi tous les électrons dans un atome ne descendent pas à l'état fondamental. Après avoir étudié la classification des raies spectrales, W. Pauli (figure 11.10) énonça en 1925 un principe important, que l'on appelle maintenant **principe d'exclusion de Pauli*** :

Figure 11.10 ▲
Wolfgang Pauli (1900-1958).

> **Principe d'exclusion de Pauli**
>
> Dans un atome, deux électrons ne peuvent avoir les quatre mêmes nombres quantiques n, ℓ, m_ℓ et m_s.

Le principe d'exclusion peut être représenté de façon quantitative à partir de la mécanique quantique. En effet, cette théorie exige qu'un système où il y a plusieurs particules identiques (ici, plusieurs électrons) soit décrit avec une fonction d'onde d'une forme particulière**. Pour des électrons, les termes de cette fonction d'onde particulière *s'annulent* dès que deux des électrons occupent le même état.

Le principe d'exclusion nous permet de voir comment s'effectue le remplissage des couches (n) et des sous-couches (ℓ) par les électrons. Pour chaque valeur de ℓ, il y a ($2\ell + 1$) valeurs de m_ℓ. Comme $m_s = \pm\frac{1}{2}$, chaque sous-couche peut donc accepter le double, soit $2(2\ell + 1)$ électrons. Au tableau 11.2 figurent les états possibles, qui, dans un atome quelconque, se remplissent dans l'ordre des énergies croissantes. Dans l'atome d'hydrogène, l'énergie d'un état ne dépendait que du nombre quantique n, mais dans un atome à plusieurs électrons, pour une valeur donnée de n, l'énergie des états augmente avec ℓ. Ainsi, l'énergie d'un état $4s$ est plus basse que celle d'un état $4p$, laquelle est plus basse que celle d'un état $4d$. Toutefois, on peut montrer que l'état $4s$ a une énergie inférieure à l'état $3d$ et que l'état $5s$ a une énergie inférieure à l'état $4d$. Par

---

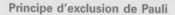

* Le principe d'exclusion de Pauli ne s'applique pas seulement aux électrons mais à tout système de particules qui ont un spin demi-entier, $\hbar/2$, $3\hbar/2$, $5\hbar/2$, etc. Les particules dont le spin a une valeur entière, $\hbar$, $2\hbar$, $3\hbar$, etc., n'obéissent pas à ce principe.

** En physique classique, deux (ou plusieurs) particules identiques peuvent être « étiquetées » et on peut suivre leurs trajectoires de façon à les différencier en tout temps. En physique quantique, elles ne peuvent être distinguées l'une de l'autre d'une façon analogue, car cela exigerait une série de mesures qui perturberaient le système de façon fondamentale. En conséquence, la fonction d'onde doit avoir une forme qui prédit la même probabilité de présence même si l'on intervertit les deux particules. Cela limite la forme que peut prendre la fonction d'onde.

conséquent, la sous-couche $4s$ se remplit avant la sous-couche $3d$ et la sous-couche $5s$ avant la sous-couche $4d$. La dernière colonne du tableau 11.2 indique le nombre d'électrons suivant l'ordre du remplissage. La figure 11.11 donne un moyen mnémonique pratique mais *approximatif* de savoir dans quel ordre se remplissent les sous-couches.

Tableau 11.2 ◄

Nombres quantiques pour les quatre premiers niveaux d'énergie

n	ℓ	m_ℓ	m_s	Couche	Sous-couche	Nombre d'électrons dans la sous-couche	Nombre d'électrons dans la couche	Nombre d'électrons lors du remplissage
1	0	0	$\pm\frac{1}{2}$	K	$1s$	2	2	2
2	0	0	$\pm\frac{1}{2}$	L	$2s$	2		
	1	$0, \pm1$	$\pm\frac{1}{2}$		$2p$	6	8	8
3	0	0	$\pm\frac{1}{2}$	M	$3s$	2		
	1	$0, \pm1$	$\pm\frac{1}{2}$		$3p$	6		8
	2	$0, \pm1, \pm2$	$\pm\frac{1}{2}$		$3d$	10	18	
4	0	0	$\pm\frac{1}{2}$	N	$4s$	2		
	1	$0, \pm1$	$\pm\frac{1}{2}$		$4p$	6		18
	2	$0, \pm1, \pm2$	$\pm\frac{1}{2}$		$4d$	10		
	3	$0, \pm1, \pm2, \pm3$	$\pm\frac{1}{2}$		$4f$	14	32	

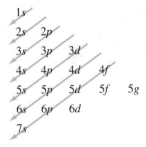

Figure 11.11 ▲

Procédé mnémonique simple mais approximatif pour effectuer le remplissage des sous-couches.

Le tableau périodique est divisé en groupes (les colonnes) et en périodes (les lignes). Les nombres d'éléments dans les six périodes complètes sont 2, 8, 8, 18, 18 et 32. Pour voir comment on prédit ces nombres, regardez la dernière colonne du tableau 11.2. On remarque que chaque nombre correspond à une sous-couche complètement remplie (fermée). Pour obtenir ces nombres, on doit se souvenir de l'ordre de remplissage indiqué à la figure 11.11.

Les configurations électroniques de l'état fondamental sont indiquées dans le tableau périodique de l'annexe D. Le nombre d'électrons dans une sous-couche est indiqué par un indice. Par exemple, $2p^3$ signifie qu'il y a trois électrons dans cette sous-couche $\ell = 1$.

Vérifiez sur le tableau que la façon dont nous avons choisi de le construire fait en sorte que tous les éléments d'un même groupe (colonne) ont des configurations électroniques se terminant de façon identique. Or, nous allons maintenant voir que la configuration électronique d'un atome, telle que donnée par la mécanique quantique, permet de prédire qualitativement les propriétés des éléments. En d'autres termes, le tableau périodique est bel et bien prédit correctement.

Chaque *groupe* du tableau périodique contient des éléments dont l'expérience démontre la similarité de leurs propriétés chimiques et physiques. De même, chaque *période* du tableau commence par un élément alcalin chimiquement actif et se termine par un gaz rare chimiquement inerte. Dans la dernière colonne se trouvent les *gaz rares* : He, Ar, Ne, Kr et Xe. Ils ont tous leur dernière sous-couche complètement remplie et l'énergie nécessaire pour passer à la sous-couche ou au niveau suivant est considérable. Ces configurations sont extrêmement stables et ces éléments ne réagissent donc pas facilement avec d'autres éléments. À la figure 11.12, on voit que l'énergie d'ionisation de chaque gaz rare est plus élevée que celle des éléments voisins. Dans la première colonne

Figure 11.12 ▶

L'énergie d'ionisation des atomes
en fonction du numéro atomique.
Les valeurs correspondant aux gaz
rares sont systématiquement élevées.
Ces mesures correspondent à la régularité
prévue par le tableau périodique quand il
est construit conformément à la mécanique
quantique.

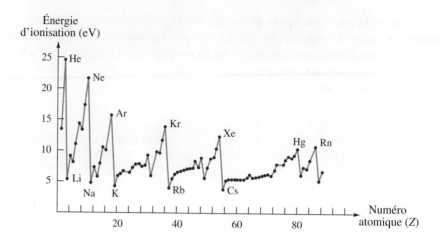

se trouvent les *éléments alcalins* : Li, Na, K, Rb, Cs et Fr. Chacun de ces éléments a un seul électron faiblement lié, appelé électron de valence, qui est situé à l'extérieur d'une couche ou d'une sous-couche complète. Ces éléments sont fortement réactifs. On voit, à la figure 11.13, que leurs rayons atomiques sont toujours plus grands que ceux des éléments voisins. Les *halogènes*, F, Cl, Br, I et At, sont des éléments auxquels il manque un électron pour que la sous-couche *p* soit complète. Cette situation énergétique est favorable au transfert de l'électron de valence d'un élément alcalin vers un atome d'halogène pour compléter la couche. Le chlorure de sodium, NaCl, est l'exemple d'un tel composé. Les propriétés des *éléments de transition* et des *terres rares* peuvent également s'expliquer par leurs configurations électroniques, qui sont caractérisées par des sous-couches inférieures incomplètes.

Figure 11.13 ▶

Les rayons des atomes en fonction du
numéro atomique. Les rayons des éléments
alcalins sont systématiquement supérieurs
à ceux des éléments voisins. Ces mesures
correspondent à la régularité prévue par le
tableau périodique quand il est construit
conformément à la mécanique quantique.

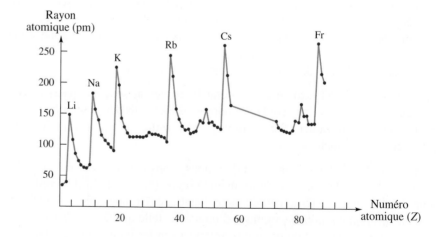

11.6 Les moments magnétiques

En physique classique, un électron qui se déplace sur une orbite produit le même champ magnétique que le ferait une boucle de courant. Le moment dipolaire magnétique orbital $\vec{\mu}_\ell$ (voir la section 8.3 du tome 2) peut être exprimé en fonction du moment cinétique orbital $\vec{L}$:

Moment magnétique orbital

$$\vec{\mu}_\ell = -\frac{e\vec{L}}{2m} \qquad (11.12)$$

La mécanique quantique postule exactement la même relation, même si l'on ne peut plus attribuer à l'électron une trajectoire définie (circulaire ou autre). Dans un champ magnétique externe $\vec{B} = B_z\vec{k}$, l'énergie potentielle magnétique du dipôle s'écrit (*cf.* chapitre 8, tome 2)

$$U = -\vec{\mu}_\ell \cdot \vec{B} = -\mu_{\ell z}B_z \qquad (11.13)$$

En mécanique classique, le vecteur $\vec{\mu}_\ell$ peut avoir une orientation quelconque par rapport au champ. Si l'on appliquait cette idée classique au comportement d'un électron en mouvement dans un atome immergé dans un champ magnétique, l'énergie potentielle magnétique de l'électron pourrait donc prendre n'importe quelle valeur entre $-\mu_{\ell z}B_z$ et $+\mu_{\ell z}B_z$. En ajoutant cette énergie à celle que l'atome possède déjà en l'absence de champ magnétique, on prédirait donc un élargissement de chacun des niveaux atomiques, ce qui devrait conduire à un élargissement (continu) de chacune des raies spectrales. Ce n'est toutefois pas ce qu'on observe en pratique, l'expérience montrant plutôt que chaque raie se divise en un nombre fini de raies discrètes. Ce phénomène (effet Zeeman) ne peut s'expliquer que si l'on admet que les énergies des états dans le champ magnétique, et donc les orientations des moments magnétiques dans l'atome, ne peuvent pas prendre une valeur arbitraire. D'après l'équation 11.13, la composante selon z du moment cinétique est quantifiée, comme nous l'avons indiqué à l'équation 11.3. Ainsi, la composante en z du moment magnétique orbital est

$$\mu_{\ell z} = -\frac{e}{2m}L_z$$
$$= -\mu_{\text{B}}m_\ell$$

où la quantité

$$\mu_{\text{B}} = \frac{e\hbar}{2m} = 9{,}27 \times 10^{-24}\ \text{J/T}$$

est appelée le *magnéton de Bohr*. C'est une unité commode pour exprimer les moments magnétiques atomiques.

L'expérience de Stern-Gerlach

En 1921, Otto Stern (1888-1965) et Walther Gerlach (1889-1979) réalisèrent une expérience qui mit en évidence des effets attribués à la quantification spatiale sans qu'il soit nécessaire de recourir à l'interprétation d'un spectre lumineux, ce qui renforça la validité de cette idée de quantification spatiale. Ils dirigèrent entre les pôles d'un aimant un faisceau d'atomes d'argent neutres qui se déposaient ensuite sur une plaque de verre (figure 11.14). En l'absence de champ, on observe un trait sur la plaque (figure 11.15*a*). Ils appliquèrent ensuite le champ extrêmement irrégulier d'un aimant. La force résultante sur un dipôle dans un champ magnétique non uniforme est donnée par (*cf.* section 8.3, tome 2) :

$$F_z = -\frac{\mathrm{d}U}{\mathrm{d}z} = \mu_z\frac{\mathrm{d}B}{\mathrm{d}z}$$

En mécanique classique, μ_z peut prendre un ensemble continu de valeurs et l'on devrait observer simplement un étalement du faisceau. Or, Stern et Gerlach observèrent plutôt sur la plaque les deux traces distinctes représentées à la figure 11.15*b*. D'après leur interprétation, μ_z pouvait être orienté soit vers le haut (vers les z positifs), soit vers le bas (vers les z négatifs). Ils expliquèrent ce résultat en recourant à l'idée de quantification de L_z. On se rend compte par la suite que l'on ne peut pas attribuer ce phénomène à m_ℓ puisque ce nombre quantique peut prendre $2\ell + 1$ valeurs, qui est toujours un nombre *impair*. La quantification de l'espace était bien vérifiée, mais le nombre de traces ne fut correctement expliqué qu'en 1925, avec l'introduction du concept de spin.

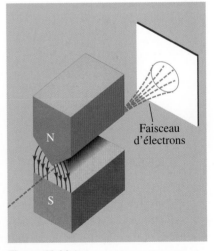

Figure 11.14 ▲

Dans l'expérience de Stern-Gerlach, on fait passer dans un champ magnétique très peu uniforme un faisceau d'atomes d'argent neutres sortant d'un four. La force résultante qui s'exerce sur les atomes dépend de l'orientation du moment dipolaire par rapport au champ magnétique.

Faisceau d'électrons

Figure 11.15 ▶

Les résultats obtenus par Stern et Gerlach. (a) Le tracé observé en l'absence d'un champ magnétique. (b) Les deux tracés distincts observés en présence d'un champ non homogène indiquent que le moment magnétique ne peut avoir que deux orientations. Ce phénomène porte le nom de quantification spatiale.

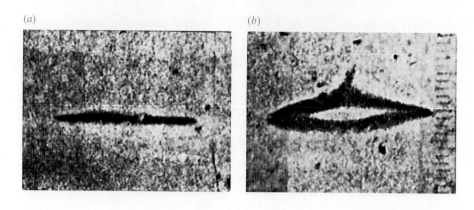
(a)   (b)

La relation entre le moment cinétique du spin $\vec{S}$ et le moment magnétique du spin $\vec{\mu}_s$ s'écrit

Moment magnétique du spin

$$\vec{\mu}_s = -\frac{e}{m}\vec{S} \qquad (11.14)$$

En comparant cette relation avec l'équation 11.12, $\vec{\mu}_\ell = -e\vec{L}/2m$, on voit que le moment cinétique du spin est deux fois plus efficace que le moment cinétique orbital pour créer un moment magnétique. Cette différence montre à nouveau qu'il n'est pas cohérent d'imaginer l'électron comme une charge en rotation sur elle-même. La composante du moment magnétique sur l'axe des z peut prendre deux valeurs, données par

$$\mu_{sz} = -2m_s\mu_B$$

et

$$m_s = \pm\frac{1}{2}$$

où μ_B est le magnéton de Bohr. Nous pouvons maintenant donner une explication correcte de l'expérience de Stern-Gerlach.

Dans un atome quelconque, le moment cinétique du spin et le moment cinétique orbital de chaque électron contribuent tous deux au moment magnétique total de l'atome. L'expérience de Stern-Gerlach dépend de ce moment magnétique résultant de l'atome. Sur les 47 électrons de l'atome d'argent, 46 forment des couches complètes avec un moment cinétique nul et un moment magnétique nul. C'est seulement le spin du dernier électron, dans l'état $\ell = 0$, qui contribue au moment cinétique et au moment magnétique totaux de l'atome.

EXEMPLE 11.4

Dans un champ magnétique externe $\vec{B} = 0{,}5\vec{k}$ T, quelle est la différence d'énergie entre des niveaux d'énergie voisins pour un atome dont le moment magnétique est égal au magnéton de Bohr?

Solution

D'après l'équation 11.13, on voit que l'énergie est donnée par

$$U = \mu_{\ell z} = \mu_B m_\ell B_z$$

Entre des niveaux adjacents, $\Delta m_\ell = \pm 1$, de sorte que

$$|\Delta U| = \mu_B B_z |\Delta m_\ell|$$
$$= 4{,}64 \times 10^{-24}\text{ J} = 2{,}91 \times 10^{-5}\text{ eV}$$

Cette différence d'énergie doit être comparée avec les énergies de photons de raies visibles, qui sont d'environ 2 eV.

11.7 La théorie des bandes d'énergie dans les solides

D'après la mécanique quantique, chaque électron d'un atome isolé ne peut occuper que des niveaux d'énergie discrets et bien définis, mais nous verrons que les électrons d'atomes périodiquement espacés dans un solide peuvent occuper des *intervalles* d'énergie presque continus. Sur un diagramme d'énergie comme ceux des figures 11.17 et 11.18, ces intervalles forment des *bandes* horizontales, d'où le nom de la *théorie des bandes* que nous étudierons dans cette section. Cette théorie permet de prédire la conductivité électrique (et quelques autres propriétés) de matériaux conducteurs, isolants ou semi-conducteurs.

Pour comprendre comment les niveaux d'énergie discrets deviennent des bandes d'énergie, commençons par considérer le cas de deux atomes. Quand on approche deux atomes identiques au point où les fonctions d'onde de leurs électrons se chevauchent (qu'il s'agisse d'une simple molécule ou du début de la formation d'un solide cristallin), la mécanique quantique prédit que chacun des niveaux (associés à un atome isolé) se divise en deux états d'énergies différentes. Comme on le voit à la figure 11.16*a*, cette séparation est d'autant plus marquée que la distance interatomique diminue. De même, si l'on place cinq atomes de manière qu'ils soient très rapprochés les uns des autres, chaque niveau d'énergie initial va se diviser en cinq nouveaux niveaux (figure 11.16*b*). Le même processus se produit dans un solide cristallin, où il y a à peu près 10^{28} atomes/m^3, périodiquement espacés: les niveaux d'énergie associés à chaque état de l'atome isolé s'étalent en des **bandes d'énergie** pratiquement continues et de niveaux différents (comme à la figure 11.17). Les bandes créées par les états atomiques ayant la plus basse énergie sont plus étroites parce que le chevauchement est moins important entre les fonctions d'onde correspondantes.

En regardant sous une loupe des grains de sel, on remarque qu'ils sont très anguleux. En examinant ces angles, devinez-vous que les atomes forment de petits cubes qui se répètent de façon régulière dans les trois dimensions?

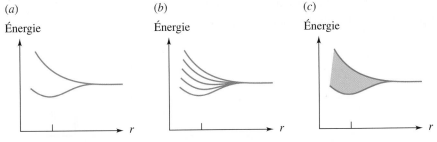

Figure 11.16 ▲

(*a*) Lorsqu'on approche deux atomes l'un de l'autre, un même niveau atomique se sépare en deux états d'énergies différentes. (*b*) Un même niveau atomique se sépare en cinq niveaux lorsque cinq atomes sont assez rapprochés. (*c*) Dans un cristal, chaque niveau atomique se sépare pour donner une bande d'énergies pratiquement continue.

Pour comprendre comment la théorie des bandes permet de prédire le comportement électrique d'un solide, considérons le cas de l'atome de sodium ($Z = 11$) (figure 11.17). Dans un atome isolé au niveau fondamental, les dix premiers électrons remplissent complètement les deux premières couches: les sous-couches $1s$ et $2s$ ont chacune deux électrons et la sous-couche $2p$ comporte six électrons. Lorsque N atomes sont regroupés pour former un solide cristallin (un bloc de sodium pur), chaque niveau de l'atome isolé se divise en N nouveaux niveaux, dont chacun peut avoir deux électrons de spins opposés. Les atomes forment un système dans lequel le principe d'exclusion de Pauli permet seulement à un électron d'occuper chaque état quantique. Par conséquent, dans le solide, au niveau fondamental, les $2N$ niveaux de la bande $1s$, les $2N$ niveaux

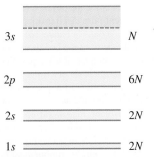

Figure 11.17 ▲

Les bandes d'énergie du sodium. Lorsque N atomes sont regroupés dans un solide, chaque niveau atomique se subdivise en N niveaux. Si une sous-couche est complètement occupée, la bande d'énergie associée aux N niveaux est complètement remplie. Comme la sous-couche $3s$ du sodium ne contient qu'un seul électron, la bande qui lui est associée n'est qu'à moitié remplie.

de la bande $2s$ et les $6N$ niveaux de la bande $2p$ sont complètement remplis. Toutefois, le niveau $3s$ dans un atome de sodium a un seul électron au lieu des deux électrons permis. La bande $3s$ correspondante est donc seulement à moitié remplie, comme on le voit sur la figure 11.17. On peut faire un raisonnement similaire pour prédire la structure de bandes d'autres solides.

En pratique, cet état où tous les électrons sont au niveau le plus bas possible ne se produit qu'au zéro absolu, puisque l'agitation thermique normale provoque toujours l'apparition d'électrons excités, même peu nombreux. La présence d'un champ électrique (par exemple, celui causé par une pile) peut aussi exciter des électrons. Toutefois, selon que les niveaux non occupés ont une énergie très proche ou très lointaine des niveaux occupés (de la même bande ou non), il sera facile ou difficile d'y faire sauter un électron, ce qui permet de prédire la conductivité électrique du matériau.

Conducteur

Dans un **conducteur**, au zéro absolu, la bande occupée la plus élevée n'est que partiellement remplie (figure 11.18*a*) et le demeure, quelle que soit la température. En vertu du principe d'exclusion, les électrons ne peuvent pas passer à une bande inférieure. Par contre, au zéro absolu, ils remplissent les niveaux permis jusqu'à un niveau maximum, appelé **énergie de Fermi** E_F (en pointillé à la figure 11.17), qui possède typiquement de 3 à 8 eV de plus que le niveau inférieur de la bande. Les électrons dans cette bande de **conduction** partiellement remplie peuvent très facilement réagir à un champ électrique externe parce qu'il y a de nombreux niveaux voisins qui ne sont pas occupés. Les métaux ayant tous une structure de bande où la bande supérieure n'est que partiellement remplie, on prédit que leur conductivité électrique est excellente, ce qui correspond à l'expérience. De même, à température ambiante ($kT \approx 0,025$ eV), les électrons proches du niveau de Fermi peuvent être thermiquement excités jusqu'aux niveaux non occupés.

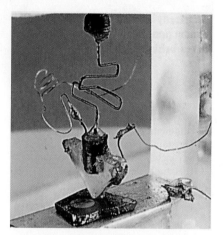

Le premier transistor, fabriqué en 1947, mesurait un peu plus d'un centimètre. Comme les transistors d'aujourd'hui, il utilise des semi-conducteurs pour fonctionner, mais était comparativement énorme. Le processeur central d'un ordinateur de bureau ordinaire contenait quelque 300 000 transistors au milieu des années 1980 et en contient aujourd'hui plusieurs milliards, un nombre qui ne cesse d'augmenter exponentiellement.

Figure 11.18 ▶

(*a*) Dans un conducteur, la bande occupée la plus élevée n'est que partiellement remplie. En absorbant de l'énergie électrique ou thermique, les électrons des couches les plus élevées peuvent faire des transitions vers des niveaux voisins dans la bande. (*b*) Dans un isolant, la bande occupée la plus élevée est complètement remplie. Il n'y a pas d'états voisins vers lesquels les électrons peuvent faire des transitions. (*c*) La structure des bandes d'un semi-conducteur est semblable à celle d'un isolant, mais la différence d'énergie entre les bandes est relativement faible. Un électron de la bande inférieure (de valence) peut être thermiquement ou électriquement excité et passser dans la bande supérieure (de conduction) en laissant un « trou » vacant.

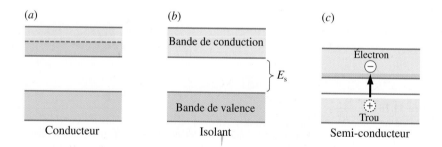

Isolant

Dans un **isolant**, tous les états de la bande occupée la plus élevée sont remplis au zéro absolu (figure 11.18*b*). Cette bande, appelée **bande de valence** par analogie avec la couche de valence d'un atome isolé, est séparée de la bande suivante (vide au zéro absolu) par une énergie E_s typiquement de 5 à 8 eV. Comme la bande de valence est pleine, il faut exciter un électron jusqu'à la bande vide suivante pour qu'il puisse se déplacer ; cette bande vide est donc appelée **bande de conduction**. L'écart entre les deux bandes étant important, à température ambiante, il est extrêmement peu probable qu'un électron puisse être excité jusqu'à la bande de conduction, qui demeure donc essentiellement vide. La présence de cette différence d'énergie signifie également que les électrons ne peuvent pas acquérir d'énergie à partir d'un champ électrique externe parce qu'il n'y a pas de niveaux voisins inoccupés vers lesquels ils pourraient être transférés. Par conséquent, le courant ne peut pas circuler dans un isolant.

Par ailleurs, si la différence d'énergie entre les bandes est supérieure à 3,2 eV, les photons dans la région visible (1,8 à 3,2 eV) ne seront pas absorbés. On prédit donc que le matériau sera transparent à la lumière visible. C'est d'ailleurs le cas pour le chlorure de sodium (sel de table), utilisé pour fabriquer des lentilles dans des applications très spécifiques, ou pour le chlorure de calcium, utilisé en hiver pour faire fondre la glace dans les rues. (La transparence est plus apparente lorsqu'on regarde un gros bloc de sel possédant une surface relativement uniforme.)

Semi-conducteur

La structure des bandes dans un **semi-conducteur** est semblable à celle d'un isolant, mais la différence d'énergie entre les bandes de valence et de conduction est beaucoup plus petite (figure 11.18c). Elle est de 0,7 eV dans le Ge et de 1,1 eV dans le Si. À température ambiante, quelques électrons peuvent être thermiquement excités et passer de la bande de valence à la bande de conduction. Le nombre d'électrons par unité de volume dans la bande de conduction est de 10^{15} m^{-3} environ, ce qui est très inférieur à la valeur de 10^{28} m^{-3} attribuée à un conducteur. Lorsque la température s'élève, le nombre des électrons de conduction augmente et par conséquent la conductivité augmente également.

Lorsqu'un électron fait une transition de la bande de valence à la bande de conduction, il laisse une place vacante que l'on appelle un **trou** (figure 11.18c). Si l'on applique un champ externe, un autre électron de la bande de valence peut venir combler ce trou, laissant à son tour un trou là où il se trouvait. Ce nouveau trou peut être rempli par un troisième électron, et ainsi de suite. Au cours de ce processus, le trou se déplace donc dans le solide. Le courant total traversant le semi-conducteur provient du mouvement des électrons dans la bande de conduction et du mouvement en sens inverse des trous dans la bande de valence. Un matériau pur dans lequel ces deux processus ont lieu est un **semi-conducteur intrinsèque**.

On peut augmenter la conductivité d'un semi-conducteur en le *dopant*, c'est-à-dire en lui incorporant des impuretés. Lorsque la conduction est due à des impuretés ajoutées à un semi-conducteur pur, le matériau porte le nom de **semi-conducteur extrinsèque**. Considérons par exemple un cristal de germanium (Ge). Chaque atome fournit quatre électrons de valence pour former des liaisons covalentes avec ses voisins (figure 11.19a). Lorsqu'on ajoute au cristal de Ge une impureté, comme de l'arsenic ou du phosphore, qui ont cinq électrons de valence, quatre de ces électrons forment des liaisons mais le cinquième n'est que faiblement lié à l'ion positif P ou As restant. Les niveaux d'énergie très rapprochés de ces électrons peu liés sont à peine inférieurs à la bande de conduction (0,01 eV pour le Ge, 0,05 eV pour le Si), comme le montre la différence de niveau E_d à la figure 11.20. Les électrons de ces niveaux peuvent être facilement excités thermiquement jusqu'à la bande de conduction. Puisque l'atome d'arsenic fournit des électrons, on dit qu'il s'agit d'un **atome donneur**. Le nombre d'atomes d'impuretés par unité de volume est en général voisin de 10^{21} m^{-3}, de sorte que le nombre d'électrons de conduction par unité de volume augmente d'un facteur voisin de $10^{21}/10^{15} = 10^6$. Bien que les trous contribuent encore à la conduction, les électrons (négatifs) constituent la majorité des porteurs de charge et le matériau est donc appelé **semi-conducteur de type *n***.

Si l'impureté est du gallium, ses trois électrons de valence forment des liaisons avec les atomes Ge voisins, mais il reste un trou dans une liaison (figure 11.19b).

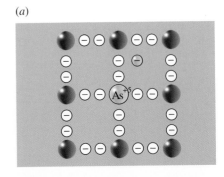
(a)

(b)

Figure 11.19 ▲

(a) Lorsqu'un élément avec cinq électrons de valence remplace un atome dans un cristal de Ge ou de Si, l'un de ses électrons n'est que faiblement lié à l'atome d'impureté, qui est alors un atome donneur. (b) Lorsque l'impureté est un atome trivalent, elle crée un « trou » qui peut accepter des électrons provenant d'autres sites. L'impureté est alors un atome accepteur.

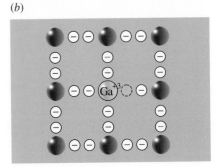

Figure 11.20 ▲

Les niveaux d'énergie dus à la contribution des atomes donneurs sont près de la partie inférieure de la bande de conduction, alors que les niveaux dus à la contribution des atomes accepteurs sont juste au-dessus de la bande de valence.

Les atomes d'impureté produisent un ensemble de niveaux juste au-dessus de la bande de valence, comme le montre la différence de niveaux E_a à la figure 11.20. Puisque l'impureté trivalente accepte des électrons provenant d'autres sites, on dit qu'il s'agit d'un **atome accepteur** et les niveaux qu'il ajoute sont appelés niveaux accepteurs. Dans ce cas, la majorité des porteurs de charge sont des trous (positifs) et le matériau dopé est donc appelé un **semi-conducteur de type p**. Les électrons peuvent être thermiquement excités à partir de la bande de valence jusqu'à ces niveaux, mais, dans ce cas, ils sont porteurs minoritaires.

11.8 Les dispositifs semi-conducteurs

Nous allons examiner ici quelques dispositifs semi-conducteurs, comme les diodes, les transistors et les cellules solaires, obtenus par diverses combinaisons de semi-conducteurs de type n et de type p.

La diode à jonction

En général, on appelle *diode* tout dispositif qui se laisse traverser par le courant électrique dans une direction, mais non dans l'autre. Dans une *diode à jonction pn*, un semi-conducteur de type p est séparé d'un semi-conducteur de type n par une région que l'on appelle jonction, d'épaisseur voisine de 1 μm (figure 11.21a). Le nombre de trous ou d'électrons par unité de volume dans la jonction est faible et sa résistance électrique est élevée. Pour décrire le fonctionnement de la diode, nous allons uniquement considérer le mouvement des électrons, sachant que le raisonnement est similaire pour les trous. Ces deux porteurs peuvent en effet être considérés de façon individuelle même si un trou et un électron voyageant en sens inverse peuvent s'annuler (processus de *recombinaison*), car la charge demeure alors conservée.

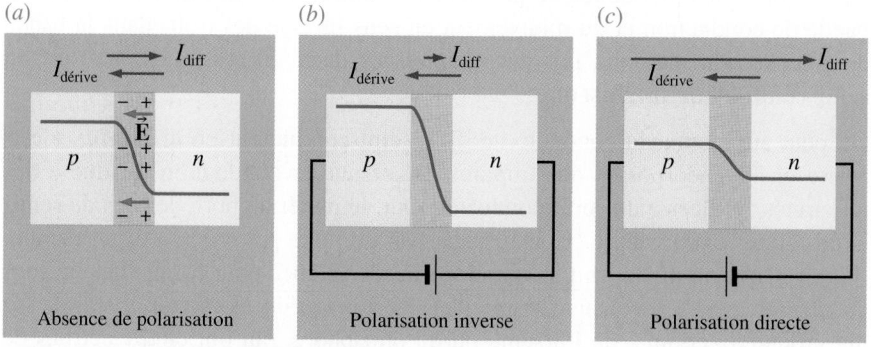

Figure 11.21 ▶

Une diode à jonction *pn*. La diffusion des porteurs majoritaires crée un champ électrique interne dans la jonction. L'énergie potentielle des électrons est indiquée sur la figure par la courbe en bleu. La hauteur de la barrière de potentiel diminue lorsque la diode est en polarisation directe et augmente lorsqu'elle est en polarisation inverse. Notez que le sens de chaque courant, indiqué par une des deux flèches, est l'inverse de celui du mouvement correspondant des électrons.

(a) Absence de polarisation
(b) Polarisation inverse
(c) Polarisation directe

Le nombre d'électrons de conduction par unité de volume est beaucoup plus élevé dans la région de type n que dans la région de type p. Des électrons diffusent donc du matériau de type n au matériau de type p (où ils se recombinent avec des trous), créant ainsi un *courant de diffusion* I_{diff}. Le courant de diffusion ne permet pas à tous les électrons de s'écouler de la région de type n parce qu'il se forme rapidement une charge positive de ce côté de la jonction et une charge négative sur le côté adjacent de la région de type p. Le champ électrique produit par ces charges crée une barrière d'énergie potentielle qui s'oppose au courant de diffusion. Seuls les électrons dont l'énergie est supérieure à celle de la barrière peuvent ensuite passer. Quelques électrons sont également thermiquement excités dans la région de type p et certains d'entre eux se dirigent vers la jonction où ils peuvent subir une chute d'énergie. Cette chute donne lieu à un très faible *courant de dérive*, I_d, qui ne dépend pas de la hauteur de la barrière de potentiel. Lorsque l'équilibre est établi, le courant de diffusion (dû aux porteurs majoritaires qui traversent la barrière) est compensé par le courant de dérive (dû aux porteurs minoritaires qui sont thermiquement excités).

Examinons maintenant ce qui se produit lorsqu'on applique une différence de potentiel externe aux bornes de la diode. Si la région de type p est reliée à la borne négative de la pile et la région de type n à la borne positive, on dit que la diode est en *polarisation inverse* (figure 11.21*b*). Le champ électrique externe est alors de même sens que le champ interne. En conséquence, l'énergie des électrons dans la région de type p s'élève par rapport à celle des électrons de la région de type n, de sorte que la barrière de potentiel devient plus élevée. Le courant de diffusion diminue puisque le nombre d'électrons de la région de type n qui sont capables de traverser la barrière diminue. Lorsque la polarisation est fortement négative, seul le faible courant de dérive, produit par les porteurs minoritaires, circule dans le circuit externe. Ce courant dû aux porteurs minoritaires ne dépend pas de la différence de potentiel appliquée, mais seulement du nombre d'électrons de conduction d'origine thermique et de leur débit vers la jonction. En somme, quelle que soit la différence de potentiel externe, si elle est appliquée en polarisation inverse, il est impossible de faire circuler dans la diode un courant supérieur à $I_{\text{dérive}}$.

Lorsque la polarité de la pile est telle que la région de type p est positive et la région de type n négative, on dit que la diode est en *polarisation directe* (figure 11.21*c*). Le champ électrique externe est alors de sens opposé au champ interne et la barrière de potentiel est donc plus basse. Le courant de dérive ne change pas mais un nombre plus élevé d'électrons de la région de type n peut traverser cette barrière moins haute, de sorte que le courant de diffusion augmente. Si le champ externe est suffisant, le champ résultant sera dirigé de la région de type p vers la région de type n. Dans ce cas, il n'y a plus de barrière de potentiel : au contraire, les électrons sont plutôt accélérés au passage de la jonction et un courant intense circule dans le circuit externe.

La figure 11.22 représente la courbe caractéristique du courant en fonction de la tension pour une diode à jonction. On remarque qu'il s'agit d'un dispositif fortement non linéaire : il n'obéit pas à la loi d'Ohm. La diode a une résistance faible en polarisation directe et une résistance élevée en polarisation inverse. En somme, elle ne conduit le courant que dans un sens.

Les diodes ont des applications multiples dans l'électronique. Par exemple, elles sont utilisées pour fabriquer les redresseurs de courant qui convertissent le courant alternatif en courant continu ou encore pour protéger des circuits qui ne doivent être traversés par le courant que dans un sens.

Le transistor à jonction

Un *transistor* est un dispositif qui utilise une faible différence de potentiel pour laisser passer ou non un courant. Il peut être imaginé comme une sorte de « porte » à ouverture variable. Bien qu'il trouve aujourd'hui des applications extrêmement nombreuses, le transistor a été conçu au départ pour servir d'amplificateur : comme nous le verrons, toute variation de la tension contrôlant la « porte », même si elle est faible, entraîne en effet une variation quasi proportionnelle du courant, plus important, qui traverse le transistor.

Dans un *transistor à jonction npn* (figure 11.23), une région qui est faiblement de type p, appelée base (B), est prise en sandwich entre l'*émetteur* (E), qui est fortement de type n, et le *collecteur* (C), de type n. Ce dispositif ne se comporte *pas* comme deux diodes dos à dos en raison de l'épaisseur très faible de la base

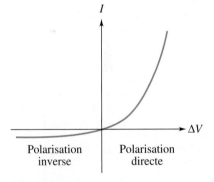

Figure 11.22 ▲

La courbe caractéristique du courant en fonction de la tension appliquée aux bornes d'une diode à jonction. Le faible courant qui circule lorsque la diode est en polarisation inverse est créé par le mouvement des porteurs minoritaires thermiquement excités dans la jonction. La partie négative du graphique correspond à une inversion du sens du courant. Le plateau vers lequel tend la courbe du côté négatif correspond à la valeur de $I_{\text{dérive}}$. Notez que cette courbe est très différente de la droite prédite par la loi d'Ohm, valable dans un milieu ordinaire.

Figure 11.23 ▶

Un transistor à jonction *npn* dans un circuit où il agit comme un amplificateur. La jonction émetteur-base est en polarisation directe (barrière de potentiel peu élevée), alors que la jonction base-collecteur est en polarisation inverse (barrière de potentiel élevée). Dans ce dernier cas, il s'agit d'une « barrière » du point de vue des électrons diffusant du collecteur vers la base, mais pas pour ceux qui franchissent cette jonction en sens inverse (après avoir diffusé à la jonction E-B et traversé la base), ce qui est la clé du fonctionnement du transistor.

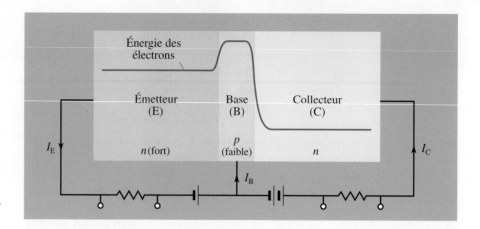

qui permet à un grand nombre d'électrons de la traverser, même si ce sont les trous qui sont porteurs majoritaires dans ce milieu.

Dans une utilisation typique, la jonction E-B a une polarisation directe assez faible, de l'ordre de 0,5 V, alors que la jonction B-C a une polarisation inverse plus forte, de l'ordre de 20 V. Si la base avait une épaisseur suffisante pour qu'on puisse considérer les deux jonctions comme des diodes indépendantes, la jonction E-B ferait diffuser un grand nombre d'électrons vers la base, où ils se recombineraient avec des trous (majoritaires dans cette région de type *p*). De façon indépendante, la jonction B-C en polarisation inverse ne laisserait passer que le faible courant de dérive (les rares électrons thermiques de la base de type *p* étant dirigés par hasard dans cette direction et y subissant une chute d'énergie), comme c'était le cas à la figure 11.21*b* (p. 400). En somme, les électrons ne pourraient donc circuler que très difficilement en direction du collecteur.

Toutefois, les électrons qui diffusent vers la base en provenance de la jonction E-B ont le temps de parcourir une certaine distance moyenne avant de se recombiner. Cette distance est d'autant plus importante que la base n'est que faiblement de type *p*. En réalité, l'épaisseur de la base (environ 20 μm) est choisie inférieure à cette distance, ce qui laisse à la grande majorité des électrons issus de l'émetteur le temps de traverser *entièrement* la base sans rencontrer de trous avec lesquels se recombiner. Ces électrons atteignent alors la jonction B-C et y manifestent exactement le même comportement que les rares électrons thermiques normalement issus d'un milieu de type *p* : ils traversent la jonction en perdant de l'énergie et ne peuvent revenir en arrière. En somme, un fort courant circule de l'émetteur vers le collecteur. Comme ce courant qui traverse le dispositif dépend directement de celui qui franchit la jonction E-B, son intensité est donc *contrôlée essentiellement par la hauteur de la barrière de potentiel à la jonction E-B*.

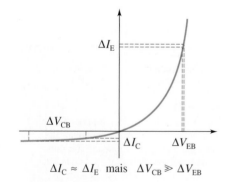

$\Delta I_C \approx \Delta I_E$ mais $\Delta V_{CB} \gg \Delta V_{EB}$

Figure 11.24 ▲

Le transistor peut servir d'amplificateur parce que la quasi-totalité du courant émetteur passe par le collecteur. La même variation de courant entraîne une variation de différence de potentiel plus importante aux bornes de la jonction base-collecteur. La partie négative du graphique correspond à une inversion du sens du courant.

Voyons maintenant comment ce contrôle permet d'utiliser le transistor comme amplificateur. La courbe de la figure 11.24 représente qualitativement le courant en fonction de la tension appliquée et est valable pour chacune des deux jonctions. Pour la jonction E-B en polarisation directe, c'est la partie droite de la courbe qui s'applique et une petite variation de courant entraîne une petite variation de différence de potentiel aux bornes de la jonction. Par contre, pour la jonction B-C en polarisation inverse, c'est la partie gauche de la courbe qui s'applique et une variation similaire de courant correspond à une très grande variation de différence de potentiel.

Comme le courant traversant la jonction E-B atteint presque entièrement le collecteur, on peut estimer qu'une légère variation ΔI_E du courant traversant la jonction E-B se répercute par une variation similaire ΔI_C du courant atteignant le collecteur. Les changements de tension, eux, ne seront toutefois pas similaires, comme le montre la figure 11.24.

Supposons que le signal qu'on souhaite amplifier soit appliqué sous forme d'une différence de potentiel (variable) en série avec la pile reliée à la jonction E-B. Le total de ces deux tensions, soit ΔV_{EB} change donc dans le temps. Une petite variation de ΔV_{EB} entraîne une petite variation ΔI_E du courant traversant la jonction E-B, comme le prédit la pente élevée de la partie droite de la courbe de la figure 11.24. Bien qu'on puisse supposer que la variation ΔI_C du courant atteignant le collecteur est comparable à ΔI_E, la tension aux bornes de la jonction B-C, elle, variera de façon très importante. C'est en effet ce que prédit la pente extrêmement faible de la partie gauche de la courbe de la figure 11.24.

Typiquement, les *variations* de ΔV_{BC} sont plusieurs centaines de fois plus importantes que celles de ΔV_{EB}. En somme, le signal initial (en série avec la pile aux bornes de la jonction E-B) responsable des variations de ΔV_{EB} a été amplifié.

Bien que le transistor puisse être utilisé comme amplificateur, il trouve aujourd'hui de nombreuses autres applications, notamment en informatique et dans la conception de circuits numériques. Dans ces domaines, la tâche que doit accomplir un circuit (par exemple, une des opérations d'une calculatrice) est programmée de la même façon qu'un logiciel : en la décomposant en une série d'opérations logiques élémentaires portant sur des bits 0 ou 1. Dans un circuit, on peut considérer par convention que toute tension inférieure à 1 V représente un signal « 0 » et que toute tension comprise entre 2 V et 5 V représente un signal « 1 ». Un ou plusieurs transistors peuvent alors être utilisés pour produire, par exemple, l'échange d'un signal en l'autre (opération logique NON), la comparaison de deux signaux (opérations logiques ET ou OU), etc. Le processeur central d'un ordinateur de bureau ordinaire contient des milliards de transistors effectuant de telles opérations.

Les dispositifs photovoltaïques

Dans un *dispositif photovoltaïque*, l'énergie lumineuse sert à créer une f.é.m. Les dispositifs photovoltaïques servent de détecteur lumineux et on les utilise dans les *cellules solaires* pour produire la puissance électrique. Un dispositif photovoltaïque est composé d'une épaisse région de type *n* recouverte d'une mince couche de type *p* (figure 11.25). Les photons incidents ayant une énergie suffisante peuvent créer des paires électron-trou. Les trous en excès dans la région de type *n* et les électrons en excès dans la région de type *p* provoquent une forte augmentation du pourcentage de porteurs minoritaires dans les deux régions. Les porteurs minoritaires créés près de la jonction ont de bonnes chances d'atteindre la jonction, où ils subissent simplement une chute d'énergie. Pour renforcer cet effet, l'épaisseur de la région de type *p* ($\approx 10^{-5}$ m) doit être inférieure à la distance moyenne (≈ 0.2 cm) que parcourent les porteurs minoritaires, trous ou électrons, avant de se recombiner. Lorsque le dispositif est éclairé, le courant de dérive dû aux porteurs minoritaires augmente, alors que le courant de diffusion (de sens opposé) dû aux porteurs majoritaires ne change pas. L'énergie fournie par les photons est donc utilisée pour faire circuler un courant (en d'autres termes, elle est convertie en énergie électrique).

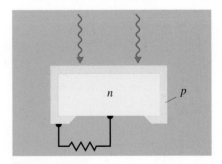

Figure 11.25 ▲

Un dispositif photovoltaïque avec un semi-conducteur de type *n* recouvert d'un semi-conducteur de type *p*. Le fonctionnement du dispositif repose sur la formation de paires de trou-électron près de la jonction.

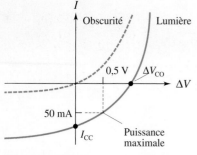

Figure 11.26 ▲

La courbe caractéristique I-ΔV d'un dispositif photovoltaïque. Lorsque l'intensité lumineuse augmente, la courbe se déplace vers le bas. I_{CC} est le courant en court-circuit et ΔV_{CO} est la tension en circuit ouvert. La partie négative du graphique correspond à une inversion du sens du courant.

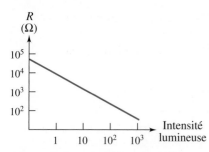

Figure 11.27 ▲

La résistance d'un dispositif photovoltaïque en fonction de l'intensité lumineuse.

La figure 11.26 représente la courbe caractéristique du courant I en fonction de la tension ΔV pour un dispositif photovoltaïque. La différence de potentiel ΔV est prise aux bornes de la résistance externe. Dans l'obscurité, on obtient la caractéristique habituelle de la diode à jonction (courbe en pointillé) et l'ampleur de déplacement dépend de l'intensité lumineuse. Lorsque la jonction est éclairée, la courbe se déplace vers le bas (courbe continue). La résistance du dispositif (inversement proportionnelle à la pente de la courbe à la figure 11.26) diminue au fur et à mesure que l'intensité lumineuse augmente (figure 11.27). Le courant de court-circuit I_{CC} (mesuré sans résistance externe) augmente avec l'intensité lumineuse. On mesure la différence de potentiel en circuit ouvert ΔV_{CO} pour $I = 0$. En un certain point du coude formé par la courbe, le produit de I par ΔV est maximal. Ce point correspond à la puissance maximale qui peut être obtenue. Les valeurs caractéristiques correspondantes sont de 50 mA pour le courant et de 0,5 V pour la tension, ce qui signifie que la puissance engendrée est alors de 25 mW. Pour une cellule au silicium, le rendement (puissance électrique produite/puissance optique consommée) est voisin de 12 %. Bien que les cellules solaires soient utilisées dans les satellites et les calculatrices électroniques, on ne fait que commencer à les utiliser pour l'alimentation en électricité des habitations.

La diode électroluminescente

Les diodes électroluminescentes (LED pour *Light-Emitting Diode*) sont utilisées couramment dans la vie quotidienne : les voyants lumineux de presque tous les appareils électroniques en sont faits, et on commence même à les utiliser pour fabriquer des feux de signalisation, en raison de leur consommation d'énergie plus faible. Dans une telle diode, les régions de type n et de type p sont toutes deux fortement dopées. À cause de la forte polarisation directe appliquée, le champ externe est supérieur au champ interne. Les électrons du côté n se dirigent vers le côté p et se recombinent avec des trous, produisant par le fait même des photons en nombre suffisant pour produire de la lumière visible à l'œil nu. La diode électroluminescente émet donc de la lumière lorsqu'elle est traversée par un courant. Certains semi-conducteurs, par exemple au GaAs, émettent une lumière dans la région visible du spectre. En rendant parallèles les faces opposées du dispositif (par clivage le long des plans atomiques), il est même possible d'obtenir un effet laser.

La diode à effet tunnel

Dans une diode à effet tunnel, les régions de type n et de type p sont toutes deux fortement dopées et la jonction est particulièrement étroite (10^{-8} m). Dans ces conditions, les électrons sont en mesure de traverser la barrière de potentiel par effet tunnel (voir la section 10.5) plutôt que par diffusion. En polarisation directe, quand la tension est petite, le courant qui traverse est surtout dû à cet effet. Quand la tension appliquée augmente, l'effet tunnel peut de moins en moins se produire. À une tension élevée, le courant n'est dû qu'à la diffusion comme dans une diode ordinaire. Entre les deux, on assiste donc à une diminution du courant malgré une hausse de la tension appliquée, ce qui correspond à une « résistance négative ». Cette spécificité de la diode à effet tunnel la rend particulièrement utile pour construire des interrupteurs capables de couper le courant dans un délai de moins de 10^{-9} s.

La supraconductivité

LES PROPRIÉTÉS DES SUPRACONDUCTEURS

Résistance électrique nulle

La résistance électrique d'un métal est due aux interactions des électrons de conduction avec des impuretés, des défauts et avec les ions en vibration du réseau cristallin (*cf.* chapitre 6, tome 2). Lorsqu'on baisse la température, les amplitudes des vibrations du réseau diminuent et l'on peut donc s'attendre à ce que la résistivité diminue elle aussi progressivement vers une valeur, petite mais non nulle, déterminée par les impuretés et les défauts. De nombreux matériaux manifestent ce comportement. Mais en 1911, Heike Kamerlingh Onnes (1882-1924) s'aperçut que, lorsqu'on baisse la température d'un échantillon de mercure, sa résistance chute subitement jusqu'à une valeur extrêmement faible à 4,15 K (figure 11.28). Cette brusque diminution de la résistance correspond à une transition du métal vers un nouvel état *supraconducteur*. La résistivité d'un supraconducteur étant au moins 10^{12} fois plus petite que celle d'un conducteur ordinaire, on peut la considérer égale à zéro. On a observé que, dans un supraconducteur, un courant électrique induit peut circuler durant plusieurs années en l'absence de différence de potentiel appliquée, à condition que la température soit maintenue sous la *température critique* T_c.

Plus de deux douzaines d'éléments et des milliers d'alliages et de composés peuvent devenir supraconducteurs. Les semi-conducteurs, comme le Ge et le Si, ne deviennent supraconducteurs que s'ils sont soumis à une pression

très élevée. Il convient de noter que certains éléments qui sont parmi les meilleurs conducteurs, comme l'Ag, l'Au et le Cu, ne deviennent pas supraconducteurs. De même, les éléments qui ont des propriétés magnétiques, comme le Fe et le Co, ne sont pas supraconducteurs. L'élément qui a la température critique la plus élevée est le niobium, avec 9,26 K. Jusqu'en 1986, la plus haute température critique observée était celle du Nb_3Ge à 23,3 K.

Les supraconducteurs sont utilisés comme électro-aimants mais ont aussi d'autres applications. Les pertes résistives dans les lignes de transport de l'électricité représentent à peu près 10 % de la puissance fournie. En utilisant des lignes supraconductrices, on pourrait éliminer ces pertes par effet Joule. Les courants persistants autour d'un trou dans un supraconducteur peuvent servir de dispositif à mémoire. Et puisque la transition vers un état supraconducteur peut avoir lieu dans un intervalle de température très petit (10^{-3} K pour le Sn), un supraconducteur peut servir de détecteur de rayonnement. Un tel dispositif, appelé bolomètre, peut avoir une sensibilité de 10^{-12} W.

Effet Meissner-Ochsenfeld

Considérons un conducteur *parfait* placé dans un champ magnétique (figure 11.29*a*). Lorsqu'on supprime le champ externe, la loi de Faraday (voir le chapitre 10 du tome 2) prédit que des courants induits s'établissent afin de préserver la valeur initiale du flux traversant le spécimen (figure 11.29*b*). Autrement dit, dans un conducteur parfait, le flux est piégé, ou «gelé». En 1933, Walter Meissner (1882-1974) et Robert Ochsenfeld (1901-1993) placèrent un échantillon de plomb dans un champ magnétique faible (figure 11.30*a*), puis ils commencèrent à le refroidir. Ils observèrent l'exclusion du flux magnétique hors du matériau alors que celui-ci devenait supraconducteur (figure 11.30*b*). (L'exclusion du flux se produit dans le cas d'une sphère ou d'un long cylindre étroit, mais pas dans le cas d'une plaque.) Cette exclusion du flux magnétique hors d'un supraconducteur porte le nom d'*effet Meissner-Ochsenfeld*. On voit donc qu'un supraconducteur n'est pas seulement caractérisé par une conductivité parfaite ; il est aussi parfaitement diamagnétique (voir la section 9.6 du tome 2). On peut mettre en évidence l'effet Meissner-Ochsenfeld en observant la lévitation d'un petit aimant placé sur un échantillon de matériau : lorsque la température de l'échantillon devient inférieure à la température critique, on voit le petit aimant se soulever au-dessus de l'échantillon (figure 11.31).

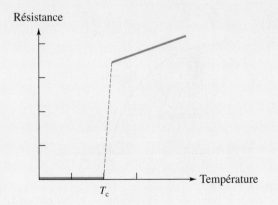

Figure 11.28 ▲

La résistivité d'un supraconducteur devient nulle à la température critique T_c.

(a)

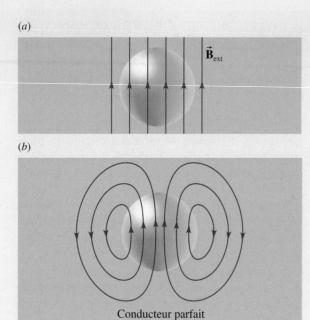

(b)

Conducteur parfait

Figure 11.29 ▲

(a) Un conducteur parfait dans un champ magnétique.
(b) Lorsqu'on réduit le champ externe jusqu'à le supprimer,
la loi de Faraday prédit que des courants sont induits
et qu'ils cherchent à empêcher la diminution du flux. Le
conducteur étant parfait, ces courants sont suffisants pour
maintenir entièrement le flux, qu'on dit donc « gelé »
ou « piégé » à l'intérieur du conducteur parfait.

(a)

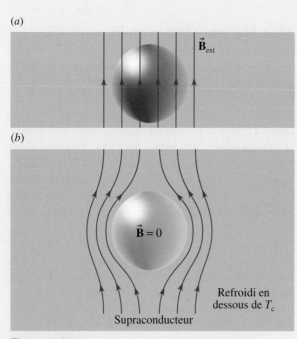

(b)

Supraconducteur

Refroidi en
dessous de T_c

Figure 11.30 ▲

(a) Un champ magnétique appliqué à un supraconducteur
au-dessus de sa température de transition. (b) Lorsqu'on
refroidit le matériau à une température inférieure à T_c,
le flux magnétique est exclu hors du matériau supraconducteur.

Figure 11.31 ▲

L'exclusion du flux magnétique hors d'un matériau
supraconducteur fait léviter le petit aimant au-dessus
du supraconducteur à « haute » température.

On se sert de l'exclusion du flux et des courants persistants pour fabriquer des solénoïdes supraconducteurs. Le rendement d'un électro-aimant ordinaire est pratiquement nul : une fois que le champ magnétique s'est établi, toute l'énergie électrique fournie est dissipée sous forme de chaleur dans les enroulements. Si l'on répète la procédure exposée ci-dessus avec un anneau supraconducteur, le flux est exclu du matériau supraconducteur, mais les courants induits persistants maintiennent le flux à l'intérieur du trou. On ne doit fournir de l'énergie que pour maintenir la température en dessous du point critique.

Champ magnétique critique

Lorsque le module du champ magnétique appliqué à un supraconducteur dépasse la valeur du *champ critique*, B_c, le flux pénètre dans le matériau. La figure 11.32 donne la courbe représentative du champ critique en fonction de la température. En dessous du champ critique, un supraconducteur de *première espèce* se divise en deux zones : normale et supraconductrice. Lorsque la température s'élève, les zones supraconductrices se rapetissent et

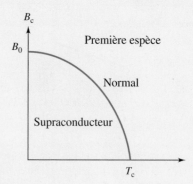

Figure 11.32 ▲

La variation du module du champ critique B_c (pour lequel la
supraconductivité disparaît) en fonction de la température.
La courbe correspond à un supraconducteur de première espèce.

finissent par disparaître en T_c. De même, lorsqu'on augmente le champ, les zones supraconductrices disparaissent au champ critique, qui vaut en général 0,04 T à 0 K. À 0 K, l'énergie magnétique nécessaire pour détruire l'état supraconducteur est à peu près de 10^{-7} eV/atome, alors que, pour un champ nul, l'énergie thermique nécessaire est à peu près de 5×10^{-4} eV/atome.

En 1962, on découvrit l'existence d'une autre catégorie de supraconducteurs, appelés supraconducteurs de *deuxième espèce*. Ces matériaux sont caractérisés par deux champs critiques (figure 11.33). Au-dessus du premier champ critique, B_{c1}, le flux pénètre dans le supraconducteur sous forme de minces filaments appelés *fluxoïdes* ou *vortex* (figure 11.34). Le *cœur* de chaque filament a une conductivité *normale* : le flux traversant chaque filament est maintenu par des courants persistants circulant sur la circonférence. Chaque filament est traversé par un *quantum de flux* :

$$\phi_0 = \frac{h}{2e} = 2,07 \times 10^{-15} \text{ Wb}$$

Lorsque le champ externe varie, le nombre de fluxoïdes varie également. On dit alors que le matériau est dans un *état mixte* (sa résistivité est encore nulle). Lorsque le champ atteint la deuxième valeur critique B_{c2}, le flux pénètre complètement dans le matériau et l'échantillon retourne à l'état normal. Pour le Nb_3Sn ($T_c = 18,1$ K), on a $B_{c1} = 0,02$ T et $B_{c2} = 22$ T.

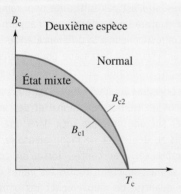

Figure 11.33 ▲
Un supraconducteur de deuxième espèce a deux champs critiques. Lorsque le module du champ magnétique critique B_c est compris entre les valeurs B_{c1} et B_{c2}, le matériau est dans un état mixte.

La supraconductivité disparaît également lorsque la densité de courant dépasse une valeur critique. Seuls les matériaux de première espèce conviennent à la fabrication de solénoïdes supraconducteurs. On a pu atteindre des densités de courant de 10^6 A/m² avec des matériaux de deuxième espèce comme le NbTi ou le Nb_3Sn, qui sont

Figure 11.34 ▲
Un supraconducteur de deuxième espèce à l'état mixte. Le flux pénètre sous forme de minces filaments (non supraconducteurs) mais la résistivité de l'échantillon reste nulle. Les filaments sont mis en évidence par la limaille de fer qui s'accumule à leurs extrémités.

utilisés pour fabriquer les aimants supraconducteurs dans les accélérateurs, les réacteurs à fusion, les appareils de visualisation médicale et la lévitation magnétique.

Propriétés à haute fréquence

Bien que la résistance en courant continu d'un supraconducteur soit nulle, sa résistance en courant alternatif augmente avec la fréquence. Elle atteint sa valeur normale à 5×10^{11} Hz environ, dans la zone des micro-ondes, ou hyperfréquences. Dans la zone visible (autour de 10^{15} Hz), les propriétés électromagnétiques du supraconducteur sont les mêmes qu'à l'état normal. Par exemple, le matériau ne change pas d'aspect lorsqu'il passe à l'état supraconducteur. Par ailleurs, l'absorption des rayonnements augmente de façon marquée dans la zone des micro-ondes, ou hyperfréquences. Un tel comportement fait penser à la différence d'énergie entre les bandes des isolants et des semi-conducteurs. Rappelons que des photons ne peuvent être absorbés que si leur énergie est supérieure à la différence d'énergie entre les bandes.

LA THÉORIE BCS DE LA SUPRACONDUCTIVITÉ

Alors qu'il existe plusieurs théories décrivant les propriétés électromagnétiques et thermodynamiques des supraconducteurs au niveau macroscopique, l'élaboration d'une théorie microscopique de la supraconductivité fut plus longue à venir. Un indice important pour cette théorie a été fourni par l'*effet isotope*. Lorsqu'on examine des isotopes différents d'un élément supraconducteur, on constate que la température critique varie selon $T_c \propto 1/M^{1/2}$, M étant la masse atomique. Remarquons qu'il s'agit d'une variation du même type que celle de la fréquence des oscillations d'un bloc à l'extrémité d'un ressort en fonction de la masse (équation 1.9). Cette mesure suggérait donc que la supraconductivité était reliée à la vibration des atomes du réseau cristallin.

En 1950, Herbert Frohlich (1905-1991) proposa un mécanisme de «couplage» entre les électrons de conduction et les ions positifs du réseau. À très basse température, les vibrations des ions ont une amplitude considérablement réduite par rapport aux amplitudes à température ambiante. Lorsqu'un électron passe entre les ions positifs, il les attire et provoque une déformation du réseau qui se propage sous forme d'une onde sonore. Un autre électron situé un peu plus loin est attiré par la densité accrue de charge positive au passage de l'onde. Selon cette théorie, les deux électrons peuvent donc agir l'un sur l'autre (s'attirer) par l'intermédiaire des ondes sonores. Frohlich suggéra que si les électrons sont suffisamment éloignés, l'attraction qu'ils exercent l'un sur l'autre peut devenir supérieure à leur répulsion coulombienne, qui est fortement masquée par la présence des autres électrons.

Leon Neil Cooper (né en 1930) montra en 1956 que deux électrons de conduction à proximité du niveau de Fermi peuvent former un état lié (être *captifs* l'un de l'autre), même si leur interaction n'est qu'une très faible attraction. Ces électrons à l'état lié portent le nom de *paire de Cooper*. C'est à partir de l'idée de Cooper que fut élaborée la première théorie microscopique de la supraconductivité en 1957 par John Bardeen (1908-1991), L. Cooper et John Robert Schriefer (né en 1931) (figure 11.35). Ils montrèrent qu'à 0 K, en l'absence de champ externe et de courant circulant dans le matériau, *tous* les électrons forment des paires de Cooper, constituées de deux électrons ayant des quantités de mouvement et des spins opposés. Autrement, en l'absence de ces conditions, certains électrons ne sont pas couplés. Dans une paire de Cooper, la distance entre les électrons est de 10^{-6} m, ce qui est près de 200 fois plus grand que la distance interatomique. Cela signifie que la fonction d'onde correspondant à chaque paire de Cooper s'étend sur un grand nombre de paires.

Dans un conducteur normal, les électrons de conduction occupent tous les états jusqu'au niveau de Fermi. Lorsque deux électrons forment une paire de Cooper, l'énergie des électrons est inférieure d'une quantité égale à leur énergie de liaison, qui est voisine de 10^{-3} eV. Comme les électrons sont soit liés dans une paire, soit libres, il est prédit qu'un intervalle d'énergies leur sont interdites. Il en résulte une

Figure 11.35 ▲

J. Bardeen (à gauche), L. Cooper, et J. Schriefer (à droite) reçurent le prix Nobel 1972 pour leur théorie de la supraconductivité. Bardeen avait reçu le prix Nobel en 1956 pour ses travaux sur le transistor.

différence d'énergie entre deux bandes près du niveau de Fermi. Cette différence est fonction de la température : à 0 K, elle vaut $E_d = 3,5kT_c$ et s'annule à T_c.

Lorsqu'un courant circule dans un conducteur normal, toute quantité de mouvement non nulle des électrons libres est transmise au réseau par le biais des collisions entre ions et électrons. Autrement dit, l'énergie fournie par le champ électrique est perdue dans les vibrations thermiques du réseau. La résistivité électrique d'un supraconducteur est nulle parce qu'une paire de Cooper ne cède pas d'énergie au réseau. Cette prédiction ne demeure valable que si l'énergie transmise par collisions avec les ions du réseau n'est pas suffisante pour rompre les paires. Une telle rupture nécessiterait que l'apport d'énergie soit de beaucoup supérieur à la différence entre les bandes. On peut obtenir l'énergie nécessaire pour séparer les paires en augmentant le courant électrique ou la température.

On peut faire une analogie entre les électrons libres circulant dans un conducteur normal et des jeunes en train de danser sur une musique rock dans une salle comble. Comme ils se déplacent de façon aléatoire, les collisions sont nombreuses. Par contre, lorsqu'un courant circule dans un supraconducteur, toutes les paires de Cooper ont la même quantité de mouvement : les paires d'électrons se déplacent comme des danseurs suivant une chorégraphie bien réglée et n'entrent pas en collision.

Nous avons vu plus haut que la fonction d'onde d'une paire de Cooper s'étend sur une distance considérable. Imaginons un trajet fermé dans un anneau supraconducteur. Pour que la fonction d'onde ait une valeur unique, sa phase ne peut varier que de $2\pi n$, n étant un nombre entier. On peut donc montrer que, lorsqu'un anneau supraconducteur est placé dans un champ magnétique, le flux traversant la boucle doit être égal à un multiple entier du quantum de flux mentionné plus haut, c'est-à-dire que $\phi = n\phi_0 = nh/2e$.

LES JONCTIONS DE JOSEPHSON

Considérons deux supraconducteurs séparés par une mince couche d'isolant (1 nm). B. D. Josephson a suggéré en 1962 que les paires de Cooper peuvent traverser cette couche d'isolant par effet tunnel. Puisque chaque paire porte une charge $-2e$, l'effet tunnel crée un *supracourant* en l'absence de différence de potentiel appliquée. Ce phénomène est *l'effet en courant continu de Josephson*. Le supracourant circule de manière à rendre égales les densités des paires de Cooper et leurs quantités de mouvement de chaque côté de la couche isolante. Dès que le supracourant dépasse une certaine valeur critique, une différence de potentiel apparaît aux bornes de la jonction. Si l'on applique un champ magnétique perpendiculairement au supracourant, la valeur de ce dernier s'annule chaque fois que le flux traversant la jonction est égal à un multiple entier du quantum de flux, c'est-à-dire pour $n\phi_0$ (figure 11.36).

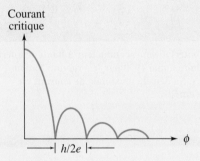

Figure 11.36 ▲
Le courant critique circulant dans une jonction de Josephson est une fonction périodique du flux traversant la jonction.

Josephson avait également prédit qu'une différence de potentiel constante, V, appliquée aux bornes de la jonction produirait un supracourant alternatif de fréquence $f = 2eV/h$. On remarque que $2e/h = 483,6$ MHz/μV. On utilise cet *effet en courant alternatif de Josephson* pour mesurer avec précision les différences de potentiel.

La figure 11.37 représente deux jonctions de Josephson reliées en parallèle. Le supracourant se sépare en deux à la jonction A et le courant à la jonction B est déterminé par l'interférence entre les fonctions d'onde des paires venant des deux branches. Comme le déphasage dépend à la fois de la différence de marche et du flux magnétique à travers la boucle, le courant circulant dans la boucle varie périodiquement avec le champ externe. Un tel dispositif porte le nom de *squid* (*Superconducting Quantum Interference Device* : dispositif supraconducteur à interférence) ; on peut l'utiliser pour détecter des champs magnétiques extrêmement faibles, comme ceux créés par l'activité cérébrale (figure 11.38).

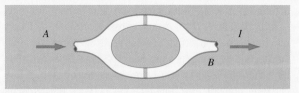

Figure 11.37 ▲
Un squid est un dispositif supraconducteur à interférence. Les fonctions d'onde des paires de Cooper qui circulent dans les deux branches du dispositif sont déphasées lorsque les courants se rejoignent au point B. Le déphasage dépend du champ magnétique externe.

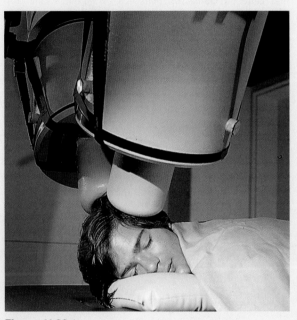

Figure 11.38 ▲
Les squids servent à détecter des champs magnétiques très faibles. Ici, on s'en sert pour étudier les champs produits par le cerveau humain.

LES SUPRACONDUCTEURS À HAUTE TEMPÉRATURE

Avant les années 1980, les recherches sur la supraconductivité faisaient intervenir pour la plupart des alliages métalliques et quelques composés organiques. En 1983, Karl Alexander Muller (né en 1927) et Johannes Georg Bednorz (né en 1950) décidèrent d'essayer les oxydes métalliques, ou céramiques. En décembre 1985, ils trouvèrent qu'un composé de Ba-La-Cu-O devenait supraconducteur à 35 K, soit au moins 12 K de plus que la valeur précédente la plus élevée, observée en 1973. Leur résultat fut confirmé par P. Chu, qui remplaça ensuite le La par l'yttrium, Y. En février 1987, il s'aperçut que la température de transition du composé $YBa_2Cu_3O_{7-x}$ était supérieure à 90 K ! Non seulement s'agissait-il d'une augmentation considérable de la température critique T_c, mais elle était en plus supérieure à la température de l'azote liquide (77 K). Avant cette découverte, il fallait refroidir à l'hélium liquide, ce qui était onéreux, alors que l'azote liquide est plus simple à utiliser et ne revient pas plus cher que le lait ou la bière. On s'aperçut bientôt que l'yttrium pouvait être remplacé par certains éléments de transition ou des terres rares. En janvier 1988, Paul Grant découvrit une résistivité nulle dans le composé à cinq éléments Tl-Ca-Ba-Cu-O à 125 K.

Il est possible que la découverte de ces nouveaux supraconducteurs à haute température soit aussi révolutionnaire que celle du transistor. Mais ces céramiques sont trop fragiles pour qu'on puisse en faire des fils de transmission ou des électro-aimants; par contre, elles peuvent être déposées en couches minces pour la fabrication d'éléments de petites dimensions, comme les composants électroniques. Leurs densités critiques de courant n'atteignent que 1 % de celles des matériaux de deuxième espèce, bien que l'on ait enregistré 10^5 A/cm^2 dans certaines directions du cristal dans une pellicule mince. Le champ critique a une valeur caractéristique de 0,01 T. Ces céramiques semblent très prometteuses, mais un énorme travail de recherche et de développement reste à faire avant de pouvoir envisager leur application commerciale.

Il n'existe pas encore de théorie permettant d'expliquer la supraconductivité à haute température. Toutefois, la recherche se poursuit activement sur ce sujet. En 2008, les chercheurs du *Los Alamos National Laboratory* ont par exemple suggéré que des porteurs de courant autres que les électrons pourraient expliquer le phénomène.

Ce fil de matériau supraconducteur à haute température a été produit en mai 1990 par le Argonne National Laboratory. Sa densité maximale de courant est de 100 A/cm^2.

RÉSUMÉ

Lorsqu'on applique la version tridimensionnelle de l'équation d'onde de Schrödinger à l'atome d'hydrogène, les fonctions d'onde qui en sont les solutions peuvent être distinguées les unes des autres à l'aide de trois nombres quantiques. Premièrement, les niveaux d'énergie sont déterminés par le nombre quantique principal n tel que :

$$E_n = -\frac{mk^2e^4}{2\hbar^2n^2} \, ; \qquad n = 1, \, 2, \, 3, \, \dots \quad (11.1)$$

Deuxièmement, le module du moment cinétique $\vec{L}$ est donné par le nombre quantique orbital ℓ tel que :

$$L = \sqrt{\ell(\ell + 1)}\hbar \, ; \quad \ell = 0, \, 1, \, 2, \, \dots, \, (n - 1) \quad (11.2)$$

Troisièmement, la composante de $\vec{L}$ sur l'axe des z est donnée par le nombre quantique magnétique orbital tel que :

$$L_z = m_\ell\hbar \, ; \quad m_\ell = 0, \, \pm 1, \, \pm 2, \, \dots, \, \pm\ell \quad (11.3)$$

L'électron a un moment cinétique $\vec{S}$ appelé spin dont le module est déterminé par le nombre quantique du spin, $s = \frac{1}{2}$:

$$S = \sqrt{s(s+1)}\hbar = \frac{\sqrt{3}}{2}\hbar \qquad (11.5)$$

La composante en z de S peut prendre uniquement les valeurs

$$S_z = m_s\hbar \qquad (11.6)$$

où $m_s = \pm\frac{1}{2}$ est le nombre quantique magnétique du spin.

Par définition, la densité de probabilité radiale $P(r)$ est telle que $P(r)dr$ est la probabilité de trouver un électron dans une mince coquille sphérique comprise entre r et $r + dr$. Elle est liée à la densité de probabilité ψ^2 par la relation $P(r) = 4\pi r^2 \psi^2$.

Selon le principe d'exclusion de Pauli, *deux électrons d'un même atome ne peuvent avoir les quatre mêmes nombres quantiques*. On peut construire le tableau périodique de façon systématique à l'aide de ce principe, en classant les atomes (éléments) par ordre de numéro atomique Z. La configuration des électrons dans l'atome permet d'expliquer et de prédire les propriétés chimiques d'un élément.

Lorsque des atomes sont regroupés pour former un solide, les niveaux d'énergie s'étalent selon des bandes d'énergie. Dans un isolant, la bande occupée la plus élevée (appelée bande de valence) est complètement remplie et elle est séparée de la bande suivante (bande de conduction) par une importante différence d'énergie. Dans un semi-conducteur, la différence d'énergie entre la bande de valence et la bande de conduction est faible par rapport à celle d'un isolant. Des électrons peuvent être excités thermiquement et passer de la bande de valence à la bande de conduction. Dans un métal, la bande la plus élevée n'est que partiellement remplie ; il y a donc de nombreux états disponibles pour les électrons.

On peut fortement modifier la conductivité d'un semi-conducteur comme le Si ou le Ge avec quatre électrons de valence en le dopant avec des impuretés. Lorsqu'on le dope avec des atomes donneurs qui ont cinq électrons de valence, on obtient un semi-conducteur de type *n*. Lorsqu'on le dope avec des atomes accepteurs, qui ont trois électrons de valence, on obtient un semi-conducteur de type *p*. En combinant ces deux types de semi-conducteurs, on obtient des diodes et des transistors.

TERMES IMPORTANTS

atome accepteur (p. 400)	**isolant (p. 398)**
atome donneur (p. 399)	**nombre quantique magnétique du spin (p. 387)**
bande de conduction (p. 398)	**nombre quantique magnétique orbital (p. 385)**
bande d'énergie (p. 397)	**nombre quantique orbital (p. 384)**
bande de valence (p. 398)	**nombre quantique principal (p. 384)**
conducteur (p. 398)	**orbitale atomique (p. 388)**
conduction (p. 398)	**principe d'exclusion de Pauli (p. 392)**
couche (p. 385)	**semi-conducteur (p. 399)**
densité de probabilité radiale (p. 388)	**semi-conducteur de type *n* (p. 399)**
énergie de Fermi (p. 398)	**semi-conducteur de type *p* (p. 400)**

semi-conducteur extrinsèque (p. 399)

semi-conducteur intrinsèque (p. 399)

sous-couche (p. 385)

trou (p. 399)

RÉVISION

R1. Associez chacun des nombres quantiques n, ℓ, m_ℓ et m_s à la grandeur physique qu'il décrit.

R2. Nommez les couches associées aux cinq premières valeurs du nombre quantique n.

R3. Nommez les sous-couches associées aux cinq premières valeurs du nombre quantique ℓ.

R4. Expliquez le lien entre le tableau périodique et le remplissage des couches et sous-couches.

R5. Dites dans quel ordre les sous-couches d'un atome possédant 22 électrons se remplissent.

R6. Expliquez pourquoi la sous-couche $5s$ doit être remplie avant la sous-couche $4d$.

R7. Expliquez la grande stabilité chimique des gaz rares.

R8. Expliquez la grande réactivité chimique des éléments alcalins.

QUESTIONS

Q1. Pourquoi la solution de l'équation de Schrödinger pour l'atome d'hydrogène fait-elle intervenir *trois* nombres quantiques ?

Q2. Pouvez-vous citer certaines conséquences qui découleraient de l'invalidité du principe d'exclusion ?

Q3. Donnez des exemples illustrant la relation entre la configuration électronique d'un atome et ses propriétés chimiques.

Q4. Pourquoi utilise-t-on un champ magnétique non uniforme dans l'expérience de Stern-Gerlach ?

Q5. Pourquoi l'existence d'un seuil de longueur d'onde dans le spectre des rayons X confirme-t-elle la validité du concept de photon ?

Q6. D'après le résultat de l'expérience de Stern-Gerlach, peut-on déterminer si le moment cinétique d'un atome provient des contributions orbitales ou du spin ?

Q7. Le modèle de Bohr est totalement inadéquat pour des électrons dans les états d'énergie les plus élevés d'un atome complexe. Pourquoi permet-il de prédire relativement bien les longueurs d'onde des raies K_α ?

Q8. Les raies spectrales émises par un gaz dans un tube à décharge s'élargissent lorsqu'on augmente la pression du gaz. Suggérez une raison expliquant ce phénomène.

Q9. On observe un décalage systématique des raies caractéristiques des rayons X en fonction du numéro atomique. Le spectre visible des éléments donne-t-il un décalage similaire ? Si oui, expliquez ses caractéristiques.

Q10. La résistivité d'un métal augmente avec la température, contrairement à la résistivité d'un semi-conducteur intrinsèque, qui décroît. Expliquez cette différence.

Q11. Les atomes d'hydrogène peuvent-ils produire des rayons X ? Et les ions d'hélium ? Justifiez vos réponses.

Q12. Quels aspects du modèle de Bohr retrouve-t-on dans la solution de l'équation de Schrödinger de l'atome d'hydrogène ? Quels aspects ne retrouve-t-on pas ?

Q13. Comment peut-on déterminer si un atome donné a ou n'a pas de moment cinétique résultant ?

Q14. Pourquoi les terres rares ont-elles des propriétés chimiques semblables ? Comment peut-on déceler la présence d'une terre rare dans un échantillon ?

Q15. Quel rôle joue le principe d'exclusion de Pauli dans la conduction électrique des métaux ?

Q16. Existe-t-il une différence entre un électron « libre » et un électron « de conduction » ? Si oui, quelle est-elle ?

Q17. Pourquoi les niveaux d'énergie les plus bas dans un solide sont-ils moins larges que les niveaux élevés ?

Q18. Qu'est-ce qu'un « trou » ? Comment contribue-t-il à la conduction électrique dans un semi-conducteur ?

Q19. L'étude de l'absorption d'un rayonnement par un semi-conducteur peut-elle permettre de déterminer la différence d'énergie entre les bandes ? Si oui, comment ?

Q20. Qu'est-ce qu'un photoconducteur ? Expliquez son principe de fonctionnement.

EXERCICES

11.1 et 11.2 Nombres quantiques de l'atome d'hydrogène, spin

E1. (I) Quel est le module du moment cinétique orbital d'un électron dans (a) l'état $3p$; (b) l'état $4f$?

E2. (I) Le module du moment cinétique orbital d'un électron est de $3{,}65 \times 10^{-34}$ J·s. Quel est son nombre quantique orbital ?

E3. (I) Dressez un tableau de tous les états correspondant à la sous-couche 4d.

E4. (I) Quelles sont les valeurs possibles de L_z pour un électron dans une sous-couche p ?

E5. (I) L'électron dans un atome d'hydrogène est dans l'état $n = 2$. Quelles sont les valeurs possibles de (a) L_z ; (b) l'angle θ entre $\vec{L}$ et L_z ?

E6. (I) Énumérez toutes les valeurs possibles de m_ℓ pour l'état $n = 3$.

E7. (I) Dans un état donné, la valeur maximale possible du nombre quantique magnétique est $m_\ell = 4$. Que pouvez-vous dire de la valeur de (a) ℓ ; (b) n ?

E8. (II) (a) Énumérez les valeurs possibles des nombres quantiques ℓ et m_ℓ pour l'électron de He$^+$ dans l'état $n = 3$. (b) Quelle est, en électronvolts, l'énergie de l'électron ?

E9. (I) (a) Quelle est, en électronvolts, l'énergie de l'électron de Li^{++} dans l'état $n = 2$? (b) Quelles sont les valeurs possibles des nombres quantiques ℓ et m_ℓ ?

E10. (I) Un électron est dans un état pour lequel $\ell = 4$. Quelle est la valeur minimale possible de l'angle entre le vecteur $\vec{L}$ et L_z ?

E11. (I) Un électron a un moment cinétique orbital de module $2{,}583 \times 10^{-34}$ J·s. Quelle est la valeur maximale possible de la composante en z, L_z, de son moment cinétique orbital ?

E12. (II) Comptez le nombre d'états possibles pour chaque valeur de n entre $n = 1$ et $n = 5$. Pouvez-vous trouver une relation simple entre le nombre d'états et n ?

E13. (II) Est-il possible de déterminer L et L_z avec exactitude mais pas L_x ni L_y ? Montrez que les composantes en x et en y vérifient la condition

$$\sqrt{L_x^2 + L_y^2} = \left(\sqrt{\ell(\ell + 1) - m_\ell^2} \right) \hbar$$

E14. (II) Une des versions du principe d'incertitude de Heisenberg établit une relation entre la composante en z du moment cinétique et la position angulaire ϕ de $\vec{L}$ dans le plan xy : $\Delta L_z \Delta \phi \approx \hbar$. (a) Si L_z est parfaitement connu, que peut-on en déduire pour $\Delta \phi$? (b) Quelle implication a votre réponse à la question (a) en ce qui concerne les composantes L_x et L_y ?

11.3 Fonctions d'onde de l'atome d'hydrogène

E15. (I) L'électron d'un atome d'hydrogène est dans l'état fondamental ψ_{1s}. Calculez la densité de probabilité radiale $P_{1s}(r_0)$, r_0 étant le rayon de Bohr.

E16. (I) Pour le premier état excité de l'atome d'hydrogène, calculez la densité de probabilité radiale $P_{2s}(r_0)$, r_0 étant le rayon de Bohr.

E17. (I) L'électron d'un atome d'hydrogène est dans l'état fondamental ψ_{1s}. Calculez la densité de probabilité radiale $P_{1s}(r)$ en (a) $r_0/2$; (b) $2r_0$, r_0 étant le rayon de Bohr.

E18. (I) Si l'électron dans l'atome d'hydrogène est dans l'état 2s, quelle est la densité de probabilité radiale $P_{2s}(r)$ en (a) $r_0/2$; (b) $2r_0$, r_0 étant le rayon de Bohr ?

E19. (II) Démontrez que la fonction d'onde ψ_{1s} de l'état fondamental est normalisée, c'est-à-dire que

$$\int_0^\infty \psi_{1s}^2 \, dV = 1$$

On rappelle que le volume d'une mince coquille sphérique de rayon r et d'épaisseur dr est $dV = 4\pi r^2 dr$. (Vous devez faire une intégration par parties.)

E20. (II) Montrez que la probabilité de trouver un électron dans l'état $1s$ à l'intérieur d'une sphère de rayon r_0 centrée sur le noyau $(1 - 5e^{-2}) \approx 0,32$.

11.4 Rayons X et travaux de Moseley

E21. (I) Lorsque des électrons bombardent une cible métallique, la plus courte longueur d'onde des rayons X émis est de 0,05 nm. Quelle est la différence de potentiel accélératrice ?

E22. (I) Des électrons accélérés par une différence de potentiel de 25 kV frappent une cible en métal. Quelle est la longueur d'onde minimale des rayons X émis ?

E23. (I) À l'aide de la figure 11.9 (p. 391), trouvez la constante a figurant dans la loi de Moseley (équation 11.11).

E24. (I) Montrez que la longueur d'onde minimale des rayons X émis lorsque des électrons accélérés par une différence de potentiel frappent une cible est donnée par

$$\lambda_0 = \frac{1,24 \times 10^3}{\Delta V}$$

où λ_0 est en nanomètres et ΔV en volts.

E25. (I) Pour le molybdène, la longueur d'onde de la raie K_α est de 0,71 nm et celle de la raie K_β est de 0,63 nm. Utilisez ces données pour trouver la longueur d'onde de la raie L_α.

E26. (I) La longueur d'onde de la raie K_α du molybdène $(Z = 42)$ est de 0,71 nm. Utilisez cette donnée pour prédire la longueur d'onde de la raie K_α (a) de l'argent $(Z = 47)$; (b) du fer $(Z = 26)$.

E27. (I) L'énergie de l'état $n = 2$ pour le molybdène est $E_2 = -2870$ eV. Sachant que les longueurs d'onde des raies K_α et K_β sont respectivement de 0,71 nm

et 0,63 nm, déterminez les énergies E_1 et E_3, en électronvolts.

11.5 Principe d'exclusion de Pauli et tableau périodique

E28. (I) La configuration électronique d'un atome est $[Ar]3d^34s^2$, $[Ar]$ représentant la configuration de l'atome d'argon. Identifiez l'élément en question.

E29. (I) Énumérez les nombres quantiques d'un atome d'oxygène dans l'état fondamental.

E30. (II) En supposant que l'électron n'a pas de nombre quantique du spin mais que le principe d'exclusion de Pauli reste valable, construisez le tableau périodique pour les 15 premiers éléments. Quels éléments classez-vous dans la catégorie des gaz rares ?

11.6 Moments magnétiques

E31. (I) Dans l'atome d'hydrogène, l'électron a un nombre quantique orbital $\ell = 3$. Quel est le module du moment magnétique orbital ?

E32. (I) L'atome d'argent a un moment cinétique orbital nul. (a) En présence d'un champ magnétique uniforme de 0,4 T parallèle à l'axe des z, quelles sont les énergies correspondant aux deux orientations possibles du spin ? (b) Quelle est la fréquence du photon qui permettrait une transition d'un niveau à un autre ?

E33. (I) Le sodium, qui a un seul électron dans l'état $3s$, émet un doublet de raies à 589,0 nm et à 589,6 nm lors d'une transition vers l'état fondamental (qui est constitué d'un seul niveau). (a) Quelle est, en électronvolts, la différence d'énergie entre les états excités ? (b) Quel est le module du champ magnétique résultant agissant sur l'électron ?

E34. (II) Un faisceau d'atomes neutres d'argent se propageant horizontalement à 400 m/s passe dans un champ vertical non uniforme tel que $dB/dz = 120$ T/m. La masse d'un atome est de $1,8 \times 10^{-25}$ kg. (a) Que vaut le module de l'accélération de chaque atome ? (b) Si le champ s'étend sur 20 cm dans la direction horizontale, quelle est l'amplitude de déviation du faisceau à sa sortie du champ ?

PROBLÈMES

P1. (I) Montrez que la valeur la plus probable de r pour un électron dans l'état $2s$ de l'hydrogène est $r \approx 5,2r_0$.

P2. (I) La portion radiale de la fonction d'onde pour l'état $2p$ dans l'hydrogène est

$$\psi_{2p}(r) = Cre^{-r/2r_0}$$

où C est une constante. Montrez que la valeur la plus probable de r est $4r_0$.

P3. (I) Montrez que la probabilité que l'électron de l'état $1s$ dans l'hydrogène se trouve à l'intérieur d'une sphère de rayon $2r_0$ est égale à $(1 - 13e^{-4})$ $\approx 0{,}76$.

P4. (I) En mécanique quantique, la valeur moyenne de la coordonnée radiale (voir le problème 11 du chapitre 9) est donnée par

$$\langle r \rangle = \int_0^\infty r \psi^2 \, dV$$

Montrez que la valeur moyenne pour l'état $1s$ dans l'hydrogène est égale à $1{,}5r_0$. On rappelle que le volume d'une mince coquille sphérique de rayon r et d'épaisseur dr est $dV = 4\pi r^2 \, dr$.

P5. (II) Des électrons initialement au repos sont accélérés par une différence de potentiel de 40 kV et bombardent une cible métallique. Calculez la longueur d'onde de Broglie. (Vous devrez utiliser les expressions relativistes de l'énergie cinétique et de la quantité de mouvement.)

P6. (II) Tracez le graphe de la figure 11.5 (p. 388) en vous servant des équations 11.8 et 11.9.

POINTS ESSENTIELS

1. L'**énergie de liaison** d'un noyau est l'énergie nécessaire pour séparer complètement les nucléons qui le constituent.

2. La **radioactivité** fait intervenir l'émission de **particules** α, de **particules** β, de neutrons et de **rayons** γ.

3. Le **taux de désintégration** d'un échantillon d'une substance radioactive est proportionnel au nombre de noyaux qui ne se sont pas encore désintégrés.

4. Au cours d'une **réaction nucléaire**, un noyau donné se transforme en un noyau d'un autre élément.

5. La **fission** est un processus par lequel un noyau lourd se divise en noyaux plus légers.

6. La **fusion** est un processus par lequel des noyaux légers se combinent pour former un noyau plus lourd.

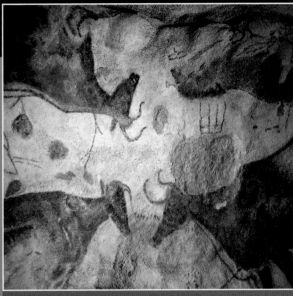

La grotte de Lascaux est l'un des tout premiers sites paléolithiques sur lesquels la méthode de datation au carbone 14 a été mise à contribution. Cette méthode repose sur la désintégration radioactive, que nous décrirons dans ce chapitre.

L a physique nucléaire a vu le jour en février 1896 avec la découverte de la radioactivité, laquelle avait été préparée par la découverte des rayons X par Röntgen en 1895. Röntgen avait en effet remarqué qu'en frappant les parois en verre d'un tube à décharge, les électrons le rendaient fluorescent et provoquaient l'émission d'un nouveau type de radiation. Pour établir si ces « rayons X » accompagnaient toujours la fluorescence, plusieurs scientifiques firent l'expérience de placer un matériau fluorescent sur une plaque photographique enveloppée dans du papier noir. Après avoir exposé le matériau à la lumière solaire pendant plusieurs heures de manière à produire la fluorescence, ils développaient la plaque. Mais rien n'apparaissait, parce qu'aucun rayon X ne venait altérer la plaque photographique.

Henri Becquerel (1852-1908) fit cette expérience avec des cristaux de sulfate d'uranyle de potassium. Le soleil n'ayant brillé que par intermittence les 26 et 27 février, il déposa les cristaux sur les plaques et rangea le tout dans un tiroir. Le jour suivant,

Figure 12.1 ▲
Marie et Pierre Curie dans leur laboratoire.

le soleil ne se montra toujours pas. Il décida donc de développer les plaques le 1er mars, s'attendant à n'observer que de pâles images. Il fut surpris de constater que les contours des cristaux étaient nettement visibles. Il était évident qu'ils avaient continué d'agir dans l'obscurité. Puisque la fluorescence est de courte durée et que ces cristaux étaient restés longtemps dans l'obscurité, l'image obtenue était forcément due à une cause autre que les rayons X, que l'on croyait associés à la fluorescence. Il observa bientôt que ces nouveaux rayons invisibles étaient aussi émis par des sels d'uranium non fluorescents, ce qui semblait désigner l'uranium comme étant l'agent actif.

Marie Curie (1867-1934) nomma **radioactivité** le phénomène découvert par Becquerel, au cours duquel quelque chose (qui demeurait alors inconnu) est émis par un élément. Vers la fin de l'année 1897, elle découvrit que le thorium était lui aussi radioactif. Avec son mari Pierre Curie (1859-1906) (figure 12.1), elle réussit par des moyens chimiques à isoler deux nouveaux éléments radioactifs : le polonium (en juillet 1898) et le radium (en décembre 1898). Plusieurs autres éléments radioactifs furent découverts au cours des années qui suivirent.

La chaleur produite par un petit échantillon de radium placé dans un récipient en plomb (1 g de radium libère 0,4 J/h) fut estimée être 10^5 fois supérieure à l'énergie libérée lors de n'importe quelle réaction chimique (impliquant un nombre identique d'atomes). Cette différence radicale montrait bien que la radioactivité n'avait rien à voir avec les réactions chimiques, même si elle avait elle aussi un lien avec les éléments chimiques en présence. De plus, en réalisant des expériences supplémentaires sur la radioactivité, on observa que des facteurs qui influencent plusieurs réactions chimiques, comme la température ou la pression, n'avaient aucun effet sur la radioactivité. Ensuite, des atomes d'un élément manifestaient la même radioactivité indépendamment de leur état chimique (la molécule à laquelle ils appartenaient). En somme, la radioactivité devait être due à un processus inconnu, se produisant forcément au sein des atomes, mais qui n'était pas lié aux *interactions* entre les atomes (état chimique, agitations thermiques, etc.). En 1911, lorsque Rutherford modifia le modèle atomique de façon à y introduire un noyau, la réponse était toute trouvée : l'état chimique et le mouvement des atomes ne pouvant avoir aucun effet sur le noyau, il supposa peu après que ce noyau était la source de la radioactivité. C'est ce qui donne son nom à la physique « nucléaire ».

Avant de traiter des émissions radioactives et des réactions nucléaires, nous commencerons dans ce chapitre par décrire les propriétés du noyau et nous donner une représentation de sa structure.

12.1 La structure du noyau

L'idée voulant que les émissions radioactives proviennent du noyau implique forcément qu'il faille imaginer à ce dernier une structure interne. En 1919, Rutherford bombarda de l'azote avec des particules α et observa ensuite des traces d'hydrogène dans l'azote (voir la section 12.5). Il en conclut que des noyaux d'hydrogène, aujourd'hui appelés **protons**, avaient été expulsés des noyaux d'azote et que ces derniers étaient donc *faits* de protons. Plus tard, on s'aperçut que les noyaux ne pouvaient être faits entièrement de protons, car la masse de ces derniers était insuffisante pour expliquer les masses atomiques qu'on mesurait. On mesura aussi des atomes d'un même élément (même charge nucléaire, donc même nombre de protons) dont la masse était différente. Les noyaux devaient donc contenir aussi d'autres particules, électriquement neutres, en plus des protons. En 1932, James Chadwick (1891-1974) parvint à expulser ces **neutrons** de différents noyaux.

Aujourd'hui, on se représente donc le noyau d'un atome comme étant fait de protons et de neutrons. (Le noyau de l'hydrogène ordinaire est un cas particulier, car il ne comporte qu'un seul proton et aucun neutron.) Quand ils forment ainsi un noyau, on désigne toutes ces particules sous le nom de **nucléons**. La lettre N représente le nombre de neutrons dans le noyau. Le **numéro atomique** Z, qui est égal au nombre de protons dans le noyau (voir aussi la section 11.4), est caractéristique de chaque élément. Les **éléments naturels**, qualifiés ainsi parce qu'on les retrouve directement dans la nature, ont des numéros atomiques allant de $Z = 1$ (hydrogène) à $Z = 92$ (uranium), alors que les éléments dont les numéros atomiques dépassent 92 sont obtenus par des moyens artificiels et n'ont qu'une brève durée de vie*. Tous les éléments, qu'ils soient naturels ou artificiels, possèdent un noyau qui est stable ou instable (voir la section suivante), les noyaux instables étant dits *radioactifs*. Les éléments naturels ont un noyau stable ou une instabilité dont le niveau est faible, ce qui fait en sorte que de tels éléments, comme l'uranium, sont encore détectables dans la croûte terrestre. Les éléments artificiels, eux, ont une instabilité dont le niveau est très variable, selon la méthode qui a été utilisée pour les produire.

Numéro atomique, Z

Le **nombre de masse**, $A = N + Z$, est le nombre total de nucléons dans un noyau. Un noyau qui a un nombre donné de protons et de neutrons est un **nuclide**; on le désigne par le symbole

Nombre de masse, A

$$_{Z}^{A}X$$

où X est le symbole chimique de l'élément correspondant. On peut omettre l'indice Z puisque l'élément est identifié de manière univoque par son symbole chimique, mais on le garde souvent pour des raisons pratiques, comme dans $_{8}^{16}O$, $_{6}^{12}C$ et $_{7}^{14}N$. Notez que le symbole $_{Z}^{A}X$ est utilisé en chimie pour désigner un *atome*, alors que nous l'utilisons pour désigner un *nuclide*, qu'il soit entouré d'électrons ou non.

Les **isotopes** d'un élément donné sont des atomes dont les noyaux ont le même nombre de protons, mais des nombres différents de neutrons. Par exemple, le carbone présent dans la nature contient 98,9 % de $_{6}^{12}C$ et environ 1 % de $_{6}^{13}C$, mais il existe d'autres isotopes du carbone, allant du $_{6}^{11}C$ au $_{6}^{16}C$. Le $_{6}^{14}C$ existe aussi à l'état naturel, mais il se concentre dans l'atmosphère. Son origine est liée au rayonnement cosmique (voir la section 12.4). Puisque les propriétés chimiques d'un élément sont déterminées par le nombre de ses électrons, qui correspond à Z lorsque l'isotope est neutre, les isotopes sont chimiquement identiques bien que leurs noyaux aient des masses différentes. Une liste des isotopes les plus abondants est donnée à l'annexe E. Notez que certains isotopes d'un élément peuvent avoir un noyau stable, alors que d'autres ont un noyau instable. Même les éléments naturels les plus abondants ont presque tous un ou plusieurs isotopes instables, souvent produits artificiellement.

Isotopes

De façon *approximative*, on peut dire que la masse des atomes est presque un multiple entier de la masse de l'atome d'hydrogène. En effet, la masse de l'électron est très petite par rapport à celle du proton et la masse du neutron est pratiquement égale à celle du proton. Le nombre de masse A est donc pratiquement égal à la masse d'un atome exprimée sous forme d'un multiple de la masse du proton. De façon *précise*, il est toutefois impossible de calculer la masse d'un atome en additionnant celle de N neutrons à celles de Z protons

---

* Certains des éléments dont le numéro atomique est inférieur à 92, comme le technétium (43) et le prométhium (61), sont aussi obtenus par des moyens artificiels.

et électrons. Par un effet relativiste, la masse d'un noyau est *toujours* inférieure à celle de ses *A* constituants séparés (voir la section suivante).

La mesure précise de la masse d'un isotope s'exprime mal en kilogrammes ; on utilise plutôt l'**unité de masse atomique** (u), qui est plus commode. Par définition, la masse de l'atome neutre de l'isotope $^{12}_{6}C$ du carbone est égale *exactement* à 12 u. On choisit l'atome neutre parce que sa masse est plus facile à mesurer et qu'il est facile de tenir compte des contributions des électrons.

Unité de masse atomique

$$1 \text{ u} = 1{,}660\,54 \times 10^{-27} \text{ kg} = 931{,}5 \text{ MeV}/c^2$$

Le dernier terme de cette double égalité provient de la relation masse-énergie $E = mc^2$ (voir l'exemple 12.1*b*). L'identité 1 u = 931,5 MeV/c^2 est très utile en physique nucléaire. En effet, lorsqu'on calcule une énergie à partir de la relation masse-énergie $E = mc^2$, on peut obtenir directement le résultat en méga-électronvolts en exprimant la masse en unités de masse atomiques et en multipliant par c^2 exprimé sous la forme

$$c^2 = 931{,}5 \text{ MeV/u}$$

EXEMPLE 12.1

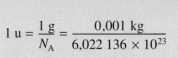

(a) Trouver la valeur de l'unité de masse atomique à partir du nombre d'Avogadro. (b) Exprimer l'unité de masse atomique en fonction de son équivalent en énergie.

Solution

(a) Une mole de $^{12}_{6}C$ a une masse de 12 g et contient un nombre d'atomes égal au nombre d'Avogadro N_A. Par définition, chaque atome de $^{12}_{6}C$ a une masse de 12 u. Par conséquent, 12 g correspondent à 12 N_A u, ce qui signifie que

$$1 \text{ u} = \frac{1 \text{ g}}{N_A} = \frac{0{,}001 \text{ kg}}{6{,}022\,136 \times 10^{23}}$$
$$= 1{,}660\,54 \times 10^{-27} \text{ kg}$$

(b) D'après l'équation $E = mc^2$, l'énergie équivalente à 1 u est

$$E = (1{,}660\,54 \times 10^{-27} \text{ kg})(2{,}9979 \times 10^8 \text{ m/s})^2$$
$$= 1{,}4924 \times 10^{-10} \text{ J} = 931{,}5 \text{ MeV}$$

Ainsi, 1 u = 931,5 MeV/c^2.

Les masses du proton, du neutron et de l'électron sont

$$m_p = 1{,}672\,64 \times 10^{-27} \text{ kg} = 1{,}007\,276 \text{ u} = 938{,}28 \text{ MeV}/c^2$$
$$m_n = 1{,}6750 \times 10^{-27} \text{ kg} = 1{,}008\,665 \text{ u} = 939{,}57 \text{ MeV}/c^2$$
$$m_e = 9{,}109 \times 10^{-31} \text{ kg} = 0{,}000\,549 \text{ u} = 0{,}511 \text{ MeV}/c^2$$

Les **masses atomiques** qui apparaissent dans le tableau périodique (voir l'annexe D) ne correspondent pas à la masse d'un atome d'un isotope en particulier. Ce sont plutôt des moyennes pondérées qui tiennent compte de la proportion des noyaux de chaque isotope qu'on identifie dans un échantillon de provenance naturelle. Par exemple, le Cl a deux isotopes de masses 34,968 852 u et 36,965 902 u, dont les abondances naturelles sont respectivement 75,77 % et 24,23 % (voir l'annexe E). La masse atomique indiquée est donc 34,968 852(0,7577) + 36,965 902(0,2423) = 35,4527 u. En somme, les masses qui apparaissent à l'annexe E conviennent aux calculs qui concernent un isotope isolé, alors que celles qui apparaissent au tableau périodique conviennent aux calculs qui concernent un échantillon contenant un mélange de tous les isotopes naturels.

À l'annexe E, on vérifie encore une fois que la valeur numérique du nombre de masse A d'un isotope correspond approximativement à la masse atomique d'un isotope, exprimée en unités de masse atomique. Par exemple, l'uranium 235 a une masse de 235,043 924 u alors que l'uranium 238 a une masse de 238,050 785 u.

EXEMPLE 12.2

Dans un laboratoire de chimie, un étudiant manipule un échantillon de 30 g de KCl. En utilisant les données des annexes D et E, déterminer combien de noyaux radioactifs contient cet échantillon.

Solution

L'annexe E répertorie deux isotopes du chlore et trois isotopes du potassium. Le seul de ces cinq isotopes qui est radioactif (instable) est le potassium 40, qui représente 1,17 % du potassium existant à l'état naturel. Notez que cette abondance est calculée selon le *nombre* de noyaux et non selon la masse.

Comme rien n'indique que l'échantillon ait été manipulé pour augmenter la proportion d'un isotope par rapport à un autre, les proportions correspondent donc aux abondances naturelles. La masse molaire du KCl doit donc être calculée avec les masses moyennes indiquées au tableau périodique (annexe D). ∎

Cette masse molaire étant $M = 39,10 + 35,45 = 74,55$ g, l'échantillon contient $n = m/M = 30/74,55 = 0,402$ mol. Chaque mole contenant N_A molécules, où N_A est le nombre d'Avogadro, l'échantillon contient $0,402 \times 6,022 \times 10^{23} = 2,423 \times 10^{23}$ molécules. Le nombre total d'atomes de potassium est le même, puisque chaque molécule en contient un seul. Toutefois, seuls les atomes de ^{40}K, soit 1,17 % d'entre eux, ont un noyau radioacif. Il y a donc $0,0117 \times 2,423 \times 10^{23} = 2,835 \times 10^{21}$ noyaux radioactifs dans l'échantillon.

Pour expliquer la diffusion des particules α par une cible d'or, Rutherford excluait que ces dernières puissent toucher le noyau, ce qui impliquait que ce dernier avait un rayon inférieur à 3×10^{-14} m (voir l'exemple 9.8). En projetant des particules α d'énergie de plus en plus grande, il finit par observer une diminution du nombre de particules diffusées. Interprétant que les particules avaient touché le noyau, il conclut que ce dernier devait avoir un rayon supérieur à $0,8 \times 10^{-14}$ m. D'autres expériences ont été réalisées depuis en faisant diffuser des protons, des neutrons et des électrons. Ces expériences n'ont jamais contredit l'idée d'un noyau et ont permis de préciser la représentation que nous nous en faisons. Les électrons conviennent particulièrement bien à de telles expériences, puisque la force nucléaire (voir la section suivante) n'a pas d'effet sur eux. Si leur énergie est supérieure à 200 MeV, leur longueur d'onde de Broglie (*cf.* chapitre 10) est inférieure à la taille d'un noyau et ils peuvent donc permettre de déceler les détails de la distribution de charges. Les résultats obtenus lors de telles expériences peuvent s'expliquer si l'on considère de nombreux noyaux comme étant à peu près sphériques et qu'il existe entre leur rayon R et le nombre de masse la relation approximative suivante :

Rayon d'un noyau

$$R \approx 1,2A^{1/3} \text{ fm} \tag{12.1}$$

où 1 fermi (ou femtomètre) = 1 fm = 10^{-15} m. Comme le volume V d'une sphère est proportionnel à R^3, on voit d'après l'équation 12.1 que $V \propto A$, le nombre de nucléons. Il semble donc que les nucléons restent groupés ensemble comme les molécules dans une goutte de liquide.

EXEMPLE 12.3

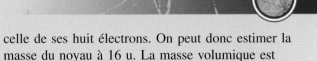

Quelle est la masse volumique d'un noyau type, par exemple $^{16}_{8}O$?

Solution

Le volume du noyau, que l'on assimile à une sphère, sera :

$$V = \frac{4}{3} \pi R^3 = \frac{4\pi}{3} (1,2A^{1/3} \times 10^{-15})^3$$

Puisque $A = 16$, on obtient :

$$V = 1,16 \times 10^{-43} \text{ m}^3$$

La masse d'un noyau d'oxygène 16 est celle de l'atome d'oxygène 16 (15,994 915 u selon l'annexe E) moins celle de ses huit électrons. On peut donc estimer la masse du noyau à 16 u. La masse volumique est

$$\rho = \frac{m}{V} = \frac{(16 \text{ u})(1,660\,54 \times 10^{-27} \text{ kg/u})}{(1,16 \times 10^{-43} \text{ m}^3)}$$
$$= 2,29 \times 10^{17} \text{ kg/m}^3$$

Cette valeur est plus de 10^{14} fois supérieure à la masse volumique de l'eau ! Comme $m \propto A$ et $V \propto A$, la masse volumique $\rho = m/V$ ne dépend pas de A ; elle est à peu près la même pour tous les noyaux. De telles valeurs de masse volumique sont attribuées aux étoiles à neutrons. ∎

12.2 L'énergie de liaison et la stabilité du noyau

Selon tous les modèles atomiques formulés depuis Rutherford, chaque atome possède un noyau (que ces atomes aient une origine naturelle ou qu'ils aient été obtenus en laboratoire). Quand on est capable de mesurer en laboratoire des émissions radioactives (voir la section suivante) provenant d'un échantillon, on dit que ce dernier contient des **noyaux instables**. Comme nous le verrons, on explique en effet ces émissions un peu comme les chimistes expliquent l'apparition d'un produit lorsqu'un réactif instable se transforme spontanément : dans plusieurs cas, le noyau se désintègre, et l'émission radioactive est l'un des produits de cette réaction de désintégration, l'autre étant un noyau différent du noyau initial. (Ce modèle est confirmé par la détection du noyau résultant, comme nous le verrons à la section suivante.) Selon le degré d'instabilité du noyau, un échantillon complet peut se désintégrer en une fraction de seconde ou prendre des milliards d'années pour le faire.

Par opposition, les **noyaux stables** sont ceux qui ne manifestent aucune radioactivité. Qu'on observe un seul de ces noyaux pendant une longue période ou un grand nombre de ces noyaux pendant une période plus courte, aucune émission radioactive n'est détectée. (Évidemment, on exclut ici des situations où l'on bombarderait l'échantillon.) De même, les caractéristiques du noyau demeurent expérimentalement les mêmes.

Qu'un noyau soit stable ou instable, ses nucléons restent groupés. Physiquement, on doit donc admettre qu'ils forment un état lié, c'est-à-dire qu'ils demeurent captifs les uns des autres. Comme les protons sont soumis à une forte répulsion électrique, surtout à une si petite distance les uns des autres, il faut concevoir qu'une force encore plus intense les maintient ensemble. Cette force doit assurer la cohésion du noyau, que ce soit seulement pour une courte période de temps (noyau radioactif) ou de façon perpétuelle (noyau stable). Cette **force nucléaire** est une interaction de courte portée qui ne s'étend que jusqu'à 2 fm environ (contrairement à l'interaction électromagnétique, qui est une interaction à longue portée). La force nucléaire a la caractéristique importante d'être essentiellement la même pour tous les nucléons, quelle que soit leur charge.

Si l'on approche des nucléons les uns des autres jusqu'à les joindre pour former un noyau, leur énergie potentielle commence par croître, en raison de la répulsion électrique entre les protons, puis diminue brusquement quand la distance entre les nucléons décroît en deçà de la portée de la force nucléaire. En vertu de l'équivalence masse-énergie (voir la section 8.14), cette diminution de l'énergie se traduit par une diminution de masse. Qu'il soit stable ou instable, la masse d'un noyau est donc *toujours* inférieure à la somme des masses de ses nucléons d'une certaine quantité Δm, qu'on nomme **défaut de masse**. Si on veut séparer complètement les nucléons d'un noyau, il faut fournir au noyau une quantité minimale d'énergie, appelée **énergie de liaison** (E_ℓ). Il s'agit tout simplement de l'équivalent en énergie du défaut de masse ; par la relation masse-énergie (équation 8.25), on peut écrire

$$E_\ell = \Delta mc^2 \qquad\qquad (12.2a)$$

L'énergie de liaison d'un nuclide $^A_Z X$ comprenant Z protons et N neutrons vaut donc

$$E_\ell = \left[\left(Zm_p + Nm_n \right) - m_{\text{noyau X}} \right]c^2$$

où $m_{\text{noyau X}}$ est la masse du noyau en question.

Toutefois, les tableaux des masses comme celui qui se trouve à l'annexe E donnent la masse de l'*atome neutre*, c'est-à-dire la masse du noyau plus celle d'un nombre Z d'électrons (puisqu'un atome neutre possède autant d'électrons que de protons). Si on dénote par m_X la masse de l'atome neutre, l'énergie de liaison s'exprime par

$$E_\ell = \left[\left(Zm_p + Nm_n \right) - \left(m_X - Zm_e \right) \right]c^2$$

Or, $m_p + m_e = m_H$, la masse de l'atome neutre d'hydrogène. Cette identité permet de reformuler l'expression pour l'énergie de liaison sous une forme plus pratique pour faire des calculs :

$$E_\ell = \left[Zm_H + Nm_n - m_X \right]c^2 \qquad\qquad (12.2b)$$

Dans cette expression, les masses des électrons dans Zm_H et m_X s'annulent mutuellement.

Afin de comparer les énergies de liaison de différents noyaux, il est commode de calculer l'*énergie de liaison moyenne par nucléon*, qu'on obtient simplement en divisant l'énergie de liaison E_ℓ par le nombre de masse A du noyau. La figure 12.2 représente la courbe donnant cette énergie moyenne pour l'ensemble des noyaux. La courbe atteint un maximum de 8,75 MeV environ au voisinage du $^{56}_{26}$Fe puis décroît progressivement jusqu'à 7,6 MeV pour l'uranium $^{238}_{92}$U. Cela nous permet de mieux nous représenter la façon dont les nucléons interagissent entre eux au sein d'un noyau donné : en effet, si chacun des A nucléons d'un noyau devait interagir avec la totalité des $(A - 1)$ nucléons restants, il y aurait $A(A - 1)/2$ interactions distinctes de nucléons deux à deux. L'énergie de liaison augmenterait à peu près selon A^2 et le rapport E_ℓ/A serait proportionnel à A. Toutefois, on voit à la figure 12.2 que l'énergie de liaison par nucléon, bien qu'elle soit effectivement environ proportionnelle à A pour les plus petits noyaux, reste ensuite pratiquement constante au-dessus de $A = 30$. Cela s'explique si l'on admet que chaque nucléon ne peut interagir qu'avec ses *voisins les plus proches*, une explication qui concorde avec la faible portée de l'interaction nucléaire.

Figure 12.2 ▶

L'énergie de liaison moyenne par nucléon en fonction du nombre de masse A. On remarque que les éléments ^4_2He, $^{12}_6\text{C}$ et $^{16}_8\text{O}$ sont particulièrement liés, comparativement à leurs voisins immédiats. La valeur maximale correspond à $^{56}_{26}\text{Fe}$, ce qui fait de ce dernier le noyau le plus stable d'entre tous.

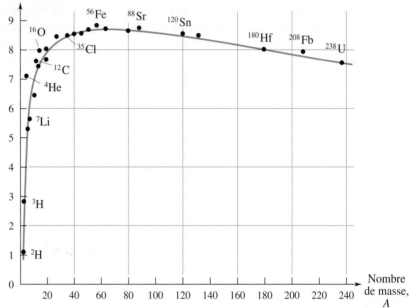

Cette courbe indique aussi que le fer est le plus lié de tous les noyaux atomiques. Cela nous donne de précieux indices sur la façon dont on pourrait tenter de transformer les noyaux pour en retirer de l'énergie. L'ajout de nucléons à un noyau plus petit que le fer de même que l'élimination de nucléons d'un noyau plus gros que le fer devrait donner un noyau plus lié que le noyau de départ et devrait donc, en principe, libérer de l'énergie. Ces deux processus sont présents dans la nature, et il en sera question dans les sections ultérieures.

La figure 12.2 montre aussi que l'hélium 4 a une énergie de liaison par nucléon particulièrement supérieure à celle de ses voisins immédiats. Nous verrons à la section suivante que cette grande stabilité explique que des particules α (identiques à un noyau d'hélium 4) puisse être émises par tant de noyaux radioactifs.

Il n'existe pas de lien simple entre l'énergie de liaison des nucléons et la stabilité des noyaux. Sur les 1500 nuclides connus, 250 sont stables tout en possédant une énergie de liaison par nucléon qui ne peut être qu'inférieure à celle du fer. Bien qu'il s'agisse d'un problème complexe, une partie de sa solution tient au nombre de neutrons que possède un noyau. La figure 12.3 représente la courbe donnant N en fonction de Z pour tous les noyaux stables et aussi pour les quelques noyaux instables qui sont répertoriés à l'annexe E. Les noyaux stables sont indiqués en noir, les noyaux instables en rouge. Pour les nombres de masse allant environ jusqu'à $A = 40$, on voit que $N \approx Z$. Pour les valeurs plus grandes de Z, la force nucléaire (de faible portée) ne parvient pas à maintenir la cohésion du noyau face à la répulsion électrique des protons (de longue portée), à moins que le nombre de neutrons soit supérieur au nombre de protons. Pour le Bi ($Z = 83$, $A = 209$), l'*excédent de neutrons* est $N - Z = 43$. Il n'existe pas de nuclide stable pour $Z > 83$ et, contre toute attente, il existe des nuclides instables dans toutes les régions du graphique.

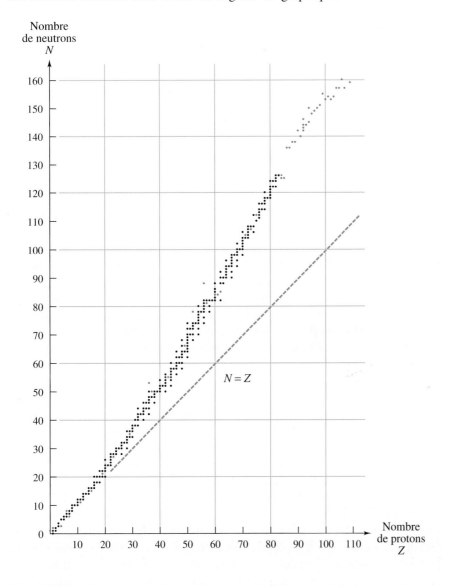

Nombre de neutrons N

$N = Z$

Nombre de protons Z

Figure 12.3 ◄

Nombre de neutrons N en fonction du numéro atomique Z pour les nuclides stables, en noir, et instables, en rouge. Plus A croît et plus les noyaux stables contiennent une grande proportion de neutrons (c'est-à-dire que la courbe qui relie les points noirs est incurvée vers le haut). On explique cela en disant que les noyaux plus lourds ont besoin d'une proportion plus grande de neutrons pour compenser la répulsion électrique des protons. Seule une petite fraction de la totalité des noyaux instables connus a été représentée.

EXEMPLE 12.4

(a) Quelle est l'énergie de liaison moyenne par nucléon de l'atome $^4_2$He ? (b) Calculer l'énergie de liaison moyenne par nucléon pour $^{12}_6$C.

Solution

(a) La masse de l'atome neutre d'hélium vaut 4,002 604 u. On a donc

$\Delta m = 2m_{\text{H}} + 2m_{\text{n}} - m_{\text{He}}$

$= (2 \times 1,007\ 825) + (2 \times 1,008\ 665) - 4,002\ 604$

$= 0,030\ 376$ u

Puisque 1 u = 931,5 MeV/c^2, l'énergie de liaison est

$$E_\ell = \Delta mc^2 = 28,3\ \text{MeV}$$

L'énergie de liaison moyenne par nucléon est E_ℓ/A = 28,3 MeV/4 = 7,1 MeV.

(b) E_ℓ = [(6 × 1,007 825 u) + (6 × 1,008 665 u) − 12 u)](931,5 MeV/u) = 92,163 MeV.

Donc E_ℓ/A = 7,68 MeV.

12.3 La radioactivité

En 1899, peu après que Becquerel eut découvert la radioactivité, Rutherford étudiait la proportion des émissions radioactives qui étaient capables de traverser un obstacle dont il faisait graduellement augmenter l'épaisseur. Il mesura que cette proportion commençait par décroître *très vite*, puis, au-delà d'une certaine épaisseur, *beaucoup plus lentement*. Ces résultats exigeaient que l'on conçoive qu'il y avait plusieurs types d'émissions radioactives, certaines étant plus pénétrantes que d'autres. Rutherford entreprit alors de les classer et montra qu'elles différaient non seulement par leur pouvoir de pénétration, mais aussi par leur charge électrique et par leur masse.

Les **particules α** sont positivement chargées et sont arrêtées par une simple feuille de papier ou par une couche d'air de 5 cm. En 1908, Rutherford et Thomas Royds (1884-1955) identifièrent les particules α comme étant des atomes d'hélium doublement ionisés. À cette époque, ils visualisaient un atome de Thomson dépourvu de ses deux électrons, mais dans le modèle d'aujourd'hui, une particule α est un noyau d'hélium 4, ${}^{4}_{2}\text{He}$ (remarquez à nouveau la notation*). Les **particules β**, elles, sont négativement chargées et peuvent parcourir plusieurs mètres dans l'air ; après que plusieurs expériences aient permis de comparer leur comportement à celui des rayons cathodiques, elles furent identifiées par Marie et Pierre Curie en 1900 comme étant des électrons. (On observa en 1934 un autre type de radioactivité β faisant intervenir l'émission de particules chargées positivement, qu'on appelle *positons* ou antiélectrons. On distingue donc aujourd'hui la radioactivité β⁻ et la radioactivité β⁺.) Toujours en 1900, Paul Villard (1860-1934) observa un autre type d'émission radioactive, les **rayons γ**, capables de parcourir au travers de l'aluminium une distance 200 fois plus grande que les particules β. Les rayons γ furent identifiés par la suite comme étant des ondes électromagnétiques de longueur d'onde plus courte que les rayons X. Les neutrons, isolés expérimentalement par James Chadwick en 1932, peuvent traverser plusieurs décimètres de plomb et ne possèdent aucune charge. La plupart des éléments radioactifs émettent soit des particules α, soit des particules β ; quelques-uns seulement émettent les deux.

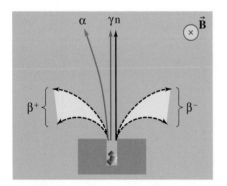

Figure 12.4 ▲

Quatre types d'émissions radioactives. Les particules α sont des noyaux d'hélium, positifs, les particules β⁻ sont des électrons négatifs, les rayons γ sont des photons de haute énergie et les neutrons ne possèdent aucune charge. La variante β⁺ de la radioactivité β, manifestée par moins de nuclides, correspond à l'émission de positons, chargés positivement.

Une des expériences cruciales permettant de distinguer les émissions radioactives par leur charge (et d'évaluer leur masse et leur énergie) serait la suivante, illustrée à la figure 12.4 : imaginons que l'on place quelques échantillons radioactifs (au moins un pour chaque type d'émission) dans un bloc de plomb et que les émissions soient soumises à un champ magnétique (voir le chapitre 8 du tome 2). On observe alors que les rayons γ et les neutrons ne sont pas déviés, que les particules α ne sont que légèrement déviées, mais que les particules β⁺ et β⁻ sont fortement déviées, dans des sens opposés, en plus de subir un étalement dans l'espace. Si le sens de la déviation révèle la charge de la particule déviée

---

* Comme nous l'avons déjà dit à la section 12.1, l'usage en physique nucléaire veut que le symbole ${}^{4}_{2}\text{He}$ désigne exclusivement le *noyau* de l'atome d'hélium, alors que le symbole habituel, notamment utilisé en chimie, serait ${}^{4}_{2}\text{He}^{++}$.

(voir la section 8.2 du tome 2), l'ampleur de la déviation est elle aussi importante : la déviation très légère des particules α implique qu'elles doivent être plus massives ou plus rapides, alors que les déviations très fortes des particules β$^+$ ou β$^-$ implique qu'elles doivent être plus légères ou plus lentes. De plus, leur étalement dans l'espace montre que chacune des particules β est éjectée avec une vitesse différente, donc une énergie cinétique différente, même si elles proviennent de noyaux identiques. À l'inverse, l'énergie des particules α est bien définie.

L'élaboration d'un modèle viable permettant d'expliquer le mécanisme de la radioactivité constitua une étape importante en physique nucléaire. En 1902, alors installés à Montréal, Rutherford et Frederick Soddy (1877-1956) émirent l'idée selon laquelle la radioactivité fait intervenir la désintégration des atomes, c'est-à-dire la « transmutation » d'un élément en un autre. Enthousiasmés par cette hypothèse, ils furent néanmoins prudents, car elle semblait trop proche de l'alchimie ; elle était en contradiction avec l'idée que les atomes gardent toujours leur identité, idée sur laquelle s'appuyait la chimie depuis plus d'un siècle. Une fois traduit dans le modèle atomique d'aujourd'hui, leur hypothèse était qu'un noyau X, en subissant une désintégration radioactive α ou β, devient un noyau *résultant* Y, tout en produisant une émission radioactive. C'est uniquement l'observation et la caractérisation de l'élément résultant Y, montrant qu'il était radicalement différent de l'élément X s'étant désintégré, qui permit d'accréditer cette thèse. (Cette transmutation ne s'applique toutefois pas au cas des rayons γ, sur lequel nous reviendrons.)

Un noyau X est théoriquement instable par rapport à la désintégration α ou β si sa masse est supérieure à la somme des masses des produits Y + α ou Y + β. En effet, en vertu de l'équivalence masse-énergie, une masse plus faible (celle des produits potentiels) représente une énergie plus faible, vers laquelle le système tend. Quelques nuclides pour lesquels A est situé entre 140 et 190 subissent une désintégration α, mais la plupart des désintégrations α se produisent avec les nuclides pour lesquels A est supérieur à 200. Presque tous les nuclides tels que $Z < 83$ sont stables par rapport à la désintégration α.

La désintégration alpha

Comme une particule α ($^4_2$He) contient deux protons et deux neutrons, un noyau X qui se désintègre en émettant une telle particule donne lieu à un noyau résultant Y dont la charge est inférieure de $2e$ et dont le nombre de masse est inférieur de quatre unités. Par exemple,

$$^{226}_{88}\text{Ra} \rightarrow {}^{222}_{86}\text{Rn} + {}^4_2\text{He}$$

L'énergie libérée au cours d'une désintégration quelconque est appelée **énergie de désintégration** et est désignée par la lettre Q.

Énergie de désintégration

$$Q = \Delta mc^2 \qquad (12.3)$$

Il ne faut pas confondre cette équation avec l'équation 12.2a : dans cette dernière équation, Δm désignait le défaut de masse entre un noyau et ses nucléons séparés, alors qu'il désigne cette fois l'écart entre la masse d'un noyau et des produits de sa désintégration.

Pour une désintégration α, l'énergie de désintégration est donnée par

Énergie de désintégration
pour une désintégration α

(désintégration α) $\qquad Q = (m_X - m_Y - m_{He})c^2$

où X est le noyau de départ et Y le noyau résultant. Les masses peuvent être celles des noyaux ou celles des *atomes neutres*, puisque les masses des électrons s'annulent mutuellement. Pour la désintégration α du radium, $Q = 4,88$ MeV. Cette énergie apparaît sous forme d'énergie cinétique de la particule α (environ 4,8 MeV) et d'énergie cinétique de recul du noyau de radon (environ 0,1 MeV). Comme il n'y a que deux produits à une désintégration α, la conservation de la quantité de mouvement (voir le chapitre 9 du tome 1) implique que ces deux produits se partagent toujours l'énergie Q dans les mêmes proportions.

Les mesures montrant que les particules α sont émises avec des valeurs discrètes d'énergie, on déduit que le noyau doit pouvoir posséder des énergies selon des niveaux discrets, un peu comme un atome. Ainsi, le noyau X peut émettre une particule α et passer à l'état fondamental du noyau Y, ou bien il peut d'abord atteindre un état excité de Y puis tomber à l'état fondamental en émettant un rayon γ. La différence entre les énergies des particules α est précisément égale à l'énergie du rayonnement γ, ce qui renforce la validité de cette explication. Le calcul de Q indiqué plus haut part de l'hypothèse que les deux noyaux sont à l'état fondamental, de sorte qu'une seule particule α est émise. Les autres particules α émises par le radium ont des énergies de 4,6 MeV et 4,2 MeV (figure 12.5).

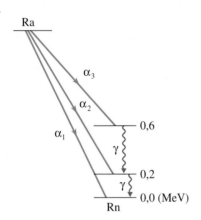

Figure 12.5 ▲

Les énergies des particules alpha sont bien définies et leurs valeurs varient selon que le noyau résultant est à l'état fondamental ou dans un état excité. Des rayons gamma sont émis par un noyau résultant lors de la transition d'un état excité vers un état inférieur.

Il peut paraître étrange qu'un noyau émette une particule α, c'est-à-dire un ensemble de quatre nucléons, plutôt que des neutrons ou des protons. Une particule ne peut être émise que si la masse totale des produits est inférieure à celle du noyau de départ. L'émission d'un neutron ou d'un proton est un phénomène très rare (on l'observe avec le $^{17}_{7}$N et le $^{87}_{35}$Br) parce que la masse de $(Y + n)$ ou de $(Y + p)$ est presque toujours supérieure à la masse du noyau de départ X. La grande énergie de liaison (7,1 MeV par nucléon) du noyau $^{4}_{2}$He réduit la somme des masses des produits $(Y + α)$ juste assez pour qu'une désintégration α soit possible (voir la section précédente, où nous avions déjà signalé cette grande énergie de liaison).

EXEMPLE 12.5

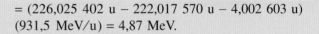

Montrer que l'énergie de désintégration α du $^{226}_{88}$Ra est de 4,87 MeV. Consulter l'annexe E.

Solution

La réaction de désintégration est $^{226}_{88}$Ra $\rightarrow$ $^{222}_{86}$Rn $+ \, ^{4}_{2}$He, d'où, par l'équation 12.3, $Q = \Delta mc^2$

$= (226{,}025\,402\,\text{u} - 222{,}017\,570\,\text{u} - 4{,}002\,603\,\text{u})$
$(931{,}5\,\text{MeV/u}) = 4{,}87\,\text{MeV}.$

Ici, nous avons utilisé les masses des atomes neutres et non celles des noyaux, car les masses des électrons s'annulent mutuellement.

L'effet tunnel pour les particules α

Au début du siècle, un paradoxe intriguait les physiciens : l'énergie de la particule α émise par un noyau ne semblait pas suffisante pour qu'elle soit en mesure de s'échapper de ce dernier. En effet, on pouvait mesurer l'énergie cinétique de la particule une fois qu'elle avait quitté le noyau. Or, si on avait projeté une particule α vers le noyau avec une énergie identique, elle aurait été *incapable de l'atteindre*.

En effet, les mesures de diffusion des particules α, comme celles de l'expérience de Rutherford, s'expliquaient si l'énergie potentielle des particules α augmentait en $1/r$, sous l'effet de la répulsion électrique, quand leur distance r au noyau diminuait. Comme le montre la forme de la courbe en rouge à la figure 12.6, l'énergie potentielle chute brusquement seulement quand la particule α approche suffisamment du noyau pour que la force nucléaire de courte portée puisse agir sur elle. En somme, pour atteindre le noyau, une particule α doit posséder une énergie au moins égale à la hauteur de la barrière (c'est-à-dire la hauteur du pic, soit environ 30 MeV). Or, selon la physique classique, une particule α devrait posséder au moins la même énergie pour franchir la barrière en sens inverse et quitter un noyau. La physique classique est donc incapable d'expliquer toute émission d'une particule α avec une énergie inférieure. C'est pourtant ce qui est mesuré, les particules α étant typiquement émises avec une énergie entre 4 et 9 MeV.

La solution à ce paradoxe a été apportée par la mécanique quantique : on peut représenter le noyau radioactif, avant qu'il se désintègre, comme une particule α captive du puits de potentiel causé par les $A - 4$ autres nucléons. Selon la mécanique quantique, la particule α peut franchir la barrière de potentiel par effet tunnel (voir la section 10.5). En somme, elle est représentée par une fonction d'onde (illustrée en bleu à la figure 12.6), dont l'amplitude est importante à l'intérieur du noyau et plus faible, mais *non nulle*, à l'extérieur : il y a donc une certaine probabilité que la particule α finisse par être détectée à l'extérieur du noyau, même si son énergie est classiquement insuffisante. Cette explication, qui fut donnée en 1928, est l'un des premiers succès importants de la mécanique quantique.

Cette théorie permet aussi de répondre à une autre question. Quand un échantillon contient des noyaux qui respectent la condition énergétique (produits de masse plus faible) permettant à une désintégration α de se produire, les désintégrations s'échelonnent, comme nous l'avons dit, sur une période plus ou moins longue qui dépend du nuclide observé. Du point de vue classique, il est inexplicable que l'ensemble des désintégrations ne survienne pas de façon *immédiate*. Du point de vue quantique, toutefois, la probabilité que la particule α quitte le noyau au cours d'une certaine période de temps est très faible, et le moment précis où la désintégration surviendra *ne peut pas du tout être prédit*. Cela correspond d'ailleurs aux observations expérimentales, certains noyaux d'un échantillon se désintégrant immédiatement alors que les autres, pourtant identiques, survivent beaucoup plus longtemps avant de le faire. Seule la *probabilité* que la désintégration survienne au cours d'un certain intervalle de temps peut être prédite, à partir de la hauteur et de la largeur exactes de la barrière de potentiel pour un nuclide donné. Cette probabilité permet de prédire le taux de désintégration (voir la section 12.4) d'une façon qui correspond aux mesures expérimentales.

La désintégration bêta

La désintégration β fait intervenir l'émission d'électrons (variante β⁻) ou de positons (variante β⁺). Un **positon** est une forme d'antimatière que nous allons traiter pour l'instant comme un électron positif. Nous reparlerons de l'antimatière au chapitre suivant. Puisque ni les électrons, ni les positons n'existent à l'intérieur du noyau, on doit admettre que les particules β sont *créées* au moment de l'émission. Lorsqu'un noyau émet une particule β, on mesure que la charge du noyau résultant vaut $(Z + 1)e$ ou $(Z - 1)e$, mais que le nombre de masse ne change pas :

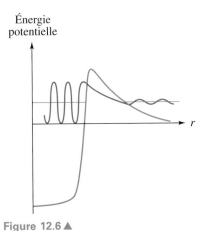

Figure 12.6 ▲

La fonction énergie potentielle, en rouge, d'une particule α dans un noyau. Le puits rectangulaire provient de la force nucléaire attractive et de courte portée, alors que la barrière en $1/r$ provient de la répulsion coulombienne. Bien que son énergie soit inférieure à la hauteur de la barrière, la particule α est capable de traverser la barrière par effet tunnel.

$$^{14}_{6}\text{C} \rightarrow {}^{14}_{7}\text{N} + \text{e}^- + \text{?}$$

$$^{13}_{7}\text{N} \rightarrow {}^{13}_{6}\text{C} + \text{e}^+ + \text{?}$$

Les points d'interrogation signalent une difficulté sur laquelle nous reviendrons dans un instant. Selon l'équation 12.3, les énergies de désintégration β⁻ et β⁺ (*cf.* problème 6) sont

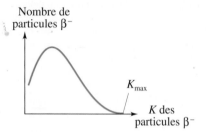

Énergie de désintégration pour une désintégration β

(désintégration β⁻) $\qquad Q = (m_X - m_Y)c^2$

(désintégration β⁺) $\qquad Q = (m_X - m_Y - 2m_e)c^2$

où les masses sont celles des atomes neutres. Dans la désintégration β⁻ du $^{14}_{6}\text{C}$, l'énergie de désintégration est

$$Q = (14{,}003\,242\ \text{u} - 14{,}003\,074\ \text{u})(931{,}5\ \text{MeV/u}) = 156\ \text{keV}$$

La difficulté signalée plus haut est la suivante : si la désintégration du ^{14}C n'aboutissait qu'à deux produits, soit ^{14}N et β⁻, la conservation de la quantité de mouvement impliquerait que ces deux produits se partagent toujours l'énergie Q dans les mêmes proportions. La particule β devrait donc toujours avoir une énergie voisine de 156 keV. Pourtant, lorsqu'on mesure les énergies des particules β, on obtient la courbe représentée à la figure 12.7. Une petite fraction seulement des particules β ont des énergies proches de l'énergie cinétique maximale (= Q), les autres étant émises avec une énergie inférieure à Q. Cette distribution continue d'énergie donne lieu à l'étalement continu que nous avons déjà signalé à la figure 12.4 (p. 426). Dans les années 1920, faute de mieux, on était donc porté à croire que le principe de conservation de l'énergie ne s'appliquait pas à la désintégration β. Cette explication n'était toutefois pas acceptable : remettre en question un principe aussi fondamental aurait des conséquences sur tous les autres domaines de la physique. En 1930, une explication plus solide fut proposée : Wolfgang Pauli suggéra l'existence d'une particule neutre très légère (peut-être sans masse) qui emporterait l'énergie manquante. Elle interagirait faiblement avec la matière et serait donc presque impossible à détecter. Enrico Fermi (1901-1954) lui donna le nom de **neutrino** (ν) et proposa une théorie de la désintégration β qui expliquait assez bien le spectre d'énergie des émissions β et d'autres aspects. Dans le cadre de cette théorie, Fermi proposa que l'interaction du neutrino fasse intervenir un nouveau type de force appelé **interaction faible**. Son interaction avec la matière ordinaire est si faible qu'il peut traverser la Terre entière sans une seule interaction. Le neutrino fut détecté en 1956 par Frederick Reines (1918-1998) et Clyde Cowan (1919-1974).

L'explication acceptée aujourd'hui est donc la suivante : au cours d'une désintégration β⁻, un neutron du noyau se transforme en un proton, un électron et un antineutrino ($\bar{\nu}$) :

$$\text{n} \rightarrow \text{p} + \text{e}^- + \bar{\nu}$$

Cette transformation explique que le noyau résultant ait le même nombre de nucléons (même nombre de masse A) même s'il possède un proton de plus que le noyau initial. Notez aussi que ce processus conserve la charge électrique. La validité de cette explication est renforcée par le fait qu'on observe également ce processus pour les neutrons *libres*.

Quant au point d'interrogation figurant dans l'équation de la désintégration β⁺, il correspond plutôt à un neutrino ν, produit au cours d'un processus assez similaire où c'est un proton d'un noyau qui se transforme en un neutron (tout en émettant un positon ainsi que le neutrino).

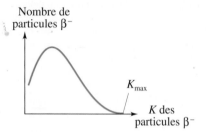

Figure 12.7 ▲
La distribution d'énergie des particules β⁻. Cette distribution continue d'énergie donne lieu à l'étalement continu que nous avons déjà signalé à la figure 12.4 (p. 426).

CHAPITRE 12 • **LA PHYSIQUE NUCLÉAIRE**

La désintégration gamma

Les rayons γ, qui sont des photons de haute énergie, sont produits au cours de transitions de noyaux entre divers niveaux d'énergie. Les rayons γ sont en général émis peu après une désintégration α ou β (par le noyau résultant) ou lorsqu'un noyau a été porté à un état excité à la suite d'une collision. On peut mesurer leurs énergies (allant de 1 keV à quelques MeV) par absorption, par diffraction sur des cristaux (jusqu'à 1 MeV) ou d'après l'énergie des électrons par la diffusion Compton. Puisqu'ils ont des énergies discrètes, les rayons γ permettent de déterminer les écarts entre les niveaux d'énergie des noyaux stables.

12.4 Le rythme de désintégration radioactive

La mécanique quantique modélise la désintégration radioactive comme un phénomène *aléatoire* : chaque désintégration est un événement indépendant et l'on ne peut pas prévoir à quel moment un noyau instable donné va subir une désintégration. Lorsqu'un noyau se désintègre, il est transformé en un autre nuclide, qui peut être radioactif ou non. Bien que le moment où cela se produit ne puisse être prédit, il est clair que chaque noyau identique a une probabilité égale de se désintégrer au cours de la prochaine seconde. Au cours d'un intervalle de temps dt, le nombre *probable* de noyaux qui se désintégreront (c'est-à-dire la diminution dN du nombre de noyaux) est donc proportionnel au nombre N de noyaux qui ne se sont pas encore désintégrés, c'est-à-dire le nombre de noyaux que contient encore l'échantillon. On peut appeler $-\lambda$ la constante de proportionnalité (le signe assure que λ est positive, puisque N est positif et que dN est négatif), ce qui permet d'exprimer cette relation de proportionnalité sous la forme d'une égalité :

$$\frac{\mathrm{d}N}{\mathrm{d}t} = -\lambda N$$

Loi de désintégration radioactive

La constante de proportionnalité λ, qu'on appelle **constante de désintégration**, se mesure en secondes à la puissance moins un (s^{-1}) et peut s'interpréter physiquement comme la probabilité par unité de temps qu'un noyau se désintègre. Elle est une caractéristique du nuclide observé.

Avant de poursuivre, il est important de noter que la relation ci-dessus de même que toutes les prédictions qui en découleront ne sont que strictement probabilistes. Théoriquement, elles ne peuvent se vérifier expérimentalement de façon exacte que si l'on observe un échantillon où le nombre de noyaux N tend vers l'infini. En pratique, il faut choisir des échantillons très grands ou observer un grand nombre d'échantillons identiques plus petits et faire la moyenne des mesures qu'on prend sur chacun d'eux au même moment.

Pour illustrer cette idée, prenons le cas de petits échantillons, tous identiques, chacun comportant seulement 100 000 noyaux. (Ce nombre est effectivement minuscule : en comparaison, un seul gramme de carbone contient $5{,}0 \times 10^{22}$ atomes comportant chacun un noyau…) Si ces échantillons sont composés de nuclides pour lesquels $\lambda = 10^{-4}$ s^{-1}, l'équation ci-dessus prédit un nombre *probable* de $\lambda N = 10$ désintégrations à chaque seconde, et ce, pour chacun des échantillons. En pratique, si l'on compare les mesures prises sur chacun des échantillons au cours d'une même seconde, on observerait qu'une minorité seulement des échantillons auraient subi exactement 10 désintégrations, la plupart en ayant subi un nombre légèrement supérieur ou inférieur et quelques-uns ayant même subi un nombre de désintégrations très éloigné. Des écarts relatifs très importants entre la mesure et la prédiction peuvent aussi s'observer même pour un échantillon bien plus grand, si la constante de désintégration est très faible. Par exemple, un échantillon de 10^{25} noyaux pour lequel $\lambda = 10^{-24}$ aboutit aussi à une prédiction de seulement 10 désintégrations par seconde. Même si on ne mesure qu'une seule désintégration de plus au cours d'une seconde donnée, cela équivaut à 10 % d'écart !

En pratique, la taille des échantillons et le temps de mesure sont choisis de façon à rendre ces fluctuations négligeables. Dans la discussion qui suivra, nous supposerons donc toujours que les fluctuations peuvent être négligées. Si on considère l'équation ci-dessus de cette façon, en l'écrivant sous la forme $dN/N = -\lambda\, dt$ et en intégrant, on obtient

$$\int_{N_0}^{N} \frac{dN}{N} = -\lambda \int_{0}^{t} dt$$

d'où

$$\ln\left(\frac{N}{N_0}\right) = -\lambda t$$

N_0 est le nombre de noyaux que contient l'échantillon à $t = 0$, c'est-à-dire le nombre initial de noyaux. Notez que ce moment « initial » peut être choisi n'importe quand (en effet, il n'y a pas physiquement de « départ » puisque l'échantillon se désintègre toujours). Le nombre de noyaux restants à l'instant quelconque t est donc

Nombre de noyaux à l'instant t

$$N = N_0 e^{-\lambda t} \qquad (12.4)$$

Cette fonction est représentée à la figure 12.8.

On appelle **demi-vie** le temps $T_{1/2}$ au bout duquel le nombre de noyaux de départ a chuté de 50 %. La demi-vie est reliée à la constante de désintégration λ ; en effet, puisque

$$0,5 N_0 = N_0 e^{-\lambda T_{1/2}}$$

on a $\lambda T_{1/2} = \ln 2 = 0,693$. Par conséquent,

Demi-vie

$$T_{1/2} = \frac{0,693}{\lambda} \qquad (12.5)$$

Il faut une demi-vie pour que la moitié des noyaux de départ se désintègrent, et ce *quelle que soit* la valeur de départ. La demi-vie pour la désintégration du neutron libre est de 12,8 min. Selon les nuclides, les demi-vies peuvent avoir des valeurs très diverses, allant de 10^{-20} s à 10^{16} a. Quelques valeurs de demi-vies sont données dans l'annexe E.

Puisque le nombre d'atomes est difficilement mesurable, on mesure le **taux de désintégration** (nombre de désintégrations par unité de temps). Pour que ce taux soit positif, on le définit comme l'inverse de dN/dt qui est négatif :

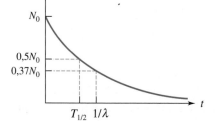

Figure 12.8 ▲

Le nombre probable de noyaux radioactifs dans un échantillon en fonction du temps. Selon la taille de l'échantillon, le nombre mesuré de noyaux peut fluctuer significativement par rapport à cette valeur prédite.

Définition du taux de désintégration

$$R = -\frac{dN}{dt} \qquad (12.6)$$

Par l'équation 12.4, on obtient $R = -(-\lambda N_0 e^{-\lambda t})$, d'où

Taux de désintégration à l'instant t

$$R = \lambda N = R_0 e^{-\lambda t} \qquad (12.7)$$

où $R_0 = \lambda N_0$ est le taux de désintégration initial. Le taux de désintégration est caractérisé par la même demi-vie, puisque le terme exponentiel dans l'équation 12.7 est identique à celui de l'équation 12.4. Il s'ensuit que R et N décroissent au même rythme et donc que l'équation $R = \lambda N$ n'est pas uniquement valable à $t = 0$ mais bel et bien *à chaque instant t*. L'unité du taux de désintégration dans le système SI est le becquerel (Bq), mais le curie (Ci) est souvent utilisé dans la pratique :

$$1 \text{ Bq} = 1 \text{ désintégration/s} ; \quad 1 \text{ Ci} = 3,7 \times 10^{10} \text{ Bq}$$

Le curie avait été défini à l'origine comme le taux de désintégration du radon à l'équilibre avec 1 g de radium.

EXEMPLE 12.6

Quel est le taux de désintégration initial de 1 g de radium 226 ? Sa demi-vie est de 1599 a et sa masse molaire M est de 226 g/mol.

Solution

Nous devons d'abord trouver le nombre initial d'atomes N_0 dans l'échantillon de masse m. Puisque le nombre de moles est $n = N_0/N_A$, N_A étant le nombre d'Avogadro, la masse de l'échantillon est $m = nM = (N_0/N_A)M$. Par conséquent,

$$N_0 = \frac{mN_A}{M} = \frac{(1 \text{ g})(6,02 \times 10^{23} \text{ atomes/mol})}{(226 \text{ g/mol})}$$
$$= 2,66 \times 10^{21} \text{ atomes}$$

De l'équation 12.5, on tire $\lambda = 0,693/T_{1/2}$, avec $T_{1/2} = 1599$ a $= 5,05 \times 10^{10}$ s. D'après l'équation 12.7, le taux de désintégration initial est donc

$$R_0 = \lambda N_0 = \frac{0,693\, N_0}{T_{1/2}}$$
$$= 3,65 \times 10^{10} \text{ Bq} = 0,99 \text{ Ci}$$

La datation radioactive

En 1949, on se rendit compte que la désintégration radioactive de l'isotope ^{14}C, qui a une demi-vie de 5730 a, pouvait devenir un outil inestimable pour les archéologues qui cherchent à déterminer l'âge d'échantillons d'origine biologique, tous les tissus vivants contenant du carbone. L'abondance dans notre atmosphère de cet isotope par rapport à l'isotope ^{12}C, plus courant, est donnée par la proportion $^{14}C/^{12}C = 1,3 \times 10^{-12}$. (Notez qu'il s'agit d'une abondance calculée selon le *nombre* de nuclides et non selon la masse.) Les organismes vivants, comme les humains, les animaux ou les plantes, échangent du CO_2 avec l'environnement, de sorte que le rapport des isotopes dans les organismes vivants est le même que dans l'atmosphère. Lorsqu'il meurt, l'organisme cesse d'échanger avec l'environnement et la quantité relative de ^{14}C diminue par désintégration. En déterminant la quantité de carbone contenue dans un échantillon et en mesurant son activité, on peut déterminer à quel moment l'organisme en question est mort.

L'atmosphère est constamment réapprovisionnée en ^{14}C par le bombardement des rayons cosmiques selon la réaction $^{14}N + n \rightarrow {}^{14}C + p$. Ainsi, même si la concentration en ^{14}C varie sur de longues périodes, on peut utiliser cette méthode sur 40 000 a environ. On a pu corroborer les résultats donnés par la datation au carbone à l'aide des anneaux de croissance observés sur des pins très anciens et de carottes de glace prélevées dans l'Antarctique. Pour les échelles de temps géologiques, on se sert de méthodes analogues basées sur la désintégration de noyaux ayant une demi-vie beaucoup plus longue, comme ^{238}U ou ^{40}K.

La datation au carbone 14 a énormément progressé depuis son invention en 1949, notamment grâce à la spectrométrie de masse, qui permet d'évaluer directement le nombre d'atomes de carbone 14 plutôt que de mesurer le rythme de désintégration.

En 1988, cette technique a permis de rejeter l'authenticité du « Saint-Suaire de Turin », un linceul jusqu'alors présenté par l'Église comme ayant servi à envelopper le corps de Jésus et portant une empreinte de son visage et de son corps qui y aurait été imprimée avant sa résurrection. Réalisée par trois laboratoires indépendants, l'analyse a permis d'établir que le lin ayant servi à tisser le linceul a été cultivé vers l'an 1325, à 65 années près. Bien que quelques individus aient critiqué le choix des échantillons, il est généralement accepté aujourd'hui que le suaire est plutôt l'œuvre d'un artiste (ou d'un faussaire) de l'époque médiévale.

EXEMPLE 12.7

La demi-vie du ^{14}C est de 5730 a. Le rapport en nombre des isotopes de carbone dans l'atmosphère terrestre est $^{14}C/^{12}C = 1{,}3 \times 10^{-12}$, et on suppose qu'il est demeuré constant. (a) Quel est le taux de désintégration de 1 g de carbone dans un organisme vivant ? (b) Un échantillon de 10 g de carbone a un taux de désintégration de 30 désintégrations/min. Quel âge a-t-il ? (c) Au bout de combien de demi-vies le taux de désintégration chute-t-il à 15 % de sa valeur initiale ?

Solution

(a) Comme l'échantillon contient un mélange de plusieurs isotopes de carbone, on peut estimer que la masse indiquée au tableau périodique est la plus appropriée pour calculer le nombre d'atomes qu'il

contient. En conséquence, le nombre d'atomes de carbone dans l'échantillon est

$$N = \frac{mN_A}{M} = \frac{(1 \text{ g})(6{,}02 \times 10^{23} \text{ atomes/mol})}{(12{,}01 \text{ g/mol})}$$

$$= 5{,}01 \times 10^{22} \text{ atomes}$$

Pour calculer le nombre d'atomes de ^{14}C, il faut connaître l'abondance de cet isotope, c'est-à-dire la proportion d'atomes de carbone 14 sur le nombre d'atomes total. Comme l'énoncé donne la proportion $^{14}C/^{12}C$ et que l'annexe E indique que l'abondance du carbone 12 est de 98,9 %, l'abondance du carbone 14 est $(1{,}3 \times 10^{-12})(0{,}989) = 1{,}29 \times 10^{-12}$. On peut donc calculer le nombre d'atomes de ^{14}C, soit $N_0 = 1{,}29 \times 10^{-12} N = 6{,}45 \times 10^{10}$. D'après l'équation 12.7, et sachant que le temps de demi-vie vaut

5730 a = $1,81 \times 10^{11}$ s, le taux initial de désintégration est

$$R_0 = \lambda N_0 = \left(\frac{0,693}{T_{1/2}}\right) N_0$$

$$= 0,247 \text{ Bq} = 14,8 \text{ désintégrations/min}$$

(b) Pour l'échantillon de 10 g, il y a 0,5 désintégrations/s, ce qui donne $R = 0,05$ Bq pour chaque gramme. On sait d'après la question (a) que $R_0 = 0,247$ Bq pour chaque gramme. D'après l'équation 12.7

$$\frac{R}{R_0} = e^{-\lambda t}$$

et on obtient (faites toutes les étapes du calcul) :

$$t = \frac{1}{\lambda} \ln(R_0/R)$$

$$= T_{1/2} \frac{\ln(R_0/R)}{0,693}$$

où $T_{1/2} = 0,693/\lambda$ est la demi-vie. Avec $T_{1/2} = 5730$ a et $R_0/R = 0,247/0,05 = 4,94$, on trouve $t = 13\ 200$ a.

Notez que le taux de désintégration de l'échantillon, soit 0,5 Bq, est extrêmement faible, ce qui rend les fluctuations très significatives. L'âge de 13 200 a obtenu est donc entaché d'une certaine incertitude. En pratique, pour minimiser cette incertitude, on peut mesurer le taux de désintégration sur une période très longue. Une autre option, plus précise encore, est de recourir à un spectromètre de masse pour déterminer directement N plutôt que R. ■

(c) Le taux de désintégration R au bout de n demi-vies est $R = R_0(0,5)^n$, où R_0 est la valeur intiale. On nous donne $R/R_0 = 0,15 = (0,5)^n$. Donc, $n = \log(0,15)/\log(0,5) = 2,74$ demi-vies. Dans le cas du $^{14}_{6}C$, cela donnerait $2,74 \times 5730$ a = 15 700 a.

12.5 Les réactions nucléaires

Comme nous l'avons dit à la section 12.3, Rutherford et Soddy montrèrent en 1902 que la radioactivité fait intervenir une transmutation spontanée des atomes, un élément se transformant en un autre. En 1919, Rutherford fit davantage : en bombardant de particules α une cible d'azote, il parvint à produire un isotope de l'oxygène selon le schéma suivant :

$$^{4}_{2}\alpha + {}^{14}_{7}N \rightarrow {}^{17}_{8}O + p$$

Ce fut la première transmutation *induite artificiellement*. D'une certaine façon, le rêve des alchimistes venait de se réaliser. Depuis, on a pu préciser de plus en plus le modèle représentant le noyau atomique en mesurant ce qui se produit lorsqu'on bombarde des noyaux avec des particules comme des protons, des neutrons, des électrons ou des particules α. Une **réaction nucléaire**, dans laquelle une collision entre une particule a et un noyau X produit un noyau Y et une particule b, est représentée par l'équation

Équation d'une réaction nucléaire

$$a + X \rightarrow Y + b + Q \qquad (12.8)$$

Cette réaction s'écrit parfois sous la forme abrégée X(a, b)Y. Tout comme les réactions de désintégrations spontanées, ces réactions sont soumises aux restrictions imposées par la conservation de la charge, de l'énergie, de la quantité de mouvement et du moment cinétique. De plus, le nombre total de nucléons demeure constant.

L'énergie de la réaction Q est déterminée par la différence de masse entre l'ensemble initial de particules et l'ensemble final :

Énergie de réaction

$$Q = \Delta mc^2 = (m_a + m_X - m_Y - m_b)c^2 \qquad (12.9)$$

où les masses sont celles des atomes neutres. Si $Q > 0$, la réaction est dite *exothermique*. L'énergie libérée se transforme généralement en énergie cinétique des produits et en rayons γ dus aux transitions entre les états excités de Y. Si $Q < 0$, la réaction est *endothermique*. Dans ce cas, la particule incidente doit avoir une énergie supérieure à une certaine valeur appelée énergie de seuil, au-dessous de laquelle la réaction ne peut pas avoir lieu (*cf.* problème 10). Le cas particulier où $Q = 0$ correspond à une diffusion élastique, que l'on note X(a, a)X. Même si a et X peuvent échanger de l'énergie, l'énergie cinétique totale ne varie pas.

Le premier « désintégrateur d'atomes », réalisé en 1932 par John Cockcroft (1897-1967) et Ernest Walton (1903-1995), pouvait accélérer des protons jusqu'à 0,6 MeV (figure 12.9). Avec des protons de 0,125 MeV et une cible de lithium, ils observèrent la réaction

$$p + {}^{7}_{3}Li \rightarrow {}^{4}_{2}He + {}^{4}_{2}He$$

pour laquelle l'énergie de réaction est $Q = 17,3$ MeV. Ainsi, bien que l'énergie des protons incidents ne dépassait pas 0,125 MeV, les deux particules α émises avaient une énergie totale supérieure à 17 MeV. Cette réaction constitua la première vérification expérimentale directe de la relation masse-énergie $E = \Delta mc^2$. L'expérience de Cockcroft-Walton marqua une étape importante de la physique nucléaire parce que les énergies des particules incidentes étaient contrôlées. Elle fut suivie peu de temps après par la mise au point du cyclotron et de l'accélérateur de Van de Graaff (voir les chapitres 8 et 4, respectivement, du tome 2).

Avant 1934, tous les isotopes radioactifs connus étaient plus lourds que le plomb ($Z = 82$). En 1934, Frédéric Joliot (1900-1958) et Irène Joliot-Curie (1897-1956) bombardèrent une cible d'aluminium, initialement non radioactive, avec des particules α et observèrent que des positons étaient ensuite émis par la cible, même quelques minutes après la suppression de la source de particules α. Ces résultats ne peuvent s'expliquer que si l'on admet qu'un isotope radioactif a été *produit* à partir de l'aluminium non radioactif. En effet, l'isotope du phosphore produit au cours de la réaction

$$^{27}_{13}Al + \alpha \rightarrow {}^{30}_{15}P + n$$

subit une désintégration β⁺ :

$$^{30}_{15}P \rightarrow {}^{30}_{14}Si + \beta^+ + \nu$$

Cette découverte de la *radioactivité artificielle* eut d'énormes conséquences pratiques. On peut produire divers isotopes radioactifs d'éléments importants pour les processus biologiques et chimiques et les utiliser comme « indicateurs » pour analyser les séquences d'événements dans des réactions complexes. On peut transformer des nuclides stables en noyaux radioactifs si on les bombarde avec des neutrons. Chaque noyau activé par des neutrons subit une désintégration β dont on peut se servir dans l'analyse d'échantillons trop petits pour être analysés par d'autres méthodes. Par ailleurs, la découverte de la fission fut une conséquence importante de l'étude de la radioactivité artificielle.

Figure 12.9 ▲
L'équipement utilisé par J. Cockcroft et E. Walton pour la première réaction nucléaire produite par des protons d'énergie contrôlée.

12.6 La fission

Enrico Fermi (figure 12.10) se rendit compte que les neutrons, n'ayant pas de charge, pouvaient pénétrer le noyau, et donc induire la radioactivité artificielle, plus facilement que les protons ou les particules α. De plus, un neutron absorbé par un noyau de charge Ze le met dans un état excité à partir duquel il peut subir une désintégration β^- et donc produire un noyau de charge $(Z + 1)e$. Comme le numéro atomique augmente dans cette réaction, en la provoquant dans des noyaux dont le numéro atomique Z est le plus élevé connu, on croyait pouvoir produire de nouveaux éléments. Fermi décida donc de bombarder de l'uranium ($Z = 92$) avec des neutrons pour essayer de produire des éléments « transuraniens ». Son analyse chimique le portait à croire qu'il avait créé un élément radioactif avec $Z = 93$ (Np) ou $Z = 94$ (Pu).

Bien que cela n'était pas prévu, de telles expériences allaient aboutir à l'observation de la première *fission* nucléaire artificielle, c'est-à-dire la rupture du noyau en plusieurs fragments. En effet, deux chimistes nucléaires, Otto Hahn (figure 12.11) et Fritz Strassmann (1902-1980), poursuivirent les travaux de Fermi et réussirent en 1938 à isoler un élément radioactif qu'ils ne parvenaient pas à distinguer chimiquement du baryum ($Z = 56$). Ils crurent qu'il s'agissait d'un isotope du radium ($Z = 88$), puisque cet élément appartient au même groupe du tableau périodique que le baryum et a donc des propriétés chimiques similaires. Comme le produit obtenu par désintégration β^- de cet élément était chimiquement similaire au lanthane ($Z = 57$), ils supposèrent qu'il s'agissait de l'actinium ($Z = 89$). Ils n'envisagèrent pas tout de suite qu'ils pouvaient avoir *effectivement* produit un isotope du baryum. Mais Irène Joliot-Curie et Paul Savitch affirmèrent que leur propre méthode chimique (différente) montrait que le produit de la désintégration était en fait un isotope du lanthane. Hahn et Strassmann confirmèrent alors qu'ils pouvaient séparer le produit radioactif d'un autre isotope du radium, mais non du baryum. Ils hésitaient encore à déclarer que le produit radioactif était en fait un isotope du baryum. Puisque toutes les réactions nucléaires antérieures ne faisaient intervenir que de petites variations du nombre de masse, ils ne pouvaient pas imaginer qu'un noyau dont le nombre de masse est pratiquement la moitié de celui de l'uranium pouvait se trouver parmi les produits de la réaction.

Quelques semaines plus tard, Lise Meitner (figure 12.11), qui avait auparavant travaillé en collaboration avec Hahn et Strassmann, proposa avec son neveu Otto Frisch (1904-1979) une explication qui s'inspirait du modèle de la « goutte liquide », suggéré par Niels Bohr en 1936 pour représenter le noyau. Dans ce modèle, on suppose que les nucléons se déplacent librement et de façon aléatoire à l'intérieur du noyau et qu'ils n'interagissent qu'avec leurs voisins immédiats, tout comme les molécules dans une goutte de liquide. À la surface, les nucléons sont soumis à une force résultante orientée vers l'intérieur. Ce modèle était notamment conforme aux observations dont nous avons discuté aux sections 12.1 (volume du noyau proportionnel à A) et 12.2 (énergie de liaison non proportionnelle à A). Selon l'explication donnée par Meitner, lorsqu'un noyau sphérique d'uranium absorbe un neutron, il devient instable et effectue des oscillations. La « goutte » peut alors se déformer (figure 12.12*a*). S'il se forme un étranglement (figure 12.12*b*), la force nucléaire de courte portée entre les deux parties de l'haltère est fortement réduite. Par contre, la répulsion électrique (de longue portée) entre ces deux parties n'est que légèrement diminuée. Le noyau se sépare alors en deux fragments à peu près égaux (figure 12.12*c*), un processus que Frisch a appelé la **fission** nucléaire.

Figure 12.10 ▲
Enrico Fermi (1901-1954).

Figure 12.11 ▲
Lise Meitner (1878-1968) et Otto Hahn (1879-1968) dans leur laboratoire à Berlin.

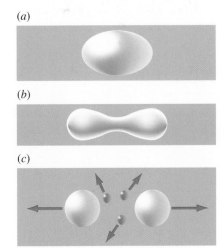

Figure 12.12 ▲
Selon le modèle nucléaire de la goutte liquide, lorsqu'un noyau sphérique $^{235}_{92}$U absorbe un neutron, il entre en oscillation. Lorsqu'il se déforme pour prendre la forme d'un haltère, la répulsion électrique devient supérieure à la force nucléaire et il y a fission du noyau.

Lorsqu'un neutron est capturé par un noyau $^{235}_{92}$U, il crée un **noyau composé** $^{236}_{92}$U*, de courte durée de vie ($\approx 10^{-14}$ s), dans un état excité (indiqué par l'astérisque) ; ce noyau subit ensuite une fission. Par exemple,

$$n + {}^{235}_{92}U \rightarrow {}^{236}_{92}U^* \rightarrow {}^{140}_{54}Xe + {}^{94}_{38}Sr + 2n + Q$$

Les produits de fission primaires libèrent en moyenne 2,5 neutrons *instantanés*. D'autres neutrons, *retardés*, sont associés aux réactions de fission secondaires subséquentes. Les étapes finales sont constituées par plusieurs désintégrations β^- et γ donnant des produits stables. Par exemple,

$$^{140}_{54}Xe \rightarrow {}^{140}_{55}Cs \rightarrow {}^{140}_{56}Ba \rightarrow {}^{140}_{57}La \rightarrow {}^{140}_{58}Ce \text{ (stable)}$$
$$\quad\ \ 16 \text{ s} \qquad 66 \text{ s} \qquad 300 \text{ h} \quad 40 \text{ h}$$

La demi-vie de chaque produit est également indiquée. Des noyaux identiques qui fissionnent ne produisent pas tous les mêmes produits, et la figure 12.13 représente la distribution des produits de fission du noyau $^{236}_{92}$U. Les pics (7 %) sont plus ou moins centrés sur $A = 95$ et $A = 140$. Il n'y a presque pas (0,01 %) de situations permettant d'obtenir deux produits ayant le même nombre de masse $A = 118$.

On peut évaluer l'énergie libérée au cours de chaque fission de la façon suivante. Selon la figure 12.2 (p. 424), l'énergie de liaison par nucléon d'uranium est d'environ 7,6 MeV, alors qu'elle est voisine de 8,5 MeV entre $A = 90$ et 150. L'énergie libérée au cours de la fission est donc pratiquement égale à $236(8,5 - 7,6) \approx 200$ MeV, valeur supérieure de plusieurs ordres de grandeur à l'énergie libérée au cours des réactions chimiques. À peu près 170 MeV partent sous forme d'énergie cinétique des produits de fission, le reste étant partagé entre les neutrons émis par les produits de fission, les particules β, les rayons γ et les neutrinos.

Les neutrons libérés au cours d'une fission peuvent servir à induire des fissions dans d'autres noyaux. Comme on a découvert que la fission d'un noyau a plus de chances de se produire quand le neutron incident arrive *lentement*, alors que les neutrons éjectés lors d'une fission sont rapides, l'efficacité de ces derniers à provoquer des fissions supplémentaires n'augmente que si l'on parvient à les ralentir au moyen de collisions répétées. Leur état final, prédit par la théorie cinétique, dépend de la température du réacteur et d'un équilibre associé à ces collisions. Les neutrons *thermiques* ainsi produits entraînent plus facilement la fission des noyaux d'uranium. Si les conditions sont favorables, le processus de désintégration peut se répéter et donner lieu à une **réaction en chaîne**. L'énergie libérée n'est pas contrôlée dans le cas d'une bombe atomique, mais elle l'est dans le cas d'un réacteur nucléaire. La première réaction de fission contrôlée fut réalisée à l'Université de Chicago le 2 décembre 1942 dans un réacteur mis au point par Fermi (figure 12.14).

12.7 La fusion

La figure 12.2 (p. 424) montre que l'énergie de liaison des noyaux légers augmente avec le numéro atomique. Par conséquent, lorsque deux noyaux légers se combinent pour former un noyau plus lourd dans un processus appelé **fusion**, il y a libération d'énergie (tant que les produits de fusion sont moins lourds que le fer 56 – *cf.* figure 12.2). Par unité de masse, l'énergie libérée est plus grande dans une réaction de fusion que dans une réaction de fission. Pour fusionner, les noyaux doivent surmonter la forte barrière de potentiel créée par leur répulsion

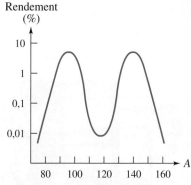

Rendement (%)

Figure 12.13 ▲
La distribution des produits de fission primaire de la réaction n + $^{235}_{92}$U → X + Y. Seul un très faible pourcentage des produits ont une masse égale.

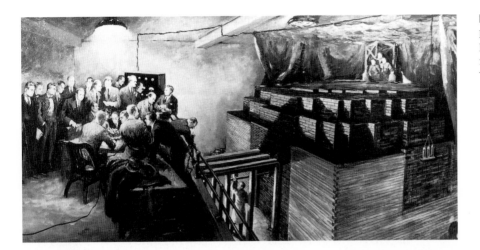

Figure 12.14 ◀
Le premier réacteur nucléaire conçu par
E. Fermi qui fonctionna pour la première
fois le 2 décembre 1942.

coulombienne. Considérons deux deutérons ($^2_1$H) séparés par une distance égale au double de leur rayon ($\approx 2 \times 10^{-15}$ m). Leur énergie potentielle électrique est

$$U_E = \frac{ke^2}{r} = \frac{(9 \times 10^9 \text{ N·m}^2/\text{C}^2)(1,6 \times 10^{-19} \text{ C})^2}{(4 \times 10^{-15} \text{ m})}$$

$$\approx 6 \times 10^{-14} \text{ J} \approx 400 \text{ keV}$$

Chaque deutéron a besoin d'une énergie cinétique de 200 keV pour s'approcher suffisamment de l'autre afin que la force nucléaire les fasse fusionner. Un des moyens de fournir autant d'énergie à des particules consiste à porter un gaz à des températures élevées. Si l'on pose $kT = 200$ keV, on trouve $T \approx 2 \times 10^9$ K.

Les analyses spectrales montrant que les étoiles comme le Soleil sont presque exclusivement constituées d'hydrogène ordinaire, la phénoménale quantité d'énergie qu'elles irradient chaque seconde ne peut être expliquée que par des réactions de fusion de cet hydrogène (qui devient de l'hélium). Selon les modèles qui représentent la structure du Soleil, la gravité cause au cœur de ce dernier une pression suffisante pour que la température y soit voisine de $1,5 \times 10^7$ K. À cette température, kT n'est qu'environ 1,3 keV, ce qui est nettement inférieur aux 200 keV mentionnés plus haut. Des réactions de fusion doivent pourtant s'y produire, ce qu'on peut expliquer de deux façons. Première-rement, il se trouve toujours quelques particules qui ont des énergies bien supé-rieures à la moyenne. Deuxièmement, les particules peuvent également traverser la barrière de potentiel coulombien par effet tunnel. Un ensemble de réactions appelé **chaîne proton-proton** ont lieu à l'intérieur du Soleil :

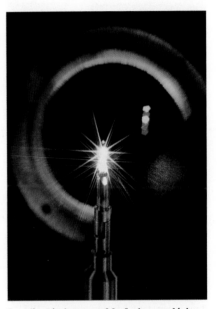

Lumière émise quand la fusion nucléaire se produit dans une petite pastille de combustible, dans le système de confinement inertiel NOVA.

Chaîne proton-proton

$$
\begin{array}{lll}
\text{p} + \text{p} \rightarrow {}^2\text{H} + e^+ + \nu & Q = 0{,}4 \text{ MeV} & \\
\text{p} + {}^2\text{H} \rightarrow {}^3\text{He} + \gamma & Q = 5{,}5 \text{ MeV} & (12.10) \\
{}^3\text{He} + {}^3\text{He} \rightarrow {}^4\text{He} + \text{p} + \text{p} & Q = 12{,}9 \text{ MeV} &
\end{array}
$$

Les deux premières réactions doivent se produire deux fois pour que la troi-sième puisse avoir lieu. L'énergie totale libérée (24,7 MeV) est répartie entre les produits de la réaction sous forme d'énergie cinétique. L'énergie libérée est plus grande lorsque le positon émis lors de la première des trois réactions rencontre un électron : ils se détruisent alors mutuellement en émettant deux rayons γ ayant une énergie supplémentaire de 1,02 MeV (ce qui correspond à l'énergie au repos des particules disparues). La probabilité de la première réac-tion (proton-proton) étant faible, la fusion est très lente. Cette première réaction a lieu quand même à l'intérieur du Soleil parce que la densité de particules y est très élevée. La relative lenteur de la réaction proton-proton est une nouvelle plutôt bonne : elle assure que la vie de notre étoile se poursuivra pendant encore plusieurs milliards d'années.

La fusion nucléaire peut aussi être produite de façon artificielle. En 1952 explosa la première bombe à hydrogène. Il s'agit d'un dispositif utilisant la grande quantité d'énergie libérée dans la fusion et faisant intervenir une réaction de fusion non contrôlée. L'énergie thermique nécessaire pour initier le processus de fusion est d'abord fournie par la détonation d'une bombe à fission.

Quant à l'utilisation pratique de la fusion *contrôlée*, elle est plus difficile à développer, les recherches actuelles portant sur les réactions suivantes à partir du deutérium (D) ou du tritium (T) :

Réactions de fusion

$$(D - D) \quad {}^2H + {}^2H \rightarrow {}^3He + n \qquad Q = 3{,}27 \, \text{MeV}$$
$$(D - D) \quad {}^2H + {}^2H \rightarrow {}^3H + {}^1H \qquad Q = 4{,}03 \ \text{MeV} \qquad (12.11)$$
$$(D - T) \quad {}^2H + {}^3H \rightarrow {}^4He + n \qquad Q = 17{,}6 \ \text{MeV}$$

Pour produire de l'énergie à partir de la fusion, trois critères doivent être vérifiés :

1. *Hautes températures.* La température doit être supérieure à 10^8 K pour que suffisamment de particules aient une énergie cinétique permettant de surmonter leur répulsion électrique mutuelle, afin qu'elles parviennent suffisamment proches les unes des autres pour pouvoir fusionner. À de telles températures, les atomes perdent leurs électrons et l'on obtient un gaz complètement ionisé appelé **plasma**.

2. *Haute densité de particules.* Cette condition est nécessaire pour augmenter le taux de collisions et donc le taux de réaction.

3. *Longue durée de confinement.* Une fois que les particules ont été rapprochées à haute température, elles doivent rester proches suffisamment longtemps pour que la réaction puisse avoir lieu.

En 1957, John D. Lawson énonça une condition nécessaire, mais non suffisante, pour la libération nette d'énergie dans un réacteur à fusion. Si n est la densité de particules et τ est la durée de confinement, le **critère de Lawson** s'écrit, selon les réactions,

$$D - D : n\tau > 10^{22} \ \text{s/m}^3 ; \quad D - T : n\tau > 10^{20} \ \text{s/m}^3 \qquad (12.12)$$

Si cette condition est vérifiée, l'énergie cédée par le plasma est égale à l'énergie qui lui est fournie plus les pertes, notamment par rayons X. Dans le Sujet connexe qui suit, on décrit deux approches utilisées pour l'exploitation de l'énergie libérée par la fusion.

Une partie de la chambre torique utilisée pour confiner le plasma chaud, dans le réacteur à fusion européen JET (pour *Joint European Torus*).

SUJET CONNEXE

Les réacteurs nucléaires

Nous avons vu que la fission et la fusion de noyaux libèrent toutes deux de l'énergie. Nous allons examiner ici certains des principes de fonctionnement des réacteurs nucléaires qui sont conçus pour domestiquer cette énergie.

LES RÉACTEURS À FISSION

Le réacteur à fission fonctionne à partir de la fission de noyaux lourds. Lorsqu'un noyau comme celui de l'uranium $^{235}_{92}U$ subit une fission, il libère des neutrons qui peuvent servir à engendrer la fission d'autres noyaux et ainsi à créer une réaction en chaîne. Dans une bombe atomique, la réaction en chaîne n'est pas contrôlée, contrairement à ce qui se passe dans un réacteur à fission.

Le modérateur

L'uranium présent dans la nature est composé de 0,7 % d'uranium $^{235}_{92}U$ et de 99,3 % d'uranium $^{238}_{92}U$. Lorsqu'un noyau $^{238}_{92}U$ absorbe un neutron, il a tendance à émettre un rayon γ plutôt que de subir une fission. Par contre, l'uranium $^{235}_{92}U$ présente une probabilité élevée de fission pour les neutrons lents (1 eV ou moins). Les neutrons de haute énergie ($\approx$ 2 MeV) produits dans la fission de l'uranium $^{235}_{92}U$ doivent être ralentis avant de pouvoir induire d'autres fissions. Ce ralentissement est effectué dans un matériau appelé *modérateur*. Au passage dans le modérateur, l'énergie cinétique moyenne des neutrons est réduite à la valeur moyenne $(3/2)kT$ ($\approx$ 0,04 eV à 300 K), caractéristique de la température du modérateur. On a vu au chapitre 9 du tome 1 que, dans une collision élastique, l'énergie cinétique transmise par une particule incidente à une particule cible est maximale lorsqu'elles ont la même masse. Pour ralentir les neutrons, il faut donc les exposer à des particules dont la masse est proche de la leur. L'utilisation des protons que contient l'eau constitue donc un moyen idéal d'atteindre cet objectif. En passant dans de l'eau, les neutrons sont *thermalisés* au bout d'environ 20 collisions survenant en 10^{-3}s. Les protons ont cependant tendance à se combiner avec les neutrons pour former des deutérons: l'eau « légère » ordinaire est alors convertie en *eau lourde*, D_2O. Si le combustible est de l'uranium naturel, on peut alors prendre du graphite ou de l'eau lourde comme modérateur. On peut aussi utiliser l'eau légère comme modérateur si l'uranium a été « enrichi » de manière à contenir 3 % ou 4 % de $^{235}_{92}U$ au lieu de 0,7 %.

On ne peut pas se contenter de mélanger le combustible d'uranium avec le modérateur, car la probabilité que les neutrons situés dans la gamme d'énergie de 5 eV à 100 eV soient absorbés par les noyaux $^{238}_{92}U$ (avec émission ultérieure de rayons γ) est élevée. Ils ne seraient alors plus disponibles pour la fission des noyaux $^{235}_{92}U$. L'uranium est donc disposé dans des crayons de zircaloy qui sont installés selon un arrangement bien défini et immergés dans le modérateur. Cet arrangement est conçu de telle façon que les neutrons rapides qui sont ralentis se trouvent à l'extérieur des crayons de combustible lorsqu'ils traversent l'intervalle compris entre 5 eV et 100 eV. Une fois therma-

lisés, ils peuvent pénétrer dans d'autres crayons de combustible et engendrer la fission de noyaux $^{235}_{92}U$.

Taille critique et contrôle

Le *facteur de multiplication k* est un paramètre important dans une réaction en chaîne. C'est le rapport du nombre de neutrons d'une génération de la réaction en chaîne au nombre de la génération précédente. La production de neutrons est proportionnelle au volume du matériau fissile, alors que les pertes augmentent avec la superficie du matériau. Lorsque $k = 1$, le nombre de neutrons produits est égal au nombre de neutrons absorbés ou perdus. Dans ce cas, on dit que le système est *critique*. Si $k < 1$, le flux de neutrons va en diminuant et le système est dit sous-critique. À l'inverse, si $k > 1$, le nombre de neutrons va en augmentant et le contrôle de la réaction risque d'être perdu si aucune intervention n'est faite.

Dans une bombe atomique, deux masses sous-critiques d'uranium (enrichi à 50 % de $^{235}_{92}U$) sont mises ensemble pour former une masse supercritique qui explose en 10^{-8} s. Comme l'enrichissement du combustible dans un réacteur est très inférieur (en dessous de 4 %), une explosion nucléaire ne peut pas avoir lieu. Toutefois, lorsque $k > 1$, l'énergie thermique produite par les fissions et la radioactivité des produits de fission peut rapidement faire fondre le cœur du réacteur, qui risque de faire fondre le béton sur lequel il repose. De plus, l'eau du modérateur se vaporiserait et exploserait, éparpillant ainsi les matériaux radioactifs.

Pour maintenir k proche de 1, on insère dans le cœur du réacteur des *barres de contrôle* en cadmium, qui a une grande section efficace d'absorption pour les neutrons thermiques. En faisant monter ces barres hors du cœur, on augmente k et on peut alors atteindre la condition de criticité. Si $k = 1,01$, la demi-vie d'augmentation du flux neutronique est seulement de 0,1 s, ce qui est trop rapide par rapport au temps de réaction humaine. La possibilité de contrôler un réacteur dépend essentiellement d'une petite caractéristique du processus de fission. Bien que presque tous les neutrons soient *instantanés* (ils sont émis en 10^{-8} s), près de 0,7 % des neutrons sont *retardés* d'un temps compris entre 0,2 s et 55 s. Le cœur du réacteur est conçu de telle sorte qu'il ne peut être critique qu'avec la contribution de ces neutrons retardés. De cette façon, le temps permis pour le contrôle du réacteur devient supérieur au temps de réaction humaine. En cas d'urgence, les barres de contrôle sont jetées dans le cœur, qui devient sous-critique. Toutefois, même après un arrêt d'urgence, la désintégration radioactive des produits de fission continue de produire de la chaleur. Dans un grand réacteur, la production de chaleur peut diminuer d'environ 1 %, disons 20 MW en un jour, ce qui est encore beaucoup.

Dans le réacteur à eau pressurisée qui est représenté à la figure 12.15, le cœur du réacteur et l'eau du modérateur sont contenus dans la cuve du réacteur. L'eau du modérateur sert également de matériau de refroidissement dans le circuit de refroidissement primaire. Pour empêcher l'ébullition de l'eau ($T = 315°C$), la pression doit être très élevée (15 MPa ou 150 atm). Les conduites dans le circuit primaire de refroidissement passent dans un générateur de vapeur où l'eau du circuit de refroidissement secondaire est convertie en vapeur à haute pression (265°C, 0,5 MPa), puis acheminée vers une turbine qui est reliée à un alternateur. Les circuits de refroidissement primaire et secondaire sont fermés. Lorsque la vapeur est passée par la turbine, elle est refroidie dans le condenseur par l'eau d'un réservoir, qui peut être une rivière ou un lac. L'eau chauffée est d'abord refroidie par évaporation dans des tours avant d'être renvoyée dans le réservoir.

Le fonctionnement d'un réacteur nucléaire exige la mise en place de nombreux systèmes de sûreté. Par exemple, la cuve du réacteur et les générateurs de vapeur sont dans une enceinte d'acier, qui est elle-même contenue dans un bâtiment en béton armé. Néanmoins, les accidents qui se sont produits à Three Mile Island (États-Unis) et à Tchernobyl (ex-Union soviétique) montrent bien ce qui risque d'arriver lorsque les consignes ne sont pas respectées.

Les produits de fission sont eux-mêmes radioactifs. Par conséquent, même lorsque le combustible est épuisé, il faut encore résoudre le problème posé par ces déchets radioactifs. Une des possibilités envisagées est l'enfouissement des déchets dans des mines de sel en profondeur. À cause du bombardement neutronique intense auquel est soumise la structure à l'intérieur de la cuve du réacteur, de nombreux éléments chimiques présents dans la composition de cette structure sont « activés par des neutrons », c'est-à-dire qu'ils deviennent radioactifs. Cela limite la vie utile d'un réacteur nucléaire à trente ans environ.

LES RÉACTEURS À FUSION

Nous avons vu à la section 12.7 que, pour produire de l'énergie à partir de la fusion de noyaux, plusieurs conditions doivent être remplies. En particulier, la densité des particules et le temps de confinement doivent satisfaire le critère de Lawson (équation 12.12). Il existe deux approches fondamentales pour confiner un plasma conformément au critère de Lawson. Dans la technique de *confinement magnétique*, la faible densité des particules est compensée par une durée de confinement relativement longue (1 s). Dans la technique du *confinement inertiel*, la densité de particules est élevée mais le temps de confinement est court (1 ns).

Le confinement magnétique

Le *Tokamak* est un dispositif de confinement magnétique inventé en ex-Union soviétique. Un *champ magnétique toroïdal* intense $\vec{B}_t$ est créé au moyen d'une vingtaine de bobines enroulées sur la périphérie d'un tore (figure 12.16). Un *champ poloïdal* secondaire, moins intense, $\vec{B}_p$, est créé par un courant intense (10^6 A) qui est induit dans le plasma par un champ magnétique différent, variable dans le temps, créé par des bobines dans le même plan que le tore. (Ce champ, non indiqué sur la figure 12.16, traverserait le « trou » du tore verticalement. Il n'agit donc pas directement sur le plasma : son seul rôle est d'induire le courant qui, lui, cause le champ $\vec{B}_p$.) Le champ magnétique résultant est hélicoïdal et sert à confiner le plasma : les particules chargées qui se déplacent

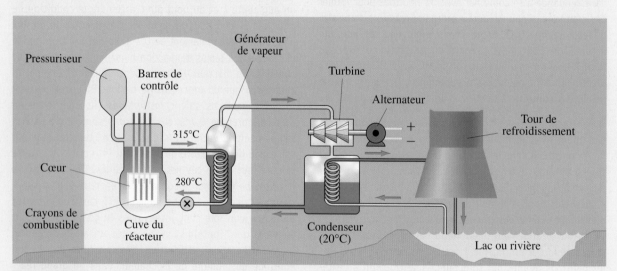

Figure 12.15 ▲
Quelques composants d'un réacteur à eau pressurisée.

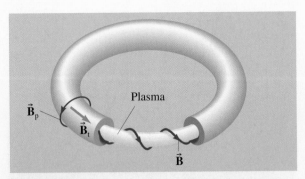

Figure 12.16 ▲

Dans un Tokamak, le plasma est confiné par la combinaison de champs magnétiques. Le champ toroïdal $\vec{B}_t$ et le champ poloïdal $\vec{B}_p$ produisent un champ résultant $\vec{B}$ dont les lignes sont hélicoïdales.

Figure 12.17 ▲

Le réacteur à fusion expérimental Tokamak de Princeton.

dans ce champ subissent une force magnétique qui a tendance à les maintenir dans l'anneau. S'il entrait en contact avec les parois de l'enceinte de confinement, le plasma perdrait de l'énergie et se refroidirait. De plus, des impuretés seraient relâchées dans l'enceinte et gêneraient fortement le fonctionnement du réacteur.

Initialement, le plasma est chauffé par le courant induit mentionné plus haut. Ensuite, des faisceaux de particules neutres de haute énergie (accélérées sous forme d'ions puis neutralisées) sont injectées dans le plasma pour produire 20 MW environ, ce qui élève encore sa température. On se sert également de bobines de radio-fréquences pour chauffer le plasma.

Les neutrons de 14,1 MeV provenant de la réaction D – T (équation 12.11) sont absorbés par une « couverture » de lithium fondu autour de l'enceinte de confinement. L'énergie thermique libérée dans cette couverture peut alors servir à produire de la chaleur pour un alternateur classique. Le tritium produit dans les réactions

$$n + {}^7\text{Li} \rightarrow {}^3\text{H} + {}^4\text{He} + n$$

$$n + {}^6\text{Li} \rightarrow {}^3\text{H} + {}^4\text{He}$$

peut être extrait et réutilisé.

Le *réacteur à fusion expérimental Tokamak* (TFTR pour *Tokamak Fusion Test Reactor*) de Princeton (figure 12.17) a fonctionné avec une densité de particules $n = 3 \times 10^{19}$ m^{-3}, à une température telle que $kT = 1,5$ keV. Son temps de confinement était $\tau = 300$ ms. Le produit figurant dans le critère de Lawson est donc $n\tau \approx 10^{19}$ s/m^3. Pour qu'un tel réacteur produise une puissance électrique de 1000 MW, il faut que la température du plasma soit telle que $kT = 15$ keV et que le produit de Lawson soit $n\tau > 10^{20}$ s/m^3.

Dans une réaction de fusion *entretenue*, de l'énergie est fournie en permanence au plasma. Mais, dans une réaction

D – T, 20 % de l'énergie cinétique est emportée par la particule α. Ces particules peuvent également servir à chauffer le plasma. Si le plasma atteint la température d'*ignition*, il devient auto-entretenu. Le mode d'ignition exige une valeur plus élevée de $n\tau$, que l'on pourra peut-être atteindre dans quelques décennies.

Le confinement inertiel

Dans la technique du *confinement inertiel*, le combustible est constitué de minuscules pastilles de diamètre inférieur à 1 mm qui contiennent un mélange de deutérium et de tritium (figure 12.18). Dans le système NOVA de

Figure 12.18 ▲

Les petites pastilles utilisées dans la technique de confinement inertiel contiennent un mélange de deutérium et de tritium.

Livermore en Californie (figure 12.19), des impulsions de 0,1 ns produites par dix lasers dopés au néodynium (fonctionnant à 1,05 μm) fournissent près de 200 kJ en 1 ns à chaque pastille. (Cela correspond à une puissance de 2×10^{14} W, ce qui est supérieur, pendant ce très bref instant, à la capacité de production de toutes les centrales des États-Unis!) La surface des pastilles se vaporise et, en se dilatant, envoie une onde de choc vers l'intérieur, ce qui augmente la densité du cœur d'un facteur 10^3 et élève sa température à plus de 10^8 K. Cela se produit en 1,5 ns, avant que les particules n'aient le temps de se disperser. Elles sont donc confinées par leur propre inertie. Momentanément, la densité de la pastille atteint 10^3 g/cm^3 et sa pression 10^{12} atm (10^{17} Pa), ce qui est supérieur à la pression à l'intérieur des étoiles. Ces pastilles sont en quelque sorte de minuscules bombes à hydrogène. On peut obtenir une source continue de puissance en faisant fondre 20 à 50 pastilles environ par seconde. Des particules chargées, ions ou électrons, peuvent également être utilisées à la place des faisceaux lasers.

La fusion présente plusieurs aspects intéressants. Premièrement, les matériaux sont plus facilement disponibles: le deutérium (D) est facile à extraire de l'eau de mer, où sa concentration est égale à 1/6500 de celle des atomes d'hydrogène normaux. Bien que le tritium (T) soit rare et coûteux (20 millions de dollars américains le kilogramme!), on peut le produire en bombardant du lithium (Li) avec des neutrons, comme nous l'avons vu plus haut. Deuxièmement, la fusion promet d'être plus sécuritaire que la fission: à cause de la faible quantité de combustible présent à un instant donné, l'«emballement» n'est pas possible. De plus, en cas de défectuosité des aimants ou

Figure 12.19 ▲
Le réacteur à fusion laser NOVA au Lawrence Livermore Laboratory en Californie.

d'autres systèmes, le plasma disparaît tout simplement. Troisièmement, les déchets radioactifs posent un problème moins sérieux que dans le cas des réacteurs à fission. Le tritium est certes toxique, mais il a une demi-vie relativement courte, de 12,3 a. Si les réacteurs à fusion deviennent viables, nous aurons réussi à exploiter la source d'énergie des étoiles!

Les pastilles de combustible sont bombardées par des ions dans l'accélérateur à fusion à faisceaux des particules des Sandia National Laboratories. Les décharges électriques ont lieu au cours de l'émission de l'impulsion qui produit 10^{14} W.

Un noyau est désigné par le symbole $^A_Z X$, A étant le nombre de masse et Z le numéro atomique, c'est-à-dire le nombre de protons. Le nombre de masse $A = N + Z$, N étant le nombre de neutrons. Les isotopes sont des noyaux pour lesquels Z est identique mais A est différent.

Les noyaux sont pratiquement sphériques et leur rayon est donné par

$$R = 1{,}2 A^{1/3} \text{ fm} \tag{12.1}$$

où 1 fm = 10^{-15} m.

L'énergie de liaison (E_ℓ) d'un noyau est déterminée par la différence de masse entre le noyau et les nucléons pris séparément. On peut la calculer à partir de l'équation

$$E_\ell = \Delta m c^2 = (Z m_H + N m_n - m_X) c^2 \tag{12.2}$$

où m_n est la masse du neutron et m_H et m_X sont les masses des atomes neutres, puisque les masses des électrons s'annulent mutuellement.

L'énergie de désintégration correspond aussi à un défaut de masse :

$$Q = \Delta m c^2 \tag{12.3}$$

Il existe quatre types d'émissions radioactives : la désintégration α, la désintégration β, l'émission de neutrons et la désintégration γ. Les particules α sont des noyaux d'hélium ($^4_2 He$), les particules β sont soit des électrons, soit des positons, et les rayons γ sont des photons de haute énergie.

Si un échantillon contient N_0 noyaux radioactifs à $t = 0$, le nombre probable de noyaux restants à l'instant t est donné par

$$N = N_0 e^{-\lambda t} \tag{12.4}$$

où λ est la constante de désintégration. Le taux de désintégration est

$$R = -\frac{dN}{dt} = \lambda N = R_0 e^{-\lambda t} \tag{12.6} \tag{12.7}$$

où $R_0 = \lambda N_0$ est le taux de désintégration à $t = 0$. La demi-vie $T_{1/2}$ correspond au temps nécessaire pour que le nombre de noyaux ou le taux de désintégration chute à 50 % de sa valeur à un instant initial *quelconque* (pas seulement à partir de $t = 0$) :

$$T_{1/2} = \frac{0{,}693}{\lambda} \tag{12.5}$$

Une réaction nucléaire au cours de laquelle un noyau-cible X est bombardé par une particule a et qui donne un noyau Y et une particule b s'écrit

$$a + X \rightarrow Y + b \quad \text{ou} \quad X(a, b)Y \tag{12.8}$$

L'énergie de réaction est $Q = \Delta m c^2 = (m_a + m_X - m_Y - m_b) c^2$.

TERMES IMPORTANTS

chaîne proton-proton (p. 439)

constante de désintégration (p. 431)

critère de Lawson (p. 440)

défaut de masse (p. 423)

demi-vie (p. 432)

élément naturel (p. 419)

énergie de désintégration (p. 427)

énergie de liaison (p. 423)

fission (p. 437)

force nucléaire (p. 423)

fusion (p. 438)

interaction faible (p. 430)

isotope (p. 419)

masse atomique (p. 420)

neutrino (p. 430)

neutron (p. 418)

nombre de masse (p. 419)

noyau composé (p. 438)

noyau instable (p. 422)

noyau stable (p. 422)

nucléon (p. 419)

nuclide (p. 419)

numéro atomique (p. 419)

particule α (p. 426)

particule β (p. 426)

plasma (p. 440)

positon (p. 429)

proton (p. 418)

radioactivité (p. 418)

rayons γ (p. 426)

réaction en chaîne (p. 438)

réaction nucléaire (p. 435)

taux de désintégration (p. 432)

unité de masse atomique (p. 420)

RÉVISION

R1. Le nom que l'on donne à un noyau (le carbone, par exemple) est-il déterminé par le nombre de neutrons, le nombre de protons ou le nombre de nucléons ?

R2. Faites une esquisse de la courbe de l'énergie de liaison par nucléon en fonction du nombre de masse pour les noyaux stables. Expliquez le statut particulier du noyau de fer à partir de la courbe.

R3. Faites une esquisse de la courbe du nombre de neutrons en fonction du nombre de protons pour les noyaux stables.

R4. Expliquez pourquoi les noyaux les plus lourds possèdent une proportion plus grande de neutrons que les plus légers.

R5. Vrai ou faux ? Lors d'une désintégration radio-active, la masse du noyau résultant est toujours plus petite que celle du noyau de départ.

QUESTIONS

Q1. En quoi les isotopes d'un élément donné sont-ils (a) semblables ; (b) différents ?

Q2. Les nuclides situés sous la « limite de stabilité » de la figure 12.3 (p. 425) ont-ils tendance à émettre des électrons ou des positons ? Pourquoi ?

Q3. Quel indice prouve que les électrons émis au cours d'une désintégration β^- proviennent du noyau et non des électrons atomiques ?

Q4. Le nuclide $^{226}_{88}\text{Ra}$ a une demi-vie de 1599 a seulement ; or, on le trouve dans des roches datant de plusieurs milliards d'années. Comment est-ce possible ?

Q5. (a) Un proton libre peut-il se désintégrer et donner un neutron ? (b) Un proton dans un noyau peut-il donner un neutron ? Dans chaque cas, justifiez votre réponse.

Q6. Pourquoi les radionuclides lourds émettent-ils des particules α au lieu d'émettre des protons et des neutrons séparés ?

Q7. Est-il possible qu'un électron et un proton pratiquement au repos se combinent pour former un neutron ?

Q8. (a) Pourquoi les masses des nuclides sont-elles numériquement proches de leurs nombres de masse ?

(b) Pourquoi certaines masses atomiques du tableau périodique ne sont-elles pas proches de valeurs entières ?

Q9. Une catégorie d'ampoules a une durée de vie moyenne de 1500 h. (a) En quoi cette « vie moyenne » est-elle semblable à la vie moyenne dans une désintégration radioactive ? (b) En quoi s'en distingue-t-elle ?

Q10. Expliquez pourquoi, au cours d'une désintégration radioactive, les énergies des particules α sont discrètes, mais les énergies des particules β couvrent une plage continue de valeurs.

Q11. Comment peut-on mesurer la demi-vie d'un radioisotope si elle est supérieure à 10^9 a ?

Q12. Pourquoi choisit-on le carbone $^{12}_6C$ plutôt que l'hydrogène ^1_1H comme référence pour définir l'unité de masse atomique u ?

Q13. Peut-on faire la distinction entre les isotopes d'un élément donné en examinant les spectres électroniques optiques ? Peut-on utiliser les spectres de vibrations infrarouges des molécules diatomiques, si de telles molécules existent ?

Q14. Les noyaux ont à peu près la même masse volumique. Que pouvez-vous en déduire quant à la force nucléaire ?

Q15. Quel est l'effet de la chaleur sur l'activité d'un échantillon radioactif ?

Q16. Pourquoi les produits de fission ont-ils tendance à émettre des particules β^- plutôt que des particules β^+ ?

Q17. La réaction de fusion nécessite une température élevée. Cela est-il vrai pour la fission ?

Q18. (a) Suggérez quelques moyens pour mesurer la masse d'un proton. (b) Comment pourrait-on mesurer la masse d'un neutron ?

Q19. Pourquoi la force coulombienne devient-elle plus importante par rapport à la force nucléaire au fur et à mesure que le nombre de masse augmente ?

Q20. Quel est le nuclide manquant dans les désintégrations suivantes : (a) $^{234}_{94}Pu \rightarrow ? + \alpha$; (b) $^{64}_{29}Cu \rightarrow ? + \beta^+$?

Q21. Pourquoi le plomb est-il un bon écran contre les rayons γ, mais ne peut pas servir de milieu pour thermaliser les neutrons ?

Q22. Puisque les neutrons thermiques n'ont pratiquement pas d'énergie cinétique, d'où vient l'énergie nécessaire à la fission ?

Q23. La température du plasma dans un réacteur à fusion est supérieure à la température au centre du Soleil. Pourquoi n'est-on pas encore parvenu à réaliser une réaction de fusion auto-entretenue ?

EXERCICES

Voir l'avant-propos pour la signification des icônes

12.1 Structure du noyau

E1. (I) À l'aide de l'équation 12.1, calculez les rayons des nuclides suivants : (a) $^{16}_8O$; (b) $^{56}_{26}Fe$; (c) $^{238}_{92}U$.

E2. (I) Le rayon de la Terre est de 6400 km et sa masse volumique moyenne, de 5,5 g/cm³. Quel rayon aura une sphère de matière nucléaire ayant la masse de la Terre si la masse volumique de la matière nucléaire est de $2,3 \times 10^{17}$ kg/m³ ?

E3. (I) Quelle est la masse volumique d'une étoile à neutrons ayant un rayon de 10 km et une masse égale à celle du Soleil ?

E4. (I) La masse de l'univers est estimée à 10^{50} kg environ. Quel serait le rayon d'une sphère de même masse mais de masse volumique égale à celle de la matière nucléaire ($2,3 \times 10^{17}$ kg/m³) ?

E5. (I) Par quel facteur doit-on multiplier le nombre de masse A pour doubler le rayon du noyau d'un atome ?

E6. (I) Quel serait le rayon du nuclide $^{235}_{92}U$ s'il avait la masse volumique moyenne de la Terre, qui est de 5,5 g/cm³ ?

E7. (I) Le cuivre a deux isotopes stables, $^{63}_{29}Cu$ et $^{65}_{29}Cu$. Leurs masses respectives sont de 62,93 u et 64,93 u. Quelle est l'abondance relative de chaque isotope ? La masse atomique du cuivre dans le tableau périodique est de 63,55 u.

E8. (I) Le néon possède plusieurs isotopes. Parmi ceux-ci, les deux plus importants ont les abondances relatives suivantes : 91 % de $^{20}_{10}Ne$ et 9 % de $^{22}_{10}Ne$. Quelle masse atomique aurait le Ne s'il n'y avait que ces deux isotopes ? Vérifiez votre résultat en le comparant à la valeur figurant dans le tableau périodique.

E9. (II) (a) Quel est le rayon de l'isotope $^{197}_{79}$Au de l'or ? (b) Si le rayon d'une particule α est de 1,8 fm, quelle doit être son énergie cinétique initiale, en électronvolts, pour qu'elle « effleure » la surface du noyau d'or ? On suppose que le noyau d'or reste au repos.

E10. (II) En supposant qu'il est uniformément chargé, calculez la charge par unité de volume du nuclide $^{56}_{26}$Fe.

12.2 Énergie de liaison et stabilité du noyau

E11. (I) Calculez, en électronvolts, l'énergie de liaison moyenne par nucléon des noyaux suivants : (a) $^{40}_{20}$Ca ; (b) $^{197}_{79}$Au.

E12. (I) Calculez, en électronvolts, l'énergie de liaison moyenne par nucléon des noyaux suivants : (a) $^{6}_{3}$Li ; (b) $^{133}_{55}$Cs.

E13. (I) Des *noyaux miroirs* sont des noyaux dont le nombre de protons et le nombre de neutrons sont intervertis. Trouvez, en électronvolts, les énergies de liaison des noyaux miroirs suivants : (a) $^{13}_{6}$C ; (b) $^{13}_{7}$N.

E14. (I) Des *isobares* sont des nuclides qui ont le même nombre de nucléons. Quelles sont, en électronvolts, les énergies de liaison des isobares : (a) $^{15}_{7}$N ; (b) $^{15}_{8}$O ? On donne $m[^{15}_{8}$O$] = 15{,}003\ 066$ u.

E15. (II) (a) Quelle est, en électronvolts, l'énergie requise pour enlever un neutron au $^{7}_{3}$Li ? (b) Comparez le résultat obtenu à la question (a) avec l'énergie de liaison moyenne par nucléon pour ce nuclide.

E16. (II) (a) Quelle est, en électronvolts, l'énergie requise pour enlever un proton au $^{12}_{6}$C ? (b) Comparez le résultat obtenu à la question (a) avec l'énergie de liaison moyenne par nucléon pour ce nuclide.

12.3 et 12.4 Radioactivité, rythme de désintégration radioactive

Dans les exercices qui suivent, on considère que la taille des échantillons et le temps de mesure sont choisis de façon à ce que les fluctuations statistiques soient négligeables. On peut donc considérer que la loi de désintégration radioactive est exacte plutôt que probabiliste.

E17. (I) On utilise l'isotope radioactif $^{60}_{27}$Co dans le traitement des tumeurs. Il subit une désintégration β⁻ avec une demi-vie de 5,27 a. Quel est le taux de désintégration initial d'un échantillon de 0,01 g ?

E18. (I) Le nuclide $^{32}_{15}$P subit une désintégration β⁻ avec une demi-vie de 14,3 jours. On l'utilise comme

indicateur radioactif dans les analyses biochimiques. Quel est le taux de désintégration initial d'un échantillon de 1 mg ?

E19. (I) Le radon $^{222}_{86}$Rn est un gaz ayant une demi-vie de 3,82 jours. Si le taux initial est de 320 Bq dans un échantillon, combien reste-t-il de noyaux de radon au bout de 1 jour ?

E20. (I) Contrairement à d'autres nuclides légers, le $^{8}_{4}$Be peut se désintégrer en émettant des particules α. (a) Quelle est, en électronvolts, l'énergie libérée lorsque le $^{8}_{4}$Be se divise en deux particules α ? (b) Est-il possible pour le $^{12}_{6}$C de se désintégrer en émettant trois particules α ? On donne $m[^{8}_{4}$Be$]$ = 8,005 305 u.

E21. (I) Si le $^{11}_{6}$C émettait un positon, quel serait le nuclide restant ? Cette désintégration est-elle possible ? On donne $m[^{11}_{6}$C$]$ = 11,011 434 u.

E22. (II) Par suite d'un accident dans un réacteur nucléaire, l'isotope radioactif $^{90}_{38}$Sr (demi-vie de 28,8 a) est relâché dans l'atmosphère. Si les retombées au voisinage du réacteur sont de 1 μg/m², au bout de combien de temps le taux de désintégration par unité de surface va-t-il chuter à un niveau de 1 μCi/m² ?

E23. (I) Le taux de désintégration d'un échantillon fraîchement préparé est de 15 μCi et chute à 9 μCi au bout de 2,5 h. (a) Trouvez la demi-vie du nuclide. (b) Combien d'atomes radioactifs étaient initialement présents ?

E24. (I) L'isotope radioactif $^{239}_{94}$Pu a une demi-vie de $2{,}41 \times 10^{4}$ a. Quel est le taux de désintégration initial en Ci d'un échantillon de 1 g ?

E25. (II) Un os ancien contient 80 g de carbone et a un taux de désintégration de 0,75 Bq. Quel est son âge ? On suppose que le rapport en nombre des isotopes dans l'atmosphère est ^{14}C/^{12}C $= 1{,}3 \times 10^{-12}$ et qu'il est resté constant. La demi-vie du carbone est de 5730 a.

E26. (I) Lors des premiers travaux sur la radioactivité, trois séries radioactives furent découvertes et l'on attribua des noms variés aux différents produits avant même de les identifier correctement. Dans la série suivante de l'*uranium*, identifiez chaque élément :

$$^{238}_{92}\text{U} \rightarrow \text{UX}_1 \rightarrow \text{UX}_2 \rightarrow \text{UII} \rightarrow \text{Io} \rightarrow \dots$$
$$\quad\ \ \alpha \qquad\quad \beta^- \qquad\quad \beta^- \qquad\quad \alpha$$

(Le mode de désintégration est signalé par les lettres grecques sous les flèches.)

E27. (I) Dans la série radioactive de l'*actinium*, qui commence par l'uranium $^{235}_{92}$U, le produit de désintégration final (stable) est le $^{207}_{82}$Pb. Combien de particules α et d'électrons sont émis pour atteindre cet état final ?

E28. (I) Le taux de désintégration initial d'un échantillon de $^{131}_{53}$I (demi-vie de 8,02 jours) est de 0,2 Ci. (a) Quelle est la masse initiale de l'échantillon ? (b) Quel est le nombre de noyaux présents au bout de 10 jours ?

E29. (I) Le compteur Geiger détecte les particules élémentaires, individuellement, par le déclenchement d'une avalanche électronique. Chaque avalanche provoque le déclenchement d'un *coup* clairement mesurable. Un échantillon de radionuclide produit initialement 500 coups/min dans un compteur Geiger. Deux heures plus tard, le taux chute à 320 coups/min. Quelle est la demi-vie du nuclide ?

E30. (I) Le tritium ($^3_1$H) est un isotope de l'hydrogène qui a une demi-vie de 12,3 a. Quel pourcentage d'un échantillon donné reste-t-il au bout de 10 a ?

E31. (I) Le rubidium subit la désintégration suivante : $^{87}_{37}$Rb $\rightarrow$ $^{87}_{38}$Sr $+ \beta^-$ avec une demi-vie de $4,88 \times 10^{10}$ a. On découvre un fossile dans une roche dans laquelle le rapport de Sr au Rb est de 1,2 %. En supposant qu'il n'y avait pas de Sr au moment de la formation de la roche, quel est l'âge du fossile ?

E32. (II) Quel est le taux de désintégration du ^{14}C dans un objet vieux de 15 000 a ? Donnez votre réponse en fonction du nombre de désintégrations par gramme de ^{12}C par minute. On suppose que le rapport en nombre des isotopes dans l'atmosphère est ^{14}C/^{12}C $= 1,3 \times 10^{-12}$ et est resté constant. La demi-vie du ^{14}C est de 5730 a.

E33. (II) Les isotopes $^{235}_{92}$U et $^{238}_{92}$U sont radioactifs avec des demi-vies respectives de $7,04 \times 10^8$ a et $4,46 \times 10^9$ a. L'abondance relative $^{235}_{92}$U/$^{238}_{92}$U est environ de 0,007 à l'heure actuelle. Quel était ce rapport il y a 10^9 a ?

E34. (I) L'isotope radioactif $^{40}_{19}$K, qui se désintègre en $^{40}_{18}$Ar avec une demi-vie de $1,26 \times 10^9$ a, est utilisé pour dater les roches. Quel est le taux de désintégration d'un échantillon de 1 μg ?

E35. (I) La *capture d'électrons* est un processus qui se produit simultanément à la désintégration β^+ et par lequel un noyau capture un électron atomique. Quelle est, en électronvolts, l'énergie libérée dans la réaction de capture d'électron $e^- + {}^7_4$Be $\rightarrow {}^7_3$Li $+ \bar{v}$.

E36. (I) Identifiez le noyau résultant et calculez l'énergie libérée, en électronvolts, lors d'une désintégration α du $^{210}_{84}$Po.

E37. (I) Combien de particules α et β^- interviennent dans la série radioactive qui débute avec le thorium $^{232}_{90}$Th et se termine par le produit stable $^{208}_{82}$Pb ?

E38. (I) Quelle est, en électronvolts, l'énergie libérée dans la désintégration du neutron libre n $\rightarrow$ p + e$^-$ + $\bar{v}$? On suppose que l'antineutrino ($\bar{v}$) n'a aucune masse au repos.

E39. (I) Quelle est, en électronvolts, l'énergie libérée dans la désintégration β^- du $^{40}_{19}$K ?

E40. (I) L'isotope $^{218}_{84}$Po peut se désintégrer soit en émettant (a) une particule α, soit en émettant (b) une particule β^-. Trouvez, en électronvolts, l'énergie libérée dans chaque cas. On donne $m[^{218}_{84}$Po$] = 218,008\ 965$ u, $m[^{214}_{82}$Pb$] = 213,999\ 801$ u et $m[^{218}_{85}$At$] = 218,008\ 680$ u.

12.5 Réactions nucléaires

E41. (I) Trouvez, en électronvolts, l'énergie de la réaction pour chacune des réactions suivantes : (a) la transmutation artificielle des noyaux découverte par Rutherford en 1919 :

$$^{14}_7\text{N}(\alpha, \text{p})^{17}_8\text{O}$$

(On traite de cette méthode abrégée de description d'une réaction nucléaire sous l'équation 12.8.)

(b) la première transmutation artificielle des noyaux par des protons accélérés réalisée en 1932 par J. Cockcroft et E. Walton :

$$^7_3\text{Li}(\text{p}, \alpha)^4_2\text{He}$$

E42. (I) Calculez, en électronvolts, l'énergie de la réaction de chacune des réactions suivantes : (a) la production du neutron découverte par J. Chadwick en 1932 :

$$^9_4\text{Be}(\alpha, \text{n})^{12}_6\text{C}$$

(b) la radioactivité artificielle découverte par F. Joliot et I. Joliot-Curie en 1934 :

$$^{27}_{13}\text{Al}(\alpha, \text{n})^{30}_{15}\text{P}$$

E43. (I) Calculez, en électronvolts, l'énergie de la réaction pour la réaction suivante :

$$^9_4\text{Be}(\text{p}, \alpha)^6_3\text{Li}$$

E44. (I) Identifiez la particule ou le nuclide manquant dans chacune des réactions suivantes : (a) $^{10}_5$B$(\text{n}, ?)^7_3$Li ; (b) $^6_3$Li$(\text{p}, \alpha)?$; (c) $^{18}_8$O$(\text{p}, ?)^{18}_9$F.

E45. (I) Identifiez la particule ou le nuclide manquant dans chacune des réactions suivantes : (a) $?(\text{n}, \text{p})^{32}_{15}$P ; (b) $?(\text{p}, \alpha)^{16}_8$O ; (c) $^9_4$Be$(\text{n}, \gamma)?$; (d) $^{14}_7$N$(?, \text{p})^{14}_6$C.

E46. (I) La réaction $^{14}_7$N$(\text{n}, \text{p})^{14}_6$C, qui a lieu dans la haute atmosphère à cause du bombardement des rayons cosmiques, assure le réapprovisionnement d'isotopes $^{14}_6$C dans l'atmosphère. Quelle est, en électronvolts, l'énergie de la réaction ?

E47. (I) Sachant que l'énergie de la réaction $Q = -2,45$ MeV dans la réaction $^{18}_8$O$(\text{p}, \text{n})^{18}_9$F, calculez la masse du $^{18}_9$F. La masse de l'isotope $^{18}_8$O est de 17,999 16 u.

12.6 Fission

E48. (I) (a) Si la fission d'un noyau $^{235}_{92}$U libère 190 MeV, quelle serait, en électronvolts, l'énergie libérée par la fission de 1 kg de ce nuclide ? (b) Pendant combien de temps cette énergie pourrait-elle alimenter une ville dont la consommation est de 500 MW, en supposant que le réacteur nucléaire opérant cette fission puisse récupérer et transformer 32 % de l'énergie ?

E49. (II) En supposant que toute l'énergie libérée par la fission de chaque noyau $^{235}_{92}$U (190 MeV) est absorbée par l'eau, combien d'atomes $^{235}_{92}$U doivent subir une fission pour élever de 1 °C la température de 1 g d'eau ?

E50. (I) L'isotope $^{235}_{92}$U peut subir une fission spontanée avec une demi-vie de 3×10^{17} a environ. À combien de fissions spontanées peut-on s'attendre par jour dans un échantillon d'un gramme ?

E51. (I) Calculez, en électronvolts, l'énergie libérée dans la réaction de fission suivante provoquée par un neutron thermique :

$$n + {}^{235}_{92}U \rightarrow {}^{236}_{92}U^* \rightarrow {}^{144}_{56}Ba + {}^{89}_{36}Kr + 3n$$

On néglige l'énergie cinétique du neutron thermique. On donne $m[{}^{144}_{56}Ba] = 143{,}922\,94$ u.

E52. (I) Trouvez la variation de masse au repos dans l'explosion d'une bombe à fission équivalent à 20 kt de TNT. La combustion d'une tonne de TNT libère $4{,}18 \times 10^9$ J.

E53. (II) Un neutron instantané libéré dans une réaction de fission a une énergie cinétique de 1 MeV. Il traverse un modérateur qui réduit son énergie cinétique à 0,025 eV. Si le neutron perd 50 % de son énergie cinétique à chaque collision, combien de collisions subit un neutron dans ce modérateur ?

E54. (I) Quelle est la longueur d'onde de Broglie d'un neutron thermique dont l'énergie cinétique est de 0,04 eV ?

12.7 Fusion

E55. (I) Montrez que l'énergie libérée dans la réaction D – D représentée par ^{2}H(^{2}H, n)^{3}He est de 3,27 MeV.

E56. (I) Montrez que l'énergie libérée dans la réaction D – T représentée par ^{3}H(^{2}H, n)^{4}He est de 17,6 MeV.

E57. (I) Montrez que l'énergie libérée dans la réaction D – D représentée par ^{2}H(^{2}H, ^{3}H)p est de 4,03 MeV.

E58. (I) Quel est le nombre de fusions par seconde nécessaires pour produire dans un réacteur à fusion une puissance de 40 MW en vertu de la réaction D – T de l'équation 12.11 ?

E59. (II) Une réaction de fusion D – D libère 4,03 MeV. Le rapport de concentration (en nombre) du deutérium à l'hydrogène est de 1/6500 dans l'eau de mer. Quelle est l'énergie de fusion disponible dans 1 kg d'eau de mer ?

EXERCICES SUPPLÉMENTAIRES

12.2 Énergie de liaison et stabilité du noyau

E60. (I) Quelle est, en électronvolts, l'énergie de liaison du dernier neutron du ^{13}C ?

E61. (I) L'énergie de liaison moyenne par nucléon du ^{214}Po est de 7,7852 MeV/nucléon. Quelle est sa masse atomique ?

12.3 et 12.4 Radioactivité, rythme de désintégration radioactive

Dans les exercices qui suivent, on considère que la taille des échantillons et le temps de mesure sont choisis de façon à ce que les fluctuations statistiques soient négligeables. On peut donc considérer que la loi de désintégration radioactive est exacte plutôt que probabiliste.

E62. (I) L'énergie de désintégration β^+ du ^{12}N est de 16,316 MeV. Quelle est sa masse atomique ?

E63. (I) Le taux de désintégration initial d'un échantillon est de 79 µCi. Sa demi-vie est de 10 s. Combien de noyaux auront été désintégrés entre 20 s et 30 s après l'instant initial ?

E64. (II) Un fragment d'os vieux de 2500 ans contient 15 g de carbone. Trouvez (a) le taux de désintégration initial du ^{14}C ; (b) son taux de désintégration actuel. (Supposez que le rapport en nombre des isotopes dans l'atmosphère est ^{14}C/^{12}C $= 1{,}3 \times 10^{-12}$ et qu'il est demeuré constant. La demi-vie du ^{14}C est de 5730 a.)

E65. (I) L'émission de positons à partir du ^{15}O est la première étape du processus de fonctionnement d'un scanner médical appelé PET (tomodensitométrie à émission de positons). La demi-vie des isotopes d'oxygène est de 122 s. (a) Identifiez les noyaux résultants. (b) Si le taux de désintégration initial d'un échantillon est de 0,2 µCi, combien y a-t-il de noyaux de ^{15}O présents ?

E66. (I) Un archéologue obtient pour un morceau de bois qu'il a exhumé du sol un taux de désintégration correspondant à 9,7 % de celui d'un morceau de bois fraîchement coupé. Quel est l'âge de l'échantillon ? (La demi-vie du ^{14}C est de 5730 a.)

E67. (I) Un accident nucléaire contamine un pâturage avec du $^{131}_{53}$I, dont la demi-vie est de 8,02 jours. (a) Quelle est la masse de $^{131}_{53}$I par litre de lait, si le taux de désintégration observé dans le liquide est de 2000 Bq/L à la suite de l'accident ? (b) Combien de temps sera nécessaire pour que le taux de désintégration passe à 500 Bq/L ?

E68. (I) Le ^{13}N subit une désintégration β^+ et sa demi-vie est de 9,97 min. Quelle est, en électronvolts, l'énergie libérée durant chaque désintégration ?

E69. (I) La désintégration radioactive du ^{40}K en ^{40}Ar a une demi-vie de $1,26 \times 10^9$ a. Si 80 % du potassium radioactif d'une roche s'est désintégré en argon, quel est son âge ?

E70. (I) Quelle est la masse de tritium (^{3}H ou T) nécessaire pour produire un taux de désintégration de 2 µCi (demi-vie de 12,3 a) ?

E71. (I) Le ^{22}Na subit une désintégration β^+ et sa demi-vie est de 2,61 a. (a) Quel est le noyau résultant ? (b) Quelle est l'énergie de la réaction en électronvolts ?

E72. (I) (a) Quel est le nombre de désintégrations, par minute et par gramme de carbone, du ^{14}C dans la structure osseuse d'un être vivant ? (b) Un vieux fragment d'os contient 400 mg de carbone. En une heure, on mesure 81 désintégrations. Quel est l'âge de ce fragment ? Supposez que le rapport en nombre des isotopes dans l'atmosphère est ^{14}C/^{12}C = 1,3 $\times$ 10^{-12} et qu'il est demeuré constant. La demi-vie du ^{14}C est de 5730 a.

E73. (I) Le radon gazeux ($^{222}_{86}$Rn), un émetteur de particules α, est détectable dans l'environnement et peut être nocif pour la santé. Sa demi-vie est de 3,82 jours. Le taux de désintégration initial d'un échantillon est de 65 Bq. (a) Quel est le nombre de noyaux initialement présents ? (b) Combien de temps est-il nécessaire pour que le taux de désintégration passe à 5 Bq ?

12.5 Réactions nucléaires

E74. (I) Quelle est, en électronvolts, l'énergie de la réaction pour ^{7}Li$(p, n)^7$Be ? Que pouvez-vous conclure de votre réponse ?

E75. (I) Quelle est, en électronvolts, l'énergie de la réaction des réactions suivantes : (a) ^{15}N$(p, \alpha)^{12}$C ; (b) ^{13}C$(p, \gamma)^{14}$N ?

12.6 Fission

E76. (I) Trouvez le nuclide manquant dans la réaction de fission suivante n + ^{233}U $\rightarrow$ ^{134}Te + ? + 2n.

E77. (I) L'énergie libérée pendant la fission d'un noyau ^{235}U est à peu près de 200 MeV. (a) Combien de noyaux sont nécessaires pour produire une explosion équivalant à 20 kt de TNT ? L'énergie associée à l'explosion d'une tonne de TNT est de $4,18 \times 10^9$ J. (b) Quelle est la masse de ^{235}U nécessaire ?

PROBLÈMES

P1. (I) Le radio-isotope $^{90}_{38}$Sr a une demi-vie de 28,8 a. Un échantillon a un taux initial de désintégration de 24 µCi. Combien de noyaux se désintègrent lors de la première année ?

P2. (II) Un nuclide radioactif ayant une constante de désintégration λ donne un nuclide résultant stable. Il y a initialement N_{10} noyaux de départ et aucun noyau résultant. Montrez que le nombre N_2 de nuclides résultants s'exprime en fonction du temps par

$$N_2 = N_{10}(1 - e^{-\lambda t})$$

P3. (I) Un échantillon d'un nuclide radioactif donne un nuclide résultant qui est également radioactif. (a) Si les constantes de désintégration sont λ_1 et λ_2, donnez l'expression du taux d'accroissement du nombre N_2 des nuclides résultants. (b) Quelle est la condition pour que le nombre de nuclides résultants cesse d'augmenter ?

P4. (I) La durée de vie moyenne τ d'un nuclide radioactif est donnée par

$$\tau = \frac{\displaystyle\int_{N_0}^{0} t \, dN}{\displaystyle\int_{N_0}^{0} dN}$$

où $dN/dt = -\lambda N$. Montrez que $\tau = 1/\lambda$. (*Indice* : Convertissez en une intégrale sur le temps et faites une intégration par parties.)

P5. (II) (a) Utilisez la conservation de la quantité de mouvement pour montrer que, dans une désintégration α, l'énergie cinétique de la particule α est donnée par

$$K_\alpha = \frac{M_R Q}{(M_R + m_\alpha)}$$

où M_R est la masse du noyau résultant et Q est l'énergie de la réaction. (b) Calculez, en électronvolts, cette énergie cinétique pour la désintégration $^{226}_{88}\text{Ra} \rightarrow {}^{222}_{86}\text{Rn} + \alpha$.

P6. (I) (a) Montrez que, dans une désintégration avec émission de positons, l'énergie de la réaction est $Q = (m_D - m_R - 2m_e)c^2$, où m_D et m_R sont les masses atomiques des atomes de départ et résultants. (b) Calculez, en électronvolts, cette énergie pour la désintégration $^{64}_{29}\text{Cu} \rightarrow {}^{64}_{28}\text{Ni} + \beta^+ + \nu$.

P7. (I) Le taux de désintégration d'un échantillon radioactif chute de 40 % en 3,5 h. Quelle est la demi-vie du nuclide ?

P8. (II) L'énergie potentielle électrique d'une sphère uniformément chargée de rayon R et de charge Q est $3kQ^2/5R$. Quelle est, en électronvolts, la variation de l'énergie potentielle électrique totale lors de la fission suivante ?

$$^{236}_{92}\text{U} \rightarrow {}^{141}_{56}\text{Ba} + {}^{92}_{36}\text{Kr} + 3\text{n}$$

P9. (I) (a) Utilisez la conservation de la quantité de mouvement pour démontrer que l'énergie cinétique de la particule α dans la désintégration d'un noyau de nombre de masse A initialement au repos est

$$K_\alpha \approx \frac{(A-4)Q}{A}$$

où Q est l'énergie de la réaction. (b) Quelle est, en électronvolts, l'énergie de la particule α dans la désintégration $^{236}_{92}\text{U} \rightarrow {}^{232}_{90}\text{Th} + \alpha$, en supposant que le noyau $^{236}_{92}\text{U}$ est initialement au repos ?

P10. (II) (a) Utilisez la conservation de l'énergie et de la quantité de mouvement pour démontrer que l'énergie seuil d'une particule incidente nécessaire pour engendrer une réaction endothermique X(a, b)Y, mesurée dans le référentiel du laboratoire, est

$$E_S = \frac{-(M_X + m_a)Q}{M_X}$$

où m_a est la masse de la particule incidente et M_X est la masse du noyau initialement au repos. (b) Calculez, en électronvolts, cette énergie pour $^{14}\text{N}(\alpha, \text{p})^{17}\text{O}$. (*Indice*: Calculez l'énergie cinétique par rapport au centre de masse.)

P11. (I) Montrez que l'énergie de seuil du proton incident dans la réaction $^{13}\text{C}(\text{p, n})^{13}\text{N}$ est de 3,23 MeV. (*Cf.* problème précédent.)

Les particules élémentaires*

CHAPITRE

13

Depuis l'Antiquité grecque, il s'est toujours trouvé des philosophes et des scientifiques pour penser que la matière est ultimement composée de particules *élémentaires* sans structure interne. Le philosophe Démocrite (vers 400 av. J.-C.) appelait ces particules indivisibles des *atomes*. En 1808, John Dalton (1766-1844) émit l'hypothèse qu'un élément donné est formé d'atomes identiques et indivisibles, puis utilisa ce modèle pour expliquer comment se combinent chimiquement les éléments pour former des corps composés. Un siècle plus tard, Thomson montra les limites de ce modèle lorsqu'il isola l'électron : si la matière contient des électrons et qu'elle est faite d'atomes, alors les atomes devraient avoir une structure interne et notamment contenir des électrons. Une décennie plus tard, Rutherford fit des observations sur la déviation des particules α et en conclut que les atomes devraient aussi contenir un petit noyau, les électrons étant situés autour de ce dernier. En 1932, on attribuait au noyau lui-même une structure interne, le représentant comme étant composé de protons et de neutrons. Comme nous l'avons déjà vu, on parvint à résoudre les problèmes posés par le principe de conservation de l'énergie dans la désintégration β en postulant l'existence du neutrino. Avec l'addition du photon, on comptait cinq particules élémentaires.

Comme nous le verrons dans ce chapitre, le nombre de particules élémentaires nécessaires pour expliquer les observations a augmenté davantage avec le temps. Aujourd'hui, le *modèle standard* de la physique des particules, développé au début des années 1970, a l'ambition d'expliquer toutes les interactions fondamentales (à l'exception de la gravitation), mais nécessite quelques dizaines de particules élémentaires : les quarks, les leptons et les bosons de jauge. Depuis, des expériences de très grande envergure ont été déployées pour vérifier les prédictions de ce modèle. Les dernières observations, en 2008, montraient toujours un bon accord avec la théorie, à quelques exceptions près. Nous verrons dans ce chapitre le cheminement qui a mené jusque-là.

Le LHC (*Large Hadron Collider*, ou *grand collisionneur de hadrons* en français) est un accélérateur de particules de 27 km de circonférence, dont la construction s'est terminée en 2008 à l'Organisation européenne pour la recherche nucléaire (aussi appelée CERN). Son rôle est d'accélérer des particules jusqu'à une énergie de 7000 GeV, puis de détecter l'effet de leurs collisions en face à face. Au cours de la prochaine décennie, cet accélérateur servira à vérifier les prédictions du modèle standard de la physique des particules, que nous présenterons dans ce chapitre.

---

* Ce chapitre est présenté à titre de sujet connexe. Il ne comporte donc aucun exemple ni aucun exercice, et les rubriques habituelles, comme les points essentiels et le résumé, n'y figurent pas.

Figure 13.1 ▲
Paul Adrien Maurice Dirac (1902-1984).

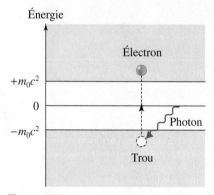

Figure 13.2 ▲
Un photon d'énergie suffisante peut exciter un électron d'énergie négative et le porter à un état d'énergie positive. Le « trou » ainsi créé dans les états d'énergie négative a le même comportement qu'une particule : c'est le positon. Avant l'arrivée du photon, l'électron faisait partie de la « mer uniforme » d'électrons à l'énergie négative et ne pouvait donc se manifester. En apparence, l'arrivée du photon a donc « créé » *deux* particules : l'électron dont l'énergie est maintenant positive, et le positon, c'est-à-dire le trou dans la mer uniforme. Le photon étant disparu, on peut dire qu'il s'est transformé en une paire de particules.

13.1 L'antimatière

En 1928, Paul Adrien Maurice Dirac (figure 13.1) intégra la relativité à la mécanique quantique. Sa théorie semblait impliquer que les électrons libres peuvent avoir des énergies négatives aussi bien que positives, les niveaux étant séparés par la quantité $2m_0c^2$, où m_0 est la masse au repos de l'électron (figure 13.2). En effet, ses équations ne permettaient que de prédire la valeur du *carré* de cette énergie (voir l'équation 8.27, p. 300). Les valeurs $+E$ et $-E$ ayant le même carré, Dirac aurait pu rejeter tout simplement la valeur négative, mais choisit de lui accorder un sens physique. Il suggéra donc que les états d'énergie négative n'étaient pas observés normalement parce qu'ils étaient déjà complètement *remplis* (comme si l'Univers entier était rempli d'une mer d'électrons d'énergie négative, répartis de façon suffisamment uniforme pour que leur effet ne puisse se faire sentir) et qu'ainsi le principe d'exclusion de Pauli empêche toute transition vers le bas à partir des niveaux d'énergie positive habituels. On nota pourtant qu'un photon d'énergie suffisante ($> 2m_0c^2 = 1{,}02$ MeV) devait pouvoir faire passer un électron d'énergie négative à un niveau positif et créer un « trou ». Ce trou devait avoir le comportement d'une particule, aujourd'hui appelée *positon* (ou positron), de masse égale à celle de l'électron mais de charge égale à $+e$. Le positon fut détecté en 1932 par Carl David Anderson (1905-1991) (figure 13.3). Nous avons déjà parlé du positon au chapitre précédent, puisqu'un positon est émis lors de chaque désintégration β^+.

Le positon est un exemple d'*antimatière* ; c'est l'antiparticule de l'électron. Une particule et son antiparticule ont certains *nombres quantiques intrinsèques*, comme leurs charges, qui sont de même grandeur mais de signes opposés. Selon les observations faites à ce jour, chaque particule possède une antiparticule, bien que certaines, comme le photon, soient leur propre antiparticule. Si l'on fournit une quantité d'énergie suffisante, à l'aide d'un photon par exemple, une paire particule-antiparticule peut être créée. Ce processus, appelé *création de paires* et illustré à la figure 13.4*a*, ne peut se produire que dans certaines conditions*. À l'inverse, lorsqu'une particule rencontre son antiparticule, elles disparaissent toutes deux lors d'un processus appelé *annihilation de paires* (figure 13.4*b*). Leur masse-énergie sert à créer *des photons*** ou d'autres particules. La création et l'annihilation sont les exemples les plus frappants de l'équivalence entre la masse et l'énergie (figure 13.5). Nous n'avons qu'une expérience très limitée de l'antimatière parce que l'univers semble être constitué surtout de matière ordinaire. En effet, toute antimatière créée naturellement ou artificiellement a une existence extrêmement courte parce qu'elle est annihilée lorsqu'elle entre en contact avec la matière ordinaire.

13.2 Les forces d'échange

La notion de champ fut introduite par Faraday et développée par Maxwell. Selon cette conception, deux particules chargées électriquement interagissent par l'intermédiaire du champ électromagnétique : chaque particule crée un champ qui agit sur l'autre particule. En physique classique, ce processus est continu. Mais la quantification que la physique quantique a imposée aux ondes

---

* En effet, même si son énergie est suffisante, un photon ne peut produire une paire de façon spontanée dans le vide. Pour que le principe de conservation de la quantité de mouvement soit respecté, le photon doit se transformer alors qu'il passe à proximité d'une masse lourde (par exemple un noyau) dont la vitesse pourra changer.

** Un seul photon ne pourrait être créé, car cela ne permettrait pas de respecter le principe de conservation de la quantité de mouvement.

Figure 13.3 ▲

La photographie prise par Anderson qui a permis d'identifier le positon. La particule se dirigeait vers le haut et sa trajectoire s'est incurvée vers la gauche sous l'effet d'un champ magnétique.

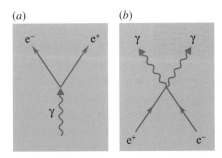

Figure 13.4 ▲

(*a*) Un photon d'énergie suffisante peut créer une paire électron-positon. (*b*) Un électron et un positon s'annihilent mutuellement en produisant deux photons de rayons γ.

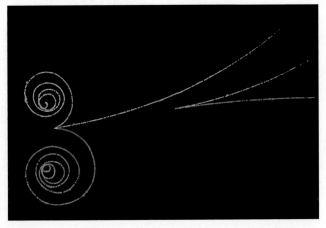

Figure 13.5 ▲

Cette photographie colorée par ordinateur montre deux paires électron-positon créées par des photons γ. Ces photons, qui arrivaient depuis la gauche, ne sont pas visibles, car ils ne laissent pas de trace dans ce type de détecteur. Les traces vertes sont celles des électrons alors que les traces rouges sont celles des positons. Le sens de la trajectoire en spirale de ces particules, causée par l'action d'un champ magnétique sur leur charge, permet de reconnaître le signe de cette dernière. Pour qu'une création de paire puisse se produire, le photon γ doit passer à proximité d'une masse lourde (comme un noyau), sinon la quantité de mouvement ne pourrait être conservée. Cela explique que les spirales rouges aient un rayon légèrement plus élevé : les positons, repoussés par le noyau lourd, sont toujours émis avec une vitesse légèrement plus grande. Cela explique aussi la trace laissée par un électron supplémentaire, beaucoup plus rapide, au centre de l'événement à gauche : il a été éjecté par effet Compton par un autre photon γ.

électromagnétiques ne pouvait rester sans conséquence sur le concept de champ lui-même. Ainsi, la *théorie quantique des champs* impliqua par la suite que l'énergie emmagasinée dans le champ est quantifiée. Deux particules chargées électriquement interagissent donc en échangeant des paquets d'énergie qu'elles émettent et absorbent. Ces paquets d'énergie, identiques aux photons, sont appelés *photons virtuels*, car ils ne peuvent être détectés. (S'ils l'étaient, ils seraient alors considérés comme des photons ordinaires.) Richard Feynman (figure 13.6) proposa un moyen simple de représenter de telles interactions entre deux particules. À la figure 13.7, qui représente un *diagramme de Feynman*, deux électrons s'approchent l'un de l'autre, échangent un photon virtuel, puis changent d'état. Pour qu'une force se maintienne entre les deux particules, elles doivent échanger une succession continuelle de photons virtuels.

Figure 13.6 ▲

Richard Feynman (1918-1988).

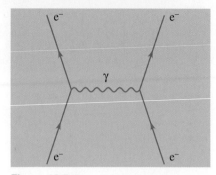

Figure 13.7 ▲

Un diagramme de Feynman représentant la diffusion électron-électron.

Pour visualiser comment l'échange de particules donne lieu à des forces, imaginons une analogie classique et macroscopique, où deux patineurs A et B sont immobiles sur un lac gelé. Le patineur A lance une balle transparente en direction de B et ce geste le fait reculer (figure 13.8a). Lorsque la patineuse B attrape la balle, elle se déplace dans la même direction que la balle et ainsi s'éloigne de A. En transmettant de l'énergie et de la quantité de mouvement de A à B, la balle produit une force résultante de répulsion. On peut dire que A et B interagissent en échangeant des balles invisibles (virtuelles). S'ils étaient capables de se lancer et d'attraper un boomerang transparent (figure 13.8b), A et B pourraient produire entre eux une force résultante attractive. Naturellement, cette illustration est fondée sur la physique classique et ne doit donc pas être prise au pied de la lettre, la *force d'échange* étant exclusivement un effet de mécanique quantique. En particulier, le modèle de la force d'échange diffère de cette analogie classique par le fait qu'elle est quantifiée.

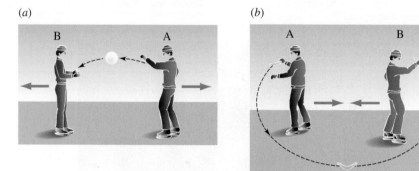

Figure 13.8 ▲

Deux patineurs sur un lac. (*a*) Ils peuvent produire une force de répulsion en se lançant une balle transparente (virtuelle). (*b*) Ils peuvent produire une force d'attraction en lançant et attrapant un boomerang transparent (virtuel). Ces analogies ne doivent pas être prises au pied de la lettre, car elles sont classiques, macroscopiques et notamment ne sont sujettes à aucune quantification.

Comme les particules virtuelles transportent avec elles de l'énergie, leur émission peut paraître violer le principe de conservation de l'énergie. En mécanique quantique, ce problème ne se pose pas parce qu'une relative violation du principe de conservation de l'énergie est permise par le principe d'incertitude de Heisenberg, $\Delta E \Delta t > h$. Pour illustrer cet apparent problème et comprendre sa solution, considérons tout d'abord le cas de deux électrons, initialement immobiles, qui échangent un photon virtuel. Avant l'émission du photon virtuel, l'énergie du système est uniquement $2m_0c^2$, où m_0 est la masse au repos d'un électron. Lorsque le photon virtuel est émis par le premier électron, l'énergie de cet électron ne peut décroître et l'énergie totale du système augmente donc de ΔE. Cette violation du principe de conservation de l'énergie ne dure toutefois que jusqu'au moment où le photon est absorbé par le deuxième électron. Si l'intervalle Δt pendant lequel dure la violation est inférieur à $h/\Delta E$, l'énergie totale du système pendant cet intervalle ne peut être mesurée avec une précision suffisante pour que la violation soit expérimentalement constatée. C'est de cette façon qu'il faut interpréter le principe de conservation de l'énergie dans un contexte quantique.

Un photon virtuel n'ayant aucune masse au repos, il n'y a aucune limite inférieure à l'énergie qu'il peut transporter. Ainsi, même si les deux électrons sont extrêmement éloignés l'un de l'autre, le photon virtuel peut toujours avoir une énergie suffisamment petite pour que la fluctuation ΔE de l'énergie du système soit indétectable même pendant l'intervalle Δt considérable que nécessite son transit entre les deux électrons. (Un photon transporte une si petite énergie n'exercerait qu'une force minuscule lorsqu'il serait absorbé, mais cela ne contredit pas l'expérience puisque la force électromagnétique diminue avec le carré de la distance.) Il en va tout autrement dans le cas des interactions autres qu'électromagnétiques (sur lesquelles nous reviendrons bientôt), pour lesquelles la particule virtuelle possède une masse au repos. Dans ce cas, la particule virtuelle doit *minimalement* transporter avec elle une énergie $m_0 c^2$, où m_0 est sa masse au repos. En conséquence, la fluctuation de l'énergie du système est $\Delta E > m_0 c^2$ et l'intervalle Δt pendant lequel elle est tolérable doit être inférieur à $h/m_0 c^2$. Même en admettant que cette particule virtuelle voyage à une vitesse proche de c, elle parcourrait pendant cet intervalle une distance maximale $c\Delta t$. Cette distance est la portée maximale P de l'interaction (très petite, par exemple, dans le cas de la force nucléaire). En substituant Δt, on voit qu'elle est donnée par

$$P = \frac{h}{m_0 c}$$

Pour que deux particules puissent échanger des particules virtuelles, il faut admettre que chacune d'elles en émet continuellement, que l'autre particule soit présente ou non. Un nucléon, par exemple, émet constamment des particules virtuelles qui « retombent » sur lui avant que l'intervalle Δt ne soit écoulé. Ces particules forment autour du nucléon une sorte de nuage localisé. Cette espèce de nuage est l'interprétation quantique de ce qu'est un champ. Seule la présence d'un autre nucléon à proximité permet aux particules virtuelles de passer d'un nucléon à l'autre.

Les quanta de champ

Dans le cadre de l'interprétation quantique d'un champ que nous venons d'évoquer, le photon virtuel est un exemple de *quantum de champ* qui sert d'intermédiaire dans l'interaction *électromagnétique*. Dans le cas de l'interaction *nucléaire*, qui lie les protons et les neutrons dans le noyau, c'est l'échange de pions (π^+, π^- et π^0) qui sert d'intermédiaire. Par exemple, un proton peut émettre un π^+ virtuel, qui est ensuite absorbé par un neutron. En fait, le proton et le neutron échangent leur identité (figure 13.9a). Deux protons ou deux neutrons échangent des pions neutres. Dans le cas de l'interaction *faible*, qui est à l'origine de la désintégration β, ce sont les particules W$^+$, W$^-$ et Z^0 qui servent d'intermédiaires. Ce processus est représenté à la figure 13.9b, où un neutron émet un W$^-$ puis est converti en un proton. Ensuite, le W$^-$ se désintègre pour donner l'électron observé et un antineutrino. Enfin, dans le cas de l'interaction *gravitationnelle*, on postule que c'est le graviton qui sert d'intermédiaire. Les quanta de champ peuvent devenir *réels* si la quantité d'énergie fournie est suffisante, par exemple lors de collisions entre des particules. Ces quanta de champ, à l'exception du graviton, ont été détectés. En plus de son caractère qui demeure hypothétique, il faut noter que le graviton ne fait pas officiellement partie du modèle standard : ce modèle vise à expliquer seulement les interactions non gravitationnelles.

L'intensité d'une interaction peut être caractérisée par la durée d'une réaction ou d'une désintégration. Une interaction forte produit des réactions rapides, alors qu'une interaction faible produit des réactions lentes. Une interaction électromagnétique typique dure entre 10^{-16} et 10^{-20} s environ. L'échelle de temps correspondant à l'interaction nucléaire est de 10^{-23} s, alors qu'elle est voisine de 10^{-10} s pour l'interaction faible.

(a)

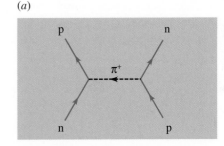

(b)

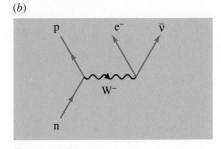

Figure 13.9 ▲

(a) L'interaction nucléaire : un neutron et un proton interagissent en échangeant un pion positif. (b) L'interaction faible : un neutron émet une particule W$^-$ et se transforme en un proton. La particule W$^-$ se désintègre ensuite pour donner un électron et un antineutrino.

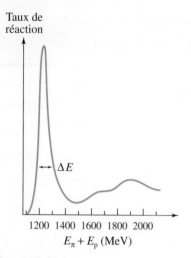

Figure 13.10 ▲

La première particule de résonance fut détectée par Fermi en 1952 au cours de la diffusion des pions par des protons. Le pic très net de la courbe du taux de réaction en fonction de l'énergie disponible indique la formation d'une particule de courte durée de vie.

Les particules de résonance

Après la Deuxième Guerre mondiale, plusieurs nouvelles particules furent détectées dans des expériences menées à haute altitude. Ces particules étaient produites dans la haute atmosphère par le bombardement des rayons cosmiques provenant de l'espace. En même temps, un nouveau type de particules, les *particules de résonance*, de durée de vie très courte, apparurent dans les expériences réalisées dans les accélérateurs de particules. Pour comprendre comment elles sont détectées, nous allons considérer la diffusion des pions positifs par des protons. À faible énergie, un pion est diffusé de façon élastique par un proton. Au fur et à mesure que l'énergie cinétique du pion augmente, il peut traverser la barrière coulombienne du proton et interagir par l'intermédiaire de la force nucléaire. Pour une certaine énergie, le pion et le proton peuvent se combiner momentanément pour former une nouvelle particule qui se désintègre très rapidement. Le taux auquel sont détectés les produits de la désintégration reflète le taux de formation de la nouvelle particule. À des énergies encore plus élevées, le pion et le proton n'ont pas le temps de se combiner et le taux de réaction diminue. La variation du taux de réaction en fonction de la masse-énergie disponible prend la forme d'une courbe de résonance typique (voir la figure 1.25, p. 24), ce qui met en évidence une énergie « privilégiée » ou « propre » du système. C'est pourquoi de telles particules sont appelées particules de résonance. La figure 13.10 représente la première particule de résonance, qui fut détectée en 1952 par E. Fermi.

Les particules de résonance ont des durées de vie si courtes qu'elles ne laissent pas de traces dans les détecteurs. Leur existence est simplement déduite de la présence du pic de la courbe du taux de réaction en fonction de l'énergie. La largeur du pic ΔE peut servir à déterminer la durée de vie de la particule de résonance au moyen du principe d'incertitude de Heisenberg, $\Delta E \Delta t \approx h$. Par exemple, si la largeur mesurée de la résonance est $\Delta E = 100$ MeV, la particule a une durée de vie $\Delta t \approx h/\Delta E \approx 10^{-23}$ s.

Au début des années 1960, des centaines de résonances ont été observées en plus de plusieurs autres particules de durées de vie plus longues. La situation chaotique qui en résulta n'était pas sans rappeler ce qui s'était produit en chimie au XIXe siècle avant les travaux de Mendeleïev, alors qu'il n'existait pas de schéma de classement pour les soixante éléments connus à l'époque. Il semblait évident que la première étape pour mettre de l'ordre dans la multitude des données sur les particules élémentaires consistait à trouver un schéma de classification analogue au tableau périodique.

13.3 La classification des particules

Les particules élémentaires sont classées selon plusieurs critères. Le tableau 13.1 donne une liste partielle des particules relativement stables dont les durées de vie sont supérieures à 10^{-20} s. Il indique également certains schémas de désintégration.

Interactions : Leptons et hadrons

Les particules qui prennent part aux interactions faible et électromagnétique, mais pas à l'interaction nucléaire, sont appelées *leptons*. L'électron (e^-), le muon (μ^-) et le neutrino (ν) sont des exemples de leptons. Il existe aussi trois types de neutrino : ν_e associé à l'électron, ν_μ associé au muon et ν_τ associé à la particule τ. La famille des leptons comprend ces six membres plus leurs antiparticules.

Tableau 13.1 ▼
Quelques particules et leurs propriétés

		Symbole	Anti-particule	Énergie au repos (MeV)	L_e	L_μ	L_τ	B	s $(\hbar)$	S	Vie moyenne (s)	Modes de désintégration caractéristiques
Leptons	Électron	e^-	e^+	0,511	1	0	0	0	1/2	0	stable	
	Muon	μ^-	μ^+	105,7	0	1	0	0	1/2	0	$2{,}2 \times 10^{-6}$	$\mu^- \rightarrow e^- + \bar{\nu}_e + \nu_\mu$
	Tau	τ^-	τ^+	1784	0	0	1	0	1/2	0	3×10^{-13}	$\tau^- \rightarrow e^- + \bar{\nu}_e + \nu_\tau$
	Neutrino	ν_e	$\bar{\nu}_e$	$<10^{-6}$	1	0	0	0	1/2	0	stable	
		ν_μ	$\bar{\nu}_\mu$	$<10^{-6}$	0	1	0	0	1/2	0	stable	
		ν_τ	$\bar{\nu}_\tau$	$<10^{-6}$	0	0	1	0	1/2	0	stable	
Hadrons												
Mésons	Pion	π^+	π^-	139,6	0	0	0	0	0	0	$2{,}6 \times 10^{-8}$	$\pi^+ \rightarrow \mu^+ + \nu_\mu$
		π^0	elle-même	135,0	0	0	0	0	0	0	$0{,}83 \times 10^{-16}$	$\pi^0 \rightarrow \gamma + \gamma$
	Kaon	K^+	K^-	493,7	0	0	0	0	0	1	$1{,}24 \times 10^{-8}$	$K^+ \rightarrow \pi^+ + \pi^0$
		K_S^0	$\bar{K}_S^0$	497,7	0	0	0	0	0	1	$0{,}9 \times 10^{-10}$	$K_S^0 \rightarrow \pi^0 + \pi^0$
		K_L^0	$\bar{K}_L^0$	497,7	0	0	0	0	0	1	$5{,}2 \times 10^{-8}$	$K_L^0 \rightarrow \pi^0 + \pi^0 + \pi^0$
	Êta	η^0	elle-même	548,8	0	0	0	0	0	0	7×10^{-19}	$\eta^0 \rightarrow \gamma + \gamma$
Baryons	Proton	p	$\bar{p}$	938,3	0	0	0	1	1/2	0	stable	
	Neutron	n	$\bar{n}$	939,6	0	0	0	1	1/2	0	900	$n \rightarrow p + \bar{e} + \bar{\nu}_e$
	Lambda	Λ^0	$\bar{\Lambda}^0$	1115	0	0	0	1	1/2	-1	$2{,}6 \times 10^{-10}$	$\Lambda^0 \rightarrow p^+ + \pi^-$
	Sigma	Σ^+	$\bar{\Sigma}^-$	1189	0	0	0	1	1/2	-1	$0{,}8 \times 10^{-10}$	$\Sigma^+ \rightarrow n + \pi^+$
		Σ^0	$\bar{\Sigma}^0$	1192	0	0	0	1	1/2	-1	6×10^{-20}	$\Sigma^0 \rightarrow \Lambda^0 + \gamma$
		Σ^-	$\bar{\Sigma}^+$	1197	0	0	0	1	1/2	-1	$1{,}5 \times 10^{-10}$	$\Sigma^- \rightarrow n + \pi^-$
	Xi	Ξ^0	$\bar{\Xi}^0$	1315	0	0	0	1	1/2	-2	$2{,}9 \times 10^{-10}$	$\Xi^0 \rightarrow \Lambda^0 + \pi^0$
		Ξ^-	Ξ^+	1321	0	0	0	1	1/2	-2	$1{,}6 \times 10^{-10}$	$\Xi^- \rightarrow \Lambda^0 + \pi^-$
	Oméga	Ω^-	Ω^+	1675	0	0	0	1	3/2	-3	$0{,}8 \times 10^{-10}$	$\Omega^- \rightarrow \Xi^0 + \pi^-$

C'est l'expérience qui suggère une « association » entre chaque lepton et un type de neutrino. En effet, l'observation montre que les réactions qui impliquent des leptons d'un des trois *doublets* e-ν_e, μ-ν_μ ou τ-ν_τ ne font pas apparaître des leptons d'un autre des trois doublets, sauf s'ils sont accompagnés d'une antiparticule de ce même doublet. Ces observations peuvent se formuler sous la forme d'une loi de conservation de trois *nombres leptoniques**: $L_e = 1$ pour l'électron et son neutrino et $L_e = 0$ pour toutes les autres particules ; $L_\mu = 1$ pour le muon et son neutrino et $L_\mu = 0$ pour toutes les autres particules ; $L_\tau = 1$ pour la particule tau et son neutrino et $L_\tau = 0$ pour toutes les autres particules. Un nombre leptonique est un exemple de nombre quantique intrinsèque d'une particule. Aux antiparticules, on attribue le nombre $L = -1$. À titre d'exemple, considérons la désintégration du muon qui fait intervenir deux nombres leptoniques conservés :

$$\mu^- \rightarrow e^- + \bar{\nu}_e + \nu_\mu$$
$$L_e: (0) \quad (+1) + (-1) + (0)$$
$$L_\mu: (1) \quad (0) + (0) + (1)$$

---

* Il ne faut pas confondre ce nombre avec $\vec{L}$, le moment cinétique orbital de l'électron.

Le phénomène de l'oscillation du neutrino, au cours duquel un neutrino d'un des trois types peut être détecté plus tard comme un neutrino d'un autre type, viole toutefois cette règle de conservation. C'est une des limites du modèle standard.

L'électron est une particule stable parce qu'il n'existe pas de particule plus légère en laquelle il peut se désintégrer tout en conservant une charge électrique. Aucune observation ne nécessite de modéliser les leptons comme un système qui comporte une structure interne. Dans le modèle standard, ils sont donc considérés comme des particules *vraiment* élémentaires. Nous verrons à la section 13.5 que ce n'est pas le cas des autres particules du tableau 13.1.

Les particules qui prennent part à l'interaction nucléaire en plus des interactions faible et électromagnétique sont appelées *hadrons*. Les hadrons qui comprennent des protons dans leurs produits de désintégration finale sont appelés *baryons*. Les hadrons qui se désintègrent en photons et en leptons sont appelés *mésons*. La loi de *conservation du nombre baryonique B* rend compte du fait que le proton ne se désintègre pas en particules plus légères. On attribue aux mésons et aux leptons le nombre $B = 0$ et aux baryons, tels que le neutron et le proton, le nombre $B = +1$, alors que leurs antiparticules ont un nombre $B = -1$. Ainsi, bien qu'une désintégration telle que $p \rightarrow K^+ + \pi^0$ soit possible sur le plan énergétique, elle est interdite par la loi de conservation du nombre baryonique, puisqu'elle diminuerait ce nombre d'une unité.

Bien que le modèle standard postule que les neutrinos ont une masse nulle, une expérience menée en 1998 montre qu'ils en ont une petite. Le détecteur ci-contre, que l'on voit pendant sa construction en 2007, vise à mesurer l'énergie de masse au repos des neutrinos avec une précision de 0,2 eV.

Le spin : fermions et bosons

Les particules qui ont un spin demi-entier ($s = \frac{1}{2}\hbar, \frac{3}{2}\hbar, \frac{5}{2}\hbar, \ldots$) sont des *fermions* et obéissent au principe d'exclusion de Pauli (dans un système, deux fermions identiques ne peuvent pas avoir le même état). Les particules qui ont un spin entier ($s = 0, 1\hbar, 2\hbar, \ldots$) sont des *bosons*. Les bosons peuvent avoir des nombres quantiques identiques et ne sont pas soumis au principe d'exclusion de Pauli ; au contraire, ils ont tendance à se regrouper au même niveau. Les leptons et les baryons sont des fermions, alors que les mésons et tous les quanta de champ sont des bosons. Notons toutefois que, dans certaines circonstances, un système de deux fermions peut se comporter comme un boson. C'est le cas par exemple des paires de Cooper qui expliquent la supraconductivité à basse température (voir le sujet connexe du chapitre 11).

L'étrangeté

Vers 1950, on commença à découvrir un nouvel ensemble de hadrons ayant un comportement différent des autres particules alors connues. Ces hadrons comprenaient notamment les mésons K, ou kaons, de masse inférieure à celle du proton. Les particules de masse supérieure à celle du proton, telles que Λ, Σ et Ξ, étaient toutes appelées *hypérons* (terme qui n'est plus utilisé maintenant). Considérons par exemple la désintégration d'un kaon en deux pions : $K^0 \rightarrow \pi^+ + \pi^-$. Puisque le kaon et le pion prennent part tous les deux à l'interaction nucléaire, on peut s'attendre à ce que la désintégration dure environ 10^{-23} s. Pourtant, dans la réalité, elle a lieu par l'intermédiaire de l'interaction faible en 10^{-10} s et dure mille milliards de fois plus longtemps !

En 1952, Abraham Pais (1919-2000) suggéra que, pendant qu'il est produit par l'interaction nucléaire rapide, un hypéron est toujours accompagné d'un kaon. Pourtant, chaque particule ne peut se désintégrer que lentement par le biais de l'interaction faible. Des expériences ultérieures confirmèrent cette hypothèse de *production associée* d'hypérons et de kaons. Voici deux exemples :

$$\pi^- + p \rightarrow K^+ + \Sigma^-$$
$$K^- + p \rightarrow K^0 + \Xi^0$$

Le phénomène de production associée et les durées de vie anormalement longues débouchèrent sur l'introduction d'un nouveau nombre quantique. Nous avons souligné plus haut que la stabilité du proton découle de la conservation du nombre baryonique. En 1953, Murray Gell-Mann (figure 13.11) et Kazuhiko Nishijima (né en 1927) proposèrent indépendamment d'expliquer la stabilité «étrange» (durée de vie anormalement longue) des nouveaux hadrons et le phénomène de production associée par une nouvelle loi de conservation, celle d'un *nombre quantique d'étrangeté (strangeness)*, S. Ce nombre est conservé dans les interactions nucléaire et électromagnétique, mais il ne l'est pas dans l'interaction faible. Par conséquent, un hadron avec étrangeté ($S \neq 0$) ne peut pas se désintégrer en des particules sans étrangeté ($S = 0$) par le biais d'interactions fortes ou électromagnétiques ; la désintégration doit se faire par l'intermédiaire de l'interaction faible, beaucoup plus lente. La réaction qui suit montre comment l'étrangeté s'applique à la production associée :

$$\pi^- + p \rightarrow K^0 + \Lambda^0$$
$$S: \quad 0 + 0 \quad \quad (+1) + (-1)$$

Même si elle n'est pas conservée dans une interaction faible, l'étrangeté ne peut varier que d'une unité à la fois ($\Delta S = \pm 1$). Par exemple, Ξ ($S = -2$) ne se désintègre pas directement en un proton ($S = 0$) mais se convertit d'abord en un Λ^0 ($S = -1$) :

$$\Xi^- \rightarrow \Lambda^0 + \pi^- \quad (\Delta S = +1)$$
$$ \hookrightarrow p + \pi^- \quad (\Delta S = +1)$$

Figure 13.11 ▲
Murray Gell-Mann (né en 1929).

L'isospin

Nous avons souligné au chapitre 12 que la force nucléaire est la même pour les neutrons et pour les protons. Comme ces particules ont à peu près la même masse, Heisenberg suggéra que si l'interaction électromagnétique était «supprimée», le neutron et le proton pourraient être considérés comme des

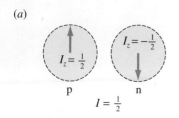

(a)

$I_z = \frac{1}{2}$ p $I_z = -\frac{1}{2}$ n

$I = \frac{1}{2}$

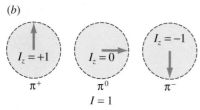

(b)

$I_z = +1$ $I_z = 0$ $I_z = -1$

π^+ π^0 π^-

$I = 1$

Figure 13.12 ▲

(a) Un doublet d'isospin $I = \frac{1}{2}$. Les deux valeurs de la composante en z, I_z, représentent respectivement le proton et le neutron. (b) Un triplet d'isospin $I = 1$. Les trois valeurs de I_z représentent les trois pions.

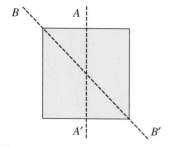

Figure 13.13 ▲

Un carré admet une symétrie axiale par rapport aux droites AA' et BB', entre autres.

états différents d'une même entité, le *nucléon*. Par analogie avec le spin intrinsèque d'une particule, il attribua un *isospin* I à chaque particule. Une particule ayant un isospin I a $(2I + 1)$ valeurs possibles de la composante I_z sur l'axe des z dans l'espace abstrait d'isospin. Avec $I = \frac{1}{2}$ pour le nucléon, il y a $2I + 1 = 2$ valeurs possibles pour I_z. Comme l'indique la figure 13.12a, l'état d'isospin *up* (u) est attribué au proton ($I_z = \frac{1}{2}$) et l'état d'isospin *down* (d) ($I_z = -\frac{1}{2}$) est attribué au neutron. Le proton et le neutron forment un doublet d'isospin.

Gell-Mann utilisa la notion d'isospin pour identifier d'autres familles de hadrons ayant des propriétés similaires. En général, une famille de hadrons, appelée *multiplet*, peut dériver d'une seule particule de départ ayant une valeur appropriée d'isospin I. Chaque particule d'un multiplet est un état différent d'une même entité. Lorsque le vecteur isospin tourne dans l'espace d'isospin abstrait, il fait varier la charge des membres du multiplet, qui ne diffèrent que par la composante en z de ce vecteur. Par exemple, les trois pions (π^+, π^- et π^0) découlent d'un même pion d'isospin $I = 1$. Les pions forment un triplet d'isospins avec $I_z = 0, \pm 1$ (figure 13.12b). La classification des isospins a permis de prédire l'existence de plusieurs particules.

L'introduction et l'attribution des nouveaux nombres quantiques peuvent paraître arbitraires. Pourtant, le nombre d'isospin, le nombre d'étrangeté et le nombre baryonique sont liés à la charge d'une particule par une formule qui fut établie par Gell-Mann et Nishijima :

$$Q = I_z + \frac{B + S}{2} \qquad (13.1)$$

Nous avons présenté plusieurs critères permettant de classer les particules. Pour passer à l'étape suivante, nous devons maintenant trouver des points communs aux particules élémentaires.

13.4 La symétrie et les lois de conservation

Puisque les théories dynamiques des interactions faibles et nucléaires sont complexes et difficiles à appliquer, les physiciens ont cherché d'autres moyens d'obtenir des renseignements sur ces interactions. Le plus puissant de ces moyens a été la recherche de symétries. On pense que la solution à un problème doit refléter la symétrie sous-jacente d'un système physique. Par exemple, nous avons utilisé des arguments fondés sur la symétrie spatiale des distributions de charges pour déterminer leur champ électrique à partir du théorème de Gauss. Nous allons voir maintenant que le fait de connaître la symétrie d'un système permet de l'étudier de façon plus approfondie.

La symétrie géométrique est une notion qui nous est assez familière. Par exemple, si l'on fait tourner de 90° ou d'un multiple de 90° le carré représenté à la figure 13.13, il nous semblera toujours identique. De même, le carré est inchangé par rapport aux réflexions aux droites AA' ou BB'. On dit que le carré est invariant par rapport à un ensemble de rotations et de réflexions. Un cercle est encore plus symétrique parce qu'il est invariant par rapport aux rotations d'angles quelconques. Le carré a une symétrie discrète, alors que le cercle a une symétrie continue. En général, *on dit qu'un système possède une symétrie s'il est invariant par rapport à un ensemble d'opérations.*

La symétrie ne se limite pas aux objets matériels. Une fonction mathématique peut en effet garder la même forme par rapport à un ensemble d'opérations mathématiques. Par exemple, si l'on remplace x par $-x$, la fonction $y = x^2$ ne change pas. En vertu du premier postulat de la relativité restreinte, toutes les lois physiques sont invariantes dans la transformation de Lorentz des coordonnées. Les opérations sur le carré et la transformation de Lorentz font intervenir des opérations de symétrie dans l'espace physique et dans le temps. Les théories physiques peuvent contenir des symétries plus abstraites fondées sur des types différents d'opérations mathématiques.

En 1918, la mathématicienne Emmy Noether (1882-1935) montra que les lois de conservation sont une conséquence des symétries caractérisant les lois de la physique. Par exemple, les lois de la physique sont invariantes par rapport à la translation dans l'espace. Autrement dit, l'emplacement particulier où l'on réalise une expérience n'a pas d'effet sur le résultat, en supposant bien sûr que les conditions physiques soient identiques. Noether montra que cette invariance par rapport à la translation mène à la conservation de la quantité de mouvement. De même, le moment cinétique est conservé parce qu'il n'y a pas de direction privilégiée dans l'espace. Autrement dit, la conservation du moment cinétique est une conséquence de l'invariance des lois physiques par rapport à la rotation. Enfin, on pense que les lois de la physique sont les mêmes aujourd'hui qu'autrefois et qu'elles resteront les mêmes dans un avenir lointain. Cette invariance des lois physiques par rapport à la translation dans le temps mène à la conservation de l'énergie.

Noether généralisa le raisonnement illustré par les trois exemples que nous venons de mentionner en démontrant un théorème selon lequel une grandeur conservée correspond à *chaque* opération de symétrie qui laisse invariantes les lois de la physique. Par exemple, la force nucléaire ne varie pas lorsque neutrons et protons sont interchangés. En termes techniques, la force nucléaire est invariante par rapport aux rotations du vecteur isospin. En conséquence, l'isospin est un nombre quantique conservé pour l'interaction nucléaire. Le fait de savoir que *toute loi de conservation est associée à une symétrie sous-jacente* s'est révélé extrêmement fructueux en physique. Nous allons voir maintenant comment la recherche des symétries a aidé à mettre de l'ordre dans la prolifération chaotique des *particules élémentaires*.

13.5 Le groupe SU(3) et les quarks

La classification des mésons et des baryons en doublets ou triplets d'isospin a montré que chaque particule dans un multiplet donné peut être engendrée par rotation du vecteur isospin. Une rotation du vecteur isospin est une opération de symétrie qui fait varier la charge portée par les hadrons mais qui laisse invariante la force nucléaire.

Il existe en mathématiques une branche, appelée *théorie des groupes*, qui étudie les opérations de symétrie laissant un système inchangé. Cette théorie est particulièrement utile lorsqu'on étudie des systèmes physiques, comme celui des cristaux, ou lorsqu'on analyse des théories qui ont une symétrie sous-jacente. Les opérations dans un groupe sont effectuées sur des vecteurs (ou sur des produits de vecteurs) dont les composantes indiquent les états possibles d'un système. Les opérations changent l'ordre des composantes. Par exemple, (a, b, c) peut devenir (b, a, c), (a, c, b) ou (c, a, b) et ainsi de suite. Voyons maintenant en quoi cela touche les particules élémentaires.

Le doublet neutron-proton peut être représenté comme les composantes *up* et *down* d'un vecteur isospin : $(+\frac{1}{2}, -\frac{1}{2})$. Le groupe approprié pour un tel vecteur à deux composantes est appelé SU(2) et fait intervenir trois opérations de symétrie. Dans le contexte qui nous intéresse, les opérations font tourner le vecteur isospin et font ainsi varier la charge portée par le nucléon, mais laissent la force nucléaire inchangée.

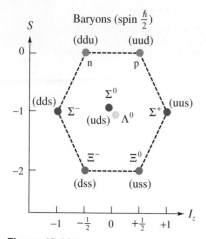

Baryons (spin $\frac{\hbar}{2}$)

Figure 13.14 ▲

L'octet des hadrons de spin $\hbar/2$. Les attributs des quarks sont indiqués entre parenthèses.

L'examen des trajectoires de particules produites dans la chambre à bulles du Fermilab.

En 1961, M. Gell-Mann et Yuval Ne'eman (né en 1925) essayèrent chacun de leur côté d'étendre la notion des multiplets d'isospin. Considérons par exemple les multiplets des baryons les plus légers de spin $\frac{1}{2}$ ou de mésons de spin 0 :

baryons : $(n ; p)$; $(\Xi^0 ; \Xi^-)$; $(\Sigma^+ ; \Sigma^- ; \Sigma^0)$; Λ^0

mésons : (K^+, K^0) ; (K^0, K^-) ; (π^+, π^-, π^0) ; η^0

Le graphe de la figure 13.14 représente les baryons en fonction de l'étrangeté S sur l'axe vertical et de I_z sur l'axe horizontal. Pourrait-on regrouper ces huit baryons (ou les mésons) en une seule famille élargie, qui serait un *supermultiplet* ? Les huit baryons seraient alors simplement des manifestations différentes d'un même baryon fondamental. Étant donné un membre d'un supermultiplet, une série d'opérations de symétrie nous permettrait d'engendrer tous les autres.

Gell-Mann et Ne'eman proposèrent un schéma à partir d'un groupe appelé SU(3), pour lequel le vecteur fondamental a trois composantes. Le groupe SU(3) fait intervenir huit opérations de symétrie qui échangent les valeurs de la charge Q, du nombre baryonique B, de l'étrangeté S et de l'isospin I à l'intérieur d'un supermultiplet donné. Le groupe SU(3) a l'avantage d'être assez restrictif : il autorise seulement un certain nombre de multiplets et des nombres déterminés de particules dans chaque multiplet. Le produit de deux vecteurs fondamentaux donne neuf combinaisons (aa, ab, bc, etc.) qui se répartissent selon leurs propriétés de symétrie en un octet et un singlet. Le produit de trois vecteurs donne 27 combinaisons (abc, cab, abb, etc.) qui se répartissent en multiplets de tailles 1, 8, 8 et 10. Le point intéressant est que l'octet peut encore être divisé en deux doublets, un triplet et un singlet, ce qui correspond exactement à la structure d'octet des baryons et des mésons mentionnée plus haut. Ainsi, les structures d'octet du méson et du baryon découlent naturellement des mathématiques. Cela aurait pu être une simple coïncidence. En effet, le schéma n'avait fourni aucune nouvelle information à ce sujet. Le véritable triomphe du groupe SU(3) fut la prédiction de la particule Ω^-.

La particule Ω^-

Le décuplet (10 membres) de la théorie des groupes peut encore se diviser en un quartet, un triplet, un doublet et un singlet. Vers la fin de 1963, un ensemble de neuf particules de résonance de spin $\frac{3}{2}\hbar$ semblait entrer dans ce schéma. Il ne manquait plus qu'une particule ($Q = -1$, $S = -3$) (figure 13.15). On lui donna le nom de particule Ω^-. Puisque la masse moyenne de chaque multiplet d'isospin était différente de 150 MeV environ par rapport à celle de ses voisins, on put prédire que la masse de la particule Ω^- était voisine de 1680 MeV. La particule Ω^- fut découverte en février 1964 à Brookhaven lors de la diffusion des mésons K^- par des protons (figure 13.16) :

$$K^- + p \rightarrow \Omega^- + K^+ + K^0$$
$$\hookrightarrow \Xi^0 + \pi^-$$
$$\hookrightarrow \Lambda^0 + \qquad\qquad \pi^0$$
$$\hookrightarrow p + \pi^- \quad \hookrightarrow \gamma \quad + \quad \gamma$$
$$\hookrightarrow e^+ + e^- \quad \hookrightarrow e^+ + e^-$$

Chose étonnante, non seulement avait-on réussi à identifier la particule Ω^-, mais aussi les deux derniers rayons γ, car ils produisaient tous les deux des paires électron-positon dans le détecteur où seules les particules chargées laissent une trace. La masse mesurée de la particule Ω^-, 1675 ± 3 MeV, coïncidait étroitement avec la valeur prédite de 1680 MeV.

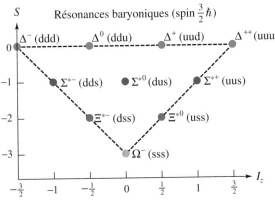

Figure 13.15 ◄

Le décuplet de particules de résonance baryonique de spin $\frac{3}{2}\hbar$.

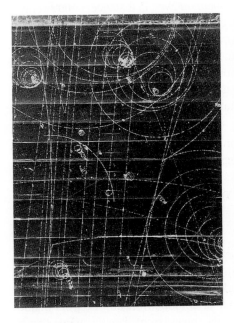

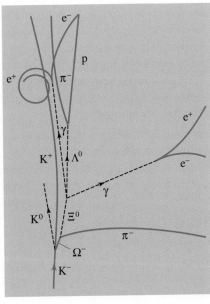

Figure 13.16 ◄

La photographie de chambre à bulles sur laquelle fut détectée la particule Ω^-, accompagnée de son analyse. Les traits bleus correspondent aux traces laissées par les particules chargées, alors que les traits pointillés correspondent aux trajectoires supposées de particules sans charge.

Les quarks

La question était de savoir si le groupe SU(3) n'était qu'un schéma mathématique élégant et commode ou si la symétrie devait être attribuée physiquement aux particules. Dans ce dernier cas, il fallait cesser de les concevoir comme élémentaires. En effet, on avait remarqué que les particules correspondaient à des vecteurs de 8 ou 10 composantes, mais aucune ne correspondait au vecteur fondamental à trois composantes de SU(3). En 1964, Gell-Mann et George Zweig suggérèrent chacun de leur côté que le vecteur fondamental représente bien trois particules à partir desquelles on peut construire toutes les autres : le *quark up* (u), le *quark down* (d) et le *quark* étrange (s pour *strange*), dont les nombres quantiques et la charge sont représentés à la figure 13.17. La relation de Gell-Mann-Nishijima (équation 13.1) aboutit à la conclusion imprévue selon laquelle les quarks portent des charges fractionnaires : $Q = -e/3$ et $+2e/3$, ce qui violait l'idée voulant que toute charge soit un multiple entier de e. Les mésons sont des combinaisons quark-antiquark ($q\bar{q}$), alors que les baryons sont des combinaisons de trois quarks (voir les figures 13.14 et 13.15). Dans le cadre du modèle standard aujourd'hui accepté, les particules de résonance sont considérées comme des états excités des combinaisons fondamentales de quarks.

La prédiction et la découverte de la particule Ω^- renforçaient la validité des prédictions fondées sur le groupe SU(3) et soutenaient donc de façon convaincante le modèle des quarks. Malgré sa conformité avec l'expérience, ce modèle

	Q	I_z	S	B
u	2/3e	$+\frac{1}{2}$	0	1/3
d	-1/3e	$-\frac{1}{2}$	0	1/3
s	-1/3e	0	-1	1/3

Figure 13.17 ▲

Certains nombres quantiques pour les quarks u, d et s.

reçut un accueil très peu favorable en général, surtout à cause des charges fractionnaires. Des observations expérimentales directement attribuées aux quarks venant renforcer davantage ce modèle furent toutefois obtenues au SLAC par la diffusion d'électrons de haute énergie sur des protons, lors d'une expérience semblable à la diffusion des particules α de Rutherford. Les électrons avaient une longueur d'onde de Broglie voisine de 5×10^{-17} m et pouvaient donc pénétrer profondément dans le proton. La distribution des électrons diffusés indiquait qu'ils interagissaient avec des concentrations quasi ponctuelles dont on pensa qu'il s'agissait des quarks. Il était surprenant que, malgré la haute énergie des électrons, aucun quark n'ait jamais été éjecté.

En fait, on n'a encore jamais pu détecter un quark isolé. On explique ce *confinement des quarks* par l'hypothèse que les forces qui les lient (sur lesquelles nous reviendrons à la section 13.10) *augmentent* avec la distance, contrairement aux autres interactions. Selon cette idée, quand on éloigne des quarks les uns des autres, l'énergie du système augmente rapidement. Avant qu'on ait pu observer des quarks isolés, l'énergie fournie a dépassé le seuil de création de paires particules-antiparticules, et de nouvelles particules, comportant chacune plusieurs quarks, sont créées. Notez aussi que le confinement des quarks a pour conséquence qu'il est impossible en pratique de mesurer une charge isolée qui n'est pas un multiple de *e*.

Bien que le schéma à trois quarks donnait une représentation satisfaisante des particules et résonances connues, les expériences et les travaux théoriques semblaient suggérer que plus de trois quarks étaient nécessaires pour que le modèle soit cohérent et puisse survivre. Nous y reviendrons à la section 13.9.

13.6 La couleur

Malgré le succès du modèle des quarks, il se posait quelques problèmes lorsqu'il s'agissait d'attribuer des quarks aux baryons. Les structures de certains baryons contenaient deux ou trois quarks dans le même état. Par exemple, le baryon Δ^{++} de spin $\frac{3}{2}\hbar$ était identifié par la combinaison uuu de trois quarks. Les trois quarks sont tous identiques et ils apparaissent dans le même état de spin *up*. Mais les quarks ont un spin de $\frac{1}{2}\hbar$, ce qui signifie qu'il s'agit de fermions. Ils doivent obéir au principe d'exclusion de Pauli et ne peuvent donc pas avoir les mêmes nombres quantiques. Il fallait donc que leur état diffère d'une façon ou d'une autre, cette différence étant déterminée par un nombre quantique supplémentaire.

Pour distinguer les quarks, Oscar W. Greenberg leur ajouta en 1965 un attribut supplémentaire appelé *couleur*. On attribue aux quarks les couleurs primaires, rouge, bleu, vert, et aux antiquarks les anticouleurs, antirouge, antibleu, antivert. Mais toutes ces couleurs ne peuvent pas se combiner de façon arbitraire. Le *nombre quantique de couleur* représente une nouvelle « charge de couleur » sur chaque particule et seules les particules « neutres » ou sans couleur (blanches) peuvent être détectées. Les mésons sont formés d'une couleur et de son anticouleur, alors que les baryons sont des combinaisons des trois couleurs primaires rouge-bleu-vert :

$$\text{mésons : } q_R\bar{q}_{\bar{R}} \text{ ou } q_B\bar{q}_{\bar{B}} \text{ ou } q_V\bar{q}_{\bar{V}} \text{ ; } \quad \text{baryons : } q_R q_B q_V$$

Selon cette logique, des particules comportant plus de trois quarks sont aussi possibles, pourvu que la couleur résultante demeure nulle. En 1997, des penta-quarks, formés de quatre quarks et d'un antiquark, ont été prédits. Deux expériences indépendantes, en 2003, ont donné des observations interprétées comme une trace d'une particule de ce genre.

Une chambre de dérivation au SLAC : elle contient des fils conducteurs baignant dans un gaz et sert à détecter des particules chargées. Les électrons résultant de l'ionisation causée par une particule chargée sont détectés par les fils. On peut reconstituer la trajectoire de la particule en mesurant le temps mis par les électrons pour dériver jusqu'aux fils.

Évidemment, les « couleurs » des quarks ne doivent pas être interprétées comme les couleurs de la vie quotidienne. Comme la masse, la charge ou le spin, il s'agit uniquement d'une propriété attribuée aux particules pour expliquer ce qu'on observe tout en restant cohérent. Les physiciens commencent simplement à manquer d'imagination pour inventer des noms quand ils découvrent une nouvelle propriété ! La charge de couleur est tout simplement la propriété attribuée aux particules capables d'exercer une « force de couleur », responsable du confinement des quarks.

Les mésons neutres sont des superpositions linéaires de configurations de quark-antiquark dans lesquelles les trois couleurs sont représentées. Alors qu'elle s'appuyait sur le principe d'exclusion de Pauli, l'introduction de la charge de couleur avait une profonde signification pour l'interaction nucléaire.

13.7 Les théories de jauge

Les théories de jauge constituent l'un des progrès les plus importants des dernières décennies. Dans une théorie de jauge, on se sert des notions de symétrie et d'invariance pour obtenir des renseignements sur les interactions entre particules.

On sait que les équations de Maxwell sont invariantes dans la transformation de Lorentz. La théorie électromagnétique possède d'autres symétries. Par exemple, si toutes les charges positives et négatives d'un système sont interverties, les forces restent les mêmes. Pour donner un autre exemple, rappelons que le champ électrique créé par une distribution de charges peut être déduit à partir du potentiel. On peut fixer le potentiel zéro à n'importe quelle valeur commode – à condition de le faire en tout point de l'espace – sans modifier le champ. Le choix du niveau zéro est ce que l'on appelle un choix de jauge. Une jauge est une référence de mesure permettant d'étalonner l'échelle qui va servir à mesurer une quantité. (Le terme vient des tablettes de jauge utilisées comme étalons de longueur dans les ateliers d'usinage.)

L'invariance locale

Les propriétés d'invariance de la théorie électromagnétique dont nous avons parlé plus haut sont des exemples de *symétrie globale* : *toutes* les charges doivent être interverties et le niveau zéro du potentiel doit être le même en *tout* point de l'espace. En réalité, la théorie électromagnétique possède une symétrie beaucoup plus restrictive dans laquelle le zéro du potentiel peut être fixé arbitrairement en divers points de l'espace et du temps. C'est ce que l'on appelle l'*invariance locale*.

On sait que la forme d'un champ électrique peut être déduit de celle du potentiel électrique, laquelle dépend des positions des charges. De même, on peut déduire le champ magnétique d'un potentiel « magnétique » qui dépend du mouvement des charges. De plus, il existe une correspondance mutuelle entre un champ magnétique variable et un champ électrique. Il se trouve que si l'on déplace le zéro du potentiel électrique en un point donné, la variation correspondante du potentiel magnétique ne modifie pas les équations de Maxwell. Les champs électrique et magnétique sont donc invariants par rapport au choix de la jauge pour les potentiels électrique et magnétique. La théorie électromagnétique possède la forme la plus simple de symétrie locale de jauge, U(1). *Une théorie ayant la propriété d'invariance locale est appelée théorie de jauge.*

On peut envisager le problème sous l'angle inverse en se demandant quelle est la théorie qui satisfait les deux conditions d'invariance dans la transformation de Lorentz et de symétrie locale de jauge la plus simple, U(1). En postulant uniquement l'existence d'un potentiel, on peut montrer que son *seul comportement possible* (conforme à la symétrie voulue) est celui prévu dans la théorie électromagnétique. En d'autres termes, sans rien connaître des interactions entre les charges électriques, on peut tout déduire du comportement des champs électriques et magnétiques par des raisonnements s'appuyant uniquement sur la symétrie ! Ainsi, au lieu de se pencher en détail sur les interactions, ce qui ne serait pas possible dans le cas des quarks, on peut plutôt étudier les symétries et en déduire les interactions et les lois de conservation. On peut montrer par exemple que la conservation de la charge électrique est une conséquence de l'invariance locale de jauge de la théorie électromagnétique.

Pour comprendre l'effet des symétries locales ou globales, considérons l'analogie suivante où une feuille de caoutchouc porte les flèches représentées à la figure 13.18*a*. La disposition des flèches ne va pas changer si l'on fait tourner la feuille de 90° ou d'un multiple de 90°. Il s'agit là d'une symétrie globale : *toutes* les flèches doivent tourner de 90° dans le même sens, horaire par exemple. Dans la configuration à double flèche de la figure 13.18*b*, on peut faire tourner une double flèche de 90° et maintenir la symétrie globale de la configuration. Cette configuration a une invariance locale, puisqu'on peut choisir des angles différents (90°, 180°, etc.) en des points et à des instants différents. La condition d'invariance locale introduit des restrictions sur les configurations possibles des flèches dans chaque carré. Mais il se produit quelque chose de plus important si on fait tourner une des double flèches sans faire tourner les autres : la feuille se déforme et des forces apparaissent alors entre les flèches. De manière analogue, la condition d'invariance locale donne lieu à des interactions.

En mécanique quantique, une fonction d'onde est attribuée à chaque particule. Il s'agit d'un *champ de matière* qui n'a rien à voir avec les charges électriques. Considérons la feuille comme étant analogue au champ de matière d'une collection de particules libres. L'opération équivalente à la rotation des flèches dans chaque carré est le choix de phase pour la fonction d'onde de chaque particule. Le champ de matière des particules libres a une symétrie globale : la phase doit varier de la même quantité en tout point. La condition d'invariance locale de jauge pour la forme de l'équation qui décrit le champ de matière signifie que la phase de la fonction d'onde peut être choisie arbitrairement en chaque point de l'espace et du temps. L'analogie avec la feuille suggère que le prix à payer pour imposer l'invariance locale est l'apparition d'une interaction entre particules. Évidemment, cette interaction peut être décrite comme un champ. Ce *champ de jauge compense la variation de phase d'un point à l'autre et maintient la forme originelle de l'équation d'onde.*

Pour imposer l'invariance locale à la phase du champ électromagnétique, il faut introduire un *boson de jauge*, sans masse, de spin 1, qui n'est rien d'autre que le photon ! Le champ électromagnétique est donc un champ de jauge. La théorie quantique des champs est appelée *électrodynamique quantique*. La théorie de la relativité générale, qui porte sur la gravitation, est aussi une théorie de jauge, dont le boson de jauge est le graviton. On peut faire la même analyse des interactions nucléaires et des interactions faibles.

Si tous les neutrons et les protons d'un système sont interchangés, les forces nucléaires restent les mêmes. Autrement dit, l'interaction nucléaire a une invariance globale par rapport aux rotations du vecteur isospin. En 1954, Chen Ning Yang (né en 1922) et Robert Mills (1927-1999) élaborèrent une théorie de jauge

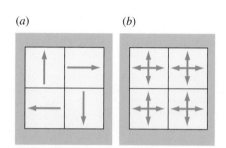

Figure 13.18 ▲

(*a*) Configuration à symétrie globale. Pour que la configuration reste la même, on doit faire tourner l'ensemble du réseau. (*b*) Configuration à symétrie locale. Chaque paire de flèches peut tourner de 90° ou de 180° indépendamment des autres.

en imposant l'invariance locale [à partir de la symétrie SU(2)] aux rotations du vecteur isospin. Leur théorie demandait de faire intervenir trois bosons de jauge sans masse de spin 1 : un neutre et deux chargés. La théorie comportait une faille, car on n'avait jamais envisagé un modèle comportant des particules chargées sans masse. Malgré cette impasse apparente, certains théoriciens continuèrent de travailler sur la théorie de jauge pour ses qualités esthétiques.

L'interaction faible est à l'origine de la désintégration β du neutron, n → p + e⁻ + v̄ₑ, au cours de laquelle un neutron est transformé en un proton avec émission d'un électron et d'un antineutrino. Si l'on étend la notion d'isospin à l'interaction faible, on peut considérer que l'électron et son neutrino, ainsi que le muon et son neutrino, sont deux composantes d'un vecteur *isospin faible*. On peut imposer l'invariance locale [symétrie SU(2)] aux rotations de ce vecteur, ce qui signifie que l'électron et son neutrino peuvent être intervertis en n'importe quel point sans que les interactions ne soient affectées. En 1958, Steven Weinberg (né en 1933) d'une part, et Abdus Salam (1926-1996) et John Clive Ward (1924-2000) d'autre part, montrèrent qu'une telle théorie de jauge de l'interaction faible fait intervenir trois bosons de jauge sans masse et de spin 1 : un neutre et deux chargés.

13.8 L'interaction électrofaible

Les physiciens rêvent depuis longtemps de construire un modèle unique, dans le cadre duquel les quatre interactions fondamentales – la gravitation, l'électromagnétisme, l'interaction faible et l'interaction nucléaire – ne sont que des manifestations différentes d'une même interaction fondamentale. Une telle théorie serait certes très élégante. S. Weinberg et A. Salam (figure 13.19) étudièrent la possibilité d'unifier l'interaction électromagnétique et l'interaction faible, en modélisant une unique *interaction électrofaible*. Ils avaient remarqué le fait suivant : bien que ces interactions soient très différentes sur le plan de l'intensité, de la portée et sur d'autres plans, toutes les particules de jauge (le photon, W⁺, W⁻ et Z⁰) sont des bosons de spin 1. Cela ne voulait-il pas dire qu'elles appartiennent toutes à la même famille ?

L'interaction électromagnétique a une symétrie de jauge U(1), qui permet de choisir le potentiel en un point quelconque. L'interaction faible a une symétrie SU(2), qui permet d'intervertir l'électron et son neutrino en un point quelconque. On désigne par SU(2) × U(1) la symétrie globale de jauge qui caractérise les deux interactions et pour laquelle il a fallu introduire quatre bosons de jauge de spin 1 pour imposer l'invariance locale à l'échange entre électrons et neutrinos. Ces quatre bosons furent identifiés comme étant le photon, W⁺, W⁻ et Z⁰.

Si l'interaction électromagnétique et l'interaction faible peuvent réellement être représentées comme des aspects différents d'une même interaction, leur intensité intrinsèque devrait être la même. On observe pourtant que l'interaction faible a une portée extrêmement courte (moins de 10^{-19} m) et qu'elle est beaucoup moins intense que l'interaction électromagnétique. On suppose alors qu'il s'agit d'un cas de symétrie cachée (nous reviendrons sur ce concept dans la prochaine sous-section). On peut expliquer la faible intensité apparente et la portée extrêmement courte de l'interaction faible si les particules W et Z ont des masses importantes. Malheureusement, dans une théorie de type Yang-Mills, les bosons de jauge n'ont pas de masse. Il fallait donc trouver un moyen d'attribuer une masse aux particules W et Z sans détruire toute la théorie.

Figure 13.19 ▲
S. Weinberg (en haut) et A. Salam.

Figure 13.20 ▲

Une particule en équilibre instable dans un puits de potentiel symétrique. Une petite perturbation va faire rouler la particule d'un côté ou de l'autre et l'état final du système ne reflétera pas la symétrie sous-jacente. C'est un exemple de symétrie cachée.

Rupture de la symétrie

Considérons la bille au milieu de la fonction énergie potentielle de la figure 13.20. La fonction ayant une symétrie de rotation par rapport à l'axe central, toutes les directions horizontales sont équivalentes. La bille est en équilibre instable parce qu'une légère perturbation l'écartant de sa position d'équilibre va la faire rouler d'un côté ou de l'autre. L'état final du système ne traduit pas la symétrie sous-jacente de la fonction d'énergie potentielle : on dit que la symétrie est *cachée*. C'est un exemple de *rupture de symétrie spontanée*.

On retrouve la notion de symétrie cachée dans d'autres contextes. Par exemple, l'équation qui décrit l'interaction magnétique entre les atomes d'un cristal n'a pas de direction privilégiée. À haute température, cette symétrie se manifeste par l'orientation aléatoire des moments magnétiques des atomes. Mais, en dessous du point de Curie, les moments magnétiques s'alignent et forment de vastes domaines magnétiques (voir la section 9.6 du tome 2). Une petite instabilité met le système dans un état d'équilibre ayant moins de symétrie que les équations. L'état symétrique devient instable et la symétrie sous-jacente est cachée. La formation de l'état supraconducteur en dessous de la température de transition constitue un exemple analogue de rupture de symétrie.

Peter Higgs (né en 1929) montra que l'introduction d'une autre particule de spin 0, appelée *boson de Higgs*, pouvait rompre la symétrie entre le photon et les autres bosons de jauge et permettre aux particules W^+, W^- et Z^0 d'avoir une masse.

L'interaction électromagnétique et l'interaction faible se comportent différemment à basse énergie et lorsque la distance entre les particules est grande. La symétrie qui existe entre elles est cachée. Toutefois, lorsque l'énergie disponible est supérieure à 100 GeV, le photon et les particules W^+, W^- et Z^0 peuvent

(a)   *(b)*

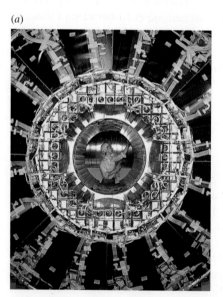

(a) Le détecteur OPAL, actif de 1989 à 2000 au CERN, a permis d'enregistrer l'effet de milliers de collisions entre des électrons et des positons. Produites dans un accélérateur de particules de 27 km de circonférence, le LEP (*Large Electron-Positron Collider*), ces particules avaient une énergie atteignant 170 GeV lorsqu'elles entraient en collision, produisant ainsi tout un lot de particules. (b) Le dernier événement enregistré par OPAL, en novembre 2000, avant le démantèlement du LEP. À cette date, OPAL avait enregistré quelques événements interprétés comme une manifestation du boson de Higgs, un nombre presque suffisant pour être considéré comme une découverte de cette particule. On espère davantage du nouvel accélérateur qui remplace le LEP depuis 2008, le LHC, capable d'accélérer des hadrons jusqu'à 7000 GeV. (Voir la première photographie du chapitre.)

être produits avec la même facilité. Aux énergies élevées et à des distances inférieures à 10^{-19} m environ, l'interaction électromagnétique et l'interaction faible ont la même intensité ; leur symétrie est restaurée.

13.9 Les nouveaux quarks

En 1961, Sheldon Lee Glashow (né en 1932) (figure 13.21), en se fondant sur le modèle alors considéré comme valable, réussit à prédire certaines désintégrations des mésons K, gouvernées par l'interaction faible dans laquelle l'étrangeté varie. Mais il ne parvint pas à les observer, ce qui imposait une remise en question du modèle. En 1970, S. Glashow, John Iliopoulos (né en 1940) et Luciano Maiani (né en 1941) développèrent donc la théorie de Weinberg-Salam pour éliminer cette difficulté.

Figure 13.21 ▲
Sheldon Lee Glashow.

Tous les indices dont ils disposaient indiquaient que les quarks et les leptons sont réellement des particules élémentaires. Il existait à l'époque quatre leptons et trois quarks. Les leptons apparaissaient sous forme de deux doublets (e, ν_e) et (μ, ν_μ), mais les quarks apparaissaient sous forme d'un doublet (u, d) et un singlet (s). Glashow et ses collègues s'aperçurent que certaines anomalies troublantes (expressions ayant des valeurs infinies) dans la théorie de Weinberg-Salam ne s'annulent que si la somme des charges de tous les fermions est nulle. La somme des charges de l'électron et du muon est égale à $-2e$, mais la somme des charges des quarks *up*, *down* et *étrange* est nulle. Ils aboutirent à une solution qui comportait deux innovations.

La première leur fut suggérée par l'élégance d'une structure parallèle des quarks et des leptons. Ils supposèrent qu'il existait un quatrième quark c, de charge $+2e/3$, qui formerait un doublet SU(2) avec le quark s : (c, s). La conservation d'un nouveau *nombre quantique de charme*, C, permettait de rendre compte de l'absence de désintégration K prédite par Glashow. Pour le *quark charmé* c (pour *charm*), $C = +1$, $s = \frac{1}{2}$, $Q = 2e/3$, $S = 0$ et $I = 0$. Tout comme l'étrangeté, le nombre quantique de charme n'est pas conservé dans l'interaction faible. La seconde innovation était rattachée au fait que le problème concernant les anomalies pouvait être résolu si les quatre quarks apparaissaient sous trois variétés, qui sont tout simplement les trois couleurs !

Glashow, Iliopoulos et Maiani venaient de montrer que l'extension de la théorie de jauge aux interactions faibles des hadrons *requiert* l'introduction à la fois du nombre quantique de charme et de la couleur. La théorie montrait une profonde symétrie entre les quarks et les leptons : non seulement les quarks et les leptons apparaissent sous forme de doublets, mais il doit aussi y avoir le même nombre de doublets.

La validité de cette nouvelle théorie fut vite renforcée par de nouvelles observations. En novembre 1974, Samuel Ting (né en 1936) à Brookhaven et Burton Richter (né en 1931) au SLAC (*Stanford Linear Accelerator Collider*) découvrirent chacun de leur côté (figure 13.22) une particule de résonance de durée de vie relativement longue (10^{-20} s), que l'on appelle maintenant J/ψ. Les données recueillies par Richter (figure 13.23) avaient été obtenues en observant les hadrons produits lors des collisions électron-électron. Il s'agissait d'un méson de spin 1, de masse 3,1 GeV, de nombres quantiques $B = 0$, $I = 0$ et $S = 0$, qui n'avait pas sa place dans le schéma à trois quarks. Il fut bientôt évident que la structure de quark J/ψ devait être $c\bar{c}$, ce qui signifie que $C = 0$ et que la nouvelle particule avait un charme « caché ». Par la suite, on trouva d'autres particules charmées ($C \neq 0$), comme les mésons D^0 (c$\bar{u}$), D^- ($\bar{c}$d) et D^+ (c$\bar{d}$). Les particules charmées sont toujours créées par paires, l'une avec un quark c et l'autre avec un antiquark $\bar{c}$.

Figure 13.22 ▶

La particule J/ψ fut découverte indépendamment par (*a*) B. Richter et (*b*) S. Ting.

(*a*)

(*b*)

(*a*)

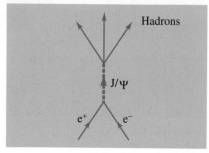

(*b*)

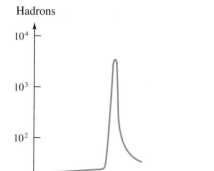

Figure 13.23 ▲

L'augmentation prononcée du nombre de hadrons produits lors des collisions électrons-positons observées par B. Richter indique la formation de la particule de résonance J/ψ.

	Q	C	B'	T
c	2/3e	1	0	0
b	1/3e	0	1	0
t	2/3e	0	0	1

B' : nombre quantique de type beauté
T : nombre quantique de type vérité
C : nombre quantique de type charme

Figure 13.24 ▲

Nombres quantiques des quarks c, b et t. Ils ont tous $S = 0$.

Trois ans plus tard, en 1977, Leon Lederman (né en 1922) trouva au Fermilab une autre particule de résonance, de vie relativement longue, que l'on appelle maintenant la particule Y (upsilon), et qui a une masse de 8,5 GeV. Il fallut pour cette particule introduire encore un *quark*, appelé *beauté* b (ou *bottom*), et on le désigna par la combinaison b$\bar{b}$. Étant donné la symétrie, on supposa immédiatement qu'il devait y avoir un autre *quark*, nommé *vérité* t (pour *top* ou *truth*), et deux leptons supplémentaires, τ et ν$_\tau$! Le tableau des quarks représenté à la figure 13.24 était alors complet. Le lepton lourd τ et son neutrino ont été détectés rapidement, mais le quark vérité ne l'a été qu'en 1995.

Dans le cadre du modèle standard actuel, la liste des particules élémentaires, initialement vertigineuse, est maintenant réduite aux quarks et aux leptons. Il existe six leptons (e, ν$_e$, μ, ν$_μ$, τ, ν$_τ$) alors que les quarks se répartissent en six *saveurs* (u, d, s, c, b, t) et trois *couleurs* (R, B, V).

13.10 La chromodynamique quantique

Sachant que les hadrons sont composés de deux ou trois quarks, par quoi ces quarks sont-ils maintenus ensemble ? En 1973, S. Weinberg et d'autres scientifiques émirent l'hypothèse que l'interaction entre les quarks est gouvernée par des champs de jauge associés à la charge de couleur ou au nombre quantique. L'« ancienne » symétrie SU(3) interchangeait les charges de saveur sur les quarks u, d et s. Mais il s'agissait d'une symétrie rompue parce que la force n'était pas invariante par rapport à toutes les opérations.

La *théorie de jauge de la couleur* comprend la nouvelle symétrie SU(3), considérée comme valable aujourd'hui, de la force de couleur qui fait intervenir l'échange de huit bosons vecteurs, sans masse, appelés *gluons*, entre les trois couleurs. Rappelons que, pour qu'un baryon apparaisse sans couleur, il faut que les trois couleurs soient représentées à un instant donné. Le fait de soumettre l'interaction de couleur à l'invariance locale signifie que chaque quark peut avoir n'importe quelle couleur. Ainsi, pour que le baryon reste sans couleur dans son ensemble, les gluons de jauge doivent eux aussi porter des charges de couleur. En fait, les gluons portent des combinaisons couleur-anticouleur mais n'ont pas de saveur. Seuls les six premiers des gluons suivants produisent des changements de couleur :

$$g_{B\bar{R}} ; \quad g_{B\bar{V}} ; \quad g_{V\bar{R}} ; \quad g_{V\bar{B}} ; \quad g_{R\bar{V}} ; \quad g_{R\bar{B}} ; \quad g_{01} ; \quad g_{02}$$

g_{01} et g_{02} étant des combinaisons de $g_{R\bar{R}}$, $g_{V\bar{V}}$, $g_{B\bar{B}}$. La figure 13.25 montre comment les quarks colorés u_R et d_B interagissent en échangeant un gluon $g_{R\bar{B}}$ allant de gauche à droite ou un gluon $g_{B\bar{R}}$ allant de droite à gauche.

L'interaction due à la couleur, appelée *interaction forte*, ne tient pas compte de la saveur (elle n'a aucun goût !) et couple les quarks avec les quarks. Les quarks échangent des couleurs, mais non des saveurs, par l'intermédiaire des gluons. L'interaction faible ne tient pas compte de la couleur (elle est aveugle !) et, de plus, elle couple les quarks avec les leptons. Elle modifie la saveur des quarks par l'intermédiaire des bosons W et Z. La particule W porte la charge de « saveur » et intervertit e et ν_e. W modifie également la saveur des quarks sans modifier leur couleur. Dans la désintégration β d'un neutron, $n \rightarrow p + e + \bar{\nu}_e$, un neutron donne un proton avec émission de e et $\bar{\nu}_e$. On peut maintenant décrire cette réaction en disant qu'un quark d se transforme en un quark u avec émission d'une particule W qui se désintègre ensuite en $e + \bar{\nu}_e$ (figure 13.26). La particule W, qui a une masse de 81 GeV, fut découverte par Carlo Rubbia (né en 1934) en 1982. La particule Z^0, qui a une masse de 93 GeV, fut détectée quelques mois plus tard, en 1983.

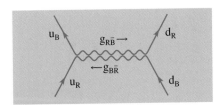

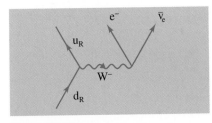

Figure 13.25 ▲
Interaction entre des quarks par l'intermédiaire d'un gluon.

Figure 13.26 ▲
Désintégration β⁻ expliquée par la structure sous-jacente des quarks du neutron et du proton.

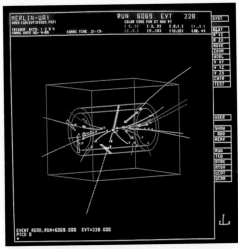

Désintégration d'une particule W en un électron (trace bleue dirigée vers le bas) et un neutrino (trace bleue plus épaisse dirigée vers le haut, qui a été reconstituée après l'événement). Les traces rouges et jaunes sont dues à d'autres particules. Les traits blancs indiquent l'endroit où l'électron a été enregistré par le calorimètre électromagnétique qui mesure les énergies des particules. La particule W a été créée lors d'une collision proton-antiproton.

Une paroi du détecteur géant UAI du CERN ayant servi à détecter les particules W et Z.

Il existe une différence importante entre le photon et les autres bosons de jauge. Le photon sert d'intermédiaire dans l'interaction entre charges électriques alors qu'il est neutre. D'autre part, le boson W porte la charge de saveur et les gluons portent la charge de couleur. Il y a donc interaction entre les gluons.

La force nucléaire, dont nous avons parlé dans le chapitre précédent, est maintenant considérée comme un pâle résidu de l'interaction forte (force de couleur), attribuée aux gluons et agissant entre les quarks. On observe une situation similaire dans l'interaction électromagnétique : les forces de Van der Waals entre deux molécules neutres proviennent de la polarisation induite des charges. Ce n'est qu'un effet résiduel, beaucoup plus faible que l'interaction entre les charges, donnée par la loi de Coulomb.

Les réactions du type [e$^+$ + e$^-$ → hadrons] fournissent des mesures confirmant le modèle des quarks et des gluons. Aux énergies moyennes, les hadrons produits sont distribués sur plusieurs directions; aux énergies élevées, ils forment parfois deux cônes étroits appelés *jets*, qui émergent dans des directions opposées. Ce phénomène peut être interprété comme étant dû à la production d'une paire quark-antiquark, dont chaque particule se désintègre par la suite. En 1979, trois jets furent observés à très haute énergie; on pourrait les interpréter comme étant produits par une paire quark-antiquark et un gluon.

13.11 La grande théorie unifiée

En 1974, Howard Georgi (né en 1947) et S. Glashow proposèrent une théorie pour unifier l'interaction électrofaible et l'interaction forte. Des travaux antérieurs ayant démontré la structure parallèle des quarks et des leptons, Georgi et Glashow allèrent un peu plus loin en décidant de mettre les quarks et les leptons sur un pied d'égalité, ce qui nécessitait une symétrie plus complexe englobant à la fois SU(3) de l'interaction de couleur et SU(2) × U(1) de l'interaction électrofaible. Dans le groupe de symétrie le plus simple, appelé SU(5), le vecteur fondamental a cinq composantes. Georgi et Glashow choisirent trois quarks et deux leptons : d_R, d_B, d_V, e$^+$ et ν. La théorie de jauge nécessitait l'introduction de 24 particules de jauge, réparties en deux groupes de 12. Douze de ces particules nous sont déjà familières : quatre pour l'interaction électrofaible (photon, W$^+$, W$^-$ et Z) et huit gluons pour l'interaction de couleur. Quant aux 12 particules restantes, appelées particules X, elles échangent quarks et antiquarks, et surtout quarks et leptons. Si la symétrie SU(5) était valable, l'interaction électrofaible et l'interaction de couleur auraient la même intensité. Mais comme ce n'est pas le cas, on suppose que la symétrie est cachée.

Les masses des particules X sont estimées à près de 10^{15} GeV ! La portée des interactions entre quarks et leptons est donc étonnamment faible. Une particule X virtuelle ne peut parcourir que 10^{-31} m environ. Cette énergie, ou distance, définit l'*échelle d'unification*. Au fur et à mesure que l'énergie augmente, l'interaction faible reste pratiquement constante et la force électromagnétique augmente, mais l'interaction forte diminue. Les trois interactions ne deviennent de force égale qu'à ces énergies élevées, ou petites distances, puisque la différence de masse entre les bosons de jauge (photon, les W et les X) n'est pas importante. Ils peuvent tous être produits avec la même aisance. Dans cette *grande théorie unifiée*, les quarks et les leptons sont équivalents et peuvent être librement interchangés à l'échelle d'unification.

La grande théorie unifiée a une conséquence intéressante : pour que les échanges associés aux opérations de symétrie soient en conformité avec la conservation de la charge, cette dernière doit être quantifiée en unités fondamentales de *e*/3. Nous avons mentionné plus haut que l'invariance de jauge des équations de Maxwell entraîne la conservation de la charge. Nous constatons maintenant que l'invariance de jauge de la grande théorie unifiée explique sa quantification !

À cause de leur masse énorme, il nous est impossible de détecter les particules X. Il existe pourtant un moyen de vérifier indirectement la grande théorie unifiée. Puisqu'une particule X transforme un quark en un lepton, cela signifie qu'un proton peut se désintégrer et donc que le nombre baryonique et le nombre leptonique ne sont pas conservés. La masse importante des X implique qu'un proton produit par l'entremise d'une désintégration du type p → e$^+$ + γ doit avoir une durée de vie voisine de 10^{32} a, ce qui est terriblement long, beaucoup plus que l'âge de l'univers. Néanmoins, la limite expérimentale actuelle est de

10^{31} a, ce qui est assez proche. Si l'on parvient à détecter la désintégration du proton, on aura la confirmation de l'unité essentielle de l'interaction électro-faible et de l'interaction de couleur.

Des progrès énormes ont été réalisés vers l'unification des interactions et vers la recherche des « vraies » particules élémentaires (celles auxquelles nous n'aurons pas à modéliser une structure interne). Nous venons de donner un aperçu de la puissance étonnante des théories de jauge ; les travaux réalisés ces dernières années ont permis d'établir que « la symétrie gouverne le monde ». Il reste pourtant des questions importantes à résoudre. Nous n'avons besoin que de deux quarks (u, d) et de deux leptons (e, ν_e) pour construire la matière ordinaire. Pour reformuler un commentaire fait par Isidor Isaac Rabi (1898-1988) dans un autre contexte : qui a passé la commande des autres quarks et leptons ? Et à quoi peuvent-ils servir ?

Unités SI

Les *unités de base* du Système international sont les suivantes*.

Le **mètre (m)** : Le mètre est la distance parcourue dans le vide par la lumière pendant un intervalle de temps égal à 1/299 792 458 s. (1983)

Le **kilogramme (kg)** : Égal à la masse du kilogramme étalon international. (1889)

La **seconde (s)** : La seconde est la durée de 9 192 631 770 périodes de la radiation correspondant à la transition entre les deux niveaux hyperfins de l'état fondamental de l'atome de césium 133. (1967)

L'**ampère (A)** : L'ampère est l'intensité d'un courant constant qui, passant dans deux conducteurs parallèles, rectilignes, de longueur infinie, de section circulaire négligeable, et placés à un mètre l'un de l'autre dans le vide, produit entre ces conducteurs une force égale à 2×10^{-7} N par mètre de longueur. (1948)

Le **kelvin (K)** : Unité de température thermodynamique, le kelvin est la fraction 1/273,16 de la température thermodynamique du point triple de l'eau. (1968)

Le **candela (cd)** : Le candela est l'intensité lumineuse, dans une direction donnée, d'une source qui émet un rayonnement monochromatique de fréquence 540×10^{12} Hz et dont l'intensité énergétique dans cette direction est 1/683 W par stéradian. (1979)

La **mole (mol)** : La mole est la quantité de matière qui contient un nombre d'entités élémentaires identiques entre elles (atomes, molécules, ions, électrons, particules) égal au nombre d'atomes de carbone dans 0,012 kg de carbone 12. (1971)

Unités SI dérivées portant des noms particuliers

Grandeur	Unité dérivée	Nom
Activité	1 désintégration/s	becquerel (Bq)
Capacité	C/V	farad (F)
Charge	A·s	coulomb (C)
Potentiel électrique, f.é.m.	J/C	volt (V)
Énergie, travail	N·m	joule (J)
Force	kg·m/s^2	newton (N)
Fréquence	1/s	hertz (Hz)
Inductance	V·s/A	henry (H)
Densité de flux magnétique	Wb/m^2	tesla (T)
Flux magnétique	V·s	weber (Wb)
Puissance	J/s	watt (W)
Pression	N/m^2	pascal (Pa)
Résistance	V/A	ohm (Ω)

* Nous indiquons entre parenthèses l'année où la définition est devenue officielle.

Rappels de mathématiques

Algèbre

Exposants

$$x^m x^n = x^{m+n} \qquad x^{1/n} = \sqrt[n]{x}$$
$$\frac{x^m}{x^n} = x^{m-n} \qquad (x^m)^n = x^{mn}$$

Équation du second degré

Les racines de l'équation du second degré

$$ax^2 + bx + c = 0$$

sont données par

$$x = \frac{-b \pm \sqrt{b^2 - 4ac}}{2a}$$

Si $b^2 < 4ac$, les racines ne sont pas réelles.

Équation d'une droite

L'équation d'une droite est de la forme

$$y = mx + b$$

où b est l'*ordonnée à l'origine* et m est la *pente*, telle que

$$m = \frac{y_2 - y_1}{x_2 - x_1} = \frac{\Delta y}{\Delta x}$$

Logarithmes

Si

$$x = a^y$$

alors

$$y = \log_a x$$

La quantité y est le logarithme en *base a* de x. Si $a = 10$, le logarithme est dit *décimal* ou à base 10 et s'écrit $\log_{10} x$ ou simplement $\log x$. Si $a = e = 2{,}718\,28\ldots$, le logarithme est dit *naturel* ou népérien et s'écrit $\log_e x$ ou $\ln x$ (noter que $\ln e = 1$).

$$\log(AB) = \log A + \log B \qquad \log(A/B) = \log A - \log B$$

$$\log(A^n) = n \log A$$

Géométrie

Triangle : Aire $= \frac{1}{2}$ base $\times$ hauteur, $A = \frac{1}{2} bh$

Cercle : Circonférence : $C = 2\pi r$

Aire : $A = \pi r^2$

Sphère : Aire de la surface : $A = 4\pi r^2$

Volume : $V = \frac{4}{3} \pi r^3$

Un cercle de rayon r ayant son centre à l'origine a pour équation

(cercle) $$x^2 + y^2 = r^2$$

L'ellipse de la figure A a pour équation

(ellipse) $$\frac{x^2}{a^2} + \frac{y^2}{b^2} = 1$$

où $2a$ est la longueur du *grand* axe et $2b$, la longueur du *petit* axe.

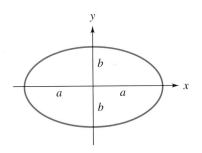

Figure A

Trigonométrie

Dans le triangle rectangle de la figure B, les fonctions trigonométriques fondamentales sont définies par :

$$\sin \theta = \frac{\text{côté opposé}}{\text{hypoténuse}} = \frac{a}{c}; \qquad \text{cosec } \theta = \frac{1}{\sin \theta}$$

$$\cos \theta = \frac{\text{côté adjacent}}{\text{hypoténuse}} = \frac{b}{c}; \qquad \text{sec } \theta = \frac{1}{\cos \theta}$$

$$\tan \theta = \frac{\text{côté opposé}}{\text{côté adjacent}} = \frac{a}{b}; \qquad \text{cotan } \theta = \frac{1}{\tan \theta}$$

Selon le théorème de Pythagore, $c^2 = a^2 + b^2$, donc $\cos^2\theta + \sin^2\theta = 1$.

À partir du triangle quelconque de la figure C, on peut énoncer les deux relations suivantes :

(loi des cosinus) $$C^2 = A^2 + B^2 - 2\,AB \cos \gamma$$

(loi des sinus) $$\frac{\sin \alpha}{A} = \frac{\sin \beta}{B} = \frac{\sin \gamma}{C}$$

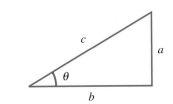

Figure B

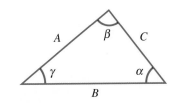

Figure C

Quelques identités trigonométriques

$$\sin^2\theta + \cos^2\theta = 1 \qquad \sec^2\theta = 1 + \tan^2\theta$$

$$\sin 2\theta = 2 \sin\theta \cos\theta \qquad \cos 2\theta = \cos^2\theta - \sin^2\theta$$
$$= 2\cos^2\theta - 1$$
$$= 1 - 2\sin^2\theta$$

$$\tan 2\theta = \frac{2\tan\theta}{1 - \tan^2\theta}; \qquad \tan \theta = \pm\sqrt{\frac{1 - \cos 2\theta}{1 + \cos 2\theta}}$$

$$\sin (A \pm B) = \sin A \cos B \pm \cos A \sin B$$

$$\cos (A \pm B) = \cos A \cos B \mp \sin A \sin B$$

$$\sin A \pm \sin B = 2 \sin \frac{(A \pm B)}{2} \cos \frac{(A \mp B)}{2}$$

$$\cos A + \cos B = 2 \cos \frac{(A + B)}{2} \cos \frac{(A - B)}{2}$$

$$\cos A - \cos B = 2 \sin \frac{(A + B)}{2} \sin \frac{(B - A)}{2}$$

$$\sin A \cos B = \frac{1}{2}[\sin(A - B) + \sin(A + B)]$$

$$\sin A \sin B = \frac{1}{2}[\cos(A - B) - \cos(A + B)]$$

$$\cos A \cos B = \frac{1}{2}[\cos(A - B) + \cos(A + B)]$$

Développements en série

$$(a + b)^n = a^n + \frac{n}{1!} a^{n-1}b + \frac{n(n-1)}{2!} a^{n-2}b^2 + \cdots$$

$$(1 + x)^n = 1 + nx + \frac{n(n-1)}{2!} x^2 + \cdots$$

$$e^x = 1 + x + \frac{x^2}{2!} + \frac{x^3}{3!} + \cdots$$

$$\ln(1 \pm x) = \pm x - \frac{x^2}{2} \pm \frac{x^3}{3} - \cdots \qquad \text{pour } |x| < 1$$

$$\sin x = x - \frac{x^3}{3!} + \frac{x^5}{5!} - \cdots$$

$$\cos x = 1 - \frac{x^2}{2!} + \frac{x^4}{4!} - \cdots \qquad\qquad \left.\right\} \; x \text{ en radians}$$

$$\tan x = x + \frac{x^3}{3} + \frac{2x^5}{15} + \cdots \qquad \text{pour } |x| < \pi/2$$

Approximation des petits angles

Les développements en série de sin x, cos x et tan x ci-dessus, quand ils sont utilisés avec une très petite valeur de x, conduisent aux approximations suivantes :

$$\sin x \approx x$$
$$\cos x \approx 1 \qquad\qquad\qquad \text{pour } x \ll 1$$
$$\tan x \approx x$$

Par conséquent,
$$\sin x \approx \tan x \qquad\qquad\qquad \text{pour } x \ll 1$$

Translations de fonctions

On peut faire subir à toute fonction $y(x)$ une translation d'une quelconque distance h le long de l'axe des x en remplaçant, dans cette fonction, « x » par « $x - h$ ». De même, on peut faire subir à toute fonction $y(x)$ une translation d'une quelconque distance k le long de l'axe des y en remplaçant, dans cette fonction, « y » par « $y - k$ ». La figure D illustre, en pointillés, les fonctions $y = x^2$ et $y = \sin(5\pi x)$ auxquelles est appliquée une translation vers la droite. Les courbes illustrées en lignes pleines sont $y = (x - 1)^2$ et $y = \sin[5\pi(x - 0,025)]$.

Avec cette méthode, on déduit en particulier que

$$\sin(x + \pi/2) = \cos x$$
$$\sin(x - \pi/2) = -\cos x$$

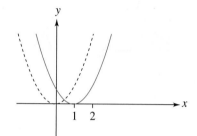

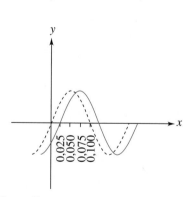

Figure D

Rappels de calcul différentiel et intégral

Calcul différentiel

Dérivée d'un produit :

$$\frac{\mathrm{d}(uv)}{\mathrm{d}x} = u\frac{\mathrm{d}v}{\mathrm{d}x} + v\frac{\mathrm{d}u}{\mathrm{d}x}$$

Dérivée d'un quotient :

$$\frac{\mathrm{d}}{\mathrm{d}x}\left(\frac{u}{v}\right) = \frac{v\dfrac{\mathrm{d}u}{\mathrm{d}x} - u\dfrac{\mathrm{d}v}{\mathrm{d}x}}{v^2}$$

Règle de dérivation des fonctions composées :

Étant donné une fonction $f(u)$ où u est elle-même une fonction de x, on a

$$\frac{\mathrm{d}f}{\mathrm{d}x} = \frac{\mathrm{d}f}{\mathrm{d}u} \cdot \frac{\mathrm{d}u}{\mathrm{d}x}$$

Par exemple,

$$\frac{\mathrm{d}(\sin u)}{\mathrm{d}x} = \cos u \cdot \frac{\mathrm{d}u}{\mathrm{d}x}$$

Dérivées de quelques fonctions*

$$\frac{\mathrm{d}}{\mathrm{d}x}(ax^n) = nax^{n-1};$$
$$\frac{\mathrm{d}}{\mathrm{d}x}(e^{ax}) = ae^{ax}$$

$$\frac{\mathrm{d}}{\mathrm{d}x}(\sin ax) = a\cos ax;$$
$$\frac{\mathrm{d}}{\mathrm{d}x}(\cos ax) = -a\sin ax$$

$$\frac{\mathrm{d}}{\mathrm{d}x}(\tan ax) = a\sec^2 ax;$$
$$\frac{\mathrm{d}}{\mathrm{d}x}(\cotan ax) = -a\cosec^2 ax$$

$$\frac{\mathrm{d}}{\mathrm{d}x}(\sec x) = \tan x \sec x;$$
$$\frac{\mathrm{d}}{\mathrm{d}x}(\cosec x) = -\cotan x \cosec x$$

$$\frac{\mathrm{d}}{\mathrm{d}x}(\ln ax) = \frac{a}{x}$$

Calcul des intégrales

Intégration par parties :

$$\int u\left(\frac{\mathrm{d}v}{\mathrm{d}x}\right)\mathrm{d}x = uv - \int v\left(\frac{\mathrm{d}u}{\mathrm{d}x}\right)\mathrm{d}x$$

---

* Pour les fonctions trigonométriques, x est en radians.

Quelques intégrales

(Une constante arbitraire peut être ajoutée à chaque intégrale.*)

$$\int x^n \, dx = \frac{x^{n+1}}{(n+1)} \quad (n \neq -1)$$

$$\int e^{ax} \, dx = \frac{1}{a} e^{ax}$$

$$\int \frac{dx}{x} = \ln|x|$$

$$\int xe^{ax} \, dx = (ax - 1)\frac{e^{ax}}{a^2}$$

$$\int \frac{dx}{a + bx} = \frac{1}{b}\ln|a + bx|$$

$$\int x^2 e^{-ax} \, dx = -\frac{1}{a^3}(a^2 x^2 + 2ax + 2)e^{-ax}$$

$$\int \frac{dx}{(a + bx)^2} = -\frac{1}{b(a + bx)}$$

$$\int \ln(ax) \, dx = x\ln|ax| - x$$

$$\int \frac{dx}{a^2 + x^2} = \frac{1}{a}\arctan\left(\frac{x}{a}\right)$$

$$\int \sin(ax) \, dx = -\frac{1}{a}\cos(ax)$$

$$\int \frac{dx}{x^2 - a^2} = \frac{1}{2a}\ln\left|\frac{x - a}{x + a}\right| \quad (x^2 > a^2)$$

$$\int \cos(ax) \, dx = \frac{1}{a}\sin(ax)$$

$$\int \frac{dx}{a^2 - x^2} = \frac{1}{2a}\ln\left|\frac{a + x}{a - x}\right| \quad (x^2 < a^2)$$

$$\int \tan(ax) \, dx = \frac{1}{a}\ln|\sec(ax)|$$

$$\int \frac{x \, dx}{a^2 \pm x^2} = \pm\frac{1}{2}\ln|a^2 \pm x^2|$$

$$\int \cotan(ax) \, dx = \frac{1}{a}\ln|\sin(ax)|$$

$$\int \frac{dx}{\sqrt{a^2 - x^2}} = \arcsin\left(\frac{x}{a}\right)$$

$$\int \sec(ax) \, dx = \frac{1}{a}\ln|\sec(ax) + \tan(ax)|$$

$$= -\arccos\left(\frac{x}{a}\right) \quad (x^2 < a^2)$$

$$\int \cosec(ax) \, dx = \frac{1}{a}\ln|\cosec(ax) + \cotan(ax)|$$

$$\int \frac{dx}{\sqrt{x^2 \pm a^2}} = \ln\left|x + \sqrt{x^2 \pm a^2}\right|$$

$$\int \sin^2(ax) \, dx = \frac{x}{2} - \frac{\sin(2ax)}{4a}$$

$$\int \frac{x \, dx}{\sqrt{a^2 - x^2}} = -\sqrt{a^2 - x^2}$$

$$\int \cos^2 ax \, dx = \frac{x}{2} + \frac{\sin(2ax)}{4a}$$

$$\int \frac{x \, dx}{\sqrt{x^2 \pm a^2}} = \sqrt{x^2 \pm a^2}$$

$$\int \frac{1}{\sin^2(ax)} \, dx = -\frac{1}{a}\cotan(ax)$$

$$\int \frac{dx}{(x^2 + a^2)^{3/2}} = \frac{x}{a^2(x^2 + a^2)^{1/2}}$$

$$\int \frac{1}{\cos^2(ax)} \, dx = \frac{1}{a}\tan(ax)$$

$$\int \frac{x \, dx}{(x^2 + a^2)^{3/2}} = -\frac{1}{(x^2 + a^2)^{1/2}}$$

$$\int \tan^2(ax) \, dx = \frac{1}{a}\tan(ax) - x$$

$$\int x\sqrt{x^2 \pm a^2} \, dx = \frac{1}{3}(x^2 \pm a^2)^{3/2}$$

$$\int \cotan^2(ax) \, dx = -\frac{1}{a}\cotan(ax) - x$$

---

* Pour les fonctions trigonométriques, x est en radians.

ANNEXE D

Tableau périodique des éléments

Éléments de transition

Légende :

Symbole	**C**	6 ← Numéro atomique
Masse atomique* →	12,01	
	$2p^2$	← Configuration électronique

Groupe I	Groupe II												Groupe III	Groupe IV	Groupe V	Groupe VI	Groupe VII	Groupe 0
H 1 1,01 $1s^1$																		**He** 2 4,00 $1s^2$
Li 3 6,94 $2s^1$	**Be** 4 9,01 $2s^1$												**B** 5 10,81 $2p^1$	**C** 6 12,01 $2p^2$	**N** 7 14,01 $2p^3$	**O** 8 16,00 $2p^4$	**F** 9 19,00 $2p^5$	**Ne** 10 20,18 $2p^6$
Na 11 22,99 $3s^1$	**Mg** 12 24,31 $3s^2$												**Al** 13 26,98 $3p^1$	**Si** 14 28,09 $3p^2$	**P** 15 30,97 $3p^3$	**S** 16 32,06 $3p^4$	**Cl** 17 35,45 $3p^5$	**Ar** 18 39,95 $3p^6$
K 19 39,10 $4s^1$	**Ca** 20 40,08 $4s^2$	**Sc** 21 44,96 $3d^14s^2$	**Ti** 22 47,90 $3d^24s^2$	**V** 23 50,94 $3d^34s^2$	**Cr** 24 52,00 $3d^54s^1$	**Mn** 25 54,938 $3d^54s^2$	**Fe** 26 55,85 $3d^64s^2$	**Co** 27 58,93 $3d^74s^2$	**Ni** 28 58,71 $3d^84s^2$	**Cu** 29 63,55 $3d^{10}4s^1$	**Zn** 30 65,38 $3d^{10}4s^2$		**Ga** 31 69,72 $4p^1$	**Ge** 32 72,59 $4p^2$	**As** 33 74,92 $4p^3$	**Se** 34 78,96 $4p^4$	**Br** 35 79,90 $4p^5$	**Kr** 36 83,80 $4p^6$
Rb 37 85,47 $5s^1$	**Sr** 38 87,62 $5s^2$	**Y** 39 88,91 $4d^15s^2$	**Zr** 40 91,22 $4d^25s^2$	**Nb** 41 92,91 $4d^45s^1$	**Mo** 42 95,94 $4d^55s^1$	**Tc** 43 98,9 $4d^55s^2$	**Ru** 44 101,07 $4d^75s^1$	**Rh** 45 102,91 $4d^85s^1$	**Pd** 46 106,4 $4d^{10}$	**Ag** 47 107,87 $4d^{10}5s^1$	**Cd** 48 112,41 $4d^{10}5s^2$		**In** 49 114,82 $5p^1$	**Sn** 50 118,69 $5p^2$	**Sb** 51 121,75 $5p^3$	**Te** 52 127,60 $5p^4$	**I** 53 126,90 $5p^5$	**Xe** 54 131,30 $5p^6$
Cs 55 132,91 $6s^1$	**Ba** 56 137,33 $6s^2$	57-71†	**Hf** 72 178,49 $5d^26s^2$	**Ta** 73 180,95 $5d^36s^2$	**W** 74 183,85 $5d^46s^2$	**Re** 75 186,21 $5d^56s^2$	**Os** 76 190,2 $5d^66s^2$	**Ir** 77 192,22 $5d^76s^2$	**Pt** 78 195,09 $5d^96s^1$	**Au** 79 196,97 $5d^{10}6s^1$	**Hg** 80 200,59 $5d^{10}6s^2$		**Tl** 81 204,37 $6p^1$	**Pb** 82 207,2 $6p^2$	**Bi** 83 208,98 $6p^3$	**Po** 84 (209) $6p^4$	**At** 85 (210) $6p^5$	**Rn** 86 (222) $6p^6$
Fr 87 (223) $7s^1$	**Ra** 88 226,03 $7s^2$	89-103‡	**Rf** 104 (261) $6d^27s^2$	**Ha** 105 (260) $6d^37s^2$	106 (263)	107 (262)	108 (265)	109 (266)										

† Lanthanides

La 57 139,91 $5d^16s^2$	**Ce** 58 140,12 $4f^26s^2$	**Pr** 59 140,91 $4f^36s^2$	**Nd** 60 144,24 $4f^46s^2$	**Pm** 61 (145) $4f^56s^2$	**Sm** 62 150,4 $4f^66s^2$	**Eu** 63 151,96 $4f^76s^2$	**Gd** 64 157,25 $5d^14f^76s^2$	**Tb** 65 158,93 $4f^96s^2$	**Dy** 66 162,50 $4f^{10}6s^2$	**Ho** 67 164,93 $4f^{11}6s^2$	**Er** 68 167,26 $4f^{12}6s^2$	**Tm** 69 168,93 $4f^{13}6s^2$	**Yb** 70 173,04 $4f^{14}6s^2$	**Lu** 71 174,97 $5d^14f^{14}6s^2$

‡ Actinides

Ac 89 (227) $6d^17s^2$	**Th** 90 232,04 $6d^27s^2$	**Pa** 91 231,04 $5f^26d^17s^2$	**U** 92 238,03 $5f^36d^17s^2$	**Np** 93 237,05 $5f^46d^17s^2$	**Pu** 94 (244) $5f^67s^2$	**Am** 95 (243) $5f^77s^2$	**Cm** 96 (247) $5f^76d^17s^2$	**Bk** 97 (247) $5f^86d^17s^2$	**Cf** 98 (251) $5f^{10}7s^2$	**Es** 99 (253) $5f^{11}7s^2$	**Fm** 100 (257) $5f^{12}7s^2$	**Md** 101 (258) $5f^{13}7s^2$	**No** 102 (259) $5f^{14}7s^2$	**Lw** 103 (260) $6d^17s^2$

* Valeur moyenne déterminée en fonction de l'abondance isotopique relative sur terre. L'annexe E indique le pourcentage d'abondance de certains isotopes. Pour les éléments instables, la masse de l'isotope le plus stable est indiquée entre parenthèses.

Table des isotopes les plus abondants*

Chaque masse atomique est celle de l'atome neutre et comprend Z électrons.

La liste complète des isotopes, qu'ils soient d'origine naturelle ou qu'ils aient été produits artificiellement en laboratoire, compte plusieurs centaines d'éléments. Nous donnons ici la liste de ceux qui sont les plus abondants dans la nature. Lorsque plus de trois isotopes ont été répertoriés pour un même numéro atomique, nous indiquons les trois plus abondants (sauf exceptions). Lorsque aucun isotope stable n'existe pour un atome donné, nous décrivons un ou plusieurs des isotopes radioactifs ; dans certains cas, l'abondance ne peut être précisée. La dernière colonne de la table indique la demi-vie des isotopes radioactifs. Entre parenthèses, nous mentionnons le ou les modes de désintégration s'ils sont connus : α = désintégration alpha ; β = désintégration bêta ; C.E. = capture d'un électron orbital. Les chiffres entre parenthèses indiquent l'incertitude sur les derniers chiffres de la donnée expérimentale.

Numéro atomique (Z)	Élément	Symbole	Nombre de masse (A)	Masse atomique (u)	Abondance (%)	Demi-vie (mode de désintégration)
0	(neutron)	n	1	1,008 665	–	10,3 min (β^-)
1	hydrogène	H	1	1,007 825 035(12)	99,985(1)	
1	deutérium	D	2	2,014 101 779(24)	0,015(1)	
1	tritium	T	3	3,016 049 27(4)	–	12,32 a (β^-)
2	hélium	He	3	3,016 029 31(4)	0,000 137(3)	
2			4	4,002 603 24(5)	99,999 863(3)	
3	lithium	Li	6	6,015 121 4(7)	7,5(2)	
3			7	7,016 003 0(9)	92,5(2)	
4	béryllium	Be	7	7,016 929	–	53,28 jours (C.E.)
4			9	9,012 182 2(4)	100	
5	bore	B	10	10,012 936 9(3)	19,9(2)	
5			11	11,009 305 4(4)	80,1(2)	
6	carbone	C	12	12 (par définition)	98,90(3)	
6			13	13,003 354 826(17)	1,10(3)	
6			14	14,003 241 982(27)	trace**	5730 a (β^-)
7	azote	N	13	13,005 738 6	–	9,97 min (β^+)
7			14	14,003 074 002(26)	99,634(9)	
7			15	15,000 108 97(4)	0,366(9)	

* Données tirées de David R. Lide (dir.), *CRC Handbook of Chemistry and Physics*, Boca Raton, CRC Press, 1994. Reproduit avec l'autorisation de CRC Press LLC par l'entremise du Copyright Clearance Center.

** Dans l'atmosphère terrestre, la proportion du nombre d'atomes $^{14}C/^{12}C$ est de $1,3 \times 10^{-12}$.

Numéro atomique (Z)	Élément	Symbole	Nombre de masse (A)	Masse atomique (u)	Abondance (%)	Demi-vie (mode de désintégration)
8	oxygène	O	16	15,994 914 63(5)	99,762(15)	
8			17	16,999 131 2(4)	0,038(3)	
8			18	17,999 160 3(9)	0,200(12)	
9	fluor	F	19	18,998 403 22(15)	100	
10	néon	Ne	20	19,992 435 6(22)	90,48(3)	
10			22	21,991 383 1(18)	9,25(3)	
11	sodium	Na	22	21,994 437	–	2,605 a (β^+, C.E.)
11			23	22,989 767 7(10)	100	
12	magnésium	Mg	24	23,985 041 9	78,99(3)	
12			25	24,985 837 0	10,00(1)	
12			26	25,982 593 0	11,01(2)	
13	aluminium	Al	27	26,981 538 6(8)	100	
14	silicium	Si	28	27,976 927 1(7)	92,23(1)	
14			29	28,976 494 9(7)	4,67(1)	
14			30	29,973 770 7(7)	3,10(1)	
15	phosphore	P	30	29,978 314	–	2,50 min (β^+)
15			31	30,973 762 0(6)	100	
16	soufre	S	32	31,972 070 70(25)	95,02(9)	
16			33	32,971 458 54(23)	0,75(4)	
16			34	33,967 866 65(22)	4,21(8)	
17	chlore	Cl	35	34,968 852 721(69)	75,77(7)	
17			37	36,965 902 62(11)	24,23(7)	
18	argon	Ar	36	35,967 545 52(29)	0,337(3)	
18			38	37,962 732 5(9)	0,063(1)	
18			40	39,962 383 7(14)	99,600(3)	
19	potassium	K	39	38,963 707 4(12)	93,258 1(44)	
19			40	39,963 999 2(12)	0,011 7(1)	$1,26 \times 10^9$ a (β^-)
19			41	40,961 825 4(12)	6,730 2(44)	
20	calcium	Ca	40	39,962 590 6(13)	96,941(18)	
20			42	41,958 617 6(13)	0,647(9)	
20			44	43,955 480 6(14)	2,086(12)	
21	scandium	Sc	45	44,955 910 0(14)	100	
22	titane	Ti	46	45,952 629 4(14)	8,0(1)	
22			47	46,951 764 0(11)	7,3(1)	
22			48	47,947 947 3(11)	73,8(1)	
23	vanadium	V	50	49,947 160 9(17)	0,250(2)	$>1,4 \times 10^{17}$ a (C.E.)
23			51	50,943 961 7(17)	99,750(2)	
24	chrome	Cr	50	49,946 046 4(17)	4,345(13)	
24			52	51,940 509 8(17)	83,789(18)	
24			53	52,940 651 3(17)	9,501(17)	
25	manganèse	Mn	55	54,938 047 1(16)	100	

Numéro atomique (Z)	Élément	Symbole	Nombre de masse (A)	Masse atomique (u)	Abondance (%)	Demi-vie (mode de désintégration)
26	fer	Fe	54	53,939 612 7(15)	5,8(1)	
26			56	55,934 939 3(16)	91,72(30)	
26			57	56,935 395 8(16)	2,1(1)	
27	cobalt	Co	59	58,933 197 6(16)	100	
28	nickel	Ni	58	57,935 346 2(16)	68,077(9)	
28			60	59,930 788 4(16)	26,223(8)	
28			62	61,928 346 1(16)	3,634(2)	
28			64	63,927 969	0,926(1)	
29	cuivre	Cu	63	62,929 598 9(16)	69,17(3)	
29			64	63,929 768	–	12,701 h (β^-, β^+, C.E.)
29			65	64,927 792 9(20)	30,83(3)	
30	zinc	Zn	64	63,929 144 8(19)	48,6(3)	
30			66	65,926 034 7(17)	27,9(2)	
30			68	67,924 845 9(18)	18,8(4)	
31	gallium	Ga	69	68,925 580(3)	60,108(9)	
31			71	70,924 700 5(25)	39,892(9)	
32	germanium	Ge	70	69,924 249 7(16)	21,23(4)	
32			72	71,922 078 9(16)	27,66(3)	
32			74	73,921 177 4(15)	35,94(2)	
33	arsenic	As	75	74,921 594 2(17)	100	
34	sélénium	Se	76	75,919 212 0(16)	9,36(11)	
34			78	77,917 307 6(16)	23,78(9)	
34			80	79,916 519 6(19)	49,61(10)	
35	brome	Br	79	78,918 336 1(26)	50,69(7)	
35			81	80,916 289(6)	49,31(7)	
36	krypton	Kr	82	81,913 482(6)	11,6(1)	
36			84	83,911 507(4)	57,0(3)	
36			86	85,910 616(5)	17,3(2)	
36			89	88,917 64	–	3,15 min (β^-)
37	rubidium	Rb	85	84,911 794(3)	72,165(20)	
37			87	86,909 187(3)	27,835(20)	$4,88 \times 10^{10}$ a (β^-)
38	strontium	Sr	86	85,909 267 2(28)	9,86(1)	
38			87	86,908 884 1(28)	7,00(1)	
38			88	87,905 618 8(28)	82,58(1)	
39	yttrium	Y	89	88,905 849(3)	100	
40	zirconium	Zr	90	89,904 702 6(26)	51,45(3)	
40			92	91,905 038 6(26)	17,15(2)	
40			94	93,906 314 8(28)	17,38(4)	
41	niobium	Nb	93	92,906 377 2(27)	100	
42	molybdène	Mo	95	94,905 841 1(22)	15,92(5)	
42			96	95,904 678 5(22)	16,68(5)	
42			98	97,905 407 3(22)	24,13(7)	
43	technétium	Tc	98	97,907 215(4)	–	$4,2 \times 10^6$ a (β^-)

Numéro atomique (Z)	Élément	Symbole	Nombre de masse (A)	Masse atomique (u)	Abondance (%)	Demi-vie (mode de désintégration)
44	ruthénium	Ru	101	100,905 581 9(24)	17,0(1)	
44			102	101,904 348 5(25)	31,6(2)	
44			104	103,905 424(6)	18,7(2)	
45	rhodium	Rh	103	102,905 500(4)	100	
46	palladium	Pd	105	104,905 079(6)	22,33(8)	
46			106	105,903 478(6)	27,33(3)	
46			108	107,903 895(4)	26,46(9)	
47	argent	Ag	107	106,905 092(6)	51,839(7)	
47			109	108,904 757(4)	48,161(7)	
48	cadmium	Cd	111	110,904 182(3)	12,80(8)	
48			112	111,902 758(3)	24,13(14)	
48			114	113,903 357(3)	28,73(28)	
49	indium	In	113	112,904 061(4)	4,3(2)	
49			115	114,903 880(4)	95,7(2)	$4,4 \times 10^{14}$ a (β^-)
50	étain	Sn	116	115,901 747(3)	14,53(1)	
50			118	117,901 609(3)	24,23(11)	
50			120	119,902 199 1(29)	32,59(10)	
51	antimoine	Sb	121	120,903 821 2(29)	57,36(8)	
51			123	122,904 216 0(24)	42,64(8)	
52	tellure	Te	126	125,903 314(3)	18,95(1)	
52			128	127,904 463(4)	31,69(1)	
52			130	129,906 229(5)	33,80(1)	$2,5 \times 10^{21}$ a
53	iode	I	127	126,904 473(5)	100	
54	xénon	Xe	129	128,904 780 1(21)	26,4(6)	
54			131	130,905 072(5)	21,2(4)	
54			132	131,904 144(5)	26,9(5)	
55	césium	Cs	133	132,905 429(7)	100	
56	barium	Ba	136	135,904 553(7)	7,854(36)	
56			137	136,905 812(6)	11,23(4)	
56			138	137,905 232(6)	71,70(7)	
56			144	143,922 94	–	11,4 s (β^-)
57	lanthane	La	138	137,907 105(6)	0,090 2(2)	$1,06 \times 10^{11}$ a
57			139	138,906 347(5)	99,909 8(2)	
58	cérium	Ce	138	137,905 985(12)	0,25(1)	
58			140	139,905 433(4)	88,48(10)	
58			142	141,909 241(4)	11,08(10)	
59	praséodyme	Pr	141	140,907 647(4)	100	
60	néodyme	Nd	142	141,907 719(4)	27,13(12)	
60			144	143,910 083(4)	23,80(12)	$2,1 \times 10^{15}$ a
60			146	145,913 113(4)	17,19(9)	
61	prométhium	Pm	145	144,912 743(4)	–	17,7 a (C.E.)

Numéro atomique (Z)	Élément	Symbole	Nombre de masse (A)	Masse atomique (u)	Abondance (%)	Demi-vie (mode de désintégration)
62	samarium	Sm	147	146,914 895(4)	15,0(2)	$1,06 \times 10^{11}$ a (α)
62			152	151,919 729(4)	26,7(2)	
62			154	153,922 206(4)	22,7(2)	
63	europium	Eu	151	150,919 847(8)	47,8(15)	
63			153	152,921 225(4)	52,2(15)	
64	gadolinium	Gd	156	155,922 118(4)	20,47(4)	
64			158	157,924 019(4)	28,84(12)	
64			160	159,927 049(4)	21,86(4)	
65	terbium	Tb	159	158,925 342(4)	100	
66	dysprosium	Dy	162	161,926 795(4)	25,5(2)	
66			163	162,928 728(4)	24,9(2)	
66			164	163,929 171(4)	28,2(2)	
67	holmium	Ho	165	164,930 319(4)	100	
68	erbium	Er	166	165,930 290(4)	33,6(2)	
68			167	166,932 046(4)	22,95(15)	
68			168	167,932 368(4)	26,8(2)	
69	thulium	Tm	169	168,934 212(4)	100	
70	ytterbium	Yb	172	171,936 378(3)	21,9(3)	
70			173	172,938 208(3)	16,12(21)	
70			174	173,938 859(3)	31,8(4)	
71	lutécium	Lu	175	174,940 770(3)	97,41(2)	
71			176	175,942 679(3)	2,59(2)	$3,8 \times 10^{10}$ a (β^-)
72	hafnium	Hf	177	176,943 217(3)	18,606(4)	
72			178	177,943 696(3)	27,297(4)	
72			180	179,946 545 7(30)	35,100(7)	
73	tantale	Ta	180	179,947 462(4)	0,012(2)	$> 1,2 \times 10^{15}$ a
73			181	180,947 992(3)	99,988(2)	
74	tungstène	W	182	181,948 202(3)	26,3(2)	
74			184	183,950 928(3)	30,67(15)	
74			186	185,954 357(4)	28,6(2)	
75	rhénium	Re	185	184,952 951(3)	37,40(2)	
75			187	186,955 744(3)	62,60(2)	$4,2 \times 10^{10}$ a (β^-)
76	osmium	Os	189	188,958 137(4)	16,1(8)	
76			190	189,958 436(4)	26,4(12)	
76			192	191,961 467(4)	41,0(8)	
77	iridium	Ir	191	190,960 584(4)	37,3(5)	
77			193	192,962 917(4)	62,7(5)	
78	platine	Pt	194	193,962 655(4)	32,9(6)	
78			195	194,964 766(4)	33,8(6)	
78			196	195,964 926(4)	25,3(6)	
79	or	Au	197	196,966 543(4)	100	

Numéro atomique (Z)	Élément	Symbole	Nombre de masse (A)	Masse atomique (u)	Abondance (%)	Demi-vie (mode de désintégration)
80	mercure	Hg	199	198,968 254(4)	16,87(10)	
80			200	199,968 300(4)	23,10(16)	
80			202	201,970 617(4)	29,86(20)	
81	thallium	Tl	203	202,972 320(5)	29,524(14)	
81			205	204,974 401(5)	70,476(14)	
82	plomb	Pb	206	205,974 440(4)	24,1(1)	
82			207	206,975 872(4)	22,1(1)	
82			208	207,976 627(4)	52,4(1)	
83	bismuth	Bi	209	208,980 374(5)	100	
84	polonium	Po	209	208,982 404(5)	–	102 a (α)
84			210	209,982 857	–	138,38 jours (α)
85	astate	At	210	209,987 126(12)	–	8,1 h (α, C.E.)
86	radon	Rn	222	222,017 570(3)	–	3,8235 jours (α)
87	francium	Fr	223	223,019 733(4)	–	21,8 min (β^-)
88	radium	Ra	226	226,025 402(3)	–	1599 a (α)
89	actinium	Ac	227	227,027 750(3)	–	21,77 a (β^-, α)
90	thorium	Th	232	232,038 054(2)	100	$1,4 \times 10^{10}$ a (α)
91	protactinium	Pa	231	231,035 880(3)	–	$3,25 \times 10^4$ a (α)
92	uranium	U	234	234,040 946 8(24)	0,0055(5)	$2,45 \times 10^5$ a (α)
92			235	235,043 924 2(24)	0,7200(12)	$7,04 \times 10^8$ a (α)
92			236	236,045 561	–	$2,34 \times 10^7$ a (α)
92			238	238,050 784 7(23)	99,2745(60)	$4,46 \times 10^9$ a (α)
93	neptunium	Np	237	237,048 167 8(23)	–	$2,14 \times 10^6$ a (α)
94	plutonium	Pu	239	239,052 157(2)	–	$2,411 \times 10^4$ a (α)
94			244	244,064 199(5)	–	$8,2 \times 10^7$ a (α)
95	américium	Am	243	243,061 375	–	$7,37 \times 10^3$ a (α)
96	curium	Cm	245	245,065 483	–	$8,5 \times 10^3$ a (α)
97	berkélium	Bk	247	247,070 300	–	$1,4 \times 10^3$ a (α)
98	californium	Cf	249	249,074 844	–	351 a (α)
99	einsteinium	Es	254	254,088 019	–	276 jours (α)
100	fermium	Fm	253	253,085 173	–	3,0 jours (α, C.E.)
101	mendélévium	Md	255	255,091 081	–	27 min (α, C.E.)
102	nobélium	No	255	255,093 260	–	3,1 min (α, C.E.)
103	lawrencium	Lw	257	257,099 480	–	0,65 s (α, C.E.)
104	rutherfordium	Rf	261	261,108 690	–	1,1 min (α)
105	dubnium	Db	262	262,113 760	–	34 s (α)
106	seaborgium	Sg	266	266,122	–	21 s (α)
107	bohrium	Bh	264	264,125	–	0,44 s (α)
108	hassium	Hs	269	269,134	–	9 s (α)
109	meitnerium	Mt	268	268,1388	–	0,07 s (α)

Réponses aux exercices et aux problèmes

Chapitre 1

Exercices

E1. (b) et (c)

E2. (a) 0,0125 s ; (b) 0,0375 s ; (c) 0,0125 s

E3. (a) $3,68 \times 10^4$ N/m ; (b) 0,655 s

E4. (a) $-11,5$ m/s^2 ; (b) 0,201 s

E5. $t_1 = 0,285$ s, $t_2 = 0,866$ s, $t_3 = 1,16$ s, $t_4 = 1,74$ s

E6. (a) $x = \pm 0,866A$;
$t_1 = T/12$, $t_2 = 5T/12$, $t_3 = 7T/12$, $t_4 = 11T/12$;
(b) $x = \pm 0,500A$;
$t_1 = T/6$, $t_2 = T/3$, $t_3 = 2T/3$, $t_4 = 5T/6$

E7. (a) $\phi = 3,95$ rad, $A = 0,206$ m ;
(b) $0,206 \sin(10,0t + 3,95)$; (c) 0,414 s

E8. $0,0700 \sin(4,00t + 3,44)$

E9. (a) $0,0800 \sin(7,83t + \pi/2)$;
(b) $|v_x| = 0,414$ m/s, $a_x = +3,68$ m/s^2

E10. $m = 64,3 \times 10^{-3}$ kg, $k = 3,66$ N/m

E11. (a) $v_x = \pm 0,773$ m/s, $a_x = 1,87$ m/s^2 ;
(b) $v_x = \pm 0,611$ m/s, $a_x = -3,73$ m/s^2

E12. (a) $2\pi\sqrt{m/(k_1 + k_2)}$; (b) $2\pi\sqrt{m/(k_1 + k_2)}$;
(c) $2\pi\sqrt{m(k_1 + k_2)/k_1 k_2}$

E14. (a) $K = 579$ mJ, $U = 61,1$ mJ ;
(b) $K = 480$ mJ, $U = 160$ mJ ;
(c) $(2n + 1) \cdot 31,0$ ms, où $n \in \mathbb{N}$

E15. $x = 9,80$ cm à $t_1 = 34,9$ ms et $t_2 = 79,8$ ms,
$x = -9,80$ cm à $t_3 = 150$ ms, $t_4 = 194$ ms

E16. (a) 314 m/s ; (b) $4,93 \times 10^{-22}$ J ;
(c) $1,97 \times 10^{15}$ m/s^2 ; (d) 0,395 N/m

E17. (a) 0,750 kg ; (b) 0,240 J ; (c) 0,0461 s ;
(d) $a_x = -2,95$ m/s^2

E18. (a) Aucun effet ; (b) Aucun effet ; (c) $T'/T = 0,816$;
(d) Aucun effet

E19. (a) 0,245 m ; (b) 0,351 s

E20. (a) $-0,0400$ m ; (b) $\pm 0,436$ m/s ; (c) 2,44 m/s^2 ;
(d) 9,35 mJ

E22. (a) $\phi = 0,611$ rad, $\theta_0 = 0,262$ rad ; (b) 10,7 mJ ;
(c) 2,74 cm

E23. (a) 1,64 s ; (b) 1,94 s

E24. $2\pi\sqrt{3R/2g}$

E25. 20,1 Hz

E26. 0,181 s

E27. (a) 1,27 s ; (b) 0,691 m/s ; (c) 11,9 mJ

E28. 0,389 kg·m^2

E29. 0,636 s

E30. (a) 0,993 m ; (b) 4,90 s

E31. (a) 1,80 s ; (b) $0,524 \sin(3,50t + \pi/2)$;
(c) 21,5 mJ ; (d) 1,27 m/s

E32. 0,333 s

E33. (a) 7,85 rad/s ; (b) 1,11 N ; (c) 0,942 m/s

E34. (a) 0,400 s ; (b) 0,250 m ; (c) $\pi/4$ rad ;
(d) 3,93 m/s ; (e) 61,7 m/s^2

E35. (a) $-0,177$ m ; (b) $-2,78$ m/s ; (c) 43,7 m/s^2

E36. (a) $7,63 \times 10^{-2}$ m ; (b) 1,13 m/s ; (c) $-4,88$ m/s^2

E37. (a) 0,282 m ; (b) 0,531 m/s

E38. (a) $A = 0,174$ m, $\omega = 7,20$ rad/s ; (b) 0,907 m/s

E39. (a) $A = 12,0$ cm, $\omega = 5,24$ rad/s ; (b) 0,628 m/s ;
(c) 3,29 m/s^2

E40. (a) 1,05 s ; (b) 2,50 cm

E41. (a) 0,314 m/s ; (b) 98,7 m/s^2

E42. (a) 2,21 m/s ; (b) $6,11 \times 10^3$ m/s^2

E43. (a) $A = 0,113$ m, $\phi = 3\pi/2$ rad ;
(b) $0,113 \sin(15,7t + 3\pi/2)$

E44. (a) 0,305 s ; (b) 1,22 s ; (c) 0,915 s

E45. (a) La période ne change pas ; (b) 3,54 s ; (c) 1,77 s

E46. 1,02 s

E47. 0,200 kg

E48. (a) 15,3 N/m ; (b) 2,02 m/s ; (c) 18,1 m/s^2

E49. 0,307 kg

E50. (a) 3,30 cm ; (b) 1,55 N/m ; (c) 18,5 cm/s

E51. (a) $0,100 \sin(6,00t + \pi/2)$; (b) 0,262 s

E52. $0,150 \sin(\pi t + \pi)$

E53. (a) 0,264 m ; (b) 0,606 rad

E54. (a) $0,340 \sin(5,00t + \pi/2)$; (b) 1,70 m/s ;
(c) 0,943 s

E55. 0,190 m

E56. (a) 4,50 rad/s ; (b) 2,68 cm

E57. (a) $\pi/2$; (b) $3\pi/2$; (c) π ; (d) $\pi/6$; (e) $5\pi/6$

E58. (a) 4,90 cm ; (b) 0,257 s

E59. (a) 1,29 N/m ; (b) 0,0209 kg

E60. $0,0500 \sin(11,2t + 3\pi/2)$

E61. (a) $-1,97$ m/s^2 ; (b) $\pm 0,392$ m/s

E62. $0,150 \sin(6,00t + 3\pi/2)$

E63. (a) $0,150 \sin(4,33t)$; (b) 183 ms

E64. (a) 20,0 N/m ; (b) 0,324 kg

E65. 4,79 cm

E66. (a) 10,0 cm ; (b) 1,83 m/s ; (c) 7,02 cm ;
(d) 33,3 m/s^2

E67. (a) 15,8 mJ ; (b) 0,628 m/s ; (c) 0,544 m/s

E68. (a) ±2,71 m/s ; (b) ±0,205 m ; (c) 0,249 J

E69. (a) 0,210 m ; (b) 2,93 m/s ; (c) 2,58 m/s

E70. (a) 0,230 kg ; (b) 18,4 N/m ; (c) 1,42 Hz ;
(d) ±1,08 m/s

E71. (a) 93,0 g ; (b) 2,18 m/s ; (c) 0,185 J ; (d) 0,153 J

E72. (a) 12,1 mJ ; (b) 6,95 cm ; (c) 63,4 cm/s

E73. (a) 13,7 rad/s ; (b) 0,192 kg ; (c) 46,1 mJ

E74. (a) 0,640 s ; (b) 23,1 mJ

E75. (a) 48,9 ms ; (b) 1,05 s

E76. (a) 0,0410 m ; (b) 20,2 mJ

E77. (a) ±17,3 cm ; (b) ±14,1 cm

E78. 9,80 m/s^2

E79. 0,993 m

E80. $2,26 \times 10^{-3}$ kg·m^2

E81. 0,800 m

E82. 2,03 s

E83. 1,25 s

E84. (a) 0,353 rad ; (b) 0,161 s

E85. 14,5 s

E86. 6,87 cm

E87. 1,15 s

Problèmes

P1. $0,250 \sin(8,00t + \pi)$

P2. 1,58 Hz

P4. 0,136

P5. (b) $2\pi\sqrt{R/g}$

P6. (b) $2\pi\sqrt{\ell/2g}$

P9. (b) $2\pi\sqrt{(M + m/3)/k}$

P10. (a) Nm/rad ; (b) $T \propto \sqrt{I/\kappa}$

P11. (a) 1,004 30 s ; (b) 1,017 38 s ; (c) 1,039 63 s ;
(d) 1,071 29 s ; (e) 0,403 rad ; (f) 1,09 rad

P12. (a) $\frac{1}{2}mv_x^2 + \frac{1}{2}kx^2 - mgx$

P13. (b) ≈84,4 min

P14. (b) $2\pi\sqrt{M/3k}$

P15. (a) 0,751 s ; (b) 7,99 % ; (c) 0,105 g

P16. (a) 0,0747 kg/s ; (b) 4,47 rad/s

Chapitre 2

Exercices

E1. (a) De 188 m à 545 m ; (b) De 2,78 m à 3,41 m

E2. 436 Hz

E3. (a) 10,0 Hz ; (b) 3,93 rad ; (c) 0,0167 s ;
(d) −1,26 m/s

E4. (a) $5,06 \times 10^{-5}$ m ; (b) $3,40 \times 10^{-2}$ m

E5. $1,44 \times 10^6$ m

E6. 13,3 N

E7. 0,563 kg

E8. 38,7 N

E9. (a) 1,41 ; (b) 1,41

E10. (b) 2,00 cm/s

E11. (b) −1,00 cm/s

E12. (c) Non infinie

E13. $(2 \times 10^{-3})/[4 - (x + 12t)^2]$

E14. $0,0200 \sin(83,8x - 3,35t + \pi/2)$

E15. (a) $kA \cos(kx - \omega t)$; (b) $(v_y)_{max} = v(\partial y/\partial x)_{max}$

E16. (a) 2,50 m/s ; (b) 0,105 m

E17. (a) 15,1 cm/s ; (b) 15,0 cm/s ; (c) 94,7 cm/s^2 ;
(d) −11,1 cm/s^2

E18. (a) 1,91 Hz ; (b) 5,00 cm/s ; (c) 0,0300 cm ;
(d) 0,272 cm/s ; (e) 4,32 cm/s^2

E19. a, b, d, e

E20. (a) 2,51 rad ; (b) 4,72 rad

E21. (a) 15,7 cm ; (b) 0,800 rad ; (c) 0,126 s ;
(d) 0,0200 cm ; (e) 125 cm/s ; (f) 0,483 cm/s

E22. (a) 31,4 m ; (b) 3,14 s ; (c) 10,0 m/s

E23. $0,0300 \sin(251x + 628t + 5,55)$

E24. $0,0500 \sin(0,100x + 5,00t + 5,46)$

E25. (a) $A \sin[(2\pi/\lambda)(x - vt)]$; (b) $A \sin[2\pi f(x/v - t)]$;
(c) $A \sin[k(x - vt)]$; (d) $A \sin[2\pi(x/\lambda - ft)]$

E26. (a) f = 4,77 Hz, A = 2,00 cm, v = 60,0 cm/s ;
(b) 101 cm/s

E27. (a) $0,0400 \sin(126x) \cos(50,3t)$; (b) 2,50 cm ;
(c) 2,36 cm

E28. 109 N

E29. (a) 144 cm ; (b) 17,4 Hz

E30. (a) 120 Hz ; (b) 0,283 m

E31. (a) 2,30 cm ; (b) 6,89 cm

E32. $(2,00 \times 10^{-3}) \sin(26,2x) \cos[(1,85 \times 10^3)t]$

E33. $f_2/f_1 = 1,41$

E34. $f_1/f_2 = 4,24$

E35. (a) λ = 20,9 cm, v = 83,3 cm/s ; (b) 31,4 cm ;
(c) 0 cm, 10,5 cm, 20,9 cm, 31,4 cm

E36. 480 Hz

E37. (a) et (b), le cas (b) uniquement pour $B(x - vt) > 0$

E39. 15,0 W

E40. 0,0221 m

E41. (a) 6,63 mW ; (b) 50,4 N

E42. 3,96 N

E46. 6,00 cm

E47. (a) $\lambda = 0,0400$ m, $T = 0,0500$ s ; (b) 0,800 m/s ;
(c) 2,51 mm/s

E48. $0,00600 \sin(209x + 251t + \pi/2)$

E49. (a) $3,20 \times 10^{-3}$ kg/m ; (b) 0,648 m/s

E50. (a) $\lambda = 4,00$ m, $v = 0,500$ m/s

E51. (a) $(5,00 \times 10^{-3}) \sin(30,0x) \cos(420t)$;
(b) $4,63 \times 10^{-3}$ m ; (c) 0,262 m

E52. (b) 713 m/s

E53. 118 N

E54. 60,0 m/s

E55. (a) 0,191 m ; (b) 3,77 rad

E56. (a) 1,40 ; (b) 0,510

E57. (a) 480 m/s ; (b) 0,911 g

E58. (a) $f = 1,05 \times 10^{3}$ Hz, $\lambda = 0,400$ m ;
(b) $(2,00 \times 10^{-3}) \sin(15,7x) \cos[(6,60 \times 10^{3})t]$;
(c) $(1,00 \times 10^{-3}) \sin[15,7x \pm (6,60 \times 10^{3})t]$

E59. 127 Hz

E60. (a) 132 m/s ; (b) 52,3 N

E61. 15,0 cm

E62. 16,0 Hz, 32,0 Hz, 48,0 Hz

E63. $1,61 \times 10^{-3}$ kg/m

E64. 287 N

E65. 59,3 Hz

E66. (a) 1,50 m ; (b) $-0,145$ m/s

E67. (a) $0,0600 \sin(6,28x) \cos(31,4t)$;
(b) 0,500 m, 1,00 m ; (c) 0,250 m, 0,750 m ;
(d) $4,24 \times 10^{-2}$ m

E68. $(3,00 \times 10^{-3}) \sin(17,0x \pm 262t)$

E69. 3,13

E70. 88,9 N

E71. 0,312 m, 0,686 m

E72. (a) $0,800 f_1$; (b) $1,12 f_1$; (c) $1,09 f_1$; (d) $0,977 f_1$

E73. 5,68 mW

E74. 8,06 mW

E75. 2,76 mm

E76. 14,4 mW

Problèmes

P1. 160 m/s

P2. (b) 394 Hz ; (c) $+1,54\%$

P3. $g/4\pi^2 f_1^2$

P4. 57,0 cm, 50,8 cm, 47,9 cm, 42,7 cm

P5. (b) $\frac{1}{2}\mu(\omega A)^2 v$

P8. $(2n-1)v/4L$

P12. 3,12 mW

P16. (a) 1,50 m ; (b) 1,00 s

P17. $(7,04 \times 10^{-3}) \sin(12,6x + 314t + 2,70)$

Chapitre 3
Exercices

E1. 3,40 mm

E2. 9,71 mm

E3. 0,375 mm

E4. $1,41 \times 10^{3}$ m

E5. (a) 1,43 km/s ; (b) 1,43 m

E6. (a) 314 m/s ; (b) 972 m/s

E7. 5,06 km/s

E8. 0,218 s

E9. 3,04 km/s

E10. 4,16 km/s

E12. $2,00 \sin[5,30x \pm (1,80 \times 10^{3})t]$

E13. 19,3 cm, 58,0 cm

E14. ≈ 340 m/s

E15. 28,1 N

E16. (a) 800 Hz ; (b) Non

E17. 8,50 Hz, 17,0 Hz, 25,5 Hz

E18. 983 Hz

E19. (a) 283 Hz ; (b) 51,5 cm

E20. (a) 3,40 m ; (b) 0,340 m

E21. 15,0 Hz

E22. (a) $1,32 \times 10^{3}$ Hz ; (b) $1,10 \times 10^{3}$ Hz

E23. (a) 78,8 cm ; (b) 91,3 cm

E24. 85,0 cm

E25. (a) $f' = 227$ Hz, $\lambda' = 1,50$ m ;
(b) $f' = 224$ Hz, $\lambda' = 1,70$ m ;
(c) $f' = 225$ Hz, $\lambda' = 1,60$ m

E26. $f'_{\min} = 1,71 \times 10^{3}$ Hz, $f'_{\max} = 1,90 \times 10^{3}$ Hz

E27. (a) 59,6 Hz ; (b) 131 Hz

E28. (a) 676 Hz ; (b) 676 Hz ; (c) 675 Hz

E29. 0 Hz, 24,5 Hz

E30. 0 Hz, 24,5 Hz

E31. 565 Hz

E32. 93,0 dB

E33. (a) $4,00 \times 10^{-5}$ W ; (b) $4,00 \times 10^{-17}$ W

E34. 201 W

E35. 86,2 dB

E36. (a) 57,0 dB ; (b) $3,16 \times 10^{-5}$ W/m²

E37. (a) $1,99 \times 10^{-7}$ W/m² ; (b) $1,40 \times 10^{-2}$ W/m²

E38. $P_s/P_b = 1,00 \times 10^{8}$

E39. 1,41

E40. (a) 30,0 dB ; (b) 31,6

E41. (a) 12,6 cm ; (b) 126 m

E42. (a) $6,80 \times 10^{-3}\vec{i}$ m/s ; (b) $-3,40 \times 10^{-3}\vec{i}$ m/s

E43. (a) $1,04 \times 10^{-5}$ m ; (b) 0,169 W/m²

E44. $1,81 \times 10^{-7}$ m

E45. 6,35 kHz

E46. (a) 60,7 Hz ; (b) 425 Hz

E47. (a) Fermé ; (b) 334 m/s

E48. 716 Hz

E49. $v_S = 35,0$ m/s, $v_O = 26,0$ m/s

E50. 7,78 m/s

E51. (a) 25,0 m/s ; (b) 440 Hz

E52. −71,6 Hz

E53. −310 Hz

E55. 589 N

E56. 7,00 m

E57. (a) $3,44 \times 10^{-2}$ N/m^2 ; (b) $2,18 \times 10^{-10}$ m

E58. 1,37 m

E59. 0,527 N/m^2

E60. (a) 340 m/s ; (b) $5,53 \times 10^{-2}$ Pa ; (c) 0,126 mm/s

Problèmes

P1. (a) 4,97 μW/m^2 ; (b) 67,0 dB ;
(c) $6,60 \times 10^{-2}$ N/m^2 ; (d) $9,99 \times 10^{-8}$ m

P2. (a) $9,07 \times 10^{-6}$ m ; (b) 96,6 dB

P3. (b) 414 Hz ; (c) $\Delta f/f = 3,51\,\%$

P4. (a) Fermé ; (b) 121 Hz

P5. 22,3 m

P6. (a) 9,17 mm ; (b) 453 Hz

P8. 0,443 Hz

P9. (a) 404 Hz ; (b) 346 N ; (c) 42,1 cm

P11. (a) 75,1 dB ; (b) 75,2 dB

Chapitre 4
Exercices

E6. (a) 1,50 ; (b) $2,00 \times 10^8$ m/s

E7. 100°

E8. 56,7°

E9. 2,62 m

E10. ≈1,32

E12. $2,10 \times 10^8$ m/s

E13. 2,28 m

E14. (a) $n_2 < n_1$; (b) $\theta = \theta_c$ et $n_2 = n_1/\sin\theta$

E16. 48,6° par rapport à la verticale

E17. $1,94 \times 10^8$ m/s

E18. 14,0°

E19. À inverser une image

E20. 0,0355

E21. (a) 1,41 ; (b) 1,88

E22. 53,1°

E23. 37,4°

E26. (a) $q = -60,0$ cm, $m = 4,00$;
(b) $q = 30,0$ cm, $m = -0,500$

E27. (a) $q = -8,57$ cm, $m = 0,571$;
(b) $q = -13,3$ cm, $m = 0,333$

E28. (a) Concave ; (b) −72,0 cm ; (c) 90,0 cm

E29. 34,3 cm

E30. (a) 18,0 cm ; (b) 42,0 cm

E31. 45,0 cm

E32. 16,8 cm

E33. (a) 16,0 cm ; (b) −5,33 cm

E34. (a) −1,28 cm ; (b) −2,13 cm

E35. 11,7 cm, 70,0 cm

E36. (a) 45,0 cm ; (b) 66,7 cm ; (c) 270 cm

E37. (b) 15,2 cm

E38. (a) 1,28 s ; (b) 8,33 min

E39. (a) $9,46 \times 10^{15}$ m ; (b) $1,59 \times 10^{-5}$ a.l.

E40. $2,27 \times 10^8$ m/s

E41. 536 tr/s

E42. 104 tr/s

E43. 10,5°

E44. $2,30 \times 10^8$ m/s

E45. 66,1°

E46. 1,15

E47. 0,0285 cm

E48. 28,5°

E49. 19,3°

E50. 5 images

E52. 24,0 cm

E53. 48,0 cm

E54. 24,0 cm

E55. $q = -46,7$ cm, $m = 2,34$, virtuelle

E56. 30,0 cm

E57. $7,26 \times 10^{-4}$ m

E58. (a) 30,0 cm ; (b) 2,00

Problèmes

P1. 7,51 cm

P2. 0,916 m

P4. (a) 0,471° ; (b) 0,190 mm

P8. (b) $\sin\theta = \sqrt{n^2 - 1}$

P12. (a) $2\pi + 2i - 6r$

Chapitre 5
Exercices

E1. (a) À 8,58 cm derrière la paroi ; (b) 2,28 cm ;
(c) À 26,5 cm derrière la paroi ; (d) 1,33

E2. À 66,5 cm sous la surface de l'eau

E3. À 29,2 cm sous le niveau de l'eau

E4. (a) À 6,00 cm du centre de la sphère ;
(b) À 8,57 cm du centre de la sphère

E5. (a) À 32,0 cm de la face plane, dans l'air ;
(b) À 1,60 cm de la face convexe, dans l'air

E6. (a) 24,0 cm ; (b) 24,0 cm

E7. (a) −24,0 cm ; (b) 7,50 cm

E8. (a) $|y_I| = 2,53$ cm ; (b) $|y_I| = 10,5$ cm

E9. (a) $|y_I| = 18,1$ mm ; (b) $|y_I| = 18,6$ mm

E10. (a) 0,400 m ; (b) 0,333 m

E11. (a) 4,00 cm ; (b) 5,33 cm

E12. (a) 18,0 cm ; (b) 4,50 cm

E13. $f = 0,124$ m

E14. (a) 0,0513 m ; (b) 0,0556 m

E15. 22,5 cm, 7,50 cm

E16. (a) 8,00 cm ; (b) 4,80 cm

E17. (a) 49,0 cm ; (b) 21,0 cm

E18. (a) 70,0 cm ; (b) −30,0 cm

E19. $q = 43,6$ cm, $m = -2,18$

E20. $q = -8,14$ cm, $m = 0,407$

E21. (a) 80,0 cm ; (b) −6,67 cm

E22. $q_2 = 30,0$ cm

E23. $q_2 = 13,8$ cm

E24. $q_2 = -60,0$ cm, $m = -1,50$

E26. −35,0 cm

E27. (a) 4,39 ; (b) $q = -114$ cm

E28. (a) 11,0 mm ; (b) 6,87

E29. (b) 0,179 m

E30. (a) 7,14 cm ; (b) 7,00 mm ; (c) 10,0 cm

E31. 2,00 cm

E32. −156

E33. −250

E34. −12,0

E35. −36,0

E36. −4,50 cm

E37. (a) −50,0 ; (b) −62,5

E38. $f_{oc} = 2,50$ cm, $f_{ob} = 62,5$ cm

E39. −4,00

E40. −480

E41. −20,9

E42. (a) −139 cm de l'oculaire ; (b) 16,5 cm

E43. 83,3 cm

E44. (a) −40,0 cm ; (b) 24,0 cm

E45. (a) −0,250 D, 1,50 D ; (b) De 44,4 cm à l'infini ;
(c) De 25,0 cm à 57,2 cm

E46. (a) 1,06 D ; (b) −2,94 D

E47. 24,6 cm

E48. 3,00 D

E49. (a) 50,0 cm ; (b) 33,3 cm

E50. (a) −33,3 cm ; (b) 14,3 cm

E51. $x = 27,6$ cm et 72,4 cm

E52. (a) 4,00 cm ; (b) 20,0 cm

E53. 4,18 m

E54. $q_2 = -21,4$ cm, $y_I = 2,06$ cm

E55. (a) $q_2 = -35,0$ cm ; (b) 1,50

E56. $q_2 = -5,00$ cm, $m = -0,833$

E57. (a) 7,14 cm ; (b) 3,50

E58. 1,82 cm

E59. (a) 10,4° ; (b) 15,4°

E60. −1,33 D

E61. 2,75 D

E62. (a) p va de 4,286 cm à 4,667 cm, donc $\Delta p = 0,381$ cm ;
(b) p va de 0 cm à 4,44 cm, donc $\Delta p = 4,44$ cm

Problèmes

P1. (a) $q_2 = 3,73$ cm, $m = -1,87$;
(b) $q_2 = -42,0$ cm, $m = -3,50$

P2. $q_2 = -3,33$ cm, $m = -0,333$

P3. $q_2 = 17,1$ cm, $m = -2,14$

P4. (a) 40,6 cm ; (b) −0,711

P7. (a) 1,00 cm ; (b) −20,0

P8. À 5,00 cm de la lentille, entre l'objet initial
et la lentille

P9. Au centre

P10. (a) $f_2 = 2,00f$, située à $3,00f$ de la première lentille ;
(b) $f_2 = -0,500f$, située à $0,500f$ de la première
lentille

P11. 0,556 cm

P12. (a) 0,510 ; (b) 0,490

P13. −27,6 cm

Chapitre 6
Exercices

E1. 0,170 mm

E2. 1,70 mm

E3. (a) 0,141 mm ; (b) 0,281 mm

E4. 3,07 mm

E5. 583 nm

E6. (a) 0,221 mm ; (b) 5,34 mm

E7. 543 nm

E8. 589 nm

E9. 1,68 cm

E10. 0,816 mm

E11. 17,8 cm

E12. 0,714 mm

E13. 2,16 mm, vers le haut

E14. 2,74 m

E15. 1,36 m

E16. (a) 4,19 m; (b) 1,79 m

E17. 1,68 m

E18. (a) 720 Hz; (b) 360 Hz

E19. (a) $x = [d - (m + 1/2)\lambda]/2$; (b) $x = (d - m\lambda)/2$

E20. 1,70°

E21. (a) $d(\sin\theta - \sin\alpha)$; (b) $\theta = \alpha$; (c) $\arcsin(\lambda/2d)$

E23. 7 franges

E24. 8,00 mm

E26. 1,12 mm

E27. $0,0979I_0$

E28. $2I_0$

E29. 209 nm

E31. 417 nm, 509 nm, 655 nm

E32. (a) 3,96 rad; (b) 2,88 rad; (c) 2,26 rad

E33. (a) 200 nm; (b) $1,00 \times 10^{-4}$ rad

E34. $8,62 \times 10^{-6}$ m

E35. (a) 207 nm; (b) 103 nm

E36. (a) $1,34 \times 10^{-5}$ m; (b) 4,51 m

E37. 1,20

E38. 667 nm

E39. 1,75

E40. (a) 200 nm; (b) 3,27 rad

E41. 3,77 rad

E42. 4 franges

E43. 520 nm

E44. 0,690 mm

E45. 5,30 mm

E46. 1,95 m

E47. 11 franges

E48. (a) 27,1 rad; (b) 19,4 rad

E49. (a) $6,98 \times 10^{-4}$ rad; (b) $8,77 \times 10^{-4}$ rad

E50. (a) 17,9 rad; (b) 0,800

E51. 0,215°

E52. 0,422 rad

E53. 1,13 m

E54. 625 nm

E55. (a) $x = \pm1,50$ m, $\pm4,50$ m; (b) $x = 0, \pm3,00$ m

E56. (a) 0,583 m; (b) 1,50 m

E57. (a) 430 nm; (b) 2; (c) 31,9 rad

E58. 7,25 franges/cm

E59. (a) 549 nm; (b) 439 nm

E60. $\lambda_0 = 4e/(2m - 1)$

E61. 426 nm, 596 nm

E62. 232 nm

E63. 8,60 mm

E64. 0,00939°

E65. 8,40 mm

E66. (a) $\lambda_0 = 2en_p/m$; (b) $\lambda_0 = 2en_p/(m + 1/2)$

E67. 411 nm, 459 nm, 520 nm, 600 nm

E68. 869 nm

E69. 355 nm

E70. (a) 420 nm, 480 nm, 560 nm, 672 nm; (b) 448 nm, 517 nm, 611 nm

E71. (a) 1,92 cm; (b) 3,60 cm

E72. (a) 367 nm; 514 nm

E73. 19,5 franges

Problèmes

P1. (a) 630 nm; (b) 448 nm, 576 nm

P2. (a) 567 nm; (b) 454 nm

P3. De 1,60 cm, vers le haut

P4. (a) 761 nm; (b) 457 nm, 609 nm

P5. (a) 450 nm, 540 nm, 675 nm; (b) 415 nm, 491 nm, 600 nm

P6. 0,101 m

P7. 36

P8. 488 nm

P9. (a) 6,88 m; (b) 2,95 m

P10. (a) L'alternance des interférences constructives et destructives; (b) 0,290 mm

P11. 13,0 μm

P12. (a) Des franges circulaires; (b) $y_m = L\sqrt{1 - (m\lambda/d)^2}$

P13. 1,0003

P15. (a) 5,49 rad; (b) 1,80 rad; (c) 0,851; (d) 0,386

Chapitre 7
Exercices

E1. (a) 4,08 cm; (b) 2,04 cm

E2. 2,22 cm

E3. $2,73 \times 10^{-4}$ m

E4. $4,48 \times 10^{-5}$ m

E5. (a) $1,79 \times 10^3$ Hz; (b) 14,5°

E6. 7 franges

E7. (a) 62,5°; (b) 15,9°

E8. $2,68 \times 10^{-4}$ m

E9. 1,46 cm

E10. 732 m

E11. (a) 51,5 km ; (b) 57,3 m

E12. 0,205 m

E13. 50,8 μm

E14. $4,47 \times 10^4$ m

E15. (a) $1,20 \times 10^9$ m ; (b) $8,40 \times 10^{12}$ m

E16. (a) 11,3 km ; (b) $6,36 \times 10^6$ m

E17. (a) 4,29° ; (b) 8,95° ; (c) Oui

E19. Cinq

E20. 0,0400°

E21. 17,0°

E22. $1,07 \times 10^4$ fentes

E23. (a) $2,73E_0$; (b) $2E_0$; (c) E_0 ; (d) Zéro

E24. $E_0 = 12,4$ V/m, $\phi = 100°$

E25. $2\pi/5$ rad

E26. $\arcsin(\alpha\lambda/2\pi d)$

E27. (a) 0,470° ; (b) $0,405I_0$

E28. $0,162I_0$

E30. 3,27 mm

E31. 0,0234 nm

E32. (a) $1,11 \times 10^3$; (b) 555

E33. 12,6°

E34. (a) $1,45 \times 10^{-10}$ m ; (b) 31,2°

E35. 93,5 pm

E36. $4,16 \times 10^{-10}$ m

E37. $0,125I_0$

E38. $0,125I_0$

E40. 58,4°

E41. 36,9°

E42. 50,8°

E43. 50,3°

E44. 36,9°

E45. 32,0°

E46. 3,72 cm

E47. 45,1°

E48. 0,600 mm

E49. 2,32 cm

E50. 4 franges

E51. 0,488 m

E52. (a) $2,80 \times 10^{-7}$ rad ; (b) $1,32 \times 10^{14}$ m

E53. 37,6 m

E54. (a) $5,23 \times 10^3$; (b) 28,4°

E55. 4,83°

Problèmes

P1. $d(\cos\alpha - \cos\theta) = m\lambda$

P2. (a) 3,24 mm ; (b) $y_1 = 1,62$ mm, $y_2 = 4,86$ mm ; (c) $y_1 = 1,08$ mm, $y_2 = 2,16$ mm

P3. (a) 20,3 mm ; (b) 5,06 mm, 10,1 mm

P5. (b) $9,38 \times 10^{-5}$ rad

P7. $0,281I_0$

P8. $\phi = 0,200$ rad

P9. (b) 8,99 rad

P10. 0,0415°

Chapitre 8
Exercices

E1. $0,600c$

E2. (c) $0,228c$

E3. 1,50 m

E4. $0,954c$

E5. (a) $v^2/2c^2$; (b) $-v^2/2c^2$

E6. (a) $1,59 \times 10^5$ s ; (b) $4,67 \times 10^8$ s

E7. 75,5 km/s

E8. $1,55 \times 10^8$ m/s

E9. (a) 8,33 μs ; (b) $2,00 \times 10^3$ m ; (c) $1,20 \times 10^3$ m

E10. $4,44 \times 10^{-10}$ s

E11. $0,866c$

E12. (a) 0,857 a ; (b) 4,29 a ; (c) 0,840 a.l.

E13. (a) 153 m ; (b) 2,50 μs ; (c) 2,55 μs

E14. $2,26 \times 10^8$ m/s

E15. (a) 1,78 μs ; (b) 2,22 μs

E16. (a) 1,50 km ; (b) 8,33 μs ; (c) 6,67 μs

E17. (a) 0,408 μs ; (b) 2,05 μs

E18. (a) $0,515c$; (b) $0,172c$; (c) 24,4 a

E19. (a) 8,17 ms ; (b) 490 km

E20. (a) $4,33 \times 10^{-8}$ s ; (b) 10,4 m ; (c) 6,24 m

E21. (a) 22,0 μs ; (b) 33,5 μs ; (c) 3,35 μs

E22. (a) $1,44 \times 10^6$ Hz ; (b) $3,60 \times 10^5$ Hz

E23. 2,00 kHz

E24. $0,324c$

E25. 490 nm

E26. $1,22 \times 10^9$ Hz

E27. (a) 4,00 kHz ; (b) 4,00 kHz

E28. $x = 2,75 \times 10^6$ m, $t = 1,35 \times 10^{-2}$ s

E29. $\Delta x = 600$ km, $\Delta t = 1,20$ ms

E30. 6,00 km

E31. $4,00 \times 10^6$ m

E32. (a) $5,33 \times 10^{-8}$ s ; (b) $t_{A'} = 2,67 \times 10^{-8}$ s, $t_{B'} = 10,7 \times 10^{-8}$ s

E33. 37,0 ms

E34. (a) $0,800c$; (b) L'éclair vert arrive avant l'éclair rouge

E35. $\Delta t' = -7,96$ µs, $\Delta x' = 2,40$ km

E37. (a) $L/(c - v)$; (b) $\gamma L/c$

E38. $0,999c$

E39. $0,385c$

E40. (a) $0,748c$; (b) $0,645c$

E41. (a) Non ; (b) $0,385c$

E42. $0,268c$

E43. (a) $4,33 \times 10^9$ kg ; (b) $1,46 \times 10^{13}$ a

E44. $7,92 \times 10^{-18}$ kg·m/s

E45. (a) $0,195$; (b) $0,999$

E46. (a) $7,59$ MeV ; (b) $4,31 \times 10^{-21}$ kg·m/s

E47. (a) $0,214$ keV ; (b) $2,98$ MeV

E48. (a) $0,866c$; (b) $0,997c$

E49. $1,72$ µN

E51. (a) $2,83\ m_0c$; (b) $0,943c$

E52. $1,11 \times 10^4$ kg

E53. $\Delta K/K = 4,03 \times 10^{-5}$

E54. $0,140c$

E55. $0,866c$

E56. $0,99995$

E57. (a) 208 kV ; (b) $0,702c$

E58. $0,115c$

E59. (a) $0,9997c$; (b) $2,18 \times 10^{-17}$ kg·m/s

E60. (a) $0,164$ m ; (b) $5,46 \times 10^{-10}$ s ; (c) $10,7$ µs

E61. (a) $0,857$ km ; (b) $4,08$ µs ; (c) $5,71$ µs

E62. $8,35 \times 10^7$ m/s

E63. $9,11$ µs

E64. (a) $0,406$ km ; (b) $0,602$ µs

E65. (a) $41,3$ µs ; (b) $24,4$ µs

E66. $30,6$ µs

E67. (a) 125 ; (b) $6,60$

E68. (a) $2,88 \times 10^8$ m/s ; (b) 274 MeV

E69. (a) $4,53 \times 10^{19}$ J ; (b) 503 kg

E70. $0,707c$

E71. (a) $1,71$ MeV ; (b) $2,86 \times 10^8$ m/s ;
(c) $8,72 \times 10^{-22}$ kg·m/s

E72. (a) $3,91 \times 10^4$; (b) $1,07 \times 10^{-17}$ kg·m/s

Problèmes

P5. (a) $5,16 \times 10^6$ m/s ; (b) $5,43 \times 10^7$ m/s

P6. (a) $6,67 \times 10^{-7}$ s ; (b) $6,67$ µs ; (c) $1,99 \times 10^3$ m

P9. (a) 395 ; (b) 395

P13. (a) $0,233$ µs ; (b) $16,7$ µs

P14. (a) $\Delta x = 880$ m, $\Delta t = 3,67$ µs ; (b) $0,734$ µs

P15. (a) $4,44$ µs ; (b) $5,56$ µs

Chapitre 9
Exercices

E1. (a) $0,966$ mm ; (b) $0,966$ µm ; (c) $0,290$ nm

E2. (a) $5,80 \times 10^3$ K ; (b) $8,28 \times 10^3$ K

E3. De $4,14 \times 10^3$ K à $7,25 \times 10^3$ K

E4. (a) $1,51$ MW/m² ; (b) 140 W/m²

E5. $8,39 \times 10^{27}$ W

E6. $2,28$ kW

E7. $9,66$ µm

E8. $0,211$ eV

E9. $6,04 \times 10^{30}$ photons/s

E10. (b) De $1,77$ eV à $3,10$ eV

E11. (a) $0,855$ eV ; (b) $6,04 \times 10^7$ photons/(m²·s)

E12. (a) $9,82 \times 10^{-18}$ W ; (b) $25,0$ photons/s

E13. $5,41 \times 10^5$ m/s

E14. (a) $2,25$ eV ; (b) $4,14 \times 10^{-7}$ eV ;
(c) $3,89 \times 10^{-9}$ eV ; (d) $1,75 \times 10^4$ eV

E15. (a) $2,66 \times 10^{15}$ Hz ; (b) $7,09$ eV

E16. 443 nm

E17. $3,71 \times 10^{21}$ photons/(m²·s)

E18. $3,18 \times 10^{15}$ photons/s

E19. (a) $0,800$ eV ; (b) 428 nm

E20. (a) $1,70$ eV ; (b) $1,70$ V

E21. $3,05$ V

E22. $1,35 \times 10^{14}$ Hz

E23. (a) $1,51 \times 10^{19}$ photons/s ; (b) 652 km

E24. $7,97 \times 10^{14}$ Hz

E25. (a) 300 kW ; (b) $3,21 \times 10^{21}$ W

E26. (a) $4,03 \times 10^{-15}$ V·s ; (b) $5,07 \times 10^{14}$ Hz

E27. (a) $2,47 \times 10^{20}$ Hz ; (b) $5,46 \times 10^{-22}$ kg·m/s

E28. (a) $4,22 \times 10^{-11}$ m ; (b) $9,88 \times 10^{-17}$ J

E29. $5,43$ keV

E30. $6,20°$

E31. $0,510$ MeV

E32. (a) $4,89 \times 10^{-13}$ m ; (b) $29,6$ keV

E33. 384 eV

E34. (a) $1,60 \times 10^{-12}$ m ; (b) 304 eV

E35. $1,18 \times 10^{19}$ Hz

E36. (a) $3,26 \times 10^{-13}$ m ; (b) $2,43 \times 10^{-12}$ m ;
(c) $4,53 \times 10^{-12}$ m

E37. (a) 103 nm, 122 nm, 656 nm ;
(b) Pas de raies d'émission

E38. (a) $1,89 \times 10^{-6}$ m, $1,28 \times 10^{-6}$ m, $1,10 \times 10^{-6}$ m ;
(b) 821 nm

E39. $91,2$ nm

E40. $6,56 \times 10^{15}$ Hz

E41. (a) −6,79 eV ; (b) 3,39 eV

E42. (a) $E_1 = -122$ eV, $E_2 = -30,6$ eV, $E_3 = -13,6$ eV, $E_4 = -7,65$ eV ;
(b) $\lambda_{41} = 10,8$ nm, $\lambda_{31} = 11,4$ nm, $\lambda_{21} = 13,5$ nm

E43. $r_1 = 5,30 \times 10^{-11}$ m, $r_2 = 2,12 \times 10^{-10}$ m, $r_3 = 4,77 \times 10^{-10}$ m

E44. (a) $E_1 = -54,4$ eV, $E_2 = -13,6$ eV, $E_3 = -6,04$ eV ;
(b) 54,4 eV

E45. (a) $2,19 \times 10^6$ m/s ;
(b) $1,99 \times 10^{-24}$ kg·m/s ;
(c) $9,05 \times 10^{22}$ m/s²

E48. (a) 207 ; (b) $4,83 \times 10^{-3}$

E50. (a) 12,2 cm ; (b) $1,01 \times 10^{-5}$ eV

E51. 1,90 eV

E52. (a) 564 nm ; (b) 0,750 eV

E53. $5,15 \times 10^{14}$ Hz

E54. $8,42 \times 10^5$ m/s

E55. $5,89 \times 10^5$ m/s

E56. (a) 29,1 keV ; (b) c

E57. 39,1°

E58. (a) 150,349 pm ; (b) 31,2°

E59. (a) 24,2 keV ; (b) $8,50 \times 10^{-22}$ kg·m/s ; (c) 38,9°

E60. (a) 365 nm ; (b) 91,4 nm

E61. 122 nm

E62. 872 nm

E63. $n = 1$, $m = 3$

Problèmes

P1. (a) $7,10 \times 10^{-12}$ m ; (b) 90,7° ; (c) 36,4°

P5. (a) $4,57 \times 10^{-48}$ kg·m² ;
(b) $2,31 \times 10^{13}\, n$ rad/s ;
(c) $3,67 \times 10^{12}$ Hz, infrarouge

P6. 4,17 m/s

Chapitre 10
Exercices

E3. 0,112 nm

E4. (a) 0,870 nm ; (b) 0,0203 nm

E5. (a) 0,397 nm ; (b) 0,397 pm

E6. 0,143 nm

E7. $7,59 \times 10^{-30}$ m, non

E8. $K_{\text{photon}} = 248$ eV, $K_{\text{électron}} = 6,05 \times 10^{-2}$ eV

E9. (a) 12,4 keV ; (b) 1,24 GeV

E10. 1,21 km/s

E11. 82,2 kV

E12. (a) 70,0° ; (b) $8,43 \times 10^{-11}$ m

E13. (a) 0,138 nm ; (b) 0,123 nm

E14. $7,26 \times 10^6$ m/s

E15. (a) $1,37 \times 10^7$ m/s ; (b) $v_{(a)}/v_{\text{Bohr}} \approx 2\pi$

E16. 0,324 nm

E17. 2,87 μm

E18. (a) $E_1 = 3,29 \times 10^{-13}$ J, $E_2 = 1,31 \times 10^{-12}$ J ;
(b) $1,49 \times 10^{21}$ Hz, gamma

E19. (a) $E_1 = 37,7$ eV, $E_2 = 151$ eV ; (b) 11,0 nm

E20. 1,10 nm

E21. 75,6 eV, rayons X

E22. 3,64 m/s

E23. (a) 80,0 eV ; (b) 0,137 nm

E24. (a) 3,77 GeV ; (b) Impossible

E25. $\Delta p \geq 6,63 \times 10^{-24}$ kg·m/s

E26. $\Delta p \geq 3,31 \times 10^{-24}$ kg·m/s

E27. (a) $\Delta E \geq 6,63 \times 10^{-26}$ J ; (b) $\Delta f \geq 1,00 \times 10^8$ Hz

E28. (a) $\Delta p \geq 1,66 \times 10^{-20}$ kg·m/s ; (b) 0,516 MeV

E29. 0,128 pm

E30. 0,709 nm

E31. (a) 151 eV ; (b) 12,4 keV

E33. $4,98 \times 10^{-24}$ kg·m/s

E34. 13,6 eV

E35. 129 keV

E36. $f_{12} = 2,73 \times 10^{16}$ Hz, $f_{23} = 4,55 \times 10^{16}$ Hz, $f_{13} = 7,27 \times 10^{16}$ Hz

E38. $\Delta p/p = 0,0731\%$

E39. (a) $5,43 \times 10^{14}$ Hz ; (b) $\Delta f \geq 7,69 \times 10^6$ Hz

E40. $6,21 \times 10^{-17}$ m

Problèmes

P2. $6,21 \times 10^{-15}$ m

P3. (a) $1,99 \times 10^{-24}$ kg·m/s ;
(b) $\Delta x \geq 0,165$ nm $\approx \pi r_{\text{Bohr}}$

P5. 0,818

P7. $\sqrt{2/L}\ \cos(n\pi x/L)$, $n = 1, 2, 3$

P8. $7,18 \times 10^{-2}$

P10. (a) 3 ; (b) 3

P12. (b) $7,14 \times 10^{-4}$

Chapitre 11
Exercices

E1. (a) $\sqrt{2}\hbar$; (b) $\sqrt{12}\hbar$

E2. 3

E3. $n = 4$, $\ell = 2$, $m_\ell = 0, \pm 1, \pm 2$, $m_s = \pm 1/2$

E4. $0, \pm\hbar$

E5. (a) $0, \pm\hbar$; (b) 45°, 90°, 135°

E6. $0, \pm 1, \pm 2$

E7. (a) 4 ; (b) 5

E8. (a) $\ell = 0, 1, 2$, $m_\ell = 0, \pm 1, \pm 2$; (b) $-6{,}04$ eV

E9. (a) $-30{,}6$ eV ; (b) $\ell = 0, 1$; $m_\ell = 0, \pm 1$

E10. $26{,}6°$

E11. $2\hbar$

E12. $2n^2$ états par niveau n

E14. (a) $\Delta\phi$ est complètement inconnu ;
(b) L_x et L_y sont inconnus

E15. $1{,}02 \times 10^{10}$ m^{-1}

E16. $8{,}69 \times 10^8$ m^{-1}

E17. (a) $6{,}96 \times 10^9$ m^{-1} ; (b) $5{,}54 \times 10^9$ m^{-1}

E18. (a) $8{,}06 \times 10^8$ m^{-1} ; (b) 0

E21. $24{,}8$ kV

E22. $4{,}96 \times 10^{-11}$ m

E23. $\approx 5 \times 10^7$ Hz$^{1/2}$

E25. $5{,}59$ nm

E26. (a) $0{,}564$ nm ; (b) $1{,}91$ nm

E27. $E_1 = -4{,}62$ keV, $E_3 = -2{,}65$ keV

E28. Vanadium

E29. (n, ℓ, m_ℓ, m_s) : $(1, 0, 0, \pm 1/2)$, $(2, 0, 0, \pm 1/2)$, $(2, 1, 1, \pm 1/2)$, $(2, 1, 0, \pm 1/2)$

E30. Hydrogène, Bore, Silicium

E31. $3{,}21 \times 10^{-23}$ J/T

E32. (a) $\pm 3{,}71 \times 10^{-24}$ J ; (b) $11{,}2$ GHz

E33. (a) $2{,}14$ meV ; (b) $18{,}5$ T

E34. (a) $6{,}18 \times 10^3$ m/s^2 ; (b) $0{,}773$ mm

Problèmes

P5. $6{,}02$ pm

Chapitre 12
Exercices

E1. (a) $3{,}02$ fm ; (b) $4{,}59$ fm ; (c) $7{,}44$ fm

E2. 184 m

E3. $4{,}75 \times 10^{17}$ kg/m^3

E4. $4{,}70 \times 10^{10}$ m

E5. $8{,}00$

E6. $2{,}57 \times 10^{-10}$ m

E7. $69{,}0\%$ de $^{63}_{29}$Cu, $31{,}0\%$ de $^{65}_{29}$Cu

E8. $20{,}2$ u

E9. (a) $6{,}98$ fm ; (b) $25{,}9$ MeV

E10. $1{,}03 \times 10^{25}$ C/m^3

E11. (a) $8{,}55$ MeV ; (b) $7{,}92$ MeV

E12. (a) $5{,}33$ MeV ; (b) $8{,}41$ MeV

E13. (a) $97{,}1$ MeV ; (b) $94{,}1$ MeV

E14. (a) 115 MeV ; (b) 112 MeV

E15. (a) $7{,}25$ MeV ; (b) $E_{(a)}/E_{\text{liaison}} = 1{,}29$

E16. (a) $16{,}0$ MeV ; (b) $E_{(a)}/E_{\text{liaison}} = 2{,}08$

E17. $4{,}18 \times 10^{11}$ Bq

E18. $1{,}06 \times 10^{13}$ Bq

E19. $1{,}27 \times 10^8$

E20. (a) $92{,}2$ keV ; (b) Non

E21. $^{11}_5$B, oui

E22. 205 a

E23. (a) $1{,}22 \times 10^4$ s ; (b) $9{,}78 \times 10^9$

E24. $6{,}21 \times 10^{-2}$ Ci

E25. $2{,}71 \times 10^4$ a

E26. $^{234}_{90}$Th, $^{234}_{91}$Pa, $^{234}_{92}$U, $^{230}_{90}$Th

E27. 7 particules α et 4 électrons

E28. (a) $1{,}61$ µg ; (b) $3{,}12 \times 10^{15}$

E29. $3{,}11$ h

E30. $56{,}9\%$

E31. $8{,}50 \times 10^8$ a

E32. $2{,}44$ min^{-1}

E33. $0{,}0160$

E34. $0{,}262$ Bq

E35. $0{,}863$ MeV

E36. $^{206}_{82}$Pb, $5{,}42$ MeV

E37. 6 particules α et 4 électrons

E38. $0{,}782$ MeV

E39. $1{,}31$ MeV

E40. $Q_\alpha = 6{,}11$ MeV ; $Q_\beta = 0{,}265$ MeV

E41. (a) $-1{,}19$ MeV ; (b) $17{,}3$ MeV

E42. (a) $5{,}70$ MeV ; (b) $-2{,}64$ MeV

E43. $2{,}13$ MeV

E44. (a) $^4_2$He ; (b) $^3_2$He ; (c) n

E45. (a) $^{32}_{16}$S ; (b) $^{19}_9$F ; (c) $^{10}_4$Be ; (d) n

E46. $0{,}627$ MeV

E47. $18{,}000\ 95$ u

E48. (a) $4{,}87 \times 10^{32}$ eV ; (b) $13{,}9$ h

E49. $1{,}38 \times 10^{11}$

E50. $16{,}2$

E51. 173 MeV

E52. $0{,}933$ g

E53. $25{,}3$

E54. $0{,}143$ nm

E58. $1{,}42 \times 10^{19}$

E59. $3{,}32 \times 10^9$ J

E60. $4{,}95$ MeV

E61. $213{,}9952$ u

E62. $12{,}018\ 613$ u

E63. $5{,}27 \times 10^6$

E64. (a) $3{,}75$ Bq ; (b) $2{,}77$ Bq

E65. (a) $^{15}_{7}\text{N}$; (b) $1{,}30 \times 10^6$

E66. $1{,}93 \times 10^4$ a

E67. (a) $4{,}35 \times 10^{-16}$ kg ; (b) $16{,}0$ jours

E68. $1{,}20$ MeV

E69. $2{,}93 \times 10^9$ a

E70. $2{,}07 \times 10^{-13}$ kg

E71. (a) $^{22}_{10}\text{Ne}$; (b) $1{,}82$ MeV

E72. (a) $15{,}0$; (b) $1{,}23 \times 10^4$ a

E73. (a) $3{,}10 \times 10^7$; (b) $1{,}22 \times 10^6$ s

E74. $-1{,}65$ MeV

E75. (a) $4{,}97$ MeV ; (b) $7{,}55$ MeV

E76. $^{98}_{40}\text{Zr}$

E77. (a) $2{,}61 \times 10^{24}$; (b) $1{,}02$ kg

Problèmes

P1. $2{,}77 \times 10^{13}$

P3. $dN_2/dt = \lambda_1 N_1 - \lambda_2 N_2$, $\lambda_1 N_1 = \lambda_2 N_2$

P5. (b) $4{,}78$ MeV

P6. 654 keV

P7. $4{,}75$ h

P8. -346 MeV

P9. (b) $4{,}49$ MeV

P10. (b) $1{,}53$ MeV

Sources des photographies

Page couverture

De gauche à droite : Science Photo Library/Photo Researchers, Inc. ; EyeWire ; Denis Miraniuk/Shutterstock ; Scott Rothstein/Shutterstock.

Chapitre 1

Page 1 : Megapress.ca. *Page 2* : Mathieu Lachance.
Page 17 : Paul Boyuton/University of Wisconsin.
Page 19, fig. 1.19 a et b : AP Wide World Photos/CP Images.
Page 23 : Harris Benson. *Page 27* : NASA.

Chapitre 2

Page 39 : Sara Johannessen/Scanpix Norge/Scanpix/kod 20520/CP Images. *Page 44* : Tony Arruza/Corbis. *Page 57* : PSSC Physics, 2nd edition, ©1965 Education Development Center, Inc., and D.C. Heath & Company. *Page 58* : Mathieu Lachance.
Page 59 : Thomas D. Rossing.

Chapitre 3

Page 75 : © Harold & Esther Edgerton Foundation, 2009, gracieuseté de Palm Press, Inc. *Page 76, fig. 3.1 a* : 1985 Howard Sochurek/The Stock Market/First Light Associates ; *fig. 3.1 b* : Siemens Corporation ; *fig. 3.1 c* : Science Photo Library/Photo Researchers, Inc.

Chapitre 4

Page 101 : Hank Morgan/Umass Amherst/Photo Researchers, Inc./Publiphoto. *Page 102* : Avec l'autorisation de AIP Emilio Segrè Visual Archives. *Page 109, fig. 4.7 b* : Mikhail Basov/iStockphoto ; *fig. 4.7 c* : NASA ; *fig. 4.7 d* : Michael Freeman.
Page 111 : Sylvain Bournival. *Page 117, fig. 4.21* : ©Will & Deni McIntyre/Photo Researchers, Inc. ; *fig. 4.23* : Foto Forum.
Page 121 : UPI/Corbis-Bettmann. *Page 124* : Raytheon Optical Systems, Inc. *Page 132* : Picture Collection, The Branch Libraries, The New York Public Library, Astor, Lenox and Tilden Foundations. *Page 133, fig. 4.50* : Picture Collection, The Branch Libraries, The New York Public Library, Astor, Lenox and Tilden Foundations ; *en bas* : ©PAR/NYC.
Page 134 : Photo de Roy L. Bishop, Acadia University, avec l'autorisation de AIP Emilio Segrè Visual Archives.
Page 140 : Leonard Lessin/Peter Arnold, Inc.

Chapitre 5

Page 147 : Ed Young/Science Photo Library/Publiphoto.
Page 168, fig. 5.25 : Volker Steger/Peter Arnold, Inc. ; *à droite* : Michael Holford. *Page 169* : Science Museum, Londres. *Page 170* : Gracieuseté de Nikon. *Page 171* : Scala/Art Resource, NY. *Page 172* : Michael Holford. *Page 173* : Roger Ressmeyer/Corbis. *Page 176* : Lennart Nilsson/*Behold Man*, Albert Bonniers Förlag AB.

Chapitre 6

Page 191 : Michael Freeman. *Page 193* : Berenice Abbott/Photo Researchers, Inc. *Page 197, fig. 6.9* : The Royal Society, Londres ; *fig. 6.11* : M. Cagnet, M. Francon et J. Thierr, *Atlas of Optical Phenomena*, Berlin, Springer-Verlag.
Page 198 : M. Cagnet, M. Francon et J. Thierr, *Atlas of Optical Phenomena*, Berlin, Springer-Verlag. *Page 208, les deux* : Bausch & Lomb. *Page 210* : Bausch & Lomb.
Page 212 : Photo de Elmer Taylor, Argonne National Laboratory, avec l'autorisation de AIP Emilio Segrè Visual Archives. *Page 219* : Martin Rogers.

Chapitre 7

Page 227, en haut : Mathieu Lachance ; *fig. 7.1* : Smithsonian Institution, avec l'autorisation de AIP Emilio Segrè Visual Archives. *Pages 228, 229, 231 et 234, fig. 7.9* : M. Cagnet, M. Francon et J. Thierr, *Atlas of Optical Phenomena*, Berlin, Springer-Verlag. *Page 234, fig. 7.10* : The Royal Society, Londres, avec l'autorisation de AIP Emilio Segrè Visual Archives. *Page 235* : NASA Dryden Flight Research Center. *Page 238* : ©PAR/NYC. *Page 241, fig. 7.17, à gauche* : Raytheon Co. ; *à droite* : Diego Goldberg/Corbis. *Page 242* : National Radio Astronomy Observatory. *Page 247, en haut* : Manfred Kage/Peter Arnold, Inc. ; *fig. 7.24 b* : Science Source/Photo Researchers, Inc. *Page 250* : Peter Mlekuû/iStockphoto. *Page 252, à gauche* : Robert Mark, Princeton University ; *fig. 7.32* : ERPI. *Page 257* : E. S. Barrekette, W. S. Kock, T. Ose et coll., *Applications of Holography*, Plenum Press. *Page 258* : Daniel Quat/Museum of Holography. *Page 260* : Maria Bibikova/iStockphoto. *Page 261* : M. Cagnet, M. Francon et J. Thierr, *Atlas of Optical Phenomena*, Berlin, Springer-Verlag. *Page 262* : Cornell University.

Chapitre 8

Page 267 : ESA/NASA/SOHO. *Page 272* : Science Photo Library/Photo Researchers, Inc. *Page 279* : JSC/NASA.
Page 285 : ©1989 Hsiung. *Page 298* : Science Source/Photo Researchers, Inc. *Page 300* : Los Alamos National Laboratory.

Chapitre 9

Page 311 : Earl Eliason/iStockphoto. *Page 312* : Huriye Akinci/iStockphoto. *Page 317* : AIP Emilio Segrè Visual Archives, W. F. Meggers Gallery of Nobel Laureates. *Page 328, à droite* : Avec l'aimable autorisation de Wabash Instrument Corporation ; *fig. 9.11* : akg-images. *Page 330* : Photo de Mark Oliphant, avec l'autorisation de AIP Emilio Segrè Visual Archives, Margrethe Bohr Collection. *Page 335* : Ed Young/Corbis. *Page 342* : Theodore Maiman. *Page 344, à gauche* : Sandia National Laboratories ; *à droite* : Bob Abraham/The Stock Market/First Light Associates.

Chapitre 10

Page 353 : Jim Lopes/iStockphoto. *Page 354* : AIP Emilio Segrè Visual Archives, Physics Today Collection. *Page 358, fig. 10.4* : Film Studio/Education Development Center ; *fig. 10.5* : C. G. Shull, Massachusetts Institute of Technology ; *fig. 10.6* : Photo de Francis Simon, avec l'autorisation de AIP Emilio Segrè Visual Archives. *Page 361* : Akira Tonomura/ Hitachi Ltd. *Page 365, les deux* : Education Development Center. *Page 366, fig. 10.15 a* : H. R. Bramaz/Peter Arnold, Inc. *Page 368* : AIP Emilio Segrè Visual Archives, Bainbridge Collection. *Page 373* : Grant Heilman Photography, Inc. *Page 374, fig. 10.25* : David Scharf/Peter Arnold, Inc. *Page 375* : Professor Colin Humphreys, Department of Materials Science and Metallurgy, University of Cambridge.

Chapitre 11

Page 383 : Chemical Design Ltd./SPL/Publiphoto. *Page 390* : University of Oxford, Museum of the History of Science, avec l'autorisation de AIP Emilio Segrè Visual Archives. *Page 392* : AIP Emilio Segrè Visual Archives, Goudsmit Collection. *Page 396* : O. Stern et W. Gerlach, *Zeitschr. f. Physik*, 9, 349 (1922). *Page 397* : Cezar Serbanescu/ iStockphoto. *Page 406* : Takeshi Takahara/Photo Researchers, Inc. *Page 407* : ©U. Essmann, Max-Planck-Institut für Metallforschung. *Page 408* : Département de physique, University of Illinois at Urbana-Champaign, gracieuseté de AIP Emilio Segrè Visual Archives. *Page 409* : Hank Morgan/Science Photo Library/Photo Researchers, Inc. *Page 410* : Argonne National Laboratory.

Chapitre 12

Page 417 : DeA Picture Library/Art Resource, NY. *Page 418* : AIP Emilio Segrè Visual Archives. *Page 436* : Cavendish Laboratory/University of Cambridge, England. *Page 437,* *fig. 12.10* : AIP Emilio Segrè Visual Archives ; *fig. 12.11* : AIP Emilio Segrè Visual Archives. *Page 439, fig. 12.14* : University of Chicago, avec l'autorisation de AIP Emilio Segrè Visual Archives ; *à droite* : Lawrence Livermore National Laboratory/ U.S. Dept. of Energy. *Page 440* : Science Photo Library/Photo Researchers, Inc. *Page 443, fig. 12.17* : Los Alamos Scientific Laboratory ; *fig. 12.18* : Princeton Plasma Physics Laboratory. *Page 444, fig. 12.19* : LLNL/Lawrence Migdale, 1985/Photo Researchers, Inc. ; *en bas* : Walter Dickenman/Sandia National Laboratories.

Chapitre 13

Page 453 : Martial Trezzini/Keystone/AP Photo. *Page 454* : Florida State University. *Page 455, fig. 13.3* : Gracieuseté de Caltech ; *fig. 13.5* : Science Photo Library/Photo Researchers, Inc. ; *fig. 13.6* : AIP Emilio Segrè Visual Archives, Weber Collection, W. F. Meggers Gallery of Nobel Laureates. *Page 460* : Forschungszentrum Karlsruhe, Mitglied der Hermann von Helmholtz-Gemeinschaft Deutscher Forschungszentren. *Page 461* : AIP Emilio Segrè Visual Archives, W. F. Meggers Gallery of Nobel Laureates. *Page 464* : Parker/Science Photo Library/Photo Researchers, Inc. *Page 465* : Avec l'autorisation de Brookhaven National Laboratory. *Page 466* : Science Photo Library/Photo Researchers, Inc. *Page 469, en haut* : AIP Emilio Segrè Visual Archives ; *en bas* : AIP Emilio Segrè Visual Archives, Physics Today, Weber Collections et W. F. Meggers Gallery of Nobel Laureates. *Page 470, a* : Science Photo Library/Photo Researchers, Inc. ; *b* : © CERN. *Page 471* : AIP Emilio Segrè Visual Archives, Physics Today Collection. *Page 472, fig. 13.22 a* : Avec l'autorisation du Stanford Linear Accelerator Center ; *fig. 13.22 b* : Brookhaven National Laboratory. *Page 473, à gauche* : Science Photo Library/Photo Researchers, Inc. ; *à droite* : Science Photo Library/Photo Researchers, Inc.

Index

La lettre italique *f*, *p* ou *t* accolée à un numéro de page signale un renvoi à une figure (*f*), une photo (*p*) ou un tableau (*t*).

A

Aberration
   chromatique, 157, 173-174, 372-373
   de Bradley, 270
   de sphéricité, 123, 157, 173-174
   optique, 235
Absorption
   de la lumière, 102-103
   sélective (polarisation), 253
Accélérateur, 407
   de particules, 275, 297, 453, 470*p*
   de Van de Graaff, 436
Accélération
   invariance, 271
   mouvement harmonique simple, 4
   système bloc-ressort, 6
Accommodation, 167, 170, 175-177, 179
Acoustique, 194
Actinium, 437
Addition relativiste des vitesses, 293-294
ADN, 106
Aimant, 252, 272, 395, 405
   supraconducteur, 407
Air
   déplacement des molécules, 42
   indice de réfraction, 115
   ondes sonores, 76
   réflexion totale interne, 115
   vitesse du son, 77
Alcalins, 320, 389, 393-394
Alchimie, 427, 435
Alcool polyvinylique, 249
Aluminium, 436
Ammoniaque, 341
Amortissement, 21
   critique, 23
   surcritique, 22
Ampèremètre, 320
Amplificateur, 401-402
Amplitude
   d'accommodation, 179
   de déplacement, 91
   de pression, 91
   modulation, 86
   mouvement harmonique simple, 4, 12
   onde, 201
   oscillation
      amortie, 21
      forcée, 24
      harmonique simple, 2
   pendule, 17
   rayon réfléchi par une pellicule mince, 202
   superposition d'ondes, 43-44, 92-93
Ampoule incandescente, 311*p*
Analyse de Fourier, 93
ANDERSON, Carl D., 454

Angle
   de phase, 3
   de polarisation, 251
   de réflexion, 107, 125
   de réfraction, 111, 116
   d'incidence, 107, 111, 115-116, 125, 251
   nul, 151
Anneau supraconducteur, 408
Anneaux
   de diffraction, 357
   d'électrons, 330
   de Newton, 209-210, 216
Annihilation de paires, 454
Antenne, 105, 195, 242
   dipolaire (polarisation), 250
Anticouleur, 466
Antiélectron, 426
Antimatière, 429, 454
Antineutrino, 430
Antiparticule, 454
   nombre leptonique, 459
Antiquark, 465, 474
Appareil
   de visualisation médicale, 407
   photographique, 206
Approximation
   des petits angles, 14, 17
   harmonique simple, 12
   paraxiale, 123-124, 125, 127, 154
ARAGO, François, 228
Arc-en-ciel, 111, 134-136
ARCHIMÈDE, 120
Argent, 396
Argon, 389
ARISTOPHANE, 147
ARISTOTE, 134, 136, 171
Arsenic, 399
Astronomie, 106, 130, 171, 174
Astrophysique, 106
Atmosphère, 419, 434, 458
   rayons UV, 104
Atome, 12, 104, 106, 213, 236, 383, 453, *voir aussi* Modèle atomique
   accepteur, 399*f*-400
   à plus d'un électron, 384
   à un seul électron (modèle de Bohr), 330-337, 353
   configuration électronique, 393
   désintégration, 427
   d'hydrogène, *voir* Hydrogène
   d'impureté, 399-400
   donneur, 399
   énergie
      d'ionisation en fonction du numéro atomique, 394*f*
      mécanique, 331
   interaction avec un rayonnement, 339-340
   masse, 419
   neutre, 423, 428
   noyau, 329-330, 418-422

propriété physique, 391
rayon en fonction du numéro atomique, 394*f*
stabilité, 331, 353
taille, 333
Attraction de Coulomb, *voir* Loi de Coulomb
Axe
   de transmission (polariseur), 249
   optique, 123, 125, 149, 253
Azote, 418, 435
   liquide, 410

B

Bac à ondes, 193
BACON, Roger, 134, 167, 170
Balançoire, 18, 23
BALLOT, Christophorus Buys, 83
BALMER, Johann J., 327
Bande
   de conduction, 398-399
   de valence, 398-399
Bandes d'énergie dans les solides (théorie), 397-400
BARDEEN, John, 408
Barre de contrôle, 441
Barrière de potentiel, 361, 365, 376, 400, 402, 404, 429, *voir aussi* Effet tunnel
BARTHOLIN, Erasmus, 252
Baryon, 459*t*, 460, 463
   combinaison de trois quarks, 465
   couleur, 466, 472
   étrangeté, 464
   multiplet, 464
   quarks, 466
   structure d'octet, 464
   supermultiplet, 464
Baryum, 437
Battements, 86-87
BECQUEREL, Henri, 417-418, 426
Becquerel (Bq), 433
BEDNORZ, Johannes G., 409
BELL, Alexander G., 88
Big Bang (théorie), 174
BINNIG, Gerd, 366*p*, 375
Biréfringence, 251, 253
   polarisation, 252
Bobine, 105, 372, 442
BOHR, Niels, 312, 330-333, 339, 353, 371, 437
Bolomètre, 405
BOLTZMANN, Ludwig, 314, 317
Bombe
   à fission, 440
   à hydrogène, 440, 444
   atomique, 438, 441
BORN, Max, 360
Boson, 460-461, 472-473
   de Higgs, 470
   de jauge, 453, 468-469, 474
BRADLEY, James, 270

Bragg, William H., 246
Bragg, William L., 246
Bremsstrahlung, 106, 390
Brewster, David, 251
Broglie, Louis de, 354, 360
Bunsen, Robert, 118

C

Cadmium, 344, 441
Cancer, 104, 105
Canon à électrons, 372
Carbone (isotope), 419-420
Carbone 14, 417*p*, 433-434
Carré, 462
Cataphote, 108
« Catastrophe de l'ultraviolet », 316-317
Cavité rayonnante, 313, 316, 340
Célérité, 49
Cellule solaire, 403
Centre de masse
    de l'atome (immobilité), 333
    déplacement, 298
Centre optique, 157
Centrifugation, 182
Céramique, 409-410
Cercle, 462
    trigonométrique, 7
Césium, 213, 215, 327
Chadwick, James, 418, 426
Chaîne proton-proton, 439
Chaleur, 298, 312, 418
    transfert, 105
Chambre à bulles, 464*p*, 465*f*
Champ
    de jauge, 468, 472
    de matière, 468
    électrique, 1, 4, 40, 42, 105, 110, 192,
        200, 238, 248, 250, 253, 301, 398,
        462, 467
        comportement, 468
    électromagnétique, 274, 301, 454
        fonction d'onde, 360
        invariance locale, 468
    magnétique, 1, 4, 40, 42, 102, 105, 110,
        250, 271, 301, 385, 394, 405, 409,
        467
        comportement, 468
        critique, 406
        hélicoïdal, 442
        toroïdal, 442
    notion, 454
    poloïdal, 442
    théorie quantique, 455
Charge
    du noyau, 391
    électrique, 430
        conservation, 468
        en relativité restreinte, 301
    élémentaire, 323, 324
    symétrie, 467
Chlorure
    de calcium, 399
    de sodium, 394, 399
Choix de jauge, 467
Chromodynamique quantique, 472-474

Cinéma, 126
Cinémomètre, 287
Circuit
    électrique (oscillation), 3
    électronique, 1, 401
    numérique, 403
Cockcroft, John, 436
Coefficients de Fourier, 93
Cohérence
    des ondes lumineuses, 213-215
    durée, 214, 344
    longueur, 214, 344
    perte de, 214
    spatiale, 214, 343
    temporelle, 214, 343
Collecteur, 401
Collision, 214
    électron/photon, 325
    entre atomes, 343
    modèle atomique de Rutherford, 329
    molécules d'un fluide, 76-77
    niveau d'énergie de l'électron, 334
    spectre de raies, 344
Communications
    interurbaines, 105
    par satellite, 102
Complémentarité (principe), 371
Composante harmonique, *voir* Harmonique
Compression, 41, 76-77, 79-80
Compton, Arthur H., 324-325
Concave, *voir* Miroir concave
Condenseur, 372
Condition de Bragg, 247, 257
Conditions aux limites, 58, 359, 364
Conducteur, 398
    différence d'énergie, 408
    parfait, 405
Conduction, 398
Conductivité électrique, 384, 397-398
Confinement
    des quarks, 466-467
    inertiel, 442, 443-444
    magnétique, 442-443
Conservation
    de la charge électrique, 468
    de la masse, 298
    de l'énergie, 299, 430, 453, 463
    de l'ensemble masse-énergie, 298
    du moment cinétique, 463
Constante
    d'amortissement, 22
    de Boltzmann, 317
    de désintégration, 431-432
    de phase, 3, 204
    de Planck, 318, 330-331
    de proportionnalité, 431
    de rappel, 78
    de Rydberg, 328, 339
    de Stefan-Boltzmann, 314
    de torsion, 17
    universelle, 291
Contraction des longueurs, 283-286, 297,
        301
    équation, 283
    longueur propre, 283
    transformation de Lorentz, 291
Convexe, *voir* Miroir convexe

Cooper, Leon N., 408
Corde, *voir aussi* Onde le long d'une corde,
        Ondes stationnaires résonantes sur
        une corde
    instrument de musique, 1, 56, 79
Cornée, 175, 181
Corps (oscillation), 1
Corps noir
    rayonnement, 312-319, 321
        propriété universelle, 317
        thermique, 343
    spectre, 327, 335
Couche, 385, 392-393, 397
    nomenclature, 385*t*
Couleur, 132, 208, 216, 312, 389,
        voir aussi Longueur d'onde
    arc-en-ciel, 134-136
    de synthèse soustractive, 206
    indice de réfraction, 118, 133
    pellicule mince, 205-206
    plage de longueurs d'onde, 104, 118
    quarks, 466-467, 471-472
    réseau de diffraction, 237
    séparation, 174
    théorie de jauge, 472
Couplage spin-orbite, 387
Courant
    alternatif, 105-106, 409
    continu, 409
    de dérive, 400
    de diffusion, 400
    électrique, 400
    induit, 405
Courbe
    de dispersion (lumière), 118*f*
    de radiance spectrale, 313
    de résonance, 458
    sinusoïdale, 2
Covariance, 271-273, 290
Covariant, 271
Cowan, Clyde, 430
Création de paires, 454
Crête, 43, 51-52, 56, 62, 191, 193-194
Creux, 43, 56, 191, 193-194
Cristal, 355, 357, 410, 470
    de calcite biréfringent, 251, 252
    de germanium, 399
    de quartz, 75
    de rubis, 342
    piézoélectrique, 375
Cristallin, 175, 177, 179, 397
Cristaux, 106, 246, 249, 463
    anisotropes, 253
    de sulfate d'uranyle de potassium, 417
Critère
    de Lawson, 440, 443
    de Rayleigh, 233-235, 245
Crookes, William, 246
Curie, Marie, 418, 426
Curie, Pierre, 418, 426
Curie (Ci), 433
Cyclotron, 436

D

Dalton, John, 328, 453
Datation radioactive, 433-435
Davisson, Clinton J., 356-357

Décharge gazeuse, 344
Déchets radioactifs, 442, 444
Décibel, 88
Décuplet, 464
Défaut de masse, 423
Déformation, 192
    contraction des longueurs, 284
    superposition d'ondes, 86
Degrés
    Celsius, 77
    Kelvin, 77, 314
DELLA PORTA, Giacomo, 125, 171
Demi-vie, 432, 438, 441
DÉMOCRITE, 328, 453
DENISYUK, Yuri, 257
Densité, 389
    de courant, 407, 410
    d'énergie linéique, 62
    de probabilité, 360, 371, 388
        radiale, 388
    linéique de masse, 79
Déphasage, 3, 204, 239, 409
Déplacement de Compton, 325
DESCARTES, René, 101-102, 111, 132, 135,
    181, 215
Désexcitation radiative, 334
    émission
        spontanée, 334
        stimulée, 334
Désintégrateur d'atomes, 436
Désintégration
    alpha (α), 427-428
    bêta (β), 429-430, 436, 453, 457
    d'un hadron avec étrangeté, 461
    gamma (γ), 431
    nucléaire
        équivalence masse-énergie, 298
        probabilité, 429
    radioactive, 417p, 427
        demi-vie, 432
        nombre de noyaux à l'instant t, 432
        phénomène aléatoire, 431
        rythme, 431-435
        taux, 432
Détecteur de rayonnement, 405
Déterminisme, 361, 369
Deutérium, 440, 443-444
Deutéron, 439
Deuxième harmonique, 56-57
Deuxième loi de Newton, 331, 339
    application, 48
        à un bloc immergé dans un liquide, 22
        à un élément de corde, 62
        à un oscillateur forcé, 23
        à un système bloc-ressort, 6
        au mouvement d'un élément, 59,
            62-63, 90
    covariance, 271
    en rotation, 15, 17
    forme relativiste, 297, 299
    invariance, 271
    selon la direction tangentielle, 14
Diagramme
    de Feynman, 455
    de Fresnel, *voir* Vecteur de Fresnel
    d'énergie, 397
    de polarisation, 248

Diapason, 57, 80, 82, 92-93
Différence
    de marche, 193-194, 202, 230, 236
        et différence de phase (relation), 200,
            238
        expérience de Young, 197
        maxima principaux d'un réseau, 236
    de phase
        entre des fentes adjacentes, 238, 240
        et différence de marche (relation),
            200, 238
        expérience de Michelson-Morley, 268
    de potentiel
        diffraction des électrons, 357
        diode à jonction, 401
        dispositif photovoltaïque, 404
        effet photoélectrique, 320
        longueur d'onde de Broglie, 372
Diffraction, 107, 192, 195-197, 216-217, 338
    comportement ondulatoire
        d'une particule, 355
    critère de Rayleigh, 233-235
    de Fraunhofer, 229
    de Fresnel, 228-229
    de jets d'atomes complets, 357
    des électrons, 356-357, 369
    des neutrons, 357
    et interférence combinées, 232
    figure, 228, 231-233, 236, 243-244
    franges, 228, 338
    longueur d'onde, 107, 195, 227
    lumière laser, 343
    principe de Huygens, 196, 228
    produite par
        des fentes multiples, 238-242
        une fente simple, 229-233
            minima, 230
        un réseau, 235-237
    rayons X, 246-247
Diffusion
    de Compton, 325f, 326, 431
    de Rayleigh, 325f, 326
    polarisation, 253
Dilatation du temps, 279-283, 297
    définition, 281
    équation, 280
    expérience, 282
    facteur γ, 280, 281t
    paradoxe des jumeaux, 287
    temps propre, 279
    transformation de Lorentz, 291
Diode
    à effet tunnel, 365, 404
    à jonction, 400-401
    définition, 400
    électroluminescente, 404
Dioptre
    cylindrique, 148
    définition, 148
    plan, 148
    sphérique, 148-153
        concave, 150
        convention de signes, 150
        convexe, 149-150
        formule, 149
        formule des opticiens, 153
        grandissement transversal, 151
        image réelle ou virtuelle, 148-150
        lentille mince, 153-156

        objet réel ou virtuel, 150
        position de l'image, 148
Dioptrie, 178
Dipôle, 105, 250
DIRAC, Paul, 387, 454
Dispersion (lumière), 118
Dispositif
    optique, 147, *voir aussi* Lentille, Lunette,
        Microscope, Télescope
    mesure du temps, 279
    photovoltaïque, 403-404
Distance
    image, 127, 150, 153-154
        formée par un miroir plan, 121
    interatomique, 397, 408
    interférence, 193
    objet, 127, 150, 153-154
    vision distincte, 165
Distance focale, 124, 127
    lentille, 148
        magnétique, 372
        mince, 153-156, 160
    miroir sphérique, 123f, 124-125
    objectif, 169
    oculaire, 169
Domaine de vision nette, 176
DOPPLER, Christian, 82-83
Double réfraction (polarisation), 252-253
Doublet, 464
    d'isospin, 462
    lepton, 459
Dualité onde-particule, 337-339, 354,
    370-371
Durée de cohérence, 214, 344

E

Eau, 41
    réflexion totale interne, 115
Eau lourde, 441
Échelle
    des décibels, 88
    d'unification, 474
Échographie, 75
Écran
    à cristaux liquides, 250
    fluorescent, 372, 376
Effet
    Compton, 324-326, 354, 368
    de contraction des longueurs, 283
    Doppler, 82-86, 87, 268, 343
        longitudinal, 287
        relativiste, 286-287, 288
        source au repos/observateur
            en mouvement, 83
        source en mouvement/observateur
            au repos, 84
        spectre de raies, 344
        transversal, 287
    en courant alternatif de Josephson, 409
    en courant continu de Josephson, 409
    isotope, 408
    Joule, 253
    Meissner-Ochsenfeld, 405
    photoélectrique, 312, 319-324, 338, 354,
        voir aussi Photon
        équation, 322
        fréquence de seuil, 322

tunnel, 365, 404, 439
    particules α, 428-429
    supracourant, 409
  Zeeman, 385-386, 395
EINSTEIN, Albert, 174, 272-275, 277, 295, 298, 318-319, 321-324, 337, 338, 340, 354, 360, 365, 371
Élasticité
  milieu compressible, 78
  propagation des ondes mécaniques, 40, 44
Électro-aimant, 405, 406, 410
Électrodynamique quantique, 468
Électromagnétisme, 324
  effet photoélectrique, 320
  et lumière, 102, 267
  et relativité, 301
  lois, 268
  unité, 102
Électron, 40, 325, 328-329, 419, 430, 453, voir aussi Atome, Lepton, Photon
  accélération, 312, 330
  au repos, 325
  bande
    de conduction, 398-399
    de valence, 398-399
  comportement, 357, 361, 395
  de conduction, 361, 408
  déplacement sur une orbite circulaire, 331
  désexcitation, 334
  de valence, 394, 398-399
  diffraction, 356-357, 369
  éjection, 312, 320-322, 328, 334, 390
  émission de la lumière, 104-106
  énergie, 334, 390, 397
  état
    excité, 334, 398-399
    fondamental, 334, 341, 388, 393
  états possibles, 385
    couche, 385, 392, 397
    sous-couche, 385, 392, 397
  intervalle d'énergie, 397
  libre, 325, 334, 408, 454
  longueur d'onde, 357
  masse, 419-420, 454
  modèle planétaire, 330
  moment cinétique, 312, 332-333, 354, 383
    orbital, 384-385
    spin, 383, 386-387, 397
  niveau
    de Fermi, 398, 408
    d'énergie, 334, 397
  nombre, 419
  position, 368
  quantité de mouvement, 368
  rayon de l'orbite (modèle de Bohr), 333
  rayonnement, 312, 330, 332
  système lié, 332
  trajectoire, 331, 394
  trou, 399, 454
  vecteur isospin, 469
Élément, voir aussi Noyau, Tableau périodique
  artificiel, 419
  de transition, 394
  isotope, 419
  naturel, 419
  numéro atomique, 389, 393-394, 419

périodicité des propriétés, 329, 384
propriétés
  chimiques, 419
  similaires, 389
radioactif, 418, 426
ELSASSER, Walter, 356
Émetteur, 401
Émission
  de la lumière, 102-103, 104, 213
    train d'ondes, 213
  radioactive, 426-427
  spontanée, 340
  stimulée, 341
Enduit antireflet, 206-207
Énergie, 312, voir aussi Équivalence masse-énergie
  atome d'hydrogène (nombre quantique), 384
  au repos, 299
  bandes, 397
  de désintégration, 427
    pour une désintégration α, 428
    pour une désintégration β, 430
  de Fermi, 398
  de liaison, 422-423, 438
    et stabilité des noyaux, 424
    moyenne par nucléon, 423
  de réaction, 436
  des états (atome), 392
  d'ionisation, 320, 393
  d'un corps, 300
  du niveau fondamental, 362
  d'un oscillateur, 318
  élastique, 300
  électron, 334
  entropie, 317
  état fondamental, 334
  fission, 438
  intensité d'une onde, 87
  libération, 300
  mouvement harmonique simple, 11-14
  photon, 322, 334
  propagation de l'onde sur une corde, 42, 60-62
  quantification, 312, 318, 365
  relation d'incertitude d'Heisenberg, 370
  totale, 299-300
    et quantité de mouvement relativiste, 300
Énergie cinétique, 12, 42, 61, voir aussi Vitesse
  éjection d'électrons, 320
  fission, 438
  maximale des photoélectrons, 321-322
  particule α, 427-428
  pion, 458
  rayonnement infrarouge, 105
  réacteur à fission, 441
  relativiste, 297, 299-300, 325
  totale, 299
  valeurs instantanées, 62
Énergie magnétique, 407
Énergie mécanique, 61
  modèle de Bohr, 332, 333
  système bloc-ressort, 12
Énergie potentielle, 12, 61
  gravitationnelle, 42
  nucléon, 423

particule enfermée dans une boîte, 361
valeurs instantanées, 62
Énergie thermique, 440-441
Enseigne au néon, 311p, 327
Ensemble masse-énergie, 298
Entropie, 317
  d'un oscillateur, 318
  du rayonnement, 321
Équation
  de Broglie, 354-355
  de la contraction des longueurs, 283
  de la dilatation du temps, 280
  différentielle (oscillation harmonique simple), 4
  d'une réaction nucléaire, 435
  mouvement du système bloc-ressort, 8
  photoélectrique, 322-324
  transformation de Lorentz, 291
Équation d'onde
  conditions aux limites, 359, 364
  de Schrödinger, 319, 358-359, 361, 363, 365, 384-386
    à une dimension, 359
  linéaire, 59-60, 62-63
  transformation de Galilée (application), 272
  vitesse des ondes longitudinales dans un fluide, 90
Équilibre
  stable (mouvement harmonique simple), 4
  thermique, 316, 340
  thermodynamique, 317, 340-341
Équivalence masse-énergie, 297-300, 420, 423, 427, 436
  création et annihilation de paires, 454
Espace (expansion), 174
Espace-temps, 291
Êta, 459t
État
  excité, 334, 341, 398
  fondamental, 334, 341, 388, 393
  lié, 422
  métastable, 341-342
  stationnaire, 331
  supraconducteur, 470
  symétrique, 470
Éther, 216, 267-269, 272
  abandon de la notion, 274
  hypothèse de la contraction des objets, 270
Étoile, 279, 313, 335, 439
Étrangeté, 461, 464
EUCLIDE, 107
Événement
  dans l'espace-temps, 291
  définition, 275
  dilatation du temps, 279
  relativité de la simultanéité, 277
Excitation
  collisionnelle, 334
  radiative, 334
Expérience
  de Cockcroft-Walton, 436
  de Michelson-Morley, 268-270, 272, 274
  des fentes de Young, 197-200, 217, 232, 337-338, 370
    différence de marche, 197

franges d'interférence, 197-198
intensité lumineuse, 200-202
position angulaire/point sur l'écran
(relation), 198
sources cohérentes, 199, 343
de Stern-Gerlach, 395-396
Explosion nucléaire, 441

F

Facteur
de Boltzmann, 340-341
de multiplication k, 441
Faisceau du laser, *voir* Laser
FARADAY, Michael, 102, 454
Femtomètre, 422
Fente, *voir* Diffraction, Expérience
des fentes de Young
Fer, 357, 424
Fermi, 422
FERMI, Enrico, 430, 437, 438, 458
Fermion, 460-461, 466, 471
FEYNMAN, Richard, 455
Fibre optique, 116-117
FICK, Adolf E., 181
Figure
de diffraction, 228
neutrons, 358f
produite par une fente simple,
231-233, 243-244
produite par un réseau, 236
rayons X, 358f
de diffraction-interférence, 232
de rayonnement, 231
d'interférence, 199, 213-215, 232, 337,
339
cas de N fentes, 240-242
hologramme, 254-255
trois fentes, 239-240
Fil de transmission, 410
Filtre polariseur, 250, 253
FIRSCH, D. H., 282
Fission, 300, 436-438
artificielle, 437
énergie libérée, 438
étapes, 438
neutrons, 438
FITZGERALD, George F., 270, 279
FIZEAU, Hippolyte, 102, 131
Fluide
à l'état d'équilibre, 76
pression, 76-77
propagation des ondes, 41
vibration des molécules, 76
vitesse
des ondes longitudinales, 90-91
du son, 77-78
Fluorescence, 105, 246, 417-418
Fluorure de magnésium, 207
Flux magnétique, 405
Fluxoïde, 407
Fonction
sinusoïdale, 50-51
trigonométrique inverse, 7
Fonction d'onde, 42, 359-361, 468
à l'état fondamental, 388
atome d'hydrogène, 388-389

battements, 86
dualité onde-particule, 371
équation
de Maxwell, 360
de Schrödinger, 360
interprétation probabiliste, 360, 371
normalisée, 360
onde de matière, 358-359
paire de Cooper, 408
particule enfermée dans une boîte, 361
principe d'exclusion de Pauli, 392
scalaire, 44, 192
stationnaire, 358
superposition d'ondes, 92
vectorielle, 44, 192
Fonctions de Bessel, 233
Force
centripète, 331
d'échange, 454-458
de cisaillement, 41
de compression, *voir* Compression
de couleur, 467
d'entraînement extérieure, 23-24
de Van der Waals, 473
entre des pôles magnétiques, 102
invariance, 271
nucléaire, 421, 423, 425, 463, 468, 473
particules élémentaires, 453-475
comportement ondulatoire, 357
désintégration, 275
dilatation du temps, 282
nombre, 453
se déplaçant à grande vitesse,
voir Relativité restreinte
Formule
de Balmer, 327, 331
de Rydberg, 331, 333, 339
des lentilles minces, 158-163, 372
des miroirs, 127
convention de signes, 127
des opticiens, 153-156
du dioptre sphérique, 149
FOURIER, Joseph, 92
Foyer
image, 157
lentille, 148, 154, 157
miroir
concave, 124
convexe, 124
parabolique, 123
objet, 157
réel, 124
tracé des rayons principaux, 125, 157
virtuel, 124
Franges, 212
circulaires, *voir* Anneaux de Newton
de diffraction, 228, 230-232, 338
d'interférence, 197-198, 208, 232
dualité onde-particule, 371
hologramme, 255-256
ordre, 198
expérience de Michelson-Morley, 269
FRAUNHOFER, Joseph von, 229, 237
Fréquence, 3
angulaire, 3
amortie, 22
de résonance, 24
onde sinusoïdale, 51
oscillation d'un système bloc-ressort, 6

pendule, 15-17
propre, 17
comportement de la lumière, 338
de battements, 86-87
de rayonnement, 332
de résonance
tuyau fermé, 80
tuyau ouvert, 81
de seuil, 322
d'onde, 52
effet Doppler, 83-84
du $n^{ième}$ harmonique, 57
du premier harmonique, 56
énergie d'un oscillateur, 318
entendue, 83
fondamentale, 56, 81, 93
infrasonique, 75
lumière laser, 343
lumineuse (effet photoélectrique), 321
mécanique du mouvement orbital
(atome), 339
optique (émission stimulée), 341
rayonnée, 339
spectre
de raies, 328
électromagnétique, 103
théorème de Fourier, 92-93
ultrasonique, 75
FRESNEL, Jean-Augustin, 217, 227-228, 247,
267, 319
FRIEDRICH, Walter, 246
FRISCH, Otto, 437
FROHLICH, Herbert, 408
Front d'onde, *voir aussi* Longueur d'onde
diffraction, 107, 192, 195, 228-229
effet Doppler, 84-86
relativiste, 286
interférence, 193
ligne, 79f
lumière laser, 343
notion, 78
photon, 322
principe de Huygens, 110
source ponctuelle, 78-79, 87
superposition, 85-86
surface, 79
plane, 79
sphérique, 87
Fusion, 298p, 300, 438-440
artificielle, 440
chaîne proton-proton, 439
contrôlée, 440
énergie libérée, 438
entretenue, 443
production d'énergie (critères), 440

G

GABOR, Dennis, 254
Galaxie, 174
GALILÉE, 2, 15, 129-130, 168, 171, 172, 173
Gallium, 399
Gaz
de faible intensité (lumière), 236
indice de réfraction, 213
passage d'une onde, 76
propagation des ondes, 41
rare, 389, 393
spectre de raies, 335
vitesse des ondes longitudinales, 90-91

GEIGER, Hans, 329
GELL-MANN, Murray, 461-462, 464-465
GEORGI, Howard, 474
GERLACH, Walther, 395
GERMER, Lester, 356-357
GLASHOW, Sheldon L., 471, 474
Gluon, 472-474
GOUDSMIT, Samuel A., 386
Grandeur physique (quantification), 312
Grande théorie unifiée, 474-475
Grandissement transversal ou linéaire, 163
    définition, 128
      dioptre, 151
      lentille mince, 160
GRANT, Paul, 410
Graphite, 324, 441
Gravitation, 453, 468
Graviton, 457, 468
GREENBERG, Oscar W., 466
GRIMALDI, Francesco Maria, 216
GROSSETESTE, Robert, 134
Grossissement, 163-165, *voir aussi* Loupe
    angulaire, 163-164, 166
    commercial, 167
    lunette astronomique, 172
    microscope composé, 169-170
    télescope, 171
Groupe, *voir aussi* Quark
    SU(2), 463, 469, 471, 474
    SU(3), 463-464, 465, 472, 474
    SU(5), 474

H

HADLEY, John, 174
Hadron, 459-461, 471, 472, 474
    avec étrangeté, 461
    jets, 474
    multiplet, 462-463
HAFELE, Joseph C., 289
HAHN, Otto, 437
HALE, Georges E., 174
HALL, Chester M., 174
HALL, D. B., 282
HALLWACHS, Wilhelm, 320
Halogènes, 389, 394
Harmonique, 81
    impair, 80, 93
    numéro, 81
    théorème de Fourier, 92-93
Haut-parleur, 1, 76, 80
    diffraction, 231
    intensité du son, 88
    interférence, 194
HEISENBERG, Werner, 359-360, 367-370, 461
Hélium, 215, 327, 329, 357, 410, 424, 426, 439
HERAPATH, William, 249
HÉRON D'ALEXANDRIE, 107
HERSCHEL, William, 105
HERTZ, Heinrich, 102, 319-320
Hertz (Hz), 3
HIGGS, Peter, 470
Hologramme, 254
    applications, 258
    d'absorption, 256

de phase, 256
de 360°, 258
en lumière blanche, 257
figure d'interférence, 254
mobile, 258
plaque de Gabor, 255
principe, 254
propriétés, 256
Holographie, 254-258
    définition, 254
    interférométrie holographique, 257
HOOKE, Robert, 132-133, 168-169*f*, 216
Horloge
    à pendule, 2
    désynchronisée, 292
    dilatation du temps, 281
    mesure, 278
    paradoxe des jumeaux, 289
    sur pied, 17
    synchronisation, 276-277
HUBBLE, Edwin, 174
HUYGENS, Christiaan, 102, 109-111, 130, 171, 216, 252
Hydratation, 182
Hydrogel, 181
Hydrogène, 237, 312, 329, 331, 357, 383, 418, 439
    énergie
      d'ionisation, 334
      d'un état, 392
    équation d'onde de Schrödinger, 359
    fonction d'onde, 388-389
    masse, 419
    niveaux d'énergie, 334
    nombres quantiques, 384-386
    noyau, 331, 418-419, *voir aussi* Proton
    numéro atomique, 419
    spectre, 327, 335, 353
Hyperfréquence, 407
Hypermétropie, 176, 179
Hypéron, 461
Hypothèse
    de Broglie, 355, 357, 372
    de la contraction des objets par l'éther, 270
    de production associée d'hypérons et de kaons, 461
    quantique
      d'Einstein, 318-319
      de Planck, 317-318

I

IBN AL-HAYTHAM (ALHAZEN), 108
IBN SAHL, 111
ILIOPOULOS, John, 471
Image
    agrandie, 128, 165, 169
    de deux sources ponctuelles passant par une lentille, 233
    dimension en regard de l'objet, 128
    distincte ou non, 234
    droite, 128
    d'une source ponctuelle, 233
    formée par
      un dispositif, 152
      un miroir plan, 120-122
    réduite, 128

réelle, 126, 149-150, 153, 169, 171
renversée, 128, 172
située à l'infini, 126
taille apparente de l'objet, 163
virtuelle, 121, 126, 128, 149-150, 153, 169, 171, 172
Impulsion, 41-42, 56, 191, 202, 216
    fonction d'onde, 49
    forme, 49
    longitudinale, 91*f*
    lumineuse (absorption), 298
    réflexion, 47-48, 79
    sonore, 41
    transmission, 47-48
    transversale, 42
    vitesse, 44, 49
Incohérence spatiale, 214
Indice de réfraction, 112, 174, 204, *voir aussi* Réfraction
    couleur, 118, 133
    décroissance, 114
    de l'air, 115
    dioptre sphérique, 148
    diverses substances, 112*t*
    et longueur d'onde, 113
    lentille, 148
    loi de Snell-Descartes, 112
    milieu dispersif, 112, 117
    pellicule mince, 206
Indium, 327
Infrarouge, *voir* Radiation infrarouge
Instrument
    de mesure (position et quantité de mouvement d'une particule), 368
    de musique, 92-93
      accord, 87
      à cordes, 58, 79
      à vent, 80
    d'optique, 147, *voir aussi* Lentille, Lunette, Microscope, Télescope
Intensité
    définition, 87
    du son, 87-89
      perception subjective, 88
    échelle des décibels, 88*t*
    figure de diffraction produite par une fente simple, 243-244
    lumineuse, 198, 206, 214
      corps noir, 314
      effet photoélectrique, 321
      expérience de Young, 200-202
      loi de Malus, 249
      lumière laser, 343
    moyenne (onde sonore sinusoïdale), 91-92
    onde, 87, 201
    par deux sources incohérentes, 215
    par une source ponctuelle, 88
    rayon réfléchi par une pellicule mince, 202
    réseau de diffraction, 236
    unité SI, 87
Interaction
    électrofaible, 469-471, 474
    électromagnétique, 423, 457, 461, 469
    faible, 430, 457, 461, 468-469
    forte, 473, 474
    gravitationnelle, 457
    magnétique, 470
    nucléaire, 424, 457, 461, 467, 468

Interférence, 43, 193-195, 216, 338
  constructive, 43, 56, 86, 110, 192,
    193-194, 198, 203-206, 211,
    230, 236, 357
  dans le temps, 86-87
  destructive, 43, 191-192, 193-194,
    203-205, 211, 230
  différence de marche, 193-194, 197, 230
  entre les trains d'ondes, 213-215
  et diffraction combinées, 232
  expérience de Young, 197-200, 343
  figure, 199, 213-215
  franges, 197
    ordre, 198
  hologramme, 254
  sources
    cohérentes, 199, 215
    incohérentes, 215
Interféromètre
  définition, 212
  de Michelson, 212-213, 268
Interférométrie holographique, 257
Interrupteur de courant, 404
Intervalle
  d'énergie (électron), 397
  d'espace, 293
  de temps, 279-281, 283, 293, 298
    désintégration radioactive, 431
Invariance, 467
  locale, 467-469, 472
Invariant, 271, 463
Inversion de population, 342
Ion, 333, 341, 408
Ionisation, 334, 393
Isochronisme, 2, 4, 7, 15
Isolant, 398-399
Isospin, 461-463, 469
  doublet, 462
  multiplet, 464
  triplet, 462
Isotope, 408, 419, 435-436
  masse, 420-421
  radioactif, 436
Isotrope, 253

J

Jauge
  définition, 467
  théorie de jauge de la couleur, 472
JAVAN, Ali, 342
JEANS, James, 317
Jets, 474
JOLIOT, Frédéric, 436
JOLIOT-CURIE, Irène, 436, 437
Jonction, 400
Jonctions supraconductrices de Josephson,
  365, 409
JOSEPHSON, B. D., 409
Jumeaux, voir Paradoxe des jumeaux

K

Kaon, 459t, 461
KEATING, Richard E., 289
KEPLER, Johannes, 115, 147, 168, 171

KIRCHHOFF, Gustav, 118
Klystron, 105
KNIPPING, Paul, 246
KNOLL, Max, 372, 373
KOHLRAUSCH, Hermann, 102

L

Lambda, 459t
Lames épaisses, 211
LAND, Edwin H., 249
LANGEVIN, Paul, 287
Lanthane, 437
Laser, 211, 212, 214, 256, 334, 340-344,
    404, 444
  à gaz hélium-néon, 215, 256, 342-343
  à rubis, 341-342
  au titane-saphir, 343
  longueur de cohérence, 215
  propriétés de la lumière, 343-344
Latitude de mise au point, 180
LAUE, Max von, 246
LAWSON, John D., 440
LEDERMAN, Leon, 472
LEITH, Emmeth, 256
LENARD, Philipp von, 320-322
Lentille, 126, 233, voir aussi Dioptre
    sphérique, Loupe, Microscope,
    Télescope
  aberration optique, 235
  achromatique, 174
  anneaux de Newton, 209
  convergente, 154, 156, 157, 159f, 167,
    168, 171, 176-177, 178
  définition, 147
  dioptre, 148
  dispositifs optiques en succession, 152
  distance
    focale, 148, 167
    objet et image, 153-154, 167
  divergente, 154, 156, 158, 159f, 168,
    171, 176, 178, 181
  électronique, 372
  enduit antireflet, 206-207
  fabrication, 399
  formule du dioptre sphérique, 149
  foyer, 148, 154
  indice de réfraction
    du matériau, 148
    du milieu, 148
  magnétique, 372
  mince, 153-156, 372
    distance focale, 160
    formule, 158-163
    foyer, 154, 157
    grandissement transversal, 160
    tracé des rayons principaux, 157-158
  propriétés, 156-163
  puissance, 178-179
  système de deux lentilles (résolution),
    160-161
Lentilles cornéennes, 181-182
  dégagement périphérique, 181
  jetables, 182
  matériau de fabrication, 181-182
  souples, 181-182
LEP, 470p
Lepton, 453, 458-460, 471-474
  des doublets, 459

Lévitation magnétique, 407
LEWIS, Gilbert N., 322
LHC, 453
Liaison chimique, 328
Ligne de transport d'électricité, 405
LIPPERSHEY, Hanz, 171
Liquide, 253
  propagation des ondes, 41
  vitesse des ondes longitudinales, 90-91
Lithium, 436, 443-444
Loi, voir aussi Principe
  approchée de la réfraction, 147
  de Brewster, 252
  de conservation, 463
    associée à une symétrie sous-jacente,
      463
    de trois nombres leptoniques, 459
    du nombre baryonique B, 460-461
    du nombre quantique d'étrangeté
      (strangeness), 461
  de Coulomb, 102, 329, 331, 473
  de Faraday, 405
  de Hooke, 6, 14, 17
  de la réflexion, 107-108, 110, 121, 124,
    125, 148
  de Malus, 249
  de Moseley, 391-392
  de Planck, v. loi du rayonnement
    de Planck
  de Rayleigh-Jeans, 316-317, 339
  de Snell-Descartes, 112, 115-116,
    119-120, 136, 148, 149, 251-253
  de Stefan-Boltzmann, 314-316, 318
  d'Ohm, 401
  du déplacement spectral de Wien, 313,
    318
  du rayonnement
    de Planck, 317-318, 338, 339,
      340-341, 354
    de Wien, 316-317, 323, 340
  du retour inverse de la lumière, 113, 123,
    125, 157
Lois
  de conservation, 463
  de la mécanique de Newton, 6, 44, 271,
    voir aussi chacune des lois
  de la physique
    covariance, 273
    invariantes, 463
    symétrie, 463
  de l'électromagnétisme, 268, 271-272,
    290
Longueur
  contraction, 283-286
  de cohérence, 214, 344
  optique, 169
  propre, 283
Longueur d'onde, 51, 204
  couleur, 104, 118, 133, 208, 327
  courte, 316-317
  de Broglie, 372, 421, 466
  de Compton, 326
  détectée par l'œil humain, 104
  diffraction, 107, 195, 227, 237
  effet Compton, 324
  effet Doppler, 83-84
  électron, 357
  enduit antireflet, 206-207

grande, 316-317
indice de réfraction, 112-113
lumière laser, 343
particule, 354, 367
radiance spectrale, 313, 316-317
séparation (réseau), 245
spectre
de raies, 327
électromagnétique, 103-106
vitesse de la lumière, 113
LORENTZ, Hendrik A., 270, 272, 279
Los Alamos National Laboratory, 410
Loupe, 165-168
calcul du grossissement, 165
grossissement
angulaire, 166
commercial, 167
Lumière, 40, 101-138, *voir aussi*
Rayonnement, Spectre
électromagnétique
absorption, 102-103, 320, 338
atténuation, 203
blanche, 104, 118, 133, 174, 206*f*, 208,
211, 257
cohérence, 213
comportement selon la région du spectre
électromagnétique, 338
corps noir, 313
couleur, 104, 132
diffraction, 107, 195, 227
dispersion, 118
dualité onde-particule, 337-339, 354
émergente, 126
émission, 102-103, 213, 338
fréquence, 322-323
images formées par un miroir plan,
120-122
incidente, 126
interaction avec la matière, 338
interférence, 197, 202, 211
laser, *voir* Laser
latéralisation, *voir* Polarisation
longueur d'onde, 227
milieu dispersif, 112, 117
modèle quantique, 103-104
monochromatique, 113, 208, 209, 211,
212, 286, 320, 343
nature, 101-102
noire, 105
onde
électromagnétique, 102, 107, 319-320
transversale, 102
polarisation, 247
propagation, 102-103, 106, 338
réflexion, 107-111, 202
totale interne, 115-116
réfraction, 111-115
relativité restreinte (théorie), 298, 300
renforcement, 203
solaire, 133*p*
source, 104, 118, 197, 202, 214
théorie, 215-217, 228, 267, 274, 320,
324, 326, 337, 339
transmission, 202
ultraviolette, 320, *voir aussi*
Rayonnement ultraviolet
visible, 104
vitesse, 102, 111-113, 129-132
Luminosité, 315

Lunette, 171
à double foyer, 176
astronomique, 171-172, 174
correctrice, 176, 178-179
de Galilée, 172

M

Magnéton de Bohr, 395-396
MAIANI, Luciano, 471
MAIMAN, Theodore H., 341
MALUS, Étienne Louis, 251
MARCONI, Guglielmo, 102
MARSDEN, Ernst, 329
Maser, 341
Masse, *voir aussi* Équivalence masse-énergie
atomique, 418, 420
au repos, 296, 300
défaut de, 423
diminution, 423
d'un corps, 300
inertielle, 298
relativiste, 296-297
tableau, 423
Matériau
conducteur, 398
éjection d'électrons, 320
isolant, 398
propagation des ondes mécaniques, 40, 41
semi-conducteur, 399
supraconducteur, 405
transparence à la lumière visible, 399
Matière
comportement ondulatoire, 354
modèle atomique, 328
MAXWELL, James C., 102-104, 106, 191,
228, 267, 272, 319, 321-322, 330,
332, 339, 360, 454, 467, 474
Mécanique
classique, 311
ondulatoire, 353-377
applications, 361-367
quantique, 311, 337, 339, 361, 371, 429,
468
application, 383
MEISSNER, Walter, 405
MEITNER, Lise, 437
MENDELEÏEV, Dimitri, 389, 458
Méson, 459*t*, 460, 463, 471, *voir aussi* Kaon
combinaison quark-antiquark, 465
couleur, 466
multiplet, 464
neutre, 467
structure d'octet, 464
Métal
conductivité électrique, 398
résistance électrique, 405
Métaux alcalins, 320
Mètre étalon, 213
MICHELSON, Albert A., 131, 212, 268
Micro-ondes, 40, 103*f*, 105, 253, 256, 287,
341, 407
Microscope, 160, 165, 168, 171
composé, 168-170
grossissement, 169-170
image, 169
longueur optique, 169

objectif, 168-169
oculaire, 168-169
diffraction, 235
électronique, 258, 372-376
à balayage, 373-375
à effet tunnel, 365, 366*p*, 375-376
à transmission, 372-373
moderne, 170
Microscopie acoustique, 75
Milieu dispersif, 112, 117
MILLIKAN, Robert A., 323
MILLS, Robert, 468
Mirage, 115
Miroir, 116, 214, *voir aussi* Télescope
aberration optique, 235
concave, 123-125, 127-128, 172, 258
convexe, 123-124, 126-128
courbe, 126
fabrication, 120
formule, 127
parabolique, 123, 173, 174
plan, 172
définition, 128
images formées par un, 120-122
réflexion de la lumière, 107-109
sphérique, 123-129, *voir aussi*
Miroir plan
distance focale, 124-125
faisceau de rayons parallèles, 124
foyer, 123-124
tracé des rayons principaux, 125-126
Mise au point, 180
Mode, 81
numéro, 81
Mode d'oscillation propre, 57
Modèle
atomique, 328-330
de Bohr pour l'atome à un seul électron,
330-337, 353, 354, 358, 384-385,
388, 391
deuxième postulat, 332, 339
énergie mécanique, 332, 333
premier postulat, 331
rayon de l'orbite de l'électron, 333
troisième postulat, 333
de la « goutte liquide », 437
Modérateur, 441
Module de compressibilité, 78, 90
Molécule, 236, 383
oscillation, 312
Moment
d'inertie, 15
dipolaire magnétique orbital, 394
Moment cinétique, 463
électron, 312, 332-333, 354, 383-385
spin, 386-387
orbital, 394, 396
Moment magnétique, 394-396, 470
du spin, 396
orbital, 394
Monocristal, 356
MORLEY, Edward W., 268
MOSELEY, Henry G.-J., 390-391
Mouvement
harmonique simple, 4, 7, 56
énergie, 11-14
onde sinusoïdale progressive, 51

puits de potentiel parabolique, 12
périodique, 1
MULLER, Karl A., 409
Multiplet
hadrons, 462-463
isospin, 464
Muon, 282-283, 285, 458, 469, 471
désintégration, 459
Musique, *voir* Instrument de musique,
Note musicale
Myopie, 176, 179

N

NAGAOKA, Hantarō, 330
Nanoseconde, 289
NE'EMAN, Yuval, 464
Néodynium, 444
Neutrino, 430, 453, 458-459, 469, 472
oscillation, 460
Neutron, 331, 418-419, 424-426, 436, 453,
459t, *voir aussi* Deutéron
de haute énergie, 441
désintégration β, 469, 473
diffraction, 357
émission, 428
état d'isospin *down* (d), 462
fission, 437-438
instantané, 438, 441
isotope, 419
lent, 441
libre, 430, 432
masse, 419-420
nuclide, 419
pion, 457
retardé, 438, 441
système critique, 441
thermalisé, 441
thermique, 438
NEWTON, Isaac, 102, 104, 132-133, 135,
172, 174, 197, 209, 216, 227, 252
Nickel, 356
Niobium, 405
NISHIJIMA, Kazuhiko, 461-462
NOETHER, Emmy, 463
Nœud, 55, 80
Noir de carbone, 313
Nombre
atomique Z, 391
baryonique B, 460-461
d'Avogadro, 328, 331
de masse, 419
d'onde, 52
leptonique, 459
Nombre quantique, 334, 353, 461-462, 472
atome d'hydrogène, 384-386
de charme, 471
de couleur, 466
d'étrangeté (*strangeness*), 461
magnétique
de spin, 383, 387
orbital, 383, 385
orbital, 383, 384
particule/antiparticule, 454
principal, 383, 384
quark, 465f

Note musicale, 103
qualité sonore, 57
structure harmonique, 93
Nouveaux quarks, 471-472
Noyau, 329-330, 383, 453, *voir aussi*
Neutron, Nucléon, Proton
charge, 391
composé, 438
désintégration, 422, 431
instable, 419, 422, 424
particule α, 428
puits de potentiel, 332
radioactif, 419, 423
émission de particules α, 365
rayon, 421
stable, 419, 422-424
structure, 418-422
X, 427
Nuage de probabilité, 388
Nucléon, 355, 419, 422, 437, 457, 462
énergie de liaison moyenne par, 423-424
énergie potentielle, 423
force nucléaire, 423
groupement, 422
interaction, 423-424
nombre de masse, 419
Nuclide, 419, 431
demi-vie, 432
désintégration, 427
énergie de liaison, 423-425
transformation en noyaux radioactifs, 436
Numéro atomique, 389, 393-394
Z, 419

O

Objectif, 168, 171, 172
microscope électronique à transmission,
372
Objet
contraction par l'éther (hypothèse), 270
dimension de l'image, 128
émission
de lumière visible, 312
de radiation infrarouge, 312
réel, 126, 150
taille apparente de l'image, 163
virtuel, 121, 126-127, 150
Observateur
contraction des longueurs, 283
définition, 275
relativité de la simultanéité, 277
OCHSENFELD, Robert, 405
Octave, 103
lumière visible, 104
Octet, 464
Oculaire, 168, 171, 172
Œil, 175-180
accommodation, 167, 170, 175-177, 179
cornée, 175, 181
cristallin, 175, 177, 179
distance focale, 176
emmétrope, 176-177
humeurs, 175
hypermétropie, 176, 179
iris, 175
longueur d'onde détectée, 104

lunettes à double foyer, 176
mise au point, 180
muscles ciliaires, 175
myopie, 176, 179
nerf optique, 175
perception des images à l'infini, 167
presbytie, 177, 179
puissance, 179
punctum proximum, 176-177, 179
punctum remotum, 176, 179
pupille, 175
rétine, 175
verres correcteurs, 176, 178-179
vision distincte ou nette, 165, 176
Oméga, 459t
Onde, *voir aussi* Impulsion, Mouvement
harmonique simple
amplitude, 201
caractéristiques, 41-42
carrée, 93f
de choc, 86
définition, 39
de matière, 40, 354
fonction d'onde, 358
de probabilité, 360
diffusée, 253
énergie, 42, 60
équation, 59-60, 62-63
fonction, 42
fréquence, 52
front, 78
intensité, 87, 201
linéaire, 59
longitudinale, 41, 76, 78, 90-91, 192, 248
longueur, 51, 104
nombre d', 52
non polarisée, 249
non sinusoïdale, 51
océanique, 42
oscillation, 192
périodique, 50
polarisée linéairement, 248
propagation, 40, 42, 44
puissance moyenne, 60
quantité de mouvement, 42
sismique, 40
source
continue, 50
ponctuelle, 78-79, 87
transversale, 41, 53, 76, 78, 102, 200, 248
vitesse, 41, 44, 49, 52-53
sur une corde, 44-47, 62-63
Onde le long d'une corde, 41-42, 44, 76
amplitude, 60-61
équation, 60
impulsion, 41, 44, 47-49, 191-192, 202
interférence, 192
onde
continue, 50
stationnaire, 55
propagation d'énergie, 60-62
puissance moyenne, 60
vitesse, 44-47, 62, 78
Onde progressive
fonction, 50
se déplaçant vers
les x négatifs, 50
les x positifs, 49

sinusoïdale, 53
vitesse, 49
Onde sinusoïdale, 50-52, 56, 62
  progressive, 50-51, 54, 60
    configuration à un instant t donné, 51
    déplacement, 91
    fonction, 52
    fréquence angulaire, 51
    module de la vitesse, 52
    périodicité, 52
    superposition, 86
  stationnaire, 55, 272
Onde stationnaire, 55
  résonante
    configuration, 57
  sinusoïdale, 56
Ondes
  continues, 50
  courtes/AM, 103f, 105
  de Broglie, 354-355
  FM, 103f
  longues radio, 103f
  non mécaniques, 40
  progressives, 48-50
  TV, 103f
  ultrasoniques, 40
Ondes acoustiques
  longitudinales, 52
  transversales, 52
  vitesse, 52
Ondes de choc
  acoustiques, 75
  expérience de Michelson-Morley, 268
  supersoniques, 85-86
Ondes électromagnétiques, 40, 192, 200,
    319, 364
  antenne dipolaire, 250
  déplacement, 268, 274
  direction de polarisation, 248
  éjection d'électrons, 320
  émission, 103
  énergie, 321
  polarisation par réflexion, 251
  produites par des fentes multiples, 238
  propagation, 110
  quantité de mouvement, 325
  rayonnement thermique, 312
  spectre électromagnétique, 103-106
  vitesse, 102
Ondes lumineuses, 4, 40
  cohérence, 213-215
  énergie, 42, 298
  perturbation, 42
Ondes mécaniques, 39-64, 364
  définition, 42
  déplacement du milieu, 42
  propagation, 40, 52, 110
  superposition, 43-44, 55
  vitesse, 40-41, 44, 52
Ondes radio, 4, 103f, 105, 338
  interférence, 194
  perturbation, 42
  sources cohérentes, 199
Ondes sonores, 40, 42, 75-94, *voir aussi*
    Fréquence
  battements, 86-87
  diffraction, 195
  énergie, 42
  guidées par un tuyau, 76
  infrasoniques, 75

interférence, 44, 191-192
nature, 76-79
perturbation, 42
propagation dans l'air, 76
sinusoïdales
  intensité, 91-92
  puissance, 91
sources cohérentes, 199
stationnaires résonantes, 79-82
  tuyau fermé, 80
  tuyau ouvert, 80-82
superposition, 76, 86, 93, 192, 217
ultrasonique, 75
vitesse, 44
Ondes stationnaires, 55, 316
  fonction d'onde, 358
  résonantes, 56
    sur une corde, 56-59, 355, 359
ONNES, Heike K., 405
OPAL (détecteur), 470p
Opale, 247p
Optique, 102
  définition, 106
  électronique, 372
  géométrique, 106-107, 195, 372
  physique, 191-218, 227-260
Orbitale atomique, 388
Orbite
  circulaire
    déplacement de l'électron, 331
  elliptique, 353
Ordinateur, 403
Ordre de la frange, 198
Organisation européenne pour la recherche
    nucléaire (CERN), 453
Oscillateur
  amorti, 21
  électronique, 57
  entretenu ou forcé, 23-24
Oscillateur harmonique, 365-366
  simple, 3, 21, 50
    énergie mécanique, 12
    propriétés, 4
  quantification de l'énergie, 318-319, 365
Oscillation
  de charge, 103
  définition, 1
  des ondes, 192
  d'un système bloc-ressort, 6
  en régime permanent, 23
Oscillation harmonique, 4
  simple, 2-5
    amplitude, 2
    cycle, 3
    équation, 3
    équation différentielle, 4
    période, 3
    phase, 3
Oscillations, 1-26
  amorties, 21-23
  dans les circuits électriques, 3
  forcées, 23-24
  mécaniques, 1
  non mécaniques, 1
  sous amorties, 22
Oscilloscope à rayons cathodiques, 372
Oxyde
  céramique, 409
  métallique, 409
Oxygène, 435

P

Paire
  de Cooper, 408-409, 461
  de jumelles, 116
  électron-positon, 464
  particule-antiparticule, 454, 466
  particules charmées, 471
  quark-antiquark, 474
PAIS, Abraham, 461
Paquet
  d'énergie, 455
  d'ondes, 360, 367-368
Parabole, 12, 365
Paradoxe
  de la perche et de la grange, 295-296
  des jumeaux, 287-290
Particule
  à l'intérieur d'un puits de potentiel fini,
    363-365
  alpha (α), 329, 418, 421, 424, 426-427,
    453
    désintégration, 427
    effet tunnel, 428-429
  antiparticule, 454
  bêta (β), 426-427
    désintégration, 429
  de jauge, 474
  de résonance, 458, 464-465, 471-472
  effet tunnel, 365
  énergie, 334
  enfermée dans une boîte, 361-363
  fonction d'onde, 360
  fusion, 440
  groupe ou paquet d'ondes, 360
  longueur d'onde, 354, 367
  matérielle
    comportement, 360, 367
    dualité onde-particule, 354
  moment cinétique, 332
  oscillateur harmonique, 365-366
  position, 361, 368
  Ω, 464, 465
  quantité de mouvement, 367-368
  trajectoire, 361
  W, 473
  X, 474
  Z^0, 473
Particules élémentaires, 453-475
  charge, 462
  classification, 458, 463, 472
  comportement ondulatoire, 357
  désintégration, 275
  dilatation du temps, 282
  forces d'échange, 454
  interactions, 458, 462
  nombre, 453
  nouveau nombre quantique, 462
  se déplaçant à grande vitesse,
    voir Relativité restreinte
  spin, 460
Particules vraiment élémentaires, 460
Pas du réseau, 235
PAULI, Wolfgang, 386, 392, 430
Peau humaine (absorption de la radiation
    infrarouge), 313
Pellicule
  d'air, 209
  mince, 202-212, 216
    enduit antireflet des lentilles, 206-207

nature de la couleur, 205-206
réflexion d'un rayon de lumière,
202-205
photographique, 246, 284
Pellicules d'épaisseurs variables, 208-209
Pendule, 1, 14-17
composé, 15-17
définition, 15
fréquence angulaire, 16
période, 16
de torsion, 17
définition, 17
fréquence angulaire, 17
limite d'élasticité du fil, 17
période, 17
simple, 14-15
définition, 14
fréquence angulaire, 15
période, 15
Pentaquark, 466
Période
oscillation
d'un système bloc-ressort, 6
harmonique simple, 3
pendule
composé, 16
de torsion, 17
simple, 15
Périodicité
des propriétés des éléments, 329, 384
onde sinusoïdale, 52
PERRIN, Jean, 328
Perte de cohérence, 214
Petit angle, 14, 123
Phase, 343
initiale, 3
inversion (onde lumineuse), 209
oscillation harmonique simple, 3
Phénomène ondulatoire, *voir* Onde
Phosphore, 399, 436
Photoélectron, 320-321
Photoémission, 321-322
Photographie, 254
Photomultiplicateur, 337
Photon, 104, 106, 275, 321-322, 324, 390,
453, 473
absorption, 334, 340, 399, 407
antiparticule, 454
collision, 325
comportement, 338-339, 360-361
corps noir, 335
de haute énergie, *voir* Rayons γ
d'énergie suffisante (trou), 454
désexcitation, 334
dispositif photovoltaïque, 403
énergie, 322, 325, 334, 390
fonction d'onde, 360
fréquence, 332-333, 390
incident, 341
interférence, 337, 339
longueur d'onde, 354
particule sans masse au repos, 325
position, 368
probabilité de présence, 360
quantité de mouvement, 368
stimulé, 341
virtuel, 455-456
Physique
des particules
modèle standard, 453

nucléaire, 417-446
quantique, 312, 318, 454
grandeur quantifiée, 312
Piézoélectrique, 375
Pion, 457, 458, 459*t*, 461, 462
Piston, 1, 41, 91*f*
Plan
de polarisation, 238
d'incidence, 108
PLANCK, Max, 317, 319, 321, 323, 324, 371
Plaque photographique, 198, 233, 337-338,
357, 372, 417
Plasma, 440, 442-444
luminescent, 298*p*
Plastique, 252*p*
Plomb, 405, 426, 436
Poids atomique, 389, 391
Point
d'ébullition, 389
de Curie, 470
POISSON, Siméon Denis, 228
Polariseur, 249-250
intensité de la lumière, 249
Polarisation, 44, 192, 247-253, 343, 473
biréfringence, 252
diagramme de, 248
directe, 401, 402, 404
direction, 248
inverse, 401, 402
onde
non polarisée, 249
transversale, 248
par
absorption sélective, 253
diffusion, 253
double réfraction, 253
réflexion, 251-252
plan, 238
Polarité, 320
Polaroïd, 249
Pôle magnétique, 102
Polonium, 418
Polycristal, 356
Polymère, 181
Polymérisation, 182
Poly-méthyl-méthacrylate (PMMA), 181
Polynôme d'Hermite, 367
Pompage optique, 342
Pont (effondrement), 18-21
Position
fonction d'onde, 42
particule, 361, 368
Positon, 426, 429, 439, 454
Potassium, 389
gazeux, 215
Potentiel d'arrêt, 320, 323
Pouvoir de résolution
microscope électronique, 372-374, 376
réseau, 245-246
système optique, 233, 235, 237
télescope, 174
Premier harmonique, 56
Prépolymère, 181
Presbytie, 177, 179
Pression
amplitude des variations, 91

atmosphérique, 76, 80
dans un fluide, 76-77
et compression dans un tuyau, 79-80
et raréfaction dans un tuyau, 79-80
semi-conducteur, 405
vitesse
des ondes longitudinales dans
un fluide, 90
du son, 77-78
Principe, *voir aussi* Loi
de complémentarité, 371
de conservation
de la quantité de mouvement, 271,
296, 298, 428, 463
de l'énergie, 325, 430, 453, 456, 463
de correspondance de Bohr, 339, 386
de Huygens, 109-111, 115, 196, 228-230,
233, 236
de la constance de la vitesse
de la lumière, 273, 290
transformation de Lorentz, 301
de la relativité, 273
de la thermodynamique, 312
de superposition linéaire, 43-44, 55, 92,
200, 215
ondes sinusoïdales progressives, 86
ondes sonores, 76
d'exclusion de Pauli, 384, 392, 397, 398,
454, 460, 466-467
d'incertitude de Heisenberg, 367-370,
386, 456, 458
du déterminisme, 361, 369
Prisme, 118, 120, 132-133, 174, 237
Production associée d'hypérons et de kaons,
461
Projecteur, 123, 372
Prométhium, 419
Propagation, *voir aussi* Vitesse
de la lumière, 102-103, 106, 216, 338
en ligne droite, 106-107
du son, 76
Proportion stoechiométrique, 328
Proton, 40, 297, 331, 361, 418-419, 430,
441, 453, 459*t*, *voir aussi* Deutéron
accélération, 436
désintégration, 474-475
émission, 428
état d'isospin *up* (u), 462
groupement, 422
isotope, 419
masse, 419-420
nuclide, 419
pion, 457
répulsion électrique, 422-423, 425
stabilité, 460
PTOLÉMÉE, Claudius, 107, 111, 147
Puissance
instantanée
onde sonore sinusoïdale, 91
lunettes correctrices, 178-179
moyenne, 60
onde sonore sinusoïdale, 91
Puits de potentiel
fini, 363-365
mouvement harmonique simple, 12
noyau, 332
parabolique, 365
Pulsation, 3, 51
Punctum proximum, 176
Punctum remotum, 176

Q

Quanta
  de champ, 457, 460
  d'énergie, 321-322
Quantification
  de l'énergie, 312
    hypothèse d'Einstein, 318-319, 365
    hypothèse de Planck, 318
  spatiale, 385, 395
Quantité de mouvement
  définition relativiste, 296
  d'une particule, 367-368
  paire de Cooper, 408
  principe de la conservation, 271, 296, 298, 428
  relativiste, 300
    et énergie totale, 300
  transportée par une onde, 42
Quantum, 312, 318, 323
  de champ, 457
  de flux, 407
Quark, 453, 465-466, 474
  beauté b, 472
  charge fractionnaire, 465
  charmé c, 471
  confinement, 466-467
  couleur, 466-467, 471-473
  down (d), 465
  étrange, 465
  interaction, 472
  nombre quantique, 465*f*
  nouveau, 471-472
  saveur, 472-473
  up (u), 465
  vérité t, 472
Quartet, 464

R

RABI, Isidor Isaac, 475
Radar
  cohérent, 256
  Pave Paws, 241
Radian, 3, 165, 198, 234
  par mètre, 52
  par seconde, 3, 51
Radiance spectrale, 313, 316-317, 340
  définition, 314
Radiation infrarouge, 312-313
Radio, 102, 105-106
  polarisation des émissions, 250
Radioactivité, 417-418, 426-431
  artificielle, 436
  β⁻, 426
  β⁺, 426
Radiofréquences, 250, 443
Radiotélescope, 105, 242
Radium, 418, 428, 433, 437
Radon, 428, 433
Raie spectrale, *voir aussi* Spectre de raies
  classification, 392
  division, 385-387, 395
  élargissement, 395
  structure fine, 386
Raréfaction, 41, 76-77, 79-80
RAYLEIGH (Lord), 233-234, 316

Rayon
  convergent, 124-126, 153
  cosmique, 434, 458
  de Bohr, 388
  définition, 107
  divergent, 121, 124, 152
  d'un noyau, 421
  extraordinaire, 252
  images formées par un miroir-plan, 120-122
  incident, 107-108, 111-112, 115, 123-124, 126
  infini, 152
  ligne droite, 107
  ordinaire, 252
  réfléchi, 107-108, 110, 115, 123-125, 126
    par une pellicule mince, 202
    polarisation, 251
  réfracté, 111-112, 115
Rayonnement
  absorption, 334, 340
  corps noir, 312-319, 321, 343, 354
  cosmique, 419
  de freinage, 106, 390
  détecteur, 405
  électron en accélération, 330
  émission, 312, 332, 340
  entropie, 321
  incident, 312, 314
  infrarouge, 103*f*, 105
  lumière laser, 343
  polarisation par absorption sélective, 253
  thermique, 312
  transformation en énergie, 298
  ultraviolet, 103*f*, 104-105, 182, 316-317, 320
Rayons
  gamma, 103*f*, 106, 426-427, 431, 464
  IR, 103*f*, 105
  lumineux, 106, 127*t*
  principaux (tracé), *voir* Tracé des rayons principaux
  UHF, 103*f*, 105
  UV, 103*f*, 104-105
  X, 40, 103*f*, 106, 324, 338, 374, 389, 390, 417-418
    comportement ondulatoire, 356
    diffraction, 246-247, 357, 358
  γ, 103*f*, 106, 426-427, 431, 464
Réacteur
  à eau pressurisée, 442
  à fission, 441-442
  à fusion, 407, 440, 442-444
  nucléaire, 438, 440
Réaction
  chimique, 328
    équivalence masse-énergie, 298
  de fission contrôlée, 438
  en chaîne, 438
    facteur de multiplication *k*, 441
  nucléaire, 435-436
    endothermique, 436
    énergie, 436
    équation, 435
    exothermique, 436
Recombinaison, 400
Redresseur de courant, 401
Référentiel, 268
  accéléré, 273
  définition, 275

  d'inertie, 271, 273, 291
  propre, 276
Reflet, 206-207
Réflexion, 47, 79-80, 107-111, 216, 462
  anneaux de Newton, 209-210
  changement de phase de la lumière, 202
  condition de Bragg, 247
  diffraction des électrons, 356
  diffuse, 107
  loi de la, 107-108, 110, 121, 124, 125, 148
  partielle, 48
  par une pellicule mince (rayon lumineux), 202
    interférence, 203-204
    nature de la couleur, 205-206
  polarisation, 251-252
  principe de Huygens, 109, 115
  spéculaire, 107
  totale interne, 115-116
    applications, 116
    définition, 115
    équation, 115
    frustrée, 365
Réfraction, 111-115, 216
  définition, 111
  équation, 111-112
  indice, 112
  loi
    de Snell-Descartes, *voir* Loi de Snell-Descartes
    du retour inverse de la lumière, *voir* Loi du retour inverse de la lumière
  œil, 175
REID, Alexander, 357
REINES, Frederick, 430
Relation
  de Gell-Mann-Nishijima, 465
  d'incertitude de Heisenberg, 367-370, 386
    pour l'énergie, 370
    pour le temps, 370
  masse-énergie, *voir* Équivalence masse-énergie
Relativité, 174
  de la simultanéité, 277-279
  et électromagnétisme, 301
  générale
    théorie, 273, 468
  principe, 273, 275
  restreinte, 267-303, 311, 353
    contraction des longueurs, 283-286
    définitions, 275-277
    dilatation du temps, 279-283
    équivalence masse-énergie, 297-299
    événement, 275
    observateur, 275
    postulats, 273-275, 462
    référentiel, 275
Réseau
  de diffraction, 235-237
  pouvoir de résolution, 245-246
Résistance
  diode à effet tunnel, 404
  diode à jonction, 401
  dispositif photovoltaïque, 403
  supraconducteur, 405
Résistivité, 405, 410
Résonance, 17-18, 56, 79

Ressort, 78, 300, *voir aussi* Système bloc-ressort
Rétine, 175
    bâtonnets, 175
    cônes, 175
RICHTER, Burton, 471
RITTER, John W., 104
RITZ, Walter, 328
ROHRER, Heinrich, 366p, 375
RÖMER, Ole, 130
RÖNTGEN, Wilhelm C., 106, 246, 417
ROSSI, Bruno B., 282
Rotation, 462-463
    contraction des longueurs, 284
    du vecteur isospin, 463, 468-469
ROYDS, Thomas, 426
RUBBIA, Carlo, 473
Rubidium, 327
Rubis, 341
Rupture de symétrie spontanée, 470
RUSKA, Ernst, 372, 375
RUTHERFORD, Ernest, 329, 330, 418, 421, 426-427, 429, 435, 453
RYDBERG, Johannes R., 327

S

SALAM, Abdus, 469
Satellite, 105, 106, 108-109
SAVITCH, Paul, 437
SCHAWLOW, Arthur L., 341
SCHRIEFER, Robert, 408
SCHRÖDINGER, Erwin, 319, 358-360, 371
Secondes à la puissance moins un, 431
Semi-conducteur, 398p, 399-400, 404
    de type *n*, 399-400
    de type *p*, 400
    devenu supraconducteur, 405
    dispositifs, 400-404
    extrinsèque, 399
    intrinsèque, 399
    jonction, 400
Séparation angulaire, 233
Série
    de Balmer, 327f, 334
    de Lyman, 334
    de Paschen, 334
    harmonique, 57
    limite, 334
Séries de Fourier, 92-93
Seuil
    d'audibilité, 88
    de sensation douloureuse, 88
Sigma, 459t
Signaux
    de radio ou télévision, 1, 105-106
    radar, 87
Silicium, 404
Simultanéité (relativité), 277-279
Singlet, 464
Sinusoïde, *voir* Onde sinusoïdale
SLAC, 471
SMITH, James H., 282
SMITH, Robert, 125
SNELL VAN ROYEN, Willebrord, 111
SODDY, Frederick, 427, 435

Sodium, 386, 397
Solénoïde supraconducteur, 406, 407
Solide, 253, 383
    bandes d'énergie, 397-400
SOMMERFELD, Arnold, 353
Son
    aigu, 83
    fréquence, 75
    intensité, 87
    vitesse, 77
Sonar, 75
Sons, *voir aussi* Ondes sonores
    audibles, 75
Source cohérente, 214
Sous-couche, 385, 392-393, 397
    nomenclature, 385t
Spectre
    continu, 390
    de raies, 237, 311, 327-328, 329, 343, 353, 390
        émission, 334
        principe de combinaison, 328
        série, 334
    de rayonnement d'un corps noir, 318
    d'un corps noir, 327
    d'un gaz raréfié, 327
    électromagnétique, 103-106
        subdivision, 103
    harmonique, 93
    sonore, 93f, 103
Spectromètre, 327
Spectrométrie, 327
    de masse, 434
Spectroscope à prisme, 118
Spin, 383, 386-387, 392, 395, 397
    demi-entier, 392, 460
    entier, 460
    moment
        cinétique, 387
        magnétique, 396
    nombre quantique magnétique, 383, 387
    paire de Cooper, 408
    particules élémentaires, 460
Spirale, 331
Squid, 409
STEFAN, Josef, 314
STERN, Otto, 395
STRASSMANN, Fritz, 437
STRUTT, John W. (Lord Rayleigh), 233-234, 316
Supermultiplet, 464
Superposition d'ondes, *voir* Principe de superposition linéaire
Supraconducteur, 383p
    à haute température, 409-410
    champ magnétique critique, 406
    conductivité parfaite, 405
    de deuxième espèce, 407
    densité de courant, 407, 410
    diamagnétique, 405
    état mixte, 407
    filament, 407
    jonctions de Josephson, 409
    propriétés, 405
        à haute fréquence, 407
    résistance électrique nulle, 405
    résistivité, 405
    température, 405

Supraconductivité, 405-410
    à basse température, 408-409, 461
    théorie
        BCS, 407-408
        microscopique, 408
Supracourant, 409
Symétrie
    axiale, 462f
    cachée, 469, 470, 474
    de jauge, 467, 469, 474
    de la nature, 354
    d'un système physique, 462
    fonction mathématique, 462
    géométrique, 462
    globale, 467, 468
    locale, 467, 468
    loi de conservation, 463
    rupture, 470
    spatiale des distributions de charges, 462
Synchronisation des horloges, 276-277
Synchrotron, 297
Synthèse de couleurs, 206
Système
    à un électron, *voir* Atome à un seul électron
    bloc-ressort, 2, 6-11, 365
        énergie mécanique, 12
        équation du mouvement, 8
        fréquence angulaire de l'oscillation, 6
        période de l'oscillation, 6
    lié, 332
    NOVA, 443-444
    symétrie, 462

T

Tableau
    des masses, 423
Tableau périodique, 353, 384, 389, 391
    couche/sous-couche, 393
    groupe, 393
    masse atomique, 420
    période, 393
    principe d'exclusion de Pauli, 392
Tache de Poisson, 228
TAIT, Peter G., 44
Tau, 459t
Taux de désintégration, 432
    à l'instant *t*, 433
    définition, 433
    unité, 433
TAYLOR, Geoffroy, 338
Tchernobyl, 442
Technétium, 419
Télescope, 118, 132, 147, 160, 170-175, 270
    à lentilles, 173-174
    à miroirs, 172-173f, 174
    à miroirs multiples, 175
    définition, 170
    diffraction, 235, 237
    du mont
        Hopkins, 175
        Mauna Kea, 175
        Palomar, 173, 175, 235
        Wilson, 174
    évolution, 173-175
    géant, 174-175
    grossissement, 171
    image, 171

Keck 1 et 2, 175
moderne, 173
pouvoir de résolution, 174, 235
spatial, 174, 235
Yerkes, 174
Télévision, 102, 105-106
polarisation des émissions, 250
Température, 312
conducteur, 398
d'ignition, 443
élévation, 312
fusion, 440
masse d'un corps, 300
radiance spectrale, 313
rayonnement infrarouge, 105
résistance d'un matériau, 405
semi-conducteur, 399
supraconducteur, 409
vitesse du son, 77
Temps, 79
de cohérence, 343
dilatation, 279-283, 287
fonction d'onde, 42
interférence, 86-87
paradoxe des jumeaux, 287-290
propre, 279
relation d'incertitude de Heisenberg, 370
synchronisation des horloges, 276-277
Terre
mouvement dans l'éther, 268-270
paradoxe des jumeaux, 289
Terres rares, 392, 394
THÉODORIC DE FRIBOURG, 135
Théorème
d'Ampère, 102
de Fourier, 92
de Gauss, 462
Théorie
BCS de la supraconductivité, 407-408
corpusculaire, 216, 319-320, 326, 354
de jauge, 467-469, 474
de la couleur, 472
de la relativité, 273
générale, 273, 468
restreinte, 273-275, 311, 339
des bandes d'énergie dans les solides, 397-400
des groupes, 463
des quantas, 312
de type Yang-Mills, 469
de Weinberg-Salam, 469, 471
électromagnétique, 228, 467
microscopique de la supraconductivité, 408
ondulatoire, 133, 136, 216-217, 227-228, 319, 321, 338, 354
quantique, 338
des champs, 455
Thermalisation, 335
Thermodynamique statistique, 323
THOMSON, George P., 357
THOMSON, Joseph J., 320, 328-329, 336, 384, 453
Thorium, 327, 418
Three Mile Island, 442
Timbale, 59p
TING, Samuel, 471
Tokamak, 442-443
TOWNES, Charles H., 341

Tracé des rayons principaux
lentille, 157-158
miroir sphérique, 125-126
Train d'ondes
interférence, 213
longueur, 214, 344
temps de cohérence, 343
Trajectoire
de l'électron, 331, 394
d'une particule, 361
Transformation
de Galilée, 49, 271-274, 276, 290-291, 339
de Lorentz, 280, 290-293, 339, 463, 467
conditions d'invariance, 467-468
formulation, 301-302
Transistor, 398p
à jonction, 401-403
définition, 401
Translation
dans l'espace, 463
dans le temps, 463
Transmission, 47, 202
partielle, 48
Travail d'extraction, 320
Triplet, 464
isospin, 462
Tritium, 440, 443-444
Troisième loi de Newton, 47
Trou, 399, 454
Tube
à décharge, 215, 246, 417
au néon, 311p, 327
Tungstène, 372
Tuyau
fermé, 80
ouvert, 80

U

UHLENBECK, George, 387
Ultrasons, 75
de très haute fréquence, 75
Ultraviolet, voir Rayonnement ultraviolet
Unité
de masse atomique (u), 420
électromagnétique, 102
électrostatique, 102
Université de Chicago, 438
UPATNIEKS, Juris, 256
Uranium, 418, 437
détection, 419
numéro atomique, 419
Uranium 235
fission, 441
masse, 421
Uranium 238
énergie de liaison moyenne par nucléon, 423
masse, 421
URBAIN, Georges, 392

V

Vague, 40, 41, 43-44, 107, 364
VAN DEN BROEK, Antonius, 391
VAN LEEUWENHOEK, Antonie, 167-168
Vecteur

de Fresnel, 238-242, 371
cas de N fentes, 240
cas de trois fentes, 239
figure de diffraction produite par une fente simple (intensité), 243
maxima principaux, 240
maxima secondaires, 240
isospin, 463, 468-469
Vent, 42
d'éther, 268, 270
Ventre, 55, 80
Vergence, 178
Verre, 104, 112, 115, 118, 147, 174, 202, 206, 253
Verres
correcteurs, 176, 178-179
polaroïd, 250, 253
Vibration, 1, 75, 76
« Vieille théorie quantique », 312, 319, 331, 338, 353-354
VILLARD, Paul U., 106, 426
Vision distincte ou nette, 165, 176
Vitesse, voir aussi Énergie cinétique
addition relativiste, 293-294
de phase, 49
des ondes longitudinales dans un fluide, 90-91
dilatation du temps, 281
d'une cible mobile, 87
limite, 297
Vitesse de la lumière, 102, 111-113, 129-132, 253, 267
addition d'une vitesse quelconque, 294
constante universelle, 291
dilatation du temps, 280
expérience de Michelson-Morley, 268
principe de la constance, 273, 290, 301
référentiel, 268
Vitesse de l'onde, 41
le long d'une corde, 44-47, 62-63
progressive, 49, 53
sinusoïdale progressive, 52-53
propriétés du milieu de propagation, 44, 52
Vitesse du son, 77
effet Doppler, 83
Vitre, 211
Volume
vitesse
des ondes longitudinales dans un fluide, 90
du son, 77-78
Vortex, 407

W

WALTON, Ernest, 436
WARD, John C., 469
Watt
par mètre carré, 314
par mètre carré par mètre, 313
WEBER, Wilhelm, 102
WEINBERG, Steven, 469, 472
WIEN, Wilhelm, 316
WITELO, 134

X

Xi, 459*t*

Y

YANG, Chen Ning, 468
YOUNG, Thomas, 136, 197, 209, 217, 227,
    247, 267, 319
Yttrium, 409-410

Z

Zéro absolu, 398
Zinc, 320
Zircaloy, 441
ZWEIG, George, 465

Facteurs de conversion

Longueur

1 po = 2,54 cm (exactement)

1 m = 39,37 po = 3,281 pi

1 mille (mi) = 5280 pi = 1,609 km

1 km = 0,6215 mille

1 fermi (fm) = 1×10^{-15} m

1 ångström (Å) = 1×10^{-10} m

1 mille marin = 6076 pi = 1,151 mille

1 unité astronomique (UA) = $1,4960 \times 10^{11}$ m

1 année-lumière = $9,4607 \times 10^{15}$ m

Aire

1 m^2 = 10^4 cm^2 = 10,76 pi^2

1 pi^2 = 0,0929 m^2

1 po^2 = 6,452 cm^2

1 $mille^2$ = 640 acres

1 hectare (ha) = 10^4 m^2 = 2,471 acres

1 acre (ac) = 43 560 pi^2

Volume

1 m^3 = 10^6 cm^3 = $6,102 \times 10^4$ po^3

1 pi^3 = 1728 po^3 = $2,832 \times 10^{-2}$ m^3

1 L = 10^3 cm^3 = 0,0353 pi^3
   = 1,0576 pinte (É.-U.)

1 pi^3 = 28,32 L = 7,481 gallons É.-U. = $2,832 \times 10^{-2}$ m^3

1 gallon (gal) É.-U. = 3,786 L = 231 po^3

1 gallon (gal) impérial = 1,201 gallon É.-U. = 277,42 po^3

Masse

1 unité de masse atomique (u) = $1,6605 \times 10^{-27}$ kg

1 tonne (t) = 10^3 kg

1 slug = 14,59 kg

1 tonne É.-U. = 907,2 kg

Temps

1 jour = 24 h = $1,44 \times 10^3$ min = $8,64 \times 10^4$ s

1 a = 365,24 jours = $3,156 \times 10^7$ s

Force

1 N = 10^5 dynes = 0,2248 lb

1 lb = 4,448 N

Le poids de 1 kg correspond à 2,205 lb.

Énergie

1 J = 10^7 ergs = 0,7376 pi·lb

1 eV = $1,602 \times 10^{-19}$ J

1 cal = 4,186 J ; 1 Cal = 4186 J (1 Cal = 1 kcal)

1 kW·h = $3,600 \times 10^6$ J = 3412 Btu

1 Btu = 252,0 cal = 1055 J

1 u est équivalent à 931,5 MeV

Puissance

1 hp = 550 pi·lb/s = 745,7 W

1 cheval-vapeur métrique (ch) = 736 W

1 W = 1 J/s = 0,7376 pi·lb/s

1 Btu/h = 0,2931 W

Pression

1 Pa = 1 N/m^2 = $1,450 \times 10^{-4}$ lb/po^2

1 atm = 760 mm Hg = $1,013 \times 10^5$ N/m^2 = 14,70 lb/po^2

1 bar = 10^5 Pa = 0,9870 atm

1 torr = 1 mm Hg = 133,3 Pa

L'alphabet grec

Alpha	A	α	Iota	I	ι	Rhô	P	ρ
Bêta	B	β	Kappa	K	κ	Sigma	Σ	σ
Gamma	Γ	γ	Lambda	Λ	λ	Tau	T	τ
Delta	Δ	δ	Mu	M	μ	Upsilon	Y	υ
Epsilon	E	ε	Nu	N	ν	Phi	Φ	ϕ ou φ
Zêta	Z	ζ	Xi	Ξ	ξ	Khi	X	χ
Êta	H	η	Omicron	O	o	Psi	Ψ	ψ
Thêta	Θ	θ	Pi	Π	π	Oméga	Ω	ω

Formules mathématiques*

Géométrie

Triangle de base b
et de hauteur h Aire $= \frac{1}{2}bh$

Cercle de rayon r Circonférence $= 2\pi r$ Aire $= \pi r^2$

Sphère de rayon r Aire de la surface $= 4\pi r^2$ Volume $= \frac{4}{3}\pi r^3$

Cylindre de rayon r
et de hauteur h Aire de la
surface courbe $= 2\pi rh$ Volume $= \pi r^2 h$

Algèbre

Si $ax^2 + bx + c = 0$, alors $x = \dfrac{-b \pm \sqrt{b^2 - 4ac}}{2a}$

Si $x = a^y$, alors $y = \log_a x$; $\log(AB) = \log A + \log B$

Produits vectoriels

Produit scalaire : $\vec{\mathbf{A}} \cdot \vec{\mathbf{B}} = AB\cos\theta$

$$= A_x B_x + A_y B_y + A_z B_z$$

Produit vectoriel :

$$\vec{\mathbf{A}} \times \vec{\mathbf{B}} = (A_x \vec{\mathbf{i}} + A_y \vec{\mathbf{j}} + A_z \vec{\mathbf{k}}) \times (B_x \vec{\mathbf{i}} + B_y \vec{\mathbf{j}} + B_z \vec{\mathbf{k}})$$

$$= (A_y B_z - A_z B_y)\vec{\mathbf{i}} + (A_z B_x - A_x B_z)\vec{\mathbf{j}} + (A_x B_y - A_y B_x)\vec{\mathbf{k}}$$

Trigonométrie

$\sin(90° - \theta) = \cos\theta$; $\cos(90° - \theta) = \sin\theta$

$\sin(-\theta) = -\sin\theta$; $\cos(-\theta) = \cos\theta$

$\sin^2\theta + \cos^2\theta = 1$; $\sin2\theta = 2\sin\theta\cos\theta$

$\sin(A \pm B) = \sin A \cos B \pm \cos A \sin B$

$\cos(A \pm B) = \cos A \cos B \mp \sin A \sin B$

$\sin A \pm \sin B = 2 \sin\left(\dfrac{A \pm B}{2}\right)\cos\left(\dfrac{A \mp B}{2}\right)$

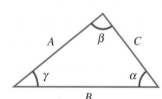

Loi des cosinus $C^2 = A^2 + B^2 - 2AB\cos\gamma$

Loi des sinus $\dfrac{\sin\alpha}{A} = \dfrac{\sin\beta}{B} = \dfrac{\sin\gamma}{C}$

Approximations du développement en série (pour $x \ll 1$)

$$
\left.
\begin{array}{ll}
(1 + x)^n \approx 1 + nx & \sin x \approx x - \dfrac{x^3}{3!} \\[2ex]
e^x \approx 1 + x & \cos x \approx 1 - \dfrac{x^2}{2!} \\[2ex]
\ln(1 \pm x) \approx \pm x & \tan x \approx x - \dfrac{x^3}{3}
\end{array}
\right] \quad (x \text{ en radians})
$$

Approximations des petits angles (θ en radians)

$\sin\theta \approx \tan\theta \approx \theta$ $\cos\theta \approx 1$

---

* Une liste plus complète est donnée à l'annexe B.

Notes

Notes

Notes

Notes